国家出版基金项目
NATIONAL PUBLICATION FOUNDATION

"十四五"
国家重点出版物
出版规划项目

城镇水系统污染管控
与饮用水安全保障技术
丛书

湖库水源饮用水安全保障技术与工程应用

贾瑞宝　宋武昌　孙韶华　等　著

TECHNOLOGIES AND ENGINEERING APPLICATIONS
FOR DRINKING WATER SAFETY
WITH WATER SOURCES OF LAKES AND RESERVOIRS

化学工业出版社
·北京·

内容简介

本书以“十一五”至“十三五”国家科技重大“水专项”湖库水源相关课题研究成果为基础，吸纳了国内外相关领域的最新研究成果。书中针对受污染湖库典型水质问题和水厂工艺现状，以保障湖库水源饮用水水质满足《生活饮用水卫生标准》（GB 5749）为目标，聚焦嗅味化合物、内分泌干扰物、抗生素等新污染物，在系统开展典型污染物分布特征检测分析的基础上，研究构建了基于实际水源复杂基质条件下的典型污染物协同去除技术与中试验证体系，提出针对湖库水源的强化混凝、强化气浮、臭氧-生物活性炭、紫外高级氧化及超滤/纳滤等水处理技术工艺原理及组合工艺技术参数，并给出相关工程案例。

本书具有较强的技术应用性和可操作性，可作为从事市政工程、环境工程专业领域的工程技术人员和管理人员的指导用书，也可作为高等院校教师、研究生和本科生的学习参考书。

图书在版编目（CIP）数据

湖库水源饮用水安全保障技术与工程应用 / 贾瑞宝等著. -- 北京 : 化学工业出版社，2025. 1. --（城镇水系统污染管控与饮用水安全保障技术丛书）. -- ISBN 978-7-122-46771-3

Ⅰ. X524.5

中国国家版本馆CIP数据核字第2024ZC2241号

责任编辑：刘　婧　刘兴春　卢萌萌
文字编辑：李　静　刘　璐
责任校对：王　静
装帧设计：王晓宇

出版发行：化学工业出版社
（北京市东城区青年湖南街13号　邮政编码100011）
印　　装：北京建宏印刷有限公司
787mm×1092mm　1/16　印张36　彩插5　字数914千字
2025年10月北京第1版第1次印刷

购书咨询：010-64518888　　售后服务：010-64518899
网　　址：http://www.cip.com.cn
凡购买本书，如有缺损质量问题，本社销售中心负责调换。

定　　价：298.00元

《湖库水源饮用水安全保障技术与工程应用》
著者名单

著　　者： 贾瑞宝　宋武昌　孙韶华　王明泉　王永磊　李桂芳
潘章斌　成小翔　辛晓东　崔鹏炜　柴德彬　陈发明
侯　伟　胡　芳　周永田　王　珊　杜振齐　刘建广
张克峰　朱兆亮　张　萍　顾学林　何桂琳　朱学武
刘　萍　刘宝震　高　新　纪纬叶　石容千　李沛洁
武道吉　刘保森　张　强　王　猛　郑　群　李聪聪
焦　浩　王文浩　任仰龙　赵　亮　张英芹　王永强
王希诚　何峻伟　王禹翰　张百强　齐浩然　鞠　玲
刘　威　李亚男　孙文韬　马汇源　王兴林　孙　宇
任月华　马纯宁　赵晓菁　阎福启　任子潇　来存贤
侯成斯　宋文鑫　张永瑞

著者单位：

山东省城市供排水水质监测中心

山东建筑大学

济南水务集团有限公司

山东胜利水务有限责任公司

东营市自来水公司

庆云县庆润供水有限公司

北京景盛达环保科技有限公司

丛书序

FOREWORD

水是生命之源，是人类社会赖以生存和发展的基础性战略资源，更是维系生态环境平衡的核心要素。饮用水安全处于水安全战略的核心地位，直接关乎广大人民群众的身体健康与生命安全，是最具基础性、普惠性的民生工程，对维护社会和谐稳定以及推动经济社会高质量发展起着至关重要的支撑作用。当前，加强城镇水环境系统治理，保障饮用水安全，是不断满足人民日益增长的美好生活需要的基本要求，更是推动国家治理体系和治理能力现代化的一项重要内容。

近年来，国家相继出台了系列关于城镇水安全的政策文件，并明确指出市政给排水系统是关系民生的重点，凸显了强化城镇水系统污染管控和保障人民饮用水安全的重要性、必要性和迫切性。同时，随着“水体污染控制与治理”国家科技重大专项的顺利收官，我们在饮用水安全保障领域取得了众多创新性强、集成度高及可推广、可复制的重大科技成果，为了更好地服务于城镇水系统安全与韧性能力建设，我们策划组织了“城镇水系统污染管控与饮用水安全保障技术丛书”的编写和出版。

本丛书立足国家“水专项”研究成果，围绕城镇水系统污染管控与饮用水安全保障两大核心主题，紧贴我国当前水污染治理的研究热点、难点和重点问题，按照“检测分析-风险评估-污染控制-支撑保障”的技术路径，聚焦城镇水环境及饮用水水质检测、新污染物筛查与检测、污染控制与治理、水处理设备材料评估及应用等行业热点研究领域，系统总结了水系统污染管控与水质保障的新技术、新发展及典型工程化应用成效，旨在落实“增强全社会生态环保意识，深入打好污染防治攻坚战”的国家战略要求，为城镇水环境保护及饮用水安全保障提供理论参考、技术支撑和案例借鉴。

“城镇水系统污染管控与饮用水安全保障技术丛书”的出版，对于推动我国城镇水污染治理与饮用水安全保障技术的创新发展，城镇水务行业的技术升级具有重要意义。本丛书的策划编写得到了生态环境部国家水专项办、住房和城乡建设部水专项办以及水专项饮用水主题专家组的大力支持，吴丰昌、邵益生、杨敏、张晓健、宋兰合等专家给予了大量指导和帮助。衷心期望广大读者能够从这套丛书中汲取知识与智慧，共同推动我国城镇水系统现代化建设和饮用水安全保障事业高质量发展。

中国工程院院士

2025 年 6 月

前言

PREFACE

近年来，我国城镇供水事业取得了长足的发展，饮用水深度处理工艺覆盖范围逐步扩大，供水能力与质量均有了较大程度的提高。随着经济社会的快速发展，我国重点流域水体污染尚未得到根本性遏制，饮用水源中新污染物不断涌现。另一方面，国家《生活饮用水卫生标准》（GB 5749—2022）的颁布实施对饮用水水质提出了更高要求，而湖库水源面临的问题更加复杂多变，我国饮用水安全保障的形势依然不容乐观。

湖库水源在我国城镇供水系统占有重要地位，占全国重要饮用水水源地总数的44.8%。然而湖库水源大多为敞开式布局，水体富营养化严重，易受突发性污染影响，水厂现有常规处理工艺难以应对，采用的净水药剂单一且适配性差，导致水厂出水浊度、耗氧量不稳定，臭和味、消毒副产物超标等问题突出。因此，研究湖库水源水净化处理关键技术并应用推广，对于解决同类型水源共性问题、提高供水水质、保障居民饮用水安全，具有重要的现实意义。

针对湖库水源水低浊高藻高嗅味、小分子有机物和新污染物并存等复合污染问题，本书提出了强化常规处理、强化气浮、臭氧-生物活性炭、高级氧化及膜法水处理等技术组合、工艺参数并给出了相关工程案例，以期对国内湖库水源水厂的提标改造建设、稳定运行有一定的借鉴意义。

本书在系统梳理、总结凝练和跟踪评估国家水专项湖库型水源饮用水安全保障技术成果与典型示范应用案例的基础上，结合国内外饮用水安全保障先进技术和管理经验，为不同类型湖库水源饮用水安全保障的典型问题提供综合性解决方案。全书共 7 章，主要内容包括：第 1 章介绍了湖库水源概况及水质现状，重点分析了湖库水源水厂现有工艺面临的主要问题，提出了湖库水源处理技术研究的主要内容；第 2 章介绍了湖库水源水质特征分析及水质评价方法，重点分析了典型湖库水源的水质污染特征；第 3 章介绍了针对特征污染物的强化常规工艺集成技术及应用，阐述了强化混凝技术体系构建、有机物去除特性及机理，提供了东营耿井水厂、济南玉清水厂等强化常规工艺工程案例；第 4 章介绍了气浮强化及其组合工艺与应用，阐述了强化气浮强化技术、浮滤 / 浮沉组合工艺、气浮评估验证与标准化技术规程，提供了济南南康水厂及潍坊白浪河水厂等气浮强化工程案例；第 5 章介绍了臭氧活性炭组合工艺集成技术及应用，阐述了微纳米臭氧强化技术、臭氧化溴酸盐生成机制及其控制技术、活性炭再生及换炭技术，提供了济南鹊华水厂、胜利油田耿井水厂二期工程等臭氧活性炭深度处理工程案例；第 6 章介绍了紫外高级氧化组合工艺集成技术及应用，阐述了 UV/H_2O_2 高级氧化除嗅味技术、臭氧强化 UV/H_2O_2 等技术及其组合工艺，提供了德州庆云双龙湖水厂、潍坊北控坊子水厂等紫外高级氧化深度处理工程案例；第 7 章介绍了膜法水处理组合工艺集成技术及应用，阐述了膜法水处理技术原理及其与湖库水源的水质适配性，分析了超滤及纳滤工艺对湖库水体的净化效能和污染控制技术，提供了东营南郊水厂、武城县瑞源水厂等膜法水处理工程案例，并对膜法水处理技术进行了展望。

本书主要由贾瑞宝、宋武昌、孙韶华等著。具体分工如下：第 1 章由贾瑞宝、孙韶华、宋武昌、王明泉、陈发明负责；第 2 章由王明泉、孙韶华、辛晓东、侯伟、胡芳、周永田负责；第 3 章由贾瑞宝、潘章斌、王珊、朱兆亮、柴德彬、陈发明、王文浩、任仰龙、赵亮、张英芹、王希诚、何峻伟、王禹翰负责；第 4 章由王永磊、何桂琳、刘宝震、张克峰、崔鹏炜、刘萍、顾学林、石容千、鞠玲、刘威、李亚男、孙文韬、孙宇、马纯宁负责；第 5 章由贾瑞宝、王永磊、刘建广、何桂琳、刘宝震、刘保森、孙韶华、高新、张强、马汇源、王兴林、任月华、赵晓菁、阎福启负责；第 6 章由宋武昌、李桂芳、杜振齐、李聪聪、焦浩、王永强、王猛、郑群、张百强、齐浩然负责；第 7 章由成小翔、朱学武、李沛洁、武道吉、张萍、纪纬叶、任子潇、来存贤、侯成斯、宋文鑫、张永瑞负责。

本书内容为著者所在项目团队国家水专项课题研究成果，大多为当前饮用水处理领域的前沿性技术，同时引用了国内部分最新研究成果，尤其得到了国家水专项饮用水主题专家组等行业专家的指导和帮助，在此一并表示感谢。书中所介绍的研究内容均与水专项示范工程相结合，在工艺技术研究的基础上分别提供了相应的工程案例，希望对湖库水源饮用水净化工艺选择有一定的借鉴作用。

限于著者水平和撰写时间，书中难免存在不当之处，敬请广大读者批评指正。

著　者
2024 年 3 月

目录

CONTENTS

第1章 绪论

▲ 湖库水源概况

▲ 湖库水源水质现状

▲ 湖库水源饮用水净化技术与对策

饮用水源指用于城乡供水的河流、湖库、地下水等。饮用水水源地是以饮用水源为核心的一定流域范围或者一定的补给、径流、排泄区域范围，一般包括水域和陆域。按照不同的划分方法，可将饮用水水源地分为不同类型。

按照服务范围，饮用水水源地可分为城市、城镇、乡镇、农村水源地。其中，城市水源地是指向设区市供水的水源地，城镇水源地是指向县级政府所在地（城关镇）供水的水源地，乡镇水源地是指向乡（镇）级政府所在地供水的水源地，农村水源地是指向农村供水的水源地。

按照供水量，饮用水水源地可分为集中式水源地和分散式水源地。其中，集中式水源地供水量大，一般为 1000 人以上供水，且有供水管网和净水设施：分散式水源地供水量小，一般为不足 1000 人供水，且一般没有净水设施。

按照取水位置，饮用水水源地可分为地表水型水源地和地下水型水源地。其中，地表水型水源地指从天然径流或者人工水利设施中取水的水源地，如在河流中直接取水或傍河取水的称为河流型水源地，在湖泊、水库中取水的称为湖库型水源地。湖泊按成因可分为构造湖、火山口湖、冰川湖、堰塞湖、喀斯特湖、河成湖、风成湖、海成湖和人工湖（水库）等，湖水的来源是降水、地面径流、地下水，有的则来自冰雪融水。湖水的消耗主要是蒸发、渗漏、排泄和开发利用。水库是指在山沟或河流的狭口处建造拦河坝形成的人工湖泊，可起防洪、蓄水、灌溉、供水、发电、养鱼等作用，有时天然湖泊也称为水库（天然水库）。水库规模通常按库容大小划分，分为小型水库、中型水库、大型水库等。

湖库水源在我国城镇供水系统中占有重要地位。然而湖库水源大多为敞开式布局，水体富营养化严重，易受突发性污染影响，普遍具有低浊高藻高臭味、小分子有机物和新污染物并存等水质特征，水厂现有常规处理工艺难以应对，采用的净水药剂单一且适配性差，导致水厂出水浊度、耗氧量不稳定，存在嗅味化合物、消毒副产物超标等问题。在国家《生活饮用水卫生标准》（GB 5749—2022）颁布实施的背景下，湖库水源饮用水安全保障意义重大。

1.1 湖库水源概况

1.1.1 湖泊和水库

湖泊泛指陆域环境上相对低洼地区所蓄积出一定规模而不与海洋发生直接联系的自然水体，由湖岸、湖盆、湖水及水中所含的各种物质（矿物质、溶解质、有机质及水生物等）组成，是自成一格的静水型生态体系，持续参与周边更大尺度自然环境中物质与能量的循环。我国湖泊众多，共有湖泊 24800 多个，其中面积在 $1km^2$ 以上的天然湖泊就有 2800 多个。湖泊数量虽然很多，但在地区分布上很不均匀。总的来说，东部季风区，特别是长江中下游地区，分布着我国最多的淡水湖群；西部以青藏高原湖泊较为集中，多为内陆咸水湖。

2022 年，根据监测的 76 个湖泊的数据统计，湖泊年末蓄水总量为 $1.4499\times10^{11}m^3$。其中，青海湖、查干湖、太湖、华阳河湖泊群蓄水量分别增加 $5.0\times10^8m^3$、$3.2\times10^8m^3$、$2.1\times10^8m^3$、$1.4\times10^8m^3$，洪泽湖、巢湖分别减少 $1.20\times10^9m^3$、$3.6\times10^8m^3$（数据来源：2022 年《中国水资源公报》）。

水库则是在河流水系基础上，通过人工方式构筑，具有给水、防洪、发电、灌溉、观光游憩等功能的水体。水库是一种半人工半自然的水体类型，水库水量受人为调节，输出水流的位置有多种选择。因防洪和调蓄的影响，水库水位波动较大，水体在生物多样性上表现出强烈的不稳定性，水库生物多样性远低于天然湖泊。水库通常修建于流域的上游，库形狭长，沿河道方向有明显的坡度，较湖泊有更大的集水区。水库作为一种特殊的生态系统类型，具有河流与湖泊的混合特性。水库通常按库容大小划分，分为小型水库、中型水库、大型水库等。我国水库主要以小型水库为主，据 2019 年统计，全国共有小型水库 93390 座、中型水库 3978 座、大型水库 744 座。

2022 年，全国统计的 753 座大型水库和 3896 座中型水库年末蓄水总量为 $4.1807\times10^{11}m^3$。其中，大型水库年末蓄水量为 $3.7092\times10^{11}m^3$，中型水库年末蓄水量为 $4.715\times10^{10}m^3$。从水资源分区看，长江区、黄河区、淮河区、海河区、东南诸河区、辽河区 6 个水资源一级区水库年末蓄水量分别减少 $4.013\times10^{10}m^3$、$6.54\times10^9m^3$、$3.46\times10^9m^3$、$1.84\times10^9m^3$、$5.1\times10^8m^3$、$4.9\times10^8m^3$，珠江区、松花江区、西北诸河区、西南诸河区 4 个水资源一级区水库年末蓄水量分别增加 $5.99\times10^9m^3$、$4.66\times10^9m^3$、$1.57\times10^9m^3$、$1.3\times10^8m^3$（数据来源：2022 年《中国水资源公报》）。

1.1.2　湖库型饮用水水源地

饮用水水源地概括了提供城镇居民生活及公共服务用水（如政府机关、企事业单位、医院、学校、餐饮业、旅游业等用水）取水工程的水源地域。饮用水水源地的分类可按照水源水体特点分为集中式和分散式两种，集中式饮用水水源地可进一步分为河流型和湖库型。随着城镇化进程的大力推进，区域联网供水、集中供水已逐步成为我国城乡供水发展趋势。湖库型饮用水水源地为饮用水的源头，在保证城镇供水安全、统筹城乡供水、保障区域经济发展和谐等方面起重要作用。但湖库型饮用水水源地自身具有开放性的特点，其安全影响因素众多、关系极其复杂，所承担的功能也较为多样化，如供水、灌溉、防洪、航运、观光等，这些都进一步影响了饮用水水源地的安全。

湖库型饮用水水源在城镇供水行业占有举足轻重的地位。据水利部 2006 年不完全统计，我国城镇集中式饮用水水源地共 4555 个，其中水库型水源地 1072 个、湖泊型水源地 34 个，直接服务人口约 1 亿，占城镇总人口的 26.8%，主要分布在全国 23 个省级行政区，占全国总人口的 7% 以上［数据来源：《全国城市饮用水水源地安全保障规划》（水利部，2006 年）］。

根据国务院有关文件部署，2016 年水利部组织对全国供水人口 20 万以上的地表水饮用水水源地及年供水量达 $2.0\times10^7m^3$ 以上的地下水饮用水水源地进行了核准（复核），共将全国 618 个饮用水水源地纳入《全国重要饮用水水源地名录（2016 年）》管理。其中，湖库型水源地共计 277 个，占全国重要饮用水水源地总数的 44.8%。

对中国城镇供水排水协会《2021 年城镇水务统计年鉴（供水）》中设计规模大于等于 $1.0\times10^5m^3/d$ 水厂的水源类型进行统计，以地下水为水源的水厂占 8.17%，以地表水为水源的水厂占 91.83%，其中湖库水源占比为 42.11%。以地表水为水源的水厂中，仅采用消毒工艺的占 0.15%，采用常规处理工艺的占 67.2%，采用常规处理 + 深度处理工艺的占 32.65%。可见，湖库水源在我国城镇供水行业占重要地位，但大多采用常规处理工艺。国家《生活饮用水卫生标准》（GB 5749—2022）已于 2023 年 4 月 1 日起强制实施，湖库水源供水安全保障面临诸多问题与挑战。

2022 年，全国供水总量为 $5.9982 \times 10^{11} m^3$，占当年水资源总量的 22.2%。其中，地表水源供水量为 $4.9942 \times 10^{11} m^3$，占供水总量的 83.3%；地下水源供水量为 $8.282 \times 10^{10} m^3$，占供水总量的 13.8%；其他（非常规）水源供水量为 $1.758 \times 10^{10} m^3$，占供水总量的 2.9%。在地表水源供水量中，蓄水工程供水量占 32.1%，引水工程供水量占 29.1%，提水工程供水量占 33.8%，水资源一级区间调水量占 5.0%。全国跨水资源一级区间调水主要为分布在黄河下游向其左、右两侧的海河区和淮河区的调水，以及长江中下游向海河区、淮河区和黄河区的调水。2022 年水资源一级区间跨流域调水量累计达 $2.4933 \times 10^{10} m^3$，多水源掺混调蓄条件下湖库水源水质问题更加复杂多变。

1.2 湖库水源水质现状

1.2.1 常规指标

近三十年来，湖库富营养化及其引发的水华频发问题已严重威胁到水生态系统健康与饮用水安全保障。生态环境状况公报统计数据显示：开展营养状态监测的重要湖泊（水库）数量由 2001 年的 3 个上升到 2021 年的 209 个，近十年湖库中度、轻度富营养状态分别占 4.8%、21.8%，中营养状态占 62.3%，贫营养状态占 11.0%，富营养状态湖泊比例略有上升，贫营养状态湖泊比例略有下降。其中，洱海、白洋淀、丹江口水库等为中营养状态，太湖、巢湖等为轻度富营养状态，滇池等为中度富营养状态。

2001 ～ 2018 年，水利部门开展了较多数量的湖泊、水库营养状态监测。水资源公报数据显示：2001 ～ 2018 年间中营养状态湖泊占 28.7%，富营养状态湖泊占 70.6%，中营养状态水库占 67.5%，富营养状态水库占 31.6%；而在 2009 ～ 2018 年，富营养状态比例则有所上升，湖泊与水库占比分别达到 71.9% 与 32.2%。

以长江流域为例，湖库型水源地在流域 210 个重要水源地中占比 33.8%，是重要饮用水水源地的主要组成部分。湖泊型饮用水水源地虽然仅占比 1.3%，但其中轻度富营养状态湖泊有 5 个，中营养状态湖泊有 3 个，而在水库型饮用水水源地中，于桥水库为轻度富营养状态，鹤地水库、崂山水库、磨盘山水库等为中营养状态（根据《2020 中国生态环境状况公报》数据）。

《2022 中国生态环境状况公报》显示，2022 年开展监测的 210 个重要湖泊（水库）中，Ⅰ～Ⅲ类水质湖泊（水库）占 73.8%，劣Ⅴ类水质湖泊（水库）占 4.8%。主要污染指标为总磷、化学需氧量和高锰酸盐指数。开展营养状态监测的 204 个重要湖泊（水库）中，贫营养状态湖泊（水库）占 9.8%，比 2021 年下降 0.7 个百分点；中营养状态湖泊（水库）占 60.3%，比 2021 年下降 1.9 个百分点；轻度富营养状态湖泊（水库）占 24.0%，比 2021 年上升 1.0 个百分点；中度富营养状态湖泊（水库）占 5.9%，比 2021 年上升 1.6 个百分点。可见，中营养状态以上湖泊（水库）占 90% 以上，且存在一定的上升趋势。综合生态环境与水资源公报数据分析结果，近十年我国湖库富营养化程度向好趋势不明显，在水环境质量改善方面仍面临压力。

对中国城镇供水排水协会《2021 年城镇水务统计年鉴（供水）》湖库水源氨氮和高锰酸盐指数浓度进行统计，结果为氨氮浓度年最小值（min）、年最大值（max）、年中位值（med）、年上四分位数（Q1）和年下四分位数（Q3）分别为 0.01mg/L、0.91mg/L、0.26mg/L、0.14mg/L、0.48mg/L，年平均值均值为 0.12mg/L；高锰酸盐指数年最小值（min）、年最大值（max）、年中位值（med）、年上四分位数（Q1）和年下四分位数（Q3）分别为 0.05mg/L、7.70mg/L、3.47mg/L、2.46mg/L、4.78mg/L，年平均值均值为 2.21mg/L。

1.2.2　藻类及代谢产物

2013 ～ 2016 年、2019 ～ 2021 年调研数据显示，南水北调东线湖库水中藻类细胞丰度在 6×10^4 ～ 3.260×10^7 个 /L 范围内波动；其中南阳湖、东平湖、济平干渠水体的藻类细胞浓度较长江来水含量（1.91×10^6 ～ 4.800×10^7 个 /L）高。以南阳湖为例，调水前藻类总数年平均值在 4.00×10^6 个 /L 左右，春、秋、冬三季较低，夏季最高，达 1.000×10^7 个 /L；在南水北调调水期间，藻类总数最高达 6.725×10^7 个 /L。

太湖水源水质的主要问题是高藻、藻源嗅味物质、藻源氨基酸、溴离子（溴酸盐副产物）。由于藻类及微生物代谢作用较强，水中蛋白质及多糖类有机物比例较高，分子量大于 1000 的有机物比例（DOC）一般高于 60%。太湖中的藻类以蓝藻门占绝对优势，最高时约占总量的 94%，其中又以微囊藻为主。近年来，除微囊藻外，出现了假鱼腥藻、平裂藻、微小胶鞘藻，并占有较大的百分比。藻类数量呈季节性变化，夏秋较多，春冬较少，由此造成藻类代谢产物量也随季节变化。藻类及其代谢产物给传统净水工艺带来诸多不利影响，如某些种类的鱼腥藻、微囊藻、束丝藻的代谢产物使饮用水产生令人厌恶的臭和味，严重影响人对水体的感官感觉，降低了水体的经济价值。同时，水体中藻类的大量存在还可导致水的色度增大，耗氧量上升。藻类死亡沉到水底形成腐殖质。

当原水中藻类密度超过 1.000×10^7 个 /L 时，可视为高藻原水，处理高藻原水的水厂内部容易滋生藻类，干扰工艺的运行，例如在水厂前端的调节池出水藻类数量可达进水的 5 倍以上。并且高藻原水会对常规工艺运行造成严重干扰，导致出水藻类数量超标、增加药耗、堵塞滤池等问题，通常会带来高锰酸盐指数超标、臭和味、藻毒素和消毒副产物等一系列伴生问题。藻类具有明显的季节变化，高藻期为每年 7 ～ 8 月，最高达到 3.500×10^7 ～ 8.000×10^7 个 /L。近年来太湖各个湖区的藻类呈现逐年增加的趋势，形势比较严峻。2017 年梅梁湖、竺山湖、贡湖、湖心区以及西部沿岸区蓝藻密度最高均超过了 1×10^8 个 /L，梅梁湖区域蓝藻密度最高可达 2.5×10^8 个 /L，西部沿岸地区藻密度最高也超过 2×10^8 个 /L。东太湖藻密度含量相对较低，也可达 3.000×10^7 个 /L。

为提高混凝除藻效率，通常会采用预氧化工艺进行藻细胞灭活，但同时也易造成胞内有机物的释放，增加后续水处理负荷。此外，预氧化（特别是臭氧、高锰酸钾预氧化等）能够使高分子量有机物转化成低分子量有机物，增加消毒副产物生成风险（小分子有机物的产率更高）。因此，氧化剂的优选和剂量的优化尤为关键。

藻类的大量繁殖通常会产生大量的藻源有机物质和毒素并进入水中，不仅会使水中的溶解氧含量降低，而且还会产生一系列供水安全问题。藻源有机物（AOM）是影响藻类混凝性能的重要因素，AOM 被认为有助于维持藻类系统的胶体状态。但 AOM 的释放还会严重影响水质，会与消毒剂反应形成三卤甲烷类与 NDMA（*N*-亚硝基二甲胺）类等消毒副产物，严重影响供水安全。根据有机物位于藻类细胞内部或外部可将 AOM 分为细胞外有机物（EOM）和细胞内有机物（IOM），EOM 主要是从藻类细胞释放以及附着于藻类细胞壁表面的物质，而IOM的来源主要是衰老的藻类细胞裂解释放。详细地说，AOM主要包括蛋白质、肽、腐殖酸、氨基糖和多糖的成分，其中蛋白质含量最高。同时，一些研究人员发现藻源有机物中色氨酸类含量高于其他成分，其蛋白质类占比高于65%。

水中嗅味物质与藻类的直接代谢和间接代谢关系密切，有的化合物浓度低至ng/L级仍能造成严重的嗅味问题。现有水厂工艺多为混凝-沉淀-过滤常规工艺，对大多数嗅味物质的去除效果不佳。藻类直接代谢产生的嗅味物质包括土臭素（GSM）、2-甲基异莰醇（2-MIB）、β-紫罗兰酮、β-环柠檬醛、2-异丙基-3-甲氧基吡嗪、2-甲氧基-3-异丁基吡嗪等，还会在厌氧微生物的作用下产生硫醇、硫醚类嗅味物质，此类物质的嗅阈值极低，也是导致2007年太湖水源恶臭的主要成分。

南水北调东线湖库水中GSM检出率较低，为21.2%，浓度范围在5～20ng/L甚至更低。2-MIB检出率明显高于GSM，达82.7%，浓度范围在56～248ng/L甚至更低。在时间上，以夏、秋季含量较高；在空间上，则以睢宁站和南阳湖含量较高。此外还有异佛尔酮、柠檬醛、紫罗兰酮检出，浓度范围在4～61ng/L甚至更低，没有明显的时空差异。有研究显示，太湖夏季主要致嗅藻类为颤藻、束丝藻等，嗅味物质2-MIB与上述藻类浓度呈明显正相关性。我国新发布的《生活饮用水卫生标准》（GB 5749—2022）规定了嗅味物质GSM和2-MIB的限值为10ng/L。近几年吴江、苏州、无锡等太湖典型水源地中2-MIB最高浓度可达数百至上千ng/L，远高于2-MIB的嗅阈值，给处理水厂带来了很大的压力。对珠江流域（深圳、东莞、佛山和珠海）水源地嗅味特征及关键嗅味物质调查发现，珠江流域嗅味物质检出率为全国最高水平之一。以深圳市为例，深圳市铁岗水库和石岩水库作为深圳市重要水源，是深圳市西部居民生活用水的重要保障。但近年来，主要由于水中藻类的生长繁殖，导致以两水库为水源的部分区域多发生饮用水嗅味问题，主要检出的嗅味物质2-MIB和GSM远超嗅阈值，造成2014～2018年因原水问题引发的嗅味投诉75例，占水中有异味总投诉单数的19.69%，给用户和水厂带来了极大的困扰。

1.2.3 新污染物

新污染物是指排放到环境中的具有生物毒性、环境持久性、生物累积性等特征，对生态环境或者人体健康存在较大风险，但尚未纳入管理或者现有管理措施不足的有毒有害化学物质。2022年12月29日，生态环境部与其他几个部委共同发布了《重点管控新污染物清单（2023年版）》。清单上有14种重点管控新污染物，包括10种持久性有机污染物（POPs）、2种有毒有害污染物、1种环境内分泌干扰物和1种抗生素。新的清单于2023年3月1日起正式施行。这一清单对我国加强新污染物管控工作、防范环境与健康风险意义重大。

水环境是新污染物的主要载体，超过90%的新污染物会进入自然水体。新污染物通过径流、扩散、渗滤等多种途径进入地表水和地下水，造成饮用水源的污染，对水生生物、生态安全和人体健康构成了潜在威胁。新污染物通常有浓度低、种类繁多、性质复杂等特点，其来源、区域污染特征与迁移转化等环境化学属性也较难辨明。新污染物的暴露途径复杂，特别是具有持久性和生物累积性的新污染物，即使以低剂量排放到环境中，也可能危害环境、生物和人体健康。

近年来，水环境中出现的新污染物被频繁检出，给饮用水水质安全带来了巨大挑战。磺胺类抗生素（SAs）作为一类广谱抗菌药物，广泛应用于畜牧业、水产养殖业和医疗领域。

研究表明，我国已成为世界上抗生素生产量最大的国家，年生产量约21万吨，人均使用量高达138g/年，而美国人均仅为13.8g/年左右。SAs在预防和治疗细菌感染性疾病方面起到了越来越重要的作用，随着社会经济的快速增长，SAs被过量使用，使SAs在水环境中被广泛检出。Yang等对珠江流域地表水中SAs的浓度进行了调研，发现旱季水体中SMZ（复方磺胺甲噁唑）浓度≥9.47ng/L，特别是在石井河，浓度甚至高达1080ng/L。除此之外，在黄河、长江等流域均有SAs的检出。

随着社会的发展，越来越多的医药及个人护理品（PPCPs）类新污染物出现在人们的视线里，并在全球范围水环境中频繁被检测出。其中，大量流通于人类和动物疾病医疗过程的药品类有机物因具有潜在环境危害性而逐渐受到人们的深度研究。在全球范围内的地表水、地下水甚至给水系统中都检测出了不同含量水平的抗病毒药物，表明其无法成功被传统水处理技术彻底去除。地表水中所检出的抗病毒药物大部分来自药品制造厂或污水厂的出水，其含量会明显受污水源浓度、季节降水、流感时期等因素的影响。整体来看，在水体中所检测到的抗病毒药物的赋存浓度在ng/L～μg/L不等，其持续的排放会对生态环境产生负面影响。而在湖库水源、给水系统中抗病毒药物的赋存浓度受到的关注还较少。

此外，随着新污染物在饮用水源中频繁检出，给饮用水安全保障带来了新挑战。党中央、国务院也予以高度关注，党的二十大报告提出了“开展新污染物治理”。国务院办公厅发布了《新污染物治理行动方案》，提出了6个方面的具体措施，为饮用水中新污染物的去除提供科学依据。当前，新污染物治理面临着底数不清、清单研究困难、现有识别检测技术短板明显、风险评估体系建设难度大、常规水厂净水工艺去除效率低等挑战。因此，重视饮用水中传统污染物和新污染物的高效去除，对实现“安全、健康饮水”工作具有重要的现实意义。

1.2.4 消毒副产物前体物

湖库水源受到工农业和生活污水污染，其中氨氮、有机物等指标超过《地表水环境质量标准》（GB 3838—2002）中Ⅲ类水体规定。由于DBPs（消毒副产物）产生的根源在于水体中有机物的存在及增加，因此微污染水源水势必会对饮用水消毒工艺产生不可忽视的负面影响。微污染水源水中有机污染物种类繁多、成分复杂，能够促进水体中微生物的生长繁殖，而微生物细胞本身及其生长代谢产物均由蛋白质、多糖和腐殖酸等大分子有机物组成，进一步导致有机物浓度升高，进而导致饮用水出厂水中DBPs含量增加。因此加强对微污染水源水有机物的去除对于控制饮用水中DBPs含量至关重要。

除水中本身含有的天然有机物（NOM）可与氯或氯胺反应产生消毒副产物外，藻细胞产生的藻源有机质也可在消毒过程中产生常见的含碳消毒副产物如三卤甲烷、卤乙酸等，其还能生成毒性更强的含氮消毒副产物，如卤乙腈、*N*-亚硝基二甲胺（NDMA）等。太湖高藻原水消毒副产物生成潜能试验结果表明，消毒副产物以三卤甲烷（THMs）为主，总浓度约为150μg/L；含氮消毒副产物以卤乙腈（HANs）为主，总浓度约为90μg/L，NDMA浓度高出上海市地方标准中的限值0.1μg/L。消毒副产物超标风险较大。

（1）NDMA前体物

相关研究发现，氯胺消毒过程中极易与含氮有机物如AOM等相互作用产生毒性更高的含氮消毒副产物（*N*-DBPs），其中以亚硝胺（NAs）为典型代表。一项针对我国饮用水亚硝胺含量的调查研究显示，44 个城市收集的 117 份水样中 94.8% 检测出多种 NAs，其中 NDMA 的检出率为 37%，是美国的 3.6 倍。可见亚硝胺类消毒副产物问题在我国尤为突出。地表水中亚硝胺的生成情况与特定物质有关，例如抗黄变剂、甲苯磺酰胺和美沙酮等，一般而言亚硝胺前体物中的特定前体是无法鉴定的。但按源头归类，可大致分为污水处理排出水、藻源有机物（AOM）及天然有机物（NOM）三类。湖库水体中的 NOM 和 AOM 均对亚硝胺的生成具有重要贡献，但较之 NOM，AOM 有着更强的亚硝胺生成能力。究其原因是组成 AOM 的大分子蛋白、脂肪胺和氨基酸等物质有着更高的溶解性有机氮（DON）含量，且 AOM 的组成以亲水性有机物为主，因此其亚硝胺生成能力更强。

（2）卤乙腈前体物

Singer 等对各类消毒副产物的形成途径及控制技术进行了综述，认为水体中的 NOM 在消毒副产物众多前体物中占比最大。就卤乙腈而言，DON 是其重要的前体物。在天然水体的 DON 中，氨基酸占 15% ～ 35%，并且亲水中性和碱性组分以及胶体组分中 DON 含量较高。国内外诸多学者在研究中发现，氨基酸、腐殖质以及嘌呤和嘧啶等众多有机物在氯消毒中均会产生卤乙腈。赵世嘏等通过研究上海某水库水源水中不同有机物组分与 DBPs 生成势之间的关系发现，亲水性有机酸（HIA）是二氯乙腈的主要前体物。因此，卤乙腈的主要前体物为水中的 DON 和亲水性小分子有机物。

（3）卤代苯醌前体物

卤代苯醌（halobenzoquinones，HBQs）是一类新型未受控 DBPs，在消毒后的饮用水和泳池水中均有检出。2009 年加拿大学者首次在氯和氯胺消毒饮用水中检出二氯对苯醌（DCBQ），在原水及空白对照中并未检出。目前，饮用水中已知的 HBQs 有 12 种，包括 2,6-二氯对苯醌（2,6-DCBQ）、2,5-二氯对苯醌（2,5-DCBQ）、2,6-二氯-3-甲基对苯醌（DCMBQ）、三氯对苯醌（TriCBQ）、四氯对苯醌（TetraCBQ）、四氯-1,2-苯醌（TetraC-1,2-BQ）、二溴对苯醌（DBBQ）、2,5-二溴对苯醌（2,5-DBBQ）、2,3-二溴-5,6-二甲基对苯醌（DBDMBQ）、四溴对苯醌（TetraBBQ）、四溴-1,2-苯醌（TetraB-1,2-BQ）和 2,3-二碘-1,4-苯醌（2,3-DIBQ），其在水中浓度均为 ng 级。其中两类 DCBQ 检出频率及浓度均最高，可达 299ng/L。虽然饮用水中 HBQs 的浓度低于受控的三卤甲烷和卤乙酸，但其细胞毒性和遗传毒性却高于大多数三卤甲烷和卤乙酸，可导致急性肝损伤、尿毒症和癌症等疾病的发生。

1.3 湖库水源饮用水净化技术与对策

综上，湖库水源占全国重要水源地的 44.8%，占全国城镇供水规模的 42.11%，在城镇供水行业具有重要战略地位。但湖库水源普遍存在总磷、有机物等污染特征，中营养状态以上湖泊（水库）占 90% 以上，藻类极易暴发，臭和味等代谢产物浓度较高，新污染物检出频繁，藻源等消毒副产物前体物含量高。在国家《生活饮用水卫生标准》（GB 5749—2022）颁布实施的背景下，城镇饮用水安全保障面临诸多问题与挑战。

“十一五”以来，国家水体污染控制与治理科技重大专项部署饮用水安全保障主题，针对我国饮用水水源普遍污染、水污染事件频繁发生、供水系统存在安全隐患、饮用水监管体系不健全和安全保障技术支撑能力不足等问题，面向国家战略和行业需求，通过科技创新和能力建设，构建“从源头到龙头”全流程饮用水安全保障技术体系，为国家饮用水安全保障战略的实施和供水系统规划、建设和管理提供体系化、可持续的技术支撑。

在系统梳理、总结凝练和跟踪评估国家水专项湖库型水源饮用水安全保障技术成果与典型示范应用案例的基础上，结合城市饮用水安全保障先进经验与成熟做法调研，基于典型湖库水源水质特征，针对不同类型饮用水安全问题，本书主要阐述了以下6个方面的净化技术措施与应对策略，并介绍了典型的工程应用案例。

（1）典型湖库水源水质特征分析方法构建及应用

以南水北调东线工程和黄河下游地区山东省典型湖库水源为研究对象，在《地表水环境质量标准》（GB 3838—2002）和《生活饮用水卫生标准》（GB 5749—2022）基础上，构建高效实用的饮用水安全检测评估规范化技术体系，重点对藻类及其代谢产物、新污染物等开展检测分析，对山东省18个重点引黄湖库及2个南水北调湖库进行水质解析，明确了不同类型湖库水源的水质问题及应对策略。

（2）强化常规工艺集成技术及应用

目前水库型水源水厂普遍采用的常规工艺主要针对水中的悬浮物和胶体颗粒，而对溶解性有机物去除能力明显不足，常规工艺难以实现稳定运行和水质达标。针对上述问题，详细阐述了混凝剂适用性评估验证、混凝参数优化、炭泥回流强化沉淀、助滤等常规工艺强化改造研究成果，探讨了强化混凝对消毒副产物前体物的去除效能，并介绍了上述技术工程应用的典型案例，实现了常规工艺水厂的稳定运行和水质达标，为湖库型水源水厂的常规工艺强化改造提供技术支撑和工程案例。

（3）气浮强化及其组合工艺与应用

气浮工艺在较低投药量情况下对原水中的浊度、有机物、藻含量、叶绿素a及2-甲基异莰醇（2-MIB）有较好的去除效果，但传统气浮工艺絮体结构不稳定，气泡易脱落。针对上述问题，开展了共聚气浮、改性气浮和臭氧化气浮等技术研究，构建了浮滤/浮沉组合工艺体系，提出气浮工艺评估验证方法，并在典型湖库水源水厂进行技术应用，对气浮效能进行评估验证和运行调控，首次实现给水处理气浮工艺的标准化。

（4）臭氧活性炭组合工艺集成技术及应用

目前臭氧生物活性炭技术是完善常规处理工艺、去除水中有机物最成熟有效的方法之一，但在高溴离子条件下存在溴酸盐超标风险，臭氧投加量及投加方式是影响其除污染效果和利用效率的关键因素，“饱和炭”的再生或换炭成为行业研究热点。针对上述问题，开展了对臭氧氧化工艺参数优化、微纳米臭氧改性、臭氧化溴酸盐生成机制及其控制、活性炭再生及换炭技术等的研究，明确了复合污染条件下溴酸盐的生成机制及控制方法，并介绍了上述技术工程应用的典型案例，实现了臭氧活性炭工艺的稳定运行，为湖库水源水厂的深度处理改造提供技术支撑和工程案例借鉴。

（5）紫外高级氧化组合工艺集成技术及应用

高级氧化技术能有效降解饮用水中有机污染物，在饮用水深度处理方面有广阔的应用前景，但目前国内工程应用案例不多。本书阐述了紫外高级氧化工艺原理及典型工艺组合，重点介绍了 UV/H_2O_2、UV/H_2O_2/O_3 及 UV/H_2O_2/Cl_2 和 UV/H_2O_2/BAC（生物活性炭）组合工艺相关研究成果，构建了紫外高级氧化技术的工程应用体系，建成德州庆云双龙湖水厂和潍坊北控坊子水厂紫外高级氧化典型工程案例，实现了供水行业高级氧化工程零的突破，并基于此编制了高级氧化技术导则，初步实现了标准化。

（6）膜法水处理组合工艺集成技术及应用

膜技术在水处理领域受到了广泛重视，被誉为 21 世纪最有前途的水处理技术之一。但需与吸附、混凝、生物、氧化等工艺相结合。本书阐述了膜法水处理技术原理、超滤膜和纳滤膜及其组合工艺在湖库水源净化中的应用，并介绍了国内超滤和纳滤膜工艺的典型应用案例，为湖库水源水厂的膜技术应用提供技术支撑和工程案例。

参考文献

[1] 中华人民共和国水利部 . 中国水资源公报 [R]. 北京：中华人民共和国水利部，2022.

[2] 中华人民共和国水利部 . 全国城市饮用水水源地安全保障规划 [R]. 北京：中华人民共和国水利部，2006.

[3] 中国城镇供水排水协会 . 中国城镇水务行业年度发展报告（2022）[M]. 北京：中国建筑工业出版社，2023.

[4] 中华人民共和国水利部 . 中国水资源公报 [R]. 北京：中华人民共和国水利部，2018.

[5] 中华人民共和国生态环境部 . 2020 中国生态环境状况公报 [R]. 北京：中华人民共和国生态环境部，2020.

[6] 中华人民共和国生态环境部 . 2022 中国生态环境状况公报 [R]. 北京：中华人民共和国生态环境部，2022.

[7] 中华人民共和国生态环境部 . 重点管控新污染物清单（2023 年版）[R]. 北京：中华人民共和国生态环境部，2022.

[8] Yang J F, Ying G G, Zhao J L, et al. Simultaneous determination of four classes of antibiotics in sediments of the Pearl Rivers using RRLC-MS/MS[J]. Sci Total Environ, 2010, 408(16): 3424-3432.

[9] Singer P C. DBPs in drinking water: Additional scientific and policy considerations for public health protection[J]. Journal American Water Works Association, 2006, 98(10): 73-80.

[10] 赵世嘏，高乃云，蒋福春，等 . 水库水中有机物特性对生成消毒副产物的影响 [J]. 给水排水，2011, 47(7): 119-124.

第2章

典型湖库水源水质特征分析

▲ 水质分析方法

▲ 湖库水质评价

▲ 特征污染物分析

▲ 典型湖库水源水质问题

为保障城镇居民饮用水安全，依托“十一五”至“十三五”国家水专项项目 / 课题 / 子课题研究任务，项目团队梳理历年生态环境状况公报及各类文献资料，并对黄河下游流域、淮河流域、胶东半岛及南水北调东线受水区等重点流域地区的 20 余个水源地的水质特征展开调查研究。常规指标主要以《地表水环境质量标准》（GB 3838—2002）等标准为主，涵盖无机指标、有机指标、生物指标，并对嗅味物质、全氟化合物、环境激素等新污染物进行定性、定量分析，通过对检测数据的分析比对和模型解析，掌握不同类型水源地水质特征，总结凝练污染特征，为后续饮用水水质净化技术提供数据支撑和支持。

2.1 水质分析方法

2.1.1 采样点布设

针对黄河下游及南水北调东线受水区供水水源种类多样、污染物种类复杂、水质风险不明确等难题，选取典型引黄水库、南水北调湖库为研究对象，在收集、梳理并总结分析历史数据的基础上对重点水源进行调研。通过对检测数据的分析、比对和模型构建，总结不同类型水源的水质特征和主要污染问题。

收集、梳理并总结分析黄河下游流域、淮河流域、胶东半岛等重点流域的 18 个引黄湖库及 2 个南水北调湖库进行水质分析。对前期调研中已发现的可能影响水厂工艺运行和出厂水达标的水质指标以及具有健康风险的新污染物（如环境激素、全氟烷基酸、亚硝胺类物质、药物及个人护理品等）进行整理，厘清不同类型水源的水质特征与污染问题。

2.1.2 检测指标优选

国家环境监测总站在 20 世纪 90 年代初研究并提出了中国环境优先污染物黑名单，共收录了 68 种有毒化合物，其中有机毒物有 58 种，这些有机污染物都有配套的监测技术和标准样品。环境保护部在 2017 年公布了《优先控制化学品名录（第一批）》，生态环境部在 2020 年公布了《优先控制化学品名录（第二批）》，收录了 40 类化学物质。2022 年 3 月 15 日，国家市场监督管理总局发布新版《生活饮用水卫生标准》（GB 5749—2022），对指标进行了调整，其中水质指标调整为 97 项，水质参考指标调整为 55 项。2022 年 11 月 29 日，《重点管控新污染物清单（2023 年版）》由生态环境部 2022 年第五次部务会议审议通过，并经工业和信息化部、农业农村部、商务部、海关总署、国家市场监督管理总局同意后公布。

以《地表水环境质量标准》（GB 3838—2002）中基本项目与补充项目对Ⅲ类水的要求为基础，结合《生活饮用水卫生标准》（GB 5749）水质指标与水质参考指标，并借鉴国家环境监测总站的污染物黑名单及生态环境部公布的优先控制化学品名录、重点管控新污染物清单，筛选了以下指标作为研究的重点。

① GB 3838—2002 中基本项目和补充项目：水温、pH 值、溶解氧、高锰酸盐指数、化学需氧量等 29 项，阿特拉津、1,4-二氯苯、硼、锑、镍、钡、铊。

② GB/T 14848—2017 中常规指标：浑浊度、pH 值等 39 项。

③ 标准外综合性指标：透明度、悬浮物、PO_4^{3-}、放线菌、藻类计数及分类、叶绿素 a、三维荧光、分子量分布、定性筛查、DR/ER/AR/GR CALUX、UV_{254}（有机物在 254nm 波长紫外光下的吸光度）、TOC（总有机碳）、AOX（可吸附有机卤素）、总碱度、碳酸盐、碳酸氢盐、电导率、氧化还原电位、总硬度、溶解性总固体。

④ 新污染物指标：17 种全氟烷基酸、14 种嗅味物质、7 种亚硝胺类前质、9 种邻苯二甲酸酯、11 种雌激素、抗生素、农药、脱乙基阿特拉津、三卤甲烷生成势、卤乙酸生成势、高氯酸盐、纳米银、纳米金、纳米二氧化钛、纳米氧化锌。

a. 17 种全氟烷基酸：全氟丁酸、全氟戊酸、全氟丁烷磺酸、全氟已酸、全氟庚酸、全氟己烷磺酸、全氟辛酸、全氟壬酸、全氟辛烷磺酸、全氟癸酸、全氟十一酸、全氟癸烷磺酸、全氟十二酸、全氟十三酸、全氟十四酸、全氟十六酸、全氟十八酸。

b. 14 种嗅味物质：2-甲基异莰醇、土臭素、2-异丙基-3-甲氧基吡嗪、2-异丁基-3-甲氧基吡嗪、2,4,6-三氯苯甲醚、2,3,6-三氯苯甲醚、2,3,4-三氯苯甲醚、异佛尔酮、柠檬醛、紫罗兰酮、二甲基硫醚、二乙基硫醚、二甲基二硫醚、二甲基三硫醚。

c. 7 种亚硝胺类前体物：亚硝基二甲胺、亚硝基二乙胺、亚硝基吗啉胺、亚硝基甲基乙基胺、亚硝基二丙胺、亚硝基吡啶胺、亚硝基吡咯胺。

d. 9 种邻苯二甲酸酯：邻苯二甲酸二戊酯、邻苯二甲酸二已酯、邻苯二甲酸二环已酯、邻苯二甲酸二（丁氧基乙）酯、邻苯二甲酸二苯酯、邻苯二甲酸二甲酯、邻苯二甲酸二（2-乙基已基）酯、邻苯二甲酸二乙酯、邻苯二甲酸二丁酯。

e. 11 种雌激素：雌酮、雌二醇、雌三醇、双酚 A、四溴双酚 A、三氯卡班、三氯生、已烯雌酚、壬基酚、炔雌醇、4-正辛基酚。

f. 5 种磺胺类抗生素：磺胺二甲基嘧啶、磺胺二甲氧嘧啶、磺胺甲噁唑、磺胺嘧啶、磺胺氯哒嗪。

g. 农药：2-氯酚、2,4-二氯酚、2,4,6-三氯酚、五氯酚、2,4-D（2,4-二氯苯氧乙酸）、乙草胺、甲胺磷、马拉硫磷、内吸磷、对硫磷、甲基对硫磷、敌敌畏、敌百虫、乐果、灭草松、毒死蜱、林丹、百菌清、溴氰菊酯、滴滴涕、草甘膦、甲萘威。

2.1.3 样品采集与保存

各点位样品的采集、水样保存容器的洗涤、样品保存等，按照《地表水和污水监测技术规范》（HJ/T 91—2002）、《生活饮用水标准检验方法　第 2 部分：水样的采集与保存》（GB/T 5750.2—2023）等相关规定执行。

2.1.3.1 采样器材准备

采样器材主要是采样器和水样容器。关于水样保存及容器洗涤方法见表 2-1。其所列洗涤方法，指对已用容器的一般洗涤方法。如新启用容器，则应事先做更充分的清洗，容器应做到定点、定项。

表 2-1 水样保存与容器洗涤方法

项目	采样容器	保存剂及用量	保存期	采样量 /mL[③]	容器洗涤方法
浊度[①]	G/P	—	12h	250	Ⅰ

续表

项目	采样容器	保存剂及用量	保存期	采样量 /mL③	容器洗涤方法
色度①	G/P	—	12h	250	Ⅰ
pH 值①	G/P	—	12h	250	Ⅰ
电导①	G/P	—	12h	250	Ⅰ
悬浮物②	G/P	—	14d	500	Ⅰ
COD（化学需氧量）	G	加 H_2SO_4，pH ≤ 2	2d	500	Ⅰ
高锰酸盐指数②	G	—	2d	500	Ⅰ
DO①	溶解氧瓶	加入硫酸锰，碱性 KI 叠氮化钠溶液，现场固定	24h	250	Ⅰ
TOC	G	加 H_2SO_4，pH ≤ 2	7d	250	Ⅰ
F^-②	P	—	14d	250	Ⅰ
Cl^-②	G/P	—	30d	250	Ⅰ
Br^-②	G/P	—	14h	250	Ⅰ
NO_2^--N②	G/P	—	24h	250	Ⅰ
NO_3^--N②	G/P	—	24h	250	Ⅰ
SO_4^{2-}②	G/P	—	30d	250	Ⅰ
PO_4^{3-}	G/P	NaOH、H_2SO_4 调 pH=7，$CHCl_3$ 0.5%	7d	250	Ⅳ
总磷	G/P	HCl、H_2SO_4，pH ≤ 2	24h	250	Ⅳ
氨氮	G/P	H_2SO_4，pH ≤ 2	24h	250	Ⅰ
总氮	G/P	H_2SO_4，pH ≤ 2	7d	250	Ⅰ
Be	G/P			250	Ⅲ
B	P			250	Ⅰ
Na	P			250	Ⅱ
Mg	G/P			250	Ⅱ
K	P			250	Ⅱ
Ca	G/P			250	Ⅱ
Mn	G/P	HNO_3，1L 水样中加浓 HNO_3 10mL	14d	250	Ⅲ
Fe	G/P			250	Ⅲ
Ni	G/P			250	Ⅲ
Cu	P			250	Ⅲ
Ag	G/P			250	Ⅲ
Cd	G/P			250	Ⅲ
Zn	P			250	Ⅲ

续表

项目	采样容器	保存剂及用量	保存期	采样量 /mL③	容器洗涤方法
Cr（Ⅵ）	G/P	NaOH，pH=8 ～ 9	14d	250	Ⅲ
As	G/P	HNO_3，1L 水样中加浓 HNO_3 10mL；DDTC（铜试剂）法，HCl 2mL	14d	250	Ⅰ
Se	G/P	HCl，1L 水样中加浓 HCl 2mL	14d	250	Ⅲ
Sb	G/P	HCl，0.2%（氢化物法）	14d	250	Ⅲ
Hg	G/P	HCl（1%），如水样为中性，1L 水样中加浓 HCl 10mL	14d	250	Ⅲ
Pb	G/P	HNO_3（1%），如水样为中性，1L 水样中加浓 HNO_3 10mL	14d	250	Ⅲ
农药类②	G	加入抗坏血酸 0.01 ～ 0.02g 除去残余氯	24h	1000	Ⅰ
除草剂类②	G			1000	Ⅰ
邻苯二甲酸酯类②	G			1000	Ⅰ
挥发性有机物②	G	用 1+10 HCl 调至 pH=2，加入 0.01 ～ 0.02g 抗坏血酸除去残余氯	12h	1000	Ⅰ
甲醛②	G	加入 0.2 ～ 0.5g/L 硫代硫酸钠除去残余氯	24h	250	Ⅰ
酚类②	G	用 H_3PO_4 调至 pH=2，用 0.01 ～ 0.02g 抗坏血酸除去残余氯	24h	1000	Ⅰ
微生物②	G	加入硫代硫酸钠至 0.2 ～ 0.5g/L 除去残余物，4℃保存	12h	250	Ⅰ
生物②	G/P	不能现场测定时用甲醛固定	12h	250	Ⅰ

① 应尽量做现场测定。

② 低温（0 ～ 4℃）避光保存。

③ 单项样品的最少采样量。

注：1. 4 种洗涤方法，如下：

Ⅰ表示洗涤剂洗 1 次，自来水洗 3 次，蒸馏水洗 1 次；

Ⅱ表示洗涤剂洗 1 次，自来水洗 2 次，1+3 HNO_3 荡洗 1 次，自来水洗 3 次，蒸馏水洗 1 次；

Ⅲ表示洗涤剂洗 1 次，自来水洗 2 次，1+3 HNO_3 荡洗 1 次，自来水洗 3 次，去离子水洗 1 次；

Ⅳ表示铬酸洗液洗 1 次，自来水洗 3 次，蒸馏水洗 1 次。

2. 经 160℃干热灭菌 2h 的微生物、生物采样容器，必须在两周内使用，否则应重新灭菌；经 121℃高压蒸汽灭菌 15min 的采样容器，如不立即使用，应于 60℃将瓶内冷凝水烘干，两周内使用。细菌监测项目采样时不能用水样冲洗采样容器，不能采混合水样，应在单独采样后 2h 内送实验室分析。

3. G 为硬质玻璃瓶；P 为聚乙烯瓶（桶）。

2.1.3.2 采样方法

（1）采样器

根据研究所需检测的指标和采样点的需要，选择聚乙烯塑料桶和直立式采水器两种采样器。

（2）采样数量

在地表水质监测中通常采集瞬时水样，因此本研究采集瞬时样作为研究对象。所需水样量根据表 2-1 进行梳理并统计所需保存容器。根据前期统计，所需容器为：3 个 5L 塑料桶，1 个溶解氧瓶，6 个 5L 棕色玻璃瓶，2 个顶空瓶，2 个 500mL 无菌瓶，2 个 NaOH 处理的 500mL 玻璃瓶。

（3）保存

在水样采入或装入容器中后，应立即按表 2-1 的要求加入保存剂。

（4）注意事项

① 认真填写“水质采样记录表”，用签字笔或硬质铅笔在现场记录，字迹应端正、清晰，项目完整。

② 保证采样按时、准确、安全。

③ 采样结束前，应核对采样计划、记录与水样，如有错误或遗漏应立即补采或重采。

④ 测溶解氧、生化需氧量和有机污染物等项目时，水样必须注满容器，上部不留空间，并有水封口。

⑤ 测定油类、BOD_5（五日生化需氧量）、DO（溶解氧）、硫化物、余氯、粪大肠菌群、悬浮物、放射性等项目时要单独采样。

2.1.3.3　水样的保存及运输

按照表 2-1 的要求加入保存剂予以保存，并在保存期限内返回化验室。

凡能做现场测定的项目均应在现场测定。水样运输前应将容器的外（内）盖盖紧。装箱时应用泡沫塑料等分隔，以防破损。箱子上应有“切勿倒置”等明显标志。同一采样点的样品瓶应尽量装在同一个箱子中。

2.1.4　检测方法体系构建

研究所用的检测方法，选用国家标准或行业标准方法，优先使用高通量、高灵敏、低成本、绿色高效的检测方法。对于无标准方法或标准方法不适用的指标，研发、完善了相关检测方法。

梳理《生活饮用水卫生标准》（GB 5749—2022）、《地表水环境质量标准》（GB 3838—2002）和《地下水质量标准》（GB/T 14848—2017）等标准及相关检测方法、规范，以城市供水水质检测技术体系为主线，针对我国新版生活饮用水标准检验方法（GB/T 5750.1 ～ 13—2023）中新增、完善及修订的标准方法，兼顾新污染物检测需求，综合运用高灵敏高通量富集手段和检测技术，引入高效、简便的水样前处理替代技术，研发新污染物的高通量筛查检测技术方法，并开展标准化研究、验证和应用，构建高效实用的饮用水安全检测评估规范化技术体系。

2.1.4.1　水质综合评估方法

（1）达标率评定

根据《地表水环境质量标准》（GB 3838—2002）Ⅲ类水质标准对各地表水源进行单因子

合格率评价，并确定各水源地综合水质状况。此外，针对地表水富营养化状况及综合水质情况，分别采用相关加权综合营养状态指数法、综合水质指数模型进行水质评价。

（2）单因子评价法

采用单因子评价法、《地表水资源质量评价技术规程》（SL 395—2007）中湖库营养状态评价方法及美国科学院提出的健康风险评价等方法进行综合性评估。单因子评价法依据《地表水环境质量标准》（GB 3838—2002）Ⅲ类水质标准和《地下水质量标准》（GB/T 14848—2017）Ⅲ类水质标准，将水质污染状况划分为“达标”和“不达标”两类，当至少有一项指标的浓度值大于其容许限值时，评价结果即为“不达标”。

（3）富营养化评价

本研究中采用的富营养化评价方法参考了金相灿等编著的《湖泊富营养化调查规范》（第二版）。湖库营养状态评价方法通过总磷、总氮、叶绿素 a、高锰酸盐指数和透明度等指标计算营养状态指数，将水体分为贫营养状态、中营养状态和富营养状态。采用相关加权综合营养状态指数（TSI）来表示湖库的营养状况。该方法以叶绿素 a（Chl a）营养状态指数为基准，将透明度（SD）、总氮（TN）、总磷（TP）的营养状态指数一同与其进行相关加权综合。为了说明水体的营养状态情况，采用 0 ～ 100 的一系列连续数字对湖泊营养状态进行分级：TSI ＜ 30，贫营养状态；30 ≤ TSI ≤ 50，中营养状态；TSI ＞ 50，富营养状态。同一营养状态下，指数值越高，其营养程度越重。计算公式如下：

$$\mathrm{TSI(Chl\ a)}=10\times(2.5+0.995\ln \mathrm{Chl\ a}/\ln 2.5)$$

$$\mathrm{TSI(TP)}=10\times(9.436+1.488\ln \mathrm{TP}/\ln 2.5)$$

$$\mathrm{TSI(TN)}=10\times(5.453+1.552\ln \mathrm{TN}/\ln 2.5)$$

$$\mathrm{TSI(SD)}=10\times(5.118-1.778\ln \mathrm{SD}/\ln 2.5)$$

$$\mathrm{TSI(COD)}=10\times(0.109+2.661\ln \mathrm{COD})$$

$$\mathrm{TSI}\ (\textstyle\sum)=\sum_{j=1}^{m}W_j\mathrm{TSI}(j)$$

式中　$\mathrm{TSI}\ (\sum)$——综合营养状态指数；

$\mathrm{TSI}(j)$——第 j 种参数的营养状态指数；

W_j——第 j 种参数的营养状态指数的相关权重。

以 Chl a 作为基准参数，则第 j 种参数的归一化相关权重计算公式为：

$$W_j=\frac{r_{ij}^2}{\sum_{j=1}^{m}r_{ij}^2}$$

式中　r_{ij}——第 j 种参数与基准参数 Chl a 的相关系数；

m——评价参数的个数。

r_{ij}^2 及权重见表 2-2。

表 2-2　中国湖泊部分参数与 Chl a 的相关系数及权重

参数	Chl a	TP	TN	SD	COD_{Mn}
r_{ij}^2	1	0.7056	0.6724	0.6889	0.6889
权重	0.2663	0.1879	0.1790	0.1834	0.1834

（4）生态风险评估

采用研究最广泛使用的风险商（risk quotient，RQ）来进行生态风险评估。风险商 RQ 的计算公式为：

$$RQ=MEC/PNEC$$

式中　MEC——实际样品中目标物质的检出浓度；

　　PNEC——该物质的预测无效应浓度。

PNEC 值可根据评估因子法和物种敏感度分布法来获取，RQ 值风险评估共 4 个等级，分别为较小风险（RQ ＜ 0.01）、低等风险（0.01 ⩽ RQ ＜ 0.1）、中等风险（0.1 ⩽ RQ ＜ 1）和高风险（RQ ⩾ 1）。

2.1.4.2　有机污染物特性解析方法

（1）三维荧光“指纹”分析

三维荧光光谱（excitation-emission-matrix spectra，EEMS）能够提供样品的光谱“指纹”，可以提高对不同荧光团的分辨能力，使其更适合复杂混合物的分析。三维荧光光谱图可以表示为激发波长（λ_{ex}）、发射波长（λ_{em}）以及荧光发射强度构成的激发发射矩阵（EEM）。三维荧光光谱可以认为是一种光谱指纹，能够唯一地指示荧光物质及相应的环境信息，对待测物质进行实时和无损监测，并且操作简单。三维荧光光谱主要有两个特点：一是高维数据能够包含更多的信息；二是样本的特征信息往往与激发-发射峰值强度相关。

三维荧光光谱数据是一种二维矩阵形式，称为激发发射矩阵（excitation emission matrix，EEM）。每个三维荧光光谱有上万个数据点，因此需要一些相应的特征提取和分析方法来获取其中蕴含的光谱信息。最基本的方法之一是拾峰法，将 EEM 以等高线的形式绘出，则可以根据人工经验选择主要峰的位置、荧光强度，来区分和确定不同的有机物。直接选取预定义区域中特征位置处荧光强度的方法较为常用。根据预定义区域的不同，峰值法可分为两种：一种是挑选指定区域内固定激发和发射波长下的荧光强度；另一种是在指定的较小区域内机械地提取最大荧光强度，忽略样品间峰值位置所在的激发和发射波长的偏移。在上述两种方法中，第二种方法应用较为普遍，通过荧光强度的变化可以揭示不同荧光组分含量的变化。

荧光区域积分法（fluorescence regional integration，FRI）将三维荧光光谱按激发 / 发射波长区域划分为 5 个部分，代表 5 种不同类型的有机物，包括芳香蛋白类物质Ⅰ区、芳香蛋白类物质Ⅱ区、富里酸类物质Ⅲ区、溶解性微生物代谢产物Ⅳ区以及腐殖酸类物质Ⅴ区。作为一种半定量方法，FRI 因其表征 DOM（溶解性有机物）组成和变化的能力而被广泛应用于水体检测，其体积比和响应百分比甚至可以评估腐殖化程度并有助于提高处理效率。也有研究发现荧光量与水质指标之间存在显著相关性，例如消毒副产物，它提供了在实时监测中应用 FRI 的潜力。与单峰强度评价相比，体积反映的是一组结构相似、区别可忽略的物质，这是 FRI 最显著的优势。然而无论是拾峰法还是 FRI 方法，使用和研究中均存在物质荧光峰重叠而带来的难检测等问题。

主成分分析（principal component analysis，PCA）和平行因子分析（parallel factor analysis，PARAFAC）利用算法将数据从高维度转换为低维度或减少变量的数量。这些方法可以分解混合荧光光谱，不仅能进行更详细的定性分析，还可以进行半定量分析。PCA 是一种典型的一阶校正算法，其中心思想是使用几个不相关的变量来减少数据集的维数，以替代大量相关的变量，同时尽可能多地保留数据集中存在的变化。PARAFAC 是一种处理数据最常用的算法，基于最小二乘法，PARAFAC 可以将荧光信号分解为潜在的单个荧光组分，无需对荧光团的激发光谱和发射光谱进行额外的假设即可分离出不同的荧光团。相比于一阶校正算法，以平行因子分析法为代表的二阶校正算法无需对样本进行预处理，也不要求校正集完全覆盖预测集的荧光组成，近年，PARAFAC 已经成为了水质研究中的普遍做法。祝鹏等以太湖水样三维荧光光谱数据为例，提出在采用平行因子分析法处理后的荧光数据中提取荧光峰强度计算荧光峰比值进行水环境分析评价的方法，较直接在水样原始荧光谱图中获取的荧光峰强度更加准确客观。天然水体中各水样由于受荧光团复杂多样性等因素的影响，某类荧光物质荧光峰的激发发射波长位置并不是固定不变的，就同一水样而言各类荧光峰之间的相互重叠干扰也将影响到荧光峰强度和位置的准确判断。

（2）LC-OCD-OND 分子量表征

液相色谱-有机碳检测（LC-OCD）作为一项表征 DOM 分子量特征的新技术，可以对水体中 DOM 和有机杂质分子进行定性和定量分析。定性分析是基于尺寸排阻色谱（SEC），将 DOM 分为疏水性有机物和亲水性有机物，亲水性有机物又按照分量子大小被分离，分成生物聚合物、类腐殖质物质、腐殖质降解产物、小分子有机物和小分子酸，利用紫外检测器（UVD）、有机碳检测器（OCD）和有机氮检测器（OND）对各组分进行定量检测。另外，生物聚合物和腐殖质组分的氮含量也可以被测量。腐殖质物质可以用 HS（腐殖质）图进一步分析，HS 图绘制了 HS 的芳香度与分子量的关系，该图可以提供关于水源的信息，用连续的图谱代替腐殖酸和富里酸进行分别测定。对于生物聚合物，可以确定其结合氮的量，这代表了该部分蛋白质含量。LC-OCD 是一种稳定、灵敏的检测方法，目前国内应用尚处于起步阶段。

① 生物聚合物（BP）：该技术使用的色谱柱的分离范围为 100 ～ 10000（分子量），该组分的分子量应为 10000 或更高。在大多数情况下，该组分在 UVD 中没有反应（没有不饱和结构），但在 OND 中有一些反应。这表明含氮物质（如蛋白质或氨基糖）的存在。多糖被认为是细胞外聚合物质（EPS）的主要成分，EPS 也含有蛋白质，由于 EPS 也是一个通用术语，因此选择术语生物聚合物来表征这部分。

② 腐殖质（HS）：通过腐殖酸的标准物质，测定出腐殖质在色谱柱上的保留时间和分子量的关系，再配以适合的 HS 峰拟合方法，LC-OCD 可以用于测定天然水体中的腐殖质。

③ 腐殖质降解产物（BB）：这一部分在腐殖质标准物质中并不存在，常出现于天然水体中。在 HS 存在的前提下，较低的能量（如超声）会导致该组分的生成，相关研究表明，与 HS 相比，腐殖质降解产物不能被絮凝工艺去除。UVD 对这部分的响应是高度可变的。当色谱

柱的分辨率增加时（例如通过串联两根色谱柱），该组分还可被分离成几个子组分。这表明该组分为HS的分解产物。因此，该组分定义为低分子量类似HS的降解产物。

④ 小分子酸性物质（LMWA）：小分子酸性物质的峰是由离子效应形成的，流动相为缓冲溶液，固定相为弱离子交换树脂，注入的样品为非缓冲性质的。在这种情况下，样品中的非缓冲物质会导致小分子阴离子和树脂之间产生阴离子排斥力。缓冲溶液中性pH环境中的小分子酸，在非缓冲性质的样品中会展现出一个压缩峰。鉴于这种离子效应，几乎所有的小分子酸都会在此处出峰。然而，少量LMW-HS（低分子量腐殖质）与LMWA会同时流出色谱柱，经验公式允许在LMW-HS存在的情况下定量LMWA。

⑤ 小分子中性物质（LMWN）：这部分物质最典型的性质是低分子量和低离子密度，其对于UVD几乎没有响应。总体性质意味着这些物质为低分子醇类、醛类、酮类和糖类，也可能是氨基酸。在地表水中，不同的峰会重叠，然而在分析地下水过程中几乎不出现该峰，这表明该组分具有极其复杂的组成。

⑥ 疏水性有机碳（HOC）：有时，以上组分经过色谱柱的DOC测定值的和比不经过色谱柱的DOC浓度低，这表明在特定的分析时间内有一部分组分保留在色谱柱上，这部分暂时保留在色谱柱上的组分称为疏水性有机碳。

（3）SUVA有机物芳香度分析

SUVA为计算值，是254nm波长下UV光的吸光度和溶解性有机碳浓度的比值，SUVA= UV_{254}/DOC，主要表征水中有机物的芳香程度。紫外吸光度（UV_{254}）是20世纪70年代提出的评价水中有机污染物的指标，是衡量水中有机物指标的一项重要控制参数。日本已于1978年将UV_{254}值列为水质监测的正式指标，欧洲也已将其作为水厂去除有机物效果的监测指标。国内外许多文献资料表明水中UV_{254}值的大小和水中色度、TOC、DOC、COD等具有一定的相关性，可间接反映水中有机物污染的程度。DOC为溶解性有机碳，是总有机碳的组成部分。水中的有机物种类很多，目前还不能全部进行分离鉴定，水中碳的形式包括非挥发性有机碳（如糖类）、挥发性有机碳（如硫醇、烷烃、醇等）、部分挥发性碳（低分子量的油）等，是一项快速检定水质的综合指标，通常作为评价水体有机物污染程度的重要依据。

（4）AOX消毒副产物总量测试

可吸附有机卤素（AOX）是一种含有氯、溴、碘等卤素的有机物，是一个综合指标，它越来越多地被用于表征饮用水中潜在有害的有机卤化物。饮用水大部分采用氯和氯胺等消毒剂消毒，消毒后会产生各种类别的已知和未知的含卤素的消毒副产物，已知的消毒副产物包括三卤甲烷、卤乙酸、卤代硝基甲烷、卤代乙酰胺、卤乙腈和卤代苯醌等，已经识别出的消毒副产物绝大部分为卤代化合物。尽管发现了大量的卤代消毒副产物，但这些化合物仍然为饮用水中检测到的有机卤化物的小部分。虽然发现了一些消毒副产物有健康风险，但是大部分消毒副产物的毒性和健康风险是未知的。另外，导致摄入氯化饮用水与健康风险的关联性的消毒副产物尚未被确认。AOX的测定可以更好地表征卤代消毒副产物的总体形成。AOX的检测方法可以捕获水中的大部分有机卤化物，其中许多不能通过单一有机卤素化合物的分析方法来测定。AOX的检测是表征卤代消毒副产物的总体形成情况的唯一方法，也是单一卤代消毒副产物检测的替代方法。

2.1.4.3 高分辨质谱筛查技术与高通量质谱定量分析方法优化

（1）高分辨质谱筛查技术

结合固相萃取样品制备技术，基于高分辨飞行时间质谱和高分辨轨道肼质谱两种原理及液相-飞行时间质谱（LC-QTOF）、大气压气相色谱-飞行时间质谱（APGC-QTOF）、液相-高分辨轨道阱质谱（LC-orbitrap）和气相-高分辨轨道阱质谱（GC-orbitrap）4 种数据采集模式，分别在正负离子模式下，对样品中可能存在的痕量有机物进行全质量数扫描与 MS^2 或者 MS^E 碎片离子扫描，通过选择精确质量数据库（NIST 或者其他数据库）、设置保留时间、设定精确质量数据和质量偏差以及同位素模型等参数降低假阳性和假阴性结果的干扰，获得可能的分子式清单和分子结构，实现目标物的高通量快速筛查。

筛查方法主要涉及精确质量数据库的选择、保留时间参数设置、精确质量数据参数设计、同位素模型参数设置等方面。采用固定的色谱柱、色相色谱方法，可以保证化合物统一的保留时间。通过保留时间的限制，尽可能地将化合物在色谱上进行分离，再结合精确质量数据库可达到更可靠的筛查效果。除了保留时间、精确质量、质量偏差等标准参数，化合物的筛查流程还引入了同位素拟合的概念，将实际值和理论同位素值进行对比，增加、完善了判断条件。这主要是因为化合物具备的同位素簇信息对于定性具有重要意义。通过离子的化学式自动生成相应的同位素峰理论信息，自动与测定值相比较。化合物的同位素分布与同位素丰度信息在检索中的得分作为筛查的一项重要参数和判断依据。

采用以上有机污染物时的靶向筛查策略。首先，在既定的质谱仪器条件和模式下采集水库样品的质谱信息、获取质谱谱图，再对获取的谱图进行解析。分别对质谱谱图中的峰进行背景信号扣除、识别、过滤、对齐、提取，得到精确质量数、碎片离子信息、裂解规律、同位素比例等信息。应用相关质谱数据库将样品解析的结果进行检索、比对和识别。对比样品与同一筛查方法数据库中化合物的信息，包括精确质量数、同位素分布、碎片离子信息等内容。当保留时间与数据库中标准化合物的保留时间偏差在 ±5% 之内、母离子和子离子质量数与数据库中标准化合物精确质量数的相对偏差≤ 5×10^{-6}、同位素分布一致时，可确定试样中含有该种化合物。

（2）高通量质谱定量分析方法优化

在有机物检测方面，串联质谱是一种更为精准的物质定性、定量分析技术，更加适于水中超低浓度有机物的筛查与检测。对于易挥发及半挥发性有机物，利用气相色谱-串联质谱法，通过建立样品制备方法、优化色谱升温条件、比选色谱柱，并开展精密度、准确度、灵敏度等方面的验证与评价，实现了挥发性卤代烃、嗅味物质、有机氯、消毒副产物等挥发性有机化合物的高通量检测。对于不挥发或难挥发性有机物，可利用（超）高效液相色谱-串联质谱法，通过比选液相色谱柱、优化流动相组分与比例、优化质谱条件等，并开展精密度、准确度、灵敏度等方面的验证与评价，实现了抗生素、农药、全氟化合物、有机酸等的高通量检测。

在金属检测方面，电感耦合等离子体质谱法（ICP-MS）具有精密度高、线性范围宽、简便快速的特点，且可实现多元素同时测定，也可与气相色谱、液相色谱分离系统联用，在水系统中金属及半金属元素定量、半定量及形态分析方面的应用越来越广泛。通过优化仪器参数、比选反应模式，建立了 22 种金属的高通量检测方法；将 ICP-MS 与气相色谱分离系统、液相色谱分离系统联用，通过优化色谱与ICP-MS的条件，建立了11种金属组分（有机金属、金属价态分析等）的分离与检测方法。

在无机阴离子检测方面，随着溴代、碘代等新型消毒副产物以及氯酸盐、高溴酸盐等污染物的不断检出，传统离子色谱法的灵敏度无法满足对其检测需求。近年来，离子色谱法与质谱联用技术及配套仪器设备已得到商品化应用，显著提高了检测的灵敏度。此外，在有机酸等消毒副产物前体物的高通量检测方面，离子色谱-质谱法也展现出了明显的优势。通过优化仪器条件，建立了溴代、碘代消毒副产物的检测方法，弥补了检测标准方法的空白。

针对化合物物理化学性质，选择并建立样品前处理方法，优化色谱分离条件、质谱检测模式与条件，形成高通量质谱检测方法。依托水专项项目 / 课题，研究形成了包含229种化合物的19个高通量检测方法（见表2-3）。

表2-3　研究形成的高通量检测方法汇总

物质类别	物质名称	方法
消毒副产物	卤乙腈和卤代硝基甲烷：氯乙腈、二氯乙腈、三氯乙腈、溴乙腈、二溴乙腈、溴氯乙腈、氯硝基甲烷、二氯硝基甲烷、三氯硝基甲烷、溴硝基甲烷、二溴硝基甲烷、溴氯硝基甲烷	液液萃取-气相色谱-质谱法
	亚硝胺：*N*-亚硝基二甲胺、*N*-亚硝基甲乙胺、*N*-亚硝基二乙胺、*N*-亚硝基二丙胺、*N*-亚硝基哌啶、*N*-亚硝基二丁胺、*N*-亚硝基吡咯烷	固相萃取-气相色谱-质谱法
	卤代苯醌：二氯对苯醌、四氯对苯醌、二溴对苯醌、四溴对苯醌、2,3-二溴-5,6-二甲基对苯醌	固相萃取-液相色谱-质谱法
	卤乙酸：一氯乙酸、二氯乙酸、三氯乙酸、一溴乙酸、二溴乙酸、三溴乙酸、二氯一溴乙酸、一氯一溴乙酸、二溴一氯乙酸	直接进样-液相色谱-质谱法
嗅味物质	2-异丙基-3-甲氧基吡嗪、异佛尔酮、2-异丁基-3-甲氧基吡嗪、2-甲基异莰醇、*β*-环柠檬醛、2,4,6-三氯苯甲醚、2,3,6-三氯苯甲醚、土臭素、2,3,4-三氯苯甲醚	固相萃取-气相色谱-质谱法
	二甲基硫醚、二乙基硫醚、二甲基二硫醚、二甲基三硫醚	吹扫捕集-气相色谱-质谱法 顶空-三重四极杆气相色谱-质谱法
塑化剂	邻苯二甲酸二甲酯、邻苯二甲酸二乙酯、邻苯二甲酸二丁酯、邻苯二甲酸二戊酯、邻苯二甲酸二己酯、邻苯二甲酸二（丁氧基乙）酯、邻苯二甲酸二环己酯、邻苯二甲酸二苯酯	固相萃取-气相色谱-质谱法
挥发性卤代烃（33种）	三氯甲烷、四氯化碳、一氯二溴甲烷、二氯一溴甲烷、1,2-二氯乙烷、二氯甲烷、1,1,1-三氯乙烷、三溴甲烷、乙苯、邻二甲苯、间二甲苯、对二甲苯、1,1-二氯乙烯、1,2-二氯乙烯、1,2-二氯苯、1,4-二氯苯、三氯乙烯、1,2,4-三氯苯、1,2,3-三氯苯、1,3,5-三氯苯、四氯乙烯、甲苯、环氧氯丙烷、苯、苯乙烯、氯乙烯、氯苯、1,1,2-三氯乙烷、三氯乙醛、六氯丁二烯、氯丁二烯、异丙苯、丙烯腈	吹扫捕集-气相色谱-质谱法
多氯联苯（9种）	2,4,4′-三氯联苯、2,2′,5,5′-四氯联苯、2,2′,4,5,5′-五氯联苯、2,3′,4,4′,5-五氯联苯、2,2′,3,4,4′,5′-六氯联苯、2,2′,4,4′,5,5′-六氯联苯、2,2′,3,4,4′,5,5′-七氯联苯、2,2′,3,3′,4,4′,5,5′-八氯联苯、2,2′,3,3′,4,4′,5,5′,6-九氯联苯	固相萃取-气相色谱-质谱法

续表

物质类别	物质名称	方法
氯苯类（9 种）	邻二氯苯、间二氯苯、1,2,3-三氯苯、1,2,4-三氯苯、1,3,5-三氯苯，1,2,3,4-四氯苯、1,2,3,5-四氯苯、1,2,4,5-四氯苯、六氯苯	固相萃取-气相色谱法
硝基苯类（15 种）	硝基苯、邻二硝基苯、间二硝基苯、对二硝基苯、2,4-二硝基甲苯、邻硝基氯苯、间硝基氯苯、对硝基氯苯、2,4-二硝基氯苯、2,4,6-三硝基甲苯、邻硝基甲苯、间硝基甲苯、对硝基甲苯、2,6-二硝基甲苯、3,4-二硝基甲苯	固相萃取-气相色谱法
全氟烷基酸（14 种）	全氟庚酸、全氟己酸、全氟丁烷磺酸、全氟辛酸、全氟己烷磺酸、全氟壬酸、全氟癸酸、全氟辛烷磺酸、全氟十二烷酸、全氟十四烷酸、1*H*,1*H*,2*H*,2*H*-全氟辛烷磺酸、1*H*,1*H*,2*H*,2*H*-全氟己烷磺酸、*N*-甲基全氟辛烷磺酰胺乙酸、*N*-乙基全氟-1-己烷磺酸	固相萃取-液相色谱-质谱法
环境激素类（7 种）	17*β*-雌二醇、雌三醇、17*α*-炔雌醇、壬基酚、4-正辛基酚、双酚 A、四溴双酚 A	固相萃取-液相色谱-质谱法
农药类（47 种）	地乐酚、仲丁威、2,4,5-涕丙酸、氧乐果、杀线威、甲基硫菌灵、甲草胺、涕灭威、绿麦隆、烯草酮、茅草枯、敌草快、敌草隆、异丙隆、丁草胺、二甲四氯、二甲四氯丙酸、甲氧毒草安、禾草敌、二甲戊灵、毒莠定、西玛津、特丁津、氟乐灵、二甲四氯丁酸、2,4-滴丙酸、2,4-滴丁酸、2,4,5-涕、麦草畏、治螟磷、甲拌磷、久效磷、乙拌磷、乐果、呋喃丹、敌敌畏、阿特拉津、甲基对硫磷、马拉硫磷、对硫磷、灭草松、毒死蜱、2,4-D、五氯酚、溴氰菊酯、乙草胺、甲胺磷	直接进样-液相色谱-质谱法
多环芳烃（8 种）	苯并［*a*］芘、苯并［*g*, *h*, *i*］苝、苯并［*b*］荧蒽、苯并［*k*］荧蒽、荧蒽、茚并［1,2,3-*c*, *d*］芘、萘、蒽	固相萃取-高效液相色谱法
金属（22 种）	铁、锰、铜、锌、铝、钴、钛、砷、硒、铬、铅、铍、锑、铊、镉、钒、镍、钼、汞、钡、硼、银	ICP-MS 法
金属形态（11 种）	硒酸根、亚硒酸根	色谱-ICP-MS 法
	四乙基铅、甲基汞、乙基汞	
	砷酸根、亚砷酸根	
	纳米 Au、Ag、TiO_2、ZnO	电感耦合等离子体质谱法

2.2 湖库水质评价

2.2.1 引黄调蓄水库

2.2.1.1 水质达标情况

于 2021 ～ 2022 年对黄河下游典型引黄水库水质进行调查研究。根据《地表水环境质量标准》（GB 3838—2002）Ⅲ类水质标准，采样期间各水库总氮、总磷超标较严重。在空间上，总氮、总磷浓度差别不大，低于南水北调湖库；从时间来看，总氮浓度枯水期高于丰水期，总磷则以丰水期含量较高，可能与雨季较多的污染物随地表径流进入水库有关。其他超标指标包括氯化物、硫酸盐、化学需氧量，主要集中在枯水期。丰水期仅总氮、总磷超标。

2.2.1.2 富营养化评价

采用综合相关加权富营养化指数（TSI）对采样期间各水源地营养状态进行了评价。结果显示，丰水期 TSI 范围在 28 ～ 63 之间变化，总体上属中营养-富营养化水体，多数为中营养化水体。

在枯水期，所有湖库水源的 TSI 在 32 ～ 48 之间波动，为中营养化水体。与丰水期相比，枯水期 TSI 处于较低水平，可能与该时期较低的降雨量有关。因为在降雨量较低的情况下，随地表径流进入湖库水体的营养盐负荷也会较低。叶绿素 a 是反映藻类生物量的指标，冬季水温较低时藻类生长较慢，现存藻类生物量较低，因此表现出较低的叶绿素 a 含量。总体来说，湖库水源的 TSI 变化与季节引起的降雨量、水温以及因此导致的较低的藻类生物量和营养盐密切有关。

2.2.1.3 典型污染物生态风险评价

引黄水库中全氟烷基酸、雌激素、农药和抗生素的生态风险评价结果显示，所有点位 PFAAs 的风险商（RQ）值都远低于 1，最高 RQ 值为 0.00072［PFOA（全氟辛酸）］，说明各水库 PFAAs 的生态风险较低。雌激素毒性等当量因子（EEF）取值参考文献：BPA（双酚 A）、4-NP（对硝基酚）的 EEF 值分别为 0.00011、0.00063。雌二醇（E2）的 PNEC（预测无效应浓度）取值 3.1ng/L，各引黄水库的 RQ 普遍小于 0.1（低等风险）。

2.2.2 南水北调调蓄湖库

本研究选取南水北调东线工程关键枢纽湖泊南四湖和东平湖作为研究对象，在采样期间对 2 个湖泊的水质进行调研。

2.2.2.1 水质达标情况

根据《地表水环境质量标准》（GB 3838—2002）Ⅲ类水质标准判定，2 个湖泊采样点水质总体处于Ⅲ～Ⅴ类水质。各点位超标指标集中在 TP、TN、BOD_5、COD_{Mn} 等。从时间上来看，2019 年 9 月水质较差，由于 2 个湖泊 TN 均超标；12 月水质较好，符合Ⅲ类标准。

2.2.2.2 富营养化评价

采样期间，采用综合加权营养状态指数对南四湖和东平湖的营养状态进行了评价。结果显示，2 个湖泊的应用状态指数均高于 50，为富营养状态，范围为 52.5 ～ 62.5。空间上看，2 个湖泊营养状态指数相近，但 12 月份东平湖明显高于南四湖。南四湖、东平湖是承接长江来水的重要调蓄湖泊，水体总氮含量明显低于流域其他水体，但总磷、叶绿素 a、高锰酸盐指数等有机物含量明显高于长江来水及受水区水库，引起富营养化程度的升高。针对此类水体，建议降低来水流速，减轻长江来水对南阳湖、东平湖中沉积物的冲刷，避免底泥有机物再悬浮及营养盐释放。

2.3 特征污染物分析

2.3.1 常规理化指标

2.3.1.1 pH 值

pH 值用于衡量水体酸碱度，是水体最重要的理化参数之一。《地表水环境质量标准》（GB 3838—2002）中 pH 值的 5 类标准限值均为 6 ～ 9。李子成等对我国湖库水环境质量现状进行调查分析，结果显示，大部分湖库 pH 值在标准范围内，178 个湖泊中 pH 值劣Ⅴ类占比 14.04%，494 个水库中 pH 值劣Ⅴ类占比 6.48%。刘增进等对南水北调中线工程水源地丹江口水库河南段水质状况进行研究，2006 ～ 2015 年库区 pH 值范围为 7.86 ～ 8.21。

本次调研湖库的 pH 值在 6.9 ～ 8.7 之间变动，其中南水北调调蓄湖泊骆马湖、南四湖和东平湖的 pH 值范围为 6.9 ～ 8.3，平均值为 7.8；调研的引黄水库 pH 值范围为 7.3 ～ 8.7，平均值为 8.1。

2.3.1.2 溶解氧

溶解氧是反映水中氧含量的指标。调研湖库溶解氧的波动范围为 5 ～ 15mg/L，均高于地表水Ⅲ类水质标准 5mg/L。其中南水北调调蓄湖泊骆马湖、南四湖和东平湖的溶解氧范围约在 5 ～ 13mg/L，调研的引黄水库溶解氧范围在 5 ～ 15mg/L。冬、春季节各湖库溶解氧含量明显高于夏、秋季节，主要原因是夏、秋季节水温较高，在氧气分压和含氧量一定时，溶解氧的饱和含量随水温的升高而降低。水温较低时，有利于维持湖库水体中较高的溶解氧含量。李子成等开展的湖库水环境质量现状调查显示，我国主要湖泊和水库水体的溶解氧状况较好，除极个别湖泊和水库外，基本上能满足各种用水要求。

2.3.1.3 电导率

电导率是地表水体最基本的水质参数，是水体水质的重要衡量指标之一，也是评价水环境健康的重要参数，因此是国内外水质监测中重要的监测指标。天然淡水水体电导率一般在 50 ～ 500μS/cm 之间，矿化水可达 500 ～ 1000μS/cm，海水电导率则可达 30000μS/cm 以上。Leland 的研究认为流域农业活动强度能更好地解释水体电导率的变化。有研究表明长江中下游的太湖水体离子总量和硬度有显著升高趋势。王瑞等对太湖水体水质进行统计分析，近 40 年来太湖水体电导率呈显著上升趋势，太湖水体电导率由 1980 ～ 1996 年的（239.43±70.60）μS/cm 增长到 2018 年的（477. 31±23. 47）μS/cm。

调研湖库水源的电导率在 400 ～ 1800μS/cm 范围内波动，季节差异不明显。南水北调调蓄湖泊中，南四湖和东平湖电导率较高，平均值均在 1200μS/cm 左右，而骆马湖电导率平均值仅为 598μS/cm。调研的引黄水库中，除 5 个水库电导率超过 1000μS/cm，其他水库电导率均在 1000μS/cm 以下。

2.3.1.4 氨氮

氨氮是水体污染物中主要的耗氧物，其氧化作用会造成水体中溶解氧浓度降低，对水生动植物的生存造成危害。氨氮还是水体中的营养素，含量较高时可使光合微生物（大多数为藻类）的数量增加，水体发生富营养化现象。水中氨氮的主要来源是生活污水中含氮有机物受微生物作用的分解产物、某些工业废水如焦化废水和合成氨化肥厂的废水等以及农田排水。在无氧环境中，水中存在的亚硝酸盐可受微生物作用还原为氨，而在有氧环境中水中氨可变为亚硝酸盐，或继续转变为硝酸盐。例如，水源水中氨氮不加处理或处理不当，导致自来水厂出水中氨氮含量偏高，会造成管网中亚硝化菌和硝化菌的繁殖生长，从而使管网中硝酸盐和亚硝酸盐的含量超标。

赵兴茹等对全国湖库水源水中的氨氮污染水平进行分析，1202 个水源地及重点城市水源的氨氮测定值范围为 0.01 ～ 5.59mg/L, 年平均值检测范围也为 0.01 ～ 5.59mg/L，平均值为 0.20mg/L（2005 ～ 2009 年）。朱广伟等在 2018 年对长江中下游 27 个大型湖泊和水库开展水质调查，氨氮浓度为 0.013 ～ 0.338mg/L。调研湖库氨氮浓度范围为 0.03 ～ 0.72mg/L 甚至更低，均小于我国《地表水环境质量标准》（GB 3838—2002）Ⅲ类标准限值 1.0mg/L。南水北调湖库中，骆马湖、南阳湖和东平湖氨氮以春、秋季节较高，夏、冬季节较低。引黄水库大部分在冬季枯水期时氨氮含量相对较高。北方水库冬季水位较低，蓄水量少，温度较低时水库中微生物活性降低，净化能力减弱。

2.3.2 金属元素

在水资源的污染中，金属污染影响大，可恢复难度大。金属污染物进入水中后通过一系列化学作用迁移转化，参与和干扰各种环境化学过程和物质循环，最终以一种或多种形态长期存留在环境中，造成永久性的潜在危害。

水中的铁和锰是氧化还原敏感的元素，会引起水色以及嗅味等感官问题。《地表水环境质量标准》（GB 3838—2002）中规定集中式生活饮用水地表水源地中铁和锰的标准限值分别为 0.3mg/L 和 0.1mg/L。国际上，英国的 Megget 水库、Hinze 水库和我国贵州省的阿哈水库、山东省的王圈水库都曾因为铁、锰超标引发供水危机，使得净水处理过程中不得不强化铁和锰的去除工艺。所以，有些研究者认为采用底层取水的供水方式，尤其是一些深水水库存在较高的铁、锰超标的风险。调研湖库中除 1 个水库出现 1 次铁超过 0.3mg/L 外，铁浓度均在 0.14mg/L 以下，锰的浓度均在 0.05mg/L 以下。铜、锌是人体必需的微量元素，但对生态环境尤其是水生生物影响很大。《地表水环境质量标准》（GB 3838—2002）中规定铜、锌的Ⅱ类和Ⅲ类标准限值均为 1.0mg/L。调研湖库中铜的浓度均在 0.4mg/L 以下，93% 的检测数据在 0.05mg/L 以下。锌的浓度均在 0.2mg/L 以下，99% 的数据在 0.05mg/L 以下。汞在 2 个湖库中检出浓度略超 0.0001mg/L，大部分均未检出；砷的最高检出浓度为 0.02mg/L，其他均在 0.01mg/L 以下；铅在绝大部分湖库中浓度在 0.01mg/L 以下；镉曾在 1 个湖库中检测浓度超过 0.01mg/L，其他均在 0.0005mg/L 以下。

水体中金属污染源分为自然源和人为源。自然源主要是岩石风化的碎屑产物，通过自然途径进入水体的金属一般不会对水体造成污染；人为源包括采矿和冶炼、金属加工、化工、废电池处理、电子、造革和燃料、农药和化肥的使用等，是造成水体金属污染的主要原因。因此，控制金属污染物的排放、改善水环境现状是避免水环境发生金属污染的重要途径。

2.3.3 无机阴离子

天然水体中含有大量的硫酸根离子、氟离子、氯离子、硝酸根离子等常见的无机阴离子。这些离子对人体具有或存在潜在的毒害作用，因此，对饮用水处理工艺提出了要求。为了选择合适的水处理工艺，掌握水源中阴离子的种类和含量变化是十分必要的。

溶解性硫酸盐作为湖泊水体的重要化学成分，是导致矿化度增加、水质酸化的主要因素之一。湖泊沉积物中硫酸盐溶解会引起蓄积的磷释放，从而间接导致水体富营养化。湖泊中硫酸盐来源比较广泛，包括农业污染（含硫肥料的使用）、化石燃料燃烧产生的酸沉降、工业污染特别是含硫酸盐废水的直接排放以及矿物开采和堆放过程中高浓度酸性废水的排放等。自 20 世纪 80 年代以来，淡水生态系统富营养化逐渐加剧，同时，全世界淡水环境中硫酸盐浓度不断提高。以富营养化湖泊太湖为例，湖泊上覆水硫酸盐浓度从 20 世纪 50 年代的 30mg/L 上升到 21 世纪初的 96mg/L，且存在持续上升的趋势。

氯化物以钠、钙及镁盐的形式存在于天然水中。氯化钾在一般水体中很少见，但常存在于某些地下水中，水源水流经含有氯化物的地层或受到生活污水、工业废水及海水、海风的污染时其氯化物含量都会升高。水源水中的氯化物浓度一般都在一定浓度范围内波动。因此，当氯化物浓度突然升高时表明水体受到污染。水中氯化物除影响水的味道外，水中氯化物含量过高，对配水系统会有腐蚀作用，对农作物也有损害。

郭照河等对南水北调东线受水水库米山水库水质状况进行调研分析，发现调水前后水库水体大部分指标含量变化幅度较小，但矿物质含量变化较大，其中氯化物含量为 36.5mg/L（2015 年）和 126mg/L（2018 年），硫酸盐含量为 39.4mg/L（2015 年）和 189mg/L（2018 年）。调研湖库的硫酸盐、氯化物含量范围分别为 40 ～ 350mg/L、20 ～ 300mg/L，其中，南水北调调蓄湖库中，南阳湖和东平湖的硫酸盐、氯化物等离子含量高于骆马湖。

硝酸盐是地表水常见的污染物之一，水体中过量的硝酸盐不但会引起水体富营养化、厌氧及生物多样性丧失，而且饮用水硝酸盐含量过高还会引起婴儿及牲畜的健康问题。硝酸盐的可能污染来源有大气沉降、工厂废水、动物粪便、生活污水及土壤微生物氮等。氟是人体必需的微量元素之一，具有双阈值效应。人体长期暴露于氟地球化学异常或人为活动引起的氟污染环境中，会促使氟不断进入体内，最终导致氟中毒及其他氟效应。谢琼等对珠海市水库型水源水质进行分析，硝酸盐浓度为 0.100 ～ 2mg/L。嵇晓燕等对 2020 年国家地表水环境质量监测网监测数据进行分析，氟化物年均浓度介于 0.016 ～ 4.448mg/L 之间，满足地表水Ⅲ类水质标准（$<$ 1.0mg/L）断面数占 97.7%。调研湖库的硝酸盐和氟化物含量范围分别为 0.03 ～ 7.4mg/L、0.22 ～ 0.99mg/L，其中，南阳湖和东平湖的氟化物含量高于骆马湖。

2.3.4 综合有机污染物

2.3.4.1 高锰酸盐指数

高锰酸盐指数是饮用水水源地的主要污染指标之一，可综合反映水体中还原性物质（主要是有机物）的污染程度。水中的亚硝酸盐、亚铁盐和硫化物等还原性无机物均可消耗高锰酸盐。朱广伟等检测长江中下游 27 个大型湖泊和水库，高锰酸盐指数为 1.73 ～ 7.23mg/L。

曹娜对黑龙江某水库原水进行水质分析，其特征污染物包括高锰酸盐指数（2.60 ～ 6.68mg/L），并呈现季节性超标的特点。

调研湖库的高锰酸盐指数范围为 0.5 ～ 6.9mg/L 甚至更低。《地表水环境质量标准》（GB 3838—2002）高锰酸盐指数Ⅱ类标准限值 4mg/L 以下的检测数据占比约 65%，Ⅲ类标准限值 6mg/L 及以下的检测数据占比 95%。其中，南水北调调蓄湖泊中南四湖和东平湖高锰酸盐指数含量高于其他调研湖库。

2.3.4.2 TOC

TOC 以水中含碳量来表征有机物的含量，是评价有机污染的综合指标之一。天然水中 TOC 主要由腐殖质组成，来源于水体中生物碎屑、水体浮游和底栖生物残骸、底栖微生物组织中的油脂、烃类化合物和蛋白质等。按其存在形态大致可以分为颗粒有机碳（POC）和溶解性有机碳（DOC），其中 POC 主要黏附在悬浮颗粒物上，一般在给水常规处理工艺混凝沉淀和过滤过程中能够优先去除，而 DOC 应用常规水处理效果不好。有研究表明，在饮用水中 TOC 主要存在形式是 DOC，分子量通常为几个数量级，饮用水中的微量有机污染物主要在这个范畴内，且易与消毒剂反应形成具有“三致”潜力的消毒副产物。付渝森等对重庆市主城 2017 ～ 2018 年生活饮用水和水源水中 TOC 进行监测与水质评估，水源水的 TOC 介于 1.32 ～ 13.6mg/L 之间，均值为 4.77mg/L。水源水 TOC 随季节变化且波动较大，主要由于夏季进入丰水期，河流受到雨水冲刷道路、土壤、农田的影响，汇入水源地，导致水源水 POC 增多。

调研湖库中，TOC 含量在 2 ～ 7mg/L 之间波动。空间变化趋势与高锰酸盐指数基本一致，南四湖和东平湖 TOC 含量高于其他调研湖库。南四湖、东平湖处于泵站下游，一方面长江来水中的有机物经过引水进入南阳湖、东平湖；另一方面南阳湖、东平湖中的沉积物经过冲刷后部分有机物再悬浮，引起下游湖泊中有机质含量升高。

2.3.4.3 UV_{254}

紫外吸光度（UV_{254}）作为评价和衡量水中有机物的控制参数具有重要意义。日本和欧洲许多国家已将其作为有机物检测的重要水质指标，国内也有水处理研究将其作为有机物控制指标。UV_{254} 值是水中一些有机物在 254nm 波长紫外光下的吸光度，反映的是水中天然存在的腐殖质类大分子有机物以及含 C═C 双键和 C═O 双键的芳香族化合物的多少。周长宇祎通过对东太湖原水取样监测研究水体在夏秋冬三季 UV_{254} 的变化，实验表明监测期间内 UV_{254} 值变化幅度较大，没有明显的季节规律。UV_{254} 值大致处于 0.04 ～ 0.09cm^{-1} 的范围内，夏季出现多个极大值，UV_{254} 值一度高至 0.08cm^{-1} 以上。当浮游植物大规模繁殖、藻类浓度水平较高时，生长死亡腐烂后的降解产物多为腐殖质留在水体内，造成此类有机物含量增加，成为 UV_{254} 的主要来源。

调研的引黄水库、南水北调调蓄湖泊的 UV_{254} 波动范围为 0.031 ～ 0.148cm^{-1}，南水北调调蓄湖泊 UV_{254} 平均值为 0.096cm^{-1}，没有显示明显的时空差异。引黄水库 UV_{254} 平均值为 0.052cm^{-1}，低于南水北调调蓄湖泊平均值。

2.3.4.4 AOX 及消毒副产物前体物

引黄水库样品中三卤甲烷前体物含量在 0.067 ～ 0.269mg/L，且以三氯甲烷为主，溴代三卤甲烷含量相对较低；南四湖样品中三卤甲烷前体物明显高于其他水库；AOX 的含量变化与三卤甲烷前体物基本保持一致。

引黄水库样品中检出了二氯乙酸前体物、二氯一溴乙酸前体物、一氯二溴乙酸前体物、一氯一溴乙酸前体物，卤乙酸前体物含量在 0.005 ～ 0.167mg/L，二氯乙酸前体物占比较高；丰水期卤乙酸的含量整体高于枯水期；南水北调调蓄水库和掺混水库中卤乙酸含量高于引黄水库。

引黄水库样品中检出了 *N*-亚硝基二甲胺前体物，其含量为 1×10^{-5} ～ 3.0×10^{-4}mg/L；丰水期 *N*-亚硝基二甲胺前体物的含量整体高于枯水期；南水北调调蓄水库和掺混水库中 *N*-亚硝基二甲胺前体物含量高于引黄水库。

2.3.5　藻类及嗅味物质

2.3.5.1　藻类

黄河下游地区湖库水系统水质持续追踪结果显示优势藻种涉及 5 个门 18 个属，详细数据见表 2-4，藻类计数范围在（0.025 ～ 5.4）$\times10^7$ 个 /L。不同水库的藻类浓度差别较大，同一水库藻类浓度通常夏秋季节高于其他季节。

表 2-4　黄河下游湖库的优势藻分布情况

地点	优势藻种
鹊山水库	隐球藻、伪鱼腥藻、隐藻、衣藻、鱼腥藻
玉清湖水库	隐藻、衣藻、平裂藻
小珠山水库	针杆藻、新月藻、伪鱼腥藻、舟形藻
棘洪滩水库	伪鱼腥藻、衣藻、柱胞藻
辛安水库	柱胞藻、衣藻、曲壳藻
纯化水库	微囊藻、衣藻
南郊水库	针杆藻、小环藻
白浪河水库	柱胞藻、伪鱼腥藻、锥囊藻
峡山水库	伪鱼腥藻、微囊藻
大屯水库	伪鱼腥藻、衣藻
沟盘河水库	胶丝藻、衣藻、黄丝藻
丁东水库	伪鱼腥藻、衣藻、针杆藻、小球藻
东海水库	针杆藻、衣藻、伪鱼腥藻
西城水库	针杆藻、衣藻、微囊藻
大芦湖水库	伪鱼腥藻、衣藻、针杆藻
东平湖水库	鱼腥藻、衣藻、伪鱼腥藻
南四湖	衣藻、小球藻、隐藻、锥囊藻、小环藻、伪鱼腥藻、鱼腥藻、颤藻、隐球藻、针杆藻

2.3.5.2 嗅味物质

对调研水库样品中的硫醚类及2-甲基异莰醇、土臭素、2-异丙基-3-甲氧基吡嗪、2-异丁基-3-甲氧基吡嗪、2,4,6-三氯苯甲醚、2,3,6-三氯苯甲醚、2,3,4-三氯苯甲醚、异佛尔酮、柠檬醛、紫罗兰酮等嗅味物质进行调研分析。

研究结果表明：从种类上看，在调研水样中共发现二甲基硫醚、2-甲基异莰醇、土臭素、异佛尔酮、柠檬醛、紫罗兰酮、2,3,6-三氯苯甲醚等7种嗅味物质；从含量上看，各水库在2021年夏季丰水期大多检出了二甲基硫醚、2-甲基异莰醇和土臭素，异佛尔酮、柠檬醛、紫罗兰酮在各水库中均有检出，受季节和汛期影响不大。对比引黄水库和南水北调水库、掺混水库发现，各引黄水库的嗅味物质含量虽存在差异，但整体高于南水北调湖库。

2.3.6 新污染物

2.3.6.1 高氯酸盐

高氯酸盐是一种新型的阴离子微量污染物，具有高稳定性、高水溶性、强氧化性和低挥发性。ClO_4^- 的电荷与离子半径与碘离子相近，易与人体特异性膜蛋白（Na^+/I^--symsporter，NIS）结合，抑制人体甲状腺吸收碘离子，扰乱甲状腺功能，紊乱人体正常新陈代谢，影响人体正常的生长发育。自然环境中的高氯酸盐，除自然来源外，大部分源自人工合成，大量人为制造的高氯酸盐产品广泛应用到军工产业、航空航天、工业生产、烟火制造等领域。

高氯酸盐在环境中非常稳定，并且可以随水迁移扩散，对人体的健康造成影响，特别是孕妇和婴幼儿。在环境中极其稳定，可以随水流在不同环境介质（如河流、湖泊、地下水、土壤和底泥等）中快速迁移扩散，并在生长在污染环境下的各种动植物体内富集，并通过食物链进入人体。进入动物和人体后，高氯酸盐被胃肠道吸收，并经体内水循环分散至各系统器官。伴随着空气流动、水体迁移和生物富集，高氯酸盐的环境污染问题日益严重，直接影响生命体健康，严重威胁人类生命安全。据报道，美国已在境内44个州饮用水中检测到高氯酸盐，超过1500万人口受到了高氯酸盐污染的影响。此外，不同程度的高氯酸盐污染也在加拿大（0.2μg/L，地表水，2005年）、智利（50～150μg/L，地下水）、日本（340μg/L，地表水）、韩国（35μg/L，饮用水）、印度、德国、英国（0.747μg/L，饮用水）等国家的水体中被发现。

我国作为烟火制造大国和航空航天强国，每年有大量的高氯酸盐相关产品被制造并投入使用，日益严重的高氯酸盐污染问题已引起大量科研人员的广泛关注。2002年，Liu等检测发现北京海淀区饮用水中的高氯酸盐质量浓度为0.79μg/L。2008年，Wu等采集了我国13省15市中的300个水体样本进行检测，发现高氯酸盐检出率高达86%，其中饮用水、地下水、地表水和瓶装水中高氯酸盐的平均质量浓度分别为（2.46 ± 6.59）μg/L（n=101）、（3.04 ±6.73）μg/L（n=24）、（2.82 ± 7.63）μg/L（n=94）和（0.22±0.23）μg/L（n=69），其中n为取样数。同时，研究者发现烟火制造地区的高氯酸盐水体污染程度明显高于其他地区，湖南省衡阳市作为我国最大烟火制造地区，其饮用水、地下水和地表水中的高氯酸盐质量浓度均为全国最高水平，分别高达（31.4±21.3）μg/L、22.1μg/L和（51.3±4.4）μg/L。值得注意的是，衡阳市饮用水中高氯酸盐的最高质量浓度达44.1μg/L，为美国环保署规定（15μg/L）的近3倍，高氯酸盐水体污染现象十分严重。2016年，Tang等检测了成都市28个采样点的地下水样品，发现受汽车制造企业影响，成都市地下水中高氯酸盐检出率高达 85.7%，质量浓度范围为 0.11 ～ 60.2μg/L，平均质量浓度为（10.8±14.9）μg/L。

对调研水库样品中的高氯酸盐浓度进行检测分析，其浓度范围在 0.28 ～ 0.90μg/L。相较于美国（9.85μg/L，2001 ～ 2005 年）、英国（0.747μg/L，2008 ～ 2009 年）、韩国（0.56μg/L，80% 检出率，2008 ～ 2009 年）、日本（0.32μg/L，东京地区，60% 检出率，2007 年）、印度（0.1μg/L，2008 年）等国家，我国自来水高氯酸盐污染程度（2.46μg/L，2008 年）仅比美国情况稍好，明显高于其他国家。但是，有关高氯酸盐的污染、毒性和治理研究，我国却仍处于起步阶段，缺乏对其系统深入的研究。

2.3.6.2 全氟烷基酸

全氟烷基酸（perfluoroalkyl acid，PFAAs）是指 C—H 键全部被 C—F 键替代的烷基酸类人工合成化合物。由于 C—F 键键能高达 485kJ/mol，PFAAs 具有极强的化学稳定性、生物稳定性和热稳定性。自 20 世纪 50 年代起，人们开始将其应用在消防、制造业等诸多行业中。PFAAs 相关产品在生产、使用、处置过程中，通过污水排放、地表径流、大气沉降等不可避免地被排放进入环境。由于 PFAAs 的环境持久性、生物累积性、远距离迁移特性，已在全世界各种环境介质、生物体和人体内陆续被检出。研究表明，PFAAs 具有致癌及神经、生殖毒性等，并具有内分泌干扰性。由于 PFAAs 的高水溶性和难挥发性，水体成为其主要归趋之一。因此，了解 PFAAs 在水环境中的分布与含量具有重要意义，可为后续水中全氟化合物的控制与去除提供数据支撑。

有研究报道，长江下游干流水体中总 PFAAs 浓度为 191ng/L，海河流域为 174ng/L，太湖流域为 229ng/L，处于国内较高污染水平。目前对黄河下游地区重要饮用水源地的引黄水库中 PFAAs 的污染水平鲜有报道。黄河是我国的第二长河，流域及周边分布着众多水系，有密集的工业群及频繁的农业活动。研究显示，黄河流域上游地表水水质较优，宁夏回族自治区至山东省沿线等中下游城市地表水水质较差。黄河中游渭南—郑州段表层水样中总 PFAAs 含量为 18.4 ～ 56.9ng/L，PFAAs 通量呈先降低后增加的趋势，表明上游及支流有污染源汇入。

对调研湖库 17 种全氟烷基酸（PFAAs）浓度进行分析，所有水样中共检出 7 种 PFAAs：全氟辛酸、全氟壬酸、全氟己酸、全氟庚酸、全氟辛烷磺酸、全氟庚烷磺酸、全氟丁烷磺酸。丰水期引黄水库样品中总 PFCs（全氟化合物）浓度范围为 1.9 ～ 68.7ng/L，枯水期引黄水库样品中为 1.9 ～ 103.8ng/L。对比南水北调调蓄湖泊和引黄水库发现，南水北调调蓄湖泊中全氟烷基酸的含量明显高于引黄水库。我国目前尚未颁布关于 PFCs 的地表水环境质量标准，《生活饮用水卫生标准》（GB 5749—2022）附录 A 中规定了生活饮用水中全氟辛酸的限值为 0.00008mg/L。本研究所有样本中全氟辛酸浓度均低于该限值。水环境中 PFCs 污染水平与人类生活和区域工业化程度密切相关，黄河下游地区引黄湖库表层水较低的浓度水平可能归因于当地工业发展水平和类型，也得益于当地政府为保护黄河下游地区引黄湖库生态环境而长期实施的各项严格的环境保护措施。

2.3.6.3 抗生素

磺胺及其衍生物（sulfonamides）是一类包含对氨基苯磺酰胺特征官能团的人工合成抗

生素，具有预防和治疗细菌感染性疾病的作用，通常被广泛应用于防治人类、动物中各种细菌感染疾病。近年来，磺胺类抗生素的消耗量有所下降，但它们依旧是动物饲料生产和农业除草剂最常用的抑菌剂。磺胺类抗生素在动物体内不能全部被吸收，有 50% ～ 90% 的药物以原药或其代谢物的方式经动物粪尿等途径排入外部环境。磺胺类抗生素易溶于水，在环境中具有很高的迁移能力。早在 20 世纪 90 年代，有科学家在德国发现，地表水中有 μg/L 级水平的磺胺类、大环内酯类、氯霉素、氟喹诺酮类、甲氧苄氨嘧啶、泰乐星等抗生素。作为一种持久性污染物，水环境中残留的磺胺类药物对人体健康的影响引起了广泛的关注。尽管它们在环境中的残留率很低，但是它们可以通过食物链在各种有机体内富集，对人类和水生生物具有潜在毒性，可引起过敏反应，甚至可致癌、致畸、致突变，严重干扰人体生理功能。

由于磺胺类抗生素的大量使用，世界各国水体均受到不同程度的磺胺类抗生素污染。2009 ～ 2010 年，美国地质勘探局（United States Geological Survey，USGS）对 30 个州的 139 条河流进行调查，共检测出了 21 种抗生素，其中大部分为磺胺类药物。在德国的易北河、法国的塞纳河以及西班牙的埃布罗河河水水样中均检出了磺胺类抗生素。地下水水样中也检测出了磺胺类抗生素。例如，Sarmah 等在美国艾奥瓦州的 4 个地下水水样中检测出了磺胺嘧啶和磺胺二甲氧嘧啶。Hirsch 等在德国的地下水水样中也检测出了磺胺二甲嘧啶。不仅如此，有研究人员在美国的饮用水水样中检测出了磺胺甲基异噁唑。在我国不同的水体中也检出了磺胺类抗生素。Zhang 等为调查湖水中磺胺类抗生素的降解，分别对太湖、滇池的水样及底泥进行分析，这些样品中存在不同种类的磺胺类抗生素，并且它们的降解情况也因水质及底泥成分不同而显示出不一样的结果。2012 年 5 月，Ou 等在九龙河河水样品中检出了多种磺胺类抗生素，其中磺胺二甲嘧啶浓度最高，其平均质量浓度为 78.3ng/L。环境中大量存在的抗生素种类显示出较为明显的地区差异，研究显示北戴河受磺胺嘧啶的影响最大。我国海河地区磺胺类抗生素检出的质量浓度范围是 24 ～ 385ng/L。

对调研湖库样品中的磺胺甲噁唑、磺胺嘧啶、磺胺二甲嘧啶、磺胺氯哒嗪、磺胺地索辛 5 种磺胺类抗生素进行检测分析。结果表明，磺胺甲噁唑、磺胺嘧啶、磺胺氯哒嗪有所检出。其中，磺胺甲噁唑检出较为频繁，浓度范围为 5 ～ 20ng/L。磺胺甲噁唑，化学名称为 4-氨基-*N*-（5-甲基-3-异噁唑基）苯磺酰胺，是一种有机化合物，化学式为 $C_{10}H_{11}N_3O_3S$，为白色结晶性粉末，临床上主要用于敏感菌引起的尿路感染、呼吸系统感染、肠道感染、胆道感染及局部软组织或创面感染等。

2.3.6.4 塑化剂

邻苯二甲酸酯类污染物（phthalic acid esters, PAEs）是一类重要的邻苯二甲酸衍生物。PAEs 作为一种重要的化工原料，其种类繁多，用途也很广泛，经常被用作香水、驱虫剂、指甲油、涂料、润滑剂及去泡剂等产品的生产原料。PAEs 在全球环境中的污染普遍且严重，且其中大部分是环境激素类污染物，也就是内分泌干扰物（endocrine disruptor compounds，EDCs），其对植物、动物和人体的生长发育均会产生严重的危害。

对调研水库样品中的邻苯二甲酸二戊酯、邻苯二甲酸二己酯、邻苯二甲酸二（丁氧基乙）酯、邻苯二甲酸二环己酯、邻苯二甲酸二苯酯、邻苯二甲酸二甲酯、邻苯二甲酸二丁酯、邻苯二甲酸二乙酯等塑化剂进行调研分析。结果表明，在调研水样中，测得邻苯二甲酸二甲酯、邻苯二甲酸二乙酯浓度分别为 10 ～ 210ng/L、5 ～ 49ng/L。水环境中的 PAEs 主要来源于生产和使用邻苯二甲酸酯类物质工厂的废水以及含邻苯二甲酸酯类物质生活污水的排放。其次是人们日常生活和农业生产中所产生的含邻苯二甲酸酯类物质的固体废物等，经雨水的冲刷、淋洗及土壤的浸润后缓慢释放到地表水中。此外，在大气环境中通过雨水冲刷、干沉降等间接途径也会将部分 PAEs 转入水环境中；在水体深层的沉积物中和悬浮颗粒物表面吸附的 PAEs 会通过分配作用重新回到水中，造成二次污染。最后，水环境中的生物体通过生物富集作用摄取到体内的 PAEs 在生物体死后一部分被生物分解，另一部分再次被释放进水环境中。

在国内，北京市的工业废水、地表水甚至饮用水中均检出了 PAEs，其中工业废水中 PAEs 的含量最高达到几百 μg/L，地表水中的含量有几十 μg/L，DBP（邻苯二甲酸二丁酯）、DEHP［邻苯二甲酸二（2-乙基己基）酯］、DOP（邻苯二甲酸二辛酯）在饮用水中的含量也达到了 5μg/L 左右。李东等对珠江至广州河段的水进行了初步研究，发现其也受到了多种 PAEs 的污染，其中 DBP 的浓度为 218.8μg/L，邻苯二甲酸二异丁酯（di-*iso*-butyl phthalate，DIBP）的浓度为 30.5μg/L。在丹麦奥尔堡市、法国马恩河等地的污水处理厂的出水口均检出了多种 PAEs 污染物。德国的各种地表水中 DEHP 的含量为 0.33 ～ 97.8μg/L。我国台湾地区地表水中 DBP 的浓度达到 13.5μg/L。

2.3.6.5 激素类物质

环境激素（environmental hormones），是指由于人类的生产和活动而释放到周围环境中，在环境中持久性存在的化学物质，对人和动物的正常激素功能产生影响，从而干扰其内分泌系统，导致神经系统异常、生殖功能下降、生殖器官异常和免疫力降低等。环境激素的摄取，会引起女性的性早熟、月经失调、子宫内膜增生，男子精液中精子数量减少，男性不育症增加。随着工业的发展，在药品、塑料制品和添加剂的生产，除草剂的使用和垃圾处理等过程中产生了大量的环境激素，对人类和其他生物的生存造成严重威胁。环境激素已成为继臭氧层、地球气候变暖之后的第三大环境问题。环境雌激素类物质是近年来广受科学界和社会公众关注的一类新污染物。虽然其在环境中处于微量浓度水平，但由于其生物活性和极性较高，难以在环境中得到有效的生物降解，同时可通过食物链进入人体内，影响人体的内分泌功能。

激素类物质在全世界范围内的污染情况不容乐观。在不同国家的河流、湖泊和近海海域地表水及底泥中均检测到环境雌激素，污水处理厂进出水及污泥中也发现了环境雌激素的存在，甚至在供水系统的水源水、水厂出厂水及管网水中也检出了环境雌激素，给饮用水安全带来了极大威胁。日本对全国范围内的公共水域及地下水中环境雌激素的分布进行了调查，结果显示检出频率较高的是壬基酚和双酚 A，同时对全国 25 个自来水厂中的环境雌激素物质进行了检测，检出了双酚 A 和烷基酚等。德国某地地下水和饮用水调研结果显示，壬基酚浓度为 0.001 ～ 0.002μg/L。罗马的自来水中也检出 0.061 ～ 0.12μg/L 壬基酚聚氧乙烯醚。Kuster 等通过对里约热内卢的某天然水体进行检测，发现植物性雌激素和孕激素浓度分别为 366ng/L、47ng/L。Kolpin 等调研了美国 93 条河流，雌酮和 17*β*-雌二醇的平均浓度分别为 27ng/L 和 9ng/L。Peterson 等对美国阿肯色州的地下水进行调研监测，发现含水层中雌二醇含量为 6 ～ 66ng/L。Cargouët 等在巴黎污水处理厂纳污河流中检出的雌酮、雌二醇、雌三醇和乙炔基雌二醇的含量为 1.0 ～ 3.2ng/L。Ying 等对昆士兰东南部受纳水体调研发现水中雌激素含量为 1.32 ～ 11.79ng/L，而雌激素在水中鳟鱼体内也有检出，浓度达到了 2.48 ～ 21.18ng/L。

我国也开展了供水系统中环境雌激素污染调研，研究表明，长江、黄河支流、淮河、松花江、辽河和海河均有环境雌激素污染。在江苏部分饮用水水源地检出多氯联苯类、卤代烃和呋喃类，且污染情况非常严重；松花江哈尔滨段江水在春秋两季的雌激素活性为 528 ～ 965pg/L EEQ（激素活性效应雌二醇当量），其中上游水源地水雌激素活性水平较高。同时，长江、太湖水源水也均检出有雌激素活性。潍坊市 11 处水源水中枯水期均检出双酚 A，检出浓度为 0.271 ～ 0.934μg/L；丰水期时，11 处水源地中检出 9 处，检出率为 81.8%，检出浓度为 0.035 ～ 0.132μg/L。黄浦江原水中主要检出物有邻苯二甲酸二乙酯、邻苯二甲酸二丁酯、双酚 A、壬基酚、阿特拉津，其最高浓度分别为 0.71μg/L、17.70μg/L、3.52μg/L、1.38μg/L、0.54μg/L。分析某常规工艺水厂环境雌激素含量，在沉后水和出厂水中均检出了较高浓度的邻苯二甲酸酯类物质、壬基酚、双酚 A 及阿特拉津等。宁波市自来水厂原水中的双酚 A 浓度为 7.35 ～ 63.7ng/L，3 个自来水厂出厂水中为 3.93 ～ 10.37ng/L，2 个管网水中为 0.88 ～ 8.96ng/L。淮南市平山头水厂双酚 A 和壬基酚在各个不同工艺流程均有检出，同时，出厂水经过管网输送后发现双酚 A、壬基酚含量均高于水源水。由此可见，我国多地区在饮用水供水过程存在“从源头到龙头”的 EDCs（内分泌干扰素）污染，形势不容乐观。

对调研水库样品中的壬基酚、双酚 A、17β-雌二醇、三氯卡班、雌三醇、三氯生、雌酮、17α-炔雌醇、己烯雌酚、四溴双酚 A 等 11 种环境激素进行检测分析。结果表明，双酚 A 有所检出，浓度范围为 5 ～ 50ng/L。

2.4 典型湖库水源水质问题

2.4.1 湖库水源水质普遍问题

（1）气候变化加速湖库富营养化

在自然状态下，湖泊会自发地从贫营养状态向富营养状态过渡，但是这种自然过程非常缓慢。气候变化造成的次生灾害增加导致水土流失，同时区域降雨变化也会造成大量污染物被冲刷后随地表径流进入湖库，加速湖库水体富营养化。研究表明，伴随着全球气候变化进程，全球 68% 的大型湖泊夏季蓝藻水华强度增加，而我国西部区域湖泊增加明显。蓝藻水华暴发频次增加会导致水体嗅味物质含量升高、pH 值上升。相比于地下水源，气候变化对湖库型饮用水水源地的影响更为显著，对我国饮用水安全造成严重威胁。

（2）面源污染仍是湖库型饮用水水源地的重要污染源

目前，我国化肥有效利用率仅为 30% 左右，未吸收的氮、磷大多通过地表径流进入地表水，是水体富营养化的主要因素。由于多数湖库饮用水水源地分布在比较偏僻的地区，监管工作不到位，以及大量生活垃圾与养殖废弃物堆放、生活污水直排、水源地周边放牧，都会严重影响饮用水水源地的水质安全，增加水体富营养化的可能。在气候变化背景下，雨洪、干旱、高温等因素也进一步影响了富营养化水体中藻类的繁殖。通过分析 2002 ～ 2018 年我国 79 件突发的生活饮用水污染事件，发现水源地被污染事件占总数的 49.4%。2018 年，全国集中式饮用水水源地环境保护专项行动排查县级以上饮用水水源地 2466 个，发现环境问题 6426 个，其中生活面源与农业面源分别占比 27%、16%，生活面源污染、农业面源污染、工业企业排污仍是水源保护区存在的主要环境问题。

（3）水源中新污染物的种类与浓度尚不明确

《中华人民共和国国民经济和社会发展第十四个五年规划和 2035 年远景目标纲要》中明确提出了“重视新污染物治理”的工作部署。新污染物由于其生物毒性、环境持久性和生物累积性明显，在环境中即使浓度较低，也可能具有显著的环境与健康风险，其危害具有潜在性和隐蔽性。因此，这类污染物一旦进入饮用水源，将会给人民群众健康带来较大风险。新污染物主要来源包括生活污水、农药排放污水、制药企业排放污水、养殖业废水、农业废水、医院废水等。新污染物在水循环系统中，通过径流、扩散、渗滤等多种途径进入地表水和地下水，造成饮用水源的污染，对水生生物、生态安全和人体健康构成潜在威胁。目前，已在湖库水源中发现的新污染物包括内分泌干扰物、药物及个人护理品、人工纳米材料、全氟化合物、溴化阻燃剂等。由于监测难，使得新污染物分布状况和区域特征污染的系统研究缺乏。

2.4.2　黄河下游地区湖库水源水质特有问题

（1）引黄调蓄水库

根据《地表水环境质量标准》（GB 3838—2002）Ⅲ类水质标准，总氮经常性超标，总磷、硫酸盐和硝酸盐等指标超标率也较高。有机物总量指标枯、丰水期变化不大，藻类计数及嗅味物质存在明显的季节性变化，在丰水期含量明显高于枯水期，季节性嗅味问题突出。

新污染物方面雌激素（双酚 A、雌三醇）、磺胺类抗生素、全氟烷基酸等新污染物均能检出，浓度水平为 ng/L 级，存在一定的水质风险。放线菌、大肠埃希菌等致病微生物经常检出，对供水厂消毒工艺的稳定运行提出挑战。

（2）南水北调调蓄湖库

通过梳理分析 2013 ～ 2020 年对南水北调东线工程长江沿线调研的历史数据，以及 2021 年 11 月～ 2022 年 9 月的补充调研数据，根据《地表水环境质量标准》（GB 3838—2002）Ⅲ类水质标准判定，南水北调来水呈低苦咸离子、高营养盐的特点。新污染物中全氟辛酸检出率较高，嗅味物质检出种类丰富、含量较高，2-甲基异莰醇是主要的嗅味物质。与长江来水相比，高锰酸盐指数、硫酸盐、氯化物、三卤甲烷前体物含量显著提高。

硫酸盐、氯化物含量的这种时间、空间变化可能是由南四湖本地农业面源污染、入湖河流污染、当地地质地貌特征、湖区内沉积物积累等因素引起的。在南水北调调水期间，调水水流可加速地下水与地表水的交换、沉积物中污染物的释放与交换，从而引起苦咸离子浓度升高。针对此类水体，建议降低来水流速，减轻长江来水对南阳湖、东平湖中沉积物的冲刷，避免底泥有机物再悬浮及营养盐释放。同时通过缩短水力滞留时间等措施提高两个湖泊的自净能力。

参考文献

[1] 山东省水利厅 . 2022 年山东省水资源公报 [R]. 济南：山东省水利厅，2023.

[2] 中华人民共和国生态环境部 . 中国生态环境状况公报 [R]. 北京：中华人民共和国生态环境部，2020.

[3] 中华人民共和国水利部 . 中国水资源公报 [R]. 北京：中华人民共和国水利部，2018.

[4] 中华人民共和国生态环境部 . 水源保护区发现环境问题 6426 个 [EB/OL].（2022-08-18）[2022-09-05]. http://m.news. cctv. com/2018/08/09/ARTIVxku0q31gNmi8tZkXQk5180809. shtml.

[5] 金相灿，屠清瑛 . 湖泊富营养化调查规范 [M]. 2 版 . 北京：中国环境科学出版社，1990.

[6] 祝鹏，华祖林，李惠民 . PARAFAC 法解析太湖水体 DOM 三维荧光光谱 [J]. 光谱学与光谱分析，2013, 33(6): 1619-1625.

[7] 李子成，邓义祥，郑丙辉 . 中国湖库水环境质量现状调查分析 [J]. 环境科学与技术，2012, 35(10): 201-205.

[8] 刘增进，祁秉宇，张关超 . 南水北调中线工程水源地河南段水质现状及污染分析 [J]. 华北水利水电大学学报（自然科学版），2017, 38(2): 77-81.

[9] Leland H V. Distribution of phytobenthos in the Yakima River basin, Washington, in relation to geology, land use and other environmental factors[J]. Canadian Journal of Fisheries and Aquatic Sciences, 1995, 52(5): 1108-1129.

[10] Yu T, Zhang Y, Wu F C, et al. Six-decade change in water chemistry of large freshwater Lake Taihu, China[J]. Environmental Science & Technology, 2013, 47(16): 9093-9101.

[11] 王瑞，代丹，张弛，等 . 太湖不同介质电导率时空变化特征 [J]. 环境科学，2019, 40(10): 4469-4477.

[12] 赵兴茹，付青，郑丙辉，等 . 中国集中式饮用水源水中氨氮的水质特征 [C]// 饮用水安全控制会议暨中国土木工程学会水工业分会给水专业委员会第 14 届年会论文集 . 上海：《净水技术》杂志社，2015：25-31.

[13] 朱广伟，许海，朱梦圆，等 . 三十年来长江中下游湖泊富营养化状况变迁及其影响因素 [J]. 湖泊科学，2019, 31(6): 1510-1524.

[14] 赵健，代丹，王瑞，等 . 太湖流域降雨和湖水酸根阴离子长期变化及其环境意义 [J]. 湖泊科学，2019, 31(1): 88-98.

[15] 郭照河，田仙言，张杰，等 . 南水北调东线受水水库水质状况浅析 [C]// 中国水利学会 . 中国水利学会 2019 学术年会论文集第三分册 . 北京：中国水利水电出版社，2019: 356-361.

[16] 谢琼，付青，昌盛，等 . 江库连通条件下珠海市饮用水源水质分布特征及水资源调配措施 [J]. 环境工程技术学报，2022, 12(4): 1075-1085.

[17] 嵇晓燕，李波，杨凯，等 . 中国地表水氟化物时空分布特征初步研究 [J]. 地球与环境，2022, 50(6): 787-796.

[18] 曹娜 . 北方双地表水源供水城市水质分析及污染源解析 [D]. 哈尔滨：哈尔滨工业大学，2021.

[19] 付渝森，江珊珊，冯琳，等 . 重庆市主城 2017—2018 年生活饮用水和水源水中 TOC 监测与水质评估 [J]. 广东化工，2020, 47(16): 140-141.

[20] 周长宇祎 . 东太湖原水一般化学指标及 UV_{254} 季节性变化研究 [J]. 广东化工，2019, 46(4): 1-2.

[21] 高宝玉，宋雯，姚广平，等 . 环境中高氯酸盐的来源、水污染现状与处理工艺研究进展 [J]. 山东大学学报（工学版），2020, 50(5): 107-117.

[22] US EPA. Technical fact sheet-perchlorate[R]. Washington, USA: US EPA, 2017.

[23] Kannan K, Praamsma M L, Oldi J F, et al. Occurrence of perchlorate in drinking water, groundwater, surface water and human saliva from India[J]. Chemosphere, 2009, 76(1): 22-26.

[24] Crump C, Michaud P, Tellez R, et al. Does perchlorate in drinking water affect thyroid function in newborns or school-age children? [J]. Journal of Occupational and Environmental Medicine, 2000, 42(6): 603-612.

[25] Backus S, Klawuun P, Brown S, et al. Determination of perchlorate in selected surface waters in the Great Lakes Basin by HPLC/MS/MS[J]. Chemosphere, 2005, 61(6): 834-843.

[26] Quinones O, Oh J E, Vanderford B, et al. Perchlorate assessment of the Nakdong and Yeongsan watersheds, Republic of Korea [J]. Environmental Toxicology and Chemistry, 2007, 26(7): 1349-1354.

[27] Mclaughlin C L, Blake S, Hall T, et al. Perchlorate in raw and drinking water sources in England and Wales[J]. Water and Environment Journal, 2011, 25(4): 456-465.

[28] Liu Y, Mou S, Heberling S. Determination of trace level bromate and perchlorate in drinking water by ion chromatography with an evaporative preconcentration technique[J]. Journal of Chromatography A, 2002, 956(1/2): 85-91.

[29] Wu Q, Zhang T, Sun H, et al. Perchlorate in tap water, groundwater, surface waters, and bottled water from China and its association with other inorganic anions and with disinfection byproducts[J]. Archives of Environmental Contamination and Toxicology, 2010, 58(3): 543-550.

[30] Tang Y, Zhong B, Qu B, et al. Occurrence of perchlorate in groundwater, paired farmland soil, lettuce, and rhizosphere soil from Chengdu, China[J]. Environmental Science: Processes & Impacts, 2017, 19(5): 752-757.

[31] Asami M, Kosaka K, Yoshida N. Occurrence of chlorate and perchlorate in bottled beverages in Japan [J]. Journal of Health Science, 2009, 55(4): 549-553.

[32] Sunderland E M, Hu X C, Dassuncao C, et al. A review of the pathways of human exposure to poly- and perfluoroalkyl substances (PFASs) and present understanding of health effects[J]. Journal of Exposure Science and Environmental Epidemiology, 2019, 29: 131-147.

[33] 辛晓东，刘红，孙韶华，等 . 黄河下游地区引黄水库表层水中全氟烷基酸的分布特征与风险评估 [J]. 环境化学，2023, 42(12): 1-11.

[34] 郑宇，路国辉，邵鹏威，等 . 青藏高原东部过渡区水环境中全氟化合物的分布特征 [J]. 环境化学，2020, 39(5): 1192-1201.

[35] 宋彦敏，刘慧，Zakari Sissou, 等 . 全氟磺酸类物质在沙质沉积物中的迁移规律 [J]. 环境化学，2016, 35(5): 850-857.

[36] 薛欢欢，丁光辉，张楠楠，等 . 大连湾表层海水全氟烷基化合物污染水平及分布研究 [J]. 海洋环境科学，2018, 37(2): 252-257.

[37] 马梦宇，赵兴茹，申金山，等 . 洞庭湖鱼中全氟烷基化合物的污染特征及健康风险 [J]. 环境化学，2021, 40(4): 1011-1019.

[38] Han W C, Gao Y, Yao Q, et al. Perfluoroalkyl and polyfluoroalkyl substances in matched parental and cord serum in Shandong, China[J]. Environment International, 2018, 116: 206-213.

[39] 张悦清，张爱国，曹莉，等 . 长江流域全氟化合物污染态势与生态效应 [J]. 环境监控与预警，2020, 12(5): 58-67.

[40] 刘鸿志，王光镇，马军，等 . 黄河流域水质和工业污染源研究 [J]. 中国环境监测，2021, 37(3): 18-27.

[41] 李琦路，程相会，赵祯，等 . 黄河中游（渭南—郑州段）全 / 多氟烷基化合物的分布及通量 [J]. 环境科学，2019, 40(1): 228-238.

[42] Hutchinson T H, Brown R. Ecological risk assessment of endocrine disruptors[J]. Environmental Health Perspectives, 2000, 108(11): 1007-1014.

[43] 黄龙全，张剑韵 . 环境激素对人类健康的影响及其控制 [C]// 食品安全的理论与实践——安徽食品安全博士科技论坛论文集 . 合肥：安徽农业大学生命科学学院，2005: 580-584.

[44] Petrović M, Gonzalez S, Barcel, et al. Analysis and removal of emerging contaminants in wastewater and drinking water[J]. Trac Trends in Analytical Chemistry, 2003, 22(10): 685-696.

[45] Kashiwada S, Ishikawa H, Miyamoto N, et al. Fish test for endocrine-disruption and estimation of water quality of Japanese rivers[J]. Water Research, 2002, 36(8): 2161-2166.

[46] Höhne C, Püttmann W. Occurrence and temporal variations of the xencestrogens bisphenol A, 4-*tert*-octylphenol, and tech. 4-nonylphenol in two German wastewater treatment plants[J]. Environmental Science and Pollution Research, 2008, 15(5): 405-416.

[47] Kuster M, Azevedo D A, Mj L D A, et al. Analysis of phytoestrogens, progestogens and estrogens in environmental waters from Rio de Janeiro (Brazil)[J]. Environment International, 2009, 35(7): 997-1003.

[48] Kolpin D W, Furlong E T, Meyer M T, et al. Pharmaceuticals, hormones, and other organic wastewater contaminants in

U.S. streams, 1999—2000: A national reconnaissance[J]. Environmental Science & Technology, 2002, 36(18): 4005.

[49] Peterson E W, Davis R K, Orndorff H A. 17β-estradiol as an indicator of animal waste contamination in mantled karst aquifers[J]. Journal of Environmental Quality, 2000, 29(3): 826-834.

[50] Cargouët M, Perdiz D, Mouatassim Souali A, et al. Assessment of river contamination by estrogenic compounds in Paris area (France)[J]. Science of the Total Environment, 2004, 324(1/3): 55.

[51] Ying G G, Kookana R S, Kumar A, et al. Occurrence and implications of estrogens and xenoestrogens in sewage effluents and receiving waters from South East Queensland[J]. Science of the Total Environment, 2009, 407(18): 5147-5155.

[52] 龚剑，冉勇，杨余，等 . 珠江广州河段表层水中雌激素化合物的污染状况 [J]. 环境化学，2008, 27(2): 242-244.

[53] Gong J, Ran Y, Chen D Y, et al. Occurrence and environmental risk of endocrine-disrupting chemicals in surface waters of the Pearl River, South China[J]. Environmental Monitoring & Assessment, 2009, 156(1/4): 199.

[54] 路屏 . 渭河西安段干支流环境内分泌干扰物调查及分析 [D]: 西安：长安大学，2012.

[55] 马淑青，王丹，王慧 . 潍坊市水源水及自来水中双酚 A 污染状况调查 [J]. 中国城乡企业卫生，2015 (4): 90-92.

[56] 马晓雁，高乃云，李青松，等 . 黄浦江原水及水处理过程中内分泌干扰物状况调查 [J]. 中国给水排水，2006, 22(19): 1-4.

[57] 魏雅，郑永红，张治国，等 . 淮南市饮用水中双酚 A 及壬基酚污染特征研究 [J]. 淮南职业技术学院学报，2015, 15(1): 14-17.

[58] Kuemmerer K. Antibiotics in the aquatic environment—A review—Part Ⅰ[J]. Chemosphere, 2009, 75(4): 417-434.

[59] 李秀文，何益得，张巍，等 . 磺胺类抗生素对水环境的污染及生态毒理效应 [J]. 环境科学与技术，2018, 41(S1): 62-67.

[60] Kim Y, Choi K, Jung J, et al. Aquatic toxicity of acetaminophen, carbamazepine, cimetidine, diltiazem and six major sulfonamides, and their potential ecological risks in Korea[J]. Environment International, 2007, 33(3): 370-375.

[61] Gao P, Mao D, Luo Y, et al. Occurrence of sulfonamide and tetracycline-resistant bacteria and resistance genes in aquaculture environment[J]. Water Research, 2012, 46(7): 2355-2364.

[62] Guo X, Li J, Yang F, et al. Prevalence of sulfonamide and tetracycline resistance genes in drinking water treatment plants in the Yangtze River Delta, China[J]. Science of the Total Environment, 2014, 493: 626-631.

[63] Sarmah A K, Meyer M T, Boxall A B A. A global perspective on the use, sales, exposure pathways, occurrence, fate and effects of veterinary antibiotics (VAs) in the environment[J]. Chemosphere, 2006, 65(5): 725-759.

[64] Hirsch R, Ternes T, Haberer K, et al. Occurrence of antibiotics in the aquatic environment[J]. Science of the Total Environment, 1999, 225(1): 109-118.

[65] Benotti M J, Trenholm R A, Vanderford B J, et al. Pharmaceuticals and endocrine disrupting compounds in US drinking Water [J]. Environmental Science and Technology, 2009, 43(3): 579-603.

[66] Zhang Y, Xu J, Zhong Z, et al. Degradation of sulfonamides antibiotics in lake water and sediment[J]. Environmental Science and Pollution Research, 2013, 20: 2372-2380.

[67] Ou D, Chen B, Bai R, et al. Contamination of sulfonamide antibiotics and sulfamethazine-resistant bacteria in the downstream and estuarine areas of Jiulong River in Southeast China [J]. Environmental Science and Pollution Research, 2015, 22(16): 12104-12113.

[68] Li W, Shi Y, Gao L, et al. Investigation of antibiotics in mollusks from coastal waters in the Bohai Sea of China[J]. Environmental Pollution, 2012, 162: 56-62.

[69] Luo Y, Xu L, Rysz M, et al. Occurrence and transport of tetracycline, sulfonamide, quinolone, and macrolide antibiotics in the Haihe River Basin, China[J]. Environmental Science and Technology, 2011, 45(5): 1827-1833.

[70] Roslev P, Vorkamp K, Aarup J, et al. Degradation of phthalate esters in an activated sludge wastewater treatment plant[J]. Water Research, 2007, 41(5): 969-976.

[71] 戴天有，周文敏 . 水和废水中酞酸酯的测定 [J]. 中国环境科学，1994, 14(2): 85-88.

[72] 李东，吴惠勤，黄芳，等 . 珠江广州河段水中有机污染物的 GC-MS 分析 [J]. 分析测试学报，2002, 21(3): 86-88.

[73] Dargnat C, Teil M J, Chevreuil M, et al. Phthalate removal throughout wastewater treatment plant: Case study of Marne Aval station (France).[J]. Science of the Total Environment, 2009, 407(4): 1235-1244.

[74] Yuan S Y, Liu C, Liao C S, et al. Occurrence and microbial degradation of phthalate esters in Taiwan river sediments.[J]. Chemosphere, 2002, 49(10): 1295-1299.

[75] Silva B F D, Jelic A, LopezSerna R, et al. Occurrence and distribution of pharmaceuticals in surface water, suspended solids and sediments of the Ebro river basin, Spain[J]. Chemosphere, 2011, 85(8): 1331-1339.

[76] Wiegel S, Aulinger A, Brockmeyer R, et al. Pharmaceuticals in the river Elbe and its tributaries[J]. Chemosphere, 2004, 57(2): 107-126.

第3章 强化常规工艺集成技术及应用

- ▲ 强化常规工艺技术
- ▲ 混凝剂适用性评估验证
- ▲ 强化混凝
- ▲ 炭泥回流强化沉淀
- ▲ 微絮凝强化过滤
- ▲ 混凝对消毒副产物的去除效果
- ▲ 典型工程案例
- ▲ 展望

“混凝-沉淀-过滤-消毒”工艺是我国现代水厂最常采用的工艺技术体系，强化常规技术是对现有传统工艺的优化和升级，可以提高对水中有机物、颗粒物的去除效果，是一种较为经济的水厂工艺技术提升措施。目前强化常规工艺主要包括混凝、沉淀、过滤和消毒等各工艺单元强化或组合工艺单元的集成化强化。

本章主要围绕常规处理的局限性，针对混凝剂评价指标不健全、评估体系缺失等问题，在对评价方法及指标进行筛选的基础上构建了基于模糊综合和层次分析的混凝剂评价方法，提出了科学的混凝剂评估验证方法流程。通过响应曲面法优化了混合 GT 值（速率梯度与时间的乘积）、絮凝 GT 值、投加量等因素，结合游动电位和絮体离散度，建立了不同水质参数的去除模型。构建了新型的炭泥回流强化沉淀工艺，优化了系统的启动方法，评估了其运行效果。研发了壳聚糖类高分子助滤剂和钛铁无机聚合助滤剂，优化了助滤剂的组成和投加方式，考察了水质对助滤效果的影响。重点关注了不同混凝剂对水中藻源性消毒副产物、卤代苯醌消毒副产物的控制效果。并以济南玉清水厂和东营耿井水厂为例，介绍了工程概况、运行效果及经济分析。

3.1 强化常规工艺技术

3.1.1 工艺原理

常规水处理工艺主要是指水处理过程中混凝、沉淀、过滤、消毒的一种或几种工艺的组合。因常规工艺具有设计简单、处理高效等特点，对于水中常见的特定污染物具有较好的处理效果，因此常规处理仍然是我国目前水处理的常用方式。但是，人们渐渐发现常规处理在运行过程中暴露出很多问题，例如对于有机污染物的处理效果较差，且在消毒过程中容易引起消毒副产物问题。对于暴露出的诸多问题，如果采用深度处理工艺可以较好地解决，但是深度处理在改造和运营过程中花费较大，并且对于很多老旧水厂来说也未必具备改造条件，因此在原有工艺上进行改造和加强成为解决以上问题的最优解，强化常规净水处理工艺是目前控制水厂出水有机物含量的经济有效的手段。

强化常规处理工艺是指对传统工艺的混凝、沉淀、过滤、消毒中任一环节进行强化或优化，以提高对水中浊度和有机污染物（包括难以去除的低分子溶解有机物）的去除率，使得具有更好的水体净化效果。常规工艺的强化主要包括强化混凝、强化沉淀、强化过滤和强化消毒。

3.1.2 典型强化工艺

3.1.2.1 强化混凝

强化混凝是指向水源水中投加最佳条件的混凝剂或应用高效的新型高分子絮凝剂，通过调节 pH 值、改善混凝剂、改善水力条件、投加氧化剂、投加助凝剂等辅助手段使得混凝的效果最大化，即使得常规处理中天然有机物的去除效果最佳。通过修正和优化传统的混凝方式和水质条件（包括调整 pH 值）增强对浊度、嗅味物质、藻类及有机污染物、消毒副产物前体物等去除效果的混凝，均可称为强化混凝。

3.1.2.2 强化沉淀

沉淀是水处理工艺中泥水分离的重要环节，其运行状况直接影响出水水质。强化沉淀主要基于以下 2 点：

① 改善沉淀水流流态，提高沉淀效率；

② 提高絮凝颗粒的有效浓度，促进絮凝体的快速形成。

主要的强化过程为当水进入沉淀区后，混合液分为两部分，即自下而上地分离清水和自上而下地浓缩絮凝泥渣。通过强化沉淀过程，可以使得清水处理效果更好，底部污泥絮凝条件更强，并通过对原水有机物的连续性网捕、吸附、共沉等一系列综合净化，达到强化常规工艺处理受污染水的目的。

3.1.2.3 强化过滤

滤池的主要功能是发挥滤料与脱稳胶体的接触凝聚作用，去除浊度、细菌及部分有机物。常见方法是采用生物作用和快滤池相结合的生物活性快滤池，主要原理为在无需增加任何设施的情况下在普通滤池石英砂表面培养附着生物膜，可以用来处理微污染水源水。其中，滤料为主要的研究方向。国内外近年来开发成功的各种改性滤料主要是在传统滤料表面通过化学反应附加一层活性氧化剂，既可通过在滤料表面增加巨大比表面积而强化吸附作用，又可在与水中各类有机物接触过程中通过表面涂料产生的氧化作用发挥净化功能。因此，改性滤料不但能净化大分子和胶体有机物，还可以大量吸附和氧化水中各种离子和小分子可溶性有机物，从而达到全面改善水质的目的。

3.1.2.4 强化消毒

传统氯化消毒工艺效果有限，而且会产生多种消毒副产物，其导致的饮用水安全风险也越来越被人们重视，因此在保证消毒效果的前提下采用更安全、更高效的新型消毒剂（如臭氧、紫外线等）或氯化消毒与新型消毒剂联用技术一直是研究的方向。

臭氧消毒技术：臭氧作为一种强氧化剂，既能氧化水中的有机物也能氧化无机物，且与有机物作用后不产生卤代物，产生的有害物极少，能增加水中溶解氧，减少水中的 BOD 和 COD，能脱色去臭、杀灭水中藻类，也能氧化或分解水中的铁、锰、色素、悬浮微粒、有机农药和洗涤剂等。

紫外线消毒技术：紫外线用于水消毒，具有消毒快捷彻底、不污染水质、运作简便、使用及维护费用低等优点，紫外线消毒不会造成任何二次污染，不残留任何有毒物质，不影响水的物理性质和化学成分。

3.2 混凝剂适用性评估验证

3.2.1 试验方法和装置

3.2.1.1 原水水质

研究过程中所使用的水样均为引黄水库（济南鹊山水库）水，水质变化基本情况如表 3-1 所列。

表 3-1　原水水质

项目	指标	项目	指标
pH 值	7.9 ～ 8.3	COD_{Mn}/（mg/L）	2.25 ～ 3.45
浊度 /NTU	1.25 ～ 9.8	UV_{254}/cm^{-1}	0.037 ～ 1.103
TOC/（mg/L）	2.35 ～ 3.06	氨氮 /（mg/L）	0.352 ～ 0.458
藻类 /（10^7 个 /L）	2.15 ～ 6.65	微囊藻毒素 /（mg/L）	＜ 0.0004
zeta 电位 /mV	12.5 ～ 10.1	水温 /℃	15 ～ 25

3.2.1.2　试验药品

聚合氯化铝（分析纯）、聚合氯化铝铁（工业级）、氯化铝（分析纯）、硫酸铝（分析纯）、壳聚糖（分析纯）、丙酮（分析纯）、高锰酸钾（分析纯）、草酸钠（分析纯）、浓硫酸（分析纯）等。

3.2.1.3　主要试验装置

浊度仪（HACH 2100N），分析天平，ET750 型六联搅拌仪，程控式六联搅拌仪，水浴锅（TAISTE），电子万用炉，蠕动泵，紫外分光光度计（TU-1810），荧光分光光度计（日立 F-2700），pH 检测仪（METTLER TOLEDO），TOC 检测仪（CPH SHIMADZU），恒温培养箱（DHP-9052），光照培养箱（BSG-400），Nano-Z 型 zeta 电位测定仪（玛尔文公司，英国），Mastersizer 3000E 型激光粒度仪（玛尔文公司，英国），超声清洗器（KQ5200E）。

3.2.1.4　试验方法

（1）混凝烧杯试验

标准流程中的投加量应结合试验及实际情况综合设定，主要试验步骤为：试验依托程控式六联搅拌仪进行，选取 6 个相同的混凝杯，加入 1L 的目标水样，水力条件及药剂投加时间设置如表 3-2 所列，混凝结束后静沉 30min，取液面以下 2cm 处水样进行各项指标的检测。

表 3-2　混凝烧杯试验程序

段号	转速 /（r/min）	时间 /s	加药	G/s^{-1}
1	200	30	0	100.1
2	200	30	1	100.1
3	50	900	0	15.9
4	0	900	0	0

对各药剂混凝效果进行测试时，部分情况下需进行药剂多次投加，正常投加流程如上所述，多次投加的具体步骤为：向 6 个相同的混凝杯中分别加入 1L 的目标水样，在第一次加药 30s 后进行第二次加药，在此期间内保持转速为 200r/min；第二次加药 30s 后将转速降至 50r/min，混凝结束后静沉 30min，取液面以下 2cm 处水样进行各项指标的检测。

（2）中试校验试验

中试试验是在烧杯筛选的基础上对所选的投药量进行放大验证，同时综合考虑经济性指标，筛选最适合生产应用的投加量。标准流程为：依照烧杯试验结果进行中试校验试验，将烧杯试验中选取的综合混凝效果较好的几组投加量在中试设备上进行运行比对，同时对出水各项指标进行检测。单组投药量的运行时间应不少于10d，以确保试验数据的可靠性，每天取水3次及以上，取其平均值进行记录。考察其与烧杯试验结果的差异，并根据效果以及投药费用筛选出适合实际应用且最为经济的投加量。

本研究应用中的中试校验试验主要依托济南鹊华水厂中试基地开展，中试设备实际处理能力为5m³/h，沉淀区规格为1.2m×0.8m×4.5m，装置构造如图3-1所示。混凝剂通过加药泵与原水共同进入混合区，再依次经过混合区、絮凝区、接触区，最后进入沉淀区，实现固液分离。利用加药泵进行持续加药，每种加药量条件持续运行15d，每天取样3次进行设定指标的检测，就其平均值进行记录。

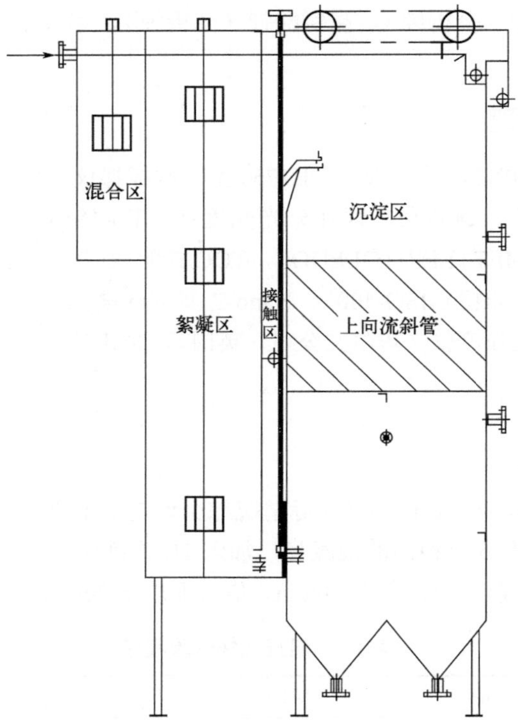

图3-1　沉淀池构造示意

（3）生产验证试验

生产验证的目的是在中试校验试验结果的基础上将筛选出的最适投药量在实际水厂中进行生产验证试验，根据检测结果来评估现阶段水厂所用药剂及投药量是否准确、合理，检验验证流程是否合理、中试结果是否准确可靠。在确保水厂供水安全的基础上，试验周期尽量不少于30d（1个月，10～11月），每天取水3次及以上，检测各项指标并取其平均值进行记录，检测结果及出厂水水质应能达到《生活饮用水卫生标准》（GB 5749）中对相应指标的限值。

本试验验证进程中主要检测水样为中置式高密度沉淀池的出水。生产跟踪验证所用设备为独立4格的中置式高沉池，单池的进水量为1000～2000m³/h。混合部分采用机械混凝，搅拌转速设定为 58r/min，有效混合时间为 30s。试验周期为 1 个月（10 ～ 11 月），每天取水 3 次，检测各项指标并取其平均值进行记录。

3.2.2　混凝效能研究及评估指标

混凝技术因其具有操作简易、处理效果优异等诸多优点，逐渐被广泛地应用于处理各类水体。其中所使用混凝剂的种类及效果是影响混凝技术能否在工程中成功应用的关键因素之一。早期在水处理中所使用的混凝剂主要以无机的铝、铁盐为主。近年来，随着混凝技术的进步，我国的混凝剂事业得到了极为迅速的发展，各类新型的混凝剂层出不穷，其在使用过程中也各有利弊。对于药剂混凝效果的表征手段也从单一的浊度、色度等逐渐发展，增加了絮体粒径、絮体结构、有机物变化等多个方面。目前对于药剂使用效果评估方法的研究不多，没有形成较为系统、完整的评估方法。在已有的研究中，大部分对于药剂效果的评价主要是依托对各类指标检测结果的分析，但在进行药剂间适用性评价时存在工作量巨大、结果不准确等问题。因此，选择代表性的评估指标、构建量化的混凝剂评估方式有着重要的理论及实践意义。评估指标选择的正确与否决定了所构建模型的可靠程度，如若所选的指标不合理，那么无论选择何种评价手段，所得到的结果均没有任何意义。所选的评价指标应当具有良好的代表性且检测方式较为简单、结果准确且误差较小。

本节利用多种铝系混凝剂，在不同水质条件下进行相应混凝试验，在汇总各类铝系混凝剂出水各类指标的变化情况的基础上对其结果进行分析、比较，挑选了较为合适、有代表性的评估指标，为后续评估模型的构建提供了基础。

3.2.2.1　不同药剂混凝效果对比

图 3-2 为几种不同类型的铝盐混凝剂在所设定投加量下对水体浊度的去除情况以及对应的出水 zeta 电位变化情况。从图 3-2 中能够看出，不同混凝剂对水体浊度的去除效果相差较为明显，且绝大多数药剂［除 $Al_2(SO_4)_3$］随着投药量的增加对浊度的去除能效均呈现逐渐增加的趋势。对出水浊度的分析能够在一定程度上筛选出适合目标水体使用的药剂以及投加量。另外从图中能够发现，大部分混凝剂在使用时对水体浊度的去除效果与 zeta 电位的变化基本成线性的关系，且在电位临近等电点（零电势点）时对浊度的去除效果最好，最优时达到了 87.16%。据此可以看出研究中的大部分混凝剂在去除浊度时是以电中和作用为主导进行混凝的。而另一部分药剂，诸如复配药剂［添加壳聚糖（CTS）］等，在低投加量条件下对浊度的去除效果十分显著，相比使用单一药剂［聚合氯化铝（PAC）］时去除能效增加了约 46.84%，但是随着投药量的继续增加其对浊度的去除效果反而增加不明显，基本处于稳定状态，且同条件下的去除效果不如单独使用其他混凝剂（同期下降了 10% 左右）。此外，从图 3-2 中能够发现，使用复配药剂时，随着投药量的增加，虽然 zeta 电位有所上升，但浊度的去除能效并没有随之增长，这说明在添加 CTS 之后整个混凝反应并不是以电中和作用为主导的，电位的增长是 CTS 本身带有大量正电荷所导致的。添加 CTS 之后混凝效果的提升应归因于其大分子的长链结构，在处理中发挥出了良好的吸附架桥作用。

通过上述结果能够看出，虽然不同药剂在发生混凝作用时的主导机理并不相同，但药剂类型及投加量对浊度去除能效的影响是相对直观的，浊度去除能效能够较好地反映混凝剂使用后的效果。相关研究也显示，浊度是饮用水的重要评价指标之一，在确定饮用水水质方面有着极为重要的意义。同时，浊度的检测十分方便，且准确性较高，因此可以作为评价混凝剂效果优劣的一项重要指标。另外，从分析中也能看出浊度的去除能效与 zeta 电位的波动也存在着一定的关系，其关联性还需进一步的分析验证。

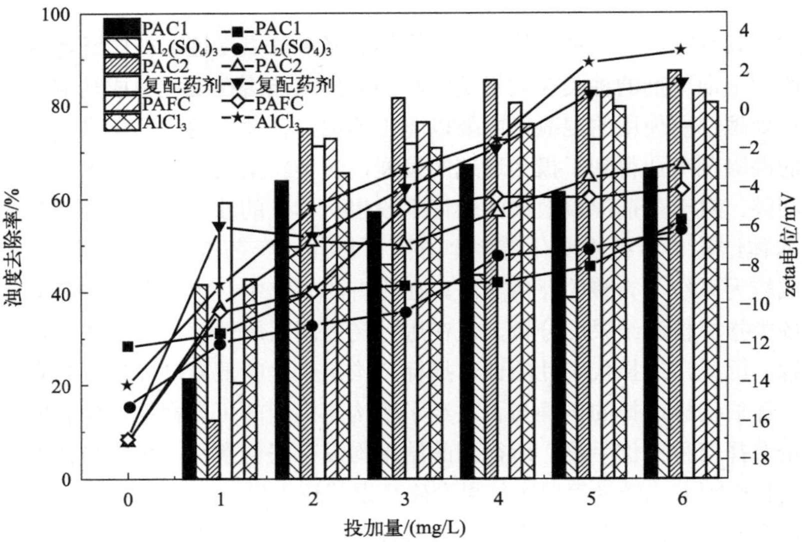

图 3-2　不同混凝剂类型及投加量下浊度去除及电位变化情况

图中折线为电位变化情况；柱状图为浊度去除率变化情况。PAFC 为氯化铝铁

（1）不同药剂下有机物的变化情况

随着社会的进步及科技的发展，水体中的有机污染物特别是溶解性有机物逐渐成为了水处理中所关注的重点，所选药剂是否能够有效去除水体中的有机污染物成为了评判药剂适用性的一个重要方向。本小节通过 COD_{Mn}、UV_{254}、TOC、溶解性有机物等指标分析了各类药剂对水体中有机物的去除能效，并对去除过程中的机理进行了探讨，分析筛选了具有代表性的评价指标。具体研究结果如下。

不同类型的混凝剂会直接影响出水的特性和混凝的效果。试验从 TOC、UV_{254}、叶绿素 a 等各类有机污染物去除指标方面考察了药剂的混凝性能，同时结合电位变化情况进行分析，探究适合作为评判指标的因素。试验在相同的水力条件下进行，检测结果如图 3-3 所示。从图中能够较为直观地看出，使用同类型的药剂时，随着投药量的增加，对于各项有机物指标的去除能效逐渐升高，部分药剂呈现出先升高后略微下降的趋势。所检测的几项有机物指标的变化情况能够较好地反映出对应投加量下药剂的混凝能效，从而判别出使用该药剂时的最优投加量。同时，通过图中数据也能够发现，在混凝过程中，各药剂出水的 zeta 电位均发生了不同程度的连续增长，且逐渐接近零电势点，部分药剂在高投加量下能够达到零电势点甚至转为正值。据此推测药剂投加使用后电位的变化情况影响着作用机理，同时也影响着各有机物指标的去除效果，与混凝效果有着密切的联系。

对于不同类型的药剂而言，通过上述几种有机物指标的去除能效也能较为科学、准确地比对出相应混凝效果的优劣，同时对混凝剂的使用具有一定的指导作用。如将图 3-3（c）与图 3-3（d）进行比对，能够明显看出当使用复配药剂时其在低投药量的条件下即产生了较

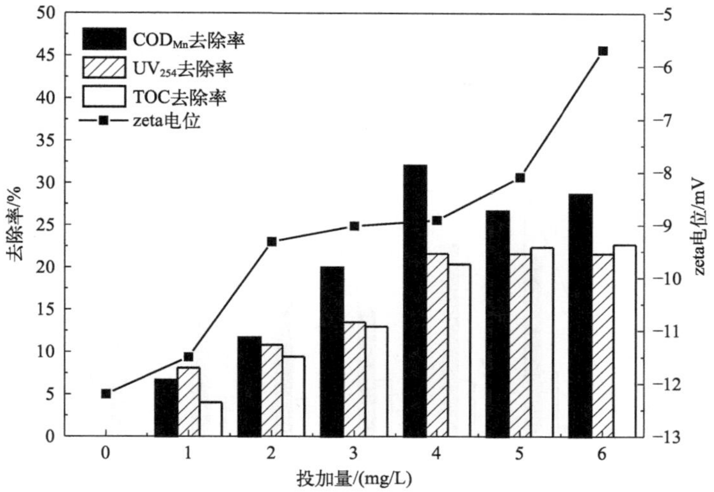

(a) PAC1

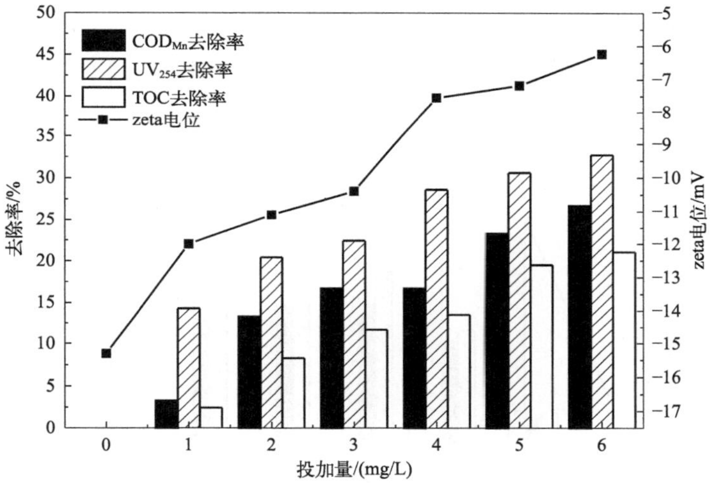

(b) 硫酸铝

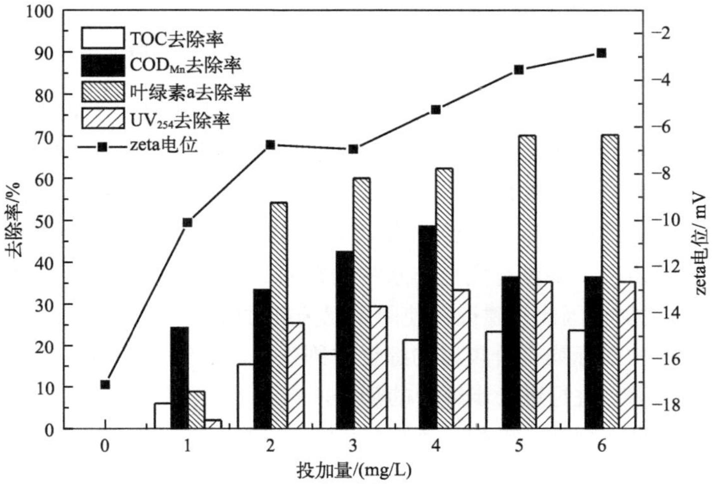

(c) PAC2

图 3-3

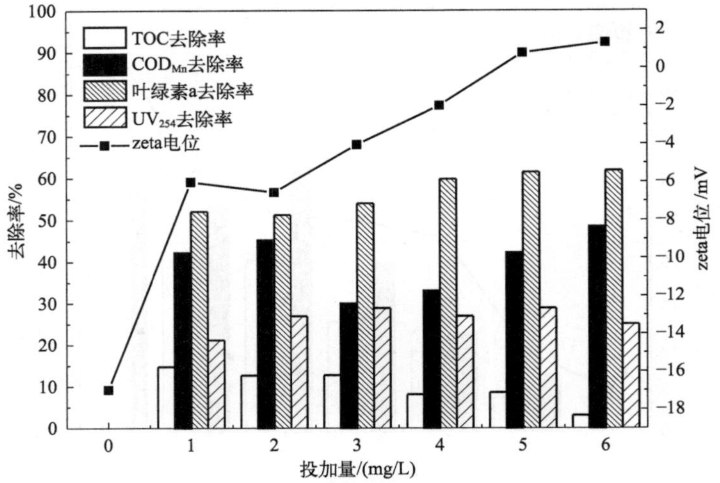

(d) 复配药剂

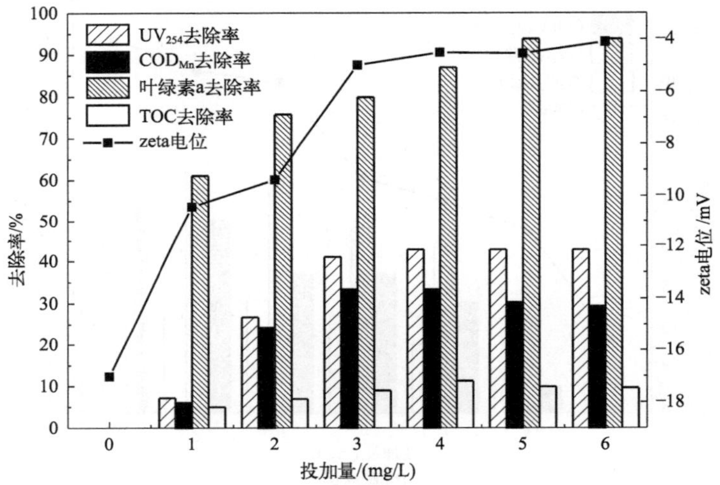

(e) PAFC

图 3-3　不同药剂下综合有机物指标的去除情况

为良好的混凝效果，相比单独使用 PAC 时各指标的去除能效增加了 8.7% ～ 46.83%。研究显示，当金属混凝剂与有机聚合物共同使用时，在更低的投加量情况下就能达到相同的去除性能。也能看出，随着投药量的增加，复配药剂对各项指标的去除效果增长不明显，部分指标如 TOC 等反而出现了效果变差的现象。这可能是由于所添加的壳聚糖本身属于高分子有机物，在投加量增加的情况下并没有完全与水中的杂质进行结合，产生了剩余的情况，致使出水 TOC 等指标含量增加。因此，建议在使用复配药剂时应以低投加量为宜。通过试验及分析可知，上述几项有机物指标均有着较好的综合评判效果，能够较为直观地分辨出混凝效果的优劣，可作为预备指标，进行进一步综合的筛选。

此外，由于近年来溶解性有机物（诸如腐殖酸、富里酸类等）的去除引起了广泛的关注，本研究也对水体中的部分溶解性有机物进行了考察，探究药剂对其去除能效并考察溶解性有机物的去除情况是否能够作为一项评判混凝剂优劣的有效指标。由于检测结果较多，本小节仅以 PAC 以及复配药剂使用后的情况为主进行分析探讨。

三维荧光光谱是在一定的平面上以等高线的形式将荧光强度进行投影所绘制成的，该平面的横纵坐标分别为激发光波长以及发射光波长。从图中能够同时获得荧光强度与激发波长和发射波长的关系，通过对应荧光类物质特有的三维荧光光谱信息对物质可进行定性和定量分析。由于三维荧光光谱包含着大量的光谱信息，因此也被称作荧光物质的指纹。近年来，因其具有灵敏度高、检测简便和图像直观等优点，该技术在环境领域应用广泛，特别是溶解性有机物的研究。

对三维荧光数据进行了整理，将其总量及去除情况进行了汇总，整理结果如图 3-4 所示。

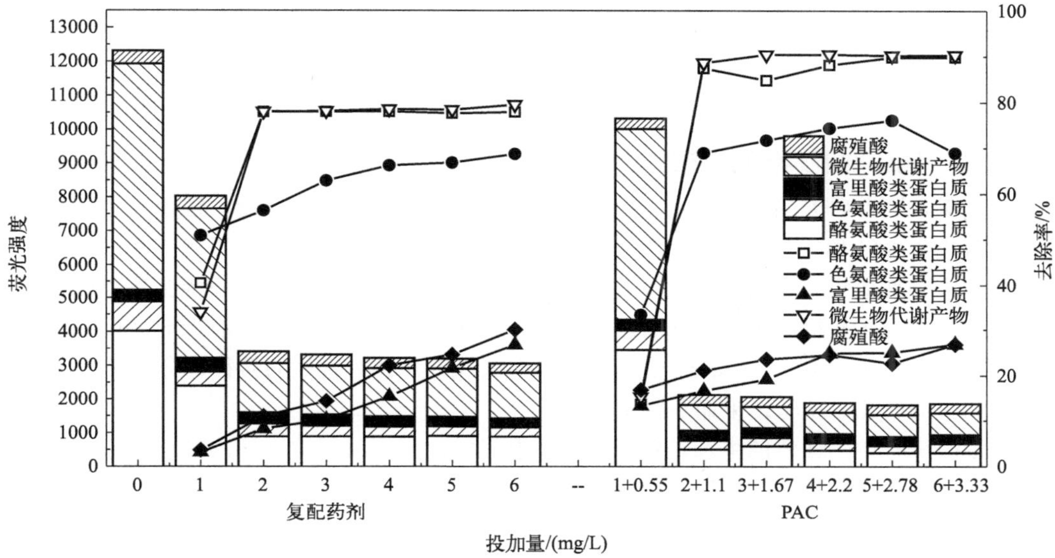

图 3-4　不同投加量及投加方式下荧光物质的去除效果

图中折线为各物质对应去除率；柱状图为荧光强度

从图 3-4 中能够更加直观地看出，目标水体中以微生物代谢产物为主要成分，其荧光强度远高于其他物质，其次为酪氨酸类蛋白质，腐殖酸以及富里酸类蛋白质含量较少。随着混凝剂投药量的增加，其对各荧光物质的去除效果均逐渐增强。当投加量为 1mg/L 时，复配药剂对微生物代谢产物（SMP）以及酪氨酸类蛋白质的去除效果明显不如单独使用 PAC 时的效果，但再增加投加量，复配药剂对两种荧光物质的处理效果有着明显的增强且优于前者。这可能是由于随着投药量的增加，复配药剂中 Al^{3+} 含量升高的同时加强了架桥作用，增强了对 SMP 的去除效果。但在低投药量条件下，是否是因为混凝机理的转变而影响了 Al^{3+} 含量或电中和能力，致使对 SMP 等的去除效果较差，还需进行进一步的研究。

两种药剂在使用后对腐殖酸的去除效果分别为 30.06% 以及 26.85%，相比而言单独使用混凝剂 PAC 对腐殖酸的去除效果要更好一些，说明电中和为主导或起主要作用时对去除腐殖酸更为有利。相对去除效果的增幅不明显推测可能是由以下两种原因导致的：a. 药剂投加量相对较少；b. 两种投加方式下电中和机理均在起作用，只是相比而言，使用 PAC 时更加明显。另外，从图 3-4 中能够看出，就腐殖酸与富里酸而言，二者对于富里酸的去除率分别为 26.79% 以及 26.89%，对比能够发现混凝剂对腐殖酸的去除效果要稍好一些，其可能是腐殖

酸能够提供更多 Al^{3+} 的结合点，在更大程度上改变其粒度及 zeta 电位，促进絮体的形成。对比图中结果能够发现，腐殖酸的去除能效与 UV_{254} 极为相似，进一步推测类芳香共轭结构可能为腐殖酸中的主要官能团。

通过本小节试验结果能够看出，各有机物指标的去除能效均能在一定程度上反映混凝剂使用后的效果，但由于指标相对较多，且部分指标之间存在重复或无法准确进行评价的现象，因此需要进行二次筛选。经过研究发现 TOC 的去除情况与 COD 有着一定的关联，COD 去除能效的反应效果更好一些，且 TOC 的检测周期较长，故而不适合作为评价指标；叶绿素 a 的去除与藻类生长状态相关且受季节波动影响较大，部分时候其并不是一项必要检测指标，且其检测方法较为烦琐、检测误差较大，因此本次不选作评价指标；荧光性有机物的去除情况经研究显示与 UV_{254} 非常相似，通过 UV 的检测能够间接反映部分荧光物质的去除情况，同时荧光有机物的检测烦琐、周期较长且结果大多为定性结果，不利于模型的构建及使用，故而不考虑此指标。因此，最终拟选用 COD_{Mn}、UV_{254} 两项指标的去除能效作为评估模型中的评估指标。

（2）不同药剂下絮体特性的变化情况

近几年，随着研究的深入以及科技的进步，混凝过程中絮体的强度、粒径尺寸、分形维数、絮凝指数（FI 值）等特性均得到了国内外学者的广泛关注。絮体的诸多特性直接决定着后续的固液分离效果，成为了一项重要的研究指标。絮体的形成、各部分特性是否影响着混凝效果，是否与各指标的去除存在着联系，是否能够作为模型的指标对混凝剂进行更准确的评价？为此，本小节利用 Mastersizer 3000E、电镜等设备针对絮体的粒径、分形维数等特性展开了相关的研究。试验结果如下所示。

在混凝进程中，絮体的生长是颗粒物互相碰撞以及互相凝聚的过程，在一定的搅拌条件下，通过一定时间的慢速搅拌后，粒径逐渐达到稳定，不再增长。絮体的粒度是评价混凝过程性能的重要因素，较大絮体的沉降速度要快于同密度下较小的絮体。图 3-5 显示为不同投加量下几种混凝剂所生成絮体的粒径变化情况，从图中能够明显地看出，随着投加量的增加絮体粒径呈现出逐渐增长或先增长后略有降低的趋势。同时粒径的变化趋势也显示出了与混凝剂的种类有着很大的关联性，当所使用的混凝剂不同时，所生成絮体的稳定粒径也不尽相

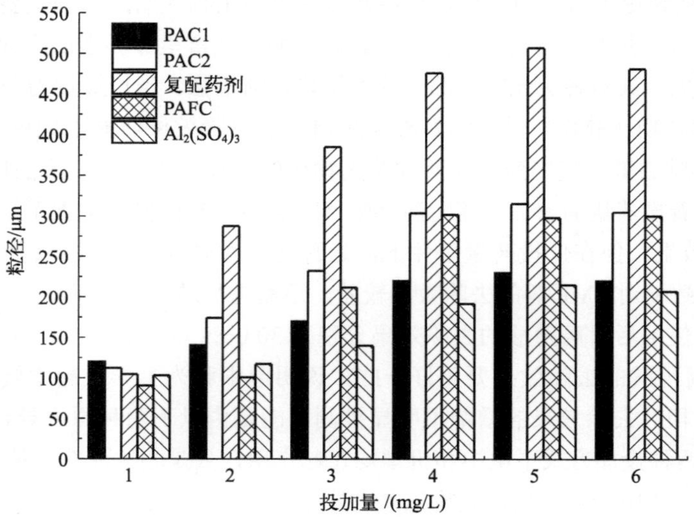

图 3-5　不同药剂絮体粒径的变化情况

同。通过粒径的比对能够较为明显地反映出药剂类型及投加量的变化情况，从而进行相应的指导及调整。

图 3-6 为复配药剂各投加量在混凝过程中粒径的变化情况及对应于混凝能效的联系情况。一般而言，在投加混凝剂之后，絮体会出现快速增长以及稳定两个阶段，前一阶段的絮体粒径呈快速增长状态，而后一阶段的絮体尺寸则逐渐达到了稳定的状态，此时絮体的生长与破碎达到了适当的平衡。从图 3-6（a）、（b）中能够清晰地看到絮体在这两个阶段的变化情况。从图中能够看出，在混凝进程中，随着混凝时间的增加，所生成的絮体粒径呈现出先快速增长后逐渐稳定的趋势。不同的药剂及加药量直接影响着絮体的稳定粒径尺寸以及达到稳定的时间，一般而言，较高的絮体生长速率能够缩短絮凝时间，且对后续的处理是十分有益的。图 3-6（c）、（d）显示的是对应药剂使用时絮体粒径及相应各指标去除效果的变化情况，从图中可以清楚地看出不同投加量条件下絮体粒径的变化情况与各指标的去除能效变化情况基本相同，同时可以看出，大粒径的絮体往往对应着更好的混凝效果，结合试验情况能够看出

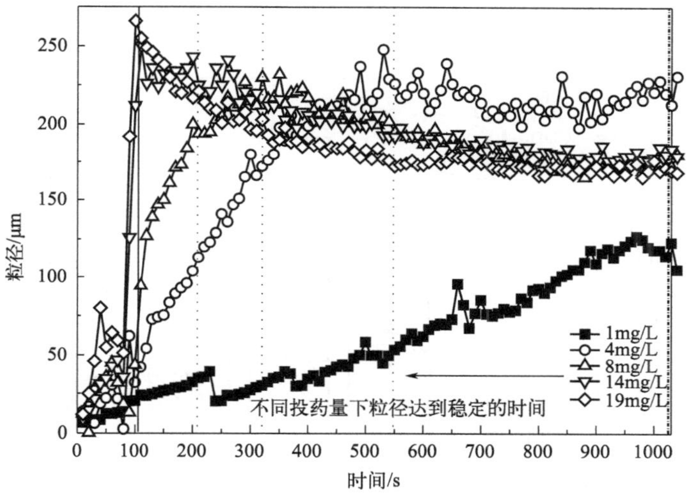

(a) 复配药剂1

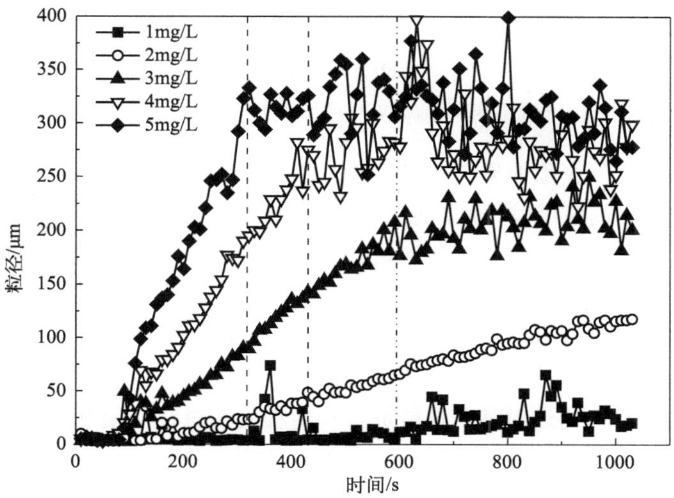

(b) 复配药剂2

图 3-6

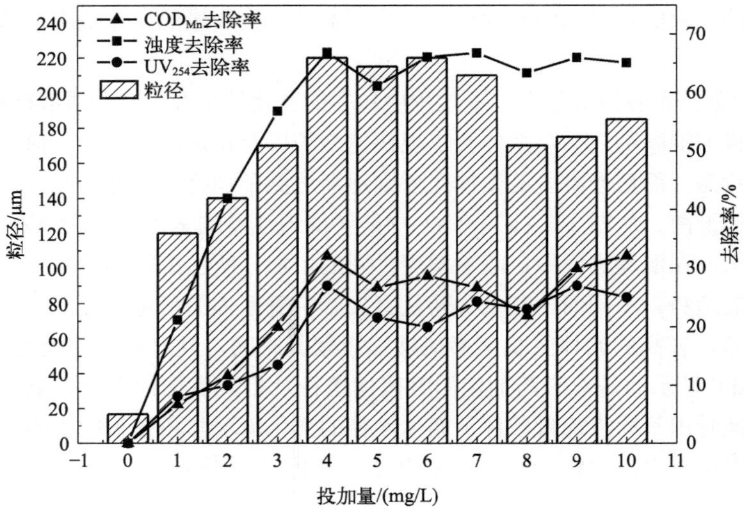

(c) 复配药剂3

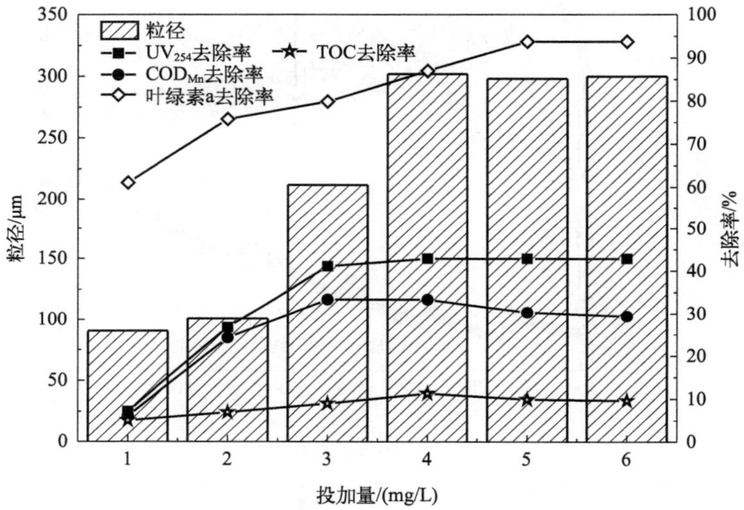

(d) 复配药剂4

图 3-6　混凝过程中絮体变化情况及粒径与混凝能效的联系

絮体的变化与各污染物的去除效果有着密切的关联。

图 3-7 为部分混凝剂使用时不同浓度下对应的分形维数变化情况。絮体的分形理论被首次提出是在 20 世纪 70 年代，研究者普遍认为水中的颗粒具有不同的表面能，导致了不同概率的碰撞，从而使形成的絮体为具有分支的立体结构，分形维数是描述絮体结构的一个重要因素。从图 3-7 中通过与絮体尺寸的对比不难发现，絮体粒径越大、强度越高，所对应的分形维数就越大，相应的絮体结构也由疏松变得密实。从图中可以看出，不同条件下絮体的分形维数有着明显的差异，通过对其筛选能够在一定程度上进行混凝剂的选择，絮体的分形维数高度依赖混凝剂的种类以及混凝的机理。此外，从图中还可以看出絮体的分形维数与粒径的变化趋势极为相同，与投加量的变化具有较强的关联性，能够在一定程度上反映出所用药剂的效果好坏，絮体的粒径与分形维数有着密切的联系。

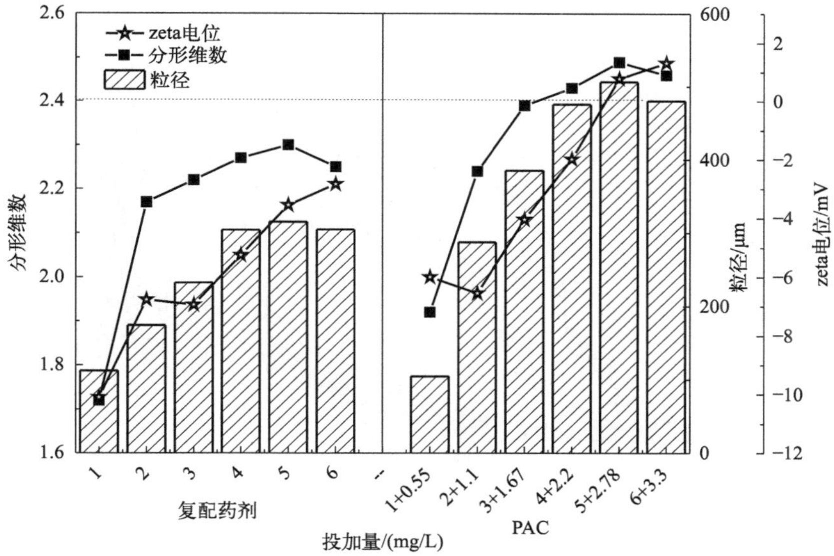

图 3-7 不同类型混凝剂及投加量下絮体分形维数的变化情况

图 3-8 为利用 IPDA 检测的不同药剂在混凝过程中絮体 FI 值（絮凝指数）的变化情况，FI 值能够侧面反映出絮体的粒径以及数量。从图中能够看出，其混凝过程中的增长趋势与粒径极为相似，但与粒径变化不同的是，其在不同投加量下呈持续增长的趋势。检测结果显示，投加量越大，其对应的 FI 值也越大。这并不适合于对混凝剂的评判，相对而言该项指标更适用于在线监测，能够实时地反映出絮体的变化情况，以便能够针对不同的水质变化进行及时的调整。

近年来，随着科技的飞速发展，出现了各式各样的诸如粒度分析、红外光谱等针对絮体的表征手段，扫描电镜以其样品制备简便、能直接观测样品表面结构等优点，在絮体的表征中被广泛地应用。为了从“微观”角度对絮体结构进行分析，同时探究其是否适合作为一项

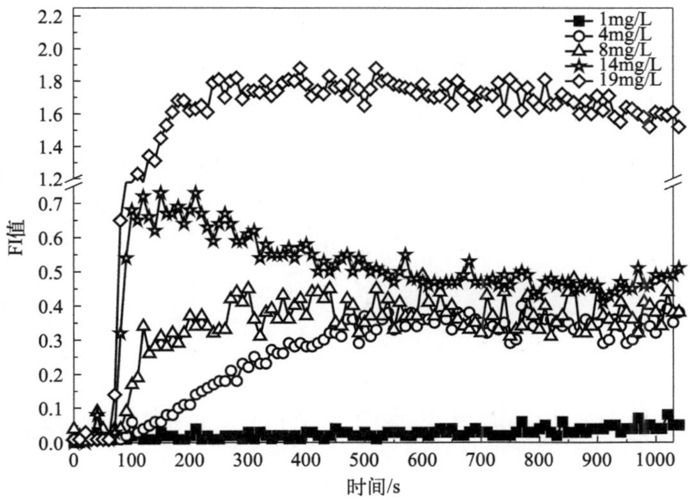

(a) 药剂1

图 3-8

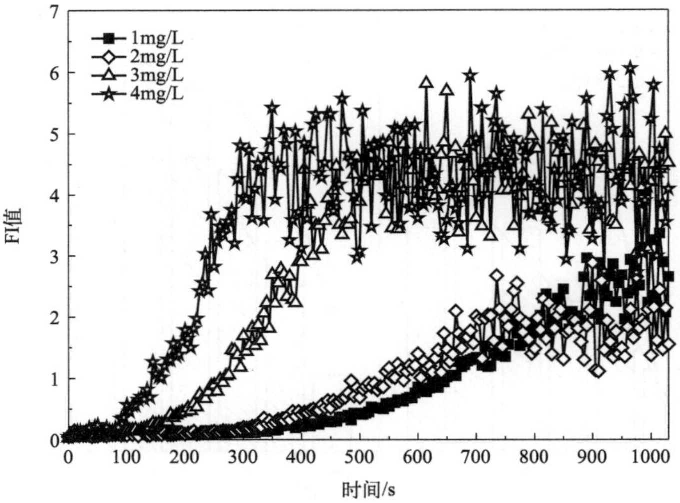

(b) 药剂2

图 3-8 不同类型混凝剂各投加量下 FI 值的变化情况

评价指标被引入模型中，本研究通过试验选取了两组效果较为理想的投加量，对其混凝结束后的絮体进行 SEM（扫描电子显微镜）分析，放大倍数从 1.00k× 到 10.00k× 不等，对比分析絮体表面结构等的差异。同条件下不同药剂产生的絮体经冷冻干燥后的 SEM 图像如图 3-9 所示。图 3-9（a）、（c）、（e）、（g）为单独使用 PAC 时的絮体表面情况，图 3-9（b）、（d）、（f）、（h）为复配药剂所产生絮体的表面情况。

无长链分析架桥作用存在时，絮体的形成主要依靠铝盐混凝剂的加入，铝离子或聚合物中和了胶体表面电荷，破坏胶体稳定性，使胶体之间可以突破能量势垒发生接触碰撞，所以这种情况是单靠电中和作用而产生的胶体凝聚。对比图 3-9（c）与（d）能够发现，单独使用 PAC 时，絮体表面凹凸不平，形成的团簇较大，表面除了片状结构外，还呈现出棒状体结构，且结构形状略不均匀，结构间孔隙也略大于复配药剂絮体。而添加 CTS 之后，所形成的絮体表面较为光滑［图 3-9（f）、（h）］，这是由于 CTS 的加入使得絮体结构较为密实、孔洞较少，小絮体被包裹在内，相比而言具有更强的吸附能力。由此解释了试验中复配药剂比使用单一药剂混凝效果好的原因，通过相应絮体的 SEM 分析，能在一定程度上对混凝剂的优劣进行评定。

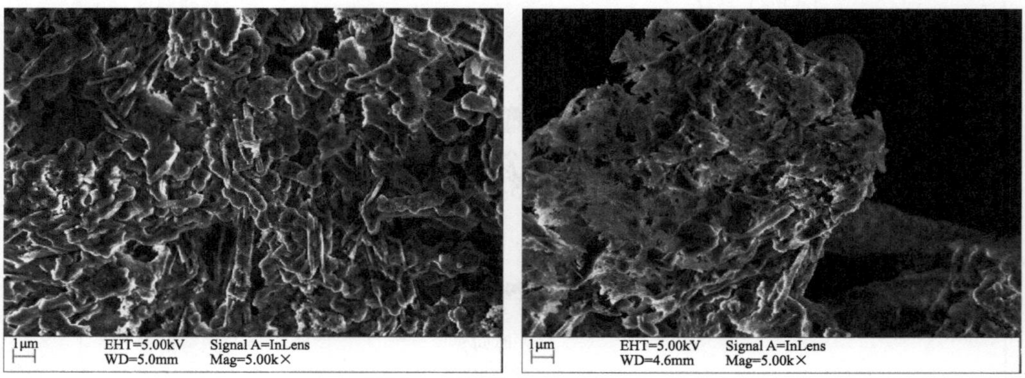

(a) PAC1

(b) 复配药剂1

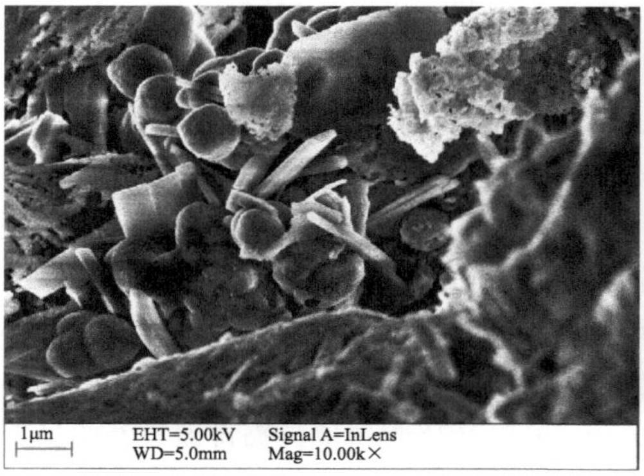

(c) PAC2

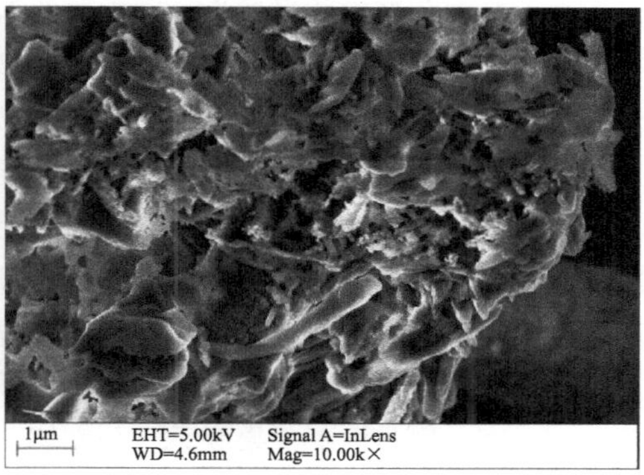

(d) 复配药剂2

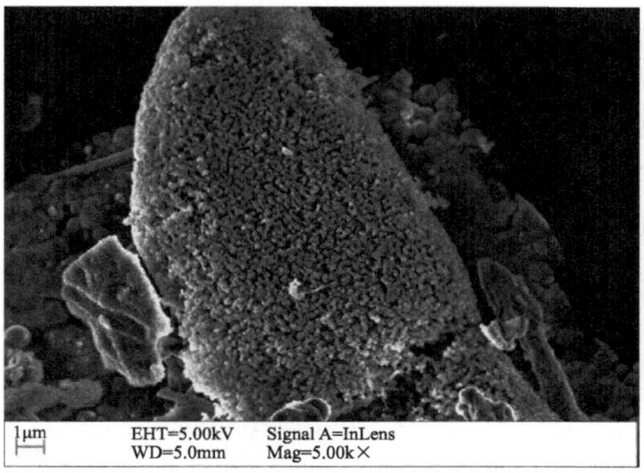

(e) PAC3

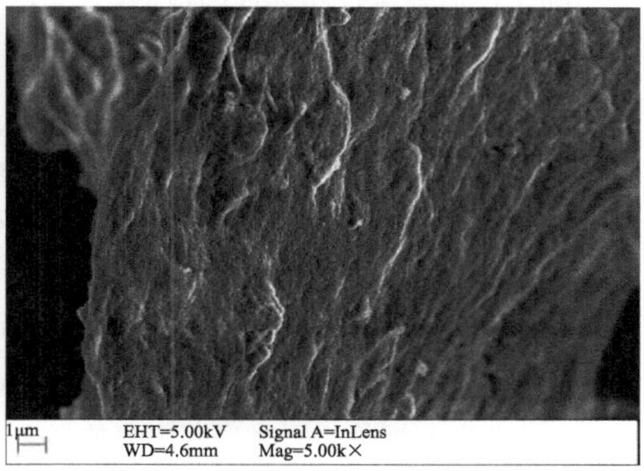

(f) 复配药剂3

(g) PAC4

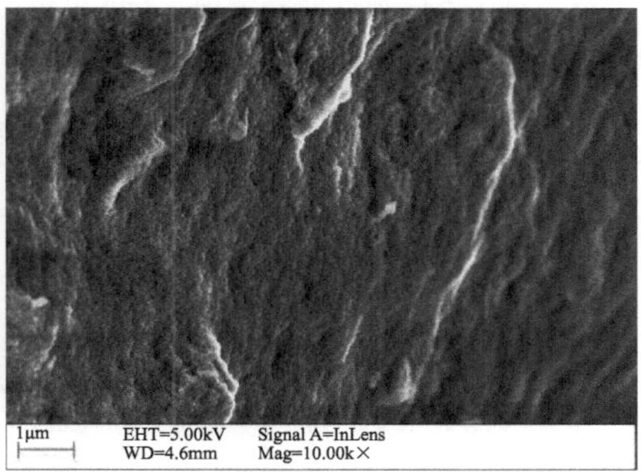

(h) 复配药剂4

图 3-9　不同药剂絮体 SEM 对比

总的来看，高分子的架桥作用在絮体的形成中发挥了非常重要的作用，能够有效地将细胞聚集在絮体中。同时可以将再生能力较差或者无活性的颗粒吸附在絮体表面，进一步地对无架桥作用存在以及架桥作用弱时无法有效去除的颗粒进行去除。

通过上述分析能够看出，絮体特性的变化在混凝过程中发挥了重要的作用，影响着混凝剂的混凝效率，通过对各特性的分析也能一定程度上对混凝剂的优劣性进行判定。因此，模型中适当地引入絮体特性指标作为评价因素是十分必要的。但并非所有的指标都适合纳入评估模型中，其中分形维数虽然为一项重要的絮体指标，但其变化趋势与粒径相同，所反映的结果有一定的重合，且其检测方式复杂、计算时受人为因素影响较大、误差较大，还需要进一步地进行研究探讨，寻找一种更简便且结果更加准确的计算方式，因而在本模型中暂不引入使用；FI 值所能反映的内容较多，与混凝效果对应不是很贴切，但较为适合在线监测使用，辅助实时的调节，同时其表示意义与粒径有重合，通过对絮体粒径的表述大多能反映 FI 值的变化情况，因此本次也不引入模型中使用；SEM 的分析结果十分优异，且从图中能够直观地看出絮体的微观结构，从而可以判定混凝机理、印证混凝效率，但其结果均为定性结果，且在评定中人为影响较多，无法作为一项具体指标引入模型；絮体粒径的变化情况经试验及文献考察发现与混凝效果联系十分密切，同时，粒径的检测结果较为直观、准确且为定量结果，受人为评判影响不大，因此，较为适合作为一项评判指标引入评价模型，但对于其最终的确定还需要进行相关性的检测。

(3) 各指标与 zeta 电位的相关性

zeta 电位的变化往往是由混凝剂的性质决定的，不同的混凝剂对 zeta 电位的作用效果不同。同时 zeta 电位在一定程度上也影响着混凝效果。通过试验结果的分析可知，zeta 电位的变化情况与各指标的去除能效都存在着一定的联系，为探究其与各指标的相关性，考察其是否能够作为模型的一项评判指标，采用 SPSS 统计软件就其相关性进行检测。

表 3-3 数据中，相关系数的值越大则表明两参数的相关性越强，当两因素的相关系数＞ 0.8 时为高度相关，在 0.5 ～ 0.8 范围内为中度相关，在 0.3 ～ 0.5 范围内为低度相关，当其＜ 0.3 时则为不相关。同时当两因素的显著性水平值＜ 0.05 时，说明两者有着良好的线性关系。从图 3-10 中可以看出，不同混凝剂所产生的 zeta 电位与各项指标数据有着线性或二次的关系。对比表中数据能够发现，zeta 电位与所挑选出的几种指标之间的相关性不是由偶然因素造成的，绝大部分都有着很高的相关性。

表 3-3 不同混凝剂下 zeta 电位与各项指标相关性统计

项目	药剂类型	投加量		浊度去除率		COD_{Mn} 去除率		UV_{254} 去除率	
		相关系数	显著性水平参数	相关系数	显著性水平参数	相关系数	显著性水平参数	相关系数	显著性水平参数
zeta 电位	PAC1	0.931	0.007	0.752	0.085	0.742	0.091	0.780	0.067
	硫酸铝	0.974	0.001	0.059	0.912	0.892	0.017	0.982	0.000
	PAC2	0.966	0.002	0.842	0.036	0.507	0.305	0.909	0.012
	复配药剂	0.966	0.002	0.630	0.180	0.189	0.720	0.314	0.545
	PAFC	0.888	0.018	0.805	0.053	0.862	0.027	0.947	0.004

3.2.2.2 各指标与絮体粒径的相关性

絮体的尺寸大小、结构均对混凝剂的混凝效果起到了直接的影响。对此，利用 SPSS 分析方式对粒径与各指标的相关性也进行了相应分析，结果见表 3-4。

从图 3-11 中能够看出，药剂所形成的絮体粒径与各项指标去除效果存在着线性及二次的

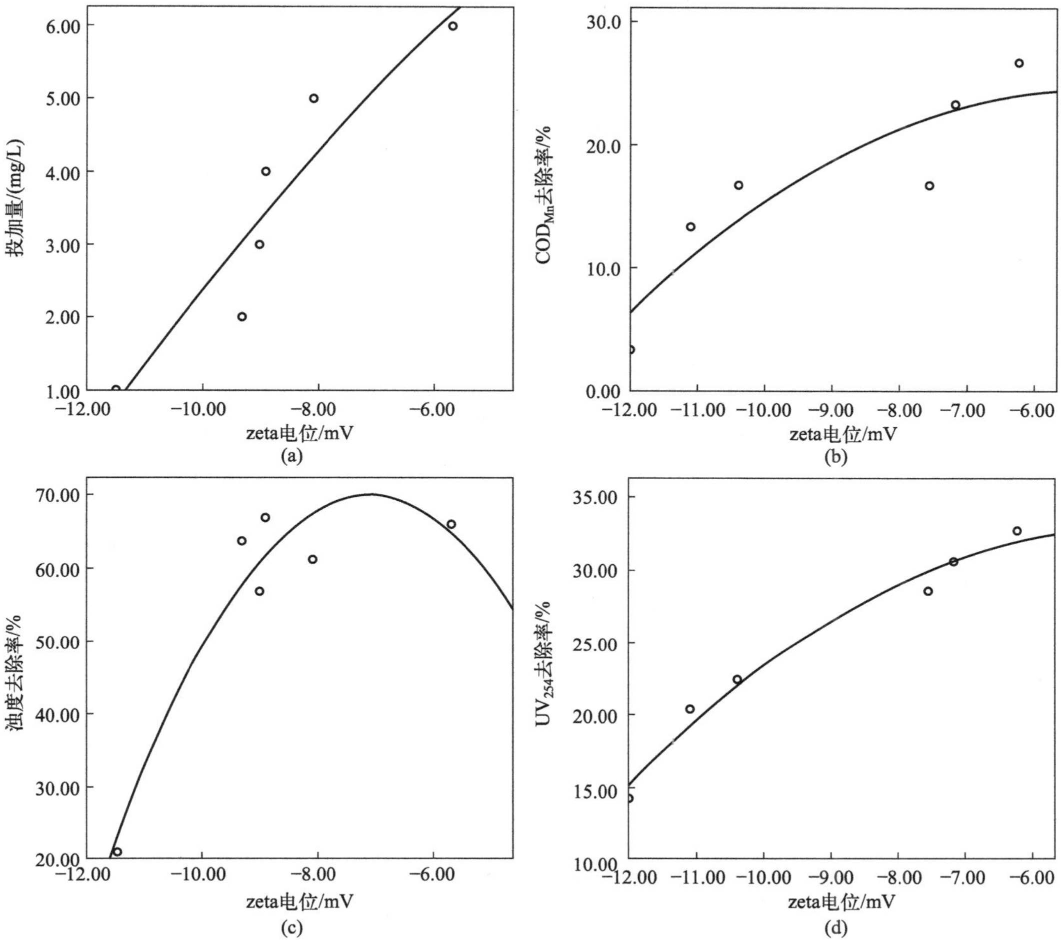

图 3-10　不同混凝剂条件下 zeta 电位与各指标的相关关系

表 3-4　不同混凝剂下絮体粒径与各项指标相关性统计

项目	药剂类型	投加量		浊度去除率		COD_{Mn} 去除率		UV_{254} 去除率	
		相关系数	显著性水平参数	相关系数	显著性水平参数	相关系数	显著性水平参数	相关系数	显著性水平参数
粒径	PAC1	0.937	0.006	0.703	0.119	0.967	0.002	0.994	0.000
	硫酸铝	0.956	0.003	—	—	0.880	0.021	0.970	0.001
	PAC2	0.936	0.006	0.840	0.037	0.723	0.104	0.914	0.011
	复配药剂	0.909	0.012	0.899	0.015	—	—	0.726	0.103
	PAFC	0.922	0.009	0.735	0.096	0.759	0.080	0.879	0.021

关系，且相关性较好。结合表中数据也能发现，絮体粒径与所挑选出的几种指标之间的相关性不是由偶然因素造成的，大部分都存在着很高的相关性。

综合上述分析，zeta 电位和絮体粒径与混凝剂的混凝效果存在很强的相关性，其在混凝中起着极为重要的作用，可以作为一项指标对混凝剂混凝效果进行评判。

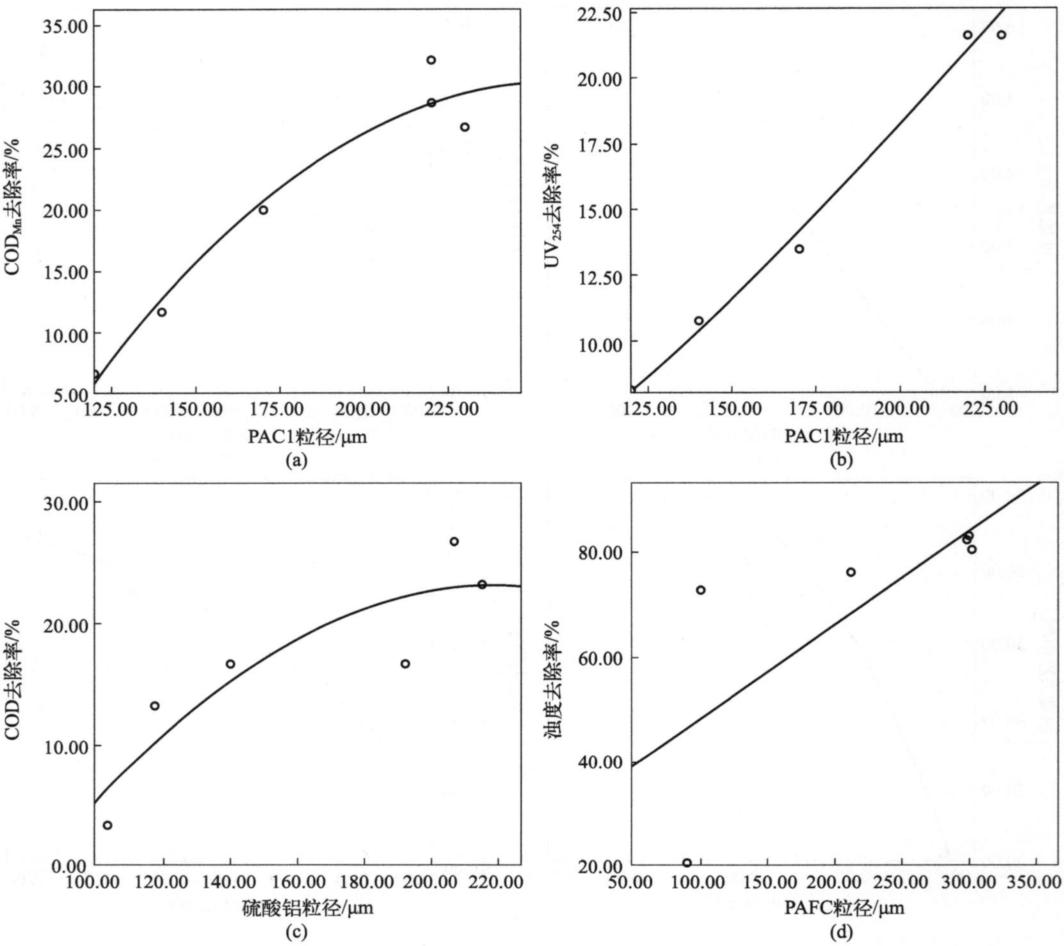

图 3-11　不同混凝剂条件下絮体粒径与各指标的相关关系

3.2.3 混凝剂评估验证方法构建

3.2.3.1 验证方法及流程

本节所提出的药剂验证方法由烧杯试验、中试校验以及生产验证三大部分组成。烧杯试验部分主要是利用第 4 章所建立的评估模型检测药剂的适用性，对药剂进行初步筛选，然后对所选药剂的质量进行验证，进一步地对药剂的投加量进行筛选验证；中试校验试验主要为进一步确定药剂最佳投加量并评估其经济性，在比对烧杯试验结果的同时对水厂现阶段投药量的合理性进行评估验证；生产验证试验部分主要为验证中试所确定的投加量在实际运行中的效果，对比分析当前水厂投加量是否合理。完整的验证方法流程及相应的检测指标如图 3-12 所示。对应的药剂适用性以及合格性检测方法如下。

（1）药剂适用性验证方法

在实际水厂应用中，针对不同水质情况合理地选择混凝剂是混凝工艺在工程应用中是否成功的关键因素之一。因此本验证方法首先针对药剂的适用性进行了相应的评价、筛选，从

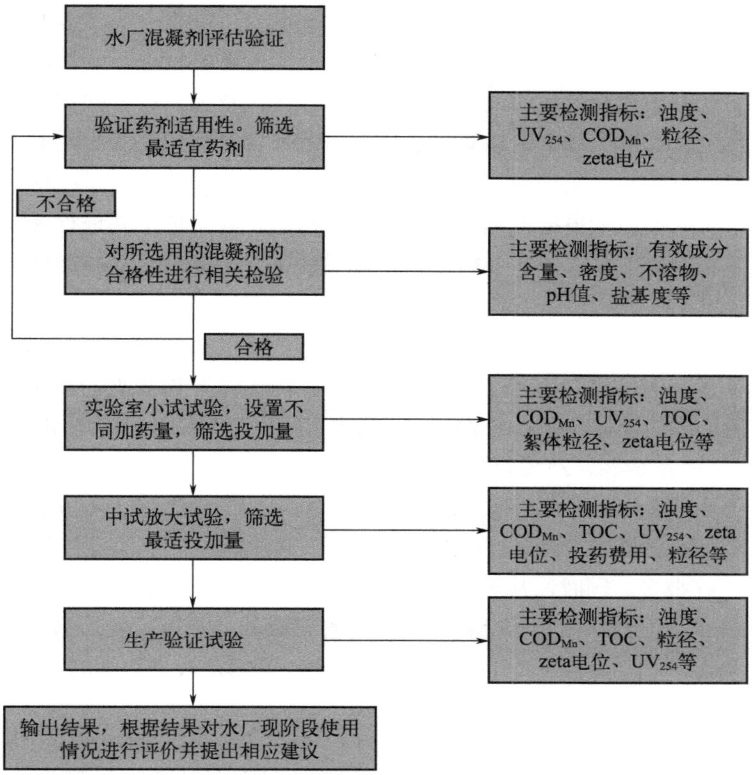

图 3-12　验证方法主要技术流程

诸多目标混凝剂中筛选出适合目标水体使用的混凝剂，以保证后续的验证更有意义。本章中涉及的药剂适用性筛选，主要是依托第 4 章所构建的药剂评价模型。具体检验流程如下：抽取等量的待测混凝剂进行溶液配制，在设定好的水力条件下进行混凝试验，在此进程中投加定量（4mg/L）的待评价药剂。混凝结束后对出水中浊度、UV_{254}、粒径等 5 项指标进行检测，同条件下共进行 3 次平行试验，然后将检测的平均结果带入评估模型中进行计算，得出目标混凝剂的最终评价结果并进行分析，筛选最适合目标水体的混凝剂。

（2）药剂合格性检验方法

随机抽取一定量的目标混凝剂进行质量检测，检测结果应满足混凝剂现行标准 GB 15892—2020 中各指标的限值。对于未满足产品标准的混凝剂不应继续进行验证。

3.2.3.2　药剂验证方法应用

本节将所建的评估验证方法在济南鹊华水厂进行了实际应用，利用所提出的验证方法对当前水厂所用药剂及投药量情况进行评估验证。验证试验过程中待测的混凝剂为同一厂家生产，所用水样为济南鹊山水库水，随取随用，完全混匀后进行烧杯试验。具体试验情况如下。

（1）药剂适用性评估

在实际水厂应用中，针对不同水质情况合理地选择混凝剂是混凝工艺在工程应用中是否成功的关键因素之一。因此本验证方法首先针对药剂的适用性进行了相应的评价、筛选，从诸多目标混凝剂中筛选出适合目标水体使用的混凝剂，以保证后续的验证更有意义。该过程所使用的评价方法为第 4 章所建立的评估模型，模型结合了层次分析法以及模糊评价法对混凝剂进行综合的评价，同时，该模型也已通过了进一步的试验验证，经检验显示该评价模型对目前常见的混凝剂都有着较好的适用性。具体的评价流程如下：本次评估、验证试验中所验证的混凝剂为当前给水厂最常用的聚合氯化铝以及聚合氯化铝铁两种混凝剂。所选的药剂样品在同一生产厂家购买（与现阶段水厂所用药剂的生产厂家相同），在相同的条件下进行混凝烧杯试验，药剂投加量根据前期试验设定为 4mg/L。同条件下共进行 3 次平行试验，试验结束后仅需检测模型中要求的 5 项指标因素，然后将各指标的平均检测结果代入评价模型中进行计算。试验及评价结果如下。

试验检测显示，当药剂投加量为 4mg/L 时，PAFC 所形成的絮体粒径为 302μm，zeta 电位为−4.51mV，出水中浊度、COD_{Mn}、UV_{254} 的去除率分别为 81.37%、33.37% 以及 42.86%；使用 PAC 时，所形成的絮体粒径约为 230μm，出水 zeta 电位为−8.2mV，出水中浊度、COD_{Mn}、UV_{254} 的去除率分别为 64%、25% 以及 30%。二者将各指标平均检测结果代入已知公式中进行计算，得到结果向量分别为 0.417、0.205、0.263、0.16 以及 0、0.16、0.2230、0.263。

对比两种药剂验证结果能够很直观地看出，药剂 PAFC 在评价等级中更多地倾向于第一，评价结果比 PAC 好很多。同时，从絮体沉降情况、电位变化及对各物质的去除能效中也能比较直观地看出 PAFC 相比 PAC 对所选择的水样有着更好的处理适用性。另外，通过调研可知现阶段该水厂所用主要混凝剂为 PAFC，说明其所选混凝剂是较为科学的。

（2）产品质量验证

上节利用已构建的评估模型对几种不同种类的混凝剂进行了评价、筛选，最终发现 PAFC 对目标水体有着更好的适用性。下面对所选的药剂进行质量合格验证，若质量未达到 GB 15892—2003 中所述要求，则应当舍弃本次所选药剂，同时选择其他厂家生产的药剂或其他种类药剂，再次进行药剂适用性的筛选。试验针对标准中所列各项指标进行相应的检测，检测结果及标准限值情况见表 3-5。

表 3-5　产品各项检测结果及限值对照

项目	GB 15892—2003 标准限值	检测结果
	液体（Ⅰ类优等品）	液体
密度（20℃）/（g/cm^3）	≥ 1.15	1.229
pH 值（1% 水溶液）	3.5 ～ 5.0	4.18
氧化铝（Al_2O_3）含量 /%	≥ 10	10.90
盐基度 /%	40 ～ 85	68.30
水不溶物含量 /%	≤ 0.3	0.29
砷（As）（质量分数）/%	≤ 0.0001	0.00008
铅（Pb）（质量分数）/%	≤ 0.0005	0.0002
汞（Hg）（质量分数）/%	≤ 0.00001	—

所选取混凝剂（PAFC）的有效成分含量为 10.90%、盐基度为 68.30%、水不溶物含量为 0.29%，能够满足 GB 15982—2003 标准要求，同时砷、汞、铅等各项金属元素指标也均在标准限值以下，整体均能满足产品标准要求。同时该样品在检测时无明显的杂质以及沉淀出现，可以确定该样品为合格样品，可进行下一步烧杯试验。在此基础上，利用 TDA6-2 型程控式

六联搅拌仪对该混凝剂进行烧杯试验，通过对出水各项检测指标的分析筛选出较为理想的药剂投加量，为中试及生产试验提供数据支持，进而验证该混凝剂是否适于水厂使用以及水厂所选取使用的投加量是否科学合理。结合前期研究以及实际情况，设定试验中药剂的投加量为 0 ～ 5mg/L，递增 1mg/L。

（3）不同投加量下常规指标的变化情况

图 3-13 为目标混凝剂在不同投加量下出水中各项指标的变化情况。从图中能够清晰地看出，除 1mg/L 的投加量之外，其他投加量对目标水体的浊度均有较好的处理能效，其出水剩余浊度均降到了 1NTU 以下，且随着投加量的增长出水的浊度值逐渐降低。当投加量为 1mg/L 时，出水浊度相比原水有所升高，这可能是由于该投加量下所形成的絮体粒径较小、沉降性能较差，在沉淀阶段未能全部进行沉淀，最终悬浮于水体中随出水流出，致使出水浊度升高。且在该条件下对于水体其他几项指标的去除效果也不是很明显，均在 7% 以下，说明此混凝剂在投入使用时，可能不适于低量投加。但随着投加量的增加，出水各项指标的去除能效逐渐增大，相比 1mg/L 时均有着明显的增长，增长幅度在 10% ～ 59.96% 之间不等，同时对藻类也有着很好的去除能效。这说明该混凝剂在投入使用时，适当增加投加量可能是当前处理效果较差或不明显问题的最优解决方法之一。

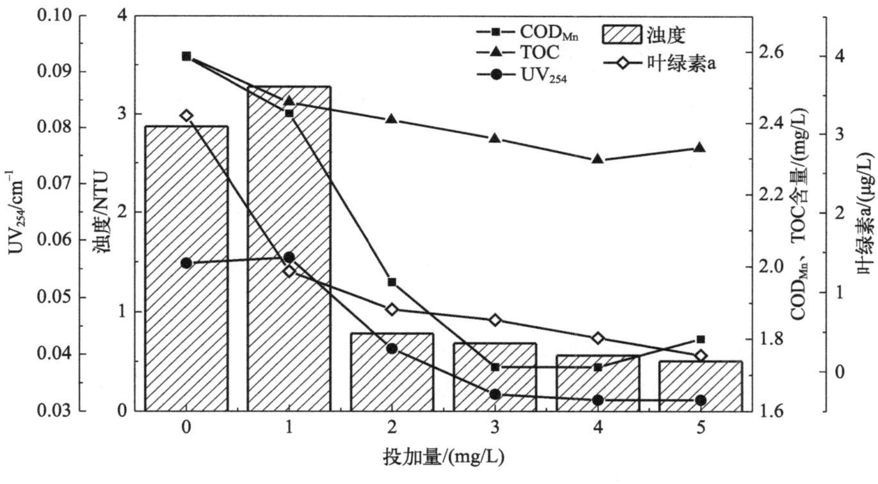

图 3-13　不同投加量下出水各指标的变化情况

进一步地，当投加量从 2mg/L 增长到更大时，出水剩余浊度开始明显地下降，去除率能够达到 72.7%，且随着加药量的提高，浊度的去除能效也在持续增长，但增长速率逐渐变缓。UV_{254} 作为考量水体中有机物指标的一项主要参数，其在不同投加量下的变化趋势与浊度相似，出水 UV_{254} 含量同样在低投药量时产生了小幅度的增加，随着投加量的增加，去除效果逐渐增强，但相互之间增幅不是很明显，出水 UV_{254} 含量在投药量为 4mg/L 时到达最低点，去除率达 46.86%。不同投加量下出水耗氧量 COD_{Mn} 以及 TOC 的变化趋势基本相同，均是在投加量为 4mg/L 时达到最低点，其去除率分别为 33.37% 以及 11.3%，此时再继续增加药剂投加量，出水中二者的含量则会有所增加，去除效果受到一定的影响。由此可以大致确定 2 ～ 4mg/L 的投加量可能是该混凝剂最能发挥效果的投加量区间，因此在实际应用时投加量的选择应以此区间作为参照。具体的还应通过中试试验实现进一步的验证。

（4）不同投加量下絮体特性的变化情况

图 3-14 显示的是该药剂在不同投加量下所生成絮体粒径的沿程改变状况。从图中能够发现，在混凝过程中，大部分投加量下絮体的粒径伴随着混凝时间的增加呈现先增长后稳定的状态。同时，随着投加量的增加，絮体的最终粒径也呈现出先增加后逐渐稳定的趋势。此外，随着药剂投加量的增长，混凝过程中絮体尺寸达到稳定的时间在逐渐缩短，从低浓度的持续增长逐渐缩减到 320s 左右就能达到稳定。在实际运行中，若絮体粒径在更短的时间内达到更大的稳定值，则对于其沉淀情况及后续处理有着更大的优势。

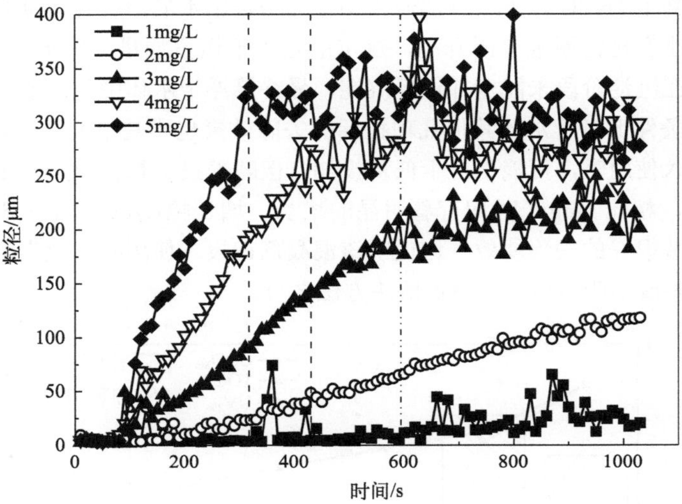

图 3-14　不同投加量下絮体粒径沿程的变化情况

图 3-15 清楚地反映了不同投加量情况下絮体粒径与出水 zeta 电位的对应变化情况。随着投药量的增加，其 zeta 电位也在不断上升，在投加量为 3mg/L 之前，zeta 电位与投加量有较好的线性关系，这与部分学者的研究结果相似。有研究指出，当混凝中电中和起主要作用时，药剂投加量与 zeta 电位成线性；而当投加量增加到 4mg/L 时，絮体粒径进一步增大，相

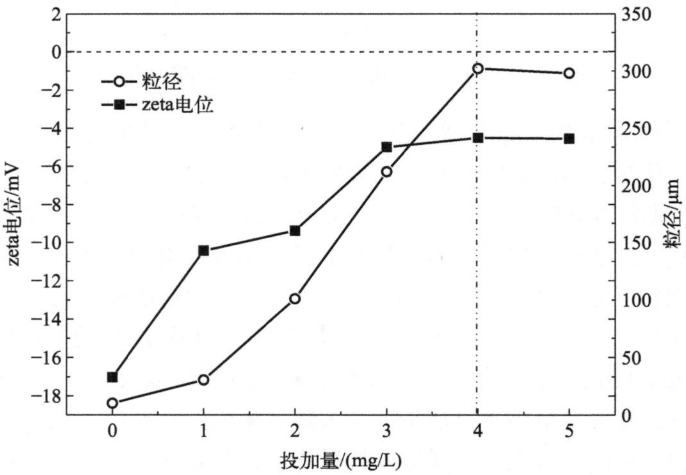

图 3-15　不同投加量下絮体粒径及出水 zeta 电位的变化情况

互之间形成大分子颗粒，结合电位变化情况可以推测此阶段是以吸附架桥为主要作用机理吸附水体中的有机物并沉淀去除的，结合图 3-15 的检测结果来看，水中有机物去除率也在此条件下有了进一步的升高。与上节指标检测结果相互结合、印证可知，在烧杯试验阶段，4mg/L 的投加量是混凝剂在处理目标水体时的最佳投加量。这与实际水厂投加情况并不相同，因此需要利用中试试验进行进一步的验证。

综合上述试验结果可知，当投加量为 4mg/L 时，该混凝剂对目标水体的处理效果最好，其絮体也更大且稳定；3mg/L 的效果次之；2mg/L 及 5mg/L 投加量下效果相对较差，但变动不大。另外，考虑到经济性因素，在实际生产中增加药剂的投加量固然能带来较好的出水效果，但过量的增加也会导致运行及药剂使用费用增加，综合效果并不一定十分理想。因此综合考虑，暂选择 2mg/L、3mg/L、4mg/L 3 种投加量进行中试校验，综合中试规模的运行结果对其进行进一步的筛选验证。

3.2.3.3 中试校验结果分析

通过烧杯试验对混凝剂投加量进行了优化筛选，进一步地，将上述所选投加量分别进行了中试验证，考察各投加量在中试放大条件下的运行效果，与烧杯试验进行相互印证。同时，增加经济技术性分析进行综合考量，筛选最佳投加量，将其结果与水厂所选投加量进行比对，验证水厂现阶段的投加量是否科学合理。试验在鹊华水厂中试基地开展，依托其中试沉淀池进行连续运行。试验周期为 15d，每天取水 3 次进行指标检测，就其平均值进行记录分析。中试校验结果如下。

（1）常规指标运行效果对比

图 3-16、图 3-17 为连续运行期间设备出水各项常规指标的检测结果。从图中能够看出，在连续运行期间，设备出水结果较为稳定，药剂在中试设备中连续运行时对各项指标的去除能效情况与小试试验的结果基本一致。总体也是在药剂投加量为 4mg/L 的情况下，对水中各指标的去除效果最好，出水浊度、COD_{Mn}、UV_{254} 以及 TOC 分别为 1.11NTU、1.81mg/L、

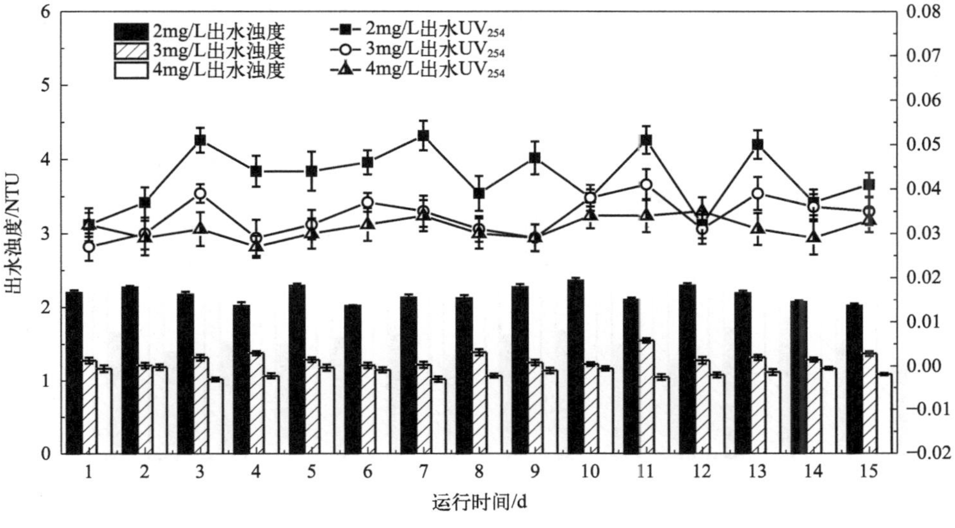

图 3-16 连续运行期间不同投加量下出水浊度及 UV_{254} 的变化情况

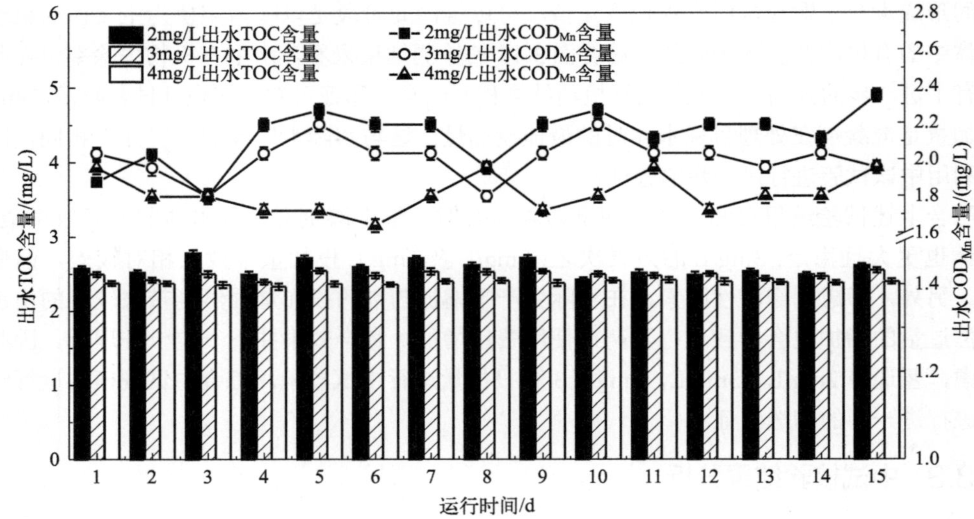

图 3-17 连续运行期间不同投加量下出水 TOC 及 COD_{Mn} 的变化情况

0.031cm^{-1} 以及 2.383mg/L，去除率分别为 65.9%、35.0%、44.6% 以及 17.6%。虽然该投加量下的去除效果很好，但从实际中试运行中也能够看出，随着混凝剂投加量的增加，各种污染物的去除率有所增加，但是实际增加的边际效益除浊度外均不是很明显。

（2）絮体特性指标运行效果对比

图 3-18 为连续运行期间各投加量对应的粒径及出水电位的变化情况。可以看出，絮体粒径的变化是较为明显的，高投药量下对应生成的絮体粒径较大，相较于 2mg/L 时增长了 50% 左右，对比图 3-16 能够发现，其沉淀性能也有大幅增加。但相对而言，电位的变化情况并不如烧杯试验结果，在投加至中试设备后，其对应的 zeta 电位均有不同程度的下降，致使其电中和效果减弱。推测可能是由实际运行时进水量以及投加方式导致的。电位的变化并

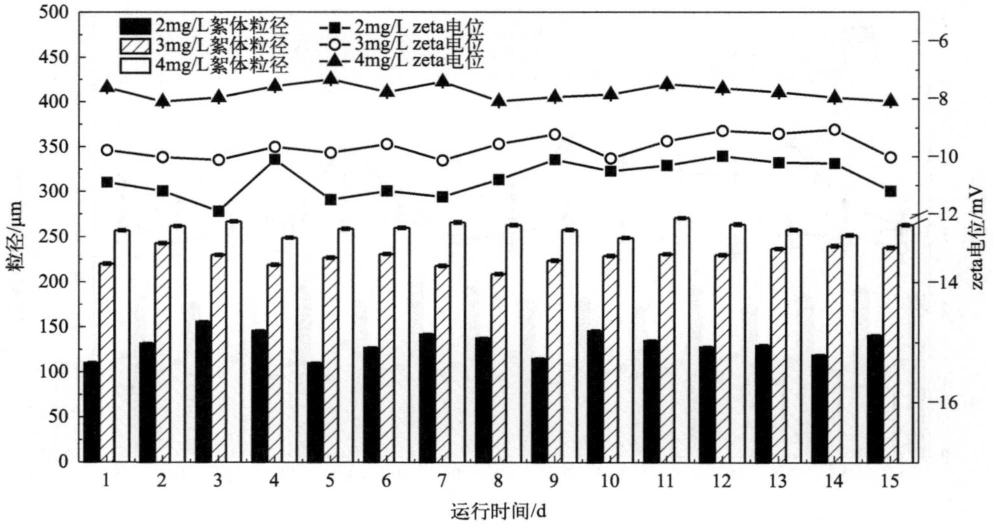

图 3-18 连续运行期间不同投加量下粒径及 zeta 电位的变化情况

没有对出水水质有太大的影响。

综合上述比较得出，无论是中试试验还是小试试验，该混凝剂在 5 个浓度梯度条件下对水中各污染物的去除效果均是在 4mg/L 时为最好。但是结合经济因素进行考虑，该混凝剂投加量可能并不是水厂运行时的最优方案。相比 2mg/L 的投加量，3mg/L、4mg/L 在运行费用上分别增加了 50% 以及 100%，絮体粒径虽有明显的增长，但对应的浊度、UV_{254}、TOC 以及 COD_{Mn} 仅分别增长了 39.7%、48.7%，20.6%、26.7%，3.67%、7.88% 以及 6.5%、16.2%。增加药剂投加量在对各物质去除效果方面的增长要远小于在药剂投加费用上的增长，说明其边际效益的增长并不理想。因此，烧杯试验中所定义的最佳投加量并不适于生产应用，应当选取 2mg/L 投加量开展生产跟踪试验。

3.2.3.4 生产跟踪验证结果分析

为验证上述混凝剂投加量筛选结果是否正确，拟依托济南鹊华水厂进行为期一个月的生产验证试验，在保证水厂供水安全的前提下进一步考察上一阶段试验的结果，并验证其合理性。同时与现阶段水厂实际投加量进行比对，考察其合理性。试验主要利用鹊华水厂高密度沉淀池进行连续运行，工艺运行参数参照上述。

图 3-19 展示了一个月的连续运行期间出水各项指标的变化情况。可以看出，实际高密度沉淀池在连续运行期间出水浊度值均在 1.0NTU 以下，平均去除率能够达到 89.87%，运行效果十分稳定，能够达到《生活饮用水卫生标准》（GB 5749）中对于浊度的要求。出水 zeta 电位稳定在−9.92mV 左右，相比中试及烧杯试验要有所降低，电中和效果相对较差，这可能是由实际生产中水量、投加方式不同以及增加了污泥回流工艺等引起的，加之其投加量少的缘故，故实际生产运行中出水的电位相比烧杯试验要小很多。但在该条件下，出水中的 TOC、COD_{Mn}、UV_{254} 等指标的去除效果均较为理想，相应去除能效分别为 7.5%、33.01% 以及 44.57%，去除效果均要远高于烧杯试验、中试试验结果。同时其粒径增长也十分明显，推测原因可能是该沉淀池采用污泥回流工艺，其中的残余混凝剂及污泥使得现有絮体进一步增大，进而其沉淀以及去除水中污染物的效果也随之增大。

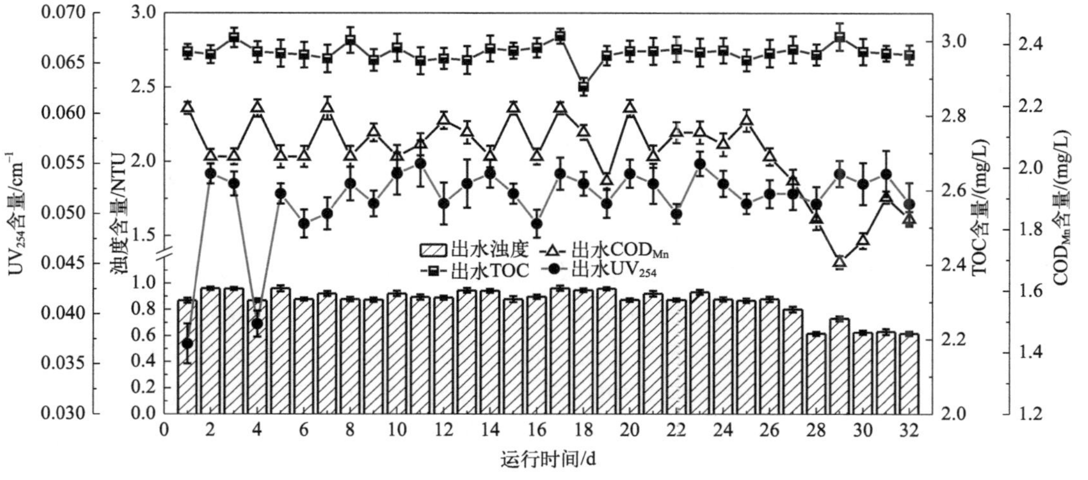

图 3-19 生产线连续运行期间各指标变化情况

表 3-6 汇总分析了 3 个试验阶段下各自最优投加量所对应的指标去除能效以及药剂成本情况。从表 3-6 中能够看出，最终所选定的投加量在实际生产运行中的效果是相对良好的，相比烧杯、中试试验的综合效果均有明显的增加。其 zeta 电位相比烧杯试验略有下降，这是由其投加量低导致的。虽然其电中和效果相对较低，但由于实际应用中有污泥回流工艺的存在，所生成的絮体粒径较大且各物质的去除率效果均很好，吸附架桥的效果弥补了电中和作用的不足。经调研结果显示，该水厂目前选用的混凝剂为 PAFC，使用投加量约为 1.97mg/L，通过验证流程试验可以看出，其所选的混凝剂以及投加量是相对科学、合理的。

表 3-6　不同试验阶段不同投药量下各污染物的去除能效

项目	投加量 /（mg/L）	浊度去除率 / %	TOC 去除率 / %	COD_{Mn} 去除率 / %	UV_{254} 去除率 / %	zeta 电位 /mV	絮体粒径 /μm	吨水成本 /（元 /m^3）
烧杯试验	4	81.37	11.3	33.37	42.86	−4.51±0.17	302±13	0.14
中试校验	4	65.9	17.6	35.0	44.6	−7.85±0.12	266±6	0.14
生产验证	2	89.87	7.5	33.01	44.57	−9.92±0.15	625±10	0.07

3.3 强化混凝

3.3.1 试验方法和装置

3.3.1.1 浮沉-砂滤工艺段简介

国家水专项济南鹊华水厂中试基地建成了面向“未来水厂”智能化模块实验装置，该装置系统集成应用水专项饮用水主题多级屏障技术和智能化监控运行技术，建成“浮沉-砂滤”“高级氧化 + 活性炭（AOP+BAC）”“超滤 + 纳滤（UF+NF）”“集成监控”4 个工艺模块。“浮沉-砂滤”模块包括强化混凝-多相流泵气浮-砂滤池 3 个水处理工艺单元，设计规模 100m^3/d，原水 10m 水头（约 4.5t/h），设备集成制作于集装箱内（反冲水箱除外）。本研究主要依托“浮沉-砂滤”模块的混凝工艺段展开。

3.3.1.2 试验方法

本研究所用中试试验装置示意见图 3-20，设定原水流量、混合 *GT* 值、絮凝 *GT* 值和混凝剂（PAFC）投加量 4 个影响因素。所有因素均通过自控系统进行设定。检测指标中，对游动电位值和絮体离散度进行在线监测。如图 3-20 所示，原水通过进水管进入 1 池（混合池）与混凝剂进行充分混合，此时通过控制一级搅拌电机实现混合 *GT* 值的变化，水样经由预设的软管进入游动电位在线监测系统进行游动电位值的检测。随后，与混凝剂混合的水样通过溢流口进入二级絮凝池进行絮凝反应，此时通过控制二级搅拌电机实现絮凝 *GT* 值的控制，水样经由预设的软管被蠕动泵抽吸至 IPDA 系统进行絮体离散度的检测。随后水样通过絮凝池下部进入斜管沉淀池，出水由沉淀池上部通过溢流堰进入砂滤池。测定游动电位值和絮体离散度的同时，分别取原水水样和沉淀后水样进行其余指标的检测。

浮沉-砂滤工艺段外观及内部如图 3-21、图 3-22 所示。

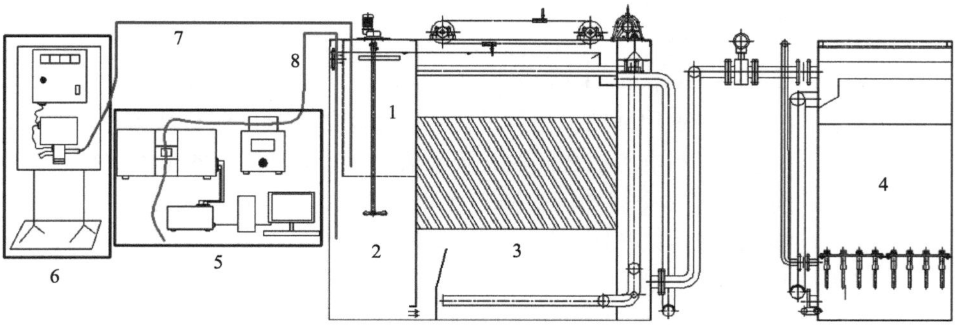

图 3-20　中试试验装置示意

1—混合池；2—絮凝池；3—浮沉池；4—砂滤池；5—IPDA 系统；6—游动电位系统；
7—游动电位系统进水管；8—IPDA 系统进水管

图 3-21　浮沉-砂滤工艺段外观

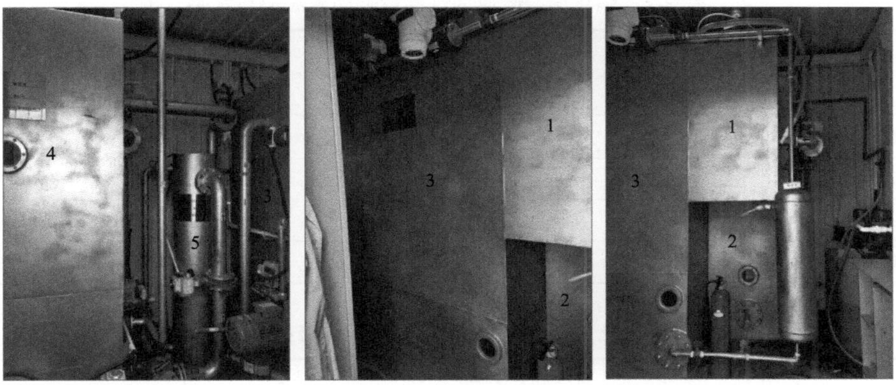

图 3-22　浮沉-砂滤工艺段内部

1—混合池；2—絮凝池；3—浮沉池；4—砂滤池；5—中转水筒

3.3.2 强化混凝响应面设计

本试验利用响应曲面法开展强化混凝试验，考察原水流量、混合 *GT* 值、絮凝 *GT* 值、混凝剂投加量 4 个因素对游动电位和絮体离散度等工艺参数的影响，对 COD_{Mn}、叶绿素 a、浊度等常规参数去除率的影响，以及对消毒副产物卤乙腈生成势和三卤甲烷生成势去除效果的影响，得出各参数的多项式解析方程，最终给出混凝工艺的最优运行工况。

3.3.2.1 响应曲面法简介

响应面设计分析方法（response surface methodology，RSM），简称响应曲面法，该方法涉及数学和统计学，是一种使用回归模型对函数进行估算的工具，能够预测多种因变量对目标响应值的影响，并将因子与响应值之间的关系函数化，进而从不同的角度进行分析。RSM能够考察单个影响因素以及多个影响因素相互交互对响应值的影响，可以应用于试验设计、模型建立、多因素影响的评估以及通过最少试验数得到最优理想条件。

目前应用响应曲面法时，常用 Design-Expert 软件进行试验设计，该软件是 Stat-Ease 公司针对试验设计（DOE）研发的一款能够进行试验设计及结果分析的软件。Design-Expert 较之于同样常用的数据统计软件 Minitab，操作便捷、使用门槛低且同样具有优良的设计试验和结果分析能力，主要有试验设计、回归分析以及预测优化三大步骤。

3.3.2.2 BBD 中心组合试验设计

利用 Design-Expert 10.0 软件对强化混凝中试试验进行试验设计。该试验采用 BBD（box-behnken design）法进行四因素三水平的响应曲面优化试验设计，设定原水流量、混合 *GT* 值、絮凝 *GT* 值、混凝剂投加量 4 个因素，并设定因素的相应水平；设定游动电位、絮体离散度为工艺参数响应值，COD_{Mn} 去除率、叶绿素 a 去除率和浊度去除率为常规参数响应值，卤乙腈生成势去除率、三卤甲烷生成势去除率为消毒副产物参数响应值。每个自变量的 3 个水平值编码分别为−1、0、+1，共 29 组试验点位，其中 24 组为分析点，5 组为零点，在零点条件下重复试验以估计误差。各影响因素与水平编码见表 3-7。四因素三水平响应曲面设计方案见表 3-8。

表 3-7 强化混凝响应面试验影响因素编码与水平

因素	编码	水平		
		−1	0	+1
原水流量 / （m^3/h）	*A*	4	6	8
混合 *GT* 值	*B*	60000	70000	80000
絮凝 *GT* 值	*C*	15000	20000	25000
混凝剂投加量 / （mg/L）	*D*	5	8	11

表 3-8 响应曲面法试验设计方案

编号	序号	*A*	*B*	*C*	*D*
		原水流量 / （m^3/h）	混合 *GT* 值	絮凝 *GT* 值	混凝剂投加量 / （mg/L）
11	1	4	70000	20000	11
19	2	4	70000	25000	8
24	3	6	80000	20000	11
7	4	6	70000	15000	11
12	5	8	70000	20000	11
13	6	6	60000	15000	8
2	7	8	60000	20000	8

续表

编号	序号	A	B	C	D
		原水流量 /（m^3/h）	混合 *GT* 值	絮凝 *GT* 值	混凝剂投加量 /（mg/L）
23	8	6	60000	20000	11
27	9	6	70000	20000	8
10	10	8	70000	20000	5
5	11	6	70000	15000	5
20	12	8	70000	25000	8
25	13	6	70000	20000	8
4	14	8	80000	20000	8
26	15	6	70000	20000	8
22	16	6	80000	20000	5
17	17	4	70000	15000	8
9	18	4	70000	20000	5
28	19	6	70000	20000	8
3	20	4	80000	20000	8
29	21	6	70000	20000	8
1	22	4	60000	20000	8
8	23	6	70000	25000	11
16	24	6	80000	25000	8
18	25	8	70000	15000	8
14	26	6	80000	15000	8
15	27	6	60000	25000	8
6	28	6	70000	25000	5
21	29	6	60000	20000	5

3.3.3 水质参数模型

3.3.3.1 游动电位模型

（1）游动电位模型建立及分析

根据表 3-8 的试验方案进行试验后，游动电位数据如表 3-9 所列。

表 3-9　响应曲面试验结果——游动电位

编号	序号	A	B	C	D	Y
		原水流量 /（m^3/h）	混合 *GT* 值	絮凝 *GT* 值	混凝剂投加量 /（mg/L）	游动电位值
11	1	4	70000	20000	11	0.021
19	2	4	70000	25000	8	0.01
24	3	6	80000	20000	11	0.024
7	4	6	70000	15000	11	0.021

续表

编号	序号	A	B	C	D	Y
		原水流量 /（m^3/h）	混合 *GT* 值	絮凝 *GT* 值	混凝剂投加量 /（mg/L）	游动电位值
12	5	8	70000	20000	11	0.017
13	6	6	60000	15000	8	0.014
2	7	8	60000	20000	8	0.012
23	8	6	60000	20000	11	0.022
27	9	6	70000	20000	8	0.014
10	10	8	70000	20000	5	−0.002
5	11	6	70000	15000	5	−0.005
20	12	8	70000	25000	8	0.013
25	13	6	70000	20000	8	0.018
4	14	8	80000	20000	8	0.025
26	15	6	70000	20000	8	0.017
22	16	6	80000	20000	5	0.003
17	17	4	70000	15000	8	0.013
9	18	4	70000	20000	5	−0.01
28	19	6	70000	20000	8	0.018
3	20	4	80000	20000	8	0.008
29	21	6	70000	20000	8	0.013
1	22	4	60000	20000	8	0.014
8	23	6	70000	25000	11	0.025
16	24	6	80000	25000	8	0.015
18	25	8	70000	15000	8	0.012
14	26	6	80000	15000	8	0.018
15	27	6	60000	25000	8	0.02
6	28	6	70000	25000	5	−0.008
21	29	6	60000	20000	5	−0.009

使用 Design-Expert 10.0 程序，以原水流量、混合 *GT* 值、絮凝 *GT* 值、混凝剂投加量为响应变量，游动电位值为响应目标，对表 3-9 中的数据进行分析和拟合，可得出游动电位值（*Y*）与原水流量（*A*）、混合 *GT* 值（*B*）、絮凝 *GT* 值（*C*）、混凝剂投加量（*D*）之间关系的回归方程。其实际值二次多项式方程如式（3-1）所示：

$$\begin{aligned}Y=&-0.061764-5.50000\times10^{-3}A-1.61667\times10^{-6}B+3.05000\times10^{-6}C+0.023417\\&+2.37500\times10^{-7}AB+1.00000\times10^{-7}AC-5.00000\times10^{-4}AD-4.50000\times10^{-11}BC\\&-8.33333\times10^{-8}BD+1.16667\times10^{-7}CD-6.87500\times10^{-4}A^2+1.37500\times10^{-11}B^2\\&-3.50000\times10^{-11}C^2-7.77778\times10^{-4}D^2\end{aligned}\tag{3-1}$$

式中 *Y*——游动电位值；

A——原水流量，m^3/h；

B——混合 GT 值；

C——絮凝 GT 值；

D——混凝剂投加量，mg/L。

对试验所得数据与二次多项式回归方程进行方差分析（ANOVA），分析结果见表 3-10。

表 3-10　响应曲面方差分析结果

项目	平方和	自由度	均方	F 值	P 值（$P_{rob}>F$）
模型	2.809×10^{-3}	14	2.007×10^{-4}	30.96	<0.0001
A	3.675×10^{-5}	1	3.675×10^{-5}	5.67	0.0320
B	3.333×10^{-5}	1	3.333×10^{-5}	5.14	0.0397
C	3.333×10^{-7}	1	3.333×10^{-7}	0.051	0.8239
D	2.160×10^{-3}	1	2.160×10^{-3}	333.24	<0.0001
AB	9.025×10^{-5}	1	9.025×10^{-5}	13.92	0.0022
AC	4.000×10^{-6}	1	4.000×10^{-6}	0.62	0.4452
AD	3.600×10^{-5}	1	3.600×10^{-5}	5.55	0.0335
BC	2.025×10^{-5}	1	2.025×10^{-5}	3.12	0.0989
BD	2.500×10^{-5}	1	2.500×10^{-5}	3.86	0.0697
CD	1.225×10^{-5}	1	1.225×10^{-5}	1.89	0.1908
A^2	4.905×10^{-5}	1	4.905×10^{-5}	7.57	0.0156
B^2	1.226×10^{-5}	1	1.226×10^{-5}	1.89	0.1906
C^2	4.966×10^{-6}	1	4.966×10^{-6}	0.77	0.3962
D^2	3.178×10^{-4}	1	3.178×10^{-4}	49.03	<0.0001
残差	9.075×10^{-5}	14	6.482×10^{-6}		
失拟残差	6.875×10^{-5}	10	6.875×10^{-6}	1.25	0.4480
纯误差	2.200×10^{-5}	4	5.500×10^{-6}		
总和	2.900×10^{-3}	28			

注：$P\leqslant0.0001$，为高度显著；$0.0001<P\leqslant0.05$，为显著；$P>0.05$，为不显著。

该游动电位模型的显著性可通过模型 P 值的大小来判断，由表 3-10 模型方差分析可以看出，该模型的 $P<0.0001$，表明该模型高度显著，即在统计学上有意义。该模型的自变量一次项 D、二次项 D^2 的 $P<0.0001$，为高度显著项；一次项 A、B，二次项 AB、AD、A^2 的 $P<0.05$，表明该部分项为显著项。利用响应曲面优化二次多项式模型时，若试验结果与预测数据的拟合程度越高，试验结果预测的准确性和试验的可靠性就越高。而该模型失拟残差的 P 值为 0.4480（>0.05），属于不显著，这表明二次多项式回归模型与实际试验结果具有较好的相对拟合性。因此，该模型可用来替代试验实际点对试验结果进行分析。

原水流量（A）、混合 GT 值（B）、絮凝 GT 值（C）、混凝剂投加量（D）的 F 值分别为 5.67、5.14、0.051、333.24，这表明混凝剂投加量的变化对游动电位值有显著影响，原水流量及混合 GT 值对游动电位值的影响较为微弱，而絮凝 GT 值的变化对游动电位值几乎没有影响。因此强化混凝试验中影响游动电位值的各因素间的主次关系为混凝剂投加量（D）＞原水流量（A）＞混合 GT 值（B）＞絮凝 GT 值（C）。

对回归方程进行相关性分析，结果如图 3-23 和表 3-11 所示。

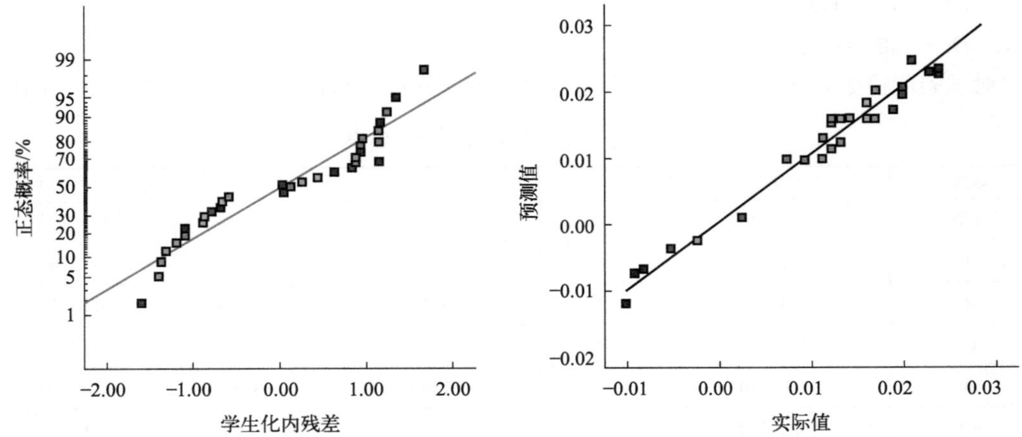

(a) 残差正态分布　　(b) 实际值与预测值关系

图 3-23　游动电位值方差分析

表 3-11　相关分析结果

模型组	标准方差 /%	变异系数（CV）/%	拟合系数 /%	修正拟合系数 /%
Y	0.2546	20.92	96.87	93.74

图 3-23 为强化混凝试验中游动电位值的残差正态分布规律图以及实际值与预测值的关系图。如图 3-23 所示，各点残差较为均匀地分布在一条直线上，这说明该模型符合正态残差分布规律，拟合效果较好；而真实值与预测值虽在直线两侧分布较为均匀，但该直线效率并不为 1，二者存在偏差。综合考虑，可以使用该拟合函数计算 4 个因素影响下的游动电位值。

拟合系数（coefficient of determination）R^2 表示能够由自变量解释的变异程度占总的变异程度的比例，其值为回归平方和与总离差平方和的比。由表 3-11 可知，该模型的拟合系数 R^2=0.9687，修正拟合系数 adj R^2=0.9374，这说明该模型响应值 93.74% 的变化是由所选变量引起的，模型拟合效果较好。试验数据的离散程度可由变异系数 CV 值（标准偏差与平均值的比值）反映，而该模型的 CV=20.92%，说明该模型的重现性一般。将试验设计点处预测值的范围与平均误差进行比较即得信噪比（adeq precision）AP 值，信噪比在统计学上的含义为能够被模型解释的信息与不能够被模型解释的信息之比，而本模型的 AP 值=19.956＞4，表明该模型可充分指导 BBD 响应曲面法所定义的设计空间。

（2）游动电位模型响应曲面分析

通过对模型可视化的 2D 等高线图和 3D 曲面图进行分析，可判断各因素及其交互关系对响应值的影响。响应值受某一因素影响的强弱可由等高线图中曲线的稀疏（即陡平）程度反映，越平缓则表明响应值受其影响的程度越小，颜色越深的区域说明结果越显著。此外，结合各因素 *F* 值的大小即可判断各因素对响应值影响程度的顺序。

由图 3-24（书后另见彩图）可以看出，絮凝 *GT* 值的变化对游动电位的影响十分微弱，游动电位在原水流量和混合 *GT* 值增大的过程中逐渐向零点靠近，而随着混凝剂投加量的增加逐渐升高，其中以混凝剂投加量对游动电位的影响最为显著。原水流量与混合 *GT* 值、原水流量与混凝剂投加量以及混合 *GT* 值和混凝剂投加量之间的线性关系较好，表明三者间的交互作用比较明显。此外，结合响应面的陡峭程度可以判断出，各因素对游动电位的影响程度具有如下关系：混凝剂投加量＞原水流量＞混合 *GT* 值＞絮凝 *GT* 值。此结论与模型方差分析的结果一致。

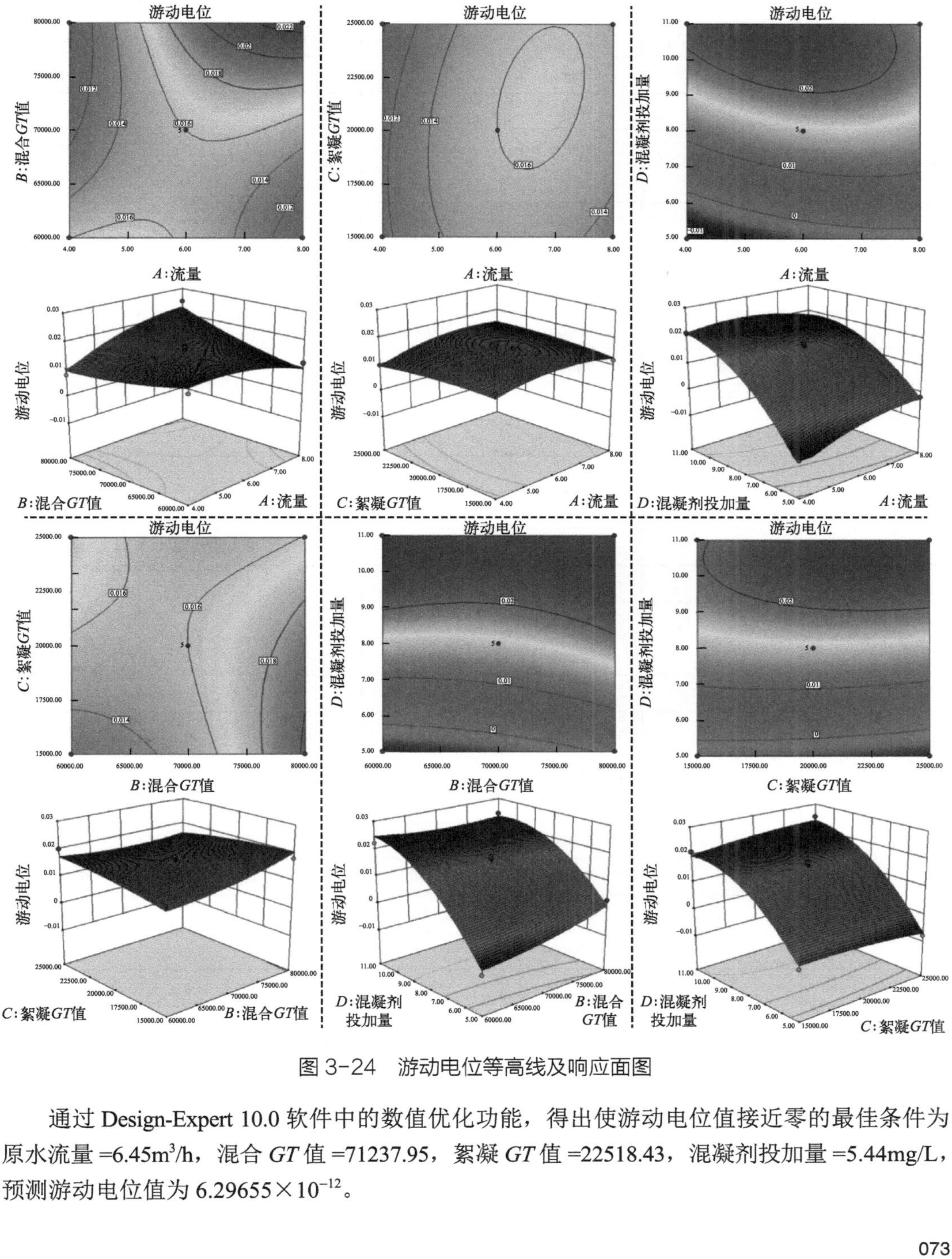

图 3-24　游动电位等高线及响应面图

通过 Design-Expert 10.0 软件中的数值优化功能，得出使游动电位值接近零的最佳条件为原水流量 =6.45m^3/h，混合 *GT* 值 =71237.95，絮凝 *GT* 值 =22518.43，混凝剂投加量 =5.44mg/L，预测游动电位值为 6.29655×10^{-12}。

3.3.3.2 絮体离散度模型

（1）絮体离散度模型建立及分析

根据试验方案进行试验后，絮体离散度数据如表 3-12 所列。

表 3-12 响应曲面试验结果——絮体离散度

编号	序号	*A* 原水流量 /（m^3/h）	*B* 混合 *GT* 值	*C* 絮凝 *GT* 值	*D* 混凝剂投加量 /（mg/L）	*Y* 絮体离散度
11	1	4	70000	20000	11	0.912
19	2	4	70000	25000	8	0.874
24	3	6	80000	20000	11	1.017
7	4	6	70000	15000	11	0.852
12	5	8	70000	20000	11	0.935
13	6	6	60000	15000	8	0.693
2	7	8	60000	20000	8	0.836
23	8	6	60000	20000	11	0.903
27	9	6	70000	20000	8	1.083
10	10	8	70000	20000	5	0.753
5	11	6	70000	15000	5	0.492
20	12	8	70000	25000	8	0.943
25	13	6	70000	20000	8	1.005
4	14	8	80000	20000	8	0.954
26	15	6	70000	20000	8	1.096
22	16	6	80000	20000	5	0.652
17	17	4	70000	15000	8	0.725
9	18	4	70000	20000	5	0.673
28	19	6	70000	20000	8	1.231
3	20	4	80000	20000	8	0.925
29	21	6	70000	20000	8	1.092
1	22	4	60000	20000	8	0.801
8	23	6	70000	25000	11	0.978
16	24	6	80000	25000	8	0.892
18	25	8	70000	15000	8	0.764
14	26	6	80000	15000	8	0.717
15	27	6	60000	25000	8	0.764
6	28	6	70000	25000	5	0.664
21	29	6	60000	20000	5	0.572

使用 Design-Expert 10.0 程序，以原水流量、混合 *GT* 值、絮凝 *GT* 值、混凝剂投加量为响应变量，絮体离散度为响应目标，对表 3-12 中的数据进行分析和拟合，可得出絮体离散

度（Y）与原水流量（A）、混合 GT 值（B）、絮凝 GT 值（C）、混凝剂投加量（D）之间关系的回归方程。其实际值二次多项式方程如式（3-2）所示：

$$
\begin{aligned}
Y=&-11.15199+0.29856A+1.86922\times10^{-4}B+2.75353\times10^{-4}C+0.37793D\\
&-7.50000\times10^{-8}AB+7.50000\times10^{-7}AC-2.37500\times10^{-3}AD\\
&+5.20000\times10^{-10}BC+2.83333\times10^{-7}BD-7.66667\times10^{-7}CD\\
&-0.023154A^2-1.38742\times10^{-9}B^2-7.38967\times10^{-9}C^2-0.019902D^2
\end{aligned}
\tag{3-2}
$$

式中　Y——絮体离散度；

A——原水流量，m^3/h；

B——混合 GT 值；

C——絮凝 GT 值；

D——混凝剂投加量，mg/L。

对试验所得数据与二次多项式回归方程进行方差分析（ANOVA），分析结果见表 3-13。

表 3-13　响应曲面方差分析结果

项目	平方和	自由度	均方	F 值	P 值（$P_{rob}>F$）
模型	0.78	14	0.056	18.53	<0.0001
A	6.302×10^{-3}	1	6.302×10^{-3}	2.09	0.1698
B	0.029	1	0.029	9.58	0.0079
C	0.063	1	0.063	21.06	0.0004
D	0.27	1	0.27	88.85	<0.0001
AB	9.000×10^{-6}	1	9.000×10^{-6}	2.991×10^{-3}	0.9572
AC	2.250×10^{-4}	1	2.250×10^{-4}	0.075	0.7885
AD	8.122×10^{-4}	1	8.122×10^{-4}	0.27	0.6115
BC	2.704×10^{-3}	1	2.704×10^{-3}	0.90	0.3592
BD	2.890×10^{-4}	1	2.890×10^{-4}	0.096	0.7612
CD	5.290×10^{-4}	1	5.290×10^{-4}	0.18	0.6813
A^2	0.056	1	0.056	18.49	0.0007
B^2	0.12	1	0.12	41.50	<0.0001
C^2	0.22	1	0.22	73.58	<0.0001
D^2	0.21	1	0.21	69.17	<0.0001
残差	0.042	14	3.009×10^{-3}		
失拟残差	0.016	10	1.557×10^{-3}	0.23	0.9713
纯误差	0.027	4	6.636×10^{-3}		
总和	0.82	28			

注：$P\leqslant0.0001$，为高度显著；$0.0001<P\leqslant0.05$，为显著；$P>0.05$，为不显著。

由表 3-13 模型方差分析可以看出，该模型的 P 值小于 0.0001，表明该模型高度显著，在统计学上有意义。该模型的自变量一次项 D，二次项 B^2、C^2、D^2 的 P 值小于 0.0001，为高度显著项；一次项 B、C，二次项 A^2 的 P 值小于 0.05，表明该部分项为显著项。该模型失拟残差的 P 值为 0.9713，大于 0.05，属于不显著，表明二次多项式回归模型与实际试验结果具有较好的相对拟合性。因此，该模型可用来替代试验实际点对试验结果进行分析。

原水流量（*A*）、混合 *GT* 值（*B*）、絮凝 *GT* 值（*C*）、混凝剂投加量（*D*）的 *F* 值分别为 2.09、9.58、21.06、88.85，这表明强化混凝试验中影响絮体离散度的各因素间的主次关系为混凝剂投加量（*D*）＞絮凝 *GT* 值（*C*）＞混合 *GT* 值（*B*）＞原水流量（*A*）。

对回归方程进行相关性分析，结果如图 3-25 和表 3-14 所示。

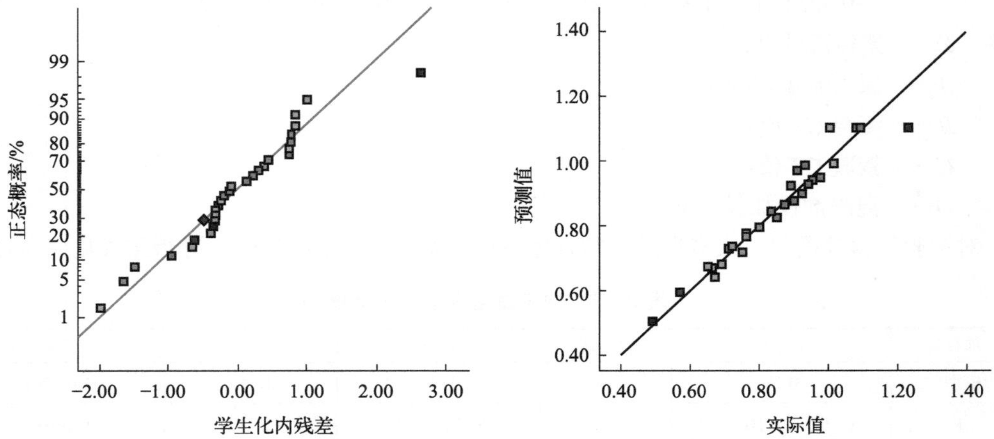

(a) 残差正态分布　　(b) 实际值与预测值关系

图 3-25　絮体离散度方差分析

表 3-14　相关分析结果

模型组	标准方差 /%	变异系数（CV）/%	拟合系数 /%	修正拟合系数 /%
Y	0.055	6.41	94.88	89.76

图 3-25 为强化混凝试验中絮体离散度的残差正态分布规律图以及实际值与预测值的关系图。如图 3-25 所示，各点残差集中分布在一条直线附近，这说明该模型符合正态残差分布规律，拟合效果较好，且由真实值及预测值的关系图可以看出，二者贴近于一条斜率为 1 的直线，这表明可以使用该拟合方程计算 4 个因素影响下的絮体离散度。

由表 3-14 可知，该模型的拟合系数 R^2=0.9488，修正拟合系数 adj R^2=0.8976，这说明该模型响应值 89.76% 的变化是由所选变量引起的，模型拟合效果较好，并且该模型的 CV 值 =6.41% ＜ 15%，说明该试验结果具有较为理想的精密度。此外，本模型的 AP 值 =15.141 ＞ 4，表明该模型可充分指导 BBD 响应曲面法所定义的设计空间。

（2）絮体离散度模型响应曲面分析

絮体离散度随 4 个因素的增大均呈现出先增大后减小的趋势，除原水流量外，其余 3 个因素对絮体离散度均有较为显著的影响。各因素对絮体离散度的影响程度具有如下关系：混凝剂投加量＞絮凝 *GT* 值＞混合 *GT* 值＞原水流量。此结论与模型方差分析的结果一致。

絮体离散度受流量的影响并不显著，但整体随流量的增大呈现先增大后减小的趋势，出现该现象的原因可能是在流量增大时混合池及絮凝池的水力停留时间相应缩短，为控制混合及絮凝 *GT* 值，需要相应增加搅拌转速，因而对絮体大小、形态等因素产生影响。

通过 Design-Expert 10.0 软件中的数值优化功能，得出使絮体离散度接近零的最佳条件为

原水流量 = 6.20m³/h，混合 *GT* 值 = 72078.99，絮凝 *GT* 值 = 21005.07，混凝剂投加量 = 9.23mg/L，预测絮体离散度为 1.146。

3.3.3.3 COD_{Mn} 去除率模型

（1）COD_{Mn} 模型建立及分析

根据试验方案进行试验后，COD_{Mn} 去除率数据如表 3-15 所列。

表 3-15　响应曲面试验结果——COD_{Mn} 去除率

编号	序号	*A*	*B*	*C*	*D*	*Y*
		原水流量 /（m^3/h）	混合 *GT* 值	絮凝 *GT* 值	混凝剂投加量 /（mg/L）	COD_{Mn} 去除率 /%
11	1	4	70000	20000	11	25.77
19	2	4	70000	25000	8	21.26
24	3	6	80000	20000	11	26.59
7	4	6	70000	15000	11	20.85
12	5	8	70000	20000	11	26.64
13	6	6	60000	15000	8	8.56
2	7	8	60000	20000	8	19.63
23	8	6	60000	20000	11	14.57
27	9	6	70000	20000	8	26.53
10	10	8	70000	20000	5	13.12
5	11	6	70000	15000	5	10.39
20	12	8	70000	25000	8	23.83
25	13	6	70000	20000	8	24.87
4	14	8	80000	20000	8	23.18
26	15	6	70000	20000	8	23.61
22	16	6	80000	20000	5	11.07
17	17	4	70000	15000	8	15.45
9	18	4	70000	20000	5	11.02
28	19	6	70000	20000	8	27.39
3	20	4	80000	20000	8	23.03
29	21	6	70000	20000	8	25.61
1	22	4	60000	20000	8	17.61
8	23	6	70000	25000	11	26.44
16	24	6	80000	25000	8	23.21
18	25	8	70000	15000	8	17.51
14	26	6	80000	15000	8	16.54
15	27	6	60000	25000	8	10.68
6	28	6	70000	25000	5	11.84
21	29	6	60000	20000	5	7.67

使用 Design-Expert 10.0 程序，以原水流量、混合 *GT* 值、絮凝 *GT* 值、混凝剂投加量为响应变量，COD_{Mn} 去除率为响应目标，对数据进行分析和拟合，可得出 COD_{Mn} 去除率（*Y*）与原水流量（*A*）、混合 *GT* 值（*B*）、絮凝 *GT* 值（*C*）、混凝剂投加量（*D*）之间关系的回归方程。其实际值二次多项式方程如式（3-3）所示：

$$
\begin{aligned}
Y= & -333.05332+4.64008A+6.87348\times10^{-3}B+5.84527\times10^{-3}C \\
& +4.57919D-2.33750\times10^{-5}AB+1.27500\times10^{-5}AC-0.051250AD \\
& +2.27500\times10^{-8}BC+7.18333\times10^{-5}BD+6.90000\times10^{-5}CD-0.20348A^2 \\
& -5.27767\times10^{-8}B^2-1.90007\times10^{-7}C^2-0.53599D^2
\end{aligned}
\tag{3-3}
$$

式中 *Y*——COD_{Mn} 去除率，%；

A——原水流量，m^3/h；

B——混合 *GT* 值；

C——絮凝 *GT* 值；

D——混凝剂投加量，mg/L。

对试验所得数据与二次多项式回归方程进行方差分析（ANOVA），分析结果见表 3-16。

表 3-16 响应曲面方差分析结果

项目	平方和	自由度	均方	*F* 值	*P* 值（$P_{rob} > F$）
模型	1106.48	14	79.03	19.76	< 0.0001
A	7.95	1	7.95	1.99	0.1803
B	168.00	1	168.00	41.99	< 0.0001
C	65.15	1	65.15	16.28	0.0012
D	478.17	1	478.17	119.52	< 0.0001
AB	0.87	1	0.87	0.22	0.6474
AC	0.065	1	0.065	0.016	0.9004
AD	0.38	1	0.38	0.095	0.7630
BC	5.18	1	5.18	1.29	0.2745
BD	18.58	1	18.58	4.64	0.0491
CD	4.28	1	4.28	1.07	0.3183
A^2	4.30	1	4.30	1.07	0.3176
B^2	180.67	1	180.67	45.16	< 0.0001
C^2	146.36	1	146.36	36.58	< 0.0001
D^2	150.94	1	150.94	37.73	< 0.0001
残差	56.01	14	4.00		
失拟残差	47.45	10	4.74	2.22	0.2303
纯误差	8.56	4	2.14		
总和	1162.49	28			

注：$P \leqslant 0.0001$，为高度显著；$0.0001 < P \leqslant 0.05$，为显著；$P > 0.05$，为不显著。

由表 3-16 模型方差分析可以看出，该模型的 $P < 0.0001$，表明该模型高度显著，即在统计学上有意义。该模型的自变量一次项 *B*、*D*，二次项 B^2、C^2、D^2 的 $P < 0.0001$，为高度显著项；一次项 *C*，二次项 *BD* 的 $P < 0.05$，表明该部分项为显著项。该模型失拟残差的 *P* 值

为 0.2303（> 0.05），为不显著，这表明二次多项式回归模型与实际试验结果具有较好的相对拟合性。因此，该模型可用来替代试验实际点对试验结果进行分析。

原水流量（*A*）、混合 *GT* 值（*B*）、絮凝 *GT* 值（*C*）、混凝剂投加量（*D*）的 *F* 值分别为 1.99、41.99、16.28、119.52，这表明强化混凝试验中影响 COD_{Mn} 去除率的各因素间的主次关系为混凝剂投加量（*D*）>混合 *GT* 值（*B*）>絮凝 *GT* 值（*C*）>原水流量（*A*）。

对回归方程进行相关性分析，结果如图 3-26 和表 3-17 所示。

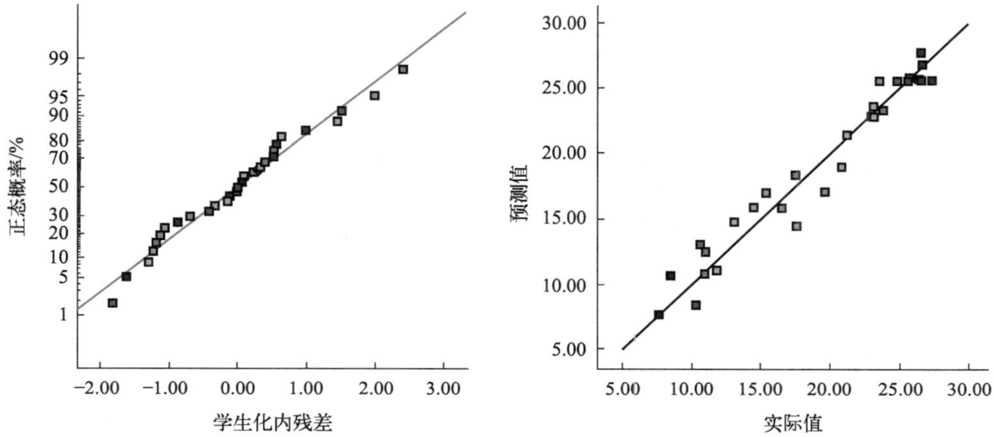

(a) 残差正态分布　　(b) 实际值与预测值关系

图 3-26　COD_{Mn} 去除率方差分析

表 3-17　相关分析结果

模型组	标准方差 /%	变异系数（CV）/%	拟合系数 /%	修正拟合系数 /%
Y	2.00	10.46	95.18	90.36

图 3-26 为强化混凝试验中 COD_{Mn} 去除率的残差正态分布规律图以及实际值与预测值的关系图。如图 3-26 所示，各点残差集中分布在一条直线附近，这说明该模型符合正态残差分布规律，拟合效果较好，且由真实值及预测值的关系图可以看出，二者贴近于一条斜率为 1 的直线，这表明可以使用该拟合方程计算 4 个因素影响下的 COD_{Mn} 去除率。

由表 3-17 可知，该模型的拟合系数 R^2=0.9518，修正拟合系数 adj R^2=0.9036，这说明该模型响应值 90.36% 的变化是由所选变量引起的，模型拟合效果较好，并且该模型的 CV 值 = 10.46% < 15%，说明该试验结果具有较为理想的精密度。此外，本模型的 AP 值 =13.979 > 4，表明该模型可充分指导 BBD 响应曲面法所定义的设计空间。

（2）COD_{Mn} 去除率模型响应曲面分析

流量变化对 COD_{Mn} 去除率无显著影响。混合 *GT* 值和絮凝 *GT* 值对 COD_{Mn} 去除率的影响相似，随着二者的增加，COD_{Mn} 去除率呈现先升高后小幅度降低的趋势，混合 *GT* 值对 COD_{Mn} 去除率的影响要更为显著。随着混凝剂投加量的增加，COD_{Mn} 去除率呈现稳步上升的趋势，最终趋于平缓，且该指标对 COD_{Mn} 去除率的影响程度明显高于其他 3 个指标。除混合 *GT* 值与混凝剂投加量间稍有交互关系外，其余各指标间的交互关系较弱。因此，各因素对 COD_{Mn} 去除率的影响程度具有如下关系：混凝剂投加量>混合 *GT* 值>絮凝 *GT* 值>原水流量。此结论与模型方差分析的结果一致。

COD_{Mn} 去除率随混合 *GT* 值的增大整体呈现上升的趋势，但过高的 *GT* 值下 COD_{Mn} 去除率出现小幅度的下降，出现该现象的原因可能是，在低混合 *GT* 值时，逐渐升高的 *GT* 值使混凝剂在水体中更为均匀地混合，提高了 COD_{Mn} 去除率；而随着 *GT* 值的增大，一些早期形成的絮体被打碎，破碎后的絮体进行再絮凝，但絮体恢复能力的强弱与多种因素有关，当网捕卷扫方式占主导时，絮体破碎后便较难恢复，因此 COD_{Mn} 去除率出现降低的趋势。

通过 Design-Expert 10.0 软件中的数值优化功能，得出使 COD_{Mn} 去除率接近最大值的最优条件为原水流量 $=6.43m^3/h$，混合 *GT* 值 $=75542.36$，絮凝 *GT* 值 $=22013.12$，混凝剂投加量 $=10.44mg/L$，预测 COD_{Mn} 去除率为 29.77%。

3.4 炭泥回流强化沉淀

3.4.1 试验方法和装置

炭泥回流接触氧化系统包括混合池、絮凝池、斜管沉淀池、污泥沉积池以及炭泥活化池 5 部分，见图 3-27。组合系统连续运行，采用天然地表水为试验原水。原水取自引黄水库的

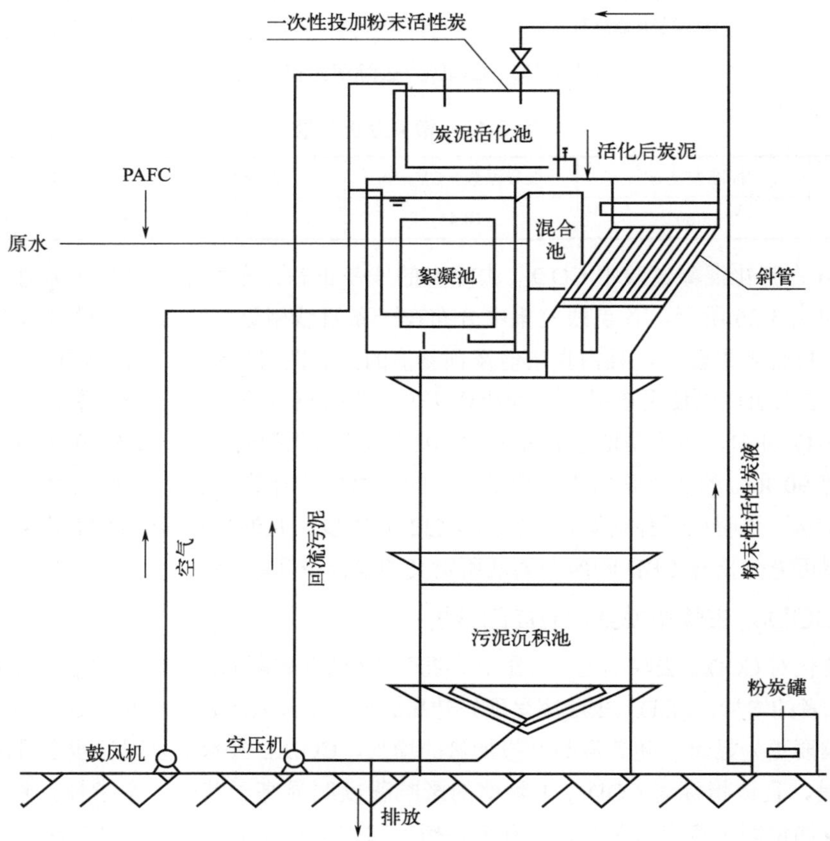

图 3-27　试验装置流程

鹊山水库，通过进水管直接进入曝气混合池，与活化后的回流炭泥混合后进入絮凝池，然后经过斜管沉淀池出水进入浸没式超滤膜池；沉淀下来的炭泥沉积在系统底部的污泥沉积池，通过气体提升装置提升至炭泥活化池，经过曝气活化后回流至曝气混合池参与整个炭泥回流接触氧化系统的循环过程。

（1）水力停留时间

本试验进水为黄河水库的低浊微污染水，水中污染物浓度较低，本试验设定混合池和絮凝池的水力停留时间为 0.5h，沉淀池水力停留时间 1h，因此炭泥回流接触氧化系统的水力停留时间共计 1.5h。

（2）炭泥活化时间

斜管沉淀池沉积的炭泥混合物通过气提装置提升至炭泥活化池进行曝气活化培养，微生物充分活化后回流至混合池与原水混合，炭泥活化时间控制为 3.5h。

（3）固体停留时间

本试验采用炭泥回流接触氧化来去除水中的有机物，污泥龄较长，有利于一些世代周期长的微生物种群繁衍，故本试验确定的固体停留时间（SRT）为 15d。

（4）曝气量

炭泥回流接触氧化系统采用气动絮凝方式运行，需要全天不间断曝气。采用气动絮凝方式不仅为微生物的新陈代谢提供所需的氧气，同时可以使回流的炭泥与进水完全均匀混合，节省了机械搅拌所需的动力。曝气量的确定不仅影响微生物的活性，同时和絮体的沉降特性息息相关。气动絮凝进气量为 0.5L/（m^2・s），炭泥活化池的进气量为 0.1L/（m^2・s）。

3.4.2　系统启动

炭泥氧化-高密度沉淀系统利用高密度沉淀池为工艺基础，通过接种沉淀池泥渣和投加粉末活性炭来启动该系统。炭泥混合物沉淀下来以后，经过曝气活化后回流至絮凝池，重新参与强化混凝和吸附过程。炭泥在不断的回流、絮凝过程中会逐渐积累微生物形成生物炭泥，增强絮体的沉降性能，强化炭泥的吸附能力。随着炭泥的不断回流，微生物数量逐渐增多，该系统随之达到一个稳定状态，此过程被称为炭泥氧化-高密度沉淀系统的启动过程。

由于炭泥氧化-高密度沉淀系统需要通过接种沉淀池泥渣和粉末炭来快速达到稳定运行状态，故需清楚沉淀池泥渣和粉末炭的投加浓度等工艺参数才可以启动整个系统。

3.4.2.1　沉淀池泥渣的投加浓度

炭泥氧化-高密度沉淀系统的接种泥渣取自鹊华水厂的高密度沉淀池，采用泥渣接种的方式启动。通过烧杯试验的方式来确定沉淀池泥渣的投加量，取 6 个 1L 的烧杯，加入等量的 1L 原水以后，投加沉淀池泥渣后使混合液的泥渣浓度分别为 50mg/L、70mg/L、100mg/L、120mg/L、150mg/L、200mg/L，加入混凝剂，沉淀 30min 后取上清液检测 UV_{254} 和 TOC 的含量。

由图 3-28 和图 3-29 可以看出，泥渣的投加浓度由 50mg/L 逐渐增加至 120mg/L 时，TOC 和 UV_{254} 的去除率分别增加至 14.5% 和 19.3%，浊度的去除率达到 59%。当泥渣的浓度继续增加，絮体难以完全沉降，出水中会含有一部分絮体颗粒，导致出水水质变差。

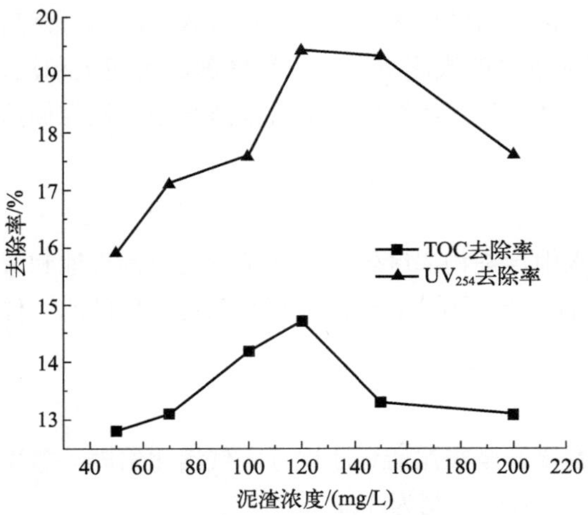

图 3-28　泥渣对有机物的去除效果

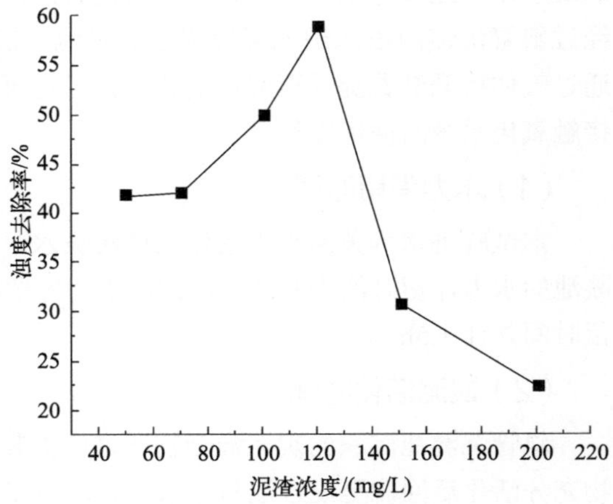

图 3-29　泥渣对浊度的去除效果

3.4.2.2　粉末活性炭（PAC）的最优投加量

在高密度沉淀池中投加粉末炭，参与炭泥混合物回流循环过程。在整个接触氧化系统中，粉末活性炭不仅起到吸附的作用，同时还参与强化混凝，为微生物的生长繁衍提供附着环境。由图 3-30 可以看出，粉末炭投加量较低时，溶解性有机物的去除率升高较快，在投加量为 100mg/L 时，UV_{254} 和 TOC 的去除率分别为 69% 和 58%。当投加量超过 100mg/L 以后，溶解性有机物的去除率增加较慢。故综合考虑处理效果和成本问题，本试验中 PAC 投量确定在 100mg/L。

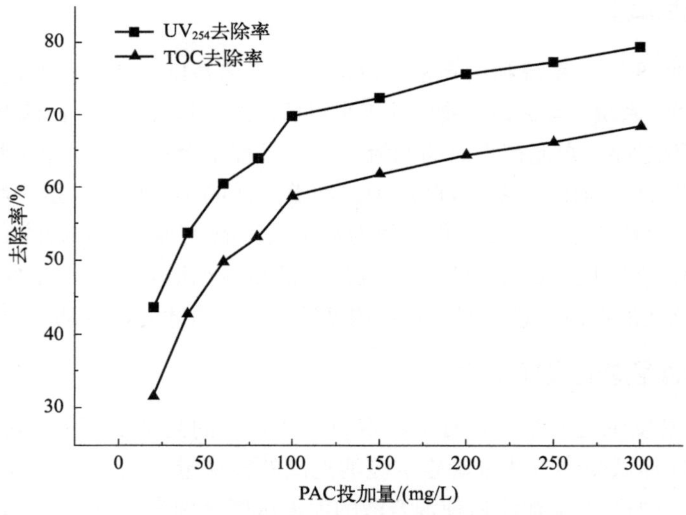

图 3-30　不同 PAC 对有机物的去除效果

3.4.2.3　粉末活性炭（PAC）的吸附速度

在炭泥回流中试系统中，粉末活性炭一次性投加，然后在接触氧化池中不断循环，吸附功能发挥了最大作用。为了确定粉末活性炭的吸附速度，在腐殖酸配水中加入一定数量的

PAC，在振荡器中以一定频率振荡以防止粉末炭沉淀。间隔固定的时间取出部分溶液，抽滤后检测 UV_{254} 和 TOC 的浓度。

图 3-31 显示，粉末炭加入原水中后，有机物浓度迅速下降。在反应 40min 时，UV_{254} 和 TOC 的浓度变为原来的 47% 和 56%。随后有机物被吸附的速度变慢，在 120min 后水中的 UV_{254} 和 TOC 浓度基本保持不变。

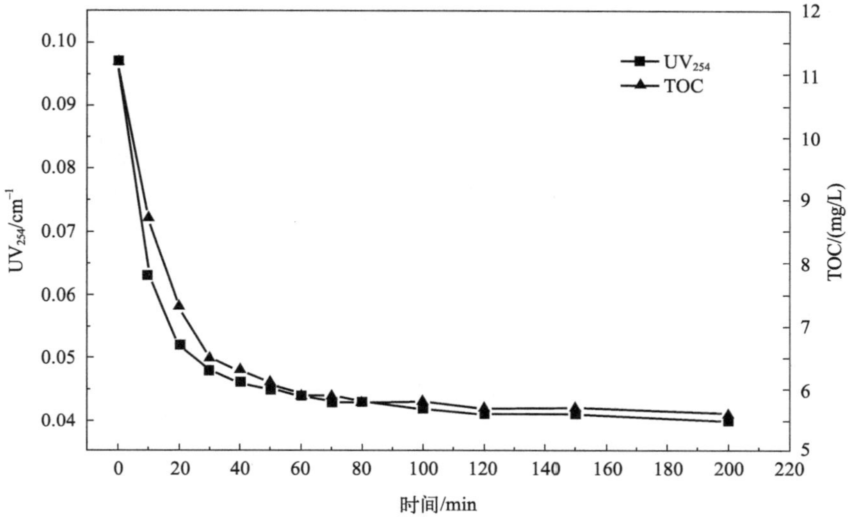

图 3-31　PAC 对有机物的吸附速度

3.4.3 运行效果

本试验中的炭泥氧化-高密度沉淀系统采用泥渣接种的方式，所用泥渣取自鹊华水厂高密度沉淀池，在接触氧化系统中的炭泥活化池曝气培养一周以后加入絮凝沉淀池。PAC 一次性投加 100mg/L，之后根据排泥的炭流失量随时补充。炭泥回流接触氧化沉淀池采用气动混凝的方式运行，曝气量根据参考文献确定为 0.5L/（s·m^2）。选用的混凝剂为 PAFC，其中 PAFC 的投加量直接决定了接触氧化沉淀池中絮体的生成情况以及沉降效果。絮凝剂药量投加不足会导致絮体粒径较小，难以沉降，出水浊度升高；但是絮凝剂投加过量会导致矾花过大，絮体粒径过大在絮凝阶段容易破碎，出水效果也不理想。因此系统的启动需要摸索混凝剂 PAFC 的最佳投量，根据前期烧杯试验，得到原水混凝效果最佳的 PAFC 投量为 5mg/L（以 Al^{3+} 和 Fe^{3+} 计），换算成 PAFC 的投加量为 45mg/L。

3.4.3.1 对不同分子量区间有机物的去除

在本试验中利用炭泥氧化-高密度沉淀组合系统去除水中的有机污染物质，通过对有机物分子量分布的分析探究组合工艺对水中溶解性有机物的去除效果，见图 3-32 和图 3-33。

原水中的污染物以小分子有机物为主，分子量≤ 1000 的 TOC 含量占水中总 TOC 的比例为 40.1%，其次为分子量在 3000 ～ 10000 的 TOC，占总 TOC 的 27.6%；而 UV_{254} 则是分子量在 3000 ～ 10000 所占比例最高，为 47.4%，分子量≤ 1000 所占比例次之，达到了 33.3%。原水经过 PAFC 混凝后，出水中分子量≥ 30000 的 UV_{254} 和 TOC 浓度分别降低至 $0.004cm^{-1}$

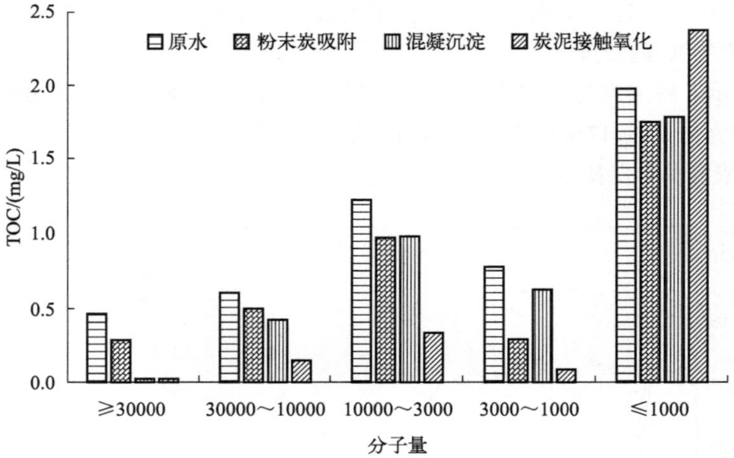

图 3-32　各工艺段对不同分子量区间 TOC 的去除效果

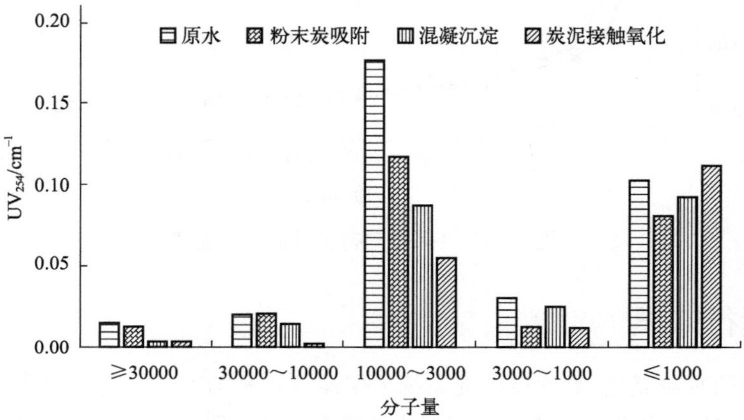

图 3-33　各工艺段对不同分子量区间 UV_{254} 的去除效果

和 0.007mg/L，去除率约为 90%；而其余分子量区间的有机物去除效果较差。粉末活性炭主要吸附 1000 ～ 3000 和≤ 1000 分子量的有机物，对该区间 UV_{254} 和 TOC 去除率均＜ 50%，对≤ 1000 分子量区间的 UV_{254} 和 TOC 去除率均＜ 20%，明显高于混凝沉淀和炭泥回流生物接触氧化两种工艺对 1000 ～ 3000 和≤ 1000 分子量区间 UV_{254} 和 TOC 的去除率。产生这种现象的原因如下：

① 混凝沉淀依靠阳离子的水解以及网捕卷扫作用来去除水中的颗粒物质，因此主要去除大分子有机物。

② 而粉末活性炭主要依靠多孔结构发挥吸附作用，因此分子量＜ 3000 的有机物比较容易吸附在孔隙中。

3.4.3.2　三维荧光检测

原水三维荧光谱图中有两个较为明显的荧光峰：芳香蛋白类物质 Ⅱ 和溶解性微生物代谢产物所产生的荧光峰。而富里酸和腐殖酸类物质含量较低。原水经过混凝沉淀后出水中芳香蛋白类物质 Ⅱ 和溶解性微生物代谢产物荧光峰依然存在，表明混凝处理后水中有机物种类并未产生变化。

当原水经过回流炭泥氧化之后，芳香蛋白类物质Ⅱ荧光峰仍然保留，溶解性微生物代谢产物荧光峰基本消失，但是新出现了芳香蛋白类物质Ⅰ荧光峰。出现这种现象的原因可能是回流炭泥中的微生物经过活化培养以后，微生物活性增强，将水中的溶解性微生物代谢产物重复利用来满足生命活动的需要。芳香蛋白类物质Ⅱ仍然存在可能是由于系统中的优势菌群对此类有机物不能利用，故芳香蛋白类物质Ⅱ的含量没有变化；另外出现芳香蛋白类物质Ⅰ荧光峰的原因可能是炭泥中微生物合成代谢导致的，具体原因有待进一步探究。另外，原水经过炭泥氧化处理以后，不仅荧光光谱图特征出现变化，而且荧光强度明显下降，说明有机物浓度进一步降低。

3.4.3.3　对消毒副产物的去除

由于经济条件和生产成本的限制，目前我国的大部分水厂仍然采用加氯消毒。如果水中溶解性有机物含量较高，经过水厂工艺不能有效去除而导致管网中残留大量的有机物，在加氯消毒后就会产生消毒副产物，危害人体健康。因此，本实验采用炭泥回流生物接触以及强化混凝等手段来去除水中的消毒副产物生成物。

THMFP（trihalomethane formation potential，三卤甲烷生成势）间接代表了水中 THMs 前体物的多少。实验中，水样采集保存后，加氯 2.0mg/L 反应 4h 后用气相色谱测量反应后的各物质的 THMFP 质量浓度。由图 3-34 可以看出，原水中的 THMFP（即总的 THMs）的含量为 64.3μg/L，经过混凝沉淀后出水 54.3μg/L，去除率为 15.6%；炭泥回流接触氧化对 THMFP 去除率 32.5%，单独超滤处理的去除率仅为 8.2%。炭泥回流接触氧化对 $CHCl_3$、$CHCl_2Br$ 消毒副产物的去除率较高，分别为 69.2% 和 32.1%，原因可能是接触氧化过程的水力停留时间较短，对于加氯容易被氧化的有机物优先去除，而且加氯容易被氧化的有机物能够被微生物优先利用，故对 $CHCl_3$、$CHCl_2Br$ 的去除率较高。混凝沉淀和单独超滤工艺对原水中的 THMs 去除率较低，且对 4 种消毒副产物前体物的去除率差别不大，主要原因是混凝沉淀和超滤都属于物理作用，通过沉淀截留和机械筛分来去除水中的颗粒物，进而去除其上附着的有机物。

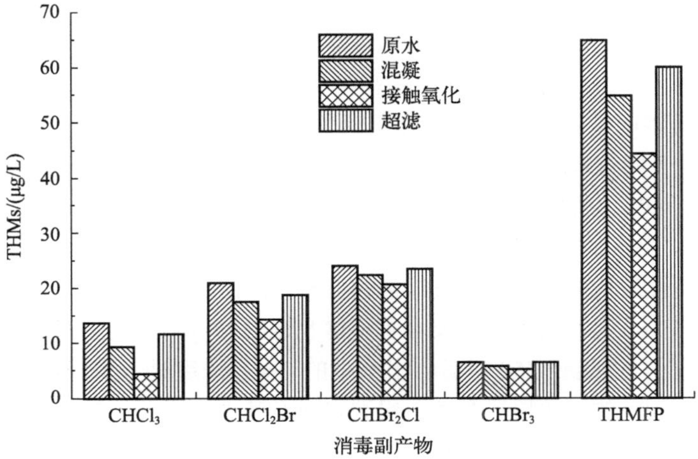

图 3-34　各工艺对消毒副产物的去除

3.4.3.4 对浊度的去除

接触氧化沉淀系统气动絮凝池泥渣浓度在 120mg/L 左右。在初始运行阶段，由于混凝剂的投加量不能确定，造成运行效果不稳定，会出现跑泥、出水浊度上升的现象。

由图 3-35 可以看出，实验原水的浊度在 4 ～ 7NTU 之间，在系统运行的初期，泥渣和 PAC 浓度分别为 120mg/L 和 100mg/L。此时 PAFC 投加 60mg/L，系统出水含有一些微小的絮体，造成浊度升高。随后增加 PAFC 的量至 80mg/L，可以控制出水的浊度逐渐降低，在系统运行第 21 天的时候稳定在 3.5NTU 左右。待系统运行逐渐稳定后，逐渐减少加药量至 40mg/L，出水中含有一些微小的絮体颗粒，表明此时的混凝剂投加量较少，絮凝沉降效果不好。最终中试系统中 PAFC 的投量稳定在 50mg/L，在此剂量下对浊度有 50% 的去除率。

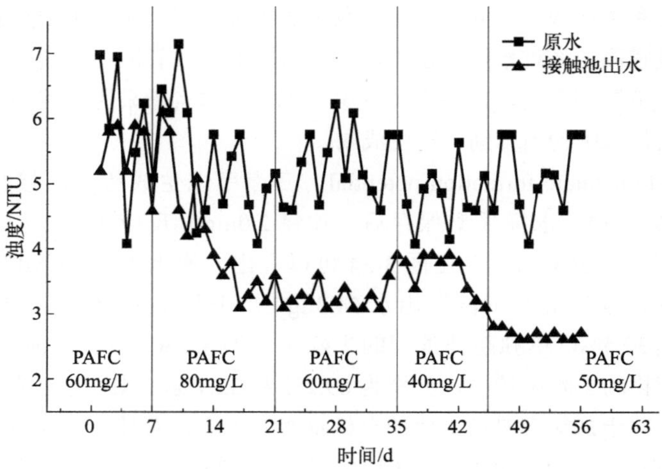

图 3-35 PAFC 对出水浊度的影响

3.4.3.5 对有机物的去除

由图 3-36 可以看出，炭泥回流接触氧化池运行初期对 UV_{254} 的去除效果较好，运行的前 5d 出水 UV_{254} 在 0.022cm^{-1} 左右，对 UV_{254} 的去除率为 40%；之后出水中 UV_{254} 浓度逐渐上升，在运行 10d 以后稳定在 0.032cm^{-1} 左右。主要原因是在系统运行初期，泥渣和粉末炭一次性大量投加，新炭对溶解性有机物的吸附容量较大，随着吸附量的增多，逐渐达到饱和状态，出水中 UV_{254} 浓度开始逐渐升高。此时主要依赖 PAFC 的混凝沉淀以及回流炭泥的强化混凝作用来去除水中的 UV_{254} 所代表的腐殖质类有机物，去除率稳定在 13% 左右。在系统运行至 20 ～ 35d 期间内，出水的 UV_{254} 浓度进一步降低，达到 0.029cm^{-1}，去除率为 21%。去除率升高的原因可能是此阶段随着 PAFC 投加量的调整，回流炭泥的混凝作用逐渐增强，出水中的颗粒物进一步减少，因此腐殖酸以及含有不饱和键的有机物也随炭泥沉淀下来，出水中的 UV_{254} 含量逐渐降低。在运行 35d 以后，出水中的 UV_{254} 浓度进一步降低至 0.025cm^{-1}，此阶段的回流炭泥经过 30d 的活化培养之后，炭泥表面及其内部附着的微生物含量逐渐增加，炭泥吸附沉降下来的有机物被微生物分解利用，使粉末炭恢复吸附能力，形成吸附—降解—再吸附的稳定循环过程，对水中的 UV_{254} 去除率稳定在 32% 左右。

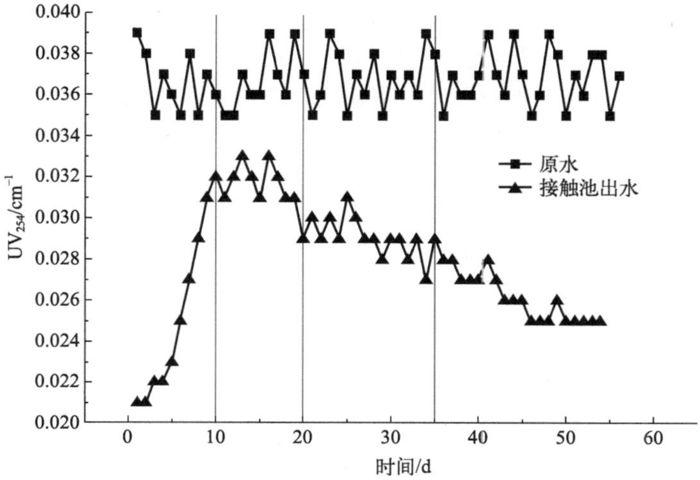

图 3-36　对 UV_{254} 的去除效果

TOC 表征了水中的总有机碳，其中包括可生化性炭和不可生化性炭两大部分。由图 3-37 可以看出，炭泥回流接触氧化沉淀池对水中 TOC 的去除趋势与对 UV_{254} 的去除规律相似，整体分为 3 个阶段。在运行的前 4d，粉末炭的吸附对 TOC 去除起主要作用，出水中的 TOC 浓度较低，在 1.8 ～ 1.9mg/L，去除率达到 30%。粉末活性炭吸附能力在第 6 天逐渐达到饱和，此时出水中 TOC 含量逐渐升高，达到 2.25mg/L 左右。在运行第 20 ～ 35 天的阶段内，通过调整 PAFC 的投加量，絮体沉降性能变好，出水中的 TOC 浓度降低至 2.05mg/L；随后由于炭泥混合物中积累了大量的有机物，有利于微生物的繁殖，生物降解作用增强，出水 TOC 降低至 1.9mg/L 左右。

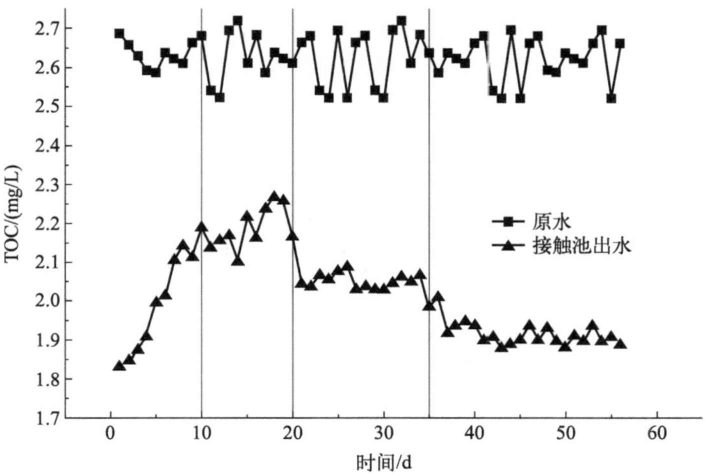

图 3-37　对 TOC 的去除效果

3.4.3.6　对氨氮的去除

由图 3-38 可以看出，炭泥回流系统运行的前 15d 对原水氨氮的去除效果较差，主要原因是此时的炭泥回流中试系统运行不稳定，炭泥生物量增长较为缓慢。在第 15 天之后，随着微生物数量的快速增长，对原水氨氮的去除率也逐渐升高，在系统运行至第30天时去除率增加至40%左右。主要利用炭泥中生长的硝化细菌来去除水中的氨氮，由于硝化细菌繁殖速度较慢，故在系统运行前期对氨氮的去除能力较差。经过长时间的稳定运行后，硝化菌数量达到一定数值，对氨氮的去除率也保持在一个稳定状态。

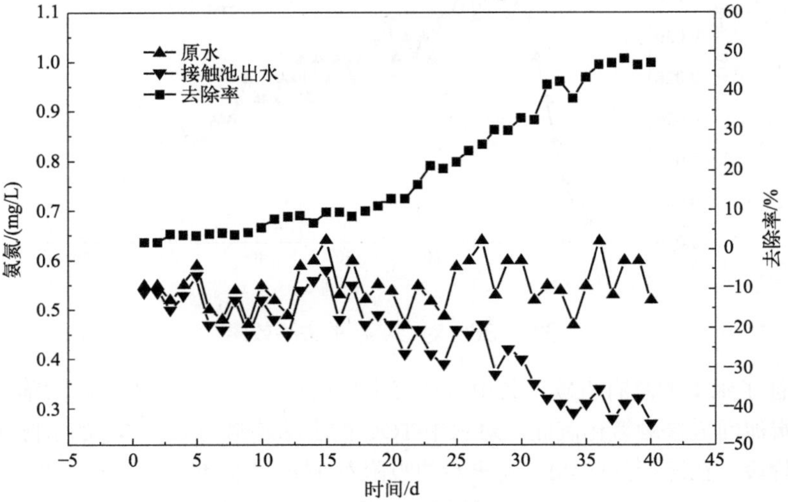

图3-38　对氨氮的去除

3.4.3.7　对亚硝酸盐氮的去除

微生物利用、降解水中氨氮的过程中会先将氨氮氧化为亚硝酸盐氮，若硝化菌的数量和活性不足，不能够及时将亚硝酸盐转化为硝酸盐，就会导致水中亚硝酸盐氮积累。因此，通过监测氧化系统出水中亚硝酸盐氮的浓度，可以反映出硝化菌的硝化能力强弱。从图3-39可以看出，接触氧化系统运行稳定后出水中的亚硝酸盐氮浓度较低，去除率稳定在40%左右。表明炭泥中的硝酸菌数量较多、活性较强。

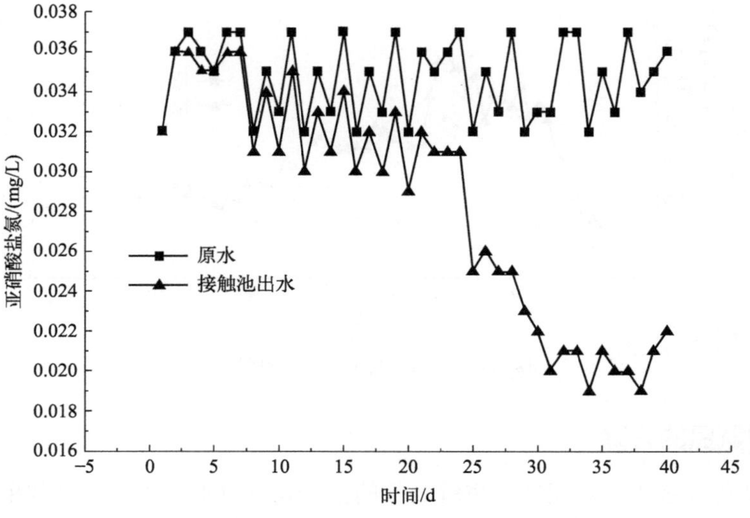

图3-39　对亚硝酸盐氮的去除效果

3.5 微絮凝强化过滤

3.5.1 工艺构建

在常规水处理中，过滤可通过滤料介质截留水中悬浮固体，是生产优质饮用水的关键工艺。在沉淀池中没有分离沉淀的悬浮颗粒物和溶解性物质会在过滤工艺中去除。水中颗粒物不仅与浊度有紧密关系，悬浮颗粒也是水中有机、无机污染物引起嗅味物质、色度物质、潜在的致病微生物污染物的转移媒介。因此，滤池对水中颗粒物的去除至关重要，其不仅影响后续消毒工艺中消毒剂的投加量和消毒副产物的生成，还直接关系砂滤出水的水质安全。

良好的过滤工艺运行需要两个独立且不同的步骤：悬浮颗粒向过滤介质的迁移和颗粒在滤料或滤料沉积颗粒上的黏附。在各种迁移机制中被普遍接受的主要是阻截、扩散和沉积。它们的相对重要性取决于几个物理参数，其中最重要的是悬浮液中主要被去除颗粒物的粒径。

为提高砂滤出水水质，有 3 种改进过滤性能，提高出水水质的方法：

① 对预处理工艺进行改进，使大部分颗粒沉淀在沉淀池中，提高砂滤进水水质；

② 对传统的石英砂滤料进行改性，改变原滤料表面的物理化学性质，增强滤料的截污能力和吸附能力，达到改善出水水质的目的；

③ 改变进入滤层的悬浮颗粒的表面性质和大小，以增强悬浮颗粒物向滤料表面的迁移和黏附能力，减少砂滤出水污染物浓度。

对比 3 种改进方案，通过向滤前水中投加助滤剂改变进入滤层的悬浮物性质，提高砂滤出水能力的方案最简单、经济、有效。

3.5.1.1 微絮凝强化过滤机理

含有悬浮胶体颗粒的水中，加入少量絮凝剂快速搅拌混合后会发生絮凝反应，形成微小的聚集体，这一过程称为微絮凝。在水处理过程中，通常将接触过滤和微絮凝过滤与这一过程相结合。微絮凝过滤与接触过滤之间存在一定差异，微絮凝过滤是在滤池前设置简易絮凝池，原水在絮凝池和滤池内各进行部分絮凝；接触过滤是先在水中加入絮凝剂，然后再进入滤池，即在滤池中进行全部絮凝反应。

二次微絮凝强化过滤工艺原理与微絮凝过滤相同，是指在沉后滤前设置微絮凝池，投加絮凝剂，降低悬浮颗粒物 zeta 电位，使其脱稳形成小而密实、粒径相近的微絮粒（粒径 40 ～ 60μm），这种微絮凝体可以穿过过滤层表面进入滤层的中间，使滤层深处的滤料也能吸附凝聚悬浮颗粒，使滤池的过滤性能得到提高。它的作用机理是当絮体 ζ 电位达到最大值时，絮体进入滤层，使絮体的凝聚扩散作用在滤层中进行，有利于絮体与滤料表面的接触和黏附。因助滤剂投加量少、絮凝时间短、对悬浮浊质和颗粒物的去除效率高等优点，二次微絮凝强化过滤技术得到广泛关注。二次微絮凝作为过滤的预处理，其效果好坏直接影响着过滤效果，但对这方面的研究非常少。二次微絮凝阶段水中悬浮颗粒物脱稳后变化迅速，其形成微絮凝体的分形维数、粒径、zeta 电位、表面能、密度等均可影响过滤性能。

3.5.1.2 微絮凝助滤剂研究进展

微絮凝助滤剂是影响微絮凝的重要因素之一。在微絮凝过滤过程中，絮凝过程在微絮凝池和滤床孔隙内完成，微絮凝体的密实度、形貌、抗水流剪切力等特征很大程度上受到絮凝剂的影响，合适的絮凝剂会对过滤效果起到良好的提升作用。优良的絮凝剂可以加快滤层中絮体的沉积速率，增加絮体在滤层内的穿透深度，避免滤层过早堵塞，延长过滤运行周期，也可提高产水率。同时，微絮凝过滤工艺水处理效果的好坏很大程度上受助滤剂投药量的影响，且制水成本很大程度取决于絮凝剂的投药量，其对工程经济可行性起着关键的作用。

聚合物作为微絮凝助滤剂是实现进水颗粒处于理想特性状态的一种非常有效的方法。当聚合物用作助滤剂时，在粒子架桥作用下颗粒尺寸会增加。带电聚合物还可起到中和颗粒表面电荷的作用，可以通过减少电荷排斥力，增强过滤介质和颗粒上分子或分子团间的相互吸附作用使其附着在滤料上。因此，聚合物形成的颗粒絮凝物可以促进浊质向滤料表面迁移和黏附。此外，聚合物形成的絮凝物通常更大更密实，并且可以承受滤床中较大的剪切力。使用聚合物作为助滤剂已被证明存在多方面的好处，不仅可改善过滤出水水质，还可抵抗初期出水滤层穿透和增加成熟期的持续时间。

研究表明，向滤前水中投加少量的聚电解质，可提高砂滤去除水中胶体浊度的能力，且可有效提高砂滤抵抗水力负荷的能力，有效解决悬浮颗粒物穿透滤层的问题。有研究表明，投加一定量的阳离子聚电解质直接过滤，不仅可有效降低砂滤出水浊度，还可发挥整个滤层的截污能力，获得较长的过滤周期和可观的产水率，且聚合电解质强化过滤、改善砂滤出水水质的作用机理与絮凝过程类似。

国内的科研工作者对助滤剂的选择相对广泛，不仅包括高分子聚合絮凝助滤剂，还有常用的铝盐、铁盐无机絮凝剂和部分无机氧化剂。

3.5.1.3 微絮凝强化过滤模拟试验装置

本研究所用试验装置及工艺流程见图 3-40，试验设计流量 20L/h（试验滤速 10m/h），以中试装置沉淀池出水为原水，经提升泵加压后进入微絮凝混合器，混合器总有效容积 1.33L

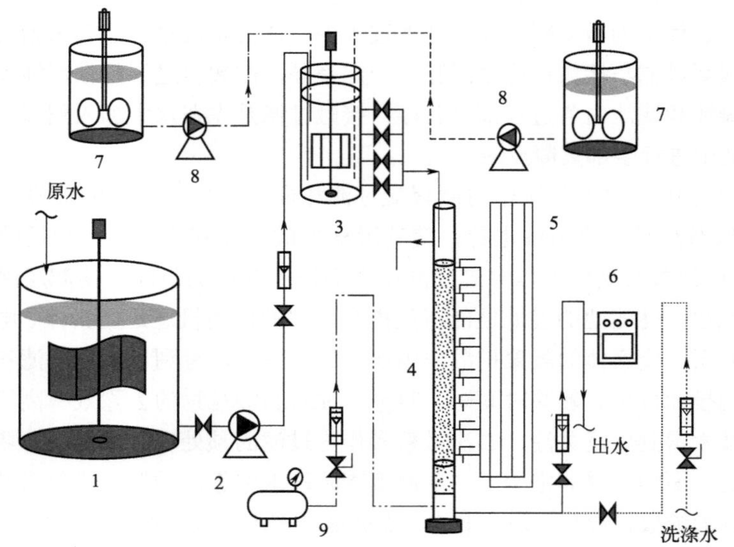

图 3-40 微絮凝强化过滤试验装置示意

1—原水水箱；2—提升泵；3—微絮凝混合器；4—过滤器；5—测压板；6—在线颗粒数仪、浊度仪；7—助滤剂贮存器；8—加药泵；9—空压机

（模拟微絮凝时间 1 ～ 4min，无特殊说明时微絮凝时间为 2min），通过混合器不同高度出水口控制微絮凝时间，混合器底部设磁力搅拌器，一定浓度的助滤剂由蠕动泵加入微絮凝混合器，与原水充分混合微絮凝后，经右侧出水口出水，自上而下流经砂滤层和承托层。当砂滤出水浊度超过 0.5NTU 或水头损失超过 0.5m 时停止过滤，利用自来水和压缩空气对滤料进行气水反冲洗，控制滤料膨胀率为 40% 左右，气、水反冲洗方式为先单独气冲 2min，然后气水同时反冲 4min，最后单独水冲 6min。

装置采用有机玻璃制作，滤柱高 1.9m（底部配水区高度 0.1m）、内径 5cm，自下而上每隔 15cm 设一个测压管，共 8 个，测压管与标尺相连，过滤前后水压差即过滤器的沿程水头损失。试验采用均质石英砂滤料，有效粒径 d_{10}=0.9mm，不均匀系数 K_{80}=1.3，厚度 L=1.1m；承托层砾石厚度 L=0.1m，粒径 4 ～ 8mm。

实际试验装置见图 3-41。

图 3-41　试验装置实物

3.5.2　壳聚糖类高分子助滤剂微絮凝强化过滤性能

3.5.2.1　壳聚糖助滤剂的优选

目前，常用二次微絮凝助滤剂仍然以金属铝盐和聚丙烯酰胺合成聚合物为主，这些助滤剂使用过程中不可避免地会存在二次污染，长期饮用可能会对人类身体健康产生危害。有研究表明，当人体中铝的含量积累到一定程度，会对人的记忆产生不良的影响，且铝与阿尔茨海默病之间也存在一定的关联；而单体或低聚合度的丙烯酰胺则具有神经毒性甚至致癌。近年来具有絮凝作用的微生物聚合物引起了人们的关注，它不仅可生物降解，通常也是无毒的，不会危害人体健康，也不存在有毒污泥处置的有关问题。本研究利用生物聚合物壳聚糖及其衍生物作为二次微絮凝助滤剂，考察 4 种不同助滤剂（冰醋酸质子化壳聚糖 CTS、羧甲基壳聚糖 CMCS、盐酸质子化壳聚糖 HCTS、低分子量壳聚糖 LCTS）对过滤出水水质的影响，筛选出适合二次微絮凝强化过滤的壳聚糖助滤剂，并对壳聚糖二次微絮凝运行参数进行优化。

本试验原水为鹊山水库水源水经鹊华水厂科研中试基地（设计流量 5m^3/h）机械混凝和斜管沉淀设备处理后制得，中试设备混凝剂为聚合氯化铝铁，混凝剂投加量为 6mg/L

（以 Al_2O_3 计）。试验期间，试验原水水质指标如表 3-18 所列。

表 3-18　试验原水主要水质指标

指标	温度 /℃	浊度 /NTU	颗粒数 /（个 /mL）	UV_{254}/cm^{-1}	DOC/（mg/L）	COD_{Mn}/（mg/L）	pH 值
最高值	4.5	1.15	8098	0.08	2.742	2.96	8.10
最低值	1.9	0.809	6748	0.16	2.615	2.72	8.01

（1）对浊度和 pH 值的影响

如图 3-42 所示，投加 CTS、LCTS、HCTS 助滤剂二次微絮凝后，砂滤对浊度的去除效果较好。砂滤出水中浊度随投加量的增加逐渐降低。从 4 种助滤剂的浊度去除效果来看，CTS 对浊度的去除率最高，其次是 LCTS、HCTS，CMCS 对浊度去除效果较差。分析其原因可能是 CMCS 分子中部分氨基和羟基被羧甲基钝化，氢键键能降低，导致与水中浊质粒子发生作用的氨基和羟基减少，进而导致浊质颗粒物去除效果不佳。此外，出水浊度随 CTS 投加量增加而降低，之后趋于平稳。当 CTS 投加量为 0.6mg/L 时，出水浊度最低为 0.168NTU，继续增加 CTS 投加量，出水浊度有上升的趋势。向试验原水中投加浓度为 0.1 ～ 0.2mg/L 的 HCTS，砂滤出水中浊度降低明显，继续增大投加量，浊度去除率增加相对缓慢。LCTS 投加量与滤柱出水浊度呈明显的负相关性，随 LCTS 投加量的增加水中浊度呈直线下降，当 LCTS 投加量为 0.7mg/L 时，砂滤出水中浊度降至 0.141NTU，去除率为 82.4%。相同投加量条件下，CTS 对浊度去除率为 80.8%，HCTS 对浊度去除率为 77.91%，CMCS 对浊度去除率仅为 42.8%，表明 LCTS、CTS、HCTS 均可有效降低砂滤出水中的浊度。

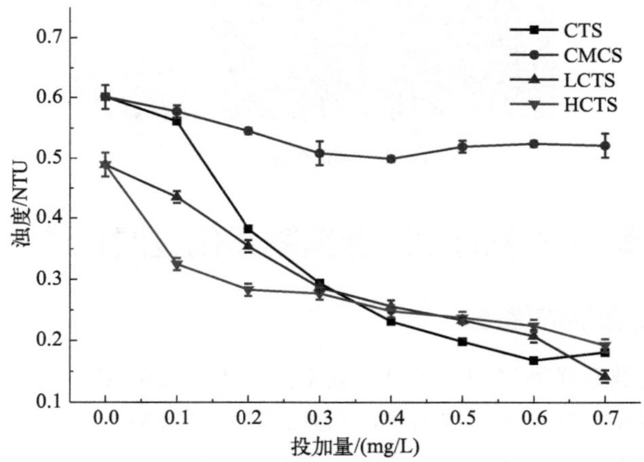

图 3-42　投加量对浊度的影响

图 3-43 为 4 种壳聚糖基助滤剂在不同投加量下对滤柱出水 pH 值的影响，其中 LCTS、CMCS、HCTS 3 种助滤剂在投加量不大于 0.7mg/L 范围内 pH 值变化较小，上下波动＜ 0.05，影响可以忽略不计。但投加 CTS 对 pH 值影响较大，每增加 0.1mg/L 投加量 pH 值约下降 0.05。分析其原因可能是壳聚糖不溶于水，在溶解过程中加入大量冰醋酸（乙酸），且冰醋酸属于弱酸，因此对 pH 值影响较大。LCTS 在过氧化氢降解过程中需要水浴加热，冰醋酸又具有一定的挥发性，因此，大量冰醋酸在水浴加热过程中会挥发，LCTS 储备液中冰醋酸的含量非常少，不会导致水中 pH 值下降。

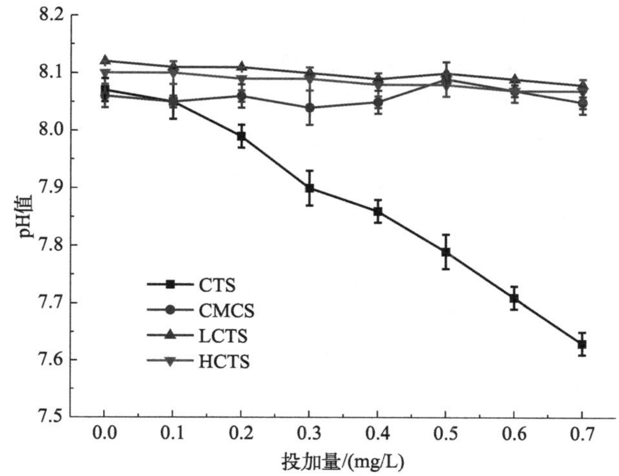

图 3-43　投加量对 pH 值的影响

（2）对出水有机物的影响

如图 3-44 所示，不同种类壳聚糖的投加对滤后水的 DOC 影响不同，LCTS、CMCS、HCTS 3 种壳聚糖去除水中溶解性有机物的效果均不理想，但增加其投加量不会明显地引起水中 DOC 的增加，增加 CTS 的投加量会引起水中 DOC 明显增加，且 DOC 增加量和 CTS 投加量呈线性相关。投加 CTS 引起水中 DOC 增加原因主要是 CTS 本身不溶于水，在 CTS 溶解过程中加入了一定量的冰醋酸，1% 的冰醋酸溶液 TOC 值为 1487mg/L，导致每增加 0.1mg/L CTS 溶液投加量都会增加 0.45mg/L（以 TOC 计），导致滤后水中 TOC 含量明显增加，且其增加量和冰醋酸（以 TOC 计）增加量基本相同。其次，试验水温在 3℃左右，冰醋酸基本处于结晶状态，可能不能将水中壳聚糖很好地溶解。LCTS 在制备过程虽然也添加了 1% 的冰醋酸，但 70℃水浴加热降解过程中大部分挥发了，因此不会引起出水中 TOC 的明显增加。

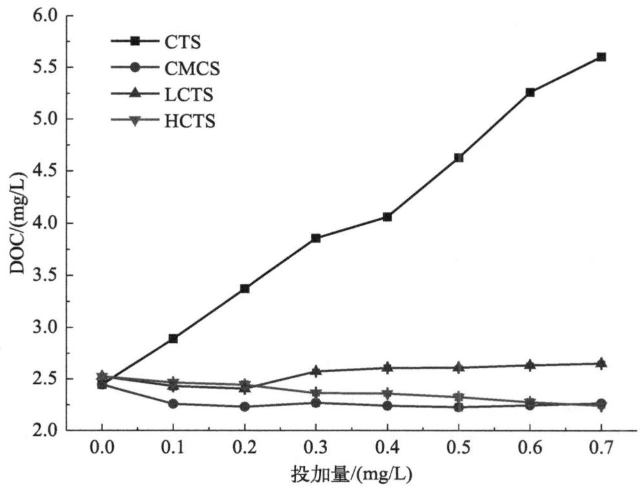

图 3-44　对出水 DOC 的影响

如图 3-45 所示，4 种壳聚糖助滤剂对 UV_{254} 均有一定的去除效果，砂滤出水 UV_{254} 随助滤剂投加量增加而降低。对比 4 种壳聚糖基复配助滤剂对 UV_{254} 的去除效果，CTS、HCTS 对 UV_{254} 去除效果较好，CMCS 对 UV_{254} 去除效果较差，表明 CTS 可有效地去除水中含 C═C 和 C═O 双键的化合物以及大分子腐殖质类有机物。这可能是由于 CTS 不仅是高分子聚合物，且每个分子链上都有一个氨基和羟基。弱酸条件下，氨基水解吸附氢离子带正电荷，而腐殖质类大分子有机物和芳香族化合物大都带负电荷，带大量正电荷的 CTS 在吸附电中和作用和架桥作用下，可使水中带负电荷的有机物脱稳、凝聚并黏附到滤料上。试验待滤水 pH 值为 8.1 左右，壳聚糖的氨基和羧基被钝化，导致 CTS 对水中腐殖质类和芳香族类消毒副产物前体物的去除能力有限。CMCS 因分子量上的部分氨基或羧基与羧甲基结合，导致与腐殖酸类作用的氨基、羧基减少，有机物去除能力非常有限。而 LCTS 因分子链被打断，高分子架桥作用受到一定程度的影响，UV_{254} 去除率相对较低。综上认为，壳聚糖对水中腐殖酸类有机物的去除不仅受壳聚糖分子中官能团的影响，还受分子量大小的影响。

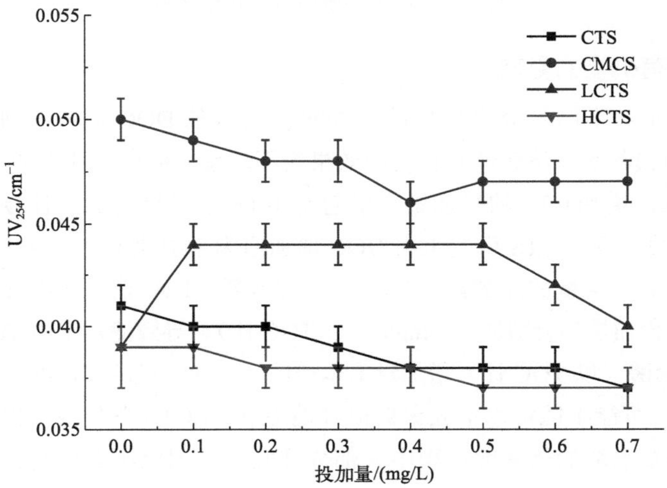

图 3-45　对出水 UV_{254} 的影响

结合 4 种壳聚糖二次微絮凝强化过滤效果分析，认为 CTS 处理低温低浊水质时，应注意冰醋酸的用量，避免因冰醋酸引起的出水溶解性有机物升高问题，应尽量利用盐酸等低浓度无机酸增加壳聚糖的溶解性。壳聚糖的分子量和分子结构中的官能团也是强化过滤效果的关键因素。综上所述，认为 HCTS 是一种理想的二次微絮凝强化过滤药剂，在低温低浊水质条件下仍然具有良好的强化过滤效果。

3.5.2.2　质子化壳聚糖微絮凝运行参数优化

（1）投加量对助滤效果的影响

图 3-46 为不同 HCTS 投加量对滤柱出水浊度的影响。由图可知，随 HCTS 投加量增加砂滤出水浊度逐渐降低，最终趋于稳定。HCTS 投加量为 0.7mg/L 时，砂滤出水浊度达到最低值为 0.192NTU，对应去除率为 84.30%，较未投加 HCTS 的滤柱出水浊度去除率 57.48% 提高了 26.82%。表明投加 HCTS 可明显提高砂滤柱对浊度的去除效果。继续增加 HCTS 投加量，浊度去除率不仅没有升高，还出现了下降的趋势。

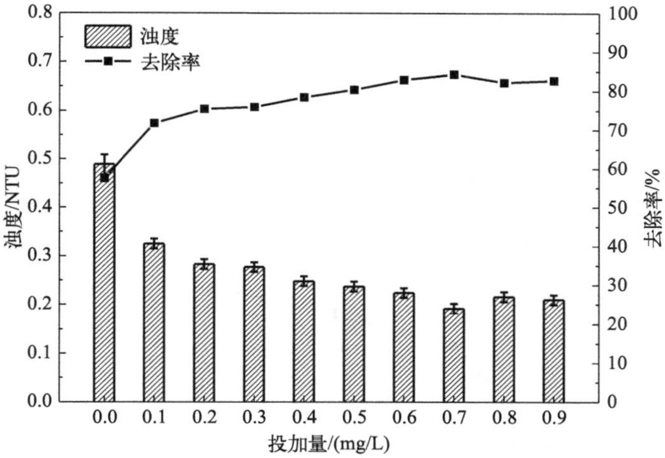

图 3-46　HCTS 投加量对浊度的影响

图 3-47 为不同 HCTS 投加量对滤柱出水中不同粒径颗粒物的影响。由图可知，滤前投加 HCTS 可明显降低水中颗粒物总数，且随 HCTS 投加量增加，水中颗粒物总数逐渐下降。未投加助滤剂时，滤柱出水颗粒物总数为 3370 个 /mL；当 HCTS 投加量 0.5mg/L 时，颗粒物总数为 1403 个 /mL，继续增加 HCTS 的投加量颗粒物去除效果增加不明显；投加量为 0.9mg/L 时，颗粒物总数降至 1069 个 /mL，去除率提高到 86.8%。原水中粒径为 2 ～ 3μm、3 ～ 5μm 的颗粒物较多，其中 3 ～ 5μm 的颗粒物约占水中总颗粒物的 50%。投加 HCTS 助滤剂后，不同粒径范围内的颗粒物去除率均在 70% 以上。其中，粒径＞ 20μm 的颗粒物能全部去除，粒径在 2 ～ 3μm、3 ～ 5μm 范围内颗粒物去除效果相对较差。增加壳聚糖的投加量，主要提高对粒径在 2 ～ 5μm，特别是粒径在 2 ～ 3μm 颗粒物的去除效果。

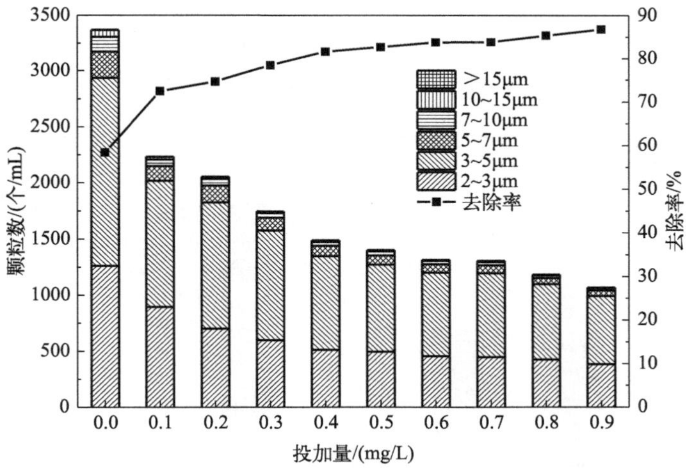

图 3-47　HCTS 投加量对不同粒径颗粒物的影响

（2）pH 值对助滤效果的影响

图 3-48 为在不同进水 pH 值、HCTS 投加量为 0.7mg/L 条件下砂滤对浊度的去除情况。由图可知，降低进水 pH 值可有效地提高浊度去除效果，砂滤出水浊度明显降低。进水 pH

值为9.0、未投加壳聚糖条件下，出水浊度为0.512NTU，投加助滤剂后砂滤出水浊度为0.252NTU，去除率较未加药提高了29.31%。降低进水pH值，砂滤出水浊度降低。进水pH值为7时，砂滤出水浊度降至0.130NTU，去除率升至85.34%。而继续降低进水pH值，砂滤出水浊度略有升高。进水pH值为6时，砂滤出水浊度为0.136NTU，去除率为84.67%。pH值为7的条件下，质子化壳聚糖对浊度的去除效果最好。

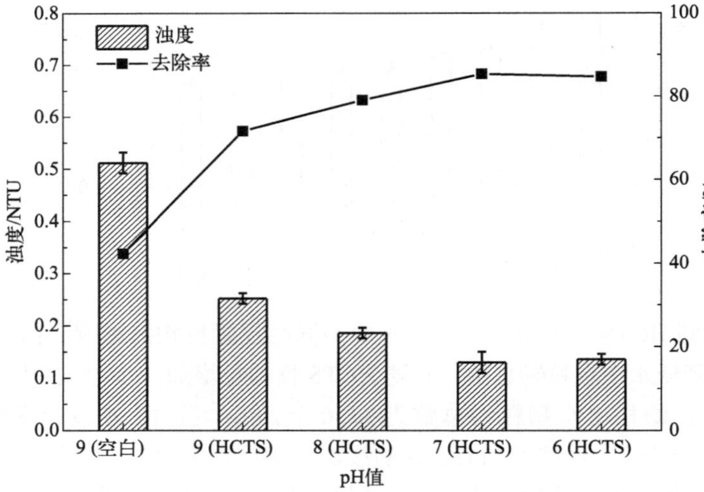

图3-48 pH值对浊度去除效果的影响

图3-49（书后另见彩图）为HCTS投加量为0.7mg/L时pH值对微絮凝强化过滤对颗粒物的影响。由图可知，降低进水pH值可有效地提高颗粒物去除效果。在进水pH值为9、未投加助滤剂条件下，砂滤出水颗粒物在3800个/mL左右，去除率为67.44%。投加助滤剂后砂滤出水颗粒物明显降低为2300个/mL左右，去除率升至80%。将进水pH值调至8时，出水颗粒物降至1200个/mL左右，去除率为89.67%。pH值为6时，出水颗粒物最低为320个/mL左右，去除率达97%，粒径＞15μm的颗粒物均被完全去除。从砂滤出水颗粒物

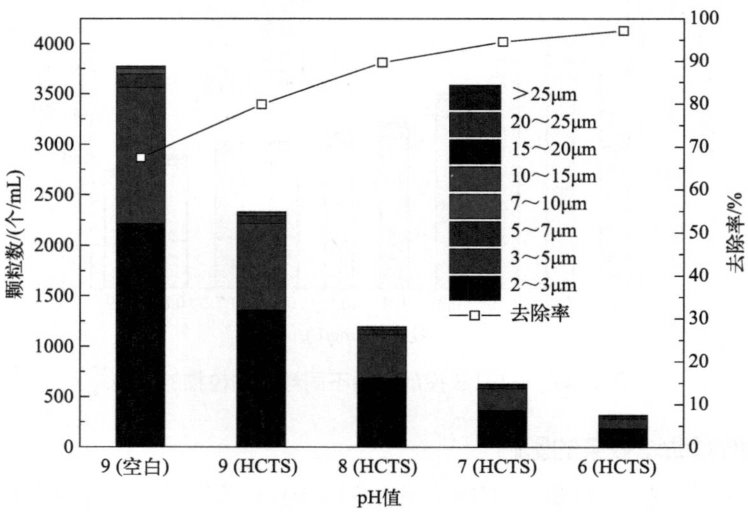

图3-49 pH值对不同粒径颗粒物去除效果的影响

粒径分布情况来看，降低进水 pH 值，可增强 HCTS 助滤剂对砂滤出水中不同粒径范围内颗粒物的去除效果。其中，投加 HCTS 助滤剂后，砂滤对粒径＜ 5μm 的颗粒物去除效果明显提高，且基本可将粒径＞ 15μm 的颗粒物完全去除，但砂滤出水中仍以粒径＜ 5μm 的颗粒物为主，且粒径在 2 ～ 3μm 范围的颗粒物所占比例较大。

3.5.3 钛铁无机聚合助滤剂微絮凝强化过滤性能

3.5.3.1 聚合氯化钛铁复合助滤剂微絮凝强化过滤性能

利用碱性慢滴法分别制备盐基度［OH/（Fe+Ti)］为 0.50、0.75、1.00 的聚合氯化钛铁复合药剂（PTFC），考察盐基度、投加量、pH 值等运行条件对微絮凝强化过滤水中浊度、颗粒物、DOC、三卤甲烷前体物去除效能和过滤周期的影响。

（1）盐基度对助滤效果的影响

1）浊度

根据图 3-50 可以看出，随着 OH/（Fe+Ti）的比值增大，浊度去除率呈现出先增大后减小的趋势，在 OH/（Fe+Ti）=0.5 时，砂滤出水浊度为 0.373NTU，浊度去除率为 83.41%，当盐基度为 0.75 时处理效果最佳，浊度由进水的 2.214NTU 下降至砂滤出水浊度 0.21NTU，浊度去除率达到了 90.47%；随着盐基度的进一步增加，当 OH/（Fe+Ti）=1.0 时，砂滤出水浊度为 0.301NTU，浊度去除率为 86.4%。

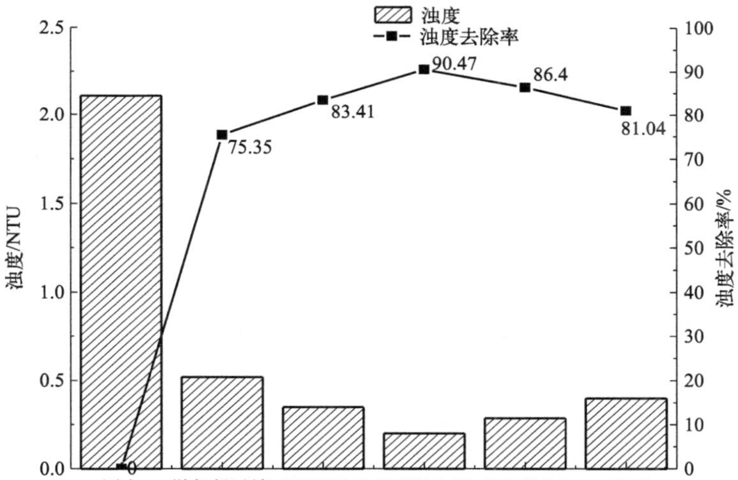

图 3-50 不同盐基度的 PTFC 和普通钛盐（PTC）对浊度的去除效果

2）颗粒物

从图 3-51 中可以看出盐基度对颗粒物去除效果的影响。随着盐基度的增加，水中总颗粒数相应减少，当盐基度为 0.5 时，总颗粒数为 2025 个 /mL, 对水中颗粒物的去除率达到 86.4%；当盐基度为 0.75 时，总颗粒数为 1266 个 /mL, 对水中颗粒物的去除率达到 92.12%；当继续投加更大盐基度助滤剂时，去除颗粒物效果并不明显；盐基度在 1.0 时，总颗粒数为 1035 个 /mL，其去除率为 93.04%。由图 3-51 可以看出，原水中颗粒物主要集中在粒径为

2 ～ 3μm、3 ～ 5μm，占到原水总颗粒数的 70%，投加 PTFC 助滤剂后，对颗粒物的去除率能达到 90% 以上，且水中粒径＞ 20μm 颗粒几乎全能去除，并且随着盐基度的提高对粒径为 2 ～ 3μm 和 3 ～ 5μm 颗粒物的去除效果更好。

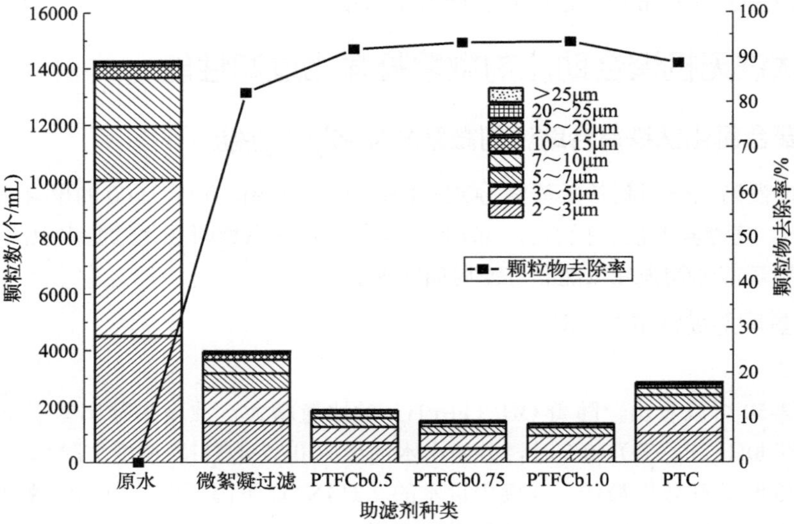

图 3-51　不同盐基度的 PTFC 对颗粒物的去除效果

3）溶解性有机物

由图 3-52 看出，在投入不同盐基度的 PTFC 后，水中的溶解性有机物浓度与原水相比减少较为显著，且优于传统的钛盐助滤剂，其去除有机物的能力有不同程度的提升，原水进水 DOC 浓度为 2.871mg/L，砂滤出水中溶解性有机物最低浓度为投加 PTFCb0.75 的助滤剂时的 2.049mg/L，最高浓度为投加 PTFCb0.5 的助滤剂时的 2.344mg/L，DOC 最高去除率能达到 28.88%；当投加 PTFCb0.5 的助滤剂时最低去除率能达到 18.64%，在 PTFCb1.0 处溶解性有机物去除率反而降低，达到 25.26%。

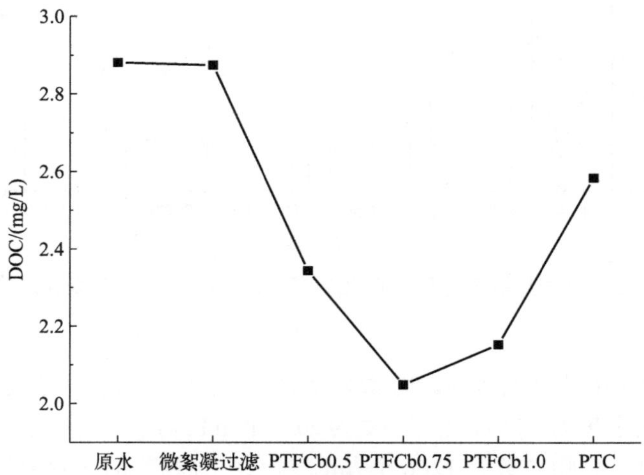

图 3-52　不同盐基度 PTFC 对溶解性有机物的去除情况

4）过滤周期

由图 3-53 可以看出，增大 PTFC 盐基度可以有效提高二次微絮凝过滤的过滤周期，相比 PTC，过滤周期缩短了 0.1 ～ 0.2h，其中过滤周期最短为 PTFCb1.0 的 4.78h。各个过滤周期有差异的原因是随着过滤过程的进行，水中的胶体颗粒在失稳后不断黏附在滤料表面。当上层滤料的吸附能力达到饱和时，吸附在上滤料表面的颗粒由于水流的剪切力而脱落，脱落的颗粒继续吸附在滤料的下层，这也说明了不同盐基度形成的絮体粒径紧实程度和大小不同。

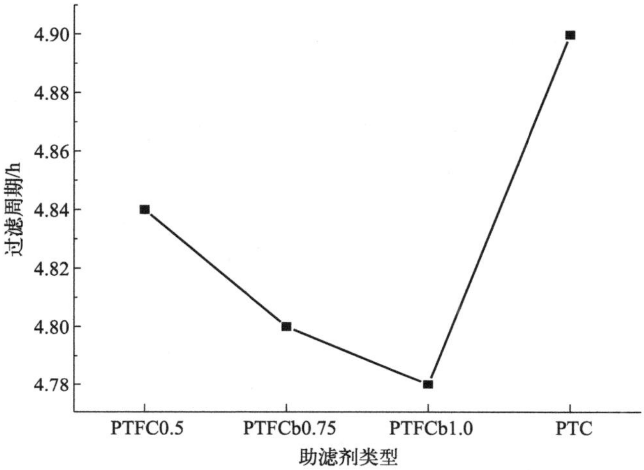

图 3-53　不同盐基度的 PTFC 对过滤周期的影响

5）三卤甲烷前体物

试验原水中三卤甲烷生成势如图 3-54 所示，原水中 TCM（三氯甲烷）生成势最大，为 0.055mg/L；其次是 BDCM（二氯一溴甲烷）生成势，为 0.0374mg/L，DBCM（一氯二溴甲烷）生成势为 0.022mg/L，水样中没有检测到三溴甲烷的存在。原水这 3 种 THMs 浓度与其各自的限值比值之和为 1.75，远远超过国家饮用水标准限值之比 1.0。

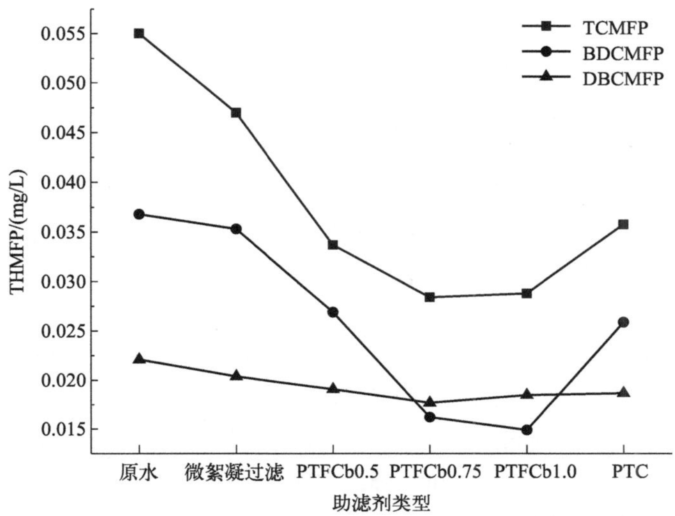

图 3-54　不同盐基度的 PTFC 对三卤甲烷前体物的去除情况

TCMFP—三氯甲烷生成势；BDCMFP—二氯一溴甲烷生成势；DBCMFP—一氯二溴甲烷生成势

由图 3-54 分析可知，未投加助滤剂砂滤氯化后的三氯甲烷生成势、二氯一溴甲烷生成势、一氯二溴甲烷生成势分别为 0.047mg/L、0.0353mg/L、0.204mg/L，向滤前水中投加不同盐基度的 PTFC 和 PTC 都能降低砂滤出水中的 THMFP，向滤前水中投加盐基度 0.75 的 PTFC 助滤剂后，砂滤氯化后的出水三氯甲烷生成势、二氯一溴甲烷生成势、一氯二溴甲烷生成势分别为 0.0284mg/L、0.0162mg/L、0.0177mg/L，较未投加助滤剂的砂滤出水去除率分别提高了 34 个百分点、54 个百分点、12 个百分点。各项浓度与限值的比值之和＜ 1，满足国家饮用水水质标准。

（2）投加量对助滤效果的影响

1）浊度

由图 3-55 结果分析表明，两种助滤剂对于浊度的去除效果都是先升高再降低。对于 PTC 而言，在 3mg/L 时对浊度的去除率最高，由进水浊度 2.335NTU 降至砂滤出水浊度 0.511NTU，浊度去除率为 78.12%。PTFC 助滤剂对于浊度的去除率最高在 4mg/L 处，进水浊度从 2.335NTU 降至砂滤出水浊度 0.433NTU，砂滤出水浊度去除率达到 81.45%，继续投加 PTFC 助滤剂，浊度去除率反而降低。PTFC 助滤剂在最优投加量下相比 PTC 浊度去除率提高了 3.33%。

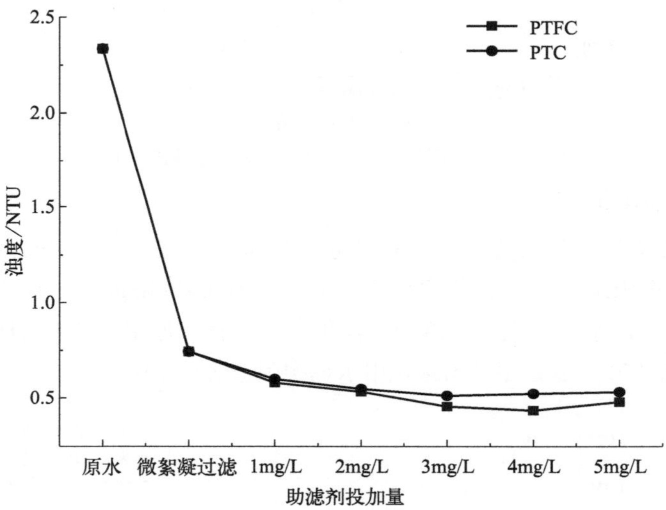

图 3-55 投加量对浊度的去除情况

PTFC 相比 PTC，阳离子电荷较高的助滤剂较阳离子电荷较低的助滤剂处理效果好。由于加入了铁离子和—OH 基团使 PTFC 中含有更多的高聚产物，使得水解过程中生成更多的低聚合物，同时钛铁离子的协同作用提高了对水中颗粒物的去除。

2）颗粒物

PTFC 对颗粒物的去除效果如图 3-56 所示，发现随着投加量的逐渐增大，砂滤出水颗粒物粒径分布基本一致，以 2 ～ 5μm 粒径分布为主，除了在投加量 1mg/L 时仍有＞ 10μm 的颗粒物存在，其余投加量下＞ 10μm 的颗粒物基本被去除。其中助滤剂对颗粒物最大去除率在投加量为 4mg/L 时，总颗粒数从 8838 个 /mL 降至 793 个 /mL，总颗粒物去除率达到 91.03%，其中粒径为 2 ～ 3μm 颗粒物由进水 2911 个 /mL 降至砂滤出水 314 个 /mL，去除率达到 89.21%。增加 PTFC 投加量提高了粒径为 2 ～ 5μm（主要是 2 ～ 3μm）颗粒物的去除效果。

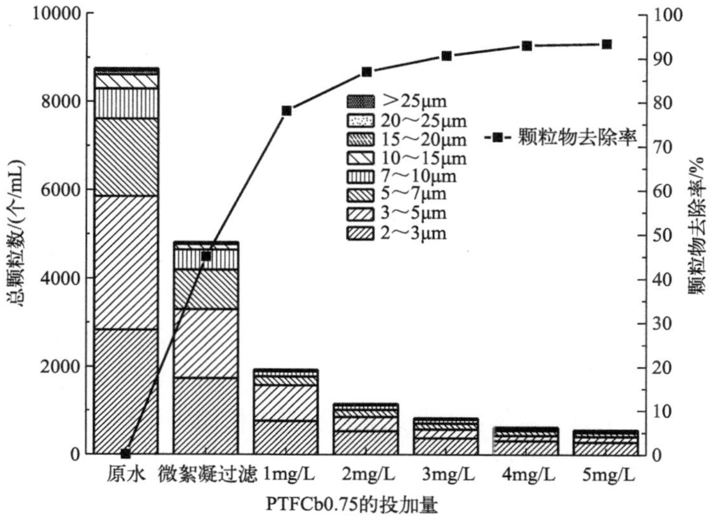

图 3-56　投加量对颗粒物的去除情况

3）溶解性有机物

由图 3-57 分析可知，传统钛盐和 PTFC 随着投加量的增大，对水中 DOC 去除率成线性正相关。PTFC 助滤剂对 DOC 的去除率最高在 5mg/L 时，原水进水 DOC 浓度为 2.771mg/L 时，砂滤出水 DOC 为 1.977mg/L，对 DOC 去除率达到 28.65%；在 1mg/L 时对 DOC 的去除率最低，原水进水 DOC 浓度 2.771mg/L，砂滤出水 DOC 浓度为 2.401mg/L，DOC 去除率为 13.35%。PTC 在 5mg/L 时的最大 DOC 去除率为 21.58%，在 1mg/L 时 DOC 最小去除率为 11.41%。PTFC 和 PTC 在最大投加量和最小投加量下浊度去除率分别相差 7.07% 和 1.94%。

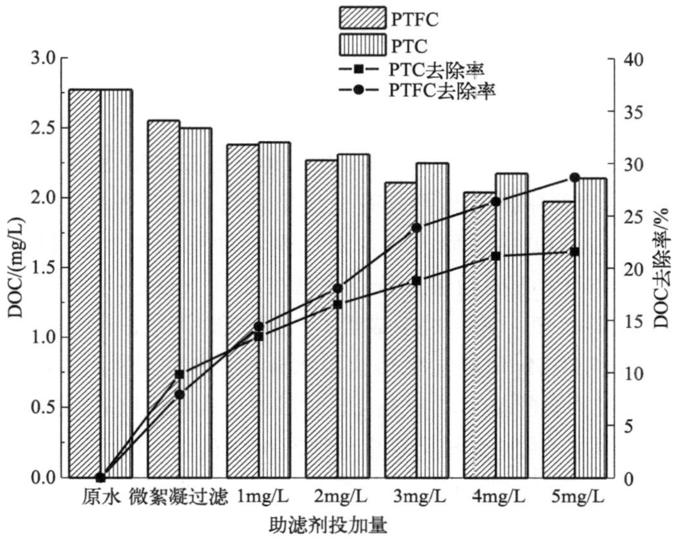

图 3-57　投加量对溶解性有机物的去除情况

在低投加量下，PTFC 和 PTC 助滤剂不足以使水中胶体脱稳凝聚，形成的絮体小而松散，不足以明显降低水中溶解性有机物浓度，所以两种助滤剂对 DOC 的去除效果差异并不显著。

随着投加量的增多，PTFC 对 DOC 的去除效果逐渐明显，这是因为 PTFC 相比 PTC 含有铁离子和钛铁的复配聚合物，铁离子水解后电离出大量的 $FeOH^{2+}$ 和 $Fe_2(OH)_2^{4+}$ 并且钛铁聚合物的吸附架桥作用增强了 PTFC 对水中溶解性有机物的去除能力。

4）过滤周期

由图 3-58 可知，随着助滤剂投加量的增大，PTC 的过滤周期在 4.7h 左右波动。出现波动的原因可能与原水进水水质有关，因为钛盐可能通过钛离子的水解产物改变悬浮在电荷与滤料之间的范德华力的作用，并且钛离子分子量较小，粒径小，可通过水力作用进入下层滤料发挥作用，因此投加单一钛盐不会使过滤周期明显缩短。对于 PTFC 而言，过滤周期随着助滤剂投加量的增大而减小，到 5mg/L 时过滤周期从 4.65h 缩短至 4.47h，PTFC 中游离的钛离子进入深层滤料中发挥作用，但是助滤剂中的铁离子和与钛铁有关的聚合物通过电中和与吸附作用使脱稳絮体生成大絮体，这些大絮体会被上层滤料截留，上层滤层之间的孔隙堵塞，水流损失增加，过滤周期缩短。

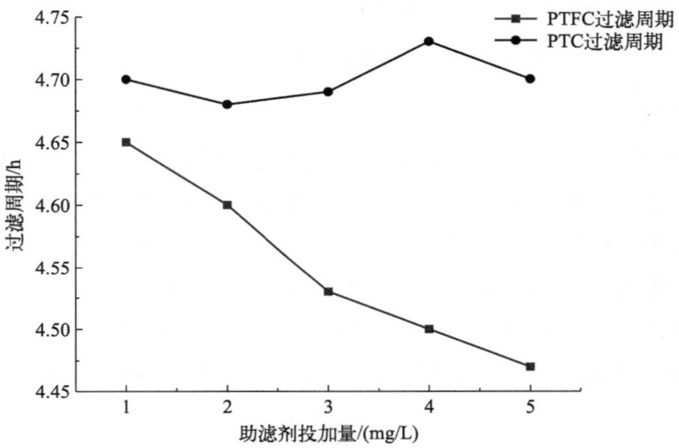

图 3-58　投加量对过滤周期的影响

5）三卤甲烷前体物

试验原水中 TCM 生成势最大，为 0.048mg/L，其次是 BDCM 生成势 0.0349mg/L，DBCM 生成势为 0.0224mg/L，水样中没有检测到有三溴甲烷的存在。图 3-59 为两种助滤剂在不同投加量条件下对水中 THMFP 的去除效果。对比两种助滤剂对 THMFP 的去除效果，不同投加量下的 PTFC 对 THMFP 去除效果更好。在低投加量 1mg/L 的条件下，砂滤出水氯化试验后的三氯甲烷生成势、二氯一溴甲烷生成势、一氯二溴甲烷生成势含量分别为 0.039mg/L、0.029mg/L、0.018mg/L，THMs 浓度与生活饮用水标准限值之比为 1.30，仍大于国家饮用水标准限值之比 1。随着投加量的增大，在 3mg/L 时砂滤出水氯化试验后的三氯甲烷生成势、二氯一溴甲烷生成势、一氯二溴甲烷生成势含量分别为 0.025mg/L、0.017mg/L、0.018mg/L，THMs 浓度与生活饮用水标准限值之比为 0.9，小于国家饮用水标准限值之比 1，因此适当增大助滤剂投加量可以有效地提高二次微絮凝过滤对三卤甲烷的去除效果。

（3）pH 值对助滤效果的影响

根据以上确定的优化后的配比，选择在 PTFC 盐基度为 0.75、投加量为 4mg/L 条件下，研究不同 pH 值对浊度的影响。

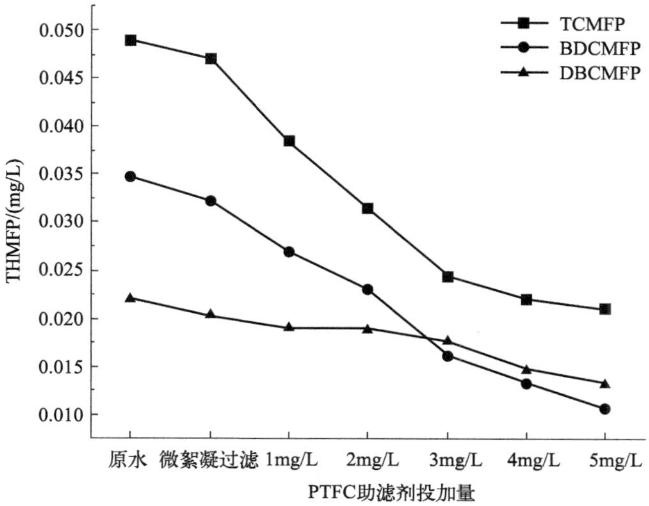

(a) 聚合氯化钛铁

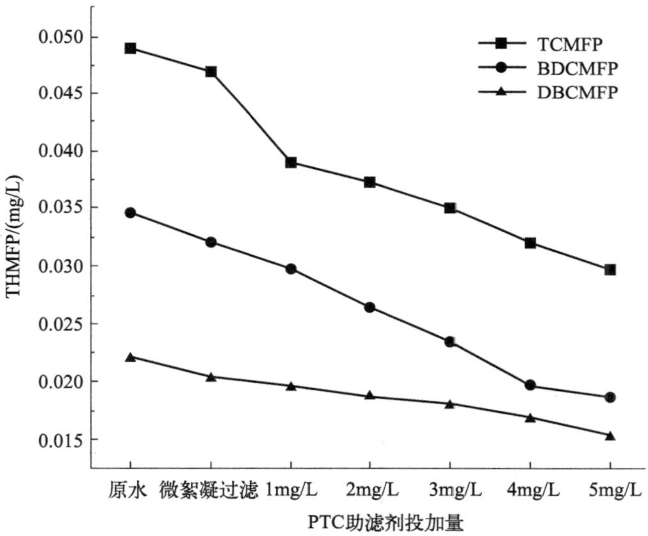

(b) 硫酸钛

图 3-59　助滤剂投加量对三卤甲烷前体物的去除情况

1）浊度

由图 3-60 分析可知，在 pH ＜ 7 的酸性条件下，PTC 对浊度的去除效果增加缓慢；在 pH=7 时，浊度去除率为 80.35%；在 pH=7 ～ 8.5 时，对浊度的去除效果有了较为明显的升高趋势；在 pH=8.5 时，进水浊度由 2.29NTU 降至出水浊度为 0.273NTU，浊度去除率达到 88.13%；随着 pH 值的进一步升高，对浊度的去除效果相比 pH=8.5 条件下，去除率为 87.3%，去除效果反而变差。

2）颗粒物

由图 3-61 分析可知，颗粒物的去除效果仍为 PTFC 更好，PTFC 和 PTC 在 pH=8 时对颗粒物去除效果最好，分别达到 92.42% 和 89.11%。在 pH ＜ 7 时，PTC 对于颗粒物的去除效果同浊度效果变化一致，去除相对缓慢。当 pH=9 时，PTC 对于颗粒物的去除效果甚至有变差的趋势。

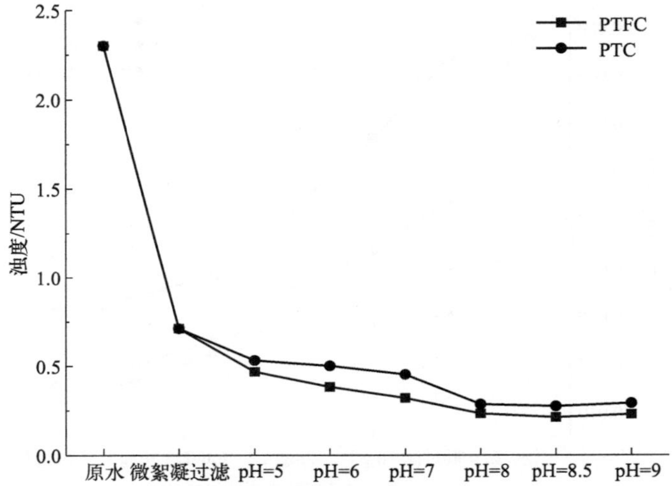

图 3-60 不同 pH 值对浊度的去除情况

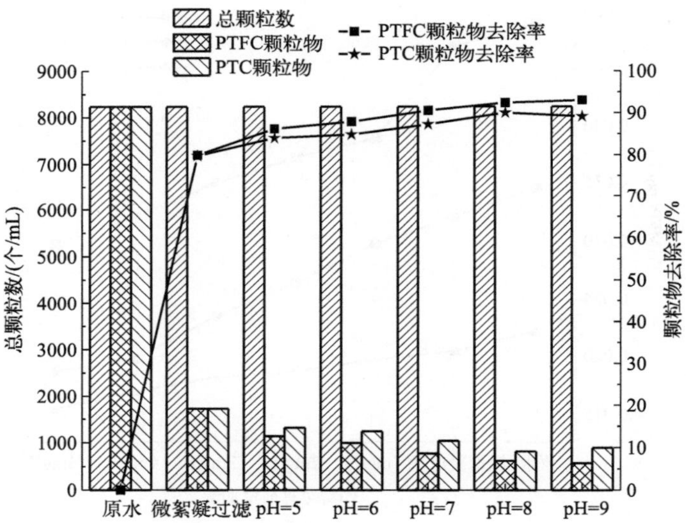

图 3-61 不同 pH 值对颗粒物的去除情况

3）溶解性有机物

由图 3-62 分析可知，在 pH=5、6、7、8 条件下，两种助滤剂对 DOC 的去除效果都呈现增高的趋势。当砂滤进水浊度为 2.80mg/L 左右时，在 pH=5 的酸性条件下，向滤前水中投加 PTFC，砂滤出水 DOC 达到 2.411mg/L，DOC 去除率约为 14%；其次在弱酸性 pH=6 的条件下，砂滤出水 DOC 为 2.319mg/L，DOC 去除率约为 17%；而在中性条件下，砂滤出水 DOC 为 2.201mg/L，DOC 去除率约为 21%；在弱碱性 pH=8 条件下，对砂滤出水的 DOC 去除效果最好，出水 DOC 浓度为 2.052mg/L，砂滤出水 DOC 去除率约为 26.7%；而随着水体 pH 值的增加，在 pH=9 的条件下，砂滤出水 DOC 去除率为 17%。由此可以看出在中性和弱碱性条件下都能对水体中的 DOC 有极好的去除效果，相比 PTC，PTFC 在各个 pH 值范围有着对 DOC 更高的去除率。

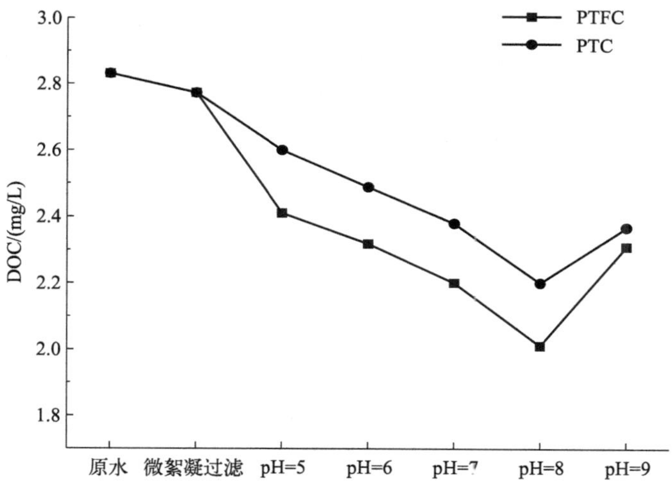

图 3-62　不同 pH 值对溶解性有机物的去除情况

4）过滤周期

由图 3-63 分析可知，PTFC 的过滤周期在 pH=5、6、7、8 的条件下时，过滤周期均在 4.85h 以下。由于 PTFC 中铁离子在微絮凝过滤中形成的絮体较大，研究表明在上层滤料中主要以阻截作用为主，造成上层水头损失增长较快，过滤周期相比 PTC 较短。在 pH=8 的条件下，加入 PTFC 助滤剂，此时过滤周期最短为 4.75h。分析这一现象可能造成的原因是此时对水中胶体颗粒的去除以氢氧化物与聚合物的吸附和架桥为主，此时絮体结构大而松散，被截留在上层滤料中形成滤饼，堵塞上层滤料，水头损失增加，过滤周期缩短。

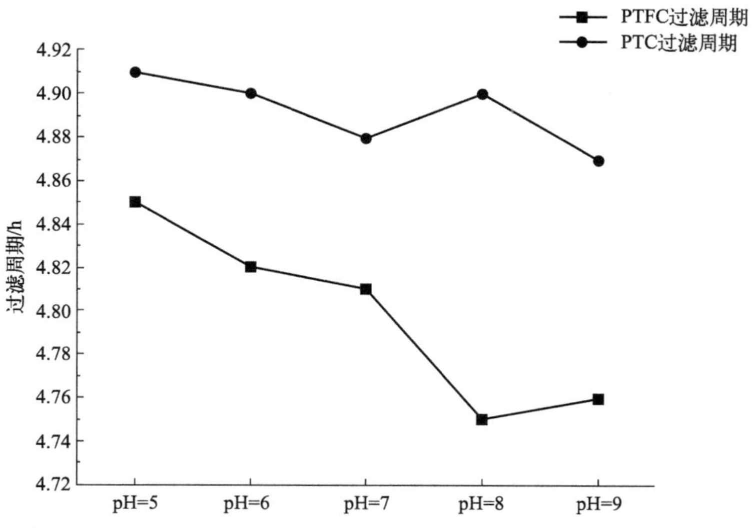

图 3-63　不同 pH 值对过滤周期的影响

5）三卤甲烷前体物

试验原水中 TCM 生成势最大，为 0.044mg/L，其次是 BDCM 生成势 0.029mg/L，DBCM 生成势为 0.022mg/L，水样中没有检测到有三溴甲烷的存在。图 3-64 为不同 pH 值条件下

PTFC 和传统钛盐对 THMFP 的去除效果，两种助滤剂在不同 pH 值下对 THMFP 都有去除效果，但传统钛盐与 PTFC 对 THMFP 的去除效果在不同 pH 值下有所不同，这与 PTC 去除有机物的机理一致，说明 PTC 仅仅对分子量大于 30000 和 30000 ～ 10000 的大、中腐殖酸、富里酸组成的 TCMFP 和 BDCMFP 有较好的去除效果。

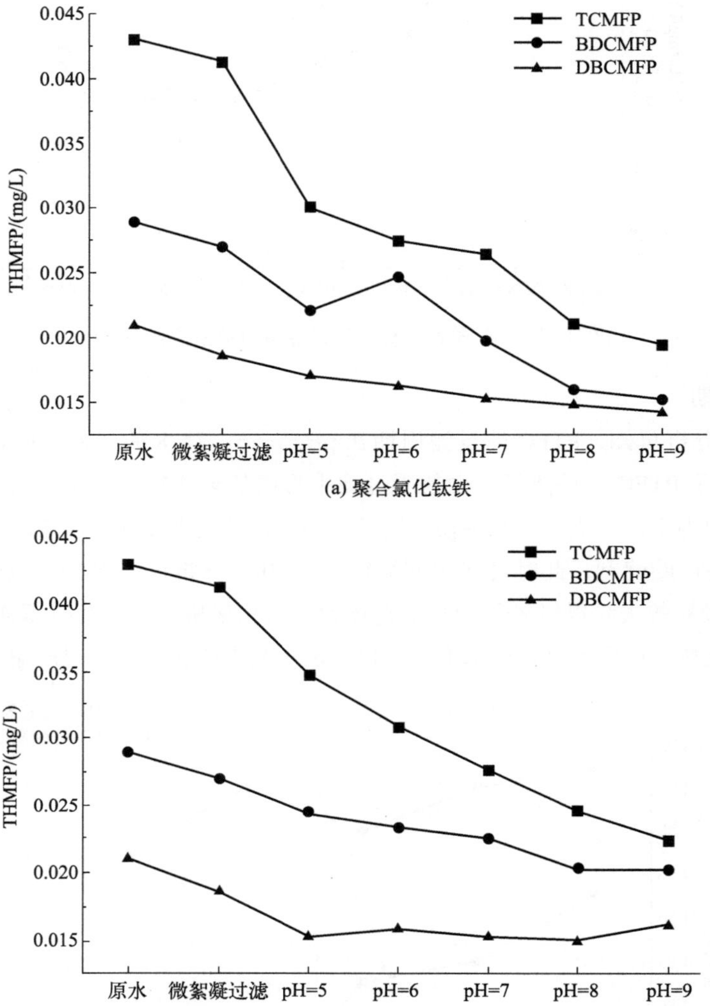

(a) 聚合氯化钛铁

(b) 硫酸铁

图 3-64　不同 pH 值对三卤甲烷前体物的去除情况

对 PTFC 助滤剂而言，pH 值越高，PTFC 对 THMFP 处理效果越好。在 pH=5 的条件下，砂滤出水氯化试验后的三氯甲烷生成势、二氯一溴甲烷生成势、一氯二溴甲烷生成势含量分别为 0.0301mg/L、0.0221mg/L、0.0173mg/L，THMs 浓度与生活饮用水标准限值之比为 1.007，略高于国家饮用水标准限值之比。随着 pH 值的变化，在 pH=8 时，砂滤出水氯化试验后的三氯甲烷生成势、二氯一溴甲烷生成势、一氯二溴甲烷生成势含量分别为 0.0201mg/L、0.016mg/L、0.0149mg/L，THMs 浓度与生活饮用水标准限值之比为 0.743，符合国家饮用水标准。结合在不同 pH 值条件下的浊度去除效果，选择 pH=8 为最适 pH 值。

3.5.3.2 钛铁基干凝胶复合助滤剂微絮凝强化过滤性能

（1）不同钛铁摩尔比对助滤效果的影响

1）浊度

通过溶胶凝胶法制备出的 TXFC（钛铁基干凝胶复合混凝剂）与传统钛盐助滤剂的对比如图 3-65 所示。在复合较高 Fe 的条件下，钛铁摩尔比为 1∶1 和 2∶1 时，对水中浊度的去除率为 72.23% 和 81.03%，而传统钛盐助滤剂对浊度去除率能达到 72.89%。在高复合 Fe 的情况下对浊度的去除效果与传统钛盐相似甚至不如传统钛盐助滤剂，这表明较低的钛离子含量不利于水中有机物和浊度的去除。随着钛铁摩尔比的提高，在 4∶1 时对浊度的去除效果最好，浊度由进水 2.114NTU 减小到出水浊度 0.191NTU，浊度去除率达到 91.06%。综合来说在 3∶1、4∶1、5∶1 的钛铁摩尔比条件下对浊度的去除效果皆优于传统钛盐。

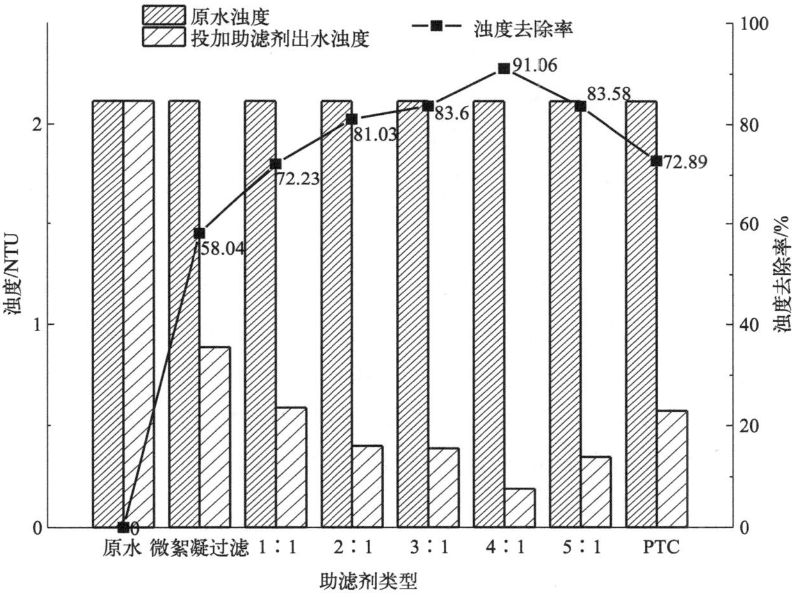

图 3-65　不同钛铁摩尔比对浊度的去除情况

2）颗粒物

TXFC 与 PTC 对颗粒物的去除效果如图 3-66 所示。由图分析可知，这两种助滤剂主要对粒径为 2～3μm、3～5μm 和 5～7μm 颗粒物有明显的去除效果，对于水中颗粒物去除率都能达到 80% 以上。当钛铁摩尔比为 1∶1 时，颗粒物总数由 10871 个 /mL 降至 1869 个 /mL，总颗粒数去除率 82.81%。随着钛铁摩尔比的增大，在钛铁摩尔比为 3∶1、4∶1 条件下，对水中总颗粒物去除率分别能达到 91.73% 和 92.99%，随着钛铁摩尔比的继续增大，当钛铁摩尔比为 5∶1 时，水中颗粒总数反而呈现上升趋势，水中总颗粒数为 2238 个 /mL，总颗粒物去除率为 79.41%。各个助滤剂对颗粒物去除率的影响和浊度相似。同时对比不同助滤剂砂滤出水后的颗粒数分布情况，原水中 2～5μm 的颗粒数占比约为 69%，加入不同钛铁摩尔比的助滤剂后对粒径＜5μm 的颗粒物去除效果尤其明显，粒径＞15μm 的颗粒物基本被去除，这表明各个助滤剂强化过滤去除水中颗粒物的机理基本一致。

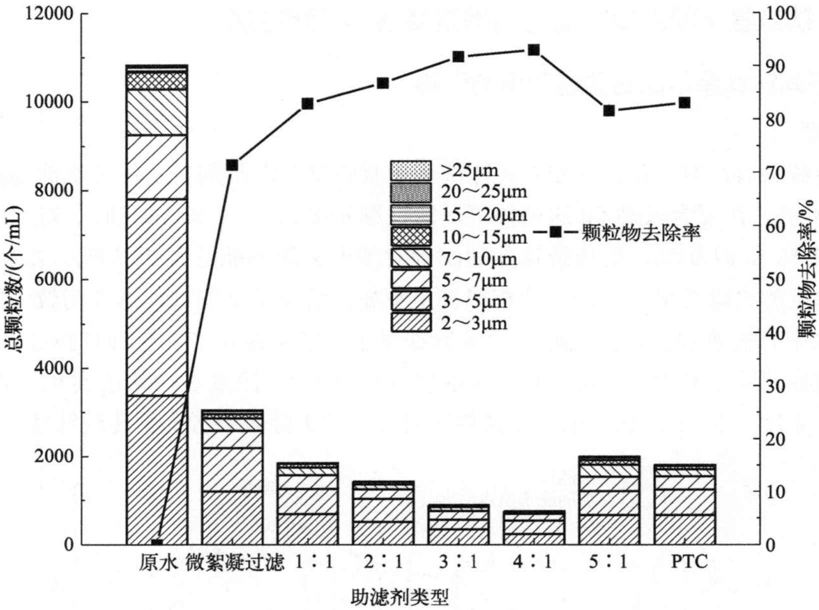

图 3-66　不同钛铁摩尔比对颗粒物的去除情况

3）溶解性有机物

TXFC 和 PTC 对 DOC 的去除效果如图 3-67 所示。由图中分析可知，滤前水中加入 PTC 助滤剂 DOC 浓度由进水 2.754mg/L 降至 2.378mg/L，对 DOC 的去除率为 13.65%。相比 TXFC 助滤剂，在钛铁摩尔比为 1∶1 条件下，DOC 浓度由进水 2.754mg/L 降至砂滤出水的 2.547mg/L，对 DOC 的去除率为 7.5%。随着钛铁摩尔比的增加，在最佳钛铁摩尔比为 4∶1 条件下，DOC 浓度由进水 2.754mg/L 降至砂滤出水的 2.441mg/L，DOC 去除率为 11.36%。

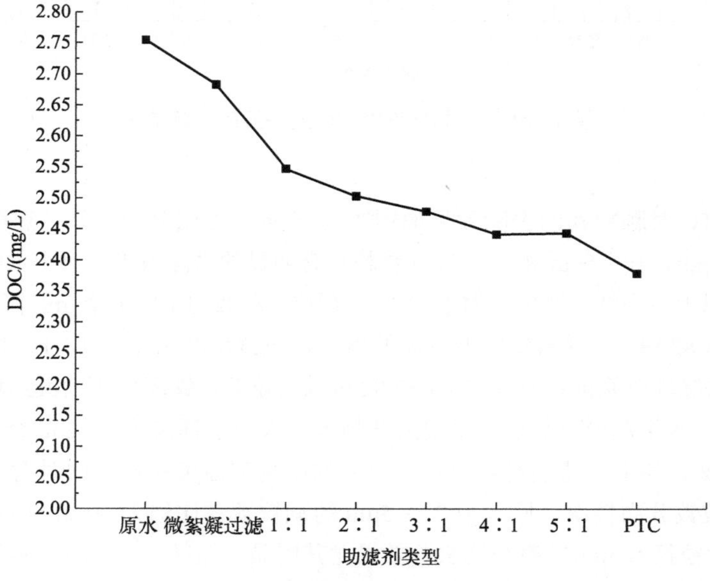

图 3-67　不同钛铁摩尔比对溶解性有机物的去除情况

可以看出 TXFC 助滤剂对水中溶解性有机物的去除效果不如传统助滤剂，PTC 对 DOC 的去除率比钛铁摩尔比为 4∶1 时的 TXFC 高 2.29%，且各个钛铁摩尔比对浊度的去除效果变化趋势并不显著，随着钛铁摩尔比的增加略有升高。

4）过滤周期

不同钛铁摩尔比的 TXFC 和传统钛盐助滤剂对过滤周期的影响如图 3-68 所示。由图分析可知，TXFC 的过滤周期随着助滤剂钛铁摩尔比的增大而减小，过滤周期由 4.75h 缩短至 4.6h。这可能是由于钛离子水解产物阳离子较小，随水流进入深层滤料发挥作用，无机金属盐水解产物对水中胶体颗粒物脱稳，继而在高分子聚合物吸附架桥的作用下形成絮体，随着钛铁摩尔比的增加，小颗粒在高分子聚合物的作用下凝聚成大颗粒，水体中絮体粒径体积比也相应增大，受重力沉淀作用和阻截作用向滤料表面迁移能力增强，造成过滤周期越来越短。也能进一步说明此种助滤剂过滤周期越短，砂滤出水水质越好。

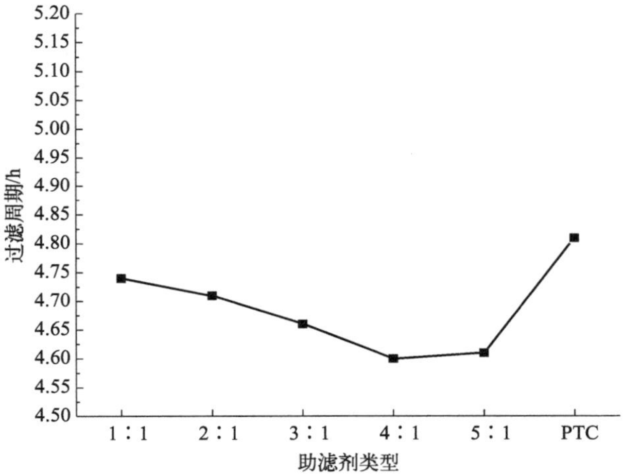

图 3-68　不同钛铁摩尔比对过滤周期的影响

5）三卤甲烷前体物

试验原水中 TCM 生成势最大，为 0.051mg/L，其次是 BDCM 生成势 0.028mg/L，DBCM 生成势为 0.022mg/L，水样中没有检测到三溴甲烷的存在。图 3-69 为不同钛铁摩尔比的 TXFC 和传统钛盐对水中 THMFP 的去除效果分析。由图分析可知，不同钛铁摩尔比的 TXFC 去除效果比 PTC 差，在钛铁摩尔比为 4∶1 的条件下，砂滤出水氯化试验后的三氯甲烷生成势、二氯一溴甲烷生成势、一氯二溴甲烷生成势含量分别为 0.0351mg/L、0.0228mg/L、0.0191mg/L，THMs 浓度与生活饮用水标准限值之比为 1.13，限值比值之和大于 1，不符合国家饮用水安全标准限值之比，若此种药剂投入饮用水而不进行其他深度处理，氯化消毒后存在一定的水质化学安全隐患。

（2）投加量对助滤效果的影响

1）浊度

TXFC 和 PTC 不同投加量对浊度的去除效果如图 3-70 所示。从这两种助滤剂对比来看，TXFC 对浊度的去除效果更好，TXFC 助滤剂随着助滤剂投加量的增大，出水浊度呈现下降的趋势，并可以看出随着投加量的增大，出水浊度逐渐趋于平缓。投加量为 3mg/L 时，进水

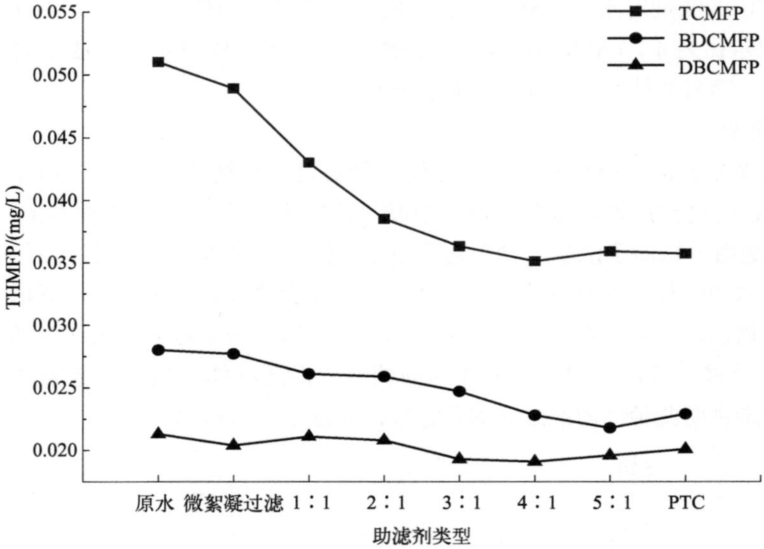

图 3-69 不同钛铁摩尔比对 THMFP 的去除效果

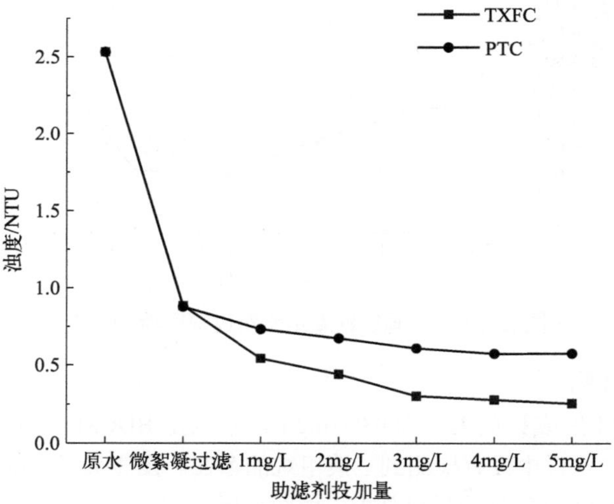

图 3-70 不同投加量对浊度的去除情况

浊度由 2.534NTU 降至砂滤出水浊度 0.301NTU，浊度去除率为 88.13%，在 5mg/L 时，进水浊度由 2.534NTU 降至砂滤出水浊度 0.255NTU，浊度去除率为 90.03%，相比 PTC 在 5mg/L 时的浊度去除率 77.23%，提高了约 13%。TXFC 在 1 ～ 5mg/L 的投加量下与滤柱出水浊度呈现正相关的关系，但是随着投加量的增大对浊度的去除效果趋于平缓。

2）颗粒物

TXFC 和 PTC 对水中颗粒物的去除效果如图 3-71 所示。在未投加助滤剂时，进水总颗粒数约为 10500 个 /mL，滤柱出水总颗粒数约为 4214 个 /mL，此时滤柱出水仍有一小部分粒径＞ 20μm 颗粒物的存在，且粒径在 2 ～ 7μm 颗粒物占总颗粒数的 80%。随着两种助滤剂的投加量增加，滤柱出水的总颗粒数逐渐变少，投加 TXFC 和 PTC 后粒径＞ 10μm 的颗粒物基本被去除，总颗粒数小于 2000 个 /mL，并且随着投加量的增大对各个粒径范围内颗粒物的去除率都能达到 72% 以上。由此分析两种助滤剂对水中颗粒物都有良好的去除效果，但由图 3-71（a）分析可知，TXFC 对 2 ～ 5μm 粒径范围内颗粒物的去除效果更好。这可能是由于 TXFC 助滤剂的高分子聚合物吸附架桥使小分子颗粒物凝聚成大颗粒被滤料截留。

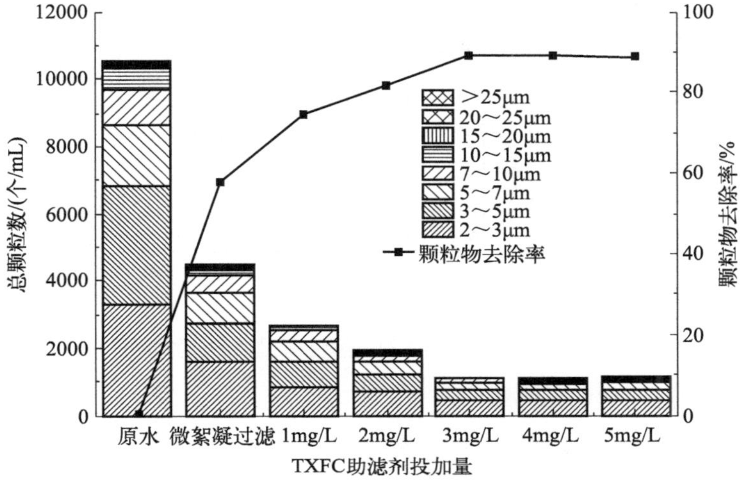

(a) TXFC

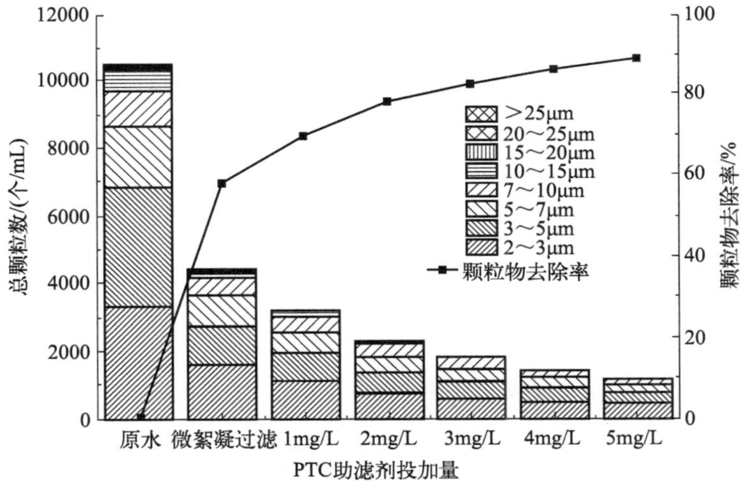

(b) PTC

图 3-71　TXFC 和 PTC 不同投加量对颗粒物的去除情况

3）溶解性有机物

TXFC 和 PTC 助滤剂对水中溶解性有机物的去除效果如图 3-72 所示。TXFC 助滤剂随着投加量的增大 DOC 浓度呈现先减小而后增大的趋势，甚至在 5mg/L 时与微絮凝过滤出水的 DOC 浓度相当，在 5mg/L 时出水 DOC 浓度为 2.632mg/L，相比微絮凝过滤出水的 DOC 仅仅减少了 0.132mg/L。在 3mg/L 时 TXFC 对 DOC 去除效果最好，出水 DOC 浓度为 2.43mg/L，相比 PTC 助滤剂出水 DOC 浓度 2.411mg/L，DOC 浓度反而增高了 0.029mg/L，所以 TXFC 对水中 DOC 的去除效果不如 PTC。

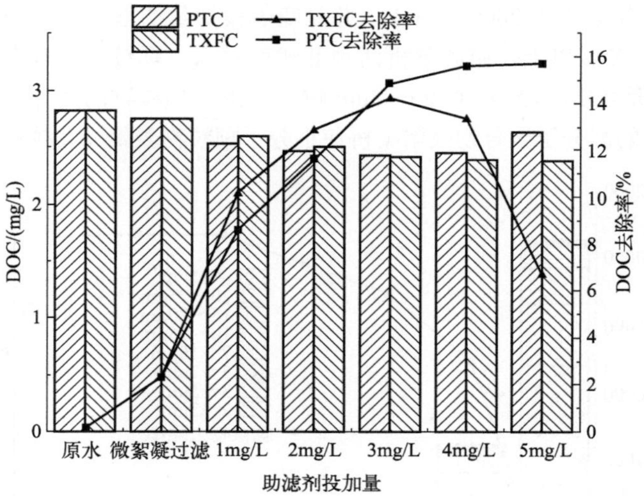

图 3-72　不同投加量对溶解性有机物的去除情况

4）过滤周期

TXFC 和 PTC 助滤剂过滤周期随投加量的变化如图 3-73 所示。PTC 助滤剂过滤周期受投加量影响不大，这是因为钛离子可以进入深层滤料中发挥作用，且钛离子形成的絮体粒径较小，随着投加量的增大不会对上层滤料造成堵塞。对 TXFC 而言，从图中分析可知，过滤周期随着投加量的增大呈现负相关线性关系，在最大投加量 5mg/L 时，过滤周期由约 4.78h 缩短至 4.45h，这说明投加量越大，形成的絮体越大越紧密，絮体被上层滤料截留，过滤周期缩短。

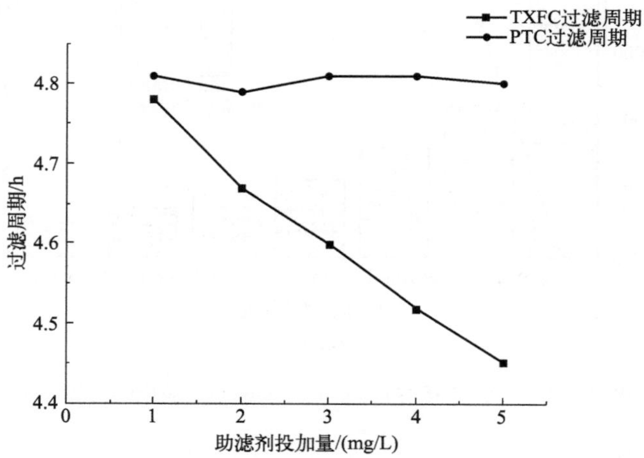

图 3-73　TXFC 和 PTC 不同投加量对过滤周期的影响

5）三卤甲烷前体物

试验原水中 TCM 生成势最大，为 0.0478mg/L，其次是 BDCM 生成势 0.0275mg/L，DBCM 生成势为 0.013mg/L，水样中没有检测到三溴甲烷的存在。不同投加量下的 TXFC 和 PTC 去除三卤甲烷前体物的效果如图 3-74 所示。在投加量为 3mg/L 时，TXFC 继续投加会导致水中 THMFP 浓度提高，这与增大 TXFC 投加量去除溶解性有机物的变化一致。此时砂滤出水氯化试验后的 TCM、BDCM、DBCM 含量分别为 0.0371mg/L、0.02191mg/L、0.0135mg/L，THMs 浓度与生活饮用水标准限值之比为 1.1，不满足国家饮用水安全限值之比。继续增大投加量，在 5mg/L 时，砂滤出水氯化试验后的 TCM、BDCM、DBCM 含量分别为 0.0407mg/L、0.023mg/L、0.0133mg/L，THMs 浓度与生活饮用水标准限值之比为 1.15。

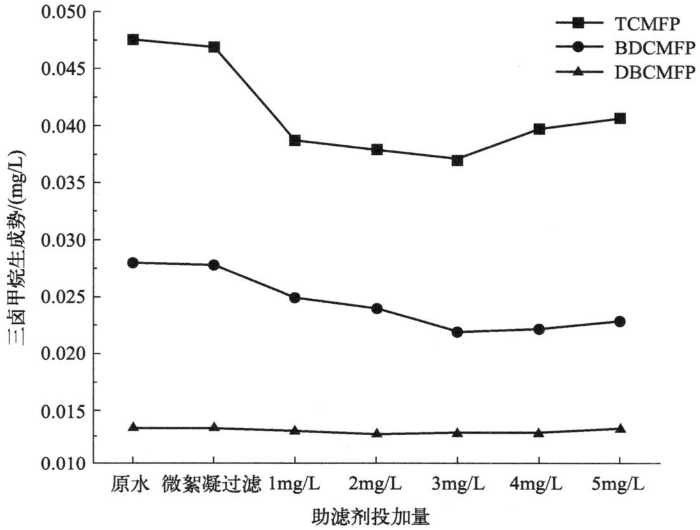

(a) TXFC

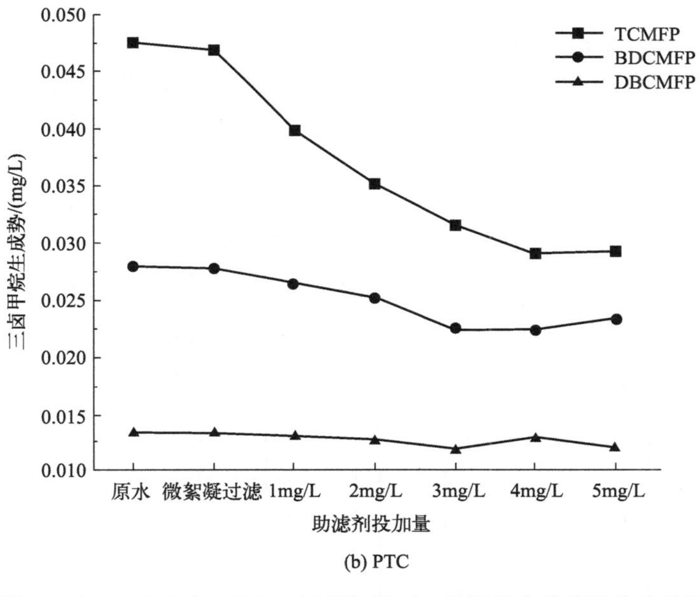

(b) PTC

图 3-74　TXFC 和 PTC 不同投加量对三卤甲烷生成势的去除效果

（3）pH 值对助滤效果的影响

1）浊度

TXFC 和 PTC 在不同 pH 值下对浊度的去除效果如图 3-75 所示。在不同初始 pH 值范围内，原水进水浊度为2.471NTU，出水剩余浊度都在0.30NTU以下，对浊度的去除率约为87.85%，不同pH值范围内出水浊度无太大的波动。传统钛盐在pH=8的最佳pH值条件下砂滤出水浊度为0.521NTU，浊度去除率为78.91%。TXFC相比传统钛盐助滤剂，在浊度去除率方面比最佳条件下的传统钛盐助滤剂高8.94%。此种新型钛盐助滤剂受pH值影响较小，在酸性、中性、碱性条件下都有良好的除浊效果。

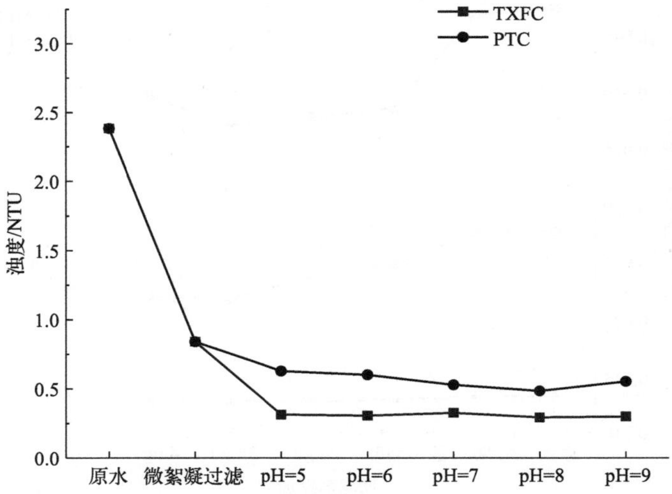

图3-75　不同pH值对浊度的去除情况

2）颗粒物

TXFC和PTC在不同pH值条件下对水中颗粒物的去除效果如图3-76所示。可以看出TXFC对水中不同pH值范围内总颗粒数的去除率能达到90%以上，出水颗粒数能稳定在500个/mL左右，可以有效地降低水中某些病原微生物含量，提高了砂滤出水的生物安全性。而PTC

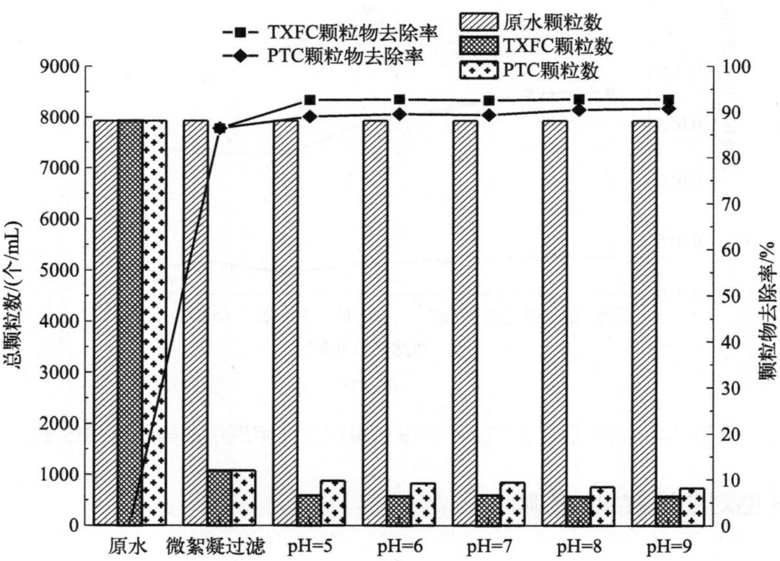

图3-76　不同pH值对颗粒物的去除情况

在不同 pH 值范围内对总颗粒数的去除率低于 90%。

3）溶解性有机物

TXFC 和 PTC 的 DOC 浓度随 pH 值的变化如图 3-77 所示。由图分析可知，TXFC 对 DOC 的去除情况没有太大的规律，在不同 pH 值范围内最适投加量条件下，对 DOC 的去除率约为 9%。在弱碱性条件下与传统钛盐助滤剂去除率相比，TXFC 对 DOC 的去除率比 PTC 低 12%；在弱酸性条件下，TXFC 对 DOC 的去除率比 PTC 低 4%。这说明溶胶凝胶法在最佳投加量下，TXFC 对 DOC 的去除效果在 pH=5 ～ 9 范围内不如传统助滤剂。

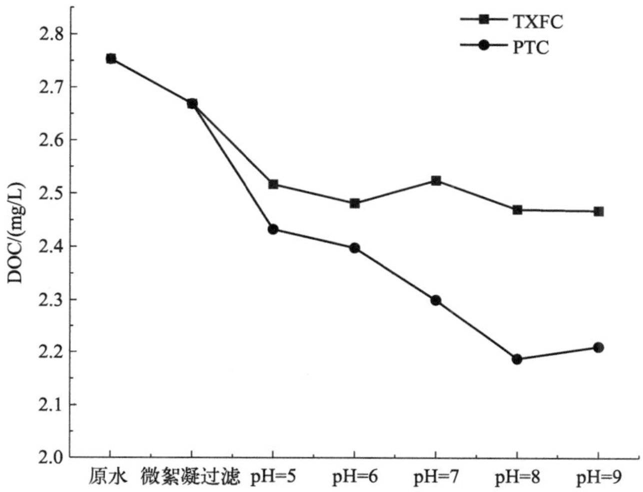

图 3-77　不同 pH 值对溶解性有机物的去除情况

4）过滤周期

TXFC 和 PTC 在不同 pH 值范围内对过滤周期的影响如图 3-78 所示。从图中可以看出，不同 pH 值对两种助滤剂的过滤周期没有太大的影响，TXFC 助滤剂的过滤周期在 4.7h 左右波动，PTC 助滤剂的过滤周期约为 4.9h。

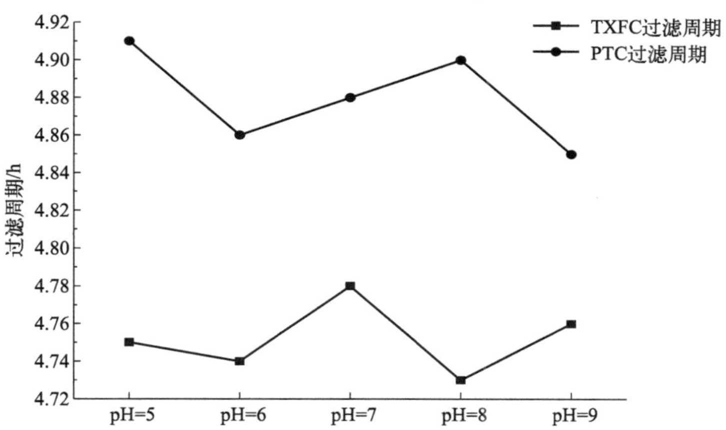

图 3-78　不同 pH 值对过滤周期的影响

5）三卤甲烷前体物

试验原水中 TCM 生成势最大，为 0.0473mg/L，其次是 BDCM 生成势 0.0208mg/L，DBCM 生成势为 0.0185mg/L，水样中没有检测到三溴甲烷的存在。TXFC 和 PTC 在不同 pH 值条件下对水体中 THMFP 的去除效果如图 3-79 所示。TXFC 对 THMFP 的去除效果随 pH 值变化波动不大，砂滤出水氯化试验后的三氯甲烷生成势、二氯一溴甲烷生成势、一氯二溴甲烷生成势含量分别约为 0.035mg/L、0.0180mg/L、0.017mg/L，THMs 浓度与生活饮用水标准限值之比为 1.05，不符合国家安全饮用水限值之比。向滤前水中投加 PTC 助滤剂，在 pH=8 时，砂滤出水氯化试验后的三氯甲烷生成势、二氯一溴甲烷生成势、一氯二溴甲烷生成势含量分别约 0.0301mg/L、0.0148mg/L、0.013mg/L，比投加 TXFC 助滤剂的滤前出水三氯甲烷生成势、二氯一溴甲烷生成势、一氯二溴甲烷生成势去除率分别高 10%、16%、20%。

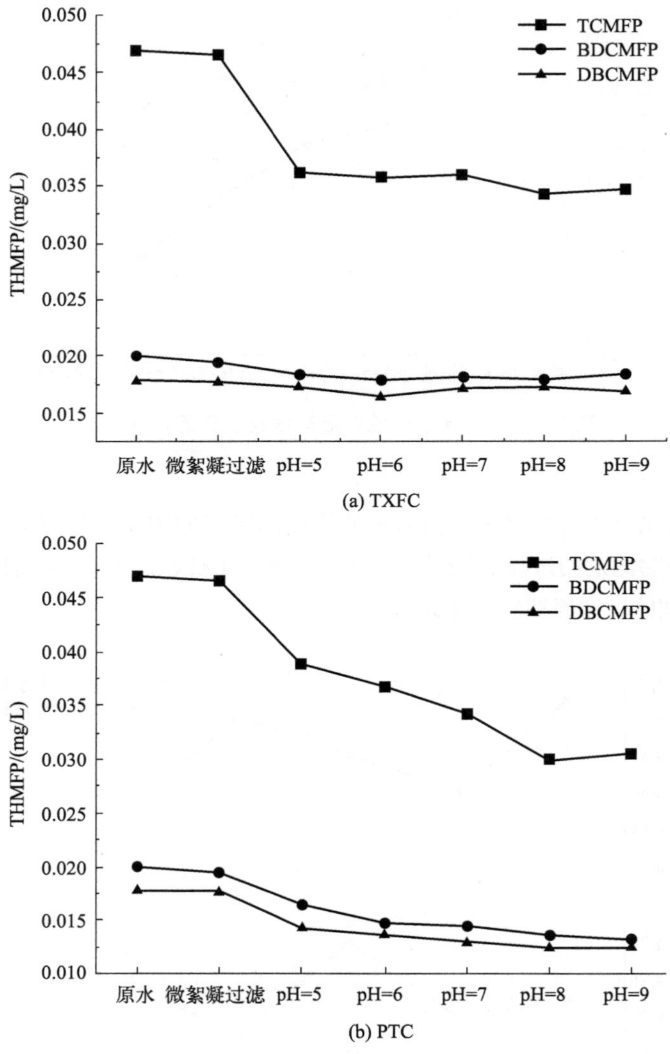

图 3-79 不同 pH 值对 THMFP 生成势的影响

3.6 混凝对消毒副产物的去除效果

3.6.1 藻源消毒副产物

3.6.1.1 试验方法和装置

试验采用水华鱼腥藻，藻种从中国武汉水生生物研究所采购。培养箱采用上海博迅实业液晶屏程控光照培养箱 BSG-400。培养箱设置参数为：温度 25℃，光照强度 2000lx，光暗比 1∶1。

试验采用 PAC 为混凝剂，使用程控式六联搅拌仪进行试验，分 3 个阶段。混合阶段：200r/min 转速下运行 0.5min。混凝阶段：200r/min 转速下运行 0.5min，然后 50r/min 转速下运行 15min。静置沉降阶段：静置 30min。

试验用水采用鹊山水库引黄河水，使用实验室培养的水华鱼腥藻，与鹊山水库原水进行掺混，配制模拟高藻水，使得配制的高藻水的藻类数目总数控制在 10^7 个 /L 级别。试验采用单因素实验法，试验采用配水方式进行，含 EOM 和 IOM 的引黄水水样 DOC 控制在 5mg/L 左右，PAC 投加量为 6mg/L。

3.6.1.2 模拟高藻水消毒副产物的生成特性

对含水华鱼腥藻源有机物的引黄水库水进行表征，研究含不同有机物组分的模拟水样的成分，为其消毒副产物生成特性的不同提供依据。并于引黄水中添加藻源有机物，进行氯化试验，研究模拟高藻水三卤甲烷和 NDMA 生成情况。

（1）模拟水样三维荧光分析

通过三维荧光分析可以发现含不同藻源有机物的水样的有机物都主要由 SMP 与腐殖酸类构成，且随着生长阶段的进行，SMP 和腐殖酸类荧光强度明显增加。还可以看出含 EOM 的模拟水样中酪氨酸、色氨酸类以及富里酸类的荧光强度随着藻类生长阶段的进行有一定减少，而含 IOM 的模拟水样的酪氨酸、色氨酸类以及富里酸类的荧光强度有一些增加。这些成分的不同导致后续消毒副产物的生成情况不同。

（2）消毒副产物生成特性

图 3-80 为含不同生长阶段藻源有机物的模拟高藻水三卤甲烷生成势。可以看出模拟高藻水氯化反应后会生成大量三卤甲烷，其中三氯甲烷生成量最高，含 IOM 和 EOM 的模拟水样三氯甲烷生成势最高可以达到 43.2μg/L 和 35.2μg/L。二氯一溴甲烷、一氯二溴甲烷生成较少，其主要由溴代反应产生，而模拟水样中溴离子较少，所以生成量较低。可以看出，含稳定期 EOM 的模拟水样的三氯甲烷生成量最高；而含衰亡期 IOM 的模拟水样的三氯甲烷生成量是最高的。可以看出含 IOM 的模拟水样三卤甲烷生成势随着藻类生长期的增加而增加，而含 EOM 的水样没有明显规律。从成分上看，随着生长阶段的进行，含 IOM 模拟水样中的色氨酸和富里酸组分不断增加，而 EOM 不断减少，可以推断色氨酸和富里酸会影响三卤甲烷生成。

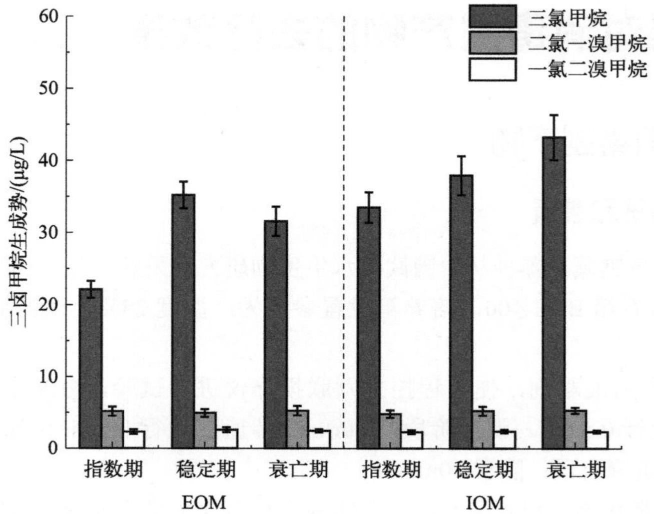

图 3-80　模拟高藻水三卤甲烷生成势

表3-19为含不同生长阶段藻源有机物的模拟水样的*N*-二甲基亚硝胺生成势（*N*-nitrosodimethylamine formation potential，NDMAFP）。可以看出，含IOM的模拟水样NDMA生成势随着藻类生长阶段的增加而增加，而含EOM的水样无明显规律。含衰亡期藻源有机物的模拟水样NDMA生成势最高，含衰亡期EOM和IOM的水样NDMA生成势分别为43.5ng/L、120.5ng/L。但是含IOM的模拟水样NDMA生成量远远高于含EOM的水样，含EOM的模拟水样最高为43.5ng/L，而含IOM的模拟水样最低为103.2ng/L。所以水华鱼腥藻IOM和EOM都会导致NDMA的产生，但是IOM主要导致NDMA生成，这是因为与EOM相比，IOM含有更多的溶解性有机氮（dissolved organic nitrogen，DON），所以更容易生成NDMA。

表 3-19　模拟高藻水 NDMA 生成势

藻类生长阶段	NDMAFP/（ng/L）	
	含 EOM	含 IOM
指数期	35.8	103.2
稳定期	34.3	113.8
衰亡期	43.5	120.5

3.6.1.3 消毒副产物前体物混凝去除效果

含不同藻源有机物的模拟水样有不同的消毒副产物生成特性，而混凝可以有效去除消毒副产物前体物，因此研究混凝对模拟高藻水有机物以及三卤甲烷和NDMA前体物的去除效果。

（1）有机物去除情况

DOC代表了水中的溶解性有机物，因为试验用水采用的是模拟高藻水，考虑到引黄水本身的DOC，所以加入藻源有机物后，将水样DOC控制在约5mg/L，进行混凝试验，研究混凝对模拟高藻水的有机物的去除效果。

图3-81为混凝对不同藻源有机物模拟高藻水的DOC去除效果。可知混凝过后，含不同藻源有机物的模拟水样有机物去除效果均较差，含EOM和IOM的水样DOC去除率最高分

别为 30.2% 和 38.8%。可以看出，混凝对于含稳定期藻源有机物的水样 DOC 去除率较高，平均去除率达到了 34.4%，而指数期和衰亡期只有 23.6% 和 28.7%。

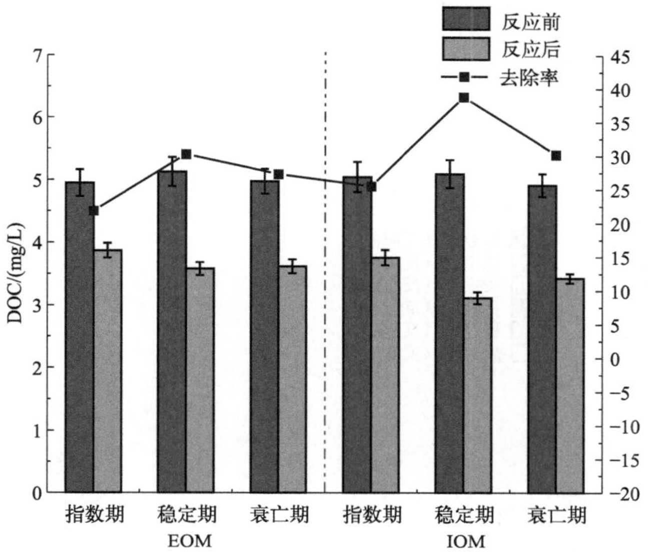

图 3-81　模拟高藻水混凝反应前后 DOC 的变化情况

混凝对于有机物的去除率总体来说并不高，DOC 去除率最高为 38.8%，最低为 21.8%。这与水样既含有引黄水中的天然有机物又含有藻源有机物、成分复杂有关，也与藻源有机物的成分有关。明矾作为混凝剂对藻源有机物的去除率也只有约 40%，因为混凝主要去除疏水性大分子物质，而蛋白质等大分子只占藻源有机物的约 65%，其他成分难以去除。

分子量分布反映了模拟高藻水的有机物分子量的分布情况，可以反映混凝去除的主要是哪些分子量级的有机物。图 3-82 为混凝前后含 EOM 模拟水样的分子量分布变化。可知含 EOM 模拟水样的有机物主要分布在＞ 30000 分子量级上，其次分布在＜ 1000 分子量级上。

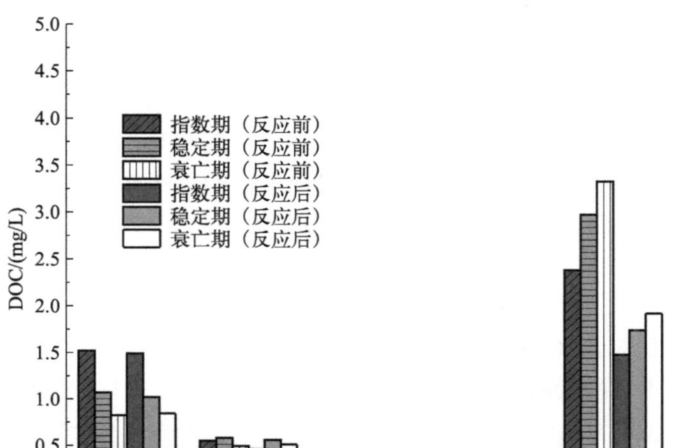

图 3-82　含 EOM 模拟水样的分子量分布

混凝处理反应过后，分子量＞30000的有机物明显得到有效去除，平均去除率为40.6%，而分子量＜30000的有机物基本没有得到去除，平均去除率为0.02%。图3-83为混凝前后含IOM模拟水样的分子量分布变化。可以发现，IOM与EOM的有机物组分分布相似。混凝处理后，不同分子量级的有机物均得到一定去除，但是去除效果最好的同为分子量＞30000的有机物，平均去除率为46.6%，分子量在＜1000、1000～3000、3000～10000和10000～30000的有机物的平均去除率分别为8.7%、7%、32.1%和36.2%。

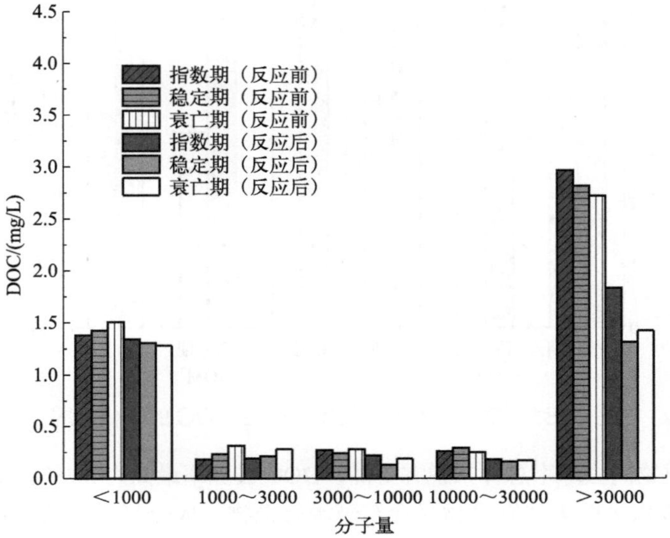

图3-83　含IOM模拟水样的分子量分布

混凝主要去除分子量＞30000的大分子有机物，因为大分子有机物疏水性好，易被混凝过程中形成的絮体吸附。而分子量＜1000的有机物主要以亲水性为主，混凝对其物理吸附能力较弱。

（2）三卤甲烷前体物去除情况

图3-84为混凝对含不同藻源有机物的模拟高藻水的三卤甲烷前体物的去除效果。可知混凝对三氯甲烷前体物的去除效果最好。其中含稳定期EOM和IOM的水样的三氯甲烷前体物去除效果最好，去除率分别为42.7%和60.9%。含指数期和衰亡期EOM水样的三氯甲烷前体物去除率分别为35.9%和35.8%。含指数期和衰亡期IOM水样的三氯甲烷前体物去除率分别为54.2%和50.4%。混凝对二氯一溴甲烷前体物也有一定去除效果，含EOM和IOM的水样的最高去除率分别为37.1%和41.2%。混凝对一氯二溴甲烷前体物的去除效果较差，含EOM和IOM的水样的最高去除率分别为6.6%和25.4%。总体来看，混凝对于三卤甲烷前体物的去除效果较好，而且对含IOM的模拟水样的三卤甲烷前体物去除效果好于含EOM的水样。相关研究表明不同生物助凝剂有不同的协助效果，但去除三卤甲烷前体物的效果都较好，与此试验结果类似。可以看出混凝对不同三卤甲烷的前体物去除率有一定差距，而且不同生长时期的藻源有机物对去除率也有影响，需要进一步探讨混凝机理。

（3）NDMA前体物去除情况

图3-85为混凝对含不同藻源有机物的模拟高藻水的NDMA前体物的去除效果。可知混

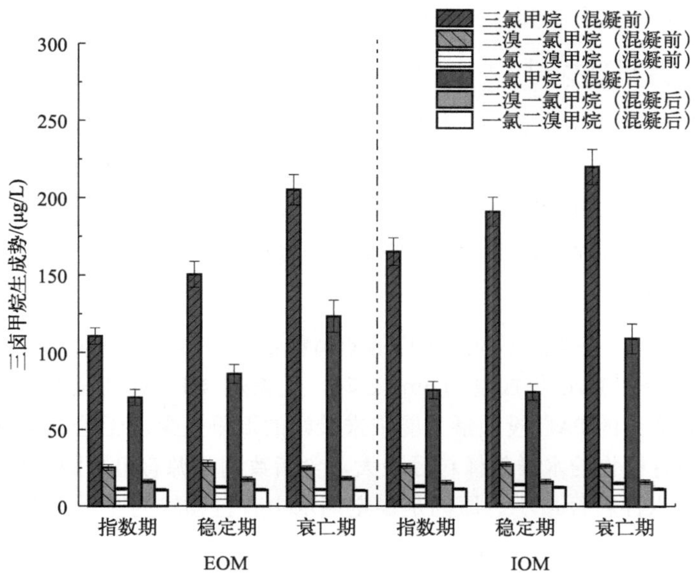

图 3-84　混凝前后三卤甲烷前体物的去除效果

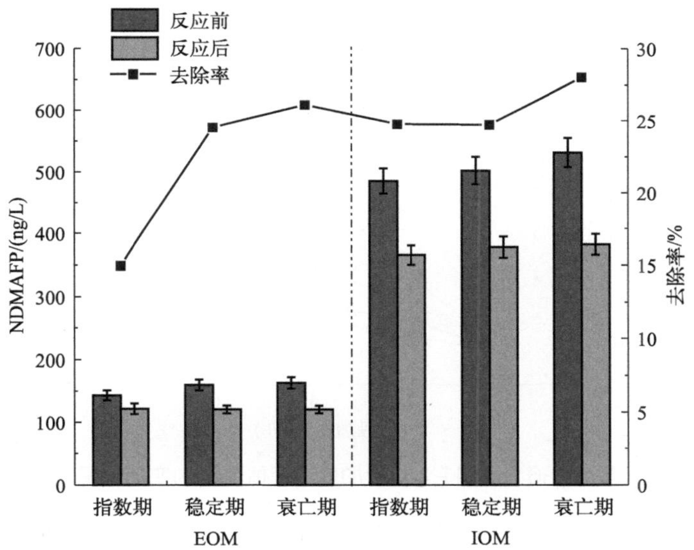

图 3-85　混凝前后 NDMA 前体物的去除效果

凝过后，含有不同藻源有机物水样的 NDMA 前体物去除效果相近，都不超过 30%，整体去除效果较差。其中含衰亡期 EOM 和 IOM 的水样的 NDMA 前体物去除效果最好，去除率分别为 26.1% 和 28.3%，含其他时期藻源有机物的 NDMA 前体物去除效果均低于衰亡期。含指数期 EOM 和 IOM 的水样的 NDMA 前体物去除率分别为 14.9% 和 24.7%。含稳定期 EOM 和 IOM 的水样的 NDMA 前体物去除率分别为 24.5% 和 24.7%。综上，混凝对 NDMA 前体物去除效果较差，因为混凝主要去除大分子物质，而研究证明亚硝胺类消毒副产物的前体物主要是胺类，所以混凝难以去除。有研究表明混凝对有机物的去除效果较差，此现象也间接导致了 NDMA 前体物去除率低下。混凝虽对不同 NDMA 前体物的去除率均低，但不同生长时期的藻源有机物对去除率仍有影响，也需要进一步探讨混凝机理。

3.6.1.4 混凝去除机理探讨

混凝对不同成分的模拟高藻水的有机物有不同的去除效果，对不同消毒副产物的前体物也有不同的去除效果，因此需要对混凝去除效果进行机理分析。絮体粒径可以一定程度反映细胞沉降性能，进而反映混凝效果。zeta 电位表示胶体系统的表面电位，反映溶液中悬浮物和胶体的稳定性，所以选择 zeta 电位和絮体粒径为分析指标。

（1）絮体粒径变化

图 3-86 为不同 PAC 投加量下模拟水样的絮体粒径，絮体粒径越大，代表混凝效果越好。由图 3-86 可以看出，在 PAC 投加量为 6mg/L 时，无论是含 EOM 还是 IOM 的水样絮体粒径都达到最大。因此适当的 PAC 投加量才能带来最好的混凝效果。无论混凝剂的投加量多少，都是含稳定期藻源有机物的水样絮体粒径最大，含指数期藻源有机物的水样粒径次之，含衰亡期藻源有机物的水样粒径最小。原因是稳定期水中有机物较为充足，细胞持续分裂增长，絮体粒径均较大，而衰亡期水中有机物不足，水华鱼腥藻细胞开始死亡自溶，细胞物质被释放，难以维持完整的微生物絮体，絮体遂开始破损分解。

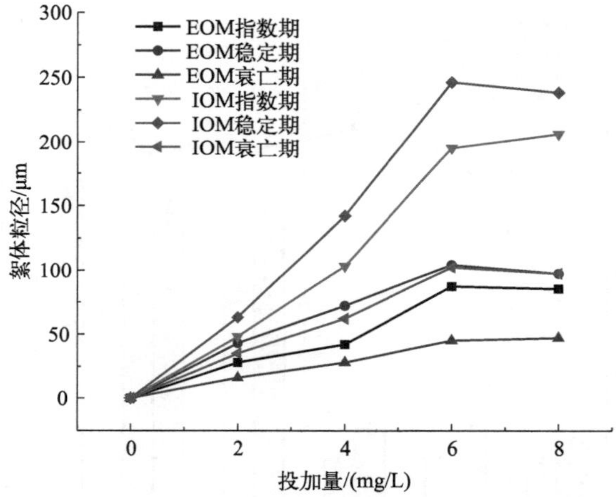

图 3-86 不同 PAC 投加量下絮体粒径的变化情况

含藻类稳定期 IOM 和 EOM 的水样的絮体粒径最大，这解释了 DOC、三卤甲烷前体物的混凝去除效率均在稳定期最高的现象。因为藻类稳定期细胞数目多，细胞相比指数期较为稳定，更易于絮体的稳定和形成，絮体体积较大、电中和和沉降性能强，去除效果好。而 NDMA 前体物为胺类和疏水性蛋白，在衰亡期藻类中含量较高，所以衰亡期去除效果较好。

（2）zeta 电位变化

图 3-87 为混凝前中后含不同藻源有机物的模拟水样的 zeta 电位。zeta 电位处于 0mV 左右时，带负电的藻源有机物与带正电的混凝剂相互中和，最容易脱稳促进藻源有机物的凝聚和沉降。由图 3-87 可以看出，混凝反应前，含不同时期的 EOM 水样的 zeta 电位较为相似，含不同时期的 IOM 的水样的 zeta 电位也较为相似。在混凝反应后，含指数期和稳定期藻源有机物的水样的 zeta 电位较为相似，含 EOM 的水样分别为−2.37mV 和−1.28mV，含 IOM 的

水样分别为 2.12mV 和 1.13mV。而含衰亡期藻源有机物的水样的 zeta 电位与稳定期和指数期相差较大，含衰亡期 EOM 和 IOM 的溶液的 zeta 电位分别为−6.28mV和−5.31mV。这说明在鱼腥藻不同生长期混凝具有不同的机制。藻类在指数期和稳定期 zeta 电位在 ±3mV 左右，接近 0mV，絮体紧凑，沉降性能好，胶体快速凝聚且比较稳定，此时混凝机理主要以电中和为主。而藻类在衰亡期絮体体积减小，絮体结构松散，开始分解，zeta 电位在−6mV 左右，胶体开始变得不稳定，所以混凝机理主要以网捕卷扫为主，且去除效果较差。

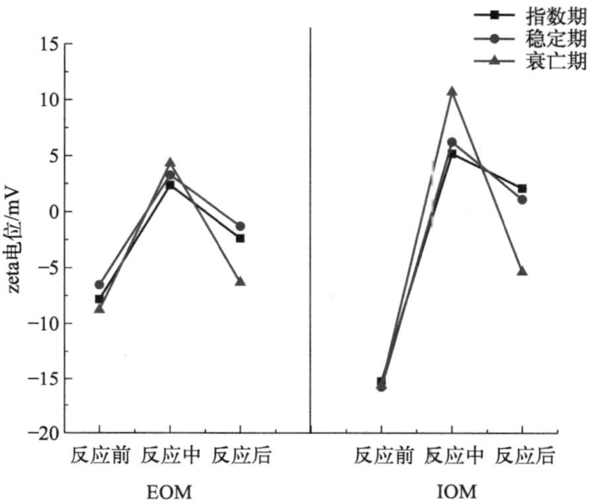

图 3-87　不同生长阶段下的 AOM 混凝前后 zeta 电位变化

3.6.2　卤代苯醌前体物

3.6.2.1　试验方法和装置

试验依托程控式六联搅拌仪采用不同混凝剂在不同投加量及不同 pH 值下进行混凝试验。水力条件如下：首先以 250r/min 快速混合 0.5min，然后加入一定量的混凝剂以 300r/min 快速混合 1min，最后以 40r/min 低速搅拌 15min。混凝结束后静沉 30min，取液面以下 2cm 处水样进行各项指标的检测。采用固相萃取-超高效液相色谱质谱联用法（SPE-UPLC/MS）检测氯化反应后水样中 HBQs 的含量。

（1）样品前处理

样品收集在棕色瓶中，加入适量甲酸至 pH 值为 2.6 ～ 2.8。若不能马上分析，需贮存于 4℃冰箱，24h 内完成检测。采用固相萃取法（SPE）进行前处理，以浓缩富集水样中的目标物。加入样品溶液之前，用含有 0.25% 甲酸的甲醇溶液活化 Water Oasis HLB SPE 小柱，再用含有 0.25% 甲酸的水溶液洗涤小柱两次。上样时，每个样品（500mL）以 8mL/min 流速通过小柱。上样后，用含有 0.25% 甲酸的水溶液和含有 1% 甲酸的甲醇 ∶ 水 = 50 ∶ 50（体积比）的溶液淋洗柱子，真空干燥 10min。然后用含有 0.25% 甲酸的甲醇溶液将萃取柱上的分析物洗脱至收集管中。最后将收集的洗脱液在氮气下缓慢地吹至近干，加入 1mL 含有 0.25% 甲酸的水 ∶ 甲醇 = 80 ∶ 20（体积比）的溶液溶解残留物，置于进样瓶中，待上机测定。

（2）检测方法

色谱条件。Acquity UPLC BEH C18 分析柱（2.1mm×50mm，1.7μm）。流动相 A：含有 0.25% 甲酸的水溶液；B：含有 0.25% 甲酸的甲醇溶液。梯度洗脱程序：0 ～ 1min，20%B；1 ～ 12min，B 从 20% 增加到 90%；12 ～ 14min，90%B；在 0.01min 内切换回 20%B，14.01 ～ 18min，20%B。流速：0.4mL/min。进样体积：10μL。

质谱条件。电喷雾电离源（ESI）。扫描方式：负离子扫描。多反应监测（multiple reaction monitoring，MRM）模式采集。负离子化电压（IS）：–4500V。脱溶剂温度：350℃。气帘气（CUR）压强：207kPa（30psi）。喷雾气（GS1）压强：345kPa（50psi）。辅助加热气压强（GS2）：345kPa（50psi）。

3.6.2.2 不同混凝剂对卤代苯醌前体物的去除

（1）PAC 对卤代苯醌前体物的去除研究

1）混凝剂投加量

试验以 PAC 为混凝剂，投加量范围为 0 ～ 40mg/L（以 Al^{3+} 计），混凝剂投加量对 HBQs 前体物去除率的影响如图 3-88 所示。

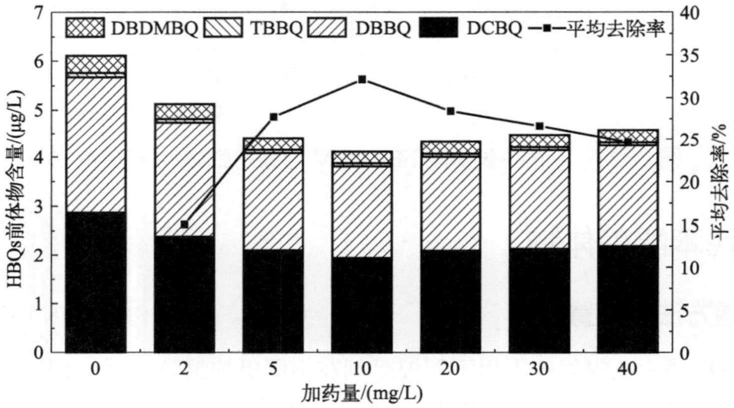

图 3-88 PAC 投加量对 HBQs 前体物去除率的影响

TBBQ—叔丁基对苯醌

如图 3-88 所示，随着 PAC 投加量的增加，混凝出水中 HBQsFP（卤代苯醌前体物）含量先降低后基本维持稳定并有所上升。在投加量为 2 ～ 10mg/L 范围内，出水中 HBQsFP 含量不断降低，其中当投加量分别为 2mg/L、5mg/L、10mg/L 时，出水中 HBQsFP 含量依次为 5.12μg/L、4.39μg/L、4.11μg/L，HBQsFP 去除率分别为 15.04%、27.74%、32.14%，继续增大投加量至 20mg/L、30mg/L、40mg/L 时，出水中 HBQsFP 含量依次为 4.32μg/L、4.47μg/L、4.57μg/L，HBQsFP 去除率分别为 28.44%、26.74%、24.63%，去除率随投加量的增加而降低。PAC 在投加量为 10mg/L 时对 HBQsFP 的去除作用最强。由图中可以直观地看出，混凝前后水样经过氯化反应后，水中 DCBQ、DBBQ、TBBQ、DBDMBQ 含量占总 HBQsFP 含量的比例变化较小。其中 DCBQ 与 DBBQ 的生成势为 μg/L 级，明显大于 DBDMBQ 与 TBBQ 的生成势，DCBQ、DBBQ、DBDMBQ、TBBQ 的生成势平均分别占总 HBQsFP 的 47.52%、45.20%、5.83%、1.45%，PAC 对 4 种 HBQs 前体物的去除率相近。

2）初始 pH 值

初始 pH 值对 PAC 去除 HBQsFP 的影响如图 3-89 所示，pH 值为 5 ～ 9。不同初始 pH 值条件下，PAC 混凝对 HBQsFP 均具有一定的去除作用。在初始 pH=6 条件下，出水中 HBQsFP 含量最低，其中 DCBQ、DBBQ、TBBQ、DBDMBQ 生成势分别为 2.10μg/L、2.08μg/L、0.061μg/L、0.24μg/L，平均去除率为 32.58%。

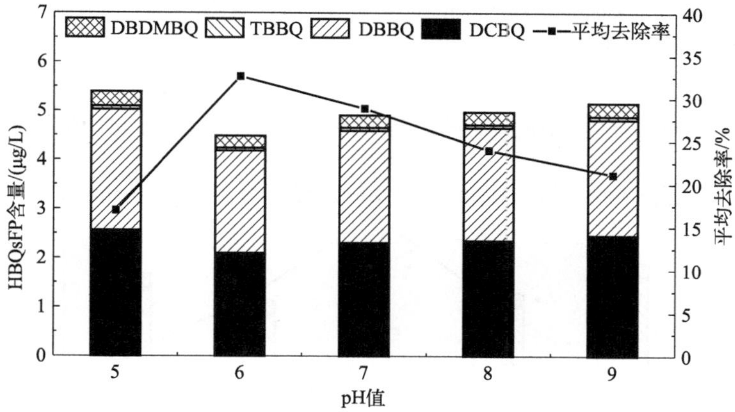

图 3-89　pH 值对 HBQs 前体物去除的影响

当 pH 值为 5.0 时，混凝对 HBQsFP 的去除率较低，为 16.93%。当 pH 值从 pH=6 依次增大时，混凝对 HBQsFP 的去除率依次降低，当 pH 值为 9.0 时去除率降至 21.12%。碱性条件下 PAC 的水解速率受到抑制使混凝效果下降。不同 pH 值条件下的 PAC 混凝对 HBQsFP 的去除率维持在 16.9% ～ 32.6% 之间。

（2）$FeCl_3$ 对 HBQsFP 的去除研究

1）混凝剂投加量

试验以 $FeCl_3$ 为混凝剂，投加量范围为 0 ～ 40mg/L（以 Fe^{3+} 计），混凝剂投加量对 HBQsFP 去除率的影响如图 3-90 所示。

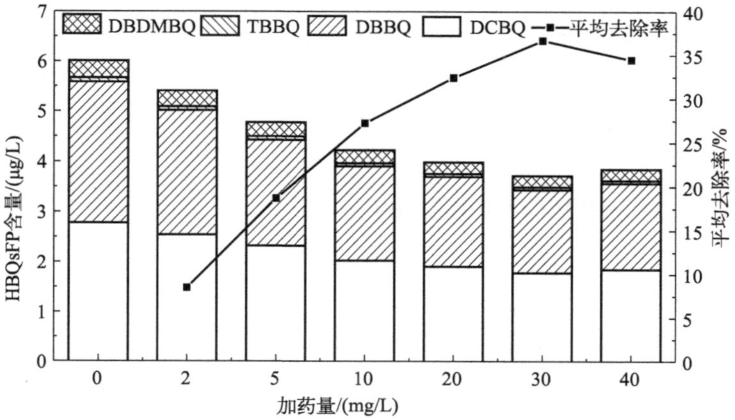

图 3-90　$FeCl_3$ 投加量对 HBQs 前体物去除的影响

如图 3-90 所示，随着 $FeCl_3$ 投加量的增加，$FeCl_3$ 混凝出水中 HBQsFP 含量逐渐降低，当投加量为30mg/L时HBQsFP含量最小，之后随着投加量的增加生成势基本保持稳定并略有上升。投加量为2mg/L时，$FeCl_3$对HBQsFP的去除率较低，仅为8.46%。当投加量增加至5mg/L时，HBQsFP的去除率有明显提高，为18.67%。在投加量为30mg/L时，$FeCl_3$对HBQsFP的去除作用最强，4种HBQsFP的平均去除率最高为36.67%。由图中可以直观地看出，混凝前后水中4种HBQsFP的分布中DCBQ与DBBQ的生成势相差较小，均为μg/L级，远远大于DBDMBQ与TBBQ的生成势，平均分别占总HBQsFP的47.67%、45.10%、5.89%、1.44%，4种HBQs前体物的去除效率相近。

2）初始pH值

初始pH值对$FeCl_3$去除HBQsFP的影响如图3-91所示，初始pH值为5～9。

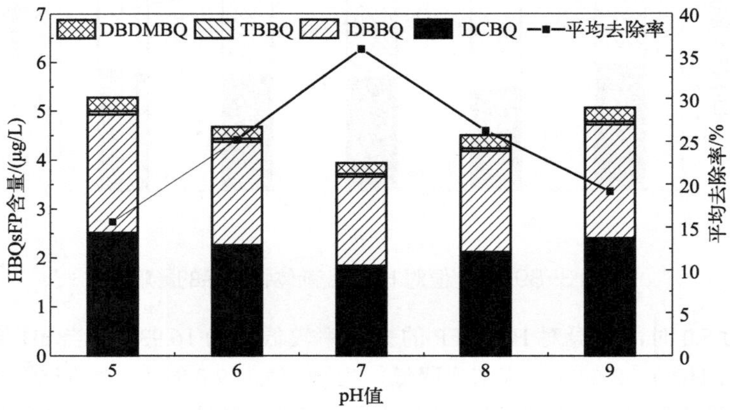

图3-91　pH值对HBQsFP去除的影响

如图3-91所示，不同初始pH值条件下，$FeCl_3$混凝对HBQsFP均具有一定的去除作用。初始pH值对HBQsFP的影响与DOC去除受pH值的影响一致，在初始pH=7条件下，HBQsFP含量最低，其中DCBQ、DBBQ、DBDMBQ、TBBQ生成势分别为1.84μg/L、1.82μg/L、0.22μg/L及0.054μg/L，4种HBQsFP的平均去除率为35.83%。

当pH值为5.0时，混凝对HBQsFP的去除率较低，为15.63%。碱性条件下$FeCl_3$的水解速率受到抑制而使去除效果下降，当pH值=9.0时，混凝后的HBQsFP含量相比混凝前平均降低了19.16%，去除效果相对较差。不同pH值条件下的$FeCl_3$混凝对HBQsFP的去除率维持在15.6%～35.8%之间。初始pH值会影响混凝剂的水解产物种类及形态，进而影响混凝对HBQsFP的去除效果。

（3）$Ti(SO_4)_2$对HBQsFP的去除研究

1）混凝剂投加量

试验以$Ti(SO_4)_2$为混凝剂，投加量范围为0～40mg/L（以Ti^{4+}计），混凝剂投加量对HBQsFP去除率的影响如图3-92所示。

如图3-92所示，随着$Ti(SO_4)_2$投加量的增加，$Ti(SO_4)_2$混凝出水中HBQsFP含量逐渐降低，当投加量为30mg/L时取得最小值，继续增大混凝剂投加量HBQsFP含量基本保持稳定并有所增加。投加量为2mg/L、5mg/L、10mg/L、20mg/L、30mg/L时，混凝对HBQsFP的去除率不断增加，平均去除率分别为13.44%、25.05%、31.49%、37.95%、42.03%。当投加量增加至 40mg/L 时，混凝对 HBQsFP 的平均去除率为 40.10%，去除效果略有下降。$Ti(SO_4)_2$ 在投加量为 30mg/L 条件下对 HBQsFP 的去除作用最强。

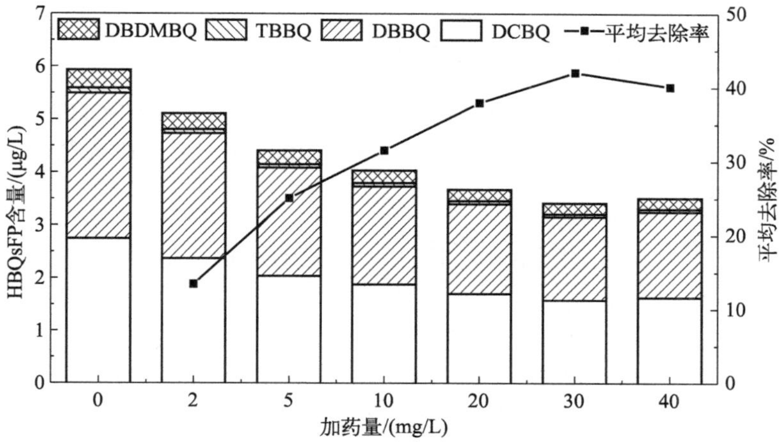

图 3-92 $Ti(SO_4)_2$ 投加量对 HBQsFP 去除率的影响

混凝前后水样经过氯化反应后，水中 DCBQ、DBBQ、DBDMBQ、TBBQ 含量占总 HBQsFP 含量的比例不变，平均分别占比 46.37%、46.22%、5.86%、1.55%，$Ti(SO_4)_2$ 对 4 种 HBQsFP 的去除效果相近。

2）初始 pH 值

初始 pH 值对 $Ti(SO_4)_2$ 去除 HBQs 前体物的影响如图 3-93 所示，初始 pH 值为 5 ～ 9。

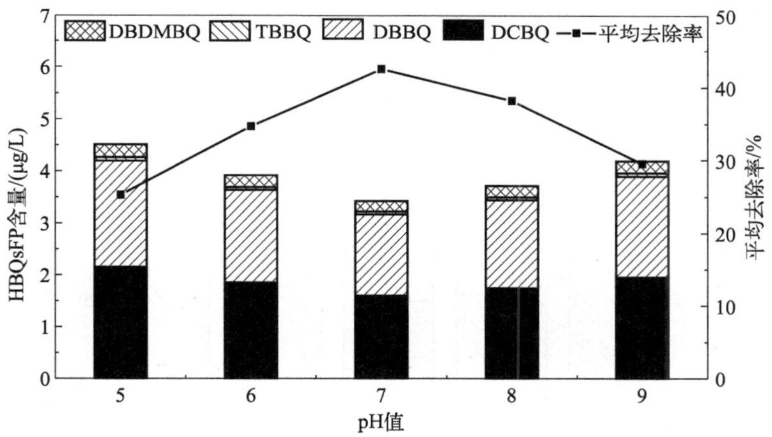

图 3-93 pH 值对 HBQsFP 去除率的影响

如图 3-93 所示，不同初始 pH 值条件下，$Ti(SO_4)_2$ 混凝对 HBQsFP 均具有一定的去除作用。在初始 pH=7 条件下，$Ti(SO_4)_2$ 对 HBQsFP 的去除效果最好，其中 DCBQ、DBBQ、DBDMBQ、TBBQ 生成势分别为 1.60μg/L、1.57μg/L 、0.20μg/L 及 0.052μg/L，平均去除率为 42.52%。

由图 3-93 可以直观地看出，在不同初始 pH 值条件下的 $Ti(SO_4)_2$ 对 HBQsFP 均有较好的去除效果，去除率维持在 25% 以上。当 pH 值分别为 5.0、6.0、7.0、8.0、9.0 时，$Ti(SO_4)_2$ 对

HBQsFP 的去除率分别为 25.27%、34.70%、42.52%、38.21%、29.54%。可见，$Ti(SO_4)_2$ 的 pH 值适用范围较广，在初始 pH 值为 5 ～ 9 条件下对 HBQsFP 的去除效果明显优于另外两种混凝剂。

3.6.2.3 不同对 HBQsFP 去除效果对比

不同混凝剂投加量及初始 pH 值对 PAC、$FeCl_3$ 和 $Ti(SO_4)_2$ 去除 HBQsFP 的影响如图 3-94 所示。PAC、$FeCl_3$ 和 $Ti(SO_4)_2$ 的投加量范围为 0 ～ 40mg/L（分别以 Al^{3+}、Fe^{3+}、Ti^{4+} 计），初始 pH 值为 5 ～ 9。

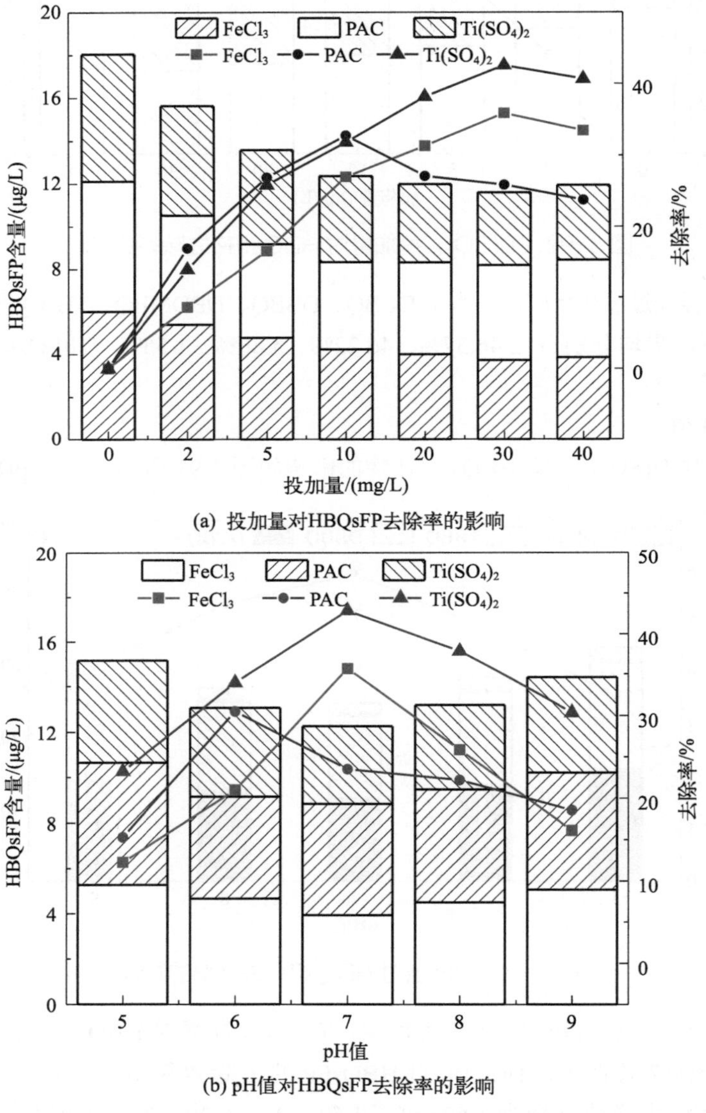

图 3-94　3 种混凝剂对 HBQsFP 去除率的差异

如图 3-94（a）所示，随着混凝剂投加量的增加，HBQsFP 的变化趋势与混凝剂投加量对 DOC 去除效果的影响趋势一致。对比 3 种混凝剂，PAC、$FeCl_3$ 和 $Ti(SO_4)_2$ 分别在投加量为 10mg/L、30mg/L、30mg/L 时对 4 种 HBQsFP 的去除作用最强，与原水中 HBQsFP 相比分别降低了 26.88%、35.89%、42.55%。当混凝剂投加量小于 10mg/L 时，PAC 对 HBQsFP 的去除效果明显优于 $FeCl_3$，略优于 $Ti(SO_4)_2$。继续增加混凝剂投加量，PAC 对 HBQsFP 的去除效果有所下降，而 $FeCl_3$ 和 $Ti(SO_4)_2$ 对 HBQsFP 的去除率则有显著提高，两种混凝剂均在投加量为 30mg/L 时取得最高去除率。整体来看，$Ti(SO_4)_2$ 对 HBQsFP 的去除效果要优于 $FeCl_3$ 和 PAC，与之前的研究结果一致。

如图 3-94（b）所示，在初始 pH 值为 5 ～ 9 范围内，PAC、$FeCl_3$ 和 $Ti(SO_4)_2$ 对 HBQsFP 均有一定的去除作用，3 种混凝剂去除 HBQsFP 的最佳初始 pH 值分别为 6、7、8。当 pH=5 时，经混凝后的 HBQsFP 相比混凝前平均降低约 16.9%，其较低的去除率归因于混凝剂较低的水解度，并且水解产物的活性成分含量较低。当 pH=9 时，混凝对 HBQsFP 的平均去除率为 21.66%，去除效果也相对较差。碱性条件下 HBQsFP 在混凝剂水解产物表面的吸附性能弱，其吸附架桥及网捕卷扫作用减弱，故其去除率下降。PAC 的去除率受 pH 值影响变化幅度较小，而在初始 pH 值为 5 ～ 9 的条件下，$Ti(SO_4)_2$ 对 HBQsFP 的去除效果明显优于另外两种混凝剂，pH 值适用范围广。

3 种混凝剂在各自最佳混凝条件下对 HBQsFP 的去除效果对比如图 3-95 所示。

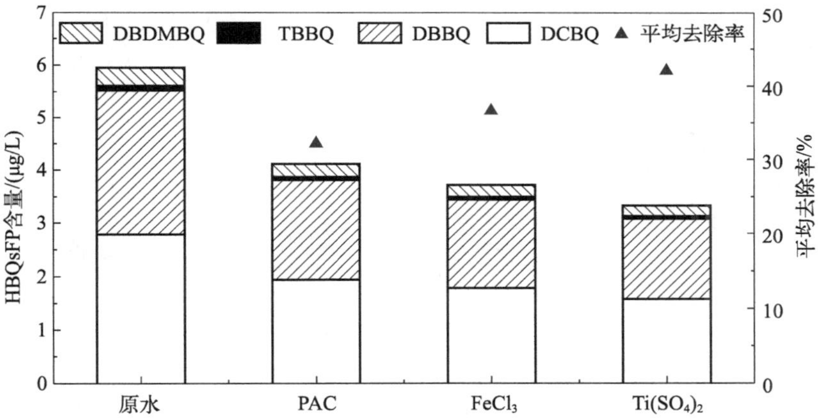

图 3-95　最佳混凝条件下 3 种混凝剂对 HBQsFP 的去除

由图 3-95 可以直观地看出，经过 PAC、$FeCl_3$ 和 $Ti(SO_4)_2$ 混凝处理后，出水中的 HBQsFP 较原水均有一定程度的降低。$Ti(SO_4)_2$ 对 HBQsFP 的去除效率高于 $FeCl_3$、PAC，在最佳混凝条件下 3 种混凝剂［$Ti(SO_4)_2$、$FeCl_3$、PAC］对 4 种 HBQsFP 的平均去除率分别为 42.03%、36.67%、31.06%，其中 $Ti(SO_4)_2$ 的去除率是 PAC 去除率的 1.4 倍左右，是 $FeCl_3$ 去除率的 1.2 倍左右。4 种 HBQsFP 含量的大小顺序为 DCBQ ＞ DBBQ ＞ DBDMBQ ＞ TBBQ，其中 DCBQ 和 DBBQ 的生成势为 μg/L 级，DBDMBQ 和 TBBQ 的生成势为 ng/L 级。原水及 PAC、$FeCl_3$ 和 $Ti(SO_4)_2$ 出水中的 DCBQ、DBBQ、TBBQ、DBDMBQ 占总 HBQsFP 的比例相近，平均占比分别为 47.5%、45.2%、1.5%、5.8%。混凝对 4 种 HBQsFP 的去除效果相近。有研究以 PAC 为混凝剂探究了混凝对不同地表水体中 DCBQ 的去除作用，研究结果表明，DCBQ 的生成量随混凝剂投加量的增加而减少，混凝对 HBQsFP 有一定去除作用，且与本试验中 PAC 对 HBQsFP 的去除效率相近。

3.6.2.4 HBQsFs 混凝去除机理

（1）混凝前后三维荧光的变化

从三维荧光光谱图中可以看出荧光强度随激发波长和发射波长变化的关系，根据对应荧光类有机物质特有的三维荧光光谱信息可对物质进行定性和定量分析。目标水样中的腐殖酸组分较多，溶解性微生物代谢产物、富里酸、色氨酸、酪氨酸类物质含量依次减少。3 种混凝剂对各荧光类有机物均有较好的去除效果，各荧光物质均有一定程度的减少，其中对腐殖酸的去除较为明显。$Ti(SO_4)_2$ 对各类荧光性有机物的去除效果要优于 $FeCl_3$，使用 $FeCl_3$ 的去除效果比使用 PAC 要好。通过分析图 3-96 能够较为直观地看出不同混凝剂下各类溶解性有机物的分布及去除情况，但图谱中所显示的多为定性信息，无法准确、定量地分析出其对应各荧光物质的去除能效。进而，本书在图 3-96 的基础上对各荧光物质总量及去除情况进行了汇总，整理结果如图 3-96 所示。

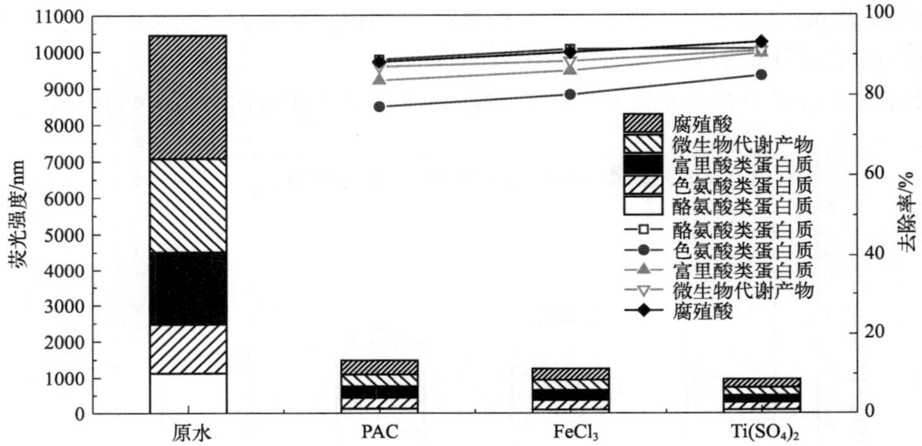

图 3-96 混凝前后荧光物质的去除效果

图中折线为各物质对应去除率；柱状图为荧光强度

从图 3-96 中可以直观地看出，目标水体中以腐殖酸为主要成分，其荧光强度占总荧光强度的 32.25%，其次为微生物代谢产物及富里酸，色氨酸类以及酪氨酸类蛋白质含量较少。3 种混凝剂对各荧光物质的去除效果均较好，经过混凝处理后，各种有机物荧光强度均明显下降。其中腐殖酸、酪氨酸荧光强度下降幅度最大，平均分别下降 90.77% 和 90.60%，微生物代谢产物、富里酸类蛋白质、色氨酸类蛋白质分别下降 88.90%、86.73%、80.70%。不同混凝剂对各荧光物质的去除能力为 PAC ＜ $FeCl_3$ ＜ $Ti(SO_4)_2$，平均去除率分别为 85.05%、87.36%、90.22%，$Ti(SO_4)_2$ 的去除效果明显优于另外两种混凝剂。

就腐殖酸与富里酸而言，对比能够发现混凝剂对腐殖酸的去除效果要好于富里酸，这可能是由于腐殖酸能够提供更多的与混凝剂水解产物结合的点，在更大程度上改变其粒度及 zeta 电位，促进絮体的形成。对比图中结果能够发现，腐殖酸的去除能效与 UV_{254} 极为相似，进一步推测类芳香共轭结构为腐殖酸中的主要官能团。

（2）混凝前后液相色谱-有机碳检测的变化

液相色谱-有机碳检测（liquid chromatography organic carbon detection，LC-OCD），基于

尺寸排阻色谱（SEC），利用紫外、有机氮和有机碳红外检测器可以对水体中DOM和有机杂质分子进行定性和定量分析。

表3-20可以定量地分析混凝对各组分的去除效果。

表3-20 3种混凝剂对有机物各组分的去除效果

项目	DOC/（μg/L）	BP/（μg/L）	HS/（μg/L）	BB/（μg/L）	LMWA/（μg/L）	LMWN/（μg/L）	SUVA/[L/（mg·m）]
原水	6057	801	2230	603	687	1735	3.48
$FeCl_3$	2870	377	627	223	338	1304	1.26
PAC	2928	695	837	258	84	795	1.36
$Ti(SO_4)_2$	2003	360	602	172	102	689	1.22

由表3-20可知，原水中HS含量最多，占总DOC的36.82%，LMWN次之，占比28.6%，其次含量由多至少依次是BP、LMWA、BB。混凝后出水中，各组分占比有所变化。以$FeCl_3$为混凝剂的出水中，LMWN占比最多，为45.5%，其次依次为HS、BP、LMWA及BB。$Ti(SO_4)_2$出水中各组分含量变化的趋势与$FeCl_3$出水一致，LMWN占比增多，HS占比减少，而PAC出水中BP的占比增加明显。

对比3种混凝剂对水中各组分的去除效果发现，对于总DOC，$FeCl_3$和PAC的去除率相差不大，分别为52.6%和51.6%，$Ti(SO_4)_2$的去除率较高，为66.9%。对于$FeCl_3$，其对HS的去除率最高为71.87%，对LMWN的去除率最差，仅为24.8%。PAC对于LMWA有显著的去除效果为87.74%，对于LMWN的去除率高于$FeCl_3$为54.16%。而$Ti(SO_4)_2$对各有机组分的去除率均较高，对HS、BB、LMWA、LMWN、BP的去除率分别为73.03%、71.42%、85.16%、60.26%、55.02%，具有良好的混凝效能。3种混凝剂对NO_3^-的去除率均很低，仅为4%～12%，对于NH_4^+的平均去除率可达58%以上，有较好的去除作用。

相关研究表明，SUVA值与水体中芳香族有机物和不饱和性有机物具有很强的相关性，是评价水中有机物性质的重要指标，其值大小往往可以用来表征水体DBPs前体物。根据表3-20所列，原水的SUVA值为3.48L/（mg·m），$FeCl_3$和PAC、$Ti(SO_4)_2$的混凝出水SUVA值分别为1.26L/（mg·m）、1.36L/（mg·m）、1.22L/（mg·m），均有一定程度下降，由此可以证明3种混凝剂对于DBPs前体物均有一定抑制作用。

（3）混凝前后有机物分子量分布的变化

为了进一步了解混凝前后有机物的特性，采用超滤膜法对原水及3种混凝剂在最佳投加量及最佳初始pH值条件下的混凝出水进行分子量分布试验，试验结果如图3-97所示。

由图3-97（a）可知，原水的DOC主要以分子量＞30000及分子量＜1000为主。经过混凝工艺处理，3种混凝剂出水中各分子量组分DOC含量均有所下降，其中分子量＞30000的DOC所占比例由35.8%下降到平均占比7.2%，分子量30000～10000的DOC所占比例由19.4%下降到7.7%。而对于分子量3000～10000与分子量1000～3000的DOC占比，$FeCl_3$和PAC出水中占比略有增加，$Ti(SO_4)_2$出水中占比明显增加。分子量＜1000的DOC所占比例由29.5%增加到52.9%，其中$FeCl_3$和PAC出水中该组分占比增加显著，所占比例达到60%左右，而$Ti(SO_4)_2$出水中该组分占比仅增加至38.8%，小于其他两种混凝剂的增长幅度。这表明 $Ti(SO_4)_2$ 对于低分子有机物的去除能力较另外两种混凝剂强。但就整体混凝效果来看，3 种混凝剂的出水较原水高分子量组分比低分子量组分的下降幅度更大，与之前的研究结果相吻合，表明混凝对较高分子量的有机物去除效果更佳。

由图 3-97（b）可知，原水的 UV_{254} 主要以分子量＞ 30000 及分子量＜ 1000 为主。经过混凝工艺处理，3 种混凝剂出水的 UV_{254} 大幅下降，由 0.161cm^{-1} 下降至 0.023cm^{-1}，平均去除率高达 85.7%。在各分子量区间 UV_{254} 的值及所占比例的变化与该区间 DOC 的变化相一致，其中分子量＞ 30000 的 UV_{254} 所占比例由 42.9% 下降到平均占比 7.9%，分子量＜ 1000 的 UV_{254} 所占比例由 32.3% 增加到 57.7%。对比 3 种混凝剂对各分子量区间 UV_{254} 的去除率，$Ti(SO_4)_2$ 对于低分子有机物有较好的去除效果。推测原因可能是 $Ti(SO_4)_2$ 水解速度快，产生的氢氧化物多，其吸附架桥与网捕卷扫的作用强，因此可以去除更多的低分子量有机物。此外，

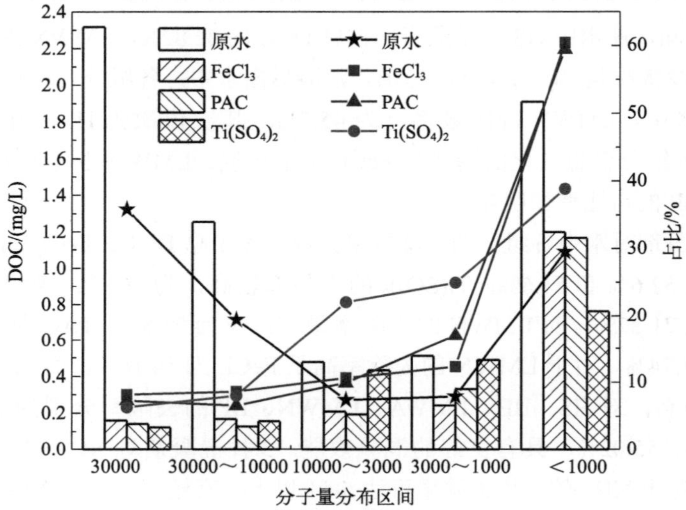

(a) 不同分子量区间的DOC浓度变化

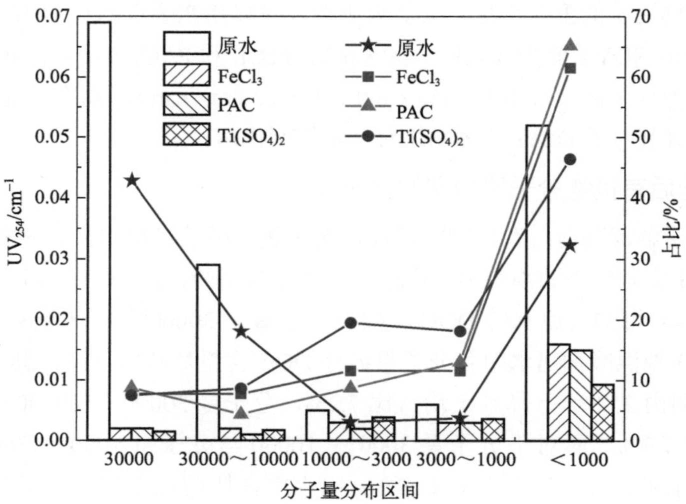

(b) 不同分子量区间的UV_{254}浓度变化

图 3-97　混凝前后分子量分布变化

低分子量有机物被认为是 THMs 等 DBPs 的主要前体物，这表明 $Ti(SO_4)_2$ 在去除 DBPs 方面比 PAC 和 $FeCl_3$ 更有效。

（4）混凝机理研究

1）混凝过程中 zeta 电位的变化

试以 zeta 电位的变化进一步分析混凝机制。根据图 3-98（a）可以看出，随着混凝剂投加量的增加，絮体 zeta 电位值绝对值变得越来越小，直至达到正值。当 PAC、$FeCl_3$ 和 $Ti(SO_4)_2$ 的剂量分别接近 10mg/L、20mg/L、30mg/L 时，它们的 zeta 电位达到零点，这表明 3 种混凝剂的电中和能力顺序为：$Ti(SO_4)_2 < FeCl_3 <$ PAC。对于 PAC 来说，在混凝过程中随着投加量的增加，zeta 电位值由负值逐渐上升到 0，再到正电位，电中和发挥了主要作用。混凝机理主要是其在混凝过程中形成的水解化合物带有较高的正电荷，吸附水中带负电荷的胶体粒子和其他颗粒。但是除 PAC 外，$FeCl_3$ 和 $Ti(SO_4)_2$ 均在 30mg/L 的投加量下具有最佳的混凝性能（与 zeta 电位的零点无关），可以推断在混凝过程中吸附架桥和网捕卷扫起着重要作用。

图 3-98（b）显示了 zeta 电位随初始 pH 值的变化趋势。在 5 ～ 6 的 pH 值范围内，PAC 絮状物的 zeta 电位值从负到正急剧增加，之后随着初始 pH 值的增加而逐渐降低。PAC 主要水解产物在 pH=5 时为带正电的单体，但其所带正电荷不足以抵消水体中所有负电荷，导致 zeta 电位为负值。而 $FeCl_3$ 和 $Ti(SO_4)_2$ 的 zeta 电位值则随着初始 pH 值的增大而不断减小，初始 pH 值为 5 ～ 6 时 zeta 电位值为正，在 pH 值接近 7 时 zeta 电位值急剧下降。

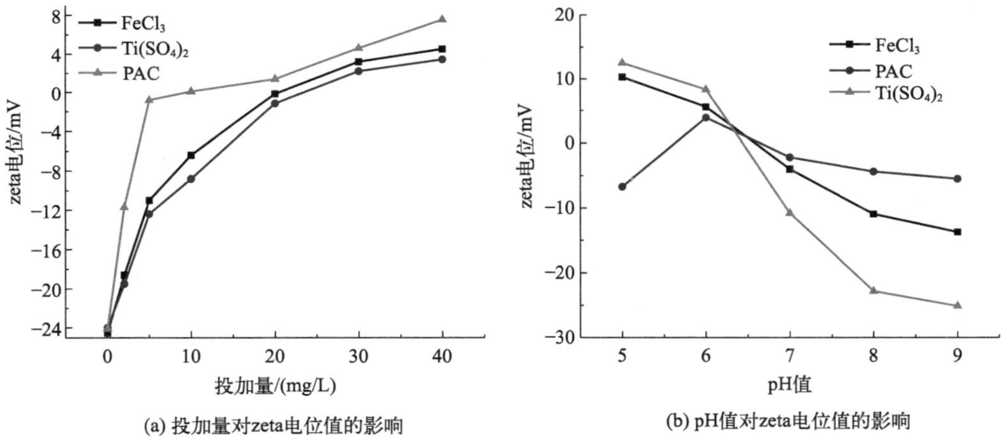

图 3-98　zeta 电位值的变化

2）混凝过程中絮体粒径的变化

混凝絮体的生长是颗粒物互相碰撞以及互相凝聚的过程，相关的研究显示絮体的粒径是评价混凝过程性能的重要因素，较大絮体的沉降速度要快于同密度下较小的絮体。图 3-99（a）为不同投加量下几种混凝剂所生成絮体的粒径情况，从图中能够明显地看出，随着投加量的增加絮体粒径呈现逐渐增长或先增长后略有降低的趋势。

投加 2mg/L PAC，水样粒径开始增大，此时 zeta 电位值为−11.7mV，电中和作用开始发挥作用。当 PAC 投加量为 10mg/L 时，絮体粒径与 5mg/L 投加量时相比，相同的混凝时间下明显增大，且絮体粒径较同等投加量下投加 $FeCl_3$ 和 $Ti(SO_4)_2$ 形成的絮体粒径大，混凝效果较好。继续增加 PAC 投加量所形成的絮体粒径增加较为平缓且略有下降，絮体细小松散，沉降速度慢，其吸附架桥、网捕卷扫的能力较弱。而当混凝剂投加量超过 10mg/L 时，投加 $FeCl_3$ 和 $Ti(SO_4)_2$ 所形成的絮体粒径明显增大，尤其是投加 $Ti(SO_4)_2$ 形成的絮体大而密实，混凝效果好。

如图 3-99（b）所示，在初始 pH 值为 5 ～ 9 范围内，PAC 形成的絮体粒径在 pH 值为 5 时最小，在 pH 值为 9 时最大，粒径可生长到 518.2μm。在相同 pH 值下，$FeCl_3$ 和 $Ti(SO_4)_2$ 形成的絮体尺寸相对 PAC 更大，两者变化趋势相同。$Ti(SO_4)_2$ 在 pH 值为 5、6、7、8 和 9 条件下形成的絮体大小分别为 579.14μm、593.56μm、616.69μm、611.2μm、598.32μm，相比其他混凝剂絮体粒径受 pH 值影响较小。

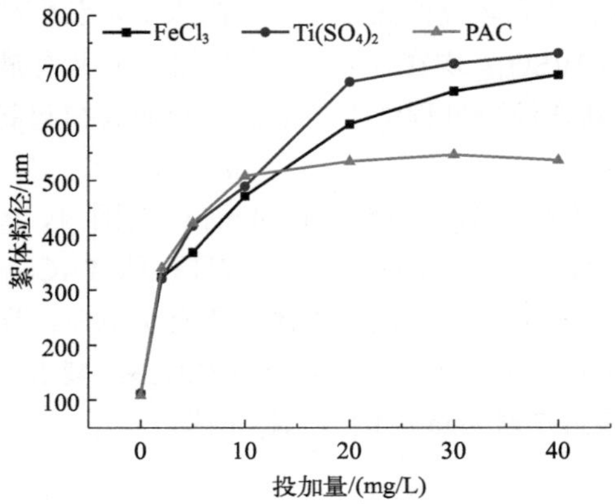

(a) 投加量对絮体粒径的影响

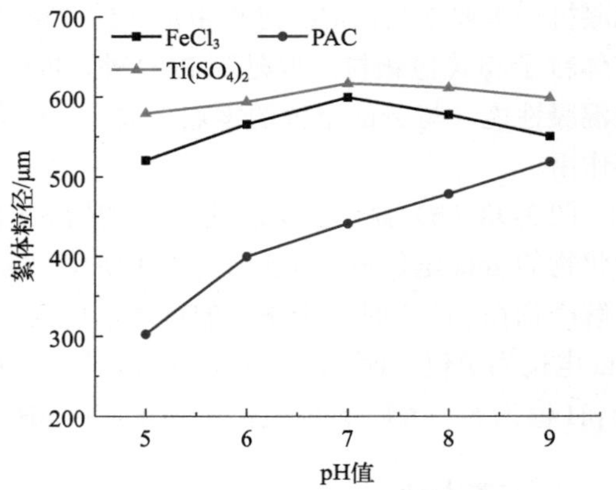

(b) pH值对絮体粒径的影响

图 3-99　絮体粒径的变化

结合混凝过程 zeta 电位及絮体粒径的变化可知，混凝剂在不同投加量条件下的混凝机理不同。混凝剂投加量较低时，水解产物是较低的聚合形态，混凝机理为电中和作用，此时水解产物所带正电荷不足以中和有机污染物所带大量负电荷，混凝效果较差。投加量增加，水解产物以羟基络合物为主，此时吸附电中和与吸附架桥、网捕卷扫共同发挥作用，混凝效果较好。继续增加投加量，混凝剂会产生大量氢氧化物，吸附电中和作用逐渐减弱，网捕卷扫机理占主导地位，絮体沉降性能变差。当电中和作用与吸附架桥及网捕卷扫作用共同发挥作用时混凝效果最佳。

在 pH ＜ 7 时混凝对有机物的去除机理主要是正负电荷粒子间的电中和作用，pH ＞ 7 时主要是在氢氧化物沉淀上的吸附架桥和网捕卷扫作用。PAC、$FeCl_3$ 和 $Ti(SO_4)_2$ 加入水样中，会水解产生带不同正电荷的水解产物，PAC 水解产生 $Al(OH)^{2+}$、$Al_2(OH)_2^{4+}$ 和 $Al_3(OH)_4^{5+}$，$FeCl_3$ 水解产生 $Fe(OH)^{2+}$、$Fe(OH)_2^{+}$，$Ti(SO_4)_2$ 水解产生 $Ti(OH)_3^{+}$、$Ti(OH)^{3+}$、$Ti(OH)_2^{2+}$、$Ti(OH)_3^{+}$ 等，这些 $M(OH)_x^{y+}$ 与 DOM 发生反应，形成 $M(OH)_x^{y+}$-DOM 架桥物。该过程就是金属氢氧化物沉淀形成以及污染物被卷扫絮凝的过程。

通常，金属离子在水中一般按下列化学方程式进行水解，其水解程度可以由平衡常数（K_a）值反映出来。

$$M(H_2O)_n^{m+} + H_2O \rightleftharpoons M(H_2O)_{n-1}(OH)^{(m-1)+} + H_3O^+$$

K_a 值越大，其水解程度越高。而 Al、Fe、Ti 的 K_a 值分别为 $10^{-5.03}$、$10^{-3.05}$ 和 $10^{-1.42}$，表明

$Ti(SO_4)_2$ 的水解速率比 PAC 快 $10^{3.61}$ 倍，$FeCl_3$ 的水解速率比 PAC 快 $10^{1.98}$ 倍。说明 $Ti(SO_4)_2$ 和 $FeCl_3$（尤其是钛盐）更容易水解并转化为不溶性氢氧化物，因此其对低分子量和类蛋白质有机物具有更强的吸附能力。

3.7 典型工程案例

3.7.1 东营耿井水厂

3.7.1.1 工程概况

东营耿井水厂于 1991 年建成投产，以胜利油田耿井引黄水库为水源，供水能力 200000m³/d，是东营市中心城供水的主力水厂。耿井水库由于蓄水浅，氮磷偏高，水体富营养化严重，藻类大量繁殖，耗氧量指标升高，嗅味问题严重。原工艺采用立管混合、脉冲澄清池、双阀滤池、氯消毒工艺，混凝澄清效果不好，澄清池出水浊度≥ 3NTU，滤池滤料板结，过滤效果差，反冲洗洗净度低，出厂水浊度、耗氧量和三卤甲烷总量等多项常规指标不达标，用水高峰时滤池出水浊度甚至上升至 5NTU，无法满足 GB 5749—2006 对出厂水水质的要求。“十一五”国家水专项示范工程耿井水厂为改善黄河下游地区水质口感“苦、涩”等情况，增加了臭氧 / 活性炭过滤深度处理工艺，使得出厂水质在达标的基础上进一步提高。

3.7.1.2 工程流程及设计参数

耿井水厂示范工程将原有的钟罩式脉冲澄清池 + 双阀滤池（见图 3-100）升级改造为高锰酸钾复合药剂预氧化-机械混合-折板反应-斜管沉淀-助滤-石英砂滤池-氯消毒工艺（见图 3-101）。即将立管混合改为机械混合，脉冲澄清池改造为斜管沉淀池，双阀滤池改造为 V 型滤池，增设高锰酸钾复合药剂预氧化、复合混凝剂强化和助滤，于 2010 年 8 月建成通水。后期为进一步解决出水水质问题，又增加臭氧活性炭深度处理工艺，耿井水厂进行了水厂最佳投加量试验，耿井水厂深度处理工艺主臭氧分为三段式投加，采用微气泡曝气盘式投加方式，试验最佳投加量为 1.2mg/L 时，水中的大部分有机物已经被臭氧氧化。

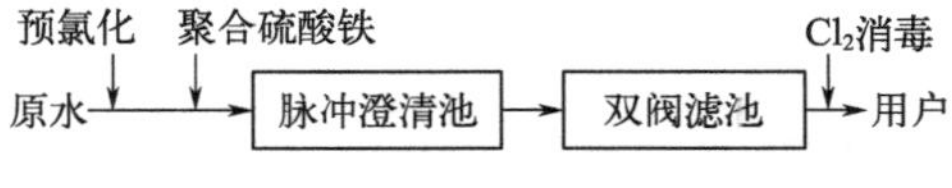

图 3-100　耿井水厂原有工艺

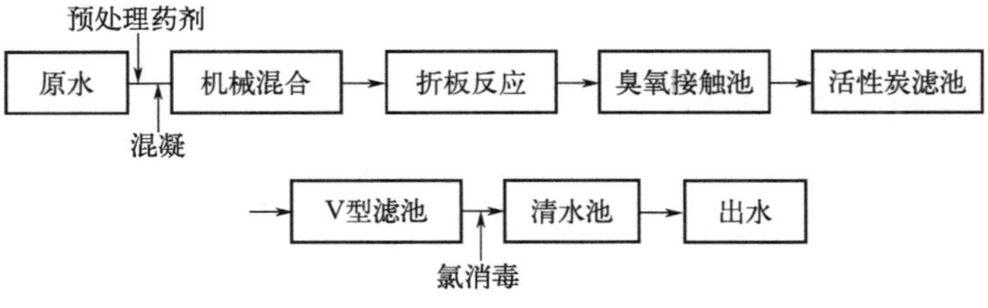

图 3-101　耿井水厂改造后工艺

(1)混凝池

机械搅拌混合池：每格平面尺寸 1.5m×1.5m，转速 1400r/min，功率 1.5kW。絮凝池：每格絮凝池设计平面尺寸 9.2m×10.15m，反应时间为 19.6min（单格 25000m^3/d）。

(2)斜管沉淀池

每格平面尺寸 15.2m×10.15m，布水区高度 1.91m，斜管高度 0.87m，清水区高度 1.00m，穿孔泥斗槽高 600mm，总高度 4.10m，清水区上升流速 1.875mm/s。斜管采用内切圆为 25mm 的蜂窝六角形管。

(3)V 型滤池(原双阀滤池改造)

V 型滤池分为八格，设计滤速为 8m/h，强制滤速为 9.1m/h，中间设置廊道，单池面积为 72m^2（8m×9m），采用钢筋混凝土滤板及长柄气水反洗滤头，配水区高度 H=800mm。采用均质石英砂滤粒，厚度为 1.1mm，d_{10}=(0.9±0.05)mm，均匀系数 K_{60} 为 1.4；砾石承托层，粒径 2.0 ～ 4.0mm，厚度 100mm。滤池采用先气冲洗、后气水联合冲洗、最后单独水冲洗三阶段冲洗，整个反冲洗过程辅以待滤水表面扫洗。冲洗时间为：气冲洗 2min（可调），气水联合冲洗 5min（可调），单独水冲洗 6min（可调）。冲洗强度为：单独水冲 6L/(m^2·s)；气水同冲，水冲强度 3L/(m^2·s)，气冲强度 15L/(m^2·s)，表面扫洗 2L/(m^2·s)。整个反冲洗过程全部由 PLC（可编程逻辑控制器）自动控制完成。

滤料上水深为 1.1m，超高为 0.5m，底部配水区净高为 0.8m，池总深为 3.8m。每格滤池设 600mm×600mm 进水闸板阀 1 个（通过阀门开启度控制表扫强度），DN600 水反冲洗蝶阀 1 个，DN400 气反冲洗蝶阀 1 个，DN300 初滤水放空蝶阀 1 个，800mm×800mm 水反冲排水闸板阀 1 个。上述闸板阀和蝶阀均采用气动执行装置，压缩空气气源来自反冲洗泵房内的空压机组，滤池中间为管廊，管廊内布置清水渠、反冲洗水管。

(4)反冲洗水泵

反冲洗水贮存于清水池，为保证反冲洗水的供应，在清水池中加隔墙。反冲洗时由冲洗水泵从北阀清水池挡水墙内抽水，用于滤池反冲洗。在滤池管道间内设置单级双吸立式离心泵 3 台（2 用 1 备）。Q=735m^3/h，H=11m。

反冲洗流程：清水池──→吸水管──→水泵──→冲洗水管线──→出水支管──→配气配水渠──→滤池滤层。

(5)冲洗鼓风机

反冲洗所用空气由鼓风机提供。3 台三叶罗茨鼓风机并列布置于管廊的中间，Q=33m^3/min，N=45kW，2 用 1 备。鼓风机在滤池反冲洗气冲时开启，将压力空气提供到滤池进行反冲洗。气冲完毕时必须关闭鼓风机组。反冲洗流程：空气──→鼓风机──→空气管道──→配气配水渠──→滤池滤层。

(6)空气压缩机(空压机)

耿井水厂的工艺生产采用电气化控制运行，气动阀门由压力空气提供动力。空压机为气缸和气动蝶阀提供气源，1 用 1 备，P=0.7MPa，Q=28.5L/s。配套设备有储气罐、干燥器、过滤器等。储气罐贮存压力空气，并向气动管线提供压力。运行中当气罐压力低于设定值时，压缩机自动启动，向储气罐补气。烘干机采用压缩机冷凝空气原理，去除压力空气中的水分，干燥压力空气，保持压力空气干燥。

（7）清水池

清水池一座，平面尺寸 49.5m×81.0m，有效水深 3.5m，有效容积 14033.25m^3。

（8）加药、消毒系统

在耿井水厂投加的药剂有预氧化剂、混凝剂、助凝剂、助滤剂，出厂水投加氯气消毒。

药剂的投加系统如下。

1）预氧化剂

投加高锰酸钾复合药剂进行预氧化，采用两台易威奇计量泵进行投加，量程 75L/h，输出压力 2MPa。

2）混凝剂

计量泵 4 台，量程 150L/h，输出压力 4MPa。

3）助凝剂

投加聚丙烯酰胺高分子助凝剂，投加设备是 1000L/h 全自动的粉剂聚丙烯酰胺投配溶解装置。设备自动运行时，会根据设定的浓度自动控制粉剂和溶解水的进量，并经过连续的 3 个腔体进行搅拌混合和熟化，制成可用的聚丙烯酰胺溶液。设备上的超声波探头可以实时检测箱体内的液位，当液位低于低液位设定值时，设备即开始投加粉剂和溶解水进行制备，当液位高于高液位设定值时即自动停止进水和粉剂的投加。粉料输送机上的探头可以探测机斗内粉料的位置，当粉量低时则会自动启动吸料机，吸料机吸满料后就会把粉料放入机斗。

3.7.1.3　运行效果及经济分析

（1）运行效果

对 COD_{Mn} 去除率影响。从表 3-21 可以看出，随着主臭氧投加量的增加，活性炭滤池对 COD_{Mn} 的去除率也相应增加，当主臭氧投加量大于 1.2mg/L 时，活性炭滤池对 COD_{Mn} 的去除率基本保持稳定，去除率维持在 61% 左右。这是由于当主臭氧投加量达到 1.2mg/L 时，水中大部分有机物已经被臭氧氧化，此时如果再增加主臭氧投加量，活性炭滤池对 COD_{Mn} 的去除率也无法进一步增加。因此 1.0 ～ 1.2mg/L 的主臭氧投加量是适宜的。

表 3-21　臭氧投加对 COD_{Mn} 去除率的影响

主臭氧投加量 /（mg/L）	原水 COD_{Mn} /（mg/L）	常规滤后水 COD_{Mn} /（mg/L）	炭滤池出水 COD_{Mn} /（mg/L）	COD_{Mn} 去除率 /%
0	3.06	2.15	1.68	45.10
0.3	2.75	2.19	1.42	48.40
0.6	2.72	2.08	1.27	53.30
0.9	2.56	1.98	1.07	58.20
1.2	3.09	2.06	1.17	62.10
1.5	2.71	2.22	1.05	61.30

分析不同反冲洗强度（表 3-22），确定最佳的反冲洗强度，降低 COD_{Mn} 浓度。

表 3-22　不同反冲洗强度炭滤池的出水 COD_{Mn} 浓度

项目	时间	气冲强度 /[m^3/（m^2・h）]	大水冲强度 /[m^3/（m^2・h）]	炭滤池出水 COD_{Mn}/（mg/L）
冬季方案	2015 年 2 月 2 日	58	56	1.16
	2015 年 2 月 3 日	60	58	1.34
	2015 年 2 月 4 日	62	60	1.23
	2015 年 2 月 5 日	64	62	1.38
	2015 年 2 月 6 日	66	64	1.5
常规方案	2015 年 7 月 2 日	58	56	1.18
	2015 年 7 月 3 日	60	58	1.14
	2015 年 7 月 4 日	62	60	1.1
	2015 年 7 月 5 日	64	62	1.05
	2015 年 7 月 6 日	66	64	1.08

浸泡前后发现 V 型滤池对水厂浊度以及 COD_{Mn} 有良好的去除效果（表 3-23）。

表 3-23　V 型滤池浸泡前后出水浊度和 COD_{Mn} 的变化

项目	时间	1 号	2 号	3 号	4 号	5 号	6 号	7 号	8 号
出水浊度 /NTU	浸泡前	0.45	0.43	0.37	0.42	0.33	0.45	0.48	0.36
	浸泡后	0.22	0.21	0.18	0.18	0.17	0.23	0.19	0.16
出水 COD_{Mn}/（mg/L）	浸泡前	2.93	2.88	2.67	2.79	2.65	2.75	2.8	2.66
	浸泡后	2.46	2.34	2.26	2.15	2.37	2.23	2.32	2.12

同时运行结果表明，机械混合方式对浊度和 COD_{Mn} 的去除效果都略优于立管混合方式，滤后水浊度降低 0.37 ～ 0.1NTU，COD_{Mn} 降低 0.02 ～ 0.06mg/L。投加预氧化剂、混凝剂和助滤剂后，再投加 PAM（聚丙烯酰胺）高分子助凝剂，对出水的 COD_{Mn} 和浊度去除不明显，出水 COD_{Mn} 去除率提高 1.4% ～ 1.8%，浊度去除率提高 0.02% ～ 1.05%。且投加 PAM 后，滤池的运行周期缩短，增加了水厂的运行成本。因此，示范水厂正常运行时未投加 PAM 高分子助凝剂。

高藻期和低温低浊期投加高锰酸钾预氧化剂后，再投加 PAFC-PDMDAAC（聚二烯丙基二甲基氯化铵）比投加普通混凝剂 PAFC，滤后水浊度去除率略有提高，可分别提高 0.7%～1.2% 和 18.7%～19.4%，COD_{Mn} 去除明显，可分别提高 8.3%～10.7% 和 2.11%～28.1%；再与助滤剂配合，浊度去除率进一步提高 0.3% ～ 0.4% 和 0.2% ～ 0.4%，COD_{Mn} 去除率进一步提高 6.7% ～ 7.2% 和 1.2% ～ 14%。投加高锰酸钾预氧化剂后，再投加 PAFC-PDMDAAC 复合药剂、助滤剂，浊度和 COD_{Mn} 去除效果最好。

示范工程运行效果（表 3-24）表明，出厂水浊度平均为 0.19NTU，相比改造前浊度降低了 24%。出厂水耗氧量为 1.7mg/L，相比改造前降低近 8%。三卤甲烷总量较改造前降低了 30% 以上，消毒副产物含量全部低于国标限值。经第三方机构检测，出厂水 106 项检测指标均能达到《生活饮用水卫生标准》的要求。

表 3-24　耿井水厂示范工程工艺对浊度、耗氧量的去除效果

项目	浊度			COD_{Mn}		
	原水 /NTU	出水 /NTU	去除率 /%	原水 /（mg/L）	出水 /（mg/L）	去除率 /%
夏季高藻期（2010 年 8 ～ 10 月）	11.8	0.15	98.7	3.21	1.92	40.2
	10.9	0.13	98.8	3.56	1.58	55.6
	11.1	0.19	98.3	3.52	1.62	54.0
	10.9	0.21	98.1	3.48	1.72	50.6
	11.8	0.26	97.8	3.48	1.6	54.0
	13.1	0.17	98.7	3.36	1.64	51.2
	12.9	0.15	98.8	2.95	1.65	44.1
	12.6	0.28	97.8	2.99	1.75	41.5
	13.8	0.17	98.8	3.12	1.4	55.1
	14.5	0.17	98.8	3.09	1.38	55.3
冬季低温低浊期（2010 年 12 月～ 2011 年 2 月）	1.79	0.17	90.5	2.51	1.63	35.1
	1.77	0.15	91.5	2.35	1.75	25.5
	1.8	0.28	84.4	2.43	1.78	26.7
	2.27	0.16	93.0	2.47	1.81	26.7
	2.47	0.14	94.3	2.39	1.63	31.8
	3.7	0.23	93.8	2.35	1.68	28.5
	1.8	0.16	91.1	2.43	1.78	26.7
	2.27	0.12	94.7	2.47	1.81	26.7
	2.47	0.29	88.3	2.39	1.63	31.8
	2.81	0.17	94.0	2.27	1.58	30.4
平均值	7.33	0.19	95.0	2.84	1.69	38.6

（2）经济分析

1）高锰酸钾复合药剂使用

在耿井水厂使用高锰酸钾复合药剂，其应用效果表明，以投加复合药剂平均量为 1.5mg/L 来计算，即处理每吨水需要 1.5g 复合药剂，则每吨水增加制水成本为：$12000\div10^6\times1.5=0.018$（元 /t）。

目前，公司所属水厂所用混凝剂聚合氯化铁铝的价格为 1500 元 /t（10% 浓度液体），高锰酸钾复合药剂（5% 有效固体含量）的价格为 12000 元 /t。投加复合药剂可节约 20% 药耗，即每吨水可减少投加 10 ～ 20g 混凝剂，以处理每吨水减少投加 15g 混凝剂来计算，则每立方米水减少的聚合氯化铝铁混凝剂的成本为：$1500\div10^6\times15=0.0225$（元 /$m^3$）。

降低制水成本为：0.0225−0.018=0.0045（元 /m^3）。

2）综合经济成本分析

由于采用臭氧活性炭（O^3-BAC）运行工艺，新增成本计算如下。

电费：臭氧系统平均电耗为 54kW • h/1000m^3，平均电费 0.69 元 /（kW • h），合计 0.0373 元 /m^3。

液氧费用：臭氧活性炭主臭氧投加量0.5～1mg/L，计算期内消耗约10g/m³，新增约0.01元/m³。

活性炭费用：设计8格滤池，总计200t，考虑5%损耗，设计寿命5年，单价4500元/t，新增成本约0.009元/m³。

自用水费：臭氧发生器冷凝水、反冲洗水合计约0.007元/m³。

固定资产折旧：按照投资7760万元、折旧率5%予以测算，约0.1元/m³。

新增制水成本0.1633元/m³。

3.7.2 济南玉清水厂

3.7.2.1 工程概况

济南市玉清水厂为玉清水库黄河水，原水存在低浊高藻以及有机物和消毒副产物含量高等问题。黄河水经水库调蓄后，原水特性有所改变，特别是浊度。泥沙已基本沉淀，水变得很清，浊度仅几度，形成浊度的主要是难以沉淀的细小泥沙颗粒。目前南水北调引江水入玉清水库，形成了引江水与黄河水掺混的状态，玉清水库库容约2800×10⁴m³，现引入南水北调引江水约1800×10⁴m³，占总库容的64.3%，致使水库水中的藻类种类发生变化且大量繁殖，含量每升达百万个，加大了玉清水厂的处理难度，沉淀池去浊效果差，滤池负担加重，过滤周期缩短，滤料积泥严重，出厂水嗅味严重且水质稳定性差。

水厂早期采用常规混凝、沉淀、过滤、消毒工艺，出厂水嗅味和浊度等感官指标很难合格，管网水质也存在二次污染，对城镇居民饮水安全构成威胁。基于上述背景，决定对玉清水厂进行工艺改造，改造规模为200000m³/d，主要增加原水预处理工艺，更换平流沉淀池、V型滤池为浮沉池和活性炭滤池。

3.7.2.2 工程流程及设计参数

（1）工艺流程

济南玉清水厂工艺流程见图3-102。

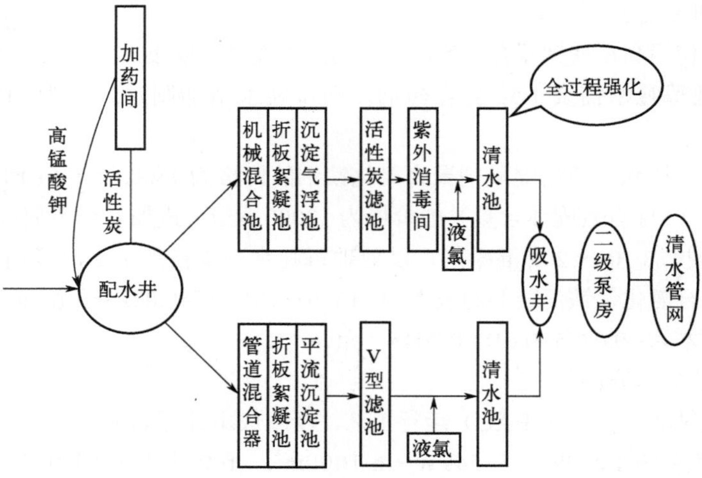

图3-102 工艺流程

（2）主要构筑物介绍

1）预处理设施

本工程新增平面尺寸 18.7m×11.04m 的药剂投加间 1 座，另附建配电间。药剂投加间主要在内设置高锰酸盐和粉末活性炭投加系统，供预处理使用。药剂投加间土建按 400000m^3/d 规模一次完成。近期按 20m^3/d 处理量配置投加设备，并预留远期机位。

高锰酸盐平均投加量为1.0mg/L，作为应急使用时投加量为5.0mg/L，设计湿投浓度取4%，投加于现有配水井进水管上。高锰酸盐投加间内设溶液池 2 座，单池 2.5m×2.5m×2.5m（深），每日配液 2 次。每池各设配液搅拌机 1 台，单台功率 2.2kW。高锰酸盐投加采用隔膜计量泵，共设 3 台，2 用 1 备。每台流量 550L/h，压力 0.3MPa，功率 0.37kW。

粉末活性炭平均投加量为 5.0mg/L，作为应急使用时，投加量为 30.0mg/L，设计湿投浓度取 5%，投加于现有配水井出水堰后。粉末活性炭投加间外设料仓，容积为 30m^3，约为最大投加量的日存储量。粉末活性炭投加间内设溶液罐，配置螺杆投加泵，共设 3 台，2 用 1 备。每台流量 2.5m^3/h，压力 0.3MPa，功率 1.5kW。

2）浮沉池

由于原水性质在玉清水库建成后发生改变，常为低温低浊，高含藻，并受到污染，现有平流沉淀池的处理效果很差。增加气浮工艺正好可以解决低温低浊和高含藻问题。拟改建沉淀池为浮沉池，保留混合反应区域以及现沉淀池前段，将沉淀池后段改造为气浮池。在浊度高时，使得水流经平流沉淀区，再经气浮区出水至后续生物活性炭滤池。在浊度低时，可根据运行情况，单独采用沉淀或气浮工艺。

本期工程对现有 1 号、2 号平流沉淀池的改造分为混合方式的改造、后段气浮改造 2 部分。浮沉池各部分具体设计详述如下。

混合方式的改造：每座平流沉淀池前设 1 座混合池，进水通过配水井引入。拆除原有静态管道混合器，替换为新型钢管。混合池进水仍为 DN1200 管道。水从配水井输至混合池，有 0.65m 水头跌落高度，使氧气溶入水中，提高溶解氧含量。

混合池平面尺寸 2.50m×2.50m×6.48m，池内设有 1 台功率 7.5kW 的机械混合搅拌机，搅拌机下真空区域布置环形加药管，混合时间约 33s。在原有沉淀池池底开两个 1.2m×0.8m 的孔，混合池内的水通过这两个孔进入絮凝池，有 0.60m 的水头跌落高度。

后段气浮改造：沉淀池长度缩短，出水槽随之前移，将后段改造为气浮，并在池外增设溶气回流系统。将沉淀区出水改造为 4 根出水管，管径为 900mm，有 2 根作为超越管，另外 2 根 DN900 管作为气浮出水管。沉淀区出水水质较好时，出水经超越管接入原有 DN1200 出水管进入砂滤池；若出水水质不好，则关闭超越管阀门，开启溶气系统进行气浮工艺，并由气浮出水管出水。将原沉淀池出水渠改造为气浮排渣渠，并安装不锈钢排渣导板，导板底部在水面下 0.20m。

① 沉淀区。在保持其余设计参数不变的基础上，将每座沉淀池水力停留时间改为 1.6h。出水通过指型槽收集进入后续气浮。

② 气浮区。气浮区总规模为$1.0\times10^5$$m^3$/d，总长度为20.45m，在宽度方向上平分为4格，单格宽度 5.9m。沉淀区出水经导流区配水进入气浮区，为避免矾花破坏，控制流速在 0.01m/s。接触室上升流速为 20mm/s，气浮接触时间为 122.5s，气水分离区表面负荷为 3.54mm/s。每格气浮池接触室布置 8 只型号为 TC-15 的溶气释放器，对应的池外设溶气水管 1 根、溶气罐

1 只。分离区净长度为 16m。气浮池下部设置大阻力穿孔配水板，开孔比约 0.30%，气浮出水通过配水板出水，使得出水均匀。

③ 溶气回流系统。溶气水回流比为 10%，溶气罐溶气压力为 0.30MPa。每格气浮池均对应布置溶气罐 1 只，对应地，每座浮沉池有 4 只溶气罐，并排设置于浮沉池一侧。每只溶气罐对应 DN200 回流水进水管 1 根、DN40 进气管 1 根，进水管上设置手动和电动蝶阀 DN200 各 1 只，进气管上设置 DN40 手动球阀 1 只。每只溶气罐对应 1 根 DN200 溶气出水管，上设 DN200 手动蝶阀各 1 只。每只溶气罐的溶气水管就近伸入气浮池接触室，与每格对应的 8 只溶气释放器连接。

每座气浮池设置桥式刮渣机 1 台。排渣由 DN300 排渣管排入厂区排水管线。

3）活性炭滤池

本次改造采用活性炭 V 型滤池联用，过滤的同时去除嗅味。滤池设计特点如下。

在炭层下设 0.5m 的砂层，可保证微生物安全性，并进一步对饮用水除浊。活性炭的生物协同作用需要足够的溶解氧，但因原水中含氧量低，需提高溶氧量。本工程采用跌水曝气，无需对滤池进行改造，仅依靠控制水位来增大跌落深度，为进水充氧。因此，浮沉池和滤池内设计多级跌水，使水充分充氧，从而保证生物活性炭的生物活性。为减少滤池内藻类和微生物的滋生，并实现冬季保暖防冻，滤池上有保温建筑。

本工程将砂滤池（1 座）改造为活性炭滤池，规模为 $2.0\times10^5 m^3/d$。考虑跌落充氧方式，在进水水位标高保持 2.85m 的条件下，过滤水位取 2.25m，填料标高保持为 1.30m。根据推荐的参考工艺要求，本设计活性炭滤池主要改造内容为：将原石英砂填料的上层 0.70m 换填为活性炭，下部砂滤料厚度 0.50m，支承层厚 0.10m；原排水槽顶相应接高约 0.40m，即达到标高 2.20m。池体增加高度可根据选定的活性炭膨胀率的中试试验结果确定。

活性炭采用压块破碎炭，颗粒为 8 ～ 30 目；活性炭碘值≥ 1000，亚甲基蓝吸附值＞ 200；堆密度建议 450 ～ $550kg/m^3$；比表面积＞ 950 ～ $1000m^2/g$；耐磨值建议为 0.95，水分＜ 2%；均一系数 2.0 左右。

采用石英砂滤料，d_{10}=0.55mm，$K_{80}\leqslant 1.4$；支承层采用石英砂，粒径为 2.0 ～ 6.0mm。

运行相关要求：

① 气水分别冲洗，先气冲，气冲强度为 $15L/(m^2\cdot s)$，后水冲，水冲强度为 8 ～ $9L/(m^2\cdot s)$；

② 实际生产运行中，为防止生物膜过度脱落，阻止炭粒流失，气水冲洗强度及频率应通过试验确定。

3.7.2.3 运行效果及经济分析

玉清水厂运行评估工艺具体情况如表 3-25 所列。

（1）浊度

6 种工况中，原水经过机械混凝池时浊度明显升高，究其原因是经过机械混凝后形成较大絮体。由于玉清东侧滤池包括 10 个滤池单体，所以紫外总出水浊度较 4 号炭滤池部分升高，属于正常现象。6 种工况总出水浊度均在 0.3NTU 以下，完全满足《生活饮用水卫生标准》的要求。6 种工况全流程对浊度的去除率平均为 94.26%，工况四（二氧化氯-强化混凝）去除率最高，为 97.68%；工况一去除率最低，为 87.41%。

表 3-25　玉清水厂运行评估实际情况

工况	工艺类型	预处理药剂 /（kg/1000m³）	混凝剂 /（kg/1000m³）
工况一	常规混凝（PAFC）	—	13.96
工况二	强化混凝（PAFC-PDMDAAC）	—	13.82
工况三	液氯-强化混凝	0.84	11.66
工况四	二氧化氯-强化混凝	8.76	15.20
工况五	高锰酸钾复合药剂-强化混凝	1.92	13.08
工况六	益维净-强化混凝	3.08	17.07

（2）COD_{Mn}

6 种工况出水 COD_{Mn} 都小于 2.0mg/L，完全满足《生活饮用水卫生标准》的要求。6 种工况全流程去除率平均为 44.63%，工况四（二氧化氯-强化混凝）的去除率最高，为 53.33%；工况一最低，为 38.33%。

（3）细菌总数

城市生活污水和农村牲畜污水中，主要含碳水化合物、蛋白质、油脂等有机物。这些物质的分解过程会导致各种细菌、病菌、病毒和寄生虫的繁殖，使水质恶化，有时会污染供水水源。人们如果饮用了这种带病菌、病毒的水，则可能引起各种相应的疾病，然而水中的细菌，特别是病原菌不是随时都能检出和查清的。因此为了保护人体健康和预防疾病，以便于随时判断致病的可能与水受污染的程度，对饮用水必须取水样进行细菌分析，检验细菌总数。

6 种工况总出水细菌总数均在 100CFU/mL 以下，满足《生活饮用水卫生标准》的要求。6 种工况全流程对细菌总数的去除率平均为 96.99%，工况一、三、五去除率最高，为 100%。其中工况三（液氯-强化混凝）在沉淀池阶段就已完全清除，且防止再生，故选为最优工况。

（4）藻类

6 种工况全流程对藻类的去除率平均为 59.63%，工况四（二氧化氯-强化混凝）去除率最高，为 77.84%；工况一去除率最低，为 20.25%。

（5）氨氮、亚硝酸盐氮、硝酸盐氮

“三氮”是指水中的氨氮、亚硝酸盐氮、硝酸盐氮。当天然水被人畜粪便污染后，在水体微生物的作用下，逐渐生成氮。在有氧的条件下，水体的氨类在微生物作用下，形成亚硝酸盐。而硝酸盐氮是含氮有机物氧化分解的最终产物。当水中氨氮含量增高时，提示可能存在人畜粪便的污染，且污染时间不长。如亚硝酸盐氮含量高时，说明水中的有机物无机化尚未完成，污染危害仍然存在。如硝酸盐氮检出高，而氨氮、亚硝酸盐氮的浓度不高时，表明生活性污染已久，自净过程已完成，卫生学危害较小。因此，根据水体中氨氮、亚硝酸盐氮、硝酸盐氮含量的变化规律进行综合分析，可掌握有机污染的自净过程，判断水质的安全程度。

在工艺处理过程中，氨氮含量总体变化趋势为逐渐降低直至检出限以下，亚硝酸盐氮含量先升高后降低直至检出限以下，硝酸盐氮含量总体趋势升高。表明水体净化过程已经完成，6 种工况水质处理均安全可靠。

（6）嗅味物质

近年来，国内外水体嗅味问题频发，越来越影响饮用水和水产品的质量，进而影响水生

生物以及人体健康。其中最常见的两种嗅味物质是2-甲基异莰醇（2-MIB）和土臭素（GSM），其嗅阈值分别为5～10ng/L和1～10ng/L。我国《生活饮用水卫生标准》对2-甲基异莰醇和土臭素（二甲基萘烷醇）的限值均为10ng/L。

6种工况总出水2-甲基异莰醇均超标，不满足《生活饮用水卫生标准》的要求。6种工况全流程对2-甲基异莰醇的去除率平均为67.94%，工况六（益维净-强化混凝）去除率最高，为86.85%；工况一去除率最低，为39.34%。

不同工况运行成本评估见表3-26。

表3-26 不同工况运行成本评估

运行评估工况	新工艺运行单位制水成本/元	老工艺运行单位制水成本/元	总体工艺运行单位制水成本/元
工况一	0.774	0.74	1.514
工况二	0.612	0.59	1.202
工况三	0.612	0.59	1.202
工况四	0.702	0.59	1.292
工况五	0.635	0.59	1.225
工况六	0.645	0.59	1.235

夏季新老工艺运行成本评估表如表3-27、表3-28所列。

表3-27 夏季老工艺运行成本评估

项目	计量单位	数值	单价/元	折合单位制水成本/元
源水水量	m^3	541138	0.44	238100.72
供水量	m^3	536144		0.00
电量	kW·h	87935	0.8	70348.00
电耗	kW·h/1000m^3	164.01		0.00
药量（净水剂厂）	kg	6492	0.8	5193.60
药量（淄博）	kg	0	0.98	0.00
药耗	kg/1000m^3	12.11		0.00
氯量	kg	963	2.7	2600.10
氯耗	kg/1000m^3	1.80		0.00
合计				316242.42
单位制水成本				0.59

表3-28 夏季新工艺运行成本评估

项目	计量单位	数值	单价/元	折合单位制水成本/元
源水水量	m^3	434062	0.44	190987.28
供水量	m^3	430056		0.00
电量	kW·h	81085	0.8	64868.00
电耗	kW·h/1000m^3	188.55		0.00
药量（净水剂厂）	kg	5208	0.8	4166.40

续表

项目	计量单位	数值	单价 / 元	折合单位制水成本 / 元
药量（淄博）	kg	0	0.98	0.00
药耗	$kg/1000m^3$	12.11		0.00
氯量	kg	773	2.7	2087.10
氯耗	$kg/1000m^3$	1.80		0.00
二氧化氯	kg	0	5.4	0.00
活性炭	kg	0	7	0.00
高锰酸钾	kg	4438	2.5	11095.00
助凝剂	kg	0	5	0.00
合计				273203.78
单位制水成本				0.63

由夏季新老工艺制水成本表对比可以看出，夏季新工艺的制水成本 0.63 元 /t，夏季老工艺的制水成本 0.59 元 /t。所以夏季新工艺运行成本比老工艺高，单位制水成本新工艺比老工艺高 0.04 元 /t。

3.8 展望

（1）研制广谱性的复合型混凝剂

无机混凝剂具有无毒、价廉、原料易得等优点，在水处理混凝技术中应用广泛。近年来随着环境污染的加剧，水质标准不断提高，复合型混凝剂在水处理领域具有十分明显的优势，如何开发高效绿色的复合型混凝剂是国内混凝剂领域研究的热点。有待进一步提升复合型混凝剂对水中颗粒物、有机物相互作用的理论水平，针对不同的水源水质特征，明确混凝作用机制，充分发挥各组分的作用及相互之间的协同作用，优化复合型混凝剂的生产工艺，研发生产针对性更强的混凝剂，以应对不同水源水质 pH 值、温度的变化，减少混凝过程中有害副产物的产生。

（2）研发绿色高效的混凝沉淀工艺

混凝是饮用水处理中十分重要的环节，是集物理化学于一体的综合过程，主要去除水中的有机物、浊度等物质，对整个水厂工艺运行稳定性至关重要。混凝过程的创新及与其他单元的系统化集成，构建绿色高效的混凝集成技术体系，是现代混凝技术研究的前沿热点问题。首先根据目标污染物、水质特征及处理的水质目标，优化筛选出最佳的混凝剂。研究发现混凝剂与其他预处理药剂联合投加，如臭氧、高锰酸钾预氧化后，可强化混凝剂对目标污染物的处理效果。但对预氧化后水中有机物的特性及组分如何发生变化以及混凝过程的影响机理缺乏深入的研究。可将现有的沉淀工艺进行改进与提升，如气浮与沉淀结合、炭泥回流强化混凝等方式，与后续的深度处理工艺进行深度的耦合，强化对水中消毒副产物前体物、有机物的高效去除。

（3）构建混凝剂的检测评估应用体系

目前大多水厂对于混凝剂的选用及评判多以经验为主，辅以简单的烧杯试验验证，没有一套科学的评估验证方法，也没有系统地针对所用药剂进行技术经济性验证。部分产品存在标准体系文件缺失、使用不够规范化等突出问题。应针对混凝剂评估和使用制定相应标准，使产品选择和使用更规范化、系统化。同时，水厂混凝剂投加量也多以公斤计，以直接投加为主，存在投加计量不精确、易于造成药剂浪费等问题。通过大数据、物联网、机器人等新兴技术建立一套混凝剂智能投加系统，可根据原水水质调整药剂的投加方式，优化药剂投加量，使混凝剂与原水水质匹配性更强。优化集成混凝剂的选择、反应器及在线监控系统等，提出最优化的水质问题混凝解决方案，最大化地去除污染物，制定最合理的水处理成本。

参考文献

[1] Wei H, Gao B, Ren J, et al. Coagulation/flocculation in dewatering of sludge: A review[J].Water Research, 2018, 143: 608-631.

[2] Sun S, Liu H, Zhang J, et al. Application of a novel coagulant in reservoir water treatment in Qingdao[J]. Desalination and Water Treatment, 2023, 284: 49-60.

[3] Zou Y, Wang X, Ai Y, et al. Coagulation behavior of graphene oxide on nanocrystallined Mg/Al layered double hydroxides: Batch experimental and theoretical calculation study[J]. Environmental Science & Technology, 2016, 50 (7): 3658-3667.

[4] Sillanpaa M, Ncibi M C, Matilainen A, et al. Removal of natural organic matter in drinking water treatment by coagulation: A comprehensive review[J]. Chemosphere, 2018, 190: 54-71.

[5] Lapointe M, Farner J M, Hernandez L M, et al. Understanding and improving microplastic removal during water treatment: Impact of coagulation and flocculation[J]. Environmental Science & Technology, 2020, 54 (14): 8719-8727.

[6] Tahreen A, Jami M S, Ali F. Role of electrocoagulation in wastewater treatment: A developmental review[J]. Journal of Water Process Engineering, 2020, 37:101440.

[7] Gould T J, Vu T T, Swystun L L, et al. Neutrophil extracellular traps promote thrombin generation through platelet-dependent and platelet-independent mechanisms[J]. Arteriosclerosis Thrombosis and Vascular Biology, 2014, 34 (9): 1977-1984.

[8] Badawi A K, Zaher K. Hybrid treatment system for real textile wastewater remediation based on coagulation/flocculation, adsorption and filtration processes: Performance and economic evaluation[J]. Journal of Water Process Engineering, 2021, 40:101963.

[9] 孙一鸣．混凝污泥回流强化混凝深度处理制药废水研究 [J]. 资源节约与环保，2023 (11): 79-82.

[10] 李砂，黄智研，卢钒，等．强化混凝耦合改性沸石过滤处理微污染水 [J]. 水处理技术，2024, 50(4): 111-116, 123.

[11] 李金印，杨曦，黄维巍，等．基于两级强化化学混凝沉淀法的低浓度含氟工业废水深度除氟研究 [J]. 水处理技术，2024, 50(2): 121-124.

[12] 李国浩．强化混凝沉淀法处理生活垃圾渗滤液实验研究 [J]. 当代化工，2024, 53(3): 530-534.

[13] 李佳岷．钛盐复合药剂微絮凝强化过滤性能及机理研究 [D]. 济南：山东建筑大学，2021.

[14] 徐文媛，李素颖，汪焱，等．微污染水源水处理技术研究进展 [J]. 现代化工，2021, 41(7): 51-55.

[15] 王小利．微絮凝强化过滤工艺的应用研究及问题分析 [J]. 山西化工，2022, 42(7): 134-135.

[16] 林珂．典型水源卤代苯醌类消毒副产物生成特性及预氧化强化混凝控制技术研究 [D]. 济南：山东建筑大学，2022.

[17] 夏德华．高浓度活性氧强化 UV 深度消毒技术及应用 [J]. 中国环保产业，2022 (2): 35-36.

[18] Edzwald J K, Tobiason J E. Enhanced coagulation: US requirements and a broader view[J]. Water Science & Technology, 1999, 40(9): 63-70.

[19] Kamaruddin M A, Abdullah M M A, Yusoff M S, et al. Coagulation-flocculation process in landfill leachate treatment: Focus on coagulants and coagulants aid[J]. Iop Conference Series Materials Science and Engineering, 2017, 209(1): 12083.
[20] 上海市政工程设计研究院 . 给水排水设计手册　城镇给水 [M]. 2 版 . 北京：中国建筑工业出版社，2008.
[21] Zhang L, Liu X, Zhang M, et al. The effect of pH/PAC on the coagulation of anionic surfactant wastewater generated in the cosmetic production[J]. Journal of Environmental Chemical Engineering, 2023, 11(2):109312.
[22] 刘啸尘，林英姿 . 三维荧光光谱表征饮用水中溶解性有机物研究进展 [J]. 云南化工，2023, 50(5): 1-4.
[23] 夏明明，刘佳，吴萌，等 . 含钙添加剂处理下不同秸秆腐解产物可溶性有机质三维荧光特征变化 [J]. 光谱学与光谱分析，2024, 44(1): 118-124.
[24] 黄玉双，于秀静，吴蝶，等 . 岩门秀芽茶叶主要浸出物三维荧光指纹图谱分析 [J]. 化学研究，2023, 34(6): 490-495.
[25] 吴珍 . 高分子铝盐优化混凝控制水中腐殖酸特性研究 [D]. 长沙：湖南大学，2011.
[26] 潘世英，万吉昌，高宝玉，等 . 混凝实验条件下混凝剂最佳投加量的选择方法研究 [J]. 工业水处理，2011, 31(10): 25-27.
[27] 朱晓彦，王丽丽，樊开青 . 响应曲面法优化混凝-吸附工艺的条件研究 [J]. 能源与环境，2024 (1): 86-89, 105.
[28] 陶辉，王伦，陈卫，等 . 粉末活性炭回流 / 超滤工艺处理微污染原水 [J]. 中国给水排水，2015, 31(1): 36-40.
[29] 纪洪杰，于海宽，于洁，等 . 浓缩炭泥回流、超滤组合工艺处理引黄水库水 [J]. 中国给水排水，2014, 30(18): 18-22.
[30] 朱兆亮，崔山，葛孝新，等 . 炭泥生物再生系统循环吸附降解有机物研究 [J]. 中国给水排水，2018, 34(11): 61-65.
[31] 苏晓，韩宏大，胡建坤，等 . 预氧化联合 PAC 强化混凝沉淀去除引滦水中 2-MIB [J]. 中国给水排水，2023, 39 (21): 27-33.
[32] 吕佳，岳银玲，张岚 . 国内外饮用水消毒技术应用与优化研究进展 [J]. 中国公共卫生，2016, 33(3): 428-432.
[33] 徐兵，陈伟 . 微絮凝强化过滤在嘉兴贯泾港水厂的应用 [J]. 中国给水排水，2009, 25(12): 57-59, 62.
[34] 黄政宇，吴霄龙，李昂臻，等 . 原位生成铁锰复合氧化物在微絮凝 / 过滤工艺中除砷 [J]. 中国给水排水，2024, 40(1): 8-14.
[35] 马天 . 微絮凝-砂滤保障再生水的生物安全性研究 [J]. 中国市政工程，2023 (6): 40-43, 98-99.
[36] 巨拓山 . 微絮凝与滤布滤池组合工艺在城市景观用水水质提升中的应用 [J]. 皮革制作与环保科技，2023, 4 (17): 55-57.
[37] 李路野，陈伟雄，沈玉东 . 微絮凝-高速深层过滤技术用于污水处理厂提标改造 [J]. 中国给水排水，2023, 39 (22): 73-77.
[38] 孙红杰，谷晓昱 . 絮凝最佳水力条件的实验研究 [J]. 工业水处理，2005 (5): 53-55.
[39] 王迅，李伟，刘玉灿 . 新型混凝剂聚合氯化铝钛的制备及性能表征 [J]. 水处理技术，2019 (2): 27-31.
[40] Jiao R Y, Xu H, Xu W Y, et al. Influence of coagulation mechanisms on the residual aluminum — The roles of coagulant species and MW of organic matter[J]. Journal of Hazardous Materials, 2015, 290:16-25.
[41] 陈伯俭 . 南水北调（邯郸段）水源水预氧化强化混凝试验研究 [D]. 邯郸：河北工程大学，2020.
[42] 孙仲昊，徐斌，胡晨燕，等 . 氯胺消毒过程中碘代三卤甲烷生成的影响因素 [J]. 中国给水排水，2013, 29(5): 1-4.
[43] 王超，胡洪营，王丽莎，等 . 典型含氮有机物的氯消毒副产物生成潜能研究 [J]. 中国给水排水，2006, 22(15): 9-12.
[44] 王珊，刘金虎，黄鑫，等 . FC-CTS 微絮凝过滤控制三卤甲烷生成势研究 [J]. 中国环境科学，2023, 43(8): 3994-4002.
[45] 张克峰，岳浩伟，王珊，等 . 不同碱化度钛铁复合药剂微絮凝强化过滤性能研究 [J]. 工业水处理，2022, 42(9): 160-166.
[46] 黄斌，施周，张乐，等 . 基于颗粒物计数的微絮凝强化过滤效果探讨 [J]. 中国给水排水，2016, 32(23): 54-57.
[47] 季丹，陈乾，彭小军，等 . 强化混凝技术研究与发展方向 [J]. 江西化工，2014 (3): 61-63.
[48] 任宇霞 . 强化混凝特征及季节适应性研究 [D]. 太原：山西大学，2019.
[49] 陈思育，曲宝成，王炫凯，等 . 卤代苯醌前体来源及环境污染特征研究进展 [J]. 环境科学与技术，2023, 46(6):

203-211.

[50] 肖静怡，陆都，莫燕，等．饮用水中卤代苯醌的形成及其影响因素研究 [J]. 广西医科大学学报，2022, 39 (11): 1818-1825.

[51] Li N, Sheng G P, Lu Y Z, et al. Removal of antibiotic resistance genes from wastewater treatment plant effluent by coagulation[J]. Water Research, 2017, 111: 204-212.

[52] Qi C, Liu X, Ma J, et al. Activation of peroxymonosulfate by base: Implications for the degradation of organic pollutants[J]. Chemosphere, 2016, 151: 280-288.

[53] Du W, Zhang Q, Shang Y, et al. Sulfate saturated biosorbent-derived Co-S@NC nanoarchitecture as an efficient catalyst for peroxymonosulfate activation[J]. Applied Catalysis B: Environmental, 2020, 262: 118302.

[54] Lee S, Kim S, Cho J, et al. Natural organic matter fouling due to foulant–membrane physicochemical interactions[J]. Desalination, 2007, 202 (1/2): 377-384.

[55] Kim S, Hoek E M V. Interactions controlling biopolymer fouling of reverse osmosis membranes[J]. Desalination, 2007, 202 (1): 333-342.

[56] Tian X M, Li Y Z, Xu H Z, et al. Fe^{2+} activating sodium percarbonate (SPC) to enhance removal of microcystis aeruginosa and microcystins with pre-oxidation and in situ coagulation[J]. Journal of Hazardous Materials, 2021, 412: 125206.

[57] Mendret J, Guigui C, Schmitz P, et al. In situ dynamic characterisation of fouling under different pressure conditions during dead-end filtration: Compressibility properties of particle cakes[J]. Journal of Membrane Science, 2009, 333 (1/2): 20-29.

第4章 气浮强化及其组合工艺与应用

- ▲ 强化气浮强化技术
- ▲ 浮滤 / 浮沉组合工艺
- ▲ 气浮评估验证与标准化技术规程
- ▲ 典型工程案例
- ▲ 展望

湖库水源往往浊度较高，含有藻类、悬浮物、溶解有机物、微生物和胶体等，这些物质对饮用水的质量和安全性构成威胁。传统的处理工艺如混凝、沉淀和过滤等在处理湖库水源时往往存在能耗大、处理速度慢、处理效果不稳定、难以有效去除微小颗粒、去除效果受水质变化影响大等问题。针对上述不足，气浮工艺作为一种新型水处理技术，通过引入气泡，使微小颗粒附着气泡上浮至水面，从而实现高效去除细小颗粒的目的。同时，气浮工艺适用于不同类型的湖库水源，可适用于高浊度水、高固体含量水和高有机物含量水等多样性水质。另外，气浮工艺对水质变化较为稳定，能够较好地应对湖库水源的水质波动。根据实际需要，可以调节处理参数以保持稳定的处理效果。本章将气浮工艺与其他适用的处理工艺相结合，重点论述气浮强化技术（共聚、改性、臭氧化强化技术）、浮滤 / 浮沉组合工艺、气浮评估验证和标准化，最后介绍了气浮强化及其组合工艺在水厂的典型应用案例。

4.1 气浮强化技术

4.1.1 共聚气浮技术原理与特点

4.1.1.1 共聚气浮工艺对污染物的去除机理

（1）工艺各单元对污染物的去除机理

共聚气浮工艺在较低投药量情况下对原水中的浊度、有机物、藻含量、叶绿素 a 及 2-甲基异莰醇（2-MIB）有较好的去除效果。工艺运行过程中，混凝及气浮均可对藻类及其产物起到去除效果。但二者的去除机制不同，效果亦不同。

混合-絮凝过程的去除机理主要为：

① 投加的金属电解质或聚合离子与水中带负电的胶体状有机物吸附发生电中和，从而脱稳聚集。

② 金属电解质或聚合离子与某些溶解性有机物反应生成沉淀。

③ 有机分子吸附于絮凝体表面或转化为絮凝体的一部分。

随着混凝剂投加量的增加，对藻类及有机体的去除效果有一定程度的加强，但增加程度有限。进入气浮工艺后，通过气浮接触区、分离区的多相絮凝接触作用，藻体及有机物可进一步去除。其主要机理为：

① 在微气泡形成时，部分疏水性大分子有机物吸附在微气泡表面随之去除，这类疏水性大分子有机物黏附在气泡表面充当了表面活性剂，有利于提高微气泡的表面性能。

② 藻类等悬浮有机颗粒及胶状天然有机物（NOM）表面有良好的疏水性能。因此，在气浮接触区，超饱和溶气水中过量的空气易在这些疏水性表面析出，二者从而形成整体上浮。

③ 气浮过程中产生的大量微气泡，以及溶气回流水的二次通入，使得水中各有机颗粒（如藻类、细菌、NOM 等）的碰撞机会增加，同时也促进了其他脱稳颗粒的絮凝。

④ 对藻类等有机颗粒去除的主要机理仍是其与气泡的碰撞、黏附过程。

（2）气泡与絮体的黏附

气浮净水的机理实质上是气泡与絮体的黏附。但在气泡与絮体碰撞黏附时气泡并非完全黏附于絮体表面，两者相互靠近时，中间还存在着一层水化层（液膜）。研究发现，水化层的产生是由于在气泡生成过程中形成了水 / 空气的新界面。该水化层的物理化学特性（如分子排列结构及表面张力等）以及自由能均有异于周围水体主体，两者的表面自由能之间存在一定差值（图 4-1），而该自由能差被称为“分离压”。絮体与气泡间的液膜越薄，两者发生黏附的可能性就越大。一般情况下，当该水化层的厚度低至一定程度时（一般为几百纳米）表面力在碰撞过程中占主导作用。

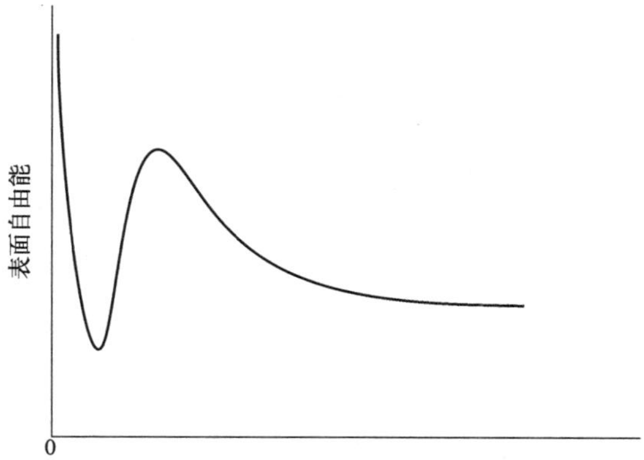

图 4-1　水化层表面自由能变化曲线

气泡在与絮体颗粒碰撞黏附时，有以下几种方式：

① 气泡直接与絮体碰撞并黏附；

② 絮体的吸附架桥、卷扫及网捕作用；

③ 过饱和溶气水中气泡从絮体表面析出（见图 4-2）；

④ 气泡被絮体包裹并在絮体间隙中生长。

其中第一种形式最为常见。

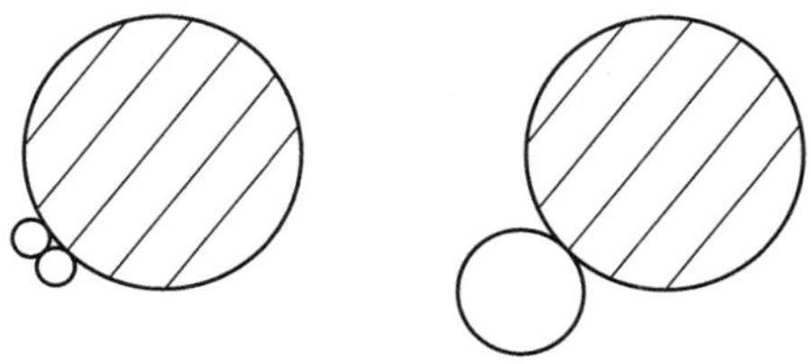

(a) 气泡核生成　　(b) 析出后气泡的增长

图 4-2　气泡从絮体表面析出、增长

气泡表面具有一定的强度是由于气泡膜上分子的定向排列。而且，这种分子的定向排列会削弱气泡膜的极性，使其具有疏水性。气泡会选择性地吸附周围水体中的带电粒子，这使得气泡表面疏水性发生变化。而通常情况下，气泡优先吸附负离子，使其表面带负电。在气浮中，该电位值在−100mV 左右，同时絮粒本身也带有少许负电荷，因此气泡与絮体间存在有较强的静电力。这种静电力作用会直接影响气泡与絮体间的碰撞及吸附过程。分子有序排列的气泡膜在与絮体的疏水性基团相遇时，两者通过分子间的范德华力相黏附，碰撞过程中，絮体属于柔性易变形体，与带有弹性的气泡膜碰撞属于软碰撞，碰撞后二者实现多点位黏附。

絮体的网捕、卷扫、吸附架桥作用可分为以下 3 种形式：

① 当絮体与絮体之间相互碰撞时，可将中间的游离气泡网捕进絮体内［见图 4-3（a）］；

② 气泡本身具有较大的动能，在运动过程中撞入絮体颗粒组成的网状结构中，被絮体包卷［见图 4-3（b）］；

③ 吸附了气泡的絮体，通过与气泡、絮粒间的吸附架桥结合长大［见图 4-3（c）］。

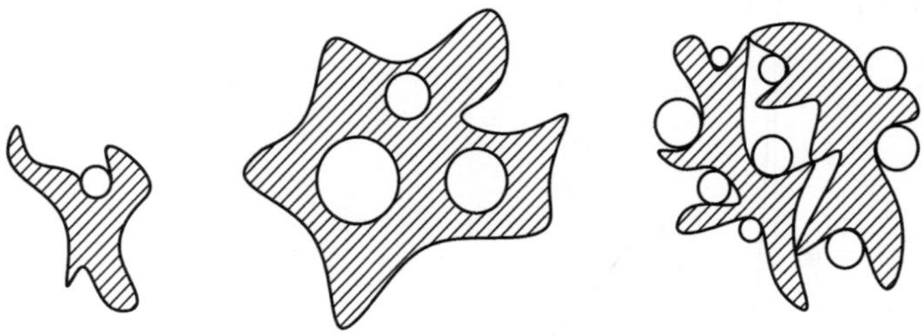

(a) 网捕　(b) 卷扫　(c) 吸附架桥

图 4-3　气泡与絮体结合

同时，藻体细胞本身的特性也对絮体的形成与黏附产生一定影响。藻体对金属离子尤其是铝离子有着较强的吸附作用，而且，藻细胞本身分泌的胞外聚合物（EPS）对铝离子的吸附作用也较强。因此，在絮凝过程中加入铝盐类絮凝剂有利于藻絮体的形成与吸附。此外，藻类的胞外聚合物（EPS）的一些特性也对藻絮体的形成有益。EPS 的结构及组分性质分别如表 4-1 和表 4-2 所列。

表 4-1　胞外聚合物（EPS）的结构形式

EPS 结构	结构特征
固着型	在藻体细胞壁表面牢固附着，且分子排列紧密，不易脱落
溶解型	不附着在细胞上而游离于溶液中，是水中溶解性 TOC 和 COD 的主要组成

表 4-2　胞外聚合物（EPS）的主要组分及性质

EPS 主要组分	组分性质
多糖（PS）	具有高度分支化学结构，链分子间相互缠绕、交错成无定形网络结构，起吸附架桥作用。具有羟基、羧基等带负电荷和亲水性官能团
蛋白质（PN）	具有丙氨酸等带正电和疏水性官能团，各官能团为吸附提供吸附位点

4.1.1.2　技术特点

气浮中的共聚作用发生在投加混凝剂后。大量微气泡进入投药混合后的反应水中，此时在混凝剂的作用下微絮粒正要形成，通过充分搅拌，微气泡与絮粒碰撞黏附，颗粒以微气泡为核成长。在这一过程中微气泡与微絮粒同时形成，一起生长，并结合在一起，共同成长为带气絮体。气泡与絮粒形成带气絮体后继续与助凝剂反应，使带气絮体进一步生长成为更大规模的“群”“团”。在这一过程中微气泡直接参与了絮粒的凝聚生长过程，并与凝聚体共同生长，因此将这一过程称作共聚气浮。通过共聚作用形成的带气絮体抗剪切能力强，气泡不易脱落，絮体结构十分稳定，上浮速度较快，且形成的浮渣含水率较低。一般，为了创造共聚条件，在原水中加入混凝剂后需进行快速混合和中速混合，使形成的微絮粒的粒径与微气泡直径大致相等（20 ～ 50μm）。在此情况下，经过共聚作用后带气絮体粒径可达到 100μm 或以上。这种共聚作用良好的气浮，可称为“共聚气浮”。将“共聚”作用运用到实际气浮净水工艺中，不仅可以减少投药量，而且可以简化和优化净水工艺，因此共聚气浮有很好的实际应用性。

4.1.2 共聚气浮参数优化与净水效果

本章通过静态试验对共聚气浮工艺的各运行参数进行确定并优化，以南水北调水与鹊华水库水掺混水为研究对象，进行共聚气浮工艺净化效果的试验研究。

共聚气浮系统由二级絮凝系统、共聚气浮系统、溶气系统 3 个部分组成（见图 4-4）。该工艺的处理规模为 0.5m^3/h，原水经由提升泵从配水桶输送至混合池，并由加药泵加入混凝剂聚合氯化铝铁（PAFC），之后进入强化絮凝区，分别经过一级絮凝池及二级絮凝池，絮凝总时间为 8min。在运行过程中向二级絮凝池中通入溶气回流水，使微气泡直接参与絮凝过程，在这一过程中微气泡与微絮粒同时形成，一起生长，并结合在一起，共同成长为带气絮体。气泡与絮粒形成带气絮体后继续与絮凝剂反应，使带气絮体进一步生长成为更大规模的“群”“团”，形成共聚作用。共聚气浮系统采用加压溶气气浮，气浮池由接触区和分离区构成。

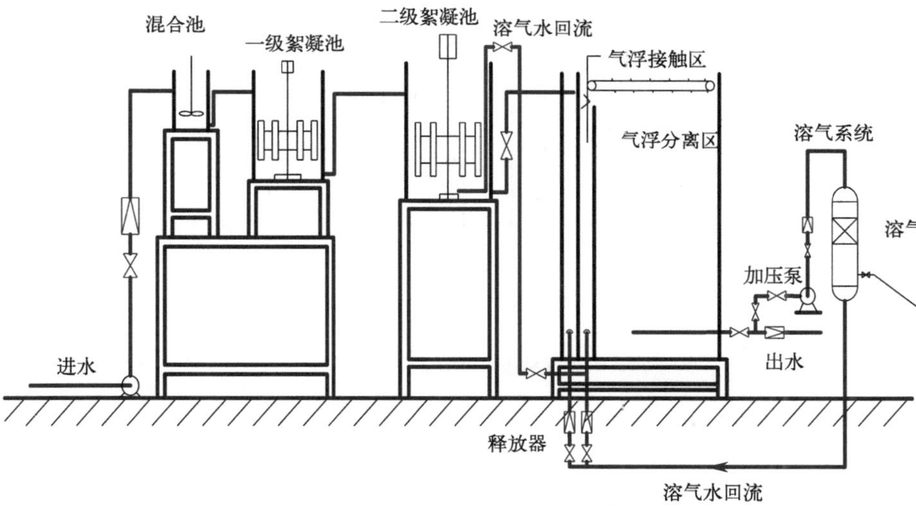

图 4-4　共聚气浮工艺流程

4.1.2.1 混凝单元运行条件优化研究

（1）混凝剂投加量优化

铁盐混凝剂对浊度、有机物等的去除效果相对铝盐类有优势，因为铁盐水解后形成的 $Fe(OH)_3$ 胶体呈枝杈结构，对水中污染颗粒有较好的网捕卷扫作用。而铝盐类混凝剂对于藻类的去除效果则较铁盐有优势，藻体细胞对 Al^{3+} 有较强的吸附作用，而且藻细胞本身分泌的胞外聚合物（EPS）对铝离子的吸附作用也较强，因此，在絮凝过程中加入铝盐类絮凝剂有利于藻絮体的形成与吸附。而聚合氯化铝铁集合了铁盐和铝盐的优点，取铝、铁混凝剂各自对气浮操作的有利之处。同时聚合絮凝剂能在保证出水水质的前提下降低混凝剂的投加量，并且聚合絮凝剂对水温、pH 值等外界条件的变化适应性较好。

采用静态试验方法，混凝剂选用鹊华水厂日常使用的聚合氯化铝铁（PAFC），试验设置不同 PAFC 投加量，考察共聚气浮对出水浊度、高锰酸盐指数及 UV_{254} 的去除效果。试验过程中，溶气压力 0.40MPa，溶气水总回流比 15%，试验时原水温度为 17 ～ 26℃，pH 值为 8.03 ～ 8.19。

试验过程：取原水 1L 放入 6 个有机玻璃烧杯中，按照设计投加量加入混凝剂，使用程控式六联搅拌仪进行混凝，混凝方式为 300r/min 转速下混合 90s，120r/min 转速下搅拌 4min，最后 80r/min 转速下搅拌 4min。混凝结束后，通入溶气水，静置 15min。从烧杯取样口进行取样检测。试验结果如图 4-5 所示。

试验结果显示，随着投药量从 1mg 增加到 6mg，浊度、高锰酸盐指数、UV_{254} 整体呈下降趋势，浊度从 4.01NTU 降至 0.65NTU，高锰酸盐指数从 5.77mg/L 降至 2.75mg/L，UV_{254} 则

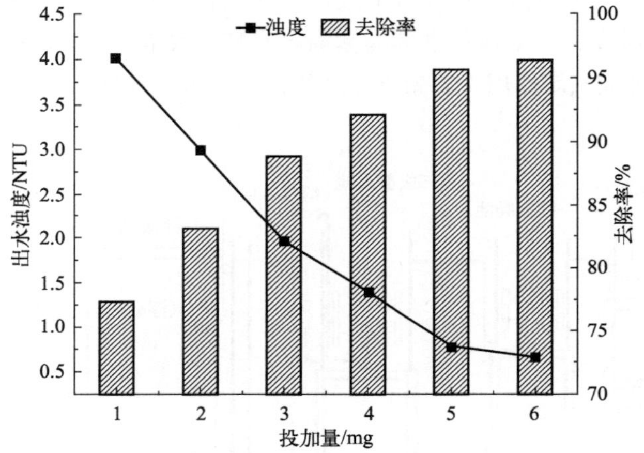

(a) 浊度随混凝剂投加量的变化趋势

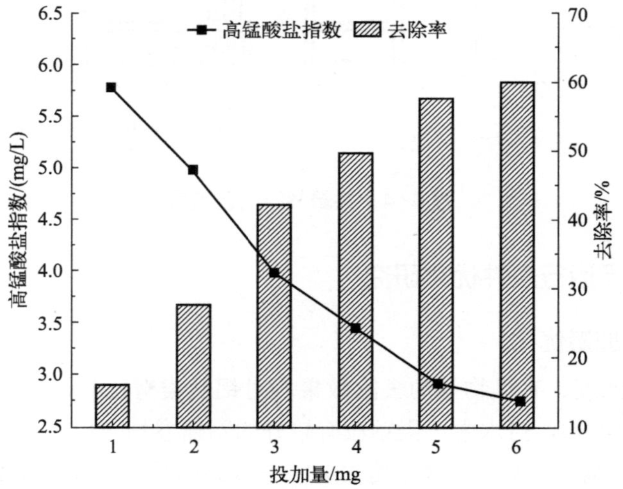

(b) 高锰酸盐指数随混凝剂投加量的变化趋势

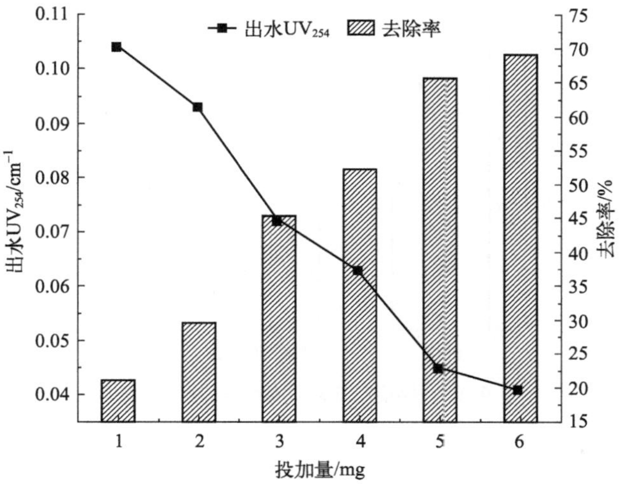

(c) UV_{254}随混凝剂投加量的变化趋势

图 4-5　浊度、高锰酸盐指数及 UV_{254} 随混凝剂投加量的变化趋势

从 $0.104cm^{-1}$ 降至 $0.041cm^{-1}$，去除率随之逐渐增加，但其变化率逐渐减小。当投药量为6mg时，浊度、高锰酸盐指数、UV_{254} 的去除率分别达到 96.3%、59%、68%。而投药量为 5mg 时，浊度、高锰酸盐指数、UV_{254} 分别为 0.77NTU、2.91mg/L 和 $0.045cm^{-1}$，相比投药量 6mg 时各污染指标虽有上升，但变化不明显。从经济因素考虑，混凝剂适宜投药量为 5mg。

（2）絮凝方式优化

试验分别采用常规一级絮凝和二级强化絮凝两种絮凝方式运行，分别研究两种絮凝方式对共聚气浮出水的影响，以此选出较优的絮凝方式。两种絮凝方式的试验步骤如下。

1）常规一级絮凝

① 取掺混水 1L 于烧杯中，混凝剂投加量为 5mg/L；

② 转速 300r/min，搅拌 90s；

③ 转速 80r/min，搅拌 8min；

④ 向烧杯中通入溶气水，静置 15min。

2）二级强化絮凝

① 取掺混水 1L 于烧杯中，混凝剂投加量为 5mg/L；

② 转速 300r/min，搅拌 90s；

③ 转速 120r/min，搅拌 2min；

④ 转速 80r/min，搅拌 6min；

⑤ 通入溶气回流水，静置 15min。

分别研究两种絮凝方式下各污染物指标的去除情况，试验结果如图 4-6 所示。试验结果表明，在其他运行条件相同，仅改变絮凝方式的情况下，二级强化絮凝对浊度、高锰酸盐指数、UV_{254} 的去除率分别达到 96.36%、45.21%、69.42%，一级絮凝对浊度、高锰酸盐指数、UV_{254} 的去除率分别为 94.31%、34.97%、50.74%。由以上试验结论可知，比较两种絮凝方式，二级强化絮凝方式在相同的絮凝时间下对污染物的去除效果更明显，因此在共聚气浮工艺处理掺混水的试验中采用二级强化絮凝。

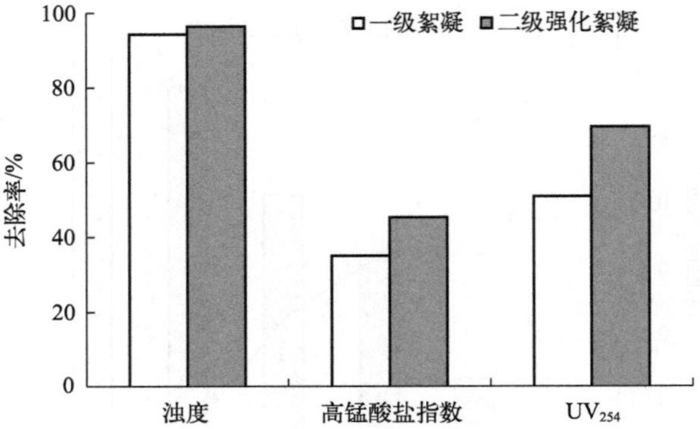

图 4-6 絮凝方式对污染物去除率的影响

（3）絮凝时间优化

试验运行条件：聚合氯化铝铁投加量 5mg/L，溶气压力 0.40MPa，溶气水总回流比 15%。絮凝方式采用二级强化絮凝，300r/min 搅拌 90s，120r/min 搅拌 2min，最后 80r/min 搅拌速度下慢速搅拌不同时间（2min、4min、6min、8min、10min），对共聚气浮出水浊度、高锰酸盐指数、UV_{254} 进行监测。试验结果见图 4-7。

试验结果显示，当絮凝时间从 2min 增加至 8min 时，浊度、高锰酸盐指数、UV_{254} 均随絮凝时间的增加而减少，浊度去除率从 85.55% 上升到 96.49%，高锰酸盐指数去除率从 48.62% 增加至 58.22%，UV_{254} 去除率则从 41.67% 提高到 68.18%，且当絮凝时间达到 8min 时，各污染物的去除率基本稳定。絮凝反应过程中，如果絮凝时间过短，则絮凝剂在水样中不能充分溶解分散，水中絮凝剂浓度不均匀，同时絮凝剂不能与污染物充分接触，不能对污染颗粒进行充分的黏附、捕集，不能良好地发挥絮凝作用，因此絮凝时间过短时污染物去除效果不佳。8min 过后，当絮凝时间继续增加，出水浊度和 UV_{254} 反而有所上升，浊度去除率降低了 1.76%，UV_{254} 去除率降低了 1.52%，高锰酸盐指数虽有下降，但降低不明显，去除率仅增加 0.73%。8min 以后，出水污染物指标有所上升，分析其原因：搅拌时间过长，可能导致已经形成的较大的疏松絮体在水力剪切作用下破碎，形成较小絮体，大部分破碎后的小絮

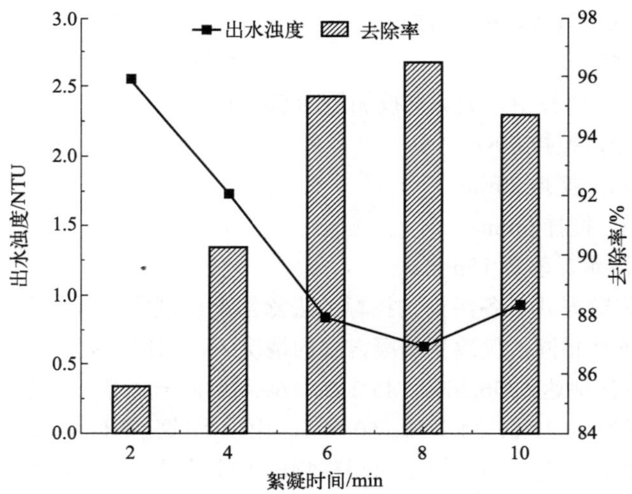

(a) 浊度随絮凝时间的变化趋势

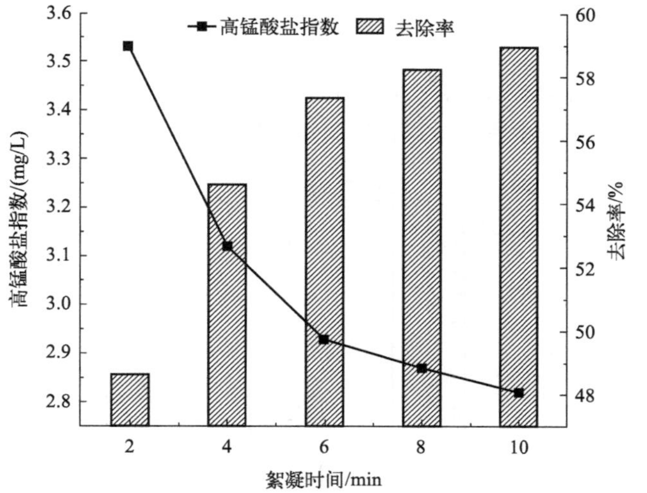

(b) 高锰酸盐指数随絮凝时间的变化趋势

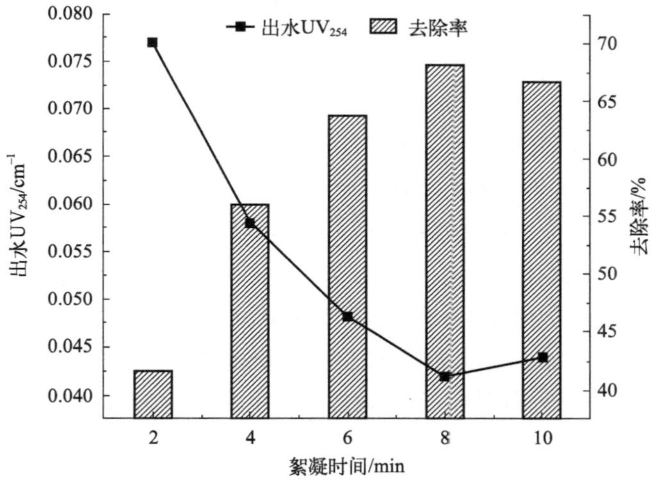

(c) UV_{254}随絮凝时间的变化趋势

图 4-7　浊度、高锰酸盐指数及 UV_{254} 随絮凝时间的变化趋势

体一般很难再絮凝，而且不易上浮或下沉，从而降低絮凝效果。因此絮凝时间不宜过长也不应过短，虽然在 8min 时各污染物去除效果最好，但相较于 6min 时，去除率没有明显提升，浊度、高锰酸盐指数、UV_{254} 去除率分别提高 1.13%、0.87%、4.55%。同时考虑实际工程中絮凝单元构筑物的容积及经济技术因素，优选二级絮凝时间为 6min。因此二级强化絮凝为：300r/min 搅拌 90s，120r/min 搅拌 2min，最后 80r/min 搅拌速度下慢速搅拌 6min。

4.1.2.2　气浮单元运行条件优化研究

（1）溶气水回流方式优化

常规溶气水回流方式：向原水中加入 PAFC 后，300r/min 搅拌 90s，120r/min 搅拌 2min，最后 80r/min 搅拌速度下慢速搅拌 6min，最后通入溶气水，静置取样。

溶气水二次回流方式：向原水中加入 PAFC 后，300r/min 搅拌 90s，120r/min 搅拌 2min，通入溶气水（占总回流比 1/3），此时微气泡与初凝絮粒发生共聚作用，形成带气絮体。80r/min 搅拌速度下慢速搅拌 6min 后，再次通入溶气水，静置取样。

试验中，溶气压力 0.4MPa，溶气水总回流比 15%，PAFC 投加量 5mg/L。分别考察两种溶气水回流方式下各污染物的去除效果，试验结果见图 4-8。

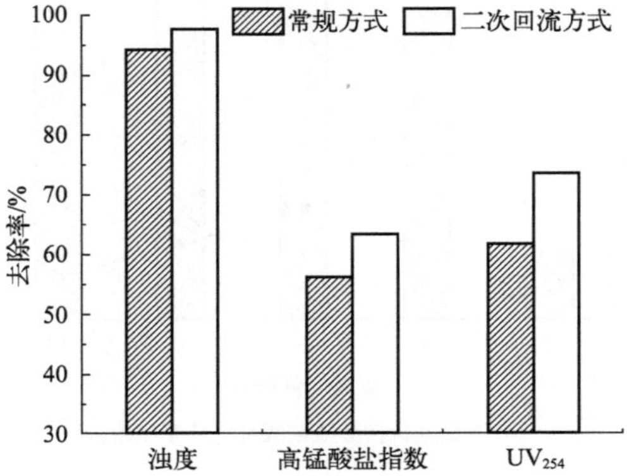

图 4-8　不同回流方式污染物去除率对比

从图 4-8 中可以看出，二次回流运行方式对污染物的去除效果明显优于常规的絮凝结束后一次通入溶气水的运行方式。与常规气浮方式相比，溶气水二次回流方式运行下，对浊度、高锰酸盐指数、UV_{254} 的去除率分别提高了 3.42%、7.17%、11.85%。因此，在后续共聚气浮工艺运行中采用溶气水二次回流的运行方式。

（2）溶气水回流比优化

试验中，PAFC 投加量为 5mg/L，溶气压力为 0.4MPa，絮凝方式采用二级强化絮凝：300r/min 搅拌 90s，120r/min 搅拌 2min，通入溶气水（占总回流比的 1/3），最后 80r/min 搅拌速度下搅拌 6min，再次通入溶气水，静置取样。分别设置回流比为 5%、10%、15%、20%、25%。考察不同回流比对污染物的去除效果，并优选出适宜的回流比。试验结果如图 4-9 所示。

由试验结果可知，除 UV_{254} 最后有少许波动外，浊度、高锰酸盐指数、UV_{254} 均随着回流比的增加而降低，且削减值变化率逐渐减小，各指标去除率也均随回流比增加而增加。当回流比从 5% 增加至 25% 时，浊度去除率从 87.1% 增加至 96.8%，高锰酸盐指数去除率从 52.9% 增加至 61.6%，UV_{254} 去除率从 37.8% 增加至 64.4%。并且回流比从 5% 增加到 15% 时各污染物去除率明显提高。而当回流比从 15% 增加至 25% 时，浊度、高锰酸盐指数、UV_{254} 去除率分别只增加了 0.4%、0.6%、0.7%，因此回流比超过 15% 后，去除率虽有增加，但增加幅度不大。回流比为 15% 时，浊度、高锰酸盐指数、UV_{254} 分别为 0.63NTU、2.68mg/L、0.048cm^{-1}，兼顾经济技术等因素，回流比确定为 15%。

4.1.2.3　共聚气浮工艺除浊效能与颗粒物去除特性

（1）对浊度的去除效果

对浊度去除效果如图 4-10 所示。共聚气浮出水浊度在 0.79 ～ 1.53NTU 之间，平均为 1.155NTU，去除率最高达 96.26%，平均去除率为 93.92%。工艺运行过程中，出水浊度整体平稳，波动不大。

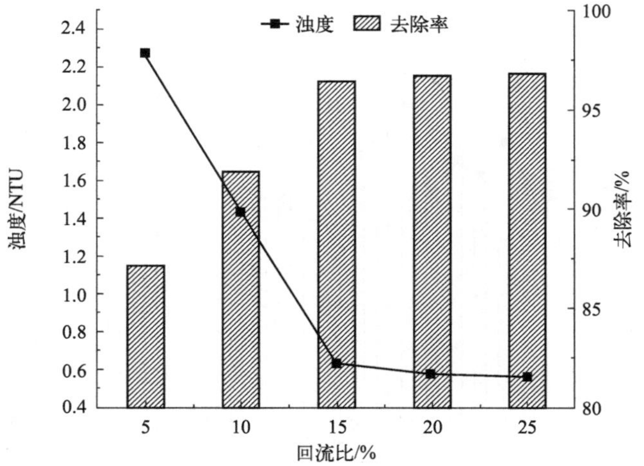

(a) 浊度随回流比的变化趋势

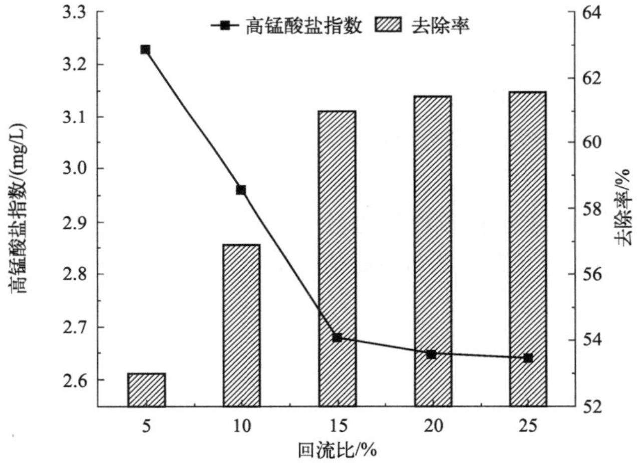

(b) 高锰酸盐指数随回流比的变化趋势

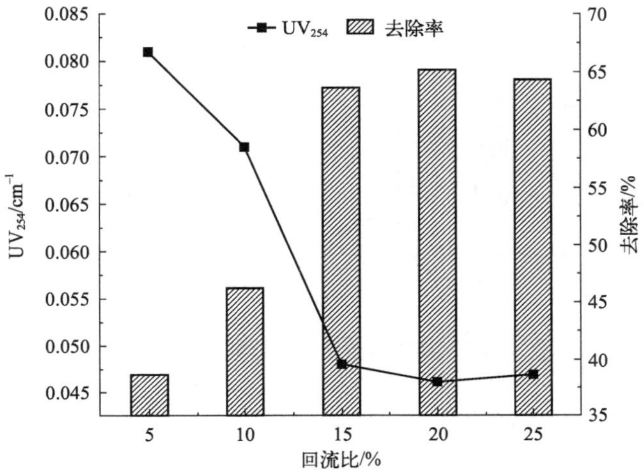

(c) UV_{254}随回流比的变化趋势

图 4-9　浊度、高锰酸盐指数及 UV_{254} 随回流比的变化趋势

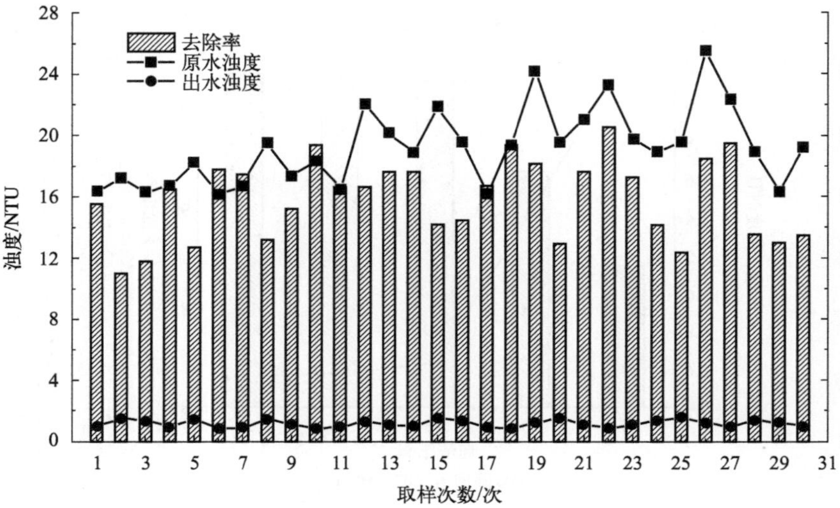

图 4-10　共聚气浮工艺对浊度的去除效果

（2）对颗粒物的去除效果

共聚气浮稳定出水颗粒物指标情况如图 4-11 所示，原水颗粒数平均为 19727 个 /L，且原水颗粒物中粒径＞ 25μm 的颗粒数为零。出水中粒径在 2 ～ 7μm 范围的颗粒物占总颗粒数的 90% 以上，共聚气浮出水颗粒数平均值为 3012 个 /L，工艺对颗粒数的平均去除率为 84.73%。共聚气浮工艺对水中颗粒物有较好的去除作用。

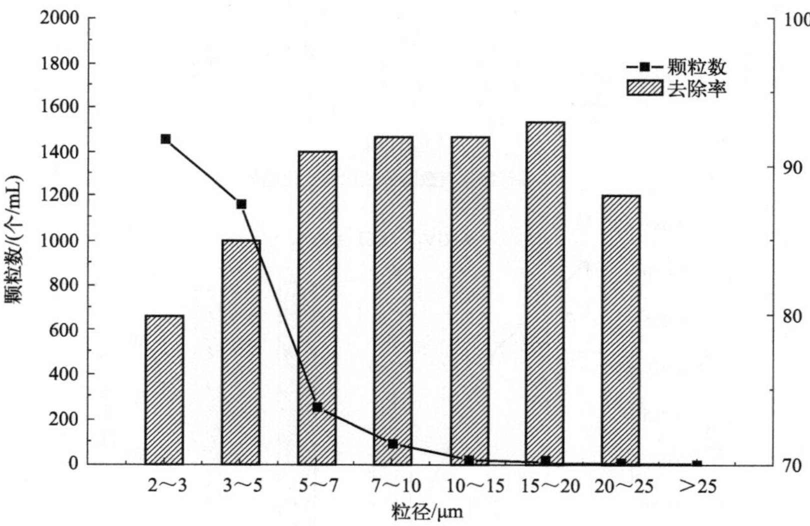

图 4-11　共聚气浮工艺对颗粒物的去除效果

4.1.2.4　共聚气浮工艺去除有机物效能研究

（1）对高锰酸盐指数的去除效果

采用共聚气浮工艺运行，对高锰酸盐指数的去除效果如图 4-12 所示。原水高锰酸盐指数在 6.21 ～ 7.33mg/L 之间，出水高锰酸盐指数在 3.13 ～ 4.28mg/L 之间，平均为 3.68mg/L，平均去除率为 38.88%。

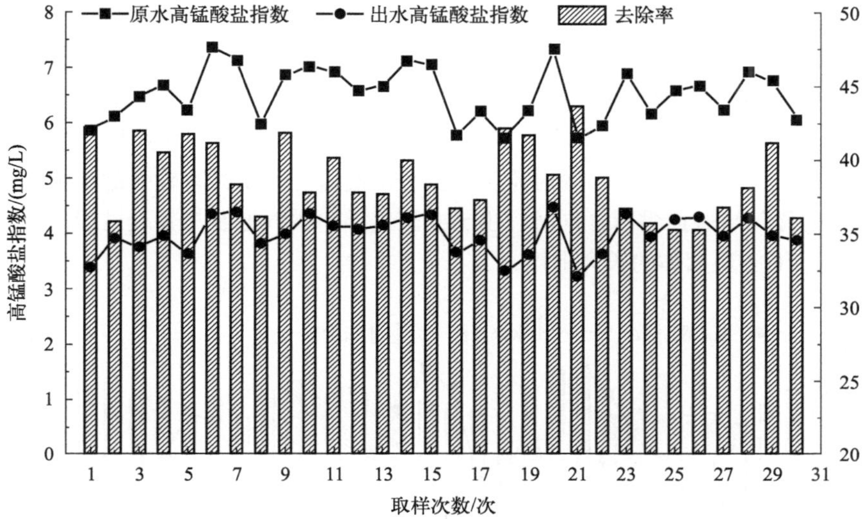

图 4-12　共聚气浮工艺对高锰酸盐指数的去除效果

（2）对 UV_{254} 的去除效果

采用共聚气浮工艺运行，对 UV_{254} 的去除效果如图 4-13 所示。原水 UV_{254} 在 0.132 ～ 0.154cm^{-1} 之间，出水 UV_{254} 在 0.072 ～ 0.087cm^{-1} 之间，平均为 0.0802cm^{-1}，平均去除率为 44.29%。

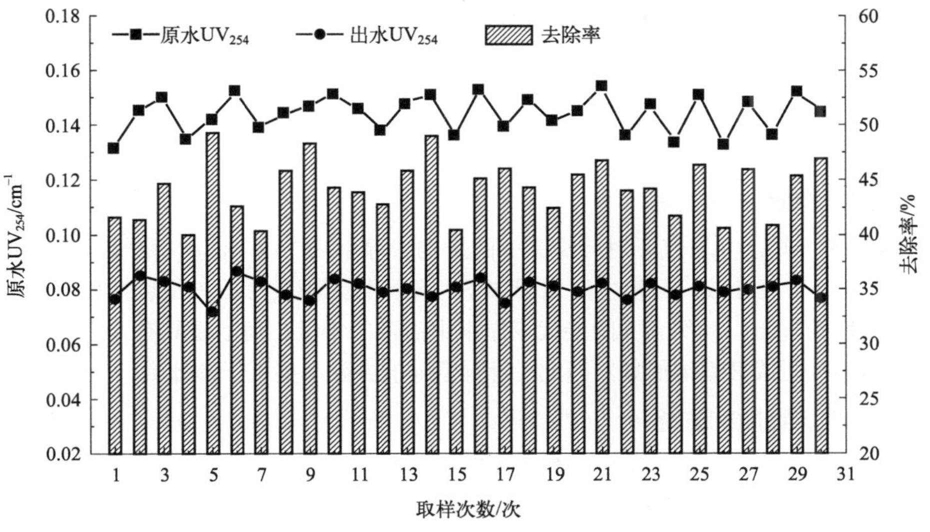

图 4-13　共聚气浮工艺对 UV_{254} 的去除效果

4.1.2.5　共聚气浮工艺对藻类的去除效能

为考察共聚气浮工艺对藻类的去除效能，在 7 ～ 8 月藻类暴发期对玉清水库原水进行取样研究。试验进行期间，原水温度 22 ～ 26℃，pH 值 7.90 ～ 8.13，原水藻计数 2.92×10^7 ～ 5.36×10^7 个 /L，叶绿素 a 含量为 6.785 ～ 7.621μg/L，2-甲基异莰醇（2-MIB）含量为 14.88 ～ 15.62ng/L。

（1）对藻类的去除

共聚气浮出水藻计数为 1.60×10^6 ～ 4.10×10^6 个 /L，对藻类的平均去除率为 93.43%，如图 4-14 所示。试验结果表明，共聚气浮工艺对藻体具有较好的去除效果。由于原水中多数藻类自身密度不大，易于悬浮，同时藻类细胞分泌的胞外物质具有较强的疏水性，因此很容易与上升中的微气泡碰撞黏附。同时，由于共聚气浮中微气泡参与絮凝过程，溶气水分级加入，更有利于气泡-藻絮体的长大上浮。

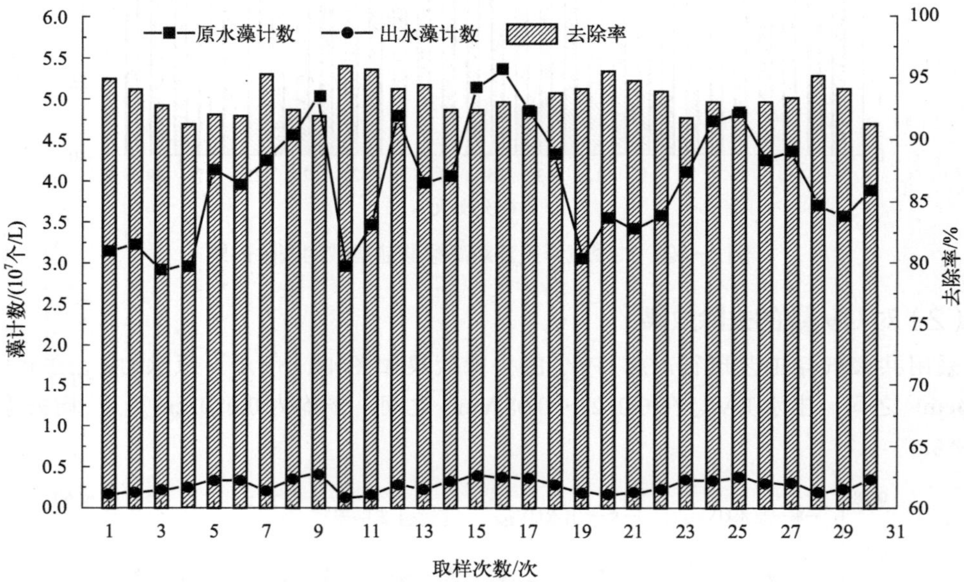

图 4-14　共聚气浮工艺对藻类的去除效果

（2）对叶绿素 a 的去除

由图 4-15 可知，共聚气浮对叶绿素 a 的平均去除率为 73.87%。共聚气浮工艺对叶绿素 a 的去除率低于对藻计数。分析主要原因如下：藻计数为藻类总数，是包括死藻与活藻的所有藻体，一般情况下，叶绿素 a 间接代表原水中活藻的含量，而活藻具有一定的机动性，不易与气泡碰撞吸附或被絮体捕集。因此，叶绿素 a 的去除率要低于藻计数。

（3）对嗅味物质的去除

由图 4-16 可知，共聚气浮出水嗅味物质 2-MIB 为 5.57 ～ 7.097μg/L，对 2-MIB 的平均去除率为 74.51%。原水中的颤藻、鞘丝藻、硅藻等藻种属都可以产生嗅味物质，尤其在藻类暴发期，嗅味物质难以被传统的常规工艺去除，导致出水嗅味、异味较大，引起感官不适。常规工艺中，气泡往往吸附在絮体周围，不能形成很好的包裹。在共聚气浮中，絮体夹带气泡将气泡包卷在中间，形成的絮体更加紧密且不易破碎，气浮中藻体细胞不易被破坏，因此嗅味物质不会大量释放，更易被去除。

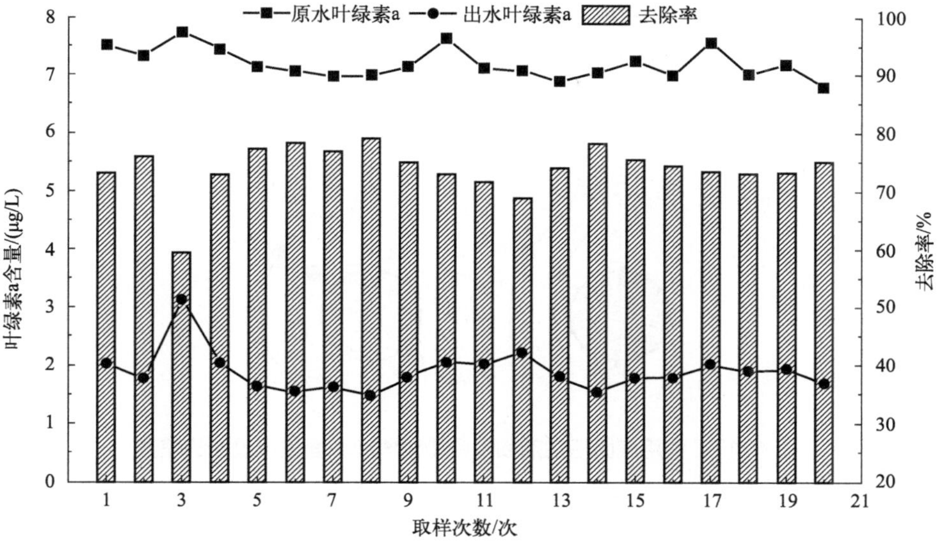

图 4-15　共聚气浮工艺对叶绿素 a 的去除效果

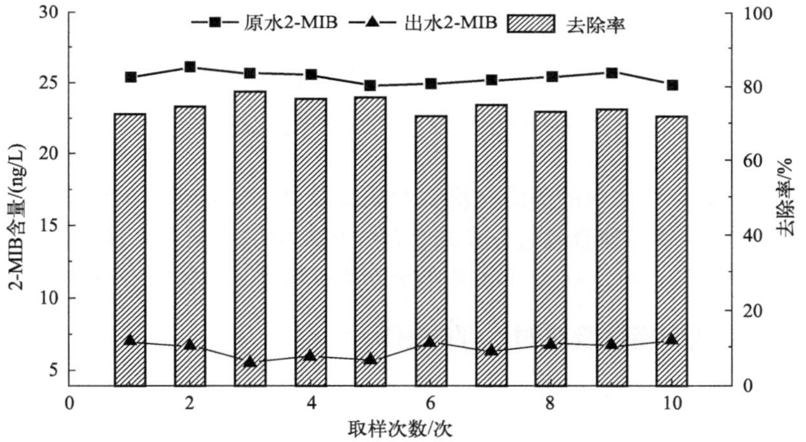

图 4-16　共聚气浮工艺对 2-MIB 的去除效果

4.1.3 改性气浮技术原理与特点

4.1.3.1 微气泡表面改性气浮技术机理

气泡的特定表面功能取决于其表面化学涂层的性质。已有研究证明，表面活性剂由于拥有疏水基团，在疏水力的作用下牢牢附着在微气泡表面而使微气泡表面电性发生改变。使用阴离子表面活性剂使得气泡表面负电荷更加显著，而使用阳离子表面活性剂则产生了带正电荷的气泡。

表面活性剂的疏水性基团能使其够紧密地附着在微气泡表面，但由于其分子链短，只能起到提供疏水基团和电荷改性的作用，去除效果不明显。阳离子聚合物附着在微气泡表面后能够增大微气泡的扫描体积（接触面积），增大微气泡与胶体颗粒的接触与黏附概率。虽然效果已经非常显著，但由于缺乏疏水基团，普通的聚合物在微气泡表面的黏附不够牢固，所以去除效果还有提升空间。而疏水基团缔合后的聚合物能够进一步提升去除效果。两者对比如图 4-17 所示。

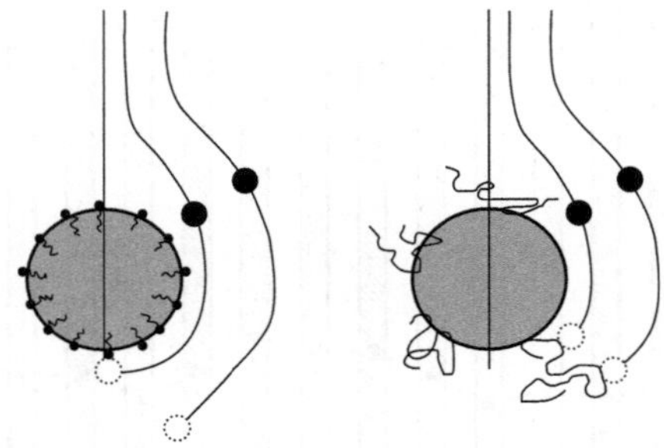

图 4-17　使用表面活性剂和聚合物对气泡表面进行改性的差异

类似地，添加二价和三价金属混凝剂也能够改变气泡的表面电荷性质，这可能是带正电的铝和氢氧化镁沉淀物与羟基化的溶解物质吸附在气泡表面造成的。使用部分阳离子聚合物（例如 PDMDAAC、壳聚糖等）对微气泡进行表面改性也产生了带正电荷的微气泡。由于微气泡表面带有负电荷，在静电力的作用下，阳离子聚合物附着在微气泡表面，使得微气泡显示带有正电荷。在天然水体中，颗粒物及藻细胞带有负电荷，因此，为了加强细胞与气泡的黏附，使用带有正电荷的微气泡是更加理想的。但是研究证明静电力在黏附过程中并未起到主要作用，电荷可能不是保证气泡和藻细胞黏附的关键。而气泡与藻细胞之间的聚合物桥接可能更为重要。

近年来，有研究证明水中的藻源有机物对 Posi-DAF（微纳米气泡溶气气浮工艺）有着明显的影响，AOM 能够与聚合物进一步络合形成更长的网络架桥，聚合物和 AOM 的复合物成为了连接气泡、聚合物、AOM 和细胞的大网络，增强了整体细胞捕获效果。

4.1.3.2　微纳米气泡特性及其对气浮的影响

（1）微纳米气泡粒径对气浮的影响

微纳米气泡的比表面积较大，在气体体积相同的情况下，微纳米气泡的表面积要远比毫米气泡大。微纳米气泡为颗粒物创造了更多的附着位置。减小气泡尺寸能够显著提高气浮的固液分离效率，Dockko 等研究了通过减小气泡尺寸及改变气泡表面电荷的方法在颗粒物性质不变的情况下强化气浮效能的可行性。与微米气泡气浮技术相比，将微纳米气泡应用于水中污染物的去除时，其去除效果以及成本明显更具有优势。根据气泡尺寸在气浮技术对胶体颗粒去除效果中的影响进行了试验研究。试验通过控制气液混合叶轮的转速来改变产生的气泡的粒径。结果证明，当气泡的平均粒径从 655μm 降低到 75μm 时，微气泡尺寸不到 10 倍的降低带来了去除效率 100 倍的提升。同样，Yoon 的试验证实，气浮过程中气泡与胶体颗粒共聚作用的概率可以通过降低气泡的直径得到提升。试验过程中，胶体颗粒与气泡的共聚作用随着气泡尺寸的不断减小而加强，去除效率也得到了显著的提升。

纳米气泡的增加加强了浮选过程中气泡悬浮层的稳定性，气泡的上升速度减缓，达到了颗粒物和微气泡的接触时间增长的目的，从而提供了颗粒物分离上浮的有利条件。Tsai 等利用混凝-纳米气泡气浮工艺进行了中试规模的试验，结果证明，相比常规的混凝-气浮工艺，纳米气泡对污染物的去除效率提高了 40%，工艺对悬浮总固体（total suspended solids, TSS）的去除率大约为 95%。纳米气泡的引入不仅提高了出水水质，还显著降低了处理成本。纳米气泡的引入能够明显提升处理印染废水时的预处理效率。相比传统气浮工艺，纳米气泡的引入不仅降低了混凝剂的用量，且色度、油污以及 COD 的去除率分别提高了 110%、40%、30%。这些研究也证明，与传统的混凝-气浮工艺相比，混凝预处理与纳米气泡浮选的组合工艺在成本和性能方面有着显著的优势。但与常规气浮工艺相比，微纳米气泡浮选工艺相对不够成熟。为控制成本，当降低气泡尺寸对去除效率提升较小时，建议仍然采用传统气浮工艺。在实际应用方面，为证明其可行性，微纳米气泡气浮工艺的运行参数还需进一步优化。

（2）表面电荷对气浮的影响

与普通气泡相比，微纳米气泡的界面电位更高，故其吸附性能较普通气泡更加优越。在水中收缩的瞬间，微纳米气泡的表面电荷会迅速聚集，离子浓度跃升，在破裂的瞬间达到最大值。在气浮的过程中，微纳米气泡的表面电荷扮演着重要的角色。混凝-负电荷纳米气泡气浮组合工艺在废水的预处理过程中对油脂及悬浮物质的吸附效果良好，实现了较高的去除率。使用该工艺对化学机械抛光污水进行处理，结果显著地提高了去除效率，从而有效地降低了水处理的成本。近年来，以高藻水为处理目标的相关研究表明，使用阳离子聚合物对微气泡表面进行正电荷改性能够有效地将藻细胞从水中分离。该工艺在没有混凝预处理的情况下对藻细胞和叶绿素 a 的去除率分别达到了 90% 和 92%，对于水中的有机物质，即总有机碳（包括溶解性有机碳以及其他脂肪族、芳香族化合物），表面改性微纳米气泡溶气气浮工艺（posi-dissolved air flotation, Posi -DAF）的去除率均能够达到 30% 以上。

在 Posi-DAF 工艺的去除机理方面，研究人员认为这归因于微纳米气泡和颗粒物之间具有相反的电荷和相似的尺寸，加强了微纳米气泡和污染物颗粒之间的碰撞效率，同时加强了微纳米气泡和污染物颗粒之间的黏附作用，使形成的气泡絮体更易于上浮。

4.1.4　改性气浮参数优化与净水效果

本章选用壳聚糖（CTS）作为改性微气泡共聚气浮技术的微气泡表面改性剂进行后续试验。壳聚糖别名壳素糖、蟹壳素、壳蛋白等，呈白色或灰白色、无定形、半透明，其化学名称为 (1,4)-2-氨基-2-脱氧-β-D-葡萄糖，是自然界中唯一含有游离氨基碱性阳离子的可食用动物纤维。它是甲壳素的脱乙酰产物，是甲壳素最基本、最重要的衍生产物，也是自然界中含量仅次于纤维素的天然阳离子高分子聚合物。CTS 具有天然无毒、生物降解性好、无二次污染等特点，因此在水处理和化工等行业中具有独特的应用优势。在水处理领域，由于大多数污染物表面带负电荷，而 CTS 不仅具有长链结构，其分子链上还含有丰富的游离氨基，可在酸性介质中质子化，是一种典型的阳离子聚电解质，这些特征使得 CTS 具有良好的絮凝性能，能较好地发挥电中和作用和吸附架桥作用。

4.1.4.1　壳聚糖投加比例对除污染效果的优化研究

图 4-18 为工艺在不同的壳聚糖（以 CH 记）与 PAFC（以 Al 记）投加比例下的浊度及 DOC 变化规律。由图可知，使用壳聚糖对微气泡进行改性使得工艺对原水中浊度及 DOC 的去除率均得到了有效的提升。同一 CTS 投加比下，随着 PAFC 投加量的增加去除率的提升效果渐渐减弱。壳聚糖的投加比最大时，加入 1mg/L 的 PAFC 使得浊度的去除率相比未投加壳

聚糖时提升了11.6%，DOC去除率提升了5.8%。但当PAFC投加量增加至5mg/L时仅提升了5.4%和4.7%。虽然继续增加PAFC的投加量对DOC去除率仍有微弱的提升，但对浊度去除率的提升非常微弱。

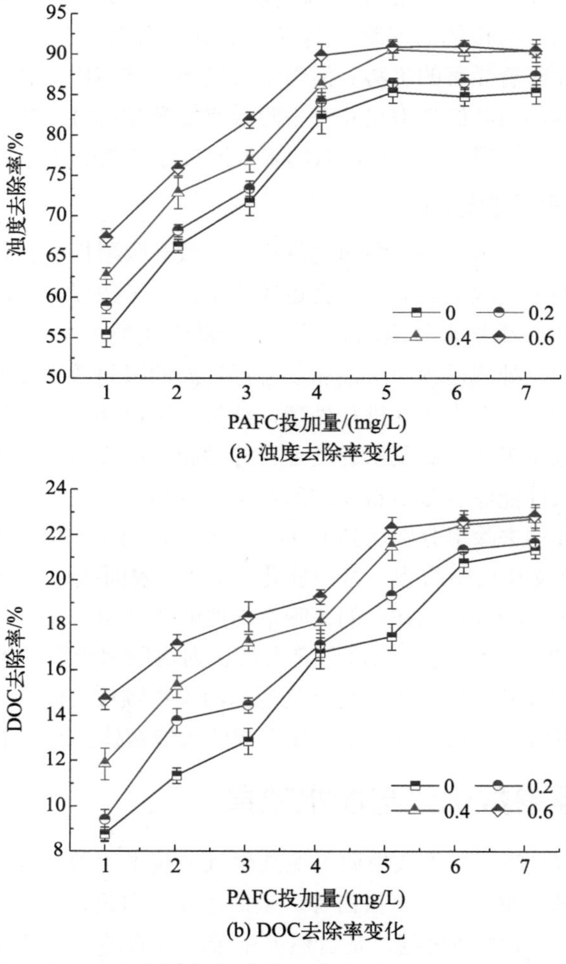

图4-18 浊度及DOC去除率随CTS投加比（0、0.2、0.4、0.6）的变化

溶气水pH=7；水温20℃

而同一PAFC投加剂量下，随着壳聚糖投加比的增大去除率的提升会愈发显著。投加比达到0.4后工艺对浊度以及DOC的提升效果接近峰值，且PAFC投加量为5mg/L时的去除率比未加入壳聚糖时分别提升了5.1%与3.9%，继续增大壳聚糖的投加比例对工艺的去除效果提升均不再明显。投加比达到0.6时，对浊度及DOC的去除率仅提升了5.3%与4.7%，仅比投加比为0.4时提高了0.2%以及0.8%。虽然继续加大PAFC及壳聚糖的投加量对DOC的去除效果还会有微弱的提升，但相比药剂投加量的增加意义不大。因此，对于本试验所用原水，采用PAFC投加量为5mg/L且壳聚糖投加比为0.4较为合适。

4.1.4.2 回流水pH值对除污染效果的优化研究

图4-19为壳聚糖改性微气泡共聚气浮工艺在不同回流水pH值下的浊度及DOC变化规律。

如图所示，壳聚糖改性微气泡共聚气浮工艺在溶气水为酸性时对浊度及 DOC 的去除效率要高于碱性。在低混凝剂投加量条件下，降低溶气回流水的 pH 值对浊度和 DOC 去除率的提升均非常显著。混凝剂投加量为 1mg/L 的情况下，溶气水 pH 值为 5 时较 pH 值为 8 时浊度去除率提高了 19.4%，DOC 去除率提高了 7.6%。随着混凝剂投加量的提高，浊度去除率在 5mg/L 时达到峰值 92.1%，且在溶气水 pH 值为 5 时比 pH 值为 8 时仅提高了 3.3%，而此时 DOC 去除率提高了 4.5%。继续增加 PAFC 的投加量，浊度去除率受溶气水 pH 值的影响不再明显，而 DOC 去除率受 pH 值影响的趋势也逐渐减弱。

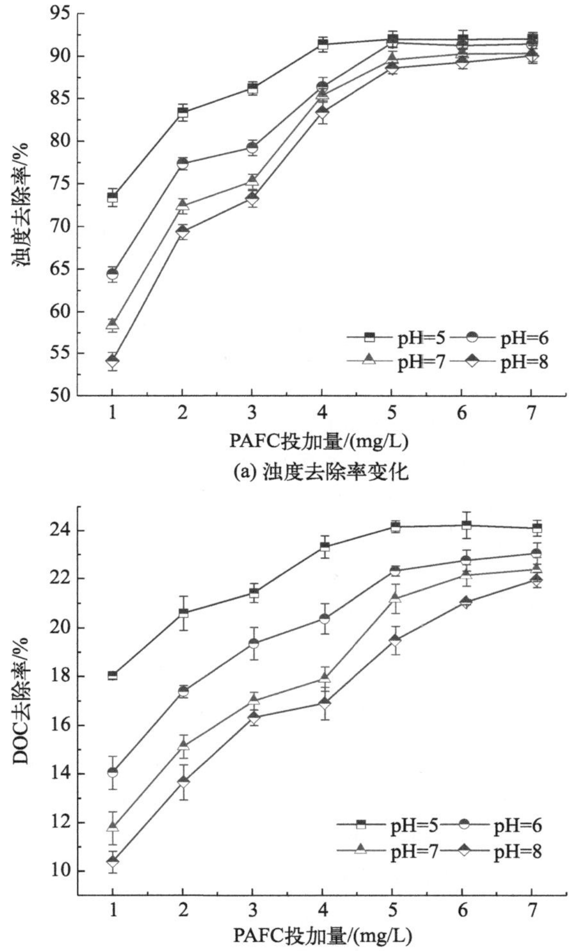

(a) 浊度去除率变化

(b) DOC去除率变化

图 4-19　浊度及 DOC 去除率随溶气水 pH 值（5 ~ 8）的变化

壳聚糖投加比 0.4；水温 20℃

图 4-20 为壳聚糖在不同 pH 值下的电荷密度曲线。壳聚糖改性微气泡对颗粒物的黏附效果对回流水 pH 值有很强的依赖性，原因在于 pH 值对壳聚糖在水中电离正电荷的密度有着显著的影响，壳聚糖产生的电荷密度随着 pH 值的减小急剧上升，且在 pH ＜ 5 时提升不再明显。电荷密度的增加导致微气泡在产生时能够在静电力以及疏水力的作用下与更多的壳聚糖分子结合，得到正电性更强的表面改性气泡，在壳聚糖的静电引力及架桥作用下，一方面

促进了其与絮体微粒的共聚黏附作用，另一方面能够显著强化微气泡与带有负电荷的有机污染物以及藻细胞结合。而浊度和 DOC 去除率受溶气水 pH 值影响的差异说明，壳聚糖的电中和作用在共聚过程中起着黏附去除有机污染物的关键作用。

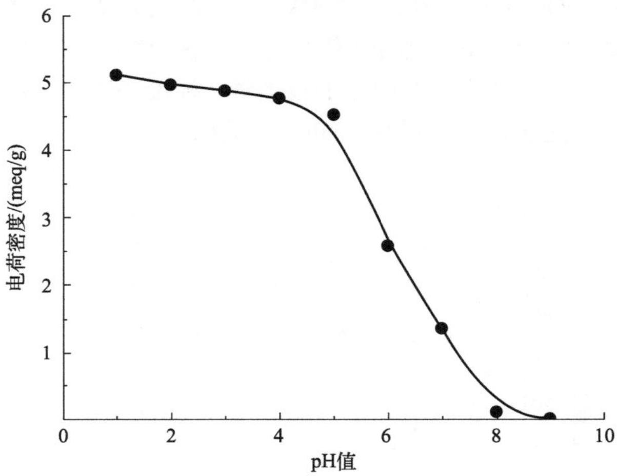

图 4-20　不同 pH 值条件下壳聚糖的电荷密度分布

根据试验结果，溶气回流水的 pH 值为 5 时壳聚糖对改性微气泡共聚气浮工艺的强化效果最好，且原水 pH 值较高，适量地投加酸剂能够起到调节 pH 值的作用。但是在溶气回流比较大的情况下将溶气水的 pH 值调节为 5 需要投加大量的酸剂，导致成本增加。壳聚糖在 pH 值为 6 时就能够电离较多的正电荷，且共聚气浮投加的混凝剂 PAFC 也能够为颗粒胶体脱稳提供阳离子，故将溶气回流水最适 pH 值定为 6。

4.1.4.3　壳聚糖改性微气泡共聚气浮的除污染效果

（1）颗粒物的去除效果

为进一步考察工艺对水中不同粒径颗粒物的去除特性，对工艺的出水颗粒数分布进行了检测。结果显示，气浮出水的颗粒物尺寸主要以 2 ～ 7μm 为主，且颗粒尺寸越小其所占比例就越高，这与原水中颗粒物成分有关。鹊山水库源自南水北调济宁段运河内中上层水源，水中颗粒物大部分为悬浮或胶体态的细小黏土、有机物及藻类等，不含较大泥沙成分。

各粒径范围占比方面，原水中粒径为 2 ～ 3μm 的颗粒物占比 48.77%（总颗粒数 91058 个 /mL），粒径为 3 ～ 5μm 占比 28.95%，而 7μm 以上的颗粒物仅占总颗粒数的 8.48%。CCDAF（共聚气浮）与改性微气泡共聚气浮工艺的出水颗粒物粒径占比与原水大致相当。总颗粒物去除率方面，改性微气泡共聚气浮效率较高，出水颗粒数仅为 3516 个 /mL，相应地，CCDAF 为 4978 个 /mL。两种气浮出水中，除粒径范围 2 ～ 3μm 的颗粒物占比有所增大以外，较大粒径范围的颗粒物均有不同程度的减小，说明改性微气泡共聚气浮工艺对水中颗粒物的去除仍然以较大尺寸为主，表面改性气泡对相近尺寸的颗粒物有较好的黏附作用，对小尺寸颗粒物的去除仍然依靠混凝剂的静电中和作用，使其脱稳凝聚后去除。

（2）不同分子量有机物的去除效果

原水中分子量较大的有机物含量较高，这是共聚气浮有机物去除效率较高的原因之一。

分子量＜1000 时，CCDAF 的去除率仅为 10.3%，而改性微气泡共聚气浮工艺的去除率为 15.4%，壳聚糖的介入使得共聚气浮去除率提升了 5.1%；分子量为 10000 ～ 30000 时，CCDAF 的去除率为 47.8%，而改性微气泡共聚气浮则为 64.3%，去除率提升了 16.5%。有机物分子量越大，气浮的去除率就越高，且壳聚糖改性微气泡对大分子有机物去除率的提升更加显著，说明壳聚糖改性的微气泡在共聚作用下更倾向于黏附大分子有机物。不同分子量的有机物在与表面改性气泡的黏附过程中可能存在着不同的机理。一方面，分子量较高的有机物往往疏水性较强，而疏水性有机物更容易与微气泡以及微气泡表面的壳聚糖分子吸附结合，导致去除率的升高。另一方面，猜测大分子有机物能够与壳聚糖一起充当微气泡与絮体颗粒在共聚过程中互相黏附的纽带，强化了微气泡与絮体颗粒的附着强度。而亲水性有机物由于分子量通常较小且带有负电荷，难以在壳聚糖分子的架桥作用下与微气泡结合，故推断气浮对小分子有机物的去除多依靠静电力作用。壳聚糖分子在酸性的溶气回流水中正电荷密度急剧增加，从而使得微气泡表面带有正电，小分子有机物会在静电力的作用下与微气泡黏附结合，从而提升了气浮对其去除效果。

（3）荧光有机物质的去除效果

原水中有机物类别比较丰富，其中类芳香蛋白物质（类 AP 物质）和类 SMP 物质占主导地位，类腐殖质有机物次之。在过去的几年中，引黄水库水受水华和工业污染影响较为严重，导致类 AP 和类 SMP 物质迅速增加。在仅投加混凝剂 PAFC 时，共聚气浮出水中各类有机物均得到了有效去除。壳聚糖改性微气泡的引入强化了共聚气浮对高分子量、疏水性较强的腐殖酸和富里酸物质的去除效果。

（4）THMFP 的去除效果

虽然壳聚糖改性微气泡提高了共聚气浮对水中天然有机污染物（NOM）的去除效率，但出水中仍然存在一定量的 NOM。NOM 是重要的消毒副产物前体物。目前，国内的给水厂仍普遍采用氯消毒剂，其与 NOM 作用产生的三卤甲烷（THMs）、卤乙酸（HAAs）等对供水安全造成较大的危害。其中 THMs 是挥发性卤代烃类化合物，包括氯仿（$CHCl_3$）、二氯一溴甲烷（$CHCl_2Br$）、一氯二溴甲烷（$CHClBr_2$）和溴仿（$CHBr_3$）。经过动物实验，证明这些物质具有致突变性和致癌性，有的还有致畸性和神经毒性作用，俗称“三致”物质。因此工艺对 THMs 的去除效果非常重要。

目前原水中 TCM（氯仿）前体物在 THMFP 中占比最多，达到了 79.6%; DBCM 次之，为 16.4%; BDCM 占比最少，仅为 4%。仅投加 PAFC 时，气浮对 TCM 的去除率为 39.1%，DBCM 为 11.6%，而 BDCM 为 18.8%。当壳聚糖投加比为 0.2 时，共聚气浮就展现出了较好的去除效果，3 种前体物的去除率分别达到了 46.2%、30.3% 以及 28.9%。提高壳聚糖的投加比至 0.4 时，去除率的提升相对不再显著，3 种前体物的去除率分别为 48.9%、34.9% 和 34.4%。表明壳聚糖改性气泡对共聚气浮去除 THMFP 具有较好的强化效果，且 3 种前体物中 TCM 的去除率最高，DBCM 与 BDCM 的去除率相近。在与氯反应的过程中，疏水性有机物相比之下更容易产生 TCM。一方面，微气泡对疏水性有机物有着较好的黏附性，且疏水性有机物更容易在壳聚糖的架桥作用下充当微气泡与絮体之间的黏附介质。另一方面，壳聚糖提供的质子化氨基能够为亲水性有机物组分提供静电引力，促进了疏水性有机物在改性微气泡表面的黏附。试验结果进一步证实了壳聚糖改性微气泡共聚气浮工艺的可行性。

4.1.5 臭氧化气浮技术原理与特点

4.1.5.1 臭氧化气浮去除污染物的机理

臭氧 O_3 为淡蓝色、具有强烈刺激性气味的气体，臭氧在水中可分解生成具有强氧化性的羟基自由基 HO·，因此臭氧在水中的氧化过程包括臭氧分子和羟基自由基参与的两种氧化过程。臭氧可与水中的某些元素和有机物反应，在低浓度臭氧条件下，氧化反应能瞬间完成。它对烯、炔烃类化合物的不饱和键氧化能力最强，其次是胺类和一些碳氮双键，再次之是炔烃叁键、碳环及杂环的芳香族化合物、硫化物、磷化物等。臭氧对醇、醛、醚及烃类化合物的单键氧化能力相对较弱，但是，即使在常温条件下，如无其他竞争基团，也同样能够进行氧化。

（1）臭氧直接参与反应

直接反应是由于臭氧具有偶极性、亲核性和亲电性，通过臭氧的这 3 种性质，直接与双键化合物反应。臭氧容易与具有双键的烯烃化合物发生反应，反应的最终产物可能是单体的、聚合的或交错的臭氧化物的混合体。臭氧化物分解成醛和酸。臭氧分子和不同有机物的反应速率差距很大，如对不饱和有机物的反应速率常数一般在 10^3 ～ 10^5mol/（L·s）范围，对饱和烷烃类的反应速率常数则很低，一般在 10^{-3} ～ 10^{-1}mol/（L·s）之间。也就是说，臭氧和有机物的反应有选择性，而且在实际应用中臭氧通常不能将有机物完全分解为 CO_2 和 H_2O。

$$R_2C=CR_2+O_3 \longrightarrow R_2C\begin{matrix}\diagup OOH \\ \diagdown OH\end{matrix} + R_2C=O \tag{4-1}$$

如式（4-1）所示，在水中烯烃类有机物可与臭氧作用，将双键打开，从而将引起色度的不饱和键去除，这就是臭氧脱色的主要机理。式中的两种反应产物是在不同阶段生成的，在同一个碳原子上带有过氧基和羟基的情况下，两者会结合生成双氧水和碳基化合物。

（2）臭氧间接反应

间接反应就是臭氧通过·OH 氧化有机物，臭氧与芳香族有机物的反应见式（4-2）。首先由于臭氧的作用，苯酚上带有羟基的碳原子邻位上增加了一个羟基；进一步反应，带有羟基的两个碳原子苯环之间变为单键，同时与 4 个氧原子相连；再通过与水作用，将环状物打开，形成产物 4，同在一个碳原子上的羟基与过氧基再次结合，形成了羧基；最后反应继续进行，将碳链进一步断开生成物质 5 或 6。·OH 可以通过包括电子转移反应、抽氢反应、加成反应等几种途径氧化有机物，对有机物的反应速率基本在 10^8 ～ 10^{10}mol/（L·s）之间，对有机物的反应几乎没有选择性。

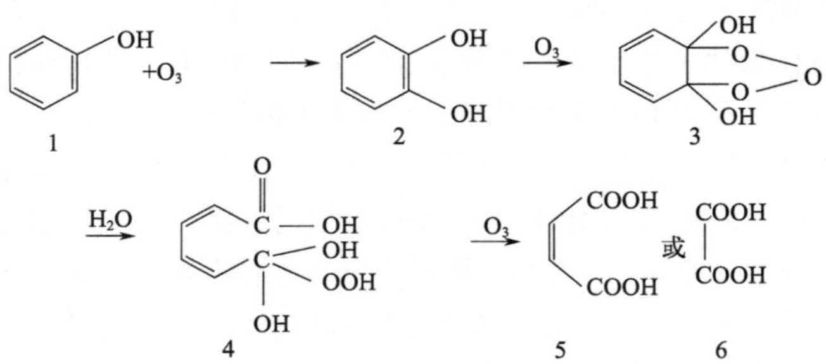

（4-2）

通过式（4-2）的反应，说明了臭氧可将大分子有机物降解为小分子有机物，还可将不饱和有机物氧化为饱和有机物。这样，对于残留在水中的难以被生物降解的有机物，臭氧对其具有一定的去除能力，从而大大提高了工艺的处理效果。

4.1.5.2　技术特点

臭氧-气浮联用系统是将臭氧氧化技术与气浮分离技术相结合的一种新型深度处理工艺，设计合理，结构紧凑，装置体积小，可在一个操作单元内同时完成破乳或絮凝、固液分离、除色、除嗅、除味、消毒等多个过程。

由于吸附了污染物的气泡与水之间的密度差要大于沉淀工艺中絮体与水之间的密度差，这样，上浮的速度就大于沉淀中絮体的沉速，从而缩短了处理时间，处理量相同的情况下所需的占地面积就小，大大节省了基建和维修费用。而对于轻质污染物来说，气浮工艺则更有优势。

采用带有一定浓度臭氧的空气作为气浮处理的气源，增强了工艺对难生物降解有机物的作用，改变其化学结构，使得处理后的出水在色、嗅、味方面达到良好的状况。另外，以臭氧作为消毒剂，杀菌消毒速度快、彻底，同时也不会带来其他副产物，可以说臭氧是一种无污染的消毒剂。

采用多相流泵溶气系统，能同时输送或增压气液两相介质，通过多相流泵特殊的叶轮结构，在泵内建立压力的过程中使气液两相充分混合并达到饱和，高速旋转的多级叶轮将吸入的空气反复多次切割成小气泡，并将切割后的小气泡在泵的高压环境中迅速溶解于水中。饱和溶气水压力释放时产生的微气泡直径＜ 30μm，溶气效率高。臭氧在水中的溶解度比较小，采用多相流泵溶气系统，臭氧作为溶气水的气源参与反应，打破了传统的臭氧应用中需通过臭氧与被反应介质充分混合反应来实施的局限性。

4.1.6　臭氧化气浮参数优化与净水效能

4.1.6.1　混凝运行条件优化

（1）混凝剂投加量对浊度的影响

混凝剂的种类和投药量直接影响胶体颗粒的脱稳、微絮体的形成、气泡与絮粒的黏附以及气泡絮体的上浮等过程，因此混凝剂的种类和投加量对于气浮工艺去除污染物、优选主要参数有着显著的影响。

混凝剂投加量过多会导致产生的絮体多而密实。絮体多，容易互相碰撞，极易通过网捕卷扫作用互相结合，形成巨大的絮体。密实的絮体本身密度大，而紧密的结构又无法使絮体与充足的气泡相结合。所以无论是产生的絮体多，还是形成的絮体密实，都不利于气浮工艺中气泡的黏附，从而降低了处理效率，甚至是没有任何效果。混凝剂投加量较少时，一方面絮体对污水中的杂质胶体的包裹能力不足，无法发挥混凝剂在水处理过程中对色度、细菌和有机物等的混凝去除效果，另一方面，相对少的絮体会造成气泡密度较高，气泡之间互相撞击的概率加大，气泡的聚合作用使气泡变大，从而降低处理效果。

混凝条件优化试验采用六联搅拌仪搅拌，混凝剂采用聚合氯化铝铁（PAFC）。取 1L 原水在混凝试验搅拌杯中，设置混凝搅拌速度为：第一阶段 300r/min，1min，第二阶段 120r/min，2min，第三阶段 80r/min，6min。PAFC 的投加量分别取 2mL、4mL、6mL、8mL、10mL、

12mL。混凝结束后通入溶气水，静置10min后，取上清液测定水样的浊度。

如图4-21所示，针对4种类型的水源水，在气浮回流比为15%的条件下，改变PAFC投加量，考察混凝剂投加量对浊度去除的影响。随着PAFC投加量的增多，4种水的浊度均逐渐降低，当PAFC投加量增至5mg/L时，济平干渠浊度降到最低0.893NTU，浊度去除率可达到67.53%；鹊山水库、玉清湖水库、卧虎山水库在混凝剂投加量为4mg/L时浊度降到最低，分别为0.932NTU、0.808NTU、0.854NTU，继续增加PAFC投加量，浊度去除率变化不大。济平干渠原水的浊度相比其他3种水浊度较高，投加混凝剂在3mg/L时，形成的絮体利于与气浮产生的小气泡黏附上升。PAFC投加初期浊度明显降低，当PAFC投加量增加至一定量后，继续增加投加量对浊度影响较小，继续投加PAFC形成较大絮体，与气泡黏附形成的气泡絮体难以通过浮力上升去除，浊度增加。因此，适宜的混凝剂投加量才能使浊度去除效果较好，本试验中PAFC的最佳投量为济平干渠3mg/L，另外3种原水4mg/L。

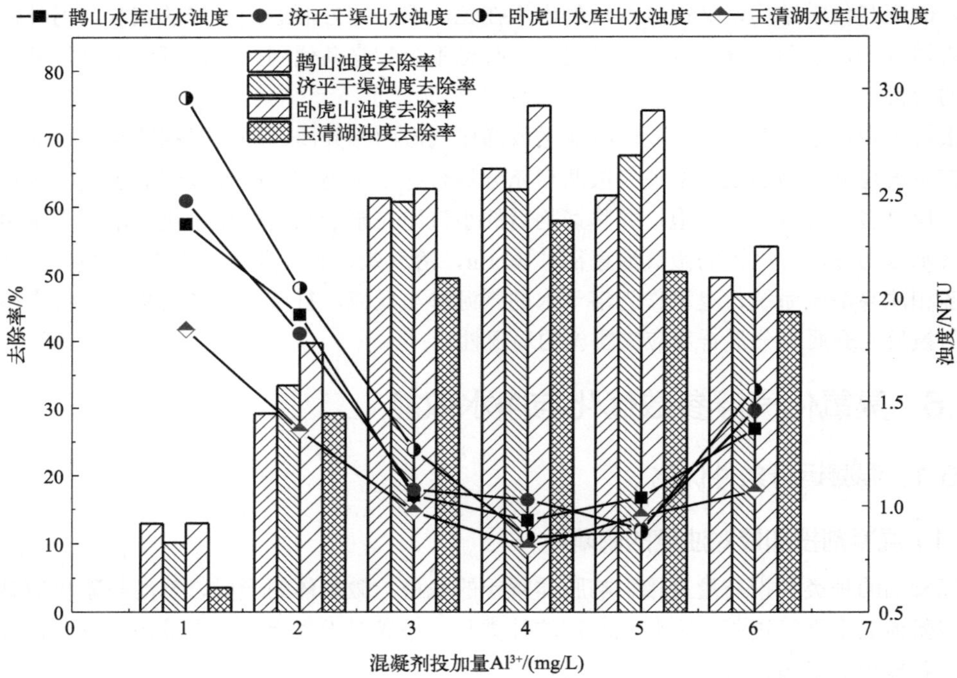

图4-21　混凝剂投加量对浊度的影响

（2）混凝剂投加量对有机物去除的影响

由图4-22可知，随着混凝剂PAFC投加量的不断增加，4种水的气浮出水的有机物指标TOC、COD_{Mn}、UV_{254}去除率都逐渐增高，但增加速率逐渐变缓，混凝剂投加量到一定程度后去除率呈下降趋势。投加量从1 mg/L增加到6mg/L时，鹊山水库的UV_{254}、TOC、COD_{Mn}的去除率在4mg/L时最高且分别为28.57%、23.48%、17.40%；玉清湖水库的TOC、COD_{Mn}的去除率在混凝剂投加量为5mg/L时最高且分别为25.09%、28.85%，UV_{254}的去除率在投药量为4mg/L时最高为34.78%；卧虎山水库的UV_{254}、TOC、COD_{Mn}的去除率在4mg/L时最高且分别为22.22%、31.21%、34.49%。济平干渠UV_{254}的去除率随着投药量的增加不断

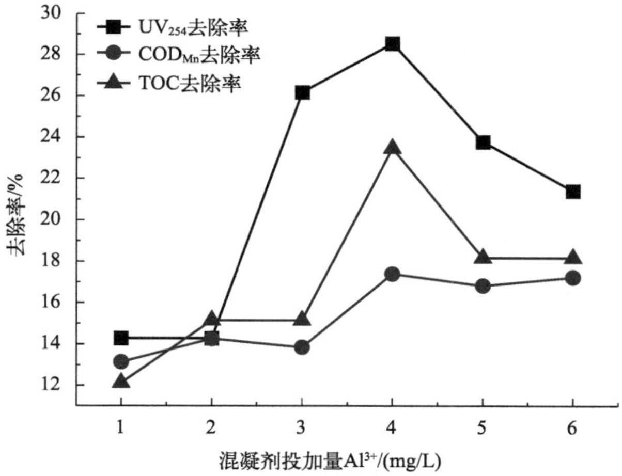

(a) 混凝剂投加量对鹊山水库有机物去除的影响

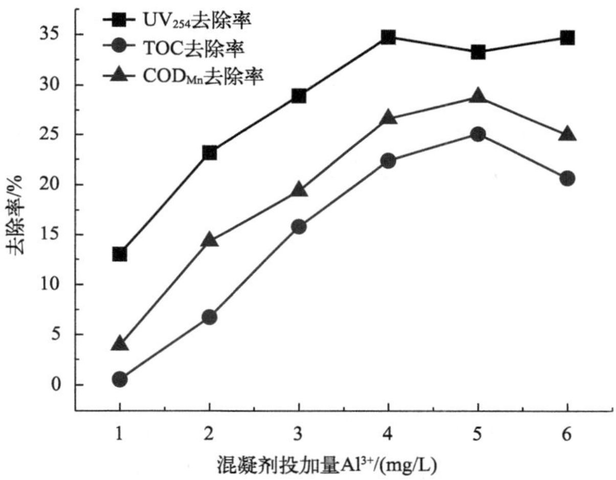

(b) 混凝剂投加量对玉清湖水库有机物去除的影响

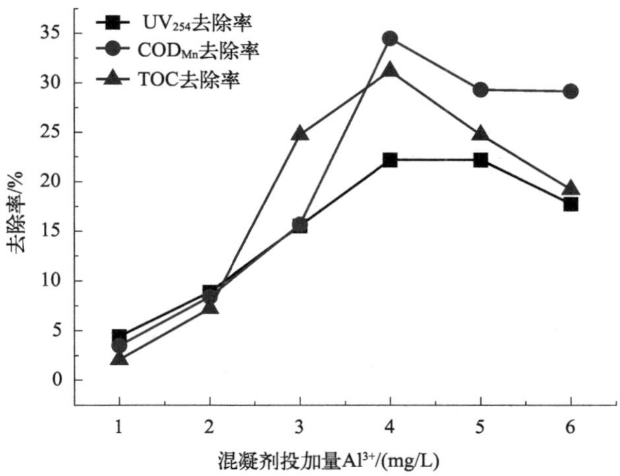

(c) 混凝剂投加量对卧虎山水库有机物去除的影响

图 4-22

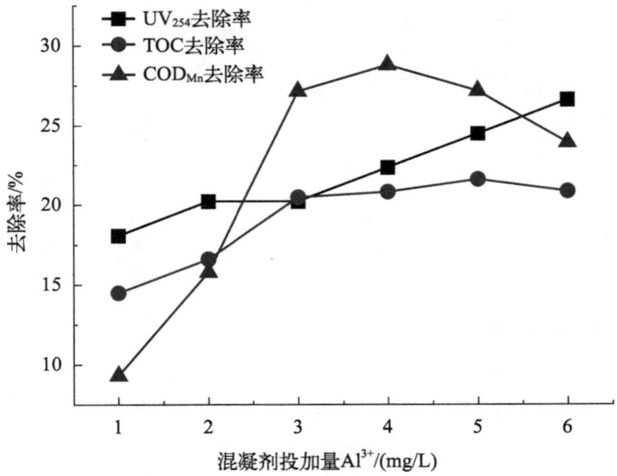

(d) 混凝剂投加量对济平干渠有机物去除的影响

图 4-22　混凝剂投加量对水库、干渠有机物去除的影响

增加，在投药量为 6mg/L 时去除率最高为 26.60%，TOC 的去除率在投药量 5mg/L 时最高为 21.57%，COD_{Mn} 的去除率在投药量为 4mg/L 时最高为 28.77%。随着混凝剂投加量的继续增大，胶体颗粒表面空位饱和，胶粒颗粒发生再稳，对有机物的去除效果增加缓慢甚至不增加。

4.1.6.2　气浮条件优化

（1）气浮压力值的优化

调节进水闸阀，对气浮压力值影响较大。当压力值为 0.4 ～ 0.5MPa 时，多相流泵能形成较为稳定的溶气水。当压力值低于 0.4MPa 时，气体在水中的溶解度较低，溶气水经过释放后微气泡数量较少，气泡的直径较大。继续增加溶气压力，进水量增多，吸入的空气量是一定的，溶气速度小于进水速度，溶气水中气体的体积减小，溶气效果变差，所以气浮效果也随之下降。并且随着压力值的增大，也会提高多相流泵的功耗，增加运行费用。

（2）气浮回流比的优化

试验步骤：取 1L 原水水样加入烧杯中，投加相应的混凝剂 PAFC，300r/min 转速搅拌 90s，然后 120r/min 转速搅拌 2min，最后 80r/min 转速搅拌 6min。设置气浮回流量 12%、14%、16%、18%、20%、22% 进行试验，静置 10min 后采样测量，确定最佳回流量。

从图 4-23 中可以看出，多相流泵气浮系统在压力值为 0.4 ～ 0.5MPa 的情况下，随着气浮回流比在 12% ～ 22% 范围内增加，出水的浊度不断减小，但是下降的速率变缓，最终趋于稳定。对比不同气浮回流比处理 4 种水时的影响，鹊山水库和玉清湖水库在气浮回流比为 18% 时出水浊度最低且分别为 1.14NTU、1.08NTU，去除率分别为 51.1%、44.0%；济平干渠在气浮回流比为 22% 时出水浊度最低为 1.81NTU，去除率为 60.9%；卧虎山水库在气浮回流比为 20% 时出水浊度最低为 1.06NTU，去除率为 65.5%。综合不同气浮回流比下 4 种水的处理效果，当气浮回流比为 16% 时，继续增大回流比，气浮对浊度的去除效果增加不显著。同时，随着气浮回流比的增大多相流泵的工作负荷增加，气浮池的出水量减少；回流比增加，气浮池内微气泡的数量增多，气泡间的碰撞概率变大，在气泡的兼并作用下，气泡碰撞

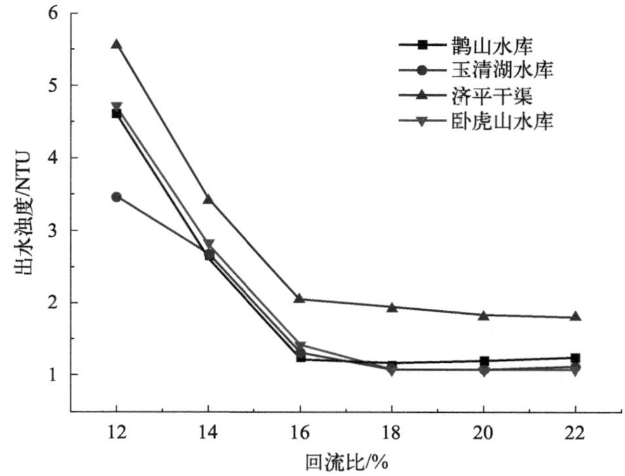

图 4-23　气浮回流比对浊度去除的影响

破碎形成体积更大的气泡，数量减少，直接影响气浮的出水效率。所以本次试验中，综合考虑各方面的因素及试验结果，鹊山水库、玉清湖水库气浮回流比选取 18%，济平干渠、卧虎山水库的浊度相对较高，回流比选取 20%。

4.1.6.3　臭氧投加量优化

臭氧在水中有除色、嗅、味，氧化有机物，助凝以及杀菌消毒的作用。臭氧对浊度和有机物等物质有较好的去除作用。针对 4 种水在混凝剂投加量为 4mg/L、气浮回流比为 18% 的条件下进行试验。臭氧通过臭氧发生器产生，根据多相流泵的溶气效率 10% ～ 30%（试验中按 15%）计算，臭氧投加量选取范围为 0 ～ 3mg/L。臭氧发生器连接 BMT964 臭氧浓度分析仪，通过调节臭氧发生器的电位器，控制产生臭氧的浓度分别在 33 ～ 100g/m^3（标准状况）时进行试验。臭氧通过管道连接多相流泵，多相流泵进气量控制在 0.1 ～ 0.3m^3/h。对出水的浊度、COD_{Mn}、UV_{254} 等指标进行检测，得出臭氧的最佳投加量。臭氧发生器出气浓度 10.45g/m^3（标准状况），压力表压力 0.39MPa，空气流量 0.1 ～ 0.2m^3/h，臭氧流量 100L/h。臭氧发生器产生臭氧的浓度由电流控制，电流大小与产生臭氧浓度的关系见表 4-3。

表 4-3　臭氧发生器放电电流与臭氧浓度之间的关系

序号	电流 /A	臭氧浓度 /（g/m^3）	产量 /（g/h）
1	0.28	3.42	1.59
2	0.4	8.39	3.91
3	0.6	12.82	5.98
4	0.8	16.59	7.74
5	1	19.98	9.32
6	1.2	23.19	10.8

如图 4-24 所示，随着臭氧投加量浓度的升高，臭氧-气浮联用系统对各种原水的处理效率都有所提高。鹊山水库水臭氧投加量为 0 ～ 1.4mg/L 时，对浊度和有机物的去除率增加显著，当臭氧投加浓度大于 1.4mg/L 时处理效果变差。玉清湖水库水臭氧投加量为 0 ～ 2.2mg/L 时，

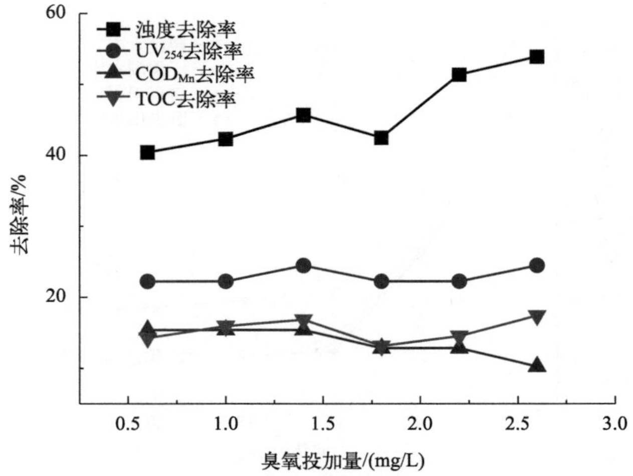

(a) 臭氧投加量对鹊山水库污染物的影响

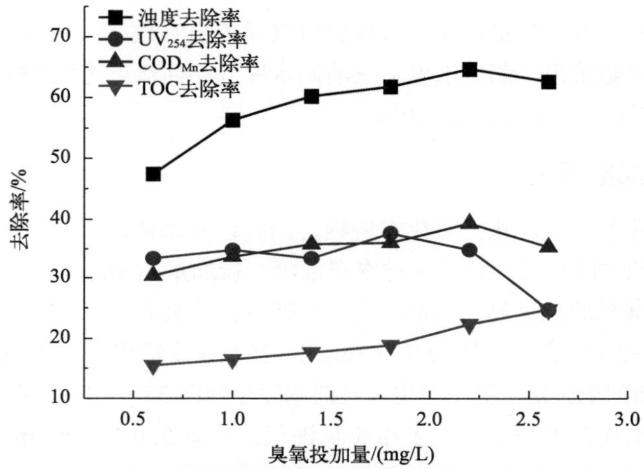

(b) 臭氧投加量对玉清湖水库污染物的影响

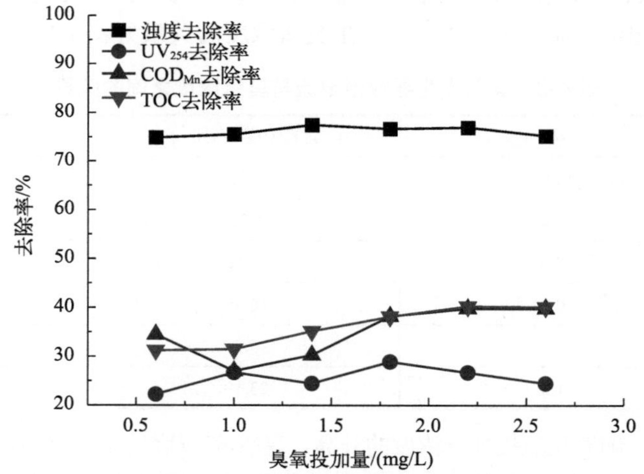

(c) 臭氧投加量对卧虎山水库污染物的影响

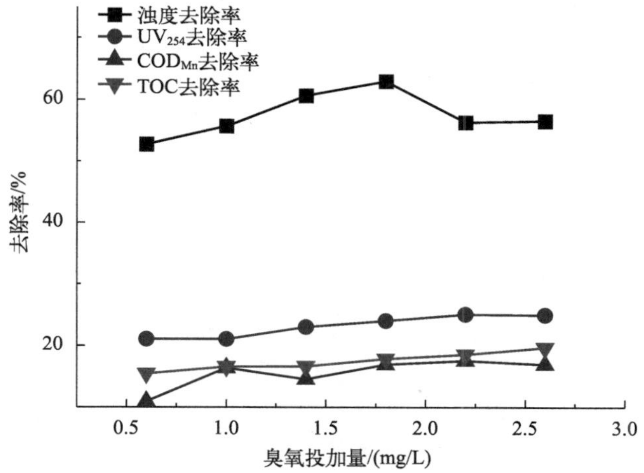

(d) 臭氧投加量对济平干渠污染物的影响

图 4-24　臭氧投加量对水库、干渠污染物的影响

对浊度和有机物的去除效果增加明显，当臭氧投加量大于 2.2mg/L 时处理效果变差。卧虎山水库水随着臭氧投加量的增加，对浊度的处理效果没有明显的提升，在臭氧浓度增加为 1.8mg/L 时对有机物的去除效果最好。济平干渠水随着臭氧投加量的增加，在臭氧投加量增加到 1.8mg/L 时对浊度的去除率逐渐下降，有机物的去除率增加缓慢。

臭氧投加量增多浊度去除率会出现降低的情况，分析其原因可能是在臭氧的氧化作用下水中的胶体杂质和悬浮物氧化分解成更多的颗粒，水中的微小颗粒聚集形成絮体，水样的浊度升高。另外，水样中的有机物在臭氧的氧化作用下，不饱和键上的碳原子被氧原子取代，生成醇、醛、酮和羧酸等具有更高极性的有机物，这类有机物容易与氢结合形成大分子有机物，与水中的混凝剂反应产生絮凝效果，导致浊度升高。

4.1.6.4　臭氧-气浮联用工艺对浊度与颗粒物的去除效能

济南地区冬季寒冷，地表水源水质此时为低温低浊水，浊度处于 1 ～ 6NTU 之间，并且水中有机物和藻类的含量也较低。低温低浊水有如下水质特征：水温低混凝反应速度缓慢，形成矾花细小不易沉淀去除。而颗粒细小的悬浮物和胶体杂质在布朗运动、胶体颗粒间的静电斥力和胶体颗粒表面的水化作用下，具有“胶体稳定性”且在水中长时间处于分散悬浮的状态。并且水的浊度较低，水中胶体颗粒数量少，因此颗粒间的相互碰撞和聚集的概率变小。综上可知，冬季低温低浊水混凝效果差，水中的胶体物质和颗粒物难以通过混凝沉淀去除。

试验针对冬季低温低浊水浊度降低困难的问题，考察臭氧-气浮联用工艺对水中浊度和颗粒物的去除效果。针对 4 种不同类型的原水水质，根据上文参数优化的结果运行臭氧-气浮联用工艺，对比对浊度和颗粒物的去除效果。

（1）浊度的去除效果

由图 4-25 可知，臭氧-气浮联用工艺相比传统气浮工艺对浊度具有更好的去除效果，出水浊度在 1.0NTU 左右，鹊山水库水的浊度平均去除率为 52.1%，相比传统气浮工艺提高了

19.3%；玉清湖水库水浊度平均去除率为 47.0%，相比传统气浮工艺提高了 11.1%；卧虎山水库水浊度平均去除率为 57.2%，相比传统气浮工艺提高了 13.41%；济平干渠水浊度平均去除率为 70.4%，相比传统气浮工艺提高了 11.1%。

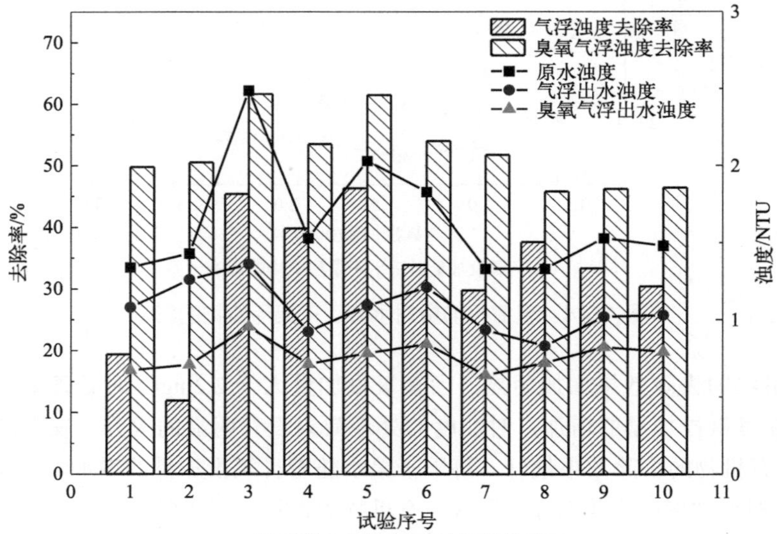

(a) 对鹊山水库水浊度去除效果对比

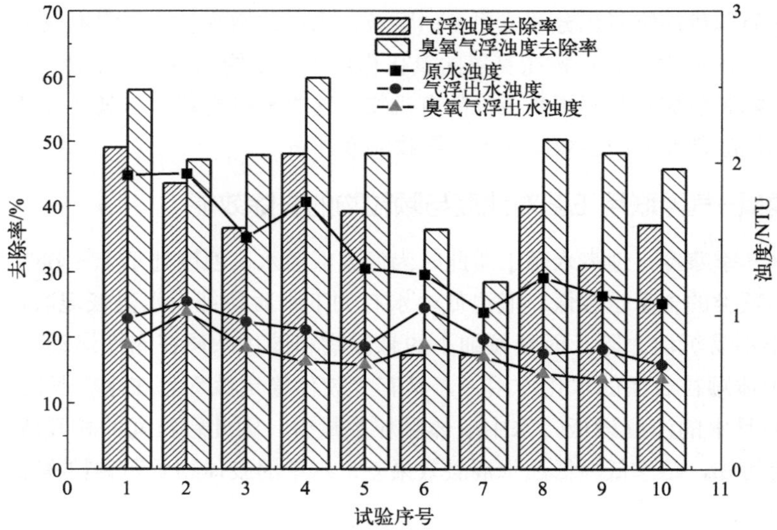

(b) 对玉清湖水库水浊度去除效果对比

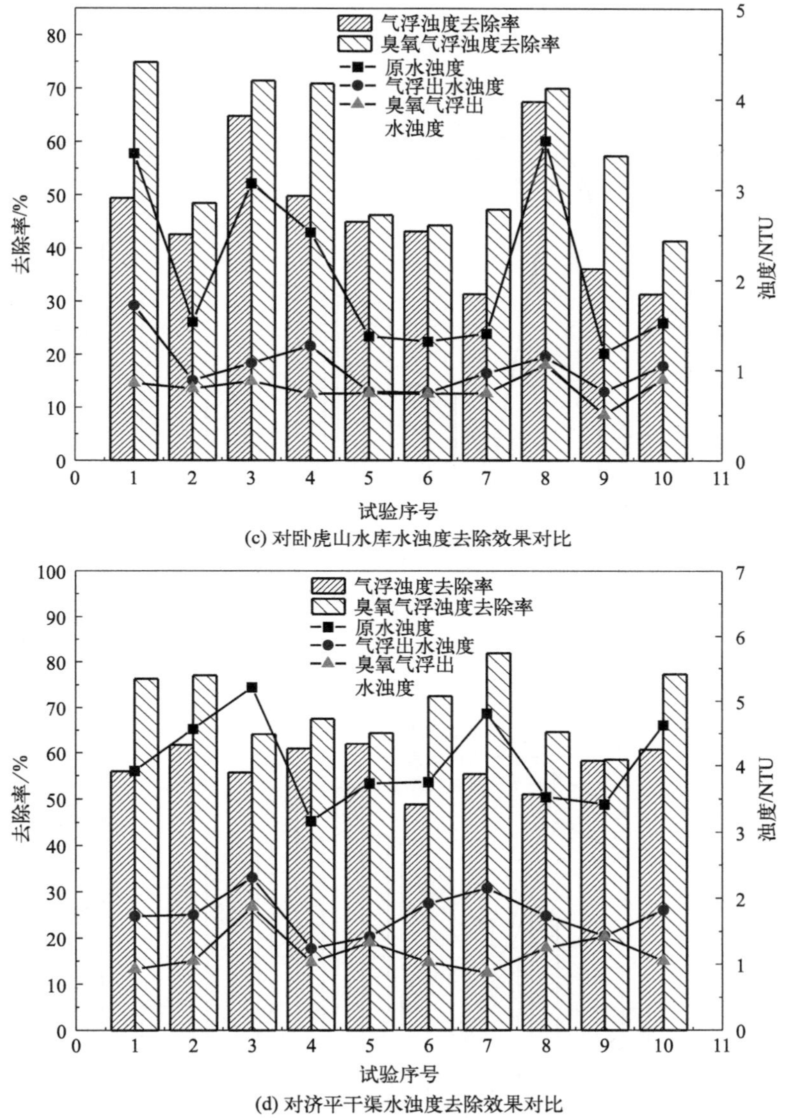

图 4-25　对水库、干渠水浊度去除效果对比

（2）颗粒物的去除效果

由图 4-26 可知，臭氧-气浮联用工艺对鹊山水库水的颗粒物去除率为 28.4%；对玉清湖水库水的颗粒物去除率为 53.4%；对卧虎山水库水的颗粒物去除率为 65.2%；对济平干渠水的颗粒物去除率为69.6%，相比传统气浮的颗粒物去除率分别提高了 2.7%、7.9%、16.5%、7.4%。由于原水中的颗粒物分布集中在 2 ～ 10μm 的范围内，其中所占比例最多的为 3 ～ 5μm 的颗粒物，大粒径的颗粒物较少。随着颗粒物粒径的增加，强化效果减弱。

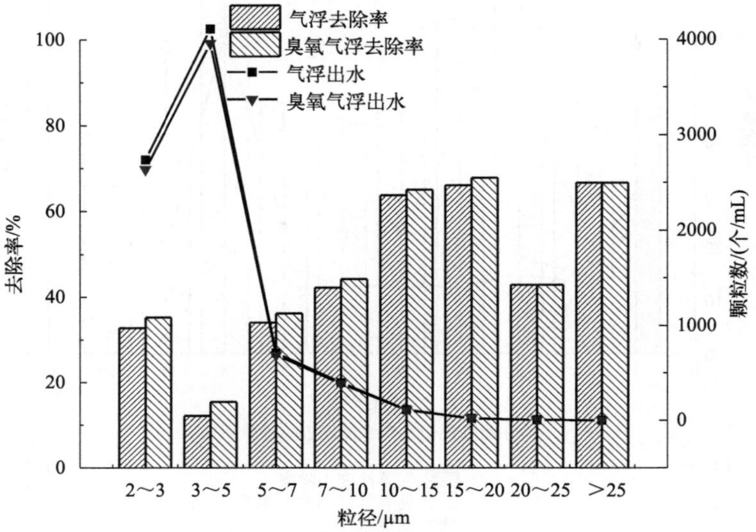

(a) 对鹊山水库水颗粒物去除效果对比

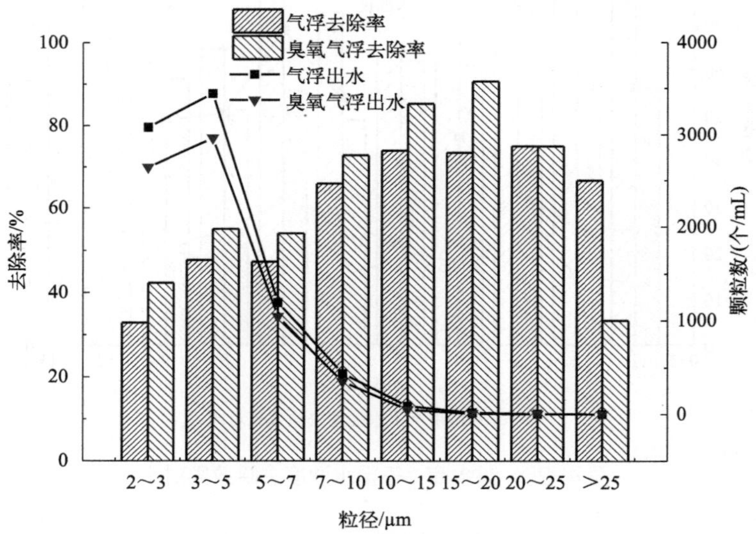

(b) 对玉清湖水库水颗粒物去除效果对比

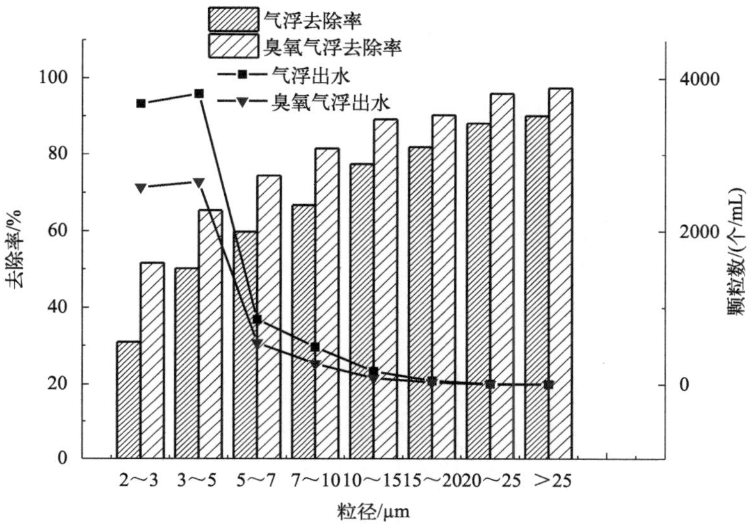

(c) 对卧虎山水库水颗粒物去除效果对比

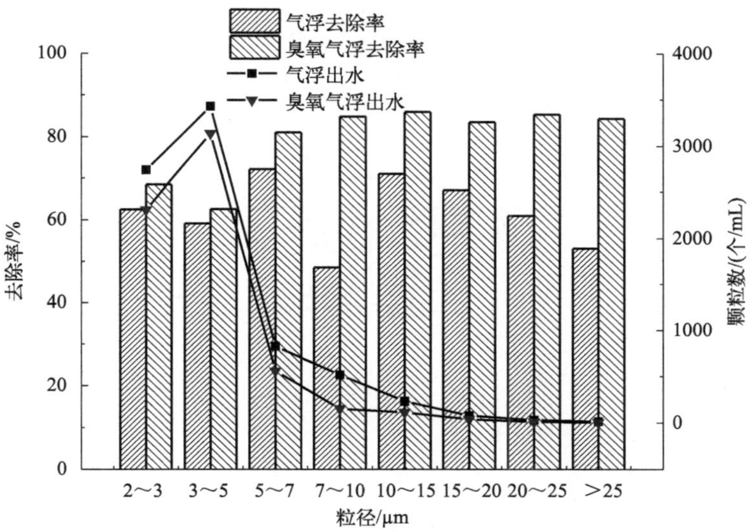

(d) 对济平干渠水颗粒物去除效果对比

图 4-26　对水库、干渠水颗粒物去除效果对比

4.1.6.5 臭氧-气浮联用工艺对有机物的去除效果

（1）DOC的去除效果

针对4种原水水质，对比臭氧-气浮联用工艺与传统气浮工艺对溶解性有机物（DOC）的去除效果。如图4-27所示，鹊山水库水经臭氧-气浮工艺处理后DOC的去除率为21.4%，比传统气浮工艺的去除率提高了5.48%；玉清湖水库水经臭氧-气浮工艺处理后DOC的去除率为18.8%，比传统气浮工艺的去除率提高了4.79%；卧虎山水库水经臭氧-气浮工艺处理后DOC的去除率为26.6%，比传统气浮工艺的去除率提高了4.02%；济平干渠水经臭氧-气浮工艺处理后DOC的去除率为20.8%，比传统气浮工艺的去除率提高了7.89%。DOC表示的是水中溶解性有机物的总量，原水经过臭氧-气浮联用工艺处理后，臭氧对溶解性有机物的

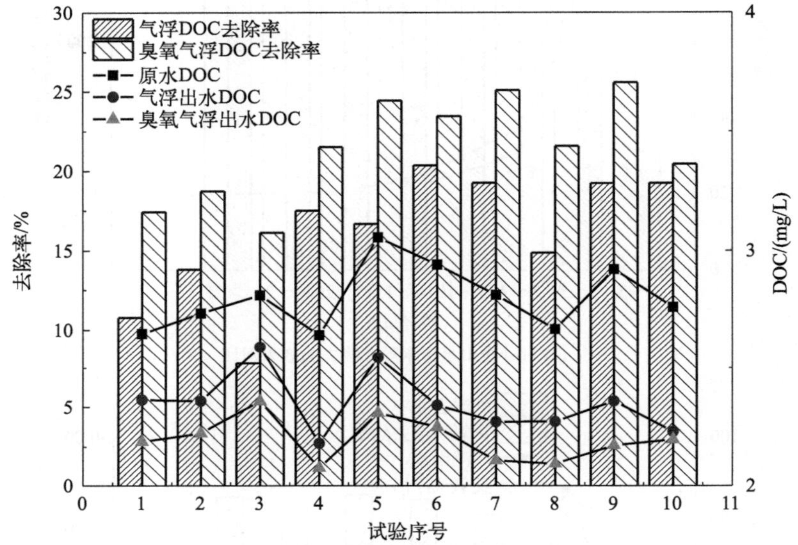

(a) 对鹊山水库水DOC去除效果的对比

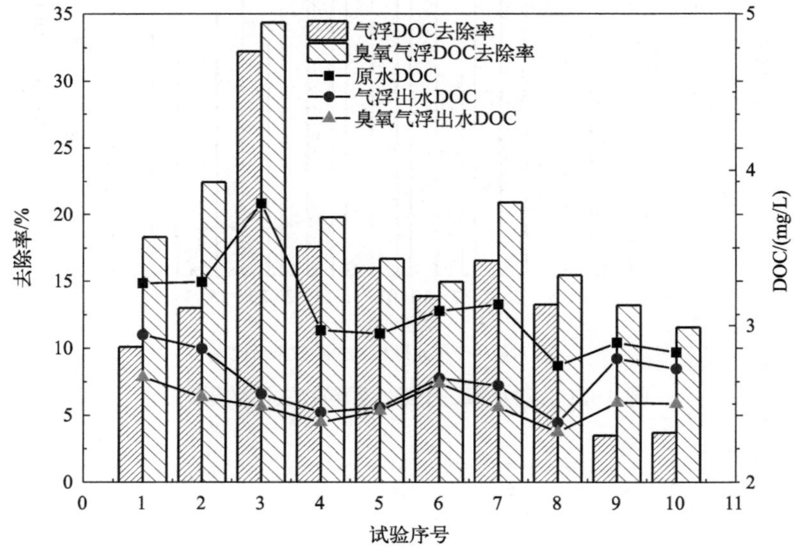

(b) 对玉清湖水库水DOC去除效果的对比

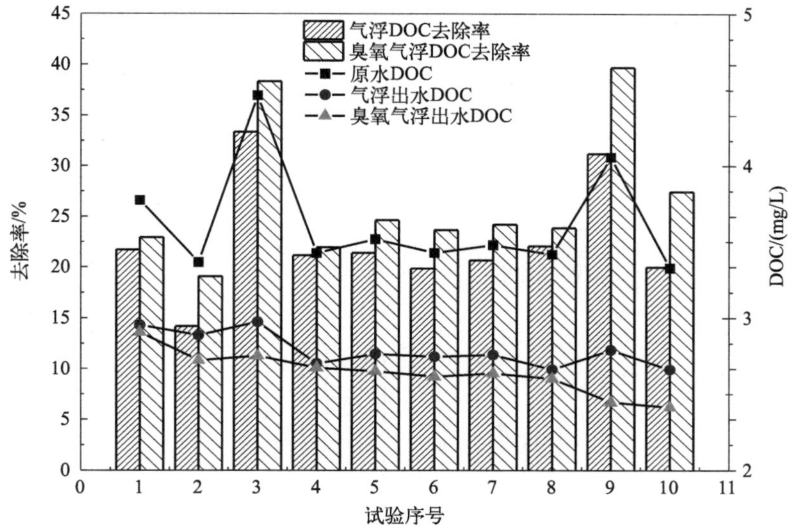

(c) 对卧虎山水库水DOC去除效果的对比

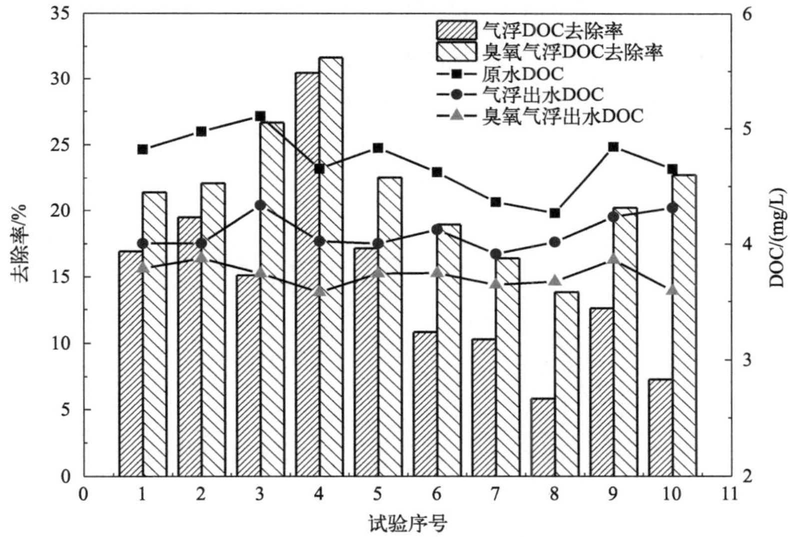

(d) 对济平干渠水DOC去除效果的对比

图 4-27　DOC 去除效果对比

影响主要为大分子有机物的不饱和键在氧化作用下氧或羟基等取代碳的位置反应分裂成更多的小分子有机物，水中总有机物的含量不变，所以对 DOC 去除效果的提升不明显，甚至处理效果没有提高。

（2）UV_{254} 的去除效果

针对 4 种原水水质，对比臭氧-气浮联用工艺与传统气浮工艺对 UV_{254} 的去除效果。如图 4-28 所示，鹊山水库水经臭氧-气浮工艺处理后 UV_{254} 的去除率为 19.7%，比传统气浮工艺的去除率提高了 4.63%；玉清湖水库水经臭氧-气浮工艺处理 UV_{254} 的去除率为 26.6%，比传统气浮工艺的去除率提高了 5.55%；卧虎山水库水经臭氧-气浮工艺处理后 UV_{254} 的去除率为 23.2%，比传统气浮工艺的去除率提高了 3.52%；济平干渠水经臭氧-气浮工艺处理后 UV_{254} 的去除率

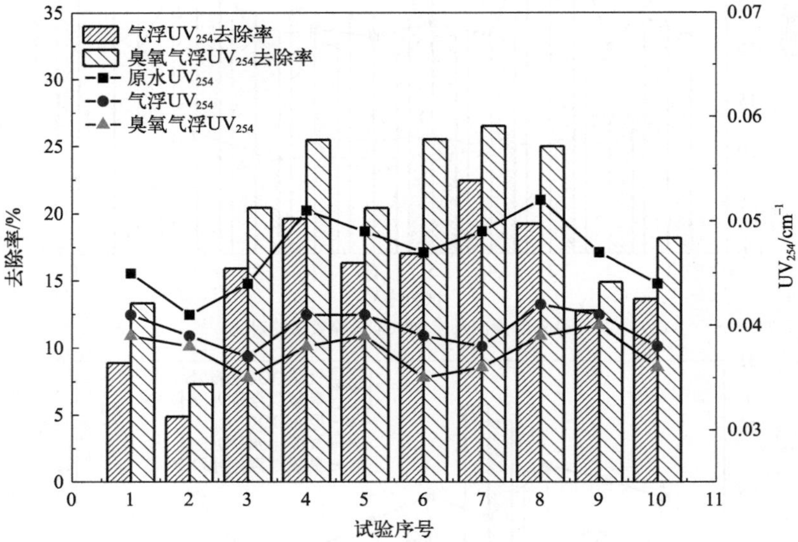

(a) 对鹊山水库水UV_{254}去除效果的对比

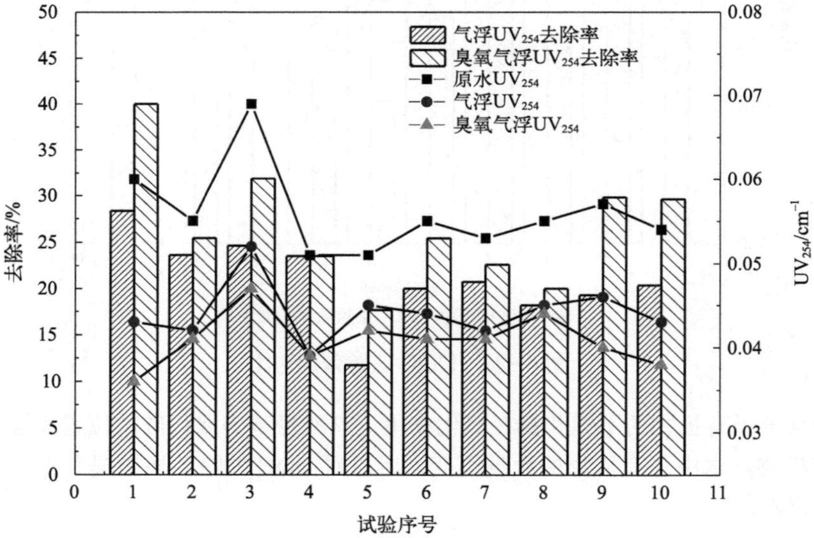

(b) 对玉清湖水库水UV_{254}去除效果的对比

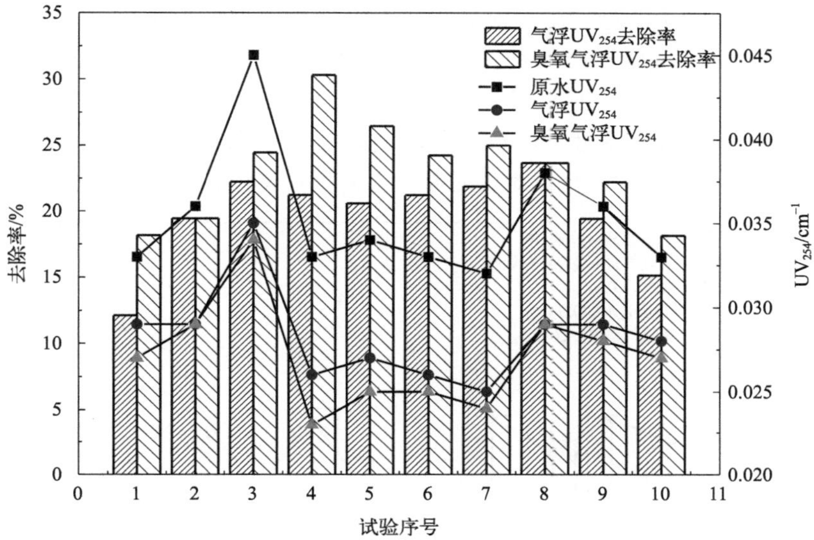

(c) 对卧虎山水库水UV_{254}去除效果的对比

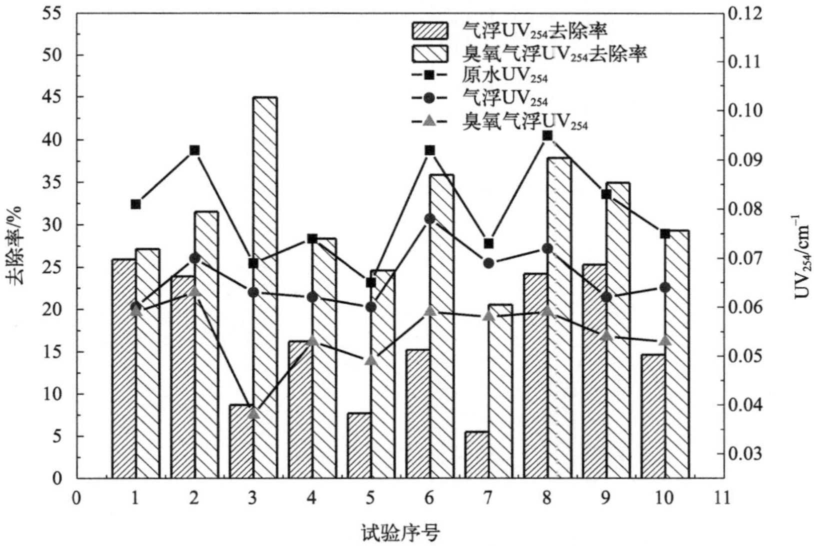

(d) 对济平干渠水UV_{254}去除效果的对比

图 4-28　UV_{254} 去除效果对比

为 31.5%，比传统气浮工艺的去除率提高了 14.79%。由于 UV_{254} 代表的是水中不饱和键有机物和含氮有机物等能够吸收紫外光的有机物，因此臭氧-气浮联用工艺对 UV_{254} 的去除率高于传统气浮工艺。而臭氧的氧化作用可以对此类有机物进行氧化分解，使水中此类有机物减少。

（3）高锰酸盐指数的去除效果

针对 4 种原水水质，对比臭氧-气浮联用工艺与传统气浮工艺对 COD_{Mn} 的去除效果。如图 4-29 所示，鹊山水库水的 COD_{Mn} 去除率为 15.4%，玉清湖水库水的 COD_{Mn} 去除率为 23.7%，卧虎山水库水的 COD_{Mn} 去除率为 29.6%，济平干渠水的 COD_{Mn} 去除率为 30.5%。相比传统气浮工艺对 COD_{Mn} 的去除率分别提高了 3.09%、3.83%、2.97%、8.49%。

COD_{Mn} 表示的是水中还原性有机物的总量，作为水质指标能够表征水中有机物的相对含量。在臭氧-气浮联用工艺中，臭氧对于还原性有机物具有较好的处理效果，传统的混凝气

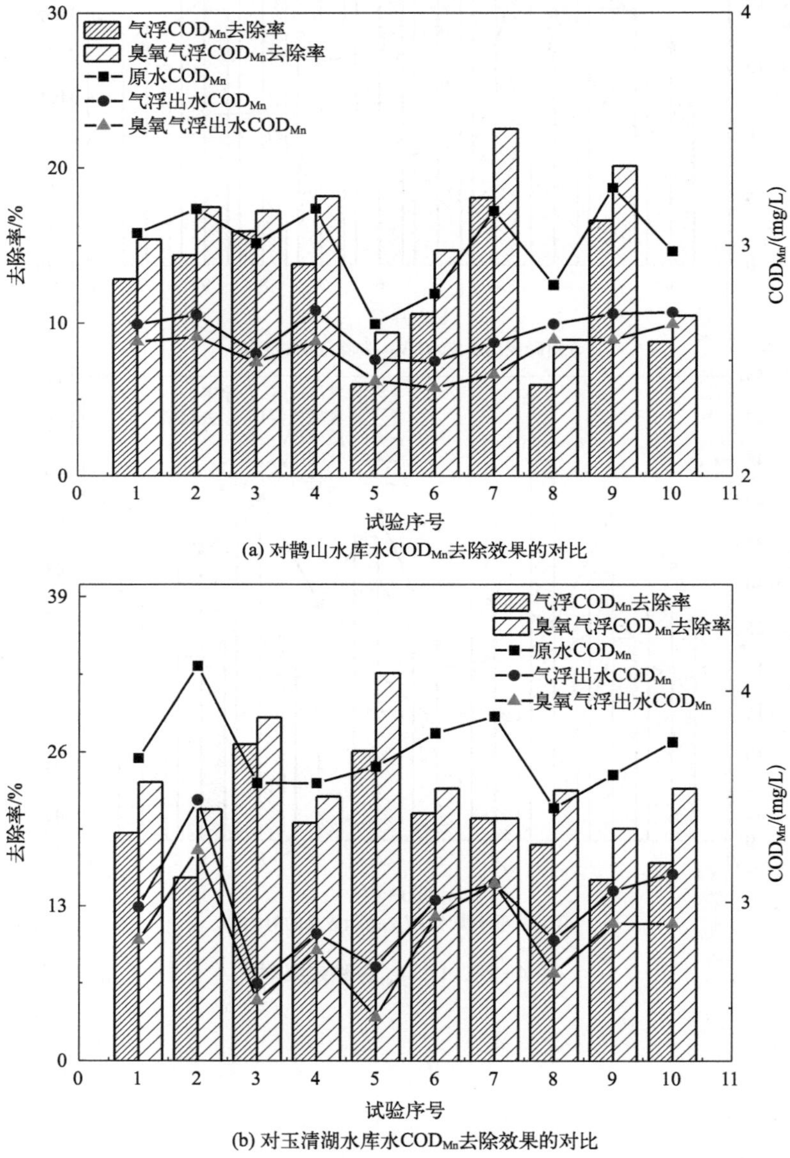

(a) 对鹊山水库水 COD_{Mn} 去除效果的对比

(b) 对玉清湖水库水 COD_{Mn} 去除效果的对比

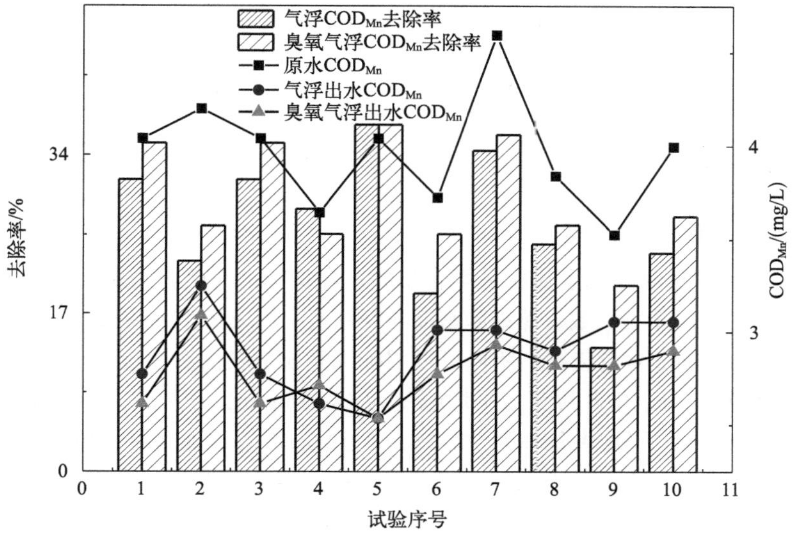

(c) 对卧虎山水库水COD_{Mn}去除效果的对比

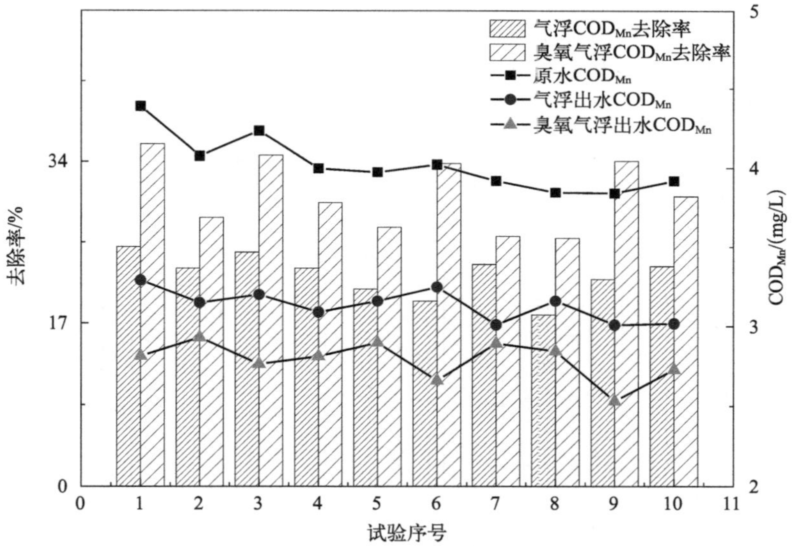

(d) 对济平干渠水COD_{Mn}去除效果的对比

图 4-29　COD_{Mn} 去除效果对比

浮工艺去除的有机物为能在混凝剂作用下形成絮体的一小部分，去除能力有限，而臭氧氧化作用可以对水中溶解性有机物有一定的氧化去除效果。

4.1.6.6 臭氧-气浮联用工艺对藻的去除效果

（1）藻类总数的去除效果

臭氧-气浮联用工艺对藻类的去除效果高于单独气浮工艺，原水中藻类总数为 2.83×10^7 ～ 5.02×10^7 个 /L，经过气浮工艺处理后出水藻类总数平均为 5.37×10^6 个 /L，臭氧-气浮联用工艺处理后剩余藻类总数平均为 4.4×10^6 个 /L。去除率从 86.5% 提高到 89.8%。气浮工艺对于高藻水处理效果优于混凝沉淀，由于藻类密度小、粒径小、在水中不易沉降而易于上浮。气浮工艺处理含藻原水时，混凝剂投加量大大减少。但气浮除藻也有其缺点，如气浮池排出的藻渣中含有高浓度的有机物，这是气浮除藻中一个亟待解决的问题。臭氧-气浮联用工艺在除藻能力上比传统气浮工艺效率更高，同时经过臭氧氧化后浮渣的可生化性提高，更易处理。

（2）叶绿素 a 的去除效果

叶绿素 a 含量是富营养化水体中藻类含量的重要指标，在藻类物质中占比相对稳定，能表征浮游植物生物量。藻类总数、藻细胞密度与叶绿素 a 均成正相关关系。有研究发现，藻类生长旺盛时期其叶绿素 a 含量较高，所以可以用叶绿素 a 来表征活性较大且难于捕捉的藻类。

由图 4-30 可知，原水中叶绿素 a 平均浓度为 14.73mg/m^3，传统气浮工艺出水中叶绿素 a 平均浓度为 3.28mg/m^3，平均去除率为 77.73%。经过臭氧-气浮处理后，最终出水叶绿素 a 浓度为 1.58mg/m^3，平均去除率为 89.27%，去除率提高了 11.54%。传统气浮工艺对于叶绿素 a 的去除率相比藻类总数的去除率较低，因为叶绿素 a 表征的是活性较大的藻类，这些藻细胞较难通过混凝与微气泡黏附，即使与微气泡黏附，其在上浮过程中也较容易脱离，所以传统气浮工艺对叶绿素 a 的去除率低于对藻类总数的去除率。而经过臭氧-气浮联用工艺处理后，由于臭氧的氧化性能迅速杀死一部分藻细胞，处理后叶绿素 a 含量较低，最终去除率和藻类总数的去除率相差不多。

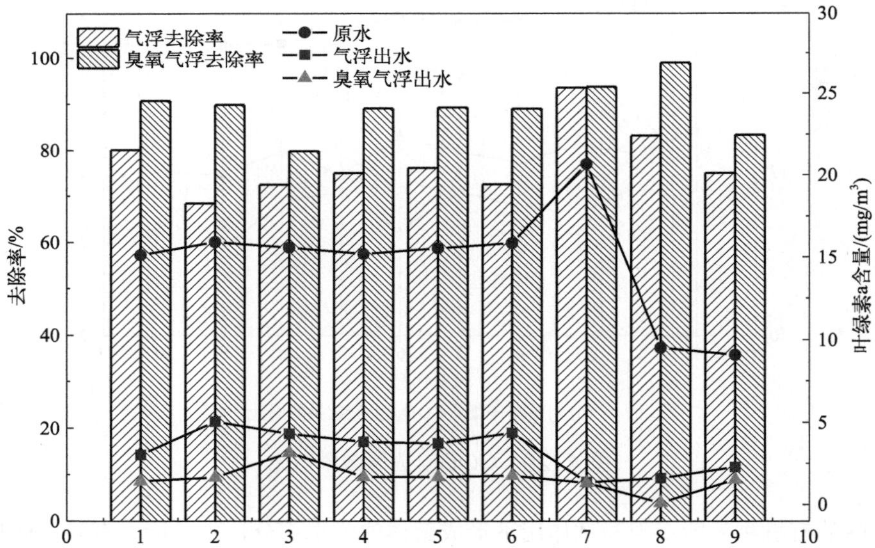

图 4-30　对叶绿素 a 的去除效果对比

（3）嗅味物质的去除效果

藻类暴发产生嗅味物质，在给水处理中成为被广泛关注的问题。水中常见的嗅味物质为土臭素（GSM）和 2-甲基异莰醇（2-MIB），当水中嗅味物质浓度达到一定程度时水体会发出浓重的土腥味，影响人们的正常使用。而嗅味物质通过常规混凝、沉淀、过滤及氯消毒工艺难以去除。通常通过投加粉末活性炭和臭氧氧化的方式进行处理。臭氧对产生嗅味物质的藻类进行氧化能破坏其细胞壁，并迅速地扩散进入到细胞内，对细胞内的酶等物质进行氧化，导致藻细胞的死亡。

试验检测了水中胞外嗅味物质的含量，由图 4-31 可以得出，投加臭氧后嗅味物质释放，臭氧气浮处理后水中胞外 GSM、2-MIB 去除效果较单独气浮工艺变差。这是因为臭氧能够氧化藻细胞，使细胞内的嗅味物质释放。现阶段水厂处理工艺存在滤后出水嗅味物质浓度高的问题，经过臭氧气浮工艺处理后，细胞内的嗅味物质提前释放出来，经过后续工艺处理去除，避免在过滤及消毒阶段释放，增加出水的嗅味物质浓度。

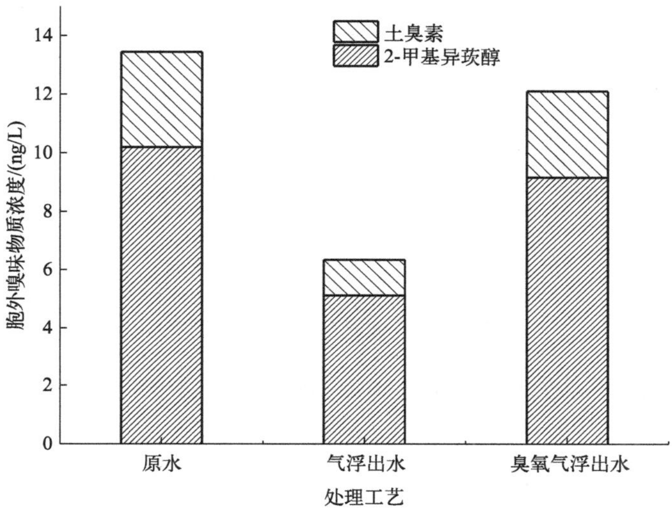

图 4-31　对嗅味物质的去除

4.2 浮滤 / 浮沉组合工艺

4.2.1 浮滤工艺构建

常规工艺对低温、低浊、高藻、高有机物微污染源水的去除能力有限，而气浮技术在这一方面具有独特的优势。然而传统气浮在高程上与后续构筑物衔接比较困难，集水不够均匀，并且池底易积泥，维护困难。针对这些不足，再考虑到气浮的水力负荷与滤池的滤速相近的特点，故可以将气浮池与滤池叠加组成浮滤池，开发浮滤池一体化集成技术。

（1）浮滤池气浮部分构建

气浮部分由气浮接触室和气浮分离室组成。接触室采用狭长形设计，尺寸为 0.8m×0.15m×1.5m，长宽比约为 5.3∶1，接触室上部分与分离室结合部位为圆弧形，可以使溶气水与原水充分混合；水力停留时间约为 2min；与反应池结合部位为长方形过水孔，尺寸为 175mm×800mm。

（2）浮滤池溶气部分构建

本装置采用水泵-空压机溶气方式，该溶气方式具有气泡数量多，释放的气泡均匀、细腻、容易上浮，以及对液体扰动小的特点，有利于絮凝体与细小颗粒的固液分离。图 4-32 为溶气系统的设计图。

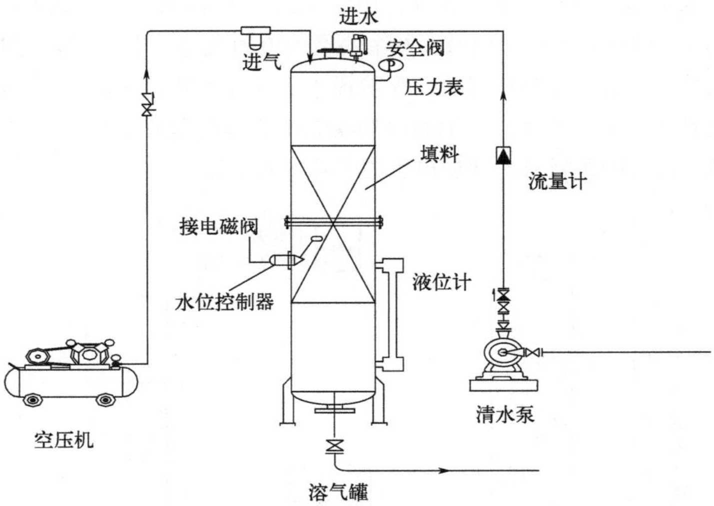

图 4-32 浮滤池中试装置示意

浮滤池设备加压泵压力设计为 0.35 ～ 0.45MPa，溶气罐形式为射流式，溶气释放器为 IS 型和 TJ 型。

（3）浮滤池过滤部分构建

过滤区域面积为 0.96m^2，滤速约为 5m/h。过滤区域滤料为活性炭-石英砂双层滤料，上层为活性炭滤料（粒径为 0.8 ～ 1.2mm，填充高度为 800mm），下层为石英砂滤料（粒径为 0.8 ～ 1.2mm，填充高度为 400mm）。石英砂滤料不仅可以对水进一步处理，并且能够防止脱落的生物膜碎片穿透滤层。采用小阻力配水系统。

4.2.2 浮滤工艺除污染效果

水处理中习惯上把附加在传统净化工艺之前的处理工序叫预处理，微污染水源饮用水的预处理技术包括投加吸附剂法、投加化学氧化剂法以及生物氧化法。研究较多的投加化学氧化剂法主要有过氧化氢法、高锰酸钾法、过碳酸钠法、氧化耦合絮凝剂法，本章研究的是高锰酸钾预氧化法与浮滤池组合工艺对引黄水库水的处理效果。

强化混凝-浮滤池组合工艺进水为引黄水库水，设计流量 Q=5m^3/h，PAFC 投加量为 3mg/L，氧化剂 $KMnO_4$ 投加量经优化后定为 0.3mg/L，回流比为 8%；同一工况运行 6d，每天取 2 次水样，共 12 个平行试验，水样批次依次编号为 1 ～ 12；检测对象为原水预氧化出水、浮滤出水；检测指标为 pH 值、COD_{Mn}、浊度、UV_{254} 等常规指标以及嗅味、2-甲基异莰醇、消毒副产物等非常规指标。

4.2.2.1 对各工序出水 pH 值影响的研究

GB 5749 规定饮用水 pH 值应在 6.5 ～ 8.5 之间，为考察投加的氧化剂 $KMnO_4$ 及混凝剂 PAFC 对水样 pH 值是否产生影响以及影响程度，对原水、预氧化出水、浮滤出水 pH 值进行检测。结果显示，原水 pH 值比较稳定，平均值为 8.28，预氧化出水 pH 值与原水相差不大，最终出水 pH 值有所降低，最大降幅为 1.0，最小降幅为 0.5，最终出水 pH 值均值为 7.55。因此组合工艺对 pH 值影响不大，进水与出水均符合国标要求，在 6.5 ～ 8.5 之间。

4.2.2.2 对 COD_{Mn} 去除效果影响的研究

引黄水库水为微污染水，污染物质包括有机物和无机物，COD_{Mn} 能够反映水体受还原有机（和无机）物质的污染程度，可以间接反映水体中总有机物的含量，高锰酸钾强化浮滤池工艺对 COD_{Mn} 的去除效果如图 4-33 所示。

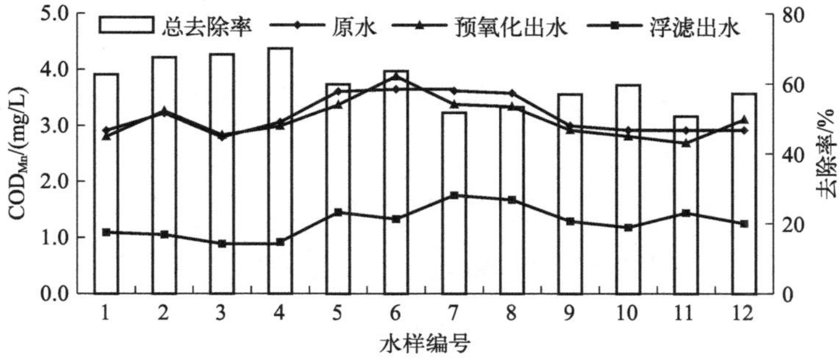

图 4-33　强化混凝-浮滤池对 COD_{Mn} 的去除效果

由图 4-33 可知，试验期间进水 COD_{Mn} 值有所波动，当取样当天为阴雨天气时 COD_{Mn} 值偏高，即 5、6、7、8 号水样，进水 COD_{Mn} 最大值为 3.65mg/L，最小值为 2.91mg/L，均值为 3.18mg/L；出水 COD_{Mn} 最大值为 1.75mg/L，最小值为 0.887mg/L，均值为 1.28mg/L；预氧化出水 COD_{Mn} 值与原水相差不大，均值为 3.12mg/L。与未经高锰酸钾预氧化直接进行气浮过滤处理的出水 COD_{Mn} 值相比，经过预氧化的浮滤池出水 COD_{Mn} 值相差不大，但去除率相对较高，最高去除率约提高 10%。因此 $KMnO_4$ 预氧化可以提高浮滤池对 COD_{Mn} 的去除率。

4.2.2.3 对浊度去除效果影响的研究

浊度与水中胶体、细菌、藻类等水体颗粒物密切相关，为保障饮用水安全必须尽可能降低出水浊度。

由图 4-34 可知，浮滤出水浊度比较稳定，均值为 0.40NTU，进水浊度波动范围较大，

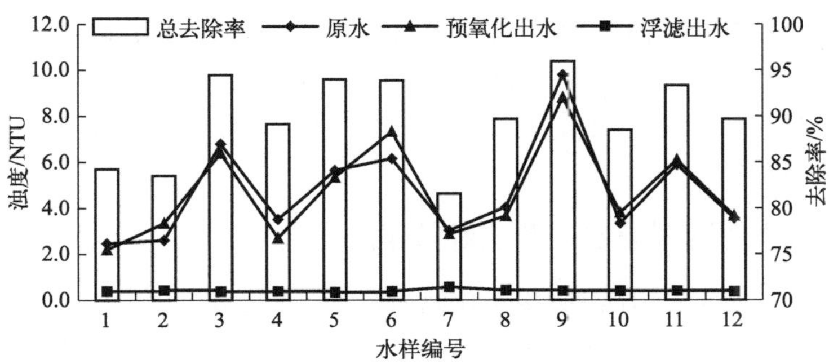

图 4-34　强化混凝-浮滤池对浊度的去除效果

为 2.46 ～ 9.78NTU。预氧化出水浊度高于进水浊度的情况较多，这与 $KMnO_4$ 的作用机理有关，$KMnO_4$ 氧化有机物的同时本身被还原为 MnO_2，而 MnO_2 为颗粒物，因此使得预氧化出水浊度较进水浊度高；出水浊度值与未投加氧化剂时相差不大，去除率也相近，约为 90%。

4.2.2.4 对 UV_{254} 去除效果影响的研究

水中的某些有机物通常在 254nm 波长处出现吸收峰，因此该波长下的吸光度（UV_{254}）可以作为反映水中有机物浓度的综合指标。对各工序出水的 UV_{254} 进行检测。

由图 4-35 可知，进水 UV_{254} 较为稳定，在 0.037 ～ 0.040cm^{-1} 之间变化；出水 UV_{254} 波动较大，最小值为 0.010cm^{-1}，最大值为 0.021cm^{-1}，均值为 0.017cm^{-1}。UV_{254} 可以间接代表有机物浓度，高锰酸钾预氧化将水体中的有机物转化为分子量较小的有机物，有利于提高后续工艺对 UV_{254} 的去除效果，不仅出水 UV_{254} 降低，而且最高去除率也比未预氧化工艺提高约 10%。

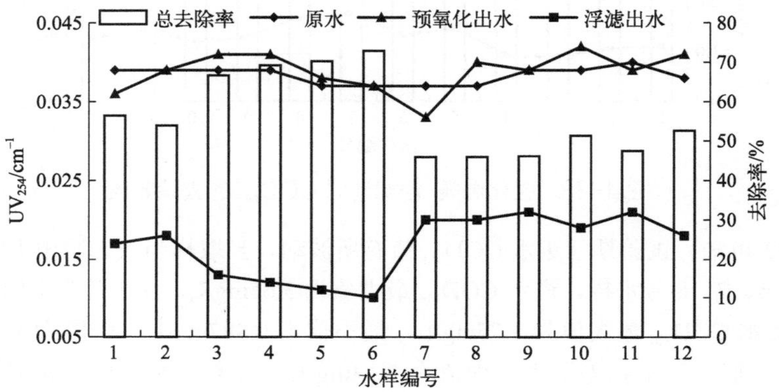

图 4-35 强化混凝-浮滤池对 UV_{254} 的去除效果

4.2.2.5 对 NPOC 去除效果影响的研究

当水样为地表水、自来水和湖泊水等清洁水时，直接酸化后测出的有机碳结果为不可吹出性有机碳（NPOC）值。当检测对象为给水处理样品且可吹出碳（POC）可以忽略时，NPOC 可以代替样品中总有机碳（TOC）的值。采用这种直接测定方法具有引入误差较小的特点，能够得到相对准确的结果。

对各工序出水的 NPOC 进行检测，并与对 UV_{254} 的去除效果进行对比，由图 4-36 可知，NPOC 与 UV_{254} 的削减趋势相似，去除率也相差不大。因此当不具备先进的试验条件时，可用 UV_{254} 代替 NPOC 作为反映水体中有机物的指标。由测定结果可知，水样经过预氧化后，NPOC 值略有降低，经过浮滤池后降低幅度较大，最高去除率可达 65.3%，平均去除率为 49.1%，去除效果较好。

4.2.2.6 对嗅味物质及消毒副产物去除效果的研究

水源中的异味，常常是由藻类及其分泌物所致。在水处理过程中，由于药剂与水中物质发生化学反应，也会使水产生异味以及消毒副产物，对水质安全造成威胁。现对原水和浮滤池出水中嗅味物质及消毒副产物进行检测，结果如表 4-4 所列。

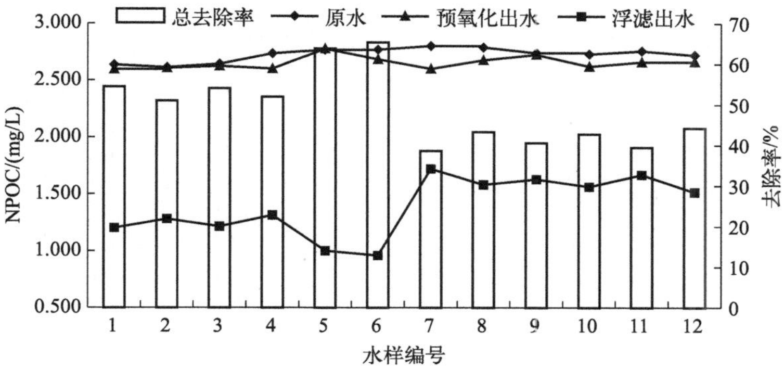

图 4-36　强化混凝-浮滤池对 NPOC 的去除效果

表 4-4　强化混凝浮滤池对非常规污染物的去除　　单位：mg/L

处理工艺	嗅味层次分析	土臭素	2-甲基异莰醇	三氯甲烷	二氯一溴甲烷	一氯二溴甲烷	三溴甲烷
浮滤池进水	土腥味 4 级	6×10^{-6}	1.5×10^{-5}	0.032	0.0303	0.0228	0.0076
浮滤池出水	无味 0 级	$<5\times10^{-6}$	$<5\times10^{-6}$	0.01	0.0128	0.0177	0.0031
国标	无	0.00001	0.00001	0.06	0.06	0.1	0.1

由表 4-4 可知，原水嗅味呈现土腥味，等级为 4 级，2-甲基异莰醇含量为饮用水国标的 1.5 倍。从检测数据可知，该组合工艺对嗅味物质具有良好的净化效果，原水经过该工艺处理后嗅味由 4 级降为 0 级，土腥味被完全去除，出水土臭素和 2-甲基异莰醇含量均小于检出限。该组合工艺对消毒副产物亦具有良好的去除能力，三氯甲烷、二氯一溴甲烷、一氯二溴甲烷和三溴甲烷的去除率分别为 68.8%、57.8%、22.4% 和 59.2%。从检测数据可以得知该工艺对三氯甲烷、二氯一溴甲烷和三溴甲烷去除率均在 60% 左右，高于对一氯二溴甲烷的去除率。常规工艺对嗅味物质和消毒副产物的去除率低于 10%，与之相比浮滤池工艺对这些指标的去除率有大幅度提升，主要原因有两个，其一是活性炭优良的吸附性能，其二为滤料内的微生物对其有降解作用。

4.2.3　浮沉除藻技术构建

针对引黄水库水高藻、高有机物以及低温低浊的水质特征，开发设计新型斜管浮沉池工艺。该工艺以气浮技术为核心技术，是将气浮和斜管沉淀有机结合在同一构筑物内的新池型，具有斜管沉淀池和气浮池的双重特点及作用，工艺设置灵活、水处理效果好，在国内外研究较少。

4.2.3.1　浮沉池工艺设计

(1) 中试试验装置

为较好地开展完成本研究任务，自主设计制作了浮沉池中试试验装置（见图 4-37），并申请专利。该中试试验装置是水专项中试基地的组成部分。

如图 4-37 所示，浮沉池工艺装置由混合区、絮凝区、气浮接触室、气浮分离区、斜管沉淀区和气浮出水口等组成。根据来水水质的不同，确定使用浮沉池的不同功能，或气浮或沉淀，两种功能不可同时使用。切换方式：启闭闸板（关闭闸板，为气浮功能；打开闸板，为沉淀功能）。

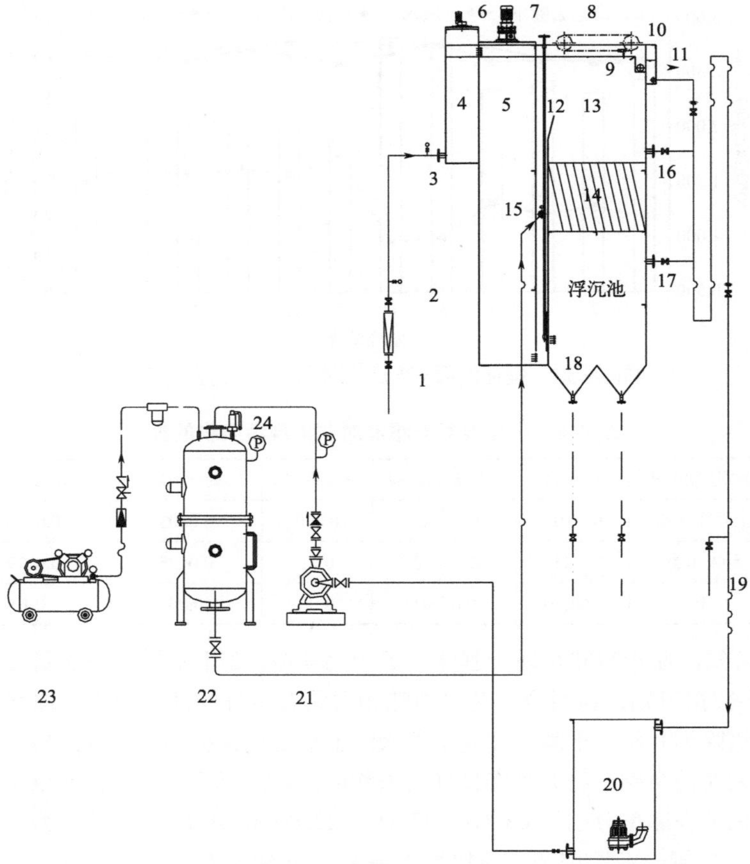

图 4-37　浮沉池中试试验装置示意

1—引黄水库水；2—加药口 2；3—加药口 1；4—混合池；5—絮凝池；6—搅拌机 1；7—搅拌机 2；8—刮渣机；9—浮渣槽；10—溢流堰；11—出水槽；12—接触室；13—分离室；14—斜管沉淀区；15—释放器；16—出水口 1；17—出水口 2；18—泥斗；19—排水沟；20—回流水箱；21—清水泵；22—溶气罐；23—空压机；24—压力表

(2) 工艺设计说明

浮沉池装置设计处理能力为 $5m^3/h$。池体左侧为混凝槽和反应槽组成的混凝单元，中间为气浮接触区，右侧上部为气浮分离区，中部为斜管沉淀区，下部为污泥斗及排泥管。气浮单元运行时，水源水由进水管进入混合区和絮凝区，经过充分混凝后进入气浮接触室；气浮释放的密集微细气泡黏附密度接近水的固体或者液体污染物微粒，形成密度小于水的气浮体，之后进入气浮分离室上浮至水面形成浮渣，进行固液或液液分离；同时，部分大絮体通过斜管区斜管的强化沉淀进入污泥斗，协同达到更好的处理效果。浮渣由刮渣机刮除。浮沉池的气浮单元与沉淀单元切换通过调整气浮接触室和分离室之间的闸板上、下来控制。沉淀单元运行时，原水经充分混凝处理（与气浮单元相同）后由沉淀布水区均匀布水形成上向流斜管沉淀，沉泥经污泥斗和排泥管排出，出水在右侧顶部溢流堰后的集水区侧方，以此构成气浮、沉淀相辅相成又各自独立的处理系统。

(3) 工艺设计特点

① 优化结构，合理池型。新型斜管浮沉池设计气浮和斜管沉淀共用，利用气浮接触室

内的闸板切换气浮和沉淀单元的运行，应对进水水质、水量、水温的变化，更好地去除不同尺寸、不同成分、不同黏度的絮体，提高了处理效果。

② 优化出水位置。新型斜管浮沉池在气浮单元运行时在斜管下方设置出水口，利用气浮和下向流斜管沉淀的良好协同作用，进一步提高了出水水质。在沉淀单元运行时在池体边缘和外部分别设置出水溢流堰和集水区，从而构成了各自独立的出水系统，这样就解决了浮沉池单独运行气浮或沉淀时“跑矾花”的现象。

气浮单元运行时，刮渣机带动刮渣板沿液面刮浮渣，推动浮渣到截留板处，推出浮渣到集渣槽之后，浮渣通过集渣槽的管道排出。

沉淀单元运行时，液面淹没截留板（截留作用停止），水流通过溢流堰出水到集水槽之后，出水通过集水槽的出水管道流出。

③ 优化切换方式。气浮接触室左侧底部与絮凝区连通，气浮接触室右侧挡板底部设有闸板。运行气浮单元时，闸板关闭，水流从絮凝区底部流入接触室，后经过接触室右侧挡板从挡板上部进入气浮单元的分离室。运行沉淀单元时，通过接触室上部的阀门打开挡板上的闸板，这时水流从絮凝池底部流入接触室，经过接触室底部右侧打开的通道流入斜管底部的沉淀布水区，水流经过斜管向上流动，形成上向流斜管沉淀，污泥沉淀到污泥斗排出。

④ 优化混合方式。新型斜管浮沉池设置管式混合和机械混合的双重混合，改变了常规工艺中单一的混合模式，强化了混合效果。

⑤ 优化絮凝方式。新型斜管浮沉池设置同轴异桨的机械絮凝搅拌方式，改变了常规工艺中刻板的絮凝方式，操作方便，易于维修、调整，强化了絮凝效果。

⑥ 提高了对水质、水量、水温的适应能力。新型斜管浮沉池针对引黄水库水随季节、气候变化的水质、水温、水量选择不同的运行单元，改变了常规方法工艺单一、处理效果不稳定的弊端，达到了事半功倍的效果。

⑦ 提高了处理效果。新型斜管浮沉池对浊度、藻类的去除率达到 90% 以上，远远大于常规工艺的处理效果，也高于其他浮沉池的处理效果。

（4）工艺设备型号

① 新型斜管浮沉池装置。

② 搅拌机。变频调速，型号为 JBT-1；功率为 0.37kW。

③ 溶气回流泵。凌鸣牌单相自吸泵，型号为 DBZ；流量为 $2m^3/h$；扬程为 50m；吸程为 12m；频率为 50Hz；转速为 2850r/min。

④ 加药泵。型号：X068-XB-AAAA365；流量范围：2 ～ 10.72L/h。

⑤ 浮球液位控制阀。上海索阳仪器仪表有限公司。

⑥ 空压机。上海捷豹压缩机制造有限公司，型号为 EC-51；流量为 $0.10m^3/min$；压力为 $7kg/cm^2$；功率为 2kW。

⑦ 溶气罐。无锡市骏宏机械制造有限公司，型号为 ϕ250mm×3.0m。

⑧ 释放器发生器。TS 型低压溶气释放器，溶气水管口直径 15mm，作用直径为 25cm。

4.2.3.2　浮沉池混凝单元设计

（1）混合槽设计

混合槽设计为敞口式，水力停留时间约为 2min。尺寸 0.4m×0.4m×1.5m，有效水深

1300mm，进水管径 DN50。在混合槽底部进水。与反应槽结合部位开条形过水孔，尺寸为 30mm×300mm。混合采用机械搅拌方式进行，配备一台转速可调、功率 0.37kW 的 JBT-0 型混合搅拌机。

（2）反应槽设计

反应槽同样采用敞口式，水力停留时间约为 15min。尺寸 0.8m×0.7m×3.3m，有效水深 3150mm。进水管径与混合槽连接部位的过水孔，尺寸为 30mm×300mm。与沉淀池结合部位开方形过水孔，尺寸为 175mm×800mm。絮凝搅拌采用机械搅拌方式进行，配备一台套同轴反应搅拌机（带变频调速），即在同一根转动轴上不同高度布置 3 套搅拌叶片，型号分别为 JBT-1、JBT-2、JBT-3 型，保证不同区域的反应搅拌强度满足工艺要求。总功率 1.5kW。

（3）加药单元设计

浮沉池中试试验装置设计有两个混凝剂投加位置，分别是混合池前加药口和流量计后加药口。采用 300L 加药桶配药，在搅拌充分混合后经加药计量泵通过加药管道加入原水中。

① 加药的计算方法如下：

$$v=\frac{q_1\times\dfrac{M(\mathrm{Al_2O_3})}{M(2\mathrm{Al^{3+}})}\times Q\times V}{W\times q_2\times\rho} \tag{4-3}$$

式中 v——混凝剂体积；

q_1——混凝剂投加量；

$M(\mathrm{Al_2O_3})$——$\mathrm{Al_2O_3}$ 摩尔质量；

$M(2\mathrm{Al^{3+}})$——$2\mathrm{Al^{3+}}$ 摩尔质量；

W——混凝剂质量分数；

Q——进水流量；

ρ——混凝剂密度；

V——加药桶体积；

q_2——加药泵流量。

② 加药系统见图 4-38、图 4-39。

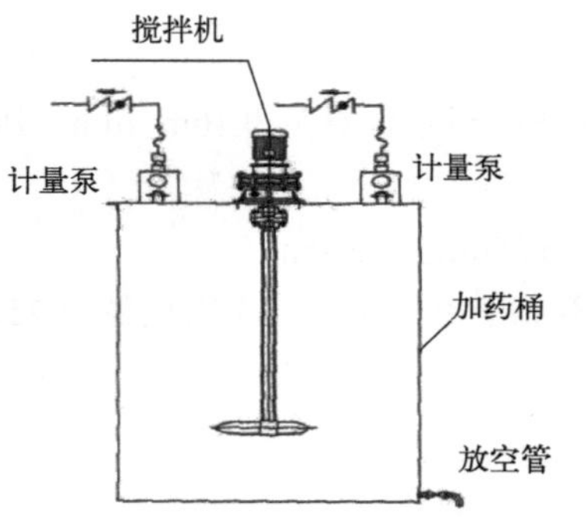

图 4-38 加药计量泵设计

图 4-39 加药计量泵示意

4.2.3.3 浮沉池气浮单元设计

(1) 气浮池体设计

1）气浮接触室

接触室采用狭长形设计，接触室上部与分离室结合部位为圆弧形设计，使溶气水与原水充分混合。接触室长宽比约为5.3∶1，水力停留时间约为2min，尺寸为0.8m×0.15m×1.5m。与反应池结合部位开长方形过水孔，尺寸为 175mm×800mm。

2）气浮分离室

分离室采用长方形、敞口式设计，水力停留时间约为 28min, 尺寸为 0.8m×1.2m×2.5m, 气浮出水管径 DN50。

(2) 溶气系统设计

1）溶气方式的选择

溶气系统的作用是完成空气与水的充分混合，溶气方式有水泵吸水管吸气溶气方式、水泵压水管射流溶气方式和水泵-空压机溶气方式。

本装置为加压溶气气浮系统，采用水泵-空压机溶气方式，该方法溶解用空气由空压机供给，溶解用水由回流水泵压入溶气罐，气水在溶气罐内充分混合，进气量由罐顶的电磁阀控制。该法有以下优点：

① 加压条件下，空气的溶解度大，形成气泡数量多；

② 溶气水经骤然减压释放的气泡微细、均匀、容易上浮，对液体扰动小，利于对疏松絮凝体、细小颗粒的固液分离。

浮沉池溶气系统见图 4-40、图 4-41。

图 4-40　溶气系统示意

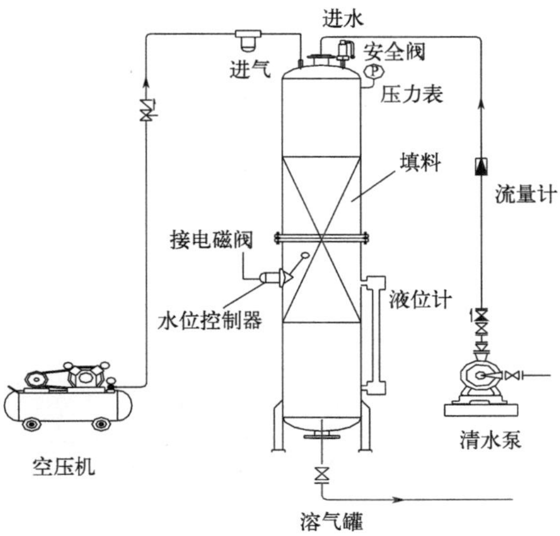

图 4-41　溶气系统设计

2）空气饱和设备的选择

空气饱和设备的作用是在一定压力下将空气溶解于水中以提供水处理所需要的溶气水。空气饱和设备由加压水泵、溶气罐、空气供给设备及液位自动控制设备等组成。

① 加压水泵。加压水泵供给一定压力的水量。压力如果过高，单位体积溶解的空气量会增加，减压析出的空气也会过多，引起微气泡的并聚；相反，压力如果过低，则增加了溶气水量，引起气浮单元的体积增大。另外，加压泵的选择，在满足溶气水的压力的基础上，要考虑系统的水头损失。浮沉池气浮单元加压泵压力设计为 0.35 ～ 0.45MPa。

② 溶气罐。溶气罐的作用是实施水和空气的充分接触，加速空气的溶解。常用的溶气罐形式有隔套式、射流式、循环式、填料式等。填料式溶气罐，因装有填料加剧紊动程度，提高液相的分散程度，不断更新液相与气相的界面，从而提高了溶气效率。浮沉池气浮单元溶气罐如图 4-42 所示。

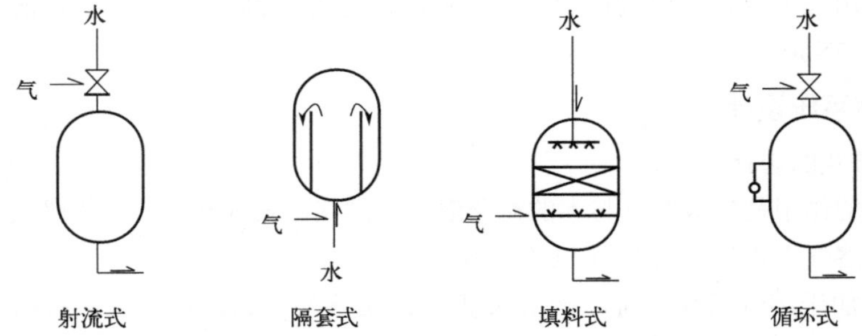

图 4-42　溶气灌的常用形式

3）溶气水释放设备的选择

减压释放设备的作用是迅速将溶于水中的空气在减压后以极为细小的气泡形式释放出来，微气泡的直径大多在 20 ～ 100μm。常用的减压释放设备有两类：一类是减压阀；另一类是释放器。设计选用根据溶气释放规律制造的 TS 型专用释放器。浮沉池气浮单元溶气释放器如图 4-43、图 4-44 所示。

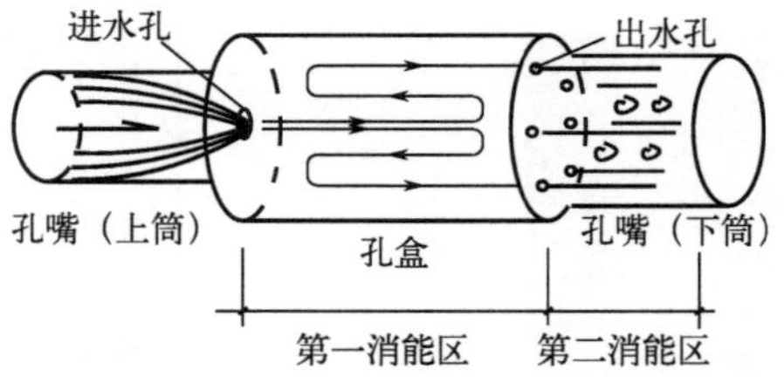

图 4-43　TS 型溶气释放器结构

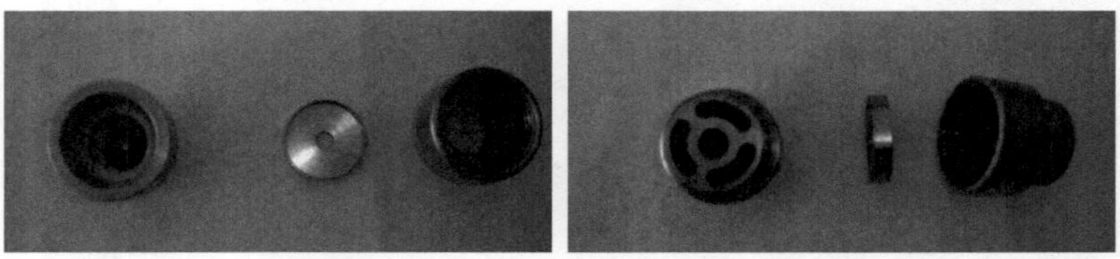

图 4-44　TS 型溶气释放器示意

（3）刮渣系统设计

气浮池形成的浮渣如果得不到及时的清除，或者刮渣时对渣层的扰动过度、刮渣时液面及刮渣程序控制不当、刮渣机运行速度与浮渣的黏度不相适应等，都将影响气浮净水的效果。

气浮的刮渣方式分为水力溢渣和机械刮渣两种。机械刮渣是借助刮渣机根据浮渣的产量和浮渣形成速度进行周期性刮渣；水力溢渣大多采用后续滤池的反冲洗水溢流除渣。刮渣方式的选择要减小对气浮运行的影响，刮渣周期要视浮渣量而定，刮渣周期一般为 2 ～ 4h。浮沉池中试试验装置采用机械刮渣，刮渣机行进速度设计为 5m/min，如图 4-45、图 4-46 所示。

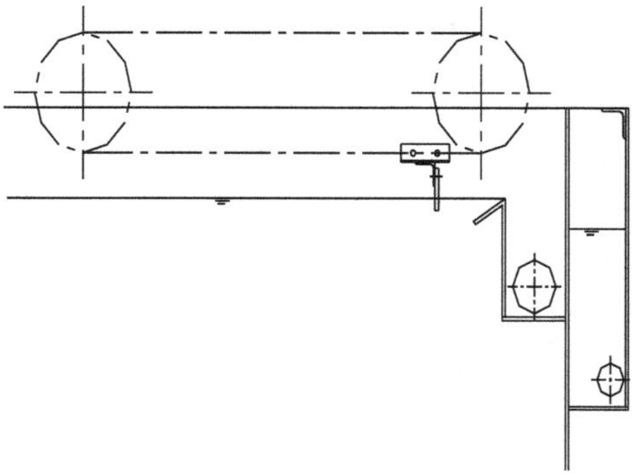

图 4-45　机械刮渣机剖面图

图 4-46　机械刮渣机平面图

4.2.3.4　浮沉池沉淀单元设计

浮沉池中试试验装置是在斜管沉淀池基础上设计形成的，浮沉池沉淀单元由斜管沉淀装置、进水布水区域、出水集水装置和排泥装置 4 部分组成。

① 斜管填料采用 PVC（聚氯乙烯）直管，其优点是湿周大、水力半径小、层流状态好、颗粒沉淀不受絮凝水流干扰。斜管的相对密度为 0.92（略小于水），斜管填料在池内组装时要求在填料上方自左向右横拉两根 10mm 的圆钢进行加固，圆钢两端在沉淀池池壁上保持 60°角可靠固定，防止斜管填料在初期使用时松动上浮。

② 进水布水区域设计高度为 1.5m，以利于减小水的流速，而且便于检修维护。斜管沉淀池的上部集水是否均匀将直接影响斜管之间配水的均匀性。为此，斜管上方设置溢流堰和集水槽。另外，设置集泥斗便于将沉泥排出。

4.2.4　浮沉工艺协同除污运行参数及边界条件切换

4.2.4.1　浮沉池混凝条件的优化研究

浮沉池采用不同的运行方式，对前序混凝反应的要求不同。浮沉池的气浮单元借助微气泡黏附絮体上浮至液面达到去除效果，要求絮体颗粒的粒径＜ 100μm，絮体颗粒的最佳粒径在 10 ～ 30μm 之间。另外，为了实现絮体与微气泡之间良好的黏附，气浮工艺还要求混凝后絮体的表面负电荷较少，疏水性较强。

根据气浮单元与沉淀单元对混凝要求的不同，本部分对浮沉池工艺混凝条件进行优化。

以引黄水库（济南鹊山水库）水为研究对象，分别对聚合氯化铝铁（PAFC）、聚合氯化铝铁-聚二甲基二烯丙基氯化铵（PAFC-PDMDAAC）、聚硅氯化铝铁（PFASiC）3 种混凝剂进行研究，利用浮沉池中试试验装置进行混凝试验分析与混凝效果比较，优化适合引黄水库水的浮沉池处理工艺的混凝剂。对 3 种混凝剂，分别投加 0.25mg/L、0.5mg/L、1mg/L、2mg/L、3mg/L、4mg/L、5mg/L、6mg/L（分别以 Al^{3+}、Fe^{3+} 计）进行试验，回流比控制在 12%，溶气压力控制在 0.35MPa，混凝剂投加采用计量泵，混合池前投加，混合设备采用机械搅拌混合。每种工况运行 4h，开始 3h 后，在气浮出水口取样。

（1）混凝效果比较

1）聚合氯化铝铁

试验期间，黄河原水浊度 1.06 ～ 1.47NTU，UV_{254} 0.0530 ～ 0.0575cm^{-1}，COD_{Mn} 2.59 ～ 2.94mg/L，pH 值 7.93 ～ 8.44，水温 3.4 ～ 4.3℃，试验结果见图 4-47 ～图 4-49。

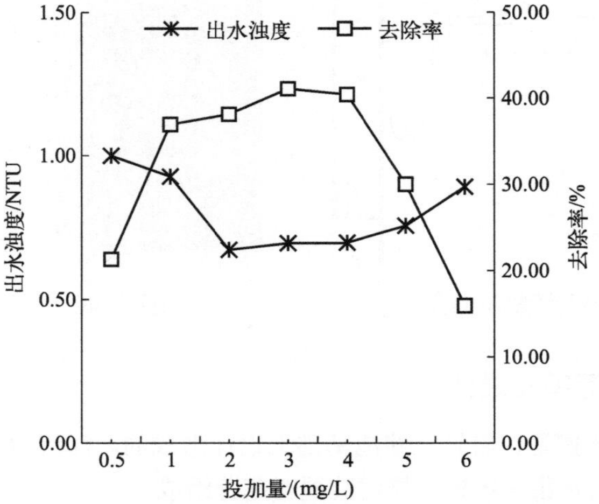

图 4-47　聚合氯化铝铁为混凝剂时对浊度的去除效果

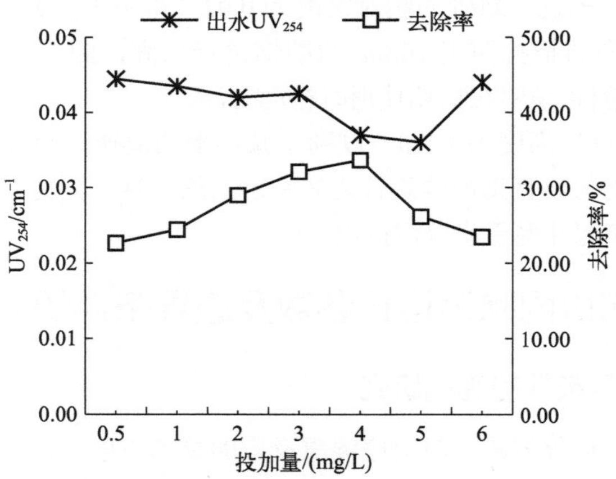

图 4-48　聚合氯化铝铁为混凝剂时对 UV_{254} 的去除效果

综合考量出水浊度、UV_{254}、COD_{Mn} 值及去除率，聚合氯化铝铁在投药量为 2mg/L 时，效果最好。处理后水样浊度为 0.672NTU，去除率为 38.12%；UV_{254} 为 0.042cm^{-1}，去除率为 28.96%；COD_{Mn} 为 2.099mg/L，去除率为 25.21%。随着投药量的增加，各指标去除率基本不变，还略有升高。

2）聚硅氯化铝铁（PFASiC）

试验期间，黄河原水浊度 2.48 ～ 2.92NTU，UV_{254} 0.0425 ～ 0.0495cm^{-1}，COD_{Mn} 2.40 ～ 3.02mg/L，pH 值 8.21 ～ 8.43，水温 2.2 ～ 3.9℃，试验结果见图 4-50 ～图 4-52。

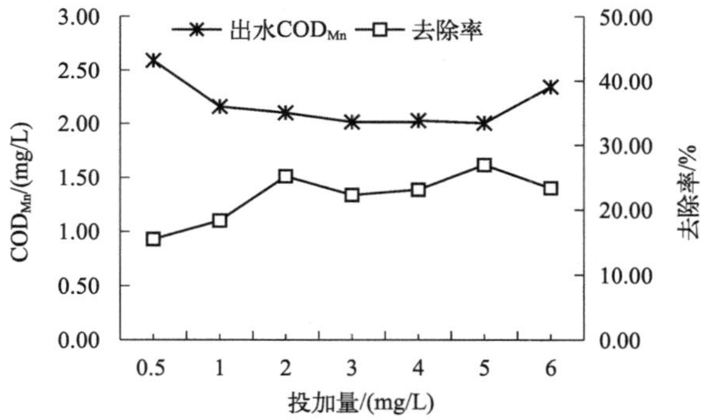

图 4-49　聚合氯化铝铁为混凝剂时对 COD_{Mn} 的去除效果

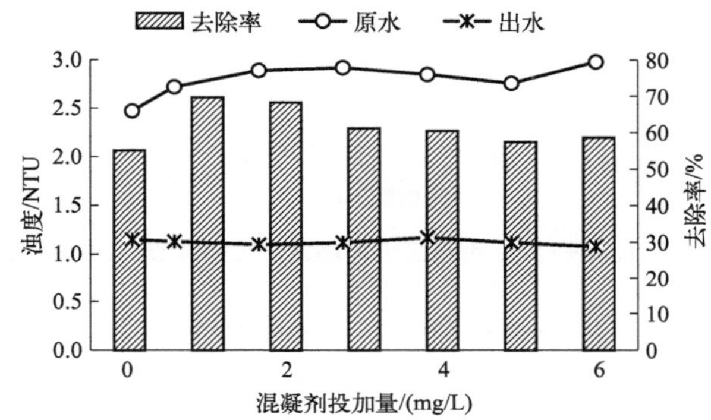

图 4-50　聚硅氯化铝铁为混凝剂时对浊度的去除效果

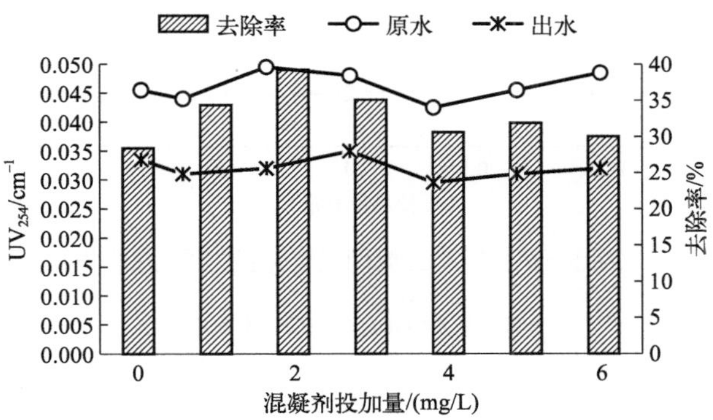

图 4-51　聚硅氯化铝铁为混凝剂时对 UV_{254} 的去除效果

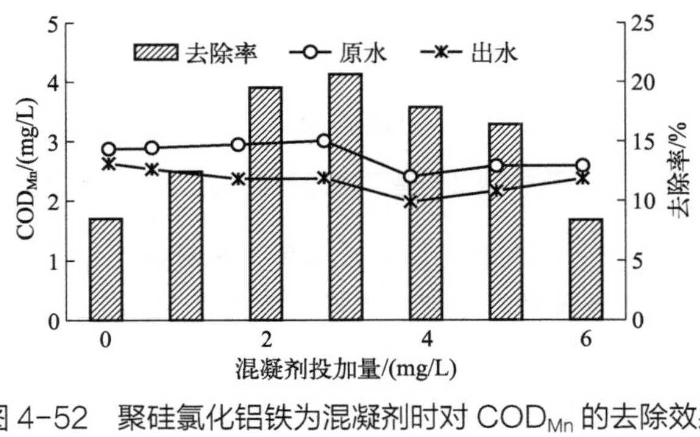

图 4-52　聚硅氯化铝铁为混凝剂时对 COD_{Mn} 的去除效果

综合考量出水浊度、UV_{254}、COD_{Mn} 值及去除率，聚硅氯化铝铁在投药量为 2mg/L 时去除效果最好。处理后水样浊度为 1.10NTU，去除率为 68.22%；UV_{254} 为 0.032cm^{-1}，去除率为 39.22%；COD_{Mn} 为 2.37mg/L，去除率为 19.52%。随着投药量的增加，各指标去除率基本不变，还略有升高。

3）聚合氯化铝铁-聚二甲基二烯丙基氯化铵（PAFC-PDMDAAC）

试验期间，黄河原水浊度 0.75 ～ 1.01NTU，UV_{254} 0.046 ～ 0.0485cm^{-1}，COD_{Mn} 2.32 ～ 2.63mg/L，pH 值 8.31 ～ 8.53，水温 3.4 ～ 3.8℃，试验结果见图 4-53 ～图 4-55。

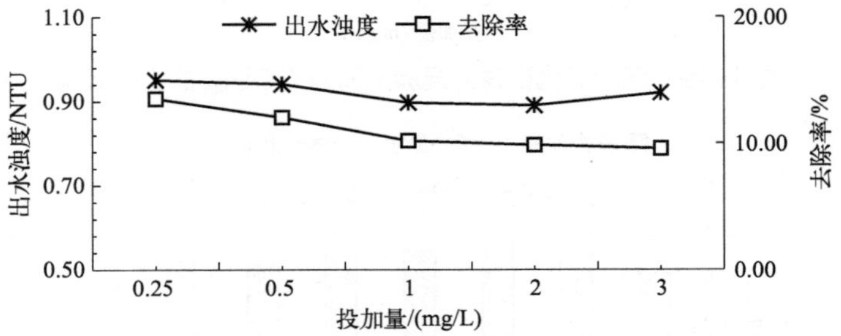

图 4-53　聚合氯化铝铁-聚二甲基二烯丙基氯化铵为混凝剂时对浊度的去除效果

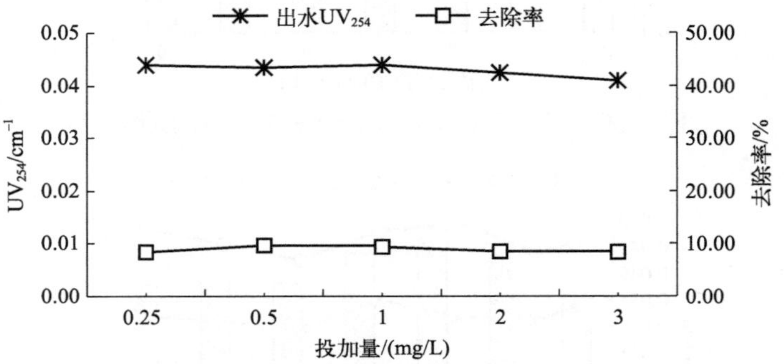

图 4-54　聚合氯化铝铁-聚二甲基二烯丙基氯化铵为混凝剂时对 UV_{254} 的去除效果

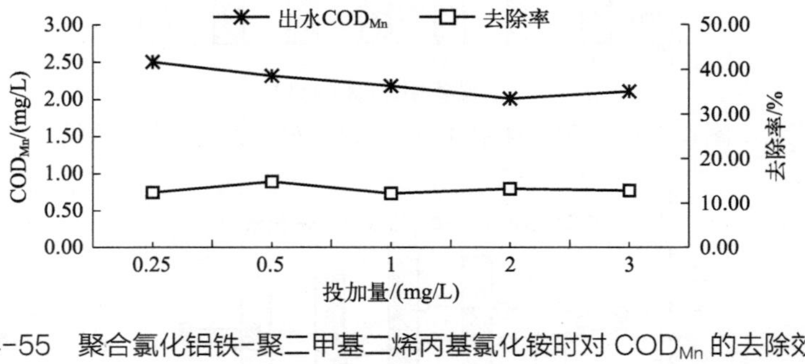

图 4-55　聚合氯化铝铁-聚二甲基二烯丙基氯化铵时对 COD_{Mn} 的去除效果

综合考虑出水浊度、UV_{254}、COD_{Mn} 值及去除率，聚合氯化铝铁-聚二甲基二烯丙基氯化铵在投药量为 0.5mg/L 时效果最好。处理后水样浊度为 0.941NTU，去除率为 12.06%；UV_{254} 为 0.044cm^{-1}，去除率为 9.62%；COD_{Mn} 为 2.317mg/L，去除率为 14.91%。随着投药量增加，各指标去除率基本不变，还略有升高。

(2) 混凝剂优选分析

1) 试验结果

聚合氯化铝铁、聚硅氯化铝铁、聚合氯化铝铁-聚二甲基二烯丙基氯化铵 3 种混凝剂最佳投药量及去除情况为：聚合氯化铝铁最佳投药量在 2mg/L，聚硅氯化铝铁最佳投药量在 2mg/L，聚合氯化铝铁-聚二甲基二烯丙基氯化铵最佳投药量在 0.5mg/L。下面分别对 3 种混凝剂对各指标的最佳去除率做比较。

在对引黄水库水进行的中试试验中，从图 4-56 可以看出，考察的 3 种混凝剂中聚合氯化铝铁-聚二甲基二烯丙基氯化铵效果最差，聚硅氯化铝铁处理效果最好。聚硅氯化铝铁对浊度、UV_{254}、COD_{Mn} 的最佳去除率分别达到 68.22%、39.22%、19.52%，优于其他两种混凝剂。因此确定聚硅氯化铝铁为本工艺处理引黄水库水低温低浊期的最佳混凝剂。

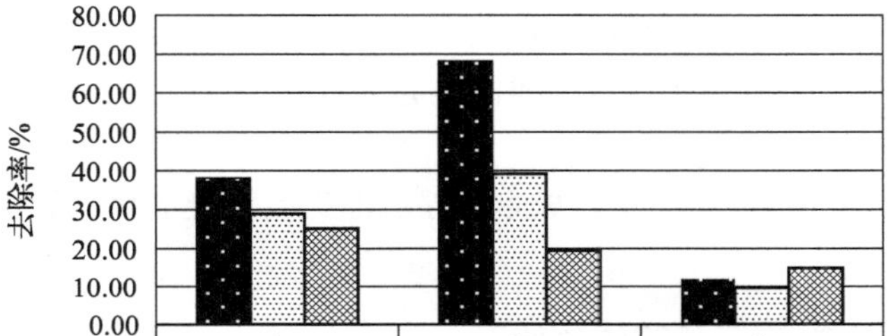

	1	2	3
■ 浊度去除率/%	38.12	68.22	12.06
▣ UV_{254}去除率/%	28.96	39.22	9.62
▩ COD_{Mn}去除率/%	25.21	19.52	14.91

图 4-56　3 种混凝剂中试试验效果比较

1—聚合氯化铝铁；2—聚硅氯化铝铁；3—聚合氯化铝铁-聚二甲基二烯丙基氯化铵

2) 试验分析

① 温度低的水中杂质颗粒小且细，颗粒互相间的碰撞次数与其直径和体积成反比，碰撞次数少，絮凝反应慢，生成的矾花（絮凝体）小且不易沉降。

② 水温越低，黏度越大，液层间的内阻力越大，增大了水流的剪切力，影响颗粒碰撞，使得颗粒的碰撞机会减少，凝聚效果变差，导致絮凝体疏松且含水率高，沉降性能差。

③ 低浊水中的杂质颗粒数目较少，粒径小且分布均匀，具有较强的动力稳定性和凝聚稳定性，大多不带负电，不需要过多的混凝剂，导致形成的絮凝体细、小、轻，难以沉淀。

④ 无机高分子絮凝剂混凝作用的主要影响因素有吸附架桥能力、稳定性和电中和能力等。而聚合铁、聚合铝类等絮凝剂的弱点是分子量和粒度尚不够高，从而使聚集体的载附能力不够强，影响混凝效果。

⑤ 聚硅氯化铝铁采用加入粒径较大的硅聚合物增强絮凝性能，试验结果表明聚硅氯化铝铁混凝优势明显，处理效果较好。

(3) 最佳投药量确定

1) 试验结果

随着混凝剂聚硅氯化铝铁投加量的增加，浮沉池出水浊度、UV_{254}、COD_{Mn} 数值都逐渐下降，投加量从 0.5mg/L 增加至 2mg/L 后，浊度、COD_{Mn} 数值降低明显，出水平均浊度由

1.15NTU 降至 1.09NTU，COD_{Mn} 平均值由 2.6mg/L 降至 2.3mg/L。投药量大于 2mg/L 后，混凝剂投加量再增加，其降低空间不大。出水浊度、COD_{Mn} 去除率随着混凝剂投加量增加也逐渐增加，混凝剂投加量在大于 2mg/L 后，出水浊度平均去除率达到 68.22%，COD_{Mn} 平均去除率达到 19.52%。投加量再增加，浊度、COD_{Mn} 去除率增加不大。但是随着投药量由 2mg/L 继续增加，出水浊度及 COD_{Mn} 值增加，去除率出现了不同程度的下降，出水浊度、COD_{Mn} 由 1.09NTU 升至 1.13NTU，COD_{Mn} 由 2.3mg/L 增加到 2.5mg/L，浊度、COD_{Mn} 去除率也分别由 68.22% 降至 54.41%、由 19.52% 减少到 12.36%。

2）试验分析

① 试验原水浊度在 2.18 ～ 2.92NTU，属于低浊水，含颗粒物较少。投加絮凝剂量较低时形成的絮体少、细、轻，从而使絮体之间的碰撞概率小、难于沉淀，而采用气浮工艺引入大量的微气泡强化了其与絮体的碰撞，提高了处理效果，从而保证出水浊度较低。

② 气浮工艺要求混凝后的絮体体积较小，投药量增加后其生成絮体逐渐增大，其携带气体量不能够提供足够的浮力，载气絮体稳定性变差。因而当投药量超过 2mg/L 后，絮体体积增大比较明显，气浮效果开始下降。

为有效利用混凝剂，节约生产成本，浮沉池工艺混凝剂聚硅氯化铝铁投加量建议采用 2mg/L（以 Al^{3+} 计）。

4.2.4.2 混凝剂投加位置的优化研究

本研究的浮沉池中试试验装置设计有混凝剂投药位置两个：投药位置 1，混合池前 20cm 处；投药位置 2，原水流量计后 20cm 处。本浮沉池中试试验装置中投药位置 1 加药后采用混合池的机械搅拌机机械混合，投药位置 2 加药后采用结合管式加药和机械混合的双重混合方式，以求加强混凝效果。对中试试验装置的两个投药位置 1 和 2 进行试验，优化适合引黄水库水的浮沉池中试试验装置的混凝剂最佳投药位置。以引黄水库（鹊山水库）水为研究对象，投加 2mg/L（以 Al^{3+} 计）聚硅氯化铝铁（PFASiC）混凝剂，回流比控制在 12%，溶气压力控制在 0.35MPa，混凝剂投加采用计量泵，每种工况运行 4h，开始计时 3h 后在气浮出水口取样。

（1）投药位置 1 试验研究

试验期间，黄河原水浊度 5.03NTU，UV_{254} 0.036cm^{-1}，COD_{Mn} 3.70mg/L，氨氮 0.24mg/L，pH 值 8.56，水温 15℃，试验结果见图 4-57 ～图 4-60。

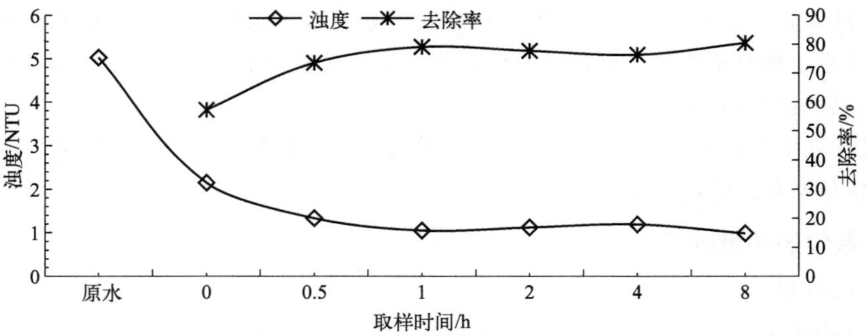

图 4-57　投药位置 1 加药时对浊度的去除效果

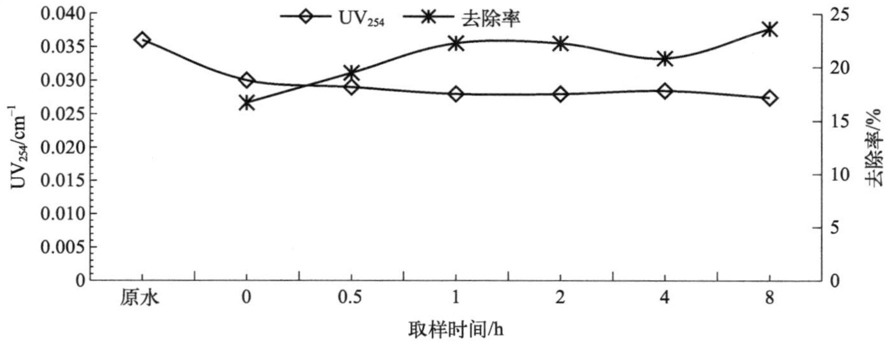

图 4-58　投药位置 1 加药时对 UV_{254} 的去除效果

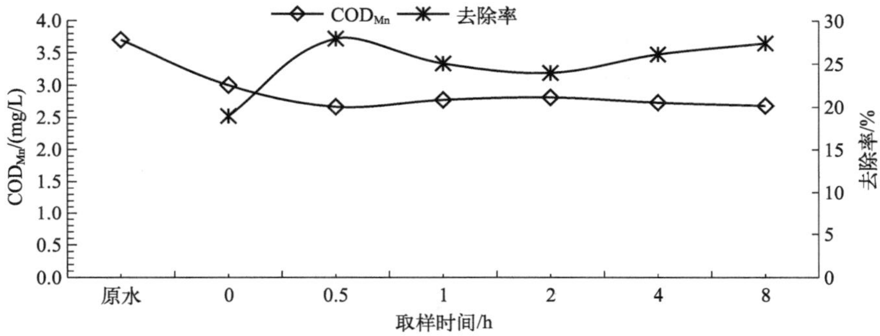

图 4-59　投药位置 1 加药时对 COD_{Mn} 的去除效果

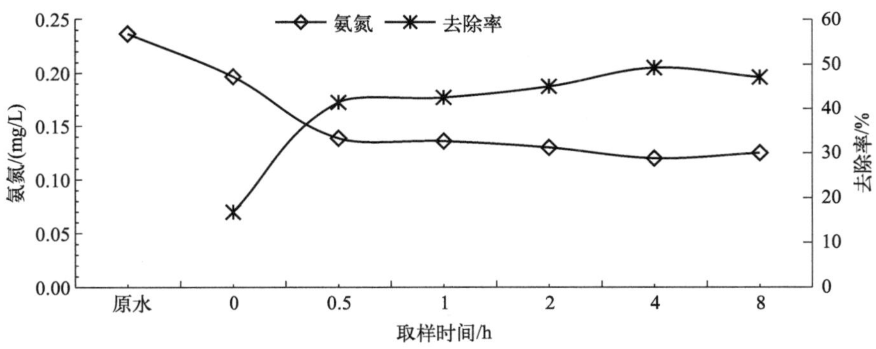

图 4-60　投药位置 1 加药时对氨氮的去除效果

投药位置 1 处聚硅氯化铝铁的投药量为 2mg/L 时，浮沉池中试试验装置出水水样浊度平均为 1.12NTU，平均去除率为 78.77%，UV_{254} 平均为 $0.028cm^{-1}$，平均去除率为 20.83%，COD_{Mn} 平均为 2.72mg/L，平均去除率为 20.26%，氨氮平均为 0.136mg/L，平均去除率为 40.66%。

（2）投药位置 2 试验研究

试验期间，黄河原水浊度 5.21NTU，UV_{254} $0.041cm^{-1}$，COD_{Mn} 3.45mg/L，氨氮 0.35mg/L，pH 值 8.49，水温 15℃，试验结果见图 4-61 ～图 4-64。

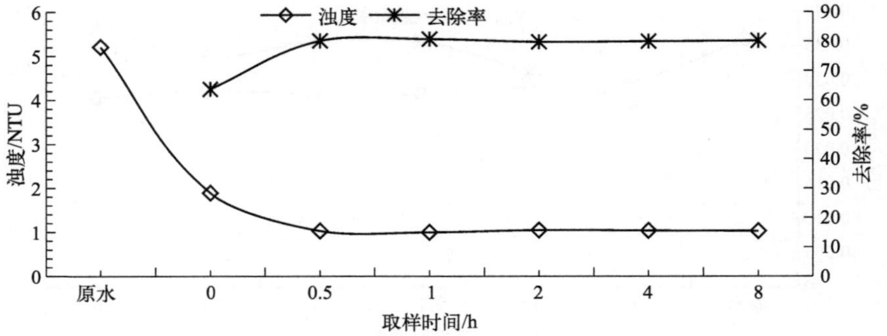

图 4-61　投药位置 2 加药时对浊度的去除效果

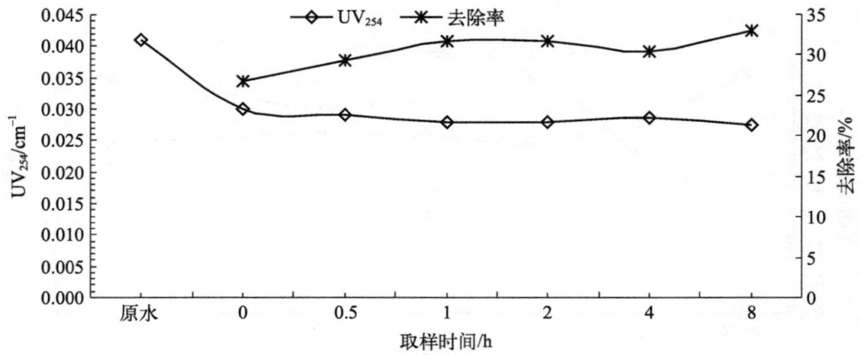

图 4-62　投药位置 2 加药时对 UV_{254} 的去除效果

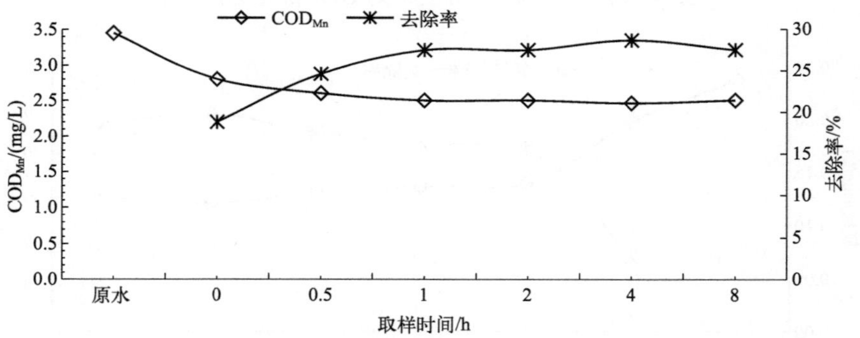

图 4-63　投药位置 2 加药时对 COD_{Mn} 的去除效果

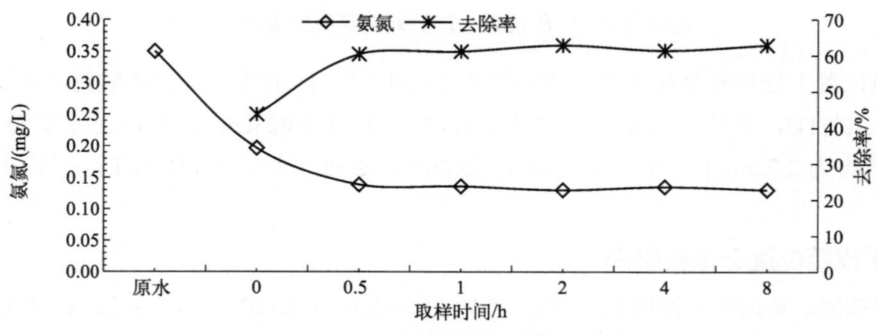

图 4-64　投药位置 2 加药时对氨氮的去除效果

投药位置 2 处聚硅氯化铝铁的投药量为 2mg/L 时，浮沉池中试试验装置出水水样浊度平均为 1.06NTU，平均去除率为 80.42%，UV_{254} 平均为 0.028cm^{-1}，平均去除率为 30.56%，COD_{Mn} 平均为 2.53mg/L，平均去除率为 27.41%，氨氮平均为 0.129mg/L, 平均去除率 61.53%。

（3）投药位置优化分析

1）试验结果

不同的投药位置对混凝效果的影响不同，进而对浮沉池处理效果的影响不同。在投药位置 1 加药后，浮沉池中试试验装置对浊度、UV_{254}、COD_{Mn}、氨氮的平均去除率分别是 78.77%、20.83%、20.26%、40.66%；在投药位置 2 加药后，浮沉池中试试验装置对浊度、UV_{254}、COD_{Mn}、氨氮的平均去除率分别是 80.42%、30.56%、27.41%、61.53%。下面分别对两个不同投药位置加药时浮沉池中试试验装置处理效果做比较，试验结果见图 4-65 ～图 4-68。

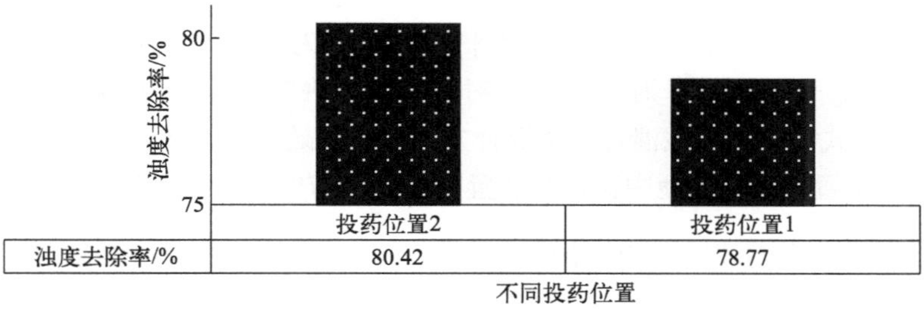

图 4-65　不同投药位置加药时对浊度去除效果的比较

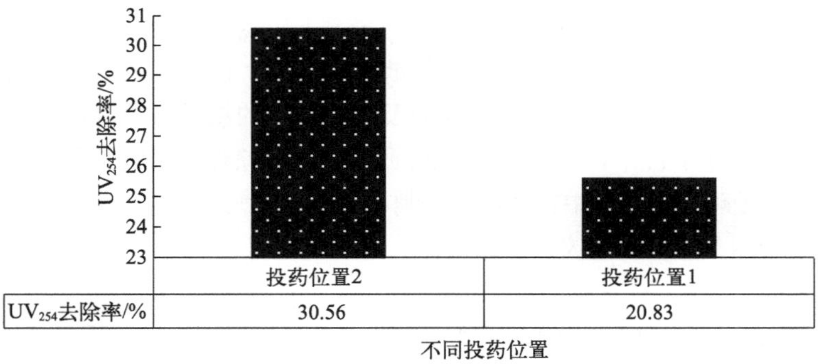

图 4-66　不同投药位置加药时对 UV_{254} 去除效果的比较

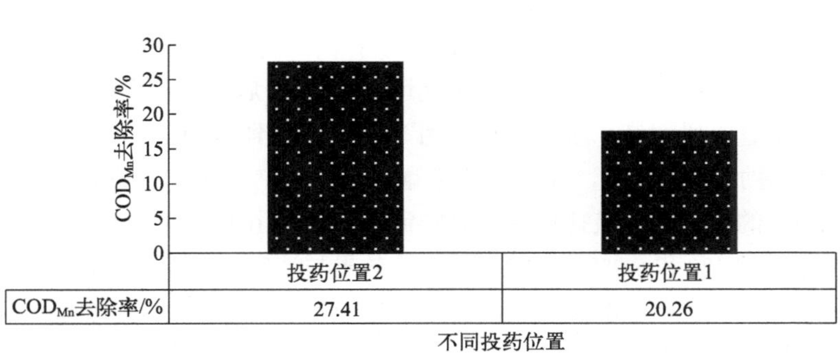

图 4-67　不同投药位置加药时对 COD_{Mn} 去除效果的比较

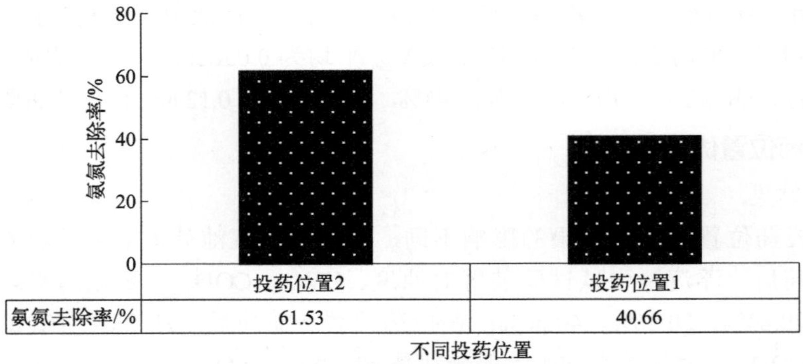

图 4-68　不同投药位置加药时对氨氮去除效果的比较

2）试验分析

与投药位置 1、2 加药相对应的常规水质指标的去除率有所不同，采用投药位置 2 加药时，浊度、有机物去除率较高，对浊度平均去除率为 80.42%，对 UV_{254} 平均去除率为 30.56%，对 COD_{Mn} 平均去除率为 27.41%，对氨氮平均去除率为 61.53%，优于投药位置 1。投药位置 2 结合管式混合和机械混合两种混合方式，混凝效果好，使浮沉池的去除效果更好。因此，确定投药位置 2 为浮沉池中试试验装置的最佳投药位置。

4.2.4.3　浮沉池运行条件的优化研究

（1）回流比的优化

回流比是指回流溶气水的水量与待处理水量之比。回流比是否合适会不同程度地影响工艺处理效果与经济效益。因此在确保出水水质的情况下应尽量减少回流水量。影响回流比的因素很多，有溶气压力、温度、溶气条件、释放器的性能、微气泡的大小及级配分布、溶气水水质、表面活性剂的应用、原水的絮凝性能及与溶气水的接触条件等。因此，很难套用一个固定的回流比。通常情况下，在保证出水水质的前提下综合考虑电耗和药耗，通过技术经济分析，在饮用水处理工艺运行中把回流比控制在 5% ～ 15%。因此，对回流比进行优化研究对浮沉池工艺的应用具有重要意义。

1）试验设计

本部分考察了回流比 6%、10%、11%、12%、14%、16% 6 种工况，溶气压力控制在 0.35MPa。每种工况运行 1d，运行 3h 后取样。

2）试验结果

试验结果如图 4-69 ～图 4-72 所示。由图可以看出，随着回流比的增加各指标的去除率也随之增加，但去除率增幅逐渐减慢。回流比增加到 12% 后，各项指标的去除率增幅较小。随着回流比由 6% 增加到 11%，浊度去除率由 79.4% 增加到 84.9%，浊度去除率增加 5.5%，但回流比由 11% 增加到 16% 后，浊度去除率增幅仅为 2.3%。UV_{254} 的去除效果与浊度的去除效果表现出相似的特点。回流比由 6% 增加到 11%，再由 11% 增加到 16%，对应的 UV_{254} 去除率增幅分别是 14.1% 和 5.9%。COD_{Mn} 的去除效果与浊度、UV_{254} 类似。对于氨氮的去除，回流比在 6% 时，出水氨氮为 0.09mg/L，去除率为 55.53%；回流比在 10% ～ 16% 时，氨氮去除率分别为 56.96%、59.5%、61.2%、61.5%、61.3%，基本没有变化。对于氨氮的去除，回流比为 10% 即可满足要求。

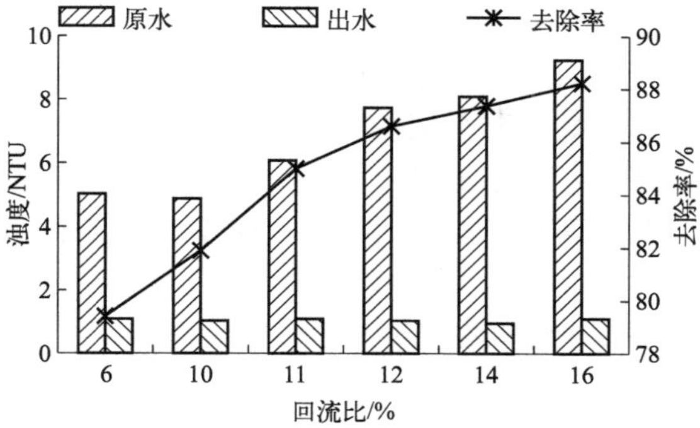

图 4-69　不同回流比下气浮单元对浊度的去除效果

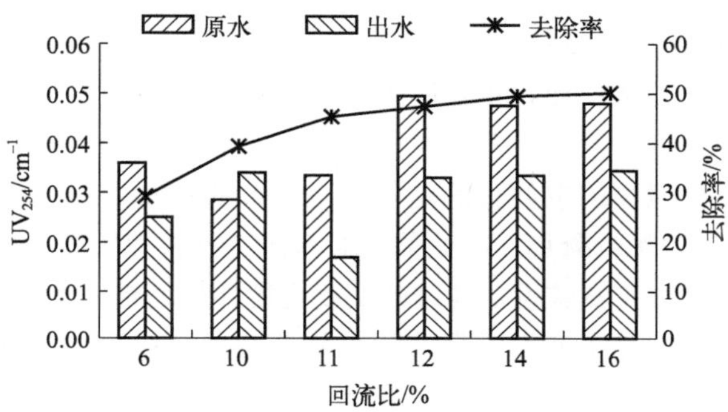

图 4-70　不同回流比下气浮单元对 UV_{254} 的去除效果

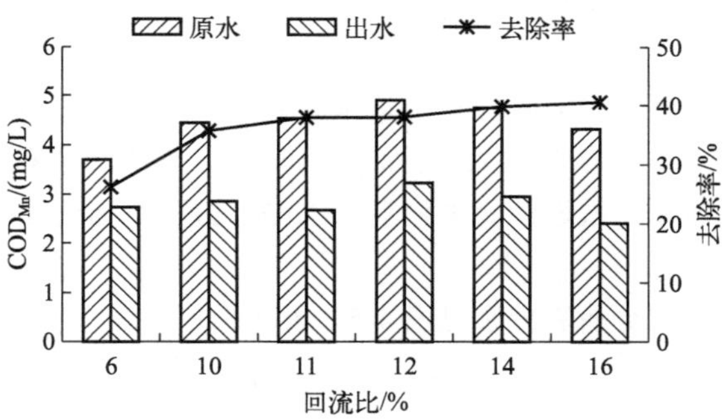

图 4-71　不同回流比下气浮单元对 COD_{Mn} 的去除效果

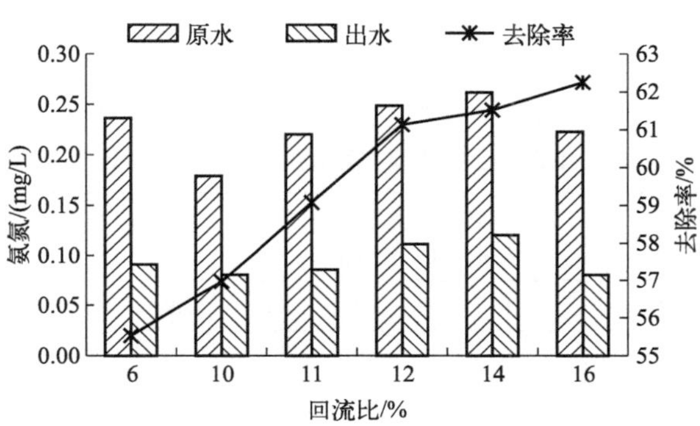

图 4-72　不同回流比下气浮单元对氨氮的去除效果

3）试验分析

恰当地增加气浮回流比有利于提高其处理效果。随着回流比的增加，回流水量增加，溶气水量增加，增大了微气泡与颗粒物的碰撞黏附概率，从而增大了对颗粒物的去除，同时也增加了对有机物的吸附。因此表现出浊度、COD_{Mn}、UV_{254}、氨氮去除率随着回流比增大而上升的趋势。但是当回流比增大到一定程度，微气泡的数量基本满足气浮对气体量的要求，过多微气泡不能再增强处理效果，相反气泡会因数量过多合并变大，影响气浮处理效果，而且回流比增加会增加大量的运行投资和动力消耗。

因此，综合考虑处理效果与动力消耗、设备运行，确认最佳回流比为 11%。

（2）水力条件的优化

1）试验设计

浮沉池水力条件包括水力负荷、混合转速、絮凝转速、回流比 4 个因素。

① 水力负荷：每平方米表面积单位时间内通过的水体积。试验设计通过改变进水量来改变浮沉池的水力负荷。

② 混合转速：混合搅拌的主要目的是使混凝药剂快速均匀地分散到水中以利于混凝剂的快速水解、聚合及胶体颗粒凝集，因此需要对水流进行快速剧烈搅拌，搅拌的速度梯度 G 控制在 700 ～ $1000s^{-1}$ 之内，试验设计通过改变混合搅拌机的转速实现搅拌速度的改变。

③ 絮凝转速：絮凝搅拌主要为了促使颗粒碰撞凝聚。在絮凝过程中，絮凝体尺寸逐渐增大，粒径变化可从微米级增大到毫米级，变化幅度达到几个数量级，但大尺寸絮凝体在强的剪切力作用下容易破碎，为此搅拌的速度梯度 G 控制在 20 ～ $70s^{-1}$ 范围之内。

④ 回流比：浮沉池气浮单元运行时，水力负荷的水量包括回流水量，因此回流比也是水力条件的重要因素之一。

为了优化上述四因素的组合条件，由上述单因素试验结果设计因素水平表，设计了一组四因素三水平正交试验，确定试验水力负荷、混合转速、絮凝转速和回流比为正交试验的 4 个因素，各因素均取 3 水平。选取浊度去除率、COD_{Mn} 去除率为处理效果的判定指标。

2）试验结果

因素水平表和试验结果分析表分别见表 4-5、表 4-6。

表 4-5　改性沸石粉强化混凝试验的因素水平表

水平因素	进水量 /（m^3/d）	混合转速 /（r/min）	絮凝转速 /（r/min）	回流比 /%
1	4	90	20	10
2	5	110	40	11
3	6	130	60	12

表 4-6　正交试验方案及试验结果分析表

项目	进水量 /（m^3/d）	回流比 /%	混合转速 /（r/min）	絮凝转速 /（r/min）	浊度去除率 /%	COD 去除率 /%	综合去除率 /%
1	4	10	90	20	5.49	3.07	8.56
2	4	11	110	40	7.40	1.58	8.98
3	4	12	130	60	15.26	17.46	32.72
4	5	10	110	60	17.52	13.01	30.53

续表

项目	进水量 /（m^3/d）	回流比 /%	混合转速 /（r/min）	絮凝转速 /（r/min）	浊度去除率 /%	COD 去除率 /%	综合去除率 /%
5	5	11	130	20	15.18	16.98	32.16
6	5	12	90	40	14.39	10.98	25.38
7	6	10	130	40	14.91	8.73	23.64
8	6	11	90	60	14.81	−8.22	6.59
9	6	12	110	20	14.89	8.91	23.80
k_4	50.25	62.73	40.53	45.99	—	—	—
k_5	88.07	46.10	63.31	58.00	—	—	—
k_6	54.03	81.89	88.52	69.84	—	—	—
平均 k_4	16.75	20.91	13.51	15.33	—	—	—
平均 k_5	29.36	15.37	21.10	19.33	—	—	—
平均 k_6	18.01	27.30	29.51	23.28	—	—	—
R	11.35	11.93	7.59	7.95	—	—	—

3）试验分析

① 表 4-6 中 k_4、k_5、k_6 分别表示进水量为 4m^3/d、5m^3/d、6m^3/d 时回流比为 10%、11%、12% 等时的综合去除率总和。极差 R 大小表示影响浮沉池处理效果的最主要因素是回流比，其次是进水量，絮凝转速、混合转速的影响相对较小。

② 水力负荷：水力负荷不仅会影响带气絮粒的上浮速度，而且会影响气浮处理效果，选择合适的水力负荷对气浮的处理效果至关重要。正交试验结果分析显示进水量 5m^3/d 合适。这是因为黏附气泡的絮体颗粒在水中会受到重力、浮力等外力的影响。由牛顿第二定律分析得出：带气絮粒的上浮速度取决于絮粒直径、水和带气絮粒的密度差、水温、流态等。带气絮粒中气泡所占比例越大，其特征直径越大、密度越小，使得絮粒的上浮速度不断提高。

③ 回流比：回流比的选择恰当与否，直接影响气浮效果、设备投资。回流比会影响气浮运行中的溶气压力、温度、溶气条件、释放器的性能、微气泡的大小及级配分布、溶气水水质、表面活性剂的应用、原水的絮凝性能及与溶气水的接触条件等。回流比大，设备消耗大，释放微气泡多，影响气浮效果；而回流比小，微气泡数量不足，降低气浮处理效果。根据试验结果分析确定，回流比 11% 较合适。

④ 混合转速：混合搅拌需要对水流进行快速均匀搅拌，正交试验中混合转速的水平效应值显示最佳混合转速为 130r/min。

⑤ 絮凝转速：絮凝搅拌目的在于使得微气泡与絮体碰撞，结合效率高。由正交试验结果分析得出 60r/min 为最佳絮凝转速。

（3）出水位置的优化

1）试验设计

浮沉池是在沉淀池基础上加以改进的，是将气浮和沉淀有机结合在同一构筑物内的新池型，具有沉淀池和气浮池的双重特点和作用。为更好地结合利用组合工艺的优势，浮沉池中试试验装置设计斜管上出水口和斜管下出水口，以此通过出水水质的对比优选最佳出水位置。

出水位置 1：斜管上出水口。气浮处理单元直接出水。

出水位置 2：斜管下出水口。水流先后经过气浮处理单元和沉淀斜管区，探究气浮区和沉淀斜管区的协同作用。

① 出水位置 1 出水水质试验。试验期间，黄河原水浊度 5.03NTU，UV_{254} 0.036cm^{-1}，COD_{Mn} 3.70mg/L，pH 值 8.56，水温 15℃，试验结果见图 4-73 ～图 4-75。

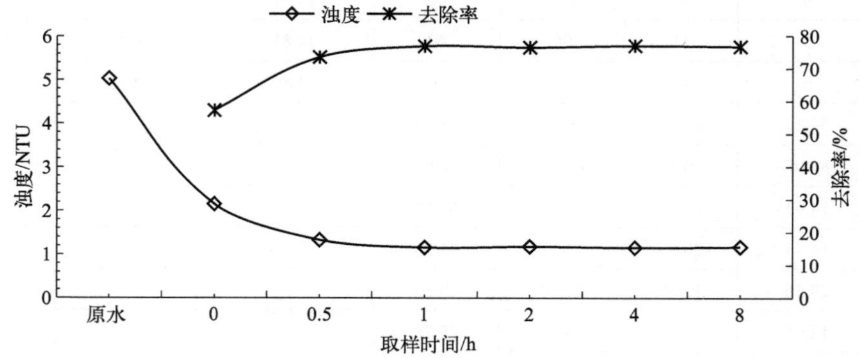

图 4-73　出水位置 1 出水浊度去除效果

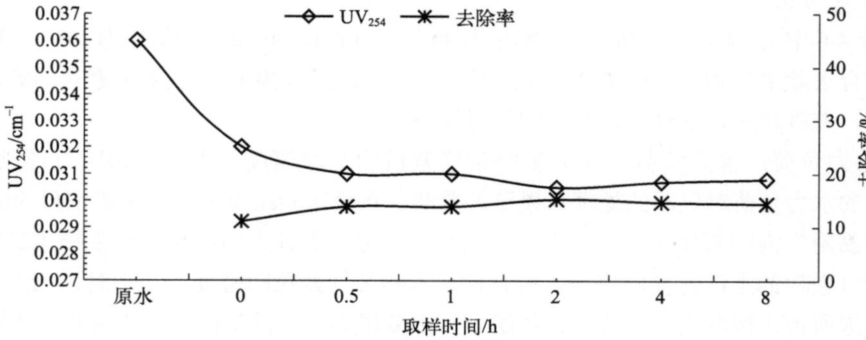

图 4-74　出水位置 1 出水 UV_{254} 去除效果

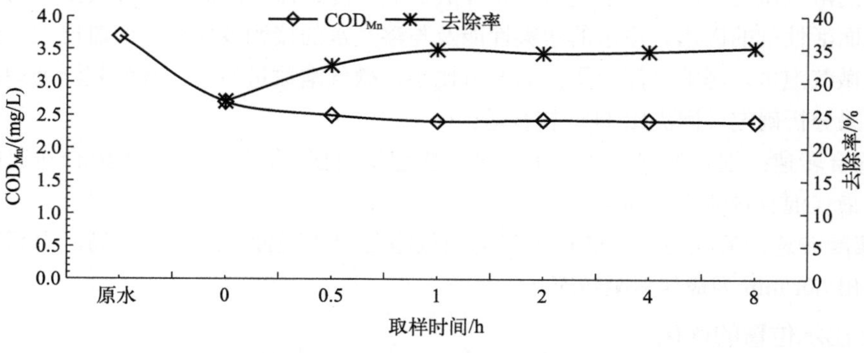

图 4-75　出水位置 1 出水 COD_{Mn} 去除效果

气浮单元通过出水位置 1 出水时，浮沉池中试试验装置出水水样浊度平均为 1.17NTU，平均去除率为 76.84%；UV_{254} 平均为 0.031cm^{-1}，平均去除率为 14.03%；COD_{Mn} 平均为 2.42mg/L，平均去除率为 34.59%。

② 出水位置 2 出水水质试验。试验期间，黄河原水浊度 5.21NTU，UV_{254} 0.041cm^{-1}，COD_{Mn} 3.45mg/L，pH 值 8.42，水温 13℃，试验结果见图 4-76 ～图 4-78。

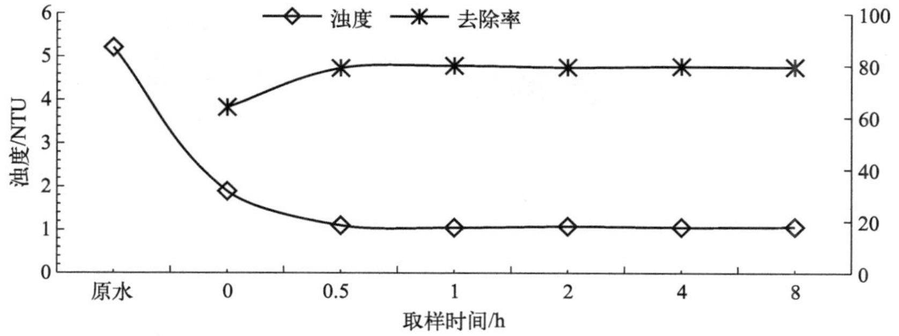

图 4-76　出水位置 2 出水浊度的去除效果

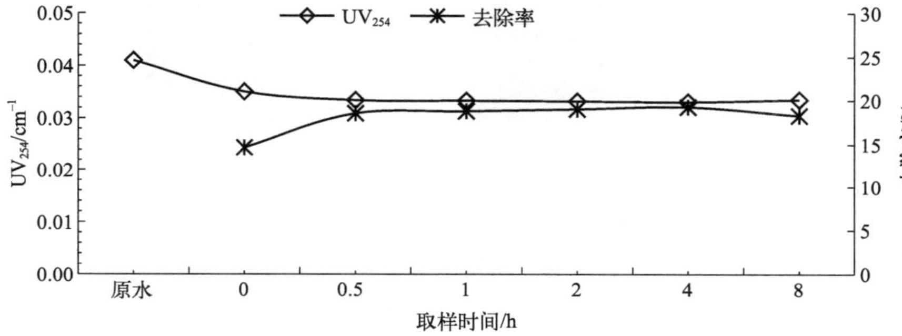

图 4-77　出水位置 2 出水 UV_{254} 的去除效果

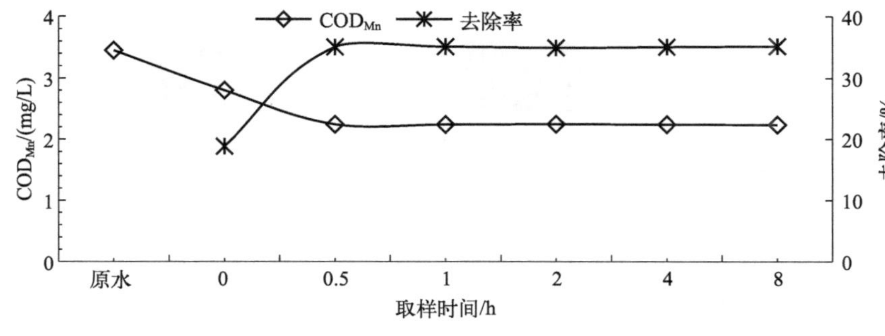

图 4-78　出水位置 2 出水 COD_{Mn} 的去除效果

气浮单元通过出水位置 2 出水时，浮沉池中试试验装置出水水样浊度平均为 1.06NTU，平均去除率为 78.89%；UV_{254} 平均为 0.033cm^{-1}，平均去除率为 19.29%；COD_{Mn} 平均为 2.24mg/L，平均去除率为 35.68%。

2）试验结果

从上述试验数据结果分析可以得出，浮沉池的不同出水位置出水水质不同。在出水位置 1 出水时，浮沉池中试试验装置对浊度、UV_{254}、COD_{Mn} 的平均去除率分别是 76.84%、14.03%、34.59%；在出水位置 2 出水时，浮沉池中试试验装置对浊度、UV_{254}、COD_{Mn} 的平均去除率分别是 78.89%、19.29%、35.68%。下面分别对两个不同出水位置出水时浮沉池中试试验装置的处理效果做比较，试验结果见图 4-79 ～图 4-81。

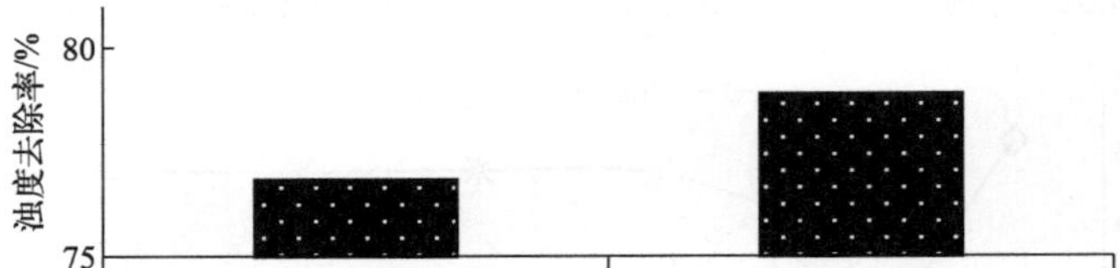

	出水位置1	出水位置2
浊度去除率/%	76.84	78.89

不同出水位置

图 4-79　不同出水位置出水浊度的去除效果

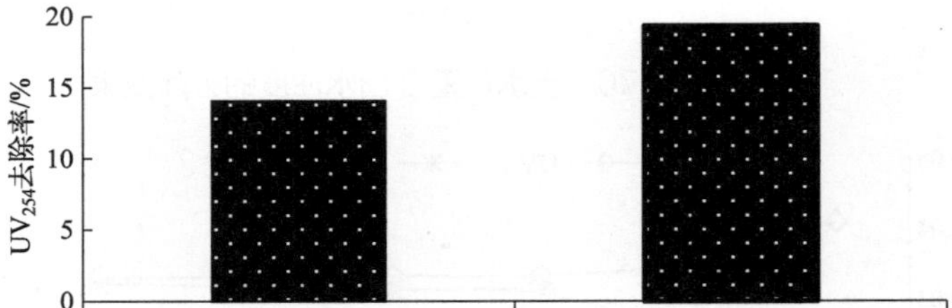

	出水位置1	出水位置2
UV_{254}去除率/%	14.03	19.29

不同出水位置

图 4-80　不同出水位置 UV_{254} 的去除效果

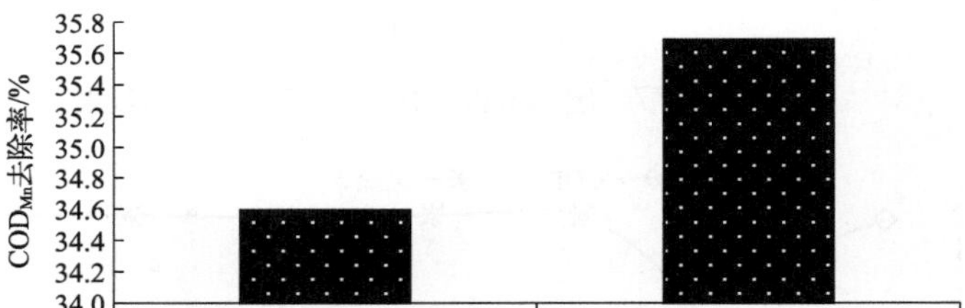

	出水位置1	出水位置2
COD_{Mn}去除率/%	34.59	35.68

不同出水位置

图 4-81　不同出水位置出水 COD_{Mn} 的去除效果

3）试验分析

出水位置 1、2 出水时相对应的常规水质指标的去除率有所不同。采用出水位置 2 加药时浊度、有机物去除率较高，优于出水位置 1。出水位置 2 利用气浮处理和沉淀斜管的协同作用，双重处理效果好，使浮沉池的去除效果更好。因此，确定出水位置 2 为浮沉池中试试验装置的最佳出水位置。

（4）刮渣周期的确定

刮渣周期合适与否关系浮沉池出水水质的好坏。刮渣周期太短会增加劳动负担，对池体扰动加大，太长又会使浮渣破碎下沉影响水质，都不利于处理工艺的稳定运行，控制适宜的刮渣周期十分重要。

如图 4-82 所示，随时间的增加气浮出水浊度有所增加，当刮渣周期达到 6h 时气浮出水浊度在 1.6NTU 以上。试验结果显示，刮渣时间对浮沉池出水浊度影响较小，分析原因认为浮渣在气浮单元上部形成一层渣膜，使渣不容易散落到浮沉池池体，但时间太长会给刮渣带来困难，影响浮沉池出水。所以应该合理控制刮渣时间，以免影响出水水质，根据试验结果可以控制刮渣周期为 4h。

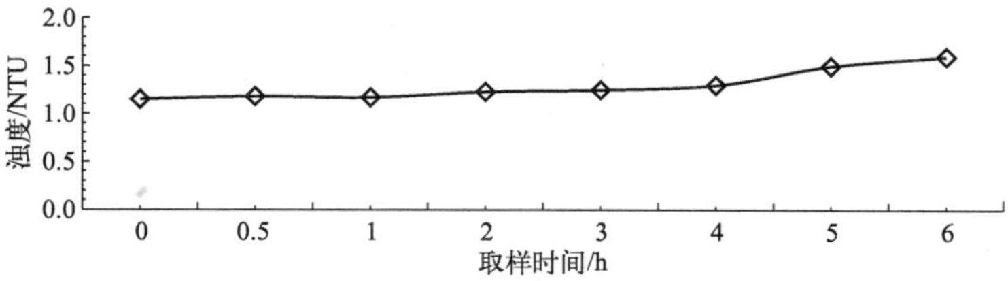

图 4-82　不同时间段内出水浊度的变化情况

4.2.4.4　浮渣成分与脱水研究

浮沉池浮渣产量较大，含水率较高，所含成分复杂，为更好地资源化处理浮渣，对浮渣成分及处理技术进行分析研究。

（1）浮渣成分及性质研究

1）试验设计

取 300mL 浮渣样品和絮凝剂放在 1000mL 烧杯中，先后以 300r/min 搅拌 60s，50r/min 搅拌 5min，3800r/min 离心脱水 15min，于波长 750nm 处取上清液测定其透光率并计算浮渣含水率。

2）试验结果及分析

浮渣处理方法的选择、处理构筑物工作的效率、运行管理参数及设计参数的确定，都需要借助对浮渣性质成分的分析。浮沉池中试试验装置产生的浮渣经 4℃冷藏，初步浓缩 48h 后，浮渣成分指标如表 4-7 所列。

表 4-7　浮渣的主要成分指标

指标	含水率 /%	含气率（体积分数）/%	挥发性固体 /%	氨氮 /（mg/L）	总磷 /（mg/L）	碱度 /（mg/L）
范围及平均值	97.6 ～ 98.4 98	3.1 ～ 5.8 3.6	21.3 ～ 26.8 23.68	1.5 ～ 5.7 3.74	1.02 ～ 2.93 2.16	128 ～ 185 139.54

浮渣含水率随离心时间和离心转速的增加而降低，离心后的浮渣含水率从 95% 降到 89%，浮渣体积明显减小，如图 4-83 所示。

（2）浮渣离心脱水研究

1）试验设计及结果

浮渣含有大量的气体，含气率较高，使得浮渣脱水困难。投加化学药剂可改变浮渣的性能，使浮渣失去水分。试验设计在浮渣中添加 $FeCl_3$、PAFC，以 200r/min 快速搅拌 30s，然后 50r/min 慢速搅拌 2min，最后以 3600r/min 离心脱水 10min，上清液于 650nm 处测定透光率，以确定其含水率。

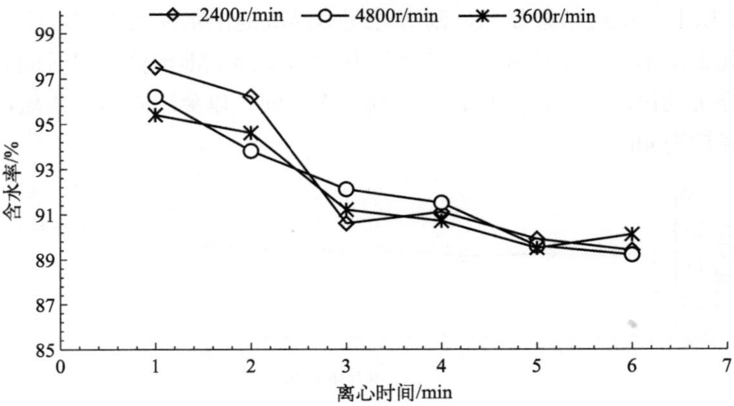

图 4-83　不同离心时间浮渣含水率的变化情况

$FeCl_3$ 絮凝剂试验结果如图 4-84 所示。

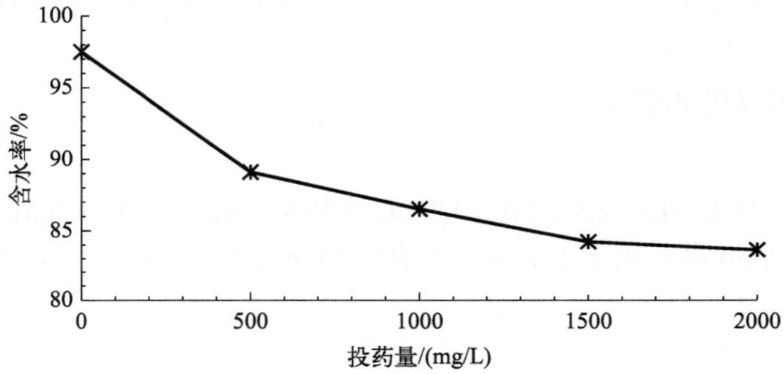

图 4-84　不同 $FeCl_3$ 投加量对浮渣含水率的影响情况

PAFC 絮凝剂试验结果如图 4-85 所示。

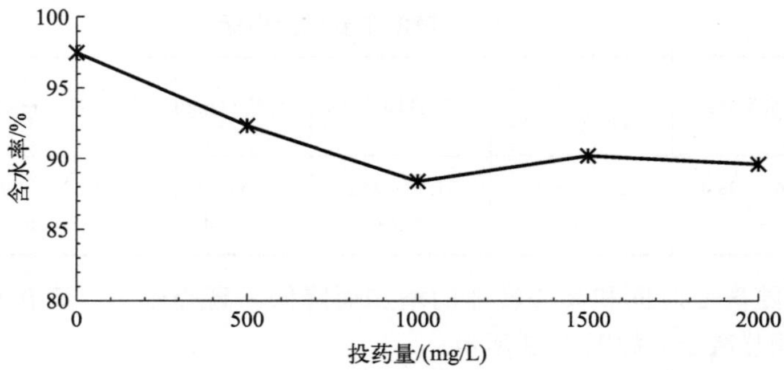

图 4-85　不同 PAFC 投加量对浮渣含水率的影响情况

2）试验分析

两种混凝剂对浮渣含水率离心脱水影响的试验显示：适量加入混凝剂可以改变浮渣性质和性能，提高脱水效果，大幅度降低浮渣含水率，降低浮渣体积。

4.2.5 CFD 数值模拟气浮池 / 沉淀池流场特征研究

4.2.5.1 数值模拟理论基础

(1) CFD 特点及 Fluent 简介

理论解析法、实验观测法和计算机流体力学是研究流体流动问题的三大方法。计算机流体力学（CFD），是以计算机为工具，求解简化（或未简化）的流体动力学控制方程组，获得流动特性，并将结果用计算机图形处理技术显示出来的一种现代研究技术。它具有适应性强和应用面广的特点，能模拟一些实验中无法达到的理想条件。

Fluent 软件是一款基于有限容积法的 CFD 商用软件。Fluent 软件有高级图形用户界面用以计算和检查结果，包括前处理模块、解算模块和后处理模块三部分。前处理模块 Gambit，是专门的建模及网格划分软件，能提供流体域几何定义、网格划分和边界条件的设置。解算模块主要采用有限容积法，在求解区域的所有控制体积上建立完备的流体运动控制方程组，将控制方程组中的各个流动过程项离散化，转化成离散方程组，通过迭代法求解出来。求解结果通过后处理模块以图像的方式输出。

(2) 基本控制方程

质量守恒定律、能量守恒定律和动量守恒定律是任何流体的运动都遵循的最基本的守恒定律。连续性方程、能量方程和动量方程是在流体力学中的具体应用方程，这些都是 Fluent 求解的基本控制方程。

1）连续性方程

连续性方程的微分形式可表达为：

$$\frac{\partial \rho}{\partial t}+\frac{\partial}{\partial x_i}\left(\rho u_i\right)=S_m \tag{4-4}$$

式中　S_m——源项。

式（4-4）适用于可压流动和不可压流动。

2）动量方程

在惯性坐标系中，i 方向上的动量守恒方程见式（4-5）。

$$\frac{\partial}{\partial t}\left(\rho u_i\right)+\frac{\partial}{\partial x_j}\left(\rho u_i u_j\right)=-\frac{\partial p}{\partial x_i}+\frac{\partial \boldsymbol{\tau}_{ij}}{\partial x_j}+\rho g_i+F_i \tag{4-5}$$

式中　$\boldsymbol{\tau}_{ij}$——应力张量，其表达式为 $\boldsymbol{\tau}_{ij}=\mu\left(\frac{\partial u_i}{\partial x_j}+\frac{\partial u_j}{\partial x_i}\right)-\frac{2}{3}\mu\frac{\partial u_l}{\partial x_l}\delta_{ij}$；

p——静压；

g_i，F_i——i 方向上的重力体积力和外部体积力；

t——时间；

ρ——密度；

u_i，u_j——i、j 方向上的速度分量；

x_i，x_j——坐标系的 i、j 位置分量。

3）能量方程

Fluent 求解的能量方程形式如下：

$$\frac{\partial}{\partial t}(\rho E)+\frac{\partial}{\partial x_i}\left[u_i(\rho E+p)\right]=-\frac{\partial}{\partial x_i}\left(k_{eff}\frac{\partial T}{\partial x_i}\right)-\sum_{j'}h_{j'}J_{j'}+u_j\left(\tau_{ij}\right)_{eff}+S_h \tag{4-6}$$

式中 E——总能量（内能、动能、势能）；

k_{eff}——有效热导率；

T——温度；

$h_{j'}$——焓；

$J_{j'}$——质量流量；

S_h——热源项。

（3）单相流数值模拟方法

不管是沉淀池还是气浮池内，大多数的水流流态均为湍流，因此液体单相流数值模拟采用湍流数值模拟方法。湍流数值模拟计算方法的具体模型如图 4-86 所示。

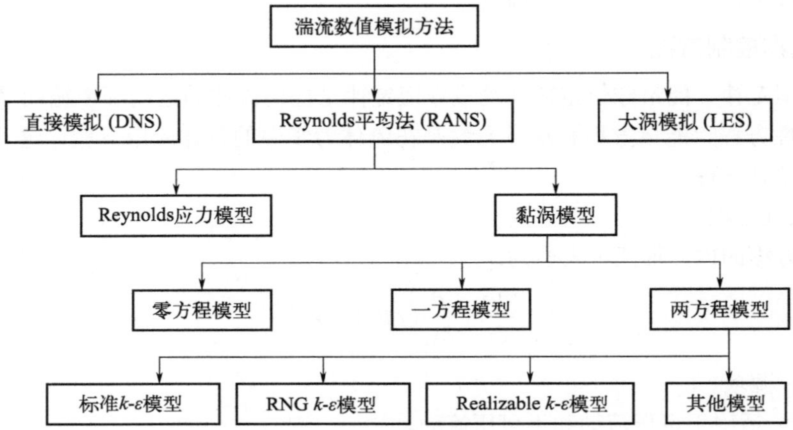

图 4-86 湍流数值模拟模型分类

本节对沉淀池和气浮池内单相流的模拟采用目前使用最广泛的标准 k-ε 湍流模型，由于该模型对雷诺应力各分量采用了各向同性的假设，计算结果的精度略差。考虑到目前计算机的计算能力与计算速度有限，标准 k-ε 湍流模型是比较适合的模型。

（4）两相流数值模拟方法

由于两相流中各相的体积、浓度、密度、黏度、颗粒尺寸和相间速度等都会变化，所以与单相流相比两相流要复杂得多。无论是流体中单颗粒的运动还是高浓度颗粒流化床等都属于两相流的研究范畴。对于两相流的数值模拟，Fluent 中有 Eulerian-Eulerian 模型和 Eulerian-Lagranian 模型两种模拟方法。Eulerian-Lagranian 模型是把气泡（或颗粒）视为离散体系，分散在连续的流体中，在 Lagrange 坐标系下计算单个颗粒（或气泡）或者颗粒云团的运动轨迹，此类模型也被称为颗粒离散轨道模型。Eulerian-Eulerian 模型将气相（或颗粒相）和流体相均视为连续介质，认为气相（或颗粒相）是与流体相共同存在且相互渗透的连续流体，在 Euler 坐标系内采用守恒方程同时对两相进行描述，并通过相界面的相互作用将两组方程耦合起来。模型求得的解中包含的信息丰富完整，但是方程复杂，求解困难。采用 Eulerian-Eulerian 模型建立两相流方程的基本方法是，通过建立每一相的瞬时的、局部的守恒方程，得到两相流方程和各种相间作用的表达式。

对于 Eulerian-Eulerian 方法，Fluent 中应用较多的是 Mixture 模型。Mixture 模型是将多相流模型简化之后的模型，主要用于模拟两相流动。在进行“气含率对气浮池内气泡分布的影响”模拟时，主要研究进行气浮法给水处理时气浮池中流场的情况，核心是流场中微气泡的含量与分布状况，因此选择 Mixture 模型进行数值模拟。

4.2.5.2　斜管沉淀池水力特征数值模拟

（1）斜管沉淀池几何模型

本部分对上向流斜管沉淀池实物模型进行数值模拟，包括进、出口形式对沉淀池内流场分布的影响和沉淀池中颗粒沉降情况。为减少计算量，节省计算时间，采用自二级絮凝池出口开始至沉淀池出水结束的简化二维模型。沉淀池划分的网格如图 4-87 所示。

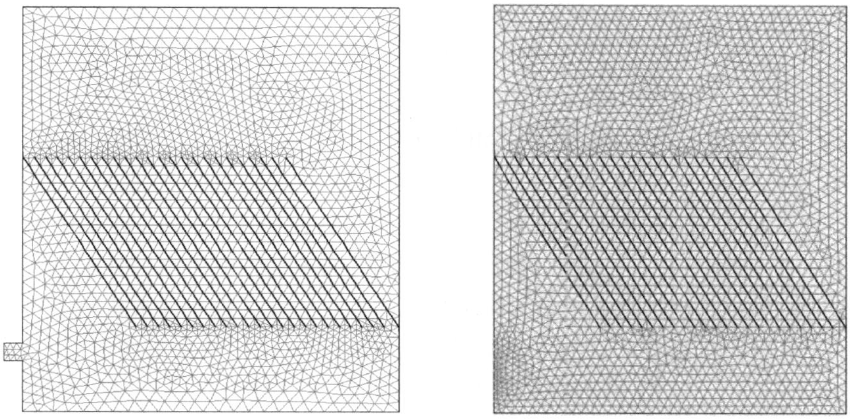

(a) 圆管进水　　(b) 溢流堰进水

图 4-87　斜管沉淀池物理模型及网格

先对圆管进水和圆管出水情况下的沉淀池流场进行分析，然后对穿孔花墙进水溢流堰出水情况下的沉淀池流场进行分析。

（2）边界条件与初始环境设置

该模型中边界设置如图 4-88 所示。

1）进水口

进口边界设置为速度入口（velocity inlet），假设进水流速、湍动能（k）、湍动耗散率（ε）在整个进水断面均匀分布。

$$I=0.16Re^{-0.125} \tag{4-7}$$

式中　I——湍流强度，%；

Re——雷诺数。

2）出水口

出口边界设置为压力出口（pressure outlet），压力为 0kPa，出口处速度由内层网格上的

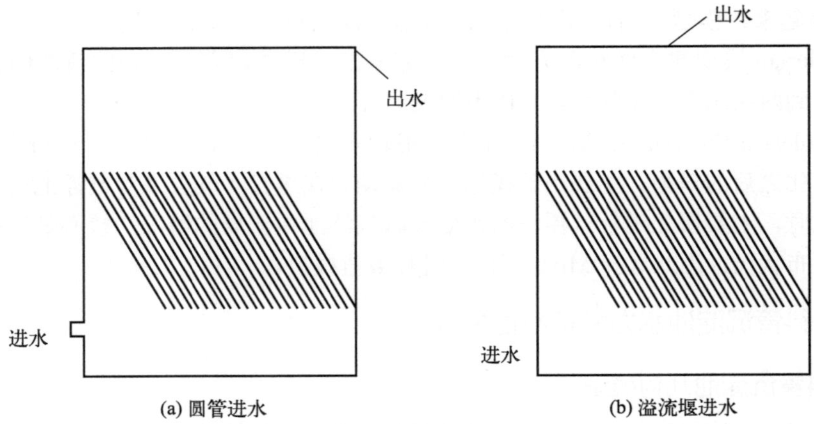

图 4-88　边界设置

速度外推而得到。

3）初始环境

水的密度为 998.2kg/m^3，动力黏度 μ=0.001003Pa・s，重力加速度为 9.8m/s^2。水流方向垂直于进水口断面，流量为 0.5m^3/h。

（3）进、出水口形式对沉淀池流场的影响

1）圆管进出水

初步模拟以圆管速度流的方式进水，进水圆管水力直径为 32mm，水流经斜管区从右上侧圆管出水。采用圆管进水的方式，水流沿断面的分布不均匀，进水口处水流速度很大，沿着 x 轴的流向，水流速度逐渐减小。斜管填料的加入，加大了水池过水断面湿周，同时减小了水力半径，在同样的流速时，Re 降低，水流紊动减少。采用圆管出水方式，靠近出口处，水流速度逐渐变大，细微颗粒易被水流带出，造成出水浊度升高。同时沉淀池有效面积减小，对絮体颗粒的沉淀有不利影响，出口处回流现象明显的原因也和出口处流速过大有关。

2）穿孔花墙进水

采用穿孔花墙布水，由于开孔面积大，可以降低水流能量，穿孔流速比圆管进水时小，能避免因水流流速过大带起池底沉泥，保证出水水质。水流沿池宽方向均匀分布，可控制水流回转现象，水流条件好。水流从进水口进入配水区时紊动程度降低，水流沿 x 方向的流速与水流沿 y 方向的流速均较低。

在进水方式、出水方式等条件的共同作用下，沉淀池内部流场会存在层流区、回流区和死水区，但其中一些存在的时间很短，因此不可能对其进行一一分析。从全局考虑，本部分选取了 5 个断面进行分析。

对 x=0.2m 处的各点流速大小进行分析，水流速度从下至上呈现先增大后减小、平稳一段后再增大的趋势，回流现象是造成流速先增大后减小的原因，水流在此处的紊动程度变大。当水流进入斜管区后，流速变小且整个斜管区流速平稳，这也说明斜管区水力条件较好。清水区水流速度再次变大，但变化缓慢，相对平稳。

对 x=0.5m、x=0.8m 两断面进行分析，其水流速度从下至上的变化规律与 x=0.2m 断面处相似，均呈现先增大后减小、平稳一段后再增大的趋势，但出现这种趋势的原因不同。当

水流进入斜管区后，流速平稳且小，水力条件较好。水流从斜管区出来的瞬间，速度再次变大，而后向上越来越小。水流从斜管区出来后，速度再次变大，由于出口处的回流现象，造成了流速波动。

在 y=0.2m 处的断面，水流速度从左至右逐渐减小，沿程能量降低，沉淀池右下角处的水流流速趋于 0。

在 y=0.8m 处的断面，水流速度从左至右先稳定不变，在 x=0.7m 处突然变小，斜管右侧形成一死水区。

（4）斜管沉淀池中颗粒运动轨迹数值模拟

由于试验条件限制，水中不同粒径的悬浮颗粒的运动轨迹无法通过试验测定，故采用 CFD 技术对一系列不同尺寸的颗粒在沉淀池中的沉降过程进行数值模拟。在穿孔花墙位置取 7 个不同高度的颗粒入口，通过 pathline 选项得到了各个入口的颗粒运动迹线，为了方便后续的描述与说明，现将这 7 种工况的具体参数列于表 4-8 中，并分别对其进行编号，该编号将在本章中通用。

表 4-8　各工况计算参数

编号	高度 /m	颗粒粒径 /mm
1	0.03	1
2	0.06	0.5
3	0.09	0.3
4	0.12	0.1
5	0.15	0.08
6	0.18	0.05
7	0.21	0.02

需要说明的是上述这 7 种工况都是在等流量条件下进行的，除了进水口高度和颗粒粒径两个变量以外，其他条件均相同。

分析得出，同一粒径的颗粒在进水口高度发生改变的情况下，粒径较大的颗粒在沉淀池中所运行的时间大致相等，而对于粒径较小的颗粒来说则相差较大。相同位置不同粒径的颗粒的沉降情况也有明显的差异，尺寸为 1mm 和尺寸为 20μm 的固体颗粒沉降时的差异很明显，这符合颗粒在静水中沉降的规律，即颗粒的下沉速度和颗粒尺寸的平方成正比。尺寸为 1mm 和 0.5mm 的固体颗粒，出口处的浓度为 0。对于从不同高度进入沉淀池的尺寸大于 0.3mm 的絮体颗粒，进入沉淀池后，很快就沉降到池底。颗粒尺寸为 100μm 时，部分颗粒沉积在斜管上，部分颗粒沉降到池底。固体颗粒尺寸大于 80μm 时，在沉淀池中可以 100% 去除。固体颗粒尺寸为 50μm 时，部分颗粒从出口逃逸，沉淀效率开始降低。颗粒尺寸为 20μm 时，只有少部分颗粒能够沉降，沉淀效率很低。

4.2.5.3　平流式气浮池水力特征模拟

（1）气浮池几何模型

本节通过对试验中采用的平流式气浮池的数值模拟，分别考察进水流量对气浮池内流场的影响和气含率对气浮池内气泡分布的影响。

平流式气浮池网格划分情况如图 4-89 所示。

（2）边界条件与初始环境设置

该模型中边界设置如图 4-90 所示。

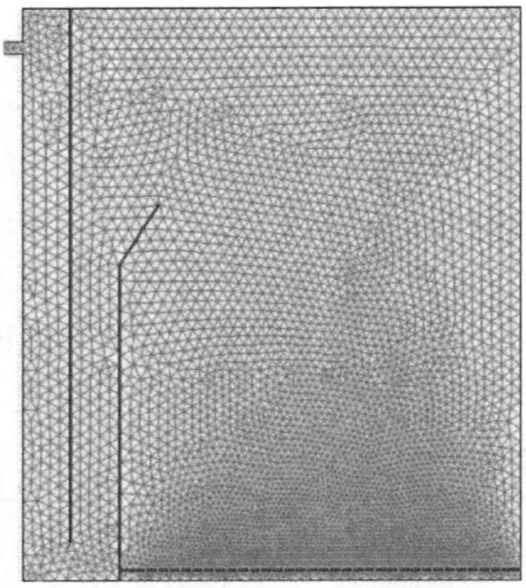

图 4-89　平流式气浮池物理模型及网格

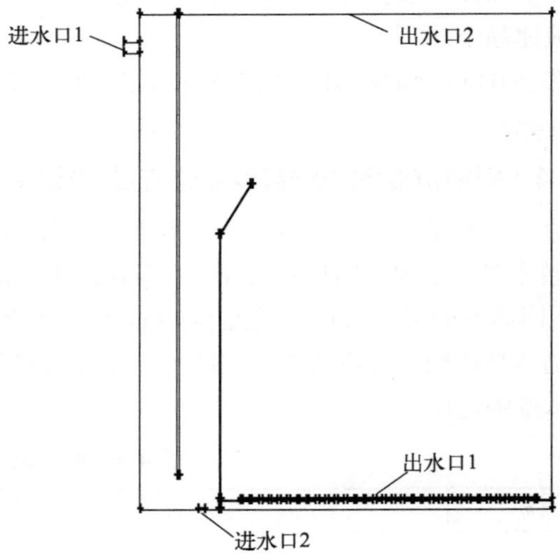

图 4-90　平流式气浮池边界设置

絮凝后的原水进入气浮池，该入口设置为进水口 1，把回流水的出口设成气浮池进水口 2。气浮后出水通过底部集水管收集，该处设置成出水口 1，气浮池上面与大气接触，该出口设置为出水口 2。

（3）流量对气浮池内流场的影响

分别考察流量为 $0.4m^3/h$、$0.5m^3/h$ 和 $0.6m^3/h$ 时气浮池内流场状况。

进水口 1 与出水口 1 均采用速度入口，具体参数如表 4-9 所列。进水口 2 边界设置为压力入口，回流比设置为 10%，相对压力设置为 0.4MPa。出水口 2 边界采用压力出口，相对压力为 0。

表 4-9　各工况计算参数

流量及参数	$0.4m^3/h$			$0.5m^3/h$			$0.6m^3/h$		
	高差 D_H /m	流速 v /（m/s）	回流比 I /%	高差 D_H /m	流速 v /（m/s）	回流比 I /%	高差 D_H /m	流速 v /（m/s）	回流比 I /%
进水口 1	0.032	0.138	5.61	0.032	0.173	5.45	0.032	0.207	5.33
出水口 1	0.01	−0.044	7.48	0.01	−0.055	7.27	0.01	−0.066	7.11

1）流量为 $0.6m^3/h$

进水流量为 $0.6m^3/h$、回流水量为 $0.06m^3/h$ 时，进水口 1 与进水口 2 处水流速度均较大，两接触室内水流状态相对较好，水流沿断面的分布较均匀，第二接触室挡板后和集水管上方产生明显的回流现象。

2）流量为 $0.5m^3/h$

进水流量为 $0.5m^3/h$、回流水量为 $0.05m^3/h$ 时，进水口处水流速度变小，水流紊动程度减弱。与进水流量为 0.6m^3/h 时相似，两接触室内水流状态相对较好，水流沿断面分布均匀。第二接触室挡板后回流现象减弱，集水管上方回流现象消失；挡板对气浮分离区水流状态产生有利的影响，促进气浮固液分离。除此之外，穿孔集水管的存在，使得气浮池出水均匀，不易产生抽吸，有利于絮体颗粒的气浮分离。

3）流量为 0.4m^3/h

进水流量为 0.4m^3/h、回流水量为 0.04m^3/h 时，进水口处水流速度进一步减小。与进水流量为 0.5m^3/h 时相比，由于水流速度小，接触室挡板后回流现象也消失，整体水流状态更好。但相应的水力负荷减小，处理能力减弱。

（4）气相体积对气浮池内气泡分布的影响

相的体积分数（V_q）代表每一相所占据的空间，其可以用如下积分式表达：

$$V_q = \int_V \alpha_q \mathrm{d}V \tag{4-8}$$

其中

$$\sum_{q=1}^{n} \alpha_q = 1 \tag{4-9}$$

式中　α_q——每一相所拥有的体积分数；

V——体积；

q——第 q 相。

在 Fluent 里面对模型进行求解，可以得出气浮池的气体或者水的体积分数云图，据此可以判定二相混合程度。本部分只列出气浮池的气体体积分数分布云图，来反映气浮池内微气泡的分布情况和单位体积内微气泡的含量。

由亨利定律可知，空气在水中的溶解度与液体在气体中的分压成正比。理论溶气量的计算公式如下：

$$V_T=7500 \times K_T \times P \tag{4-10}$$

式中　V_T——理论溶气量；

K_T——不同温度下对应的亨利系数；

P——压力。

本研究设计了释气量测试装置对气浮系统的溶气装置进行测试，测定在不同压力条件下释气量的大小，从而计算出不同压力下气含率的大小，见表 4-10。

表 4-10　溶气压力与气含率对应表

溶气压力 /MPa	溶气水 /L	实际释气量 /mL	气含率 /%	理论释气量 /mL	释气量效率 /%
0.05	1	1	0.1	9	11.1
0.10	1	3	0.3	18	16.7
0.15	1	6	0.6	27	22.2
0.20	1	11	1.1	36	30.6
0.25	1	15	1.5	45	33.3
0.30	1	24	2.4	54	44.4
0.35	1	45	4.5	63	71.4

续表

溶气压力 /MPa	溶气水 /L	实际释气量 /mL	气含率 /%	理论释气量 /mL	释气量效率 /%
0.40	1	60	6	72	83.3
0.45	1	68	6.8	81	84.0
0.50	1	75	7.5	90	83.3
0.55	1	83	8.3	99	83.8
0.60	1	91	9.1	108	84.3

从表 4-10 可以看出，随着溶气压力的增加，水中气含率也增加。试验过程中，控制溶气压力在 0.3 ～ 0.5MPa，依据试验中所得出的气含率与压力的关系，针对气浮池回流水，相应地选取了 4 种不同气含率工况。对气浮池边界条件做了如下设置：进水口 1 进水流量为 $0.5m^3/h$，速度为 0.173m/s，回流比为 10%；进水口 2 进水流量为 $0.05m^3/h$，气泡直径为 100μm。4 种不同的进口断面气含率分别为 4%、5%、6%、7%。

随着溶气压力的变化，气泡的大小会发生变化，溶气罐压力越大则气泡越小，而释放的气体量会越多。随着气含率的增大，气泡在气浮池中的量越多，分布也越均匀。气体含量多，相应的气固比也越高，气泡与颗粒物的碰撞黏附概率变大，对颗粒物的去除作用和对有机物的吸附作用也变大，气浮效果变好。当压力高于 0.35MPa 时，气水比增强效果逐渐变缓，相应的气含率达到 4.5%，释放的微气泡量基本上满足气浮对气体量的要求。气含率继续增大，过多的溶气量非但无法继续增强处理效果，反而会出现气泡合并变大的情况，对气浮处理效果不利。因此，气浮溶气压力宜选用 0.35 ～ 0.40MPa。

4.3 气浮评估验证与标准化技术规程

4.3.1 气浮评估验证

4.3.1.1 技术评估

从产品调研结果来看，厂家用于评价气浮设备的指标主要有气泡直径、溶气效率、溶气压力、除浊除藻效能和回流设备的可调范围 5 个指标。用户更关注除浊除藻效能、吨水投资、吨水电耗、吨水药耗、应用业绩、售后服务等指标。另外，从行业来看，自控水平、产品质量认证、质量体系认证、生产规模以及出口量也可以反映产品的适用性和市场应用前景。因此，根据调研结果，参照相关标准规范，结合生产企业和用户关注的主要问题，筛选评估指标 15 项，具体见表 4-11。

（1）评估指标体系

结合气浮设备的技术先进性、技术可靠性、性能稳定性、经济适用性、国际竞争力等，选取技术先进性、技术可靠性、性能稳定性、经济适用性、国际竞争力 5 项指标作为一级评价指标集，在一级评价指标的基础上将其进一步细化分解为 15 项二次评价指标，形成评估矩阵图。具体见图 4-91。

表 4-11　气浮设备评估指标

序号	评价指标	序号	评价指标	序号	评价指标
1	气泡直径	6	吨水投资	11	自控水平
2	溶气效率	7	吨水电耗	12	产品质量认证
3	溶气压力	8	吨水药耗	13	质量体系认证
4	除浊除藻效能	9	应用业绩	14	生产规模
5	回流设备的可调范围	10	售后服务	15	出口量

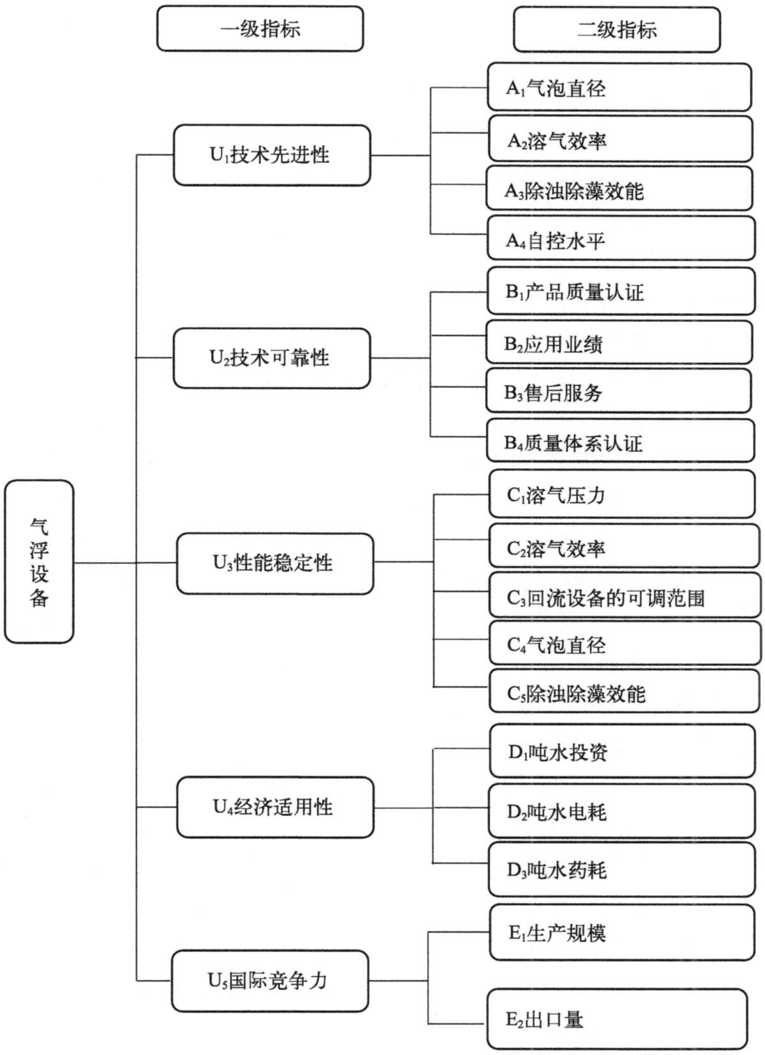

图 4-91　评估矩阵

（2）评估指标赋值

1）气浮设备一级指标

结合气浮技术及设备特点，对 5 个一级指标分别赋予权重及建议值，分别为 U_2 技术可靠性（0.30）= U_3 性能稳定性（0.30）＞ U_4 经济适用性（0.20）＞ U_1 技术先进性（0.15）＞ U_5 国际竞争力（0.05），理由如下。

首先气浮设备的性能稳定性和技术可靠性都是影响设备性能可靠性、保障运行稳定、推动气浮设备发展的重要因素，良好的性能和用户认可度能提高气浮设备在市场上的竞争力，这是首要前提，因此将 U_2 技术可靠性、U_3 性能稳定性放在权重首位，建议赋值 0.30。

其次，由于气浮在运行过程中经过溶气、释气等过程，相比其他固液分离工序来说能耗较高，因此能耗高低对气浮设备及气浮技术推广应用较为重要，因此将 U_4 经济适用性放在权重第二位，建议赋值 0.20。

再次，对于先进的气浮设备，如产生微气泡方式、释气方式等，对气浮效能、能耗等起到较大影响，性能的稳定性也离不开技术可靠性与先进性的支撑，一体化、智能化、自动化的气浮设备扩大了其应用领域，成为用户和企业衡量气浮设备的重要因素，因此将 U_1 技术先进性放到第三位，建议赋值 0.15。

U_5 国际竞争力指标反映气浮设备规模、质量和国际认可度等，从侧面反映设备质量及水平，该指标放到最后，建议赋值 0.05。

2）气浮设备二级指标

结合气浮技术及设备特点，分别对技术先进性、技术可靠性、性能稳定性、经济适用性及国际竞争力进行二级指标的细化和赋分。

① U_1 技术先进性：气浮设备的溶气效率决定了气泡大小，溶气效率越高，气体的利用率越高，设备的经济性越好，因此将溶气效率赋分 30 分；应用气浮设备主要是为了应对高藻低浊水，因此除浊除藻效能对气浮设备的运行和推广有着重要意义，故将除浊除藻效能赋分 30 分；气泡直径直接决定了气泡与污染物颗粒碰撞黏附概率的大小，故赋分 25 分；自控水平反映了气浮设备运行时对人工需求的程度，自控化程度越高，对人工需求越少，越经济，但总体来说不如前三个指标的作用明显，故赋分 15 分。

② U_2 技术可靠性：技术可靠性主要表现在除浊除藻效能的优劣，即整套工艺运行的效果，因此应用业绩是评价技术可靠性的重要指标，故赋分 30 分；产品质量认证和质量体系认证为质量认证的两个方面，是衡量企业及其产品可靠性的重要指标，故分别赋分 25 分；完善的售后服务有利于设备的运行和维护，故赋分 20 分。

③ U_3 性能稳定性：性能稳定性是评价设备的重要指标，保证性能可靠，保障运行稳定，才能取得较好的处理效果，这是首要前提，而溶气压力、溶气效率、回流设备的可调节范围、气泡直径、除浊除藻效能等都是评价设备性能必不可少的重要指标，都是保障气浮工艺正常运行的必备条件，因此分别赋分 20 分。

④ U_4 经济适用性：吨水投资是指水厂建设的总投资额与每天处理的水量的比值，是衡量设备经济适用性的关键指标，故吨水投资赋分 30 分；吨水电耗在实际运行中占很大的比重，电耗影响投资，因此电耗是经济适用性的主导指标，故吨水电耗赋分 40 分；吨水药耗也是设备经济性的重要指标，如何能减少药耗提高处理效能，也是提高经济性的表现，因此赋分 30 分。

⑤ U_5 国际竞争力：生产规模直接体现了企业的经济实力，经济实力越强，则其国际竞争力越强，故赋分 70 分；出口量反映了企业产品在国际上的销售情况，故赋分 30 分。

具体评估指标分配、权重、赋分及打分规则如表 4-12、表 4-13 所列。

表 4-12　气浮设备评估指标分配及权重和赋分

一级指标	权重	二级指标	满分
U_1 技术先进性	0.15	A_1 气泡直径	25
		A_2 溶气效率	30
		A_3 除浊除藻效能	30
		A_4 自控水平	15
U_2 技术可靠性	0.30	B_1 产品质量认证	25
		B_2 应用业绩	30
		B_3 售后服务	20
		B_4 质量体系认证	25
U_3 性能稳定性	0.30	C_1 溶气压力	20
		C_2 溶气效率	20
		C_3 回流设备的可调范围	20
		C_4 气泡直径	20
		C_5 除浊除藻效能	20
U_4 经济适用性	0.20	D_1 吨水投资	30
		D_2 吨水电耗	40
		D_3 吨水药耗	30
U_5 国际竞争力	0.05	E_1 生产规模	70
		E_2 出口量	30

表 4-13　气浮设备评估打分规则

一级指标	二级指标	满分	打分规则
U_1 技术先进性［权重（0.15）］	A_1 气泡直径	25	≤ 50μm，20 ～ 25 分；50 ～ 150μm，10 ～ 19 分；≥ 150μm，0 ～ 9 分
	A_2 溶气效率	30	＞80%，21 ～ 30 分；60% ～ 80%，10 ～ 20 分；＜60%，0 ～ 9 分
	A_3 除浊除藻效能	30	总体效能≥ 90%，21 ～ 30 分；总体效能 75% ～ 90%，10 ～ 20 分；总体效能≤ 75%，0 ～ 9 分
	A_4 自控水平	15	气浮设备整体自控化程度≥ 85%，11 ～ 15 分；气浮设备整体自控化程度 50% ～ 85%，6 ～ 10 分；气浮设备整体自控化程度≤ 50%，0 ～ 5 分
U_2 技术可靠性［权重（0.30）］	B_1 产品质量认证	25	具备产品质量认证两大标准，20 ～ 25 分；满足一种标准，6 ～ 19 分；无产品质量认证标准，0 ～ 5 分
	B_2 应用业绩	30	应用业绩≥ 2000 万元 / 年，26 ～ 30 分；应用业绩 500 万～ 2000 万元 / 年，10 ～ 25 分；应用业绩≤ 500 万元 / 年，0 ～ 9 分
	B_3 售后服务	20	用户满意度为优，12 ～ 20 分；用户满意度为良，6 ～ 11 分；用户满意度为差，0 ～ 5 分
	B_4 质量体系认证	25	企业具备产品质量认证两大标准，15 ～ 25 分；满足一种标准，6 ～ 10 分；无产品质量认证，0 ～ 5 分
U_3 性能稳定性［权重（0.30）］	C_1 溶气压力	20	0.2 ～ 0.5MPa，15 ～ 20 分；高于 0.5MPa，10 ～ 14 分；低于 0.2MPa，0 ～ 9 分
	C_2 溶气效率	20	＞80%，16 ～ 20 分；60% ～ 80%，10 ～ 15 分；＜60%，0 ～ 9 分

续表

一级指标	二级指标	满分	打分规则
U_3 性能稳定性［权重（0.30）］	C_3 回流设备的可调节范围	20	＞ 15%，15 ～ 20 分；5% ～ 15%，10 ～ 14 分；＜ 5%，0 ～ 9 分
	C_4 气泡直径	20	≤ 50μm，15 ～ 20 分；50 ～ 150μm，6 ～ 14 分；≥ 150μm，0 ～ 5 分
	C_5 除浊除藻效能	20	总体效能≥ 90%，15 ～ 20 分；75% ～ 90%，6 ～ 14 分；≤ 75%，0 ～ 5 分
U_4 经济适用性［权重（0.20）］	D_1 吨水投资	30	低于行业平均水平：25 ～ 30 分；与行业平均水平相当：20 ～ 24 分；高于行业平均水平：0 ～ 19 分
	D_2 吨水电耗	40	低于行业平均水平：30 ～ 40 分；与行业平均水平相当：16 ～ 29 分；高于行业平均水平：0 ～ 15 分
	D_3 吨水药耗	30	低于行业平均水平：21 ～ 30 分；与行业平均水平相当：16 ～ 20 分；高于行业平均水平：0 ～ 15 分
U_5 国际竞争力［权重（0.05）］	E_1 生产规模	70	生产规模≥ 2000 万元 / 年，60 ～ 70 分；生产规模 500 万～ 2000 万元 / 年，50 ～ 59 分；生产规模≤ 500 万元 / 年，0 ～ 49 分
	E_2 出口量	30	出口量≥ 20%，20 ～ 30 分；20% ＞出口量≥ 10%，10 ～ 19 分；出口量＜ 10%，0 ～ 9 分

3）评估指标体系应用

2020 年 12 月 2 日，课题组邀请涵盖高校研究机构、生产企业、生产厂家、设计院所等的 10 名专家根据建立的评估体系对气浮设备进行了专家评估，赋值结果显示国内气浮设备生产和应用的技术就绪度整体达到 8 级，在城镇供水行业有一定的市场应用规模。评估打分表及计算就绪度结果分别见表 4-14、图 4-92。

表 4-14　专家评分汇总表

项目	U_1 技术先进性		U_2 技术可靠性		U_3 性能稳定性		U_4 经济适用性		U_5 国际竞争力	
	分值	权重	分值	权重	分值	权重	分值	权重	分值	权重
1	91	0.15	85	0.25	88	0.35	78	0.2	74	0.05
2	87	0.15	87	0.3	88	0.3	76	0.2	74	0.05
3	93	0.15	88	0.3	90	0.3	85	0.2	72	0.05
4	89	0.15	87	0.3	88	0.3	76	0.2	74	0.05
5	95	0.15	94	0.3	94	0.3	95	0.2	94	0.05
6	91	0.15	88	0.3	91	0.3	80	0.2	75	0.05
7	90	0.15	87	0.3	90	0.3	79	0.2	75	0.05
8	87	0.15	86	0.3	88	0.3	78	0.2	72	0.05
9	89	0.2	85	0.25	88	0.25	82	0.25	70	0.05
10	92	0.15	84	0.3	89	0.3	78	0.2	75	0.05
计算结果	技术就绪度（TRL）	明确需求（TRL1）	技术方案（TRL2）	通过论证（TRL3）	小试研究（TRL4）	中试研究（TRL5）	形成产品（TRL6）	三方评估（TRL7）	标准化（TRL8）	推广应用（TRL9）
	B= 权重 × 评分	0	0	0	0	0	0.11	1.52	2.44	1.05

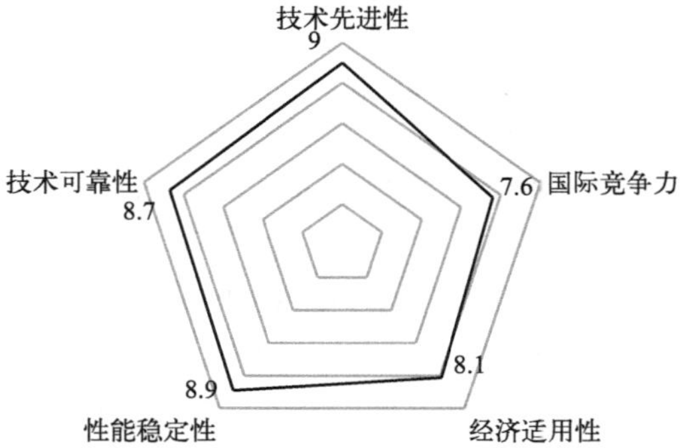

图 4-92　计算就绪度结果

4.3.1.2　气浮设备性能评估

（1）溶气效率

对南康水厂、白浪河水厂、眉村水厂和玉清水厂的气浮设备的溶气效率进行测定，每组进行 3 次实验以减少实验误差，由于测定时各个水厂运行的压力、气水比、水温都不同，溶气效率需要在各自对应的工况条件下进行计算得出。其中南康水厂气浮设备的溶气效率相对较高，平均溶气效率达到 77.78%，使用的是 2018 年生产的 TS 型溶气罐，检测时的溶气压力为 0.28 ～ 0.30MPa；白浪河水厂气浮设备的平均溶气效率为 58.4%，使用的是 2008 年生产的 TS 型溶气罐，检测时的溶气压力为 0.36 ～ 0.38MPa；眉村水厂气浮设备的平均溶气效率为 71.8%，使用的是 2018 年生产的 TS 型溶气罐，检测时的溶气压力为 0.34MPa；玉清水厂气浮设备的平均溶气效率为 78.7%，使用的是 2011 年生产的 TS 型溶气罐，检测时的溶气压力为 0.30MPa。各类溶气罐的溶气效率参差不齐，可能是由于溶气罐内填料的高度和结构种类不同，填料可以增大气液两相的接触面积，增强布水均匀性，提高溶气效率。

（2）气泡稳定时间

通过对各水厂的溶气罐内的溶气水和气浮池内的溶气水进行气泡稳定时间的测定，得出南康水厂、白浪河水厂和玉清水厂的气浮池中测得的气泡平均稳定时间均高于 240s，符合相关气浮规程的要求，充足的气泡稳定时间也能提高工艺出水水质。眉村水厂的气泡稳定时间为 200.25s，稳定时间较短，但眉村水厂溶气罐内的溶气水的气泡稳定时间为 305.5s，说明该水厂的气浮设备溶气效果能满足正常的运行要求，但是由于气浮体系设计不合理，造成溶气水在经释放器减压进入气浮池后压力损失沿程损失较大，导致水中微气泡的数密度有所降低。气泡的稳定时间影响着气浮工艺的除污染效果，气泡稳定时间越长，在水中的停留时间就越长，能够为气泡与水中絮粒的黏附提供充足的空间和时间，若停留时间较短，絮粒与气泡黏附得较为松散，在水流的冲击下夹气絮体可能会破碎，影响出水水质。

（3）气泡粒径

利用自制的气泡观测装置，对 4 个水厂气浮池中的气泡进行测量。气浮池均在一定的条件下运行，微气泡粒径的测定选择在不同深度和位置下，由于每个气浮池池深不同，分别选择距离池底释放器上方 0.5m、1.0m、1.5m 等，两个释放器中间上方位置 0.5m、1.0m、1.5m 等处测定微气泡粒径的大小，探究不同水深及位置的微气泡粒径的分布规律。

从 4 个水厂的气泡粒径的概率分布可以看出，南康水厂气浮池中出现频率最高的气泡粒径主要分布在 25 ～ 29μm，平均粒径为 29.6μm；白浪河水厂气浮池中出现频率最高的气泡粒径主要分布在 22 ～ 31μm，平均粒径为 27.47μm；玉清水厂气浮池中出现频率最高的气泡粒径主要分布在 22 ～ 29μm，平均粒径为 29.15μm；眉村水厂气浮池中出现频率最高的气泡粒径主要分布在 17 ～ 24μm，平均粒径为 27.34μm。通过观察不同深度的微气泡，随着检测位置的上升，概率密度的峰值逐渐向右移动，但移动的幅度不大，出现频率最高的粒径尺寸增加量低于 5μm，且随着检测位置的上升，较小粒径出现的频率逐渐降低，最高频率的峰逐渐缓和。对比释放器周围与释放器上方的尺寸分布，微气泡的粒径分布基本没有发生变化。南康水厂、白浪河水厂和玉清水厂在同一深度和位置上的粒径分布变化不大，但眉村水厂的粒径分布范围发生的变化相对较大。

对不同高度下的气泡平均粒径进行统计，结果见表 4-15。从表 4-15 中可以得出，随着气泡上升高度的增加，微气泡的平均粒径也有所增加，微气泡的数密度逐渐降低，这与其他学者得出的结论一致。眉村水厂气泡粒径呈现出与其他 3 个水厂相反的趋势，其原因可能是眉村水厂的溶气系统的布置与常规的溶气系统布置不同，眉村水厂溶气罐采用串联的形式给 4 个气浮池供溶气水，溶气水经溶气罐充分混合后，从溶气罐的底部先提升至气浮池顶部，再由气浮池顶部的溶气水管道深入气浮池底部，与池子底部的释放器连接，在这个过程中，靠近溶气罐一端的溶气压力比较足，释放的微气泡比较均匀，远离溶气罐一端的溶气压力较小，气泡损失较大，产生的大气泡比较多。所以离释放器位置较近的区域，微气泡的平均粒径比较高。随着高度的增加，释气效果较差的释放器产生的大气泡开始破碎，释气效果较好的释放器产生的微气泡开始占据主导地位，因此随着高度的升高，微气泡的平均粒径逐渐减小并趋于稳定。眉村水厂气浮形式的不合理性应该为今后给水厂气浮工艺的设计提供警示。

表 4-15　不同高度下的气泡平均粒径与数密度

项目		释放器上方 /m					释放器周围 /m				
		0.5	1.0	1.5	2.0	2.5	0.5	1.0	1.5	2.0	2.5
南康水厂	气泡平均粒径 /μm	28.84	28.91	28.97	—	—	30.41	31.13	31.45	—	—
	气泡数密度 /（个 /m³）	114869	114313	113840	—	—	103314	98590	96594	—	—
白浪河水厂	气泡平均粒径 /μm	25.73	26.19	27.07	—	—	26.52	29.85	30.74	—	—
	气泡数密度 /（个 /m³）	144315	139290	130381	—	—	135845	107227	101108	—	—
玉清水厂	气泡平均粒径 /μm	27.24	29.00	30.41	—	—	27.14	31.25	31.55	—	—
	气泡数密度 /（个 /m³）	128759	113605	103314	—	—	129710	97834	95983	—	—
眉村水厂	气泡平均粒径 /μm	36.93	30.14	27.05	24.79	23.90	24.25	24.97	24.93	21.92	27.58
	气泡数密度 /（个 /m³）	70054	105173	130574	155467	167261	162468	153234	153726	198843	125604

整体而言，随着深度的改变，气泡粒径并没有发生很大的变化，这也就印证了微纳米气泡不同于普通气泡的性质，微纳米气泡的粒径随着气泡的上升变化较小，又称为“不会变小的气泡”，见图 4-93。

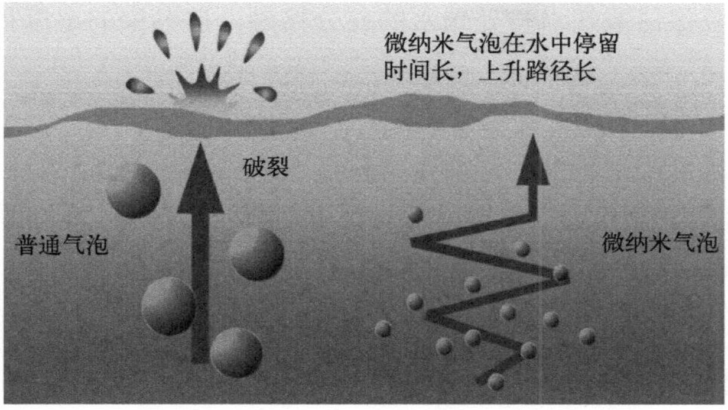

图 4-93　微纳米气泡与常规气泡的区别

（4）溶解氧含量

对4个水厂气浮池中溶解氧随气泡消失时间的变化规律进行分析。由于验证的日期不同，南康水厂的测试水温为 25℃，气浮池中溶解氧含量为 9.46mg/L，随着气泡的消失，溶解氧含量逐渐稳定在 8.38mg/L，高于相同温度和压力下清水的理论 DO（溶解氧）值 8.25mg/L。白浪河水厂和眉村水厂的测试水温为 13℃，白浪河水厂气浮池中溶解氧含量为 12.37mg/L，随着气泡的消失，溶解氧含量逐渐稳定在 11.13mg/L；眉村水厂气浮池中溶解氧含量为 12.69mg/L，随着气泡的消失，溶解氧含量逐渐稳定在 11.30mg/L，均高于相同温度和压力下清水的理论 DO 值 10.53mg/L。玉清水厂的测试水温为 7℃，气浮池中溶解氧含量为 12.89mg/L，随着气泡的消失，溶解氧的含量逐渐稳定在 11.65mg/L，高于相同温度和压力下清水的理论 DO 值 12.11mg/L。水体溶解氧含量与氧分压、水温、水生生物的活动和耗氧量等因素密切相关，水温是影响溶解氧含量的关键因素，另外温度降低，水中的耗氧微生物逐渐减少，也会使水中溶解氧含量升高。微气泡具有较强的传质能力，可以利用自身的增压作用来提高气液界面的传质效率，自增压效应会使微纳米气泡溶于水中，因此能够实现气液传质。

4.3.2　气浮处理工程技术规程标准化

4.3.2.1　基本规定

① 气浮工艺宜用于处理浑浊度小于 100NTU 或藻数量大于 1.00×10^6 个 /L 的原水。

② 气浮浮渣应进行脱水处理，严禁直接排入环境水体。

③ 城镇给水气浮所用的原材料设备等产品应具备产品出厂合格证、产品质量检验证明文件，严禁使用国家明令淘汰、禁用的产品。

4.3.2.2　工艺布置

① 城镇给水处理宜采用加压溶气气浮工艺。气浮池的选型应根据进出水水质、占地、运行管理、投资与运行成本等因素综合确定。大中型水厂宜采用矩形气浮池，小型水厂可采用矩形气浮池或圆形气浮池。

② 气浮池应与混凝设施合建。混合宜采用机械混合，絮凝可采用机械絮凝或水力絮凝。进入气浮接触室的水流应分布均匀。

③ 气浮接触室应保证溶气水与处理水的充分接触，接触室的宽度还应满足溶气释放器安装与检修的要求。

④ 气浮池出水可采用穿孔管或穿孔板集水。

⑤ 气浮池的排渣可采用机械刮渣或水力排渣。采用机械刮渣时，刮渣机应具备行程和行走速度可调的功能。采用水力排渣时，应设置可调节的出水堰、水位调节与控制装置。

⑥ 气浮池宜设置遮雨挡风设施。

⑦ 原水存在季节性高藻特征时混凝气浮前宜设置预氧化粉末活性炭或生物预处理等工艺。

4.3.2.3 设计参数

① 气浮池的设计水量应按最高日供水量加水厂自用水量进行计算。

② 混凝剂的投配应采用液体投加方式，混凝剂投配的溶液浓度宜为 3% ～ 10%。

③ 气浮前的絮凝时间宜为 5 ～ 15min。

④ 絮凝池进入气浮接触室前的水流流速宜控制在 0.1m/s 左右。

⑤ 气浮池接触室水流上升流速宜为 10 ～ 20mm/s，接触室的停留时间不宜小于 60s, 接触区隔板垂直角度宜为 70°。

⑥ 气浮分离室液面负荷宜为 5.4 ～ 10.8m^3/（m^2 • h）。

⑦ 矩形气浮池的有效水深宜为 2.0 ～ 3.5m，池中水力停留时间宜为 15 ～ 30min。气浮池的单格宽度不宜超过 10m，单格池长不宜超过 15m；圆形气浮池的有效水深宜取 6.0 ～ 7.5m，池中水力停留时间宜为 5 ～ 10min，池径宜为 2 ～ 20m。

⑧ 溶气压力可采用 0.2 ～ 0.5MPa，回流比可采用 5% ～ 10%，含藻量高时宜采用 11% ～ 15%。

⑨ 气浮池出水宜采用穿孔管集水，穿孔管孔口流速不宜大于 0.5m/s，孔眼应向下与垂线呈 45°角交错排列，孔距宜为 200 ～ 300mm，孔眼直径宜为 20 ～ 30mm；管内流速宜为 0.5 ～ 0.7m/s；穿孔集水管与池底距离宜为 200 ～ 400mm。

⑩ 采用穿孔板集水时，开孔面积比例可按 0.2% ～ 0.8% 计算确定。穿孔板离池底的距离宜为 500mm。

⑪ 排渣周期宜为 4 ～ 6h，排渣前的渣厚宜为 50 ～ 100mm。

⑫ 刮渣机的行车速度不宜大于 5m/min。

4.3.2.4 设计计算

① 加压溶气水量应按下式计算：

$$Q_p=R'Q \tag{4-11}$$

式中 Q_p——加压溶气水量，m^3/h；

Q——气浮池设计水量，m^3/h；

R'——选定溶气压力下的回流比，%。

② 气浮所需空气量应按下式计算：

$$Q_g=Q_p a\varphi \tag{4-12}$$

式中 Q_g——气浮所需空气量，L/h；

a ——选定溶气压力下的释气量，L/m^3；

φ——水温校正系数，取 1.1 ～ 1.3（生产中最低水温与试验时水温相差大者取高值）。

③ 空压机所需额定气量应按下式计算：

$$Q_g' = \frac{Q_g}{60 \times 1000}\psi \tag{4-13}$$

式中　Q_g'——空压机所需额定气量，m^3/min；

ψ——安全与空压机效率系数，取 1.2 ～ 1.5。

④ 接触室平面面积应按下式计算：

$$A_c = \frac{Q + Q_p}{3600 v_0} \tag{4-14}$$

式中　A_c——接触室平面面积，m^2；

v_0——接触室水流上升平均速度，m/s。

⑤ 接触室长度应按下式计算：

$$L = \frac{A_c}{B_c} \tag{4-15}$$

式中　L——接触室长度，m；

B_c——接触室宽度，m。

⑥ 分离室平面面积应按下式计算：

$$A_s = \frac{Q + Q_p}{v_s} \tag{4-16}$$

式中　A_s——分离室平面面积，m^2；

v_s——液面负荷，$m^3/(m^2 \cdot h)$。

⑦ 气浮池水深应按下式计算：

$$H = v_s t \tag{4-17}$$

式中　H——气浮池水深，m；

t——分离室中水流停留时间，s。

⑧ 压力溶气罐直径应按下式计算：

$$D = \sqrt{\frac{4Q_p}{\pi I}} \tag{4-18}$$

式中　D——压力溶气罐直径，m；

I——单位罐截面积的过流能力，$m^3/(m^2 \cdot h)$。

⑨ 立式溶气罐高度应按下式计算：

$$h = 2h_1 + h_2 + h_3 + h_4 \tag{4-19}$$

式中　h——溶气罐高度，m；

h_1——罐顶、底封头高度（根据罐直径而定），m；

h_2——布水区高度，m，取 0.2 ～ 0.3m；

h_3——贮水区高度，m，取 1.2 ～ 1.4m；

h_4——填料层高度，m，当采用阶梯环时取 1.0 ～ 1.5m。

⑩ 气浮池集水管采用穿孔管时，应按分配流量及流速确定管径，孔眼流速应按下式计算：

$$V_a = u\sqrt{2gh_0} \tag{4-20}$$

式中 V_a——孔眼流速，m/s；

h_0——孔眼水头损失，m，取 0.3m；

g——重力加速度，9.8m/s^2；

u——孔眼流速系数。

⑪ 集渣槽断面设计可按单位时间的排渣量进行选择。集渣槽应有坡度并倾向排渣口，坡度宜为 3% ～ 5%。当集渣槽长度超过 5m 时，应由两端向中间排泥，并可辅以冲洗水管。

⑫ 溶气释放器个数应按下式计算：

$$n=\frac{Q_p}{q} \tag{4-21}$$

式中 n——溶气释放器个数；

q——选定溶气压力下单个释放器的出流量，m^3/h。

4.3.2.5 工艺设备

① 溶气气浮池配套设备可由溶气泵、溶气罐、释放器、空压机、刮渣机等组成。

② 溶气气浮所涉设备及材料的卫生要求应符合现行国家标准《生活饮用水输配水设备及防护材料的安全性评价标准》（GB/T 17219）的有关规定。

③ 溶气泵应符合下列规定：a. 溶气泵应符合现行国家标准《离心泵技术条件（Ⅲ类）》（GB/T 5657）的有关规定。b. 溶气泵宜选用离心泵，水泵出口压力宜为 0.2 ～ 0.5MPa，并应经计算确定。溶气泵宜设置在室内，若设置在室外，溶气泵的防护等级不应低于 IP65。

④ 溶气罐应符合下列规定：a. 溶气罐应符合现行国家标准《压力容器 第 1 部分：通用要求》（GB/T 150.1）、《压力容器 第 2 部分：材料》（GB/T 150.2）、《压力容器 第 3 部分：设计》（GB/T 150.3）、《压力容器 第 4 部分：制造、检验和验收》（GB/T 150.4）的有关规定；b. 溶气罐具有压力容器试验合格证方可使用；c. 溶气罐宜采用空压机供气的压力溶气罐，溶气罐的溶气效率不应小于 80%；d. 溶气罐罐体设计标准工作压力应大于空压机和溶气泵工作压力，并应设压力控制调节装置；e. 溶气罐位置宜靠近气浮池，溶气罐水力停留时间宜为 2 ～ 3min，有填料时应取低值，并应经计算确定；f. 立式溶气罐的截面负荷可取 100 ～ 150m^3/（m^2 • h），罐高度可采用 3.0 ～ 4.5m，液位控制高宜为罐高的 1/4 ～ 1/2（从罐底计），气罐可装阶梯环填料，填料层高度宜为 1.0 ～ 1.5m；g. 立式溶气罐设计高径比宜为 2.5 ～ 4.0，建筑物室内高度满足条件时应取高值；h. 卧式溶气罐宜带有挡流及整流的二相分离装置，并应具有自动安全预泄压系统；i. 溶气罐应设置压力表、水位计、排水口、溶气水取样口、安全阀等装置，并应设水位和压力控制器自动控制，同时应与溶气泵联动。

⑤ 释放器应符合下列规定：a. 释放器释放的微气泡平均粒径宜为 20 ～ 60pm，可通过溶气压力进行调节；b. 释放器释放的气泡应细密、均匀，气泡消失时间应大于 4min；c. 释放器的型号及数量，应根据单个释放器在选定压力下的出流量及作用范围确定；d. 释放器与溶气罐连接管道应安装可在线拆洗的过滤网快开阀，释放管支管应安装快速拆卸管件。

⑥ 空压机应符合下列规定：a. 空压机应符合现行国家标准《微型往复活塞空气压缩机》（GB/T 13928）的有关规定；b. 溶气装置供气应采用空压机，空压机的工作压力宜为 0.6 ～ 0.7MPa，供气量应满足溶气装置最大溶气量的要求；c. 空压机应配有储气罐、进气滤清消声器，压缩空气应有除油装置，宜采用无油润滑空压机；d. 空压机的额定工作压力应大于溶

气罐内设定的工作压力，但不应大于溶气罐的设计最高标准压力，进气管上应装设止回阀和排水阀。

⑦ 桥式或链板式刮渣机宜用于矩形气浮池，跨度不宜大于 10m；行星式刮渣机宜用于直径为 2 ～ 20m 的圆形气浮池。

4.3.2.6 施工准备

① 气浮池设备安装前，所有相关土建工程和隐蔽工程应已验收合格。

② 气浮设备及构件与配件、材料进入施工现场时，必须进行进场验收并妥善保管。进场验收时除应对外观、质量等进行验收外，还应检查产品的订购合同、质量合格证书、性能检验报告、使用说明书、进口产品的商检报告及证书等，验收合格后方可使用。

③ 气浮设备安装前应对有关的设备基础、预埋件、预留孔的位置、标高、尺寸等进行复核。其中预埋件、预留孔的标高允许偏差应为 ±3mm，中心位置的允许偏差不应大于 5mm。

④ 施工单位应熟悉施工图纸，掌握设计意图与要求。

4.3.2.7 施工和安装

① 气浮构筑物的施工应符合现行国家标准《给水排水构筑物工程施工及验收规范》（GB 50141）的有关规定；气浮设备安装应符合现行国家标准《机械设备安装工程施工及验收通用规范》（GB 50231）的有关规定；管道工程的施工应符合现行国家标准《给水排水管道工程施工及验收规范》（GB 50268）的有关规定。

② 整体安装的溶气泵，纵向安装水平偏差不应大于 0.1/1000，横向安装水平偏差不应大于 0.2/1000；解体安装的溶气泵纵、横水平偏差均不应大于 0.05/1000。

③ 溶气泵安装位置偏差不应超过 10mm，泵体标高的允许偏差应为 ±10mm。

④ 释放器在安装前必须先将溶气罐、溶气水总管和支管中杂质冲洗干净，并应水平安装。

4.3.2.8 验收

① 气浮构筑物的验收应符合现行国家标准《给水排水构筑物工程施工及验收规范》（GB 50141）的有关规定；气浮设备验收应符合现行国家标准《机械设备安装工程施工及验收通用规范》（GB 50231）的有关规定；溶气泵、空压机的安装验收应符合现行国家标准《风机、压缩机、泵安装工程施工及验收规范》（GB 50275）的有关规定；管道工程的验收应符合现行国家标准《给水排水管道工程施工及验收规范》（GB 50268）的有关规定。

② 气浮池进水至设计运行水位，应启动溶气回流装置至稳定状态，并观察分离室水面气泡分布情况。

③ 刮渣机在调试运行时应观察行走状态以及限位开关、刮板插入深度、刮板翻起时的推渣效果等，不合适时应调整刮渣机的行程和刮板提升器的钢丝绳，调整刮板的角度和高度。

④ 气浮工程竣工验收前应进行试运行。压力溶气系统试运行应包括溶气水泵开停、空压机压力范围设定、溶气罐液位自动控制、溶气水溶气效率等。气浮工程试运行至少应核定下列项目：a. 回流水量；b. 处理水量；c. 浮渣的形成时间。

4.3.2.9 检测与监测

① 气浮池运行时应检测进出水的水质。

② 气浮运行中应监测下列内容：a. 溶气罐的水位、压力；b. 溶气泵的流量及压力；c. 空压机的工作压力、供气量。

③ 气浮运行中应随时观察接触区或分离区浮渣面不平、局部冒出大气泡等气浮池池面异常情况。

④ 冬季水温过低时，气浮池宜增加回流水量或溶气压力，并应加强相应指标的检测与监测。

⑤ 气浮运行管理人员在运行、巡视、交接班、检修等生产活动中，应做好相关检测、监测记录。

4.3.2.10 维护

① 气浮池应定期清洗，刮渣机、释放器、溶气罐应定期维修保养，气浮设施的维护检修应符合现行行业标准《城镇供水厂运行、维护及安全技术规程》（CJJ 58）的有关规定。

② 气浮池的运行参数应根据溶气罐水位与水压、空压机压力、溶气水泵启停、刮渣机运行速度与刮渣周期等进行调整。

③ 混凝剂的投加量应根据反应池的絮凝情况及气浮池出水水质进行调节，气浮前处理若为铁盐混凝，应采取防止加药管堵塞的措施。

④ 释放器应定期清理。

⑤ 溶气罐进水管上过滤器堵塞时应随时清洗，损坏时应立即更换。溶气罐的填料应每年排污、清洗一次。

4.3.2.11 安全

① 运行人员应严格执行安全生产规章制度。

② 压力溶气罐应具有检测合格报告并备案，应按照现行行业标准《压力容器定期检验规则》（TSG R7001）的有关规定进行检测。

③ 气浮池应配备救生衣。

④ 溶气罐内进行清理和维修作业时，作业人员应戴呼吸器。

4.4 典型工程案例

4.4.1 济南南康水厂

4.4.1.1 水厂简介

济南南康水厂前身为南康预处理厂，水源主要来自卧虎山水库，气浮池产水分为两部分：一部分供往南郊水厂，设计供水能力为50000m^3/d；另一部分经过南康水厂的新增工艺，出水直接供往市政管网，设计供水能力为60000m^3/d。水厂处理工艺主要采用气浮池＋臭氧接触池＋活性炭吸附池＋浸没式膜滤池＋次氯酸钠消毒。

气浮池设计规模为1.1×10^{5}m^3/d，设置6组，每组由混合区、折板絮凝区、接触区和气浮区功能部分组成，单组设计流量763.9m^3/h。回流比10%，混合区停留时间50s，接触区停留时间 112s，分离区表面负荷 11.48m^3/（m^2·h），分离区尺寸 8m×9.98m×2.3m，分离区水流速度 3.5mm/s。南康水厂气浮间见图 4-94，原水进入气浮池混合池，在前端投加 PAC 混凝剂，使药剂与原水充分混合，然后流入折板絮凝池进行反应，最后进入气浮区进行气浮分离，采用微絮凝的原理，通过刮渣机对气浮到水表面的浮渣去除，达到对原水浊度和藻类等最大程度去除。刮渣水进入排水池，再到污泥浓缩处理。采用穿孔配水板，单格滤板开孔 30 个，单池 121 块滤板，共 726 块滤板，开孔比 0.36%。水厂出水水质符合国家《生活饮用水卫生标准》（GB 5749）的规定。

图 4-94　南康水厂气浮间

4.4.1.2　运行效果及经济分析

（1）气浮设备运行效果分析

南康水厂采用的是气浮池形式，实验中气浮池进水是从原水进水管处取样，气浮池出水是从气浮池后端的集水槽取样。通过对水厂气浮工艺除浊除藻效果进行研究，南康水厂的气浮工艺的出水浊度为 1.70 ～ 2.07NTU，平均除浊效果为 65.42%，平均除藻效果为 78.50%，实验测试期间虽然不是藻类暴发期，但是气浮工艺的除藻效果依然能达到 75% 以上，说明气浮工艺出水后藻含量急剧减少，气浮后藻类含量下降缓慢，气浮阶段对藻类的去除效果很明显。通过研究水厂中气浮工艺除有机物的效果，在工艺测试期间南康水厂气浮工艺的 TOC 平均去除率为 3.99%，UV_{254} 平均去除率为 21.34%，COD_{Mn} 平均去除率为 17.03%，各部分运行情况相对稳定。有机物的去除效果基本符合 $UV_{254} > COD_{Mn} > TOC$，与实验室和中试试验的结果基本一致。

（2）经济性分析

吨水投资费用为构筑物总投资额与处理水量的比值。通过调研计算出南康水厂的吨水投资为 47.27 元，与常规处理工艺的吨水投资费用接近。增加气浮工艺后，吨水投资有所增加，但随着工艺的联合应用，处理后的出水水质提高，产水量增多，随着处理规模的增加，水厂整体运行的吨水投资会相应降低，气浮带来的整体经济效益仍然呈上升趋势。通过对验证水厂的耗电量进行调研，南康水厂气浮工艺产生的电能消耗为 0.029 元 /m^3。采用的混凝剂为聚合氯化铝，药耗按 24.05kg/1000m^3，药成本为 0.022 元 /m^3。

4.4.2 潍坊白浪河水厂

4.4.2.1 水厂简介

潍坊白浪河水厂原水取自白浪河水库，于 2006 年 8 月竣工投产，设计供水能力 1.2×10^{5}m^3/d，目前日供水量 8.5×10^{4}t，原水借助水库和水厂的高差自流进入水厂。原水水质各项指标均达Ⅱ类地表水标准，浊度在夏季均值为 16NTU，在冬季均值为 7NTU，在雨季或风浪较大时浊度可达 263NTU，全年最低浊度低于 1NTU。夏季水华频发，高峰值可达 2.0×10^7 个 /L。常规处理工艺格栅 + 机械搅拌 + 折板絮凝池 + 平流沉淀池 + 翻板滤池 + 二氧化氯消毒不能保证出水水质，所以白浪河水厂采用常规处理、微絮凝、微絮凝浮滤（见图 4-95）3 种不同的工艺流程来应对不同水质，保障出厂水的优良水质。

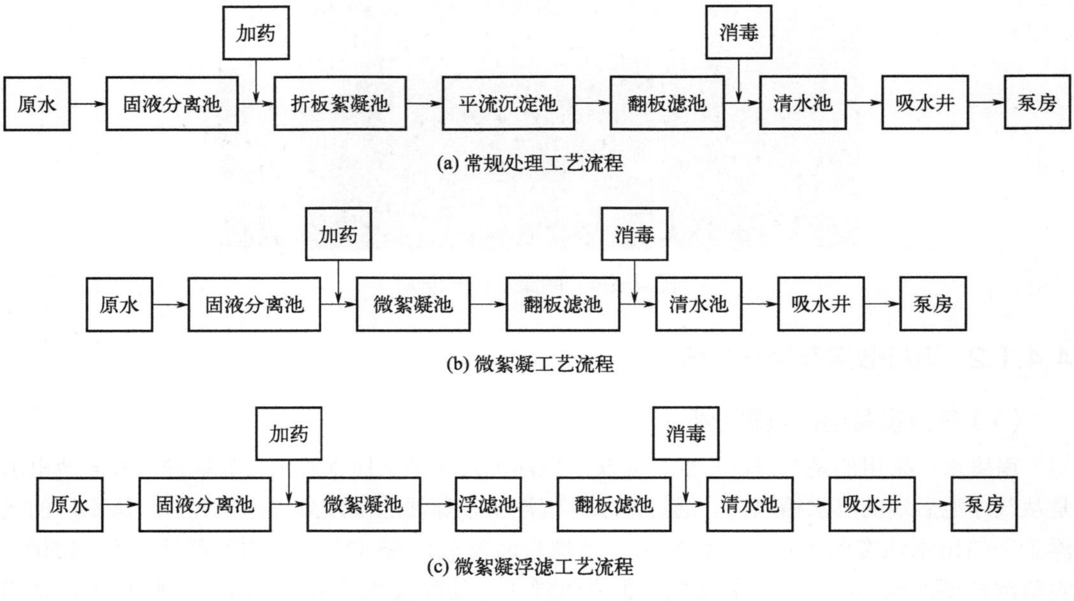

图 4-95　3 种水处理工艺

白浪河水厂的气浮与滤池合建，形成浮滤池（见图 4-96）。浮滤池设计规模为 1.2×10^{5}m^3/d，接触区上升流速为 16.6mm/s，停留时间为 150s，分离区表面负荷为 6.4m^3/（m^2 • h），在滤池内停留时间为 19min。回流比为 10%，溶气压力为 0.35 ～ 0.4MPa。原水经过接触室后，水中的轻质胶体黏附在微气泡表面，上浮到滤池上层气浮单元形成浮渣，上部浮渣被刮到集渣槽排出。

4.4.2.2 运行效果及经济分析

（1）气浮设备运行效果分析

白浪河水厂采用的是浮滤池形式，实验中浮滤池进水是从沉淀池出水水质监测处取样，浮滤池出水是从浮滤池出水水质监测处取样。通过对水厂气浮工艺除浊除藻效果进行研究，

图 4-96　白浪河水厂浮滤池

白浪河水厂气浮工艺的出水浊度为 0.29 ～ 0.36NTU，符合滤池出水水质标准，平均除浊效果为 77.66%，平均除藻效果为 84.00%，整体运行情况较为稳定。通过研究水厂中气浮工艺除有机物的效果，在工艺测试期间气浮工艺的 TOC 平均去除率为 4.91%，UV_{254} 平均去除率为 31.6%，COD_{Mn} 平均去除率为 32.5%，气浮对水中的大分子和疏水性有机物具有较好的去除效果，但对于水中的亲水性溶解性有机物的吸附作用不好。白浪河水厂中的 UV_{254} 和 COD_{Mn} 的去除率均高于其他水厂，这也是工艺组合优化的结果，提高了出水水质。

（2）经济性分析

吨水投资费用为构筑物总投资额与处理水量的比值。通过调研计算出白浪河水厂的吨水投资为 39.17 元。气浮工艺产生的电能消耗为 0.024 元 /m^3。采用的混凝剂为聚合氯化铝，药耗按 35kg/1000m^3，药成本为 0.038 元 /m^3。尽管气浮工艺的运行带来了较高的电能消耗和部分药剂消耗，但提高了出水水质，减轻了下一阶段过滤工艺的运行负荷，减少了反冲用水量，后续处理工艺的能耗的降低和低用水量会相对抵消部分耗电量和耗药量，所以采用气浮工艺后的总能耗增加得相对较少，这样也为气浮工艺的推广提供了经济基础。

4.5 展望

通过对 4 家不同规模的气浮给水处理厂进行调研，各水厂气浮工艺运行得相对比较稳定，气浮池出水水质指标均能达到下一工艺的进水要求，水厂出水水质符合国家《生活饮用水卫生标准》（GB 5749）的规定。

通过对 4 个水厂的单位制水成本、吨水电耗和吨水药耗进行调研分析，气浮工艺的加入提高了单位制水成本，电耗占比较大，增加了 0.024 ～ 0.030 元 /m^3，但各水厂间的单位制水成本差距不大，能耗增加在合理范围内。气浮工艺的加入在一定程度上能够减少混凝阶段的药剂投加量，减少用水量，提高产水率，气浮带来的经济效益随产水率的提高而提高。

此外，气浮工艺还可与其他水处理工艺相结合，形成复合工艺系统。例如，它可以与生物膜反应器（MBR）结合，形成气浮-MBR 工艺，实现悬浮物的预处理和生物处理的高效组合。这种复合工艺系统可以提高水处理效果，减少废物产生，并节约空间和能源。

同时，气浮工艺具有高效的运行和维护特性。相比传统的沉淀工艺，气浮工艺的运行成本更低，对设备要求也较为简单。它不占用过多的空间，并且操作简单，不需要复杂的控制系统。此外，气浮工艺的维护成本低，设备寿命长，能够长期稳定运行。

最后，随着科技的不断发展，气浮工艺也在不断改进和创新。新型的气浮设备、控制技术和处理药剂的应用，使得气浮工艺在效果和经济性方面都得到了进一步提升。未来，随着对水质要求的不断提高和对资源回收的追求，气浮工艺有望在水厂应用中发挥更为重要的作用。

参考文献

[1] 童祯恭 . 给水处理工程中的强化混凝技术 [J]. 华东交通大学学报，2004, 21(1): 12-16.

[2] 吕玉娟，张雪利 . 气浮分离法的研究现状和发展方向 [J]. 工业水处理，2007, 27(3): 58-61.

[3] 岳峥，马东兵 . 水处理混凝剂研究进展 [J]. 中国资源综合利用，2008, 26(9): 33-35.

[4] 王玉恒 . 混凝——逆流气浮工艺处理高藻水的研究 [D]. 天津：南开大学，2008.

[5] 洪金德 . 复合型铁盐混凝剂研究进展 [J]. 无机盐工业，2002, 34(4): 23-25.

[6] Henderson R K, Parsons S A, Jefferson B. The potential for using bubble modification chemicals in dissolved air flotation for algae removal[J]. Separation Science & Technology, 2009, 44(9): 1923-1940.

[7] Yap R K L, Whittaker M, Diao M, et al. Hydrophobically-associating cationic polymers as micro-bubble surface modifiers in dissolved air flotation for cyanobacteria cell separation[J]. Water Research, 2014, 61(15): 253-262.

[8] Rao N R H, Granville A M, Browne C I, et al. Determining how polymer-bubble interactions impact algal separation using the novel "Posi"—Dissolved air flotation process[J]. Separation and Purification Technology, 2018, 201: 139-147.

[9] Dockko S, Han M Y. Fundamental characteristics of bubbles and ramifications for the flotation process[J]. Water Science and Technology, 2004, 50(12): 207-214.

[10] Yoon R H. Microbubble flotation[J]. Minerals Engineering, 1993, 6(6): 619-630.

[11] Tsai J C, Kumar M, Chen S Y, et al. Nano-bubble flotation technology with coagulation process for the cost-effective treatment of chemical mechanical polishing wastewater[J]. Separation & Purification Technology, 2007, 58(1): 61-67.

[12] Liu S, Wang Q, Ma H, et al. Effect of micro-bubbles on coagulation flotation process of dyeing wastewater[J]. Separation and Purification Technology, 2010, 71(3): 337-346.

[13] Kim T, Park H, Han M. Development of algae removal method based on positively charged bubbles[J]. KSCE Journal of Civil Engineering, 2017, 21(7): 2567-2572.

[14] Teixeira M R, Sousa V, Rosa M J O. Investigating dissolved air flotation performance with cyanobacterial cells and filaments[J]. Water Research, 2010, 44(11): 3344.

[15] Hanumanth Rao N R, Yap R, Whittaker M, et al. The role of algal organic matter in the separation of algae and cyanobacteria using the novel "Posi" — Dissolved air flotation process[J]. Water Research, 2018, 130: 20-30.

[16] Haarhoff J, Edzwald J K. Modelling of floc-bubble aggregate rise rates in dissolved air flotation[J]. Water Science and Technology, 2001, 43(8): 175-184.

[17] Loganathan K, Saththasivam J, Sarp S. Removal of microalgae from seawater using chitosan-alum/ferric chloride dual coagulations[J]. Desalination, 2018, 433: 25-32.

[18] Shi Y, Yang J, Ma J, et al. Feasibility of bubble surface modification for natural organic matter removal from river water using dissolved air flotation[J]. Frontiers of Environmental Science & Engineering, 2017, 11(6): s11783-017-0954-2.

[19] 王赟，金伟，除祖信，等 . 臭氧氧化有机物反应速率常数的研究 [J]. 绿色科技，2016 (2): 80-83.

[20] 邢思初，隋铭皓，朱春艳 . 臭氧氧化水中有机污染物作用规律及动力学研究方法 [J]. 四川环境，2010, 29(6): 112-117.

[21] 万新明 . 城市污水处理新技术——臭氧浮选 [J]. 中国给水排水，1993, 9(4): 60-62.

[22] 金鹏康，韩冬，金鑫，等 . 多级臭氧气浮一体化装置对污水厂出水的处理效果 [J]. 中国给水排水，2015 (15): 12-15.

[23] 迟玉霞，陈翼孙 . 臭氧-气浮联用新工艺处理含藻水 [J]. 交通与港航，1999 (1): 18-19.

[24] 国家环境保护总局《水和废水监测分析方法》编委会 . 水和废水监测分析方法 [M]. 北京：中国环境科学出版社，1989.

[25] 时玉龙 . 多相流泵溶气气浮组合工艺除污染效能及强化措施研究 [D]. 哈尔滨：哈尔滨工业大学，2017.

[26] 韦君杭 . 气液多相流泵及其在气浮装置中的应用 [J]. 石油化工环境保护，2002 (1): 20-25.

[27] 贾瑞宝，潘章斌，孙韶华，等 . 一种臭氧多级利用的多相流气浮装置及处理方法：CN 106927558A[P]. 2017-07-07.

[28] 梁娟，杨青，丁然，等 . 混凝剂投加量对水质及絮体尺寸变化特性的影响 [J]. 给水排水，2012 (s1): 5-9.

[29] 肖敏杰，邬亦俊，沈裘昌 . 新型气浮滤池的设计 [J]. 给水排水 . 2005 (12): 6-9.

[30] 王占金，贾瑞宝，于衍真，等 . 气浮 / 超滤组合工艺处理微污染高藻原水 [J]. 中国给水排水，2010, 26(11): 133-135.

[31] 罗宏伟，熊顺华，汪勇，等 . 某水厂微污染原水处理工程设计及运行分析 [J]. 净水技术，2023, 42(11): 173-181.

[32] 廖兵，胥雯，叶秋月 . 活化过碳酸盐及过氧碳酸氢盐在水处理领域中的研究进展 [J]. 化工进展，2022, 41(6): 3235-3248.

[33] 陈清 . 浅谈测定饮用水中总有机碳的新方法 [J]. 科技与企业，2015 (1): 251.

[34] 甘婷婷，殷高方，赵南京，等 . 微藻不同光合荧光参数对氯化消毒副产物毒性响应特性 [J]. 光学学报，2023, 43(24): 394-403.

[35] 辛晓东，王明泉，赵清华，等 . 饮用水嗅味物质检测与控制技术研究进展门 [J]. 中国给水排水，2013, 29(14): 13-15.

[36] Anderson J D. 计算流体力学基础及其应用 [M]. 吴颂平，刘赵淼，译 . 北京：机械工业出版社，2007: 1-191.

[37] Karimi M, Akdogan G, Bradshaw S M. A CFD-kinetic model for the flotation rate constant, Part Ⅱ: Model validation[J]. Minerals Engineering, 2014, 69: 205-213.

[38] Fletcher C A J. Computational techniques for fluid dynamics 1—Fundamental and general techniques[J]. Scientific Computation, 1998, 70(1): 221.

[39] 陈佳 . 侧进式搅拌反应器内均相及多相流体动力学的数值研究 [D]. 上海：华东理工大学，2013: 6-7.

[40] Markatos N C. The mathematical modeling of turbulence flows[J]. Applied Math Modeling, 1986, 10: 190-220.

[41] 戴干策，陈敏恒 . 化工流体力学 [M]. 北京：化学工业出版社，2005.

[42] 张政，谢灼利 . 流体-固体两相流的数值模拟 [J]. 化工学报，2001, 52(1): 1-9.

[43] 张海军 . 浮选柱的自吸封闭式泡沫输配研究 [D]. 上海：中国矿业大学，2009: 49-50.

[44] 梁在潮 . 工程湍流 [M]. 武汉：华中理工大学出版社，1999.

[45] 肖军伟 . 沉淀池的数值模拟与参数影响分析 [D]. 哈尔滨：哈尔滨工业大学，2006: 13-25.

[46]Lorito S, Schmitt D, Consolini G, et al. A model of particle removal in a dissolved air flotation tank: Importance of stratified flow and bubble size[J]. Water Research, 2015, 68(7): 262-272.

[47] Liu L, Yan H, Zhao G. Experimental studies on the shape and motion of air bubbles in viscous liquids[J]. Experimental Thermal & Fluid Science, 2015, 62: 109-121.

[48] 钟晨 . 加压溶气气浮工艺的改进研究 [D]. 武汉：武汉理工大学，2012.

[49] 张金朝 . 溶气气浮过程中气泡性质参数的测量研究 [D]. 天津：天津科技大学，2016.

[50] Feng J Q. A spherical-cap bubble moving at terminal velocity in a viscous liquid[J]. Journal of Fluid Mechanics, 2007, 579: 347-371.

第5章
臭氧活性炭组合工艺集成技术及应用

▲ 臭氧工艺

▲ 微纳米臭氧强化技术

▲ 臭氧化溴酸盐生成机制及其控制技术

▲ 活性炭再生及换炭技术

▲ 典型工程案例

▲ 展望

5.1 臭氧工艺

5.1.1 概述

由于工业的迅速发展以及城市化和人口增长，人们在生活生产过程中排放出来的污染物对水环境造成了严重的污染，如生活污水和工业废水的排放，农业使用的化肥、除草剂和杀虫剂的流失等，使接纳水体的物理、化学物质发生了显著变化，水体受污染程度越来越严重，水中有机物质逐渐增多。由于水污染的日趋严重，许多饮用水水源也受到不同程度的污染，从而使饮用水水质变差。《生活饮用水卫生标准》（GB 5749—2006）与 1985 年出台的《生活饮用水卫生标准》（GB 5749—1985）相比，水质指标由 35 项增加至 106 项，其中增加了 71 项，修订了 8 项。GB 5749—2022 主要是增加了较多的有机物检测项目，重视对消毒副产物的控制。其中变化较大的重要指标有浊度、耗氧量、氨氮、消毒副产物等。现有水厂的处理情况很多还远远达不到 GB 5749—2022 的水质标准，因此对于现有水厂的改造势在必行。

在各种改善水质处理效果的深度处理技术中，臭氧活性炭吸附技术是完善常规处理工艺、去除水中有机物最成熟有效的方法之一，可以对常规处理工艺不能有效去除的污染物或消毒副产物的前体物加以去除，以提高和保证饮用水质。臭氧生物活性炭技术采取先臭氧氧化后活性炭吸附的方式，在活性炭吸附中又继续氧化，这样可以扬长避短，充分发挥活性炭吸附和臭氧氧化各自所长，克服各自所短。通过该工艺，臭氧能使难氧化降解的高分子有机物被氧化成易生物降解的低分子有机物，这不仅为炭柱降解有机物创造了条件，也减轻了活性炭的吸附负荷。同时，臭氧氧化使水中有充足的溶解氧，反过来又为好氧微生物的生命活动提供了良好的条件。其中，生物活性炭是利用微生物去吸收利用被活性炭吸附的污染物，客观上起到了使活性炭再生的作用。

在发达国家臭氧活性炭联用技术被广泛应用于水厂净水处理中，技术成熟，净水效果非常显著。国内外也进行了大量的研究工作，主要集中在臭氧氧化（如臭氧反应理论、臭氧氧化副产物溴酸盐的控制）以及生物活性炭的出水安全性等方面。

5.1.2 臭氧氧化理论

5.1.2.1 臭氧性质

臭氧（O_3）是氧（O_2）的同素异形体，英文名称为 ozone，在常温下是一种不稳定的具有特殊的刺激性气味的淡蓝色气体，它的密度为氧的 1.5 倍、空气的 1.6 倍，臭氧在水中的溶解度比氧气高 10 ～ 15 倍、比空气高 25 倍，在水中的稳定性极差，往往自发地进行一些反应使状态趋于稳定。由于分子中的氧原子具有强烈的亲电子或亲质子性，故臭氧具有不稳定和强氧化性，在含有杂质的水中，臭氧浓度为 3mg/L 时（水温 20℃），其半衰期为 5 ～ 30min，所以臭氧不能像其他常用工业气体那样用瓶贮存。

臭氧是一种氧化剂，在水中的氧化还原电位（E_0=2.07V）仅次于氟（E_0=2.87V）。当它作为电子传递受体（金属氧化剂）、亲电子试剂（酚和其他活性芳香化合物的氧化剂）、偶极添加剂（加入碳-碳多级棒）时反应最佳。

5.1.2.2 臭氧反应机理

臭氧溶于水会发生一系列复杂的化学变化。其反应速率与反应产物随水中化学成分的不同而变化。在溶液中，臭氧通过直接臭氧化反应（direct ozonation）与自由基链式反应（free radical chain reaction）两种途径与污染物发生氧化作用。这两种反应过程的动力学类型和反应产物完全不同。臭氧与有机污染物之间的反应速度是判断其除污效能的一个重要指标。臭氧与有机污染物同时具有两种反应途径，其相互关系如图 5-1 所示。

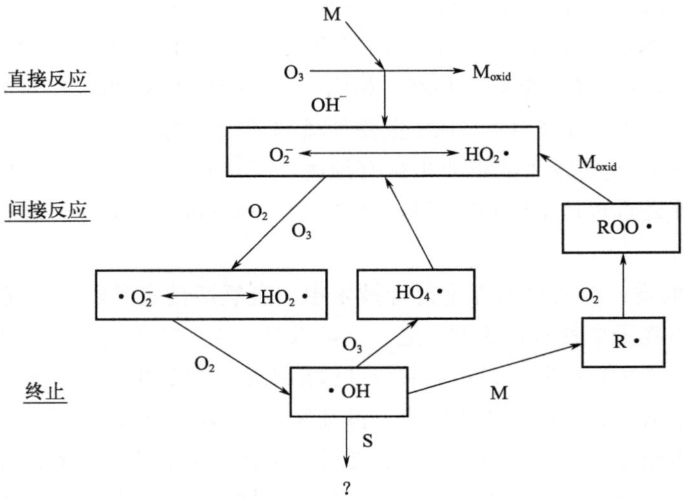

图 5-1 臭氧氧化的直接与间接反应机理

M—微污染物；R—反应产物；S—抑制剂

臭氧对有机污染物的直接氧化（$M+O_3$）是一个反应速率常数 k_D 很低的选择性反应，一般 k_D 的范围在 1.0 ～ 10^3mol/（L • s）。O_3 会优先与反应速度快的物质进行反应，与含不饱和键的有机物进行加成反应；带有供电子基的芳香类化合物（含有—OH、—CH_3、—NH_2 等）在邻对位碳原子上的电子云密度较大，与臭氧反应的速度也很快。

间接反应途径中有自由基参与反应，对于水中某一种难降解的有机物 M，其反应可以大体写成：

$$O_3+M \longrightarrow \cdot OH\text{（链反应引发）} \tag{5-1}$$

$$\cdot OH+M \longrightarrow \text{自由基氧化产物} \tag{5-2}$$

$$\cdot OH+M \longrightarrow \cdot OH_2\text{（链反应增殖）} \tag{5-3}$$

$$\cdot OH+S \longrightarrow OH^-\text{（链反应终止）} \tag{5-4}$$

羟基自由基（• OH）具有更高的氧化活性，与多数有机物的氧化速率常数可达 10^8 ～ 10^{10}mol/（L • s），基本接近扩散速率控制的极限［10^{10}L/（mol • s）］。故 • OH 与有机物的反应是非选择性即时反应，对水中大多数有机污染物都有较好的去除作用。因此，在臭氧化工艺中可以加入 H_2O_2 等催化剂，促进 • OH 的生成，进而提高抗生素物质的去除效果。

通常，在酸性条件下（pH ＜ 4），以直接反应为主；pH ≥ 10 时，以间接反应途径为主。

而地下水和地表水 pH 值一般在 7 左右，直接反应和间接反应都很重要。自由基的反应途径很复杂，受多种物质的影响。有研究表明，并不是·OH 越多对有机物的去除效果越好，当·OH 增加到一定浓度后会对 O_3/H_2O_2 系统起到抑制作用，即水中·OH 达到一定浓度时，·OH 之间发生淬灭反应，能降低有机物对·OH 的利用率。

5.1.2.3 臭氧在水处理中的应用

臭氧技术在饮用水处理中的应用非常广泛。臭氧作为强氧化剂用在净水过程中的各阶段，主要为预臭氧化、中间臭氧化和最终的消毒。预臭氧化可部分降解天然有机物和非活性微生物，以提高絮凝、沉淀等后续工艺去除浊度和除色、去异味的效率；中间臭氧化主要为降解有机微污染物，去除三卤甲烷前体物和提高可生物降解性能；而臭氧用于最终的消毒可去除净水过程中的残余微生物及减少消毒副产物的形成。

臭氧可去除无机物，大多数情况下，在预臭氧化阶段可去除原水中的无机物质，如锌、镍、铜、铬、镉五类重金属物质和铁、锰等。通常预臭氧化后需接过滤或絮凝-沉淀工序，这样，金属离子可由于氧化作用形成难溶物而去除。同理，氨型氮可被臭氧缓慢氧化为硝酸根离子而通过后续的生物硝化去除；而当有溴离子存在时，氨可被臭氧分解为氮气，由此得以将氨迅速去除。

臭氧可氧化天然有机物，可去除色度，臭氧对色基具有特别活性，能将其中的碳-碳双键破坏，产生相应的含氧有机化合物，达到脱色的目的。据相关文献报道，在臭氧脱色之后，再经活性炭吸附效果更佳。天然水体的色度较低，一般在 20 ～ 60 度，每去除 1 度色度，需要 0.1 ～ 0.3mg/L 臭氧。臭氧可去除异味，土臭素和 2-甲基异莰醇（2-MIB）这两种化合物，即使浓度极低，只有几 ng/L，也能闻到。而且其抗化学氧化性能很强，氯气和高锰酸钾都不能消除这两种化合物产生的气味。美国有文献报道，由于臭氧的强氧化性以及减少氯的投加量，水中产生臭味的土臭素和 2-甲基异莰醇可以明显地被去除。臭氧可提高有机物的生物可降解性能，臭氧可以将一些大分子难降解有机物氧化成易被细菌降解利用的小分子有机物，提高有机物的生物可降解性，因此一般臭氧化后 AOC（生物有机碳）增加。臭氧可减少 TOC 和 DOC，据有关文献报道，单独使用臭氧并不能有效去除 TOC 和 DOC，因此需采用强化臭氧化的方法，如臭氧 / 超声波技术，能使水溶液中 TOC 的去除率达 90%，而在一些特定场合（如碳酸盐存在时），臭氧化之前应进行预处理，否则将降低 TOC 的去除效果；采用固体催化剂 TiO_2 或臭氧-生物活性炭联用技术可有效去除 DOC。臭氧投加量的增加有利于水中 TOC 的去除。在通常给水处理中所采用的混凝剂范围内，臭氧氧化不利于 TOC 的去除，研究发现在 Al/TOC 值较低（<2）或较高（>36）条件下，臭氧投加量的增加才有利于水中 TOC 的去除。臭氧可控制氯化消毒副产物，有代表性的有害氯化消毒副产物（DBPs）主要为三卤甲烷（THMs）和卤乙酸（HAAs）等，世界各国均制定了严格的 DBPs 标准。有研究表明，预加臭氧不会产生三卤甲烷，并能有效去除原水中大量的三卤甲烷前体物，使滤后水再经氯化（消毒）时生成三卤甲烷的概率大大减小。预臭氧化去除 DBPs 前体物质的效果取决于原水水质及预臭氧化条件，主要是 TOC 及 Br 含量、有机物性质、臭氧投加量及时间、水温、pH 值等。

由于原水中存在微污染有机物，其氧化-降解过程更为复杂，它既取决于微污染物的性质，也取决于原水水质，如水中天然有机物和碳酸盐的含量。通常，如只采用专一的臭氧氧化，不能有效去除其中的微污染物，需采用强化臭氧氧化技术或与其他技术联用的办法。

臭氧具有很强的杀菌消毒能力，不易引起二次污染，因此，其作为饮用水的消毒杀菌剂在欧洲许多国家得到了广泛的应用。臭氧的杀菌机理是臭氧对细菌直接作用，氧化分解葡萄糖氧化所必需的酶，消毒常用的臭氧剂量在 1.5 ～ 2.0mg/L。同时，臭氧作为消毒剂也是有选择性的，绿霉菌、青霉菌之类对臭氧具有抗药性，需较长的接触时间才能将其杀死。另外，臭氧在水中分解速度较快，故会引起配水管网中细菌的再生。为改善这一情况，可再投加低浓度的氯或二氧化氯、次氯酸钠进行处理，以防止配水管网中细菌再生。

臭氧可杀藻，藻类问题普遍存在于世界各国的水处理实践中。藻类含量高时会影响混凝和沉淀，增加混凝剂量，堵塞滤池，缩短滤池过滤周期，致臭并产生藻毒素，和氯作用形成氯化消毒副产物，降低饮用水安全性。预臭氧化作用一是溶裂藻细胞，二是杀藻，使死亡的藻类易于被后续工艺去除。藻毒素正成为藻类污染问题的另一重点，在一定条件下臭氧化可有效去除某些藻毒素，具体去除率主要取决于臭氧投加量，其次取决于原水水质（藻毒素类型、有机物性质及浓度、碱度等）。国外研究报道，在藻毒素含量为 20μg/L 时，只要保证接触 5min 水中存在的残余臭氧，即可将 LR、LA 型藻毒素 100% 去除。

臭氧对水中某些微量有机污染物也有较好的去除效果，如水源水中人工合成的有机污染物、内分泌干扰物等。国外研究了臭氧在饮用水处理过程中对水中微量药物、内分泌干扰物的去除效果。研究表明，在 *CT*（臭氧浓度与接触时间）值为 2mg • min/L 时，臭氧对咖啡因、药品和内分泌干扰物的去除率超过 80%。由此证明，臭氧对水中痕量有机物的去除是有效的，是典型的给水处理工艺。

低剂量臭氧可有效提高混凝-絮凝工序的效率，这是因为在用臭氧氧化有机物的过程中，有机物分子中许多碳原子的位置被氧原子占据，形成羧酸、醛、酮和醇，所有这些产物比未经臭氧处理的化合物具有更高的极性。这些极性化合物能够与氢结合，这样能有效提高它们的分子量，如接触到铁离子、铝离子这类多价金属阳离子，就会导致氧化后的产物出现絮凝现象。所以，用臭氧处理含有溶解性有机化合物的清水会引起浊度的升高。这一过程被水化学家称为“微絮凝作用”。

美国洛杉矶新水厂的中试结果表明，应用臭氧预处理可大大提高原水的过滤性能，缩短沉淀和过滤的时间，节省其他絮凝剂的投配量。

5.1.2.4 臭氧氧化技术特点

臭氧具有很强的氧化性，可以氧化多种化合物，因此，臭氧氧化技术在水处理中被广泛应用。臭氧氧化技术具有如下特点：

① 臭氧不仅有很好的快速杀菌、消毒性质，而且具有极高的氧化有机和无机化合物的能力，可去除其他水处理工艺难以去除的物质；

② 臭氧的反应完全、速度快，从而可以减小构筑物体积；

③ 剩余臭氧会迅速转化为氧气，能增加水中溶解氧，效率高，不产生污泥，不造成二次污染；

④ 在提高净化效果、杀菌、消毒的同时，可除臭、除味；

⑤ 制备臭氧用的电和空气不必贮存和运输，臭氧化装置占地少，运行操作管理简单，特别适用于原有水厂提高水质和水量；

⑥ 臭氧有助于提高絮凝效果，减少混凝剂的投加量，提高滤速。

臭氧类氧化法包括 O_3 氧化法、O_3+H_2O_2 法、O_3+UV 法和 O_3+UV+H_2O_2 法等。

O_3 氧化法处理水中有机物是有选择性的，它取决于水中的组分，通常对不饱和脂肪烃和芳烃类化合物较有效，由于这类物质具有偶极性结构，O_3 通过 1,3 偶极环上的加成作用，反应生成臭氧化物。在水中臭氧化物分解为两性离子和羧基化合物，不稳定的两性离子进一步分解产生羧基和 H_2O_2。除了加成反应外，O_3 还可以进攻具有最低键能的键，使其断裂。

O_3+H_2O_2 法是将臭氧（O_3）与过氧化氢（H_2O_2）组合的高级氧化技术（AOP），在饮用水处理中应用最广泛，其操作简单，只需要向臭氧反应器中加入过氧化氢即可。反应机理如下：

$$O_3 + OH^- \longrightarrow HO_2^- + O_2 \tag{5-5}$$

$$H_2O_2 \longrightarrow HO_2^- + H^+ \tag{5-6}$$

$$O_3 + HO_2^- \longrightarrow \cdot OH + O_2^- + O_2 \tag{5-7}$$

$$O_3 + \cdot OH \longrightarrow HO_2^- + O_2 \tag{5-8}$$

$$H_2O_2 + \cdot OH \longrightarrow HO_2 \cdot + H_2O \tag{5-9}$$

$$HO_2^- + \cdot OH \longrightarrow HO_2 \cdot + OH^- \tag{5-10}$$

$$HO_2 \cdot \longrightarrow O_2^- + H^+ \tag{5-11}$$

$$RH + \cdot OH \longrightarrow \cdots \longrightarrow \text{氧化产物} \tag{5-12}$$

提高溶液的 pH 值及投加 H_2O_2 将加速 O_3 的分解，溶液中 · OH 数量因此得以增加，这将有利于有机物的降解。

O_3+UV+ H_2O_2 法是紫外光、H_2O_2 和 O_3 结合的高级氧化技术。在紫外光的照射下，能够迅速产生羟基自由基（ · OH），· OH 的产生机理如下：

$$H_2O_2 + H_2O \longrightarrow H_3O^+ + HO_2^- \tag{5-13}$$

$$O_3 + H_2O_2 \longrightarrow O_2 + \cdot OH + HO_2 \cdot \tag{5-14}$$

$$O_3 + HO_2^- \longrightarrow \cdot OH + O_2^- + O_2 \tag{5-15}$$

$$O_3 + O_2^- \longrightarrow O_3^- + O_2 \tag{5-16}$$

$$O_3^- + H_2O \longrightarrow \cdot OH + OH^- + O_2 \tag{5-17}$$

产生的·OH 是引发有机物降解的中间产物，相应反应速率常数通常为 10^6 ～ 10^{10}mol/（L·s），与 O_3+UV 过程相比，由于 H_2O_2 的加入对 · OH 的产生有协同作用，其对有机污染物的降解率更高，反应速率也更大。

5.1.3 臭氧氧化技术

臭氧技术在饮用水深度处理中的应用非常广泛，其主要作用为降解有机微污染物，去除三卤甲烷前体物和提高可生物降解性能。臭氧投加量及投加方式是影响其除污染效果和利用效率的关键因素。但研究表明，含溴离子（Br^-）水在臭氧氧化过程中会产生溴酸盐（BrO_3^-），溴酸盐一旦生成就难以在常规处理工艺中被去除，且其因具有致癌、致突变性被国际癌症研究机构定为2B级潜在致癌物。下面重点阐述了利用臭氧吸收曲线和消耗曲线确定臭氧投加量的方法，并介绍了臭氧投加方式优化的研究内容。

5.1.3.1 接触时间及投加量

臭氧投加量是臭氧活性炭工艺的重要参数，直接影响净水效果和处理费用。臭氧氧化与温度、无机碳（IC）、pH值有关，臭氧在水中的分解速度随水温和pH值的提高而加快，同时还受自由基抑制剂浓度的影响，自由基抑制剂的浓度直接影响臭氧化反应的性质。上述因素均能影响臭氧氧化效果，不同水质条件所需臭氧投加量也不同。臭氧投加量过大，则其利用率低，尾气浓度过高，还有可能增加臭氧副产物的生成量，同时也大大增加臭氧发生系统的投资和运行费用；投加量过低，则不能达到应有的氧化效果。

目前，各地水处理工艺设计中所采用的臭氧投加量均以经验值为主，而不是针对当地具体水质条件确定的。另一方面，同一地区不同时期的水质条件不同，所需的臭氧投加量也不同。下面详细阐述了利用臭氧吸收曲线和消耗曲线确定臭氧投加量的方法，使其能够在保证臭氧氧化效果的同时提高臭氧利用率。

5.1.3.2 臭氧吸收曲线法

本方法通过测定纯水及原水中溶解臭氧含量（DO_3）绘制臭氧-时间吸收曲线，再通过臭氧氧化参数的模型计算确定其最佳接触时间和投加量。

（1）DO_3的检测方法

臭氧氧化有机物、亚硝酸盐等无机物，且臭氧分解后成为氧，不会产生污染，是替代氯化消毒的可靠途径。臭氧的杀菌效果主要取决于水中的臭氧含量，水中臭氧含量越高，杀菌效果越佳。只有当臭氧浓度大于0.5mg/L时才可杀死包装材料上残留的微生物。要保证臭氧在水中的浓度需要很多条件，大致有水温、气压、气液的相对运动速度、臭氧气体作用在液体表面的分压、臭氧气体的表面积、水的黏度和密度以及表面张力等。因此，水中臭氧测定方法的研究变得尤为重要。

常见水中溶解臭氧量的确定有分光光度法（将臭氧发生器在水中产生的臭氧用含有碘化钾的硼酸溶液吸收液置换出碘，比色定量）、余氯分析法、碘量法、紫外分光光度法、电化学法、靛红钾法等。其中碘量法不仅适用于气相臭氧的测量，还适用于测量液相的臭氧浓度。其原理为强氧化剂O_3与碘化钾（KI）水溶液反应生成游离碘（I_2），臭氧还原为氧气。游离碘显色，立刻用$Na_2S_2O_3$滴定至淡黄色。用淀粉可以使滴定终点颜色变化更明显（深蓝色），臭氧浓度可以从$Na_2S_2O_3$的消耗量来计算。

反应式为：

$$O_3+2KI+H_2O \longrightarrow O_2+I_2+2KOH \tag{5-18}$$

$$I_2+2Na_2S_2O_3 \longrightarrow 2NaI+Na_2S_4O_6 \tag{5-19}$$

碘量法的优点为显色直观，价格低廉。缺点是碘离子（I^-）可以被电势能超过0.54eV的所有物质氧化（如Cl_2、Br^-、H_2O_2、过氧化有机物等），精确度不高。

但这些方法都不很理想。下面介绍另一种臭氧测定方法——靛蓝三磺酸试剂法。该法由瑞士的Bader和Hoigne于1979年提出，它具有测定简便、迅速，选择性强，抗干扰能力优于其他方法的优点，所以为目前欧洲的标准方法。测定原理是：将含臭氧的水样和酸性靛蓝试剂混合，臭氧会使蓝色脱色。脱色程度用波长 600nm 的吸光度测定，和空白样品比较，减少值和臭氧浓度成比例。由于靛蓝试剂和臭氧按化学式进行脱色反应，对臭氧反应灵敏，所以选择性强，反应进行很快，适用于大批量的水样测定。干扰物为氯和过氧化氢等其他氧化剂，氯可用马来酸（顺丁烯二酸）屏蔽，过氧化氢和靛蓝试剂反应缓慢，反应时间要在 6h 以上，一般在 4h 内测完水样就影响不大。其他影响可以用空白作对比来减去。

（2）试验装置及主要设备

试验装置（图 5-2）采用半间歇式臭氧氧化反应器，主要设备如下。

① 臭氧发生器：用电晕放电法将氧气流过电晕放电区产生臭氧。型号：POX-01。发生量为 1.0g/h。

② 臭氧浓度检测仪：通过浓度检测仪监测臭氧发生器出口气体臭氧浓度。型号：OZ-30。

③ 反应器：容积为 12L。

④ 臭氧破坏装置：由于臭氧浓度超过一定值时对人体及环境有一定影响，因此本试验用活性炭柱吸收尾气。

⑤ 磁力搅拌器：为了使臭氧与水充分混合反应。

⑥ 恒温水浴锅：利用反应器外围区域，通过连续流动恒温水浴，实现反应器水温的恒定。

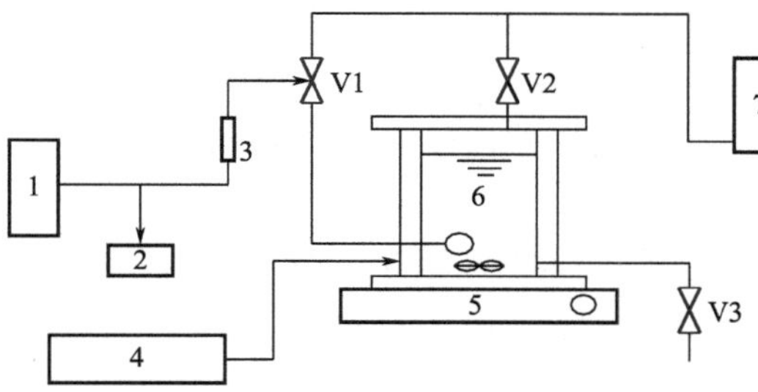

图 5-2　臭氧吸收曲线法试验装置

1—臭氧发生器；2—臭氧浓度检测仪；3—流量计；4—恒温水浴锅；5—磁力搅拌器；6—反应器；7—臭氧破坏装置

（3）试验方法与步骤

本方法包括纯水臭氧吸收曲线和原水臭氧吸收曲线两部分内容。

1）试验药剂及配制方法

本试验所用药剂包括靛蓝试剂［$C_{16}H_7N_2O_2(SO_3K)_3$］、磷酸和磷酸二氢钠等，其配制方法如下。

① 靛蓝试剂：将 0.77g $C_{16}H_7N_2O_2(SO_3K)_3$、1mL 磷酸，加入纯水溶解定容至 1000mL，即为原溶液 A；取 100mL A 溶液、7mL 磷酸、10g 磷酸二氢钠，加入纯水溶解定容至 1000mL，即为稀释液 B。

② 纯水试验用缓冲溶液：当 pH 值大于 8 时，分别配制 A 溶液：0.1mol H_3BO_3，6.18g，0.1mol KCl，7.46g，加入纯水溶解定容至 1000mL；B 溶液：0.1mol NaOH，4g，加入纯水溶解定容至 1000mL。然后取 A 溶液 500mL，按表 5-1 对应的不同 pH 值取 B 溶液 10V，加入纯水配制成 1000mL 缓冲溶液，然后取 600mL 调整 pH 值与原水一样。若试验中 pH 值与原水不一样，可以用 NaOH 溶液或 H_2SO_4 做微调。

当 pH 值小于 8 时，用 NaH_2PO_4 溶液 0.2mol/1000mL、Na_2HPO_4 溶液 0.2mol/1000mL 调节 pH 值，所以根据表 5-2 配制 600mL 缓冲溶液。

表 5-1　不同 pH 值（pH＞8）所取缓冲液体积

V/mL	3.9	4.9	6.0	7.2	8.6	10.1	11.8	13.7
pH 值	8.0	8.1	8.2	8.3	8.4	8.5	8.6	8.7

表 5-2　不同 pH 值（pH＜8）所取缓冲液体积　　单位：mL

pH 值	6.9	7.1	7.3	7.5	7.7	7.9	8.0
NaH_2PO_4 溶液（0.2mol/1000mL）	135.0	99.0	69.0	48.0	31.5	21.0	15.9
Na_2HPO_4 溶液（0.2mol/1000mL）	165.0	201.0	231.0	252.0	268.5	279.0	274.1
纯水	300	300	300	300	300	300	300

2）纯水臭氧吸收曲线

① 测定原水的 pH 值和 TOC（TC、IC）。

② 预先用超纯水把反应槽洗干净后，重新把规定水量（12L）的纯水放入反应槽。调整超纯水的 pH 值、IC，达到和原水一样的数值。

由于 pH 值对臭氧在水中的吸收有较大影响，为了减少干扰，在做纯水空白样时需调整 pH 值与原水一样，要求用前面所配磷酸缓冲液以及硼酸缓冲液来调整 pH 值；另外，由于无机碳含量（IC）对臭氧吸收也有影响，在试验时同样需加入与原水等量的 IC，本试验用 K_2CO_3 来调整。

③ 打开臭氧发生器，让试验装置的三通阀（V1）于排废臭氧侧，直到臭氧发生器的臭氧浓度稳定后，把试验装置的三通阀（V1）切换到反应槽这一端，注入臭氧，试验开始。（试验中尽量保证臭氧浓度不变，因为假若改变空气-臭氧混合气体中臭氧的浓度，将会达到一个新的平衡，平衡浓度曲线就会发生变化。）

④ 臭氧预处理。为了避免纯水中少量物质消耗臭氧对空白样有影响，需按规定的臭氧注入速度（臭氧气体浓度为 3.5g/m^3、气体流速为 1.0L/min）往反应槽内持续注入臭氧，进行 1h 左右臭氧处理，停止注入臭氧后，首先注入空气曝气，进行和臭氧反应物质的彻底分解，然后确定水中臭氧浓度为 0。

⑤ 臭氧预处理并曝气完后，测定反应槽中水的 pH 值，由于 K_2CO_3 为强碱弱酸盐，因此 pH 值往往升高，此时可以用 NaOH 溶液或 H_2SO_4 溶液做微调，调整到与原水基本一样，以确保试验的准确性。

⑥ 按步骤③所示试验开始，取若干个 50mL 的具塞量筒，用移液管加入 10mL 所配试剂 B 溶液，然后开始充臭氧反应，同时开始计时，并按如下时间 0min、0.5min、1min、1.5min、2min、3min、4min、6min、8min、10min、12min、14min、16min、20min 从取样口取臭氧处理水样至 50mL（尽量保证准确性，否则结果有较大误差），让靛蓝试剂 B 溶液与水样迅速反应，同时监测所投加臭氧气体的浓度。

⑦ 用分光光度计在波长为 600nm 处测定各水样的吸光度。

⑧ 计算并作纯水臭氧-时间吸收曲线。

$$水中溶解臭氧量(DO_3)=\frac{100a}{fbV\times10^{-1}} \tag{5-20}$$

式中　f——系数，0.42；

b——比色皿宽度；

V——所测水量；

a——空白水样（即时间为 0）与试验水样（时间不为 0）吸光度差。

3）原水臭氧吸收曲线

① 纯水试验结束后先用水源水把反应槽清洗干净，重新把规定水量（12L）的水源水放入反应槽。

② 打开臭氧发生器，让试验装置的三通阀（V1）于排废臭氧侧，直到臭氧发生器的臭氧浓度稳定后，把试验装置的三通阀（V1）切换到反应槽这一端，注入臭氧，试验开始。取若干个 50mL 的具塞量筒，用移液管加入 10mL 所配试剂 B 溶液，然后开始充臭氧反应，同时开始计时，并按如下时间 0min、0.5min、1min、1.5min、2min、3min、4min、6min、8min、10min、12min、14min、16min、20min 从取样口取臭氧处理水样至 50mL（尽量保证准确性，否则结果有较大误差），让靛蓝试剂 B 溶液与水样迅速反应，同时监测所投加臭氧气体的浓度。

③ 用分光光度计在波长为 600nm 处测定各水样的吸光度。

④ 按式（5-20）计算并作原水臭氧-时间吸收曲线。

⑤ 臭氧处理结束后，测定 pH 值，采取 TOC 分析用的样本。

（4）试验结果

选取山东省的济南、青岛、临沂、东营和潍坊 5 个城市的典型原水作为研究对象，依据上述方法进行臭氧吸收曲线的绘制，通过臭氧吸收曲线可以观测水中臭氧浓度的变化情况，同时由臭氧吸收曲线可以得出对应水源水的氧化参数，确定系统最佳臭氧投加量。

试验水样分别取自引黄水库水和河流，它们具有高 pH 值、高 IC（无机碳）等特点，具体水质指标见表 5-3。

表 5-3　原水水质参数

水样	pH 值	TOC/（mg/L）	IC/（mg/L）
济南	8.61	3.8	30.1
青岛	8.88	5.4	20.7
临沂	7.99	6.5	24.9
东营	8.96	10.7	22.8
潍坊	9.03	11.3	18.2

5 个城市所对应的纯水、原水溶解臭氧浓度-时间变化曲线见图 5-3，得出不同接触时间水中臭氧溶解量。纯水的曲线斜率基本不变，而且纯水中溶解臭氧浓度为 1mg/L 左右时水中臭氧浓度基本达到饱和，曲线基本呈直线。

因为相间传质平衡是一种动态平衡，当空气-臭氧混合气体与纯水接触时，由于纯水中没有消耗臭氧的物质，臭氧将被吸收到水中，水中溶解性臭氧浓度随氧化时间线性增加，直到在水中饱和为止。

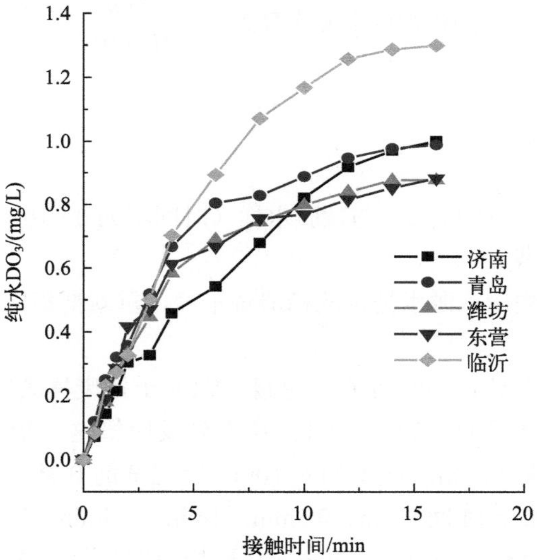

图 5-3 溶解臭氧浓度-时间变化曲线

对于 5 个城市不同水源来说，由纯水溶解臭氧浓度-时间曲线可以看出，在相同接触时间下，临沂纯水中溶解臭氧浓度最大，而临沂原水中溶解臭氧浓度最小。

纯水中的溶解臭氧浓度最大，说明临沂水的容积传质速率比较快，而臭氧自我分解速率较低，其中的原因与临沂水的 pH 值偏低、IC 值偏大有关，因为 IC 本身是无机物质，不消耗臭氧，反过来有抑制臭氧分解的作用。大量的 IC 存在时，抑制了自由基反应链，进而降低了臭氧在水中的分解速度，因此引起了两方面的结果：一是更多的溶解臭氧存在，反应以直接反应为主，反应选择性强；二是降低了间接反应的作用。所以试验中测 IC 的大小，以考察对臭氧浓度的影响。

临沂原水中溶解臭氧浓度最小，说明原水消耗臭氧速率大。东营原水在达到稳定饱和状态前，它的水中溶解臭氧浓度最大，说明其原水消耗臭氧速率小，其他几个地方原水纯水曲线变化不是很大。

在作纯水和原水两条曲线时，基本前提是水温、pH 值、IC 值相同。因为臭氧是一种强氧化剂，它在水中自行分解为羟基自由基，这种羟基自由基的氧化能力比臭氧还要强，水中的溶解性臭氧在不到 20min 内全部达到饱和，可见臭氧氧化速率之快。臭氧本身的氧化能力与 pH 值有关，臭氧在水中的分解速度随着 pH 值的提高而加快，如果 pH 值提高一个单位，臭氧分解大约快 3 倍，在 pH 值为 9 时一定臭氧氧化时间所释放的 · OH 大约比 pH 值为 8 时多 3 倍。有研究表明，臭氧在碱性介质中比在酸性介质中氧化率高，尤其是较低温度下更为明显。因此，在调整 IC 后 pH 值往往升高不少。臭氧的分解速度有极大的差异。

试验中，纯水在加入 IC 前后 pH 值分别为 7.78 和 10.2，所以用 H_2SO_4 调整到 7.75。否则误差会很大，曲线也不规律，没有多大实际意义。试验结果见图 5-4。

在加入相同 IC 并调整 pH 值到初始值时，水中溶解臭氧浓度与时间成一定的比例关系，变化规律明显，而加入 IC 不调整 pH 值，pH 值变化较大，水中溶解臭氧-时间吸收曲线比较混乱，没有规律性。因此说明 pH 值是臭氧分解的一个重要影响参数。

在工程实践中，对不同水质用此方法作出它们的吸收曲线，可快速确定臭氧接触池的最

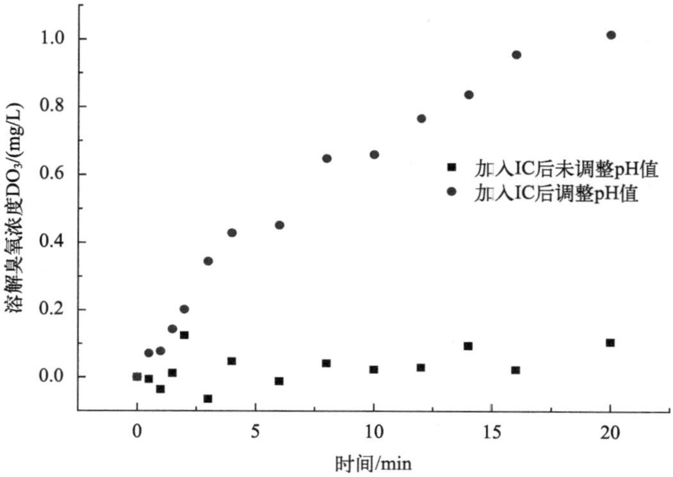

图 5-4　加入 IC 后未调整 pH 值的臭氧-时间吸收曲线

佳臭氧接触时间，从而可以更合理经济地设计臭氧接触池。

（5）臭氧氧化参数计算

1）臭氧消耗模型分析

为了研究臭氧在原水中消耗的特点，在模型试验中假定有两种不同反应速率的臭氧消耗有机物：臭氧消耗有机物 1（OCS1）与臭氧消耗有机物 2（OCS2）。臭氧在与 OCS1 和 OCS2 的反应中的消耗情况假定为，臭氧分别与臭氧消耗物质 OCS1 和 OCS2 直接反应，需要消耗臭氧；同时臭氧消耗物质 OCS1 分解成中间产物 OCS2，然后中间产物 OCS2 再在臭氧作用下分解成最终产物，也需要臭氧。反应关系如图 5-5 所示。

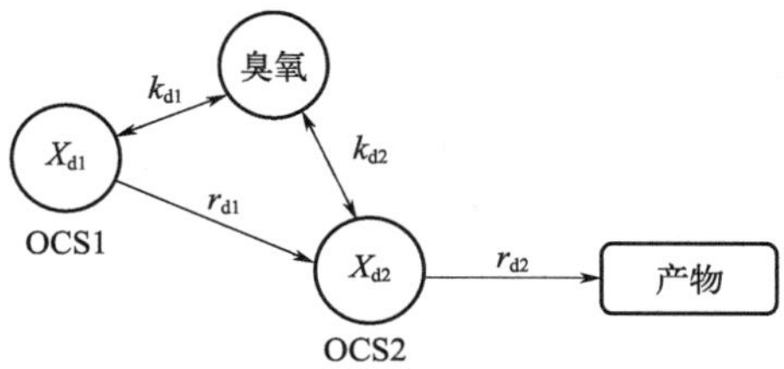

图 5-5　模型中臭氧与臭氧消耗物质的反应关系

半间歇式反应器中的所有反应都可表述为如下形式：

$$\frac{\mathrm{d}C}{\mathrm{d}t}=K_{\mathrm{La}}(C^{*}-C)-k_{\mathrm{O_3}}C-k_{\mathrm{d1}}CX_{\mathrm{d1}}-k_{\mathrm{d2}}CX_{\mathrm{d2}} \tag{5-21}$$

$$\frac{\mathrm{d}X_{\mathrm{d1}}}{\mathrm{d}t}=-r_{\mathrm{d1}}CX_{\mathrm{d1}} \tag{5-22}$$

$$\frac{\mathrm{d}X_{\mathrm{d2}}}{\mathrm{d}t}=r_{\mathrm{d1}}CX_{\mathrm{d1}}-r_{\mathrm{d2}}CX_{\mathrm{d2}} \tag{5-23}$$

式中　C——处理水中的溶解臭氧浓度，mg/L；

K_{La}——容积传质系数，min^{-1}；

X_{d1}——OCS1 浓度，mg/L；

k_{d1}——OCS1 臭氧消耗速率常数，L/（mg・min）；

r_{d1}——OCS1 的分解速率常数，L/（mg・min）；

X_{d2}——OCS2 浓度，mg/L；

k_{d2}——OCS2 臭氧消耗速率常数，L/（mg・min）；

r_{d2}——OCS2 的分解速率常数，L/（mg・min）；

k_{O_3}——臭氧自我分解速率常数，min^{-1}；

C^*——臭氧在液相中的平衡浓度，即与气相主体浓度平衡时的液相浓度，$C^*=SC$，mg/L；

S——分配系数，用来描述物质在两相间的分配，$S=0.604\times\dfrac{1+(T/273)}{1+0.063T}$；

T——温度，℃；

t——时间，min。

2）臭氧氧化参数确定

K_{La} 和 k_{O_3} 两个系数是由纯水臭氧试验来确定的，所用纯水是将其 pH 值和 IC 值调整到与对应原水一样。在试验中纯水的臭氧溶解浓度可以用靛蓝三磺酸法计算出来。又因为是纯水，所以 $X_{d1}=0$ 和 $X_{d2}=0$，k_{O_3} 和 K_{La} 是未知常数。以前 k_{O_3} 被认为只是水温和水的pH值的函数。但是，后来发现如果 IC 值很大的话，对 k_{O_3} 影响很大。因此，在这个试验中，k_{O_3} 和 K_{La} 值通过前面试验的纯水臭氧浓度变化曲线来计算。X_{d1}、X_{d2} 以前一般是由分子量分布曲线来计算，在这个研究中，TOC 被定义为任意值，$X_{d1}/X_{d2}=3:1$，即 $X_{d1}=0.75TOC$，$X_{d2}=0.25TOC$。

因为原水的溶解臭氧浓度-时间变化曲线通过半间歇式反应器的计算公式作出，而 X_{d1}、X_{d2} 又如前所述，因此 k_{d1}、k_{d2}、r_{d1}、r_{d2} 就可以用公式来确定。

结合前面各参数的计算方法，可以求出济南黄河水的氧化参数：

① 济南引黄水库水容积传质系数 $K_{La}=0.29min^{-1}$，即液相臭氧的实际吸收量只有投加臭氧气体量的 30% 左右。

② 臭氧自我分解速率常数 $k_{O_3}=0.01min^{-1}$。

③ 初始 OCS1 浓度 X_{d1} 为 2.82mg/L，OCS2 浓度 X_{d2} 为 0.94mg/L。

④ 根据计算得 OCS1 与 OCS2 对应的臭氧消耗速率常数分别是 k_{d1}=0.8L/（mg・min）、k_{d2}=0.04L/（mg・min）。

⑤ OCS1、OCS2 对应的分解速率常数分别是 r_{d1}=1.0L/（mg•min）、r_{d2}=0.05L/（mg•min）。

由结果分析出引黄水库水 OCS1 臭氧消耗速率常数 k_{d1} 是 OCS2 臭氧消耗速率常数 k_{d2} 的 20 倍，而 OCS1 的分解速率常数是 OCS2 的 2 倍。

同样其他几个城市的臭氧氧化参数也可由各自的原水、纯水溶解臭氧浓度-时间变化曲线，按照前面各参数的计算方法，联立公式求出，其结果见表 5-4。

通过表 5-4 我们可准确预测臭氧在水中反应的吸收与消耗情况。由于 k_{d2}、r_{d2} 的影响和变化很小，因此它们被确认为一个定值；而 k_{d1}、r_{d1} 则因原水不同其大小不一样。结果表明，对于任意一种原水来说，OCS1 的臭氧消耗速率常数是 OCS2 的臭氧消耗速率常数的 5～10 倍；同样，OCS1 的分解速率常数也是 OCS2 的数倍。

3）臭氧投加量确定

根据前面所建立的平流式接触塔臭氧吸收模型所得的各参数值，就可估算出一个生产型臭氧水处理厂的臭氧消耗量。在稳定状态下各平衡方程式如下。

表 5-4　山东省五城市原水臭氧氧化参数

水样	X_{d1}/（mg/L）	X_{d2}/（mg/L）	k_{d1} /[L/（mg · min）]	r_{d1} /[L/（mg · min）]	k_{d2} /[L/（mg · min）]	r_{d2} /[L/（mg · min）]
A 济南	2.82	0.94	0.8	1.0	0.04	0.05
B 青岛	4.07	1.36	0.7	1.5	0.04	0.05
C 临沂	4.87	1.62	0.8	0.8	0.04	0.05
D 东营	8.04	2.68	0.2	1.0	0.04	0.05
E 潍坊	8.47	2.82	0.4	1.75	0.04	0.05

气相：

$$P_{\mathrm{OUT}}=\frac{C-(C^{*}-SP_{\mathrm{IN}})(1-F)}{S} \tag{5-24}$$

$$F=1-E$$

$$E=\exp(K_{\mathrm{La}}SR_{\mathrm{L/G}}T_{\mathrm{R}})$$

$$R_{\mathrm{L/G}}=Q_{\mathrm{L}}/Q_{\mathrm{G}}$$

$$T_{\mathrm{R}}=V/Q_{\mathrm{L}}$$

液相：

$$(P_{\mathrm{IN}}-P_{\mathrm{OUT}})Q_{\mathrm{G}}=(k_{\mathrm{O_3}}C-k_{\mathrm{d1}}X_{\mathrm{d1}}C-k_{\mathrm{d2}}X_{\mathrm{d2}}C)V \tag{5-25}$$

OCS1：

$$[X_{\mathrm{d1(IN)}}-X_{\mathrm{d1}}]Q_{\mathrm{L}}=-r_{\mathrm{d1}}CX_{\mathrm{d1}}V \tag{5-26}$$

OCS2：

$$[X_{\mathrm{d2(IN)}}-X_{\mathrm{d2}}]Q_{\mathrm{L}}=(r_{\mathrm{d1}}X_{\mathrm{d1}}-r_{\mathrm{d2}}X_{\mathrm{d2}})CV \tag{5-27}$$

式中　F——溶解效率系数；

E——从系统中去除或消耗的量；

T_{R}——停留时间，min；

P_{IN}——臭氧进气浓度，g/m^3(标准状况)；

P_{OUT}——臭氧出气浓度，g/m^3(标准状况)；

$R_{\mathrm{L/G}}$——水流量与气体流量比值；

Q_{L}——水流量，m^3/min；

Q_{G}——气体流量，m^3/min；

V——反应器容积，m^3；

$X_{\mathrm{d1(IN)}}$——最初的 OCS1 浓度，mg/L；

$X_{\mathrm{d2(IN)}}$——最初的 OCS2 浓度，mg/L。

其他参数意义同前。

P_{OUT}、C、X_{d1}、X_{d2} 可以用非线性联立上述方程式求得。具体计算条件举例如下：臭氧系统由两级逆流式接触池后续一个反应池构成；水流量为 $4\times10^4m^3/d$；接触池宽度为 5.5m，水深为 6.0m；停留时间两接触池和反应池分别为 8min 和 6min；臭氧进气浓度为 40g/m^3。通过改变臭氧进气流量，臭氧投加量可调整为 1 ～ 3mg/L；水温保持在 20℃。

由上面所述条件和公式，可计算出不同原水在反应器中的臭氧浓度分布。对于不同的原水，虽然臭氧投加量一样，但其臭氧浓度分布却不一样。因此，对于济南原水和青岛原水，臭氧投加量为3mg/L时，在反应器中它们的余臭氧浓度大约为0.3mg/L；而对于临沂原水，它的余臭氧浓度则只有0.1mg/L或更少。

结合前面的数据可以看出济南和临沂原水OCS2的k_{d2}、r_{d1}相同，k_{d1}（OCS1臭氧消耗速率常数）相同，而由于临沂原水X_{d1}（OCS1浓度）大于济南原水，r_{d1}（OCS1分解速率常数）小于济南原水，可得出临沂原水的臭氧消耗量要大于济南原水的臭氧消耗量。

总的来说，臭氧工艺主要是通过保持处理水中一定臭氧浓度来达到处理效果。通过上面的计算可以得出臭氧投加量与溶解臭氧浓度的关系，为保持反应器中臭氧浓度为0.1mg/L，5个城市水源的最佳臭氧投加量如表5-5所列。

表5-5　山东省5个城市最佳臭氧投加量

水样	A 济南	B 青岛	C 临沂	D 东营	E 潍坊
O_3 投加量 /（mg/L）	2.16	2.14	5.67	2.27	2.82

注：O_3投加量是指保持反应器中溶解臭氧浓度为0.1mg/L。

从表5-5可以看出，对于济南和青岛水样来说臭氧投加量几乎相等，也就是说这两个城市有同样的臭氧消耗特点。另一方面，对于临沂水样来说，它所需的臭氧投加量要大一些，所以所需的臭氧总量就会很大。因此，通过实验室试验所确定的臭氧消耗参数以及根据这些参数所做的臭氧吸收模型来估算生产性臭氧水处理厂的所需臭氧总量是有可能也是有必要的。

5.1.3.3 臭氧消耗曲线法

臭氧吸收曲线法通过臭氧吸收模型可估算臭氧投加量，但试验方法烦琐，操作水平要求高，模型计算方法复杂，难以全面推广使用。臭氧消耗曲线法，则是通过对进气臭氧浓度和尾气臭氧浓度的检测绘制臭氧消耗曲线，通过曲线方程拟合计算最佳反应时间及其投加量。进气臭氧浓度和尾气臭氧浓度可通过在线检测仪表实现数据的连续检测与采集，可利用专用软件实现臭氧反应时间和投加量的确定，方法简单，易于操作，实用性强。

（1）臭氧浓度在线检测

地球大气层上有一层臭氧层，科学家已经发现臭氧层能吸收紫外线，研究表明臭氧仅对波长253.7nm的紫外线具有最大吸收系数，在此波长下紫外线通过臭氧会产生衰减，符合朗伯-比尔定律。该方法已被美国等国家作为臭氧标准分析方法。臭氧浓度在线检测就是采用紫外线吸收法的原理，用稳定的紫外灯光源产生紫外线，用光波过滤器过滤掉其他波长的紫外光，只允许波长253.7nm的通过。经过样品光电传感器，再经过臭氧吸收池后，到达采样光电传感器。通过样品光电传感器和采样光电传感器电信号比较，再经过数学模型的计算，就能得出臭氧浓度大小。

（2）试验装置及主要设备

试验装置采用高径比为12∶1的臭氧接触柱，如图5-6所示，主要设备如下。

① 臭氧发生器：用电晕放电法将氧气流过电晕放电区产生臭氧。型号：POX-01。发生量为1.0g/h。

② 臭氧接触柱：$\phi 80 \times 1000$m，有效容积为 10L。

③ 进气臭氧浓度检测仪：通过浓度检测仪监测臭氧发生器入口气体臭氧浓度。型号为 MOT500-O_3，0 ～ 100ppm（1ppm=10^{-6}）。

④ 尾气臭氧浓度检测仪：通过浓度检测仪监测臭氧发生器出口气体臭氧浓度。型号为 MOT500-O_3，0 ～ 50ppm。

⑤ 臭氧破坏装置：由于臭氧浓度超过一定值时对人体及环境有一定影响，因此本试验用活性炭柱吸收尾气。

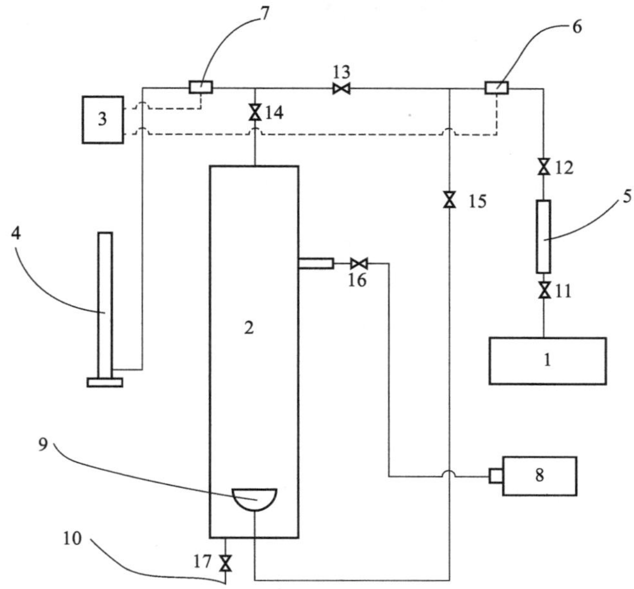

图 5-6　试验装置示意

1—臭氧发生器；2—臭氧反应器；3—数据处理器；4—臭氧破坏装置；5—臭氧进气流量计；6—进气臭氧浓度检测仪；7—尾气臭氧浓度检测仪；8—进水泵；9—曝气盘；10—排空口；11—阀门Ⅰ；12—阀门Ⅱ；13—阀门Ⅳ；14—阀门Ⅴ；15—阀门Ⅲ；16—阀门Ⅵ；17—阀门Ⅶ

试验数据采集与分析采用专用软件，其界面如图 5-7 所示。该软件主要功能包括：臭氧投加浓度与余臭氧浓度实时显示；臭氧浓度采集时间可调，自动绘制臭氧消耗曲线，实时变化；臭氧投加浓度曲线（曲线 1）自动拟合后方程式为 $f(t)$，臭氧尾气浓度曲线（曲线 2）自动拟合后方程式为 $F(t)$，并计算相关系数 r；设定不同反应时间 t_0 并计算此时臭氧消耗浓度，根据静态试验水量 V 和臭氧进气流量 Q 计算臭氧投加量，方程式为 $C(t)$，见式（5-28）；历史数据可以查阅，数据、曲线、方程均能导入 excel 保存。

$$C(t) = \frac{\int_0^{t_0} [f(t) - F(t)]\, Q\mathrm{d}t}{V} \tag{5-28}$$

（3）试验方法及步骤

不同水质条件下臭氧氧化过程中的臭氧最佳投加量采用如下方法确定：

① 打开臭氧发生器 1，将进气臭氧浓度检测仪 6 和尾气臭氧浓度检测仪 7 校对一致，关闭臭氧发生器 1，装置内通入氧气，排出已通入的臭氧；

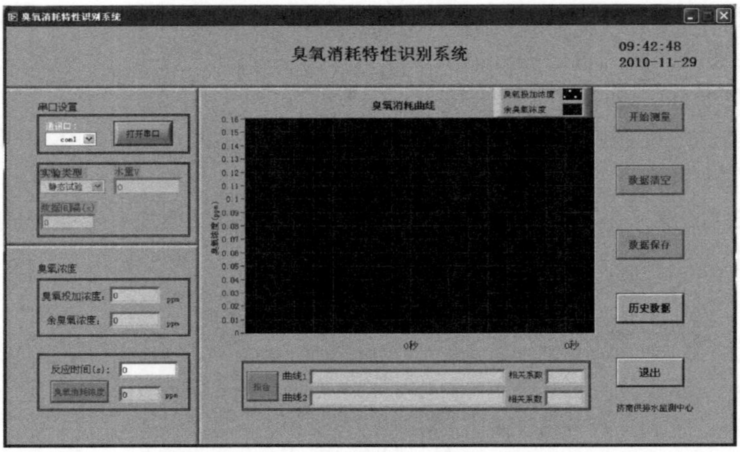

图 5-7　臭氧消耗特性识别系统软件界面

② 在臭氧反应器 2 中注入一定剂量的待处理水样；

③ 启动臭氧计量投加装置，在数据处理器 3 中设定相关参数，打开臭氧发生器 1，数据处理器 3 采集臭氧进气流量、臭氧进气浓度和臭氧尾气浓度，并绘制臭氧消耗曲线，通过曲线拟合确定臭氧投加浓度曲线方程 $f(t)$ 和臭氧尾气浓度曲线方程 $F(t)$；

④ 根据式（5-28）计算出臭氧最佳投加量 $C(t)$ 和反应时间 t_0，并保存数据。

（4）试验结果

采用上述试验装置和试验步骤，对不同臭氧进气浓度下引黄水库水臭氧尾气浓度进行在线监测，计算臭氧进气和尾气浓度差，从而计算臭氧消耗量，试验结果如图 5-8 ～图 5-10 所示。

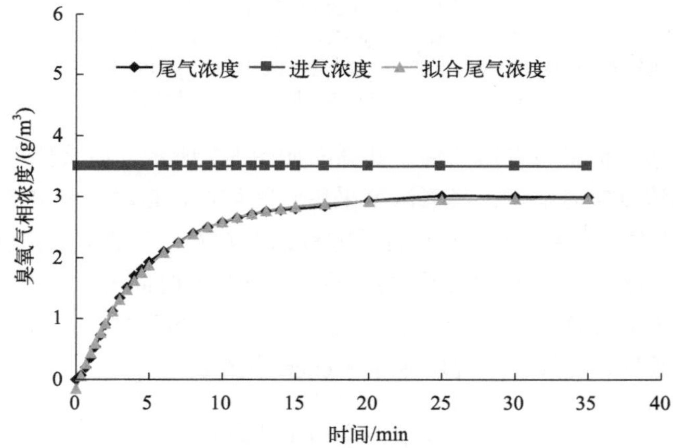

图 5-8　臭氧进气 3.5g/m^3 时的臭氧消耗曲线

由图 5-8 ～图 5-10 可看出，不同臭氧进气浓度下臭氧尾气浓度变化符合指数函数变化规律，通过拟合积分得出臭氧进气浓度同臭氧投加量成良好线性关系，经计算知其最佳反应时间为 15min，此时臭氧投加量分别为 2.21mg/L、2.79mg/L 和 3.14mg/L，与臭氧吸收曲线法模型计算结果基本一致。

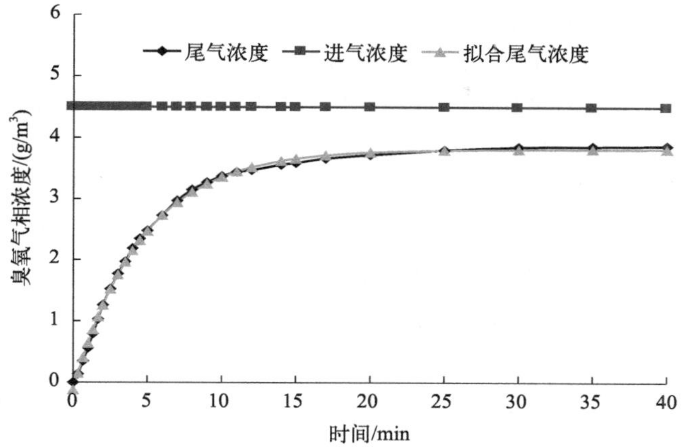

图 5-9　臭氧进气 4.5g/m³ 时的臭氧消耗曲线

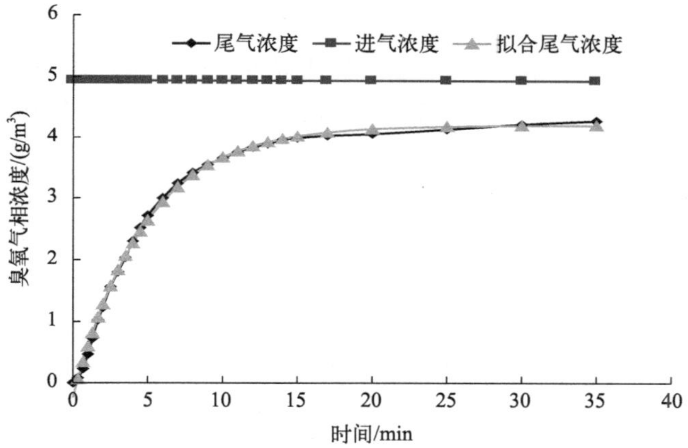

图 5-10　臭氧进气 5g/m³ 时的臭氧消耗曲线

5.2 微纳米臭氧强化技术

5.2.1 微纳米臭氧技术与微气泡特征

臭氧气浮利用臭氧的强氧化性，能够使藻细胞表面破损杀死藻细胞，有效地抑制水体再次出现富营养化现象，同时对藻源有机物进行较为彻底的氧化去除；同时臭氧又有较强的助凝作用，能够协助水中的颗粒物质与气泡结合，形成夹气絮体上浮去除。通过投加混凝剂和表面活性剂，使得产生的气泡绵密紧实不易破碎。但是在相同条件下，臭氧化微气泡通过减小气泡粒径，臭氧的传质效率大大提高，且停留时间更长，能够与水中污染物进行更充分的反应，提高其氧化能力。

臭氧与微气泡有机结合，一方面提高了臭氧的传质效率，另一方面气泡的破裂使臭氧的分解渐进进行，进一步促进有机物的分解。本节在溶气压力为 0.4MPa、回流比为 20%、PAC

和 CTAB（十六烷基三甲基溴化铵）的投加量分别为 130mg/L 和 1.0mg/L 的条件下进行机理验证分析，以 OD_{680}（光密度）为 0.1、0.2 和 0.3 的 3 个藻细胞密度水平的藻液为研究对象，分别对应藻细胞密度为 9.67×10^5 个 /mL、1.83×10^6 个 /mL 和 2.98×10^6 个 /mL，观测了不同臭氧投加量下气泡大小及气浮过程的絮体成长情况；使用场发射扫描电镜和傅里叶变换红外光谱对出水浮渣进行表征，通过高斯拟合计算分子间氢键作用强度；使用液相有机碳有机氮测试仪检测了进出水前后不同有机物的去除情况，并用电子顺磁共振波谱仪检测了臭氧化微气泡 ·OH 的产生，通过抑制 ·OH 和超氧自由基（O_2^-·）判断体系中的氧化贡献率，分析气浮的泡絮黏附机理和臭氧氧化机制，为臭氧化微气泡强化气浮工艺提供理论支持。

本节通过对臭氧化微气泡强化气浮与传统微孔曝气臭氧气浮两种不同的气浮工艺进行对比，分别测定两种工艺产生气泡的尺寸、比表面积和上升速度，确定了不同气泡发生方式、不同臭氧投加量、不同混凝剂和表面活性剂投加量对气泡特性产生的作用。

5.2.1.1 气泡尺寸比较

在气浮过程中，气泡的尺寸会受到多种多样的因素影响，如进气量、回流比、溶气压力、释气类型、表面活性剂等。混凝剂和表面活性剂能够改变气泡的表面电荷以及液体表面张力，从而引起气泡的粒径变化。为研究 PAC 和 CTAB 对臭氧化微气泡强化气浮与传统微孔曝气臭氧气浮对气泡粒径的作用关系，将溶气压力设置在 0.4MPa，回流比设置在 20%，并向溶气水箱中投加了 PAC 和 CTAB，研究二者浓度分别为 50mg/L 和 0.5mg/L、130mg/L 和 1.0mg/L、200mg/L 和 2.0mg/L 三种情况时气泡的尺寸变化。为减少实验误差以确保实验数据的有效性，每个工况条件下测量的气泡数量不少于 1000 个。

表面活性剂是指其分子结构上具有亲水亲油基团的有机物，能够显著降低液体的表面张力。其分子上具有的亲水基和疏水基使表面活性剂的一端向水溶液亲近，另外一边则因疏水基团的作用阻止表面活性剂溶解，并令其逃离水分子。这使得表面活性剂的一端伸入水中，另一端伸入空气，所以容易在气液表面富集，导致液体的表面张力下降。溶气水中含有大量气泡，向溶气水中添加少量的 CTAB 就能够拉近气泡与气泡间的距离，增加气泡之间的碰撞概率，最终使气泡的整体粒径下降，并起到增加气泡密度的作用。

在相同回流比与溶气压力下不同混凝剂和表面活性剂投加量对两种工艺的气泡粒径分布影响见图 5-11。由图可知，在未投加混凝剂和表面活性剂时，微气泡强化气浮和传统微孔曝气气浮的最高频率直径分别为 65μm 和 750μm 左右，最高点分别为 45% 和 29.5%。当 PAC 和 CTAB 的投加量为 50mg/L 和 0.5mg/L 时，最高频率直径逐渐降低，此时微气泡强化气浮的气泡直径最为集中，微气泡直径主要集中在 55 ～ 60μm 间，频率增至 54%，传统微孔曝气气浮的气泡直径有所减小，但变化并不明显。随着 PAC 和 CTAB 的投加量继续增大，微气泡强化气浮的气泡粒径稳定在 40 ～ 47μm 间，继续增加药剂的投加量粒径变化不再显著，但最高点由 46.5% 降为 43.2%，说明随着投加量增加气泡的直径分布区间不够集中，气泡尺寸不一且形态不够稳定。在 PAC 和 CTAB 的投加量为 130mg/L 和 1.0mg/L 时，微孔曝气气浮的气泡粒径最小，达到 670μm 左右，频率增加至 36.4%，当达到最大投加量时两种工艺的气泡粒径降低趋势均不明显。

笔者在研究中发现，除混凝剂和表面活性剂外，臭氧的投加量的变化也能够引起微气泡直径的变化。实验维持溶气压力和回流比不变，PAC 和 CTAB 的投加量分别为 130mg/L 和

1.0mg/L。图 5-11 使用平均直径和中位直径表示两种工艺在不同臭氧投加量下气泡粒径的变化。从图中可以看出，随着臭氧投加量增加，微气泡强化和微孔曝气气泡的平均尺寸均逐渐减小，当开始投加臭氧时，气泡平均直径降低幅度较大，投加量从 15mg/L 增加至 20mg/L 时变化相差不大。与平均直径相比，在未投加臭氧时，两种工艺的中位粒径气泡分布更加不均。臭氧投加量为 15mg/L 时，中位直径明显降低，微小气泡的密度增加是减小平均直径的直接原因，因此粒径分布更加均匀。从整体上看，臭氧对微孔曝气气浮的气泡粒径影响作用弱于微气泡强化气浮，原因是微孔曝气气浮的气泡粒径均在 700μm 左右，气泡较大，此时曝气头孔径、气体流量等为控制气泡直径的决定性因素。

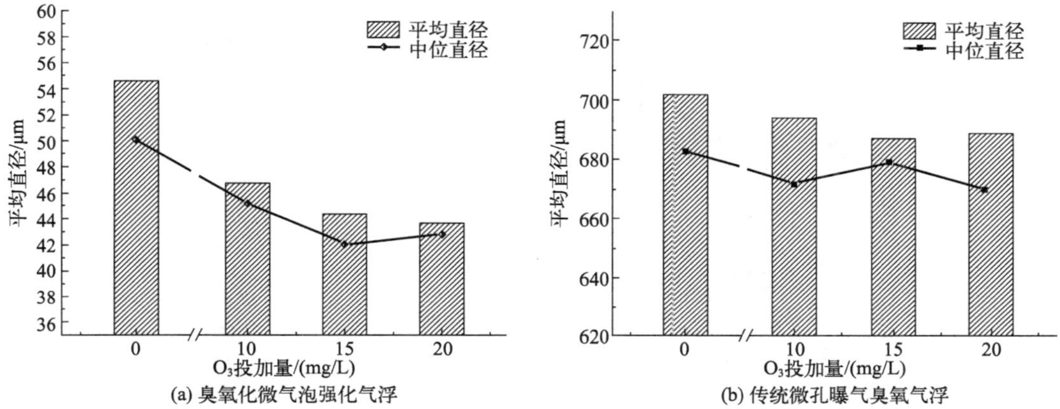

图 5-11　不同臭氧投加量下两种工艺的气泡直径

5.2.1.2　比表面积比较

在水中，气泡的比表面积由气泡粒径直接决定，气泡的比表面积又决定了气体的传质效率，这对后续研究臭氧的传质有至关重要的意义，其直径越小，比表面积越大，气泡受到的表面张力的作用更大并且促使其收缩，这种自增压效应会使气泡溶于水或者在水面处破裂消失，产生较好的传质效率，因此比表面积的测定就显得尤为重要。为研究 PAC、CTAB 和臭氧对比表面积的影响，溶气压力设置为 0.4MPa，回流比设置为 20%，向溶气水箱中投加了 PAC 和 CTAB，并研究二者浓度分别为 50mg/L 和 0.5mg/L、130mg/L 和 1.0mg/L、200mg/L 和 2.0mg/L，臭氧投加量为 10mg/L、15mg/L、20mg/L 时气泡比表面积的变化。结果如图 5-12 所示。

随着 PAC、CTAB 和臭氧投加量的增加，两种工艺的气泡直径均有不同程度的减小，而气泡的比表面积与之成反比。在未投加臭氧和臭氧投加量为 10mg/L 时，随着投药量的增加微气泡强化气浮的气泡比表面积显著增加，当臭氧投加量为 15mg/L 和 20mg/L 时，气泡的比表面积在较低投药量下变化依旧显著，但当 PAC 和 CTAB 的投加量分别为 130mg/L 和 1mg/L 时达到最大值，气泡比表面积增大的趋势不再明显；臭氧投加量为 20mg/L 时，臭氧化微气泡的比表面积甚至会随投药量的增加而下降，这可能与此时气泡粒径跨度较大、大气泡数量较多有关。戚圣琦等的研究结果显示，气泡直径在 70μm 左右时，气液接触比表面积可达到 $1000m^2/m^3$ 以上。在相同的臭氧投加量下，微孔曝气臭氧气泡比表面积随投药量的增大而逐渐增大，但增量仅有 13.0 ～ $19.2m^2/m^3$。值得注意的是，在相同的投药量和臭氧投加量下，

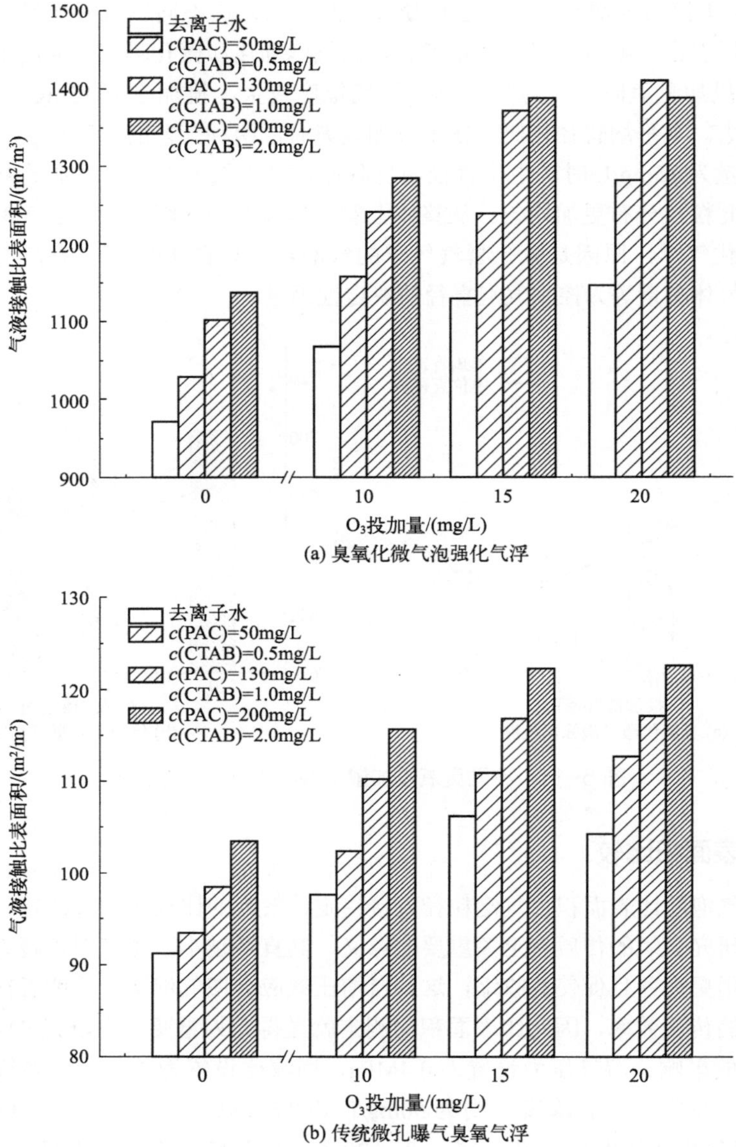

图 5-12　不同投药量和臭氧投加量下两种工艺的气泡比表面积

微气泡强化气浮的气泡比表面积约为微孔曝气气浮的 10 倍，微孔曝气臭氧气浮的臭氧传质效率远低于臭氧化微气泡强化气浮，这与其他研究人员的结论相一致。

5.2.1.3　气泡上升速度比较

气泡上升速度是影响气浮处理性能的又一关键因素。改变气泡上升速度能够对气浮的去除效果产生决定性作用。减小气泡的上升速度，使得臭氧能够充分与有机物反应，同时提高气泡与絮体的碰撞概率，二者能够充分接触形成夹气絮体，提高臭氧气浮的氧化作用和去除效果。本实验中的液体环境稳定，雷诺数接近 0，在雷诺数为 0 的条件下单个球形气泡上升速度的理论值（U_t）可以使用斯托克斯定律（Stokes 定律）与 Hadmard-Rybczynski 方程（H-R

方程）进行计算。斯托克斯定律的表达式如下：

$$U_{t(\mathrm{ST})}=\frac{2r^2\Delta\rho g}{9\mu} \tag{5-29}$$

H-R 方程的表达式如下：

$$U_{t(\mathrm{H\text{-}R})}=\frac{r^2\Delta\rho g}{3\mu}=\frac{3}{2}U_{t(\mathrm{ST})} \tag{5-30}$$

式中 r——颗粒半径；

$\Delta\rho$——密度差；

g——重力加速度；

μ——水的动力黏度系数。

为了考察不同投加量下混凝剂和表面活性剂对微气泡强化气浮与传统微孔曝气气浮气泡上升速度的影响，向溶气水箱中投加不同投加量的 PAC 和 CTAB 进行实验，同时为了避免温度变化对液体黏度产生影响，控制实验温度为 20℃，结果如图 5-13 所示。

由图 5-13 可知，由于气泡的上升速度越大，气泡直径就越大，因此微气泡在水中具有更长的反应停留时间。在未投加混凝剂和表面改性剂时，微气泡强化气浮和微孔曝气气浮上升速度随直径的上升而逐渐加快，其速度上升的趋势与 H-R 方程的理论预测值相一致，并且气泡尺寸越小，上升速度的数值就与 H-R 方程越吻合，这与 Parkinson 等的研究结果具有一致性。随着 PAC 和 CTAB 浓度的增加，两种工艺中相同直径的气泡上升速度逐渐变慢，这可能是因为较多的 PAC 悬浮于液相，CTAB 在液相中起到了起泡剂的作用，这无疑增加了水溶液的黏度，从而使两种气泡的上升速度均有所下降。气泡的直径越大，受投药量增加的影响其上升速度数值越偏向于斯托克斯定律的理论值。当 PAC 和 CTAB 的投加量分别达到 130mg/L 和 1.0mg/L 时，上升速度受投药量增加而降低的趋势明显降低。研究表明，向水溶液中投加阳离子表面活性剂和阳离子聚合物都会降低气泡的运动速度，但水中离子浓度和气

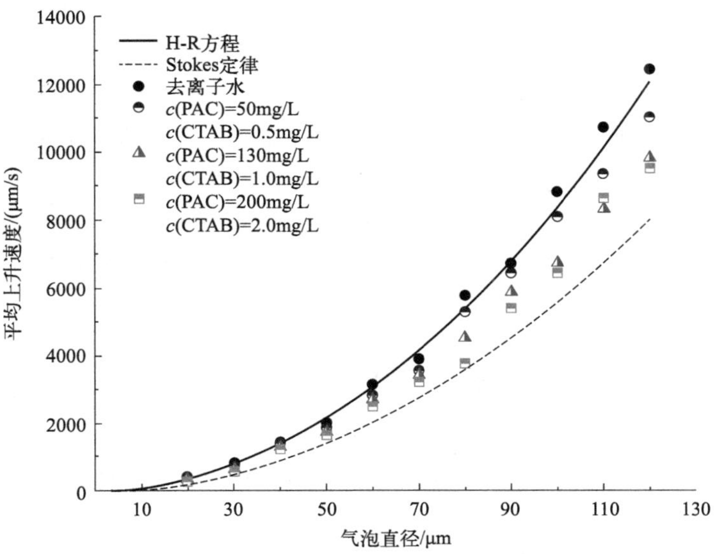

(a) 臭氧化微气泡强化气浮

图 5-13

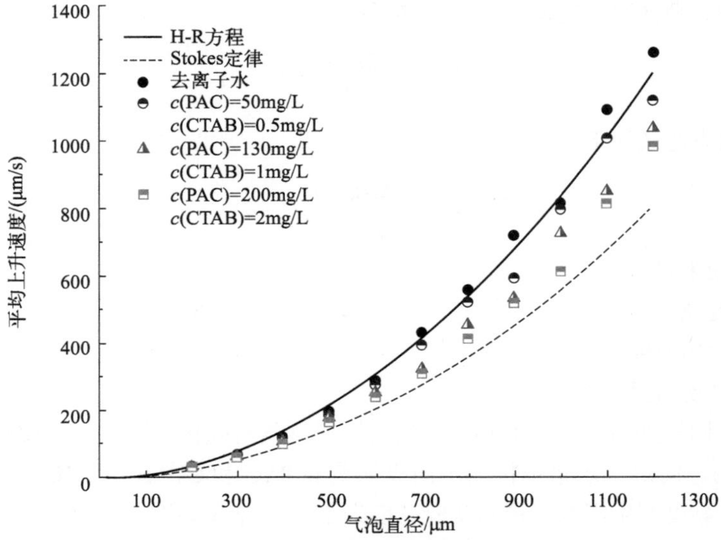

(b) 传统微孔曝气臭氧气浮

图 5-13　不同投药量对两种工艺气泡上升速度的影响

泡形状都会对上升速度产生微弱影响。根据节约成本的原则，选择 PAC 和 CTAB 的投加量分别为 130mg/L 和 1.0mg/L 为最优投药量。

此外，还研究了臭氧对气泡上升速度的影响。气泡在水中达到稳定状态时，平均上升速度为一个定值，但瞬时上升速度会在某范围内摆动，并且呈现周期性变化。保持其他实验条件不变，在 PAC 和 CTAB 的投加量分别为 130mg/L 和 1.0mg/L 时，通过改变臭氧投加量研究了平均直径的气泡在达到稳定后瞬时速度的变化。

如图 5-14 所示（书后另见彩图），两种工艺的气泡在达到稳定运动状态后，气泡上升速度会围绕某一恒定的数值做周期性摆动，但是微孔曝气气泡并没有呈现出很规律的周期性，这可能是因为微孔曝气气泡的粒径较大，气泡在上升过程中会互相阻挡干扰。随着臭氧投加量的增加，微气泡的瞬时上升速度由 2250μm/s 降至 1750μm/s，但微孔曝气气泡的下降幅度并不够明显。Quinn 等研究，发现气泡的形状越接近球形，气泡的上升速度就越慢。较大直径的微孔曝气气泡在上浮过程中很难保持球形，水中未溶解的 PAC 可能对气泡的形态起到了影响，从而使上升速度产生波动，同时微孔曝气气浮的曝气头也可能会影响气泡的上升运动轨迹，臭氧与气泡发生方式对气泡形状与运动轨迹的影响都可能引起气泡上升速度的变化，需进行进一步研究，验证其相互作用的关系。

5.2.2　微纳米臭氧-活性炭工艺构建

微纳米臭氧气泡技术在近几年受到研究者的广泛关注，由于其产生的气泡粒径小、比表面积大，能够产生更多的 · OH，在高级氧化领域具有重要的技术应用。然而，对 MBO_3-BAC（微纳米臭氧-活性炭）工艺的相关研究较少。因此，在本节试验中对比分析了 MBO_3-BAC 工艺和 O_3-BAC 工艺在除污效能等方面的差异，探究 MBO_3-BAC 工艺相比传统 O_3-BAC 的优势。

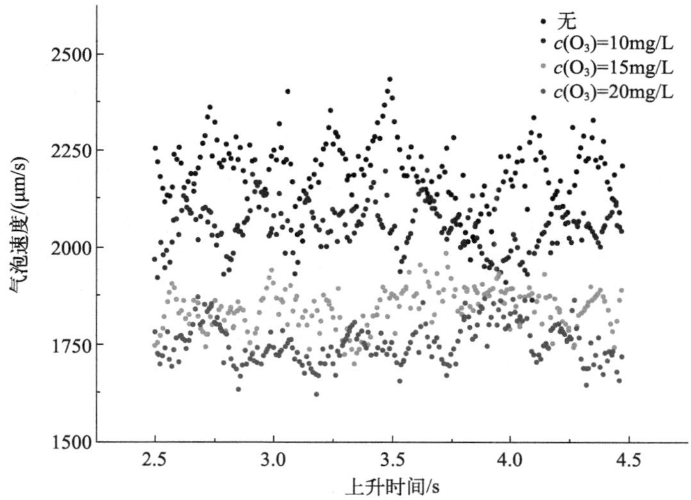

(a) 臭氧化微气泡强化气浮

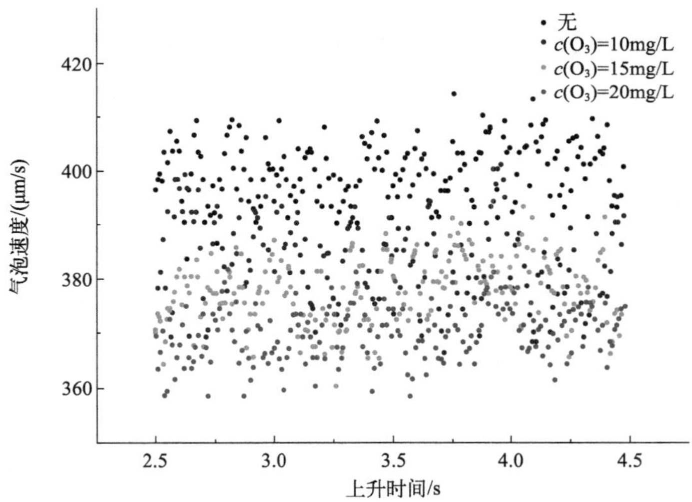

(b) 传统微孔曝气臭氧气浮

图 5-14　不同臭氧投加量对两种工艺气泡稳定后的瞬时速度的影响

5.2.2.1　MBO_3/O_3-BAC 工艺启动与运行对比研究

（1）两组工艺各工艺段 DO 变化

O_3-BAC 工艺中余臭氧浓度能够提高水中 DO 浓度，适量通入臭氧可以提高水中 DO 含量，提高后续 BAC 工艺中微生物的生物活性和处理效果。但是，过量的臭氧具有广谱杀菌作用，臭氧能渗入微生物细胞壁，阻碍物质交换，氧化微生物细胞的有机体，导致细菌死亡。研究人员考察了 BAC 启动阶段余氯和残留臭氧对 BAC 上细菌活性和生长的影响，高残留臭氧下细胞密度下降速度更快。因此，监测 O_3-BAC 工艺中 DO 浓度能够很好地反映水中余臭氧浓度，是反映工艺运行的一个十分重要的指标。

从图 5-15 中可以看出原水 DO 浓度在 7.26 ～ 7.90mg/L 之间，在第 65 天之后，随着气温降低水中饱和 DO 浓度逐渐增大，水中 DO 浓度略有上升。O_3-BAC 工艺中，传统 O_3 和 MBO_3 都提升了 DO 含量，B_1 反应器（传统 O_3）出水 DO 在 9.17 ～ 10.27mg/L，整体提升 27.98%；B_2 反应器（MBO_3）出水 DO 在 9.75 ～ 11.32mg/L，提升了 41.01%。这是因为微气泡粒径小，上浮速度慢，在水中的停留时间更长，而传统气泡上升速度快，上升到水面后气泡破裂。在生物活性炭装置中，炭柱出水中 DO 浓度随时间变化呈现先下降后上升的趋势。B_2 反应器炭柱出水 DO 浓度略低于 B_1 反应器，出水 DO 浓度在 0.63 ～ 1.02mg/L。MBO_3 为微生物提供了合适的 DO 环境，生物活性高，DO 消耗多。在培养初期，臭氧抑制了部分微生物活性，整体耗氧量降低，水中 DO 含量较高。在第 30 天左右，炭上微生物拥有足够的营养物质并且逐步适应了低臭氧的环境，炭上优势微生物开始增多，耗氧量提高，水中 DO 减少；之后由于温度降低，DO 含量略有上升。

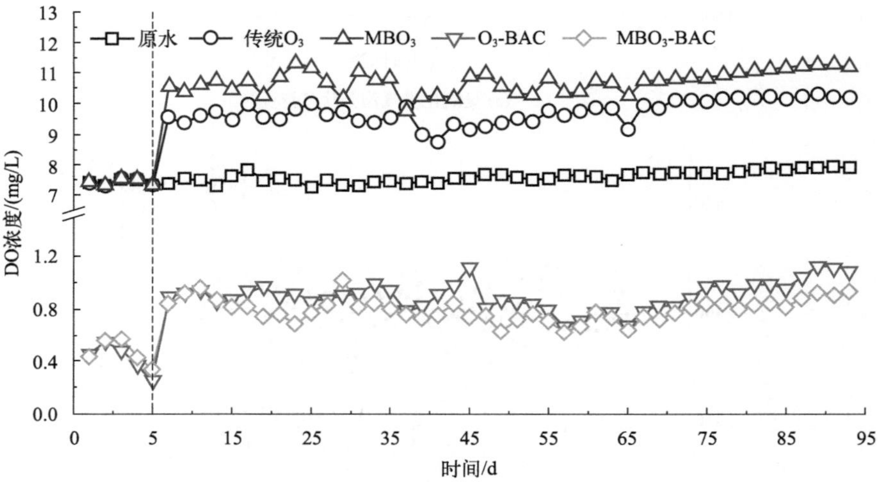

图 5-15　MBO_3/O_3-BAC 工艺进出水 DO 变化

臭氧能够提高工艺中 DO 含量，为微生物提供良好的代谢环境。另外，适量的臭氧浓度能够改变 BAC 工艺中的菌群结构，强化优势菌种的主导地位，提高工艺的生物稳定性。因此，需严格控制 O_3-BAC 工艺中的臭氧投加量，保持水中 DO 浓度。

（2）两组工艺各工艺段氨氮变化

在饮用水处理中，氨氮浓度升高会增加后续消毒剂的用量，出水较高的氨氮含量会导致管网细菌滋生，监测反应器中氨氮的变化不仅对出水生物安全有保证，而且也能反映工艺运行效果。如图 5-16 所示，原水氨氮的平均浓度为 0.41mg/L，臭氧氧化使原水中的含氮有机物转化成氨氮，进而导致臭氧反应器出水氨氮浓度略有升高。随着运行时间的增加，BAC 出水氨氮去除率逐渐升高。装置运行前 35d，B_1 和 B_2 对氨氮的平均去除率分别为 79.66% 和 77.54%，在装置运行结束后氨氮去除率分别增加到 85.14%、83.17%，氨氮去除效果与反应器生物量积累、DO 浓度成正相关。这是因为微生物氨氧化过程需要以氧作为电子受体，DO 浓度的升高可增强微生物的氨氮去除能力，后期炭上硝化细菌丰度增加也是氨氮去除率上升的一个重要原因。

（3）两组工艺各工艺段 DOC 变化

DOC 可作为生物膜成熟的一个重要指标，研究表明 DOC 去除稳态与生物膜形成基本一

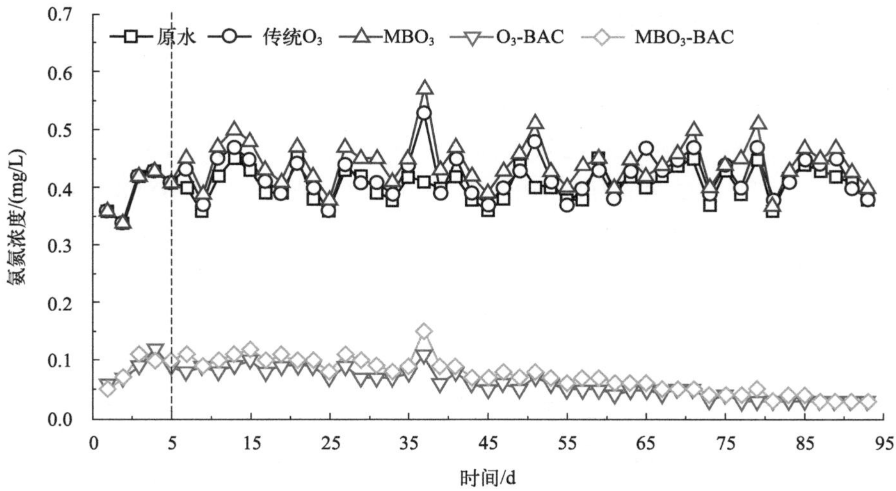

图 5-16　MBO_3/O_3-BAC 工艺进出水氨氮变化

致。在本实验中，原水 DOC 平均浓度为 2.932mg/L，传统 O_3 出水 DOC 平均浓度为 2.691mg/L，MBO_3 出水 DOC 平均浓度为 2.630mg/L，MBO_3 的氧化效果要略高于传统 O_3 气泡氧化。臭氧氧化对有机物有一定处理效果，提高了有机物的可生物降解性，为后续生物处理提供了良好的有机底物。实验中使用的活性炭取自济南鹊华水厂已经稳定运行一年的生物炭滤池，因此在此实验中并没有出现 DOC 去除率大幅下降的情况，而是呈现稳定下降的趋势，见图 5-17。运行前期活性炭吸附更能有效地降解有机物，新炭有机物吸附较快，活性炭吸附容量减小，速度快，而微生物生长缓慢，生物降解的增强效果无法与活性炭吸附的减弱达到平衡，因而 DOC 去除率逐渐下降，此时 DOC 的去除主要依靠的是活性炭吸附作用。炭柱运行主要分为吸附阶段、吸附-微生物降解阶段和微生物降解阶段。本实验中炭柱正处于第二阶段，处于稳态期的炭柱中生物量稳定增长，吸附点位逐渐被 NOM 等有机物占据，炭柱主要通过生物作用降解 DOC，故 DOC 去除效果逐渐变差。

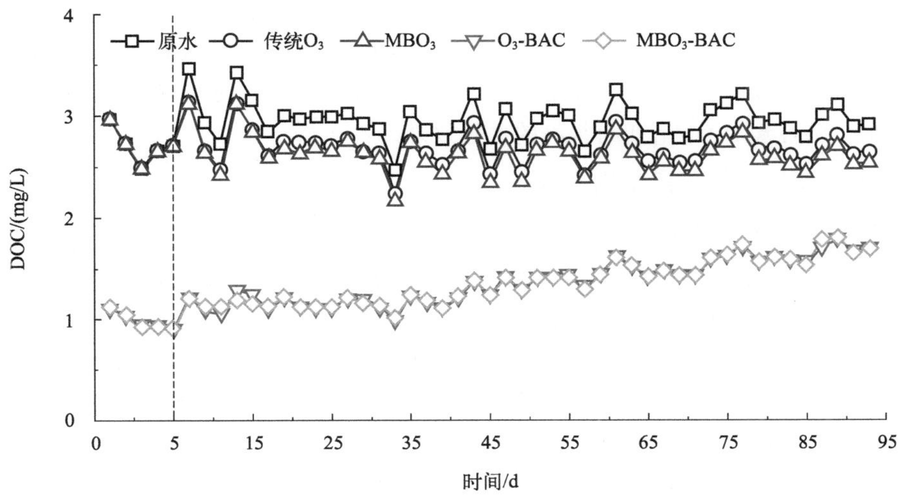

图 5-17　MBO_3/O_3-BAC 工艺进出水 DOC 变化

(4)两组工艺各工艺段 UV_{254} 变化

由图 5-18 可知，原水 UV_{254} 变化范围在 0.068 ～ 0.094cm^{-1} 之间，传统 O_3 曝气出水 UV_{254} 范围在 0.057 ～ 0.085cm^{-1}，平均去除率为 13.45%；MBO_3 出水 UV_{254} 范围在 0.056 ～ 0.079cm^{-1}，平均去除率为 19.99%，MBO_3 氧化效果高出约 6.5 个百分点。B_1 出水 UV_{254} 变化范围为 0.007 ～ 0.023cm^{-1}，平均去除率为 83.29%。B_2 出水 UV_{254} 变化范围为 0.008 ～ 0.013cm^{-1}，平均去除率为 87.67%。两组炭柱处理效果相差不大，整体去除率均高于 80%。MBO_3/O_3-BAC 工艺中对 UV_{254} 的去除主要是活性炭反应器在起作用，B_2 的去除率高也是因为前置臭氧的高去除效果导致，便于后续活性炭反应器的吸附和生物降解。

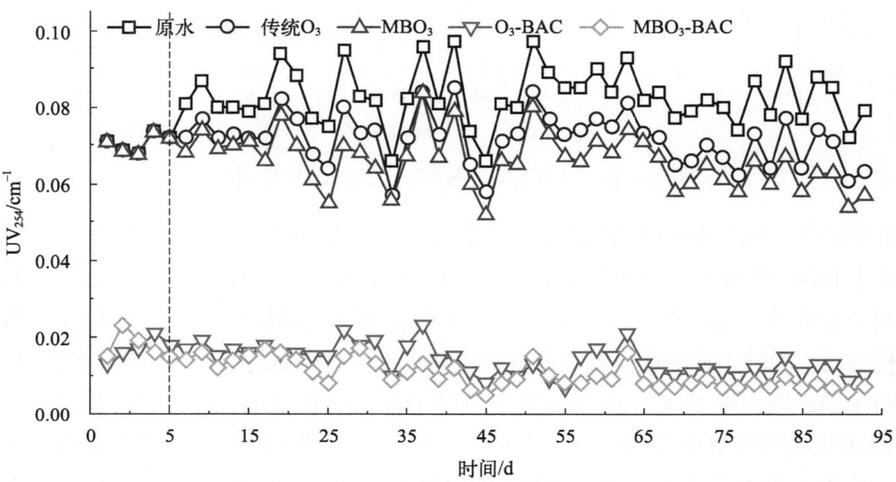

图 5-18　MBO_3/O_3-BAC 工艺进出水 UV_{254} 变化

一般认为，对于活性炭反应器，由于反应器刚开始运行，炭柱上生物膜较少，新炭吸附效果明显，UV_{254} 去除率高。特别是在前 60d，由于新炭的生长需要有机底物，更多的有机物被消耗，再加上炭柱吸附作用，UV_{254} 去除率呈现逐渐上升的趋势。在这之后 UV_{254} 去除率呈现下降的趋势，这是由于活性炭吸附能力趋于饱和，生物膜生长逐渐成熟，对 UV_{254} 的去除效果逐渐下降，但仍略高于刚运行阶段。在生物膜成熟后活性炭对 UV_{254} 的去除效果会逐渐稳定，但在生长阶段去除率逐渐降低。由于本实验炭柱运行时间较短，生物膜仍处于持续生长阶段，活性炭对 UV_{254} 仍有很好的去除效果。

(5)两组工艺各工艺段生物量变化

为比较臭氧对炭上微生物的影响，分析了两组工艺炭上生物量的变化，同时对 B_2 不同炭床厚度的生物量进行了取样分析。活性炭颗粒分别取自炭床深度 20cm、50cm、80cm 处，每次取样前把反应器内水放干，从取样口取样，以湿炭重计。

从图 5-19（a）中可以看出，两组炭柱随时间变化生物量逐渐积累，且 B_2 的生物量积累速度快于 B_1，分别从 13.73nmol/g 和 13.69nmol/g 增加到 23.98nmol/g 和 21.51nmol/g。这是由于 MB_S（微气泡）能与营养物质黏附在一起，同时粒径较小的气泡容易吸附在活性炭孔隙上，增加了炭上有机物的量，为微生物提供了充足的能源。整体来看，两组炭柱前 30d 生物量积累速度较慢，在第 35 天后生物量积累加快，微生物生长迅速；65d 左右微生物生长速度放缓，但仍以较快的速度积累，在这个过程中生物膜并未达到相对稳定的阶段，而是由于温度较低导致微生物代谢速度减慢，膜上微生物对营养物质的利用速率下降，抑制了膜的生长，低温状态下生物膜的成熟周期延长。

图 5-19（b）显示出 B_2 上不同炭层厚度处的生物量变化。从图中可以看出，不同炭床深度处生物量差异较大，随着炭床深度增加，沿程生物量逐渐减少。在升流式活性炭中，下部生物量普遍高于上部生物量。一方面是因为在臭氧处理后大分子有机物小分子化，进入活性炭反应器时在进水口吸附积累，为微生物提供了丰富的营养物质。另一方面由于DO的消耗，导致炭床深处 DO 含量降低，微生物代谢速率减慢。

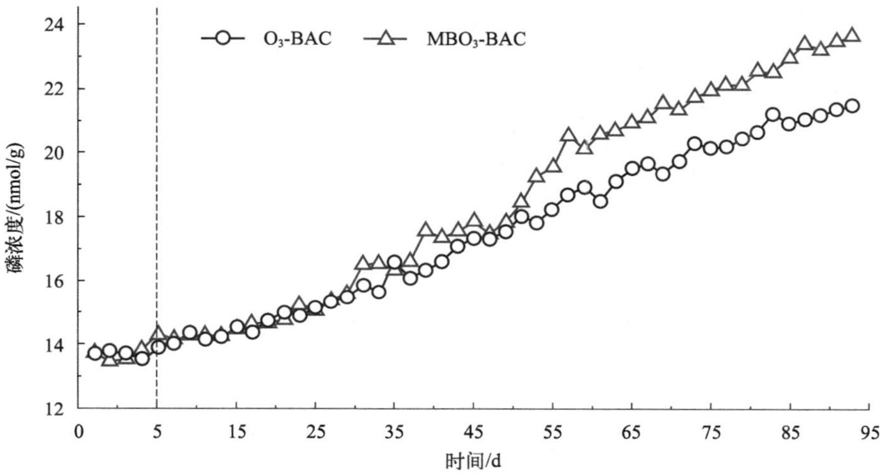

(a) MBO_3-BAC和O_3-BAC在连续运行期间炭上生物量的变化

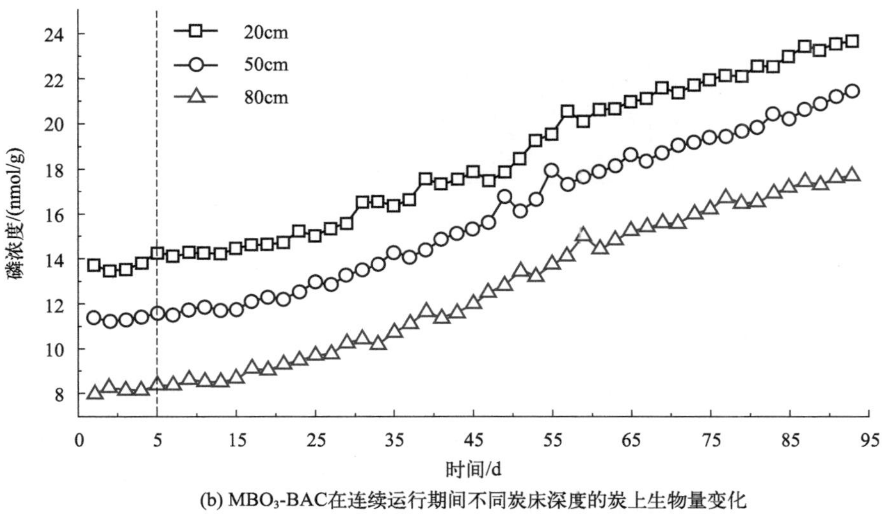

(b) MBO_3-BAC在连续运行期间不同炭床深度的炭上生物量变化

图 5-19 MBO_3/O_3-BAC 工艺生物量变化

5.2.2.2 MBO_3/O_3-BAC 工艺去除效果对比研究

在本小节中通过对比 MBO_3-BAC 和 O_3-BAC 两组工艺对有机污染物的去除效果和对溴

酸盐消毒副产物的控制情况综合分析两组工艺的运行效果。通过前期预试验结果，综合考虑除污效果以及水厂实际运行的经济指标，试验选取臭氧浓度为2mg/L，进水中GSM（土臭素）和2-MIB的浓度为300ng/L。

（1）两组工艺对GSM的去除效果对比

图5-20比较了O_3-BAC和MBO_3-BAC对土臭素（GSM）的去除效果，B_1、B_2分别表示两组工艺，C_1、C_2分别为两组工艺GSM对应去除率。随着时间增长，炭上微生物不断积累，GSM去除率逐渐提高，B_1去除率由72.74%提升至81.92%，B_2去除率由78.86%提升至87.87%。GSM是一种脂环醇，可以被一系列脱氢酶和单加氧酶氧化，导致中心代谢中间体的生成和矿化。研究结果表明GSM具有很强的可生物降解性，也曾发现革兰氏阴性菌能够以GSM为碳源并实现其降解。在运行第50天左右，两组工艺对GSM的去除率整体均呈现放缓的趋势。这可能是由于活性炭前期去除GSM主要依靠吸附作用，随着运行时间增加，有机物占据了更多的吸附点位，吸附效果下降，此时更多依靠活性炭的生物降解作用。对比两组工艺，不难发现B_2对GSM的去除效果始终高于B_1，高出部分整体接近10%。综合分析其原因主要是臭氧氧化，MBO_3相比传统O_3产生了更多的·OH，从而使得GSM的矿化程度更高。

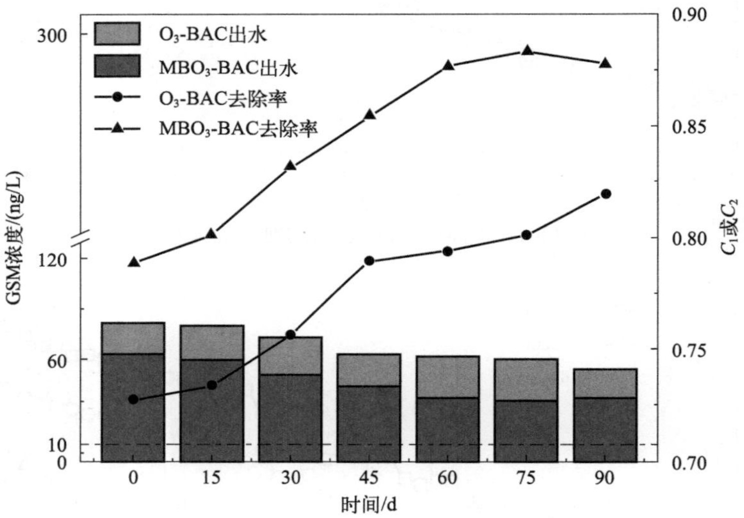

图5-20　MBO_3/O_3-BAC对GSM的去除效果

（2）两组工艺对2-MIB的去除效果对比

从图5-21可以看出，随着运行时间的增加，两组工艺对2-MIB的去除效果逐渐提高。·OH与GSM和2-MIB的反应速率常数分别为5.7×10^9mol/（L·s）和4.3×10^9mol/（L·s），2-MIB由于其空间结构复杂，比GSM更加抗氧化，2-MIB可能遵循单氧化步骤形成环裂解后的双环化合物。自工艺运行初至结束，B_1对2-MIB的去除率由44.18%增加到53.47%，B_2对2-MIB的去除率由60.37%增加到77.49%，在装置运行第90天左右，两组工艺对2-MIB的去除效果均呈逐渐稳定的趋势。整体来看，B_2对2-MIB的去除率远高于B_1，平均去除率高出20%，并且随着运行时间的增加，两组工艺差异明显变大。与第90天相比，两组工艺在运行初的去除率差由16.19%增加到24.02%，MBO_3-BAC工艺优势显著。

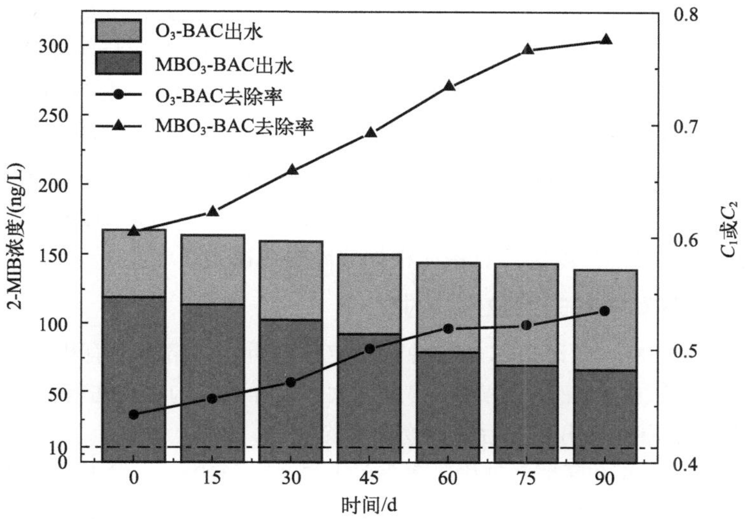

图 5-21　MBO_3/O_3-BAC 对 2-MIB 的去除效果

(3) 两组工艺对溴酸盐的控制效果对比

前两节的试验证明了臭氧活性炭在降解顽固污染物方面表现出优异的性能，但臭氧氧化过程中产生的消毒副产物溴酸盐被归类为致癌化合物，饮用水中最高浓度不得超过 10μg/L。因此，在本小节试验中考察了 MBO_3-BAC 和 O_3-BAC 两组工艺在不同臭氧浓度下溴酸盐的生成，以对工艺运行有更全面的评价。

两组工艺在不同臭氧浓度下溴酸盐的生成情况见图 5-22，进水 Br^- 浓度范围在 176.6 ～ 217.4μg/L 之间。可以看出，B_1 出水 BrO_3^- 浓度低于 B_2，这是因为 ·OH 对溴酸盐的形成有重要作用，MBO_3 氧化和自身破裂的过程中产生的二次氧化剂 ·OH 与 Br^- 反应更强烈，其反应速率常数为 1.1×10^{10}mol/（L•s），而 O_3 与 Br^- 反应速率常数为 160 ～ 258mol/（L•s）。因此，

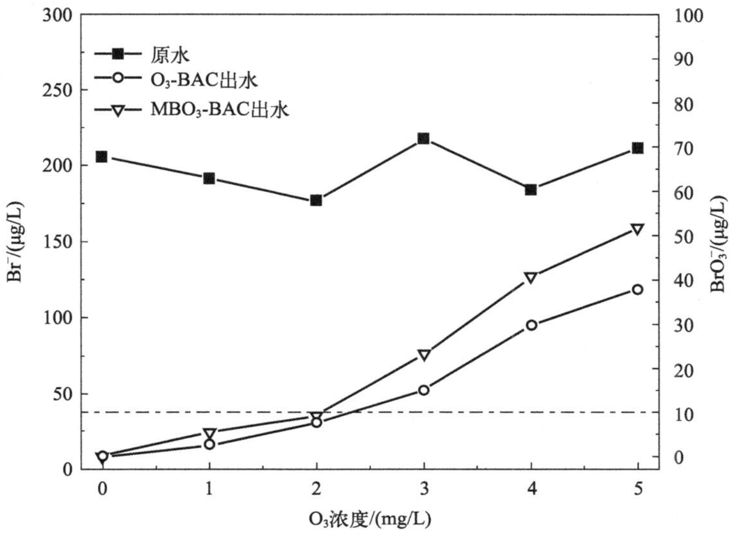

图 5-22　MBO_3/O_3-BAC 对溴酸盐的控制效果

B_2 中有更高浓度的 BrO_3^- 产生。氧化剂剂量的增加往往导致更高浓度溴酸盐的生成，在臭氧浓度为0mg/L时未生成溴酸盐，随着臭氧浓度的提高，B_1 和 B_2 溴酸盐生成量分别由2.6μg/L、5.4μg/L上升到37.8μg/L和51.7μg/L，当投加臭氧浓度＞2mg/L时，溴酸盐生成势显著增加。在当前 Br^- 初始浓度下，臭氧浓度为2mg/L时，两组工艺的出水溴酸盐浓度均低于标准限值，继续增加臭氧浓度带来了超标的风险。当进水 Br^- 浓度更高时，即使在2mg/L的臭氧浓度下也可能存在溴酸盐超标的风险，需要采取一定的控制措施，如提高水体氨氮浓度、降低臭氧浓度、添加 H_2O_2 等，在水厂实际运行中应根据实际情况决定。

（4）两组工艺对有机物去除效果的对比

三维荧光（3D-EEM）光谱技术是一种能够定性分析水体溶解性有机污染物的光谱指纹技术，该技术具有灵敏度高、选择性多、信息量大、对样品结构无损伤等特点。在本小节中，结合3D-EEM分析了原水及出水前后有机物的去除情况。

三维荧光光谱分为5个区域。其中，激发波长280～320nm，发射波长200～250nm区域代表酪氨酸类蛋白质；激发波长320～380nm，发射波长200～250nm区域代表色氨酸类蛋白质；激发波长380～460nm，发射波长230～270nm区域代表富里酸类；激发波长280～380nm，发射波长250～340nm区域代表溶解性微生物代谢产物；激发波长380～500nm，发射波长250～400nm区域代表腐殖酸类物质。

由图5-23（a）（书后另见彩图）可知，原水中有色氨酸类、富里酸类以及腐殖酸类有机物。从整体来看，MBO_3 氧化降解效果显著优于传统 O_3 氧化，炭柱出水差异不大，说明BAC对有机物的去除效果十分显著，抵消了臭氧单元产生的差异。原水经臭氧氧化后［图5-23（b）、图5-23（c）］（书后另见彩图）荧光峰有了很大程度削减，臭氧氧化能够将大分子腐殖酸、富里酸类有机物降解为小分子有机物，腐殖酸类有机物大幅度降低，色氨酸类有机物也有一定幅度减少，原水中腐殖酸是可生物降解的，生物过滤系统可有效去除腐殖酸。BAC出水［图5-23（d）、图5-23（e）］（书后另见彩图）伴随着荧光峰位置的变化，荧光峰位置朝着激发波长减小的方向移动，说明BAC出水后溶解性有机物种类变化较大，富里酸类以及腐殖酸类经过活性炭吸附和生物降解作用进一步去除，酪氨酸类和溶解性微生物代谢产物增加。与单独的BAC工艺相比，联合工艺对去除所有有机组分均表现出协同效应。有机物去除的增强是由于将难降解的有机物分解为更简单和可生物降解的有机物，使它们在BAC系统中很容易降解。

5.2.3 微纳米臭氧-活性炭组合工艺参数优化与效果

5.2.3.1 实验设计

应用Box-Behnken设计4因素3水平共29组实验，分析了臭氧浓度、停留时间、2-MIB浓度、溴离子浓度对响应值 y_1（2-MIB去除率）和 y_2（溴酸盐浓度）的影响，各因素及水平见表5-6。

对中心组合实验方法确定的29组实验进行实验研究，结果见表5-7。

使用响应面法对表5-7的数据进行二次多项式拟合，得出响应值2-MIB去除率和溴酸盐浓度对臭氧浓度、停留时间、2-MIB浓度以及溴离子浓度的多元二次回归拟合方程，二次回归模型拟合公式见下：

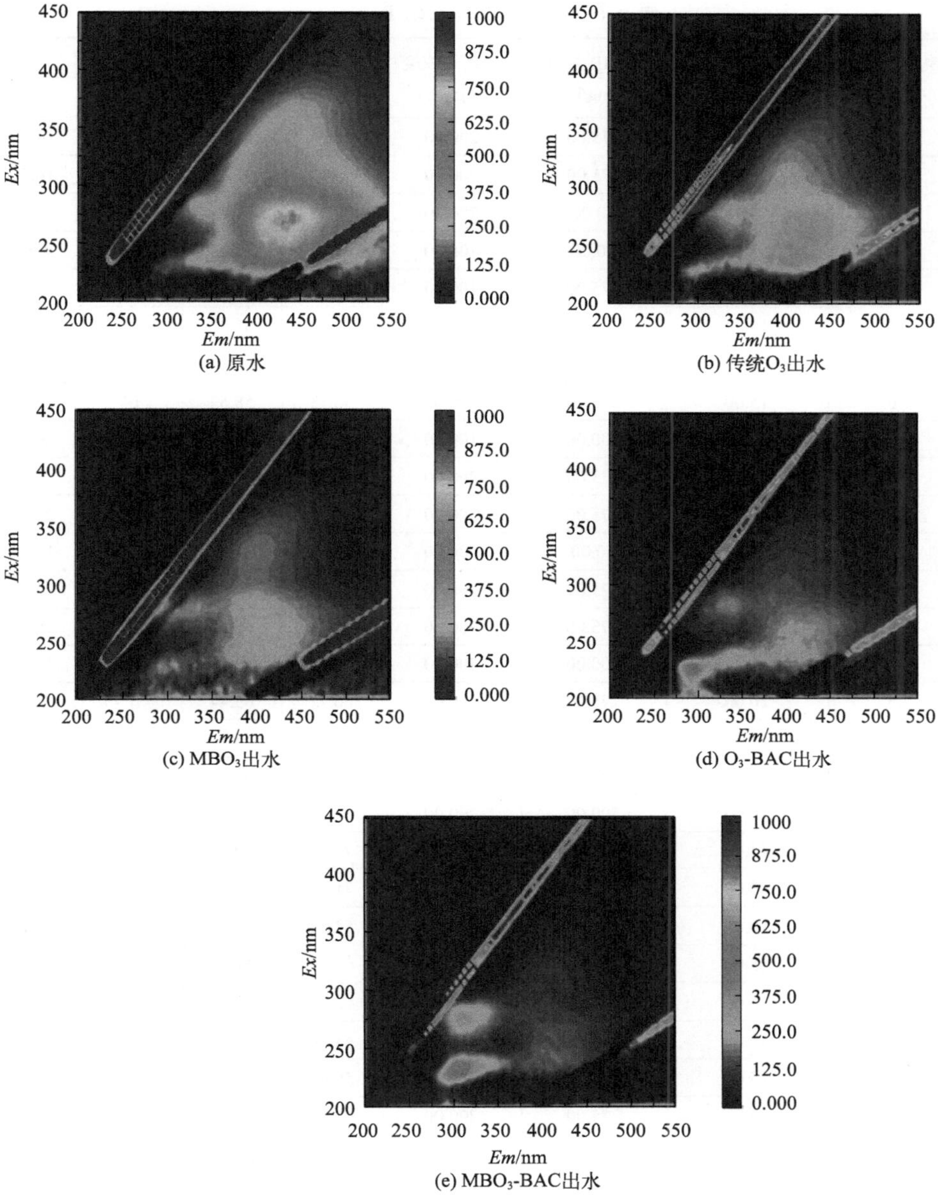

图 5-23　MBO_3/O_3-BAC 进出水三维荧光图谱

表 5-6　响应面分析因素及水平

因素	编码标识	水平		
		−1	0	+1
臭氧浓度	*A*	2	2.5	3.0
停留时间	*B*	10	15	20
2-MIB 浓度	*C*	50	275	500
溴离子浓度	*D*	100	200	300

表 5-7　响应面设计及结果

编号	臭氧浓度 /（mg/L）	炭床停留时间 /min	2-MIB 浓度 /（ng/L）	溴离子浓度 /（μg/L）	响应 y_1		响应 y_2	
					实测	预测	实测	预测
1	2.5	15.00	275.00	200.00	62.94	61.82	15	14.20
2	2.0	15.00	275.00	300.00	58.12	57.43	17	16.50
3	2.5	20.00	50.00	200.00	78.87	79.88	16	16.17
4	2.5	15.00	50.00	100.00	74.33	75.68	8	8.58
5	3.0	15.00	275.00	100.00	64.78	66.89	8	8.50
6	2.5	15.00	275.00	200.00	61.83	61.82	15	15.20
7	2.0	10.00	275.00	200.00	54.07	54.82	11	11.42
8	3.0	15.00	500.00	200.00	58.33	58.53	14	15.42
9	2.5	15.00	500.00	100.00	57.37	56.03	6	5.08
10	2.5	15.00	275.00	200.00	58.64	61.82	15	15.20
11	3.0	15.00	275.00	300.00	67.64	68.52	25	23.33
12	2.5	15.00	50.00	300.00	73.27	75.37	18	18.42
13	2.5	20.00	275.00	300.00	65.74	64.90	22	22.58
14	2.5	15.00	275.00	200.00	63.33	61.82	17	15.20
15	2.5	15.00	500.00	300.00	55.47	54.87	16	17.92
16	2.5	20.00	275.00	100.00	66.77	65.44	7	8.25
17	2.0	15.00	500.00	200.00	54.74	55.71	12	11.08
18	3.0	15.00	50.00	200.00	87.66	84.51	15	16.42
19	2.5	10.00	500.00	200.00	51.17	51.58	11	10.83
20	2.0	15.00	50.00	200.00	72.26	69.89	12	11.08
21	3.0	20.00	275.00	200.00	71.78	71.78	22	21.08
22	2.5	10.00	275.00	300.00	57.32	56.48	17	16.25
23	2.5	15.00	275.00	200.00	62.37	61.82	14	15.20
24	3.0	10.00	275.00	200.00	62.45	62.41	14	13.25
25	2.5	10.00	50.00	200.00	68.89	69.95	9	10.33
26	2.0	15.00	275.00	100.00	59.99	60.53	4	5.67
27	2.0	20.00	275.00	200.00	61.12	61.92	13	13.25
28	2.5	10.00	275.00	100.00	58.74	57.41	5	4.92
29	2.5	20.00	500.00	200.00	57.74	58.10	16	14.67

$$\begin{aligned}\text{2-MIB去除率} = &61.82 + 4.36A + 4.12B - 10.04C - 0.37D + 0.57AB - 2.95AC \\ &+ 1.18AD - 0.85BC + 0.098BD - 0.21CD + 1.60A^2 - 0.69B^2 \\ &+ 3.74C^2 - 0.078D^2\end{aligned} \tag{5-31}$$

$$\begin{aligned}\text{溴酸盐浓度} = &15.20 + 2.42A + 2.42B - 0.25C + 6.42D + 1.50AB - 0.25AC \\ &+ 1.00AD - 0.50BC + 0.75BD + 0.000CD + 0.025A^2 \\ &- 0.47B^2 - 1.73C^2 - 1.73D^2\end{aligned} \tag{5-32}$$

5.2.3.2　回归方程拟合程度

回归模型（y_1）方差分析见表 5-8。

表 5-8 回归模型（y_1）方差分析

项目	平方和	自由度	均方	F 值	P 值
模型	1803.30	14	128.81	33.74	< 0.0001
A	228.29	1	228.29	59.80	< 0.0001
B	203.20	1	203.20	53.22	< 0.0001
C	1209.22	1	1209.22	316.73	< 0.0001
D	1.63	1	1.63	0.43	0.5243
A^2	16.55	1	16.55	4.33	0.0562
B^2	3.07	1	3.07	0.80	0.3852
C^2	90.84	1	90.84	23.79	0.0002
D^2	0.039	1	0.039	0.010	0.9208
AB	1.30	1	1.30	0.34	0.5689
AC	34.87	1	34.87	9.13	0.0091
AD	5.59	1	5.59	1.47	0.2462
BC	2.91	1	2.91	0.76	0.3976
BD	0.038	1	0.038	9.960×10^{-3}	0.9219
CD	0.18	1	0.18	0.046	0.8329
残差	53.45	14	3.82		
失拟项	39.50	10	3.95	1.13	0.4919
纯误差	13.95	4	3.49		
总变异	1856.75	28			

$P \leqslant 0.0001$ 为高度显著，$0.0001 < P \leqslant 0.05$ 为显著，$P > 0.05$ 为不显著。从表 5-8 可以看出，模型的 $P < 0.0001$，表明模型高度显著。模型的自变量一次项 A、B、C 也属于高度显著项，其一次项 D 表现为不显著项，说明 2-MIB 的初始浓度对响应值 y_1 起到了主要作用。失拟项（F 值）能够说明所计算的模型与实验模拟的程度。失拟项的值为 0.4919，说明方程模型失拟项不显著，表明该回归方程拟合效果良好，因此可以用该回归方程代替实验检测值。

回归模型（y_2）方差分析见表 5-9。

表 5-9 回归模型（y_2）方差分析

项目	平方和	自由度	均方	F 值	P 值
模型	686.23	14	49.02	19.72	< 0.0001
A	70.08	1	70.08	28.19	0.0001
B	70.08	1	70.08	28.19	0.0001
C	0.75	1	0.75	0.30	0.5915
D	494.08	1	494.08	198.77	< 0.0001
A^2	4.054×10^{-3}	1	4.054×10^{-3}	1.631×10^{-3}	0.9684
B^2	1.46	1	1.46	0.59	0.4556
C^2	19.30	1	19.30	7.76	0.0146

续表

项目	平方和	自由度	均方	F 值	P 值
D^2	19.30	1	19.30	7.76	0.0146
AB	9.00	1	9.00	3.62	0.0778
AC	0.25	1	0.25	0.10	0.7558
AD	4.00	1	4.00	1.61	0.2253
BC	1.00	1	1.00	0.40	0.5361
BD	2.25	1	2.25	0.91	0.3575
CD	0.000	1	0.000	0.000	1.000
残差	34.80	14	2.49		
失拟项	30.00	10	3.00	2.50	0.1955
纯误差	4.80	4	1.20		
总变异	721.03	28			

模型的 $P < 0.0001$，表明模型高度显著。从表 5-9 可以看出，模型的自变量一次项 A、B 为显著项，C 为不显著项，其一次项 D 表现为高度显著项，说明溴离子的初始浓度对响应值 y_2 起到了主要作用。此外，该模型的失拟项值为 0.1955，说明该回归方程的拟合效果好，能够用于代替真实实验结果进行分析及预测。

由图 5-24、图 5-25 可以看出，该实验预测值与实际值拟合较好，两个模型的残差值基本呈一次方程图像分布。

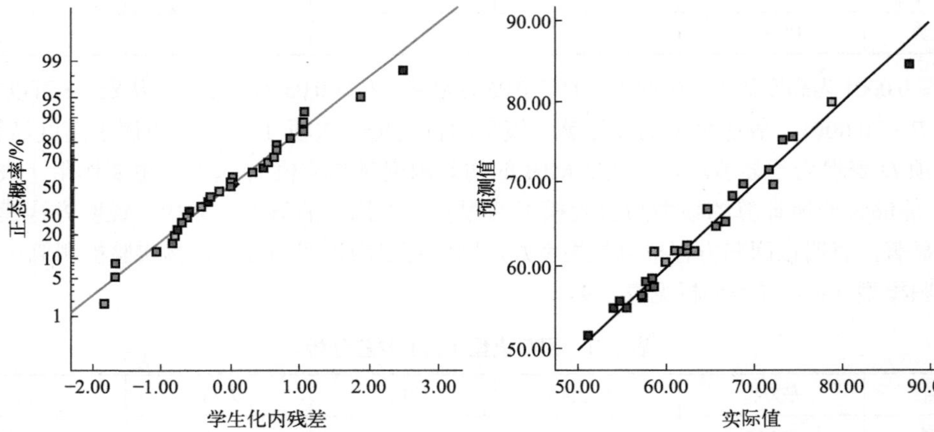

(a) 残差正态分布规律　　(b) 预测值与实际值关系

图 5-24　回归模型（y_1）预测值与实际值关系

从表 5-10 的分析结果可以看出，回归模型 y_1 和 y_2 的拟合系数 R^2 分别为 0.9712 和 0.9517，修正拟合系数 R^2_{adj} 分别为 0.9424 和 0.9035，说明模型拟合度较好。

5.2.3.3 因素交互影响分析

为了综合考虑臭氧浓度、停留时间、2-MIB 浓度和溴离子初始浓度 4 个自变量及它们的相互作用对响应值 2-MIB 去除率和溴酸盐生成浓度的影响。使用 Design Expert 软件进行辅助分析，

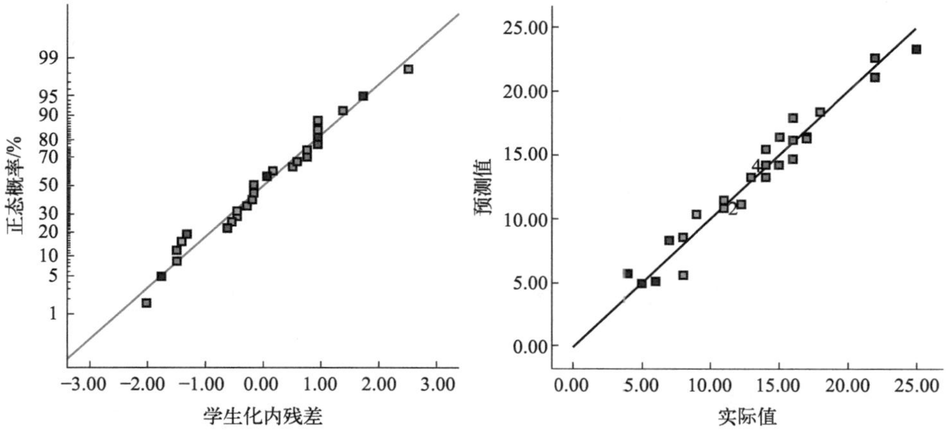

(a) 残差正态分布规律　　(b) 预测值与实际值关系

图 5-25　回归模型（y_2）预测值与实际值关系

表 5-10　回归分析结果表

模型组	标准方差 /%	变异系数 /%	拟合系数	修正拟合系数
y_1	1.95	3.07	0.9712	0.9424
y_2	1.58	11.60	0.9517	0.9035

在等高线图中，曲线的坡度反映了响应因素的影响，曲线越陡，响应因素的影响越大。

随着臭氧浓度、停留时间的增加，两者对 y_1、y_2 的影响均显著提高，两者对 y_1、y_2 的影响显著，但从响应面变化趋势可以看出，对 2-MIB 去除率 y_1 的影响程度：停留时间＞臭氧浓度。对溴酸盐浓度 y_2 的影响程度：臭氧浓度＞停留时间。

随着 2-MIB 浓度的降低，2-MIB 去除率 y_1 逐渐提高，随着臭氧浓度的增加，y_1 变化不大，对 y_1 的影响程度：2-MIB 浓度＞臭氧浓度。随着臭氧浓度的增加，溴酸盐浓度 y_2 逐渐提高，随着 2-MIB 浓度增加，y_2 反而有略微降低，对 y_2 的影响程度：臭氧浓度＞ 2-MIB 浓度。

随着臭氧浓度增加，2-MIB 去除率 y_1 逐渐提高且受臭氧浓度影响显著，溴离子浓度对 y_1 无太大影响，对 y_1 的影响程度：臭氧浓度＞溴离子浓度。随着溴离子浓度增加，溴酸盐浓度 y_2 逐渐提高且受溴离子浓度影响显著，对 y_2 的影响程度：溴离子浓度＞臭氧浓度。

2-MIB 浓度对 2-MIB 去除率 y_1 影响显著，停留时间对 y_1 无太大影响，对 y_1 的影响程度：2-MIB 浓度＞停留时间；对溴酸盐浓度 y_2 的影响程度：停留时间＞ 2-MIB 浓度。

随着停留时间增加，2-MIB 去除率 y_1 逐渐提高且受停留时间影响十分显著，对 y_1 的影响程度：停留时间＞溴离子浓度。随着溴离子浓度增加，溴酸盐浓度 y_2 逐渐提高且受溴离子浓度影响显著，对 y_2 的影响程度：溴离子浓度＞停留时间。

2-MIB 浓度对 y_1 影响显著，对 y_1 的影响程度：2-MIB 浓度＞溴离子浓度。随着溴离子浓度增加，y_2 逐渐提高且受溴离子浓度影响显著，对 y_2 的影响程度：溴离子浓度＞ 2-MIB 浓度。

各因素对响应 y_1 的影响程度的顺序如下：2-MIB 浓度＞停留时间＞臭氧浓度＞溴离子浓度。各因素对响应 y_2 的影响程度的顺序如下：溴离子浓度＞臭氧浓度＞停留时间＞ 2-MIB 浓度。

5.2.3.4 模型验证

根据 Box-Behnken 设计模型模拟分析得出 MBO_3-BAC 工艺去除 2-MIB 和控制溴酸盐生成的最佳工艺参数：臭氧投加量 3mg/L，停留时间 12.36min，2-MIB 浓度 50ng/L，溴离子浓度 100.27μg/L，2-MIB 去除率 80.36%，溴酸盐生成量 5.24μg/L。在这个工况下进行 3 次实验，实验结果取平均值，经检验预测值与实际值之间的误差＜ 1.83%，模型准确可靠。

5.3 臭氧化溴酸盐生成机制及其控制技术

南四湖是南水北调东线工程最大的调蓄湖泊，含有较高的溴离子，山东省受水区水源水在臭氧化技术应用中存在产生溴酸盐的风险，因此，以南四湖水为主要研究对象，解析臭氧化溴酸盐的生成机制并研究提出控制溴酸盐产生的技术措施。

5.3.1 臭氧化溴酸盐生成机制研究

5.3.1.1 溴酸盐形成机理

臭氧氧化含溴离子的水时，O_3 和羟基自由基（· OH）同时或顺序地氧化 Br^- 及 Br^- 的氧化中间态，产生 BrO_3^- 副产物，整个反应体系非常复杂（见图 5-26），涉及了溴元素的 6 种状态。BrO_3^- 副产物主要由两种途径产生：一是 O_3 分子的直接氧化；二是 · OH 的间接氧化。

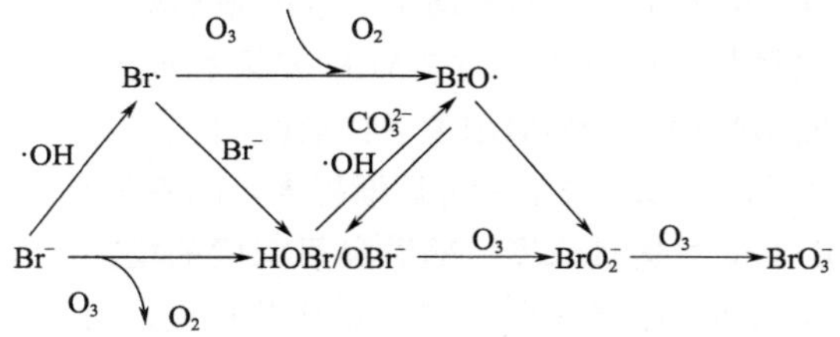

图 5-26 溴酸盐生成途径

研究人员以山东省某一引黄水库水为研究对象，对溴酸盐的生成机理进行了研究。反应过程中的 $\rho(O_3)$ 直接测定，而 $c(\cdot OH)$ 则利用 · OH 的指示物对氯苯甲酸（PCBA）对反应过程中的 $c(\cdot OH)$ 进行间接测定。PCBA 能与·OH 快速反应，反应速率常数 $k_{PCBA,\cdot OH}$=5L/（nmol·s）；但与 O_3 的反应速率则十分缓慢，$k_{PCBA,O_3} \leqslant 0.15$L/（mol · s）。因此可以认为 PCBA 的衰减仅由 · OH 氧化导致，即：

$$-d[c(PCBA)]/dt=k_{PCBA,\cdot OH}c(PCBA)c(\cdot OH) \tag{5-33}$$

将上式整理、积分后得

$$-\ln[c(PCBA)/c_0(PCBA)]=k_{PCBA,\cdot OH}\int[c(\cdot OH)]dt \tag{5-34}$$

将 $\int[c(\cdot OH)]dt$ 对 t 求导即得 $c(\cdot OH)$。

从动力学角度考察溴酸盐生成速率与反应过程中的 $c(O_3)$、$c(\cdot OH)$ 的关系发现，溴酸盐生成速率与 $c(O_3)$ 之间无显著相关性，而与 $c(\cdot OH)$ 之间则存在较好的正相关关系。因此溴酸盐生成速率可表示为：

$$d[c(BrO_3^-)]/dt=kc(\cdot OH) \qquad (5\text{-}35)$$

采用线性拟合得到斜率 k=200 ～ 670s^{-1}，k 与水质条件和处理条件有关。

研究结果表明，对引黄水库水单独 O_3 氧化时，溴酸盐生成主要是直接-间接途径（先由 O_3 作用再由 • OH 作用）和间接-直接途径（先由 • OH 作用再由 O_3 作用）共同作用的结果，其中直接-间接途径生成的溴酸盐占总溴酸盐产量的 65% 以上，即溴离子先与臭氧反应，然后与 • OH 反应。由此可以得出，控制溴酸盐的直接-间接生成途径是控制溴酸盐产生量的主要手段。

5.3.1.2　水源水臭氧化溴酸盐生成风险

（1）南四湖水臭氧化溴酸盐生成

以南四湖水为研究对象，原水中 Br^- 浓度为 310μg/L、UV_{254} 为 0.105cm^{-1}、DOC 为 6.45mg/L、COD_{Mn} 为 4.2mg/L、NH_3-N 浓度为 0.26mg/L、pH 值为 8.3、温度为 25℃。O_3 投加量分别为 1mg/L、3mg/L、5mg/L、8mg/L、10mg/L 和 13mg/L，氧化时间为 13min。臭氧氧化结果见图 5-27 ～图 5-33。

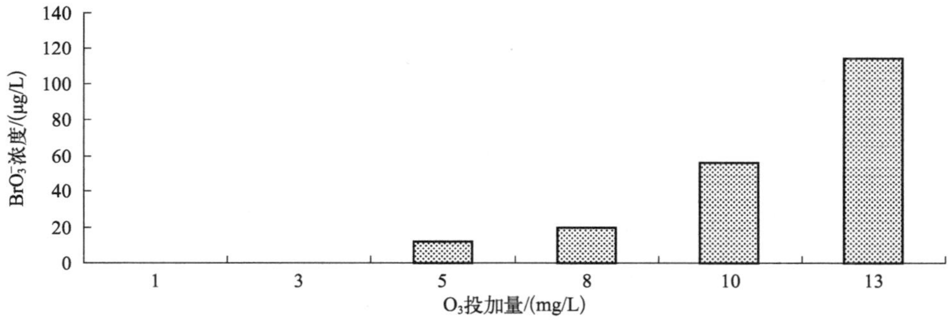

图 5-27　O_3 投加量对 BrO_3^- 生成的影响

由图 5-27 可知，随着 O_3 投加量的增加，BrO_3^- 生成量不断增多。当 O_3 投加量分别为 1mg/L 和 3mg/L 时，经过 13min 臭氧氧化后未检测到 BrO_3^- 的存在。当 O_3 投加量为 5mg/L 时，BrO_3^- 生成量为 12μg/L；随着 O_3 投加量进一步增加，BrO_3^- 生成量不断增多，当 O_3 投加量增加至 13mg/L 时，BrO_3^- 生成量为 113μg/L。O_3 投加量低于 3mg/L 时未检测到 BrO_3^-，可能是因为在较低的 O_3 投加量条件下，南四湖水因其 NH_3-N、有机物浓度含量高，不易产生 BrO_3^-。当 O_3 投加量≥ 5mg/L 时，该水质条件下臭氧氧化生成的 BrO_3^- 存在超标风险（＞ 10μg/L）。

从图 5-28 可以看出，随着 O_3 投加量的增加，UV_{254} 去除率逐渐升高。当 O_3 投加量为 5mg/L 时，UV_{254} 去除率升高至 23%；当 O_3 投加量为 10mg/L 时，UV_{254} 去除率增大为 78%，继续增加 O_3 投加量至 13mg/L，UV_{254} 去除率保持不变。南四湖原水 UV_{254} 高达 0.1cm^{-1}，原水中含有大量腐殖质、芳香类有机物、多环芳烃类等含共轭双键的有机物，O_3 对 UV_{254} 去除效果明显。

从图 5-29 可以看出，在 1 ～ 13mg/L 的 O_3 投加量条件下，DOC 的去除效果均不明显。当 O_3 投加量为 1 ～ 8mg/L 时，臭氧氧化后的 DOC 含量相对臭氧氧化前略有升高，这可能是由于 O_3 将一部分不溶于水的有机物转化为可溶有机物，使得 DOC 含量略有升高。当 O_3 投加量为 10mg/L 时，DOC 由臭氧氧化前的 6.45mg/L 降低至 6.2mg/L，去除率仅为 4%。

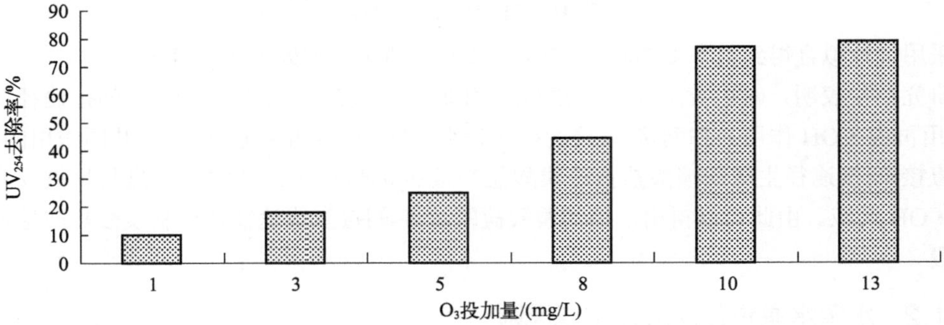

图 5-28　O_3 投加量对 UV_{254} 去除率的影响

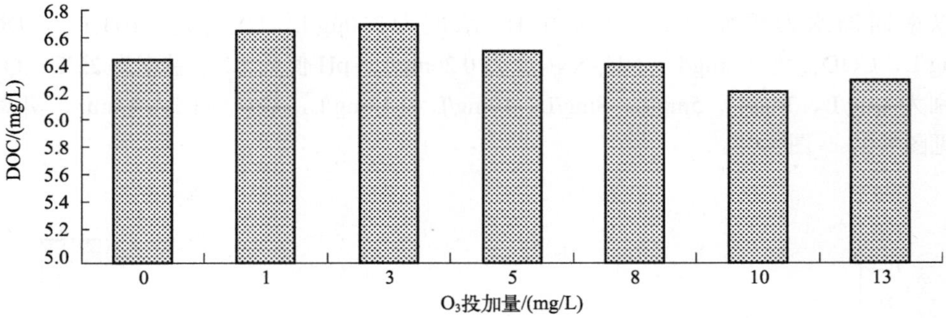

图 5-29　O_3 投加量对 DOC 的影响

O_3 投加量对 COD_{Mn} 的影响见图 5-30。

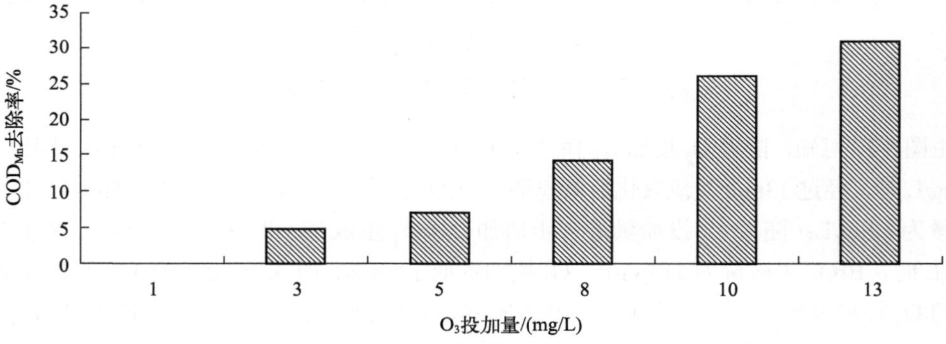

图 5-30　O_3 投加量对 COD_{Mn} 的影响

由图 5-30 可以看出，O_3 投加量不同，对 COD_{Mn} 的去除效果不同。当 O_3 投加量为 5mg/L 时，COD_{Mn} 去除率为 7%；当 O_3 投加量为 13mg/L 时，COD_{Mn} 去除率为 31%。

臭氧投加量对氨氮的影响，结果见图 5-31。

由图 5-31 可以看出，臭氧氧化后的 NH_3-N 浓度均有不同程度的上升，O_3 投加量越大，NH_3-N 浓度越高。当 O_3 投加量为 5mg/L 时，NH_3-N 浓度由 0.26mg/L 上升至 0.4mg/L；当 O_3 投加量为 10mg/L 时，NH_3-N 浓度由 0.26mg/L 上升至 0.82mg/L。这可能是由于 O_3 将藻类蛋白质等有机氮转化为 NH_3-N，使臭氧氧化后水中的 NH_3-N 浓度升高。

臭氧投加量为 10mg/L 时对有机物分子量分布的影响见图 5-32、图 5-33。

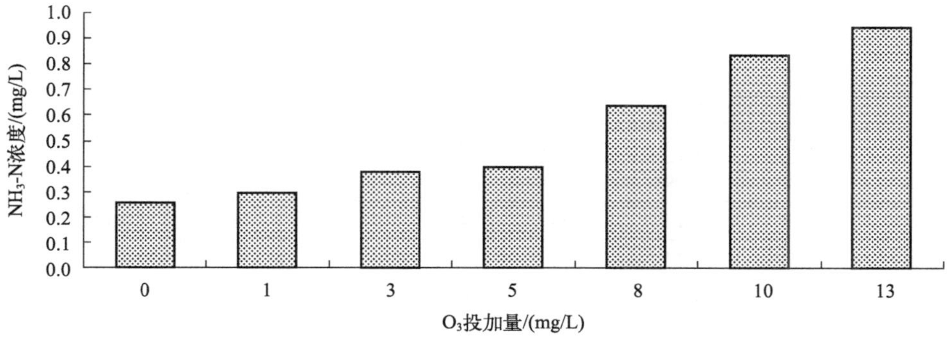

图 5-31　O_3 投加量对 NH_3-N 浓度的影响

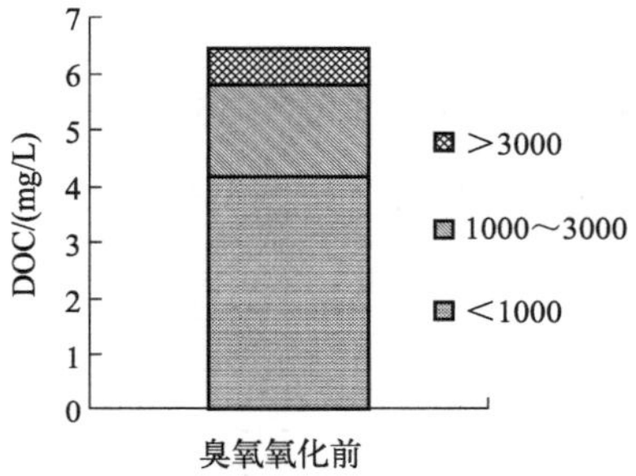

图 5-32　臭氧氧化前分子量分布情况

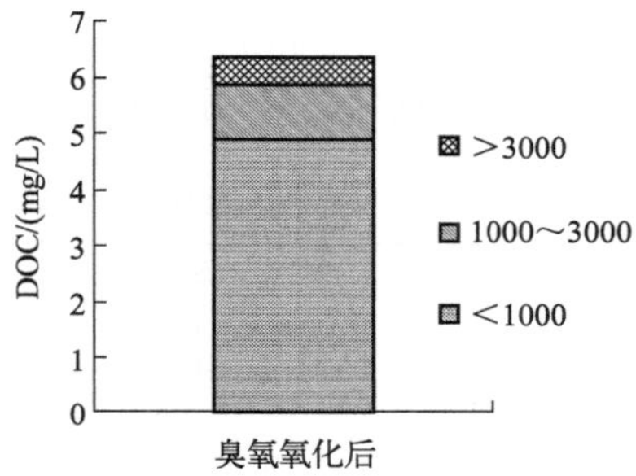

图 5-33　臭氧氧化后分子量分布情况

由图 5-32 和图 5-33 可以看出，臭氧氧化后分子量＞ 3000 的有机物由 0.56mg/L 降到了 0.48mg/L，分子量 1000 ～ 3000 的有机物由 1.6mg/L 减小到 1mg/L，分子量＜ 1000 的有机物由 4.5mg/L 增至 5mg/L。可见经过臭氧氧化，大分子量有机物转化为了小分子有机物。

O_3 对该水质条件下的 DOC 去除率不高，可能是由于该水质中的有机物很少一部分能被 O_3 完全氧化，而大部分有机物只是发生了结构和分子量大小的改变，由分子量＞ 3000 有机物氧化为＜ 1000 的，提高了原水的可生化性。

（2）南四湖水与受水区水库水混合水样臭氧化溴酸盐生成

采用南四湖原水、双王城水库原水、西城水库原水、东平湖原水、长江原水作水源，进行混合配水实验。方法为分别将南四湖水与双王城水库原水和西城水库原水、东平湖原水、长江原水做 1∶1 混合，进行臭氧氧化。

实验用各水源地原水水质指标见表 5-11，混合后水样絮凝前后水质指标变化见表 5-12。

表 5-11　原水水质

指标	南四湖	西城水库	双王城水库	东平湖	长江
氨氮 /（mg/L）	0.17	0.16	0.21	0.18	0.19
UV_{254}/cm^{-1}	0.12	0.11	0.13	0.12	0.11
TOC/（mg C/L）	4.35	4.31	4.62	4.53	4.63
pH 值	7.57	7.54	7.69	7.77	7.68
浊度 /NTU	0.51	0.44	0.61	0.63	0.65
溴离子 /（μg/L）	268	252	258	252	265

表 5-12　混合后水样絮凝前后水质

检测项目	南四湖西城水库混合		南四湖双王城水库混合		南四湖东平湖混合		南四湖长江混合	
	絮凝前	絮凝后	絮凝前	絮凝后	絮凝前	絮凝后	絮凝前	絮凝后
氨氮 /（mg/L）	0.17	0.15	0.19	0.17	0.17	0.15	0.19	0.17
UV_{254}/cm^{-1}	0.11	0.09	0.12	0.09	0.11	0.08	0.11	0.09
TOC/（mg C/L）	4.35	4.27	4.59	4.51	4.45	4.27	4.61	4.45
pH 值	7.57	7.54	7.76	7.73	7.57	7.54	7.76	7.73
浊度 /NTU	0.51	0.47	0.55	0.46	0.58	0.43	0.55	0.42
溴离子 /（μg/L）	268	262	247	243	264	262	266	265

可见，原水及混合后的水样，水中 TOC、氨氮等浓度较高，混合后的水样经絮凝后，水中的 TOC 浓度、氨氮浓度均有一定下降，但下降幅度较低。

混合后水样经臭氧氧化后溴酸盐生成情况见表 5-13、图 5-34 和图 5-35。

表 5-13　臭氧氧化水样溴酸盐生成情况

项目	南四湖西城水库混合		南四湖双王城水库混合		南四湖东平湖混合		南四湖长江混合	
	絮凝前	絮凝后	絮凝前	絮凝后	絮凝前	絮凝后	絮凝前	絮凝后
臭氧投加量 C1/（mg/L）	7.68	7.63	7.26	5.25	7.71	6.92	8.02	7.63
溴酸盐生成量 /（μg/L）	7.46	8.16	9.03	8.94	8.83	9.36	7.38	7.86
水中臭氧量浓度 /（mg/L）	1.64	1.46	1.43	1.42	1.43	1.41	1.57	1.63
氧化后溴离子浓度 /（μg/L）	256	255	234	234	256	155	253	255
臭氧投加量 C2/（mg/L）	9.2	8.82	9.08	7.00	8.11	7.5	8.03	6.53
溴酸盐生成量 /（μg/L）	12.52	10.56	13.64	15.92	12.54	13.72	12.86	13.51
水中臭氧量浓度 /（mg/L）	1.85	1.72	1.88	1.85	1.73	1.67	1.82	1.73
氧化后溴离子浓度 /（μg/L）	252	247	230	224	253	245	252	248

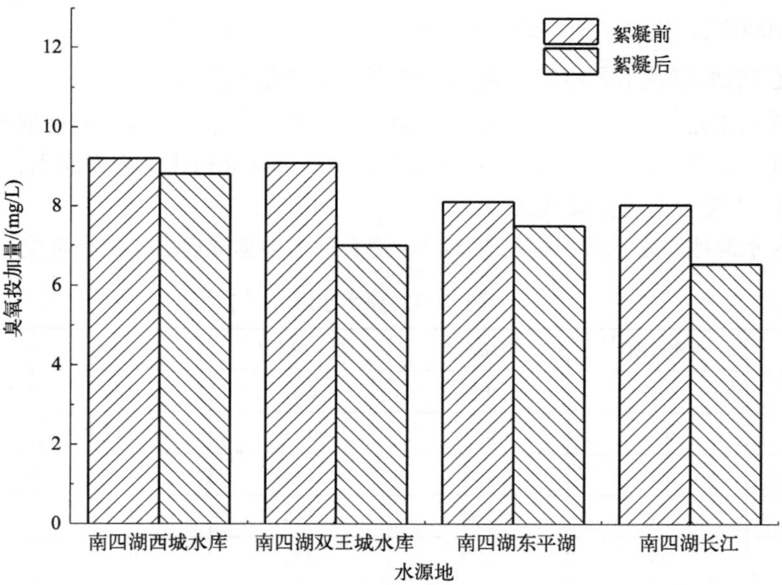

图 5-34　溴酸盐超标时臭氧投加量

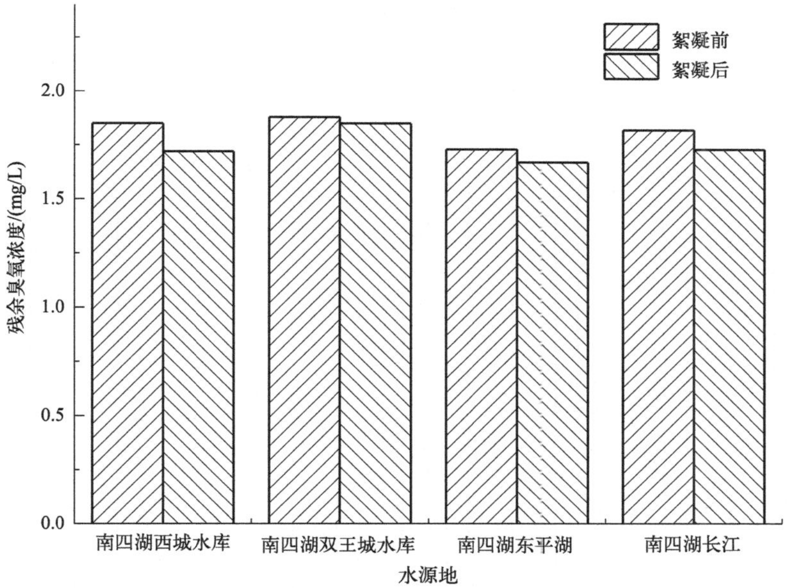

图 5-35　水中残余臭氧浓度

在实验条件下，各组混合水样经絮凝后，溴酸盐超标时（10μg/L）所投加的臭氧量值均出现了下降。实验表明，水样经絮凝后，水质得到改善，具体表现为 TOC 浓度、UV_{254} 等指标有一定程度的下降，水中的大分子有机物以及含 C═C 双键和 C═O 双键的芳香族化合物减少，在臭氧反应中，其与溴离子的竞争减弱，导致更多臭氧参与溴离子的循环反应生成溴酸盐。总体来说，混凝后水中的有机物含量越低，生成溴酸盐的风险也就越大。各混合水样的溴离子转化率均在 8% 以下。

有研究表明，氨氮对臭氧氧化时溴酸盐的生成存在抑制作用。原水中存在氨，可以抑制溴酸盐的生成。氨与 $HOBr/BrO^-$ 结合生成溴胺，还能捕获多种自由基。在一般饮用水处理的条件下，这个反应非常快，溴胺随后被臭氧缓慢氧化为 NO_3^- 和 Br^-，当大部分的氨反应后，才发生 Br 经臭氧化生成溴酸盐的过程，这样氨就使得溴酸盐的生成滞后。本实验的臭氧进水中氨氮浓度约为 0.2mg/L，可以认为原水中的氨氮对抑制溴酸盐的生成有积极作用。

臭氧氧化前后水中 TOC、氨氮、UV_{254}、浊度的变化情况见图 5-36 ～图 5-39。

由图 5-36 可看出，水样经臭氧氧化后，TOC 浓度升高，这是因为原先不能通过滤膜的大分子有机物和臭氧反应，被氧化成小分子有机物，可通过 0.45μm 滤膜并被仪器检测出来，导致 TOC 浓度升高。由图 5-37 看出，水样经氧化后氨氮浓度升高，这是由于原水中含有有机氮等大分子物质，在臭氧的强氧化作用下，有机氮被氧化分解生成氨氮，导致臭氧出水的氨氮浓度升高。由图 5-38、图 5-39 看出，臭氧氧化可以降低 UV_{254} 和浊度，UV_{254} 去除率在 10% ～ 25% 之间，浊度去除率在 5% ～ 20% 之间。

5.3.1.3　南四湖水臭氧化溴酸盐生成途径

（1）臭氧化过程中 R_{ct} 值的变化

臭氧氧化 Br^- 生成 BrO_3^- 有两种氧化机制：一是 O_3 氧化；二是 ·OH 氧化。为了更好地表征 O_3 和 ·OH 的作用关系，Elovitz 等提出了 R_{ct} 的概念：

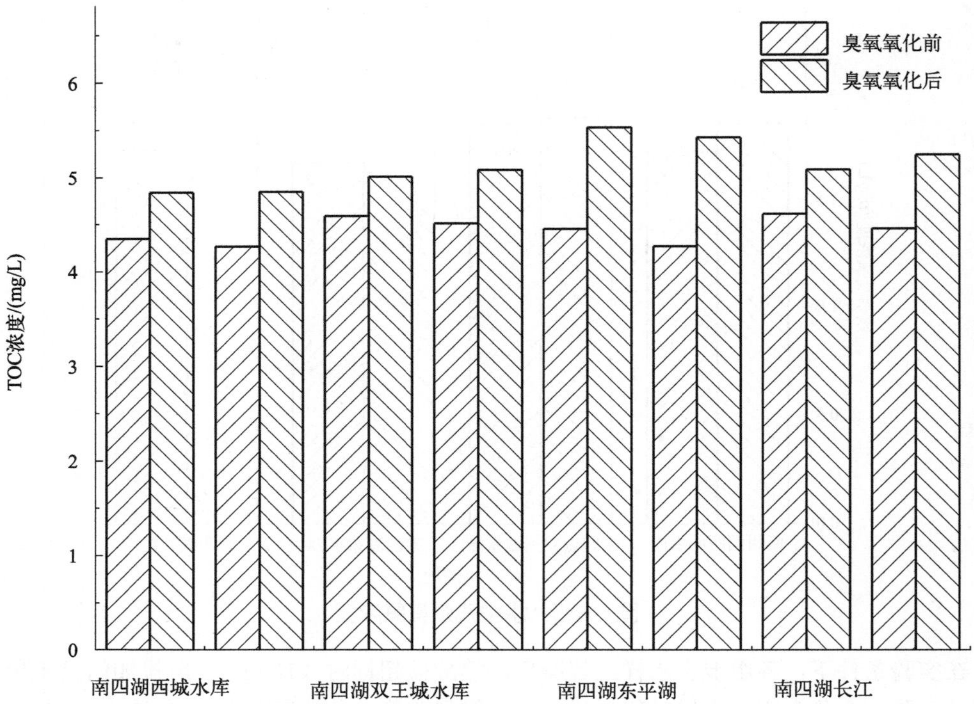

图 5-36　臭氧氧化前后水中 TOC 浓度的变化

图 5-37　臭氧氧化前后水中氨氮浓度的变化

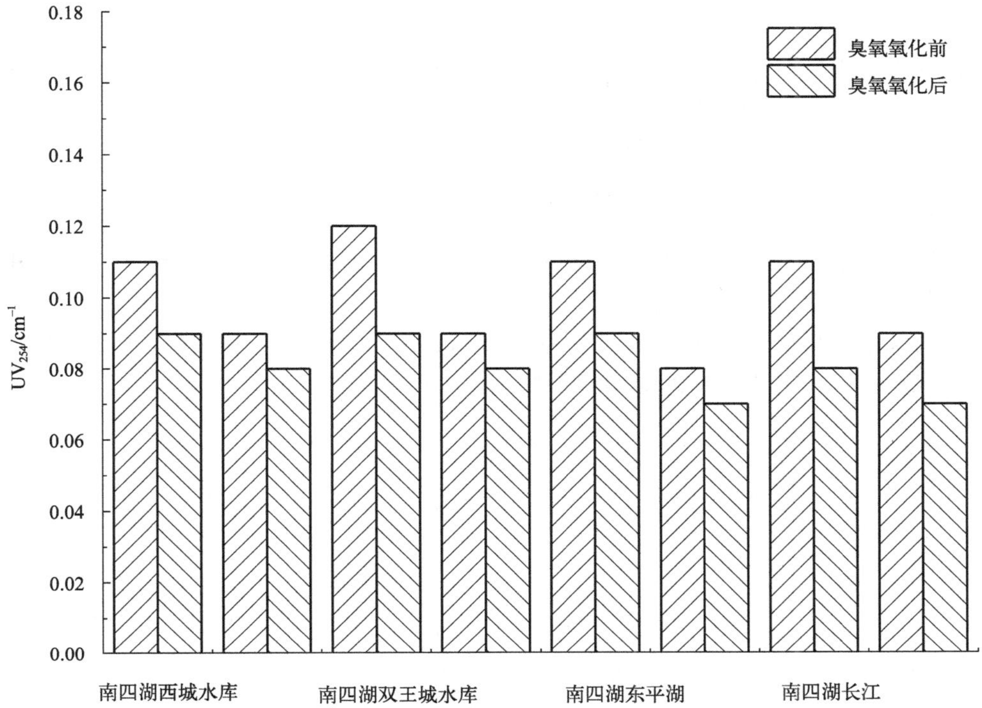

图 5-38　臭氧氧化前后水中 UV_{254} 的变化

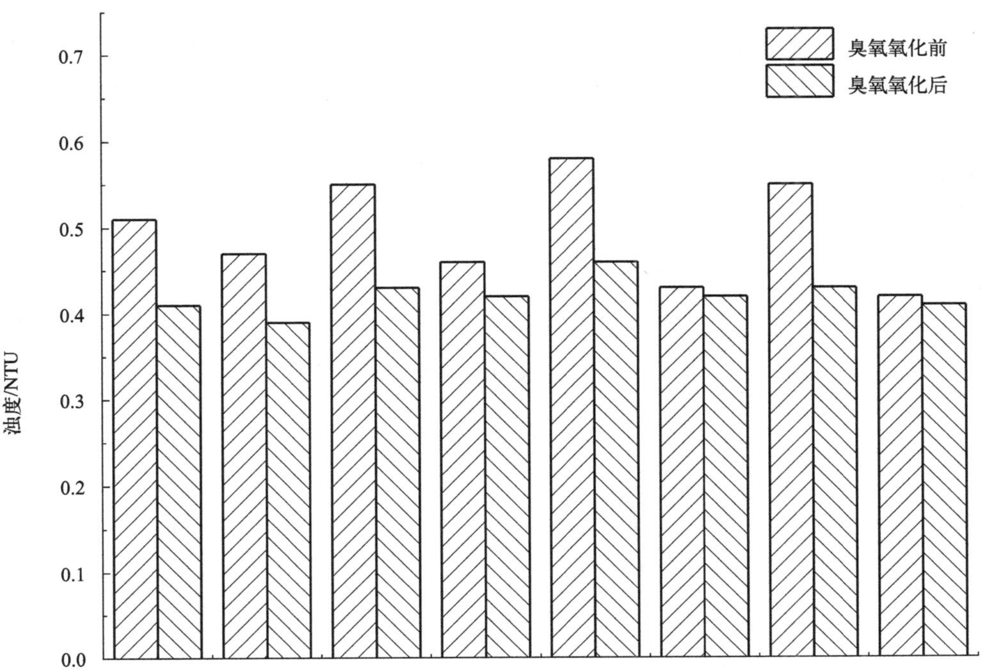

图 5-39　臭氧氧化前后水中浊度的变化

$$R_{ct}=[\cdot OH]/[O_3] \tag{5-36}$$

试验中·OH的浓度使用对氯苯甲酸（PCBA）间接测定，PCBA能与·OH快速反应［$k_{PCBA,\cdot OH}=5\times10^9 mol/(L\cdot s)$］，但其与臭氧的反应十分缓慢［$k_{PCBA,O_3}\leqslant 0.15 mol/(L\cdot s)$］，因此可认为PCBA的衰减仅由·OH导致，即

$$-\frac{d[PCBA]}{dt}=k_{PCBA,\cdot OH}[PCBA][\cdot OH] \tag{5-37}$$

所以通过在反应溶液中加入一定浓度的PCBA，定时取样，通过测定水样中剩余的PCBA浓度可间接测出·OH的浓度。

试验水样初始O_3浓度为4.5mg/L（0.09375mmol/L），反应中定时取样，研究反应过程中R_{ct}值的变化。水样中PCBA和O_3衰减分别见图5-40和图5-41。

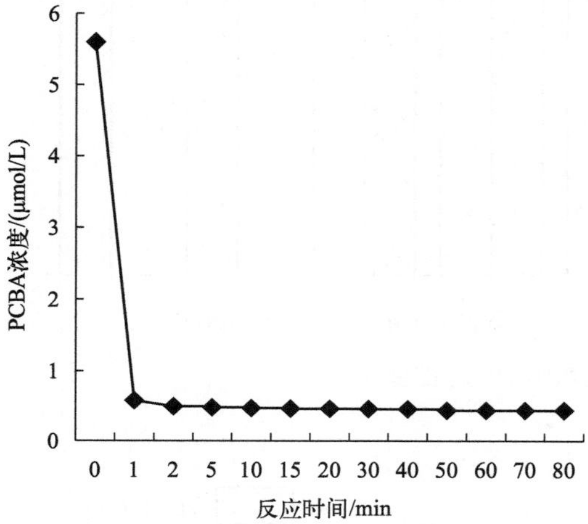

图5-40　PCBA的浓度随时间的变化

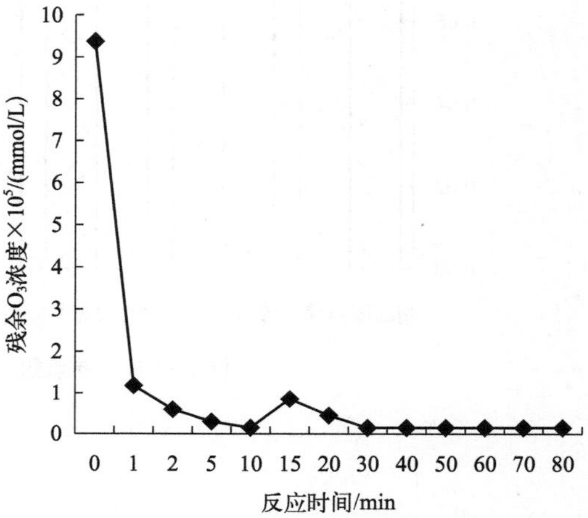

图5-41　残余臭氧浓度随时间的变化

将式（5-37）整理后积分得

$$-\ln\frac{[PCBA]}{[PCBA]_0}=k_{PCBA,\cdot OH}\int[\cdot OH]\,dt \tag{5-38}$$

由此便得到$\int[\cdot OH]\,dt$，·OH累积量曲线如图5-42所示。

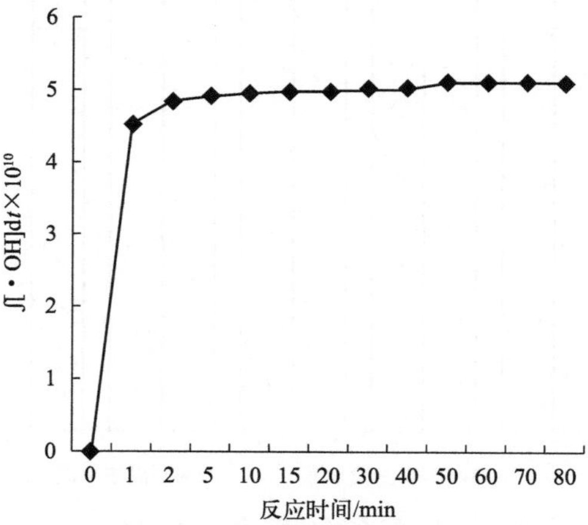

图5-42　·OH累积量曲线

$\int[\cdot OH]\,dt$ 对 t 求导再结合 $[O_3]$ 便得到 R_{ct} 值关于 t 的曲线。

试验中 R_{ct} 值的变化见图 5-43。

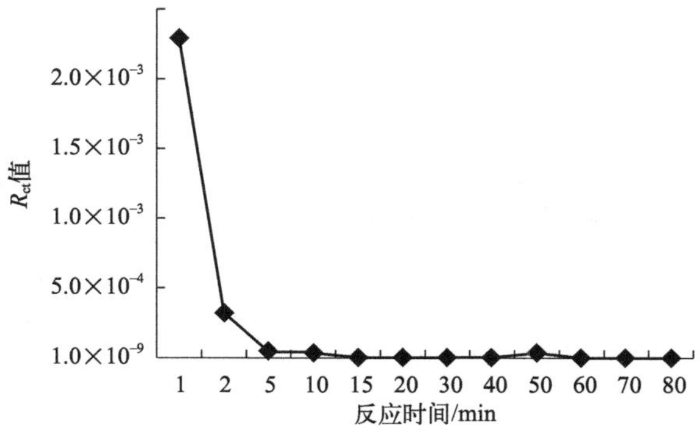

图 5-43　单独臭氧氧化中 R_{ct} 值随时间的变化

(2)单独臭氧氧化过程中 BrO_3^- 生成途径解析

BrO_3^- 生成过程中存在的各种形态的 Br，大都存在 O_3 直接氧化和 $\cdot OH$ 间接氧化两种氧化方式。某一时刻被 $\cdot OH$ 氧化的 $HOBr/OBr^-$ 的量与总被氧化 $HOBr/OBr^-$ 的量的瞬时比例为：

$$f_{HOBr/OBr^-,\cdot OH}=\frac{k_{HOBr,\cdot OH}[HOBr][\cdot OH]+k_{OBr^-,\cdot OH}[OBr^-][\cdot OH]}{k_{HOBr,O_3}[HOBr][O_3]+k_{OBr^-,O_3}[OBr^-][O_3]+k_{HOBr,\cdot OH}[HOBr][\cdot OH]+k_{OBr^-,\cdot OH}[OBr^-][\cdot OH]} \tag{5-39}$$

由次溴酸的平衡方程可得：$[HOBr]=\alpha_0 c_{T,OBr}$，$[OBr^-]=\alpha_1 c_{T,OBr}$，其中 $c_{T,OBr}=[HOBr]+[OBr^-]$，α_0、α_1 仅与 pH 值有关。将 R_{ct} 值代入式（5-39）得：

$$f_{HOBr/OBr^-,\cdot OH}=\frac{2.28\times10^9\times R_{ct}}{11.19+2.28\times10^9\times R_{ct}} \tag{5-40}$$

$$f_{HOBr/OBr^-,O_3}=1-f_{HOBr/OBr^-,\cdot OH} \tag{5-41}$$

某一时刻被 $\cdot OH$ 氧化的 Br^- 的瞬时比例可由上述方法求得：

$$f_{Br^-,\cdot OH}=\frac{1.1\times10^9\times R_{ct}}{160+1.1\times10^9\times R_{ct}} \tag{5-42}$$

$$f_{Br^-,O_3}=1-f_{Br^-,\cdot OH} \tag{5-43}$$

根据图 5-43 R_{ct} 值可求出每一时刻的 $f_{HOBr/OBr^-,\cdot OH}$、$f_{HOBr/OBr^-,O_3}$、$f_{Br^-,\cdot OH}$、f_{Br^-,O_3}，其值见表 5-14。

表 5-14　$f_{HOBr/OBr^-,\cdot OH}$、$f_{HOBr/OBr^-,O_3}$、$f_{Br^-,\cdot OH}$、f_{Br^-,O_3} 的瞬时值的百分数　　单位：%

时间 /min	1	2	5	10	15	20	30	40	50	60	70	80
$f_{HOBr/OBr^-,\cdot OH}$	99.99	99.98	99.98	99.98	99.87	99.85	99.88	99.89	99.98	99.25	99.25	71.70
$f_{HOBr/OBr^-,O_3}$	0.01	0.02	0.02	0.02	0.13	0.15	0.12	0.11	0.02	0.75	0.75	28.30
$f_{Br^-,\cdot OH}$	99.99	99.95	99.66	99.59	96.34	95.81	96.78	96.92	99.60	81.76	81.84	7.87
$f_{Br^-,\cdot O_3}$	0.01	0.05	0.34	0.41	0.66	4.19	3.22	3.08	0.40	18.24	18.16	92.13

根据$f_{\mathrm{HOBr/OBr^-},\cdot\mathrm{OH}}$、$f_{\mathrm{HOBr/OBr^-},\mathrm{O_3}}$、$f_{\mathrm{Br^-},\cdot\mathrm{OH}}$、$f_{\mathrm{Br^-},\mathrm{O_3}}$的瞬时值可以求出每一时刻3种途径分别生成$BrO_3^-$的比例，根据$f_{\mathrm{Br^-},\mathrm{O_3}}\times f_{\mathrm{HOBr/OBr^-},\mathrm{O_3}}$求得“直接途径”生成的$BrO_3^-$的比例，根据$f_{\mathrm{Br^-},\mathrm{O_3}}\times f_{\mathrm{HOBr/OBr^-},\cdot\mathrm{OH}}$算出“直接-间接途径”生成$BrO_3^-$的比例，然后根据1−（$f_{\mathrm{Br^-},\cdot\mathrm{OH}}\times f_{\mathrm{HOBr/OBr^-},\cdot\mathrm{OH}}+f_{\mathrm{Br^-},\mathrm{O_3}}\times f_{\mathrm{HOBr/OBr^-},\mathrm{O_3}}$）算出“间接-直接途径”生成$BrO_3^-$的比例，每一时刻3种途径生成$BrO_3^-$的比例见图5-44。

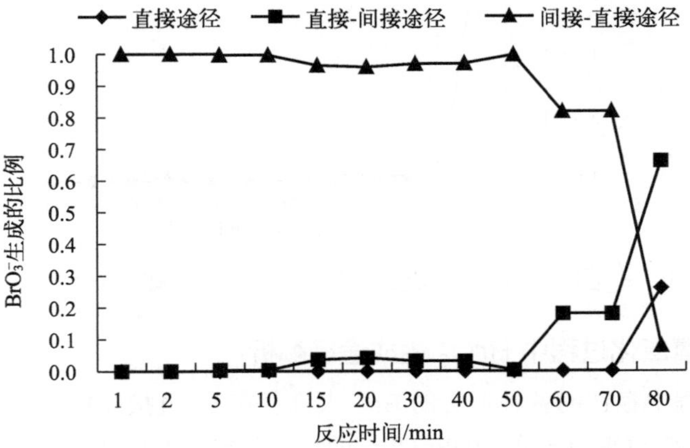

图5-44　每一时刻3种途径生成BrO_3^-的比例

由图5-44可知，臭氧单独氧化南四湖水原水时，在3种途径中，“间接-直接途径”生成BrO_3^-的比例达到0.999，几乎所有的BrO_3^-都是通过间接-直接途径生成的。根据3种途径生成BrO_3^-的累积值可以求出3种途径生成BrO_3^-的累积比例为：“直接途径”为0.022，“直接-间接途径”为0.098，“间接-直接途径”为0.880。

（3）单独臭氧氧化3种途径分别生成BrO_3^-的量

根据以上计算所得比例可得到3种途径的BrO_3^-的生成量，单独臭氧氧化3种途径BrO_3^-的生成量见表5-15。

表5-15　单独臭氧氧化3种途生成BrO_3^-的量

项目	BrO_3^-生成比例/%	BrO_3^-生成量/（μg/L）
直接途径	2.196	1.58
直接-间接途径	9.789	7.05
间接-直接途径	88.014	63.37
合计	100	72

由表5-15可知，单独臭氧氧化中，BrO_3^-总生成量为72μg/L，其中“直接途径”“直接-间接途径”“间接-直接途径”的BrO_3^-生成量分别为1.58μg/L、7.05μg/L、63.37μg/L。其中绝大部分BrO_3^-是通过“间接-直接途径”生成的。

5.3.1.4　受水区水源水臭氧化溴酸盐生成影响因素

通过研究臭氧投加量、氧化时间、羟基自由基（·OH）、pH值、氨氮、天然有机物（NOM）等因素对溴酸盐生成的影响，探究在南四湖水质条件下臭氧氧化溴酸盐生成的途径和机理。

臭氧投加量与水中残余臭氧浓度对溴酸盐的影响如下。

在对 O_3 投加量研究的基础上，研究 O_3 投加量分别为 5mg/L 与 10mg/L 条件下，在 13min 的氧化过程内水中的残余 O_3 及 BrO_3^-。

以南四湖水为研究对象，原水中 Br^- 浓度为 310μg/L、UV_{254} 为 $0.11cm^{-1}$、DOC 为 6.4mg/L、COD_{Mn} 为 4.2mg/L、NH_3-N 为 0.26mg/L、pH 值为 8.3、温度为 25℃。O_3 投加量分别为 5mg/L（条件 1）、10mg/L（条件 2），氧化时间为 13min，臭氧化结束后测水中残余 O_3 浓度以及 BrO_3^- 浓度，实验结果见图 5-45。

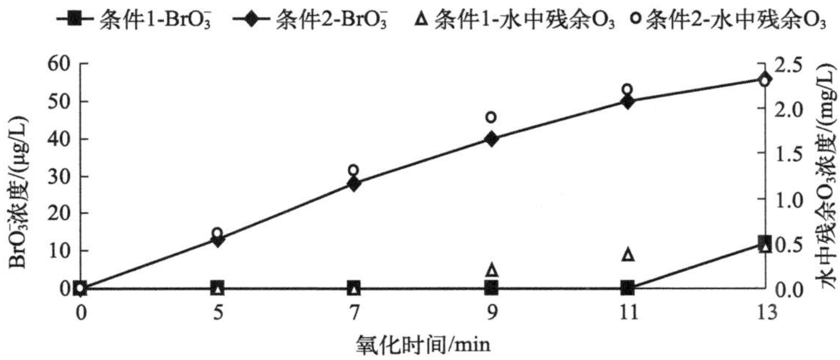

图 5-45 不同 O_3 投加量及水中残余 O_3 浓度对 BrO_3^- 生成的影响

由图 5-45 可以看出，O_3 投加量越大，水中残余 O_3 浓度越高，生成的 BrO_3^- 越多。当 O_3 投加量为 5mg/L 时（条件 1），前 9min 水中未检测到残余 O_3，氧化结束后水中残余 O_3 浓度只有 0.5mg/L，并生成了 10μg/L BrO_3^-。当 O_3 投加量为 10mg/L 时（条件 2），随着氧化时间的增加，水中残余 O_3 浓度及 BrO_3^- 浓度明显增加，氧化结束时水中残余 O_3 浓度为 2.4mg/L，生成了 56μg/L BrO_3^-。

值得注意的是，当 O_3 投加量为 5mg/L 时（条件 1），前 9min 未检测到水中残余 O_3，可能是因为低臭氧流量条件下，O_3 与有机物反应；未检测到 BrO_3^- 可能是因为水中残余 O_3 浓度较低，Br^- 未被 O_3 氧化。由此可见水中残余 O_3 浓度与有机物对 BrO_3^- 的生成有重要的影响，此结论将在后面的有机物对 BrO_3^- 生成的影响部分中详细讨论。

此处可得到的结论为 O_3 投加量越大，水中残余 O_3 浓度越高，生成的 BrO_3^- 越多。

5.3.2 臭氧化溴酸盐控制研究

5.3.2.1 臭氧投加方式对溴酸盐生成量的控制

前一部分通过对南四湖水质条件下臭氧氧化过程中 BrO_3^- 生成的机理和途径的研究，发现水中残余 O_3 浓度对 BrO_3^- 的生成有重要影响；延长氧化时间可减少 BrO_3^- 的生成；有机物通过与 Br^- 竞争 O_3，对 BrO_3^- 的生成起抑制作用；在该水质条件下，BrO_3^- 的生成是由 O_3 分子直接氧化与 ·OH 间接氧化途径共同作用的，并且 ·OH 间接氧化途径对于 BrO_3^- 的生成影响较大。

分别采用臭氧气曝气接触氧化反应器和投加饱和臭氧水的方式，研究臭氧投加方式对 BrO_3^- 生成的控制效果。

（1）臭氧气曝气接触氧化试验

在南四湖水质条件下，有机物与 Br^- 竞争 O_3，O_3 优先与有机物反应，导致水中残余 O_3 浓度减少，BrO_3^- 生成量较低。因此可以优化臭氧投加方式，使 O_3 与有机物反应，保持较低的水中残余 O_3 浓度，保证 Br^- 不被大量氧化为 BrO_3^-。

O_3 投加量为 13mg/L 左右，分别以两种方式投加，两种方式的臭氧气流量 Q 和氧化时间 t 不同。方式一分两个阶段投加 O_3，两个阶段采用不同的臭氧气流量即变流量。第 1 阶段的 O_3 投加量为 9mg/L，臭氧气流量为 30mL/min，氧化时间为 25min；第 2 阶段 O_3 投加量为 4.5mg/L，将臭氧气流量增大至 75mL/min，氧化时间为 5min。方式二为一次性投加 O_3，采用较大的臭氧气流量和较短的投加时间。O_3 投加量为 13mg/L，臭氧气流量为 70mL/min，氧化时间为 15min。

1）方式一第 1 阶段臭氧氧化效果的研究

以南四湖水为研究对象，原水中 Br^- 浓度为 310μg/L、UV_{254} 为 0.105cm^{-1}、DOC 为 6.4mg/L、COD_{Mn} 为 4.2mg/L、NH_3-N 为 0.26mg/L、pH 值为 8.3、温度为 25℃。第 1 阶段臭氧氧化结果如图 5-46 ～图 5-48 所示。

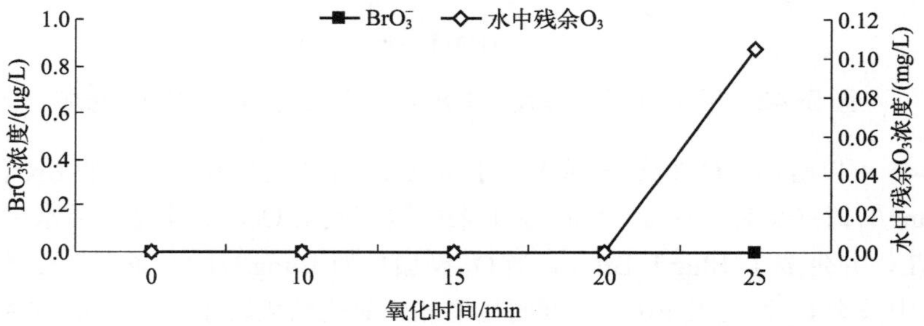

图 5-46　方式一第 1 阶段氧化过程中的 BrO_3^- 和水中残余 O_3 浓度

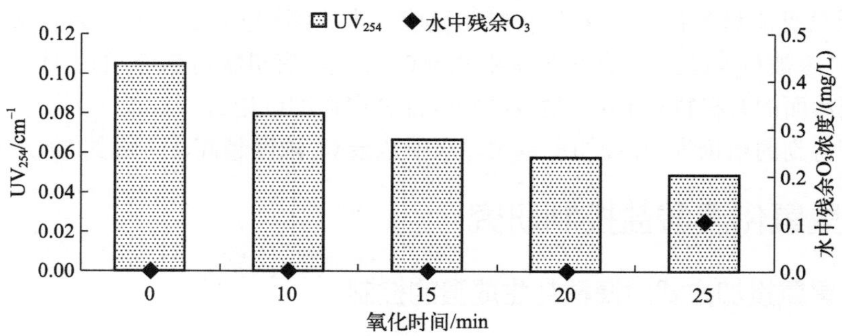

图 5-47　方式一第 1 阶段氧化过程中的 UV_{254} 和水中残余 O_3 浓度

如图 5-46 所示，第 1 阶段经过 25min 氧化后，水中残余 O_3 浓度为 0.105mg/L，过程中未检测到水中 BrO_3^- 生成。如图 5-47 所示，随着氧化时间的增长，UV_{254} 含量逐渐减少。经过 25min 氧化结束后水中 UV_{254} 由 0.105cm^{-1} 降至 0.049cm^{-1}，相对原水减少了 53%。如图 5-48 所示，随着氧化时间的增长，COD_{Mn} 浓度逐渐减少，经过 25min 氧化结束后水中 COD_{Mn} 浓度由 4.2mg/L 降至 3.58mg/L，相对原水减少了 14.7%。

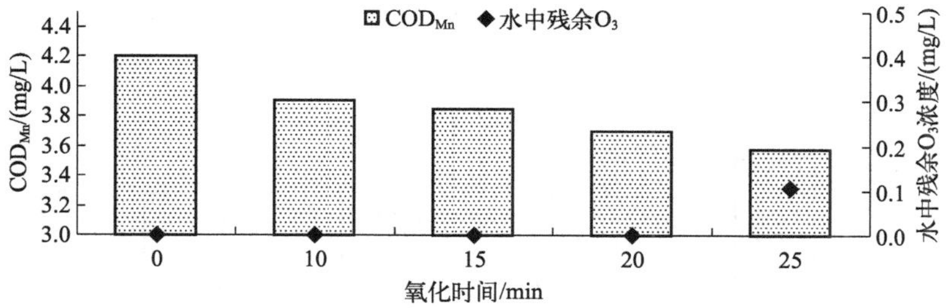

图 5-48　方式一第 1 阶段氧化过程中的 COD_{Mn} 和水中残余 O_3 浓度

第 1 阶段水中残余 O_3 浓度很低，全程未检测到 BrO_3^- 生成。而 UV_{254} 和 COD_{Mn} 分别有 53% 和 14.7% 的去除率，这是因为以较低臭氧气流量通入 O_3，O_3 与有机物优先反应，导致水中残余 O_3 浓度较低，Br^- 较少被氧化为 BrO_3^-。

2）方式一第 2 阶段臭氧氧化效果的研究

经过第 1 阶段处理后的水样主要水质：Br^- 为 305μg/L，UV_{254} 为 0.049cm^{-1}，DOC 为 6.89mg/L，COD_{Mn} 为 3.6mg/L，NH_3-N 为 0.6mg/L，pH 值为 8.2，温度为 25℃。经过第 2 阶段氧化后，结果见图 5-49 ～图 5-51。

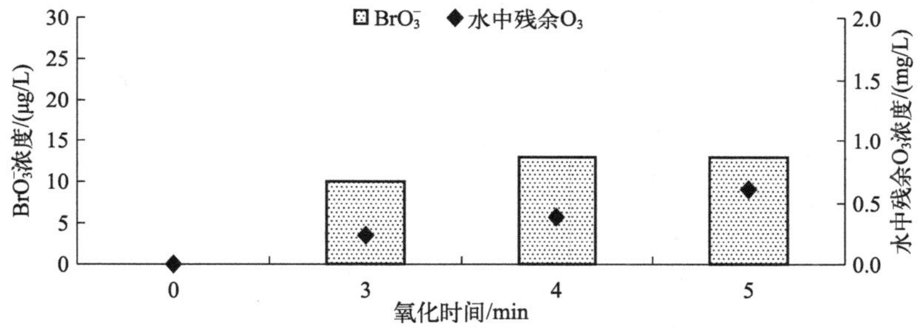

图 5-49　方式一第 2 阶段氧化过程中的 BrO_3^- 和水中残余 O_3 浓度

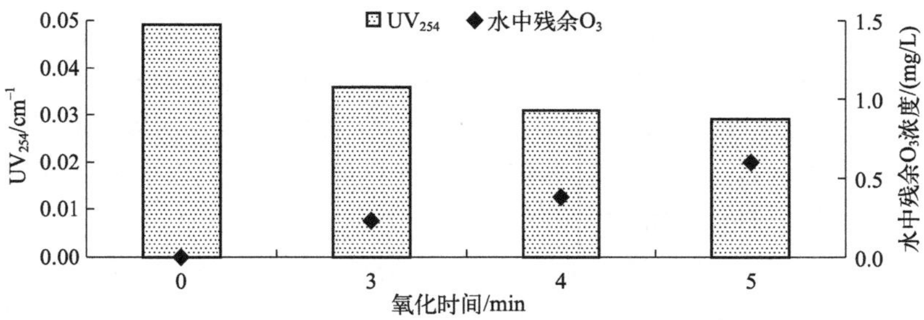

图 5-50　方式一第 2 阶段氧化过程中的 UV_{254} 和水中残余 O_3 浓度

如图 5-49 所示，在第 2 阶段氧化过程中，水中 O_3 浓度和 BrO_3^- 生成量逐渐增加，在氧化结束后水中 O_3 浓度为 0.6mg/L，BrO_3^- 生成量为 12μg/L。如图 5-50 所示，第 2 阶段氧化结束后 UV_{254} 含量为 0.028cm^{-1}，相对第 1 阶段减少了 43%（经过第 1 阶段氧化后水中 UV_{254} 为 0.049cm^{-1}）。如图 5-51 所示，第 2 阶段氧化结束后 COD_{Mn} 为 3.34mg/L，相对第 1 阶段减少了 7%（经过第 1 阶段氧化后水中 COD_{Mn} 为 3.58mg/L）。

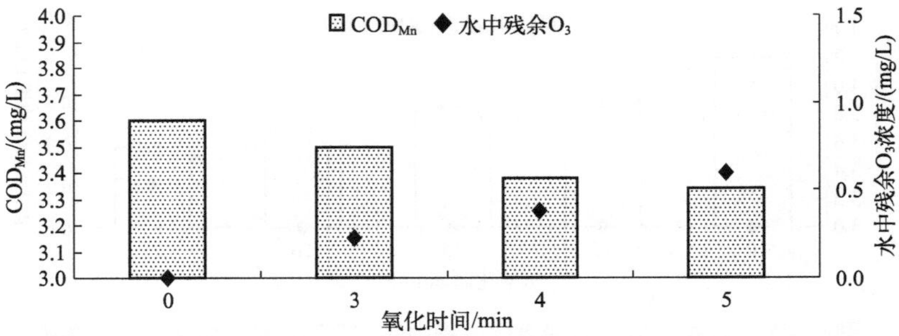

图 5-51　方式一第 2 阶段氧化过程中的 COD_{Mn} 和水中残余 O_3 浓度

第 2 阶段 UV_{254} 和 COD_{Mn} 去除率分别为 43% 和 7%，相对第 1 阶段较低（第 1 阶段 UV_{254} 和 COD_{Mn} 去除率分别为 53% 和 14.7%），是因为在第 1 阶段 O_3 已将大部分易与 O_3 反应的有机物去除，剩余有机物与 O_3 的反应速率较低或不能被 O_3 氧化。这时，水中残余 O_3 浓度升高为 0.6mg/L，BrO_3^- 生成量为 12μg/L。

由此可见，经过第 1 阶段低臭氧气流量氧化后，易被 O_3 氧化的有机物已被大量去除，导致第 2 阶段氧化过程中水中残余 O_3 浓度升高，BrO_3^- 开始生成。

3）方式一与方式二臭氧氧化处理效果的对比

方式二氧化结果与方式一氧化结果对比见表 5-16。

表 5-16　方式一与方式二（臭氧氧化与直接臭氧氧化）结果对比

项目	BrO_3^- /（μg/L）	UV_{254} 去除率 /%	COD_{Mn} 去除率 /%
方式一	12	73	21
方式二	56	76	27

如表 5-16 所列，O_3 投加量均为 13mg/L 时，南四湖水以方式一投加 O_3 氧化处理后，BrO_3^- 生成量比方式二减少了 78%，UV_{254} 和 COD_{Mn} 的去除率几乎相同。

以方式一投加 O_3 之所以能控制 BrO_3^- 的生成，是因为方式一的第 1 阶段以低臭氧气流量（30mL/min）投加 O_3，并延长了氧化时间（t=20min），O_3 仅与有机物反应，水中残余 O_3 浓度较低，Br^- 几乎不被氧化为 BrO_3^-；第 2 阶段以高臭氧气流量（75mL/min）投加 O_3，并减少了氧化时间（t=5min），有机物去除率降低，因为剩余的有机物难与 O_3 反应。此时水中残余 O_3 浓度升高，O_3 开始氧化 Br^- 为 BrO_3^-，但因为氧化时间较短，所以 BrO_3^- 不会大量生成。

方式二氧化全过程以较大臭氧气流量、短时间投加 O_3，导致水中残余 O_3 浓度较高，氧化有机物的同时也氧化 Br^- 为 BrO_3^-。

综上所述，在相同 O_3 投加量的条件下，采用方式一即变流量臭氧氧化，先以低臭氧气流量、长时间投加 O_3，再以高臭氧气流量、短时间投加 O_3，既能控制 BrO_3^- 的生成又能保证对有机物的去除。

（2）臭氧投加方式对溴酸盐生成量的影响

采用南四湖水，分多次投加饱和臭氧水氧化。臭氧投加量总量分别为 6mg/L、8mg/L，总反应时间均为 20min。单次投加方式即为在初始时一次性投加臭氧；两次投加方式为分别在初始和 10min 时各投加 50% 的臭氧；三次投加方式为分别在初始、7min 和 14min 时各投加 1/3 的臭氧量。水质指标见表 5-17，试验结果见图 5-52。

表 5-17　臭氧投加方式对溴酸盐生成量的影响

臭氧投加量 /（mg/L）	投加方式	溴酸盐浓度 /（μg/L）	溴离子浓度 /（μg/L）	UV_{254}/cm^{-1}	TOC/（mg/L）
6	单次投加	22	205	0.090	8.67
6	两次投加	9	225	0.088	8.21
6	三次投加	未检出	246	0.089	8.50
8	单次投加	29	192	0.066	8.67
8	两次投加	7	227	0.054	8.21
8	三次投加	未检出	231	0.061	8.50

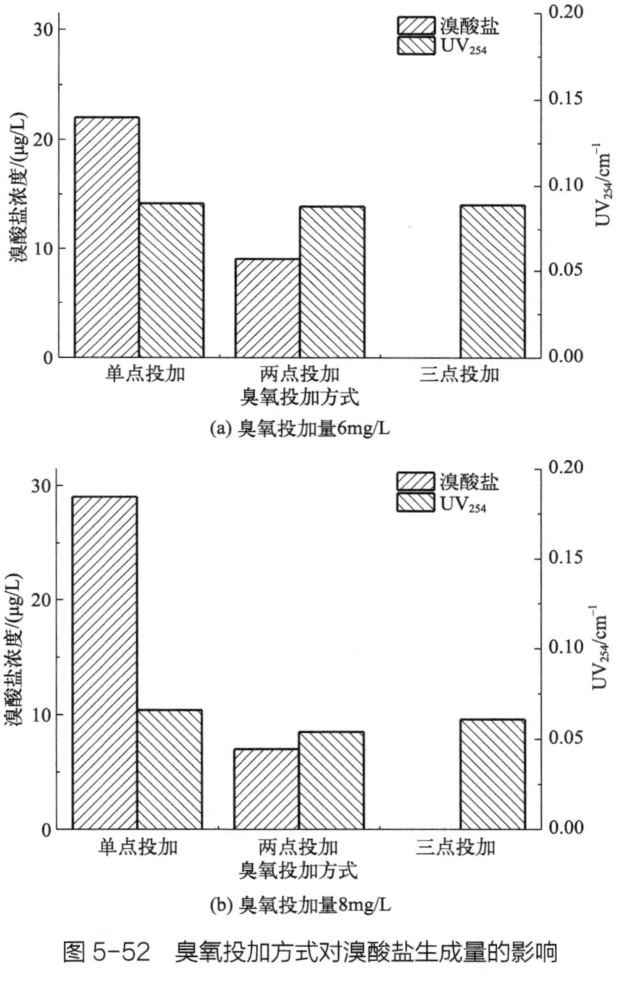

图 5-52　臭氧投加方式对溴酸盐生成量的影响

由试验结果可知，多点投加对溴酸盐的生成具有明显的抑制作用。臭氧投加量为 6mg/L 和 8mg/L 时，两点投加抑制率约为 76%，在三点投加的条件下其抑制率可达 95% 以上，且臭氧总投加量越大，分次投加对溴酸盐生成的抑制率越明显。同时，多点投加对 UV_{254} 的去除没有明显影响。多点投加臭氧抑制溴酸盐生成的原理主要是减少臭氧接触时间并降低了原水中残余臭氧浓度，从而减小了臭氧与 Br^- 反应时的 CT 值。

5.3.2.2 H_2O_2/O_3 高级氧化对溴酸盐生成量的控制

(1) H_2O_2/O_3 高级氧化对 BrO_3^- 生成量的影响

以南四湖原水为研究对象，原水中 Br^- 浓度为310μg/L、UV_{254} 为 0.105cm^{-1}、DOC 为 6.4mg/L，COD_{Mn} 为 4.2mg/L、NH_3-N 为 0.26mg/L、pH 值为 8.3、温度为 25℃。O_3 投加量为 12mg/L，氧化时间为 12min。氧化开始 2min 投加 H_2O_2，与 O_3 投加量（12mg/L，即 0.25mmol/L）摩尔比为 R=1∶1、R=2∶1 和 R=3∶1。结果见图 5-53～图 5-55。

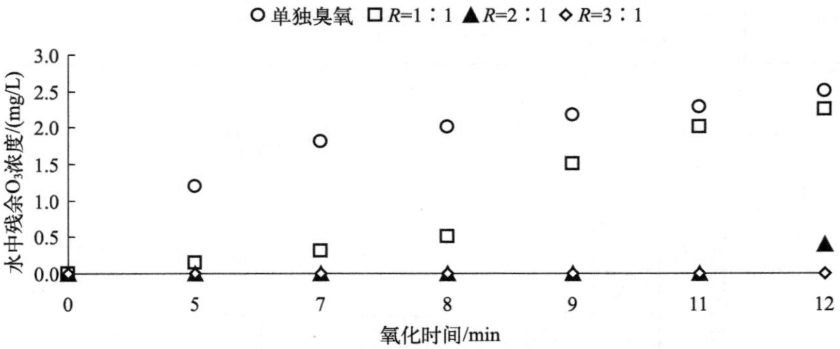

图 5-53　H_2O_2/O_3 摩尔比对水中残余 O_3 浓度的影响

如图 5-53 所示，随着 H_2O_2/O_3 摩尔比的增加，水中残余 O_3 浓度逐渐减少，水中残余 O_3 浓度由大到小为：单独 O_3 氧化＞R=1∶1＞R=2∶1＞R=3∶1。这是因为 H_2O_2 可以有效分解 O_3 为·OH，反应过程见式（5-44）～式（5-45）。当 R=1∶1 时，在前 8min 水中残余 O_3 浓度增长缓慢，这说明在前 8min 由于 H_2O_2 的存在使得 O_3 迅速分解，导致水中残余 O_3 浓度升高缓慢，之后 H_2O_2 被消耗完，水中残余 O_3 浓度增长较快。当 H_2O_2/O_3 摩尔比增加为 3∶1 时，整个氧化过程未检测到水中残余 O_3。由此可见，随着 H_2O_2 投加量的增加，H_2O_2 能迅速分解 O_3，导致水中残余 O_3 浓度减小。

$$H_2O_2 \rightleftharpoons H^+ + HO_2^- \qquad pK_a=11.6 \tag{5-44}$$

$$HO_2^- + O_3 \longrightarrow \cdot OH + O_2 + O_2^- \qquad K=2.2\times10^6 \tag{5-45}$$

如图 5-54 所示，随着 H_2O_2/O_3 摩尔比的增加，THMs-Br（溴代三卤甲烷）生成量逐渐减少。当 R=1∶1 时 THMs-Br 生成量为 2.5μg/L，相对单独 O_3 氧化减少 80%；当 R=3∶1 时

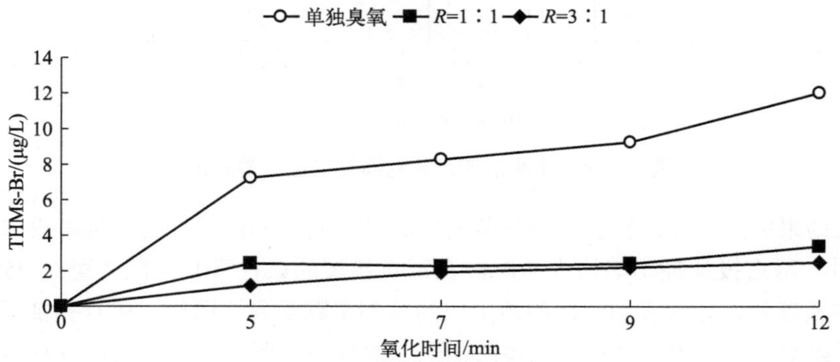

图 5-54　H_2O_2/O_3 摩尔比对 THMs-Br（溴代三卤甲烷，以 Br 计）生成量的影响

THMs-Br 生成量为 2μg/L，相对 O_3 单独氧化减少 83%。说明 H_2O_2 对 THMs-Br 的生成有抑制作用。

Tadao Misuzu 指出，HOBr 与有机物反应可生成 THMs-Br，所以 THMs-Br 可指示 HOBr 的生成量，因此，图 5-55 也表明随着 H_2O_2/O_3 摩尔比的增加 HOBr 含量减少。

如图 5-55 所示，随着 H_2O_2/O_3 摩尔比的增加，BrO_3^- 生成量逐渐减少。单独 O_3 氧化 BrO_3^- 生成量为 140μg/L。当 R=2∶1 时，BrO_3^- 生成量为 64μg/L，相对于单独 O_3 氧化减少 54%；当 R=3∶1 时，BrO_3^- 生成量为 40μg/L，相对于单独 O_3 氧化减少 71%。

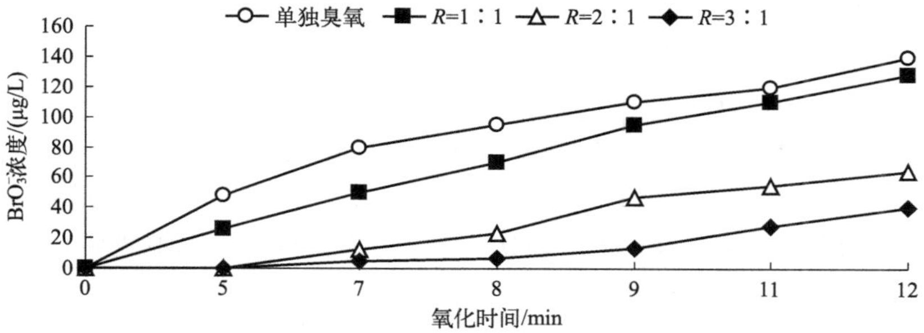

图 5-55　H_2O_2/O_3 摩尔比对 BrO_3^- 生成量的影响

H_2O_2 的存在使得 O_3 被大量分解，导致水中残余 O_3 浓度降低，从而抑制了 O_3 直接氧化途径。由前面对 BrO_3^- 生成机理的研究可知，该水质条件下 BrO_3^- 的生成是由 O_3 直接氧化途径和·OH 间接氧化途径共同作用，并且·OH 间接氧化途径影响更大。从结果来看，随着 H_2O_2 投加量的增大以及对 O_3 分解作用的加强，O_3 直接氧化途径受到抑制，但并未通过促进·OH 间接氧化途径生成更多的 BrO_3^-，BrO_3^- 生成量反而大幅减少。从图 5-55 可看出，随着 H_2O_2 投加量的增多，生成 BrO_3^- 的中间产物 HOBr 浓度减少，说明 HOBr 被 H_2O_2 消耗（见反应式），导致 BrO_3^- 生成量减少。

$$HO_2^- + HOBr \longrightarrow Br^- + O_2 + H_2O \qquad K=7.6\times10^8 mol/(L\cdot s) \qquad (5\text{-}46)$$

由此可以看出，在南四湖水质条件下，增大 H_2O_2 投加量一方面通过分解 O_3 减少水中残余 O_3 浓度，抑制 O_3 直接氧化途径生成 BrO_3^-；另一方面 H_2O_2 可以大大减小中间产物 HOBr 的存在浓度，导致 BrO_3^- 生成量减少。

（2）H_2O_2/O_3 高级氧化对 UV_{254} 去除率的影响

H_2O_2/O_3 摩尔比对 UV_{254} 去除率的影响见图 5-56。

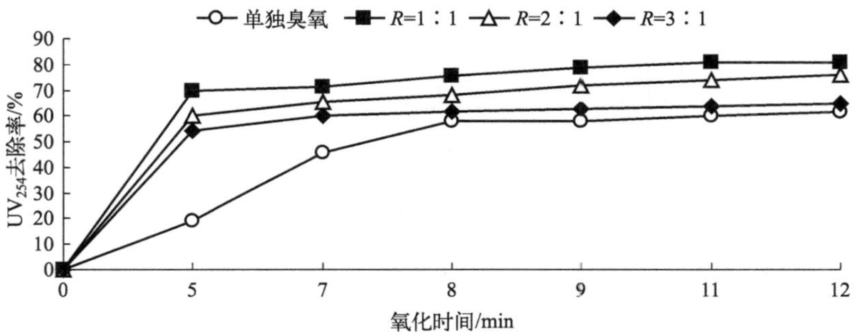

图 5-56　H_2O_2/O_3 摩尔比对 UV_{254} 去除率的影响

如图 5-56 所示，经过 H_2O_2/O_3 高级氧化处理的水样 UV_{254} 去除率高于单独 O_3 氧化处理的水样。前 5min 投加 H_2O_2 的水样 UV_{254} 去除较快，这是因为 H_2O_2 可以催化 O_3 生成大量·OH，·OH 具有强氧化性，可以迅速去除 UV_{254}，相比之下单独的 O_3 分子与 UV_{254} 反应较慢。

当 R=1：1 时，UV_{254} 去除率为 80%；当 R=2：1 时，UV_{254} 去除率为 76%；当 R=3：1 时，UV_{254} 去除率为 64%。可见，随着 H_2O_2/O_3 摩尔比进一步增加，UV_{254} 去除率有所降低。这可能是由于，增加 H_2O_2 投加量，过量的 H_2O_2 会自动分解并与·OH 发生反应［见式（5-47）～式（5-48）］，导致·OH 被消耗，所以 UV_{254} 去除率降低。

$$2H_2O_2 \longrightarrow O_2 + H_2O \qquad K=2.5\times10^{12}\text{mol/(L·s)} \tag{5-47}$$

$$\cdot OH + 2H_2O_2 \longrightarrow HO_2^- + H_2O \qquad K=2.7\times10^{7}\text{mol/(L·s)} \tag{5-48}$$

综上所述，通过对 H_2O_2/O_3 高级氧化处理南四湖水的研究，表明在该水质条件下 H_2O_2/O_3 有利于 BrO_3^- 和 THMs-Br 的控制，增大 H_2O_2 投加量一方面可以通过分解 O_3 减少水中残余 O_3 浓度，抑制 O_3 通过直接氧化途径生成 BrO_3^-，另一方面 H_2O_2 可以抑制重要的中间产物 HOBr 生成，导致 BrO_3^- 生成量减少。但过量投加 H_2O_2 会导致·OH 被 H_2O_2 消耗，对有机物的去除率降低。

5.3.2.3 Cl_2 预氧化 /NH_3 工艺控制臭氧化溴酸盐生成

基于上述 BrO_3^- 的生成机理及途径，臭氧氧化南四湖水过程中的 BrO_3^- 是通过中间产物 $HOBr/OBr^-$ 生成的。

本部分研究 Cl_2-NH_3 工艺（即在臭氧氧化之前先加入 HOCl 预氯化，使 Br^- 转化为 $HOBr/OBr^-$，然后加入 NH_4^+-N 使 $HOBr/OBr^-$ 转化为其他物质，最后再通入臭氧氧化）对南四湖水臭氧氧化生成 BrO_3^- 的控制。

（1）NH_4^+-N 浓度对 BrO_3^- 生成量的影响

试验以南四湖水源水为研究对象，当臭氧投加量为 18.7mg/L 时（本部分试验臭氧以臭氧气的方式投加），改变 NH_4^+-N 投加量，研究 NH_4^+-N 对 BrO_3^- 生成的影响。试验结果见图 5-57。

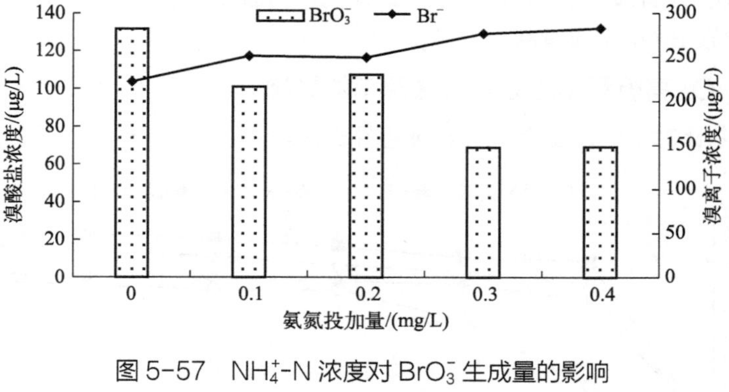

图 5-57 NH_4^+-N 浓度对 BrO_3^- 生成量的影响

由图 5-57 可知，NH_4^+-N 能抑制臭氧氧化南四湖水 BrO_3^- 的生成。当 NH_4^+-N 浓度＜0.3mg/L 时，随着其浓度的升高，BrO_3^- 的生成量减少。当 NH_4^+-N 浓度≥0.3mg/L 时，BrO_3^- 的生成量不随 NH_4^+-N 浓度的增加而改变。NH_4^+-N 投加量为 0.3mg/L 时，其对 BrO_3^- 生成的抑制效率最

大，为 47.7%。剩余溴离子浓度随 NH_4^+-N 投加量的增加而增加。这是因为 NH_4^+-N 能与生成 BrO_3^- 的中间产物 $HOBr/OBr^-$ 反应生成溴胺类物质，抑制了 $HOBr/OBr^-$ 的进一步氧化，减少了 BrO_3^- 的生成。溴胺类物质被臭氧氧化生成 Br^-。

（2）HOCl 浓度对 BrO_3^- 生成量的影响

试验以南四湖水为研究对象，原水先经 HOCl 预氯化 5min，然后投加一定量的 NH_4^+-N，混合均匀后通入臭氧氧化。当臭氧投加量为 18.7mg/L、NH_4^+-N 投加量为 0.3mg/L（21.4μmol/L）时，分别投加不同浓度的 HOCl，研究 HOCl 投加量对 BrO_3^- 生成的影响。试验结果见图 5-58。

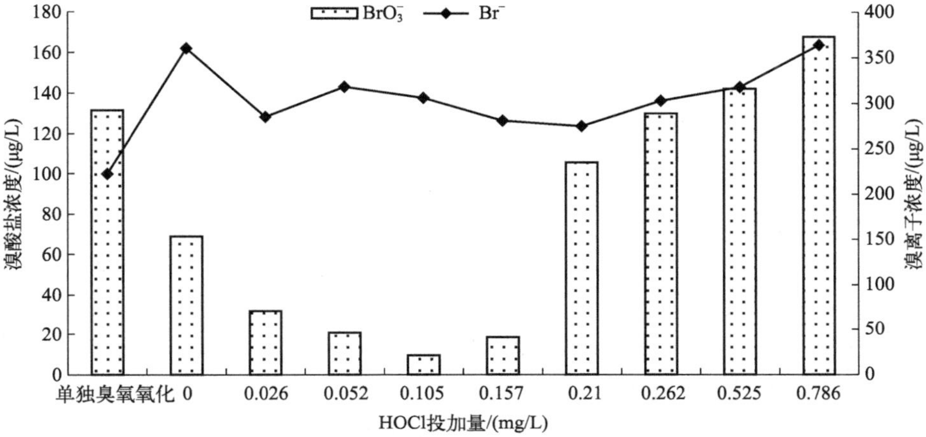

图 5-58　HOCl 对 BrO_3^- 生成量的影响

由图 5-58 可知，在氯胺工艺中，HOCl 投加量对 BrO_3^- 的生成影响很大，当 NH_4^+-N 浓度为 0.3mg/L 时，加入 HOCl 能进一步抑制 BrO_3^- 的生成。当 HOCl 投加量＜ 0.105mg/L 时，随着 HOCl 投加量的增加，BrO_3^- 的生成量减少。当 HOCl 投加量＞ 0.105mg/L 时，随着 HOCl 投加量的增加，BrO_3^- 的生成量增加。HOCl 投加量为 0.105mg/L 时，其对 BrO_3^- 生成的抑制效率最高，为 92.8%。与只加入 NH_4^+-N 的臭氧氧化相比，Cl_2-NH_3 工艺对 BrO_3^- 生成的抑制效率提高了 45.1%。但当 HOCl 投加量≥ 0.21mg/L 时，与只加入 NH_4^+-N 的臭氧氧化相比，其对 BrO_3^- 的生成有促进作用。随着 HOCl 的增加，BrO_3^- 的生成量呈先减小后增大趋势，可能是因为当 HOCl 投加量不足以使预氯化完全时，预氯化生成的 HOBr 较少，未被 HOCl 氧化的 Br^- 量较多，剩余的 Br^- 被氧化生成 BrO_3^-，随着 HOCl 投加量的增加，预氯化生成的 HOBr 增加，其与 NH_4^+-N 反应生成的溴胺增加（预氯化剩余的 Br^- 浓度减少），高浓度的氯胺消耗水中的臭氧，使臭氧浓度降低，减少了能与 Br^- 反应的臭氧，致使生成的 BrO_3^- 减少。但当 HOCl 过量时（加入的 NH_4^+-N 浓度一定，），水中的 Br^- 几乎全被氧化成 HOBr，HOBr 与 NH_4^+-N 反应后有剩余，此时水中臭氧一部分与生成的溴胺反应生成 Br^-，生成的 Br^- 与 HOBr 同时被氧化生成 BrO_3^-，从而使 BrO_3^- 的生成量增加。

（3）预氯化时间对 BrO_3^- 生成量的影响

试验以南四湖水为研究对象，当臭氧投加量为 18.7mg/L、NH_4^+-N 投加量为 0.3mg/L（21.4μmol/L）、HOCl 投加量为 0.052mg/L 时，改变预氯化时间，研究预氯化时间对 BrO_3^- 生成的影响（先投加 HOCl，预氯化一段时间后，加入 NH_4^+-N 混匀，然后通入臭氧氧化。投加顺序下同）。试验结果见图 5-59。

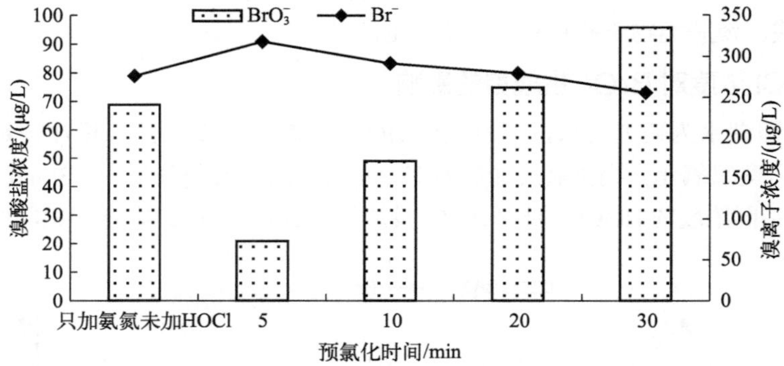

图 5-59　预氯化时间对 BrO_3^- 生成量的影响

由图 5-59 可知，在水中存在 NH_4^+-N 的情况下投加适量的 HOCl 能进一步抑制 BrO_3^- 的生成，在 NH_4^+-N 投加量和 HOCl 投加量不变的情况下，预氯化时间越长，Cl_2-NH_3 工艺对 BrO_3^- 生成的抑制效果越差，最终剩余的 Br^- 浓度也越低。这是因为，预氯化时间越长，预氯化过程中被氧化的 Br^- 越多，生成的 HOBr 越多，因为 NH_4^+-N 的浓度一定，其与 HOBr 反应后剩余的 HOBr 的量越多，而剩余的 HOBr 能进一步被氧化生成 BrO_3^-，因此当 HOCl 投加量一定时增加预氯化时间会增加 BrO_3^- 的生成量。

（4）NH_4^+-N 投加量对氯胺工艺中 BrO_3^- 生成量的影响

试验以南四湖水为研究对象，当臭氧投加量为 18.7mg/L、HOCl 投加量为 0.052mg/L 时，改变 NH_4^+-N 投加量，研究 NH_4^+-N 对 BrO_3^- 生成量的影响。试验结果见图 5-60。

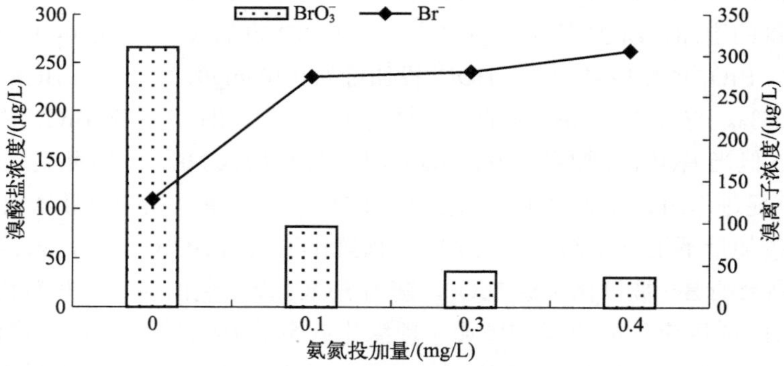

图 5-60　NH_4^+-N 对 BrO_3^- 生成量的影响

由图 5-60 可知，在氯胺工艺中，NH_4^+-N 投加量对 BrO_3^- 的生成量影响很大。在单独臭氧氧化中，BrO_3^- 的生成量为 131.6μg/L。只投加 HOCl 时，BrO_3^- 的生成量为 266μg/L，其促进了 BrO_3^- 的生成。与单独臭氧氧化相比，预氯化后加入 NH_4^+-N，BrO_3^- 的生成量减少，且 NH_4^+-N 投加量越多，BrO_3^- 的生成量越少，最终剩余的 Br^- 浓度越高。这是因为 NH_4^+-N 会与预氯化生成的 HOBr 反应生成溴胺，降低了水中 HOBr 的浓度，且 NH_4^+-N 浓度越高，生成的溴胺浓度越高，溴胺经臭氧氧化后生成的 Br^- 浓度越高。此外，NH_4^+-N 浓度越高，预氯化生成的 HOBr 的剩余浓度越低，因此氧化生成的 BrO_3^- 的浓度越低。

5.3.2.4 高锰酸钾 / 氨氮预处理工艺对臭氧化溴酸盐生成的抑制

本试验采用高锰酸钾以及高锰酸钾 / 氨氮预处理南四湖原水、自来水（来自引黄水库水厂），再投加臭氧，探讨高锰酸盐 / 氨氮预处理控制溴酸盐生成的效果。水质情况见表 5-18，试验结果见表 5-19、表 5-20、图 5-61、图 5-62。

表 5-18 水质指标

水样类型	pH 值	溴酸盐浓度 /（μg/L）	溴离子浓度 /（μg/L）	氨氮浓度 /（mg/L）	UV_{254}/cm^{-1}	TOC/（mg/L）
南四湖原水配水	8.7	未检出	258	0.62	0.158	7.41
自来水配水	7.6	未检出	260	0.08	0.01	0.71

表 5-19 高锰酸盐预氧化控制溴酸盐生成情况（自来水配水）

臭氧投加量 /（mg/L）	高锰酸根浓度 /（mg/L）	氨氮浓度 /（mg/L）	溴酸盐浓度 /（μg/L）	溴离子浓度 /（μg/L）	UV_{254}/cm^{-1}	TOC/（mg/L）
2	0	0	42	191	0.009	0.66
2	1	0	37	195	0.005	0.57
2	0.5	1	3	206	0.007	0.59
2	1	1	未检出	226	0.007	0.67

表 5-20 高锰酸盐预氧化控制溴酸盐生成情况（南四湖原水配水）

臭氧投加量 /（mg/L）	高锰酸根浓度 /（mg/L）	氨氮浓度 /（mg/L）	溴酸盐浓度 /（μg/L）	溴离子浓度 /（μg/L）	UV_{254}/cm^{-1}	TOC/（mg/L）
8	0	0.6	29	192	0.063	7.20
8	0.5	0.6	25	183	0.061	7.37
8	1	0.6	21	188	0.065	7.45
8	0.5	1	9	198	0.063	7.50
8	1	1	8	192	0.065	7.37

从结果看出，单独投加高锰酸盐对溴酸盐的生成有一定抑制作用，但效果不明显。在高锰酸钾和氨氮联合作用下，溴酸盐的生成受到了明显抑制，抑制率在 90% 以上。臭氧氧化南四湖水样试验中，高锰酸钾 / 氨氮预处理抑制溴酸盐生成的效果也好于氨氮单独作用，臭氧投加量为 8mg/L，在高锰酸钾 / 氨氮浓度分别为 0mg/L、0.6mg/L 时，溴酸盐生成量为 29μg/L。随着高锰酸钾与氨氮投加量的增加，溴酸盐的抑制率也逐渐提高。在高锰酸钾与氨氮浓度均为 1mg/L 时，抑制率在 72% 左右。同时，对 UV_{254} 的检测表明，该种预处理对臭氧去除有机物的效果几乎没有影响，经过处理的水样也无色度上的变化。

5.3.2.5 溴酸盐的去除方法

（1）活性炭吸附还原去除法

该法是国外研究较为成熟的去除已经形成的 BrO_3^- 的方法，主要通过活性炭吸附 BrO_3^-

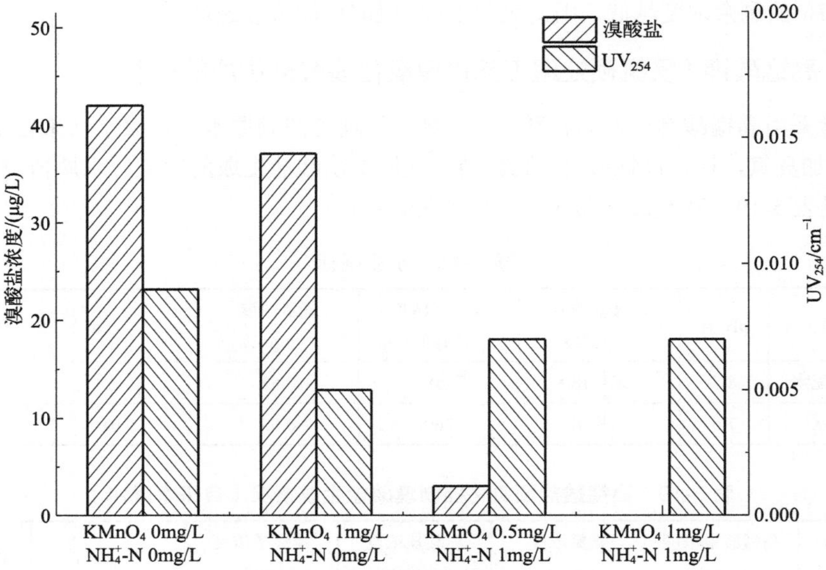

图 5-61 臭氧氧化自来水配水高锰酸盐控制溴酸盐生成情况

（臭氧投加量 2mg/L）

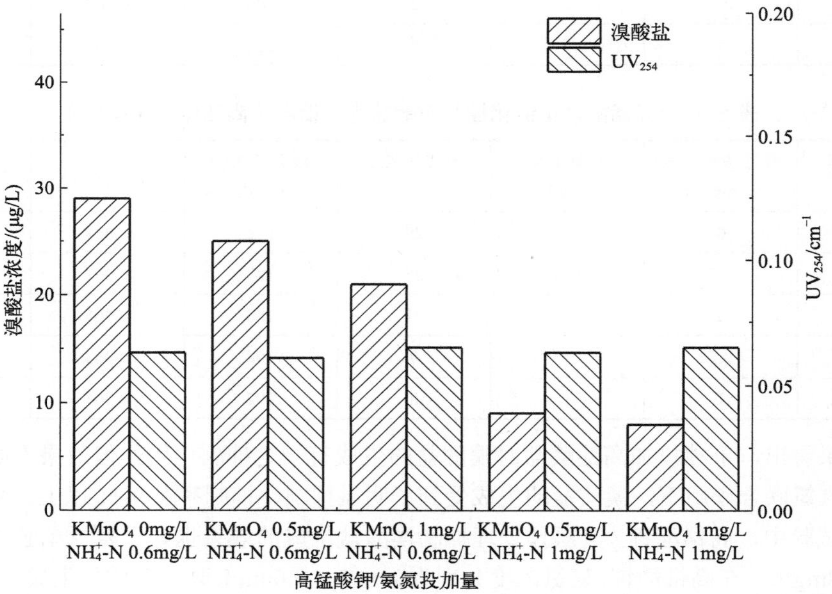

图 5-62 臭氧氧化南四湖原水配水高锰酸盐控制溴酸盐生成情况

（臭氧投加量 8mg/L）

后再把 BrO_3^- 还原为 Br^- 的原理降低 BrO_3^- 含量，但由于活性炭对 BrO_3^- 的吸附还原效果会随着运行时间的延长而不断降低，且在运行过程中活性炭上生物膜的形成会进一步降低其对溴酸盐的去除效果，活性炭进水中较高的 BrO_3^- 负荷会加快活性炭对 BrO_3^- 吸附还原性能降低的进程，因此要保证较好的 BrO_3^- 的去除效果就需要较频繁地更换活性炭，这就导致运行和管理成本大幅增加。

（2）UV 辐射法

一般是在 255nm 波长的低压汞灯照射下把 BrO_3^- 先还原为 HOBr，最终还原为 Br^-，去除 BrO_3^- 所需要的 UV 量要比消毒所需的量大得多，且 UV 辐射法对溴酸盐的去除率较低，这些都限制了该方法在实际中的应用。

（3）光催化法

主要是通过 TiO_2、Pt/TiO_2 等光催化剂在 254nm 波长的紫外光辐射下使 BrO_3^- 分解为溴离子和氧。研究表明，采用 Pt/TiO_2 光催化剂，BrO_3^- 的分解率可提高 4.4 倍。但光催化去除溴酸盐的效能会受 Br^- 和 SO_4^{2-} 的抑制。目前，这种光催化去除溴酸盐的方法耗时长，既不经济也不实际，但随着光导材料和催化剂的进一步发展，可能得到应用。

（4）Fe^{2+} 或 Fe^0 去除法

主要是通过 Fe^{2+} 或 Fe^0 还原 BrO_3^-，但这种方法容易受水中溶解氧竞争反应的干扰，实际应用的前景也不是很好。

5.4 活性炭再生及换炭技术

5.4.1 活性炭再生技术

活性炭在使用一段时间后，内部结构被吸附质堵塞，吸附能力下降以至完全丧失，这时的活性炭称为“饱和炭”。活性炭的价格较高，优质活性炭的价格超过 20000 元 /t，煤质活性炭的价格一般不低于 3000 元 /t。活性炭在水处理运行中存在使用量大、价格高等问题，其费用往往占运行成本的 30% ～ 45%。若饱和炭不经处理即废弃，不仅会造成水处理成本的大幅提高，对资源也是很大的浪费，同时还将造成二次污染。因此，将“饱和炭”进行再生具有极其重要的工程应用价值和经济价值。

活性炭再生是指用特殊的方法（物理的或化学的），在尽量不破坏活性炭本身结构的前提下，将吸附在活性炭上的各种污染物从微孔中去除，恢复其绝大部分吸附性能，达到重复使用的目的。活性炭再生后可以重新使用，一般再生费用低于新炭费用。国内外专家对活性炭再生进行了大量的试验研究，提出了不同的活性炭再生工艺技术。例如，加热再生法、药剂再生法、湿式氧化再生法、生物再生法、微波辐射再生法、电化学再生法、超声波再生法。

5.4.1.1 加热再生法

加热再生法是发展历史最长、应用范围最广的一种再生方法。加热再生法是利用外部加热的方法，改变吸附平衡关系，达到吸附和分解的目的。吸附在活性炭上的有机物分解脱附时所需的温度不同，因此又可以分为低温加热再生法和高温加热再生法。

（1）低温加热再生法

对于吸附那些浓度较高且沸点较低，一般加热到 300℃以下即可脱附的易脱型有机物的饱和炭，采用水蒸气再生，一般温度在 100 ～ 200℃。再生可直接在吸附柱内进行，脱附后的蒸汽经过冷却可回收利用。此方法常用于气体吸附的活性炭再生。

（2）高温加热再生法

活性炭用于水处理时，主要以不可逆吸附为主，有机物会牢固地吸附在活性炭表面上。要使有机物从活性炭表面上脱附，恢复活性炭的活性，高温加热再生是最恰当的方法。高温加热再生所需温度为850℃，经高温后，"饱和炭"表面的有机物得到炭化，活性炭达到再生目的，吸附恢复率高且再生效果稳定。

根据有机物在不同温度下的变化，加热过程一般可分为干燥、炭化及活化三个阶段。高温加热过程中，吸附在活性炭上的有机物变化情况如图5-63所示。

1）干燥阶段

加热温度在100～130℃，使含水在40%～50%的饱和炭得到干燥。在这个阶段所需的热量为再生过程总热量的50%。

2）炭化阶段

将饱和炭加热升温至150～500℃，使有机物分解挥发、炭化。通常到这个阶段，活性炭的吸附能力恢复率已达到60%～85%。

3）活化阶段

在这个阶段，通入活化气体（如O_2、CO_2、水蒸气等氧化性气体），使炭化阶段残留在活性炭微孔中的有机物在850℃左右的温度分解成CO、H_2等气体，此时，活性炭微孔得到清理，重新恢复吸附性能。吸附能力恢复率一般可达95%以上。

高温加热再生法的优点是再生时间短、再生效率高、对吸附质基本无选择性。但是，在加热再生过程中活性炭损失率在5%～10%，再生炭的机械强度有所下降，炭表面化学结构容易发生改变，热再生炭的吸附效率也会有所降低，反复再生会丧失吸附性能。

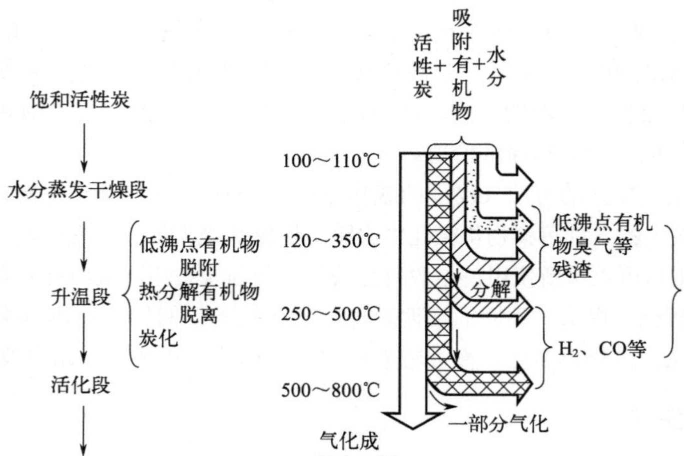

图5-63　有机物在加热再生时的变化情况

5.4.1.2　药剂再生法

药剂再生法是利用活性炭、溶剂和被吸附质三者之间的吸附平衡关系，通过改变温度、溶剂的pH值及其他相关条件，打破吸附平衡，将吸附质从活性炭上脱附下来，从而达到活性炭再生的目的。根据药剂的不同可分为无机药剂再生法和有机药剂再生法。

（1）无机药剂再生法

用无机酸（H_2SO_4、HCl）或碱（NaOH）等作为再生药剂，使吸附在活性炭上的污染物脱附。例如，在水处理中，以氢氧化钠作为再生药剂，再生吸附高浓度酚的饱和炭，脱附下来的酚可作为酚盐被回收利用；用盐酸等无机酸作为再生药剂，再生吸附重金属的饱和炭。

（2）有机药剂再生法

利用苯、甲醇、丙酮等有机溶剂，萃取吸附在活性炭上的污染物质。

（3）药剂再生法优缺点

① 药剂再生法优点：针对性强，再生设备简单；再生液中的有用物质可以回收利用；活性炭损失小，操作过程在吸附塔内进行。

② 药剂再生法缺点：一般只能针对单一物质再生，使用面过于狭窄；再生率低，活性炭微孔容易被堵塞，多次再生后炭的吸附性能明显降低；存在再生液二次污染的问题。

5.4.1.3　湿式氧化再生法

湿式氧化再生活性炭，是 20 世纪 70 年代在加热再生法的基础上发展起来的工艺。由于再生过程中饱和炭是在液相状态下用空气中的氧在高温、高压下将活性炭上所吸附的有机物氧化，所以湿式氧化再生法一般用于粉末活性炭再生。

湿式氧化再生法是在连续封闭的系统中进行，因此操作要求严格。由于其再生机理主要是基于有机物和活性炭的氧化温度不同，所以选择适当的再生温度和再生压力关系到活性炭的再生效率与再生损失率。

为了更有效地氧化分解活性污泥，进一步提高粉末活性炭的再生效果，人们在湿式氧化过程中添加 Co^{2+}、NH_4^+ 等盐作为催化剂，采用催化湿式氧化法再生活性炭。催化湿式氧化再生的优点是处理对象广泛，反应所需时间短，活性炭损失小（≤ 3%）。缺点是再生效率低（约为 50%），再生设备需耐腐蚀、耐高压，维修费用高，等等。

5.4.1.4　电化学再生法

电化学再生法是一种正在研究的新型活性炭再生技术。电化学再生法是在两个主电极之间填充“饱和炭”，在电解液中加以直流电场，“饱和炭”在电场作用下极化，一端呈阳极，另一端呈阴极，形成微电解槽，在饱和活性炭的阴极部位和阳极部位可分别发生还原反应和氧化反应，吸附在活性炭上的污染物大部分因此而分解，小部分因电泳力作用发生脱附。

电化学再生法操作方便，再生效率高，活性炭再生损失小，能耗低，处理对象广泛。若处理工艺完善，可以避免二次污染。

5.4.1.5　生物再生法

生物再生法与生物活性炭工艺相似。生物再生法是利用经过驯化培养的菌种处理“饱和炭”，在微生物的作用下，使吸附在活性炭上的有机物氧化分解成 H_2O 和 CO_2，从而使饱和活性炭达到再生的目的。但是，处理水中如果含有生物难降解或难脱附的有机物，再生效果将受影响。

生物再生法优点是简单易行，投资和运行费用较低；缺点是针对性太强，所需时间较长，受水质和温度的影响大。

5.4.1.6 微波辐射再生法

微波辐射再生法是利用微波产生的高温，将活性炭上吸附的污染物炭化、活化，使活性炭恢复吸附能力。在微波的作用下，有机污染物克服范德华力的吸引开始脱附，随着微波能量的不断聚集，在致热和非致热效应的共同作用下，一部分有机污染物燃烧分解放出二氧化碳，另一部分有机物炭化。

微波辐射再生法优点是设备构造简单、再生时间短、再生效率高、耗能低以及活性炭吸附容量恢复率高等。用微波在适合的强度和温度下再生“饱和炭”，能够使活性炭吸附能力恢复到97%。缺点是微波的加热过程是封闭的，如果不能及时排出蒸发的物质，再生效果会受到一定的影响。

5.4.1.7 超声波再生法

超声波对活性炭的吸附表面施加能量，通过“空化泡”爆裂的冲击，使吸附在活性炭上的物质得到脱离，达到活性炭再生的目的。超声波再生的最大特点是只在局部施加能量，再生排出液的温度仅提高2～3℃。有研究表明，超声波再生能耗仅为0.1kW·h/kg活性炭，但再生率不到50%。

超声波再生的优点是工艺及设备简单、活性炭损失小、能耗小、有用物质可回收利用。缺点是再生效率较低，仅对物理吸附有效，对化学性吸附没有作用。

5.4.1.8 活性炭再生方法的比较

活性炭再生方法较多，各有优缺点。下面从再生效率、炭损率、再生时间、再生重复性、能耗、再生设备构造复杂性等方面比较各自的优缺点，如表5-21所列。

表5-21 各种活性炭再生方法比较

方法	再生效率	炭损率	再生时间	再生重复性	能耗	“三废”	设备构造
加热再生	高	大	长	差	高	CO、粉尘、脱附产物	复杂
药剂再生	低	无	长	差	低	溶剂蒸气	复杂
生物再生	低	—	长	差	低	无	简单
湿式氧化再生	中	低	短	—	低	废液	复杂
电化学再生	高	低	长		低	废液	复杂
微波辐射再生	中	低	短	好	低	—	简单
超声波再生	低	低	中	差	很低	废水	简单

5.4.2 活性炭换炭试验效果研究

试验启动前，将该水厂的一组砂滤池改造为炭砂滤池，挖出部分原有的石英砂滤料，然后增设颗粒活性炭，改造后的滤层厚度为：砂层0.8m，炭层0.7m。滤池改造完成后，对活性炭滤池进行预处理，用清水浸泡一周，在此期间每两天反冲洗一次，去掉表面的灰分与残渣，之后对炭砂滤池进行强化反冲试验。经强化反冲后的炭砂滤池表面的泡沫量大大降低，达到前期试验准备条件。

运行初期，为加速生物活性培养、有效降低活性炭滤料漏损，采用先气冲后水冲的模式，反冲周期为 1 ～ 2 周，气冲强度为 3L/（m^2•s），时间为 3min，水冲强度为 4L/（m^2•s），时间为 3min，静沉 3min。反冲过程中，滤层膨胀率一般保持在 20% ～ 25%。

5.4.2.1　浊度去除效果

浊度是水中颗粒物质的一种特征，天然水中的胶体和悬浮物使水产生浑浊现象，影响水的透明度，浊度较高时能引起水生物生态的变化。所以，浊度不仅是饮用水的感官性状指标，而且在饮用水微生物安全方面也有重要意义。浊度的降低，一方面可以满足感官性状要求，同时水中有机物、病毒和各种微生物也会相应地减少。因此，降低出水浊度实际上已超出了其本身的意义。

本试验中各工段出水浊度如图 5-64 所示，砂滤、炭滤对浊度的去除率如图5-65 所示。

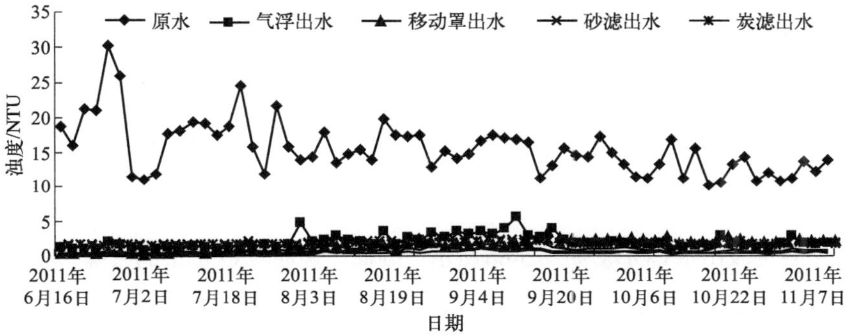

图 5-64　各工段出水浊度

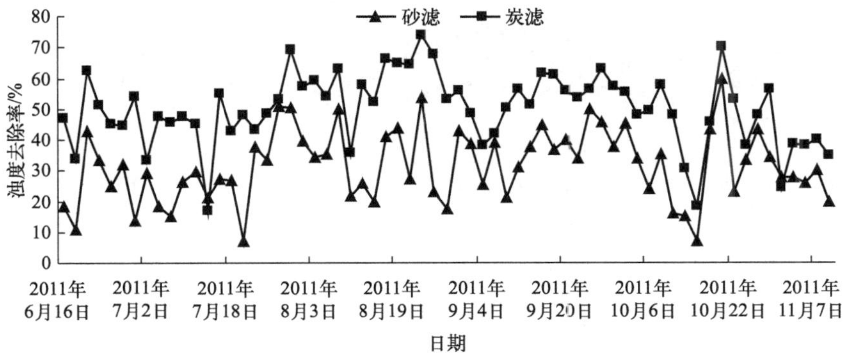

图 5-65　砂滤、炭滤对浊度的去除率

由图5-64 可以看出，试验期间，原水浊度波动较大，在 10.2 ～ 30.3NTU 之间，其中 6 ～ 7 月变化较大，主要是由于这期间降水强度较大，使沉淀物悬浮于水中。原水经过混凝、气浮、过滤后，浊度大大降低，其中气浮出水浊度在 1.01 ～ 3.86NTU 之间，移动罩出水浊度在 0.24 ～ 1.77NTU 之间，砂滤出水浊度在 0.32 ～ 1.16NTU 之间，炭滤出水浊度在 0.16 ～ 0.72NTU 之间。

由图 5-65 可以看出，试验期间，炭砂滤池对浊度的去除率明显高于砂滤池，其中炭滤对浊度的平均去除率为 50.04%，砂滤对浊度的平均去除率为 31.59%。由图 5-64、图5-65 可以看出，炭砂滤池对浊度的去除效果先增大后减小。

分析其原因是：运行初期，炭砂滤池主要依靠活性炭的吸附性能来截留颗粒悬浮物。随着炭砂滤池运行时间延长，活性炭颗粒表面形成一层生物膜，此时浊度的去除一方面是通过滤料对悬浮颗粒的吸附截留作用，另一方面是通过附着在活性炭滤料上的生物膜分泌大量的黏性物质对悬浮颗粒的生物吸附作用。但是，随着炭砂滤池长时间运行，活性炭的吸附能力逐渐减弱，截污能力逐渐饱和，对浊度的去除效果逐渐降低，此时主要依靠活性炭表面的生物膜对悬浮颗粒的生物吸附作用以及底层石英砂滤料的截留作用。

5.4.2.2 有机物去除效果

随着工业的快速发展，大量污水排放到河流中，导致水环境污染不断加剧，水中的有机物含量也越来越高，污染物成分也越来越复杂，常规工艺很难有效地去除。加之，国家水质标准的提高，对有机物的检测项目也有所增加。因此，试验对不同的有机物表征指标进行了测定，其中包括 COD_{Mn}、TOC 和 UV_{254} 等。

（1）COD_{Mn} 去除效果

COD_{Mn} 反映了水中可溶的和悬浮的能被高锰酸钾氧化的那一部分有机物和无机物的量，大体上与有机物含量呈正相关。它是反映水质受到污染（特别是有机物污染）的替代水质指标之一。

本试验中各工段出水 COD_{Mn} 如图 5-66 所示，砂滤、炭滤对 COD_{Mn} 的去除率如图5-67 所示。

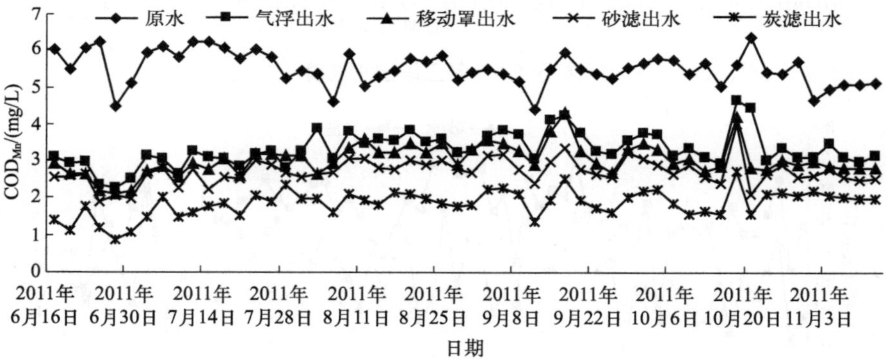

图 5-66 各工段出水 COD_{Mn}

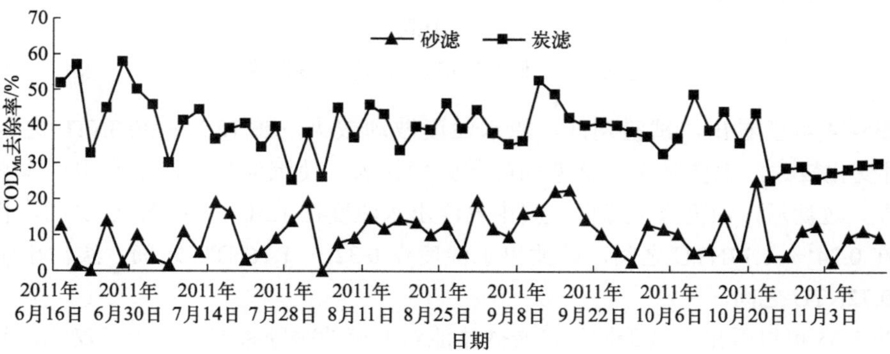

图 5-67 砂滤、炭滤对 COD_{Mn} 的去除率

由图 5-66 可以看出，试验期间原水 COD_{Mn} 在 5.04 ～ 6.17mg/L 之间，气浮出水 COD_{Mn} 在 1.95 ～ 4.65mg/L 之间，移动罩出水 COD_{Mn} 在 2.58 ～ 4.07mg/L 之间，砂滤出水 COD_{Mn} 在 1.87 ～ 3.14mg/L 之间，炭滤出水 COD_{Mn} 在 0.88 ～ 2.18mg/L 之间。由图 5-67 可以看出砂滤池对 COD_{Mn} 的去除率在 0 ～ 25% 之间，平均去除率为 10.23%；炭砂滤池对 COD_{Mn} 的去除率在 25% ～ 58% 之间，平均去除率为 38.92%。由此可见砂滤池对 COD_{Mn} 的去除作用不大，炭砂滤池对 COD_{Mn} 的去除效果非常显著。分析其原因可归结为：

① 砂滤池只能通过截留作用去除很少部分的有机物；

② 炭砂滤池一方面通过活性炭颗粒孔隙吸附截留有机物，另一方面通过活性炭颗粒表面的生物膜将可生物降解的有机物氧化分解，来去除部分 COD_{Mn}。

由图 5-66 可以看出，炭滤对 COD_{Mn} 的去除率明显降低，但是由图 5-67 可以看出，炭砂滤池出水中的 COD_{Mn} 值并没有明显升高，其值一直维持在 2mg/L 左右。这主要是由于在此期间受温度变化影响，原水水质变好，水中的有机物减少，炭砂滤池对 COD_{Mn} 的去除能力有限，出水 COD_{Mn} 只能维持在一定范围内。

（2）TOC 去除效果

TOC 是以碳的含量表示水体中有机物质总量的综合指标。TOC 采用燃烧法测定，该方法能将全部有机物氧化，它比 COD 或 BOD_5 更能直接地表示有机物的总量，因此常被用来评价水体中有机物污染的程度。

本试验中各工段出水 TOC 如图 5-68 所示，砂滤、炭滤对 TOC 的去除率如图 5-69 所示。

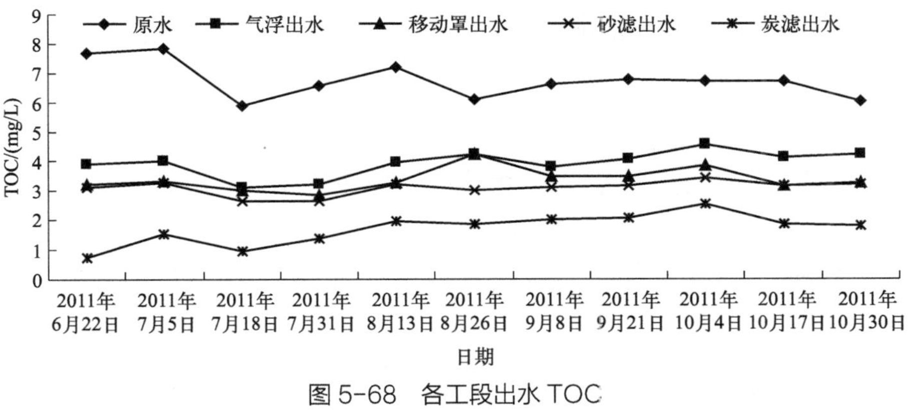

图 5-68　各工段出水 TOC

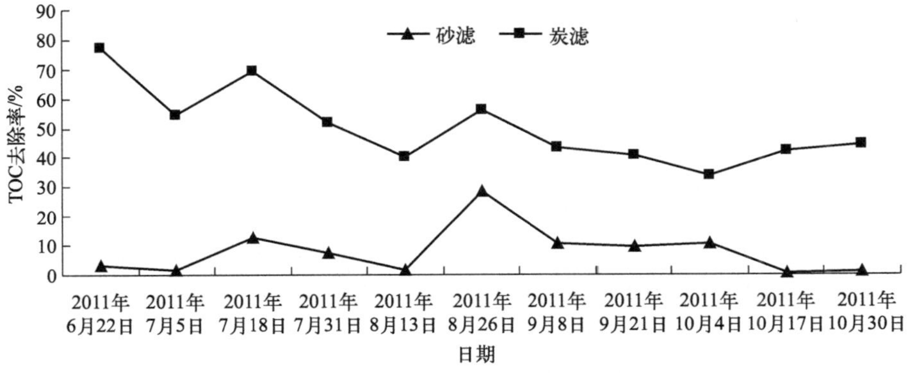

图 5-69　砂滤、炭滤对 TOC 的去除率

由图5-68可以看出，试验期间原水TOC在6.04～7.85mg/L之间，气浮出水TOC在3.10～4.55mg/L之间，移动罩出水TOC在2.85～4.21mg/L之间，砂滤出水TOC在2.64～3.62mg/L之间，炭滤出水TOC在0.73～2.56mg/L之间。由图5-69可以看出，炭砂滤池对TOC的去除率在31%～79%之间，平均去除率为54.82%；砂滤池对TOC的去除率在0.63%～28%之间，平均去除率为7.95%。由此可见，炭砂滤池对TOC的去除率远高于砂滤池。

（3）UV_{254}去除效果

水中芳烃、带共轭双键的化合物等有机物对紫外光有一定的吸收能力，特别是腐殖质类物质。在波长254nm下测定，水样中UV_{254}值与水中腐殖质呈正相关。因此，UV_{254}反映水中有机物（特别是腐殖质）的含量及污染程度。1978年日本正式将UV_{254}列为水质检测指标，欧洲也将其作为去除有机物效果的检测指标之一。

本试验中各工段出水UV_{254}如图5-70所示，砂滤、炭滤对UV_{254}的去除率如图5-71所示。

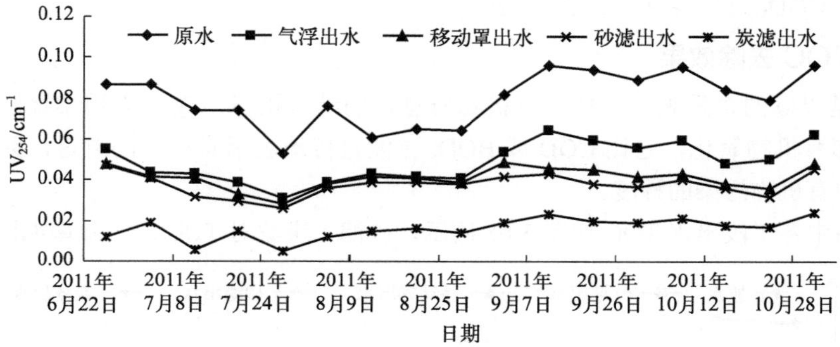

图5-70　各工段出水UV_{254}

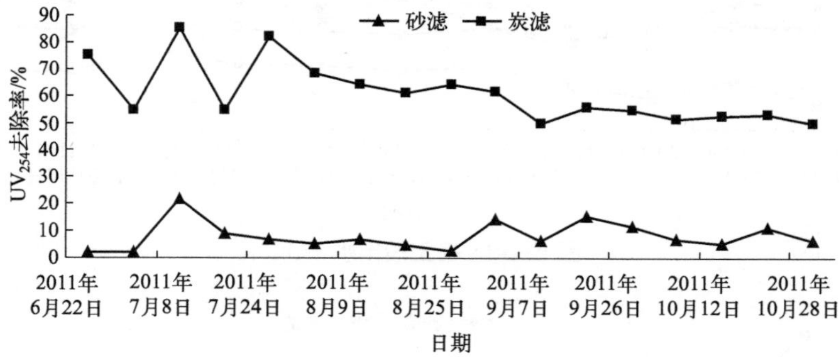

图5-71　砂滤、炭滤对UV_{254}的去除率

由图5-70可以看出，原水的UV_{254}值在0.053～0.096cm^{-1}，气浮出水的UV_{254}值在0.031～0.062cm^{-1}，移动罩出水的UV_{254}值在0.028～0.049cm^{-1}，砂滤出水的UV_{254}值在0.026～0.045cm^{-1}，炭滤出水的UV_{254}值在0.005～0.024cm^{-1}。由图5-71可知，炭砂滤池对UV_{254}的去除率远远高于砂滤池，其中炭砂滤池对UV_{254}的平均去除率为61.04%，砂滤池对UV_{254}的平均去除率为8.26%。这主要归因为：

① 活性炭表面含有的羧基官能团有利于活性炭对芳香族化合物的吸附；

② 被吸附物质如致突活性物质，分子量较小，具有弱极性或中等极性，即亲水性不高，符合活性炭作为疏水性吸附剂易于去除分子量较小的低极性组分的吸附特性；

③ 活性炭表面粗糙，有利于微生物的生存与繁殖，因而炭砂滤池能发挥一定的生物氧化作用。

5.4.2.3 氨氮去除效果

饮用水中氨氮的存在通常不会对人体健康造成直接明显的危害，但是，氨氮的存在有利于硝化菌和亚硝化菌在水处理构筑物及配水系统中生长繁殖，一方面增加了水处理的困难，另一方面也间接提高了给水厂出水有机质含量，影响水的气味。

本试验中各工段出水氨氮浓度如图 5-72 所示，砂滤、炭滤对氨氮的去除率如图 5-73 所示。

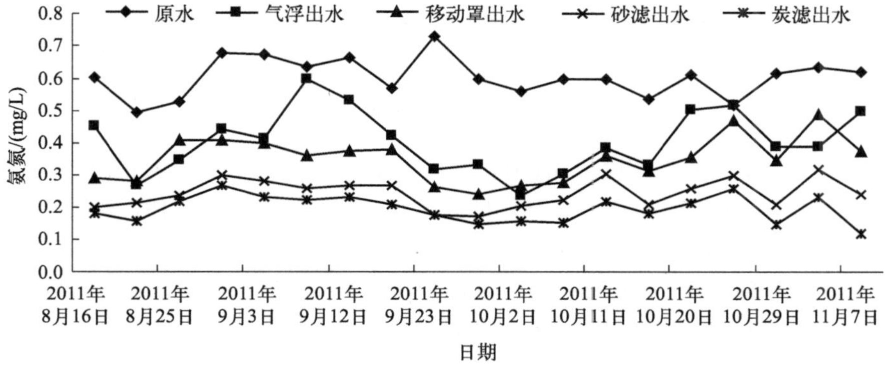

图 5-72　各工段出水氨氮

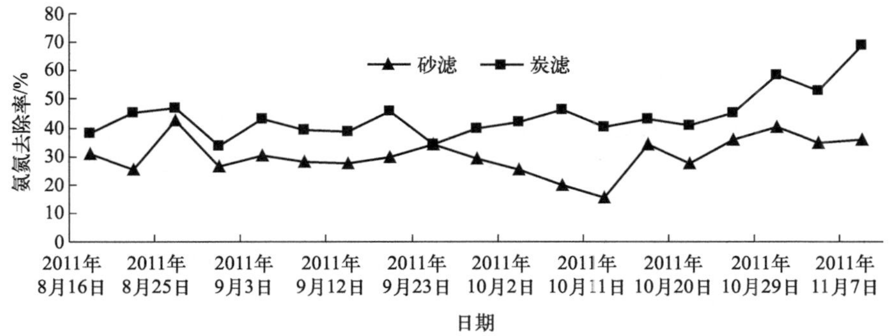

图 5-73　砂滤、炭滤对氨氮的去除率

由图 5-72 可知，试验期间原水氨氮含量在 0.49 ～ 0.73mg/L 之间，气浮出水氨氮含量在 0.23 ～ 0.60mg/L 之间，移动罩出水氨氮含量在 0.24 ～ 0.49mg/L 之间，砂滤出水氨氮含量在 0.17 ～ 0.31mg/L 之间，炭滤出水氨氮含量在 0.12 ～ 0.27mg/L 之间。由图 5-73 可以看出，炭砂滤池对氨氮的去除率在 33.79% ～ 68.79% 之间，砂滤池对氨氮的去除率在 15.43% ～ 42.58% 之间。同时，由图 5-73 可以看出，炭砂滤池对氨氮的去除率逐渐增大。分析其原因是：活性炭滤料表面已经形成生物膜，利用微生物的生物降解，将含氮有机物氧化分解为硝酸盐氮和亚硝酸盐氮，从而生化去除水中氨氮。

5.4.2.4 pH 值变化

pH 值是常用的水质指标之一，对絮凝作用有很大影响，同时对活性炭的吸附也有影响。一般情况下，活性炭吸附有机物的效率随溶液 pH 值的增加而降低。通常情况下，pH 值高于 9.0 时，有机物不易被活性炭吸附，pH 值越低时吸附效果越好。

各工段出水 pH 值如图 5-74 所示。

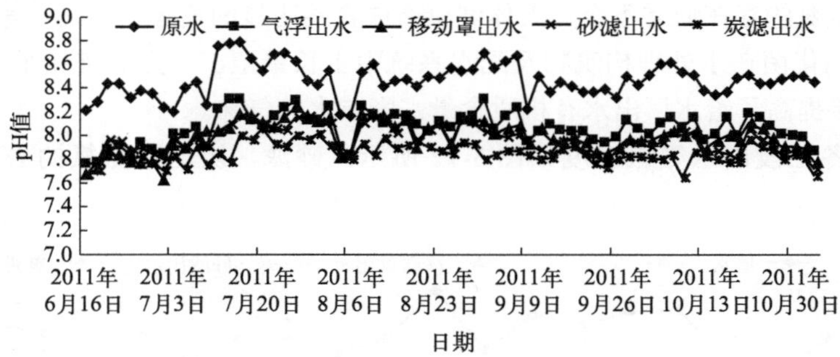

图 5-74　各工段出水 pH 值

由图 5-74 可知，试验期间原水 pH 值在 8.16 ～ 8.79 之间，气浮出水 pH 值在 7.77 ～ 8.31 之间，移动罩出水 pH 值在 7.62 ～ 8.18，砂滤出水 pH 值在 7.67 ～ 8.18，炭滤出水 pH 值在 7.66 ～ 8.00 之间。由图5-74 可以看出，原水经处理后 pH 值均有所降低，炭砂滤池出水 pH 值比砂滤池出水略低。研究硝化细菌最佳工作条件时发现，亚硝酸菌在转化氨氮为亚硝酸盐氮的过程中会产生大量的强酸，可使 pH 值下降到 5.6 或更低，所以试验中炭砂滤池滤后水 pH 值与进水相比有所下降。同时还发现，pH 值在 7.5 ～ 9.0 之间时，硝化细菌才能更好地发挥硝化作用。试验炭砂滤池出水 pH 值均在 7.5 以上，因此活性炭表面生物膜上的硝化细菌能更好地发挥硝化作用。

5.4.2.5 细菌去除效果

细菌是生活饮用水必检指标之一。水体含有丰富的有机物，微生物数量很多，水体卫生标准以细菌总数为主要衡量指标。细菌总数的多少反映水体的污染程度，其检验意义极大。

各工段出水中细菌总数如图 5-75 所示。

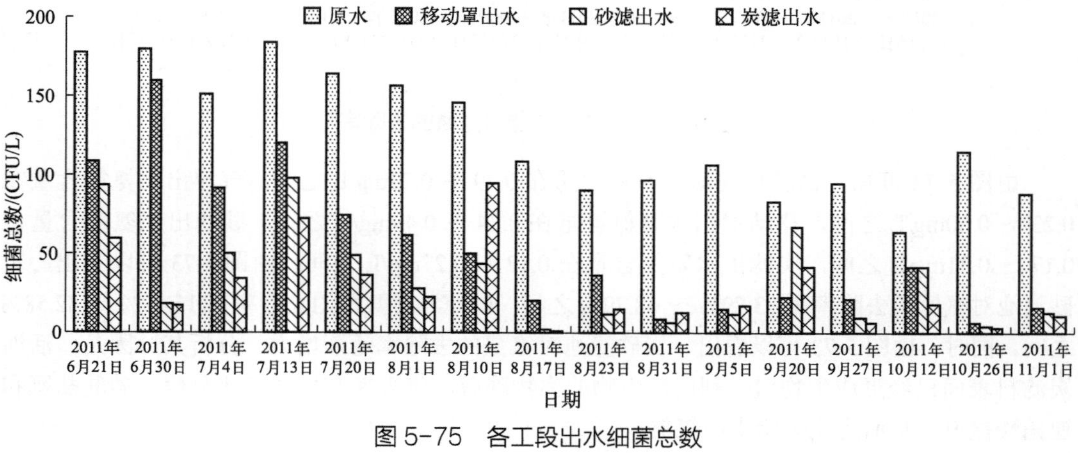

图 5-75　各工段出水细菌总数

由图 5-75 可以看出，原水细菌总数在 64 ～ 180CFU/mL，滤池进水（移动罩出水）细菌总数在 6 ～ 160CFU/mL，砂滤池出水细菌总数在 2 ～ 98CFU/mL，炭砂滤池出水细菌总数在 1 ～ 72CFU/mL。各工段出水细菌总数波动较大，主要是由于：a. 水体温度的变化，影响微生物的生命活动；b. 混凝剂种类及投药量的变化。

由图 5-75 可以看出，炭砂滤池出水中的细菌总数少于砂滤池，反映出炭砂滤池没有出现微生物泄漏的现象。

5.4.2.6　藻类去除效果

藻类对水处理效果具有严重影响，主要表现在以下几个方面：

① 藻类具有较高的稳定性，难于混凝，且藻类密度小，沉淀效果差，从而影响后继滤池的正常运行，进而缩短滤池的过滤周期，使滤池频繁反冲，导致耗水量增加；

② 藻类产生的有机物是氯化消毒副产物的前驱物；

③ 藻类在代谢过程中产生多种嗅味，常规工艺难以去除，使水难以饮用；

④ 某些藻类在代谢过程中产生藻毒素，危害人体健康，长期饮用会引发各种疾病，严重者甚至可以导致死亡；

⑤ 藻类过量繁殖，致使水体透明度下降，藻类消亡降解时大量耗氧，使水中溶解氧含量降低；

⑥ 尺寸很小的藻类可以穿透滤池进入给水管网中，成为微生物繁殖的基质，促进菌类生长，造成管网水质恶化。

因此，藻类的数量直接反映了水质状况，并严重影响水的色度、浊度、pH 值、嗅味等指标，是评价水体水质的重要生物学指标之一。

各工段出水藻类数量及去除率如图 5-76 所示。

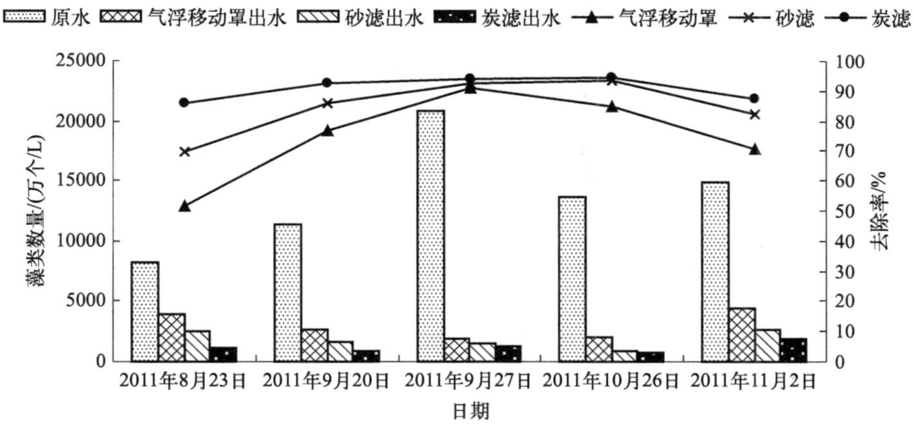

图 5-76　各工段出水藻类数量及去除率

由图 5-76 可以看出，原水的藻类数量达到 10^9 数量级，常年处于富营养化水平，其中 9 月份藻类数量最大。原水经处理后，藻类数量急剧减少，其中，大部分藻类是通过气浮工艺去除的，但过滤单元对藻类仍有一定的去除效果。由图 5-76 可以看出，炭砂滤池对藻类的去除率优于砂滤池，这主要是依赖活性炭的吸附作用和滤料表面生物膜的生物氧化作用。

5.4.2.7 嗅味物质去除效果

嗅味问题已成为供水界普遍存在的问题。原水中土臭味的产生归因于藻类大量繁殖所产生的土臭素（GSM）和2-甲基异莰醇（2-MIB）两种代谢产物。虽其对人畜健康无多大危害，但气味强烈，仅需很少量便可改变水的正常气味。由于它们在水中嗅阈值和浓度都很低，传统工艺对其去除效果极其有限，增加了处理难度，因此需要根据水源的实际情况选择适合的工艺。

各工段出水2-MIB、GSM分别如图5-77、图5-78所示。

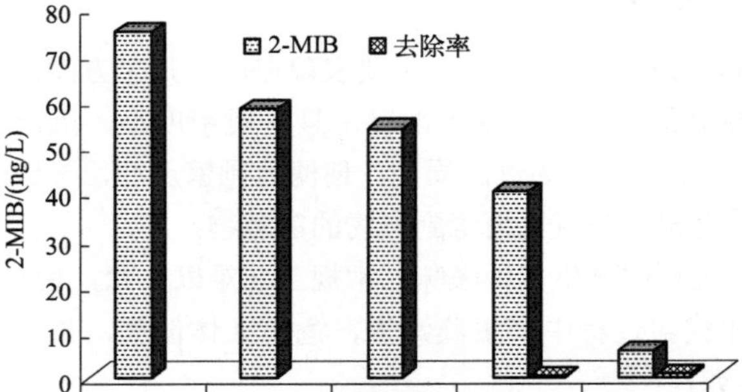

	原水	气浮出水	移动罩出水	砂滤出水	炭滤出水
2-MIB/(ng/L)	74.81	57.95	53.81	39.87	5.77
去除率/%				25.91	89.28

图5-77　各工段出水2-MIB

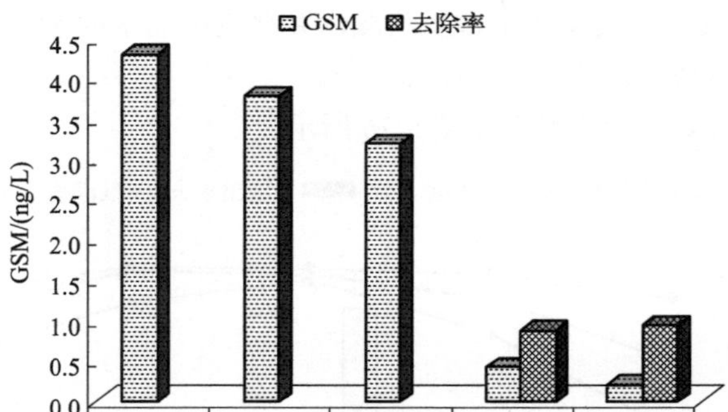

	原水	气浮出水	移动罩出水	砂滤出水	炭滤出水
GSM/(ng/L)	4.29	3.77	3.20	0.42	0.21
去除率/%				86.81	93.43

图5-78　各工段出水GSM

由图5-77、图5-78可以看出，原水中2-MIB、GSM分别达到74.81ng/L、4.29ng/L。炭砂滤池对2-MIB和GSM的去除率优于砂滤池，其去除率分别高达89.28%、93.43%。同时发现GSM比2-MIB能更好地被吸附，这种差别可能是由它们的结构不同导致的。GSM溶解度和分子量都比较低，分子结构更加平直，所以比较容易被吸附到活性炭缝隙状的小孔中。

5.4.2.8 消毒副产物生成势

目前，给水厂常用液氯作为消毒剂。但是，液氯在处理微污染水源时容易生成致癌性消毒副产物，其中三卤甲烷（THMs）含量最为突出。消毒副产物生成势间接代表了水中消毒副产物前体物的多少。试验中主要通过检测三卤甲烷生成潜能来考察各工段对消毒副产物前体物的去除效果，三卤甲烷由三氯甲烷、二氯一溴甲烷、一氯二溴甲烷、三溴甲烷组成。

各工段出水消毒副产物生成势如图 5-79 所示。

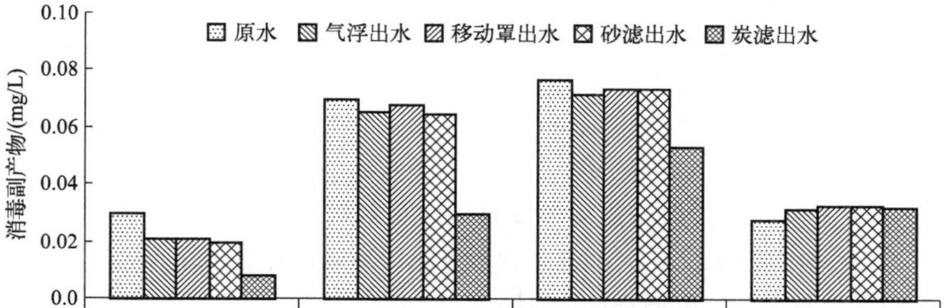

	三氯甲烷/(mg/L)	二氯一溴甲烷/(mg/L)	一氯二溴甲烷/(mg/L)	三溴甲烷/(mg/L)
原水	0.03	0.0702	0.0768	0.0279
气浮出水	0.021	0.0654	0.0717	0.0316
移动罩出水	0.021	0.0679	0.0742	0.0333
砂滤出水	0.02	0.0651	0.0739	0.0331
炭滤出水	0.008	0.03	0.0536	0.0326

图 5-79　各工段出水消毒副产物生成势

由图 5-79 可以看出，原水中二氯一溴甲烷和一氯二溴甲烷前体物含量比较大，分别达到 0.0702mg/L、0.0768mg/L。二氯一溴甲烷、一氯二溴甲烷、三氯甲烷经处理后逐渐降低，三溴甲烷经处理后反而增加。同时，由图 5-79 可以看出炭砂滤池出水中各消毒副产物生成势均比砂滤池低，这说明活性炭对水中的有机物及腐殖质有更好的去除能力。

5.5 典型工程案例

5.5.1 济南鹊华水厂

5.5.1.1 工程概况

山东省位于黄河下游，水资源不足和水环境污染是当前城镇供水的主要矛盾，并已成为制约当地经济社会发展的重要因素。由于地下水和地区内山区水库水资源总量有限，黄河水已经成为山东省各地主要的饮用水源。引黄水库蓄积了经预沉后的低浊度高营养盐澄清水，水体相对较浅（< 10m），导致藻类生长，藻类的代谢产物及嗅味物质如土臭素和 2-甲基异莰醇等给水处理带来极大的困难。此外，由于黄河水沿途蒸发量大等原因，形成引黄水库水特有的低浊、高藻、高嗅味、高溴离子、高有机污染的水质特征。该类原水中无机物、有机物和有害生物并存，难于净化处理，尤其是因为藻类繁殖污染引起的嗅味问题常年存在，严重影响水质感官。

济南鹊华水厂始建于 1984 年，总设计规模 $4.0\times10^5m^3/d$，以黄河水为水源。原设计针对黄河水含砂量较大、浊度较高的特点，采用常规处理组合工艺，黄河水经预处理水厂简单预沉后送鹊华水厂处理。鹊华水厂建成后供水量受制于黄河断流，为“节水保泉”，济南市政府在黄河北岸滞洪区兴建了库容4.6×10^{7}m^{3}的引黄水库——鹊山水库（1998年10月开工，2001年4月通过环保验收正式投入使用），大大提升了鹊华水厂的供水保障能力。黄河水经鹊山水库沉砂池沉淀及水库调蓄后，原水特性有所改变，黄河水高浊度特性已变为引黄水库水低浊特性，再加上黄河水污染日趋严重，原水中氮磷物质、有机物含量高，水库中藻类季节性暴发，使鹊华水厂处理难度加大，沉淀池去浊效果差。

水厂原有常规处理工艺出水水质已经不能满足国家《生活饮用水卫生标准》（GB 5749）的要求，因此，在“十一五”国家“水体污染控制与治理”重大科技专项课题［高嗅味、高溴离子引黄水库水臭氧-生物活性炭处理技术研究与示范（2008ZX07422-004）］研究成果的基础上，对鹊华水厂进行了工艺改造，建成了以“臭氧活性炭”深度处理工艺为核心的示范工程，可有效地解决高有机物及嗅味问题。

5.5.1.2 工程流程及设计参数

(1) 工程流程

鹊华水厂内现有两组处理生产工艺并联运行，一组生产工艺是原有的常规处理工艺，另一组生产工艺是新建的示范工程即深度处理工艺，设计供水能力分别为2.0×10^{5}m^3/d，总供水能力为4.0×10^{5}m^3/d，示范工程投资为1.34亿元。运行工艺流程见图5-80和图5-81。

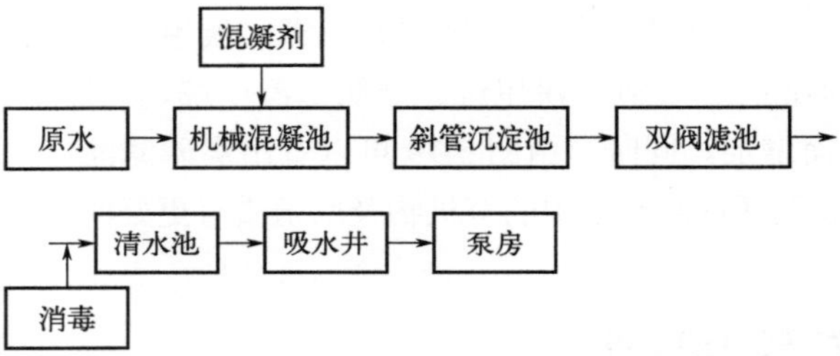

图5-80 常规处理工艺

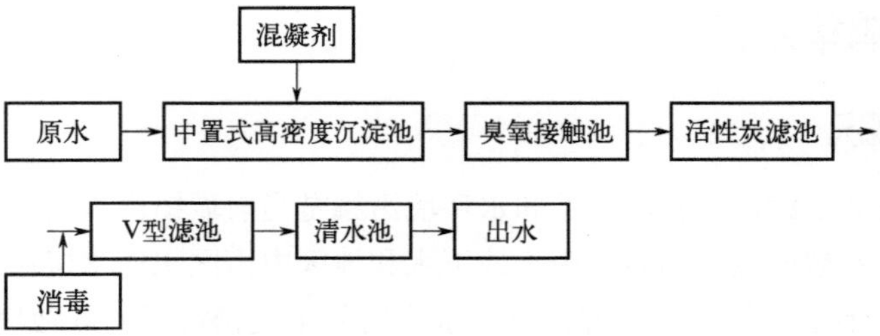

图5-81 深度处理工艺

(2) 主要构筑物介绍

1）臭氧接触池

臭氧接触池设计处理规模为2.0×10^{5}m^3/d，设计水力停留时间约为15min。臭氧接触池总容积约2200m^3，分成独立2格，有效水深约6.6m。池结构按三段式设计，采用密闭对流接触方式，在接触池下部采用微孔曝气，臭氧微气泡上向流，水流下向流，以充分反应。臭氧投加量设计为 1 ～ 2mg/L，按照投加量 3∶1∶1 的比例三级分段投加；按照 H_2O_2/O_3 摩尔比（0.5∶1）～（1∶1）的比例在第一级臭氧处投加过氧化氢，以控制溴酸盐的产生。H_2O_2 的有效浓度为 30%，密度为 1.11kg/L，H_2O_2 投加量为 14L/h，臭氧接触池的 2 根 DN1200 进水管上各设 H_2O_2 投加点 1 处。H_2O_2 投加设计量泵 3 台（2 用 1 备），单台能力为 7L/h，0.6MPa。

在接触池上设尾气管，臭氧尾气处理装置设于臭氧发生器间，以防止臭氧尾气散逸到大气中产生二次污染。

臭氧接触池后设跌水约 0.50m，出水采用渠道方式。

2）活性炭滤池

活性炭滤池设计规模为 $2.0\times10^5m^3/d$，分为 12 格，活性炭池单格有效面积 60.48m^2，分双排布置，设中间管廊。活性炭滤池采用微膨胀上向流形式，设计空床滤速 12m/h，活性炭滤层厚 3.0m，接触时间 15min，膨胀率控制在 10% ～ 20% 范围内。活性炭采用煤质压块破碎炭，炭粒有效粒径 0.85mm，不均匀系数＜ 1.3，水浸湿颗粒密度≤ 1.4g/cm^3。支承层粒径 D=2.0 ～ 16.0mm，厚度 0.45m。活性炭池采用气冲方式，气冲强度为 15L/（m^2 • s）。

活性炭滤池进水采用渠道方式，进水总渠内原水通过进水堰板后进入每格进水渠，再通过 DN600 管道引入滤池下部的配水配气渠，原水在配水配气渠向上出流通过滤头配水，经过 0.45m 厚的承托层后进入活性炭滤池。

滤池出水通过 500mm×500mm 集水槽汇集后流入出水渠，通过出水堰后进入出水总渠，渠道宽度为 1.6m。滤池两侧出水通过 DN900 管道汇入 DN1200 出水总管。

3）V 型滤池

砂滤池为均质滤料 V 型滤池，设计规模为 $2.0\times10^5m^3/d$。滤池分为 12 格，分双排布置，单格滤池面积为 91.26m^2，滤料采用石英砂，有效粒径 0.85mm，不均匀系数 1.4，滤层厚 1.2m，下设 0.10m 承托层。滤池反冲洗方式采用气水反冲洗加表面扫洗，长柄滤头布水布气方式。设计参数为：滤池空床滤速为 8.0m/h；反冲洗方式采用气冲强度为 15.3L/（m^2 • s），小水冲强度为 2.5L/（m^2 • s），大水冲强度为 4.7L/（m^2 • s），表面扫洗强度为 2.22L/（m^2 • s）。

V 型滤池进水由 2 条进水总渠引入，每条渠道两端各设混合池 1 座，平面尺寸 2.7m×2.7m，有效混合时间约 20s，在此投加混凝剂以助滤。

滤池进水、反冲洗进水、反冲洗排水、反冲洗进气和初滤水排放阀均采用气动蝶阀，口径分别为闸板阀 500mm×500mm、蝶阀 DN500、闸板阀 800mm×800mm、蝶阀 DN400 及 DN200，清水出水阀采用气动调节阀，口径为 DN500，保证滤池运行基本处于恒水位恒速过滤状态。

反冲洗气源、气动阀门气源和反冲洗水源由药剂及鼓风机房的罗茨鼓风机、空压机和冲洗水塔提供。反冲洗过程控制由 PLC 来自动完成。

4）臭氧发生器间、鼓风机房及液氧站

预氧化剂拟采用高锰酸盐，同时预留粉末活性炭投加。

两种药剂的投加间合建，按 $2.0\times10^5m^3/d$ 规模配置高锰酸盐投加设备，并预留远期机位。

高锰酸盐作为前氧化剂，投加位置设置在混凝工艺前段，在混凝剂投注前 5 ～ 7min 加注，设 2 个投加点，分别设在两根 DN1200 原水进水管上，投加量为 1.0mg/L，应急最大投加量为 5mg/L，湿投浓度取 4%。

高锰酸盐投加间内设溶液池 2 座，单池 2.5m×2.5m×2.5m（深），每日配液 2 次。每池各设配液搅拌机 1 台，单台功率 2.2kW。高锰酸盐投加采用隔膜计量泵，共设 3 台（2 用 1 备）。每台流量 650L/h，压力 0.3MPa，功率 0.37kW。

鼓风机采用 2 台，1 用 1 备，变频调速。单台风量 5280m^3/h，扬程 6m，功率 160kW。鼓风机房内设电动单梁悬挂起重机 1 套。

臭氧发生器采用 2 台（1 用 1 备），单台投加能力 13kg/h，配套臭氧曝气盘、管路系统、空压机、干燥器、臭氧尾气破坏器、冷却水系统等，单套功率 113kW。

液氧站建于臭氧接触池东侧。设置 1 只液氧罐，容积 20m^3。氧气站设备租用，液氧按购买方式提供。

5）中置式高密度沉淀池

中置式高密度沉淀池 1 座，规模 $2.0\times10^5m^3/d$，单池进水量 1000 ～ 2000m^3/h；聚合氯化铝铁（PAFC）混凝剂投加量为 20mg/L；PAM 助凝剂投加量为 0.1mg/L；机械混合区搅拌机转速 58r/min；机械絮凝区搅拌机 30Hz 时为 28r/min，50Hz 时为 45r/min。絮凝池的反应时间为 4min，机械絮凝有效混合时间为 30s。沉淀池上层为斜管区，斜管采用乙丙共聚塑料管，长 1000mm，安装水平倾角 60°，内切圆直径 25mm。高浓度泥水经斜管快速沉淀后，清水经上部的指形槽出水，清水区上升流速 4.3mm/s（15m/h），分独立 4 格，双排布置，中间为污泥回流泵房。原水由 2 根 DN1200 原水管接入沉淀池。

沉淀池总体平面尺寸约为 39.4m×43.5m，深约 7.4m。每格沉淀池包括混合池 1 座、絮凝池 2 座，絮凝池设置在混合池两侧，呈对称布置。整个池体按功能可分为混合区、机械絮凝区、自然絮凝区、污泥浓缩区、斜管分离区 5 部分。

原水由 2 根 DN1200 管道分为 4 根 DN900 管道，分别接入快速混合池，混合池尺寸 3.4m×3.4m，采用机械混合，机械混合池设在池体中央。回流污泥、矾液等加注后与原水一起进入混合室进行机械混合，形成 1000 ～ 2000mg/L 高密度泥水。

原水、混凝剂经机械混合均匀后翻入两侧的絮凝反应池。絮凝池中可加入 PAM 助凝剂，帮助沉淀或进一步去除水体中的有机物。絮凝反应池尺寸 4.4m×4.4m，反应时间约 4min。反应池采用机械回流式提升搅拌絮凝方式，回流量 7 ～ 10 倍，使原水絮凝拉升并由导流墙导入两侧沉淀区，每侧沉淀区尺寸为 17.2m×4.0m，分上下两部分，下部分为机械浓缩池，沉淀污泥不断沉积，并被周边传动式旋转刮泥机均匀浓缩。一部分污泥经污泥循环泵反复投加到絮凝池中，其余部分则被通过排污泵直接排入污泥池中。

斜管上部布置集水槽，沉后水经集水槽汇集后通过连接管道接入下一处理构筑物——臭氧接触池。沉淀池中间设污泥回流泵房，内设污泥回流泵、PAM 投加装置及 H_2O_2 投加装置。

污泥回流泵，采用变频调速凸轮泵，共 2 组，每组 3 台（2 用 1 备）。单泵流量 110m^3/h，扬程 20m，功率 11kW。

回流泵房内另外设排泥用凸轮泵，共 2 台（1 用 1 备）。单泵流量同回流泵。

PAM 投加装置按每格设 3 个投加点，即回流污泥管上设 1 处，每格沉淀池的 2 个絮凝池各设 1 处。PAM 投加装置共设螺杆泵 5 台（4 用 1 备）。

回流泵房上设配电间，并配置 1t 电动单梁桥式吊车 1 台。

6）示范工程新工艺及原常规工艺共用部分

① 冲洗水塔。快滤池及 V 型滤池用水塔进行反冲洗，容积为 1000m^3。水箱高 3.0m，直

径 21.0m。水塔下层设 350S-26 补充水泵 2 台、JS-115-4 电动机 2 台，每台功率 135kW，塔身主体高出地面 15.0m，采用钢筋混凝土结构。

② 清水池。清水池 8 座，每座容量 5000m^3，有效水深 H=3.5m。清水池每 2 只串联一组，每组可以独立运行。池身为地下钢筋混凝土结构。

③ 吸水井。平面尺寸为 29.0m×3.6m，井深 3.6m，分成两格，由连通阀沟通，每格可以独立运行。吸水井近期进水管 2 根 ϕ1200，进水接口 2 个。

④ 二级泵房。安全系数 K 值采用 1.2，按日最高时的管网平差结果进行选泵，选用 28SA-10A 水泵 8 台，其中 2 台备用。一期工程 4 台机组，其中 3 台水泵配 YL59-8 异步电动机，1 台水泵配 TD/44-8 同步电动机；二期工程 4 台机组，其中 3 台水泵配 Y5003-8 和 Y500-9-8 异步电动机，1 台水泵配同步电动机 T800-8/1180。

泵房平面尺寸为 60.48m×12.48m，中央向北突出 6.24m×12.4m，作为值班控制室并与泵房隔开以减少噪声影响。

泵房为半地下式结构，下部结构深 5.3m，上部建筑高 7.4m，设有 10t 电动单梁行车，配备 10t 电动葫芦起吊设备及闸门。

清水池低水位时水泵需引水启动，设有自动真空系统设备 1 台。

水泵进出水管上均装电动闸门，并在出水管上装逆止阀。

⑤ 污水池。有效容量 1000m^3，平面尺寸为 25.4m×23.15m，池深 5.3m。

污水泵房及控制室：污水泵房平面尺寸为 6.48m×14.7m，为半地下室结构，下部结构深 3.7m，安装 8PWL 污水泵 4 台。控制室平面尺寸为 5.04m×9.78m。

⑥ 加矾间。加矾间设矾库及加矾两部分。矾库隔成 3 间，各有大门，混凝剂选用聚合氯化铝铁，药剂由自动配药系统配制完成。设有原液储药罐 1 只，自动配药系统 1 套，新工艺高密池投加计量泵 5 台，4 用 1 备，V 型滤池微絮凝投加计量泵 5 台（4 用 1 备），二期工艺投加计量泵 4 台（3 用 1 备）。投加量按生产需要根据电磁流量计调整。

⑦ 加氯间。加氯间内设氯库及加氯值班室。

消毒剂采用液氯，氯库内贮存净重 1000kg 的液氯钢瓶，设 2t 悬挂式行车及电动葫芦起吊氯瓶。

加氯间配备真空加氯机 6 台（4 用 2 备），液氯自液氯钢瓶经减压释放后通过真空加氯机进行加注，氯库贮存量按 20d 计。加氯间总建筑面积 457m^2。

5.2.1.3 运行效果及经济分析

（1）去除效果分析

1）对 COD_{Mn} 的去除效果

某年 1 ～ 9 月水厂进出水 COD_{Mn} 如图 5-82 所示，COD_{Mn} 的去除率如图 5-83 所示。

由图 5-82、图 5-83 可知，进水 COD_{Mn} 值在 1.25 ～ 3.50mg/L 之间，出水 COD_{Mn} 值在 0.73 ～ 1.95mg/L 之间，去除率在 3% ～ 65% 之间。COD_{Mn} 去除率与温度有关，1 ～ 5 月温度略低，去除率为 40% 左右；6 ～ 9 月温度升高，去除率也有所升高，去除率为 50% 左右。

2）对浊度的去除效果

整体工艺对浊度的去除效果见图 5-84，进水浊度在 3.0 ～ 14.0NTU，出水浊度＜ 0.35NTU。

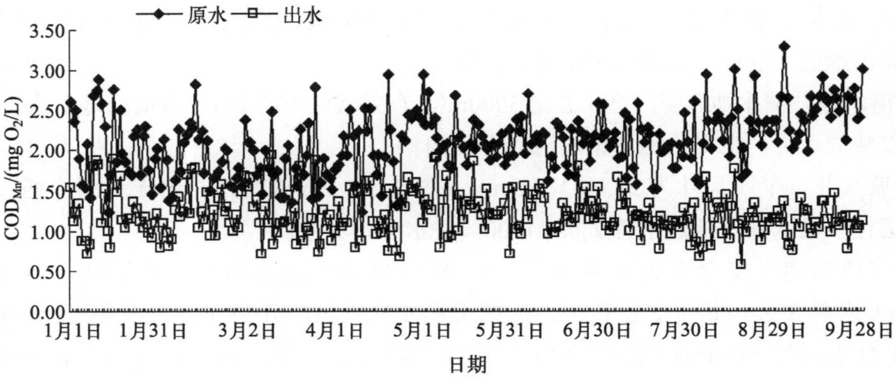

图 5-82　整体工艺进出水 COD_{Mn}

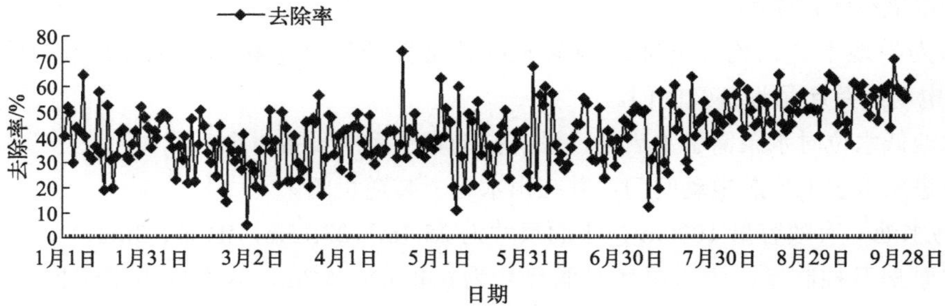

图 5-83　整体工艺对 COD_{Mn} 去除率

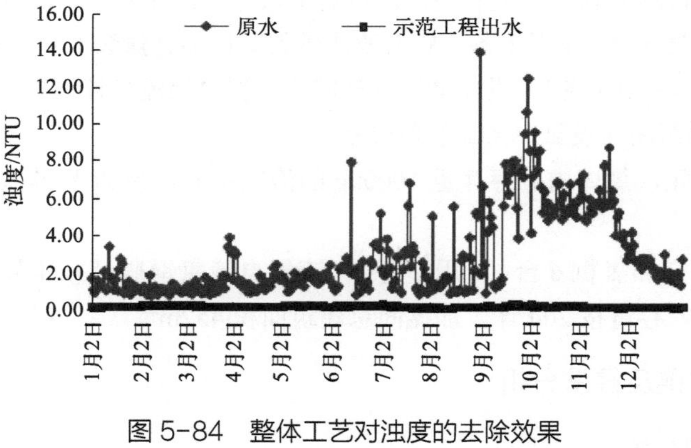

图 5-84　整体工艺对浊度的去除效果

3）对氨氮的去除效果分析

水厂某年 1 ～ 9 月进出水氨氮浓度如图 5-85 所示，其中与横坐标轴重合的数据点表示氨氮的浓度＜ 0.02mg/L。

由图 5-85 可知，进水氨氮浓度在 0.02 ～ 0.29mg/L，平均出水氨氮浓度＜ 0.03mg/L，整个工艺对氨氮的去除效率为 70% 左右。

4）对亚硝氮去除效果的分析

1 ～ 9 月进出水亚硝酸盐浓度如图 5-86 所示。

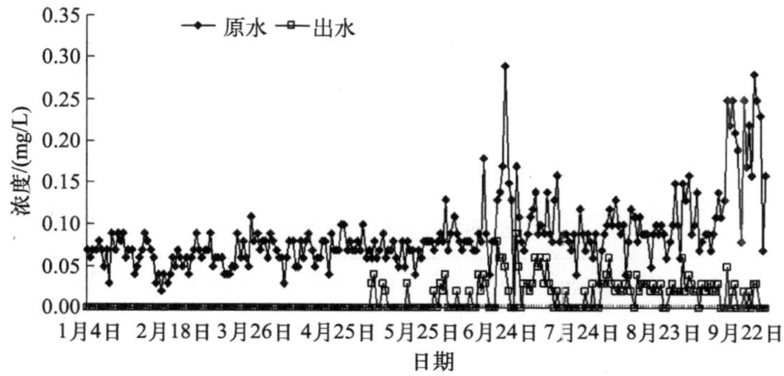

图 5-85　进出水氨氮浓度

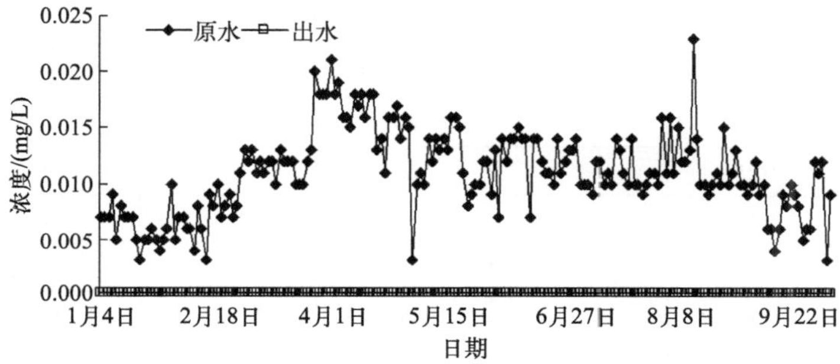

图 5-86　进出水亚硝酸盐浓度

由图 5-86 可知，进水亚硝酸盐浓度在 0.003 ～ 0.023mg/L，出水亚硝酸盐浓度均低于 0.001mg/L，总去除率大于 80%，最高时能达到 95%。

（2）设备经济性分析

1）运行电耗

原常规处理工艺与示范工程工艺并行运行。示范工程新增设备详见表 5-22 ～表 5-26。新工艺总用电负荷约为 900kW。用电负荷均为 220/380V 的用电设备。配电电压等级为 220/380V。

表 5-22　中置式高密度沉淀池电仪器及负荷

项目	单机容量 /kW	设备台数 / 台	装机容量 /kW	计算容量 /kW	需要系数 K_x	计算负荷 /kW
混合搅拌机	15	4	60	60	0.8	48
絮凝搅拌机	10	8	80	80	0.8	64
污泥回流泵	15	6	90	90	0.8	72
排泥泵	15	2	30	30	0.8	24
刮泥机	2.2	4	8.8	8.8	0.8	7.04
电动单梁	1.8	1	1.8	1.8	0.8	1.44
PAM 投加系统	8	1	8	8	0.8	6.4
电动闸阀	0.25	8	2	2	0.2	0.4
PLC	10	1	10	10	1	10
照明等小动力	10	1	10	10	0.8	8

续表

项目	单机容量 /kW	设备台数 / 台	装机容量 /kW	计算容量 /kW	需要系数 K_x	计算负荷 /kW
混合搅拌机	15	4	60	60	0.8	48
小计		40				289.28

表 5-23　活性炭滤池

项目	单机容量 /kW	设备台数 / 台	装机容量 /kW	计算容量 /kW	需要系数 K_x	计算负荷 /kW
PLC	10	1	10	10	0.8	8
照明等小动力	5	1	5	4	0.8	3.2
小计		2				11.2

表 5-24　臭氧发生间

项目	单机容量 /kW	设备台数 / 台	装机容量 /kW	计算容量 /kW	需要系数 K_x	计算负荷 /kW
臭氧发生器	98	2	196	196	1	196
轴流风机	0.25	2	0.5	0.5	0.6	0.3
	0.12	2	0.24	0.24	0.6	0.144
PLC	10	1	10	10	1	10
照明等小动力	20	1	20	20	0.8	16
小计		8				222.444

表 5-25　V 型滤池

项目	单机容量 /kW	设备台数 / 台	装机容量 /kW	计算容量 /kW	需要系数 K_x	计算负荷 /kW
PLC	20	1	20	20	1	20
搅拌机	5.5	4	22	22	1	22
照明等小动力	10	1	10	10	0.8	8
电动葫芦	2	2	4	4	0.2	0.8
小计		8				50.8

表 5-26　药剂及鼓风机房

项目	单机容量 /kW	设备台数 / 台	装机容量 /kW	计算容量 /kW	需要系数 K_x	计算负荷 /kW
鼓风机	160	2	320	320	1	320
空压机	7.5	2	15	15	0.5	7.5
轴流风机	0.37	2	0.74	0.74	0.6	0.444
搅拌机	2.2	2	4.4	4.4	0.8	3.52
隔膜计量泵	0.37	3	1.11	1.11	0.8	0.888
PLC	10	1	10	10	1	10
起重机	5.7	1	5.7	5.7	0.2	1.14
照明等小动力	20	1	20	20	0.8	16
小计		14				359.492

高密度沉淀池共约 300kW，其中搅拌机、刮泥机 120kW；污泥回流泵 6 台（4 用 2 备），共 72kW；排泥泵 2 台，共 24kW。

臭氧发生间共约 220kW，臭氧发生器 196kW，2 台，1 用 1 备；辅助设备空压机、冷干机、冷却循环水泵、尾分破坏及其他热力照明设备共计约 26kW。

鼓风机房共约 360kW：鼓风机 320kW，2 台，1 用 1 备；空压机 7.5kW，2 台，1 用 1 备；其他动力、热力照明设备共计约 32kW。

办公楼及其他动力及热力照明负荷约 200kW。

水厂处理水量及电耗见图 5-87 ～图 5-88。对鹊华水厂 2013 ～ 2015 年用电量使用情况进行分析，水厂用电量随着水量的增加而增加，无论是原处理工艺还是示范工程，用电量与水量之间成一元线性关系。

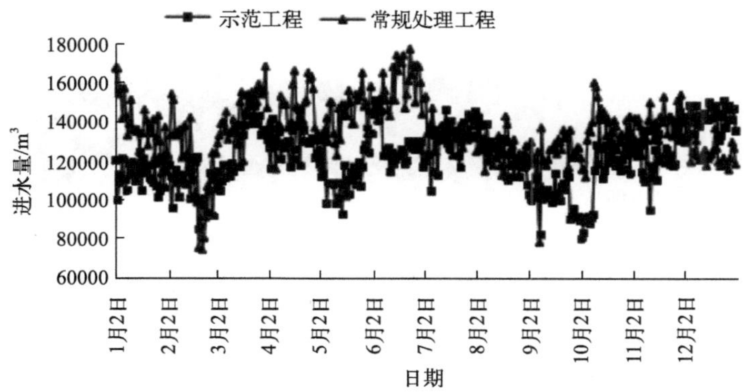

图 5-87　原常规处理工程与示范工程日处理水量变化

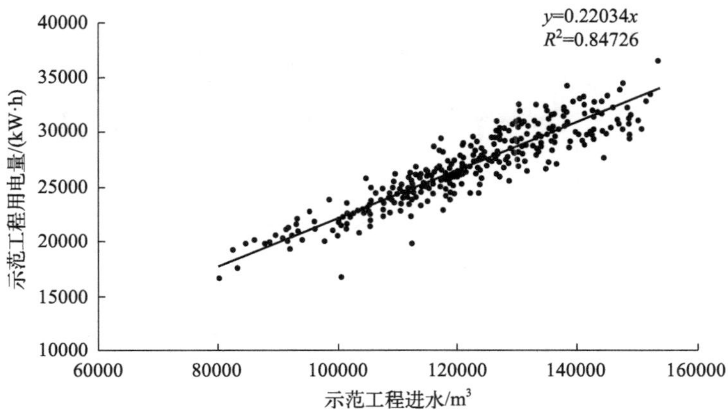

图 5-88　示范工程进水量与用电量的线性关系

用生产 1000m^3 水的用电量（千瓦时）表示电耗，图 5-89 ～图 5-91 水厂 2013 ～ 2015 年电耗情况对比显示，示范工程电耗高于原常规处理工程电耗，示范工程平均电耗为 244.28kW・h/1000m^3 水，原常规处理工程平均电耗为 212.20kW・h/1000m^3 水，后者电耗为前者电耗的 87%，水厂电费为 0.6 元 /（kW•h），示范工程处理每立方米水所需要电费为 0.16 元，常规处理工程为 0.14 元。

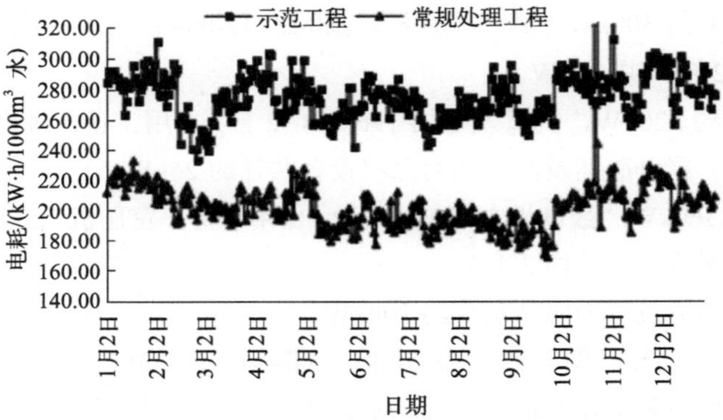

图 5-89　2013 年单位产水量电耗变化曲线

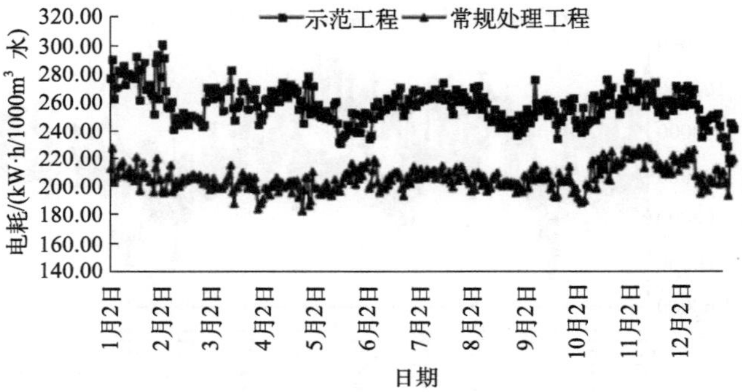

图 5-90　2014 年单位产水量电耗变化曲线

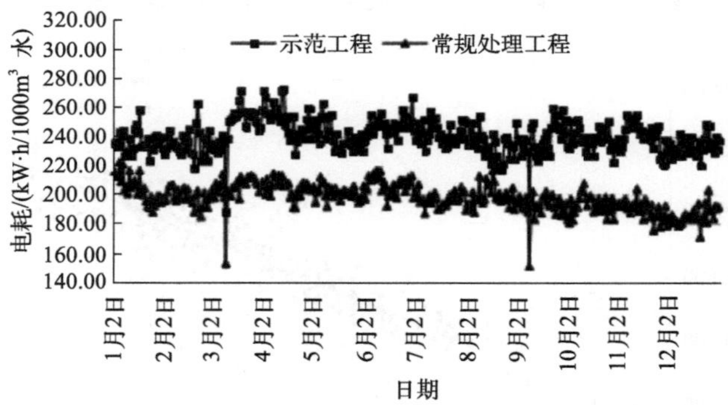

图 5-91　2015 年单位产水量电耗变化曲线

2）运行药剂消耗

原常规处理工程投加药剂主要有预氧化用高锰酸钾、混凝剂 PAC 及消毒用液氯，示范工程运行消耗的药剂包括预氧化用高锰酸钾、混凝剂 PAC、助凝剂 PAM、臭氧发生器用液氧及双氧水。

图 5-92、图 5-93 为 2015 年、2016 年 PAC 投加量，示范工程投加量高于原常规处理工程 PAC 投加量，示范工程 PAC 投加量随季节变化较大，而常规处理工程的 PAC 投加量随季节变化较小。示范工程工艺 PAC 的最大投加量为 30mg/L，平均为 14mg/L；原常规处理工程最大投加量为 20mg/L，平均为 6mg/L。PAC 单价为 0.57 元 /kg，示范工程处理每立方米水所需要

的 PAC 的费用平均为 0.008 元，而原常规处理工程处理每立方水所需要的 PAC 的费用平均为 0.0034 元。

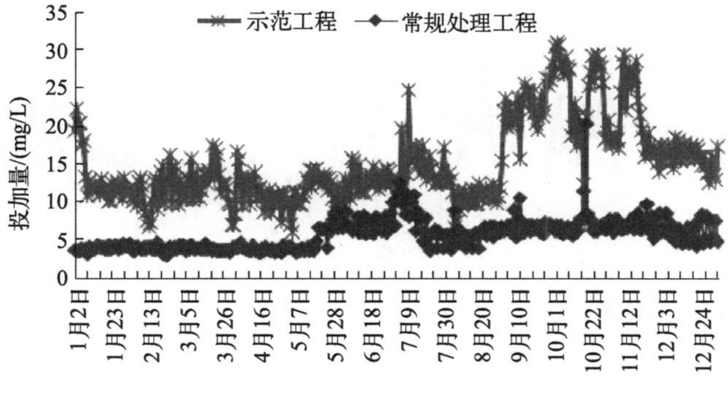

图 5-92　2015 年 PAC 投加量变化

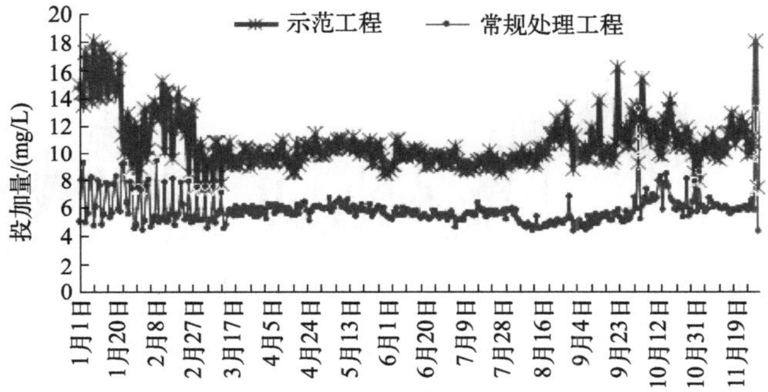

图 5-93　2016 年 PAC 投加量变化

图 5-94 ～图 5-97 为 2013 ～ 2016 年期间示范工程液氧消耗量，液氧平均消耗量为 15kg/1000m³ 水，液氧价格为 1000 元 /t，处理每立方米水共花费 0.015 元。

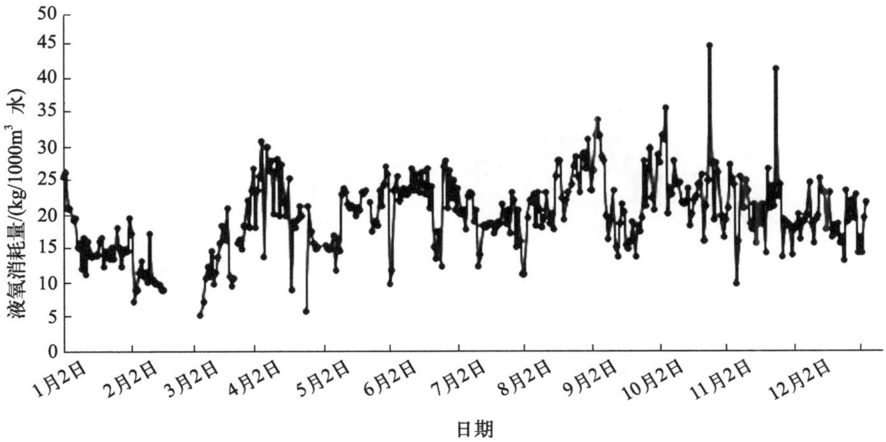

图 5-94　2013 年单位水量液氧消耗量变化曲线

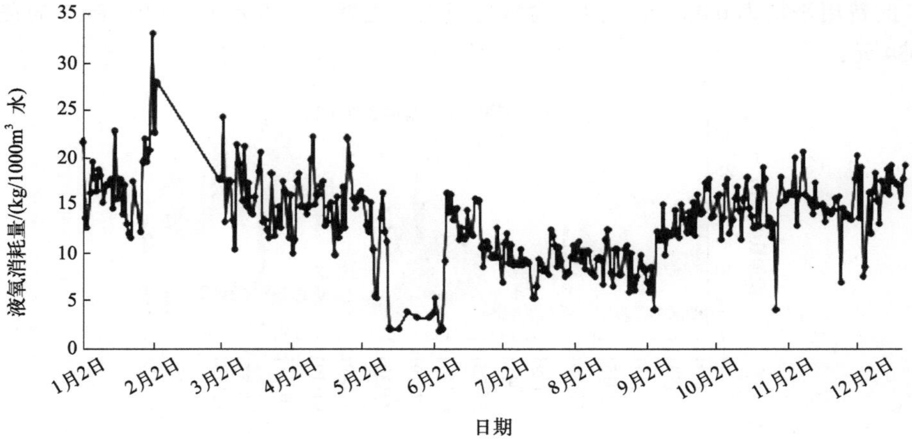

图 5-95　2014 年单位水量液氧消耗量变化曲线

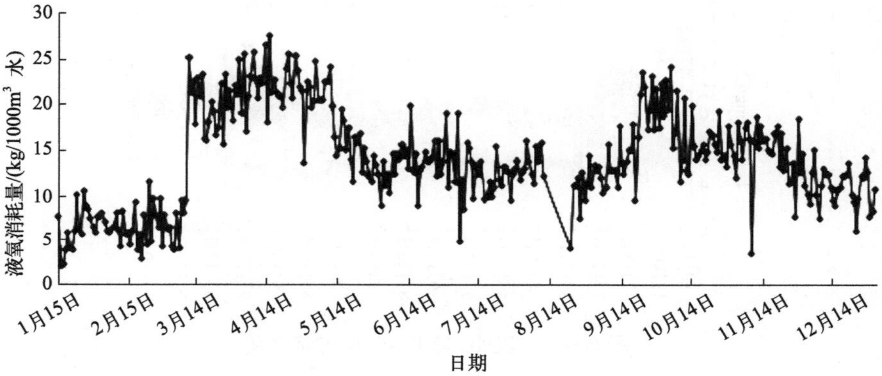

图 5-96　2015 年单位水量液氧消耗量变化曲线

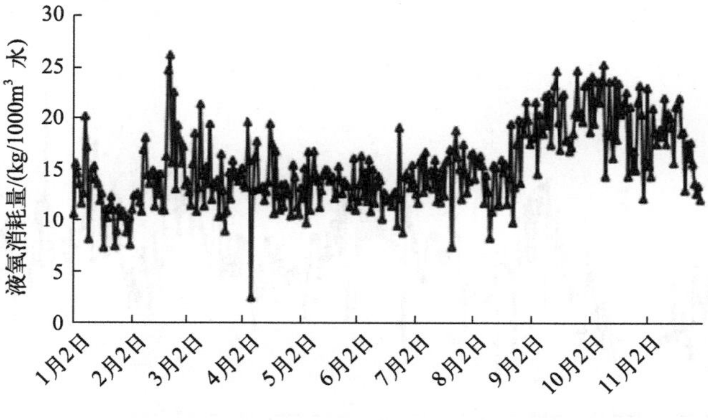

图 5-97　2016 年单位水量液氧消耗量变化曲线

水厂消毒采用液氯消毒，液氯的投加量在每年 6 ～ 9 月最大，原常规处理工程最大为 2.50mg/L，最小为 0.83mg/L，平均为 1.5mg/L；示范工程液氯投加最大为 1.6mg/L，最小为 0.5mg/L，平均为 1.0mg/L。液氯的价格为 2550 元 /t，示范工程工艺消毒平均费用 0.0023 元 /m^3，原常规处理工程工艺消毒平均费用 0.0034 元 /m^3。

高锰酸钾为应急预氧化处理药剂，高锰酸钾投加量为 2mg/L，高锰酸钾的单价为 1980 元 /t，处理每立方米水所需高锰酸钾费用为 0.004 元。

PAM 投加量 0.1 ～ 0.3mg/L，按 20000 元 /t 计算，处理每立方米水平均费用为 0.004 元。

示范工程药耗总费用为 0.033 元 /m^3。

综合以上，示范工程处理 1m^3 水的电耗与药耗费用为 0.193 元，原常规处理工程处理 1m^3 水的费用为 0.15 元。

5.5.2　胜利油田耿井水厂二期工程

5.5.2.1　工程概况

胜利油田耿井水厂于 1991 年建成投产，以耿井引黄水库为水源，供水能力 2.0×$10^5m^3/d$，是东营市中心城供水的主力水厂。耿井水库由于蓄水浅，氮磷偏高，水体富营养化严重，藻类大量繁殖，耗氧量指标升高，嗅味问题严重。原工艺采用立管混合、脉冲澄清池、双阀滤池、氯消毒工艺，混凝澄清效果不好，澄清池出水浊度≥ 3NTU，滤池滤料板结，过滤效果差，反冲洗洗净度低；出厂水浊度、耗氧量和三卤甲烷总量等多项常规指标不达标，用水高峰时滤池出水浊度甚至上升至 5NTU，无法满足 GB 5749—2006 对出厂水水质的要求。“十一五”示范工程耿井水厂为改善黄河下游地区水质口感“苦、涩”等情况，增加了臭氧 / 活性炭过滤深度处理工艺，使得出厂水质在达标的基础上进一步提高。

5.5.2.2　工程流程及设计参数

耿井水厂示范工程将原有的钟罩式脉冲澄清池 + 双阀滤池升级改造为高锰酸钾复合药剂预氧化-机械混合-折板反应-臭氧接触池-活性炭滤池-V 型滤池-氯消毒工艺，即将立管混合改为机械混合，脉冲澄清池改造为斜管沉淀池，双阀滤池改造为 V 型滤池，增设高锰酸钾复合药剂预氧化、复合混凝剂强化和助滤，2010 年 8 月建成通水。后期为进一步解决出水水质问题，又增加臭氧活性炭深度处理工艺，并进行了水厂最佳投加量试验。耿井水厂深度处理工艺主臭氧分为三段式投加，采用微气泡曝气盘式投加方式，试验最佳投加量为 1.2mg/L 时，水中的大部分有机物已经被臭氧氧化。耿井水厂原有工艺及改造后工艺分别见图 5-98、图 5-99。

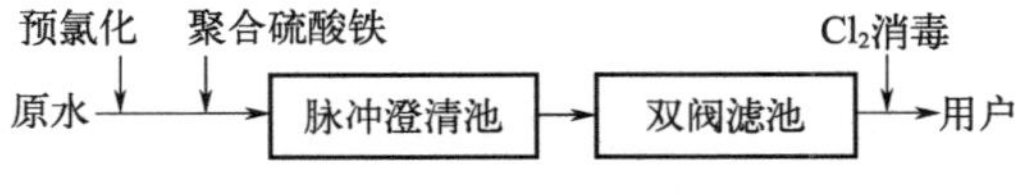

图 5-98　耿井水厂原有工艺

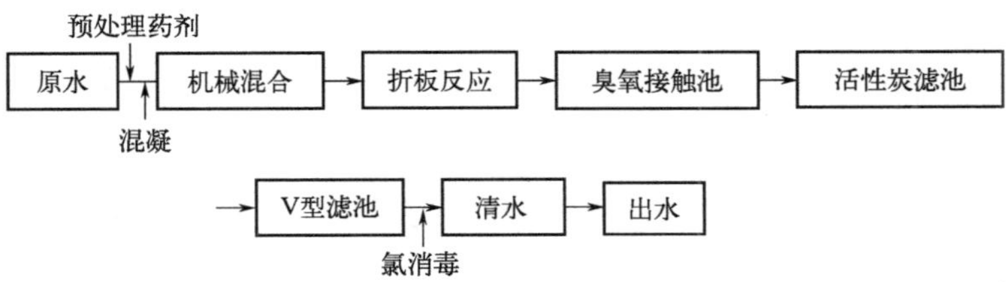

图 5-99　耿井水厂改造后工艺

（1）混凝池

① 机械搅拌混合池：每格平面尺寸 1.5m×1.5m，转速 1400r/min，功率 1.5kW。

② 絮凝池：每格絮凝池设计平面尺寸 9.2m×10.15m，反应时间 19.6min（单格 $2.5\times10^4m^3/d$）。

（2）斜管沉淀池

每格平面尺寸 15.2m×10.15m，布水区高度 1.91m，斜管高度 0.87m，清水区高度 1.00m，穿孔泥斗槽高 600mm，总高度 4.10m，清水区上升流速 1.875mm/s。斜管采用内切圆为 25mm 的蜂窝六角形管。

（3）V 型滤池（原双阀滤池改造）

V 型滤池分为 8 格，设计滤速为 8m/h，强制滤速为 9.1m/h，中间设置廊道，单池面积为 $72m^2$（8m×9m），采用钢筋混凝土滤板及长柄气水反洗滤头，配水区高度 H=800mm。采用均质石英砂滤粒，厚度为 1.1mm，d_{10}=（0.9±0.05）mm，均匀系数 K_{60} 为 1.4；砾石承托层，粒径 2.0 ～ 4.0mm，厚度 100mm。滤池采用先气冲洗、后气水联合冲洗、最后单独水洗三阶段冲洗，整个反冲洗过程辅以待滤水表面扫洗。冲洗时间为：气冲 2min（可调），气水混合冲洗 5min（可调），单独水冲洗 6min（可调）。冲洗强度为：单独水冲 6L/（m^2•s）；气水同冲，水冲强度 3L/（m^2 • s），气冲强度 15L/（m^2 • s），表面扫洗 2L/（m^2 • s）。整个反冲洗过程全部由 PLC 自动控制完成。

滤料上水深为 1.1m，超高为 0.5m，底部配水区净高为 0.8m，池总深为 3.8m。每格滤池设 600mm×600mm 进水闸板阀 1 个（通过阀门开启度控制表扫强度），DN600 水反冲洗蝶阀 1 个，DN400 气反冲洗蝶阀 1 个，DN300 初滤水放空蝶阀 1 个，800mm×800mm 水反冲洗排水闸板阀 1 个。上述闸板阀和蝶阀均采用气动执行装置，压缩空气气源来自反冲洗泵房内的空压机组，滤池中间为管廊，管廊内布置清水渠、反冲洗水管。

（4）反冲洗水泵

反冲洗水贮存于清水池中，为保证反冲洗水的供应，在清水池中加隔墙。反冲洗时由冲洗水泵从清水池挡水墙内抽水，用于滤池反冲洗。在滤池管道间内设置单级双吸立式离心泵 3 台，2 用 1 备。Q=735m^3/h，H=11m。

反冲洗流程：清水池──→吸水管──→水泵──→冲洗水管线──→出水支管──→配气配水渠──→滤池滤层。

（5）冲洗鼓风机

反冲洗所用空气由鼓风机提供。3 台百事德 BK7018 三叶罗茨鼓风机并列布置于管廊的中间，Q=33m^3/min，N=45kW，2 用 1 备。鼓风机在滤池反冲洗气洗时开启，将压力空气提供到滤池进行反冲洗。气冲完毕时必须关闭鼓风机组。反冲洗流程：空气──→鼓风机──→空气管道──→配气配水渠──→滤池滤层。

（6）空气压缩机

耿井水厂的工艺生产采用电气化控制运行，气动阀门由压力空气提供动力。空压机为气缸和气动蝶阀提供气源，1 用 1 备，P=0.7MPa，Q=28.5L/s。配套设备有储气罐、干燥器、过滤器等。储气罐贮存压力空气，并向气动管线提供压力。运行中当气罐压力低于设定值时，压缩机自动启动，向储气罐补气。烘干机采用压缩机冷凝空气原理，取出压力空气中的水分，干燥压力空气，保持压力空气干燥。

（7）清水池

清水池 1 座，平面尺寸 49.5m×81.0m，有效水深 3.5m，有效容积 14033.25m^3。

（8）加药、消毒系统

在耿井水厂投加的药剂有预氧化剂、混凝剂、助凝剂、助滤剂、出厂水投加的氯气。药剂的投加系统如下：

1）氧化剂

投加高锰酸钾复合药剂进行预氧化。投加高锰酸钾复合药剂的设备为 2 台易威奇计量泵，量程 75L/h，输出压力 2MPa。

2）混凝剂

计量泵 4 台，量程 150L/h，输出压力 4MPa。

3）助凝剂

投加聚丙烯酰胺高分子助凝剂，投加设备是安度石的 1000L/h 全自动的粉剂聚丙烯酰胺投配溶解装置。设备自动运行时，会根据设定的浓度自动控制粉剂和溶解水的进量，并经过连续的 3 个腔体的搅拌混合和熟化，制成可用的聚丙烯酰胺溶液。设备上的超声波探头可以实时检测箱体内的液位，当液位低于低液位设定值时设备即开始投加粉剂和溶解水进行制备，当液位高于高液位设定值时即自动停止进水和粉剂的投加。粉料输送机上的探头可以探测机斗内粉料的位置，当粉量低时则会自动启动吸料机，吸料机吸满料后就会把粉料放入机斗。

5.5.2.3　运行效果及经济分析

（1）运行效果

对 COD_{Mn} 去除率的影响如下。

从表 5-27 可以看出来，随着主臭氧投加量的增加，活性炭滤池对 COD_{Mn} 的去除率也相应增加，当主臭氧投加量大于 1.2mg/L 时，炭滤池对 COD_{Mn} 的去除率基本保持稳定，去除率维持在 61% 左右。这是由于当臭氧投加量达到 1.2mg/L 时，水中大部分有机物已经被臭氧氧化，此时如果再增加臭氧投加量，活性炭滤池对 COD_{Mn} 的去除率也无法进一步增加。因此可推断此滤水水质条件下，1.0 ～ 1.2mg/L 的主臭氧投加量是适宜的。

表 5-27　臭氧投加对 COD_{Mn} 去除率的影响

主臭氧投加量 /（mg/L）	原水 COD_{Mn} /（mg/L）	常规滤后水 COD_{Mn} /（mg/L）	炭滤池出水 COD_{Mn} /（mg/L）	COD_{Mn} 去除率 /%
0	3.06	2.15	1.68	45.10
0.3	2.75	2.19	1.42	48.40
0.6	2.72	2.08	1.27	53.30
0.9	2.56	1.98	1.07	58.20
1.2	3.09	2.06	1.17	62.10
1.5	2.71	2.22	1.05	61.30

根据表 5-28，分析不同反冲洗强度，确定最佳的反冲洗强度，降低 COD_{Mn} 浓度。

表 5-28 不同反冲洗强度炭滤池的出水 COD_{Mn} 浓度

项目		气冲强度 /[m³/(m²·h)]	大水冲强度 /[m³/(m²·h)]	炭滤池出水 COD_{Mn}/(mg/L)
冬季方案	2015 年 2 月 2 日	58	56	1.16
	2015 年 2 月 3 日	60	58	1.34
	2015 年 2 月 4 日	62	60	1.23
	2015 年 2 月 5 日	64	62	1.38
	2015 年 2 月 6 日	66	64	1.5
常规方案	2015 年 7 月 2 日	58	56	1.18
	2015 年 7 月 3 日	60	58	1.14
	2015 年 7 月 4 日	62	60	1.1
	2015 年 7 月 5 日	64	62	1.05
	2015 年 7 月 6 日	66	64	1.08

浸泡前后发现水厂浊度以及 COD_{Mn} 去除有良好的去除效果（表 5-29）。

表 5-29 V 型滤池浸泡前后出水浊度和 COD_{Mn} 的变化

项目		1 号	2 号	3 号	4 号	5 号	6 号	7 号	8 号
出水浊度 /NTU	浸泡前	0.45	0.43	0.37	0.42	0.33	0.45	0.48	0.36
	浸泡后	0.22	0.21	0.18	0.18	0.17	0.23	0.19	0.16
出水 COD_{Mn} /（mg/L）	浸泡前	2.93	2.88	2.67	2.79	2.65	2.75	2.8	2.66
	浸泡后	2.46	2.34	2.26	2.15	2.37	2.23	2.32	2.12

同时运行结果表明，机械混合方式对浊度和 COD_{Mn} 的去除效果都略优于立管混合方式，滤后水浊度降低 0.1 ～ 0.37NTU，COD_{Mn} 降低 0.02 ～ 0.06mg/L。投加预氧化剂、混凝剂和助滤剂后，再投加 PAM 高分子助凝剂，对出水的 COD_{Mn} 和浊度去除不明显，出水 COD_{Mn} 去除率提高 1.4% ～ 1.8%，浊度去除率提高 0.02% ～ 1.05%。且投加 PAM 后，滤池的运行周期缩短，增加了水厂的运行成本。因此，示范水厂正常运行时未投加 PAM 高分子助凝剂。

由表 5-30 可知，高藻期和低温低浊期投加高锰酸钾预氧化剂后再投加 PAFC-PDMDAAC，相比普通混凝剂 PAFC，滤后水浊度去除率略有提高，可分别提高 0.7% ～ 1.2% 和 18.7% ～ 19.4%，COD_{Mn} 去除明显，可分别提高 8.3% ～ 10.7% 和 2.11% ～ 28.1%；再与助滤剂配合后，浊度去除率进一步提高 0.3% ～ 0.4% 和 0.2% ～ 0.4%，COD_{Mn} 去除率进一步提高 6.7% ～ 7.2% 和 1.2% ～ 14%。投加高锰酸钾预氧化剂后，再投加 PAFC-PDMDAAC 复合药剂、助滤剂，浊度和 COD_{Mn} 去除效果最好。

示范工程运行效果表明，出厂水浊度平均为 0.19NTU，相比改造前浊度降低了 24%。出厂水 COD_{Mn} 为 1.69mg/L，相比改造前 COD_{Mn} 降低了近 8%。三卤甲烷总量较改造前降低了 30% 以上，消毒副产物含量全部低于国标限值。经第三方机构检测，出厂水 106 项检测指标均能达到《生活饮用水卫生标准》（GB 5749—2006）的要求。

表 5-30　耿井水厂示范工程工艺对浊度、COD_{Mn} 的去除效果

项目	浊度			COD_{Mn}		
	原水 /NTU	出水 /NTU	去除率 /%	原水 /（mg/L）	出水 /（mg/L）	去除率 /%
夏季高藻期（2010 年 8 ～ 10 月）	11.8	0.15	98.7	3.21	1.92	40.2
	10.9	0.13	98.8	3.56	1.58	55.6
	11.1	0.19	98.3	3.52	1.62	54.0
	10.9	0.21	98.1	3.48	1.72	50.6
	11.8	0.26	97.8	3.48	1.6	54.0
	13.1	0.17	98.7	3.36	1.64	51.2
	12.9	0.15	98.8	2.95	1.65	44.1
	12.6	0.28	97.8	2.99	1.75	41.5
	13.8	0.17	98.8	3.12	1.4	55.1
	14.5	0.17	98.8	3.09	1.38	55.3
冬季低温低浊期（2010 年 12 ～ 2011 年 2 月）	1.79	0.17	90.5	2.51	1.63	35.1
	1.77	0.15	91.5	2.35	1.75	25.5
	1.8	0.28	84.4	2.43	1.78	26.7
	2.27	0.16	93.0	2.47	1.81	26.7
	2.47	0.14	94.3	2.39	1.63	31.8
	3.7	0.23	93.8	2.35	1.68	28.5
	1.8	0.16	91.1	2.43	1.78	26.7
	2.27	0.12	94.7	2.47	1.81	26.7
	2.47	0.29	88.3	2.39	1.63	31.8
	2.81	0.17	94.0	2.27	1.58	30.4
平均值	7.33	0.19	95.0	2.84	1.69	38.6

（2）经济分析

新老工艺运行成本对比分析见表 5-31。由于采用臭氧活性炭（O_3-BAC）运行工艺，新增成本计算如下：

表 5-31　新老工艺运行成本对比分析　　单位：元 /m^3

对比项目	改造前	改造后
药剂费	0.031	0.036
电费	0.016	0.052
制水成本	0.357	0.398

① 电费：臭氧系统平均电耗为 54kW・h/1000m^3，平均电费为 0.69 元 /（kW・h），合计 0.0373 元 /m^3。

② 液氧费用：臭氧活性炭主臭氧投加量 0.5 ～ 1mg/L，计算期内消耗约 10g/m^3，新增成本 0.01 元 /m^3。

③ 活性炭费用：设计 8 格滤池，总计 200t，考虑 5% 损耗，设计寿命 5 年，单价 4500 元 /t，

新增成本约 0.009 元 /m^3。

④ 自用水费：臭氧发生器冷凝水、反冲洗水合计约 0.007 元 /m^3。

⑤ 固定资产折旧：按照投资 7760 万元、折旧率 5% 予以测算，约 0.1 元 /m^3。

新增制水成本 0.041 元 /m^3。

5.6 展望

臭氧活性炭组合工艺集成技术可用于饮用水净化等，能够高效去除水中的有机物和重金属离子，保障水质安全，对水环境的保护和水资源的可持续利用具有重要意义。因此，深入研究臭氧活性炭组合工艺集成技术的原理和应用，对于推动水处理技术的发展和提高环境质量具有重要的意义。

臭氧活性炭工艺对于污染物的去除机理主要归结于臭氧化、活性炭吸附及生物降解作用，选择合适的臭氧生成技术对于提高臭氧的生成效率和稳定性至关重要。同时，还需要考虑工艺的经济性和环境友好性，研究和开发新型的臭氧生成技术，来提高臭氧的生成效率和稳定性，减少能耗和设备体积。工艺对不同污染物的去除机理可能存在显著差异。

因此，研究工艺对特定污染物的具体去除机理，并通过优化运行条件提高去除效果，将是臭氧活性炭工艺面对新污染物治理背景下的重点研究方向。可作为微生物载体的新型吸附材料的制备及活性炭的改性增强将是今后的研究热点。另外，若对它们进行性能比较，应重点围绕重点污染物去除、运行稳定性及经济成本等方面。臭氧活性炭组合工艺具有广阔的应用前景，但仍需要进一步深入研究和实践，以提高其治理效果和可持续发展性。

参考文献

[1] 乔铁军，孙国芬 . 臭氧 / 生物活性炭工艺的微生物安全性研究 [J]. 中国给水排水，2008, 24(5): 31-34.

[2] 孟建斌，陆少鸣 . 臭氧生物活性炭工艺中主臭氧投加量的优化 [J]. 中国给水排水，2011, 27(21): 46-49.

[3] 张金松，乔铁军 . 臭氧生物活性炭技术水质安全性及控制措施 [J]. 给水排水，2009, 35(3): 9-13.

[4] 曲晓妍，刘建广，张春阳，等 . 臭氧氧化及活性炭吸附处理黄河水试验研究 [J]. 水处理技术，2011, 37(7): 107-111.

[5] 刘建广，张春阳，查人光，等 . 饮用水深度处理工艺活性炭运行生命周期探讨 [J]. 给水排水，2011, 37(5): 35-40.

[6] 阮如新，徐袁春 . 预加臭氧对饮用水净化的作用 [J]. 给水排水，1993 (10): 15-19.

[7] 王贵彬，许占祥，王国清 . 浅谈净水厂排泥水的处理 [J]. 炼油与化工，2003, 14(2): 38-38.

[8] 许嘉炯，张晔明，郑国兴 . 自来水厂生产废水处理工艺流程的优化及运行控制要求 [J]. 净水技术，2004, 23(4): 36-38.

[9] 范爱丽，李笑梅，张金松 . 南方地区典型水厂排泥水水质特性研究 [J]. 供水技术，2010, 4(5): 34-36.

[10] 陈有军，梁再辉，王玥 . 北方某自来水厂生产废水的水质特性研究 [J]. 中国给水排水，2007, 23(11): 90-93.

[11] Huang C, Lin J L, Lee W S. Effect of coagulation mechanism on membrane permeability in coagulation-assisted microfiltration for spent filter backwash water recycling [J]. Colloids and Surfaces A: Physicochemical and Engineering Aspects, 2011, 378: 72-78.

[12] 杨金满，贾瑞宝 . 自来水厂生产废水回用工艺研究进展 [J]. 水处理技术，2012, 38(2): 1-5.

[13] 王占金，贾瑞波，于衍真，等 . 气浮 / 超滤组合工艺处理微污染高藻原水 [J]. 中国给水排水，2010, 26(11): 133-138.

[14] 杨晓亮，贾瑞宝，孙韶华 . PAC-UF 组合工艺用于引黄水厂深度处理的试验研究 [J]. 供水技术，2008, 2(6): 12-14.

[15] 陈蓓蓓，高乃云，刘成 . 粉末活性炭去除原水中阿特拉津突发污染的研究 [J]. 给水排水，2007, 33(7): 9-13.

[16] 贾瑞宝，李力，李世俊，等 . 二氧化氯强化处理含藻水库水研究 [J]. 中国给水排水，2003, 19(13): 93-95.

[17] 纪峰，朱灵敏，贾丽莉，等 . 粉末活性炭对硝基氯苯类污染物的吸附特性研究 [J]. 中国给水排水，2010, 26(7): 105-108.

[18] 张晓健 . 松花江和北江水污染事件中的城市供水应急处理技术 [J]. 给水排水，2006, 32(6): 6-12.

[19] 代朝猛，张峻博，段艳平，等 . 微纳米气泡特性及在环境水体修复中的应用 [J]. 同济大学学报（自然科学版），2022, 50(3): 431-438.

[20] 李亚男，田立平，王丰科，等 . 强化气浮除藻及其联用工艺研究进展 [J]. 净水技术，2020, 39(10): 102-108.

[21] 田立平，鞠玲，王晓波，等 . 微纳米气泡制备技术及应用研究 [J]. 能源与环境，2020 (4): 69-73.

[22] 管焕钦，李杰，代党阳，等 . 超微米气泡水处理技术：CN201010201685[P]. 2010-10-13.

[23] Zhang M, Wang Y F, Wu X Y, et al. Potential of ozone micro-bombs in simultaneously fast removing bloom-forming cyanobacteria and in situ degrading microcystins[J]. Chemical Engineering Journal, 2020, 407(7780): 127186.

[24] 戚圣琦，王小，周英豪，等 . 基于微米气泡的臭氧强化传质技术研究 [J]. 给水排水，2017, 43(3): 14-18.

[25] Parkinson L, Sedev R, Fornasiero D, et al. The terminal rise velocity of 10 ～ 100μm diameter bubbles in water[J]. Journal of Colloid and Interface Science, 2008, 322(1): 168-172.

[26] Quinn J J, Maldonado M, Gomez C O, et al. Experimental study on the shape-velocity relationship of an ellipsoidal bubble in inorganic salt solutions[J]. Minerals Engineering, 2014, 55: 5-10.

[27] Fan W, An W, Huo M, et al. Solubilization and stabilization for prolonged reactivity of ozone using micro-nano bubbles and ozone-saturated solvent: A promising enhancement for ozonation[J]. Separation and Purification Technology, 2020, 238: 116-484.

[28] Azuma T, Otomo K, Kunitou M, et al. Removal of pharmaceuticals in water by introduction of ozonated microbubbles[J]. Separation and Purification Technology, 2019, 212: 483-489.

[29] Azevedo A, Etchepare R, Calgaroto S, et al. Aqueous dispersions of nanobubbles: Generation, properties and features[J]. Minerals Engineering, 2016, 94: 29-37.

[30] 戚圣琦，王小，周英豪，等 . 基于微米气泡的臭氧氧化效果 [J]. 净水技术，2015, 34(1): 18-21.

[31] 周英豪 . 基于微米气泡的臭氧强化传质技术研究 [D]. 北京：清华大学，2014.

[32] 刘璟言 . BAC-UF 饮用水深度处理工艺优化研究 [D]. 长沙：湖南大学，2017.

[33] Elovitz M S, von Gunten U, Kaiser H. Hydroxyl radical/ozone ratios during ozonation processes. Ⅱ. The effect of temperature, pH, alkalinity, and DOM properties[J]. Ozone: Science & Engineering, 2000, 22(2): 123-150.

[34] 夏星宇 . 臭氧活性炭工艺长期稳定运行情况分析 [D]. 苏州：苏州科技大学，2019.

[35] Nerenberg R, Rittmann B E, Soucie W J. Ozone/biofiltration for removing MIB and GEOSMIN[J]. Journal - American Water Works Association, 2000, 92(12): 85-95.

[36] 陈思莹 . 臭氧-生物活性炭深度处理工艺去除太湖水嗅味的研究 [J]. 河南科技，2018 (2): 151-152.

[37] 钱泽朋 . 微气泡-臭氧化-催化剂体系协同处理酸性大红 3R 废水特性 [D]. 石家庄：河北科技大学，2020.

[38] Wu C, Li P, Xia S, et al. The role of interface in microbubble ozonation of aromatic compounds[J]. Chemosphere, 2019, 220: 1067-1074.

[39] 魏代波，郑爽英 . 粒状活性炭的电化学再生实验研究 [J]. 能源环境保护，2006, 20(4): 40-42.

[40] 张莉平，习晋 . 特殊水质处理技术 [M]. 北京：化学工业出版社，2006.

[41] 林冠烽，牟大庆，程捷，等 . 活性炭再生技术研究进展 [J]. 林业科学，2008, 44(2): 150-154.

[42] 岳宗豪，郑经堂，曲降伟，等 . 活性炭再生技术研究进展 [J]. 应用化工，2009, 38(11): 1667-1670.

[43] 庄毅璇，干枫，赵振业，等 . 活性炭的电解氧化再生研究 [J]. 环境科学与技术，2011, 34(12H): 17-19.

[44] 朱艳秋 . 活性炭的低温催化氧化再生方法研究 [D]. 济南：山东大学，2006.

[45] 曾雪玲，唐晓东，卢涛 . 活性炭再生技术的研究进展 [J]. 四川化工，2008, 4(11): 11-14.

[46] 曾志江，钟汉强 . 活性炭再生技术探讨 [J]. 黑龙江生态工程职业学院学报，2008, 21(4): 8-9.

[47] 杜尔登，张玉先，沈亚辉 . 自来水厂活性炭再生技术与成本分析 [J]. 净水技术，2008, 27(6): 54-57.
[48] 陈蓓蓓，高乃云，尚亚波，等. 采用活性炭强化常规处理原水突发油类污染的研究[J]. 给水排水，2008, 34(4): 7-11.
[49] 立本英机，安部郁夫 . 活性炭应用技术 [M]. 南京：东南大学出版社，2002.
[50] 赵玉华，李妍，傅金祥 . 粉末活性炭处理微污染水库水试验研究 [J]. 辽宁化工，2011, 40(1): 39-41.
[51] 侯铁，高乃云，张楠彭，等 . 粉末活性炭 (PAC) 强化处理微污染原水国内外研究现状 [J]. 城镇供水，2008 (6): 37-39.
[52] 孙丽娜 . 活性炭对水中微量有机物的净化效能与处理工艺中试研究 [D]. 天津：天津大学，2004.
[53] 王永磊 . 微絮凝-炭砂双层滤料浮滤池工艺处理引黄水库水的试验研究 [D]. 济南：山东建筑大学，2006.
[54] 张长明 . 活性炭在饮用水深度处理中的应用研究 [D]. 太原：太原理工大学，2011.
[55] 娄玉莹 . 臭氧-生物活性炭处理微污染地表水效能研究及工程应用 [D]. 济南：济南大学，2021.

第6章 紫外高级氧化组合工艺集成技术及应用

▲ 紫外高级氧化技术简介

▲ UV/H_2O_2 技术

▲ UV/H_2O_2/O_3 技术

▲ UV/H_2O_2/Cl_2 高级氧化组合工艺

▲ UV/H_2O_2/BAC 高级氧化组合工艺

▲ 典型工程案例

▲ 展望

本章阐述了基于紫外线的UV/H_2O_2/O_3、UV/H_2O_2高级氧化技术研究，探讨了除污染动力学、污染物降解机理、去污染效果与特性以及工艺参数优化等内容，构建了适用于我国湖库水源的UV/H_2O_2/Cl_2、UV/H_2O_2/BAC组合工艺，考察了UV/H_2O_2对后续氯衰减、活性炭生物膜特性的影响以及工艺去污效果和特性，建立了氯衰减模型，评估了长期运行条件下UV/H_2O_2/BAC组合工艺去污效果以及活性炭生物多样性，对比分析了不同活性炭对污染物去除效果的影响，为该工艺在我国的推广应用提供了技术支撑。

6.1 紫外高级氧化技术简介

6.1.1 工艺原理

高级氧化工艺（AOPs）在主要步骤中利用活性自由基（·OH、硫酸根自由基、超氧自由基等）的化学降解反应。·OH与有机物反应主要通过脱氢反应、亲电加成和电子转移3种路径进行。按照生成活性物种方式以及反应条件的差异，可以将其分为光催化氧化、电化学氧化、芬顿（Fenton）氧化、催化湿式氧化、臭氧氧化等。在饮用水处理应用过程中，以紫外高级氧化技术最为常见。

常见氧化剂的氧化还原电位见表6-1。

表6-1 常见氧化剂的氧化还原电位

氧化剂	F_2	·OH	O_3	H_2O_2	MnO_2	Cl_2	O_2
氧化还原电位/V	2.87	2.80	2.07	1.77	1.68	1.36	1.23

H_2O_2具有在低浓度下安全性高、制备成本较低和绿色健康等特点，是一种理想的自由基供体。将UV（紫外）作为一种光激发手段引入H_2O_2氧化体系中能够促进H_2O_2分解产生大量的·OH，对广泛的有机污染物具有较高的去除效能。

H_2O_2在UV光作用下典型的链式反应过程主要分为链引发、链增长、链终止过程，其具体反应机理如下所示。

链引发：

$$H_2O_2 \xrightarrow{hv} 2\cdot OH \tag{6-1}$$

链增长：

$$H_2O_2 + \cdot OH \longrightarrow HO_2\cdot + H_2O \tag{6-2}$$

$$H_2O_2 + HO_2\cdot \longrightarrow \cdot OH + H_2O + O_2 \tag{6-3}$$

链终止：

$$2\cdot OH \longrightarrow H_2O_2 \tag{6-4}$$

$$2HO_2\cdot \longrightarrow H_2O_2 + O_2^- \tag{6-5}$$

$$\cdot OH + HO_2\cdot \longrightarrow H_2O + O_2 \tag{6-6}$$

一般认为，UV/H_2O_2高级氧化作用的实现主要通过如下3种途径：

① 通过紫外光所产生的有效光子带来的光降解作用直接解离有机物内部的分子键；

② H_2O_2 所产生的直接氧化作用；

③ ·OH 的间接氧化作用，即 1 分子的 H_2O_2 在紫外光的照射下产生 2 分子的·OH，然后·OH 与有机物发生氧化还原反应，其中主导作用一般由·OH 的氧化过程带来。

·OH 具有极强的亲电子能力，其电子亲和能高达 569.3kJ/mol，所以对电子云密度高的地方具有较强的攻击能力。总的来讲，羟基化过程是·OH 降解有机物的必经途径，根据目标有机物的性质不同可能伴随有脱氢、加成、水解等过程。经羟基化过程形成的中间产物进一步与·OH 反应，最终被完全矿化为 CO_2 和 H_2O。

臭氧参与的高级氧化反应中，臭氧在光解过程中产生处于基态和 / 或激发态的氧原子和分子氧，物种有 $O(^1D)$（激发态氧原子）、$O(^3P)$（基态氧原子）、$O_2{}^1\Delta_g$（单线态氧原子）以及 $O_2(^3\Sigma_g^-)$（基态氧原子）。这些物质既参与重组反应，又参与溶液中存在的水分子和 / 或其他化合物的反应。$O(^1D)$、$O(^3P)$ 等更容易与水反应生成 H_2O_2。在 UV 光的作用下，形成的 H_2O_2 可以被光解，或者可以与臭氧反应并启动过臭氧化过程。

UV/H_2O_2/O_3 技术中·HO 和 O_3 都是氧化性较强的氧化剂，可以更有效地去除污染物，O_3 光解形成高氧化性的·OH 反应式如下：

$$O_3 + H_2O \xrightarrow{h\nu} 2HO\cdot + O_2$$

$$O_3 + HO\cdot \longrightarrow HO_2\cdot + O_2$$

$$O_3 + HO_2\cdot \longrightarrow HO\cdot + 2O_2$$

$$HO\cdot + HO_2\cdot \longrightarrow H_2O + O_2$$

$$2HO\cdot \longrightarrow H_2O_2$$

与其他氧化技术相比，UV/H_2O_2/O_3 技术已应用于消除农药、苯酚类和各种挥发性的氯化有机化合物的废水处理中。但在饮用水处理领域，相关研究现处于实验室及中试验证阶段。

6.1.2 组合工艺

水厂的常规处理工艺对嗅味物质去除效果不佳，饮用水深度处理是目前解决嗅味问题的常见途径，在众多深度处理工艺中，UV/H_2O_2 工艺因其自身的优势得到广泛的关注。但 UV/H_2O_2 工艺存在 H_2O_2 利用率偏低以及残存 H_2O_2 的问题，因此需后续衔接恰当的淬灭单元形成组合工艺。目前主要有 UV/H_2O_2/Cl_2、UV/H_2O_2/ 活性炭、UV/H_2O_2/ 氯胺等组合工艺。

其中，UV/H_2O_2/Cl_2 组合工艺可以有效应对典型的藻致嗅味问题，但会加大后续投加氯的衰减，且随着 H_2O_2 投加量的增加，余氯衰减总量增大，运行成本偏高，当水厂出现季节性嗅味物质超标等突发性污染问题时，可考虑采用 UV/H_2O_2/Cl_2 组合工艺作为应急处理技术措施。

UV/H_2O_2/ 活性炭工艺组合可以有效应对典型的藻致嗅味问题，后续活性炭可以为 GAC（粒状活性炭）或者 BAC（生物活性炭）等形式，活性炭较大的比表面积和发达的孔隙结构致使其本身有较高的吸附能力，其吸附作用能够有效地去除水中的溶解性有机物包括可生物降解有机物、卤代烃和嗅味化合物等污染物，同时催化淬灭残余的 H_2O_2。若后续工艺为生物活性炭（BAC），则不仅能发挥活性炭的物理吸附作用，还能充分利用表面生物膜的生物降解作用去除有机物，如荷兰 PWN 水厂就采用了 UV/H_2O_2/BAC 组合工艺。

6.2 UV/H_2O_2 技术

本节阐述了利用 UV/H_2O_2 技术对去除饮用水中 GSM 和 2-MIB 的动力学和去除机理方面的初步研究成果；提出 UV/H_2O_2 降解 GSM 和 2-MIB 可能的主要中间产物、降解途径；通过响应曲面法优化了工艺参数，并在最佳工况下分析了 UV/H_2O_2 技术的工艺特性和毒理学特征，为 UV/H_2O_2 技术的工程应用提供理论依据。

6.2.1 GSM 和 2-MIB 降解效能与机理

6.2.1.1 GSM 和 2-MIB 降解动力学

（1）GSM 降解动力学

采用一级动力学方程和二级动力学方程，对不同 H_2O_2 浓度下 GSM 的降解过程拟合，结果如图 6-1 所示。

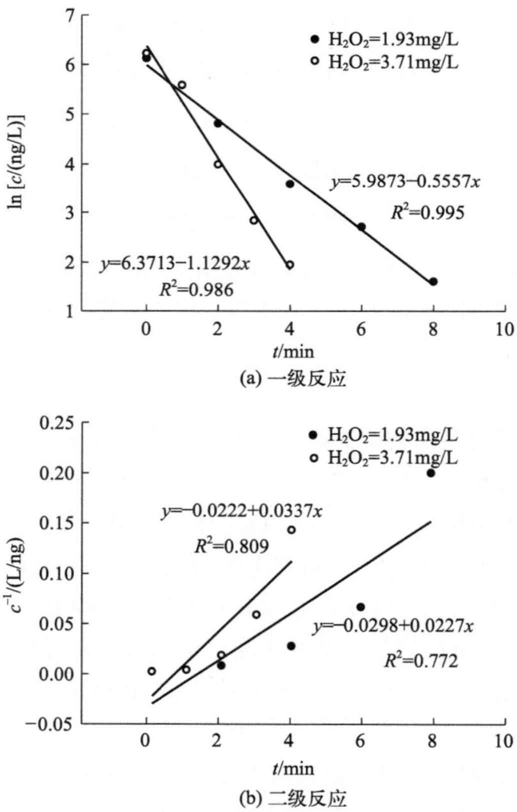

图 6-1　GSM 降解的动力学拟合曲线

由图 6-1 可知，对比一级反应与二级反应的相关系数 R^2 发现，GSM 的降解更加符合一级反应动力学。H_2O_2 浓度为 1.93mg/L，一级动力学方程为：$\ln c=5.9873-0.5557x$（$R^2=0.995$）；H_2O_2 浓度为 3.71mg/L，一级动力学方程为：$\ln c=6.3713-1.1292x$（$R^2=0.986$）。增加 H_2O_2 浓度

后，一级动力学的 k 值由 0.5557min^{-1} 增加到 1.1292min^{-1}，说明 GSM 的降解速率提高了 1.03 倍，增大 H_2O_2 浓度后在 UV 照射下加快了 • OH 的生成，从而提高了 GSM 降解速度。

表 6-2 列出了国内外学者在不同条件下 UV/H_2O_2 对 GSM 降解动力学的研究结果，均符合一级反应动力学模型，反应速率常数 k 存在差异性，这主要是各自试验条件及工艺参数不同造成的。

表 6-2 UV/H_2O_2 对 GSM 降解动力学模型

初始浓度	试验类型	工艺参数	速率常数
1 ～ 20μmol/L	去离子水	UV 313nm，水力停留时间（HRT）1h，H_2O_2 浓度 1 ～ 40mmol/L，pH=7	k_{OH}=(7.80±0.24)×10^{9}mol/(L • s)
6.1 ～ 6.5ng/L	循环水，中试	UV 200 ～ 400nm，H_2O_2 浓度 0.5mmol/L、17mmol/L	k_{app}=(1.2±0.3)h^{-1} 平均 $t_{1/2}$=34min
100ng/L	纯水	UV 254nm，H_2O_2 浓度 3.59mg/L	k_{app}=5.57×10^{-2}min^{-1}
	水库水	UV 254nm，H_2O_2 浓度 4.54mg/L	k_{app}=1.88×10^{-2}min^{-1}
43ng/L、183ng/L	去离子水	UV 253.7nm，H_2O_2 浓度 6mg/L	k_{app}=(1.6±0.3)×10^{-2}s^{-1}、(1.9±0.3)×10^{-2}s^{-1} $t_{1/2}$=36.5s、43.3s
(59±13) ng/L	预处理后原水	UV 剂量 1100mJ/cm^2，H_2O_2 浓度 5.5mg/L	去除率 93%
10ng/L	水源水	UV 剂量 1000mJ/cm^2	去除率大于 70%
134 ～ 225ng/L	纯水	UV 光强 151 ～ 740μW/cm^2	k_{app}=0.0332 ～ 0.505min^{-1}

(2) 2-MIB 降解动力学

采用一级动力学方程和二级动力学方程，对不同 H_2O_2 浓度下 2-MIB 的降解过程进行拟合，结果见图 6-2。

通过对比图 6-2 相关系数 R^2 可得，2-MIB 的降解符合一级反应动力学，与 GSM 研究结果一致。H_2O_2 浓度为 1.93mg/L，一级动力学方程为：$\ln c=6.5444-0.5508x$（R^2=0.999）；H_2O_2 浓度为 3.71mg/L，一级动力学方程为：$\ln c=6.6299-0.8610x$（R^2=0.973）。一级动力学的 k 值由 0.5508min^{-1} 增加到 0.8610min^{-1}，低于 GSM 的降解速率常数 k，说明 GSM 的光降解速率快于 2-MIB，在较低 H_2O_2 浓度（1.93mg/L）时，两种物质 k 值相差不大，是 2-MIB 的 1.01 倍；增大 H_2O_2 浓度后，GSM 的 k 值增加趋势明显，是 2-MIB 的 1.31 倍。这是由其自身结构造成的。

表 6-3 列出了国内外学者在不同条件下得到的 UV/H_2O_2 对 2-MIB 降解动力学的研究结果，均符合一级反应动力学模型，反应速率常数 k 存在差异性，这主要是各自试验条件及工艺参数不同造成的。但 2-MIB 反应速率常数均低于 GSM 反应速率常数，这主要是由于 2-MIB 自身化学结构的位阻作用比 GSM 大。

6.2.1.2 GSM 和 2-MIB 降解产物及机理

UV/H_2O_2 对 GSM 和 2-MIB 的降解可能与类似 AOPs 工艺一致，形成多种不确定的中间产物，本小节采用液液萃取（LLE）和固相萃取（SPE）相结合的前处理方式进行不同 UV 剂量下中间产物的提取，再利用 GC-MS-MS 进行化合物的半定性分析，从而确定不同 UV

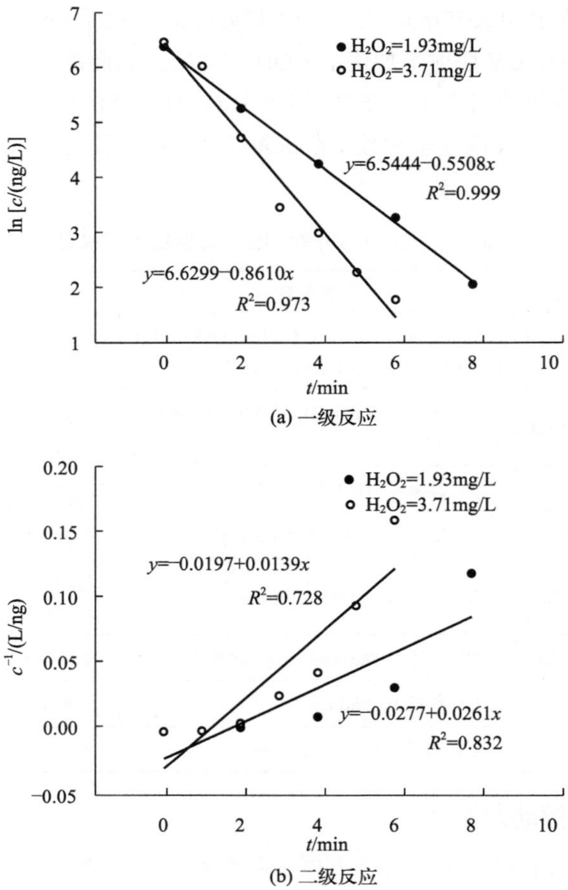

图 6-2　2-MIB 降解的动力学拟合曲线

表 6-3　UV/H_2O_2 对 2-MIB 降解动力学模型

初始浓度	试验类型	工艺参数	速率常数
1 ～ 20μmol/L	去离子水	UV 313nm，HRT 1h，H_2O_2 浓度 1 ～ 40mmol/L，pH=7	k_{OH}=(5.09±0.14)×10^9mol/(L・s)
32 ～ 37ng/L	循环水，中试	UV 200 ～ 400nm，H_2O_2 浓度 0.5mmol/L、17mmol/L	k_{app}=(1.5±0.3)h^{-1} 平均 $t_{1/2}$=28min
100ng/L	纯水	UV 254nm，H_2O_2 浓度 3.57mg/L	k_{app}=5.14×$10^{-2}$$min^{-1}$
	水库水	UV 254nm，H_2O_2 浓度 3.60mg/L	k_{app}=1.34×$10^{-2}$$min^{-1}$
(59±13) ng/L	预处理后原水	UV 剂量 1100mJ/cm^2，H_2O_2 浓度 5.5mg/L	去除率 91%
25g/L	水源水	UV 剂量 1000mJ/cm^2	去除率＞ 70%
249 ～ 459ng/L	纯水	UV 光强 151 ～ 740μW/cm^2	k_{app}=0.0332 ～ 0.505min^{-1}

剂量下 UV/H_2O_2 氧化 GSM 和 2-MIB 的降解中间产物，并分析其可能的降解途径及机理。

（1）GSM 降解产物及机理

采用纯水配制 GSM 溶液浓度约为 0.5mg/L，H_2O_2 浓度约为 50mg/L，分别于不同 UV 剂量下取样，采用 SPE 前处理后利用三重四极杆串联质谱进行全分析。结果显示，不同 UV 剂量下 GSM 峰面积下降呈一级反应动力学特征，这与动力学研究结果一致。3 种化合物均可能是 GSM 被氧化的中间产物，如表 6-4 所列。

表 6-4　UV/H_2O_2 氧化 GSM 可能的中间产物

序号	保留时间 /min	英文名称	分子式	结构式	匹配度 /%
1	8.212	*trans*-1,10-dimethyl-*trans*-9-decalinol	$C_{12}H_{22}O$	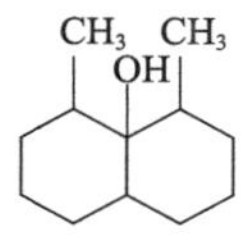	81
2	8.639	2(1*H*)-naphthalenone, octahydro-8*a*-hydroxy-4*a*-methyl	$C_{11}H_{18}O_2$	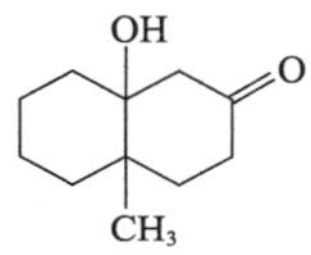	90
3	8.682	6-methyl-cyclodec-5-enol	$C_{11}H_{20}O$	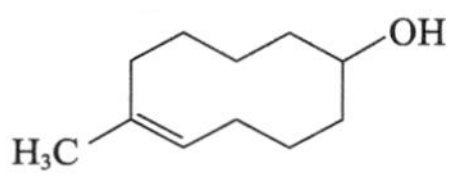	83

根据 GSM 降解的主要中间产物，推测可能的降解途径如图 6-3 所示。

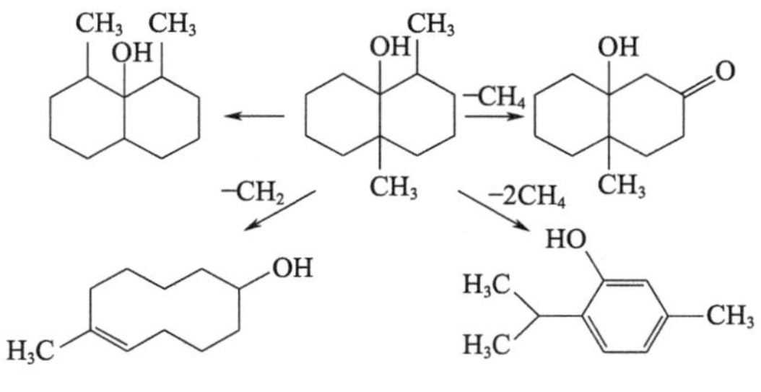

图 6-3　GSM 可能的降解途径

由图 6-3 可知，GSM 中间产物保留了原有的环状结构。由于·OH 的氧化是非选择性的，氢被羟基取代或氧化，形成碳碳双键、羰基或羟基的结构。当有两个羰基（或羟基、羧基基团）时，环状结构稳定性下降，反应活性增强。因此继续被氧化开环形成小分子有机物，小分子羧酸、酮、醛可能为氧化过程中的最终产物，甚至被矿化生成 CO_2 和 H_2O。本实验未发现小分子羧酸、酮、醛等产物，可能是未采用衍生试剂对有—OH 和—COOH 的基团或醛酮进行衍生，形成—O—CH_3 和—CO_2—CH_3 基团或肟再进行测定的原因。

（2）2-MIB 降解产物及机理

采用纯水配制 2-MIB 溶液浓度约为 0.5mg/L，H_2O_2 浓度约为 50mg/L，分别于不同 UV 剂量下取样，采用 SPE 法进行前处理后利用三重四极杆串联质谱进行全分析。结果表明，不同 UV 剂量下 2-MIB 峰面积下降呈一级反应动力学特征，这与动力学研究结果一致。4 种化合物可能是 2-MIB 被氧化的中间产物，如表 6-5 所列，推测可能的降解途径如图 6-4 所示。

表 6-5　UV/H_2O_2 氧化 2-MIB 可能的中间产物

序号	保留时间 /min	英文名称	分子式	结构式	匹配度 /%
1	3.954	2-methylenebornane	$C_{11}H_{18}$	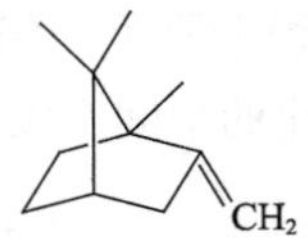	82
2	7.084	2-methyl-3-(1-methylethenyl)-, (1α,2α,3α)-cyclohexanol	$C_{10}H_{18}O$	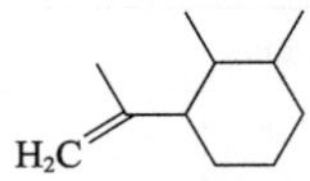	87
3	7.481	3-cyclohexene-1-carboxylic acid, 3,4-dimethyl-, methyl ester	$C_{10}H_{16}O_2$	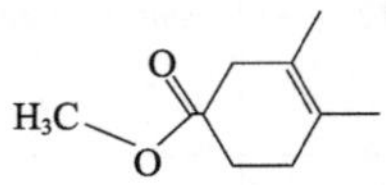	81
4	7.510	1-hydroxymethyl-7,7-dimethylbicyclo[2.2.1]heptan-2-one	$C_{10}H_{16}O_2$	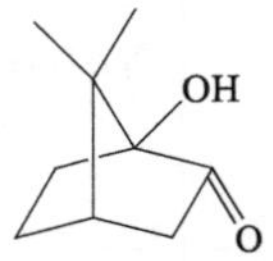	92

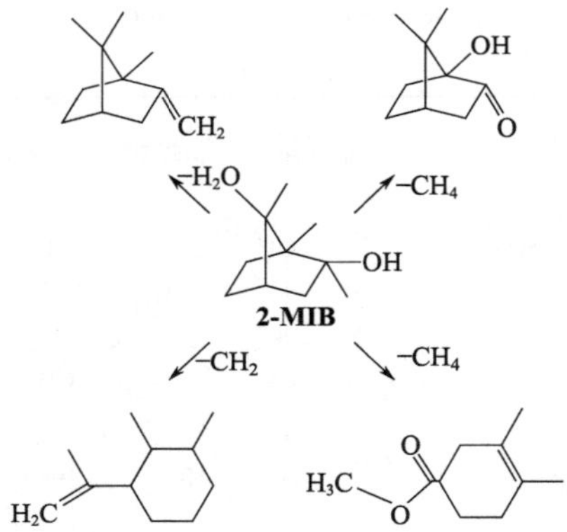

图 6-4　2-MIB 可能的降解途径

由图 6-4 可知，2-MIB 中间产物保留了环状结构。由于・OH 的氧化是非选择性的，氢被羟基取代或氧化，形成碳碳双键、羰基、羟基或羧基的结构。当有两个羰基（或羟基、羧基基团）时，环状结构稳定性下降，反应活性增强。因此中间产物还可能继续被氧化开环形成小分子有机物，小分子羧酸、酮、醛可能为氧化过程中的最终产物，甚至被矿化生成 CO_2 和 H_2O。本实验未发现小分子羧酸、酮、醛等产物的原因与前述一致。

6.2.1.3　实际水体背景下 UV/H_2O_2 降解 GSM 和 2-MIB 的效果

（1）GSM 和 2-MIB 的降解效果

采用 UV/H_2O_2 中试装置，以常规工艺滤后水为原水，在进水流量为 $3m^3/h$、$5m^3/h$ 和 $8m^3/h$ 条件下，调节紫外灯功率为 $5\mu W/cm^2$ 和 $10\mu W/cm^2$，依次投加 4 个浓度梯度的 H_2O_2 开展 24 组试验，考察 UV/H_2O_2 工艺对嗅味和有机物的去除效果。24 组试验过程 UV 剂量、进出水 H_2O_2 浓度变化如图 6-5 所示。

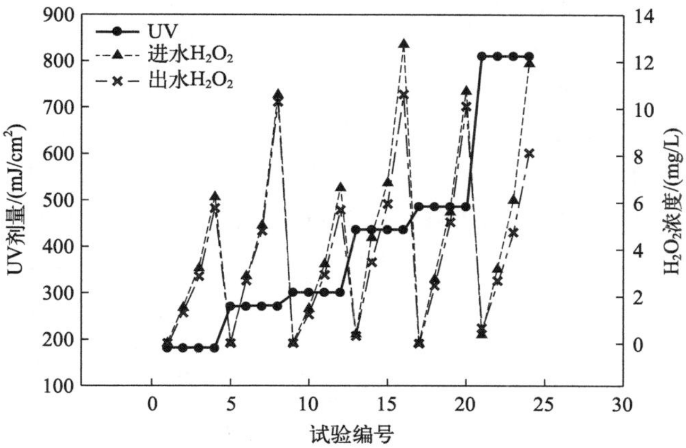

图 6-5　UV 剂量和 H_2O_2 浓度变化

由图 6-5 可知，随着 UV 剂量的增加，H_2O_2 的消耗量逐渐增加，最大为 3.81mg/L，但消耗比例不大，均在 30% 以内。H_2O_2 作为·OH 的释放剂，在 UV 光催化反应中起到了关键作用。随着 UV 剂量的增加，UV 与 H_2O_2 接触时间延长，H_2O_2 在 UV 照射下产生·OH 的概率增加，· OH 生成量增加，导致 H_2O_2 的消耗量增加。但也有研究表明，当 H_2O_2 浓度较低时，· OH 生成速率随着 H_2O_2 浓度的增加而增加，达到一定值后则开始保持恒定，再增加 H_2O_2 浓度则减慢。主要因为，H_2O_2 浓度过高时，过量的 H_2O_2 与 · OH 发生反应生成 · HO_2，而 · HO_2 的氧化性相对较弱，会降低有机物氧化速率。

24 组不同试验工况下进出水 GSM 和 2-MIB 浓度变化及降解效果如图 6-6 所示。

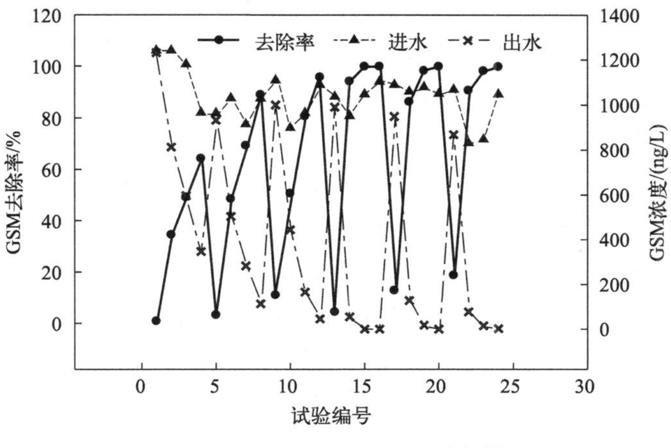

图 6-6　不同工况下 GSM 降解效果

由图 6-6 可知，不同工况下，进水 GSM 浓度在 800 ～ 1200ng/L 之间，最低出水浓度小于检出限，去除率在 0.8% ～ 99.9% 之间；在 UV 剂量为 435mJ/cm²、H_2O_2 投加量为 5mg/L 时，出水 GSM 小于检出限，去除率最大为 99.9%；而后随着 UV 剂量和 H_2O_2 投加量增加，GSM 去除率趋于平稳，且略有下降。相同 UV 剂量下，随着 H_2O_2 投加量的增加，GSM 去除率迅速增加，而后逐渐趋于平稳；低 H_2O_2 投加量下 GSM 去除率随着 UV 剂量的增加而增加，高 H_2O_2 投加量下（＞ 5mg/L）UV 剂量的增加对 GSM 去除率的影响不大。

由图 6-7 可知，2-MIB 的降解效果与 GSM 基本一致，但所需的 UV 剂量或 H_2O_2 投加量稍大。不同工况下，进水 2-MIB 浓度在 800 ～ 3000ng/L 之间，最低出水浓度小于检出限，去除率在 0.3% ～ 99.7% 之间；在 UV 剂量为 435mJ/cm²、H_2O_2 投加量为 12mg/L 时，出水 GSM ＜ 10ng/L，去除率最大为 99.7%；而后随着 UV 剂量和 H_2O_2 投加量增加，2-MIB 去除率趋于平稳，且略有下降。相同 UV 剂量下，随着 H_2O_2 投加量的增加，2-MIB 去除率迅速增加，而后逐渐趋于平稳，且略有下降；低 H_2O_2 投加量下 2-MIB 去除率随着 UV 剂量的增加而增加，高 H_2O_2 投加量下（＞ 5mg/L）UV 剂量的增加对 2-MIB 去除率的影响不大。

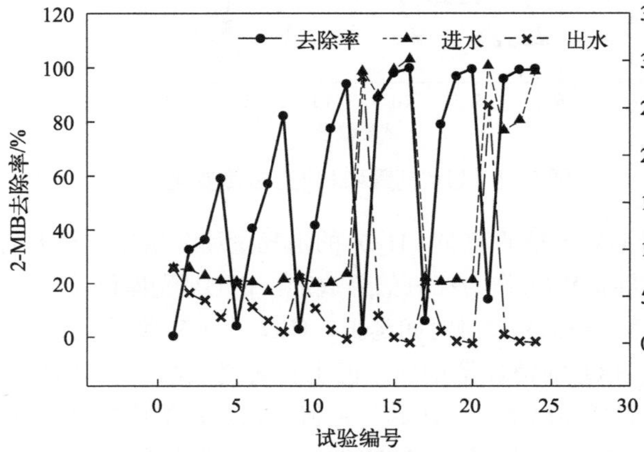

图 6-7　不同工况下 2-MIB 降解效果

前述研究表明，GSM 和 2-MIB 的降解均符合一级动力学，但 GSM 的速率常数 k 是 2-MIB 的 1.01 ～ 1.31 倍，GSM 易于被•OH 氧化降解；而 2-MIB 由于自身化学结构的位阻作用较大，不易被 • OH 氧化降解，需要更高的氧化条件。UV 剂量和 H_2O_2 投加量影响 2-MIB 降解效果的原因与 GSM 一致。

（2）有机物的降解效果

24 组不同试验工况下进出水 COD_{Mn}、TOC 和 UV_{254} 的变化及降解效果如图 6-8 所示。

由图 6-8 可知，不同工况下，进水 COD_{Mn} 在 1.6 ～ 2.0mg/L 之间，出水 COD_{Mn} 在 1.5 ～ 1.8mg/L 之间，去除率在 1.2% ～ 15.1%，UV/H_2O_2 对滤后水 COD_{Mn} 的降解能力有限。UV 剂量在 435 ～ 485mJ/cm² 之间、H_2O_2 投加量在 5mg/L 左右时，COD_{Mn} 去除率最大，在 10% ～ 15% 之间；增大或减小 UV 剂量和 H_2O_2 投加量对 COD_{Mn} 去除均不利。

不同工况下，进水 TOC 在 1.8 ～ 2.3mg/L 之间，出水 TOC 在 1.6 ～ 2.1mg/L 之间，去除率为 0.2% ～ 20.1%，UV/H_2O_2 对滤后水 TOC 的降解能力也有限。UV 剂量在 435 ～ 485mJ/cm² 之间、H_2O_2 投加量在 5mg/L 左右时，TOC 去除率约为 10%；增大 UV 剂量和 H_2O_2 投加量有利于 TOC 的去除。这是由于 TOC 是以碳含量表示水体中有机物质总量的综合指标，UV/H_2O_2 产生的 • OH 将 GSM、2-MIB 和 NOM 等有机物氧化为其他的中间产物，仅有少部分可能被直接矿化，因而对 TOC 去除效果影响较小。增大 UV 剂量和 H_2O_2 投加量则 • OH 浓度增加，更多的有机物被矿化，则提高了 TOC 去除率，但不经济。

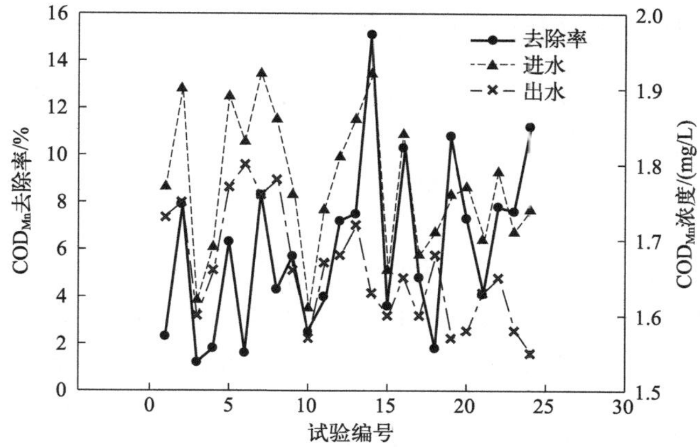

(a) COD_{Mn}

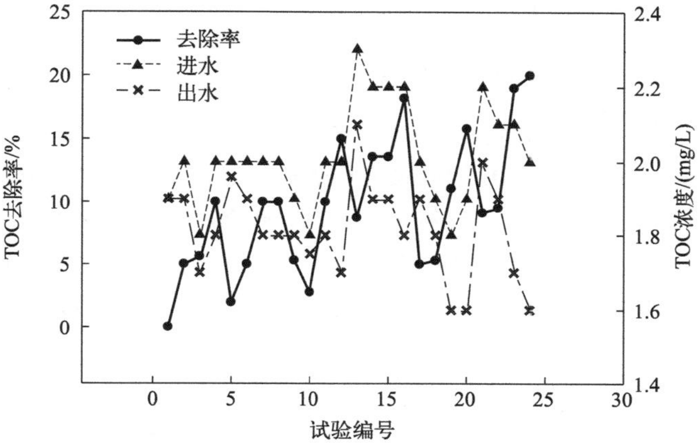

(b) TOC

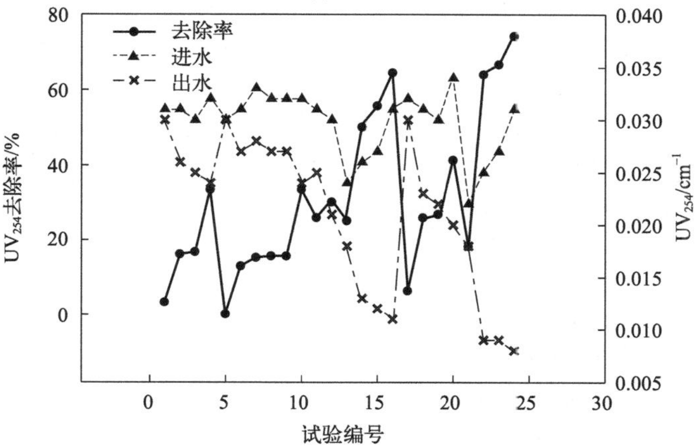

(c) UV_{254}

图 6-8　不同工况下 COD_{Mn}、TOC 和 UV_{254} 的降解效果

不同工况下，UV_{254} 的去除规律与 TOC 基本一致，但去除率更高。进水 UV_{254} 在 0.022 ～ 0.035cm^{-1} 之间，出水 UV_{254} 在 0.007 ～ 0.03cm^{-1} 之间，去除率在 0 ～ 74.2%，UV/H_2O_2 对滤后水 UV_{254} 的去除能力较好。UV 剂量在 435 ～ 485mJ/cm^2 之间、H_2O_2 投加量在 5mg/L 左右时，UV_{254} 去除率为 50% ～ 60%；增大 UV 剂量和 H_2O_2 投加量有利于 UV_{254} 的去除。

6.2.2 GSM 和 2-MIB 降解工艺优化研究

对于 UV/H_2O_2 技术，水力停留时间（HRT）、UV 剂量、H_2O_2 投加量、温度、pH 值等都是影响目标有机物去除效率的重要因素；另外，目标有机物初始浓度、原水中有机物的特征和浓度、pH 值、浊度、无机离子等也会直接影响 UV/H_2O_2 技术对目标有机物的氧化降解效果。

为此，以常规工艺过滤出水为研究对象，采用响应曲面设计方法（response suface methodology，RSM）开展处理规模为 5m^3/h 的中试试验，重点研究 H_2O_2 投加量、UV 光强和剂量及 GSM 和 2-MIB 初始浓度对组合工艺去除 GSM 和 2-MIB 效果的影响，明确其主、次要因素及显著性，得出各因素的最佳水平。在最佳工艺参数下，研究 UV/H_2O_2 出水的毒理学特征及有机物特性变化，分析组合工艺的安全性，进而提出 UV/H_2O_2 组合工艺高效安全降解 GSM 和 2-MIB 的工艺参数，为实际应用提供理论依据。

6.2.2.1 GSM 和 2-MIB 降解试验设计

根据前述试验结果，对三因素及其水平进行设计。利用 Design Expert 软件设计响应曲面，对 UV/H_2O_2 降解 GSM 和 2-MIB 的效果进行优化，确定最优工艺参数。

分别以 GSM 和 2-MIB 去除率、耗氧量、UV_{254} 和 TOC 去除率为响应值；以 H_2O_2 浓度（mg/L）、UV 剂量（mJ/cm^2）以及 GSM 和 2-MIB 初始浓度（ng/L）为自变量；各因子编码和自变量水平分别见表 6-6，共 17 个试验点，其中 12 个为分析因点，5 个为零点，零点试验进行 5 次，以估计误差。

表 6-6 GSM 和 2-MIB 响应面分析因素及水平

因素	符号		水平		
	未编码值	编码值	−1	0	+1
H_2O_2 浓度 /（mg/L）	X_1	A	2	6	10
UV 剂量 /（mJ/cm^2）	X_2	B	250	350	450
GSM 和 2-MIB 初始浓度 /（ng/L）	X_3	C	50	275	500

对 H_2O_2 浓度、UV 剂量、GSM 和 2-MIB 初始浓度作如下变换：

$$A、B、C=(X_i-X_{i0})/S \tag{6-7}$$

式中 A、B、C——自变量的编码值；

X_i——自变量的真实值；

X_{i0}——实验中心点处自变量的真实值；

S——自变量的变化步长。

分别以 GSM 和 2-MIB 去除率、耗氧量、UV_{254} 和 TOC 去除率、THMs 生成量为响应值（Y），建立模型并检验其显著性、有效性，分析最佳工艺参数。

6.2.2.2 GSM 降解回归模型

（1）GSM 降解回归方程

对确定的 UV/H_2O_2 降解滤后水中 GSM 的 17 组试验进行试验研究，结果见表 6-7。

表 6-7 响应曲面法设计与试验结果

试验号	因素			响应值（Y）		绝对误差	相对误差 /%
	A	B	C	实测值	预测值		
1	−1	−1	0	45.00	46.58	−1.58	−0.04
2	1	−1	0	92.00	90.58	1.43	0.02
3	−1	1	0	63.00	64.43	−1.43	−0.02
4	1	1	0	99.00	97.43	1.58	0.02
5	−1	0	−1	73.00	71.53	1.47	0.02
6	1	0	−1	94.00	95.53	−1.53	−0.02
7	−1	0	1	47.00	45.48	1.53	0.03
8	1	0	1	97.00	98.48	−1.47	−0.02
9	0	−1	−1	88.00	87.90	0.10	0.00
10	0	1	−1	90.00	90.05	−0.05	0.00
11	0	−1	1	66.20	66.15	0.05	0.00
12	0	1	1	88.60	88.70	−0.10	0.00
13	0	0	0	85.80	86.68	−0.88	−0.01
14	0	0	0	86.90	86.68	0.22	0.00
15	0	0	0	86.90	86.68	0.22	0.00
16	0	0	0	85.80	86.68	−0.88	−0.01
17	0	0	0	88.00	86.68	1.32	0.01

注：绝对误差 = 实测值−预测值；相对误差 = 绝对误差 / 实测值。

应用 Design Expert 软件对表 6-7 中的数据进行多元回归拟合，得到 UV/H_2O_2 对 GSM 降解效率的二元多项式回归方程（以编码值表示）：

$$Y=86.68+19.25A+6.17B-5.78C-2.75AB+7.25AC+5.10BC-8.69A^2-3.24B^2-24C^2 \quad (6\text{-}8)$$

式中 Y——预测响应 GSM 去除率，%；

A、B、C——H_2O_2 浓度、UV 剂量和 GSM 浓度。

根据回归模型对 GSM 去除率进行预测，预测值见表 6-7，实测值与预测值误差在 ±2.0% 以内，表明回归模型拟合程度较高。

（2）GSM 回归方程显著性

利用 Design Expert 软件中响应曲面二次模型的 ANOVA（analysis of variance，方差分析）进行分析，分析结果见表 6-8。

表 6-8 回归模型（Y）方差分析

项目	平方和	自由度	均方	F 值	P 值
模型	4260.024	9	473.336	154.5551	＜ 0.0001
A	2964.5	1	2964.5	967.9774	＜ 0.0001
B	305.045	1	305.045	99.60421	＜ 0.0001
C	266.805	1	266.805	87.11797	＜ 0.0001

续表

项目	平方和	自由度	均方	F 值	P 值
AB	30.25	1	30.25	9.877321	0.0163
AC	210.25	1	210.25	68.65146	< 0.0001
BC	104.04	1	104.04	33.97145	0.0006
A^2	317.9625	1	317.9625	103.8221	< 0.0001
B^2	44.20042	1	44.20042	14.43245	0.0067
C^2	0.242526	1	0.242526	0.07919	0.7865
残差	21.438	7	3.062571		
失拟项	18.05	3	6.016667	7.103503	0.0443
纯误差	3.388	4	0.847		
总变异	4281.462	16			

注：$P \leqslant 0.0001$，为高度显著；$0.0001 < P \leqslant 0.05$，为显著；$P > 0.05$，为不显著。

模型 P 值大小表示显著性检验结果，从表 6-8 可以看出，本模型的 $P \leqslant 0.0001$，表明模型在统计学上是有意义的，高度显著。其自变量一次项 A、B、C，二次项 AC、A^2 属于高度显著项（$P \leqslant 0.0001$），二次项 B^2、AB、BC 属于显著项（$0.0001 < P \leqslant 0.05$）。失拟项表示所用模型与试验拟合的程度（二者差异的程度），模型失拟项值为 7.1，表明方程模型失拟不显著，对模型是有利的。表 6-7 也表明模型预测值与实测值拟合程度较高，因此可用该回归方程代替试验真实点对试验结果进行分析。

回归模型拟合的相关性分析结果，见图 6-9 和表 6-9。

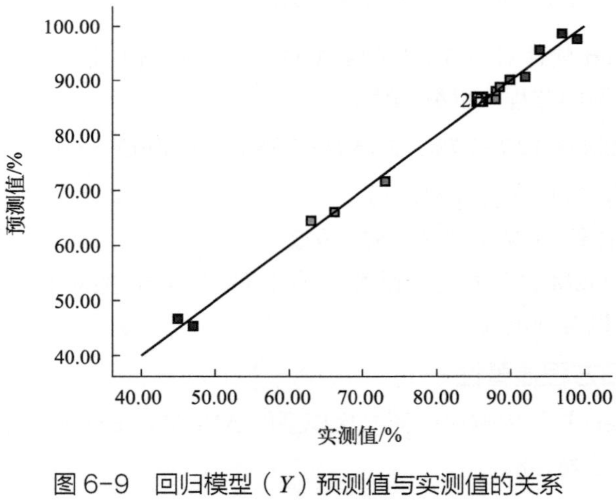

图 6-9　回归模型（Y）预测值与实测值的关系

表 6-9　回归分析结果

模型组	标准方差 /%	拟合系数 /%	修正拟合系数 /%
Y	1.75	99.50	98.86

从表 6-9 回归分析结果可以看出，回归模型 Y 的拟合系数 R^2 为 99.50%，修正拟合系数为 98.86%，均大于 95%，进一步说明模型拟合程度较好。

（3）影响因素的显著程度

分析考虑各因素及其交互作用对 GSM 去除率的影响，采用 Design-Expert 8.0 软件中的响应面 3D 图和等高线图辅助分析，结果显示，相同 GSM 初始浓度下，随着 H_2O_2 投加量的增加，等高线图形颜色变深，响应曲面图形较陡，说明 GSM 去除率较高。在相同 UV 剂量和 H_2O_2 投加量下，随着 GSM 初始浓度的增加，GSM 去除率逐渐降低，这与前述研究 UV/H_2O_2 对 GSM 的降解符合一级动力学的结论一致；而增大 UV 剂量，颜色变深，图形变陡，GSM 去除率随之升高。在相同 UV 剂量下，H_2O_2 投加量增大，图形颜色越深、图形越陡，GSM 去除效果越好，说明 H_2O_2 投加量对 GSM 降解效果影响最大。

经过软件的模拟与分析，对 GSM 去除率影响的显著程度为：H_2O_2 投加量＞ UV 剂量＞ GSM 初始浓度。

6.2.2.3 2-MIB 降解回归模型

（1）2-MIB 降解回归方程

UV/H_2O_2 降解滤后水中 2-MIB 的 17 组试验结果见表 6-10。

表 6-10　相应曲面法设计与实验结果

试验号	因素			响应值（Y）		绝对误差	相对误差 /%
	A	B	C	实测值	预测值		
1	−1	−1	0	40.00	40.32	−0.32	−0.01
2	1	−1	0	73.00	72.23	0.78	0.01
3	−1	1	0	57.00	57.78	−0.77	−0.01
4	1	1	0	94.18	93.86	0.32	0.00
5	−1	0	−1	85.00	84.88	0.12	0.00
6	1	0	−1	96.00	96.97	−0.97	−0.01
7	−1	0	1	44.00	43.03	0.97	0.02
8	1	0	1	98.80	98.92	−0.12	0.00
9	0	−1	−1	80.00	79.80	0.20	0.00
10	0	1	−1	90.00	89.35	0.65	0.01
11	0	−1	1	49.20	49.85	−0.65	−0.01
12	0	1	1	79.20	79.40	−0.20	0.00
13	0	0	0	95.00	95.36	−0.36	0.00
14	0	0	0	95.60	95.36	0.24	0.00
15	0	0	0	96.00	95.36	0.64	0.01
16	0	0	0	95.27	95.36	−0.09	0.00
17	0	0	0	94.91	95.36	−0.45	0.00

注：绝对误差 = 实测值−预测值；相对误差 = 绝对误差 / 实测值。

2-MIB 降解效果的二元多项式回归方程为（以编码值表示）：

$$Y=95.36+17.00A+9.77B-9.98C+1.04AB+10.95AC+5.00BC-11.48A^2-17.83B^2-2.93C^2 \quad (6\text{-}9)$$

式中　Y——预测响应 2-MIB 去除率，%；

A、B、C——H_2O_2 投加量、UV 剂量和 2-MIB 初始浓度。

根据回归模型对 2-MIB 去除率进行预测，预测值见表 6-10，可以看出实测值与预测值误差在 ±2.0% 以内，表明回归模型拟合程度较高。

（2）2-MIB 回归方程显著性

2-MIB 回归模型拟合的相关性分析结果见图 6-10 和表 6-11。

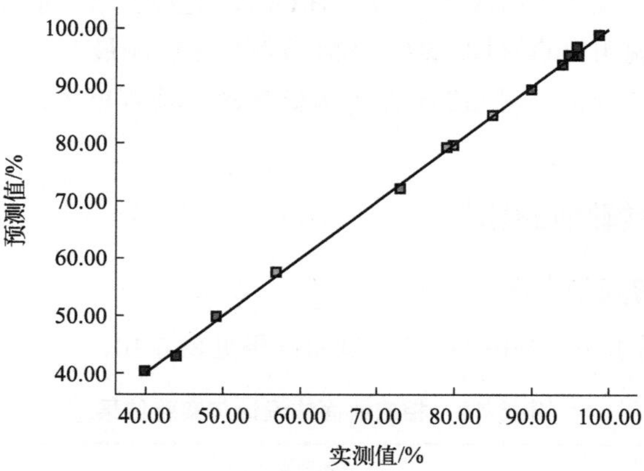

图 6-10　回归模型（Y）预测值与实测值的关系

表 6-11　回归模型（Y）方差分析

来源	平方和	自由度	均方	F 值	P 值
模型	6532.98	9	725.89	1003.31	＜ 0.0001
A	2311.32	1	2311.32	3194.69	＜ 0.0001
B	764.01	1	764.01	1056.01	＜ 0.0001
C	796.01	1	796.01	1100.23	＜ 0.0001
AB	4.37	1	4.37	6.04	0.0436
AC	479.61	1	479.61	662.91	＜ 0.0001
BC	100	1	100	138.22	＜ 0.0001
A^2	554.96	1	554.96	767.05	＜ 0.0001
B^2	1338.64	1	1338.64	1850.26	＜ 0.0001
C^2	36.04	1	36.04	49.81	0.0002
残差	5.06	7	0.72		
失拟项	4.26	3	1.42	7.03	0.045
纯误差	0.81	4	0.2		
总变异	6538.05	16			

注：$P \leqslant 0.0001$，为高度显著；$0.0001 < P \leqslant 0.05$，为显著；$P > 0.05$，为不显著。

从表 6-11 可以看出，本模型的 $P \leqslant 0.0001$，表明模型在统计学上是有意义的，模型高度显著。其自变量一次项 A、B、C，二次项 AC、BC、A^2、B^2 属于高度显著项（$P \leqslant 0.0001$），二次项 C^2 属于显著项（$0.0001 < P \leqslant 0.05$），表明 H_2O_2 投加量对 2-MIB 去除起主要作用。

失拟项表示所用模型与试验拟合的程度（二者差异的程度），模型失拟项值为 7.03，表明方程模型失拟不显著，对模型是有利的。表 6-12 也表明模型预测值与实测值拟合程度较高，因此可用该回归方程代替试验真实点对试验结果进行分析。

表 6-12 回归分析结果

模型组	标准方差 /%	拟合系数 /%	修正拟合系数 /%
Y	0.85	99.90	99.82

从表 6-12 回归分析结果可以看出，回归模型 *Y* 的拟合系数 R^2 为 99.90%，修正拟合系数为 99.82%，均大于 99%，进一步说明模型拟合程度较好。

（3）影响因素的显著程度

通过分析 H_2O_2 投加量、UV 剂量和 2-MIB 初始浓度以及它们各自之间的交互影响对 GSM 去除的影响结果可知，在相同 2-MIB 初始浓度下，等高线的形状呈椭圆形，表明 H_2O_2 投加量和 UV 剂量两个自变量间有显著的交互作用，与相同 GSM 初始浓度下的结果有差异，这可能与前述研究 2-MIB 自身化学结构的位阻作用比 GSM 大、不易降解有关。在相同 UV 剂量和 H_2O_2 投加量下，随着 2-MIB 初始浓度的增加，2-MIB 去除率逐渐降低，这与前述研究 UV/H_2O_2 对 2-MIB 降解符合一级动力学的结论一致。在相同 UV 剂量下，H_2O_2 投加量增大，图形颜色越深、图形越陡，2-MIB 去除率越高，说明 H_2O_2 投加量对 2-MIB 降解效果的影响也最大。在相同 H_2O_2 投加量下，等高线的形状也呈椭圆形，表明 UV 剂量和 2-MIB 初始浓度两个自变量间有显著的交互作用，这可能与 2-MIB 不易降解有关。

经过软件的模拟与分析，对 2-MIB 降解效率影响的显著程度为：H_2O_2 投加量＞ UV 剂量＞ 2-MIB 初始浓度。

6.2.2.4 有机物降解回归模型

按照上面相同方法对有机物降解模型进行回归分析，对 UV_{254} 去除率影响的显著程度为：GSM 和 2-MIB 初始浓度＞ H_2O_2 投加量＞ UV 剂量；对 COD_{Mn} 去除率影响的显著程度为：GSM 和 2-MIB 初始浓度＞ H_2O_2 投加量＞ UV 剂量。

6.2.2.5 最佳工况及模型验证

分别以 GSM 和 2-MIB 初始浓度为 100ng/L 为例，设定 UV 剂量取值范围为 250 ～ 450mJ/cm^2，H_2O_2 投加量取值范围为 2 ～ 10mg/L；设定 GSM 和 2-MIB 目标去除率均为 90%，TOC、UV_{254} 和 COD_{Mn} 的去除率设定为最大值；通过 Optimization 优化设计确定 UV 剂量和 H_2O_2 投加量等关键工艺参数，并通过考察满意度值（*d*）衡量其与预期目标值的关系，*d* 的范围为 0 ～ 1，*d*=0 时说明响应值严重偏离目标值，*d* 值越大说明响应值与目标值越接近，优化结果如表 6-13 所列。相同目标去除率下，2-MIB 降解所需的 H_2O_2 投加量高于 GSM，这与前述研究的 2-MIB 自身化学结构的位阻作用比 GSM 大、不易降解相一致。

为了考察模型的实用性和准确性，按照模型求出的最佳工艺参数进行试验，测定 UV/H_2O_2 降解滤后水中的 GSM 和 2-MIB，将各指标的实际去除率与模型预测值进行比较，如图 6-11 所示。结果表明，试验实测值和模型预测值的相对误差在 2% 以下，这说明该模型是合适有效的，对于实际工艺运行具有一定的指导意义。

表 6-13　最佳工艺参数

目标物质	目标去除率 /%	UV 剂量 /（mJ/cm^2）	H_2O_2 浓度 /（mg/L）	满意度（d）
GSM	90	450	6.00	0.861
2-MIB	90	450	9.04	0.884

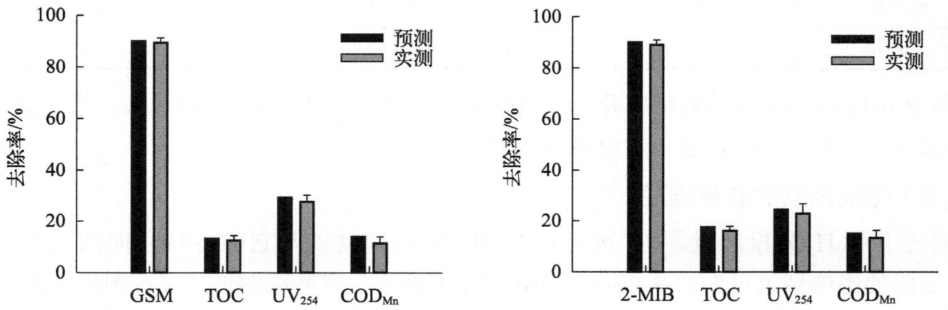

图 6-11　模型验证结果

6.2.3 UV/H_2O_2 工艺特性分析

6.2.3.1 有机物去除特性

在 UV/H_2O_2 降解滤后水中 GSM 和 2-MIB 的过程中，同时也将 NOM 等有机物同步降解，大分子可能被氧化为小分子，部分官能团也可能发生改变。本小节通过分析 UV/H_2O_2 降解滤后水前后的有机物分子量分布、消毒副产物生成势等，研究其对有机物的去除特性。

（1）分子量分布变化特征

GSM 和 2-MIB 初始浓度为 100ng/L，设定 UV 剂量为 $450mJ/cm^2$、H_2O_2 投加量为 6mg/L，UV/H_2O_2 降解滤后水中 GSM 和 2-MIB 过程进水、出水有机物分子量分布情况如图 6-12 所示。

从图 6-12 中得知，UV/H_2O_2 降解滤后水中 GSM 过程中，进水中分子量＞10000 的 TOC 比例由 25.60% 降低至 20.00%，而出水中分子量＜3000 的 TOC 比例由 56.00% 增加至 62.86%，二者 TOC 分别降低了 0.22mg/L 和 0.07mg/L；出水中各分子量区间的 UV_{254} 均降低，但出水中分子量＜1000 的 UV_{254} 比例由 51.6% 增加至 68.18%，其他区间 UV_{254} 比例均有所下降；出水中各分子量区间的 SUVA 也均降低，其中分子量＞30000 的 SUVA 下降最显著。UV/H_2O_2 降解滤后水中 2-MIB 过程中，进水中分子量＞10000 的 TOC 比例由 25.42% 降低至 20.37%，而出水中分子量＜3000 的 TOC 比例由 57.08% 增加至 62.04%，二者 TOC 分别降低了 0.17mg/L 和 0.03mg/L；出水中各分子量区间的 UV_{254} 均降低，但出水中分子量＜1000 的 UV_{254} 比例由 58.14% 增加至 81.82%，其他区间 UV_{254} 比例基本呈下降趋势；出水中各分子量区间的 SUVA 也均降低，其中分子量＞30000 的 SUVA 下降最显著。

出水分子量＜3000 的 TOC 降低了 2.2% ～ 5%，所占比例增加了 8.7% ～ 12.2%；UV_{254} 降低了 29.6% ～ 36%，所占比例增加了 25.1% ～ 37.5%；SUVA 降低了 21.9% ～ 57.7%。UV/H_2O_2 降解滤后水中 GSM 和 2-MIB 过程，进出水均以小分子有机物为主；进水中分子量＞10000 的 TOC 降低比例与出水中分子量＜3000 的 TOC 增加比例基本一致；各分子量区间的 TOC 均有所降低。

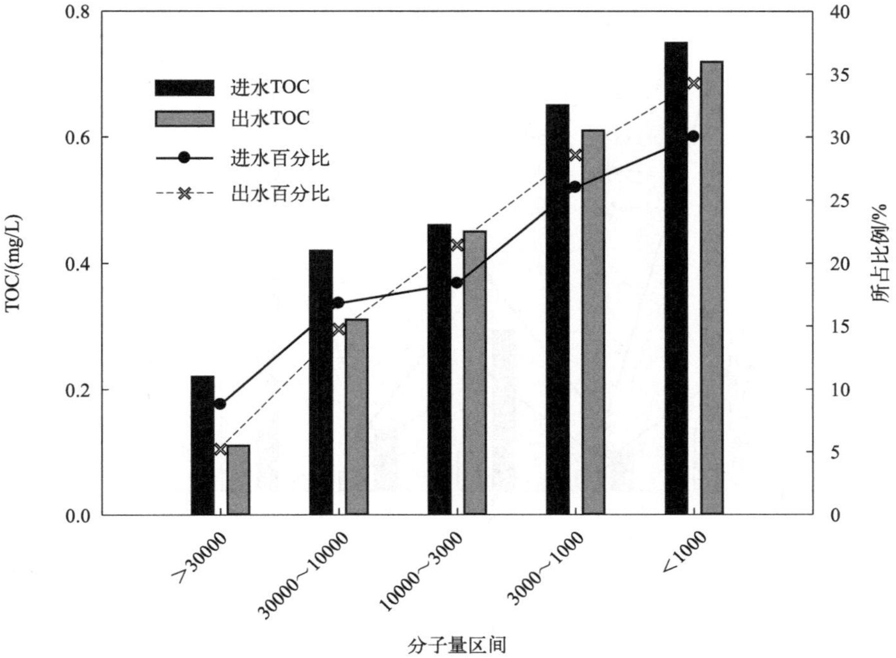

(a) GSM (TOC)

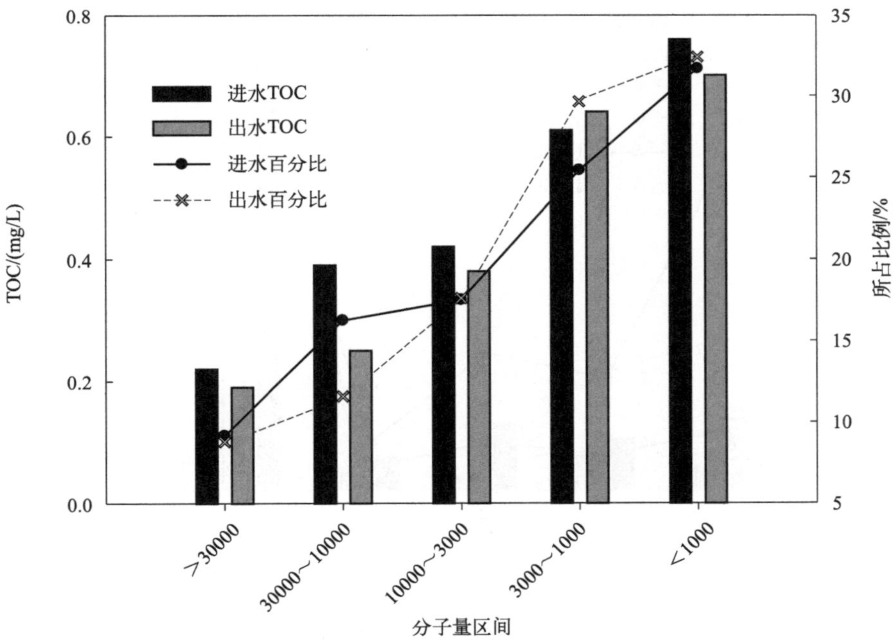

(b) 2-MIB (TOC)

图 6-12

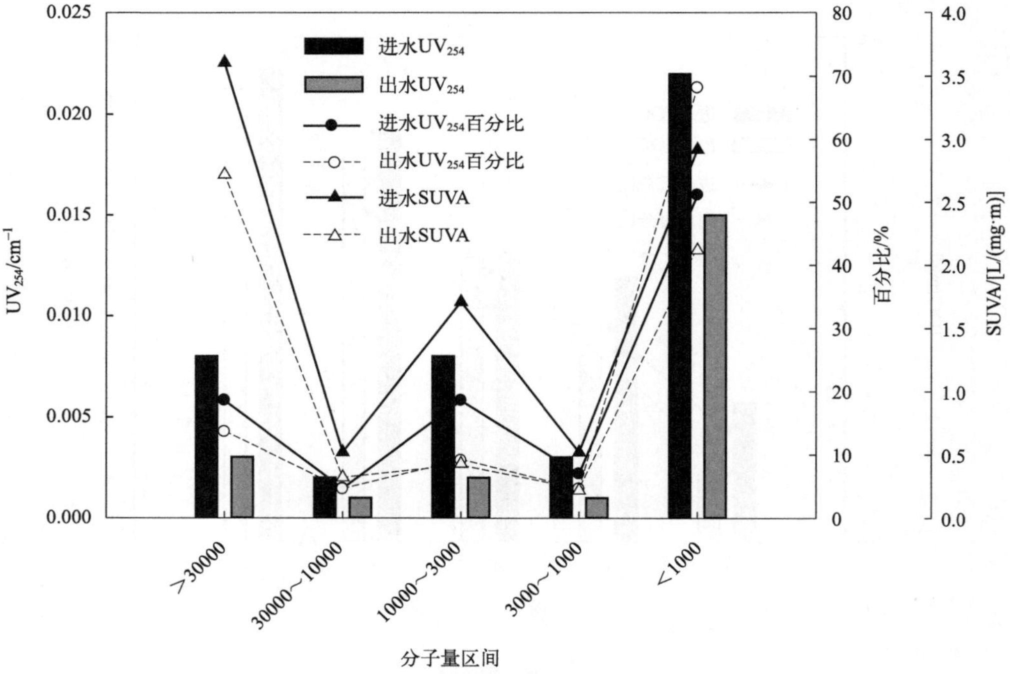

(c) GSM (UV_{254}、SUVA)

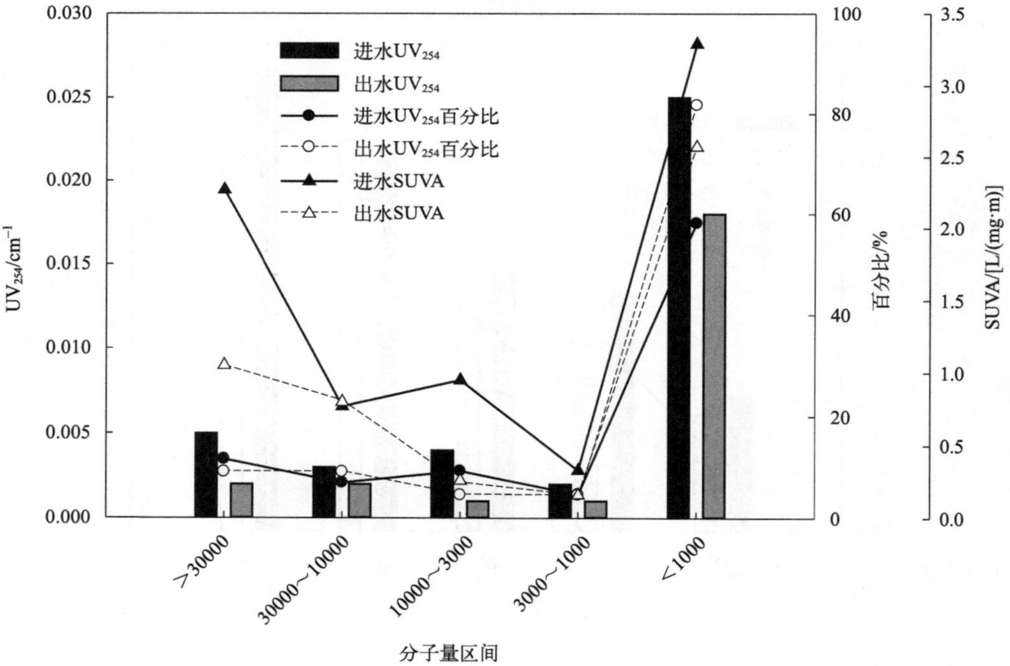

(d) 2-MIB (UV_{254}、SUVA)

图 6-12 有机物分子量分布情况

UV/H_2O_2 降解滤后水中 GSM 出水中分子量＜ 3000 的有机物比例、分子量＜ 1000 的 UV_{254} 比例及 SUVA 均低于 2-MIB，这是与 2-MIB 较 GSM 难以降解有关。

（2）EEM 变化特性

分析 UV/H_2O_2 降解滤后水 GSM 和 2-MIB 过程中进出水的 EEM 荧光光谱图可知，GSM 和 2-MIB 进水中均有 F2 ～ F6 5 个峰，但主要为 F2、F5 和 F6。这说明滤后水中主要是色氨酸类蛋白质、富里酸类和腐殖酸类有机物，同时有少量的 SMP 和芳香族蛋白质或酚类物质，这与投加了 GSM 和 2-MIB 藻类代谢产物有关。UV/H_2O_2 降解后 F3 和 F4 峰均消失，说明 SMP 被降解，与 GSM 和 2-MIB 被降解的结果一致；F2、F5 和 F6 这 3 个峰位置偏移，荧光强度减弱，这说明·OH 降解 GSM 和 2-MIB 的同时也将色氨酸类蛋白质、富里酸类和腐殖酸类有机物氧化降解，其中色氨酸类蛋白质去除率最大，分别为 72.11% 和 68.22%，其次为富里酸类和腐殖酸类去除率在 21.04% ～ 47.64% 之间。

有研究表明，峰偏移可以在一定程度上反映有机物的化学结构变化。从图 6-13（书后另见彩图）中可以看出，UV/H_2O_2 降解后 F2、F5 和 F6 3 个峰的位置沿发射和（或）激发轴不同程度地向长波长的方向移动（红移）。荧光基团结构中羰基、羟基、氨基、烷氧基和羧基基团的增加会形成红移；而羰基、羟基和氨基等官能团的消失、π 电子体系水平的降低及链式结构中芳香环和共轭键数量的减少会形成蓝移。这也验证了前述·OH 氧化过程中有机物

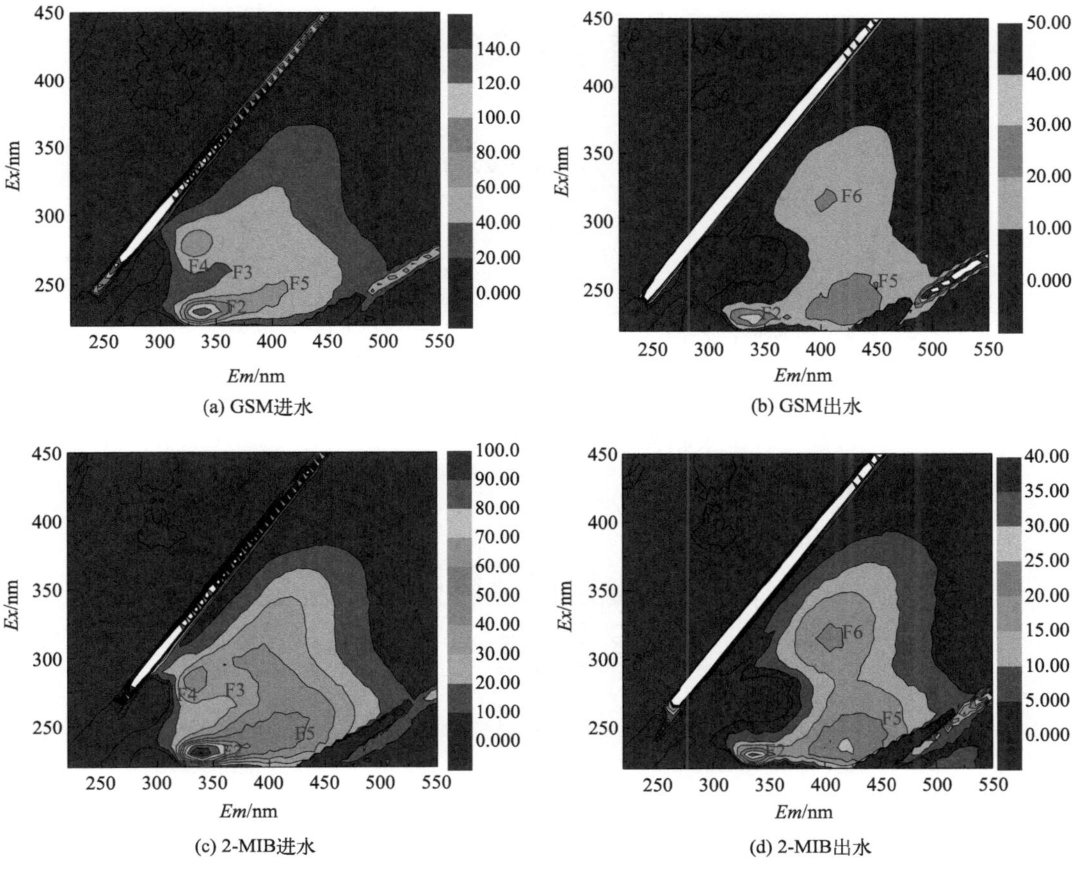

图 6-13　进出水 EEM 荧光光谱

氢键被羟基取代或氧化，形成碳碳双键、羰基、羟基或羧基结构的研究结论。

综上分析可知，UV/H_2O_2 对滤后水中 SMP 和色氨酸类蛋白质降解效果较好，对富里酸类和腐殖酸类有机物降解效果相对较弱；•OH 氧化过程中有机物结构发生了变化，碳碳双键、羰基、羟基或羧基结构有所增加。

（3）THMs 变化特性

对 UV/H_2O_2 降解滤后水中 GSM 和 2-MIB 进出水的 THMsFP 进行分析，结果如图 6-14 所示。

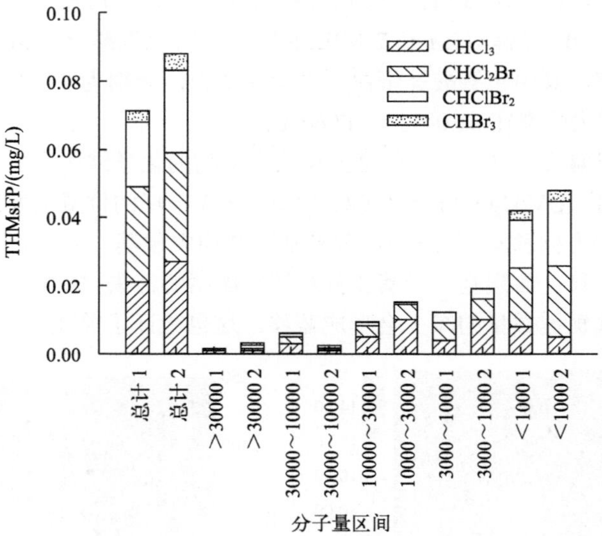

(a) GSM

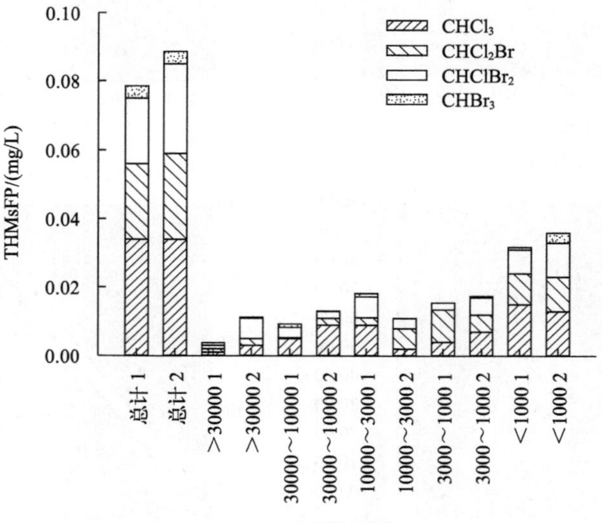

(b) 2-MIB

图 6-14　进出水 THMsFP 变化情况

1—进水；2—出水

由图 6-14 可知，在 UV/H_2O_2 降解滤后水中 GSM 过程中，进水 THMsFP 由 0.0713mg/L 增加至 0.088mg/L，提高了 23.42%；各分子量区间 THMsFP 基本均呈增加趋势，其中分子量区间＞ 30000 的 THMsFP 增加最明显，提高了 1 倍；从各组分增加比例来看，$CHCl_2Br$ 和 $CHClBr_2$ 增幅最明显，主要集中在分子量＜ 3000 的区间内。UV/H_2O_2 降解滤后水中 2-MIB 过程中，进水 THMsFP 由 0.0785mg/L 增加至 0.0887mg/L，提高了 12.99%；各分子量区间 THMsFP 也基本均呈增加趋势，其中分子量区间＞ 30000 的 THMsFP 增加最明显，提高了 66.37%；从各组分增加比例来看，$CHCl_2Br$ 和 $CHClBr_2$ 增幅也最明显，且主要集中在分子量＜ 3000 的区间内。

UV/H_2O_2 降解滤后水中 GSM 和 2-MIB 过程中出水 THMsFP 增加，一是由于小分子有机物所占比例增加，尤其是分子量＜ 3000 区间内的有机物，是 THMs 的重要前体物；二是疏水性有机物被・OH 氧化生成了亲水性有机物，而亲水性有机物氯化后主要生成 $CHCl_2Br$，其后依次为 $CHCl_3$、$CHClBr_2$，导致了各分子量区间 THMsFP 的增加；由于水中溴化物浓度较高约 100μg/L，且溴比氯更容易发生取代反应生成 THMs，因而导致了 $CHCl_2Br$ 和 $CHClBr_2$ 增加最明显；再者是・OH 对滤后水中 SMP 和色氨酸类蛋白质降解效果较好，但对富里酸类和腐殖酸类有机物降解效果相对较弱，而且增加碳碳双键、羰基、羟基或羧基等结构，富里酸和腐殖酸也是重要的 THMs 前体物，在腐殖酸类中的芳烃和酚类化合物被认为是 THMs 的主要前体物。出水中分子量＜ 3000 的有机物增多和羰基、羟基或羧基结构增加是 THMsFP 升高的主要原因。

6.2.3.2　毒理学变化特性

依据《城市供水　致突变物的测定　鼠伤寒沙门氏菌 / 哺乳动物微粒体酶试验》（CJ/T 150—2001）的前处理方法，对 UV/H_2O_2 降解滤后水中 GSM 和 2-MIB 的进出水加氯消毒处理后，分别进行蚕豆根尖微核试验、SCGE（DNA 彗星）试验和 SOS 试验（一种检测 DNA 损害因子的试验）等遗传毒性监测，从而分析其毒理学特征变化，并确定其遗传毒性及安全性。

（1）生物染色体损伤效应

UV/H_2O_2 降解 GSM 和 2-MIB 过程中进出水蚕豆根尖细胞微核试验结果见表 6-14。

表 6-14　微核试验结果

项目	水样类别	观察细胞数 / 个	微核细胞数	微核率（MCN‰）	污染指数（PI）
GSM	进水	4000	7	1.75	1.75
GSM	出水	4000	8	2	2
2-MIB	进水	4000	5	1.25	1.25
2-MIB	出水	4000	7	1.75	1.75
对照组		4000	4	1	—

由表 6-14 可知，UV/H_2O_2 降解 GSM 和 2-MIB 过程中的进水、出水加氯消毒后的微核率 ≤ 2，PI 值在 1.25 ～ 1.75 之间，出水氯消毒后微核率及污染指数稍高于进水消毒后，这与前述研究的小分子有机物及 THMsFP 增加有关，但均处于基本没有遗传毒性或轻度遗传毒性之间。微核试验是基于染色体损伤的测试方法，说明上述水样对生物染色体损伤不大。

(2)遗传损伤效应

将 UV/H_2O_2 降解 GSM 和 2-MIB 过程中的进水、出水加氯消毒后富集浓缩 10000 倍，用 SPF（无特定病原体）级昆明种小白鼠为实验动物，设定二甲基亚砜阴性对照组，开展 SCGE 试验，结果如图 6-15（书后另见彩图）和表 6-15 所示。

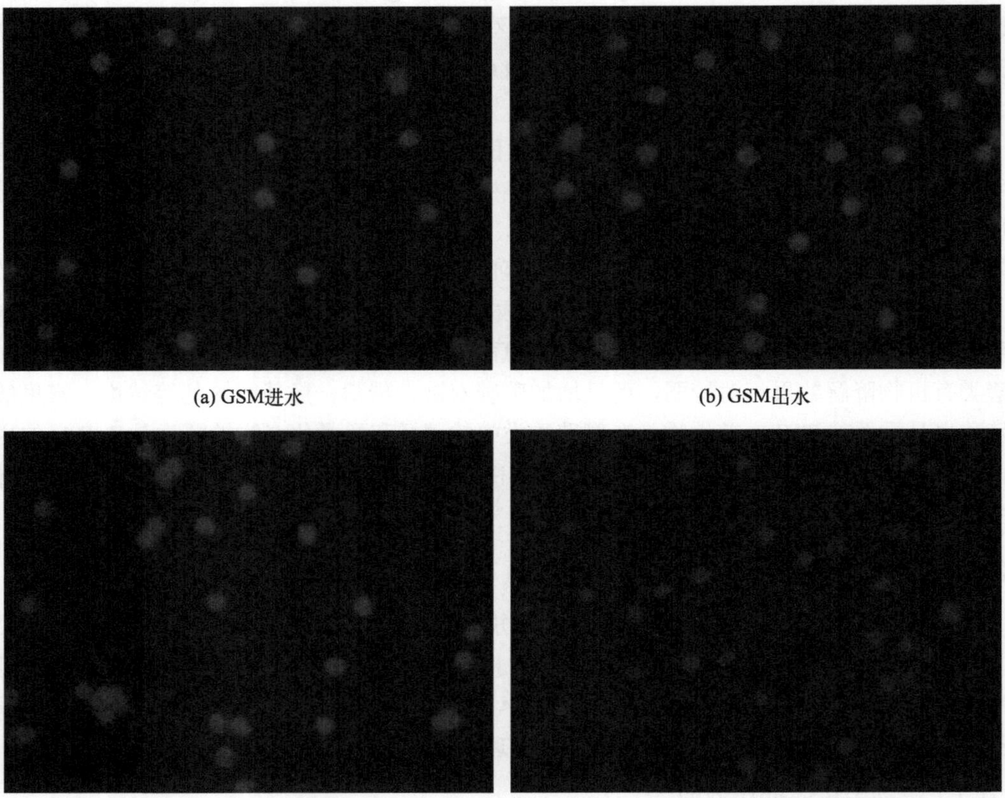

(a) GSM进水　(b) GSM出水

(c) 2-MIB进水　(d) 2-MIB出水

图 6-15　小白鼠淋巴细胞彗星试验图片

表 6-15　彗星试验结果

项目	水样类别	浓缩倍数	彗星细胞率 /%	Olive 尾距（1L/mL）	Cr（Ⅵ）毒性当量 /（mg/L）
对照（DMSO）		0	8	0.44	—
GSM	进水	10^4	12	4.19±0.8	0.008
GSM	出水	10^4	15	6.85±1.2	0.014
2-MIB	进水	10^4	10	1.78±0.38	0.004
2-MIB	出水	10^4	12	2.46±0.14	0.003

GSM 和 2-MIB 进水、出水加氯消毒后均有少量细胞出现较短的拖尾，GSM 和 2-MIB 出水加氯消毒后较进水加氯消毒后彗星 Olive 尾距有增大的趋势，这与微核试验结果吻合，与前述研究的小分子有机物及 THMsFP 增加有关，但利用统计学软件 SPSS 分析这种差异没有显著性，则可认为 UV/H_2O_2 降解 GSM 和 2-MIB 过程基本不影响水的致 DNA 损伤效应。

为了充分说明水样的毒性作用，选择六价铬离子作标准毒性参考物质，建立了六价铬浓度与 Olive 尾距的剂量-效应曲线（y=12.56ln$x$+68.835, R^2=0.8104），将水样对小白鼠淋巴细胞的毒性作用以六价铬离子对小白鼠淋巴细胞毒性作用的毒性当量表示。以 Cr（Ⅵ）致突变性的大小来衡量，进、出水的遗传毒性均未超过 0.05mg/L Cr（Ⅵ）的毒性作用，进一步说明其对遗传损伤效应无显著影响。

（3）致基因突变效应

以诱导率（IR）为结果评定依据，IR 表示试验处理组 β-半乳糖苷酶诱导活性与阴性对照的比值。IR ≤ 1.5 时，表明结果为致突变阴性；1.5 < IR ≤ 2 时，表明结果为致突变阳性；IR > 2 时，表明结果为致突变强阳性。将 UV/H_2O_2 降解 GSM 和 2-MIB 过程中的进水、出水加氯消毒后富集浓缩 10000 倍，进行 SOS 试验检测，结果如表 6-16 所列。GSM 和 2-MIB 出水加氯消毒后 IR 均有增加趋势，这与微核试验、SCGE 试验结果均相吻合，与小分子有机物及 THMsFP 增加有关，但 GSM 和 2-MIB 进水、出水加氯消毒后检测结果均为阴性，可见水质不存在遗传毒性风险。由于 SOS 试验是基于基因突变的遗传毒性测试方法，则说明上述水样对生物致基因突变的影响无明显差异。

表 6-16　SOS 试验结果

嗅味种类	水样类别	IR	结果判定
GSM	进水	1.02	阴性
GSM	出水	0.84	阴性
2-MIB	进水	1.32	阴性
2-MIB	出水	1.11	阴性

6.3 $UV/H_2O_2/O_3$ 技术

在对比其他氧化技术及其组合技术的基础上，研究了 $UV/H_2O_2/O_3$ 组合高级氧化技术，并针对藻源嗅味物质、亚硝胺前体物、卤代苯醌等微量新型污染物，从控制技术选择、工艺参数优化、影响因素、去除效果与氧化机理等方面开展了去除研究。

6.3.1 $UV/H_2O_2/O_3$ 技术去除藻源嗅味

2-MIB 和 GSM 是藻源嗅味物质中对水质影响最大的两种，本小节选用 2-MIB 和 GSM 为代表性的藻源嗅味物质开展组合工艺去除研究，对比考察了 UV/H_2O_2、UV/O_3、O_3/H_2O_2 和 $UV/H_2O_2/O_3$ 联用高级氧化技术对滤后水中藻源嗅味物质 GSM 和 2-MIB 的去除效果，优选出最佳控制技术，并使用 BBD 响应曲面法优化其去除 GSM、2-MIB、TOC 及三卤甲烷的运行参数，分析各影响因素的显著程度，并将实际结果与优化结果进行对比分析。在优选出 $UV/H_2O_2/O_3$ 控制技术并对运行工况进行优化的基础上，采用鱼腥藻 IOM 提取液、鱼腥藻 EOM 提取液、铜绿微囊藻 AOM 提取液配水进行高级氧化去除试验，采用三维荧光、LC-OCD-OND（液相色谱-有机碳检测-有机氮检测）和分子量分布手段对 $UV/H_2O_2/O_3$ 技术降解藻源有机物及嗅味物质的反应机理进行了简单剖析。

6.3.1.1 控制技术优选

为了对比 UV/H_2O_2、UV/O_3、O_3/H_2O_2 和 $UV/O_3/H_2O_2$ 对于 2-MIB 和 GSM 的去除效果，分别在停留时间 1min、3min、5min、7min 下进行试验，结果如图 6-16 所示。UV 功率为 75W，H_2O_2 投加量为 10mg/L，O_3 浓度为 6mg/L。

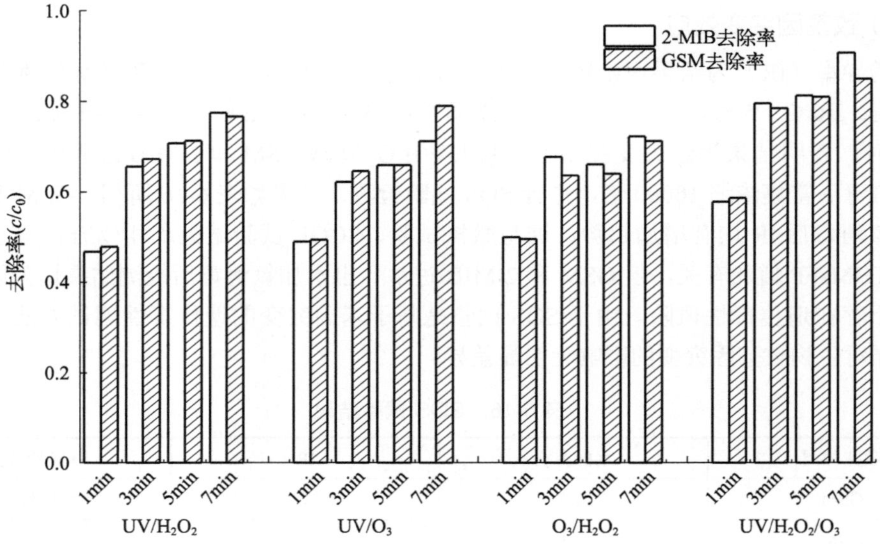

图 6-16　不同联合氧化技术去除效果对比

对比单独氧化方式，联合氧化方式的去除率有了显著提高。在联合氧化的条件下，氧化剂之间相互激发，生成了氧化还原电位较高的·OH，·OH 对于嗅味物质的去除作用较强。随着停留时间增大，去除率提高较快。这可能是因为在较短的停留时间内，几种氧化剂相互作用的时间较短，产生的·OH 较少，而随着停留时间加大，氧化剂之间的相互作用增大，产生的·OH 较多，氧化剂以及·OH 与目标去除物的接触时间也增长，从而大大提高了去除效率。

在试验剂量下几种联合方式的去除效果都比较好，特别是 $UV/H_2O_2/O_3$ 联合氧化方式的去除率最高可达 90%，在该体系中 UV、H_2O_2、O_3 相互作用，发生了 O_3/H_2O_2 反应、UV/O_3 反应和 UV/H_2O_2 反应，通过氧化和光解两个途径实现对有机物的降解，故去除效率非常高。

几种联合方式的效果差不多，说明在此次优选试验中，各种氧化剂的投加量较大，使去除率逐渐达到饱和，因此在实际试验过程中 $UV/H_2O_2/O_3$ 体系中的 H_2O_2 和 O_3 投加量均可以适当降低，这对于成本降低以及副产物的控制都是有利的。$UV/H_2O_2/O_3$ 高级氧化在去除效率及经济性方面均存在优势，因此选定该氧化体系作为最佳工艺进行下一步的参数优化。

6.3.1.2 运行参数优化

（1）试验设计

试验使用 Design-Expert 8.0 软件中的 BBD 法对试验方案进行设计。实验为四因素三水平试验，选定停留时间（min）、H_2O_2 投加量（mg/L）、O_3 投加量（mg/L）和 UV 功率（W）作为自变量，2-MIB、GSM、TOC 和三卤甲烷（THMs）去除率为响应值，对应编码取值如

表 6-17 所列，试验用水为滤后水加 2-MIB 和 GSM 嗅味标准品配水，综合考虑试验装置的实操性和实际水处理过程中的氧化剂投加量，试验参数的水平设置见表 6-17。

表 6-17　响应面分析因素及水平

因素	编码	水平		
		−1	0	+1
停留时间 /min	*A*	1	3	5
UV 功率（强度）/W	*B*	0	75	150
O_3 投加量 /（mg/L）	*C*	0	1.0	2.0
H_2O_2 投加量 /（mg/L）	*D*	0	2.5	5

注：“−1” 表示水平下限，“+1” 表示水平上限；试验采用 75W 和 150W 紫外灯管，光照强度分别为 200μW/cm^2 和 400μW/cm^2（此数据为距离灯管 1m 处的强度值），本试验装置紫外灯管距水样距离不足 5cm，故用此灯管功率表示 UV 强度，下同。

$UV/H_2O_2/O_3$ 技术降解滤后水配水试验结果如表 6-18 所列。表 6-18 为 29 组试验点位的结果，其中 24 组为分析点、5 组为零点，在零点对应条件下反复试验以估计误差，其中编号 12、17、23、24、25 五组为零点重复试验。从表 6-18 可以看出，在一些投加量比较大的试验组中，$UV/H_2O_2/O_3$ 对于 2-MIB 和 GSM 的去除效果比较好，且 2-MIB 的去除率相对较高。整体而言，对于 GSM 和 2-MIB 的去除效果较好，对于 TOC 的去除率不高，对于 THMs 的去除效果不明显。

表 6-18　响应曲面设计与试验结果

编号	因素				2-MIB 去除率	GSM 去除率	TOC 去除率	THMs 去除率
	A	*B*	*C*	*D*				
1	3.00	0.00	2.00	2.50	0.359	0.341	0.189	−0.521
2	3.00	0.00	0.00	2.50	0.301	0.298	0.167	−0.089
3	5.00	75.00	1.00	0.00	0.534	0.504	0.205	0.253
4	3.00	150.00	0.00	2.50	0.605	0.56	0.186	−0.814
5	3.00	0.00	1.00	5.00	0.464	0.420	0.159	−0.204
6	1.00	0.00	1.00	2.50	0.231	0.290	0.086	−0.261
7	1.00	75.00	2.00	2.50	0.416	0.391	0.105	0.193
8	3.00	150.00	1.00	5.00	0.548	0.554	0.163	−0.408
9	5.00	75.00	2.00	2.50	0.700	0.663	0.223	0.324
10	1.00	75.00	1.00	0.00	0.320	0.309	0.095	0.451
11	5.00	75.00	0.00	2.50	0.598	0.549	0.194	0.195
12	3.00	75.00	1.00	2.50	0.547	0.532	0.171	0.222
13	5.00	0.00	1.00	2.50	0.615	0.601	0.201	0.029
14	1.00	75.00	1.00	5.00	0.421	0.406	0.062	0.563
15	5.00	75.00	1.00	5.00	0.736	0.745	0.217	0.589
16	3.00	75.00	0.00	0.00	0.393	0.347	0.140	0.550
17	3.00	75.00	1.00	2.50	0.429	0.466	0.151	0.353

续表

编号	因素				2-MIB去除率	GSM 去除率	TOC 去除率	THMs去除率
	A	*B*	*C*	*D*				
18	3.00	150.00	1.00	0.00	0.538	0.407	0.159	−0.398
19	1.00	150.00	1.00	2.50	0.44	0.371	0.111	−0.451
20	5.00	150.00	1.00	2.50	0.701	0.719	0.246	−0.405
21	3.00	75.00	2.00	5.00	0.493	0.507	0.135	0.337
22	3.00	0.00	1.00	0.00	0.372	0.294	0.122	0.018
23	3.00	75.00	1.00	2.50	0.395	0.367	0.169	0.374
24	3.00	75.00	1.00	2.50	0.41	0.379	0.153	0.386
25	3.00	75.00	1.00	2.50	0.406	0.398	0.153	0.368
26	1.00	75.00	0.00	2.50	0.256	0.234	0.104	0.568
27	3.00	150.00	2.00	2.50	0.554	0.567	0.196	−0.345
28	3.00	75.00	0.00	5.00	0.421	0.454	0.136	0.582
29	3.00	75.00	2.00	0.00	0.369	0.310	0.121	0.352

1）2-MIB 去除模型分析

对 2-MIB 的去除多元回归拟合后得到回归方程：

$$\text{2-MIB 去除率} = 0.49+0.17A+0.11B+0.028C+0.076D \tag{6-10}$$

式中 A——停留时间，min；

B——UV 功率（强度），W；

C——O_3 投加量，mg/L；

D——H_2O_2 投加量，mg/L。

2-MIB 去除率模型的方差分析结果如表 6-19 所列，模型 $P < 0.0001$，则该拟合结果为高度显著状态；一次项 A、B、D 的 P 值均 < 0.0001，表明此部分项为高度显著项，则停留时间、UV 功率、H_2O_2 投加量对反应影响较大，而一次项 C 属于显著项（$0.0001 < P < 0.05$），O_3 投加量对反应有影响。模型失拟项 P 值为 $0.6531 > 0.05$，说明失拟项不显著，表示变量

表 6-19 方程方差分析

项目	平方和	自由度	均方	*F* 值	*P* 值
模型	0.56	4	0.14	87.40	< 0.0001
A	0.33	1	0.33	204.44	< 0.0001
B	0.15	1	0.15	96.30	< 0.0001
C	9.464×10^{-3}	1	9.464×10^{-3}	5.90	0.0230
D	0.069	1	0.069	42.96	< 0.0001
残差	0.038	24	1.603×10^{-3}		
失拟项	0.031	20	1.554×10^{-3}	0.84	0.6531
纯误差	7.379×10^{-3}	4	1.845×10^{-3}		
总变异	0.60	28			

注：$P \leqslant 0.0001$，高度显著；$0.0001 < P \leqslant 0.05$，显著；$P > 0.05$，不显著。下同。

与响应值存在显著相关性。2-MIB 去除率模型的拟合效果较好，数据较为可靠，可用于试验参数优化和结果预测。*F* 值大小表示自变量对模型影响的显著程度，该模型的自变量影响大小为停留时间＞ UV 功率＞ H_2O_2 投加量＞ O_3 投加量。

2-MIB 去除率回归方程的残差分析和相关性分析结果如图 6-17 和表 6-20 所示。图 6-17 表示了模型中 2-MIB 的实际去除率与预测去除率关系和残差正态规律分布，残差在数理统计中指的是实际观察值与估计值（拟合值）之间的差，可以看作误差的观测值。2-MIB 预测去除率与 2-MIB 的实际去除率均匀分布在一条斜率为 1 的直线两侧，残差均集中在一条直线附近，这说明模型的假设性合理，数据也较为可靠。

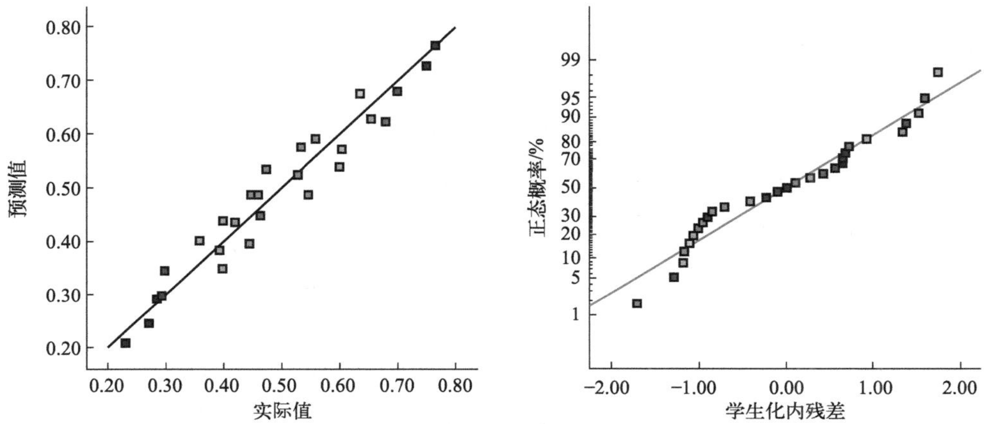

(a) 2-MIB去除模型实际值与预测值对比　　(b) 模型的残差分布

图 6-17　模型预测值与实际值关系

表 6-20　相关分析结果表

模型组	标准方差 /%	变异系数 /%	拟合系数	修正拟合系数	信噪比
Y	0.040	8.23	0.9358	0.9251	33.526

拟合系数 R^2 为回归平方和与总离差平方和的比，R^2 会随着自变量数量增加而增大，而修正后的 R^2 值只随对模型有显著影响的自变量数量增加而增大，R^2 和修正后的 R^2 之间较小的差值则说明模型拟合效果较好。由表 6-20 可以看出本模型修正后 R^2=0.9251，这表明本模型中有 92.51% 的变化源自自变量，亦可说明模型只有 7.49% 的变异，且 R^2 与修正后的 R^2 差值较小，说明模型拟合效果较好。变异系数 CV 值为标准偏差与实际响应值平均值的比值，显示了试验数据的离散程度，本模型 CV=8.23%，低于 10%，表明试验结果具有可重复性。AP 值（信噪比）比较了 29 个设计点预测值的范围与平均误差，本模型的 AP 值 =33.526 ＞ 4，表明此模型可充分指导 BBD 响应曲面法所定义的设计空间。

分析各因素及其交互关系对响应值的影响，结合表 6-19 中给出的 *F* 值大小即可为各因素影响程度排序。

分析停留时间、UV 功率、H_2O_2 投加量、O_3 投加量 4 种影响因素的两两之间的交互关系，模型为一次方程，反应面为平面，说明因素之间相互独立。在其他条件相同时，2-MIB 的去除率随停留时间增长、UV 强度增大、H_2O_2 投加量增大、O_3 投加量增大而增大。当 UV 强度为 0 时，停留时间在 1 ～ 5min 的跨度内，2-MIB 的去除率提高的幅度比停留时间为 1min、

UV 强度在 0 ～ 150W 的跨度内 2-MIB 的去除率的幅度要大，从而可以说明在该试验参数的跨度内，停留时间的影响要比 2-MIB 的影响大。结合表 6-19 中给出的 F 值，确定各因素对 2-MIB 的去除率的影响程度大小顺序为：停留时间＞ UV 功率＞ H_2O_2 投加量＞ O_3 投加量。

2）GSM 去除模型分析

对 GSM 的去除率进行分析，经多元回归拟合后得到回归方程：

$$\text{GSM 的去除率} = 0.46 + 0.17A + 0.097B + 0.023C + 0.070D \tag{6-11}$$

表 6-21 为 GSM 去除模型的方差分析结果，其模型 $P < 0.0001$，则该拟合结果为高度显著状态，一次项 A、B 的 $P < 0.0001$，说明停留时间、UV 功率是高度显著项，对反应影响较大，而一次项 D 项的 $P < 0.05$，H_2O_2 投加量对反应有影响。模型失拟项 P 值为 0.5847，也说明数据较为可靠，可用于相关试验分析及某特定工况下的结果预测。

表 6-21　二次方程方差分析

项目	平方和	自由度	均方	F 值	P 值
模型	0.51	4	0.13	38.66	＜ 0.0001
A	0.34	1	0.34	100.96	＜ 0.0001
B	0.11	1	0.11	34.04	＜ 0.0001
C	6.533×10^{-3}	1	6.533×10^{-3}	1.96	0.1740
D	0.059	1	0.059	17.67	0.0003
残差	0.080	24	3.328×10^{-3}		
失拟项	0.066	20	3.311×10^{-3}	0.97	0.5847
纯误差	0.014	4	3.415×10^{-3}		
总变异	0.59	28			

图 6-18 表示了 GSM 去除模型中实际值与预测值关系和残差正态规律分布，GSM 的预测去除率与实际去除率均匀分布在一条斜率为 1 的直线两侧，残差均集中在一条直线附近，这说明模型的假设合理，数据较为可靠。

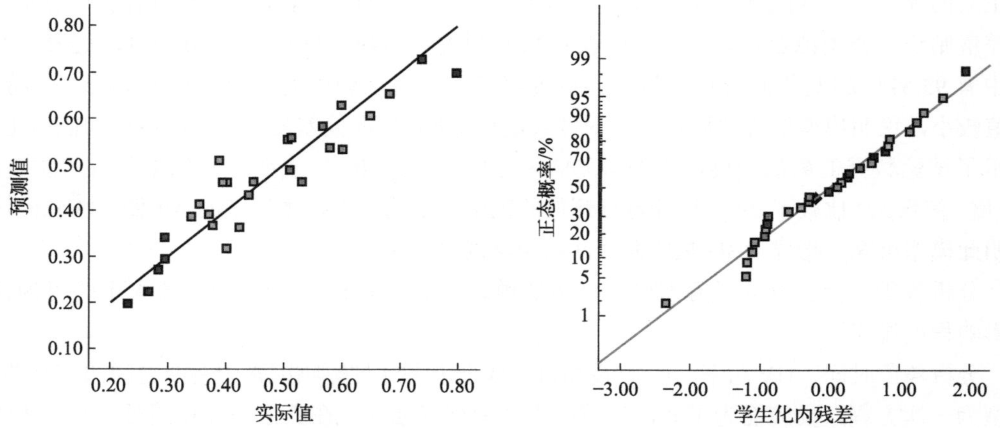

(a) GSM去除模型实际值与预测值对比　　(b) 模型的残差分布

图 6-18　模型预测值与实际值关系

由表 6-22 可知，GSM 去除模型中修正后 R^2=0.8433，表明该模型中有 84.33% 的变化源自自变量，R^2 和修正后 R^2 相差很小，模型拟合效果较为可靠。GSM 去除模型中 CV=12.50%，低于 15%，表明试验结果的精密度较为理想。本模型的 AP 值 =22.084 ＞ 4，表明此模型具有很高的适用性。

表 6-22　相关分析结果

模型组	标准方差 /%	变异系数 /%	拟合系数	修正拟合系数	信噪比
Y	0.058	12.50	0.8656	0.8433	22.084

分析各因素等高线图与三维曲面图，GSM 去除模型中停留时间、UV 强度、H_2O_2 投加量、O_3 投加量 4 种影响因素的两两之间相互关系，各个因素两两之间是独立的。在其他条件相同时，GSM 的去除率随停留时间增长、UV 强度增大、H_2O_2 投加量增大、O_3 投加量增大而增大，结合表 6-21 中给出的 F 值数据，确定各因素对 GSM 的去除率的影响程度大小顺序为停留时间＞ UV 功率＞ H_2O_2 投加量＞ O_3 投加量，与 2-MIB 的去除模型一致。

3）TOC 和三卤甲烷去除模型分析

按照相同方法对 TOC 和三卤甲烷的去除模型进行分析，确定各因素对 TOC 去除试验结果的影响程度大小顺序为：停留时间＞ UV 功率＞ O_3 投加量＞ H_2O_2 投加量。对三卤甲烷生成势去除试验结果的影响程度大小顺序为：UV 功率＞ O_3 投加量＞停留时间＞ H_2O_2 投加量。

（2）模型验证

设定停留时间的取值范围为 1 ～ 5min，UV 功率的取值范围为 0 ～ 150W，O_3 投加量的取值范围为 0 ～ 2mg/L，H_2O_2 投加量的取值范围为 0 ～ 5mg/L。分别以实现各种目标物质的去除率最大为目标进行参数优化，分别得到的最优参数情况见表 6-23。

表 6-23　最佳工艺参数

项目	停留时间 /min	UV 功率 /W	O_3 投加量 /（mg/L）	H_2O_2 投加量 /（mg/L）	2-MIB 去除率	GSM 去除率	TOC 去除率	三卤甲烷去除率
2-MIB	5.00	149.72	2.00	5.00	0.8683	0.8190	0.2448	−0.0838
GSM	5.00	149.78	2.00	5.00	0.8682	0.8189	0.2447	−0.0838
TOC	5.00	150.00	2.00	3.12	0.8112	0.7665	0.2565	−0.2644
三卤甲烷	1.00	55.33	0.00	0.00	0.1870	0.1750	0.0902	0.6880
4 种物质同时	5.00	97.28	2.00	5.00	0.7890	0.7511	0.2291	0.4828
2-MIB、GSM 同时	5.00	150.00	2.00	4.94	0.8670	0.8178	0.2456	−0.0961

可以看出，在以单一目标物质去除率最大值为目标时，可以得到该目标物质最大去除率的最优试验参数，但此时其他的目标物的去除率则不一定良好；而以同时去除几种物质且均达到最优去除率为目标时，此时的试验参数又有所不同，在此试验参数下，某单一物质虽没有达到最大去除率，但几种物质的去除率都相对较大，比较均衡。有些最优工况条件难以控制或达到，例如 UV 强度 55.33W 试验条件难以达到，不方便进行试验验证。因此，采取点预测的方式进行试验验证。

设置停留时间 t 为 5min，UV 功率为 150W，H_2O_2 投加量为 5mg/L，O_3 投加量为 2mg/L，并在实际试验条件下进行试验，预测结果和实际结果见表 6-24。

表 6-24 特定工况下结果预测

响应项	预测值	实际值	绝对误差	相对误差 /%
2-MIB 去除率	0.868776	0.839	0.029776	3.4
GSM 去除率	0.81942	0.790	0.02942	3.6
TOC 去除率	0.244933	0.233	0.011933	4.9
三卤甲烷去除率	−0.0889333	−0.057	−0.031933	35.9

利用过流式试验装置对所定参数进行验证，结果如表 6-24 所列。可以看出模型对 2-MIB、GSM 和 TOC 的预测效果较好，预测值与实际值之间的误差均维持在 5% 以内，这表明对这 3 种指标的拟合模型是准确可靠的；但三卤甲烷的模型拟合效果不佳，这可能是因为在高级氧化过程中，大分子的有机物被氧化分解成更多的小分子有机物，同时一部分小分子有机物还被彻底矿化分解，导致体系中的小分子有机物一直处于动态变化中，从而导致三卤甲烷前体物的变化具有不确定性。

6.3.1.3 影响因素探究

（1）pH 值的影响

图 6-19 为不同 pH 值条件下 2-MIB、GSM、TOC 的去除率变化情况。由图 6-19 可知 2-MIB 和 GSM 的去除率随 pH 值的增加而降低，2-MIB 的去除率略高于 GSM，在 pH=3 时 2-MIB 的去除率最高将近 90%。可以看出碱性环境最不适宜于氧化体系发挥作用，酸性环境有助于提高 UV/H_2O_2/O_3 技术的效率，这与 pH 值对 UV/H_2O_2 和过硫酸盐高级氧化体系的影响类似。在碱性条件下水中臭氧的分解速率相当迅速，而在酸性条件下其稳定性则大大增加，这表明碱性条件下臭氧氧化作用有限。

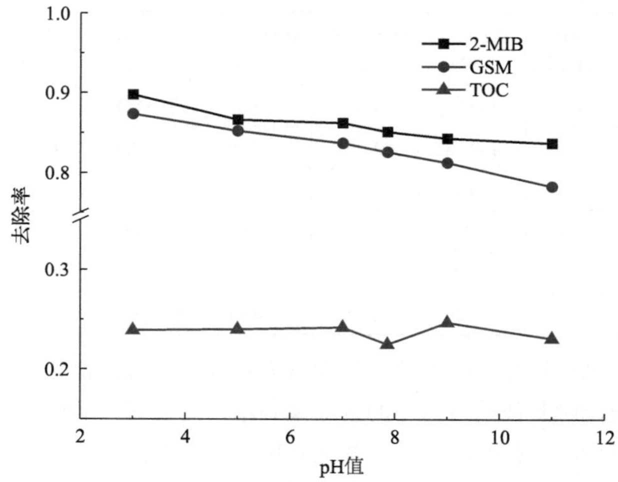

图 6-19 不同 pH 值条件下去除率变化

图 6-19 中 TOC 的去除率随 pH 值的变化不明显，这可能是因为所使用的 TOC 检测器采用的是燃烧氧化法测定 TOC ，其中的步骤需要将水样酸化之后全部矿化为 CO_2，而在 pH 值较小的情况下相当于将水样酸化，从而导致测出的 TOC 值偏大，而 pH 值较大的情况下碱性

物质与检测过程中的酸化过程中和，导致矿化不彻底，测出的 TOC 值偏小。因此 TOC 的去除率还存在一些不确定性。

（2）初始浓度的影响

为了探究目标物的不同初始浓度对于去除率的影响，在滤后水中分别添加了 15mL、30mL、45mL、60mL 的 100μg/L 的 2-MIB 和 GSM 的混标溶液，添加之后的进水 TOC 也相应得到了提高，但 UV_{254} 的值没有随着加标物质的影响而发生变化。实验结果如图 6-20 所示。

从图 6-20 可以看出 2-MIB 和 GSM 以及 TOC 的去除率均随着初始浓度的增加而增加。2-MIB 和 GSM 的增长幅度比较一致，但增加趋势不如 TOC 的增加幅度明显。经过 $UV/H_2O_2/O_3$ 高级氧化之后，UV_{254} 的变化趋势不明显。三卤甲烷的去除率没有明显规律，实际水体中不确定因素比较多，$UV/H_2O_2/O_3$ 体系会将大分子有机物氧化成小分子有机物，并将部分小分子有机物进行矿化，整个体系中的小分子有机物处于动态变化中，这些小分子有机物有很多可以作为三卤甲烷的前体物质，因此导致三卤甲烷的去除率也没有明显规律。

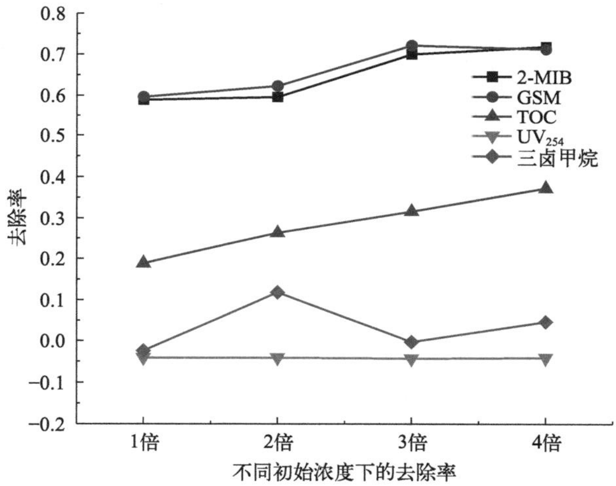

图 6-20　初始浓度对去除率的影响

（3）有机物去除分析

响应曲面法优化得知，在 H_2O_2 投加量 =5mg/L、O_3 投加量 =2mg/L、UV 功率在 150W、t=5min 时，对两种嗅味物质的去除效果最好，对 TOC 的去除也较好，在此实验条件下采用三维荧光对实验结果进行了表征，探究高级氧化工艺在该实验条件下对有机物的去除机理。

由反应前后的有机物荧光变化可以看出，滤后水加 2-MIB 和 GSM 的配水中含有酪氨酸 F1、色氨酸 F2、富里酸 F3、微生物代谢产物 F4、腐殖酸 F5，尤其是 F4 区域峰值明显，这应该是 2-MIB 和 GSM 的作用，而经过 $UV/H_2O_2/O_3$ 处理后荧光强度变化明显，特别是微生物代谢产物 F4，反应之后的荧光强度大大减弱，这可能是 2-MIB 和 GSM 的大量降解造成的。经过荧光区域整合计算，从反应前后的荧光强度值来看，各个区域的强度值都有所下降。酪氨酸类和色氨酸类蛋白质是不稳定的有机物，容易被羟基自由基降解，而类腐殖酸有机物和富里酸类物质反应之后荧光强度值也有所下降，这可能与水中芳香族化合物的变化与分解、大分子有机物被降解为小分子有机物、链结构中共轭键的减少（如双电子系统等级降低）、线性环系统转化为非线性系统（如芳环断裂）以及羰基等特定官能团的去除有关，此外还有研究表明高分子量、高 UV_{254} 和荧光吸收较强的分子会优先分解形成较低分子量、低 UV_{254} 和荧光吸收较弱的分子，由此可以推测出分子量较大的腐殖酸类有机物被降解为小分子有机物，芳香性降低，荧光强度降低。

6.3.1.4 去除效果和氧化机理分析

分别采用鱼腥藻 IOM 提取液、鱼腥藻 EOM 提取液、铜绿微囊藻 AOM 提取液配水进行高级氧化去除试验，对反应前后嗅味物质和三卤甲烷生成势等指标的变化进行分析，并采用三维荧光、LC-OCD-OND 和分子量分布手段对 $UV/H_2O_2/O_3$ 技术降解藻源有机物及嗅味物质的反应机理进行简单剖析。

（1）嗅味物质变化

对反应前后的嗅味物质进行了检测，结果见表 6-25。

表 6-25　嗅味物质含量检测　　单位：mg/L

嗅味物质	鱼腥藻 IOM 配水		鱼腥藻 EOM 配水		铜绿微囊藻 AOM 配水	
	反应前	反应后	反应前	反应后	反应前	反应后
2-MIB	3.51	—	—	3.02	11.1	7.00
GSM	—	—	—	—	1.96	—
2-异丙基-3-甲氧基吡嗪	3.34	3.25	5.61	3.42	—	—
异佛尔酮	16.9	13.7	23.48	13.8	26.72	10.14
2-异丁基甲氧基吡嗪	—	—	9.11	1.54	—	—
柠檬醛	**51.22**	8.50	**383.27**	77.86	**412.83**	10.46
2,4,6-TCA（三氯苯甲醚）	6.70	6.88	9.60	16.01	11.96	27.56
2,3,6-TCA	4.99	4.74	5.02	5.39	—	—
紫罗兰酮	—	—	—	—	—	—
2,3,4-TCA	—	—	—	—	—	—

由表 6-25 可以得知，在藻源有机物加滤后水配水中出现的嗅味物质极少，这可能是有机物提取不够彻底导致，或者是培养的藻液中上述 10 种物质的含量本就不高，并经滤后水稀释导致含量进一步下降，也有可能是一些嗅味物质在混合制备的过程中发生了化学氧化导致。在第 2 章的内容中，藻源有机物中检测出了较多的紫罗兰酮，但在藻源有机物和滤后水配水中未检出紫罗兰酮。紫罗兰酮的化学结构并不稳定，且与柠檬醛的结构相似，一定条件下可以用柠檬醛合成紫罗兰酮，因此也有可能是藻源中天然存在的紫罗兰酮在制备过程中发生了化学变化。在人为投加藻源有机物的过程中，水中嗅味物质的含量也不是很高，这也说明一般情况下实际水体中的藻源嗅味物质的含量也是极低的，但在藻类暴发时期的富营养化水质中，各种藻类的含量较多而杂，比较容易出现嗅味。

柠檬醛是几种藻源有机物中含量较大的嗅味物质，且在高级氧化反应后含量明显减少，特别是铜绿微囊藻 AOM 配水反应前后柠檬醛的去除率可达 97%，鱼腥藻 EOM 配水中柠檬醛的去除率也在 80% 左右，说明 $UV/H_2O_2/O_3$ 体系对于藻源中的柠檬醛的去除效果非常好。

（2）三卤甲烷生成势变化

由表 6-26 可知，藻源有机物配水中三卤甲烷的生成能力较大，而 $UV/H_2O_2/O_3$ 高级氧化对于三卤甲烷生成势的去除能力非常差，甚至经过反应之后三卤甲烷的生成能力增加，这可能是因为经 $UV/H_2O_2/O_3$ 高级氧化之后，一些大分子的有机物被分解成更多的小分子有机物，而这些小分子有机物更容易生成三卤甲烷。反应之后，Br^--THMs 的含量增加，这可能是因为 $UV/H_2O_2/O_3$ 处理后去除有机 THM 前体物，降低了 NPDOC（不可吹扫有机碳）的浓度，从而提高了 Br^-/NPDOC 的比值。

表 6-26 三卤甲烷生成势 单位：mg/L

项目	鱼腥藻 IOM 配水		鱼腥藻 EOM 配水		铜绿微囊藻 AOM 配水	
	反应前	反应后	反应前	反应后	反应前	反应后
三氯甲烷	0.19126	0.23199	0.46952	0.31731	0.45693	0.59674
二氯一溴甲烷	0.08208	0.08884	0.11141	0.08600	0.10811	0.12599
一氯二溴甲烷	0.03542	0.03796	0.02386	0.02808	0.02860	0.12878
三溴甲烷	0.00402	0.00953	0.00116	0.00688	0.00342	0.00969
总三卤甲烷	0.31278	0.36832	0.60595	0.43827	0.59706	0.86120
总去除率	−0.178		0.277		−0.442	

（3）分子量分布的变化情况

测定了 $UV/H_2O_2/O_3$ 高级氧化反应前后 EOM 配滤后水、IOM 配滤后水、AOM 配滤后水不同分子量的变化情况，分析该高级氧化技术对不同分子量的去除效果，结果如图 6-21 所示。

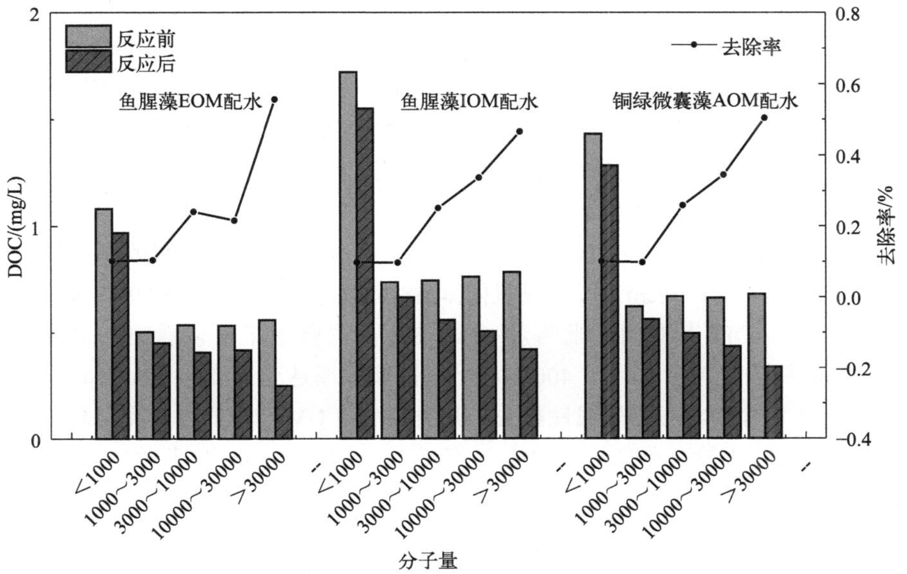

图 6-21 反应前后有机物组分变化

图 6-21 反映了反应前后分子量变化情况，总体来看，3 种藻源有机物配水反应前后分子量的变化情况是基本一致的，反应后分子量＞30000 的组分含量明显降低，分子量为

10000 ～ 30000 的组分也有明显的下降，而分子量＜ 1000 和分子量为 1000 ～ 3000 的组分去除率最低。这是因为虽然部分小分子有机物也会被矿化去除，但臭氧和羟基自由基（·OH）可破坏大分子有机物的碳碳双键及芳香环，使大分子分解成小分子，从而导致大分子有机物的去除率较高，而小分子有机物的去除率比较低，这也说明 $UV/H_2O_2/O_3$ 对于水中有机物的彻底矿化能力一般，这与前文 TOC 的去除效果也是一致的，但经过 $UV/H_2O_2/O_3$ 高级氧化之后难降解的大分子有机物可进一步分解成小分子有机物，因此 $UV/H_2O_2/O_3$ 技术可以提高水质的可生化性。

$UV/H_2O_2/O_3$ 工艺对于鱼腥藻 EOM 配水中分子量＞ 30000 的组分的去除效果最好，反之对于分子量为 10000 ～ 30000 的组分的去除率相对 IOM 配水中该组分的去除率差一点。对比反应前鱼腥藻 EOM 配水和 IOM 配水发现，EOM 中含有的小分子组分相对少一点，这可能是胞内和胞外有机物组分差异造成的区别。铜绿微囊藻 AOM 配水的各组分含量和去除趋势介于前述两者之间，整体也是呈现对大分子有机物的去除效果优于对小分子有机物的去除效果。

6.3.2 $UV/H_2O_2/O_3$ 技术去除藻源亚硝胺前体物

在构建 $UV/H_2O_2/O_3$ 高级氧化技术的基础上，围绕藻源 NAs 前体物及其控制问题，探究了藻源 NAs 前体物组成及生成特性，优选出控制技术并进行运行参数优化，同时对反应影响因素及机理进行了研究，以期为该技术的实际应用提供参考。

6.3.2.1 控制技术优选

对于 UV/H_2O_2 和 UV/O_3 氧化体系，设定 H_2O_2 和 O_3 投加浓度分别为 2mg/L 和 1mg/L，$UV/H_2O_2/O_3$ 氧化体系对应投加量减半，UV 剂量分别为 $20mJ/cm^2$、$50mJ/cm^2$、$100mJ/cm^2$、$200mJ/cm^2$ 和 $400mJ/cm^2$ 进行实验，结果如图 6-22 所示。

可以看出，在 UV 剂量较低的水平下（20 ～ $50mJ/cm^2$），NDMA 前体物均呈大幅增加态势，甚至可达初始值 7 倍以上。分析其原因是，在较短接触时间下，大分子有机物如藻蓝蛋白等被氧化裂解为小分子组分，暴露出更多的活性基团（如仲胺基团），进而增大了亚硝胺的生成量。随着 UV 剂量的增加，不同氧化体系呈现出不同的结果，但总体趋势为下降，在 UV 剂量为 $200mJ/cm^2$ 时，UV/H_2O_2、UV/O_3 和 $UV/H_2O_2/O_3$ 对 NDMAFP 的降解效率分别为 74.09%、49.3% 和 85%，最终在 $400mJ/cm^2$ 时，3 种氧化体系对应去除率分别达到 84.9%、68.9% 和 95%。

分析 3 种 UV-AOPs 对亚硝基吡咯烷（NPYR）的去除效果可以看出，UV/O_3 对 NPYR 前体物的降解趋势为先增后减，在 $400mJ/cm^2$ 时降解效率达到 49.8%; UV/H_2O_2 和 $UV/H_2O_2/O_3$ 技术对 NPYR 前体物的去除呈线性相关，其去除率随 UV 剂量的增加而提高，最终在 UV 剂量为 $400mJ/cm^2$ 时去除率分别达到约 56% 和 71%，$UV/H_2O_2/O_3$ 技术对 NPYR 前体物的去除效果优于其他两种氧化体系。

$UV/H_2O_2/O_3$ 氧化体系在氧化剂投加量减半的情况下，对鱼腥藻源亚硝胺前体物的去除效果明显优于其他两种 UV-AOPs。分析原因可能为，臭氧的强氧化性改变了藻源有机物的形态，从而有助于·OH 发挥作用，再者就是少量臭氧的添加提高了体系内稳态自由基的浓度，进而提高了氧化效率。由于在去除效率及经济性方面均存在优势，因此选定 $UV/H_2O_2/O_3$ 氧化体系作为控制技术进行下一步研究。

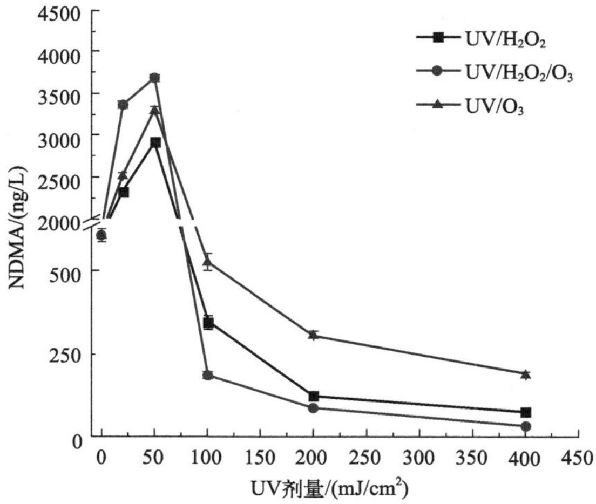

(a) NDMAFP

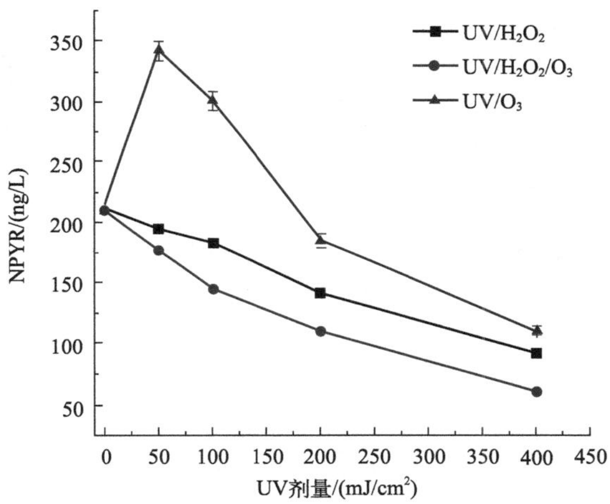

(b) NPYRFP

图 6-22 不同 UV-AOPs 效果对比

NPYR—亚硝基吡咯烷

6.3.2.2 运行参数优化

(1) 试验设计

本试验使用 Design-Expert 10.0 软件中的中心组合设计（BBD）法对试验方案进行设计。采用三因素三水平 BBD 法设计试验，选定 H_2O_2 投加量（mg/L）、O_3 投加量（mg/L）和 UV 剂量（mJ/cm^2）作为自变量，亚硝基二甲胺（NDMA）以及亚硝基吡咯烷（NPYR）去除率为响应值，各因素取值编码分别为−1、0、+1，共 17 组试验点位，其中 12 组为分析点，5 组为零点，在零点对应条件下反复试验以估计误差，对应编码取值如表 6-27 所列。

(2) 结果与讨论

1）NDMAFP 降解模型分析

$UV/H_2O_2/O_3$ 技术降解藻源 NDMAFP 试验结果如表 6-28 所列。

表 6-27　响应面分析因素及水平

因素	编码标识	水平		
		−1	0	+1
H_2O_2 投加量 /（mg/L）	*A*	0	1.0	2.0
O_3 投加量 /（mg/L）	*B*	0	1.0	2.0
UV 剂量 /（mJ/cm^2）	*C*	0	200	400

注：“−1”表示水平下限，“+1”表示水平上限。

表 6-28　响应曲面设计与试验结果

编号	因素			响应值 *Y*		绝对误差	相对误差 /%
	A	*B*	*C*	实际值	预测值		
1	1	1	400	91.93	89.38	2.55	2.78
2	1	0	400	81.16	79.30	1.86	2.30
3	1	1	0	76.94	78.81	−1.86	−2.42
4	2	0.5	400	93.16	98.98	−5.81	−6.49
5	0	0	200	−40.27	−38.01	−2.26	6.89
6	1	0.5	200	76.81	82.53	−5.71	−8.19
7	1	0.5	200	84.39	82.53	1.86	2.21
8	2	0.5	0	58.49	59.89	−1.39	−2.51
9	1	0.5	200	80.63	82.53	−1.90	−2.36
10	2	1	200	94.26	91.00	3.26	3.30
11	1	0	0	−73.61	−71.05	−2.55	3.47
12	1	0.5	200	84.18	82.53	1.65	1.89
13	0	1	200	95.94	99.89	−3.95	−4.08
14	0	0.5	0	−23.71	−26.52	2.81	−24.52
15	1	0.5	200	86.63	82.53	4.10	4.74
16	0	0.5	400	93.70	92.30	1.39	1.43
17	2	0	200	71.91	68.96	2.95	5.11

使用软件对表 6-28 中试验结果进行分析，经多元回归拟合后得到回归方程：

$$Y=82.53+24.02A+39.98B+40.23C-28.46AB-20.68AC-34.94BC-7.88A^2 -19.19B^2-19.24C^2 \quad (6\text{-}12)$$

式中　Y——NDMA 去除率，%；

A——H_2O_2 投加量，mg/L；

B——O_3 投加量，mg/L；

C——UV 剂量，mJ/cm^2。

模型拟合出的试验结果预测值见表 6-28，可以看出除个别点位的 NDMA 生成势呈增加以外，试际值与预测值误差大多集中在 ±3%，表明回归模型拟合程度较好。

表 6-29 为模型的方差分析结果，其 $P < 0.0001$，说明本拟合结果为高度显著状态，即在统计学上有意义，同时一次项 A、B、C 和二次项 AB、AC、BC 的 P 值均< 0.0001，表明

表 6-29　二次方程方差分析

来源	平方和	自由度	均方	*F* 值	*P* 值
模型	43897.26	9	4877.47	168.05	＜ 0.0001
A	4616.58	1	4616.58	159.06	＜ 0.0001
B	12790.40	1	12790.4	440.69	＜ 0.0001
C	12947.60	1	12947.6	446.11	＜ 0.0001
AB	3240.99	1	3240.99	111.67	＜ 0.0001
AC	1711.19	1	1711.19	58.96	＜ 0.0001
BC	4884.44	1	4884.44	168.29	＜ 0.0001
A^2	261.72	1	261.72	9.02	0.0199
B^2	1550.21	1	1550.21	53.41	0.0002
C^2	1558.06	1	1558.06	53.68	0.0002
残差	203.16	7	29.02		
失拟项	143.90	3	47.97	3.24	0.1431
纯误差	59.27	4	14.82		
总变异	44100.42	16			

此部分项为高度显著项，而二次项 A^2、C^2、B^2 属于影响显著项（$P < 0.05$）。此外，模型失拟项 *P* 值为 0.1431，其表示了该回归方程拟合效果良好，可用于替代真实试验结果值进行相关试验分析及预测。回归方程的相关性分析结果如图 6-23 和表 6-30 所示。

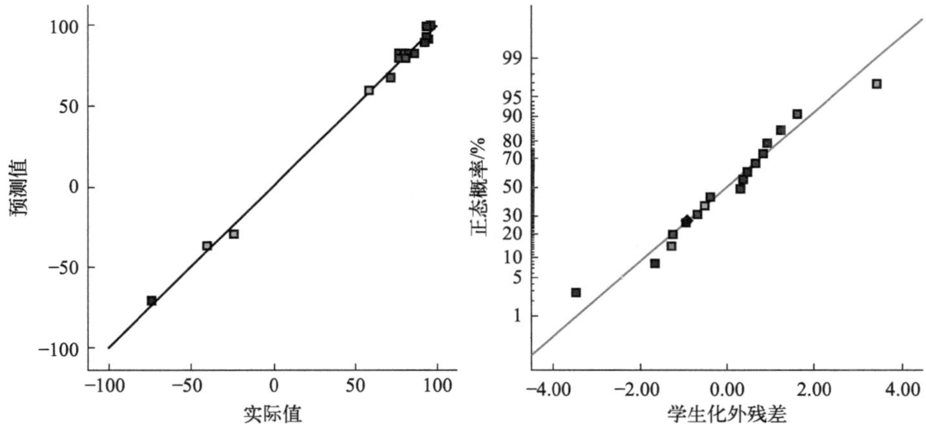

(a) 预测值与实际值关系　　(b) 残差正态规律分布图

图 6-23　方差分析结果

表 6-30　相关分析结果

模型组	标准方差 /%	变异系数 /%	拟合系数	修正拟合系数
Y	5.39	8.87	0.9954	0.9895

图 6-23 表示了模型中残差正态规律分布和实际值与预测值关系，可以看出两模型的残差均集中在一条直线附近，且预测值与实际试验结果分布在一条斜率 *k* 为 1 的直线两侧，这

说明可以利用拟合函数准确计算出不同UV剂量及氧化剂投加量条件下对应目标物的去除率。

由表6-30可以看出，本模型的修正拟合系数R^2=0.9895，这表明本模型中有98.95%的变化源自自变量，亦可说明模型只有1.05%的变异，模型拟合效果较好。变异系数CV值为标准偏差与平均值的比值，显示了试验数据的离散程度，本模型CV=8.87%，＜15%，表明试验结果的精密度较为理想。AP值比较了17个设计点预测值的范围与平均误差，本模型的AP值=41.357＞4，表明此模型可充分指导BBD响应曲面法所定义的设计空间。

为分析各因素及其交互关系对响应值的影响，分析了模型可视化的2D等高线图和3D曲面图。等高线图中曲线的陡平反映了对应因素影响的强弱，越陡则表明其对应因素的影响越大，结合表6-29中给出的F值大小即可为各因素影响程度排序。分析可知，在相同UV剂量条件下，随着O_3投加量和H_2O_2投加量的增加，NDMA前体物去除率升高，但等高线图中曲线的斜率变化不大甚至略有放缓，这说明响应值变化不大，对应因素的影响相对较弱。NDMA前体物去除率随着UV剂量和H_2O_2投加量的提高而呈现出递增态势，且等高线图的线性关系较好，说明两因素之间存在明显交互关系。而在相同H_2O_2投加量下，NDMA前体物去除率随着UV剂量和O_3投加量的增加而增加，且此图中等高线最陡，说明此两种因素的影响程度最大，结合表6-29中给出的F值数据，确定各因素对试验结果的影响程度大小顺序为：UV剂量＞O_3投加量＞H_2O_2投加量。

2）NPYRFP降解模型分析

UV/H_2O_2/O_3技术降解NPYRFP的试验结果如表6-31所列。

表6-31　响应曲面设计与试验结果

编号	因素			实际值 Y		绝对误差	相对误差/%
	A	B	C	真实值	预测值		
1	1	1	400	67.1	67.97	−0.87	−1.30
2	1	0	400	41.79	40.81	0.98	2.36
3	1	1	0	33.94	34.92	−0.98	−2.89
4	2	0.5	400	61.41	63.92	−2.51	−4.09
5	0	0	200	16.29	19.66	−3.38	−20.75
6	1	0.5	200	52.26	55.40	−3.14	−6.00
7	1	0.5	200	53.56	55.40	−1.83	−3.42
8	2	0.5	0	39.83	42.23	−2.40	−6.03
9	1	0.5	200	54.87	55.40	−0.52	−0.95
10	2	1	200	60.10	56.73	3.38	5.62
11	1	0	0	16.29	15.42	0.87	5.34
12	1	0.5	200	58.79	55.10	3.40	5.78
13	0	1	200	64.03	65.56	−1.53	−2.39
14	0	0.5	0	23.48	20.97	2.51	10.69
15	1	0.5	200	57.49	55.40	2.09	3.64
16	0	0.5	400	60.10	57.71	2.40	3.99
17	2	0	200	57.49	55.96	1.53	2.66

使用软件对表 6-31 中的试验结果进行分析，经多元回归拟合后得到回归方程：

$$Y=55.40+6.87A+11.67B+14.61C-11.28AB-3.76AC+1.91BC+0.25A^2-6.17B^2-9.44C^2 \quad (6\text{-}13)$$

式中　Y——NPYR 去除率，%；

A——H_2O_2 投加量，mg/L；

B——O_3 投加量，mg/L；

C——UV 剂量，mJ/cm^2。

模型拟合出的试验结果预测值见表 6-31，可以看出除个别点位以外，实际值与预测值误差大多集中在 ±3% 内，表明回归模型拟合程度较好。

表 6-32 为多项式回归方程的方差分析结果，可以看出模型的 $P<0.0001$，表明此模型呈高度显著，即在统计学上有意义，同时一次项 B、C 的 P 值均<0.0001，表明此部分结果高度显著；A、AB、B^2 和 C^2 的 P 值分别为 0.0008、0.0003、0.0082 和 0.0008，均小于 0.05，属于显著项。模型的失拟项 P 值为 0.1994，表明了模型的拟合效果较好。

表 6-32　二次方程方差分析

来源	平方和	自由度	均方	F 值	P 值
模型	4318.63	9	479.85	39.80	<0.0001
A	377.27	1	377.27	31.29	0.0008
B	1088.79	1	1088.79	90.30	<0.0001
C	1707.43	1	1707.43	141.61	<0.0001
AB	509.12	1	509.12	42.22	0.0003
AC	56.57	1	56.57	4.69	0.0670
BC	14.64	1	14.64	1.21	0.3070
A^2	0.27	1	0.27	0.022	0.8852
B^2	160.41	1	160.41	13.30	0.0082
C^2	375.41	1	375.41	31.13	0.0008
残差	84.40	7	12.06		
失拟项	54.97	3	18.32	2.49	0.1994
纯误差	29.43	4	7.36		
总变异	4403.04	16			

对拟合模型的相关性进行分析，结果如图 6-24 和表 6-33 所示。

从图 6-24 可知，各值均分布在斜率为 1 的一条直线上，这表明模型的拟合值与预测值差异不大，利用函数可以准确模拟出不同 UV 剂量、H_2O_2 和 O_3 投加量下 UV/H_2O_2/O_3 氧化体系对 NPYR 的去除率。从表 6-33 中可以看出，模型的拟合系数为 R^2=0.9808，这表明本模型中有 98.08% 的变化源于因素，换言之模型只有 1.92% 的变异，模型拟合效果较好，而修正后的拟合系数 R^2=0.9562，两数据差异不大，亦说明了模型的显著意义。模型的变异系数 CV 值为 7.21%，低于 15%，说明试验结果的精密度较高，AP 值 =19.732 ＞ 4，表明此模型可充分指导 BBD 响应曲面法所定义的设计空间。

等高线图和三维曲面图可反映不同 UV 剂量、H_2O_2 和 O_3 投加量及其交互关系对试验结果的影响。分析结果可知，在相同 O_3 投加量条件下，随着 UV 剂量和 H_2O_2 投加量的增加，

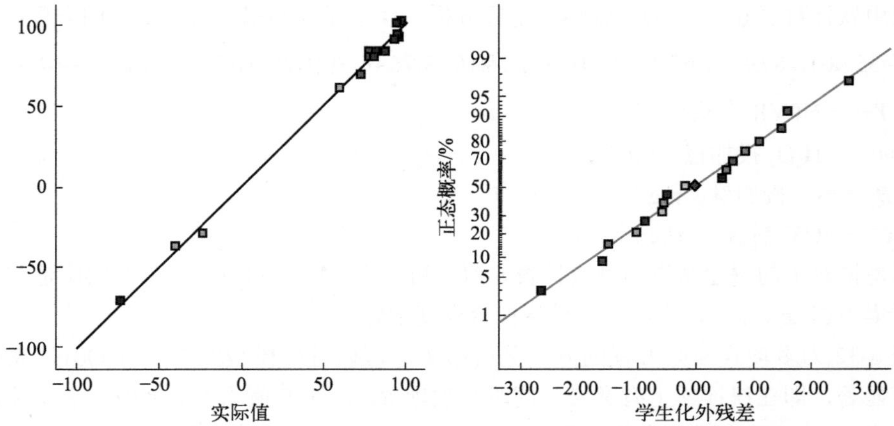

(a) 预测值与实际值关系　　(b) 残差正态规律分布

图 6-24　模型预测值与实际值关系

表 6-33　相关分析结果

模型组	标准方差 /%	变异系数 /%	拟合系数	修正拟合系数
Y	3.47	7.21	0.9808	0.9562

NDMA 去除率升高，等高线变陡，结合图形颜色变化可知 UV 剂量对去除率影响明显；而在相同 H_2O_2 投加量下，NDMA 前体物去除率随着 UV 剂量和 O_3 投加量的增加而增加，但图中等高线依稀呈现出圆形，说明此两种因素之间的交互关系可能较弱。最终确定各因素对试验结果的影响程度大小顺序为：UV 剂量＞ O_3 投加量＞ H_2O_2 投加量。

（3）模型验证

设定 O_3 投加量位于 0 ～ 0.5mg/L 区间内，NDMA 去除率为 92%，NPYR 去除率最大，经软件拟合给出对应工况，以满意度 *d* 值评价其与目标值的关系，*d* 值范围 0 ～ 1，数值越大说明响应值与目标值越接近，结果如表 6-34 所列。

表 6-34　最佳工艺参数

目标物质	目标去除率 /%	UV 剂量 /（mJ/cm^2）	O_3 投加量 /（mg/L）	H_2O_2 投加量 /（mg/L）	满意度（*d*）
NDMA	92	220	0.26	2	0.946
NPYR	61.8（最大）				

利用过流式实验装置对表 6-34 中所定参数进行验证，结果显示模型对两种亚硝胺去除率的预测值与实际值之间的误差均维持在 3% 以内，这表明拟合模型是准确可靠的。

6.3.2.3　影响因素探究

从影响因素与反应机理两方面入手，使用静态实验装置，着重考察 pH 值、无机阴离子等对反应的影响，并利用有机物分离、三维荧光扫描、LC-OCD 等手段对 $UV/H_2O_2/O_3$ 技术降解鱼腥藻源亚硝胺前体物反应机理进行简单剖析。反应条件为：H_2O_2 投加量 1mg/L，O_3 投加量 0.5mg/L。

（1）pH 值的影响

图 6-25 为不同 pH 值条件下 NDMAFP 含量随紫外剂量的变化趋势。由图 6-25 可知，在低 UV 剂量时，各 pH 值条件下的 NDMAFP 均呈现出增加趋势，但增幅不尽相同，整体来看增幅排序为：中性条件＞碱性条件＞酸性条件。虽酸性条件及碱性条件下 NDMAFP 增幅均小于中性条件，但二者的作用原理是不同的。在碱性条件下水中臭氧的分解速率相当迅速，而在酸性条件下其稳定性则大大增加，这表明碱性条件下由于臭氧氧化作用有限，在低 UV 剂量条件下大分子裂解不彻底，NDMAFP 尚未达到峰值，而酸性条件下由于臭氧氧化作用的增强，由大分子组分分解而来的小分子有机物被进一步氧化分解，因而 NDMAFP 增幅较低。

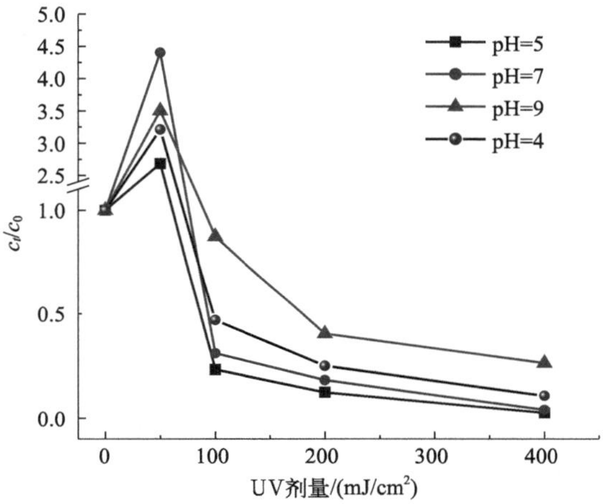

图 6-25　不同 pH 值条件下 NDMAFP 含量变化

随着 UV 剂量的继续增加，NDMAFP 呈降低趋势，最终在 UV 剂量为 400mJ/cm^2 时，NDMAFP 去除率分别为：pH=5，97.3%；pH=7，95.8%；pH=4，89.0%；pH=9，74.7%。可以看出碱性环境最不适宜氧化体系发挥作用，酸性环境有助于提高 UV/H_2O_2/O_3 技术的效率，但过酸的环境会使 H_2O_2 与已产生的·OH 反应生成大量 HO_2·，HO_2·的氧化还原电位较低，且会作为自由基抑制剂与溶液中的有机物争夺·OH，·OH 的生成受到抑制，从而降低了反应速率。

（2）无机阴离子的影响

天然水体中存在着种类繁多、含量不等的无机阴离子，如 HCO_3^-、SO_4^{2-}、NO_3^-、Cl^- 等，明确其对 UV/H_2O_2/O_3 技术降解藻源 NAs 前体物的作用效果有着基础性的作用。在本小节试验中，控制 UV 剂量 200mJ/cm^2，O_3 投加量 0.5mg/L，H_2O_2 投加量 1mg/L，考察在不同无机阴离子浓度下 NDMAFP 的去除率，其中 HCO_3^-、SO_4^{2-}、Cl^- 浓度以 mmol/L 计，NO_3^- 浓度以 mg/L 计，实验结果如图 6-26 所示。

从图 6-26（a）可以看出，HCO_3^-、SO_4^{2-}、Cl^- 3 种离子均对反应的进行起到抑制作用，在不含无机阴离子时 NDMAFP 去除率约为 85.1%，随着无机阴离子浓度的增加，c_t/c_0 值线性增加，表明 NDMAFP 的去除率线性降低，最终在无机阴离子投加量为 7mmol/L 时，去除率分别维持在 39.5%（HCO_3^-）、48%（SO_4^{2-}）和 63%（Cl^-），可见 3 种无机阴离子抑制作用排序为：HCO_3^- > SO_4^{2-} > Cl^-。HCO_3^- 作为一种自由基侵蚀剂与·OH 反应生成·CO_3^-，而·CO_3^- 作为一种氧化还原电位较低且具有高度选择性的自由基，其对 NDMAFP 的降解存在抑制作用；而 SO_4^{2-} 会捕获羟基自由基·OH 产生 SO_4^-·，进而降低了反应速率；Cl^- 也会与羟基自由基·OH 反应生成多种活性基团如 Cl·和 $ClOH^-$·，此类自由基的氧化具有较强的选择性，因此 Cl^- 的存在一定程度上抑制了反应的进行，但是其影响较其他两种无机阴离子更小一些。

图 6-26（b）为不同浓度 NO_3^- 对 $UV/H_2O_2/O_3$ 降解藻源亚硝胺前体物的影响，可以看出 NO_3^- 的存在会直接增大 NDMA 的生成量，且 NDMA 的生成量随着 NO_3^- 的增加而提高，这说明 NO_3^- 不仅会抑制·OH 的生成进而限制反应进行，而且会作为反应因子参与到 NDMA 的生成中。

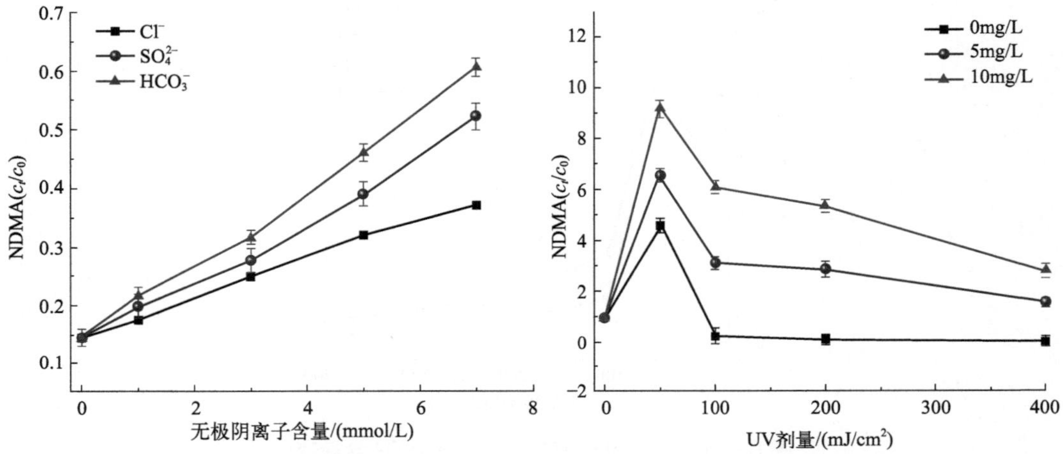

(a) HCO_3^-、SO_4^{2-}、Cl^-的影响　　(b) 不同浓度NO_3^-的影响

图 6-26　水中无机阴离子的影响

6.3.2.4 AOM 氧化机理分析

（1）自由基贡献分析

$UV/H_2O_2/O_3$ 氧化体系中同时存在 O_3 和·OH，一方面臭氧分子起着直接氧化的作用，另一方面在 UV 作用下 H_2O_2 和 O_3 分解产生的·OH 会非选择性地分解水中含有的有机物。为探究两种自由基作用的先后顺序，探究了氧化体系中 O_3 的衰减情况，结果如图 6-27 所示。

可以看出，在 $UV/H_2O_2/O_3$ 氧化体系中，臭氧的衰减速率极快，在 30s 时即可达到 90% 的衰减率，在 5min 时衰减率达 2 个 lg 单位。UV/O_3 体系中由于缺少 H_2O_2 的催化作用，其臭氧衰减速率约为 $UV/H_2O_2/O_3$ 氧化体系的 1/3。这表明 H_2O_2 可加速臭氧的分解以产生·OH，因此单纯的臭氧氧化仅会在反应前期起作用。

伴随臭氧分解同时进行的是·OH 的生成，但由于其具有的非选择性氧化，难以直接测定其浓度。对氯苯甲酸（PCBA）与·OH 的反应速率较快［$k_{PCBA·OH}=5\times10^9$mol/（L·s）］，与臭氧的反应速率较慢［$k_{PCBA·O_3}=0.15$mol/（L·s）］，因此可利用其间接测定·OH 的含量，·OH 累计值的计算公式为：

$$k_{PCBA·OH}\int[·OH]dt=-(\ln[PCBA]-\ln[PCBA]_t) \qquad (6\text{-}14)$$

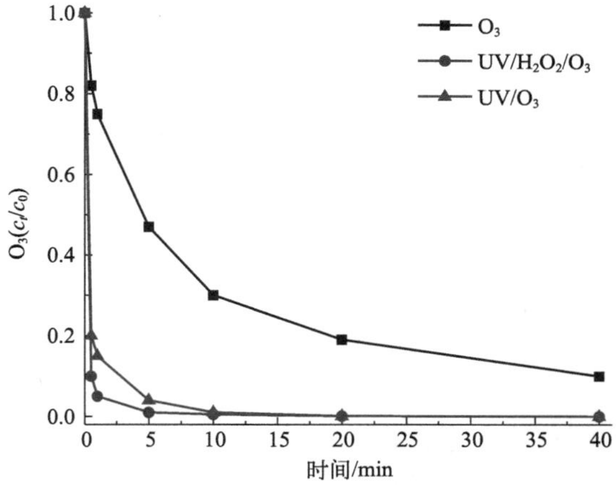

图 6-27　臭氧衰减速率

H_2O_2 投加量 2mg/L，O_3 投加量 1mg/L

图 6-28（a）表示的是 PCBA 的消耗率曲线，可以看出 PCBA 在反应前期快速消耗，这也表明反应初始阶段的·OH 浓度相对较高，图 6-28（b）纵坐标为·OH 浓度随时间的积分值，表示了·OH 的累积量，可以看出其值在反应初始阶段大幅增加，分析其原因是臭氧的分解产生了·OH，进而·OH 累加迅速。随着反应时间的延长，·OH 的产生途径逐步转为 UV 光催化，其增加速率趋缓。·OH 的氧化作用贯穿反应的始终。

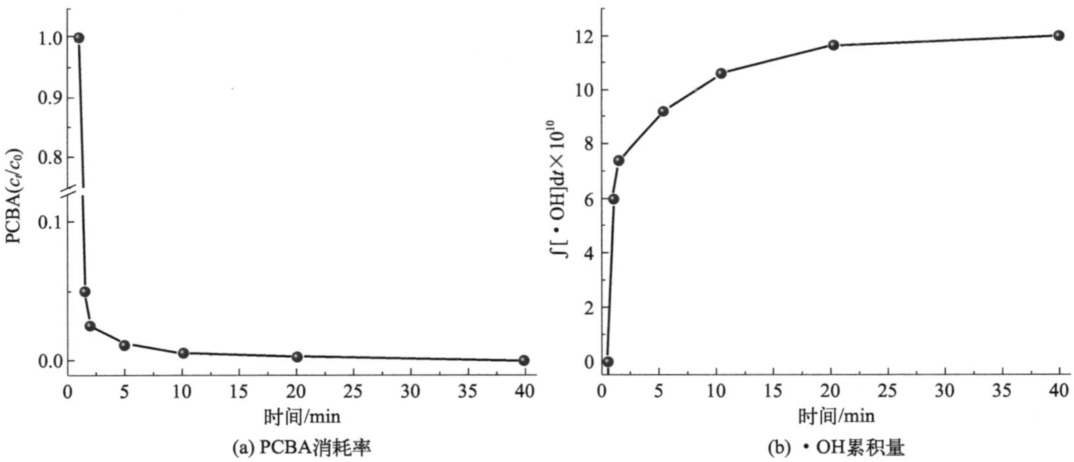

图 6-28　·OH 含量变化图

（2）不同特性 AOM 转化分析

测定了 $UV/H_2O_2/O_3$ 高级氧化反应前后 AOM 不同特性组分含量，比较了反应前后有机物分子量、亲疏水性和极性组分的变化，以求从宏观角度浅析高级氧化对 AOM 的作用途径。分析结果，经高级氧化作用后分子量＞ 30000 的组分含量明显降低，降幅约为 82.7%，分子量为 10000 ～ 30000 的组分也有着明显的下降，O_3 和·OH 可破坏大分子有机物的碳碳双键及芳香环，进而造成小分子组分增加及亚硝胺生成势上升的现象，因而单纯预氧化及低剂量的 UV-AOPs 无法降解藻源 NDMA 前体物。但从图 6-29 中可以看出，小分子量组分 DOC 占比降幅不明显，分子量为 1000 ～ 3000 的组分占比甚至还有小幅上升，产生这种现象的原因是·OH 氧化作用的非选择性使小分子组分被进一步氧化。

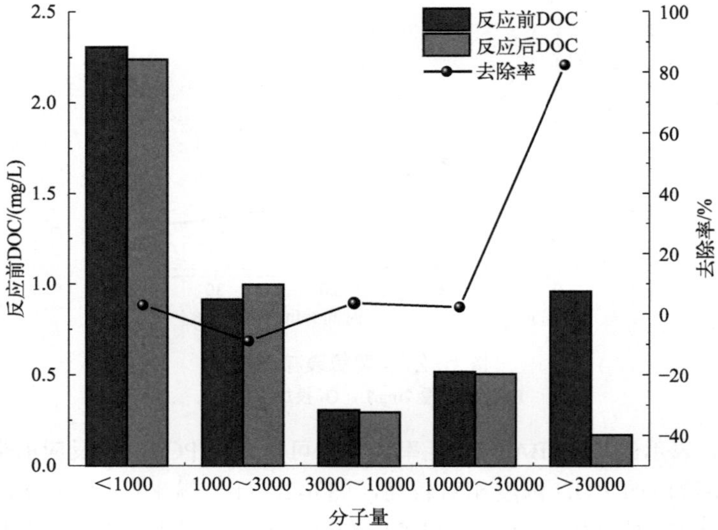

图 6-29　反应前后有机物组分变化

表 6-35 为反应前后亲疏水性和极性变化，除过渡亲水性组分（TPI）外，各组分 DOC 含量大多呈现出降低趋势，这也印证了·OH 氧化作用的非选择性。横向对比各组分含量变化可以看出，高级氧化对疏水性组分（HPO）和过渡亲水性组分的去除率高于其他组分，其对应去除率分别为 44.4%和−2.4%。AOM 中非极性组分中大分子有机物占比较多，相关研究也表明 AOM 中的疏水性组分以蛋白质等大分子有机物为主，因此推测高级氧化对两种组分的较高去除效果归结于其对大分子有机物的较高去除效率。

表 6-35　反应前后有机物组分亲疏水性和极性变化

项目	不同极性 /（mg/L）		不同亲疏水性 /（mg/L）		
	极性	非极性	HPI（亲水性组分）	HPO（疏水性组分）	TPI（过渡亲水性组分）
反应前	3.92	1.1	2.28	1.44	1.27
反应后	3.5（10.7%）	0.7（36.4%）	2.1（7.9%）	0.8（44.4%）	1.3（−2.4%）

注：括号内为 DOC 去除率。

6.3.3 UV/H_2O_2/O_3 技术去除卤代苯醌

本部分选取 2,6-二氯-1,4-苯醌（DCBQ）为卤代苯醌 HBQs 的代表物，采用 UV/H_2O_2、O_3/H_2O_2、UV/O_3 高级氧化技术，开展 UV/O_3、O_3/H_2O_2、UV/H_2O_2 技术对 DCBQ 去除效果试验研究和动力学分析，采用 UV/H_2O_2/O_3 技术对 DCBQ 进行中间产物和降解途径分析。

6.3.3.1 控制技术优选

采用 UV、O_3、H_2O_2、UV/H_2O_2、O_3/H_2O_2、UV/O_3 技术进行试验，试验过程中 DCBQ 平均

浓度为 1μg/L，紫外灯光强为 420μW/cm^2，H_2O_2、O_3 浓度均为 2mg/L；UV/H_2O_2 技术中 H_2O_2 浓度为 2mg/L，O_3/H_2O_2 技术中 O_3、H_2O_2 浓度分别为 2mg/L、1mg/L，UV/O_3 技术中 O_3 浓度为 2mg/L。UV、O_3、H_2O_2、UV/H_2O_2、O_3/H_2O_2、UV/O_3 技术对 DCBQ 去除效果对比见图 6-30。

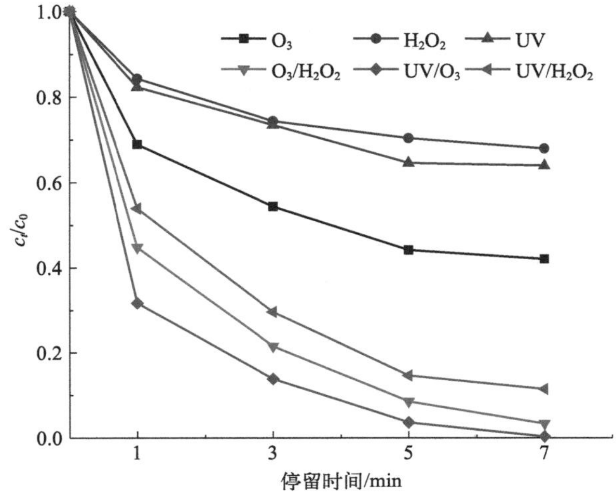

图 6-30　高级氧化技术对 DCBQ 去除效果对比

从图 6-30 可以看出，UV、H_2O_2、O_3 技术经过 7min 的停留时间，对 DCBQ 的去除率分别是 36.1%、32.0%、57.9%；UV/H_2O_2、O_3/H_2O_2、UV/O_3 组合技术经过 7min 的停留时间，对 DCBQ 的去除率分别是 88.5%、96.7%、99.7%。UV、H_2O_2、O_3 组合技术可以明显增加 DCBQ 的去除率。3 种技术对 DCBQ 的去除效果排序为：UV/O_3 > O_3/H_2O_2 > UV/H_2O_2。在 254nm 波长下，O_3 的摩尔吸收系数［3300mol/（L•cm）］大于 H_2O_2 的摩尔吸收系数［18.6mol/（L • cm）］，O_3 光解率大于 H_2O_2 的光解率，说明 UV/O_3 技术可能比 UV/H_2O_2 技术更有效。一般情况下，O_3 是一种可以在水中产生 HO • 的能源效率更高的技术。在 UV/O_3、UV/H_2O_2 和 O_3/H_2O_2 组合技术中，氧化剂投加量相同时 UV/O_3 的 HO • 产量最高。

6.3.3.2　运行参数优化

（1）试验设计

试验采用 Design-Expert 10.0 软件中的 BBD 设计进行试验设计，以评估 UV 剂量、O_3 浓度和 H_2O_2 浓度 3 个变量对 DCBQ 去除率的影响。自变量取值见表 6-36。

表 6-36　因素及水平

因素	编码标识	水平		
		−1	0	+1
UV 剂量 /（mJ/cm^2）	*A*	0	100	200
O_3 浓度 /（mg/L）	*B*	0	1	2
H_2O_2 浓度 /（mg/L）	*C*	0	1	2

(2)试验结果

试验进行三因素三水平 BBD 设计，进行了包括 5 个中心点的 17 组试验，使数学模型具有统计一致性。试验设计结果见表 6-37。

表 6-37 试验设计结果

试验号	因素			DCBQ 去除率 /%
	UV 剂量 /（mJ/cm^2）	O_3 浓度 /（mg/L）	H_2O_2 浓度 /（mg/L）	
1	200	1	2	94.65
2	100	1	1	85.31
3	0	1	2	90.27
4	100	2	0	89.40
5	100	0	2	78.49
6	0	0	1	16.33
7	0	2	1	94.76
8	100	2	2	92.57
9	100	1	1	80.46
10	100	1	1	87.49
11	200	0	1	81.82
12	0	1	0	49.24
13	100	1	1	84.73
14	200	1	0	91.81
15	100	0	0	27.38
16	100	1	1	83.62
17	200	2	1	99.30

使用 Design-Expert 10.0 软件对表 6-37 中响应值与各因素进行数学建模，得到以下二阶多项式方程。

$$Y=84.32+14.622X_1+21.501X_2+12.268X_3-15.237X_1X_2-9.547X_1X_3-11.98X_2X_3-0.868X_1^2-10.401X_2^2-1.961X_3^2 \quad (6\text{-}15)$$

式中 Y——DCBQ 去除率，%；

X_1——UV 剂量，mJ/cm^2；

X_2——O_3 浓度，mg/L；

X_3——H_2O_2 浓度，mg/L。

基于拟合系数（R^2）和方差分析（ANOVA）结果对模型进行统计评估，模型方差分析见表 6-38。

表 6-38 模型方差分析

项目	平方和	自由度	均方	F 值	P 值
模型	8973.36	9	997.04	44.80	< 0.0001
X_1	1710.54	1	1710.54	76.87	< 0.0001

续表

项目	平方和	自由度	均方	F 值	P 值
X_2	3698.43	1	3698.43	166.2	< 0.0001
X_3	1204.18	1	1204.18	54.11	0.0002
X_1X_2	928.73	1	928.73	41.73	0.0003
X_1X_3	364.62	1	364.62	16.38	0.0049
X_2X_3	574.56	1	574.56	25.82	0.0014
X_1^2	3.18	1	3.18	0.14	0.7168
X_2^2	455.50	1	455.50	20.47	0.0027
X_3^2	16.19	1	16.19	0.73	0.4219
残差	155.77	7	22.25		
失拟项	129.19	3	43.06	6.48	0.0514
纯误差	26.59	4	6.65		
总变异	9129.14	16			
R^2=0.9829，R^2 校正值 =0.9610					

注：$P \leqslant 0.0001$，高度显著；$0.0001 < P \leqslant 0.05$，显著；$P > 0.05$，不显著。

由表 6-38 可知，模型的 F 值为 44.80 > 0.001，说明模型是高度显著的。模型的 $P < 0.0001$ 说明由于误差导致模型无法解释的总方差只有 0.01%。失拟项是根据模型的数据变化测试模型拟合的充分性。失拟项的 $P > 0.05$，说明失拟项 F 值（6.48）没有统计学意义，失拟项不显著，表明变量与响应值存在显著相关性。从表 6-38 可看出，X_1、X_2、X_3、X_1X_2、X_1X_3、X_2X_3、X_2^2 的 P 值均< 0.05，表明这些项为模型的显著项。试验中 R^2=0.9829 表示模型可以拟合总变量的 98.29%，模型可以较好地拟合试验数据。校正后的 R^2 值（0.9610）也说明该模型有很好的拟合度。R^2 值和校正后的 R^2 值不同是因为 R^2 会随着自变量增加而增大，而校正后的 R^2 值只随对模型有显著影响的自变量增加而增大，否则将会减小。因此，R^2 和校正后的 R^2 之间较小的差值说明该模型的拟合性较好。

本模型 CV 值为 6.04% < 10%，AP 值为 21.322 > 4，表明模型具有很高的适用性。F 值大小表示自变量对模型影响的显著程度，从表 6-38 中可以看出，自变量对模型影响的显著程度为 O_3 浓度> UV 剂量> H_2O_2 浓度。

实际值与模型的预测值之间关系见图 6-31(a)，模型的残差分布见图 6-31(b)。从图 6-31 可看出，实际值与模型的预测值、模型的残差分布基本在一条直线上，表明模型的拟合效果较好。

分析各因素对 DCBQ 去除率影响的响应曲面及等高线得出，随着 O_3 浓度、UV 剂量的增加，响应曲面图以及等高线图中颜色变深，说明 DCBQ 去除率增加，体现了 UV 剂量和 O_3 浓度对 DCBQ 去除率的相互作用。当 H_2O_2 浓度为固定值（1mg/L）时，在不投加 O_3、UV 剂量为 100mJ/cm^2 的情况下，DCBQ 去除率仅为 52.5%。但是，随着 O_3 浓度的增加，DCBQ 去除率增加到 95.4%。另外，在 O_3 浓度为 1mg/L 的情况下，UV 剂量从 0 增长到 200mJ/cm^2 时，DCBQ 去除率从 68.9% 增长到 98.08%。从 DCBQ 去除率来看，可以发现 O_3 浓度比 UV 剂量对 DCBQ 去除率的贡献大。

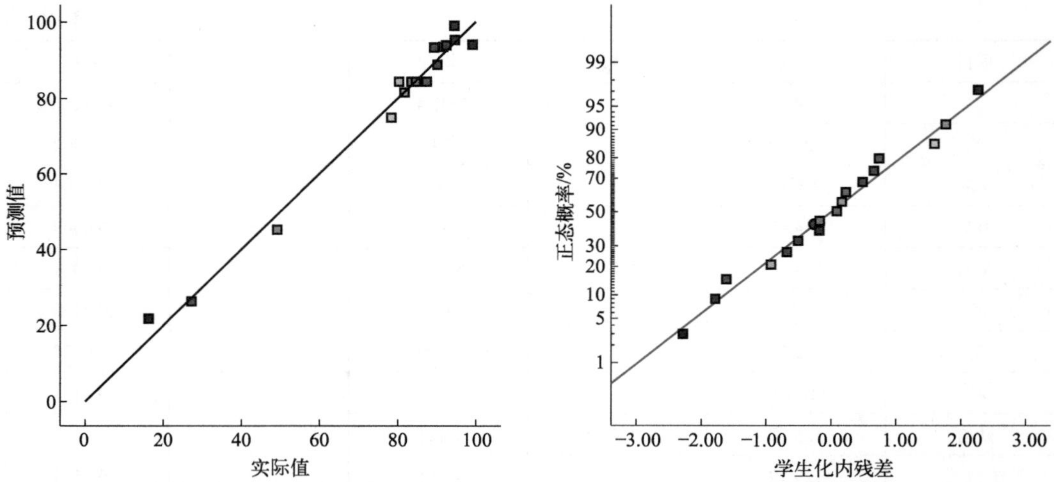

(a) 响应曲面实际值与预测值对比　　(b) 模型的残差分布

图 6-31　模型拟合效果

同时，当 O_3 浓度为固定值时，随着 UV 剂量和 H_2O_2 浓度的增加，响应曲面图以及等高线图中颜色变深，DCBQ 的去除率变大，体现了 UV 剂量和 H_2O_2 浓度对 DCBQ 去除率的相互作用。从其变化程度可看出，对 DCBQ 去除率影响程度大小为：UV 剂量＞ H_2O_2 浓度。当 UV 剂量为固定值时，随着 O_3 浓度和 H_2O_2 浓度的增加，响应曲面图以及等高线图颜色变深，DCBQ 的去除率变大，体现了 O_3 浓度和 H_2O_2 浓度对 DCBQ 去除率的相互作用。从变化程度可看出，对 DCBQ 去除率影响程度大小为：O_3 浓度＞ H_2O_2 浓度。因此 3 个变量对 DCBQ 去除率影响程度顺序为：O_3 浓度＞ UV 剂量＞ H_2O_2 浓度。

（3）模型验证

将试验实际值与模型预测值进行对比，结果见表 6-39。

表 6-39　最优工况验证

因素			预测去除率 /%	实际去除率 /%	误差 /%
UV 剂量 /（mJ/cm^2）	O_3 浓度 /（mg/L）	H_2O_2 浓度 /（mg/L）			
180	0.51	1.76	95.34	94.30	1.1

从表 6-39 可以发现，实际值与预测值的相对误差为 1.1%，说明试验建立的模型具有较好的适用性及可靠性。

由响应曲面法试验可知，当 UV 剂量为 180mJ/cm^2、O_3 浓度为 0.51mg/L、H_2O_2 浓度为 1.76mg/L 时，UV/H_2O_2/O_3 技术对 DCBQ 的去除效果较理想。在相似的去除效果前提下，UV/H_2O_2、O_3/H_2O_2、UV/O_3 技术试验条件分别为 UV 剂量为 180mJ/cm^2、H_2O_2 浓度为 2mg/L，O_3 浓度为 1mg/L、H_2O_2 浓度为 2mg/L，UV 剂量为 180mJ/cm^2、O_3 浓度为 2mg/L。显然，UV/H_2O_2/O_3 技术减少了 O_3、H_2O_2 投加量，达到了预期。后续试验采用此技术进行研究。

6.3.3.3　影响因素分析

（1）天然有机物

试验选取 HA（腐殖酸）研究对 DCBQ 去除的影响。试验过程中 DCBQ 初始浓度为

1μg/L，紫外灯光强为 420μW/cm^2，H_2O_2、O_3 平均浓度分别为 1.76mg/L、0.51mg/L，设置 HA 浓度分别为 0mg/L、1mg/L、5mg/L、10mg/L，并在停留时间分别为 1min、3min、5min、7min 时取样，HA 浓度对 DCBQ 去除效果对比见图 6-32。

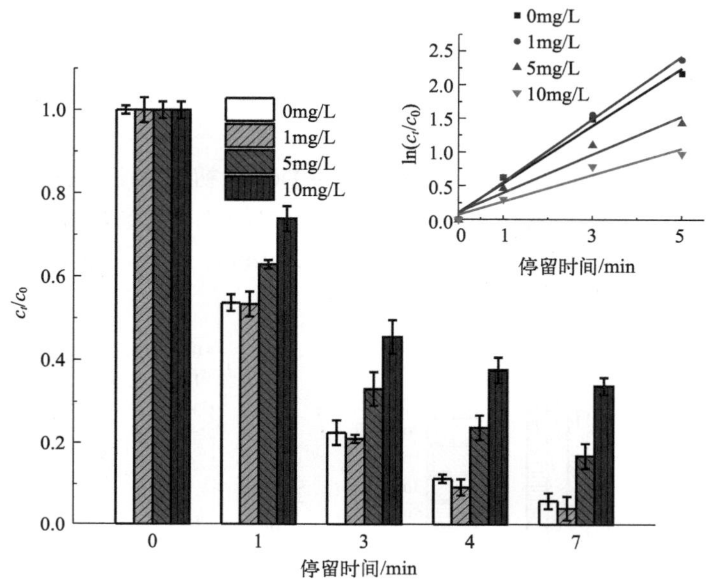

图 6-32　HA 浓度对 DCBQ 去除效果对比

从图 6-32 可以看出，当初始浓度分别为 1mg/L、5mg/L、10mg/L 时，在反应 7min 后 DCBQ 去除率分别为 95.9%、83.1%、66.0%。相对应的反应速率常数 k 值分别为 0.46901min^{-1}、0.28456min^{-1}、0.19617min^{-1}。随着停留时间的延长，DCBQ 去除率升高，观察到溶液颜色微弱变浅。HA 浓度为 1mg/L 时，对 DCBQ 的去除有积极作用，较高浓度则有抑制作用。

低浓度 HA 的促进作用可能是由于：

① HA 在低浓度下有明显的光敏作用，HA 可以与水中的污染物反应形成光氧化剂而促进反应；

② HA 表面分布有许多羟基、酚羟基、氨基等官能团，紫外线辐射下促进 H_2O_2 分解生成 HO·。

高浓度 HA 抑制作用可能是由于：

① 高浓度 HA 会使溶液呈棕褐色，吸收 UV 光子，降低紫外线在溶液中的穿透率；

② HA 可以与 DCBQ 竞争消耗 HO·，降低溶液中稳态 HO·浓度。

由于溶液颜色微弱变浅，所以 HA 抑制作用可能主要是第二个原因。NOM 与 HO·的反应见式（6-16）：

$$\text{NOM+HO}\cdot \longrightarrow \text{产物}\ [k=2.23\times10^{8}\text{mol/(L}\cdot\text{s)}] \tag{6-16}$$

（2）无机阴离子

天然水体中包含许多可能促进或抑制污染物去除的无机阴离子（抑制污染物去除的物质可能是自由基清除剂）。确定自由基清除剂的影响是优化高级氧化工艺时必须考虑的关键因素。天然水中水基质物质的特性见表 6-40，各无机阴离子浓度取值范围为 0 ～ 5mmol/L。

表 6-40　天然水中水基质物质的特性

水源	pH 值	浊度 /NTU	TOC（以 C 计）/（mg/L）	总碱度（以 $CaCO_3$ 计）	NO_3^-/（mg/L）	Cl^-/（mg/L）
去离子水	6.00	＜ 0.1	0.08	＜ 5	＜ 0.05	＜ 5
某水厂出水	8.00	0.22	0.79	13	3.20	10
污水处理厂出水	6.70	5.3	10.6	54.9	6.28	145.5

1）Cl^-

采用 UV/H_2O_2/O_3 技术进行试验，试验过程中 DCBQ 初始浓度为 1μg/L，紫外灯光强为 420μW/cm^2，H_2O_2、O_3 平均浓度分别为 1.76mg/L、0.51mg/L，设置 Cl^- 浓度分别为 0mmol/L、1mmol/L、3mmol/L、5mmol/L，在停留时间分别为 1min、3min、5min、7min 时取样，Cl^- 浓度对 DCBQ 去除效果对比见图 6-33。

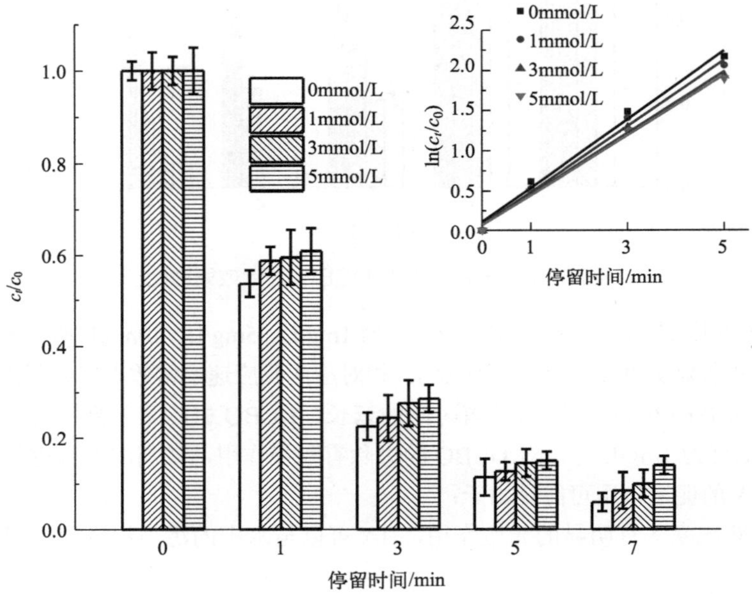

图 6-33　Cl^- 浓度对 DCBQ 去除效果对比

从图 6-33 可以看出，Cl^- 浓度分别为 0mmol/L、1mmol/L、3mmol/L 和 5mmol/L 时，经过 7min 后 DCBQ 去除率分别为 94.1%、91.6%、90.1%、86.0%，比未添加 Cl^- 的试验分别减少了 2.5%、4.0%、8.1%。相对应的反应速率常数 k 值分别为 0.42802min^{-1}、0.41146min^{-1}、0.38148min^{-1}、0.37532min^{-1}，比未添加 Cl^- 的试验分别减少了 0.01656min^{-1}、0.04654min^{-1}、0.0527min^{-1}。显然，随着 Cl^- 浓度的增加，反应的抑制作用也越来越大。原因如下：

① Cl^- 可以与 HO・反应生成活性较弱的自由基物质 ClHO・，ClHO・与 H^+ 反应形成 HClHO・，HClHO・分解成氯原子和 H_2O，氯原子与 Cl^- 反应形成 Cl_2^-・，Cl_2^-・是水中含量最多的自由基，Cl_2^-・的氧化还原电位（E_0 = 1.36V）比 HO・（E_0 = 2.9V）低很多，降低了反应速率，抑制了 DCBQ 的去除。

② 在酸性 pH 下，Cl^- 可能与 O_3 反应生成 Cl_2 或 HOCl 等，对 DCBQ 的去除产生负面影响。

但有研究证明 Cl· 可以与水反应生成 HO·，可能会促进 DCBQ 去除。由于 $E_{Cl\cdot/Cl^-}$=2.41V，与 $E_{HO\cdot/H_2O}$=2.39V 氧化还原电位相差不大，所以 Cl^- 与 NOM、HCO_3^- 等阴离子相比，对 DCBQ 降解的影响较小。

2）NO_3^-

采用 UV/H_2O_2/O_3 技术进行试验，试验过程中 DCBQ 初始浓度为 1μg/L，紫外灯光强为 420μW/cm^2，H_2O_2、O_3 平均浓度分别为 1.76mg/L、0.51mg/L，设置 NO_3^- 浓度分别为 0mmol/L、1mmol/L、3mmol/L、5mmol/L，并在停留时间分别为 1min、3min、5min、7min 时取样，NO_3^- 浓度对 DCBQ 去除效果对比见图 6-34。

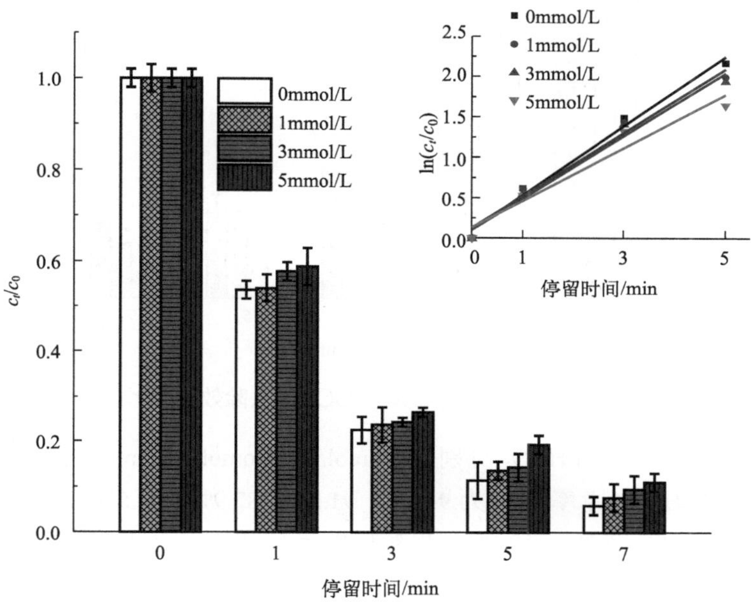

图 6-34　NO_3^- 浓度对 DCBQ 去除效果对比

从图 6-34 可以看出，当 NO_3^- 分别为 0mmol/L、1mmol/L、3mmol/L、5mmol/L 时，经过 7min 的反应后 DCBQ 去除率分别为 94.1%、92.3%、90.5%、88.9%，比未添加 NO_3^- 的试验分别减少了 1.8%、3.6%、5.2%。相对应的反应速率常数 k 值分别为 0.42802min^{-1}、0.39311min^{-1}、0.38809min^{-1}、0.32918min^{-1}，比未添加 NO_3^- 的试验分别减少了 0.03491min^{-1}、0.03993min^{-1}、0.09884min^{-1}。随着 NO_3^- 浓度的增加，DCBQ 去除率、反应速率常数逐渐降低。原因可能是：

① NO_3^- 会光解生成 NO_2^-，NO_2^- 与 HO· 的反应速率常数为 8.0×10^9mol/（L·s），会消耗溶液中 HO·；

② NO_3^- 可能会吸收紫外线光子，充当紫外线滤光片，引起“内部过滤”效果，减少氧化剂吸收紫外线效率，导致污染物降解效率降低。

但是 NO_3^- 的光解也可能生成 HO· 促进反应；O_3 可能会消耗 NO_2^-，抑制 NO_2^- 与 HO· 的反应，在一定程度上促进 DCBQ 的氧化，这可能是 NO_3^- 对 DCBQ 去除率抑制较小的原因。

3）HCO_3^-

采用 UV/H_2O_2/O_3 技术进行试验，试验过程中 DCBQ 初始浓度为 1μg/L，紫外灯光强为 420μW/cm^2，H_2O_2、O_3 平均浓度分别为 1.76mg/L、0.51mg/L，设置 HCO_3^- 浓度分别为

0mmol/L、1mmol/L、3mmol/L、5mmol/L，并在停留时间分别为1min、3min、5min、7min时取样，HCO_3^-浓度对DCBQ去除效果对比见图6-35。

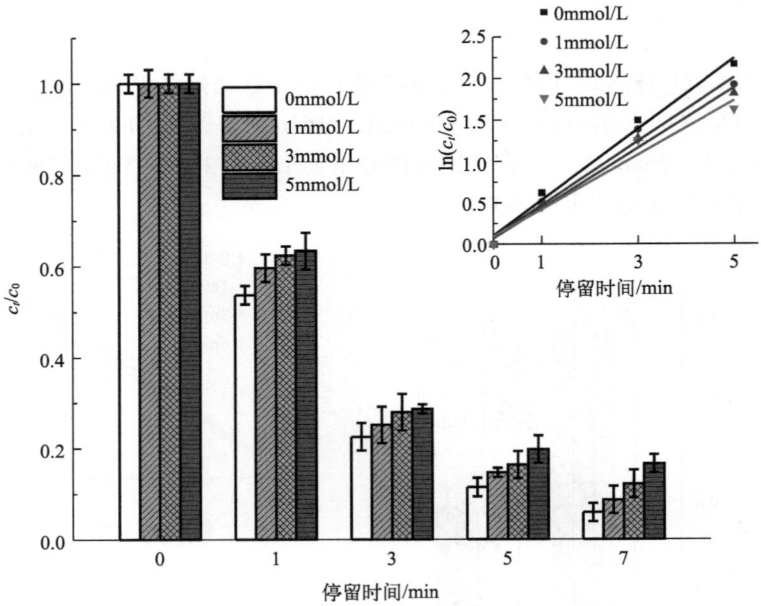

图6-35 HCO_3^-浓度对DCBQ去除效果对比

从图6-35可以看出，当HCO_3^-分别为0mmol/L、1mmol/L、3mmol/L、5mmol/L时，经过7min反应后DCBQ去除率分别为94.1%、91.3%、87.9%、83.5%，比未添加HCO_3^-的试验分别减少了2.8%、6.2%、10.6%。相对应的反应速率常数k值分别为0.42802min^{-1}、0.38517min^{-1}、0.36301min^{-1}、0.32778min^{-1}，比未添加HCO_3^-的试验分别减少了0.04285min^{-1}、0.06501min^{-1}、0.10024min^{-1}。随着HCO_3^-浓度的增加，DCBQ去除率、反应速率逐渐降低。

4）CO_3^{2-}

采用UV/H_2O_2/O_3技术进行试验，试验过程中DCBQ初始浓度为1μg/L，紫外灯光强为420μW/cm^2，H_2O_2、O_3平均浓度分别为1.76mg/L、0.51mg/L，设置CO_3^{2-}浓度分别为0mmol/L、1mmol/L、3mmol/L、5mmol/L，并在停留时间分别为1min、3min、5min、7min时取样，CO_3^{2-}浓度对DCBQ去除效果对比见图6-36。

从图6-36中可以看出，当CO_3^{2-}分别为0mmol/L、1mmol/L、3mmol/L、5mmol/L时，经过7min的反应后DCBQ去除率分别为94.1%、90.6%、87.2%、81.3%，比未添加CO_3^{2-}的试验分别减少了3.5%、6.9%、12.8%。相对应的反应速率常数k值分别为0.42802min^{-1}、0.35931min^{-1}、0.32394min^{-1}、0.30118min^{-1}，比未添加CO_3^{2-}的试验分别减少了0.06871min^{-1}、0.10408min^{-1}、0.12684min^{-1}。随着CO_3^{2-}浓度的增加，CO_3^{2-}对反应的抑制作用增强。可能是CO_3^{2-}与DCBQ竞争消耗了溶液中的HO·，导致DCBQ去除率降低，同时CO_3^{2-}与HO·反应生成的CO_3^-·还可能消耗溶液中的H_2O_2，使HO·生成量减少，DCBQ去除率降低。CO_3^{2-}与HO·的反应速率大于HCO_3^-与HO·的反应速率，所以CO_3^{2-}对DCBQ的抑制作用要大于HCO_3^-。

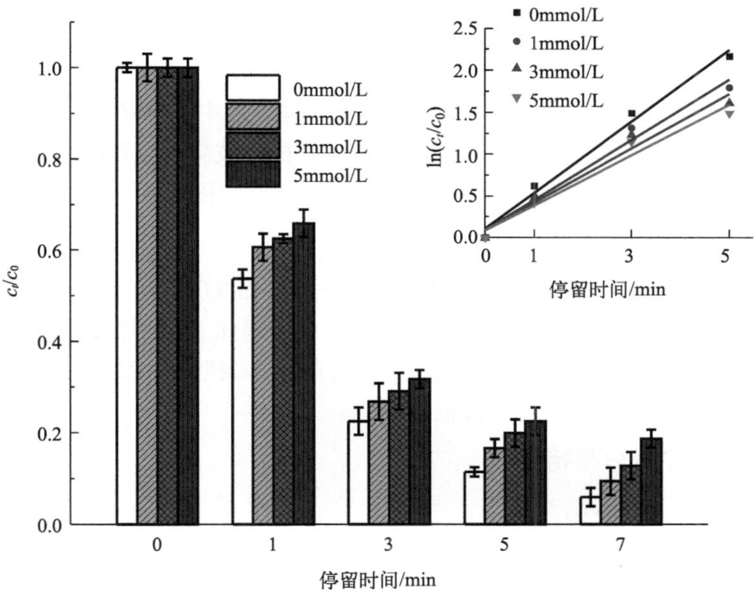

图 6-36　CO_3^{2-} 浓度对 DCBQ 去除效果对比

6.3.3.4 去除特性与机理分析

采用实际水厂砂虑出水作为试验对象，探究 pH 值、UV_{254}、浊度、有机物分子量分布特性、溶解性荧光物质、溶解性有机物组分、三卤甲烷生成势等的去除特性，并讨论分析氧化机理。试验过程使用水厂砂滤出水配制 DCBQ 初始浓度为 1μg/L，紫外灯光强为 420μW/cm²，H_2O_2、O_3 平均浓度分别为 1.76mg/L、0.51mg/L，反应时间为 7min。

（1）2,6-二氯-1,4-苯醌去除效果

DCBQ、pH 值、浊度、UV_{254} 的变化见表 6-41。经过 7min 的停留时间后 DCBQ 的去除率平均为 88.4%，较纯水试验略微降低。纯水试验中 DCBQ 的降解主要取决于水中的 HO·，但滤后水中存在一定量的 HO·清除剂（如硬度、氯化物、碱度、电导率、NOM 等），清除剂的存在可能会限制 HO·的氧化活性，抑制 O_3、H_2O_2 分解为 HO·，与 DCBQ 竞争消耗水中 HO·，导致水样中 DCBQ 的去除率降低。由于滤后水中 HO·清除剂含量较少或水中可能存在少量活性物质促进 HO·形成，因此 DCBQ 的去除效果相比纯水试验略微降低，高级氧化对砂滤水中 DCBQ 有较好的去除效果。

表 6-41　DCBQ、pH 值、浊度、UV_{254} 变化

水样	DCBQ/（ng/L）	pH 值	浊度 /NTU	UV_{254}/cm^{-1}	TOC/（mg/L）
滤后水	1000±67	8.21±0.09	0.371±0.26	0.038±0.04	2.343±0.167
UV/H_2O_2/O_3 工艺出水	116±72	8.16±0.08	0.335±0.18	0.017±0.03	2.003±0.194

（2）pH 值变化

进水 pH 值一般在 8.21 左右，出水 pH 值大约为 8.16，出水 pH 值较进水 pH 值略微下降，这可能是由于进水中的天然有机物可部分被·OH 氧化分解为 CO_2、HCO_3^-、小分子羧酸等弱

酸性产物。

（3）浊度变化

出水浊度略微降低，由于浊度表示当光线穿透水体时水中的悬浮物质对光线的阻碍程度，因此水中浊度的变化在一定程度上可以反映水体中有机物被降解导致的结构变化，浊度降低从某种程度上表明了滤后水中有机物分子量减小等性质的变化。

（4）UV_{254} 变化

进水 UV_{254} 平均值为 $0.038cm^{-1}$，出水 UV_{254} 平均值为 $0.017cm^{-1}$，平均去除率为 55.3%。UV_{254} 表示某些有机物在 254nm 波长下的紫外吸光度，例如 NOM 中芳香结构和共轭碳双键可以强烈吸收 253.7nm 波长处的辐射，因此 UV_{254} 的变化表明水中大分子有机物被降解，或有机物结构发生了较大变化，芳香性降低。

（5）有机物分子量分布特性

1）不同分子量区间 UV_{254} 变化

$UV/H_2O_2/O_3$ 技术进出水不同分子量区间 UV_{254} 变化见图 6-37。

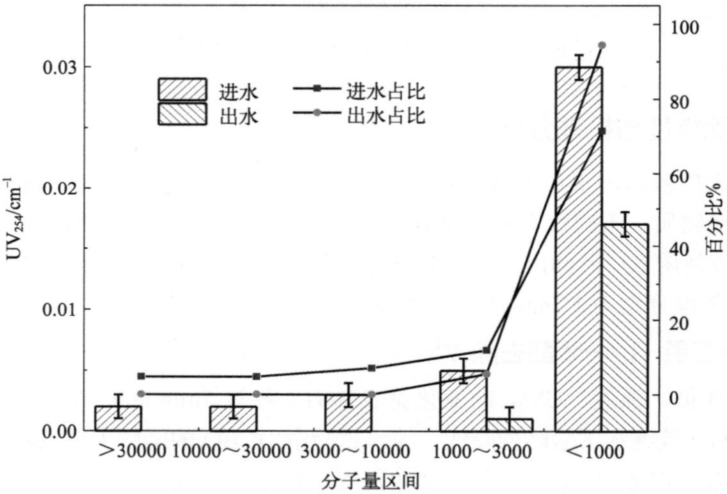

图 6-37 进出水不同分子量区间 UV_{254} 变化

从图 6-37 可看出，进水中分子量＞ 1000 的有机物的 UV_{254} 含量较低，在＜ 1000 区间占比最高达 71%。经过 $UV/H_2O_2/O_3$ 技术后，分子量在＞ 30000、10000 ～ 30000、3000 ～ 10000 区间内 UV_{254} 都被基本降解，分子量在 1000 ～ 3000 区间 UV_{254} 含量减少，分子量在＜ 1000 区间内 UV_{254} 占比升高。说明 $UV/H_2O_2/O_3$ 技术可以将大分子有机物转化成小分子有机物，有机物结构发生变化。可能是进水中可以被 254nm 的紫外光吸收和 HO・降解的小分子物质较多，分子量＜ 1000 的有机物的 UV_{254} 去除率最大。分子量在＜ 1000 区间内 UV_{254} 占比虽然升高但是总量降低，说明高级氧化将水中小分子有机物部分矿化，这在其他研究中有相似的结论。另有研究证明 UV_{254} 的减少与可生化有机碳（AOC）增加有很大相关性。说明经过高级氧化后水中有机物的可生化性增强。

2）不同分子量间 TOC 变化

$UV/H_2O_2/O_3$ 技术进出水不同分子量区间 TOC 变化见图 6-38。

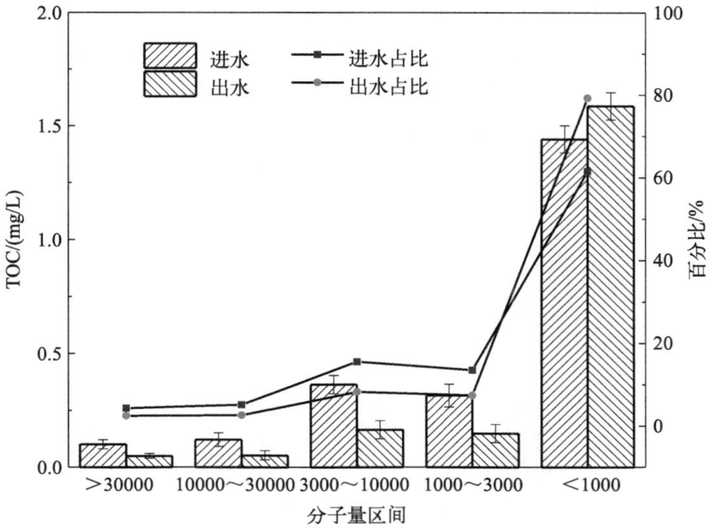

图 6-38　进出水不同分子量区间 TOC 变化

从图 6-38 可以看出，滤后水主要以分子量< 10000 的小分子物质组成，与相关研究河流水样中小分子量 DOC 占较大比例结论一致。进、出水 TOC 浓度分别为 2.343mg/L、2.003mg/L，TOC 去除率为 14.5%，虽然 TOC 去除率较低，NOM 量没有明显减少，但水中 NOM 的结构可能发生了变化，如 NOM 的色度和芳环的取代度降低。出水中分子量< 1000 的小分子物质占比、总量升高，其他分子量区间 TOC 降低，可能是由于 HO·会优先与较高分子量的有机物反应生成较小分子量的有机物，使小分子有机物含量增多。

（6）荧光物质变化

三维荧光可以用来分析溶解性荧光物质的组成及含量，因此可以用此方法来表征水体经过高级氧化处理前后水中有机物的含量及组成。分析结果显示，进水中有较多的酪氨酸类蛋白质、溶解性微生物代谢产物、类腐殖酸有机物，少量的色氨酸类蛋白质、富里酸类物质。经过 UV/H_2O_2/O_3 技术，三维荧光强度减弱、光谱形状缩小。进水中酪氨酸类蛋白质、色氨酸类蛋白质没有在出水中检测到，说明这两种有机物被全部降解，因为酪氨酸类和色氨酸类蛋白质是不稳定的有机物，容易被 HO·降解。同时，类腐殖酸有机物和富里酸类物质峰存在一定程度的蓝移，且发生荧光减弱的现象。表明水中芳香族化合物的变化与分解、大分子有机物被降解为小分子有机物、链结构中共轭键数量的减少、线性环系统向非线性系统的转化以及特定官能团（包括羰基、羟基和氨基）的去除，例如双电子系统等级的降低和芳环数的减少。有研究表明高分子量、高 UV_{254} 和荧光吸收较强的分子会优先分解形成较低分子量、低 UV_{254} 和荧光吸收较弱的分子，可以推测出分子量较大的富里酸类、腐殖酸类有机物被降解为小分子有机物，芳香性降低，荧光强度降低。

（7）三卤甲烷生成势变化

有研究表明，水中溶解性有机物含有卤代反应的活性位点，这些有机物可与消毒剂反应生成各种消毒副产物。结合分子量分布等有机物特性分析，UV/H_2O_2/O_3 技术可以将大分子有机物降解为小分子有机物，但小分子有机物是三卤甲烷的主要前体物。因此滤后水经过 UV/

H_2O_2/O_3 处理后需对三卤甲烷生成势（THMsFP）进行检测。

从图 6-39 可以看出，经过 UV/H_2O_2/O_3 技术之后，三氯甲烷生成势由 0.099mg/L 升至 0.142mg/L，增长了 43.4%；二氯一溴甲烷生成势由 0.038mg/L 增至 0.045mg/L，增加了 18.4%；一氯二溴甲烷生成势由 0.024mg/L 提高到 0.025mg/L，增加了 0.4%；三溴甲烷生成势由 0.003mg/L 变为 0.005mg/L，增加了 66.7%。4 种三卤甲烷生成势都有不同程度的升高。

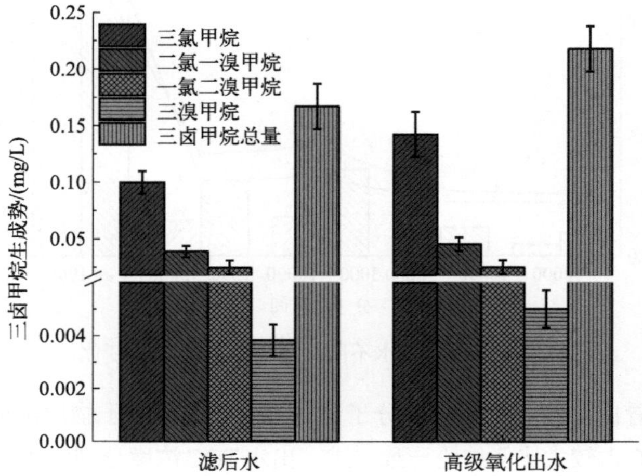

图 6-39　UV/H_2O_2/O_3 技术进出水三卤甲烷生成势变化

（8）中间产物分析

为了探究在高级氧化过程中 DCBQ 的降解程度，采用 UV/H_2O_2/O_3 技术进行试验，试验过程中 DCBQ 初始浓度为 50μg/L，紫外灯光强为 420μW/cm^2，H_2O_2、O_3 平均浓度分别为 1.76mg/L、0.51mg/L。图 6-40 为 UPLC/MS（超高效液相色谱质谱联用）光谱图。

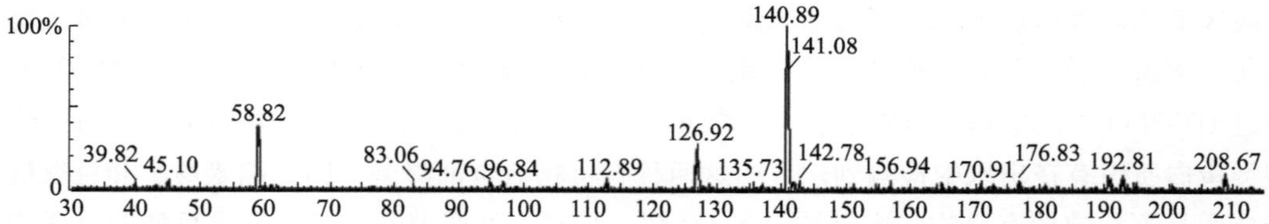

图 6-40　UPLC/MS 光谱

从 UPLC/MS 光谱可以明显地观察到几个峰，表明 DCBQ 已转化为几种中间体。从图 6-40 中可以看出 DCBQ 分子的质荷比（m/z）为 176.83。通过 UV 光照降解 DCBQ 的研究发现，m/z=126.9589、m/z=192.9462、m/z=156.9701 分别是 HO-DCBQ、3,5-二氯-1,2,4-苯三酚（DCBT）、脱氯化的 HO-DCBQ 碎片离子峰，与图谱中 m/z=126.92、m/z=192.81、m/z=156.94 相似，证实了中间产物 HO-DCBQ、DCBT、脱氯化的 HO-DCBQ 的存在。另外试验中检测到了 m/z=140.89、141.08 的分子离子峰，可能是脱氯化的 DCBQ 的分子离子峰。脱甲基反应通常发生在自由基诱导的氧化过程中，试验检测到 m/z=58.82 分子离子峰可能是由于 HO・攻击 DCBQ 或某一中间产物造成了苯环开环的现象。但这两种产物结构尚不确定，需进一步表征验证。几种中间产物的化学结构式见表 6-42。

表 6-42　几种中间产物的化学结构式及质荷比

名称	DCBQ	HO-DCBQ	DCBT	脱氯化的 HO-DCBQ	脱氯化的 DCBQ
化学结构式	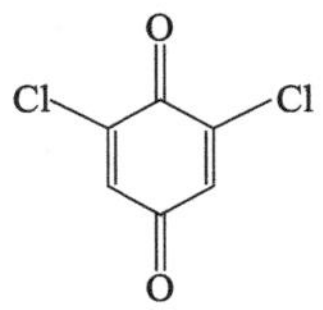	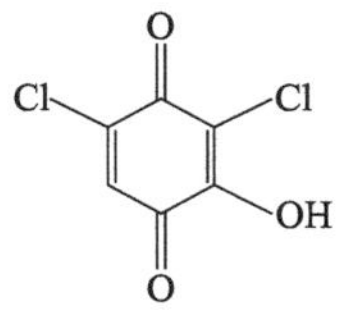	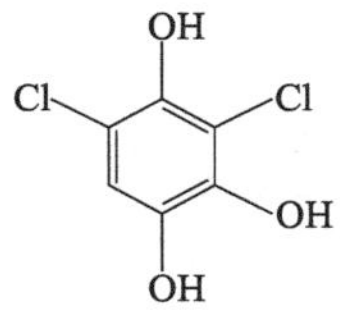	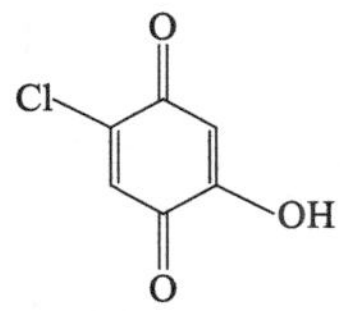	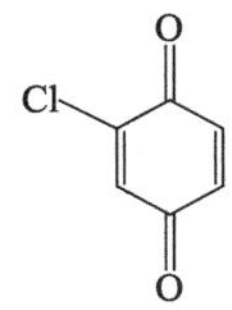
质荷比（*m/z*）	176.83	126.9589	192.9462	156.9701	140.89

关于高级氧化降解 HBQs 的文献信息很少，但对于其他不同醌的降解有相应的研究。这些化合物具有相似的光反应特性，因此 DCBQ 的转化途径可能与苯醌（BQ）相似。HO・主要通过夺氢或亲电加成机理非选择性地攻击有机化合物，可以攻击 BQ 本身产生羟基醌和对苯二酚。研究表明，随着反应的进行，这些中间产物可能通过取代反应失去氯，并最终在溶液中形成脱氯化的 HO-HBQ。因此 DCBQ 在高级氧化过程中的降解途径可能为 HO・将 DCBQ 氧化为 HO-DCBQ、DCBT，随着反应的进行，这些产物继续被 HO・降解为脱氯化的 HO-DCBQ、脱氯化的 DCBQ，最终被氧化开环。高级氧化过程中 DCBQ 的降解途径见图 6-41。

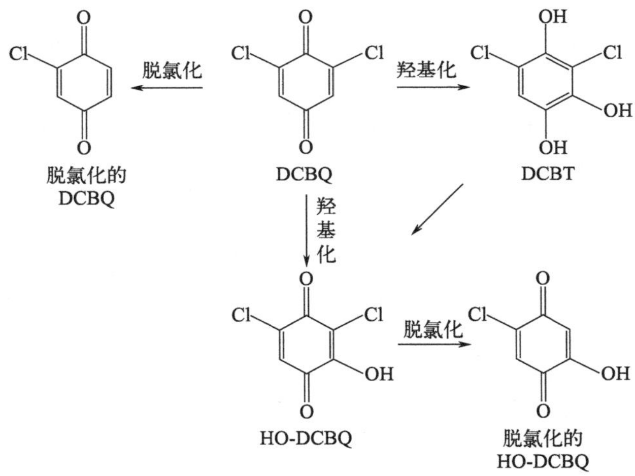

图 6-41　高级氧化过程中 DCBQ 的降解途径

脱氯反应是一个很慢的过程，且在 UV 剂量达到 1000mJ/cm^2 时才发生脱氯反应，但由于高级氧化过程中 HO・的强氧化性，仅在短时间内就出现了脱氯反应，说明高级氧化技术对 DCBQ 降解的高效性。

6.4　UV/H_2O_2/Cl_2 高级氧化组合工艺

UV/H_2O_2 高级氧化工艺对有机物具有良好的去除效果，相比滤后水水质状况大幅改变。在其后的氯化消毒阶段，就势必会改变氯化消毒阶段的反应参数。由于 H_2O_2 与 NaClO 发生中和反应，清水池中氯消耗量将大幅上升，且在余氯自由衰减阶段，由于水质状况的改变，余氯的衰减量与衰减速率也会发生改变，清水池最终三卤甲烷的生成量也将发生改变。基于以上思考，本节构建了 $UV/H_2O_2/Cl_2$ 高级氧化组合工艺，考察了 UV/H_2O_2 对组合工艺后续氯消毒的影响，建立了余氯衰减模型，在优化工艺参数基础上评估了工艺运行效果。

6.4.1 UV/H_2O_2 对后续氯化消毒的影响

6.4.1.1 对常规指标的影响

首先滤后水不经 UV/H_2O_2 高级氧化处理直接进入清水池进行氯化消毒，使清水池初始氯浓度在 0.55mg/L、1.32mg/L、2.2mg/L 左右，系统稳定运行后取滤后水和清水池出水检测水质常规指标，包括 pH 值、浊度、UV_{254}、TOC。然后滤后水经过 UV/H_2O_2 高级氧化处理，分别控制 H_2O_2 投加量为 0mg/L、5.5mg/L、7.5mg/L、12.5mg/L，出水进入清水池后投加 NaClO，使 NaClO 与 H_2O_2 反应后初始氯浓度在 0.55mg/L、1.32mg/L、2.2mg/L 左右，稳定运行后取滤后水、高级氧化出水、清水池出水检测水质常规指标。检测结果见表 6-43 ～表 6-45。

表 6-43　初始氯浓度 0.55mg/L 时各工艺常规指标

项目	来源	pH 值	浊度 /NTU	UV_{254}/cm^{-1}	TOC/（mg/L）
滤后水	滤后水	8.03	0.326	0.036	2.019
	清水池出水	8.05	0.288	0.026	2.049
H_2O_2=0mg/L	滤后水	7.99	0.379	0.038	2.067
	高级氧化出水	8.03	0.365	0.029	2.022
	清水池出水	8.05	0.462	0.022	1.982
H_2O_2=5.5mg/L	滤后水	7.98	0.137	0.035	2.199
	高级氧化出水	8.01	0.175	0.014	1.922
	清水池出水	8.05	0.245	0.011	1.956
H_2O_2=7.5mg/L	滤后水	8.03	0.216	0.033	2.405
	高级氧化出水	8.11	0.245	0.015	1.917
	清水池出水	8.06	0.340	0.012	2.095
H_2O_2=12.5mg/L	滤后水	8.11	0.346	0.035	2.469
	高级氧化出水	8.12	0.375	0.016	2.142
	清水池出水	8.07	0.401	0.014	1.999

表 6-44　初始氯浓度 1.32mg/L 时各工艺常规指标

项目	来源	pH 值	浊度 /NTU	UV_{254}/cm^{-1}	TOC/（mg/L）
滤后水	滤后水	8.09	0.491	0.035	2.341
	清水池出水	8.02	0.399	0.022	2.254
H_2O_2=0mg/L	滤后水	8.06	0.521	0.036	2.214
	高级氧化出水	8.04	0.501	0.030	2.205
	清水池出水	8.01	0.438	0.024	2.009

续表

项目	来源	pH 值	浊度 /NTU	UV_{254}/cm^{-1}	TOC/（mg/L）
H_2O_2=5.5mg/L	滤后水	7.99	0.431	0.037	2.345
	高级氧化出水	8.02	0.367	0.016	2.312
	清水池出水	8.02	0.421	0.012	2.127
H_2O_2=7.5mg/L	滤后水	8.11	0.512	0.036	2.216
	高级氧化出水	8.10	0.431	0.017	2.167
	清水池出水	8.07	0.457	0.013	2.067
H_2O_2=12.5mg/L	滤后水	8.07	0.492	0.038	2.319
	高级氧化出水	8.07	0.397	0.019	2.357
	清水池出水	8.06	0.406	0.013	2.045

表 6-45　初始氯浓度 2.2mg/L 时各工艺常规指标

项目	来源	pH 值	浊度 /NTU	UV_{254}/cm^{-1}	TOC/（mg/L）
滤后水	滤后水	8.06	0.521	0.038	2.341
	清水池出水	8.11	0.504	0.024	2.221
H_2O_2=0mg/L	滤后水	8.09	0.591	0.039	2.229
	高级氧化出水	8.08	0.517	0.032	2.184
	清水池出水	8.11	0.449	0.026	2.102
H_2O_2=5.5mg/L	滤后水	8.03	0.464	0.038	2.341
	高级氧化出水	8.06	0.534	0.016	2.367
	清水池出水	8.08	0.435	0.011	2.301
H_2O_2=7.5mg/L	滤后水	8.12	0.532	0.035	2.321
	高级氧化出水	8.10	0.471	0.014	2.245
	清水池出水	8.09	0.432	0.01	2.147
H_2O_2=12.5mg/L	滤后水	8.08	0.368	0.039	2.238
	高级氧化出水	8.07	0.418	0.018	2.109
	清水池出水	8.08	0.437	0.012	1.981

当初始氯浓度为 0.55mg/L 时，滤后水直接进行消毒，UV_{254} 值由 $0.036cm^{-1}$ 降至 $0.026cm^{-1}$，去除率为 27.78%，而滤后水经过高级氧化处理后 UV_{254} 去除率大大提升，在 H_2O_2 投加量为 0mg/L（即不投加 H_2O_2，仅经过紫外照射）时，滤后水、高级氧化出水、清水池出水 UV_{254} 分别为 $0.038cm^{-1}$、$0.029cm^{-1}$、$0.022cm^{-1}$，总去除率达到 42.11%；在 H_2O_2 投加量为 5.5mg/L 时，UV_{254} 分别为 $0.035cm^{-1}$、$0.014cm^{-1}$、$0.011cm^{-1}$，总去除率达到 68.57%。由此可见，滤后水经过 UV/H_2O_2 高级氧化处理后再进行氯消毒，可显著提升 UV_{254} 去除率。但 TOC 的量并未有非常明显的减小，这表明高级氧化以及氯消毒对 TOC 去除效果不明显。当增加 H_2O_2 投加量时，UV_{254} 去除率并没有随之显著提升。表 6-44 和表 6-45 分别显示了清水池初始氯浓度为 1.32mg/L、2.2mg/L 时直接氯处理和高级氧化后氯处理常规指标的情况，可以看出，提升初始氯浓度并未对各指标产生明显影响。由此可知，UV/H_2O_2 工艺预处理后进行氯处理可显著提升 UV_{254} 去除率，对 pH 值、浊度、TOC 均没有明显影响。

6.4.1.2 对余氯衰减的影响

(1)不同 H_2O_2 浓度下余氯的衰减情况

首先滤后水不经 UV/H_2O_2 高级氧化处理直接进入清水池投加 NaClO 溶液进行氯化消毒。控制初始余氯浓度为 0.55mg/L、1.3mg/L、2.2mg/L 左右，取清水池沿程水样检测余氯衰减情况。然后运行 UV/H_2O_2 高级氧化系统，UV 剂量固定为 350mJ/cm^2。用不同投加量的 H_2O_2（0mg/L、5.5mg/L、7.5mg/L、12.5mg/L）对水样进行高级氧化处理，随后再投加不同量的 NaClO 溶液（使 NaClO 与残存 H_2O_2 反应后第一个取样点余氯浓度分别为 0.55mg/L、1.3mg/L、2.2mg/L），取清水池沿程水样 1 ～ 6 检测余氯衰减情况。

在投加 H_2O_2 的情况下，清水池中氯化反应分为两个阶段。

第一阶段清水池进水口到取样点 1，为 NaClO 与 H_2O_2 的反应阶段，发生如下反应：

$$H_2O_2 + NaClO \longrightarrow NaCl + O_2 + H_2O \tag{6-17}$$

由式（6-17）可知，H_2O_2 与 NaClO 以 1∶1 的摩尔比进行反应，反应产物不含任何有毒有害副产物，这表明使用 NaClO 中和 UV/H_2O_2 工艺残存的 H_2O_2 在一定程度上是切实可行的。在反应中 H_2O_2 作为还原剂失去电子，被 NaClO 氧化。

第二阶段取样点 1 ～ 6，为清水池中余氯自由衰减阶段，此为重点研究过程。

在设定的不同工况下运行 UV/H_2O_2 工艺，出水进入清水池投加 NaClO 进行氯化处理，控制 NaClO 与残存 H_2O_2 反应后取样点 1 余氯浓度在 2.2mg/L 左右，检测清水池沿程余氯衰减，代表性结果见图 6-42。在不运行 UV/H_2O_2 工艺时，向清水池中投加 NaClO，清水池内仅存在余氯的自然衰减过程，以第一个取样点作为初始余氯浓度，分析发现，余氯浓度由 2.18mg/L 衰减至 1.51mg/L，衰减总量 0.67mg/L，衰减率 30.73%；当运行 UV/H_2O_2 工艺时，在自由衰减阶段余氯衰减总量及衰减速度均会增大。当 H_2O_2 投加量为 0 时，余氯浓度由 2.15mg/L 衰减至 1.38mg/L，衰减总量为 0.77mg/L，衰减率 35.81%；当 H_2O_2 投加量为 5.5mg/L 时，初始余氯浓度由 2.2mg/L 衰减至 1.02mg/L，衰减总量为 1.18mg/L, 衰减率为 53.64%；当 H_2O_2 投加量为 7.5mg/L 时，初始余氯浓度由 2.2mg/L 衰减至 0.89mg/L，衰减总量为 1.31mg/L，

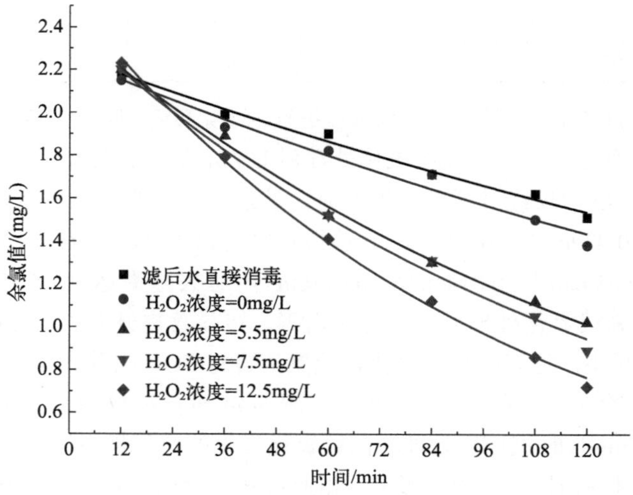

图 6-42 初始氯浓度 2.2mg/L 时余氯的衰减情况

衰减率为 59.55%；当 H_2O_2 投加量为 12.5mg/L 时，初始余氯浓度由 2.23mg/L 衰减至 0.72mg/L，衰减总量为 1.51mg/L，衰减率为 67.71%。明显看出，随着 H_2O_2 浓度的增加，余氯衰减总量（衰减率）逐渐增大。接下来用不同量的 NaClO 溶液对高级氧化出水进行处理，分别使 NaClO 与残存 H_2O_2 反应后第一个取样点余氯浓度在 1.3mg/L、0.55mg/L 左右，如预期一样，在不同初始余氯浓度条件下，结果基本一致，随着 H_2O_2 投加浓度的增大，余氯衰减速率及衰减总量均会增大。

（2）余氯衰减模型的构建

为探究余氯衰减速率与 H_2O_2 浓度的关系，将各个工况下余氯衰减的结果以经验方程进行拟合，发现余氯衰减符合简单的一级反应动力学方程，方程可表示为：

$$y=ae^{-kt} \tag{6-18}$$

式中　y——t 时刻余氯浓度；

t——时间；

a——常数；

k——反应速率常数。

利用上述方程式对余氯衰减数据进行拟合，相关性均在 0.95 以上，拟合结果见表 6-46。

表 6-46　不同条件下余氯衰减拟合结果

余氯 /（mg/L）	H_2O_2/（mg/L）	UV 剂量 /（mJ/cm^2）	a	k/min^{-1}	R^2	方程
0.55	0	0	0.63064	0.00855	0.97524	$y=0.63064e^{-0.00855t}$
1.31	0	0	1.38612	0.00371	0.99354	$y=1.38612e^{-0.00371t}$
2.18	0	0	2.26405	0.00324	0.98669	$y=2.26405e^{-0.00324t}$
0.55	0	350	0.63836	0.01084	0.99209	$y=0.63836e^{-0.01084t}$
0.55	5.5	350	0.65096	0.01247	0.98596	$y=0.65096e^{-0.01247t}$
0.56	7.5	350	0.69858	0.01374	0.95820	$y=0.69858e^{-0.01374t}$
0.57	12.5	350	0.71542	0.01626	0.98577	$y=0.71542e^{-0.01626t}$
1.32	0	350	1.37779	0.00459	0.97305	$y=1.37779e^{-0.00459t}$
1.28	5.5	350	1.41463	0.00754	0.97936	$y=1.41463e^{-0.00754t}$
1.28	7.5	350	1.43697	0.01009	0.99205	$y=1.43697e^{-0.01009t}$
1.31	12.5	350	1.44200	0.01255	0.95278	$y=1.44200e^{-0.01255t}$
2.15	0	350	2.24202	0.00372	0.96027	$y=2.24202e^{-0.00372t}$
2.20	5.5	350	2.40500	0.00721	0.99604	$y=2.40500e^{-0.00721t}$
2.20	7.5	350	2.41082	0.00780	0.99188	$y=2.41082e^{-0.0078t}$
2.23	12.5	350	2.53833	0.01000	0.98887	$y=2.53833e^{-0.01t}$

通过对比表 6-46 中数据，可以得到以下结论。当 H_2O_2 浓度一定时，随着初始余氯浓度的增大，余氯衰减速率常数减小，即余氯衰减减慢。在初始余氯浓度为 0.55mg/L 左右的情况下，当 H_2O_2 投加量为 0mg/L、5.5mg/L、7.5mg/L、12.5mg/L 时，余氯衰减系数分别为 $0.01084min^{-1}$、$0.01247min^{-1}$、$0.01374min^{-1}$、$0.01626min^{-1}$。明显看出在相同的初始余氯浓度下，随着 H_2O_2 投加浓度的增大，余氯衰减系数增大，余氯衰减加快。进行不同初始余氯浓

度下的实验，结果保持一致，这说明引起氯衰变的水质成分或者水质特征随 H_2O_2 投加量的变化而变化。原因一方面可能是使用高浓度 H_2O_2 比低浓度 H_2O_2 进行高级氧化过程中产生的化学物质与氯的反应更强，故加快了氯的衰减，同时也增加了氯的衰减量；另一方面可能是高浓度 H_2O_2 与低浓度 H_2O_2 产生的化学物质与余氯的反应活性相似，但是高 H_2O_2 浓度条件下产生更多的与氯反应的物质，从而增大了氯的衰减速率与衰减量。

图 6-43 显示了不同 H_2O_2 投加量下余氯衰减系数 k 值的变化情况。由图 6-43 可知，在高初始氯浓度条件下，余氯衰减常数小于低初始氯浓度条件，原因可能是余氯的衰减是一个复杂的多级反应，在低初始余氯浓度时主要进行快速的初级反应，余氯衰减速率较大；在高初始氯浓度条件下进行的主要是慢速的复杂反应，余氯衰减速率较小。从图 6-43 中同样可以看出，余氯衰减系数 k 随着 H_2O_2 浓度的增加而线性上升，说明余氯衰减速率与 H_2O_2 投加浓度呈正相关。

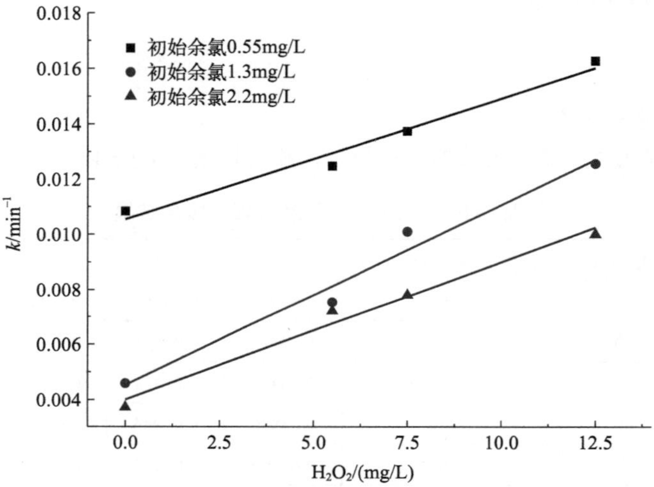

图 6-43　不同 H_2O_2 投加量下余氯衰减系数 k 值的变化

对二者进行线性拟合，拟合相关性 R^2 均在 0.95 以上，拟合结果见表 6-47。拟合方程中 y 表示不同 H_2O_2 浓度下的余氯衰减系数，x 表示 H_2O_2 浓度。

表 6-47　余氯衰减系数与 H_2O_2 浓度线性拟合结果

初始余氯浓度 /（mg/L）	a	b	R^2	拟合方程
0.55	0.01054	4.36898×10^{-4}	0.96306	y=0.01054+4.36898×$10^{-4}x$
1.3	0.00453	6.52985×10^{-4}	0.96567	y=0.00453+6.52985×$10^{-4}x$
2.2	0.00400	4.98846×10^{-4}	0.97380	y=0.004+4.98846×$10^{-4}x$

6.4.1.3　对三卤甲烷生成量的影响

（1）三卤甲烷生成量变化

图 6-44 为清水池出水中 4 种三卤甲烷（TCM、DCBM、DBCM、TBM）的最终生成量的变化。由图可知，随着初始氯浓度的提升，4 种三卤甲烷的生成量均随之上升，以 H_2O_2 投加量 5.5mg/L 为例，当初始氯浓度为 0.55mg/L 时，4 种三卤甲烷生成量分别为 20.04μg/L、

23.16μg/L、19.93μg/L、5.71μg/L，而当初始氯浓度提升至 2.2mg/L 时，4 种三卤甲烷生成量分别为 32.1μg/L、36.32μg/L、30.32μg/L、7.42μg/L，生成量分别增长了 60.18%、56.82%、52.13%、29.95%，这表明高初始氯浓度处理的条件下会生成更多的三卤甲烷。随着 H_2O_2 浓度的提升，4 种三卤甲烷的生成量也逐渐上升，以初始氯浓度 1.3mg/L 为例，当 H_2O_2 浓度为 0mg/L 时，4 种三卤甲烷的生成量分别为 18.86μg/L、17.83μg/L、20.9μg/L、5.41μg/L；当 H_2O_2 浓度为 5.5mg/L 时，4 种三卤甲烷生成量分别为 26.01μg/L、26.33μg/L、25.87μg/L、6.64μg/L，生成量分别增长了 37.91%、47.67%、23.78%、22.74%；当 H_2O_2 浓度为 12.5mg/L 时，生成量分别为 35.32μg/L、34.91μg/L、32.21μg/L、7.72μg/L，生成量分别增长了 87.27%、95.79%、54.11%、42.7%。这表明，当进行 UV/H_2O_2 高级氧化处理时，H_2O_2 投加浓度越高，在随后的氯化处理过程中生成三卤甲烷的量越大。

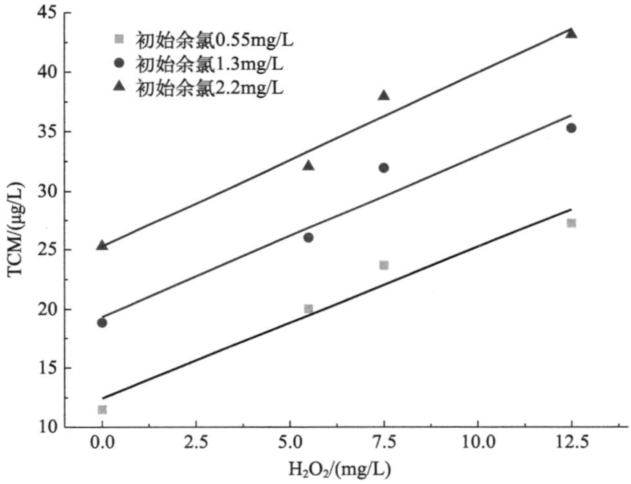

图 6-44　不同 H_2O_2 浓度下三卤甲烷生成量

（2）三卤甲烷生成量线性拟合

通过对实验数据的比较分析，三卤甲烷生成量随着 H_2O_2 浓度的增大线性增长，将三卤甲烷生成量与 H_2O_2 浓度进行线性拟合，拟合相关度均在 0.91 以上，拟合结果良好，结果见表 6-48。

可见：

① UV/H_2O_2 预氧化对随后氯化处理的 pH 值、浊度没有明显成规律的影响。滤后水不经 UV/H_2O_2 高级氧化处理，直接进行氯化消毒，UV_{254} 去除率在 27.78% 左右，开启紫外灯，H_2O_2 投加量为 0mg/L 时，氯化消毒后 UV_{254} 去除率为 42.11% 左右，H_2O_2 投加量为 5.5mg/L 时，氯化消毒后 UV_{254} 去除率为 68.57%，UV/H_2O_2 工艺能够强化去除 UV_{254}，增加 H_2O_2 投加量对 UV_{254} 去除率影响不大，不同初始氯浓度对 UV_{254} 影响不大。同样 UV/H_2O_2 工艺也会强化对 TOC 的去除效果。

② UV/H_2O_2 工艺预氧化会加快余氯衰减，且随着 H_2O_2 投加量的增加，余氯衰减逐渐加快。设定初始余氯浓度为 2.2mg/L 时，当不经过 UV/H_2O_2 氧化处理，余氯衰减率为 30.73%；当仅经过 UV 照射，H_2O_2 投加量为 0mg/L 时，余氯衰减率为 35.81%；开启紫外灯，H_2O_2 投

表 6-48 不同条件下三卤甲烷生成量的拟合结果

项目	UV 剂量 / (mJ/cm^2)	余氯值 / (mg/L)	a	b	R^2	方程
TCM	350	0.55	12.43069	1.28218	0.94195	y=12.43069+1.28218x
	350	1.32	19.34973	1.36318	0.92514	y=19.34937+1.36318x
	350	2.2	25.26083	1.47085	0.96135	y=25.25083+1.47085x
DCBM	350	0.55	14.29755	1.31882	0.93312	y=14.29755+1.31882x
	350	1.32	18.40995	1.37883	0.98107	y=18.40995+1.37883x
	350	2.2	24.69443	1.66087	0.91328	y=24.69443+1.66087x
DBCM	350	0.55	15.93673	0.89816	0.96913	y=15.93673+0.89816x
	350	1.32	21.03989	0.91727	0.98729	y=21.03989+0.917x
	350	2.2	24.43348	1.22691	0.98553	y=24.43348+1.22691x
TBM	350	0.55	4.91005	0.17136	0.96715	y=4.91005+0.17136x
	350	1.32	5.53349	0.18730	0.95564	y=5.53349+0.1873x
	350	2.2	5.87867	0.24687	0.93250	y=5.87867+0.24687x

加量分别为 5.5mg/L、7.5mg/L、12.5mg/L 时，余氯衰减率分别为 53.64%、59.55%、67.71%，即随着 H_2O_2 浓度的增加余氯衰减率增大。余氯衰减速率同样随 H_2O_2 浓度的增大而增大，且余氯的衰减符合简单的一级衰减模型，方程拟合率在 0.95 以上，余氯衰减系数与 H_2O_2 浓度呈正相关，即随着 H_2O_2 浓度的增大线性增大。

③ UV/H_2O_2 高级氧化工艺预处理会增加清水池出水中的三卤甲烷生成量，且 H_2O_2 浓度越高三卤甲烷生成量越高。当 H_2O_2 浓度为 0mg/L 时，4 种三卤甲烷的生成量分别为 18.86μg/L、17.83μg/L、20.9μg/L、5.41μg/L；当 H_2O_2 浓度为 5.5mg/L 时，4 种三卤甲烷生成量分别为 26.01μg/L、26.33μg/L、25.87μg/L、6.64μg/L，生成量分别增长 37.91%、47.67%、23.78%、22.74%；当 H_2O_2 浓度为 7.5mg/L 和 12.5mg/L 时，4 种三卤甲烷生成量都有不同程度的增加。将 4 种三卤甲烷生成量与 H_2O_2 浓度进行拟合，发现 4 种三卤甲烷生成量均与 H_2O_2 浓度成良好的线性关系，线性相关系数均在 0.91 以上。

6.4.2 UV/H_2O_2/Cl_2 组合工艺参数优化

根据上述试验内容可知，在确定的最优工况下运行 UV/H_2O_2 高级氧化工艺，UV/H_2O_2 工艺 H_2O_2 消耗率在 47% 左右，UV/H_2O_2 工艺出水即清水池进水含有一定量的 H_2O_2，残存 H_2O_2 浓度在 3.2mg/L 左右，而 H_2O_2 会与 NaClO 发生反应，见式（6-17）。

H_2O_2 与 NaClO 以 1∶1 的摩尔比进行反应，清水池中氯消耗量增多，故常规 NaClO 投加量无法满足出厂水余氯值的要求，需要根据清水池进水 H_2O_2 浓度调整 NaClO 投加量。由式（6-17）可知，H_2O_2 与 NaClO 的反应产物不含任何有毒有害物质，故投加 NaClO 中和残存 H_2O_2 是切实可行的一种方法。另一方面，与 H_2O_2 反应完毕后的 NaClO 同样可以达到氯化消毒的目的。当 UV/H_2O_2 工艺稳定运行后，高级氧化出水进入清水池，投加不同量的 NaClO 溶液，沿程进行取样，取样点设置在清水池廊道内，其中取样点 1、取样点 7 分别设置在清水池进水口、出水口处，取样点 2 ～ 6 设置在各廊道中间点，取样点 1 处氯浓度为计算值。图 6-45 是不同 NaClO 投加量下清水池沿程余氯的衰减情况。

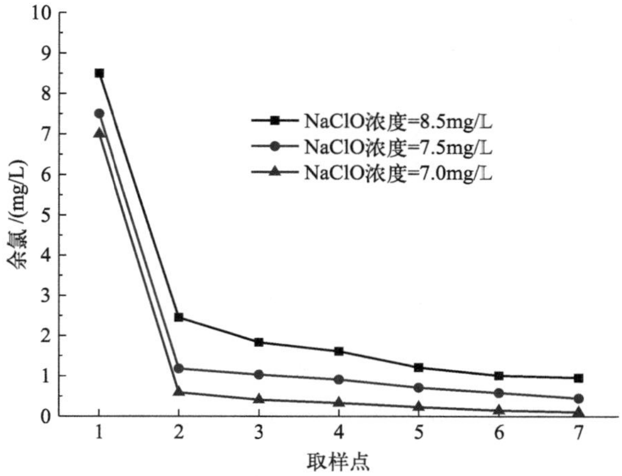

图 6-45 清水池沿程余氯衰减情况

图 6-45 显示了 NaClO 在清水池反应的全过程，其中取样点 1 ～ 2 是 NaClO 与残存 H_2O_2 的反应过程，取样点 2 ～ 7 是清水池水体中余氯自由衰减的过程。由图 6-45 可知，当 NaClO 投加量分别为 8.5mg/L、7.0mg/L 时，清水池出水余氯值分别为 0.96mg/L、0.11mg/L，当 NaClO 投加量为 7.5mg/L 时，出水余氯值为 0.45mg/L，此时满足《生活饮用水卫生标准》（GB 5749）对余氯浓度的要求，通过连续运行取样，发现当 NaClO 投加量为 7.5mg/L 时清水池出水余氯值在 0.4 ～ 0.5mg/L 之间，故 UV/H_2O_2 高级氧化后氯化处理 NaClO 投加量选择 7.5mg/L。

通过以上试验内容，选择以 2-MIB 为目标污染物，采用 UV/H_2O_2/Cl_2 组合工艺进行处理时，在 2-MIB 浓度为 275ng/L 的情况下，确定 UV/H_2O_2/Cl_2 组合工艺最优工况为 H_2O_2 投加量 6mg/L、UV 剂量为 350mJ/cm^2、NaClO 投加量为 7.5mg/L，此条件下 2-MIB 的去除率为 96.95%，出水余氯值在 0.40 ～ 0.50mg/L 之间。

6.4.3 UV/H_2O_2/Cl_2 组合工艺运行效果

通过以上试验内容，在 2-MIB 浓度为 275ng/L 的情况下，确定 UV/H_2O_2/Cl_2 组合工艺最优工况为 H_2O_2 投加量 6mg/L、UV 剂量为 350mJ/cm^2、NaClO 投加量为 7.5mg/L，在此工况下稳定运行组合工艺，取滤后水、高级氧化出水、清水池出水进行水质检测，评判该组合工艺的水质安全性。

6.4.3.1 2-MIB 及关键指标的变化

系统稳定运行后，对各工艺出水进行取样（滤后水加标后进行取样）检测 2-MIB 浓度，每个工艺出水取 3 次。由图 6-46 可知，当 UV/H_2O_2/Cl_2 组合工艺稳定运行时，UV/H_2O_2 高级氧化工艺对 2-MIB 的处理效果保持稳定，去除率在 95% 左右，这与前述试验结果一致；高级氧化出水经过清水池加氯消毒后 2-MIB 含量下降 10% 左右，原因可能是高级氧化出水进入清水池后，一些未反应的 • OH 继续作用氧化去除部分 2-MIB。UV/H_2O_2/Cl_2 组合工艺 2-MIB 去除率为 96.95%。

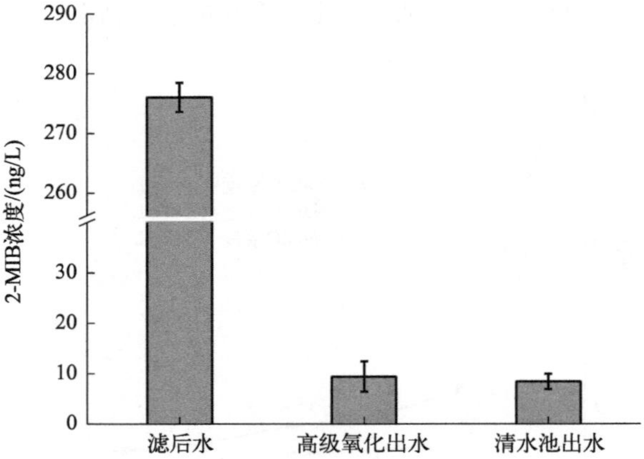

图 6-46 各工艺出水 2-MIB 含量

表 6-49 是组合工艺稳定运行后部分常规指标检测结果，可以看出，滤后水经过 $UV/H_2O_2/Cl_2$ 处理后，pH 值、浊度均没有明显变化；经过高级氧化处理，UV_{254} 可以去除 54.29%，TOC 值可以小幅降低，去除率在 14.02% 左右。以上高级氧化对 TOC 及 UV_{254} 的去除效果与相关研究结果一致。由此可见，UV/H_2O_2 去除有机物的反应是一个将大分子转化为小分子的氧化过程，并未达到完全的矿化，下文中关于分子量分布的检测结果也印证了这一点。经过清水池 NaClO 消毒处理，UV_{254} 可再去除 11.4%，TOC 含量下降 1.57%。组合工艺对 TOC、UV_{254} 的去除率分别为 15.59%、65.71%，UV_{254} 可以表征水中含不饱和双键的有机物以及芳香族有机物含量，试验表明 $UV/H_2O_2/Cl_2$ 组合工艺对含不饱和双键的有机物以及芳香族有机物有良好的去除效果。

表 6-49 最优工况下各工艺段出水部分水质检测指标

水样	pH 值	浊度 /NTU	UV_{254}/cm^{-1}	TOC/（mg/L）	余氯值 /（mg/L）
滤后水	8.05±0.08	0.425±0.23	0.035±0.02	2.483±0.138	—
高级氧化出水	8.03±0.05	0.420±0.16	0.016±0.03	2.135±0.204	—
清水池出水	8.08±0.04	0.399±0.20	0.012±0.03	2.096±0.134	0.45±0.05

6.4.3.2 分子量分布的变化

由图 6-47 和图 6-48 可知，中试基地滤后水的 TOC 主要以分子量＜ 1000 为主，UV_{254} 全部分布在分子量＜ 10000，以分子量＜ 1000 为主。经过 UV/H_2O_2 工艺处理，高级氧化出水中分子量＞ 1000 的 TOC 含量均有所下降，分子量＜ 1000 的 TOC 含量大幅上升；UV_{254} 的总量明显降低，且出水中分子量＞ 1000 的 UV_{254} 全部转化为分子量＜ 1000。由此可见，试验进水（滤后水）中有机物以小分子为主，与中试基地原水相差不大，这表明常规处理工艺对小分子有机物去除效果不佳。经过高级氧化，小分子有机物所占比例上升，这是由于 UV/H_2O_2 工艺产生的·OH 具有强氧化性，能够将大分子有机物氧化成小分子，从而造成小分子有机物比例上升。高级氧化出水经过氯消毒处理后，TOC 总量以及各分子量区间所占比例均没有明显变化；UV_{254} 总量减少，但仍全部集中在分子量＜ 1000 区间。

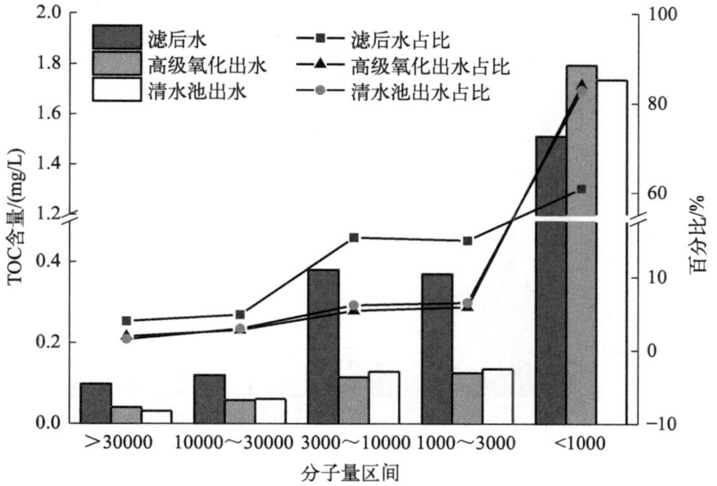

图 6-47　各工艺出水不同分子量区间 TOC 变化

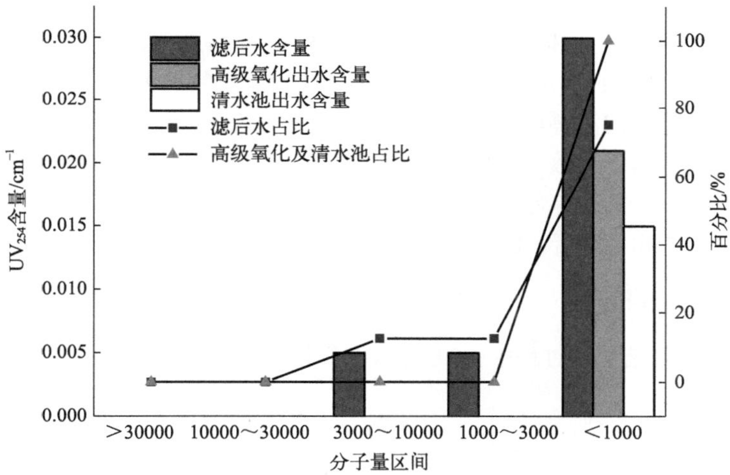

图 6-48　各工艺出水不同分子量区间 UV_{254} 变化

UV/H_2O_2 工艺具有将大分子有机物氧化成小分子有机物的能力，研究表明，分子量< 3000 的有机物是三卤甲烷主要的前体物，而其中又以三氯甲烷前体物为主要部分，故对 UV/H_2O_2 高级氧化进出水进行三卤甲烷生成势检测、对加氯处理后的清水池出水进行三卤甲烷生成量检测都是非常重要的。

6.4.3.3　有机物荧光强度的变化

各工艺出水有机物荧光强度见图 6-49。

由图 6-49 可知，滤后水中有机物以色氨酸类蛋白质和溶解性微生物代谢物质（SMP）为主，还包括酪氨酸、富里酸及类腐殖酸类物质。经过 UV/H_2O_2 高级氧化处理，各种有机物荧光强度均大幅下降，其中色氨酸、酪氨酸荧光强度下降幅度最大，分别下降 93.59% 和 81.9%，SMP、富里酸、类腐殖酸类物质分别下降 77.36%、65.99%、53.70%，由此可见 UV/H_2O_2 工艺对各种溶解性有机物均有较好的去除效果。高级氧化出水经过 NaClO 消毒处理后，各种有

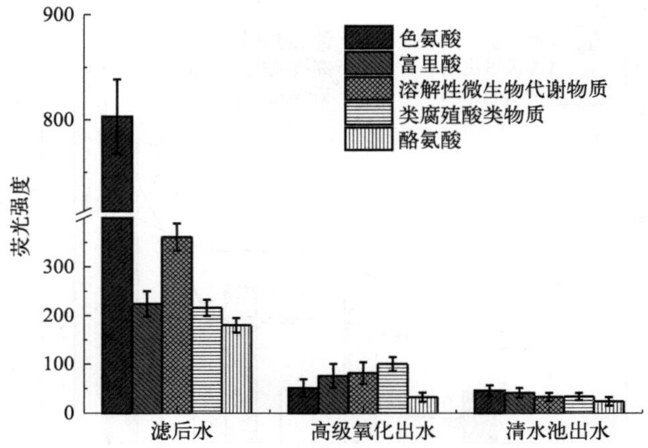

图 6-49　各工艺出水荧光峰荧光强度变化

机物荧光强度进一步下降，色氨酸、酪氨酸、SMP、富里酸、类腐殖酸类有机物荧光强度分别下降 10.88%、26.06%、59.51%、45.62%、66.07%，这表明氯化处理能够进一步去除上述 5 种有机物，组合工艺对上述 5 种有机物去除率分别为 94.29%、86.62%、90.83%、81.5%、84.28%，由此可见，$UV/H_2O_2/Cl_2$ 组合工艺能够强化对有机物的去除。

研究表明，水体中的溶解性有机物富含卤代反应活性点位，容易作为消毒副产物前体物与消毒剂反应生成具有“三致”效应（致癌、致畸、致突变）的消毒副产物。UV/H_2O_2 工艺对溶解性有机物有良好的去除能力，能够减小后续氯化处理带来的三卤甲烷超标的风险。结合分子量分布变化的相关分析，$UV/H_2O_2/Cl_2$ 组合工艺对三卤甲烷生成的影响需要重点研究。

6.4.3.4　COD_{Mn} 的变化

图 6-50 是组合工艺处理过程中 COD_{Mn} 浓度变化情况。

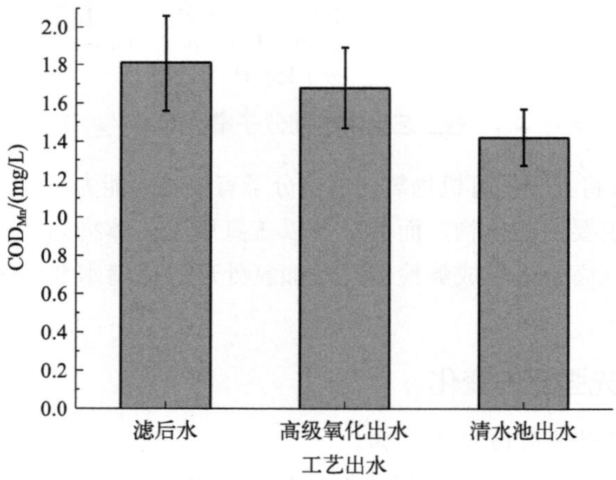

图 6-50　COD_{Mn} 的变化

由图 6-50 可知，滤后水 COD_{Mn} 浓度在 1.81mg/L 左右，经过 UV/H_2O_2 高级氧化处理，COD_{Mn} 值降低至 1.68mg/L 左右，去除率为 7.18%；高级氧化出水经过氯化消毒处理，COD_{Mn} 值为 1.42mg/L 左右，相较于滤后水去除率达到 21.55%。由此可见，$UV/H_2O_2/Cl_2$ 组合工艺对还原性有机物以及还原性无机物具有良好的去除效果。

6.4.3.5　BDOC 的变化

图 6-51 是组合工艺处理过程中 BDOC（可生物降解溶解性有机碳）浓度变化情况。

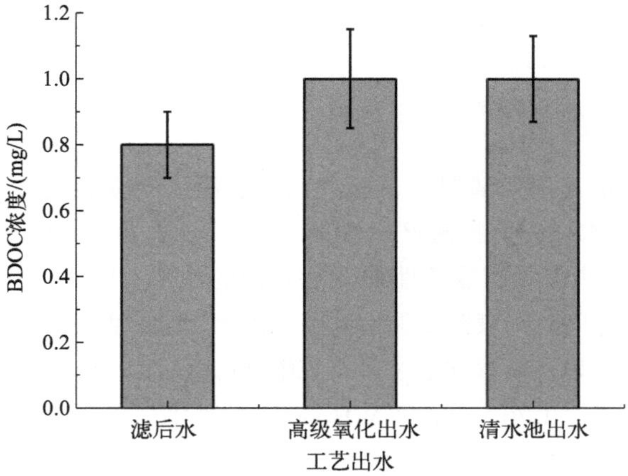

图 6-51　各工艺出水 BDOC 含量

由图 6-51 可知，经过 UV/H_2O_2 工艺处理，BDOC 平均含量由 0.8mg/L 提升至 1.0mg/L，平均增加了 25.0%。由此可见，UV/H_2O_2 工艺能够提高水中有机物的可生化性。高级氧化出水经氯化处理，BDOC 含量基本稳定不变，即氯化处理对水中有机物的可生化性影响不大。

6.4.3.6　三卤甲烷生成势的变化

取滤后水、UV/H_2O_2 高级氧化工艺出水检测 4 种三卤甲烷前体物，取清水池出水检测 4 种三卤甲烷生成情况，检测结果如图 6-52 所示。

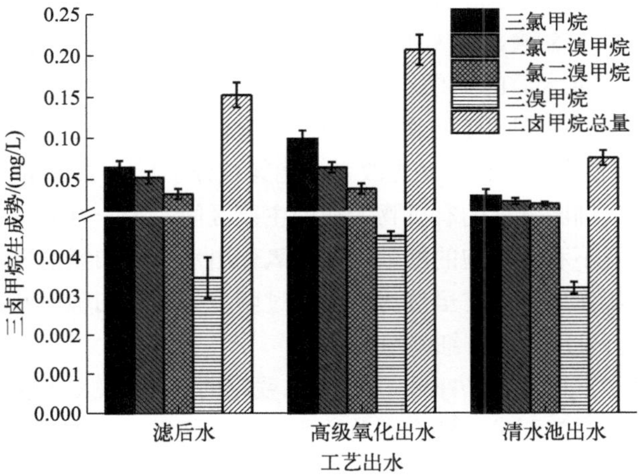

图 6-52　各工艺出水三卤甲烷生成势含量

由图 6-52 可以看出，滤后水经过 UV/H_2O_2 高级氧化处理后，4 种三卤甲烷生成势均有不同程度的上升，即 UV/H_2O_2 高级氧化处理会增大水体中三卤甲烷生成势。这与高级氧化处理后小分子有机物所占比例上升有关，尤其是分子量＜ 1000 的有机物，这是三卤甲烷的重要前体物。高级氧化出水经过氯化处理后，经检测，三氯甲烷、二氯一溴甲烷、一氯二溴甲烷、三溴甲烷的含量均在限值以下，三卤甲烷总量为0.076mg/L，满足《生活饮用水卫生标准》（GB 5749）中的规定。由此可见，$UV/H_2O_2/Cl_2$组合工艺并未带来三卤甲烷生成量超标的风险，原因可能是虽然UV/H_2O_2工艺会增大小分子有机物所占比例，且增大三卤甲烷生成势，但与此同时UV/H_2O_2工艺同样将水中大部分有机物氧化去除，与氯发生反应的有机物总量减少，故最终出水三卤甲烷含量仍然满足要求。

6.4.3.7 生物毒性评估

SOS试验是检测DNA损伤情况的试验，利用重组大肠埃希菌对致DNA损伤的物质的敏感性，使其与浓缩后水样充分接触产生SOS反应，以诱导率（IR）作为评判结果，IR值表示试验处理组β-半乳糖苷酶诱导活性与阴性对照的比值。IR ≤ 1时，表明结果为致突变阴性；IR质介于1～2之间时，表明结果为可疑；IR ≥ 2时，表明结果为致突变阳性。表6-50是滤后水、高级氧化出水以及清水池出水富集浓缩20万倍后进行SOS试验的结果。由表6-50可以看出，滤后水IR值为1.76，经过UV/H_2O_2高级氧化处理后，IR值为1.23，有所降低，高级氧化出水经过NaClO消毒处理后，IR值为1.42，虽IR值有所上升，但仍介于1～2之间，由此可见$UV/H_2O_2/Cl_2$组合工艺不会造成明显的遗传毒性。

表6-50 各工艺出水生物毒性试验结果

SOS试验			细胞增殖抑制率试验	
水样	IR值	结果判定	增值抑制率/%	结果判定
滤后水	1.76	可疑	11.4	无细胞毒性
高级氧化出水	1.23	可疑	13.8	无细胞毒性
清水池出水	1.42	可疑	16.3	无细胞毒性

细胞增殖抑制率试验是考察滤后水、高级氧化出水、清水池出水浓缩20000倍后水样中的毒性物质对细胞增殖的影响。将纯水同样浓缩20000倍后对细胞的增殖抑制性作为空白，水样的增殖抑制性扣除纯水后的结果作为水样细胞增殖抑制率。由表6-50可以看出滤后水在经过UV/H_2O_2高级氧化处理后细胞增殖抑制率上升，这可能与两方面有关：一方面可能由于·OH的强氧化性，使有机物特性发生改变，尤其是分子量< 1000的小分子有机物所占比例上升，这可能是造成细胞毒性的有机物所在的主要区间；另一方面可能与紫外线照射引起的突变有关，有些突变不利于细胞的增殖。高级氧化出水经过加氯消毒后细胞增殖抑制率也会上升，这与氯的消毒作用有关。虽然滤后水经过两步处理后细胞增殖抑制率有所升高，但上升幅度不大，水质仍表现为没有细胞毒性。

可见，为了同时实现中和UV/H_2O_2工艺出水残存的H_2O_2以及实现饮用水氯化消毒，使出水余氯值满足出厂水余氯要求，结合之前的实验内容确定NaClO投加量为7.5mg/L。结合各项试验结果，构建$UV/H_2O_2/Cl_2$组合工艺，确定在2-MIB浓度为275ng/L的情况下，组合工艺最优工况为H_2O_2投加量为6mg/L、UV剂量为350mJ/cm^2、NaClO投加量为7.5mg/L，此条件下2-MIB的去除率为96.95%，出水余氯值在0.40～0.50mg/L之间。对$UV/H_2O_2/Cl_2$组合工艺稳定运行下的运行效果进行研究发现，组合工艺对2-MIB去除率在96%以上，出水低于2-MIB嗅阈值；组合工艺能够将大分子有机物氧化成小分子，在这个过程中起主要作

用的是 UV/H_2O_2 高级氧化工艺；组合工艺对色氨酸、酪氨酸、SMP、富里酸、类腐殖酸类物质 5 种溶解性有机物的去除率分别为 94.29%、86.62%、90.83%、81.5%、84.28%，能够有效去除水中溶解性有机物，且效果明显优于 UV/H_2O_2 工艺；组合工艺出水 COD_{Mn} 值为 1.42mg/L。$UV/H_2O_2/Cl_2$ 组合工艺出水中三氯甲烷、二氯一溴甲烷、一氯二溴甲烷、三溴甲烷的生成量均在国标限值以下，三卤甲烷总量为 0.076mg/L，满足《生活饮用水卫生标准》（GB 5749）中的规定，由此可见，$UV/H_2O_2/Cl_2$ 组合工艺不会带来三卤甲烷生成量超标的风险，且 SOS 试验以及细胞增殖抑制率试验结果均表明组合工艺不会带来饮用水遗传毒性的问题。

6.5 UV/H_2O_2/BAC 高级氧化组合工艺

目前，活性炭生物过滤工艺成为有效的在高级氧化之后深度处理的工艺，用于去除痕量有机污染物以及高级氧化之后的小分子有机物。本节研究了 UV/H_2O_2/BAC 组合工艺长期运行的情况以及对有机物的去除效果、随着时间和垂直过滤深度的变化活性炭滤池中活性炭表面生物膜的附着与发展，考察了粒径和炭龄对生物量及活性炭表面性质的影响，为组合工艺实际运行提供数据和理论技术支持。

6.5.1 组合工艺效能研究

6.5.1.1 工艺中 H_2O_2 浓度变化

从图 6-53、图 6-54 中可以发现，UV/H_2O_2 系统出水的 H_2O_2 浓度大约在 7.5mg/L，经过活性炭柱，H_2O_2 的含量大幅度降低，其去除率在 94.3%，浓度稳定在 0.45mg/L。这说明在 UV/H_2O_2 系统与活性炭联用可以使 H_2O_2 浓度大幅度降低，一是由于活性炭表面的微生物为拦截 H_2O_2 与修复 H_2O_2 对微生物的损伤，释放 H_2O_2 酶和抗氧化性的超氧化氢酶将水中的 H_2O_2 分解；二是受活性炭表面化学性质影响，活性炭激活过氧化氢，使过氧化氢具有强烈的氧化性。活性炭表面羟基与过氧化氢阴离子交换使过氧化氢分解，此时炭表面形成高氧化还原电位。炭表面形成的高氧化还原电位与其他 H_2O_2 结合反应，将 H_2O_2 分解为氧气和水，并且反应生成的氧气能氧化存在于水中的有机分子，促进活性炭表面微生物的生长。

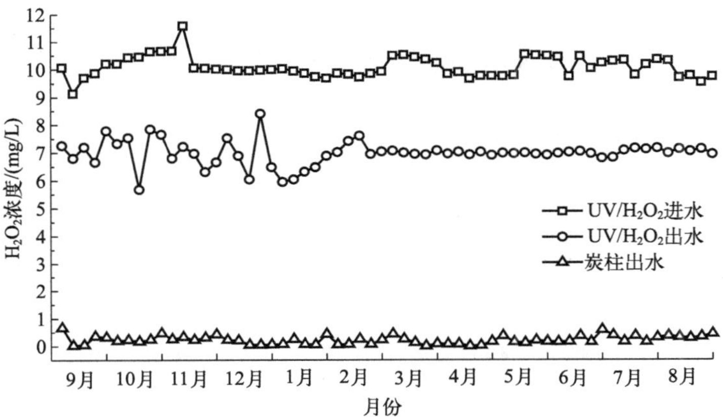

图 6-53　UV/H_2O_2/BAC 工艺进、出水 H_2O_2 浓度变化

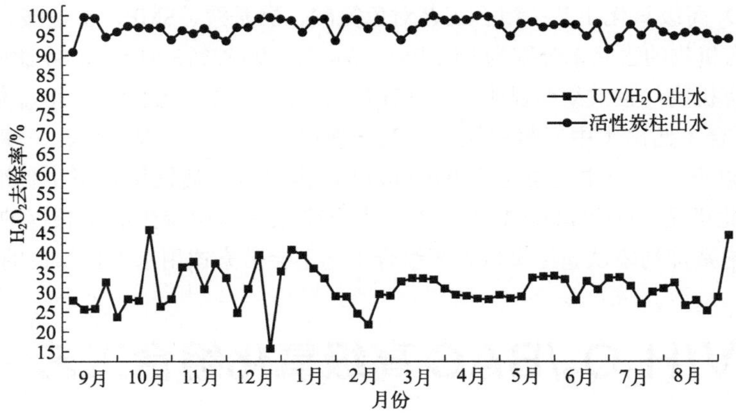

图 6-54　UV/H_2O_2/BAC 工艺 H_2O_2 去除率

6.5.1.2　对 UV_{254} 的去除效果

从图 6-55 和图 6-56 中可知 UV/H_2O_2 的进水 UV_{254} 变化范围为 0.04 ～ 0.055cm^{-1}，UV/H_2O_2 的出水 UV_{254} 的变化范围为 0.02 ～ 0.035cm^{-1}，对 UV_{254} 的平均去除率为 41.6%。活性炭柱出水 UV_{254} 变化范围为 0.005 ～ 0.02cm^{-1}。由于刚运行，使用新炭，活性炭的吸附作用使得活性炭初期运行时 UV_{254} 的去除率达 80% 以上，随着运行时间的增长活性炭吸附能力逐渐饱和，UV_{254} 的去除率逐渐降低，最后当活性炭表面性质稳定以及生物膜成熟后，活性炭对 UV_{254} 的去除效果逐渐稳定，平均去除率约为 47.5%。

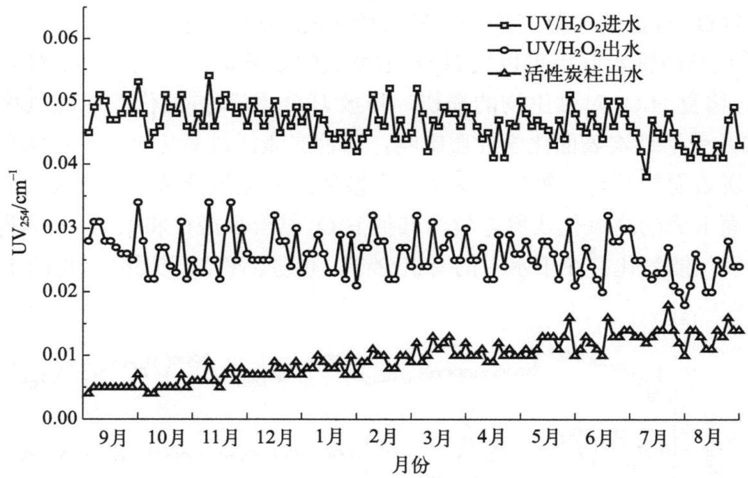

图 6-55　UV/H_2O_2/BAC 工艺进、出水 UV_{254} 浓度变化

UV/H_2O_2 高级氧化的强氧化作用将苯环以及双键等相对稳定的分子结构打破，因而改变有机分子的结构，将一些大分子物质变为小分子物质，后续活性炭容易将小分子有机物吸附。同时 UV/H_2O_2 高级氧化能够将一些有机物质矿化分解成为 CO_2 和 H_2O，但是大部分有机物如一些大分子有机物被氧化降解为中间的小分子有机物，从而增加了活性炭对有机物的吸附性，并增强了有机物的可生物降解性，从而充分发挥生物活性炭的作用。

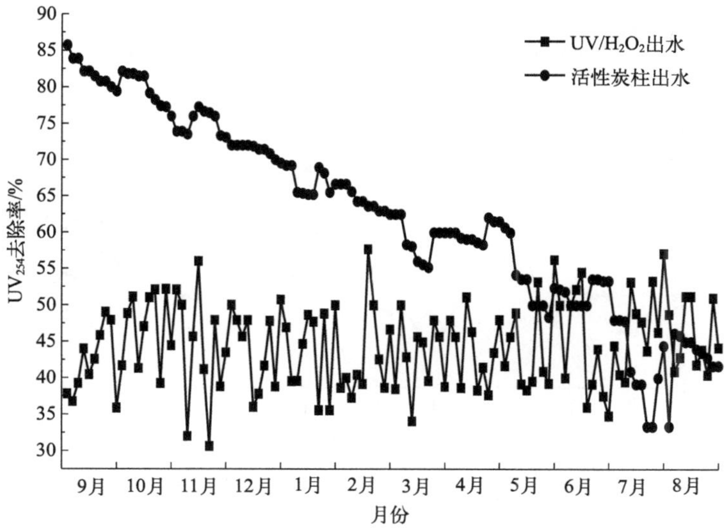

图 6-56　UV/H_2O_2/BAC 工艺 UV_{254} 去除率

6.5.1.3　对 DOC 的去除效果

从图 6-57 和图 6-58 中可知 UV/H_2O_2 的进水 DOC 浓度范围为 3.6 ～ 4.5mg/L，UV/H_2O_2 的出水 DOC 的变化范围为 2.5 ～ 3.25mg/L，对 DOC 的平均去除率为 27.8%。活性炭柱进水 DOC 浓度大部分在 2.5 ～ 3.5mg/L 范围内，出水 DOC 范围为 0.75 ～ 1.75mg/L，在运行初期出水 DOC 的浓度大幅度下降。目前，已有很多关于活性炭滤池出水 DOC 随着时间推移的变化趋势的研究，实验结果中 DOC 的下降趋势与本实验类似。在初期运行时间段中，活性炭出水 DOC 浓度＜ 1.5mg/L，在生物膜成熟稳定阶段，活性炭出水 DOC 浓度逐渐升高至 1.7mg/L 左右，随着时间的推移 DOC 的去除呈现递减状态，最后逐渐稳定。在初期运行阶段 DOC 的去除率高直接归因于活性炭的吸附作用，有机污染物被吸附到活性炭的吸附位点上，在这段时间新炭对 DOC 的吸附容量高，可以假设活性炭滤池为吸附器，而在生物膜成熟稳定阶段活性炭的表面微孔吸附能力明显饱和，出水 DOC 浓度逐渐趋于平稳，此期间主要是 GAC 向

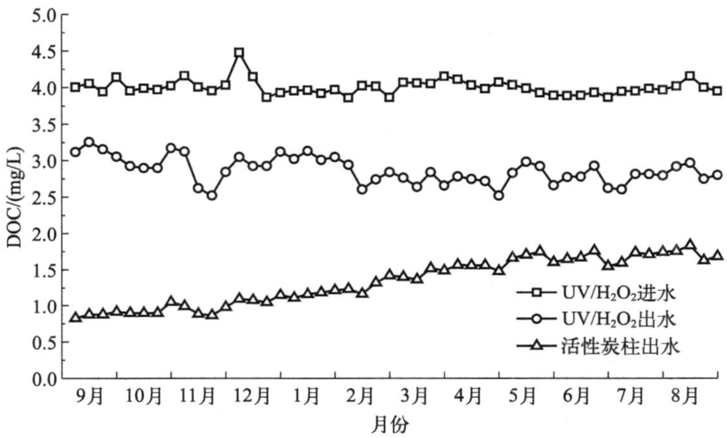

图 6-57　UV/H_2O_2/BAC 工艺进、出水 DOC 浓度变化

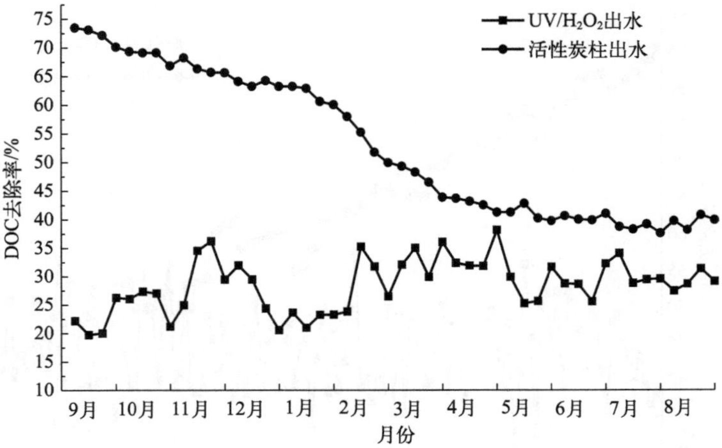

图 6-58　UV/H_2O_2/BAC 工艺 DOC 去除率

BAC 转变，DOC 是通过生物作用去除的。活性炭对有机物的去除是 GAC 向 BAC 的转变过程，由于活性炭表面吸附容量的饱和，有机碳去除率逐渐下降。同时随着活性炭生物膜发展到生物膜稳定阶段，DOC 去除率逐渐稳定约为 39%，这与之前的研究结果基本相同。

6.5.1.4　对 SUVA 的去除效果

本试验采用的水为引黄水库水，由于停留时间较长，在储沙过程中，有机物残渣物溶解到黄河水库，形成腐殖酸、黄腐酸等有机污染物，导致较高的 SUVA 值。从图 6-59 中可知全年进水水质 SUVA 变化不大，在 11 ～ 12 月 SUVA 的浓度较大，这是由于冬季引黄水库水的嗅味物质如 GSM、MIB 等浓度升高，致使水中的芳香族物质也相应地升高，从而 SUVA 值也相应地升高。

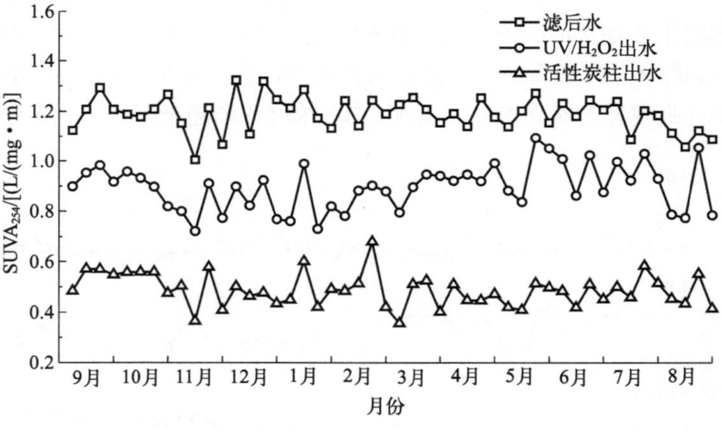

图 6-59　UV/H_2O_2/BAC 工艺进、出水 SUVA 浓度变化

6.5.1.5　三维荧光物质变化

对三维荧光物质的变化进行分析，UV/H_2O_2 进水中有色氨酸类蛋白质、溶解微生物产物、富里酸等有机物，UV/H_2O_2 出水有芳香族蛋白质、酚类、溶解微生物产物、富里酸、腐殖质

类有机化合物，活性炭出水中的溶解性有机物的种类没有发生太大的变化，主要表现为物质的荧光峰的变化，即荧光强度发生变化。高级氧化进出水的峰值发生红移，即峰的位置向激发波长和发射波长增加的方向移动，当基团结构中的羟基、羰基、羧基增加时会产生红移现象。这是由于 UV/H_2O_2 高级氧化工艺中有机物被·OH 氧化，含有的氢键被氧化形成羧基、羟基、羰基以及碳碳双键等结构。UV/H_2O_2 系统的出水经过活性炭处理之后，有机污染物通过活性炭的吸附、生物降解作用被进一步去除。UV/H_2O_2/BAC 工艺进出水三维荧光特性变化见表 6-51。

表 6-51　4 种可溶解性有机物的荧光强度

项目	F2		F4		F5		F6	
	Ex/Em /（nm/nm）	$F_{max}A$	Ex/Em /（nm/nm）	$F_{max}A$	Ex/Em /（nm/nm）	$F_{max}A$	Ex/Em /（nm/nm）	$F_{max}A$
UV/H_2O_2 进水	350/230	212	350/280	75.32	430/230	122		
UV/H_2O_2 出水	350/220	95.8	350/280	35.46	433/240	77.05	430/320	44.07
活性炭柱出水	350/220	90	350/280	37.95	435/250	68.45	430/320	33.63

注：$F_{max}A$ 为荧光强度。

由表 6-51 可知，水中的有机物主要是荧光峰荧光强度发生变化，而种类没有发生太大的变化。色氨酸类蛋白质［*Ex*/*Em*（350nm/230nm）］的峰变化最为明显，UV/H_2O_2 进水中色氨酸类蛋白质和富里酸含量最高，UV/H_2O_2 出水中色氨酸类蛋白质和富里酸荧光强度发生明显的变化，而活性炭柱出水有机物中腐殖酸的荧光强度改变最为明显。

6.5.1.6　不同分子量 DOC 浓度变化

UV/H_2O_2/BAC 工艺进出水不同分子量区间 DOC 的变化如图 6-60 所示。UV/H_2O_2 出水的总 DOC 去除率为 18.44%，UV/H_2O_2 降解水中分子量＞30000 的有机物 DOC 的去除率为 50%，验证了 UV/H_2O_2 高级氧化产生的羟基自由基将水中大分子有机物氧化为小分子或者双

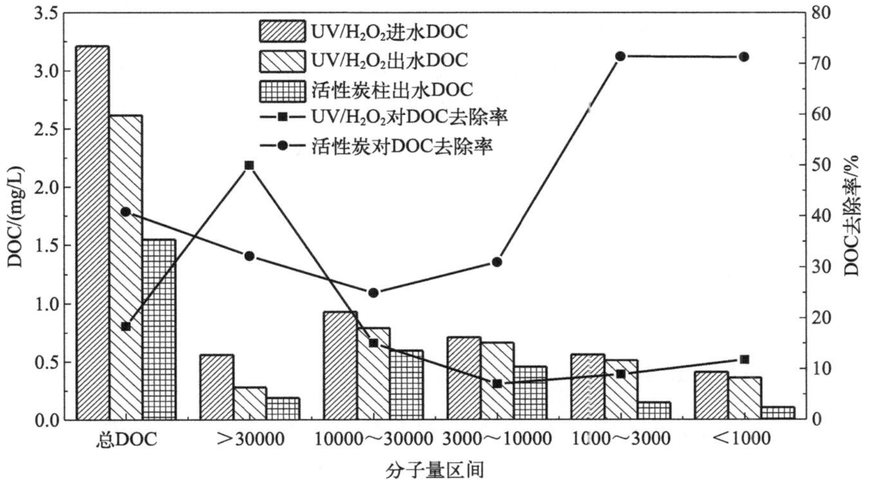

图 6-60　UV/H_2O_2/BAC 工艺进出水不同分子量区间 DOC 的变化

键有机物，而在 UV/H_2O_2 系统中小分子有机物的 DOC 下降主要是由于天然水体中小分子有机物通过矿化作用生成 CO_2 和 H_2O。活性炭出水总 DOC 去除率为 40.83%，对于分子量在 1000 ～ 3000 的有机物去除率为 71.37%，分子量＜ 1000 的有机物去除率为 71.25%，由于 UV/H_2O_2 高级氧化系统将大分子有机物氧化为小分子有机物，其进入活性炭层后被活性炭吸附或被微生物生物降解。

通过 UV/H_2O_2/BAC 工艺深度处理引黄水库水中试试验，得到结论如下：

① UV/H_2O_2/BAC 工艺中 UV/H_2O_2 的出水 UV_{254} 变化范围为 0.02 ～ 0.35cm^{-1}，对 UV_{254} 的平均去除率为 41.6%；出水 DOC 的变化范围为 2.5 ～ 3.25mg/L，对 DOC 的平均去除率为 27.8%。活性炭柱出水 UV_{254} 变化范围为 0.05 ～ 0.15cm^{-1}，出水 DOC 变化范围为 0.75 ～ 1.75mg/L，生物膜成熟稳定之后对 UV_{254}、DOC 的去除率分别稳定在 47.5% 和 39%。因此，经 UV/H_2O_2/BAC 深度处理工艺后有机物含量均有明显下降，去除效果稳定。

② UV/H_2O_2 系统出水的 H_2O_2 浓度大约在 7.5mg/L，H_2O_2 利用率不高，出水残余了大量的 H_2O_2，经过活性炭柱，H_2O_2 的含量大幅度降低，去除率稳定在 94.3%，活性炭柱出水 H_2O_2 浓度为 0.45mg/L。

③ EEM 光谱分析 UV/H_2O_2/BAC 工艺去除有机物的种类没有明显的变化，但是根据荧光强度分析主要有机物的荧光强度明显减弱，说明 UV/H_2O_2/BAC 工艺对水中有机物有良好的去除效果。

④ 通过分析 UV/H_2O_2/BAC 工艺中不同分子量区间 DOC 浓度的变化，UV/H_2O_2 降解水中分子量＞ 30000 的有机物 DOC 的去除率为 50%，而活性炭对于分子量在 1000 ～ 3000 的有机物去除率为 71.37%，分子量＜ 1000 的有机物去除率为 71.25%。

6.5.2 不同活性炭生物膜特性研究

本试验基于 UV/H_2O_2 高级氧化工艺在中试规模下运行一年，随着时间和垂直过滤深度的变化、活性炭滤池中活性炭表面生物膜的附着与发展，以及根据运行一年之后炭池内不同深度的炭层种群的系统构造进行研究。

试验条件：

UV 光强 8.12μW/cm^2，过氧化氢投加浓度 10mg/L，UV 剂量 570mJ/cm^2。生物活性炭试验部分采用 4 根生物活性炭柱，4 根生物活性炭柱填充的活性炭分别为：1 号炭柱，使用的炭来源于德州第四水厂（20×50 目），炭龄为 2 年；2 号炭柱，使用的炭为新炭（8×30 目）；3 号炭柱，使用的炭来源于东营耿井水厂（8×30 目），炭龄为 4 年；4 号炭柱，使用的炭来源于济南鹊华水厂（20×50 目），炭龄为 6 年。每根活性炭柱的运行方式均为上向流，活性炭柱沿程设置 3 个取样点（1 个进水段、1 个中间段和 1 个出水段）。工艺流程及采样点的设置见图 6-61、图 6-62。活性炭柱填炭高度为 1.8m, 进水流量为 80L/h，滤速为 10m/h，空床接触时间为 10.8min。UV/H_2O_2/BAC 工艺进水水质特性见表 6-52。

6.5.2.1 活性炭比表面积

图 6-63 显示了不同深度的活性炭比表面积变化，S_{BET} 由开始的 973.535m^2/g 减少至 703.825m^2/g（GAC 1）、716.527m^2/g（GAC 2）、729.633m^2/g（GAC 3），活性炭对有机物以及微生物等的吸附致使活性炭比表面积逐渐减小。并且进水段（GAC 1）的比表面积比活性

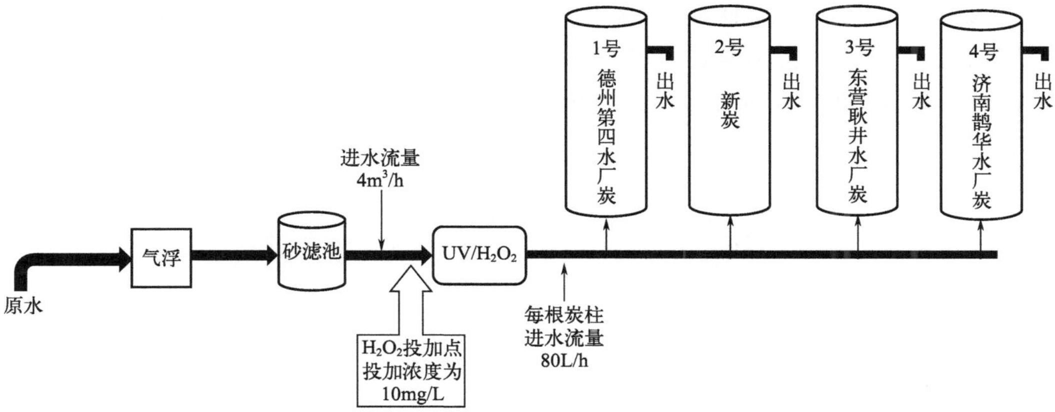

图 6-61　工艺流程示意

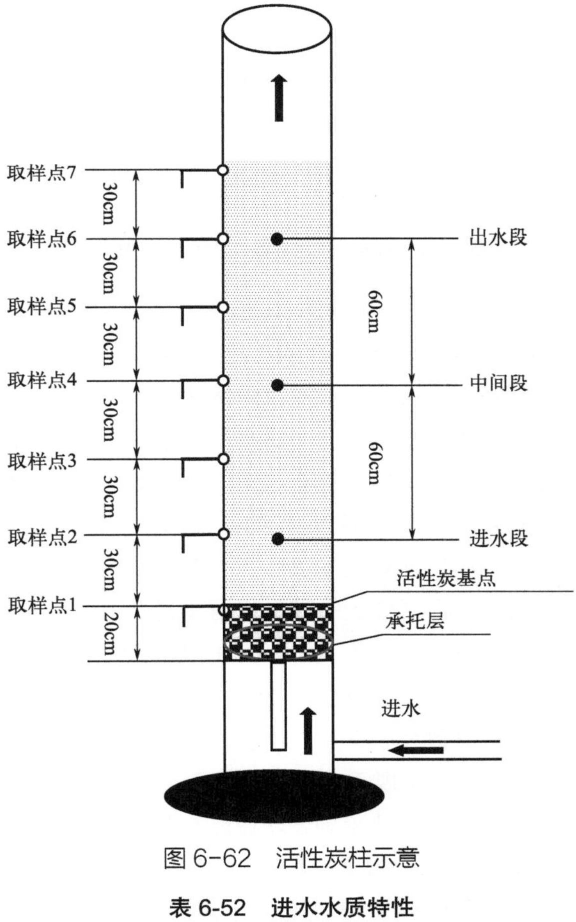

图 6-62　活性炭柱示意

表 6-52　进水水质特性

水质指标	数值	水质指标	数值
浊度 /NTU	0.804 ～ 2.15	DOC/（mg/L）	2.69 ～ 3.35
pH 值	8.03 ～ 8.28	H_2O_2/（mg/L）	5 ～ 6.5
UV_{254}/cm^{-1}	0.21 ～ 0.28	氨氮 /（mg/L）	0.411 ～ 0.529

炭顶层减少得更快，表明活性炭吸附最早发生在炭层底部的进水段，随着时间推移吸附作用逐渐向上层移动。臭氧活性炭在180d时活性炭比表面积变化稳定，活性炭比表面积由开始的886m²/g减至602m²/g（进水段）和712m²/g（中间段）。S_{BET}的变化趋势与DOC去除率的变化趋势基本相同。

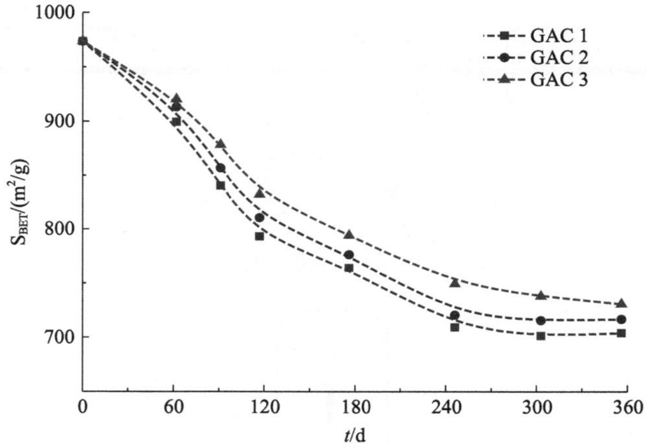

图6-63　不同炭层GAC比表面积随运行时间的变化（进水段、中间段、出水段）

6.5.2.2　活性炭池内沿程生物量浓度和DOC的变化趋势

活性炭池内沿程生物量浓度和DOC的变化趋势如图6-64所示。选取5个采样日（第27天、第116天、第236天、第293天和第346天）的典型DOC过滤器曲线。在第116天仍然存在高吸附容量，而在第236天，吸附容量降低并且导致出水浓度增加。从空间分布角度分析，运行一年，在活性炭柱的垂直剖面上显然已经建立了相当多的生物量。检测到滤池内不同深度处生物量浓度存在显著差异，随着过滤深度的增加，附着在活性炭表面的生物量通常会减少。由图6-64（a）可知，生物膜生长的最高速率为滤池进水段，这是由于活性炭的吸附过程对滤层进水段生物膜发展有双重优势。一方面吸附水中有机物，为细菌的生长创造一个营养丰富的环境，另一方面活性炭的吸附作用有利于活性炭表面微生物的附着。活性炭对有机物的吸附表现在对DOC的去除，由图6-64（b）观察活性炭池中DOC沿程的动态变化过程可知，随着活性炭层深度的增加沿程DOC浓度逐渐减小。活性炭的吸附作用致使出水段的活性炭表面细菌不能有效地获得营养物质，从而造成活性炭池沿程的生物量随着活性炭滤层深度的增加而逐渐下降，出现垂直分层的现象。

从时间变化角度分析生物膜的迅速积累表现在前6个月，并且后续生物量的增加被视为生长而不是附着，在T1阶段不同深度的滤层表现出不同浓度的生物量和生长速率且沿程DOC浓度的变化明显，在T1阶段出水DOC浓度总小于进水浓度的30%，直接归因于活性炭的吸附作用。活性炭池内生物膜随着时间的推移，生物量在240d后达到一个稳定的状态，并且根据沿程DOC浓度分配动态变化可以看出在236d以后（即T2阶段）沿程DOC浓度变化明显变小。由于活性炭的吸附能力明显饱和，DOC的去除趋于平稳，此期间活性炭表面生物膜成熟稳定，并且在第293天时活性炭池内部垂直层逐渐消失。

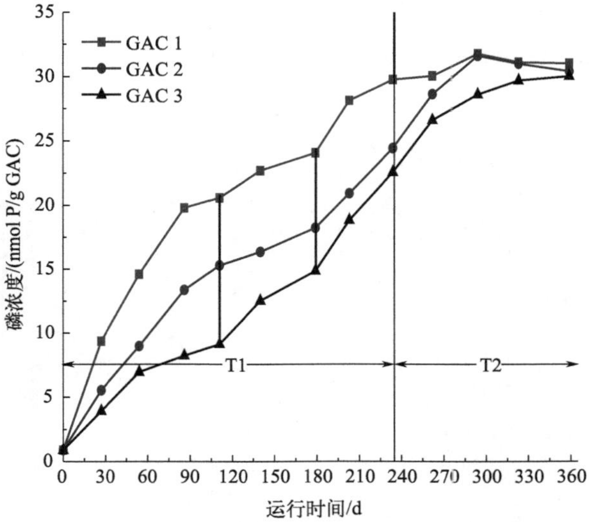

(a) 不同深度炭层活性炭表面生物量变化
（GAC 1=30cm、GAC 2=90cm、GAC 3=150cm）

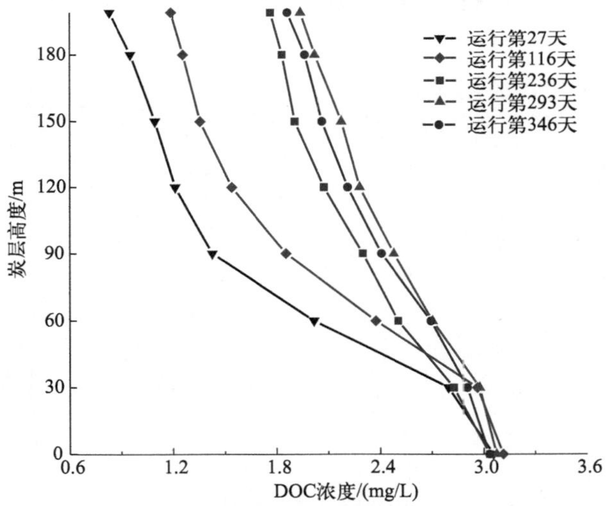

(b) 活性炭柱内沿程DOC浓度动态变化

图 6-64　不同深度炭层活性炭表面生物量变化及活性炭柱内沿程 DOC 浓度动态变化

6.5.2.3　活性炭表面生物膜电镜分析

如图 6-65 所示，利用扫描电镜观察活性炭表面生物膜组成，活性炭表面成分复杂多样，包括微生物以及胞外聚合物、硅藻骨架、碎屑以及一些其他的降解产物，并且高度不规则积累在活性炭表面上。图 6-65（a）、（b）显示了微生物细胞固定在活性炭表面或者嵌入活性炭微孔中。图 6-65（a）为活性炭微孔吸附的细菌生物细胞，由于活性炭表面孔隙结构较为发达，能为微生物的附着与生长提供良好的环境，并且活性炭吸附的有机物利于微生物的生长，促进活性炭表面生物膜的形成，从而促进活性炭的生物降解作用。图 6-65（b）为活性炭表面分布有许多不规则的碎屑且活性炭表面被生物膜包裹，生物膜表面黏附着细菌细胞。

图 6-65（c）为附着在活性炭表面的生物膜通过菌丝相连黏附在活性炭表面，菌丝是活性炭表面的一个重要特征。图 6-65（d）为运行完成后活性炭池底部的活性炭表面不同形状和大小的硅藻骨架。

(a) 活性炭微孔吸附的细菌生物细胞

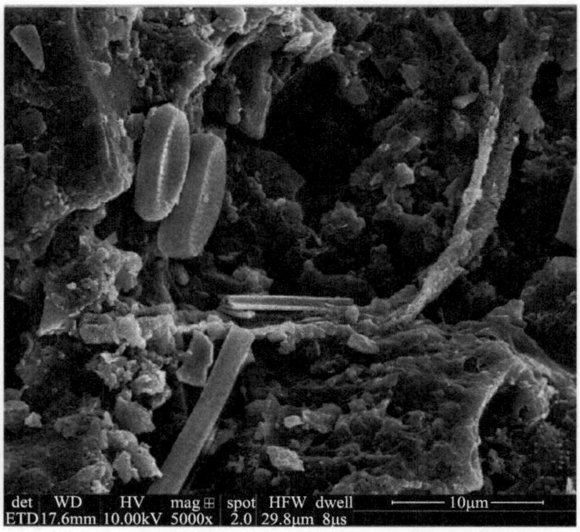

(b) 活性炭表面分布碎屑且被生物膜包裹

(c) 活性炭表面细菌菌丝

(d) 活性炭表面硅藻骨骼

图 6-65　活性炭表面形态特点和活性炭表面细菌菌丝以及不同形态的硅藻骨骼电镜显微照片

6.5.2.4 活性炭表面种群结构分析

（1）细菌微生物的丰富度和多样性

为了更进一步地鉴定及分析活性炭床生物膜的生长特点，采用罗氏 454 高通量测序系统全面解析活性炭生物膜的微生物群落，结果见表 6-53。DNA 测序的样品为对序列质量进行质控和过滤，最后得到的优化序列和引物。本次测序各样品原始序列数分布比较均匀，3 个样品的序列数分别为 30092（GAC 3）、32217（GAC 2）、31029（GAC 1），所有样品的覆盖率均高于 99%，表明所有细菌群落中有 99% 以上的细菌被检测过。之后采用 Uclust 方法以及 0.97 的相似度对序列进行聚类，这些序列是由不同的细菌群落的系统演化组成的，OTUs 分别为 1383（GAC 3）、1423（GAC 2）、1430（GAC 1）。Chao 1 和 ACE 在生态学中常用来估计物种总数，结果显示 Chao 1 和 ACE 变化表现出相同的规律，中间段（GAC 2）与其他两个样品相比表现出微生物的最大富集程度（丰度）。Simpson 指数与 Shannon 指数变化规律相反，由于 Simpson 指数对物种均匀度更为敏感，因此中间段（GAC 2）、出水段（GAC 3）与进水段（GAC 1）相比微生物群落更均匀。而 GAC 1 的 Shannon 指数较高，说明其不确定性和紊乱性较高，出水段中的某些细菌被抑制或促进。

表 6-53　样品多样性指数

样本	OTUs	Chao 1	ACE	Shannon 指数	Simpson 指数	覆盖率 /%
GAC 3	1383	1594	1555	5.83	0.00756	99.1
GAC 2	1423	1612	1573	5.86	0.00695	99.2
GAC 1	1430	1570	1533	6.00	0.00580	99.3

（2）细菌群落分布的复杂性

根据检测结果，3 组样品序列被划分为相同的 OTUs 有 957 个，占总 OTUs 的 67% ～ 69%，表明活性炭池大部分生物种群是相同的。GAC 1 和 GAC 2 二者相同的 OTUs 有 106 个，GAC 2 和 GAC 3 两者相同的 OTUs 有 136 个，而 GAC 1 与 GAC 3 两者相同的 OTUs 仅有 59 个，表明炭池中间水段的生物种群与进水段和出水段的相似性最高，而进水段与出水段存在较大的差异，说明随着炭层深度增加炭池沿程生物种群出现不同的发展趋势，炭层深度差异越大，种群 OTUs 差异越大。

为了识别 3 个系统中细菌群落的系统发育多样性，研究了门级别的相对丰度。在 3 个样本中，最主要的是变形菌门以及浮霉菌门和绿弯菌门、酸杆菌门、放线菌门、拟杆菌门，且按照丰度排序基本一致。变形菌门是淡水中最丰富的细菌种群之一。与之前研究的以臭氧为前处理措施处理地下水或者湖泊水源水相比，除进水段处硝化螺旋菌门丰度表现出不同的趋势外，其余主要的门类两种高级氧化技术活性炭池组成相似。这可能是由于活性炭柱进水的氨氮浓度低，造成硝化菌门没有足够的营养物质进行生长，因此高剂量的 H_2O_2 能明显抑制硝化细菌的作用。绿弯菌门（Chloroflexi）被检测为活性炭生物膜上的优势菌，主要负责碳水化合物和细胞物质的降解，由于活性炭滤池中沿程的营养物质浓度逐渐变小，绿弯菌门在沿程的丰富度也表现为逐渐减少。

对纲级别分析，进一步了解活性炭表面生物膜群落演化的信息，共观察到 42 个纲，而在前 26 的纲相对丰度均在 80% 以上，表明生物群落主要分配在少数物种中，主要包含的 3 类为 Planctomycetacia、Alphaproteobacteria、Betaproteobacteria。Alphaproteobacteria 在所有样品纲类中为第一丰富的纲，Planctomycetacia、Betaproteobacteria 在 GAC 1 的丰度小于 GAC 2 和 GAC3。其中 Betaproteobacteria 主要与有机物的降解、多糖的利用有关。

从活性炭池 GAC 1、GAC 2、GAC 3 三段主要属的相对丰度来看，与臭氧 / 活性炭工艺相比，在属级别上存在很大的差异。而 UV/H_2O_2/ 活性炭工艺中活性炭主要存在的属为 *Gemmata*、*Gaiella*、*Leptospirillum*、*Pirellula*、*Planctomyces*，并且进水段属级别的丰富度明显小于中间段（GAC 2）和出水段（GAC 3）。微生物的种群形成和发展受H_2O_2浓度和水中营养物质影响，在本实验中进水段（GAC 1）H_2O_2浓度为5～6mg/L，在300mm处的H_2O_2浓度为2.02mg/L，但在90mm和1500mm处，H_2O_2浓度分别稳定在0.230mg/L和0.038mg/L。水中H_2O_2浓度在5mg/L时会抑制生物膜种群多样性，种群丰富度变低，而H_2O_2浓度在0.25mg/L时会促进生物膜表面种群丰富度的发展，种群生物多样性增加。在活性炭层进水段（GAC 1）处虽然有机物的含量较高，但是由于H_2O_2浓度较高，致使微生物的生长受到抑制。在活性炭池中间段（GAC 2）和出水段（GAC 3），水中的大部分H_2O_2已经在进水段得以去除，但是仍具有一定的有机物含量。因此，在中间段（GAC 2）和出水段（GAC 3）水中既含有适宜浓度的H_2O_2又含有一定的营养物质，从而促进了中间段（GAC 2）和出水段（GAC 3）微生物种群丰富度的发展。因此，一定浓度的H_2O_2会影响炭池微生物种群的发展。

可见，活性炭比表面积由开始的973.535m^2/g分别下降到703.825m^2/g（GAC 1）、716.527m^2/g（GAC 2）、729.633m^2/g（GAC 3）。生物膜在运行240d后达到成熟稳定的状态，同一时期出水DOC浓度稳定，对于DOC的去除率稳定在39%。活性炭滤池中最高生物量在滤池进水段（GAC 1），而进水段（GAC 1）种群的丰富度相比中间段（GAC 2）、出水段（GAC 3）最低。通过电镜分析，活性炭表面存在着清晰可见的细菌、菌丝以及硅藻骨架。随着炭层深度增加炭池沿程生物种群出现不同的发展趋势，炭层深度差异越大，种群OTUs差异越大。炭池中存在的微生物主要门类相似，但是属级别的生物种群差异较大。变形菌门是活性炭池内最丰富的细菌种群，绿弯菌门负责碳水化合物和细胞物质的降解，并且在沿程的丰富度也表现为逐渐减少。H_2O_2在一定的范围会影响活性炭池主要属的相对丰度，低浓度（浓度＜0.25mg/L）的H_2O_2会促进生物膜表面种群丰富度的发展，种群生物多样性增加。

6.5.3 不同种类活性炭处理效果

本小节从3个方面展开研究：

① 比较不同类别的活性炭上向流运行方式的运行效果；

② 研究不同种类活性炭的生物活性炭工艺的生物量的分布变化规律，考察粒径和炭龄对生物量及活性炭表面性质的影响；

③ 采用高通量测序的方法解析不同种类生物活性炭的微生物群落构成，分析生物活性炭生物膜上的优势菌群和分布特点，分别研究4种不同活性炭（BAC 1为德州第四水厂炭、BAC 2为新炭、BAC 3为东营耿井水厂炭、BAC 4为济南鹊华水厂炭）在活性炭柱进水段的微生物特性。

6.5.3.1 不同种类活性炭对污染物的去除效果

（1）不同活性炭对DOC的处理效果

从图6-66中可以看出4根活性炭柱对DOC的去除效果。活性炭柱1（德州第四水厂炭）对DOC的平均去除率为37.6%，活性炭柱3（东营耿井水厂炭）对DOC的平均去除率为32.7%，活性炭柱4（济南鹊华水厂炭）对DOC的平均去除率为28.4%。活性炭柱2（新炭）对DOC的去除率随着时间推移越来越低，最后逐渐稳定，去除率稳定在39%，最终与活性炭柱1的去除效果相当。活性炭柱4由于使用的时间较长，对DOC的去除率比其他炭柱去除率低，这是由于活性炭柱 4 使用的活性炭的炭龄（6 年）相比其他 3 种活性炭时间较长。因此活性炭的炭龄对水中 DOC 的去除存在一定的影响，炭龄时间越长 DOC 的去除效果就越差。活性炭柱 1 所使用的活性炭炭龄时间相对较长，但是由于活性炭柱 1 采用的活性炭粒径较小（20×50 目），比表面积较大，因而对 DOC 的去除效果相对理想。因此，活性炭的粒径在一定程度上影响活性炭对有机物的去除。

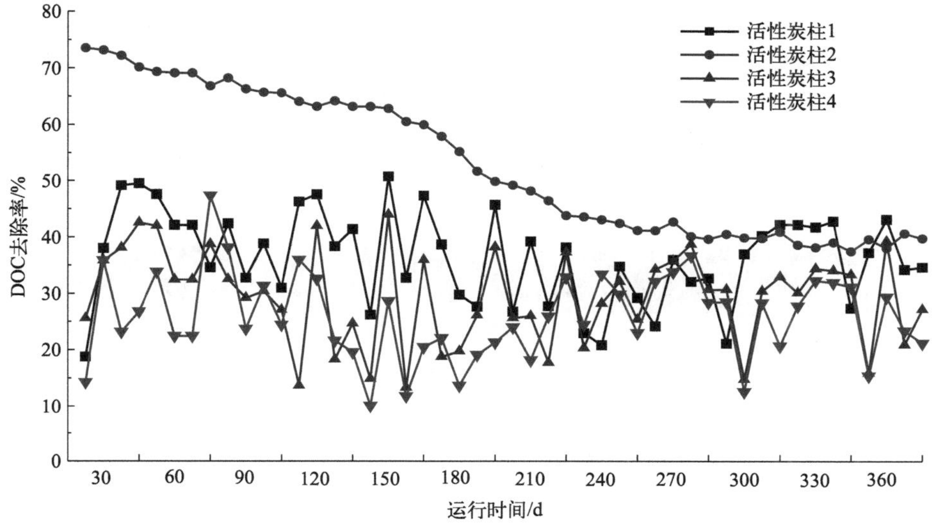

图 6-66　不同活性炭对 DOC 的去除率

（2）不同活性炭对 UV_{254} 的处理效果

从图 6-67 中可看出 4 根活性炭柱对 UV_{254} 的去除效果。活性炭柱 1 对 UV_{254} 的平均去除率为 68.3%，活性炭柱 3 对 UV_{254} 的平均去除率为 58.7%，活性炭柱 4 对 UV_{254} 的平均去除率为 39.6%。新炭（活性炭柱 2）随着时间增长 UV_{254} 去除率越来越低，最后逐渐稳定，最终与其他 3 根炭柱去除效果相当，去除率稳定在 45% 左右。活性炭柱 4 对 UV_{254} 的去除率明显

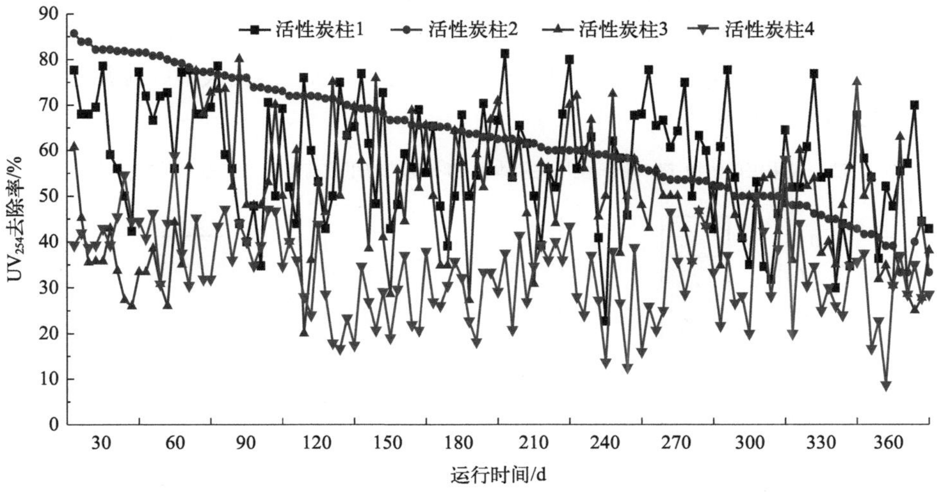

图 6-67　不同活性炭对 UV_{254} 的去除率

比其他炭柱低，与 DOC 的去除表现出相同的规律，同样是由于采用的活性炭炭龄较大，因此活性炭的炭龄对有机物的去除有明显的影响。

（3）不同活性炭对 H_2O_2 的淬灭效果

从图 6-68 中可知 4 根活性炭柱对过氧化氢的去除率均在 90% 以上，去除率基本稳定，去除效果基本相同，由于活性炭柱 1、活性炭柱 3、活性炭柱 4 三种活性炭柱表面已经被厚厚的生物膜覆盖，活性炭的吸附作用基本消失，对于污染物的去除主要依靠生物膜中微生物的生物降解作用，这表明活性炭对 H_2O_2 的去除不是依靠活性炭的吸附作用，而是由于活性炭表面生物酶的降解作用或者活性炭表面官能团的催化还原。

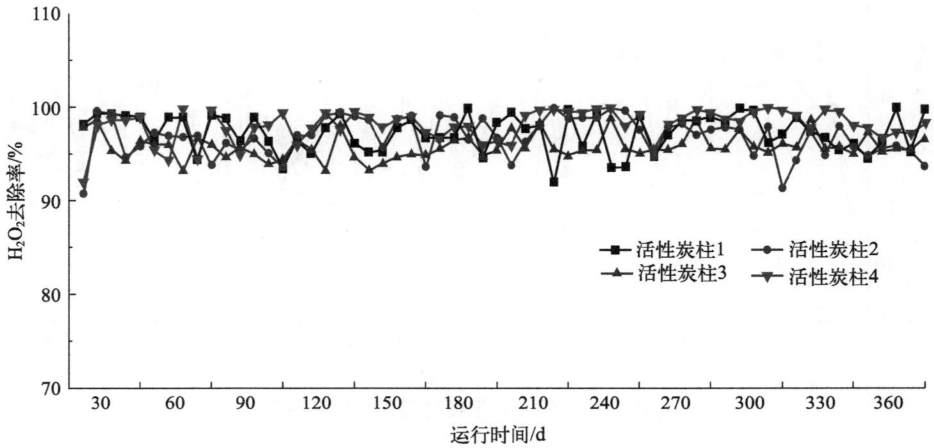

图 6-68　不同活性炭对 H_2O_2 的去除率

（4）不同活性炭三卤甲烷前体物的特性分析

由图 6-69 中可知，一氯二溴甲烷前体物是 4 种活性炭柱出水的消毒副产物前体物的主要成分，约占消毒副产物前体物总量的 1/2。活性炭柱 2 出水消毒副产物前体物含量最低，运行一段时间新炭仍然具有一定的吸附作用，因此活性炭的吸附作用对消毒副产物前体物去除有明显的效果。活性炭柱 1、活性炭柱 3、活性炭柱 4 三种活性炭柱出水消毒副产物前体物含量基本相同，说明当活性炭的生物膜成熟稳定之后，活性炭的炭龄、粒径对于消毒副产物前体物的去除没有影响。

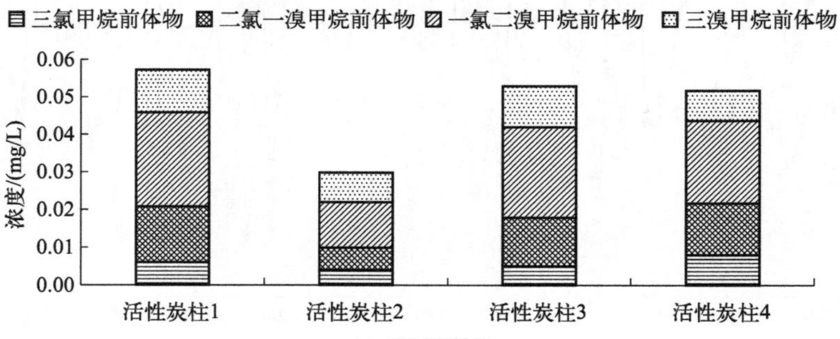

图 6-69　不同活性炭对三卤甲烷前体物的处理效果

6.5.3.2　不同种类活性炭沿程对污染物的去除效果

(1) 不同活性炭沿程不同炭层高度 UV_{254} 的去除效果

图 6-70 为 4 种活性炭对 UV_{254} 的沿程去除率，随着炭层深度的增加，UV_{254} 的去除率逐渐升高，说明活性炭对 UV_{254} 的去除是伴随整个活性炭层的。活性炭柱 2 对 UV_{254} 沿程的去除率远远高于其他 3 种活性炭柱，而活性炭柱 4 明显低于其他 3 种活性炭柱。

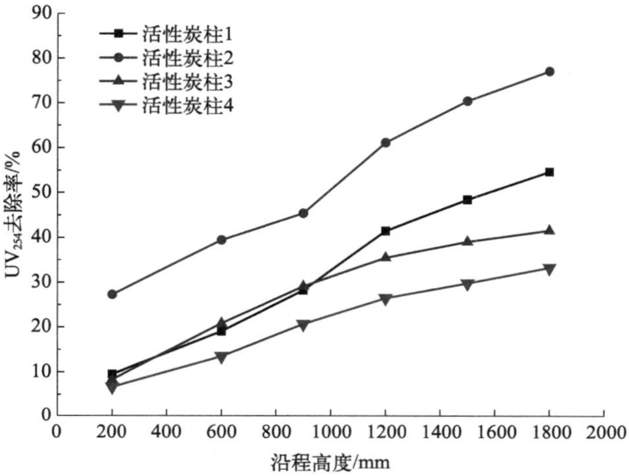

图 6-70　不同活性炭不同炭层高度 UV_{254} 的去除率

(2) 不同活性炭沿程不同炭层高度 DOC 的去除效果

图 6-71 为 4 根活性炭柱对 DOC 沿程的去除率，4 种活性炭对 DOC 的去除随炭层的增加而逐渐升高，但是活性炭柱 3 和活性炭柱 4 在 1500mm 之后对 DOC 的去除率趋于稳定，增加不明显。活性炭柱 2 对 DOC 的沿程去除效果最好，与 UV_{254} 沿程去除效果规律一致，活性炭柱 3 和活性炭柱 4 对 DOC 沿程的去除效果相当。

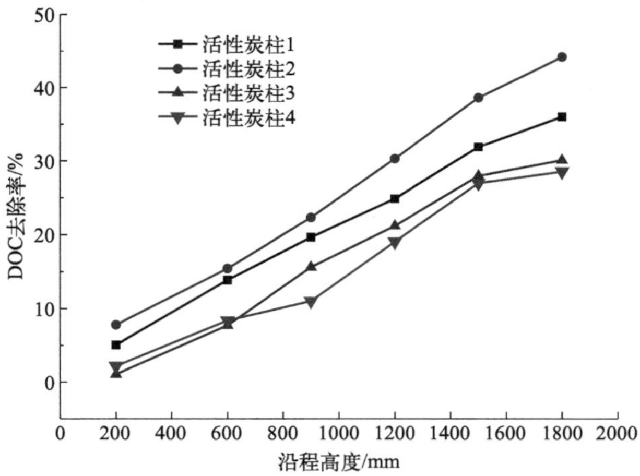

图 6-71　不同活性炭不同炭层高度 DOC 的去除率

(3) 不同活性炭沿程不同炭层高度 H_2O_2 的去除效果

从图 6-72 可知 4 种活性炭对 H_2O_2 的去除效果基本相同，活性炭层 0 ～ 1200mm 是 H_2O_2

去除的主要途径，H_2O_2 去除率在 1200mm 之后基本不会增加。

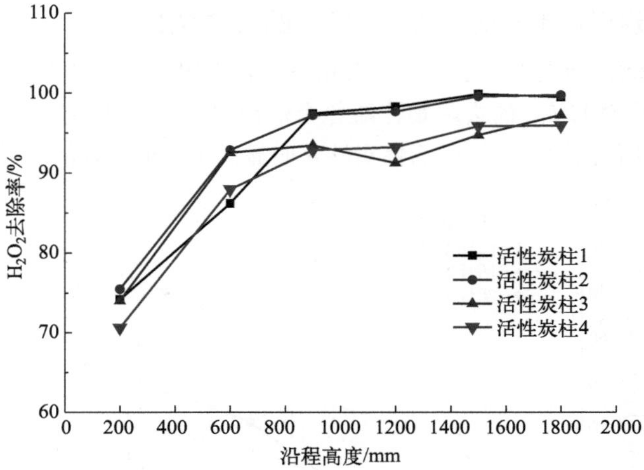

图 6-72　不同活性炭不同炭层高度的 H_2O_2 去除率

可见，通过研究对比 4 种不同的活性炭柱的运行效果以及 DOC、UV_{254}、H_2O_2 各项指标去除率的差异，影响处理效果的因素为颗粒粒径、活性炭炭龄。

① 活性炭柱 2（新炭）随生物膜稳定后对 DOC、UV_{254} 去除率基本稳定，活性炭柱 4 由于炭龄较大对 DOC、UV_{254} 的去除率明显比其他炭柱去除率低，因此活性炭的炭龄对有机物的去除有明显的影响。此外，活性炭的粒径在一定程度上影响活性炭对有机物的去除，粒径越小比表面积越大，有机物去除率越高。

② 4 根活性炭柱对 H_2O_2 的去除率均在 90% 以上，去除效果基本相同。活性炭对 H_2O_2 的去除不是依靠活性炭的吸附作用，而是依靠活性炭表面官能团的催化还原和微生物酶的降解作用。

③ 出水消毒副产物前体物的主要成分是一氯二溴甲烷前体物，约占消毒产物前体物总量的 1/2。活性炭柱 2（新炭）对消毒副产物前体物的去除效果最好。当活性炭的生物膜成熟稳定之后，活性炭的炭龄、粒径对于消毒副产物前体物的去除影响较小。

④ 随着炭层深度的增加，DOC、UV_{254} 的去除率逐渐升高，说明活性炭对有机物的去除是伴随整个活性炭层的。而 H_2O_2 去除率在炭层 1200mm 之后基本不会增加。

⑤ 在反应器运行之前活性炭柱 1、3、4 已经形成稳定的生物膜，在运行时仍以缓慢的速度增长，而活性炭柱 2 采用的是新炭，因此，在运行过程中生物膜增长速率较快。

6.6 典型工程案例

6.6.1 德州庆云双龙湖水厂

6.6.1.1 水厂基本概况

山东省德州庆云县双龙湖水厂是国内首座采用 UV/H_2O_2 高级氧化工艺的规模化水厂，设计供水规模为 40000m^3/d，2019 年 7 月建成通水，主要工艺流程包括预氧化 / 混凝 / 沉淀池、V 型砂滤池、UV/H_2O_2 反应器和活性炭滤池等处理单元。

该厂水源地双龙湖水库蓄引黄河水，水库整体呈现低浊高藻、微污染水质特征。水体富营养化指数（TSI）在 35 ～ 51，为中营养或富营养水平；藻类总数年际、年内变化较大，藻密度平均为（0.5 ～ 5）×10^7 个 /L，存在季节性嗅味问题，2-MIB 质量浓度从几十到几百 ng/L 不等；耗氧量质量浓度为 2 ～ 4mg/L，且以小分子有机物为主。同时，庆云县地处滨海盐碱地，溴离子含量高，质量浓度为 60 ～ 422μg/L。鉴于常规处理工艺对 2-MIB 等嗅味物质去除能力有限，而 O_3/BAC 又存在溴酸盐超标风险，因此该水厂深度处理升级改造时选择了 UV/H_2O_2/BAC 工艺。

6.6.1.2 设计要点和技术参数

UV/H_2O_2 反应器采用加拿大特洁安技术公司产品，设备型号为 Trojan UVFLEXTM，总功率为 96kW，可实现单支 UV 灯管功率 30% ～ 100% 自动调节。UV 反应器管径为 DN1200，内设置单根功率为 1kW 的低压高强汞灯 96 根，水头损失＜ 3cm；采购食品级 H_2O_2 原液（H_2O_2 为 27.5%），设计投加量在 5 ～ 40mg/L。后置工艺段为下向流活性炭池，活性炭粒径为 8×30 目，炭层厚度为 2m，滤速为 9.1m/h，空床接触时间约为 13min。

6.6.1.3 运行效果评估

双龙湖水厂 UV/H_2O_2/BAC 工艺运行评估期间，处理水量为 980 ～ 1200m^3/h，UV 灯管开启 72 根，灯管运行功率为 66% ～ 87%，H_2O_2 投加质量浓度为 7mg/L。

双龙湖水厂 UV/H_2O_2/BAC 工艺对有机物及消毒副产物前体物的去除效果如表 6-54 所示。可以看出评估期间，工艺对以 2-MIB 为代表的藻源嗅味有机物去除效果显著，UV/H_2O_2 工艺单元进水中 2-MIB 的质量浓度在 42 ～ 46ng/L，出水质量浓度在 12 ～ 16ng/L，经后续 BAC 单元处理后，低于检出限。UV/H_2O_2/BAC 工艺对 DOC 和三卤甲烷（THMs）、卤乙酸（HAAs）等消毒副产物前体物也有较好的去除能力，平均去除率分别达到 31.5%、46.4% 和 30.4%。这归因于 UV/H_2O_2 产生的·OH 氧化作用可使大分子有机物裂解，形成更多的小分子活性基团，而后续活性炭对有机污染物及其中间产物均有较强的吸附 / 降解能力，较大程度降低了总有机碳和消毒副产物生成势的浓度水平，确保了水厂出水 THMs 和 HAAs 在受控范围内。

表 6-54　双龙湖水厂 UV/H_2O_2/BAC 工艺去除有机物

项目	DOC/（mg/L）	UV_{254}/cm^{-1}	2-MIB/（ng/L）	THMs 前体物 /（μg/L）	HAAs 前体物 /（μg/L）
UV/H_2O_2 进水	1.8 ～ 2.3	0.019 ～ 0.022	42 ～ 46	47.1 ～ 68.5	42.5 ～ 50.2
UV/H_2O_2 出水	1.5 ～ 1.8	0.015 ～ 0.018	12 ～ 16	41.3 ～ 59.6	38.6 ～ 53.5
BAC 出水	1.4 ～ 1.6	0.013 ～ 0.015	—	22.7 ～ 41.2	28.3 ～ 34.4

注：“—”表示未检出。

通过三维荧光扫描及荧光区域积分法对双龙湖水厂 UV/H_2O_2/BAC 工艺的有机物去除效果进行了评估，结果显示，UV/H_2O_2 单元对以微生物降解产物和蛋白质为代表的大分子组分有着较好的控制效果。经 UV/H_2O_2/BAC 工艺处理后，荧光强度降低约 36%。

6.6.2 潍坊北控坊子水厂

6.6.2.1 水厂基本概况

山东省潍坊北控坊子水厂水源地为白浪河水库，蓄引当地白浪河水，具有典型的当地河流微污染水质特征，季节性藻及嗅味污染问题突出。春季的优势藻为硅藻，夏、秋季的优势藻为蓝藻，冬季的优势藻为隐藻，藻密度平均值为（0.5 ～ 3）$\times 10^7$ 个 /L，GSM 和 2-MIB 浓度变化较大，质量浓度从几十到几百 ng/L 不等。耗氧量平均质量浓度为 3.48mg/L，溴离子平均值为 254μg/L。为应对季节性的嗅味污染问题，2021 年 6 月，对坊子水厂现有常规处理工艺进行升级改造，在砂滤池后增加 UV/H_2O_2/BAC 工艺，设计规模为 40000m^3/d，并于 2021 年 12 月正式运行。

6.6.2.2 设计要点和技术参数

坊子水厂 UV/H_2O_2/BAC 工艺中 UV 反应器为管道式国产设备（北京景盛达环保科技有限公司，型号为 JSDC-DKWATER-40kt），总功率为 92kW，可实现灯管按组控制独立运行，UV 功率在 70% ～ 100% 调节。UV 反应器管径为 DN1200，内设置单根功率为 960W 的低压高强汞灯 96 根；采购食品级双氧水原液（H_2O_2 质量分数为 27.5%），投加量可在 5 ～ 40mg/L。后置工艺段为下向流活性炭罐，罐体直径为 3.5m，活性炭粒径为 8×30 目，炭层厚度为 2m，滤速为 15m/h，空床接触时间约为 8min。

6.6.2.3 运行效果评估

坊子水厂 UV/H_2O_2/BAC 工艺生产性试验期间，实际处理水量为 300m^3/h，UV 灯管开启 72 根，灯管运行功率为 60%，H_2O_2 投加质量浓度为 7mg/L。

坊子水厂 UV/H_2O_2/BAC 工艺生产性试验对有机物及消毒副产物前体物的去除情况如表 6-55 所列。在生产性试验条件下，工艺对 2-MIB、总有机碳、THMs 和 HAAs 等消毒副产物前体物均有较好的去除效果。其中，UV/H_2O_2 进水 2-MIB 质量浓度在 14 ～ 22ng/L，出水质量浓度＜ 10ng/L，经后续 BAC 后低于检出限；对 DOC、THMs、HAAs 的平均去除率分别为 34.6%、42.3%、46.5%。

表 6-55 UV/H_2O_2/BAC 工艺去除有机物

项目	DOC/（mg/L）	UV_{254}/cm^{-1}	2-MIB/（ng/L）	THMs 前体物 /（μg/L）	HAAs 前体物 /（μg/L）
UV/H_2O_2 进水	2.6 ～ 2.8	0.053 ～ 0.056	14 ～ 22	121.2 ～ 134.6	58.7 ～ 70.2
UV/H_2O_2 出水	2.1 ～ 2.4	0.030 ～ 0.038	＜ 5 ～ 10	101.4 ～ 114.7	41.2 ～ 58.5
BAC 出水	1.5 ～ 1.9	0.018 ～ 0.027	—	70.6 ～ 81.3	31.5 ～ 37.4

注：“—”表示未检出。

同时，利用三维荧光扫描及荧光区域积分法对坊子水厂 UV/H_2O_2/BAC 工艺的有机物去除效果进行了评估，结果显示，UV/H_2O_2 单元对以微生物降解产物和蛋白质为代表的大分子组分有良好的控制效果。经 UV/H_2O_2/BAC 工艺处理后，荧光强度降低约 83%。

6.7 展望

在国外饮用水和与饮用相关的再生水处理中，紫外高级氧化技术已经有很多成功的工程案例，而在我国尚多处于研究和验证阶段，对技术的应用仍处于萌芽期，其主要限制因素包括核心设备主要依赖进口、水厂运维管理无经验可循、双氧水作为危险化学品被运输管控等。目前，团队已经推动相关研究成果转化落地，建立了两座示范工程，并结合示范工程运行进行了评估。

从目前的评估结果看，UV/H_2O_2 高级氧化技术可有效应对饮用水国标新增的难降解有机物指标，同时能够抑制溴酸盐生成，强化隐孢子虫等致病微生物的灭活，尤其对嗅味物质的去除效果明显。从运行情况看，影响 UV/H_2O_2 处理效果的主要参数包括 UVT（紫外线透过率）、UV 剂量、H_2O_2 投加量等，其中进水 UVT 应大于 80%，UV 剂量通常在 200 ～ 800mJ/cm^2，H_2O_2 投加量在 3 ～ 30mg/L。$UV/H_2O_2/BAC$ 组合工艺适用性强，运行方式灵活，运行维护简单。

基于相关研究成果，借鉴国内外标准规范，课题组编制了标准化文件。其中，编制的《城镇给水紫外线高级氧化系统》团体标准，在总结国内外研究成果、评估示范工程运行效果的基础上，规定了城镇给水紫外线高级氧化系统的术语和定义、要求、试验方法、检验规则、标志、包装、运输、贮存、运行维护和安全防护，提出了高级氧化系统的基本组成以及紫外线反应器的性能要求、工艺要求等，适用于城镇生活饮用水处理的紫外线高级氧化系统的制造、设计和检验。

然而，紫外线高级氧化技术涉及的关键装备即紫外线发生器产品的产业化方面存在问题较为突出：

① 生产企业实力弱。国内有实力企业数量相对较少，与国外知名品牌相比竞争力弱，产品质量参差不齐，为追求市场份额低价竞争、恶性竞争，影响行业健康发展。

② 用户运维质量差。用户对紫外线技术的认可度相对较低，现有采用紫外线消毒工艺的用户大部分未正常运行，在运行过程中缺乏运行经验，且维护不及时，运行成本升高。

③ 标准体系不完善，设备设计、运行、维护等应用标准缺失，相关性能指标检测标准缺失或可操作性差。

④ 工艺技术水平低。灯管质量与进口产品差距大，镇流器与灯管匹配技术难突破，套管清洗技术有待进一步提高，相关性能检测评价方法待建立，缺乏设备行业第三方专业检测评估机构。

因此，在对新污染物管控整体“趋严”的背景下，应对水厂现状工艺技术进行评估验证，研发针对难降解有机物的高级氧化深度处理成套化技术与国产装备系统，不断完善紫外线高级氧化设计、运维、管理等标准技术体系，为我国高质量饮用水规范化建设提供必要的技术储备。

随着国产装备生产制造技术的不断提高、水厂运维管理技术的不断完善，基于紫外线的高级氧化技术作为一项对环境、生态和人类友好的绿色可持续发展技术，具有良好的去污染物效能和应用前景。尤其国家《生活饮用水卫生标准》（GB 5749—2022）颁布实施后，面对纳入新国标的土臭素、2-甲基异莰醇等难降解污染物，紫外线高级氧化技术必将发挥更大的作用，其工艺组合也将成为城镇给水深度处理技术的新选择。

参考文献

[1] 杜振齐，王永磊，田立平，等 . UV/H_2O_2 工艺降解饮用水中有机微污染物研究进展 [J]. 山东建筑大学学报，2019, 34(4): 8.

[2] 罗从伟 . 紫外 / 过硫酸盐高级氧化降解典型有机微污染物效能及作用机制 [D]. 哈尔滨：哈尔滨工业大学，2017.

[3] 刘杨先，张军 . UV/H_2O_2 高级氧化工艺反应机理与影响因素最新研究进展 [J]. 化学工业与工程技术，2011, 32(3): 18-24.

[4] Antonopoulou M, Evgenidou E, Lambropoulou D, et al. A review on advanced oxidation processes for the removal of taste and odor compounds from aqueous media[J]. Water Research, 2014, 53: 215-234.

[5] Chen L, Cai T, Zhuang X, et al. Degradation of acetamiprid in UV/H_2O_2 and UV/persulfate systems: A comparative study[J]. Chemical Engineering Journal, 2018, 351: 1137-1146.

[6] Tan C, Gao N, Deng Y, et al. Degradation of antipyrine by UV, UV/H_2O_2 and UV/PS[J]. Journal of Hazardous Materials, 2013, 260C(15): 1008-1016.

[7] Greenstein K E, Lew J, Dickenson E, et al. Investigation of biotransformation, sorption, and desorption of multiple chemical contaminants in pilot-scale drinking water biofilters[J]. Chemosphere, 2018, 200: 248-256.

[8] Shu H, Chang M. Decolorization effects of six azo dyes by O_3, UV/O_3 and UV/H_2O_2 processes[J]. Dyes and Pigments, 2005, 65(1): 25-31.

[9] 连军锋，孙龙，江冲，等 . UV/H_2O_2 工艺降解水中污染物的动力学研究进展 [J]. 水处理技术，2019, 45(4): 5.

[10] 宋武昌，杜振齐，李桂芳，等 . UV/H_2O_2/O_3 高级氧化技术降解藻源 NDMA 前体物特性研究 [J]. 给水排水，2021, 57(5): 27-33.

[11] Wang Y, Li H, Yi P, et al. Degradation of clofibric acid by UV, O_3 and UV/O_3 processes: Performance comparison and degradation pathways[J]. Journal of Hazardous Materials, 2019, 379: 120771.

[12] Qi S, Mao Y, Lv M, et al. Pathway fraction of bromate formation during O_3 and O_3/H_2O_2 processes in drinking water treatment[J]. Chemosphere, 2016, 144: 2436-2442.

[13] 杨宏伟，孙利利，吕淼，等 . H_2O_2/O_3 高级氧化工艺控制黄河水中溴酸盐生成 [J]. 清华大学学报 (自然科学版), 2012, 52(2): 211-215.

[14] 焦浩 . 基于 UV/H_2O_2 高级氧化的氯化消毒工艺特性研究 [D]. 济南：山东建筑大学，2019.

[15] Martijn A J, Kruithof J C. UV and UV/H_2O_2 treatment: The silver bullet for by-product and genotoxicity formation in water production[J]. Ozone Science & Engineering, 2012, 34(2): 92-100.

[16] Rao P S S, Yamada Y, Leung K Y. A major catalase (KatB) that is required for resistance to H_2O_2 and phagocyte-mediated killing in *Edwardsiella tarda*[J]. Microbiology, 2003, 149(Pt 9): 2635.

[17] 陈海涵 . UV/H_2O_2 氧化土臭素和二甲基异冰片的试验研究 [D]. 济南：山东建筑大学，2016.

[18] 王群，柴彬，卢晓辉，等 . 响应曲面法优化高铁酸钾预氧化强化混凝效果 [J]. 水处理技术，2017, 43(3): 47-51.

[19] 薛舜 . 地下水源饮用水氯代烃曝气吹脱工艺中试研究 [D]. 济南：山东建筑大学，2019.

[20] 童新宇，高峰，王旭东，等 . 响应面法优化混凝处理西北农村水窖水 [J]. 环境工程学报，2023, 17(3): 817-828.

[21] 秦尧 . 强化混凝去除引黄水库水中卤乙腈前体物效能及机理研究 [D]. 济南：山东建筑大学，2021.

[22] 梁韩英，程晓薇，李俊鹏，等 . 壳聚糖联合聚合氯化铝强化混凝除藻的参数优化 [J]. 中国环境科学，2019, 39(6): 2568-2576.

[23] 狄军贞，赵微，朱志涛，等 . 响应曲面法优化强化混凝工艺处理微污染水 [J]. 环境工程学报，2017, 11(1): 27-32.

[24] Ding C S, Miao S M, Zhao S D, et al. Removal of halogenated carbon disinfection by-product 2,6-dichloro-1,4-benzoquinone by ozone and granular activated carbon[J]. China Environmental Science, 2017, 37(6): 2173-2178.

[25] 翁皓琳，肖冠芳，葛孝新，等 . 高密孚日水厂化学预氧化法去除嗅味物质研究 [J]. 环境科学与技术，2016, 39(S1): 247-250.

[26] 沈宏，吴南翔，姚春冀，等 . 常规与深度处理工艺对长江下游浅库型原水的处理效果比较研究 [J]. 环境污染与

防治，2020, 42(5): 579-585.

[27] 陈诗雨，李燕，李爱民 . 溶解性有机物研究中三维荧光光谱分析的应用 [J]. 环境科学与技术，2015, 38(5): 64-68.

[28] 计杰，施常洁，李聪，等 . 南方某给水厂臭氧投加量优化及季节性高藻对 DBPs 生成影响分析 [J]. 给水排水，2022, 58(S1): 596-603.

[29] 林蔚，郑丽红，黄佳宁，等 . 鼠曲草遗传毒性及亚急性毒性研究 [J]. 毒理学杂志，2024, 38(1): 78-84.

[30] 王倩，徐同广，王天威，等 . 基于脱细胞、细胞和体内彗星试验的全氟辛酸致 DNA 损伤研究 [J]. 中国食品卫生杂志，2023, 35(7): 981-987.

[31] 米记茹 . UV/H_2O_2/O_3 高级氧化去除藻源嗅味和有机物的效果及机理研究 [D]. 济南：山东建筑大学，2021.

[32] 肖融，楚文海 . 从“源头到龙头”的前体物全过程来源分析消毒副产物的源头控制 [J]. 给水排水，2020, 56(9): 137-145.

[33] 杜振齐 . UV/H_2O_2/O_3 高级氧化技术降解藻源亚硝胺前体物研究 [D]. 济南：山东建筑大学，2020.

[34] 李大鹏，黄强，朱贺振 . 黄河原水中消毒副产物前体物的组成特征及其化学预氧化处理效果对比 [J]. 环境科学学报，2016, 36(3): 827-833.

[35] 王永强 . 高级氧化对饮用水中卤代苯醌的去除特性及机理研究 [D]. 济南：山东建筑大学，2020.

[36] Shokri A, Mahanpoor K, Soodbar D. Degradation of ortho-toluidine in petrochemical wastewater by ozonation, UV/O_3, O_3/H_2O_2 and UV/O_3/H_2O_2 processes[J]. Desalination and Water Treatment: Ence and Engineering, 2016, 57(35): 16473-16482.

[37] Tan C, Gao N, Zhou S, et al. Kinetic study of acetaminophen degradation by UV-based advanced oxidation processes[J]. Chemical Engineering Journal, 2014, 253: 229-236.

[38] Bourgin M, Borowska E, Helbing J, et al. Effect of operational and water quality parameters on conventional ozonation and the advanced oxidation process O_3/H_2O_2: Kinetics of micropollutant abatement, transformation product and bromate formation in a surface water[J]. Water Research, 2017, 122: 234-245.

[39] 廖晓斌 . 某湖泊水中亚硝胺类消毒副产物前体物及其去除特性研究 [D]. 北京：清华大学，2014.

[40] 李聪聪 . 生物活性炭过滤工艺生物膜特性研究 [D]. 济南：山东建筑大学，2018.

[41] Liu L, Xing X, Hu C, et al. O_3-BAC-Cl_2: A multi-barrier process controlling the regrowth of opportunistic waterborne pathogens in drinking water distribution systems[J]. Journal of Environmental Sciences, 2018, 76(2): S324094945X.

[42] Mikkelson K M, Homme C L, Li D, et al. Propane biostimulation in biologically activated carbon (BAC) selects for bacterial clades adept at degrading persistent water pollutants[J]. Environmental Science Processes & Impacts, 2015, 17(8): 1405-1414.

[43] Kwon S, Moon E, Kim T S, et al. Pyrosequencing demonstrated complex microbial communities in a membrane filtration system for a drinking water treatment plant[J]. Microbes & Environments, 2011, 26(2): 149.

[44] Liao X, Chao C, Zhao W, et al. Pyrosequencing analysis of bacterial communities in drinking water biofilters receiving influents of different types[J]. Process Biochemistry, 2013, 48(4): 703-707.

第 7 章 膜法水处理组合工艺集成技术及应用

▲ 膜法水处理技术

▲ 超滤工艺对湖库水体净化效能

▲ 纳滤工艺对湖库水体净化效能

▲ 典型工程案例

▲ 展望

膜分离过程具有高效、节能、无二次污染、操作简便、便于集成和放大等优点，其中以超滤、纳滤为代表的膜技术在湖库水体净化领域应用最为广泛。尽管如此，膜技术在规模化应用时仍面临着膜污染问题，导致工艺运行能耗增加、净水效率降低，制约其进一步发展。通过在超滤膜前引入混凝、吸附、氧化等手段，构建膜法组合工艺解决这一问题。适宜的前处理可以高效去除水中的污染物，从而提升产水水质、缓解膜污染。纳滤膜的过滤精度介于超滤膜和反渗透膜之间，其截留分子量在 200 ～ 2000 之间，膜孔径约为 1nm，能有效截留二价及高价离子、分子量高于 200 的有机分子，而使大部分一价无机盐透过，达到“适度的净化和截留”，在优质饮用水生产中具有广阔的应用前景。

针对典型湖库水体的水质特点，介绍了膜分离技术的净水原理、技术特点、分离过程及应用情况，详细阐述了以超滤、纳滤为代表的膜工艺与氧化、混凝、吸附、过滤等常规工艺之间的协同增效情况，并列举了相关工程应用的典型案例，最后对膜法水处理技术的发展方向进行了展望。膜法水处理组合工艺集成技术实现了饮用水厂的稳定运行和水质达标，为典型湖库水源水厂的工艺改造提供技术支撑和工程案例。

7.1　膜法水处理技术

7.1.1　膜分离技术原理、分类及特点

7.1.1.1　膜分离技术原理

膜过程是以膜为核心，在膜两侧给予某种推动力（压力梯度、浓度梯度、电位梯度、温度梯度等）时，原料侧的组分选择性透过膜，以实现料液中不同组分的分离、纯化及浓缩。膜过程可以在温和的条件下实现分子级别的分离，具有低能耗、低成本、分离效率高、环境友好等特点，已成为节能减排、环境治理的共性技术。典型膜过程有微滤、超滤、纳滤、反渗透、电渗析、扩散渗析、气体分离、液膜分离、渗透汽化、膜生物反应器、膜反应器、膜蒸馏、膜萃取、正渗透、控制释放等。膜分离过程的分离机理很多。通常可以归结为以下两类机理。

（1）筛分机理（sieving mechanism）

膜孔径介于被分离物质大小之间时，小于膜孔的物质透过膜，反之被截留，从而达到筛分分离的目的。

（2）溶解扩散机理（solution-diffusion theory）

利用流体中组分在膜中的溶解度和扩散速度的不同，被分离的物质分子吸附溶解在膜表面，从而在膜两侧产生浓度梯度，使被分离物质分子在膜内扩散到膜的另一侧被解吸出来，从而达到分离的目的。

7.1.1.2　膜的分类

具有分离功能的固体膜目前主要以有机高分子聚合物为膜材料，但以无机物为膜材料的分离膜近年来发展迅速。膜的种类和功能繁多，不可能用一种方法来明确分类。比较通用的

有以下 4 种分类方法。

（1）按膜的材料分类

① 有机膜。

② 无机膜。

③ 有机-无机复合膜或混合基质膜。

（2）按膜的结构分类

① 多孔膜：微孔膜，介孔膜，大孔膜。

② 非多孔膜：金属膜，合金膜，聚合物膜。

③ 液膜：无固相支撑型膜（又称乳化液膜），有固相支撑型膜（又称固定膜或支撑液膜）。

（3）按膜的用途分类

1）水处理膜

① 海水与苦咸水淡化膜：主要采用反渗透膜，正渗透膜。

② 电渗析膜、水质净化膜：微滤膜、超滤膜、纳滤膜。

③ 污水处理膜：超微滤膜，常用于构建污水处理的膜生物反应器。

2）气体分离膜

包括氢分离膜、氧分离膜、二氧化碳分离膜、有机气体分离膜、气固分离膜。

3）特种分离膜

① 陶瓷膜：微滤膜、超滤膜、纳滤膜。

② 渗透汽化膜：透水膜、透有机物膜、有机物与有机物分离膜。

③ 阳离子交换膜，阴离子交换膜。

4）民生用膜

① 净水器用膜，空气净化器用膜。

② 医疗用膜：血液透析膜，人工肺、人工肝辅助系统等。

③ 智能膜：仿生和生物启发分离膜，识别和感应膜等。

④ 能源用膜：锂电池、燃料电池、液流电池等用膜。

（4）按膜的作用机理分类

① 筛分：多孔膜，分子筛膜。

② 溶解扩散：聚合物膜，金属膜，碳膜。

③ 离子交换：阳离子交换膜，阴离子交换膜。

④ 选择渗透：渗析膜，反渗透膜，电渗析膜。

⑤ 非选择性：加热处理的微孔玻璃膜，过滤型的微孔膜。

7.1.1.3 膜分离技术的特点

不同的膜分离过程具有不同的机理，适用于不同的分离体系和分离条件。但是总的来说，膜分离过程具有高效、节能、无二次污染、操作方便、便于集成和放大等优点。多数膜分离过程无相变，能耗低；常温操作，适宜于热敏性物质分离；分离选择性高，适用于许多特殊体系分离（如共沸物、沸点相近物、大分子分级、去离子、电解质与非电解质分离等）；工艺简单，组装方便，占空间小，易于操作和放大，便于和其他分离过程集成或杂化。膜分离过程也存在一些问题，例如在膜分离过程中会出现浓差极化、膜污染、膜性能衰减及膜使用寿命有限等问题。随着膜科学技术的不断进步，这些问题正在逐步得到解决。在使用这些膜技术、设计膜分离过程时，要注意采取相应措施，扬长避短，以充分发挥膜分离技术的优势。

7.1.2 膜技术在湖库水体净化中的应用

膜技术在湖库水体净化中的应用越来越广泛。膜技术可以有效地去除水中的悬浮物、胶体、微生物、有机物和重金属等污染物质，同时保留水中的营养物质和矿物质等对生态系统有益的成分。在湖库水体净化中，常用的膜技术包括微滤膜、超滤膜、纳滤膜和反渗透膜等。下面是膜技术在湖库水体净化中的一些具体应用。

（1）水源地保护

利用超滤膜、纳滤膜等膜技术，对水库、湖泊等水源地的水进行预处理，去除其中的泥沙、有机物等，保证水质达到生活饮用水标准。

（2）湖库沉积物处理

利用超滤膜、微滤膜等膜技术，将湖库中的沉积物经过物理、化学处理后，去除其中的污染物质，降低水体中的营养盐含量，防止湖库富营养化。

（3）藻类水华治理

利用微滤膜、超滤膜等膜技术，对湖库中的藻类水华进行治理，去除其中的藻类细胞、有机物等物质，降低藻类的浓度，从而改善水质。

（4）湖库深度净化

利用反渗透膜等膜技术，对湖库中的微生物、重金属等污染物进行深度处理，去除其中的有害物质，达到更好的净化效果。

膜技术在湖库水体净化中的应用有助于改善水质，提高水的利用效率，保护水资源，维护生态环境。膜技术不仅可以应用于城市供水、工业废水处理等领域，也可以应用于湖库水体净化中，为湖库水体的保护和治理提供了一种新的技术手段。

7.2 超滤工艺对湖库水体净化效能

7.2.1 超滤技术简介与原理

7.2.1.1 超滤技术简介

超滤（ultrafiltration，UF）是一种利用多孔膜使溶液中的大分子物质与小分子物质和水分离的膜过程。超滤膜能有效去除水中的胶体、蛋白质、大分子有机物及微生物等。因此，其应用面越来越广泛，小至家用净水器，大到工业化大规模生产，从普通民用到高新技术领域都有不同规模、不同数量的应用，近些年，在环境保护方面也显现其巨大的应用潜力。

7.2.1.2 超滤膜及其组件

（1）超滤膜

1）超滤膜材料

超滤膜材料包括有机高分子材料、无机陶瓷材料和多孔金属材料。用这些材料及不同的制膜工艺，可以获得不同结构和性能的膜。理想的膜材料应该具备良好的耐溶剂性、优良的力学性能、热稳定性和化学稳定性等。

① 有机高分子材料。用于制备超滤膜的有机高分子材料主要来自两个方面：一方面，由天然高分子材料改性而得，例如纤维素衍生物类、壳聚糖等；另一方面，由有机单体经过高分子聚合反应制备，这类材料品种多、应用广，主要有聚砜类、聚烯烃类、含氟类材料等。

② 无机陶瓷材料。无机陶瓷膜材料主要指陶瓷、分子筛、玻璃、硅酸盐、沸石及碳素等，无机膜最突出的优点是耐高温、耐有机溶剂性能好，不易老化，可再生性强，适用于特种分离。目前陶瓷超滤膜大多用粒子烧结法制备基膜，并用溶胶-凝胶法制备反应层，两层制备所用材料有差别，制备基膜材料可以是以高岭土、蒙托石、砖灰石、工业氧化铝等为主要成分的混合材料；而以其反应层主要成分来区分，常用陶瓷膜可分为 Al_2O_3、ZrO_2 和 TiO_2 膜，它们有各自不同的制备材料。

③ 多孔金属材料。由多孔金属膜材料制成的多孔金属膜，包括 Ag 膜、Ni 膜、Ti 膜及不锈钢膜等，目前已有商品出售，其孔径范围一般为 200 ～ 500nm，厚度 50 ～ 70μm，孔隙率可达 60%，多孔金属膜孔径较大，在工业上用作微孔过滤膜和动态膜的载体。由于这些材料的价格较高，在工业上大规模使用还受到限制，但作为膜反应器材料，其催化和分离的双重性能正在受到重视。

2）超滤膜的制备

有机高分子超滤膜的制备方法主要有相转化法、熔融拉伸法、烧结法、核径迹法、聚电解质络合法、复合法等，其中最常见的方法是相转化法。而无机超滤膜制备的主要方法有溶胶-凝胶法、固态粒子烧结法和阳极氧化法等。

① 相转化法。所谓相转化法是指配制一定组成、浓度的均相聚合物溶液，通过一定的物理方法改变溶液的热力学状态，聚合物溶液从稳定的均相状态发生相分离，最终转变成一个三维大分子网络式的凝胶结构。相转化法是迄今为止工业上最常用、最主要的制膜工艺之一，也是制备非对称膜的最主要、最常见方法之一。

② 熔融拉伸法。熔融拉伸法是有机膜的一种重要的制备方法，其经常用于聚烯烃类聚合物微孔膜的制备。拉伸法制备膜主要分为以下几个步骤：在聚合物熔点温度下，对高结晶性聚合物（如聚丙烯、聚乙烯等）预成形纤维或薄片，进行单向或双向拉伸处理，使聚合物材料在拉伸方向上产生狭缝状的裂纹或细孔，得到孔径范围在 0.03 ～ 0.1μm 的多孔膜。此方法仅能适用于（半）结晶性材料制膜，并且制得的膜孔径尺寸相对较大。

③ 烧结法。有机膜和无机膜均可用此方法进行制备。烧结法的具体操作过程为：将一定大小的粉体高分子颗粒放到一个特定的模具中进行压缩，然后在高温下对其均匀加热烧结，控制温度和压力，使颗粒表面熔融但不全熔，颗粒间存在一定的空隙，相互黏结形成多孔材料，然后进行一系列机械加工过程，例如挤出机挤出成型，从而制备出多孔膜。

④ 核径迹法。核径迹法又称核径迹蚀刻法、刻蚀法，是采用物理和化学双重作用制备

膜的方法。主要原理为用高能荷电粒子（如同位素裂变产生）对聚合物薄片或者薄膜进行垂直辐射，使粒子穿过之处聚合物链断裂，形成残缺径迹。然后将薄膜（片）浸入刻蚀试剂（酸或碱溶液）中，径迹处的聚合物材料被刻蚀试剂腐蚀掉，进而形成膜孔，制成的膜孔分布较为均匀，膜孔结构呈等孔径的圆柱形孔。

⑤ 聚电解质络合法。聚电解质是一个由含共价键键合的阴离子或阳离子基团与低分子盐的反离子构成的聚合物系统。共溶性的聚阳离子和聚阴离子相互反应生成聚电解质络合物，即聚盐。通过改变溶液中阳离子与阴离子的比例，来控制生成聚电解质络合物的带电性。这一电解质络合物可通过沉淀法和界面反应法制得超滤膜。沉淀法首先将强碱聚阳离子电解质和强碱聚阴离子电解质共同溶解于一个三元体系中，然后将共溶液流延成膜，最后将膜液中的部分成孔剂蒸发或者浸入凝固浴中置换出溶剂成膜。界面反应法通过两个聚电解质水溶液间的界面离子键反应形成薄膜。目前，由于溶液中聚阳离子和聚阴离子的比例难以控制，所以工业聚电解质络合超滤膜的报道很少，不过当前聚电解质络合渗透汽化膜的研究和开发颇为活跃。

⑥ 复合法。复合法是在支撑体上构建分离层，可实现支撑体、分离层材料各自结构与性能的分别优化。早期的方法以分离层构建为主要目的，包括界面聚合法、稀溶液浸涂-交联法、等离子体聚合法、共挤出协同相分离法、NIPS/TIPS（非溶剂诱导相转化 / 热致相转化）复合法等。现分别介绍如下：a. 界面聚合法是利用两种反应活性很高的单体在两个互不相溶的溶剂界面处发生聚合反应，从而在多孔支撑体上形成一层很薄的致密复合层；b. 稀溶液浸涂-交联法是一种简单并且相当实用的复合膜制备方法，在制备过程中，通常将多孔基膜浸入含有聚合物或预聚体的涂膜液中，之后将基膜取出，于是表层便会附着一层溶液，然后将溶剂经蒸发、交联等获得具有适宜孔结构和致密性的分离层；c. 等离子体聚合法是将某些能在辉光放电下进行等离子体聚合的有机小分子直接沉积在多孔支撑膜上，反应后得到超薄表层的复合膜；d. 共挤出协同相分离法是利用双层复合喷丝头同时挤出两种不同的铸膜液，然后汇集到一起形成双层复合膜的方法，以流动态存在的两种不同特性的铸膜液通过相互扩散后彼此结合得更加紧密，可以实现两层孔结构的高效调控，实现通量、截留率及膜强度的同步提升；e. NIPS 法制膜过程中，可以通过调控铸膜液组成、纺丝工艺参数等制备出不同结构的多孔膜，膜的孔径可以控制在 0.01 ～ 0.2μm 范围内，但是其断面结构中往往有大孔径结构存在，降低了膜结构的完整性和膜的力学性能，而 TIPS 法制备的膜具有较高的力学性能，并且制备的双连续结构也往往具有较高的渗透性能，其孔径通常在 0.1 ～ 1μm 范围内，较难制得小孔径的超滤膜，因此可以借助 NIPS 法和 TIPS 法两者各自的优势，先以 TIPS 法制得的膜为支撑层，再以 NIPS 法涂覆制得的膜为分离层，由此制备兼具通量、截留、强度的性能优异的复合膜。

⑦ 溶胶-凝胶法。溶胶-凝胶法是一种合成无机超滤膜的重要方法，大多数氧化物薄膜采用溶胶-凝胶法制备。溶胶-凝胶法是将金属有机化合物或者无机盐溶于溶剂中，使它们发生水解-缩聚反应，生成物缩合聚集形成溶胶，然后在多孔支撑层上浸涂溶胶，经过蒸发干燥，最终转变为凝胶，热处理后得到多孔无机膜。与固态粒子烧结法相比，溶胶-凝胶工艺制备出来的膜的孔径比较小。

⑧ 固态粒子烧结法。固态粒子烧结法主要用于制备微孔陶瓷载体或微孔陶瓷膜，如多孔氧化铝基质膜的制备。该方法是将无机材料的超细颗粒或微小颗粒（粒径 0.1 ～ 10μm）

与适当的介质（无机黏结剂）混合并分散在溶剂中，形成稳定的悬浮液，然后成型制成生坯，再经过干燥，最后在高温下（1000 ～ 1600℃）烧结处理得到成品。

⑨ 阳极氧化法。阳极氧化法主要用于制备多孔氧化铝膜。这种方法制得的膜具有以下特点：膜的孔径都是同向的，几乎垂直或平行于膜的表面。

（2）超滤膜组件

所有膜装置的核心部分都是膜组件，即按一定技术要求将膜组装在一起的组合构件。膜组件一般包括膜、膜的支撑体或连接物，与膜组件中流体分布有关的流道、膜的密封、外壳以及外接口等。按膜组件中膜的形状，可以分为毛细管式、中空纤维式、管式和板框式。

1）毛细管膜组件

毛细管膜具有自支撑的特点。毛细管膜组件是将很多的毛细管膜安装在一个膜组件中。膜的自由端用环氧树脂、聚氨酯或硅橡胶封装。膜组件的安装及操作方式有两种：

① 膜的皮层在毛细管内侧，原料液流经毛细管内腔，在毛细管外侧收集渗透物；

② 膜的皮层在毛细管外侧，原料液从毛细管外侧进入膜组件，渗透物通过毛细管内腔。

这两种方式的选择主要取决于具体应用场合，要考虑到压力、压降、膜的种类等因素。组件的装填密度为 600 ～ 1200m^2/m^3，介于管式膜组件与中空纤维膜组件之间。

毛细管膜组件优点：投资费用较低，对料液中浊度要求比较宽松，膜装填面积较大。缺点是操作压力受到限制，对系统操作出现的错误比较敏感。

2）中空纤维膜组件

中空纤维膜也是自支撑的，但膜丝直径比毛细管膜细得多。中空纤维膜组件是装填密度最高的一种膜组件构型，单个组件内能装填几十万到上百万根中空纤维超滤膜丝，装填面积可以达到 30000m^2/m^3。其主要优点是：a. 膜的装填密度高，产水量大；b. 制造方便，便于大型化和集成化；c. 成本低；应用广泛。主要缺点是：a. 膜面污垢去除困难，不能进行机械清洗，只能采用化学清洗；b. 对进料液要求有严格的预处理。

3）管式膜组件

与毛细管膜和中空纤维膜不同，管式膜不是自支撑的，膜被固定在一个多孔的不锈钢、陶瓷或塑料管内。管直径通常 6 ～ 24mm，每个膜组件中膜管数目一般为 4 ～ 18 根，当然也不局限于这个数目。原料一般流经膜管内，渗透物通过多孔支撑管流入膜组件外壳。

管式膜组件的主要优点是：a. 能有效地控制浓差极化；b. 可大范围地调节料液的流速，流动状态好；c. 污垢容易清洗；d. 对料液的预处理要求不高，并可处理含悬浮固体的料液。其缺点是：a. 投资和运行费用较高；b. 装填密度较低，＜ 300m^2/m^3。

4）板框式膜组件

板框式膜单元，是由两张膜一组构成夹层结构，两张膜的膜面相对，由此构成原料腔室和渗透物腔室。在原料腔室和渗透物腔室中安装适当的间隔器。采用密封环和两个端板将一系列这样的膜单元安装在一起以满足一定的膜面积要求，这便构成板框式膜组件。

这类膜组件的装填密度为 100 ～ 400m^2/m^3。为减少流量分布不均的问题，膜组件中设计了挡板。这种板框式膜组件的优点是，每两片膜之间的渗透物都是被单独引出来的，可以通过关闭各个膜单元来消除操作中的故障，而不必使整个膜组件停止运转。缺点是在板框式膜组件中需要个别密封的数目太多，同时内部压力损失也相对较高（取决于流体转折流动的情况）；价格较昂贵，板框式膜组件的费用一般为 500 ～ 1000 美元 /m^2，而膜的更换费用为 30 ～ 100 美元 /m^2。

7.2.1.3　超滤膜分离过程

超滤膜过滤有两种基本操作方式：全流过滤（full-flow filtration）和错流过滤（cross-flow filtration）。

（1）全流过滤

全流过滤是指在膜两边压力差的驱动下，溶质和溶剂垂直于分离膜方向运动，溶质被膜截留，溶剂透过膜而使溶质和溶剂分离。全流过滤中主体料液与透过液运动方向相同，过程不产生浓缩液。全流过滤也称死端过滤（dead-end filtration），随着操作时间的增加，膜污染会越来越严重，过滤阻力越来越大，膜的渗透速率越来越低，必须周期性地停下来清洗膜表面，所以全流过滤是间歇式的。

（2）错流过滤

错流过滤过程中，主体料液与膜表面切向流动，原料液从膜组件一端流入，料液中的溶质被膜截留，浓缩液从膜的另一端流出，透过液垂直膜面透过膜。因此，错流过滤也被称为切向流过滤。在错流过滤过程中，料液流经膜表面时产生的剪切力会把膜面上滞留的颗粒带走，使污染层保持在一个较低的水平上，能有效地控制浓差极化和滤饼堆积，所以长时间操作仍可保持较高的膜通量。

柱式组件外压过滤时，料液通道没有被堵塞的危险，但纤维间的死角易导致堵塞，不易清洗。柱式组件内压过滤时，污染物集中在膜丝内部，因此避免了在膜组件端部的膜丝处累积污染物而导致污染难以被清洗的后果。

7.2.2　超滤膜在湖库水体净化中的应用

7.2.2.1　粉末活性炭 / 过硫酸氢钾 + 超滤法处理鹊山水库引黄水

超滤膜分离技术及其组合工艺满足了饮用水水质不断提高的需求，在我国城镇饮用水厂中实现了规模化和工业化应用。作为传统饮用水处理工艺的替代产品，超滤能有效截留水中的悬浮物、胶体、大分子有机物和微生物等杂质，在饮用水水质安全保障中发挥着重要的屏障作用。尽管超滤具有种种优势，但限制其广泛应用的一个关键性问题是膜污染，天然有机物（NOM）是重要的膜污染物之一，是造成膜污染的主要原因。粉末活性炭（PAC）与超滤（UF）的组合工艺已经被采用以有效控制膜污染，但仍然存在 PAC 颗粒会加重膜污染的问题。针对这一现象，著者团队采用 PAC 吸附-催化氧化过硫酸氢钾（PMS）作为超滤膜前处理手段，探究 PAC 与 PMS 之间的协同作用机制，揭示 PAC/PMS 反应过程中膜污染物质降解与转化规律，考察 PAC/PMS 对鹊山水库引黄水引起的膜污染的影响，从宏观、微观角度解析 PAC/PMS 体系对膜污染调控的作用机理。

（1）水质特征

研究中使用的微污染水为鹊山水库引黄水，原水取回后存放于实验室阴凉处。试验进行之前，利用实验室真空抽滤装置（0.45μm 孔径醋酸纤维素滤膜）对原水进行抽滤，目的是去除水中悬浮物及部分浮游微生物等杂质。水样保存于4℃冰箱内以备用，进行试验时将其恢复至室温［(24±1)℃］使用。试验期间水质情况：DOC浓度为2.475～2.532mg/L，UV_{254}值为0.035～0.039cm^{-1}，pH值为7.2～7.6。

（2）工艺简介

1）预处理

研究中涉及的预处理试验包括单独PMS氧化、单独PAC吸附和PAC/PMS组合体系。预处理试验通常在500mL烧杯中进行，采用磁力搅拌器（84-1A，司乐，中国）以120r/min转速充分搅拌12h，室温保持在（24±1）℃。PAC/PMS体系去除有机污染物的实验步骤如下：向待处理水样中依次加入预定量的PAC和PMS，反应结束后加入过量的$Na_2S_2O_3$溶液终止反应，预处理后的水样用于进行后续膜过滤试验。对照试验PMS氧化和PAC吸附分别向待测水样中加入预定量的PMS和PAC。在PAC预处理试验中，进行过滤试验之前，采用0.45μm微滤膜过滤掉PAC颗粒。在另外一组试验中，为阐明PAC颗粒对膜污染的影响，预处理反应结束后不去除PAC颗粒，立即将水样转移至超滤杯中进行过滤。

2）超滤

研究中使用平板超滤膜过滤试验装置分析研究污染物的污染行为和机理。图7-1展示了平板超滤膜过滤试验系统，本系统主要由氮气瓶、MSC 300超滤杯（MSC，中国）、HZY-B2200电子天平（HZ，美国）和数据采集与控制系统组成。其中，氮气瓶提供恒定的压力驱动，跨膜压差为0.02MPa；超滤杯在室温［(24±1)℃］下进行恒压死端膜过滤试验，每周期试验过滤体积为300mL，有效膜过滤面积为37.4cm^2；电子天平与超滤杯出水相连，以记录膜过滤出水质量；数据采集与控制系统每间隔4s自动记录产水量。每个试验周期主要由3个步骤组成：首先，将膜过滤层正面朝上置于超滤杯底部，0.02MPa压力驱动过滤100mL超纯水，通过电子天平记录的膜通量计算膜自身阻力；其次，在超滤杯中加入300mL待过滤水样，记录过滤终点时的膜通量以确定过滤总阻力；最后，测量反冲洗完成后的膜的超纯水通量，以获取膜污染阻力的具体分布。超滤膜的水力反冲洗是利用相对较高的恒定压力（100kPa）和适宜的反冲洗时间（2min）完成的。将进行完过滤试验的膜渗透侧正面朝上放置，过滤100mL超纯水通过膜渗透侧进入进料侧完成反冲洗。

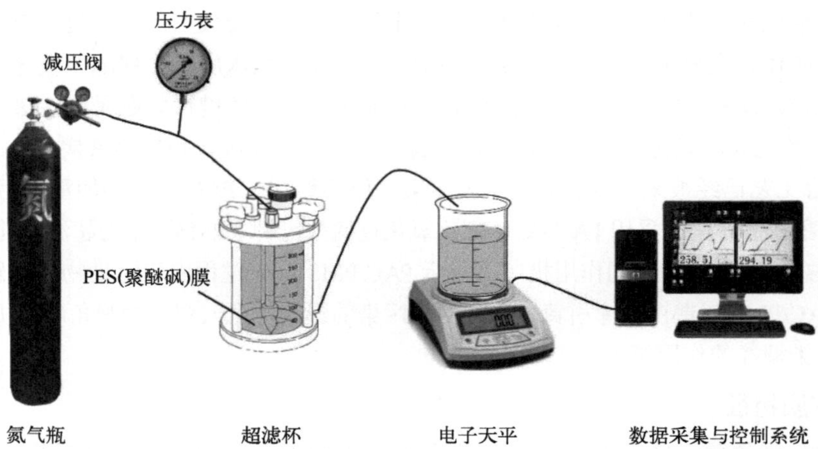

图7-1　平板超滤膜过滤试验装置

(3) 试验结果

1) PAC 活化 PMS 的催化效能

背景选取 HA 溶液，考察了 PAC/PMS 体系中 PMS 的降解情况，结果如图 7-2 所示。可以看出单独 PMS 体系中 PMS 的浓度变化不显著，反应 12h 后仅有 22.8% 的 PMS 被消耗。相比之下，PAC 的存在明显加快了 PMS 的分解，最终反应体系中 PMS 有 68.8% 被消耗分解。因此，试验结果证实了 PAC 作为催化剂活化 PMS 降解污染物的有效性。

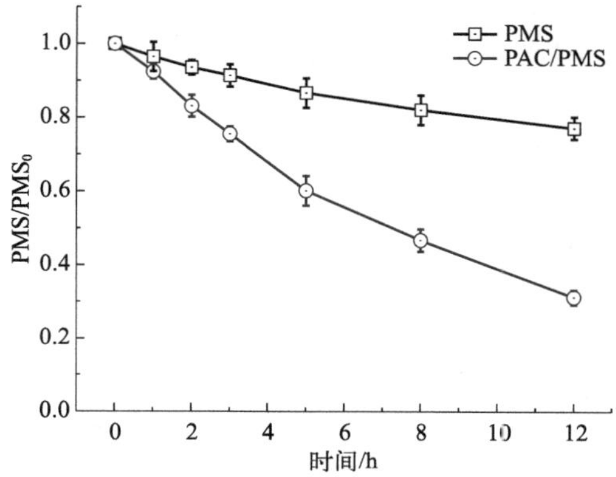

图 7-2　PAC/PMS 和 PMS 体系中的 PMS 浓度变化

有研究表明，碳基材料具有氧化还原性质，通常与材料表面含氧官能团及表面缺陷程度有关。由图 7-3 的 FT-IR（傅里叶变换红外）光谱可以看出，3600 ～ 3100cm^{-1} 范围内的宽吸收峰由 O—H 键的伸缩振动导致；1700cm^{-1} 处为 PAC 表面羧基或内酯基中的 C═O 伸缩振动特征峰；1568cm^{-1} 和 1383cm^{-1} 位置处分别对应—COOH 的反对称和对称伸缩振动峰；1233cm^{-1} 附近可归属为 C—O 键伸缩振动峰。由分析结果可知，PAC 表面存在羟基、羰基、羧基和内酯基等多种含氧官能团，这些基团成为了电子传递介体的催化活性位点，这对充分发挥 PAC 的催化氧化作用非常关键。这些富电子官能团通过电子转移与 PMS 反应产生活性物种，活性物种进攻 PAC 近表面的污染物。有研究表明，含氧官能团并不在碳表面，而是在表面芳香环的边缘碳原子上。所以 PAC/PMS 体系中污染物与活性物种的反应可能发生在 PAC 的近表面，主要包含了 PAC 的表面区域和靠近 PAC 表面的本体溶液。

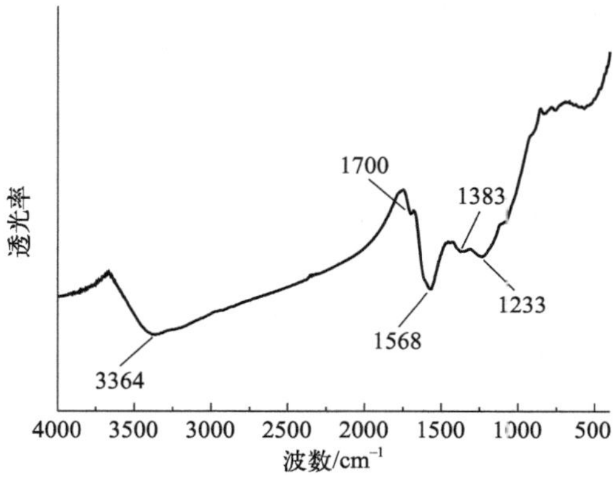

图 7-3　PAC 颗粒的 FT-IR 光谱

为说明 sp^2 碳构型对 PAC 催化特性起重要作用，PAC 拉曼光谱分析如图 7-4 所示。很明显，在 $1360cm^{-1}$ 存在一个相对较弱的 D 带，在 $1580cm^{-1}$ 处出现一个强 G 带，同时位于 $2800cm^{-1}$ 位置的 2D 带被检测到。研究指出，D 带是由碳基材料的无序引发振动产生，主要与材料的缺陷结构有关；G 带的产生归因为 sp^2 杂化碳原子的 E_{2g} 振动模式。通常采用 D 带与 G 带的强度比（I_D/I_G）评估碳基材料的结构无序度和缺陷数量。通过计算 I_D/I_G 为 0.74，表明 PAC 具有无序的碳结构和显著的结构缺陷。综上所述，PAC 的表面含氧官能团对 PMS 的分解具有关键作用，且高的无序度和表面缺陷数量有利于高催化效能的实现。这有助于充分发挥 PAC 的氧化还原特性，从而更有效地催化 PMS 降解有机污染物。

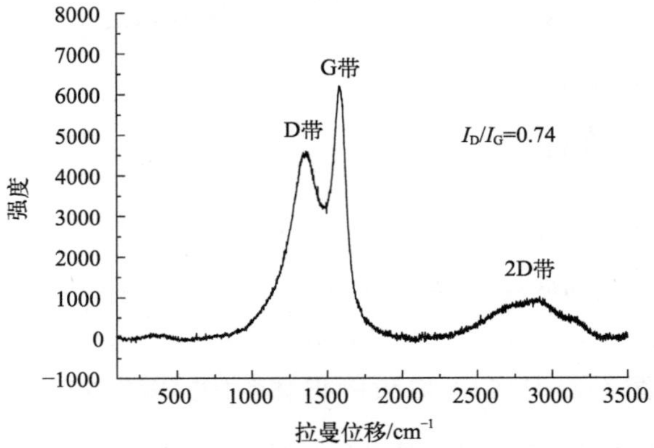

图 7-4　PAC 颗粒的拉曼光谱

2）PAC/PMS 体系去除有机污染物的反应机理

① 反应过程中的自由基鉴定。前人的研究表明，金属和非金属催化剂均能有效活化 PMS 生成 SO_4^-· 和 ·OH。与此同时，在非金属碳基催化剂活化 PMS 降解污染物过程中，超氧阴离子（O_2^-·）和单线态氧（$^1O_2$）被认为是具有关键作用的活性氧物种。为验证 PAC 催化 PMS 体系中是否同时涉及自由基（SO_4^-·、·OH 和 O_2^-·）和非自由基（$^1O_2$）路径，采用自由基捕获剂 DMPO（5,5-二甲基-1-氧化吡咯啉）和 TEMP（2,2,6,6-四甲基哌啶）进行了 EPR（电子顺磁共振）分析。通常，DMPO 用于鉴定 SO_4^-·、·OH 和 O_2^-·，从而形成自旋加合物 DMPO-SO_4、DMPO-OH 和 DMPO-OOH；TEMP 用来捕捉 $^1O_2$，同时生成 TEMP-$^1O_2$ 加合物，利用自旋加合物特殊且易于识别的 EPR 谱鉴定自由基的种类。

如图 7-5 所示，PMS-水溶液体系中未出现明显的特征峰，而在 PAC/PMS 体系中清晰地观察到一个典型的四重峰（峰高比 1∶2∶2∶1），这被认为是 DMPO-OH 加合物的特征信号。试验结果验证了 PAC/PMS 体系中 ·OH 的存在，且 PAC 能有效催化 PMS 产生自由基。有研究指出，由于 O_2^-· 在水相中易发生歧化反应，阻碍了其与 DMPO 之间的缓慢反应，因此选择 DMSO（二甲基亚砜）溶液代替水，在 PAC/PMS 体系判断 O_2^-· 的产生。明显地，PAC/PMS 体系中检测到一个五重峰信号，这可能是 DMPO-OOH 加合物，表明了反应体系中 O_2^-· 的存在。同时，因为 DMSO 不能完全捕捉催化剂表面或附近的自由基，故在 DMSO 溶液中观察到 DMPO-SO_4 特征信号。图 7-5（c）显示是峰高比为 1∶1∶1 的 TEMP-$^1O_2$ 三重峰波谱（g=2.0059）。单独 PMS 体系中可以检测到一个很弱的特征峰信号，这可能是因为 PMS 通过自我分解产生 $^1O_2$，但此反应极其缓慢且 $^1O_2$ 的产量少，与 PAC/PMS 体系中的信号强度相比，PMS 自分解反应基本可以忽略。显然，PAC 催化 PMS 能显著增强 TEMP-$^1O_2$ 信号，充分说明了反应体系中形成了相当数量的 $^1O_2$。通过 EPR 分析可得在 PAC/PMS 体系中 SO_4^-・、・OH、O_2^-・和 $^1O_2$ 共存，说明 PAC 活化 PMS 过程中既有自由基的氧化作用又涉及非自由基的氧化途径。在二者共同作用下，可以显著提高污染物的去除效率。同时，PAC 显著的吸附能力有助于污染物与活性氧物种在近表面结合，从而强化催化氧化反应过程。

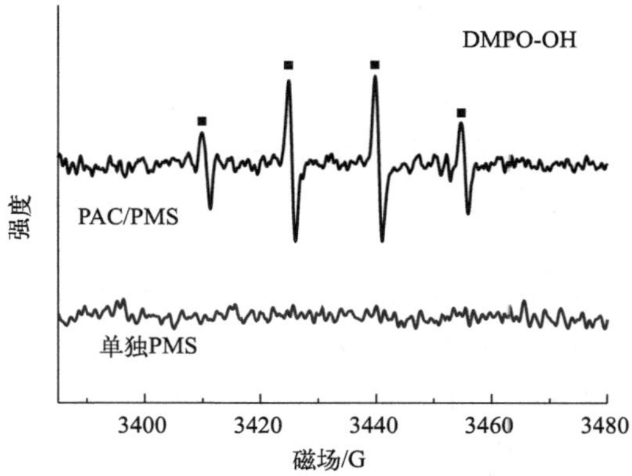

(a) DMPO-OH（水溶液）

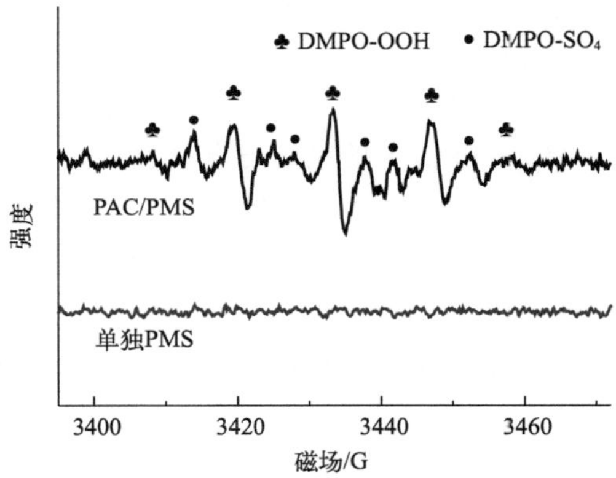

(b) DMPO-OOH和DMPO-SO_4（DMSO溶液）

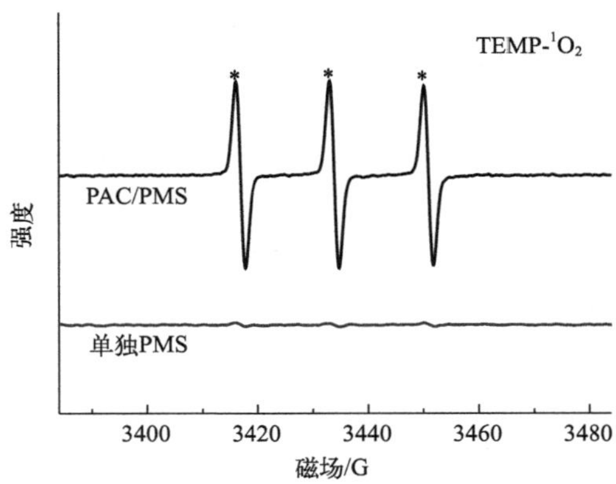

(c) TEMP-$^1O_2$（水溶液）

图 7-5　PAC/PMS 体系中 EPR 检测图谱

② PAC/PMS 体系的氧化机理。为阐明 PAC/PMS 预处理对膜有机污染的缓解机理，表 7-1 总结列举了 PAC/PMS 体系中活性氧物种的可能生成机制，图 7-6（书后另见彩图）为可能的反应示意图。首先，有机污染物和 PMS 均吸附在 PAC 表面上，然后 PMS 与 PAC 表面活性位点（—OH、—OOH 和 =O 等含氧官能团）接触，通过电子转移产生 SO_4^-•［式（7-1）～式（7-3）］。有研究发现活性炭表面同时存在吸附位点和活性位点，吸附污染物的同时氧化剂与活性位点作用产生自由基。与 PMS 相比，SO_4^-• 具有更强的氧化能力［氧化还原电位 E_0=2.5 ～ 3.1V 相比 NHE（标准氢电极）］。SO_4^-• 可以与 PAC 表面吸附的 NOM 反应，将高分子量有机物分解为低分子量物质或直接矿化为 CO_2 和 H_2O［式（7-12）］。除 SO_4^-• 作用之外，据报道 PMS 的活化可引发自由基的相互转化反应。SO_4^-• 直接氧化 PAC 表面吸附的 H_2O 或 OH^- 产生 •OH，进而对 NOM 进行降解［式（7-4）］。•OH 是一类典型的非选择性自由基（E_0=1.8 ～ 2.7V 相比于 NHE），能够快速地与 NOM 反应［式（7-12）］。值得注意的是，SO_4^{2-} 能够与 •OH 反应产生 SO_4^-•［式（7-5）］，故在 PAC/PMS 体系中 SO_4^-• 和 •OH 共存。除 SO_4^-• 和 •OH 外，O_2^-• 自由基氧化路径也发挥了重要作用。在溶解氧存在的条件下，O_2^-• 自由基可作为中间产物生成。由式（7-6）～式（7-9）可以看出，体系中 O_2^-• 的产生是合理的，•OH 与 OH^- 反应生成 HO_2•，进一步离解形成 O_2^-•。除自由基路径外，由碳网格表面缺陷结构引发的非自由基氧化途径是 NOM 去除的关键。与自由基路径产生强氧化性物种的机理不同，非自由基氧化较为温和，以碳基催化剂为反应载体、NOM 为电子供体、氧化剂为电子受体进行 NOM 降解反应。研究认为，$^1O_2$ 作为一类高选择性的非自由基，对富含电子的有机污染物具有很高的反应活性，并且水中的无机离子和 pH 值等背景基质对 $^1O_2$ 的干扰较小。$^1O_2$ 的产生与 HO_2• 和 O_2^-• 的重组与自分解有关［式（7-10）～式（7-11）］。综上所述，SO_4^-•、•OH、O_2^-• 和 $^1O_2$ 是 PAC/PMS 反应体系中的主要活性物质，说明 PAC 活化 PMS 降解有机污染物时同时涉及自由基和非自由基两种氧化途径，二者共同作用将 NOM 降解甚至矿化［式（7-12）］。

表 7-1 PAC 催化 PMS 降解污染物过程中的主要反应方程式

反应方程式	序号
Carbon surface-OH + HSO_5^- ⟶ SO_4^-• + Carbon surface-O• + H_2O	（7-1）
Carbon surface-COOH + HSO_5^- ⟶ SO_4^-• + Carbon surface-COO• + H_2O	（7-2）
Carbon surface-C=O + HSO_5^- ⟶ SO_4^-• + Carbon surface-C—O• + OH^-	（7-3）
SO_4^-• + OH^- ⟶ •OH + SO_4^{2-}	（7-4）
•OH + SO_4^{2-} ⟶ SO_4^-• + OH^-	（7-5）
•OH + OH^- ⟶ O^-• + H_2O	（7-6）
•OH + O^-• ⟶ HO_2^-	（7-7）
•OH + HO_2^- ⟶ OH^- + HO_2•	（7-8）
HO_2• ⟶ O_2^-• + H^+	（7-9）
O_2^-• + HO_2• ⟶ HO_2^- + $^1O_2$	（7-10）
$2O_2^-$• + $2H^+$ ⟶ H_2O_2 + $^1O_2$	（7-11）
SO_4^-•/•OH/O_2^-•/$^1O_2$ + NOM ⟶ … ⟶ SO_4^{2-} + CO_2 + H_2O	（7-12）

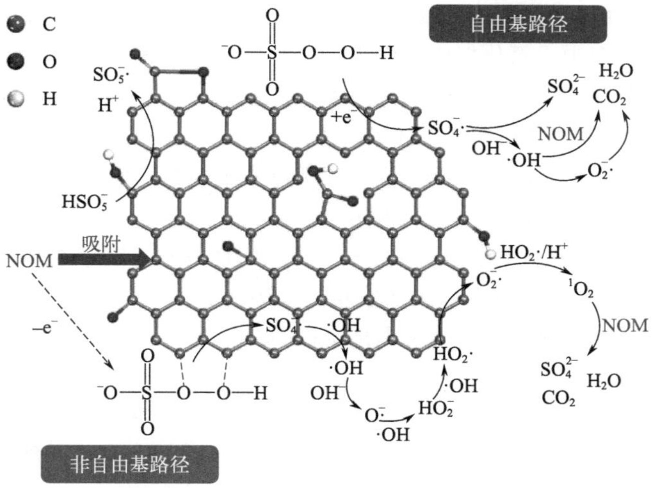

图 7-6　PAC/PMS 体系降解有机污染物的反应示意

3）膜过滤性能

试验选用鹊山水库引黄水作为目标水体，研究了 PMS 氧化、PAC 吸附和 PAC/PMS 组合预处理对膜过滤天然地表水过程中膜污染的影响（试验条件：PAC=100mg/L，PMS=1.0mmol/L）。如图 7-7 所示，未经预处理的黄河水引起膜通量严重下降，第一和第二过滤周期结束时 J/J_0 分别为 0.57 和 0.54。单独 PMS 处理后仅略微提高了渗透通量，膜污染控制效果不显著。当采用 PAC 处理时，第一和第二过滤周期结束时 J/J_0 分别增至 0.66 和 0.64。虽然第二周期末 J/J_0 略有降低，但仍显著高于过滤原水时的膜通量。不同于 PMS 氧化和 PAC 吸附，PAC/PMS 预处理导致 J/J_0 的下降速度最慢，第一和第二周期过滤终点 J/J_0 分别为 0.78 和 0.75。由此可得，PAC/PMS 预处理可以有效改善膜通量的下降。

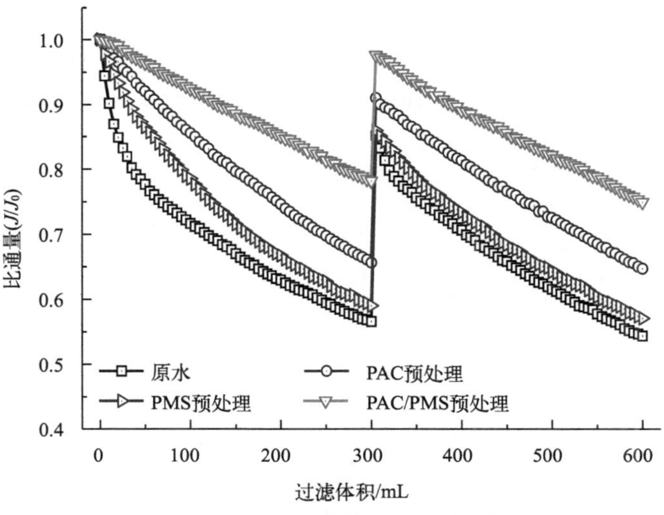

图 7-7　PAC/PMS 预处理对天然地表水膜通量的影响

此外，不同预处理方式对黄河水引起的膜污染可逆性的影响如图 7-8 所示。黄河水原水导致最严重的膜污染，过滤两个周期后可逆和不可逆污染阻力分别为 $0.64\times10^{11}m^{-1}$ 和

$0.58\times10^{11}m^{-1}$。单独 PMS 氧化能略微降低可逆污染阻力，可以认为，PMS 虽能降解水中的部分大分子有机物，但由于氧化能力不足无法使其完全矿化，不能有效降低小分子有机物的含量，故膜污染的控制效果不显著。采用 PAC 预处理时，过滤两个周期形成的可逆和不可逆污染阻力分别为 $0.30\times10^{11}m^{-1}$ 和 $0.51\times10^{11}m^{-1}$，说明 PAC 吸附对膜污染缓解有积极作用。经 PAC/PMS 预处理后，可逆和不可逆污染均得到最佳控制，第二过滤周期结束时，可逆和不可逆污染阻力分别降至 $0.13\times10^{11}m^{-1}$ 和 $0.30\times10^{11}m^{-1}$。值得注意的是，过滤两个周期后形成的可逆和不可逆污染阻力仍比原水的第一个过滤周期分别下降了 52.8% 和 36.6%。综上可得，PAC/PMS 预处理在提升膜通量和降低膜污染阻力方面表现出优异的性能，试验结果证实了该体系缓解天然地表水引起的膜污染是可行的。

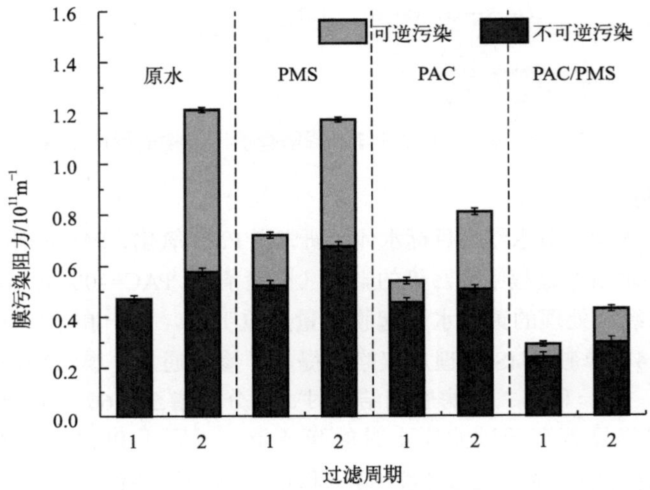

图 7-8　PAC/PMS 预处理对天然地表水膜污染可逆性的影响

4）PAC/PMS 预处理对有机物物化特性的影响

① 对 DOC 和 UV_{254} 的去除。图 7-9 研究了不同预处理方式对膜进水 DOC 和 UV_{254} 的影响。由图 7-9 可知，黄河水原水的 DOC 和 UV_{254} 分别为 2.475mg/L 和 $0.037cm^{-1}$。当采用

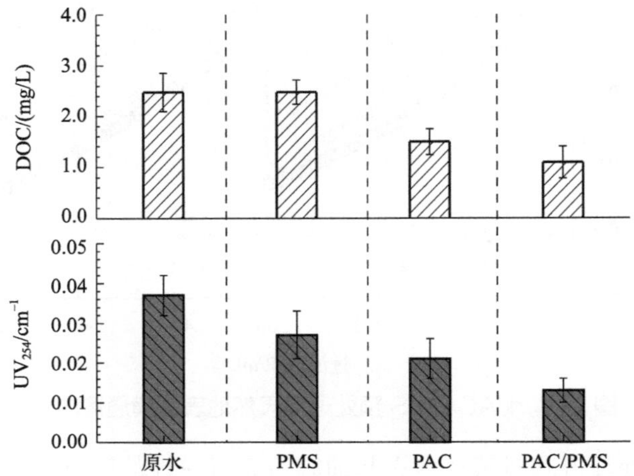

图 7-9　PAC/PMS 预处理对天然地表水 DOC 和 UV_{254} 的去除效果

PMS 氧化、PAC 吸附和 PAC/PMS 预处理时，UV_{254} 去除率分别为 27.0%、43.2% 和 64.9%，这说明 PAC/PMS 实现了良好的 UV_{254} 去除效果。不同于 UV_{254} 去除情况，单独 PMS 氧化作用对 DOC 几乎没有去除效果，这可能是因为反应过程中缺乏催化剂。单独 PAC 吸附实现了 DOC 的有效去除，去除率为 40.0%。PAC/PMS 体系能进一步降低进水 DOC 浓度，去除率为 56.1%。结果表明，PAC/PMS 预处理可以显著降低膜进水中有机污染物的含量，这对减轻膜污染起到了积极的作用。

② 对荧光组分的去除。利用 EEM 光谱图表征了不同预处理方式对膜进出水中的荧光有机组分的影响，结果如图 7-10 所示（书后另见彩图）。黄河水原水中主要包括 4 个荧光峰，分别为 *Ex*/*Em*=280nm/340nm 的 T_1 峰和 *Ex*/*Em*=230nm/340nm 的 T_2 峰，代表色氨酸蛋白质类物质，主要为微生物分解代谢产生的溶解性微生物产物；*Ex*/*Em*=320nm/420nm 的 C 峰和 *Ex*/*Em*=260nm/420nm 的 A 峰，代表腐殖酸类和富里酸类物质，其中 C 峰主要与易被氧化降解的有机物质有关，A 峰则由分子量较大、性质较稳定的有机质产生。显然，PMS 预氧化明显降低了 T_1 和 T_2 的峰强度，去除率分别为 77.8% 和 63.2%。而对 A 和 C 峰强度的减弱效果略显苍白，去除率分别为 39.5% 和 43.4%。与 PMS 预处理不同，经 PAC 预处理后，T_1、T_2、C 和 A 峰的荧光强度分别降低了 50.7%、40.7%、64.2% 和 60.3%。结果说明，与蛋白质类物质相比，PAC 吸附更有利于去除腐殖酸类物质。经膜过滤后明显发现，滤后水中的各个荧光特征峰相比进水均有显著减弱，尤其是蛋白质类物质荧光峰，说明部分有机污染物可以有效被超滤膜截留。同时，也可侧面反映出蛋白质类荧光物质的分子量大于膜截留分子量（150000）是造成膜污染的主要原因。综上所述，PAC/PMS 预处理能明显减弱有机物的荧光强度。这可能是因为吸附与氧化的协同作用产生的强活性氧物种能够有效去除腐殖酸类和蛋白质类荧光污染物，从而对膜污染的缓解产生积极作用。

③ 对有机物分子量分布的影响。图 7-11（书后另见彩图）为不同预处理方式对膜进水中有机物分子量分布的影响。显然，随着保留时间的增长，排阻色谱图依次出现 5 个响应峰，分别代表了大分子生物聚合物（＞ 20000）、大分子腐殖质（约 1000）、中等分子量的有机物碎片（300 ～ 500）、小分子中间体（＜ 350）和小分子有机物（＜ 350）。实验选用波长 254nm 的紫外吸收检测器，由于生物聚合物对紫外检测信号不敏感，故图 7-11 中的信号强度较弱。依据结果，黄河原水呈现出明显的响应峰信号，有机物组成复杂。水样经 PMS 预处理后，虽然腐殖质和有机物碎片的峰高降低，但小分子中间体和有机物的峰高增强，这可能是 PMS 氧化作用将大分子有机物降解为小分子物质，导致小分子物质的浓度增加。此外，生物聚合物组分峰出现向保留时间增长的方向移动的趋势，说明氧化作用可以降低蛋白类有机物的分子量。经 PAC 预处理后，各个分子量范围的有机物信号强度均有显著的降低，说明 PAC 吸附作用有利于提高有机物的去除效果。当采用 PAC/PMS 预处理时，5 个响应峰峰强度进一步降低，生物聚合物组分峰信号几乎消失，这与三维荧光的分析结果一致。通过分析得出结论：单独氧化作用难以彻底分解大分子有机物为二氧化碳和水，造成水中小分子有机物浓度增大。PAC/PMS 可以有效去除各个分子量范围的有机物，这可能是因为 PAC 作为催化剂能有效活化 PMS 产生具有强氧化性的活性物种，其氧化降解污染物的同时 PAC 发挥吸附作用，在吸附和氧化的协同作用下有效地去除污染物。经过预处理后，进水中有机物浓度降低，减轻了后续过滤时的膜表面有机污染负荷，有利于控制膜污染。

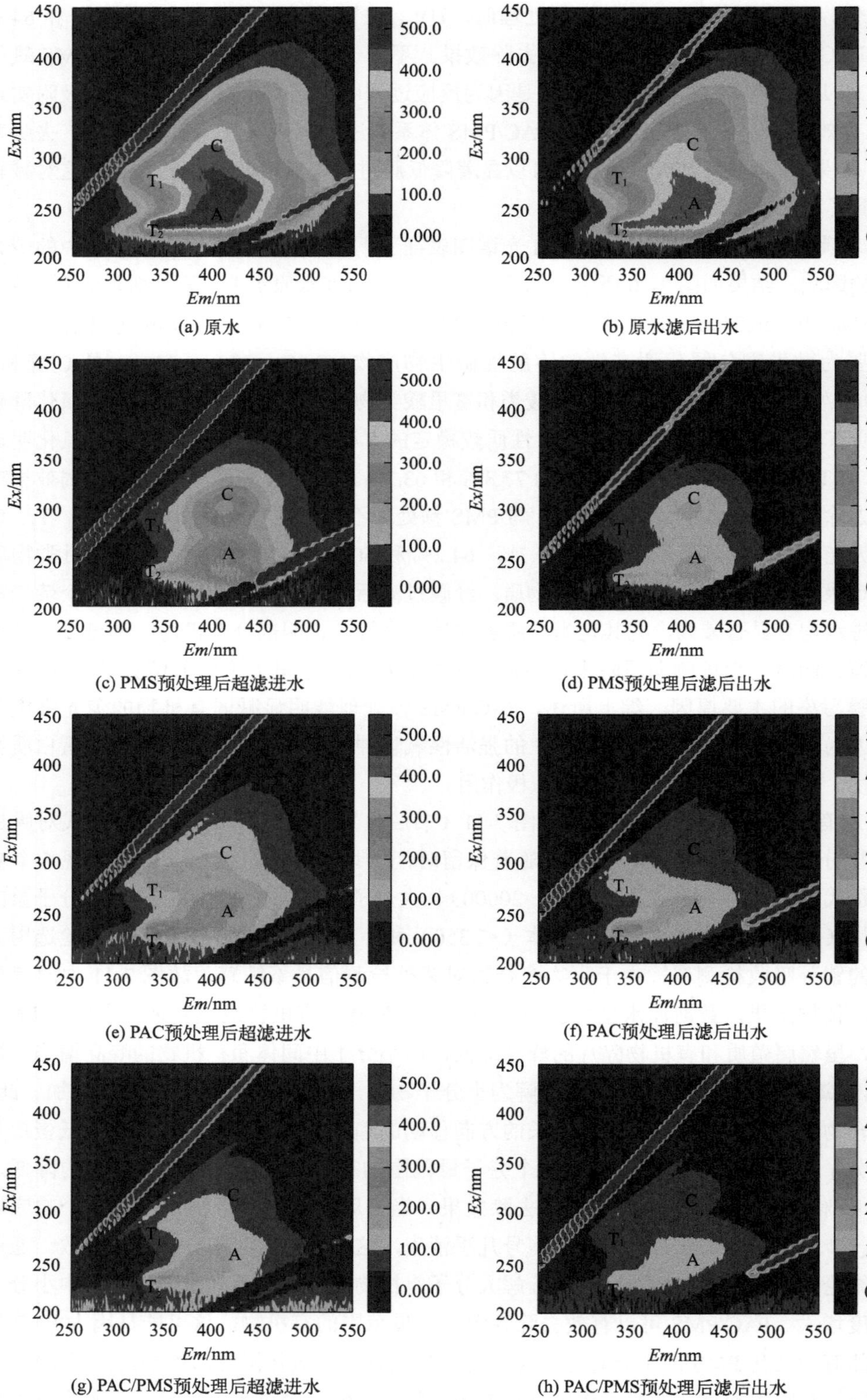

(a) 原水　(b) 原水滤后出水　(c) PMS预处理后超滤进水　(d) PMS预处理后滤后出水　(e) PAC预处理后超滤进水　(f) PAC预处理后滤后出水　(g) PAC/PMS预处理后超滤进水　(h) PAC/PMS预处理后滤后出水

图 7-10　不同预处理下膜进出水的 EEM 光谱图

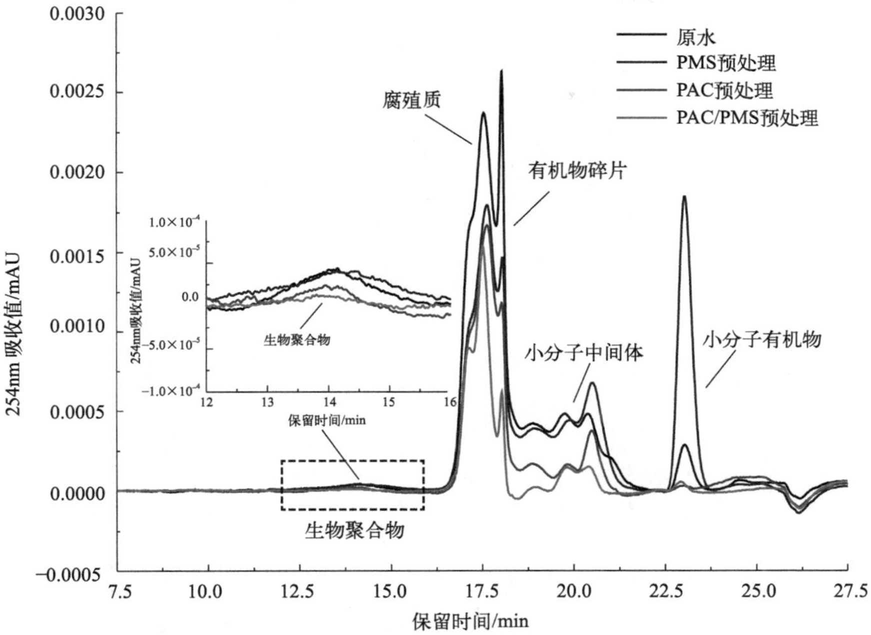

图 7-11　不同预处理对膜进水中有机物分子量分布的影响

5）膜表面污染表征

① 膜表面微观形态表征。采用 SEM 表征新 PES 膜、黄河水原水污染后的膜及不同预处理后的膜，膜表面微观形貌如图 7-12 所示。与污染膜相比，新膜显示出清晰的网络化孔结构，膜孔均匀分布且孔隙率较高。未经预处理的原水污染后的膜表面形成了一个相对致密且凹凸不平的污染层，偶尔可见的孔状间隙可能是污染物堆积不均匀引起的。经 PMS 氧化预处理后，膜表面的滤饼层变得更光滑且开孔数目增多，这可能是因为 PMS 氧化作用能将大分子量有机物分解为小分子物质，进而在膜表面沉积为稀薄的污染层。可以清楚地发现，PAC 预处理后的膜表面含有众多杂乱无章、形貌不规则的大块污染物。经 PAC/PMS 预处理后的膜表面形态呈现出很大变化，污染物明显减少，膜孔数量明显增多，没有形成滤饼层。

② 膜表面化学官能团分析。通过 FT-IR 分析研究了新 PES 膜和不同情况下黄河水污染的 PES 膜的表面官能团变化情况，结果如图 7-13 所示（书后另见彩图）。图 7-13 中显示了 PES 膜材料的大部分振动和弯曲信号，1800 ～ 1000cm^{-1} 区域内的吸收带包括芳香族 C═C 拉伸（1578cm^{-1}、1485cm^{-1}、1409cm^{-1}）、砜基的反对称 O═S═O 拉伸（1322cm^{-1}、1297cm^{-1}）、芳基醚的反对称 O—C—O 拉伸（1239cm^{-1}）、砜基的对称 O═S═O 拉伸（1149cm^{-1}）和芳香环振动（1105cm^{-1}、1071cm^{-1}）。可以观察到黄河水污染的膜表面原本属于 PES 材料的特征峰的强度减弱，这是由于膜表面覆盖了污染物层。如图 7-13 所示，3700 ～ 3100cm^{-1} 范围内的吸收峰代表 O—H 和 N—H 基团，表明膜污染物质中存在亲水性有机物；2938cm^{-1}（C—H）和 1700cm^{-1}（C═O）两处的吸收峰为腐殖酸类物质；1543cm^{-1} 处为 N—H（酰胺Ⅱ）的特征吸收峰，与蛋白质类物质有关；1045cm^{-1} 附近的吸收峰是多糖的 C—O 伸缩振动。显然，未经预处理的黄河水污染的膜表面具有最强的吸收，而经不同预处理之后各种峰强度均有不同程度的减弱，其中 PAC/PMS 体系产生了明显的去除作用，这与 SEM 分析结果一致。

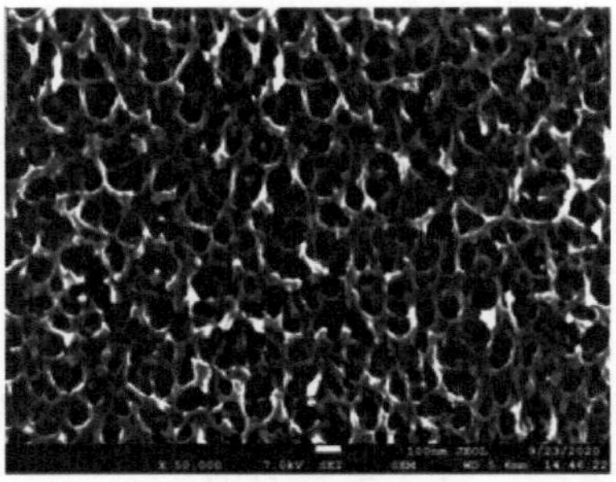

(a) 新PES膜

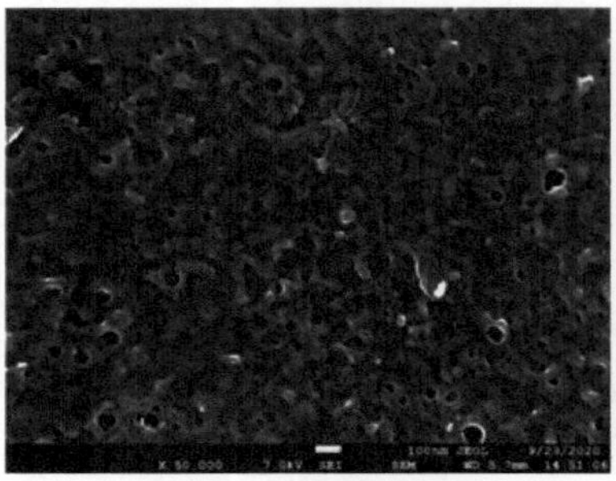

(b) 黄河水原水污染后的膜

(c) PMS预处理后的膜

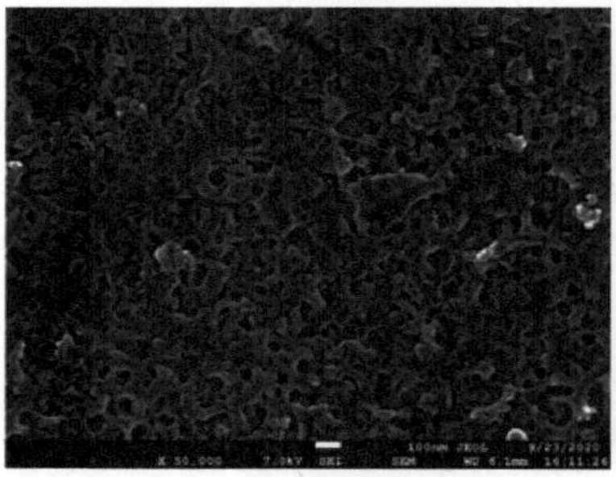

(d) PAC预处理后的膜

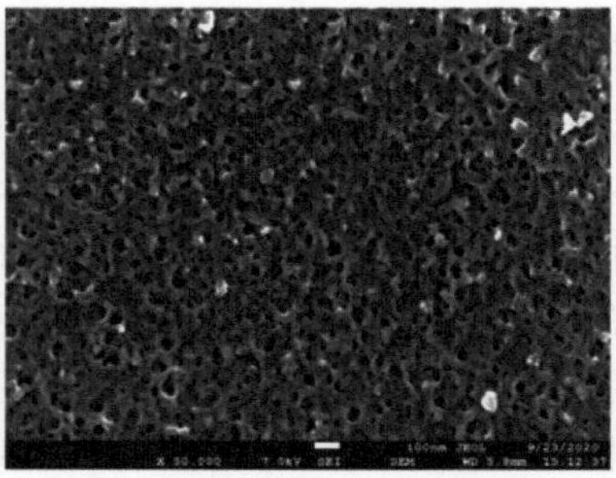

(e) PAC/PMS预处理后的膜（放大倍数×50000）

图 7-12　SEM 图像

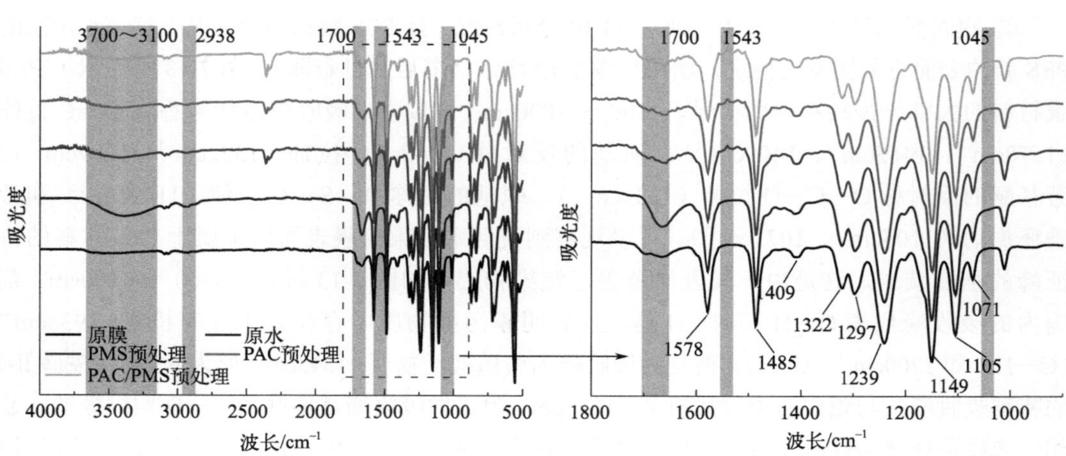

图 7-13　不同预处理下的膜表面 FT-IR 光谱

③ 膜污染模型拟合分析。利用“膜孔堵塞-滤饼层过滤”模型对黄河水引起的膜污染进行拟合分析，结果如图 7-14 所示。R^2 值均达到 0.999 以上，这说明该模型可以很好地解释过滤过程中的膜污染机理。过滤初期以膜孔堵塞污染为主，随着过滤时间的延长，滤饼层过滤逐渐成为主导的膜污染形式。可以说，不同预处理体系与超滤组合工艺处理黄河水过程中并不仅涉及单一的污染机理，而是多种污染机理共同作用。

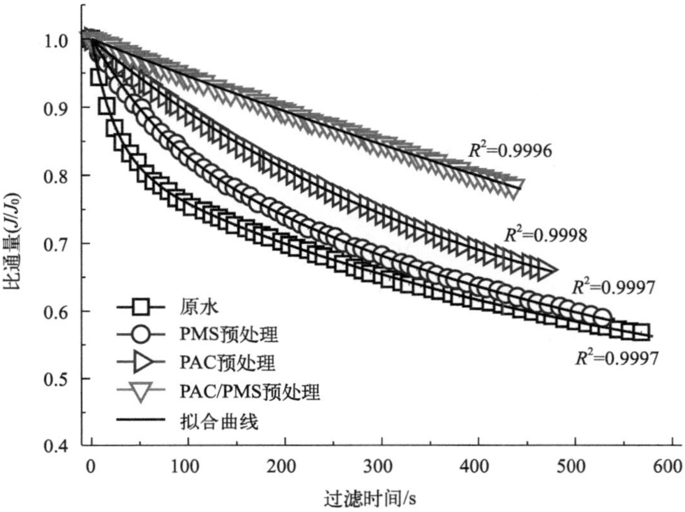

图 7-14 不同预处理下的膜污染模型拟合结果

为进一步探究不同预处理体系对膜污染机制及机制转变过程的影响，基于原始和模拟实验数据的特征曲线（d^2t/dV^2 相比于 dt/dV）绘制图 7-14。此外，V 对应 d^2t/dV^2 的数据同时绘制在图中，以直观地观察主要污染机理转变时对应的过滤体积。如图 7-15 所示，过滤原水时，膜污染机理经历 3 个连续不同的阶段。首先，在过滤初期，污染负荷较高，膜通量下降较快，导致初始通量较低，进一步造成 d^2t/dV^2 和 dt/dV 值都较大。此过程的 n 值约为 1.0，说明主要污染作用为中间膜孔堵塞污染。接着，最大值之后出现 n 为负值的现象，这主要是污染机理从膜孔堵塞过渡到滤饼层过滤引起的。最后，经过一段过滤时间后，特征曲线变得连续且平滑，n 值为 0，此时滤饼层过滤占主导地位。对原水来说，在过滤体积为 5mL 时由中间堵塞进入过渡阶段，80mL 时转变为滤饼层过滤。如图 7-15 所示，当采用 PMS 和 PAC 单独预处理后，进入过渡阶段的体积分别增加到 25mL 和 200mL。值得注意的是，PMS 预处理后的进水在 110mL 时进入滤饼层过滤，而经 PAC 预处理后，没有引起滤饼堵塞污染。就 PAC/PMS 体系而言，过滤初始阶段直至结束，污染机理均处于完全堵塞阶段（n 约为 2.0），300mL 过滤体积结束时没有形成滤饼堵塞污染，这与可逆污染阻力下降显著是相符合的。结果表明，预处理不同程度地增加了机理转变时的过滤体积，其中 PAC/PMS 协同处理效果最显著。

④ 膜-污染物界面作用能分析。表 7-2 列出了 PES 膜和不同预处理后膜表面污染物的平均接触角和 zeta 电位数据。

依据接触角数据，由 XDLVO 理论相关公式分别计算 PES 膜和不同污染物的表面张力参数和凝聚自由能（ΔG_{fwf}），结果如表 7-3 所列。

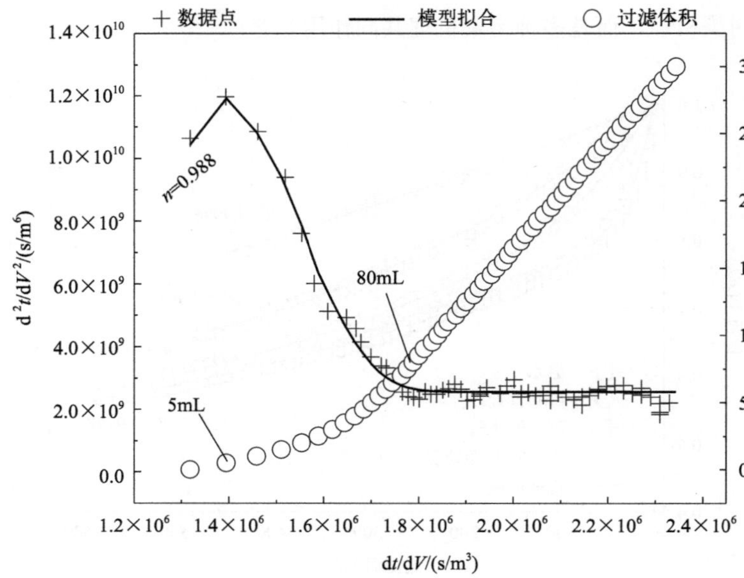

(a) 黄河原水

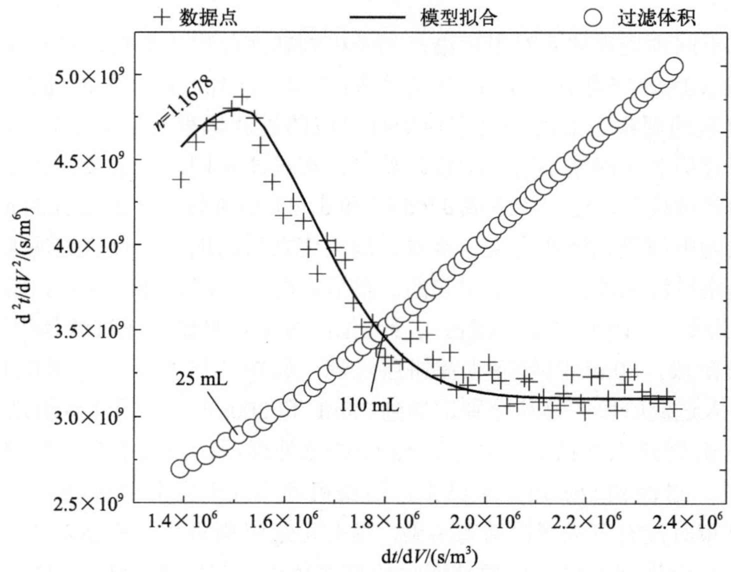

(b) PMS预处理

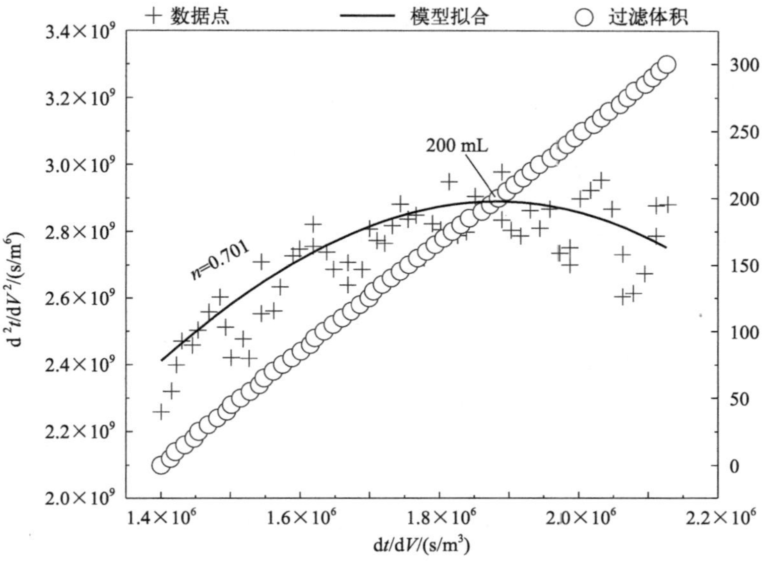

(c) PAC预处理

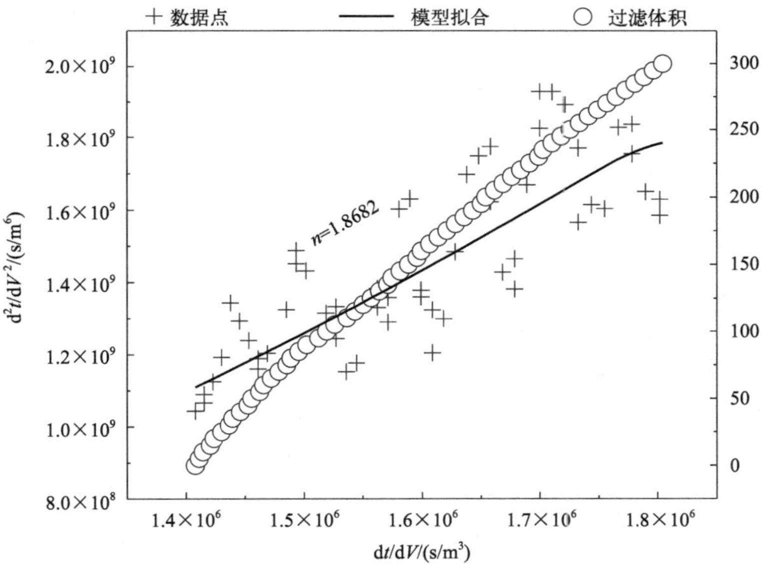

(d) PAC/PMS预处理

图 7-15　不同预处理体系与超滤组合工艺处理黄河水过程中的 d^2t/dV^2 和 dt/dV 特征曲线

表 7-2　PES 超滤膜和污染物的接触角和 zeta 电位

类型	接触角 /（°）			zeta 电位 /mV
	水	丙三醇	二碘甲烷	
PES 膜	52.57±1.54	48.00±1.24	17.02±0.70	−18.79
无预处理	53.82±1.03	55.13±1.81	37.11±0.63	−24.37
PMS 预处理	55.09±1.22	61.61±1.56	33.26±0.58	−28.02
PAC 预处理	51.61±0.93	61.40±1.33	30.55±0.92	−28.30
PAC/PMS 预处理	49.03±1.42	64.56±1.78	28.12±0.81	−29.46

表 7-3　PES 超滤膜和不同污染物的表面张力参数和凝聚自由能

类型	γ^{+} /（mJ/m²）	γ^{-} /（mJ/m²）	γ^{AB} /（mJ/m²）	γ^{LW} /（mJ/m²）	γ^{TOT} /（mJ/m²）	ΔG_{fwf}^{AB}	ΔG_{fwf}^{LW}	ΔG_{fwf}^{TOT}
PES 膜	0.22	21.89	4.35	48.60	52.95	−6.81	−10.60	−17.41
无预处理	0.13	26.87	3.70	41.03	44.74	2.51	−6.03	−3.52
PMS 预处理	0.06	30.56	2.71	42.82	45.53	9.20	−7.03	2.17
PAC 预处理	0.17	35.60	4.95	43.99	48.94	17.00	−7.71	9.28
PAC/PMS 预处理	0.70	43.16	10.98	44.98	55.97	25.61	−8.30	17.31

注：γ^{AB}、γ^{LW}、γ^{TOT}、γ^{+} 和 γ^{-} 分别为表面张力的 AB 分量、范德华部分、总量、电子受体和电子供体部分，mJ/m²；ΔG^{TOT}、ΔG^{LW}、ΔG^{AB} 分别指的是相互作用物质之间每单位面积的界面能、范德华力作用能、极性力作用能，下标 w 和 f 分别代表水和污染物。

可以看出，原膜与不同预处理后膜表面黏附的污染物均具有相对较高的 γ^{-} 值和相对较低的 γ^{+} 值，表明 PES 膜面与污染物表面的电子供电性较强。同时发现，γ^{-} 值的变化趋势与 zeta 电位绝对值的变化趋势一致，为无预处理＜ PMS 预处理＜ PAC 预处理＜ PAC/PMS 预处理，说明电子供体部分与表面电荷之间似乎具有明显的关联性。此外，PES 膜与污染物的 γ^{LW} 值显著大于 γ^{AB} 值，说明范德华表面张力组分对总表面张力的贡献较高。通常，ΔG_{fwf} 用来评价材料的亲疏水性，ΔG_{fwf} ＜ 0 说明相互吸引，为疏水性；ΔG_{fwf} ＞ 0 说明相互排斥，为亲水性。PES 膜表面和原水中有机物呈现疏水性，而经不同预处理后，水中有机物逐渐表现为亲水性，其中 PAC/PMS 预处理后污染物的亲水性最强。

依据以上表面张力参数计算出 PES 膜与污染物之间的界面作用能，如表 7-4 所列。

表 7-4　PES膜-污染物界面作用能

类型	ΔG_{mwf}^{LW}	ΔG_{mwf}^{AB}	ΔG_{mwf}^{EL}	ΔG_{mwf}^{TOT}
无预处理	−8.00	−2.26	0.04	−10.22
PMS 预处理	−8.63	0.82	−0.06	−7.87
PAC 预处理	−9.04	4.96	−0.07	−4.15
PAC/PMS 预处理	−9.38	10.81	−0.11	1.31

注：ΔG^{EL} 表示的是相互作用物质之间每单位面积的静电力作用能。下标 m 表示膜。

XDLVO 理论认为，界面作用能为正值表明污染物与膜相互排斥，有利于膜污染缓解；相反，界面作用能为负值表明二者间相互吸引，加剧膜污染。未经预处理的黄河水中，有机

污染物与膜之间的 ΔG_{mwf}^{TOT} 最小，说明污染物靠近膜面时产生相互吸引的作用力，这证实了之前所述的原水导致严重的膜污染。由表 7-4 可以看出，经不同预处理后，ΔG_{mwf}^{LW} 均为负值且没有明显变化，说明范德华力相互作用导致污染物与膜面相互吸引，从而引起膜污染。不同的是，ΔG_{mwf}^{AB} 均为正值且具有显著的增大规律，说明极性力相互作用缓解膜污染，其中 PAC/PMS 预处理后 ΔG_{mwf}^{AB} 最高。对于 ΔG_{mwf}^{EL}，预处理后均为负值，说明静电力能发挥吸引力作用不利于膜污染缓解。值得注意的是，ΔG_{mwf}^{AB} 值要高于 ΔG_{mwf}^{LW} 值和 ΔG_{mwf}^{EL} 值，表明极性力相互作用能在总界面作用能中发挥主要作用。因此，PAC/PMS 预处理后 ΔG_{mwf}^{TOT} 值最大且为正值，说明不易引发膜污染。这可能是因为对比单独 PAC 吸附和 PMS 氧化处理有机污染物，PAC/PMS 的协同作用更容易降低有机物分子量，增加其亲水性，导致污染物与膜间的相互吸引力减弱，进而膜污染减轻。试验结果与膜比通量提升趋势和膜污染阻力下降趋势是一致的。

（4）结论

本工艺以鹊山水库引黄水作为目标水体，考察了 PAC/PMS 预处理对膜过滤性能和有机物物化特性的影响，采用 SEM 和 FT-IR 分别表征膜表面微观形态和表面化学官能团变化情况，从模型拟合和界面作用能角度解释了 PAC/PMS 控制膜污染的机理，得出以下结论：

① PAC/PMS 预处理在提升膜通量和降低膜污染阻力方面表现出优异的性能，说明利用该体系缓解天然地表水引起的膜污染是行之有效的。

② 通过分析可知，水中有机物含量降低是膜污染缓减的主要原因。PAC 活化 PMS 产生具有强氧化性的活性物种，氧化降解污染物的同时 PAC 发挥吸附作用，在吸附和氧化的协同作用下有效地去除污染物，这对减轻膜污染起到了积极的作用。

③ SEM 和 FT-IR 结果说明各种预处理后的膜表面均有污染物附着，经对比发现，PAC/PMS 预处理明显减少了膜表面沉积的污染物。

④ 通过“膜孔堵塞-滤饼层过滤”组合模型分析过滤过程中的污染机理发现，过滤初期阶段以膜孔堵塞为主，后期阶段主要为滤饼堵塞污染，PAC/PMS 预处理能有效延缓膜表面滤饼层的形成。

⑤ 由 XDLVO 理论得出 PAC/PMS 预处理后界面作用能最大且为正值，不易引发膜污染。主要原因是 PAC 和 PMS 协同作用降低了有机物分子量，增加其亲水性，导致污染物与膜间的相互吸引力减弱，进而缓减膜污染。

7.2.2.2　聚合氯化铝 / 过碳酸盐 + 超滤法处理高藻水

湖泊及水库水是我国重要的饮用水水源，工业废水和生活污水的排放会导致水体富营养化，水体富营养化具有季节性暴发的特点，尤其是夏季易产生藻类暴发等问题，对周边区域饮用水卫生和居民的身体健康产生一系列危害。超滤技术具有高效的物理分离能力，能够有效截留藻细胞等大分子污染物，此外还具有占地面积小、运行成本低、所需压力较小等一系列优点。但使用超滤技术处理高藻水时，产生的严重膜污染会增加能量消耗，缩短膜的使用寿命，从而严重制约着该技术的进一步发展与推广。因此，笔者团队开发了聚合氯化铝 / 过碳酸盐 + 超滤工艺用于处理高藻水。

（1）水质特征

试验使用的藻源污染物被分为藻液、EOM、藻细胞 3 类。铜绿微囊藻悬浮液使用成分为

1.0mmol/L 的 $NaHCO_3$、0.5mmol/L 的 $CaCl_2$ 和 15.0mmol/L 的 $NaClO_4$ 的缓冲液稀释至浓度为 2.0×10^6 个 /mL，即获得藻液原水。EOM 使用高速冷冻离心法提取，将藻液置于高速冷冻离心机（5810R，Eppendorf，德国），离心力 10000*g*，温度设置为 4℃，0.45μm 滤膜过滤上清液，超纯水稀释 DOC 浓度至 5.0mg/L 即获得 EOM。离心管底沉淀的藻细胞使用 0.6% NaCl 溶液重新悬浮，获得藻细胞溶液。

(2) 工艺简介

PAC-SPC 混凝-预氧化试验。

通过改变 PAC 和 SPC（过碳酸钠）的投加顺序来探究反应条件对处理效果的影响。试验所用 PAC 和 SPC 浓度分别为 20mg/L 与 0.1mmol/L，共设置原水、单独投加 PAC、单独投加 SPC、PAC-SPC（先投加 PAC，反应一段时间后投加 SPC）、PAC/SPC（同时投加 PAC 和 SPC）、SPC-PAC（先投加 SPC，反应一段时间后投加 PAC）6 组进水。投加后，在六联搅拌器（HJ-2，金坛良友，常州）上进行后续操作，搅拌条件为：PAC（300r/min，2min；70r/min，30min）；SPC（150r/min，30min）；PAC-SPC（300r/min，2min；70r/min，30min；150r/min，30min）；PAC/SPC（300r/min，2min；70r/min，30min）；SPC-PAC（150r/min，30min；300r/min，2min；70r/min，30min）。静置 30min 后将水样用于后续超滤试验。

(3) 试验结果

1）PAC 与 SPC 及其投加顺序对藻液造成的膜污染缓解情况

① 膜通量下降情况。如图 7-16 所示，铜绿微囊藻液造成了严重的膜通量下降，末端比通量仅为 0.062，而单独的 SPC 处理对于通量下降几乎没有缓解效果，单独 PAC 处理缓解了部分通量下降的问题，处理后末端比通量升至 0.353，说明 PAC 的混凝作用使藻液中部分藻细胞和有机污染物凝聚沉降，减少了进入超滤系统的藻源污染物。SPC-PAC 处理进一步缓解了膜污染，使末端比通量提升至 0.674。而 PAC-SPC 和 PAC/SPC 的处理效果基本相同，末端比通量分别为 0.832 和 0.838，都明显优于 SPC-PAC。这可能是因为，先投加氧化剂 SPC 会将水中的大分子污染物分解为小分子，小分子不易通过混凝沉降，继而影响了最终的处理效果。

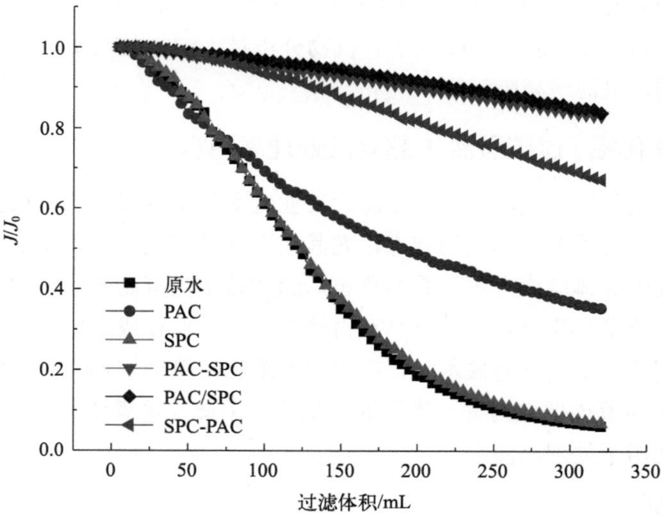

图 7-16　不同处理条件对藻液原水引起的膜通量下降缓解情况

② 膜污染阻力。由图 7-17 可知，混合藻液引起的膜污染阻力中，可逆膜污染阻力所占比例较大。单独 PAC 处理较为有效地缓解了可逆膜污染，缓解效率可达 88.8%，但不可逆膜污染的缓解效率仅为 28.8%。单独 SPC 对于可逆膜污染的缓解效率很低，而不可逆膜污染甚至出现了小幅升高，这可能是因为 SPC 将大分子氧化为小分子，加剧了膜孔堵塞。3 种投加顺序中，PAC/SPC 与 PAC-SPC 的处理效果类似，其中 PAC/SPC 不可逆膜污染缓解效率最高，达到 90.5%，可逆膜污染的缓解效率也达到 92.8%，而 SPC-PAC 的可逆膜污染缓解效率为 89.7%，不可逆膜污染的缓解效率为 57.3%。造成这种结果的原因可能是与 PAC-SPC 相比，PAC/SPC 中 SPC 在原水中作用的时间更长，更好地发挥了其氧化性，而先投加 SPC 后投加 PAC，先氧化后混凝的顺序使得大分子污染物分子量变小，不利于后续的混凝沉降，可逆和不可逆膜污染阻力的缓解效果都低于其他两种投加方式。

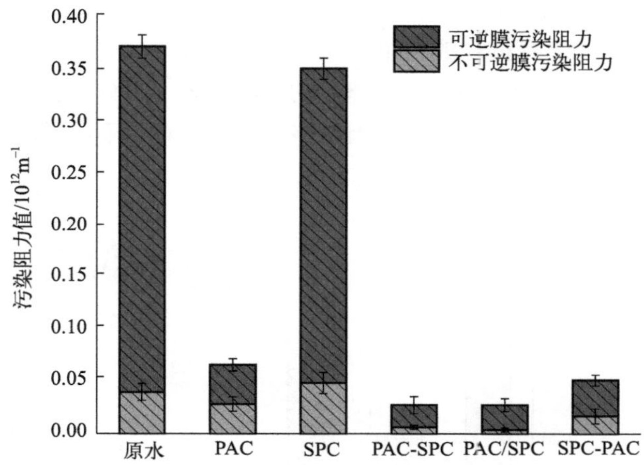

图 7-17　不同处理条件对藻液原水引起的膜污染阻力缓解情况

2）PAC 与 SPC 投加顺序对藻源污染物造成的膜污染缓解情况

① EOM 缓解效果。图 7-18 展示了经不同条件处理后 EOM 溶液造成的膜通量下降情况。可以看出，单独 EOM 造成的通量下降相比混合藻液要轻，但聚合氯化铝 / 过碳酸盐体系对于

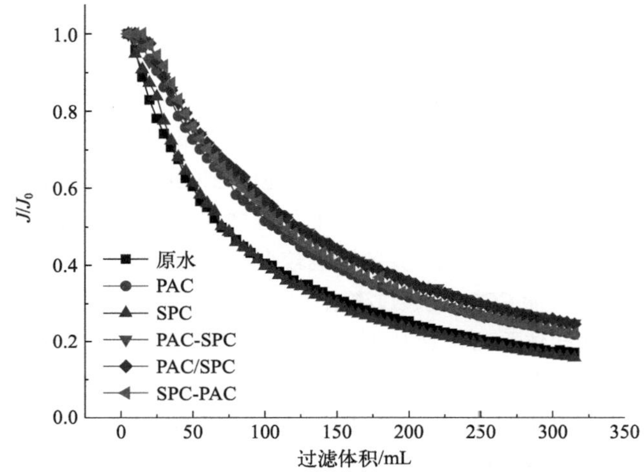

图 7-18　不同处理条件对 EOM 原水引起的膜通量下降缓解情况

EOM 引起的膜通量下降缓解效果不如混合藻液那么明显。单独 SPC 对于膜通量的提升仍是几乎毫无贡献，单独 PAC 将末端比通量由 0.171 提升至 0.219。SPC-PAC 与单独 PAC 的处理效果类似，末端比通量为 0.222，这可能是因为 EOM 原水中大分子污染物的含量本来就少于混合藻液，先进行的预氧化更是将部分大分子有机物氧化为了小分子，不利于后续的混凝过程。而 PAC/SPC 与 PAC-SPC 对膜通量的提升效果基本相同，末端比通量分别为 0.247 和 0.249。

图 7-19 展示了 EOM 原水及经预处理后的 EOM 造成的可逆和不可逆膜污染阻力。在 3 种投加顺序中，PAC-SPC 的整体处理效果最好，对可逆和不可逆膜污染阻力的缓解效率分别为 56.3% 和 53.9%; SPC-PAC 对不可逆膜污染阻力的缓解效率与 PAC-SPC 较为接近，为 52.2%，对可逆膜污染阻力的缓解效率略低，为 43.2%; PAC/SPC 对可逆膜污染阻力的缓解效率为 51.8%，但其对不可逆膜污染阻力的缓解效率仅为 26.7%。可以看出，聚合氯化铝 / 过碳酸盐体系处理 EOM 的效果普遍低于处理混合藻液的效果，造成这种差异的原因可能是混合藻液中存在的藻细胞具有吸附 EOM 中有机物的作用，从而增强了混凝效果，而 EOM 已通过离心去除了藻细胞。而且，PAC/SPC 中，SPC 氧化作用的时间更长，大分子被氧化为小分子有机物进行得更彻底，小分子不易通过混凝去除，因此该投加顺序对于不可逆膜污染阻力的缓解效率明显低于其他两种投加顺序。

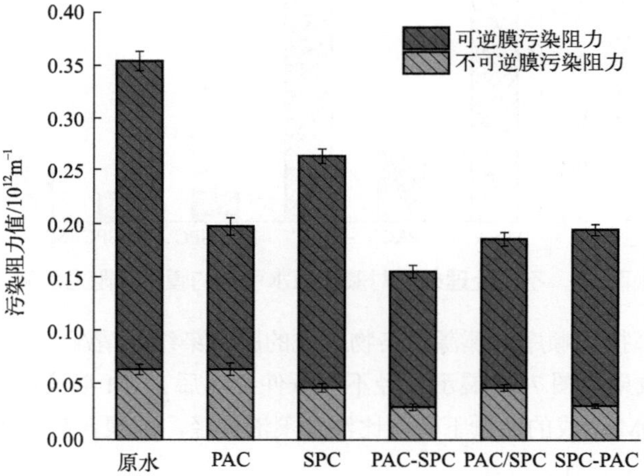

图 7-19　不同处理条件对 EOM 原水引起的膜污染阻力缓解情况

② 单独藻细胞缓解效果。图 7-20 展示了单独藻细胞造成的膜通量下降和经不同条件处理后膜通量的提升情况。可以看出，藻细胞造成了较为严重的膜污染，原水末端比通量下降至 0.135。单独 PAC 处理可将膜比通量恢复至 0.731，但单独 SPC 处理对膜通量恢复几乎没有帮助。聚合氯化铝 / 过碳酸盐体系 3 种投加方式的处理效果较为接近，其中 PAC/SPC 的末端比通量最高，为 0.920。投加方式对处理效果的影响较小，这可能是因为 SPC 的氧化作用主要针对 EOM 中的有机物质起作用，而 EOM 已通过离心去除，因此 3 种投加方式的处理效果较为相似。

聚合氯化铝 / 过碳酸盐体系对可逆和不可逆膜污染阻力的缓解情况展示在图 7-21 中。该体系对于藻细胞造成的不可逆膜污染阻力的缓解效率较高，程度同样较为相似，3 种投加方式的缓解顺序为 PAC/SPC（92.3%）＞ PAC-SPC（91.8%）＞ SPC-PAC（91.4%），可逆膜污染阻力的缓解顺序为 PAC/SPC（97.2%）＞ PAC-SPC（96.9%）＞ SPC- PAC（96.8%），PAC/SPC 的整体缓解效果最佳。

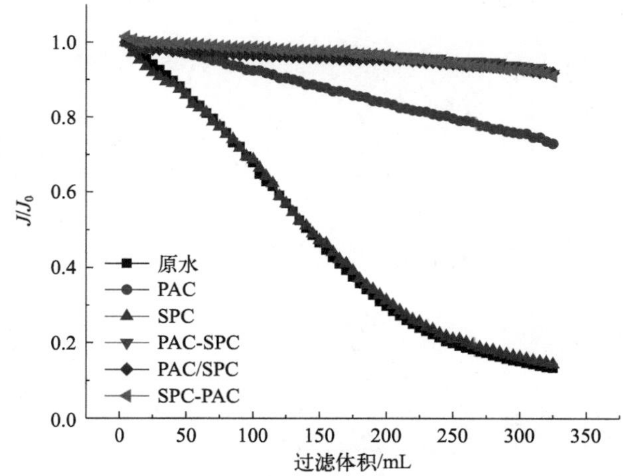

图 7-20　不同处理条件对单独藻细胞引起的膜通量下降缓解情况

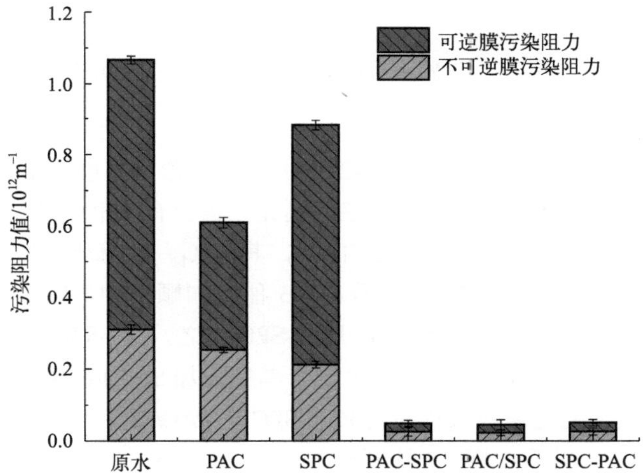

图 7-21　不同处理条件对单独藻细胞引起的膜污染阻力缓解情况

3）预氧化-混凝对膜表面形态的影响

图 7-22 展示了经混合藻液污染和处理后膜表面污染物堆积情况。经铜绿微囊藻污染后，大量藻细胞紧密有序地堆积在膜表面，形成较为密实的滤饼层，造成的膜污染较为严重。使用单独 PAC 处理后，膜表面藻细胞数量部分减少，而且在 PAC 的絮凝作用下形成了团块。单独 SPC 处理对藻细胞的去除几乎没有效果，膜表面细胞堆积情况与原水基本相同，证明 SPC 的氧化作用较为温和，不会造成明显的藻细胞破裂。经 PAC-SPC 处理后的膜表面藻细胞数目明显减少，细胞凝聚成团，并可见氧化-混凝过程中形成的絮体；PAC/SPC 处理后膜表面藻细胞数目最少，形成的细胞团块体积也相对较小；SPC-PAC 处理后视野内细胞数目情况与 PAC-SPC 类似，但 SPC-PAC 处理后膜表面藻细胞的堆积情况相比 PAC-SPC 更为有序，表面先氧化不利于后续的混凝过程。总体而言，对于混合藻液中的藻细胞，3 种投加方式的去除效果顺序为 PAC/SPC ＞ PAC-SPC ＞ SPC-PAC，无论是藻细胞的去除率还是混凝效果 PAC/SPC 都明显优于其余两种投加方式。

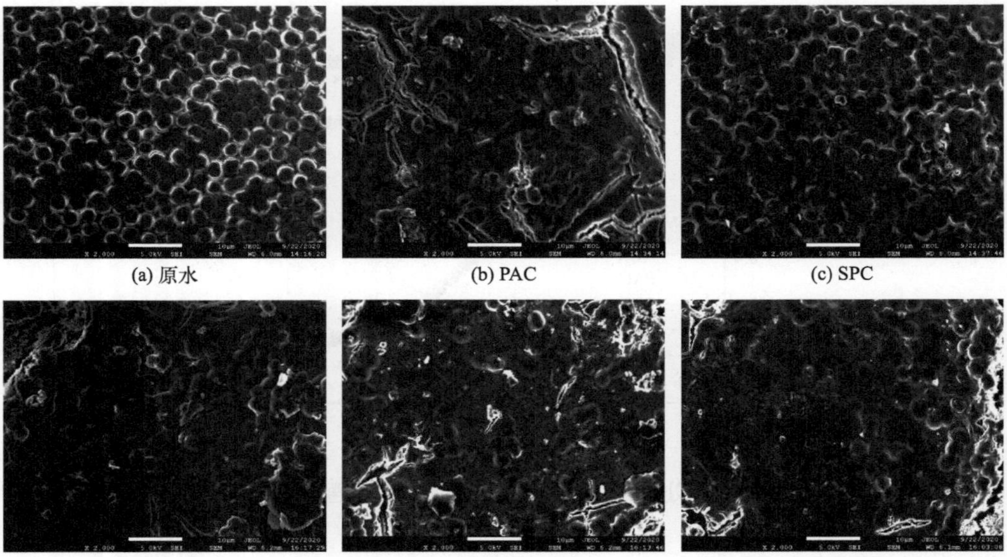

(a) 原水　(b) PAC　(c) SPC

(d) PAC-SPC　(e) PAC/SPC　(f) SPC-PAC

图 7-22　藻液污染膜表面扫描电镜分析情况

4）预氧化-混凝对出水水质的影响

① 藻液出水三维荧光光谱情况。图 7-23（书后另见彩图）展示了经不同条件处理后混合藻液出水的三维荧光光谱。藻液原水的三维荧光光谱上有 4 个明显的特征峰 A、C（代表腐殖质相关）和 T_1、T_2（代表色氨酸类蛋白质），其中 T_1、T_2 峰强度较高，而 A、C 峰的强度远低于前者。由表 7-5 和图 7-24 可以看出，3 种投加顺序中，PAC/SPC 对于 T_1 和 T_2 峰的去除效率最高，分别为 45.6% 和 54.3%；PAC-SPC 次之，为 38.9% 和 53.4%；SPC-PAC 的处理效率最差，仅为 26.9% 和 29.4%，甚至低于单独投加 SPC 或 PAC 时的处理效率。而对于 A 峰，3 种投加顺序的处理效果顺序为 PAC-SPC ＞ PAC/SPC ＞ SPC-PAC，去除率分别为 54.7%、46.3%、33.5%；对于 C 峰，3 种投加方式的处理效果顺序为 PAC/SPC ＞ PAC-SPC ＞ SPC-PAC，去除率分别为 51%、50.4% 和 34.7%。单独投加 PAC 对于 A、C 峰的去除效果优于单独 SPC，而对于 T_1 和 T_2 峰则是单独投加 SPC 的处理效果更好，这表明了 SPC 的氧化性在处理大分子蛋白质时效果更为明显，对于腐殖质类物质的去除能力不强，而 PAC 则与之相反。总体而言，在藻液的有机物去除情况方面，PAC/SPC 整体表现最好，SPC-PAC 的处理效率较差，去除率甚至低于单独投加 PAC 或 SPC。这可能是因为先氧化后絮凝的处理顺序使得原水中大部分的大分子有机物被氧化为小分子，不利于后续的混凝沉淀。

② EOM 出水三维荧光情况。图 7-25（书后另见彩图）、图 7-26 和表 7-6 展示了 EOM 处理前后的三维荧光情况。EOM 原水的三维荧光光谱图组成与藻液类似，吸收峰集中在 T_1、T_2、A、C 4 个峰上。可以看出，几种处理方法对于 T_1 峰的处理效率普遍较高，其中 PAC-SPC 的处理效果最好，去除率可达 90.5%，PAC/SPC 和 SPC-PAC 去除效率分别为 84.4% 和 83.2%。T_2 峰的去除效率顺序为 PAC/SPC ＞ PAC-SPC ＞ SPC-PAC，分别为 78.1%、63.1%、32.1%。而对于 A、C 峰，去除率最高的投加方式为 PAC/SPC，分别为 29.1% 和 34.9%，PAC-SPC 对 A、C 峰的去除率为 20.1% 和 16.5%，而 SPC-PAC 对 A、C 峰的去除率则为 27.8% 和 9.4%。总体来说，无论是对于混合藻液还是 EOM，氧化混凝同时进行的投加方式 PAC/SPC 对原水中腐殖

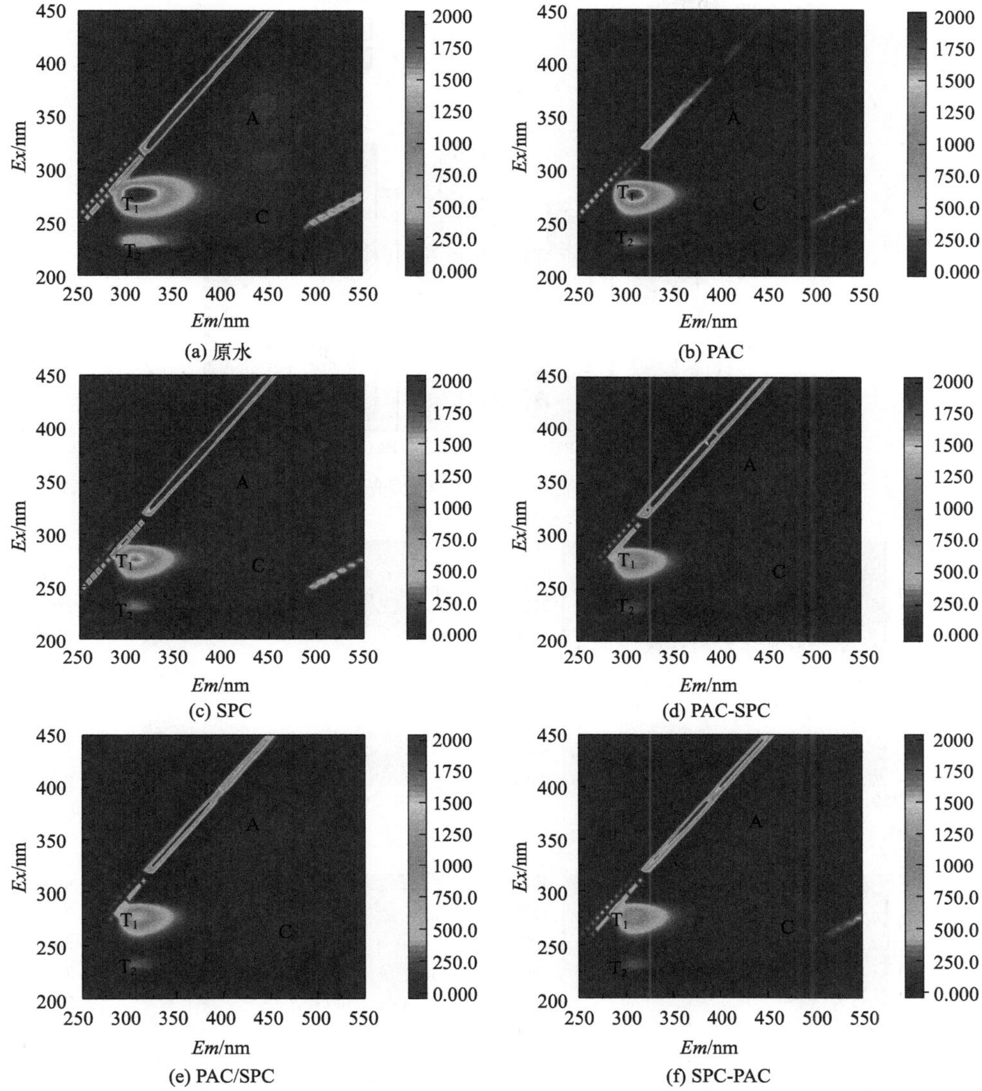

图 7-23 混合藻液经不同条件处理后三维荧光光谱情况

表 7-5 混合藻液经不同条件处理后峰值坐标和荧光强度

水样	T_1 峰		T_2 峰		A 峰		C 峰	
	Ex/*Em* /（nm/nm）	强度	*Ex*/*Em* /（nm/nm）	强度	*Ex*/*Em* /（nm/nm）	强度	*Ex*/*Em* /（nm/nm）	强度
原水	277/314	2158.9	234/316	530.5	359/445	183.7	268/443	179.7
PAC	276/309	1881.4	233/310	341.1	342/418	89.4	280/420	90.2
SPC	277/309	1430.4	232/308	315.8	346/430	104.3	270/443	118.0
PAC-SPC	275/310	1319.4	232/310	247.1	375/440	83.2	260/455	89.2
PAC/SPC	276/310	1174.9	233/308	242.7	355/434	98.7	260/465	88.1
SPC-PAC	275/310	1578.9	232/308	374.5	354/437	122.1	264/457	117.4

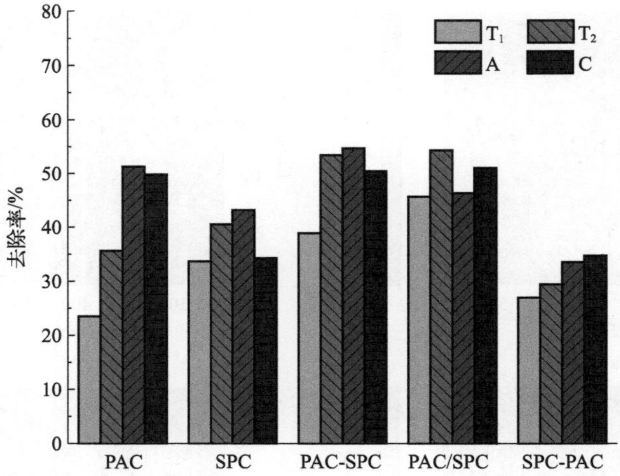

图 7-24　不同处理条件对藻液三维荧光峰强度的去除率

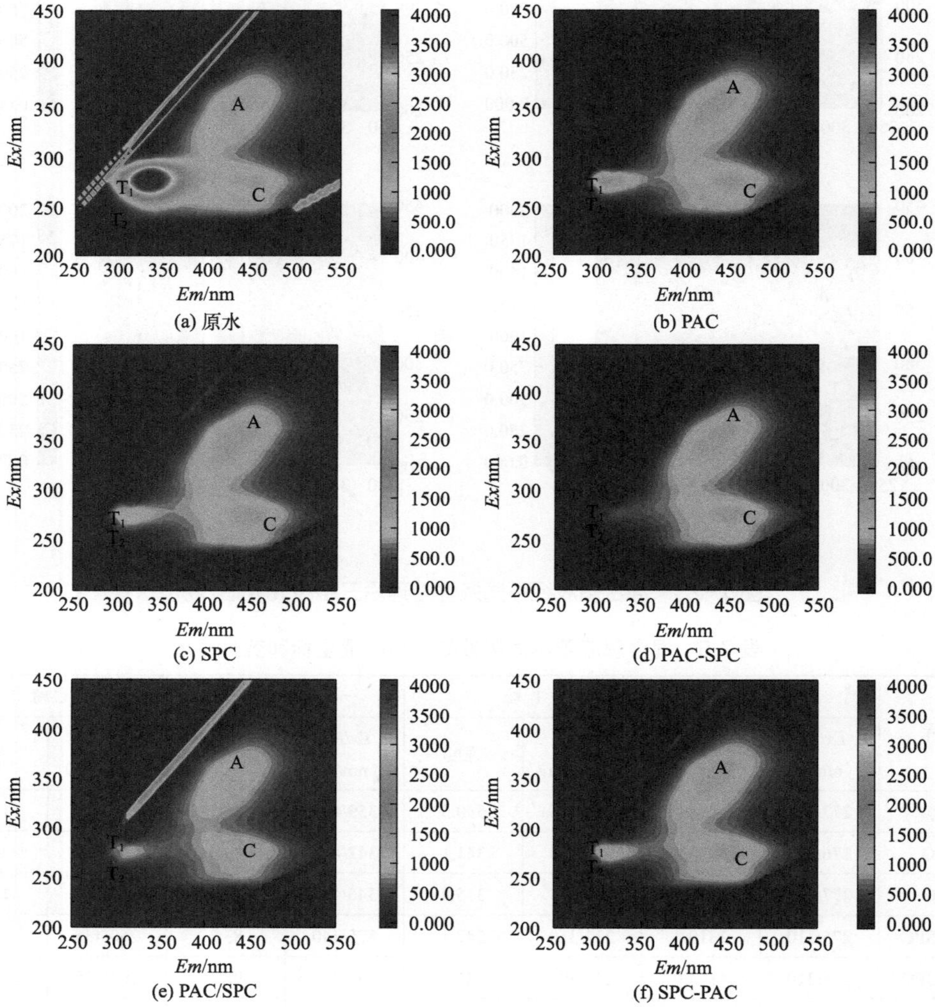

图 7-25　EOM 经不同条件处理后三维荧光光谱情况

表 7-6　EOM 经不同条件处理后峰值坐标和荧光强度

水样	T_1 峰		T_2 峰		A 峰		C 峰	
	Ex/*Em* /（nm/nm）	强度	*Ex*/*Em* /（nm/nm）	强度	*Ex*/*Em* /（nm/nm）	强度	*Ex*/*Em* /（nm/nm）	强度
原水	278/335	4875.3	248/319	484.4	350/432	1555.6	274/449	1231.2
PAC	277/314	1017.5	262/311	376.4	350/434	1241.0	275/465	1191.2
SPC	276/314	1185.5	261/308	403.6	356/439	1295.8	275/453	1156.8
PAC-SPC	276/312	462.0	262/310	178.9	357/440	1243.2	277/475	1028.0
PAC/SPC	271/314	761.2	251/310	106.1	351/440	1102.5	278/479	802.1
SPC-PAC	277/314	820.5	261/308	329.0	358/436	1123.4	276/453	1116.0

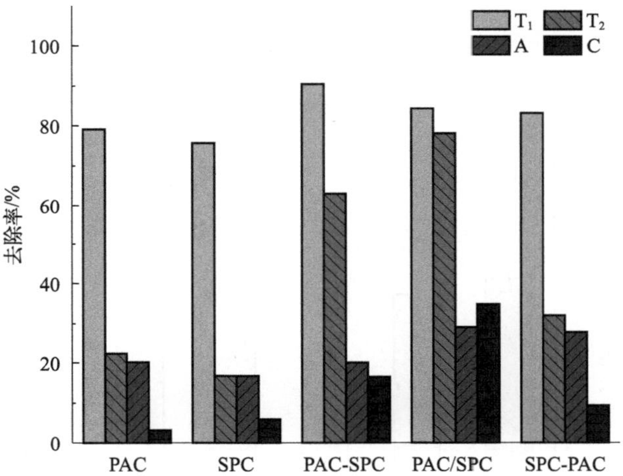

图 7-26　不同处理条件对 EOM 三维荧光峰强度的去除率

酸和色氨酸类蛋白质等有机物质的去除效果最好，PAC-SPC 次之，而先氧化后混凝的投加方式 SPC-PAC 对有机物的去除效果相比前两者最差。

5）PAC-SPC 氧化混凝缓解膜污染机理研究

① PAC-SPC 氧化生成自由基种类。电子顺磁共振（EPR）试验可通过自由基与捕获剂形成的特定复合物来鉴别自由基的种类。为了验证在聚合氯化铝 / 过碳酸盐体系中是否有羟基自由基（HO·）的生成，5,5-二甲基-1-氧化吡咯啉（DMPO）被用作本试验的捕获剂来捕获该体系中产生的自由基。如图 7-27 所示，聚合氯化铝 / 过碳酸盐体系在 EPR 试验中产生了明显的四重峰自由基信号，强度比为 1∶2∶2∶1，说明该体系能够形成具有强氧化性的 HO·，将有机污染物氧化成小分子。胞外有机物、藻细胞表面吸附的其他有机物可以消耗掉部分自由基，与氧化剂发生反应，从而减少细胞膜与氧化剂的接触，有利于维持藻细胞完整性，避免胞内有机物的释放。

② PAC-SPC 对出水有机物去除效果。如图 7-28 所示，聚合氯化铝 / 过碳酸盐体系对出水 DOC 具有一定的去除效果，但去除率不高。3 种投加方式的去除率顺序为 PAC/SPC（21.4%）＞ PAC-SPC（16.1%）＞ SPC-PAC（8.6%）。可以看出，氧化-混凝同时进行能够强化彼此的作用效率，更有利于原水中有机物的去除，而先氧化后混凝的投加方式则不利于有机物的氧化去除。

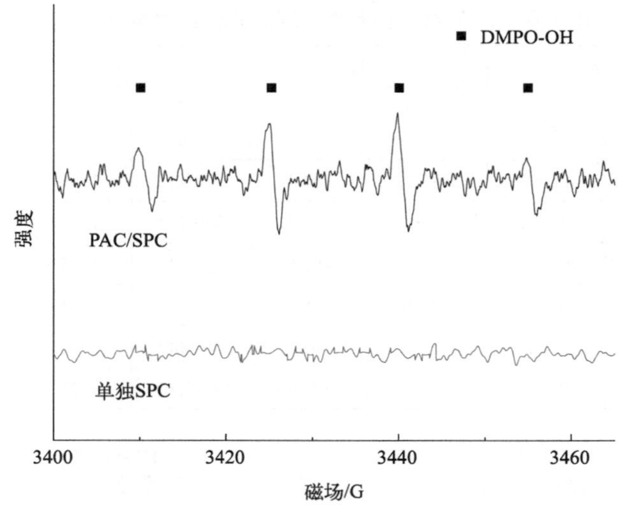

图 7-27　聚合氯化铝 / 过碳酸盐体系 EPR 检测图谱

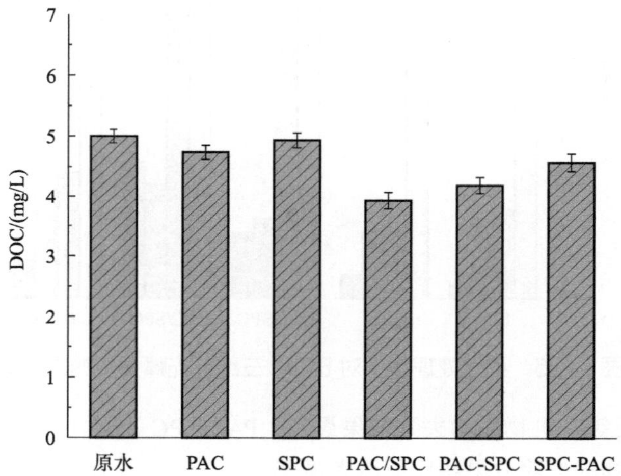

图 7-28　聚合氯化铝 / 过碳酸盐体系对 EOM 的 DOC 处理效果

③ PAC-SPC 对出水 zeta 电位的影响。zeta 电位可以反映液体中颗粒表面的带电性，因此可用来反映铜绿微囊藻细胞在聚沉方面的情况。当 zeta 电位接近 0mV 时，污染物之间的静电排斥作用最低，易于脱稳聚集形成絮体，混凝效果在此时最佳。由图 7-29 可知，铜绿微囊藻液原水的 zeta 电位较低，为−23.6mV，此时藻细胞与污染物颗粒间静电排斥作用较为明显，难以形成絮体沉降。经处理后，藻液的 zeta 电位均有不同程度的升高，3 种投加方式对 zeta 电位的提高顺序为 PAC/SPC（−8.13mV）＞ PAC-SPC（−10mV）＞ SPC-PAC（−10.5mV），其中 PAC/SPC 的 zeta 电位相较于其他几种处理方式最接近 0mV，藻细胞和藻源污染物颗粒更易于聚集和沉降，进一步证明了氧化-混凝同时进行能够增强混凝效率。

④ PAC-SPC 缓解藻源膜污染机理分析。为探究聚合氯化铝 / 过碳酸盐体系对藻源膜污染的缓解机理，利用 Matlab 软件确定 d^2t/dV^2 和 dt/dV 之间的指数关系，计算得出 n 值，并绘制相关曲线以确定膜污染机理。当 n=2 时代表完全阻塞，n=1.5 表示标准阻塞，n=1 代表临

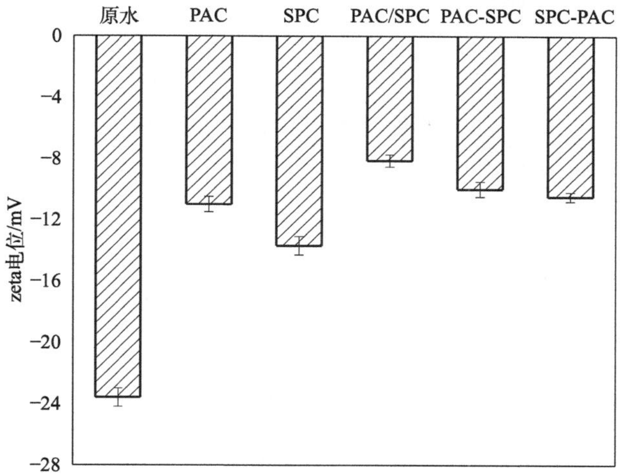

图 7-29　聚合氯化铝 / 过碳酸盐体系对出水 zeta 电位的影响

界阻塞，n=0 表示滤饼阻塞。如图 7-30 所示，铜绿微囊藻原水造成的污染曲线可大致被分为两段，n 值分别为 2.446 和 0.012，这表明在过滤初期造成污染的主要机理为完全阻塞，中后期则逐渐演变为滤饼阻塞发挥主导作用。滤饼堵塞是藻源污染物造成超滤膜污染中的主要机理。单独的 SPC 处理并未对超滤过程中的污染机理造成实质上的改变，严重的滤饼污染依然存在。单独 PAC 处理起到了一定的污染缓解效果，污染曲线不再呈两段式变化，n 值为 0.862，较为接近 1，证明污染主要机理变为了临界阻塞。而 PAC/SPC、PAC-SPC 和 SPC-PAC 的拟合曲线虽然仍呈两段式趋势，但 PAC/SPC 的 n 值分别为 1.787 和 1.598，PAC-SPC 的 n 值分别为 1.764 和 1.213，SPC-PAC 的 n 值分别为 1.486 和 1.521，都与 1.5 较为接近，表明经 PAC/SPC、PAC-SPC 和 SPC-PAC 处理后，标准阻塞变为过滤过程中的主要污染机制，已不再形成滤饼

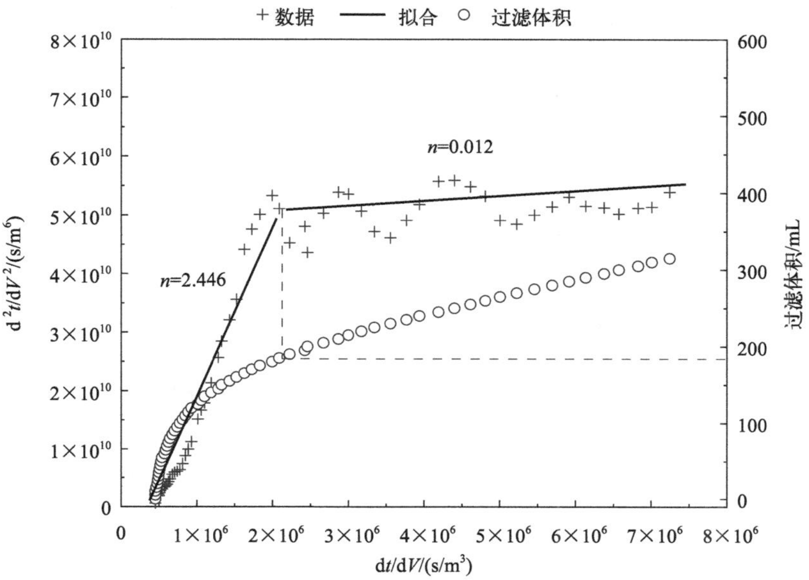

(a) 原水

图 7-30

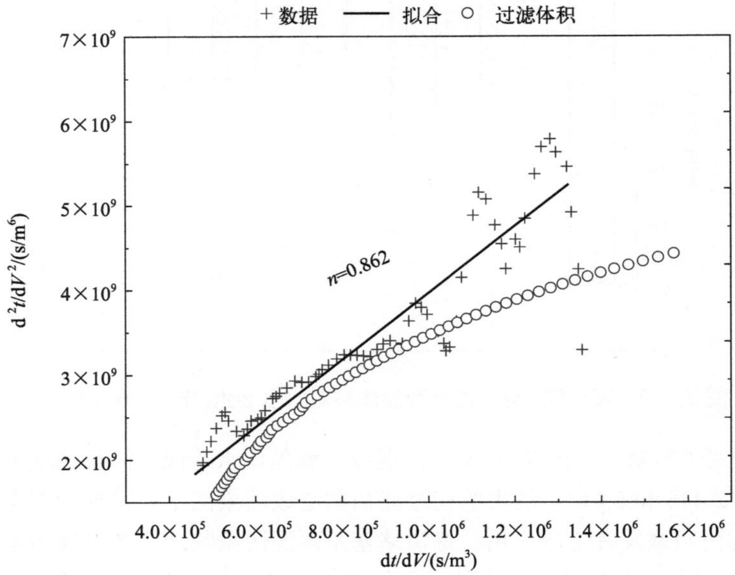
+ 数据
拟合
○ 过滤体积
n=0.862
d²t/dV²/(s/m⁶)
过滤体积/mL
dt/dV/(s/m³)

(b) PAC

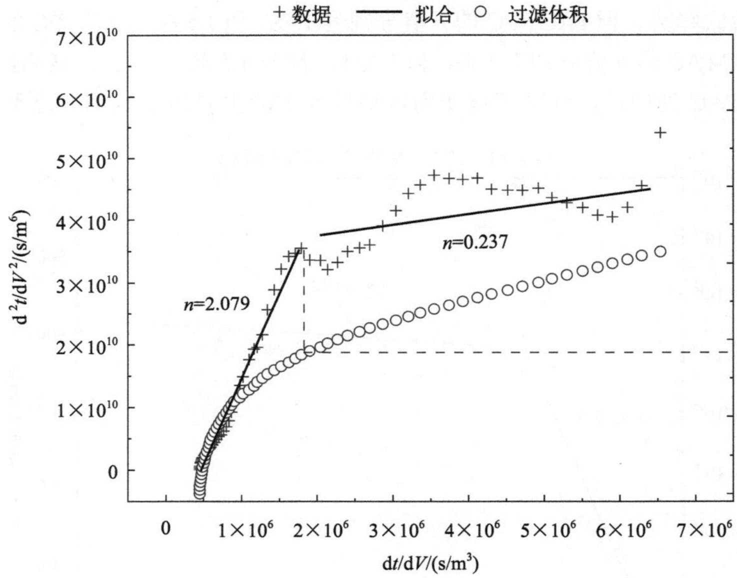
+ 数据
拟合
○ 过滤体积
n=2.079
n=0.237
d²t/dV²/(s/m⁶)
过滤体积/mL
dt/dV/(s/m³)

(c) SPC

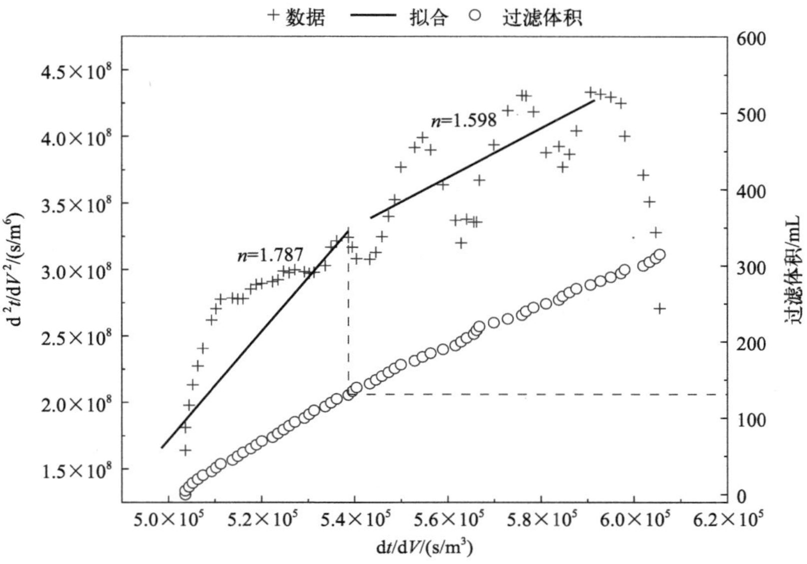

(d) PAC-SPC

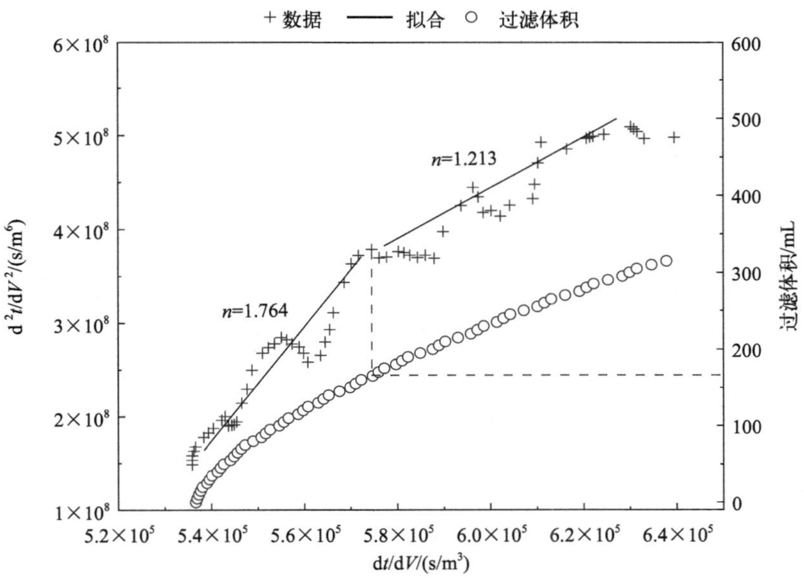

(e) PAC/SPC

图 7-30

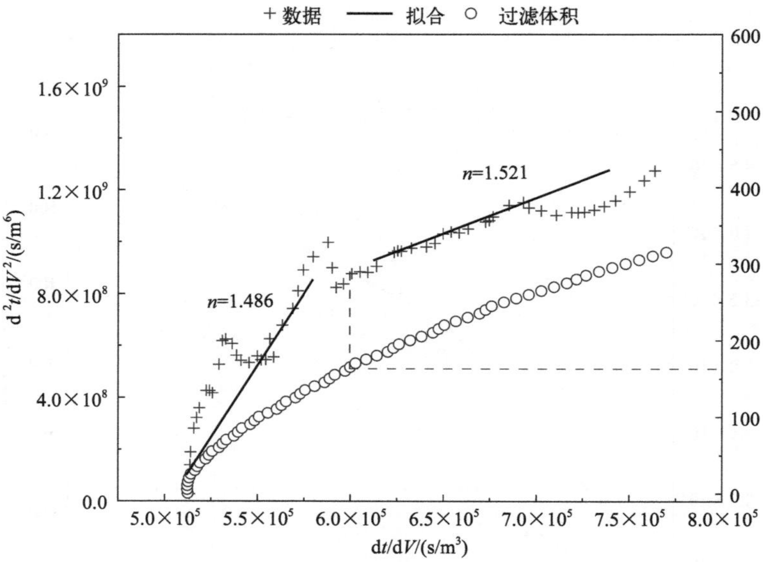

(f) SPC-PAC

图 7-30　Matlab 拟合曲线

过滤，能够延缓滤饼层的形成，藻源污染物造成的超滤膜污染得到了显著缓解。

（4）结论

通过聚合氯化铝 / 过碳酸盐体系对藻源污染物的去除情况以及通过对膜通量和膜污染阻力的分析得出了如下主要结论。

① 单独 PAC 和 SPC 对藻源污染物的处理效果普遍较差，聚合氯化铝 / 过碳酸盐体系对铜绿微囊藻液的处理效果显著，3 种投加方式中 PAC/SPC 在处理混合藻液造成的膜污染时整体表现最佳，SPC-PAC 最差，分析原因可能是同时投加 PAC 和 SPC 时，SPC 在水中存在的时间更长，更好地发挥了氧化作用，同时强化了 PAC 的混凝作用，而先 SPC 后 PAC 的投加顺序使得部分大分子污染物被氧化为小分子，反而不利于后续的混凝沉降。

② EOM 造成的膜通量下降和膜污染阻力相比混合藻液整体较轻，但聚合氯化铝 / 过碳酸盐体系对其处理效果反而不如混合藻液，对膜通量恢复和膜污染阻力的减轻整体效果都较差。对于 EOM 造成的藻源膜污染，PAC-SPC 与 PAC/SPC 无论是在膜通量恢复还是膜污染阻力缓解方面效果都较佳。分析原因可能是混合藻液中藻细胞发挥了吸附作用，吸附部分 EOM 中的有机物，有利于后续混凝沉降，而 EOM 已通过离心去除了藻细胞，因此整体处理效果较差，而 SPC 氧化会将大分子有机物氧化为小分子，不利于后续沉降。

③ 傅里叶变换红外光谱以及扫描电镜的结果都显示，聚合氯化铝 / 过碳酸盐体系对于藻源污染物中有机物具有良好的去除效果，出水中蛋白质和腐殖质的含量明显降低，经预处理后，膜表面污染物种类和数量都显著减少，藻细胞在膜表面的积累也得到了显著改善，并且 3 种投加方式的处理效果都表现出 PAC/SPC ＞ PAC-SPC ＞ SPC-PAC 的趋势。

④ 以上结果表明，聚合氯化铝 / 过碳酸盐体系预处理对铜绿微囊藻源污染物引起的超滤膜污染具有良好的缓解效果，并且氧化混凝同时进行的投加方式（PAC/SPC）在各个方面整体表现最佳，处理效率最高。

7.2.2.3 硫酸亚铁 / 过碳酸盐 + 超滤法处理高藻水

（1）工艺简介

$FeSO_4$-SPC 强化混凝氧化试验。通过将一定量的 $FeSO_4$ 和 SPC 依次加入原水中进行 Fe^{2+}/SPC 预处理。使用的 Fe^{2+}/SPC 浓度分别为 0.02mmol/L/0.02mmol/L、0.05mmol/L/0.05mmol/L、0.1mmol/L/0.1mmol/L、0.2mmol/L/0.2mmol/L、0.25mmol/L/0.25mmol/L 和 0.3mmol/L/0.3mmol/L，摩尔比为 1∶1。投加后，按照常规混凝方法在六联搅拌器（HJ-2，金坛良友，常州）上进行后续操作，搅拌条件为：快速搅拌（300r/min）2min，低速搅拌（70r/min）10min。随后，将混凝后未去除生成絮体的水样直接用于超滤试验。另设一组试验，搅拌后的水样静沉 30min，取上清液用于后续超滤试验。此外，在相同试验条件下设置单独 $FeSO_4$ 和单独 SPC 预处理作为对照试验。

（2）实验结果

1）膜污染缓解情况

图 7-31 展示了经过单独的 Fe^{2+}、SPC 和 Fe^{2+}/SPC 预处理的铜绿微囊藻溶液的通量下降曲线。通量曲线可以被分为两个阶段：初始阶段，通量下降迅速，这是因为藻类细胞迅速沉降，从而在膜表面形成滤饼层；随着过滤时间的增加，通量下降趋势变缓，在重力和压力的作用下，压滤饼层变得致密，过水孔隙变得更少。最终藻液原水造成了严重的膜污染，末端比通量变为 0.097。经过 Fe^{2+}/SPC 预氧化处理后，末端比通量升至 0.397，相比单独 Fe^{2+} 和 SPC 处理后的末端比通量 0.139 和 0.121，Fe^{2+}/SPC 展现了更好的缓解膜污染的能力。在 Fe^{2+}/SPC 处理过程中，Fe^{2+} 容易催化 SPC 生成 HO·，同时 Fe^{2+} 可以被氧化成 Fe^{3+}，因此 Fe^{2+}/SPC 过程具有氧化和混凝的双重功能。通常，某些藻类有机污染物可通过 HO·的氧化而被完全去除，或通过与原位形成的 Fe^{3+} 絮凝而与藻类细胞一起沉降，从而减少藻类污染物在膜表面上的沉积。另一方面，某些藻类有机物可以转化为能通过膜孔的小分子物质，从而大幅度提高膜通量。当 Fe^{2+}/SPC 预处理生成的絮体通过静沉被去除之后，通量曲线的下降幅度变得很小，末端比通量被提升至 0.965。

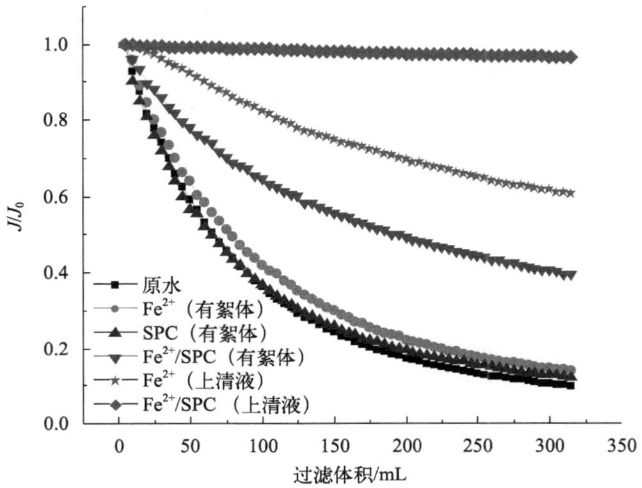

图 7-31　不同处理条件对藻液原水引起的膜通量下降缓解情况

2）膜污染阻力情况

如图 7-32 所示，由铜绿微囊藻液原水引起的可逆和不可逆膜污染阻力分别为 1.107×$10^{12}m^{-1}$ 和 0.153×$10^{12}m^{-1}$，其中不可逆膜污染阻力仅占 12.1%。Fe^{2+}/SPC 预处理后的藻液造成的可逆膜污染阻力降至 0.230×$10^{12}m^{-1}$，膜污染阻力缓解效率达到 79.2%。不可逆膜污染阻力的缓解效果不如可逆膜污染阻力那么显著，不可逆膜污染阻力降低至 0.050×$10^{12}m^{-1}$，缓解效率为 67.3%。通过沉降除去 Fe^{2+}/SPC 处理过程中产生的絮体后，可逆和不可逆膜污染阻力分别降至 0.016×$10^{12}m^{-1}$ 和 0.043×$10^{12}m^{-1}$，缓解效率达到 98.6% 和 71.9%。以上结果表明，Fe^{2+}/SPC 能够有效缓解可逆和不可逆膜污染阻力，藻类絮凝物可通过静沉去除，从而进一步缓解可逆膜污染阻力。

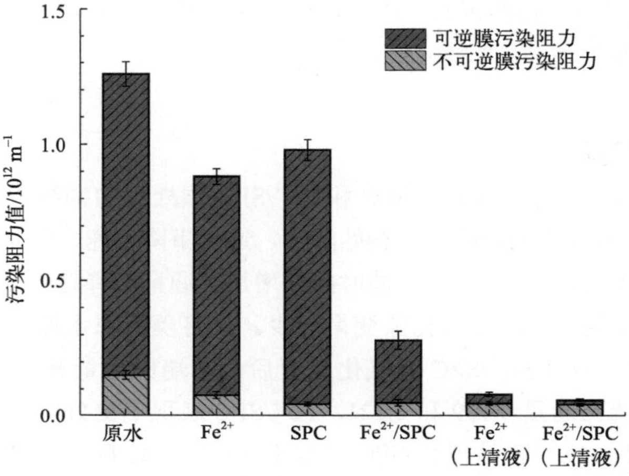

图 7-32　不同处理条件对藻液原水引起的膜污染阻力缓解情况

3）含藻水各组分对膜污染的贡献

① EOM 对膜污染的影响。值得注意的是，EOM 和藻细胞是含藻水的两个主要成分，因此本试验分别研究了它们对膜污染的贡献。图 7-33 展示了原水和经预处理后的 EOM 造成的膜通量下降情况。如图 7-33 所示，EOM 原水造成的膜通量下降比藻液要少，末端比通量为 0.511，这可能归因于藻液造成的污染是藻细胞和 EOM 的联合污染，尺寸较大的藻细胞难

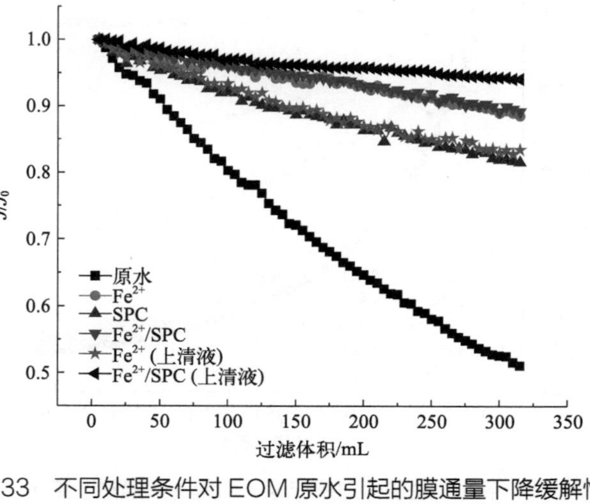

图 7-33　不同处理条件对 EOM 原水引起的膜通量下降缓解情况

以穿透膜孔，沉积在膜表面并与 EOM 一起形成致密的滤饼层，导致膜通量下降更为严重。Fe^{2+}、SPC 和 Fe^{2+}/SPC 预处理的 EOM 末端比通量分别增加至 0.885、0.816 和 0.892，表明预处理可以不同程度地减轻 EOM 造成的膜污染。与单独 Fe^{2+} 相比，Fe^{2+}/SPC 似乎没有表现出更明显的改善效果，这显示在 Fe^{2+}/SPC 缓解 EOM 污染的过程中，絮凝起着主要作用，而不是氧化。具体而言，EOM 由不同大小和亲水性的有机物质组成，其中大分子疏水部分是主要的膜污染物质，可以通过与原位形成的 Fe^{3+} 絮凝而去除。与 Fe^{2+} 相比，原位形成的 Fe^{3+} 具有更高的正电荷和电中和能力，因此具有更好的絮凝效果。在中性和接近中性的 pH 条件下，不溶性 $Fe(OH)_3$ 可以增强藻类絮凝物的形成并提高藻类污染物的去除效率。而氧化作用主要在去除一些小分子的亲水性物质上发挥作用，这对缓解 EOM 造成的膜污染的贡献较小。Fe^{2+}/SPC 后的预沉淀可避免絮凝物沉积在膜表面，末端比通量进一步升至 0.941。

图 7-34 显示了在不同条件下处理过的 EOM 造成的可逆和不可逆膜污染阻力。由 EOM 引起的膜污染阻力低于藻类溶液，可逆和不可逆膜污染阻力分别为 $0.103\times10^{12}m^{-1}$ 和 $0.061\times10^{12}m^{-1}$。EOM 的不可逆膜污染阻力占总膜污染阻力的 37.2%，高于藻类溶液。这是因为藻类细胞具有吸附有机物的功能，可以减少有机污染物与膜表面之间的接触，从而减少吸附性膜污染。疏水性有机物可能导致严重的不可逆膜污染，并且 EOM 中约 70% 的蛋白质具有疏水性。经过 Fe^{2+}/SPC 处理后，可逆和不可逆膜污染阻力分别降至 $0.014\times10^{12}m^{-1}$ 和 $0.042\times10^{12}m^{-1}$。沉淀后可逆和不可逆膜污染降至最低，阻力分别为 $0.007\times10^{12}m^{-1}$ 和 $0.025\times10^{12}m^{-1}$。经过 Fe^{2+}/SPC 沉淀的预处理，可逆膜污染减少了 93.2%，不可逆膜污染减少了 59.2%。不可逆膜污染控制效率相对较低的可能原因是 Fe^{2+}/SPC 无法有效去除 EOM 中的小分子有机物，从而导致不可逆膜吸附污染。

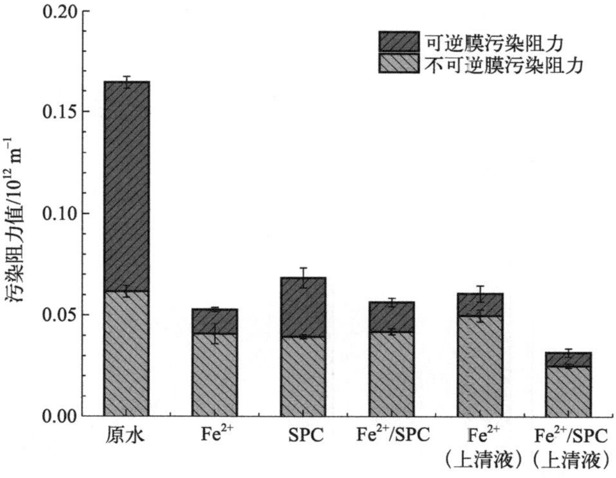

图 7-34 不同处理条件对 EOM 原水引起的膜污染阻力缓解情况

② 藻细胞对膜污染的影响。图 7-35 展示了单独藻细胞造成的膜通量下降情况。通量下降显示出与藻液相似的趋势，最终 J/J_0 为 0.263，表明藻类细胞引起的膜污染较为严重。在分别用 Fe^{2+}、SPC 和 Fe^{2+}/SPC 处理后，最终的 J/J_0 值分别增加到 0.671、0.316、0.758，这表明 Fe^{2+}/SPC 的协同作用比单独的 Fe^{2+} 或 SPC 更有效地提升了膜通量。通过离心除去藻细胞悬浮液的大部分小分子有机物后，通过 Fe^{2+}/SPC 预处理可以使藻细胞完全沉降，从而减少藻细胞在膜表面的积累。此外，静沉除去了溶液中残留的藻细胞，进一步减轻了膜通量的下降，最终 J/J_0 增加到 0.893。

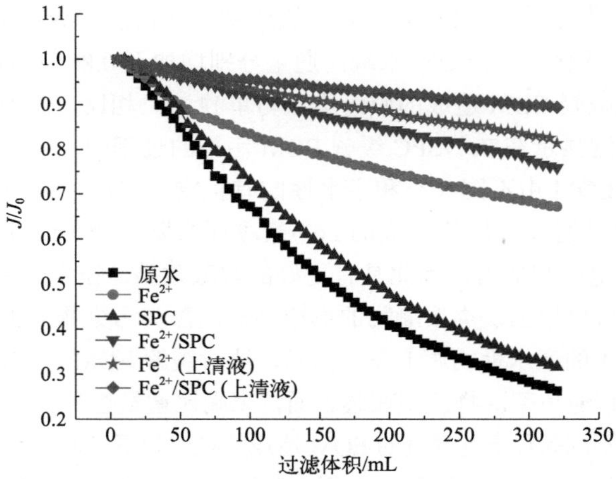

图 7-35 不同处理条件对单独藻细胞引起的膜通量下降缓解情况

铜绿微囊藻细胞造成的可逆和不可逆膜污染阻力展示在图 7-36。与藻液相比，单独藻细胞造成的膜污染较轻，可逆和不可逆膜污染阻力值分别为 $0.349\times10^{12}m^{-1}$ 和 $0.061\times10^{12}m^{-1}$。藻细胞对藻类有机物的竞争性吸附可减少有机物与膜表面之间的接触，这是因为藻源有机物可以填补藻细胞间的空隙，使滤饼层变得更加致密。对于单独藻细胞溶液来说，大部分 EOM 已通过离心去除，过滤形成的滤饼层较为疏松，更容易通过水力反冲洗去除。经 Fe^{2+}/SPC 预处理后，可逆和不可逆膜污染分别降至最低，膜污染阻力分别为 $0.007\times10^{12}m^{-1}$ 和 $0.030\times10^{12}m^{-1}$，这表明 Fe^{2+}/SPC 预氧化对于去除藻细胞引起的可逆膜污染更为有效。

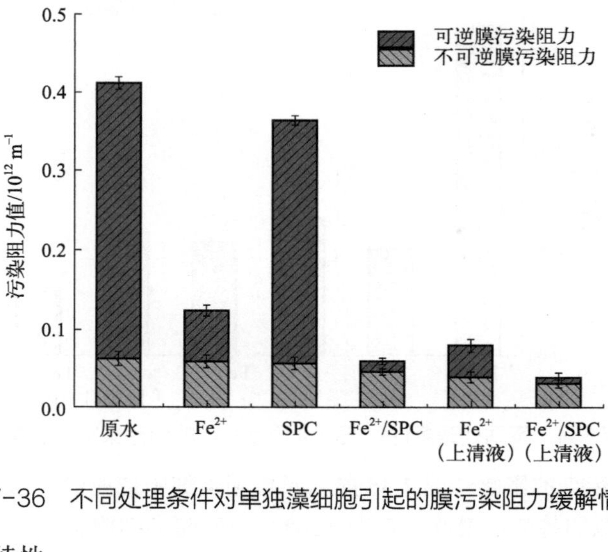

图 7-36 不同处理条件对单独藻细胞引起的膜污染阻力缓解情况

4）膜表面形态特性

图 7-37 展示了新膜和污染后膜的 SEM 图像。未污染的膜表面光滑，呈现出许多细微、均匀分布的膜孔。在过滤完藻液原水后，膜表面被大量藻细胞覆盖，造成较为严重的污染。经 Fe^{2+} 处理后，在膜表面可以观察到絮凝形成的絮体和一些残留的藻细胞。SPC 处理去除藻类细胞效果较差，仍有大量藻细胞沉淀物沉积在膜表面。而经过 Fe^{2+}/SPC 预处理，膜表面基

本上被原位凝结形成的絮凝物覆盖，只有少量藻细胞可见。多孔絮状物层提高了超滤膜的过水效率并减缓了膜通量的下降。成分主要为蛋白质和多糖的 EOM 原水在膜表面上覆盖形成了一层污染物。单独的 Fe^{2+} 处理，在膜表面上形成了相对稀疏的絮凝层，而使用 SPC 氧化缓解膜污染收效甚微，膜表面仍被致密的污垢层覆盖。使用 Fe^{2+}/SPC 预处理后，膜表面形成了较为均匀的絮凝层，从而减少了膜孔堵塞，膜通量也有所提高。

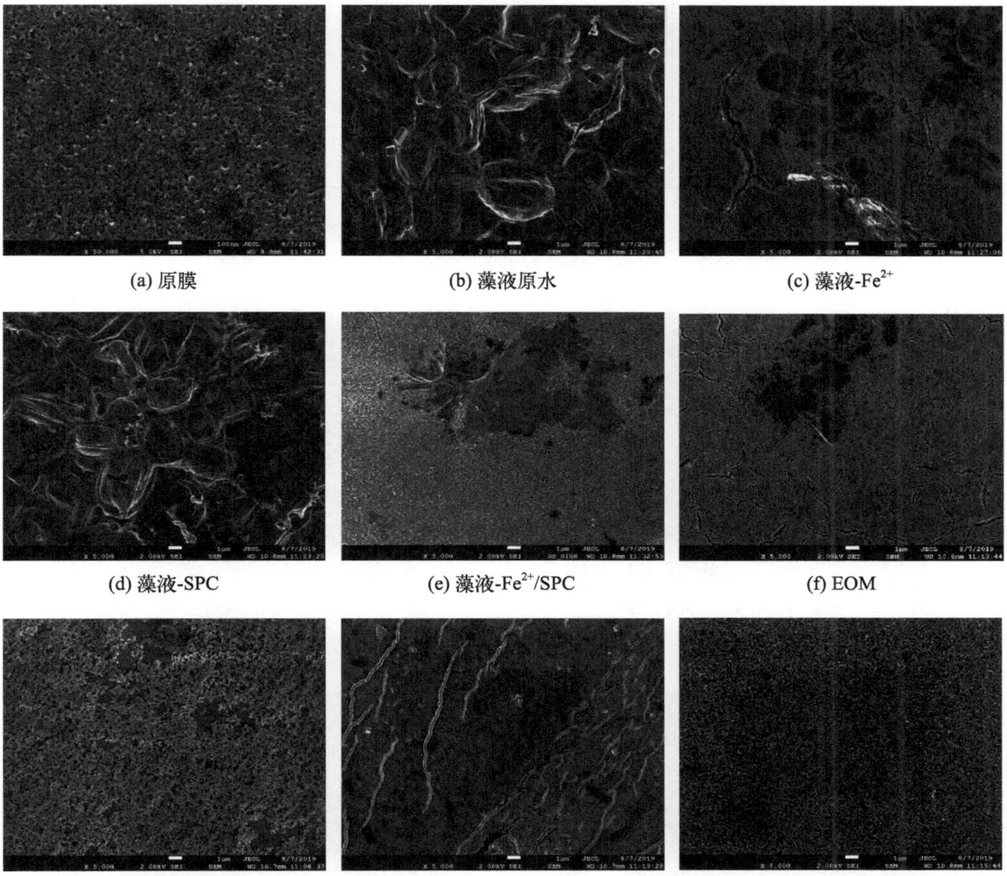

(a) 原膜　(b) 藻液原水　(c) 藻液-Fe^{2+}

(d) 藻液-SPC　(e) 藻液-Fe^{2+}/SPC　(f) EOM

(g) EOM-Fe^{2+}　(h) EOM-SPC　(i) EOM-Fe^{2+}/SPC

图 7-37　藻液污染膜表面扫描电镜分析情况

5）预氧化对藻源污染物性质的影响

① 藻细胞去除率。经 Fe^{2+}、SPC 和 Fe^{2+}/SPC 分别处理过的藻溶液的 UV_{685} 值如图 7-38 所示。原水的 UV_{685} 值为 0.059cm^{-1}，单独 Fe^{2+} 和 SPC 的去除率分别仅为 15.2% 和 3.4%。相比之下，Fe^{2+}/SPC 的组合显著提高了铜绿微囊藻细胞的去除率，去除率为 88.1%，表明藻液中的大部分藻细胞被去除了。以上结果表明 Fe^{2+}/SPC 在去除藻细胞方面表现出明显更好的性能。

② 三维荧光光谱分析有机物的去除。荧光光谱激发-发射矩阵可用于表征含藻水中的荧光有机成分。图 7-39（书后另见彩图）展示了经 Fe^{2+}、SPC、Fe^{2+}/SPC 处理和 EOM 原水的荧光光谱。原水的光谱中出现了 A、C、T_1、T_2 4 个特征峰。具体而言，A 和 C 峰与腐殖质

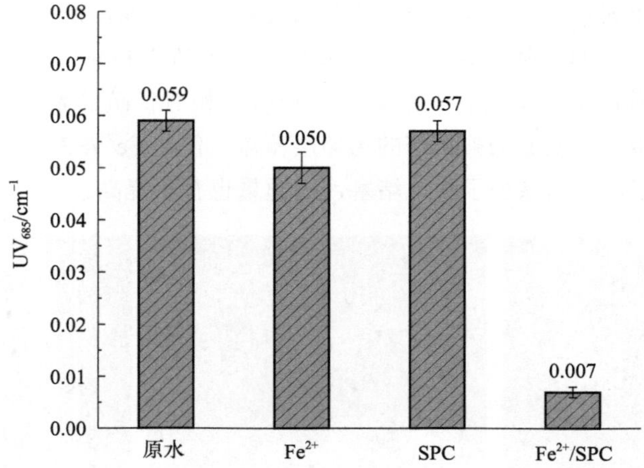

图 7-38　不同处理条件对藻液原水 UV_{685} 的去除情况

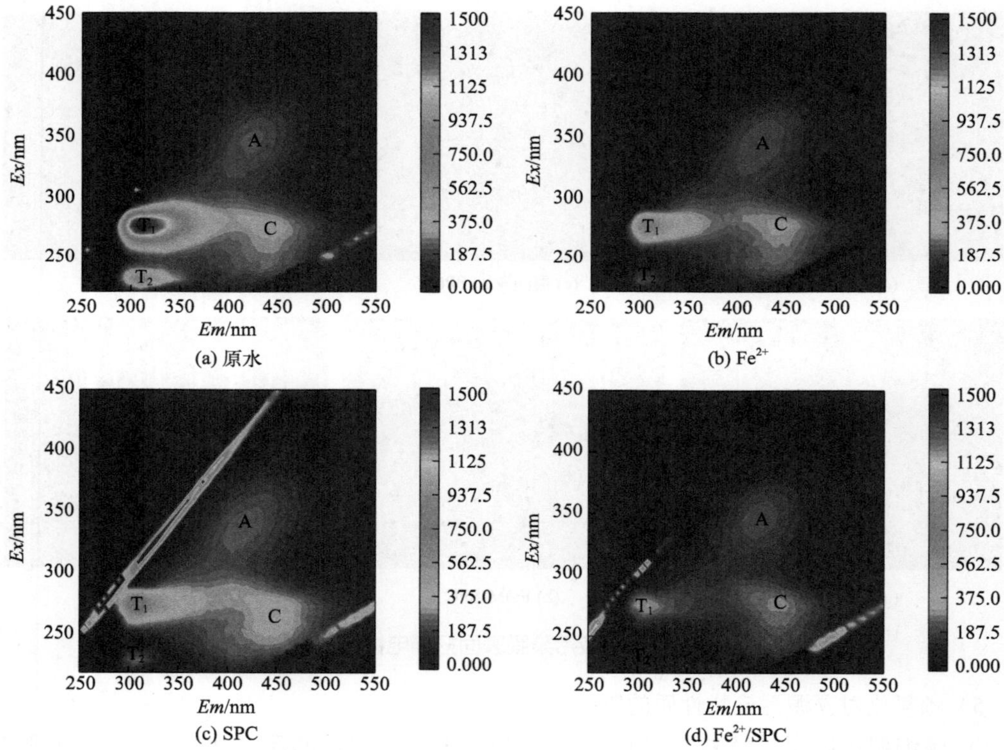

图 7-39　混合藻液经不同条件处理后三维荧光光谱情况

有关，T_1 和 T_2 峰与色氨酸类蛋白质相关，色氨酸类蛋白质是 EOM 的主要成分。值得注意的是，藻类细胞壁的主要成分多糖类物质无法通过荧光光谱法检测到，因此这里不再讨论。在 EOM 的组成中，蛋白质占比很高，并且集中在高分子量部分，而微生物活动是腐殖质类物质形成的关键原因。如图 7-39 所示，经过单独 Fe^{2+} 和 SPC 处理后，T_1 和 T_2 峰的强度有所降低，表明部分蛋白质类物质被去除。当使用 Fe^{2+}/SPC 预处理时，由于在此过程中氧化和絮凝的协同作用，4 个峰的强度进一步降低，这表明蛋白质和腐殖质类物质均被有效去除。A 和 C

峰并没有像 T_1 和 T_2 峰那样明显降低，这表明 EOM 中的腐殖质类物质集中在低分子量部分。表 7-7 总结了具体的峰的位置和荧光强度。由表 7-7 可知，通过 Fe^{2+}/SPC 处理，EEM 光谱中的 T_1 和 T_2 峰的强度分别降低了 81.2% 和 82.7%，表现出更显著的去除蛋白质类物质的能力。而 A 和 C 峰的强度分别降低了 8.6% 和 16.7%，这也表明 Fe^{2+}/SPC 对腐殖质类物质的去除能力相对较低。这些结果表明，Fe^{2+}/SPC 对于具有荧光效应的有机物去除是有效的，与腐殖质类物质相比，蛋白质类物质更容易通过 Fe^{2+}/SPC 预氧化去除。

表 7-7　不同条件预处理后三维荧光点位及强度

水样	T_1 峰		T_2 峰		A 峰		C 峰	
	Ex/Em /（nm/nm）	强度	*Ex/Em* /（nm/nm）	强度	*Ex/Em* /（nm/nm）	强度	*Ex/Em* /（nm/nm）	强度
原水	275/315	1552.4	230/310	623.1	345/425	229.7	275/440	354.9
Fe^{2+}	275/310	658.7	230/305	213.2	345/425	222.1	275/440	333.3
SPC	275/310	830.7	230/305	250.3	340/415	243.5	265/445	357.1
Fe^{2+}/SPC	275/305	292.0	230/300	108.1	345/425	209.9	275/445	295.7

6）Fe^{2+}/SPC 预氧化缓解膜污染机理研究

① 预氧化生成自由基种类。EPR 实验可用于验证 HO・的生成，其光谱如图 7-40 所示。仅就单独 SPC 氧化而言，在光谱中未观察到自由基信号。相比之下，检测到强度比为 1∶2∶2∶1 的 DMPO-OH 自旋加合物的特征信号（$a_N=a_H=14.9G$），表明在 Fe^{2+}/SPC 过程中产生了 HO•。Fe^{2+} 活化 SPC 生成的 HO•具有很强的氧化能力，具有很高的氧化电位（2.80eV），有机污染物可以被氧化成小分子物质，甚至矿化成 CO_2、H_2O 和无机盐等。

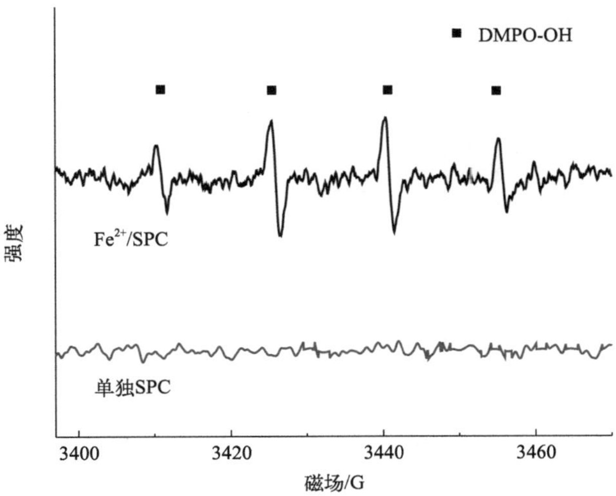

图 7-40　Fe^{2+}/SPC 体系 EPR 检测图谱

② Fe^{2+}/SPC 对出水有机物的去除效果。如图 7-41 所示，通过不同条件的预处理，EOM 的 DOC 浓度有所降低。然而，与 Fe^{2+}-UF 相比，Fe^{2+}/SPC-UF 的 DOC 浓度略有增加，这可能归因于在氧化过程中污染物由大分子向小分子的转变，原本无法通过超滤膜只能堆积在膜

表面的大分子有机物被氧化为一些比膜孔小得多的小分子有机物，可以通过超滤膜孔，增加出水的 DOC 浓度。

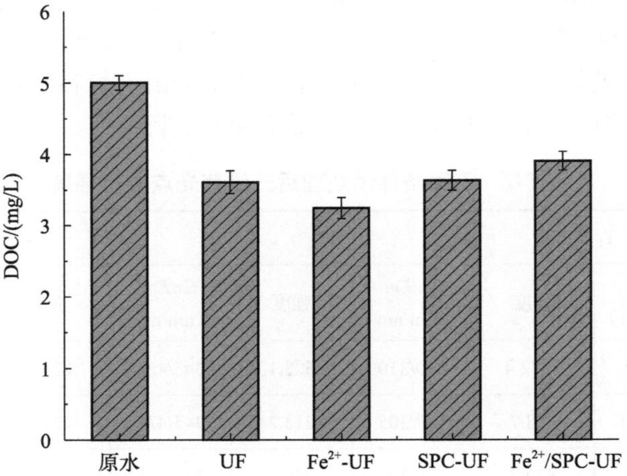

图 7-41　Fe^{2+}/SPC 体系对藻液 EOM 的 DOC 处理效果

③ Fe^{2+}/SPC 对微量污染物的去除效果。为探究 Fe^{2+}/SPC 体系氧化有机物的效能和特点，选用双酚 A 作为目标污染物，研究该体系对微量有机污染物的降解效果。如图 7-42 所示，单独 Fe^{2+} 和 SPC 对双酚 A 都有一定的去除效果，去除率分别为 48.1% 和 20.6%，而 Fe^{2+}/SPC 的去除率为 85.3%，证明 Fe^{2+}/SPC 复合投加有效增强了该体系的氧化效能，在去除微量有机污染物方面能发挥较好的作用。

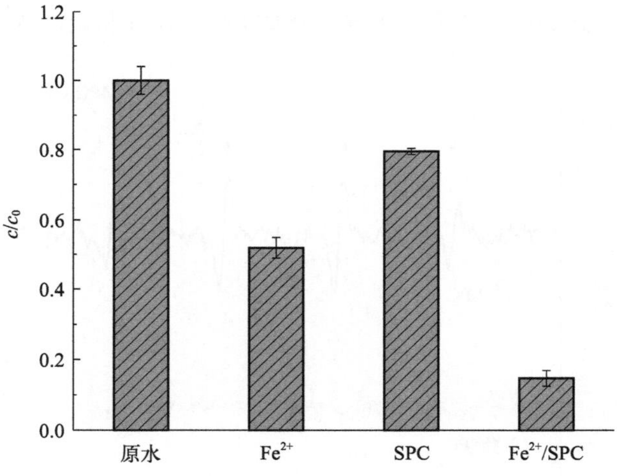

图 7-42　Fe^{2+}/SPC 体系对双酚 A 的去除效果

④ Fe^{2+}/SPC 缓解藻源膜污染机理分析。Fe^{2+}/SPC 预氧化缓解膜污染的机理总结在图 7-43 中。通常，藻类的电势为负，使得 EOM 被吸附在藻细胞的表面。此外，EOM 中的亲水性物质增加了颗粒和细胞的稳定性。藻细胞表面的负电荷可以被带有正电荷的无机离子（如 Fe^{2+}）中和。在 Fe^{2+}/SPC 预氧化过程中，SPC 可以被 Fe^{2+} 活化生成自由基 HO•，而 Fe^{2+} 可以被 SPC 氧化成 Fe^{3+}。值得注意的是，当将 SPC 加入含 Fe^{2+} 的水样中时，藻液的颜色立即变为

黄色，这表明 Fe^{2+} 被 SPC 迅速氧化成 Fe^{3+}。与 Fe^{2+} 相比，H_2O_2 的使用量过量，理论上 Fe^{2+} 可以被完全氧化。因此，加入 SPC 后溶液中存在的大多数离子为 Fe^{3+}。与 Fe^{2+} 相比，原位形成的 Fe^{3+} 具有更强的正电荷和电中和能力，因此具有更好的絮凝效果。通过絮凝形成的 $Fe(OH)_3$ 可以附着在藻细胞表面，从而破坏藻类悬浮液的稳定性并提高沉淀效率。此外，预氧化生成的 HO・还可以通过改变 zeta 电位、破坏藻细胞表面的有机层并增强双电荷压缩来改善絮凝效果。

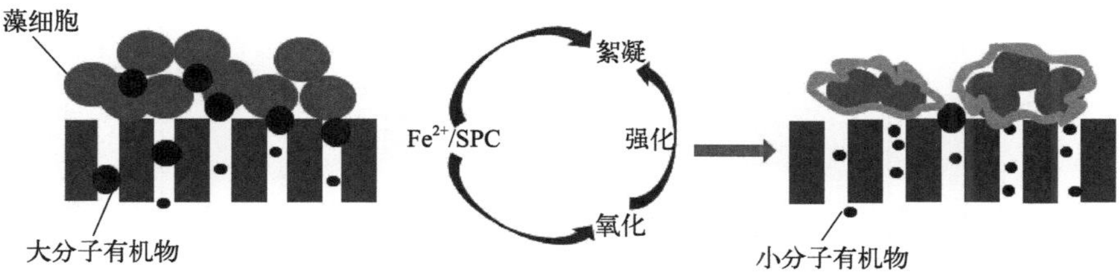

图 7-43　Fe^{2+}/SPC 体系处理含藻水机理

为考察藻源污染物的污染机理，本试验通过膜孔阻塞-滤饼过滤模型来评估膜污染机理，并使用 Matlab 进行模型拟合，结果如图 7-44 所示。对于铜绿微囊藻液原水，在初始过滤阶段 d^2t/dV^2 显著增加，n 值为 1.557，表明初始阶段的主要污染机理是标准阻塞。当过滤体积达到 110mL 时，特性曲线逐渐趋于稳定，n 值为 0.285，这表明膜污染机理已从膜孔阻塞变为滤饼过滤。对于 Fe^{2+} 处理，由于过滤过程处于膜孔阻塞到滤饼过滤的过渡阶段而出现了负斜率。如图 7-44 所示，与原水相比，SPC 预处理对特性曲线的影响很小，这表明污染机理因单独的 SPC 处理而几乎没有变化。如图 7-44(d) 所示，特性曲线因 Fe^{2+}/SPC 预氧化显著改变，在整个过滤过程中，标准阻塞占主导地位，n 值为 1.301，在过滤过程中没有形成滤饼过滤，表明 Fe^{2+}/SPC 预氧化可以通过延迟滤饼层的形成来减轻铜绿微囊藻液造成的超滤膜污染。

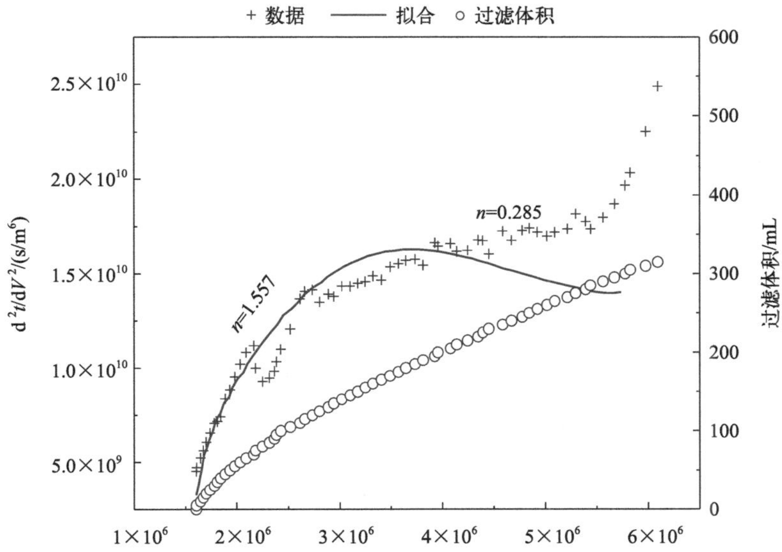

(a) 原水

图 7-44

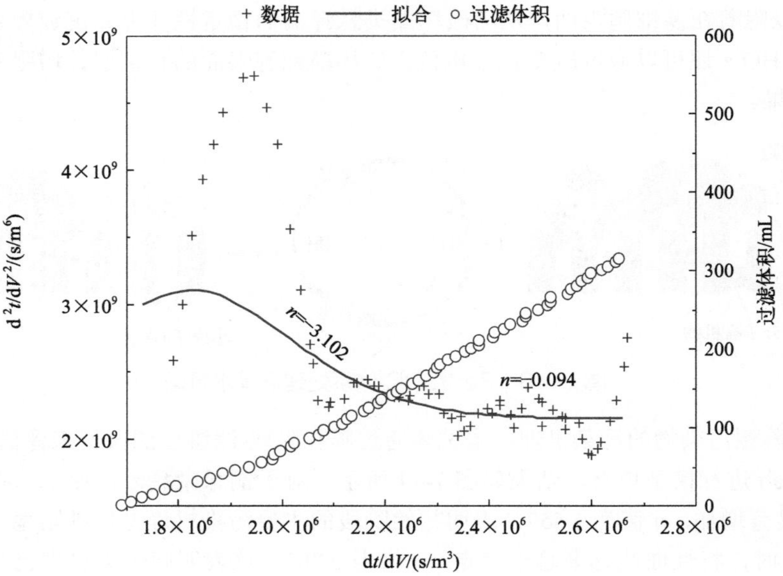

+ 数据
拟合
过滤体积
5×10⁹
4×10⁹
3×10⁹
2×10⁹
600
500
400
300
200
100
0
n=3.102
n=-0.094
1.8×10⁶
2.0×10⁶
2.2×10⁶
2.4×10⁶
2.6×10⁶
2.8×10⁶
d²t/dV²/(s/m⁶)
过滤体积/mL
dt/dV/(s/m³)

(b) Fe^{2+}

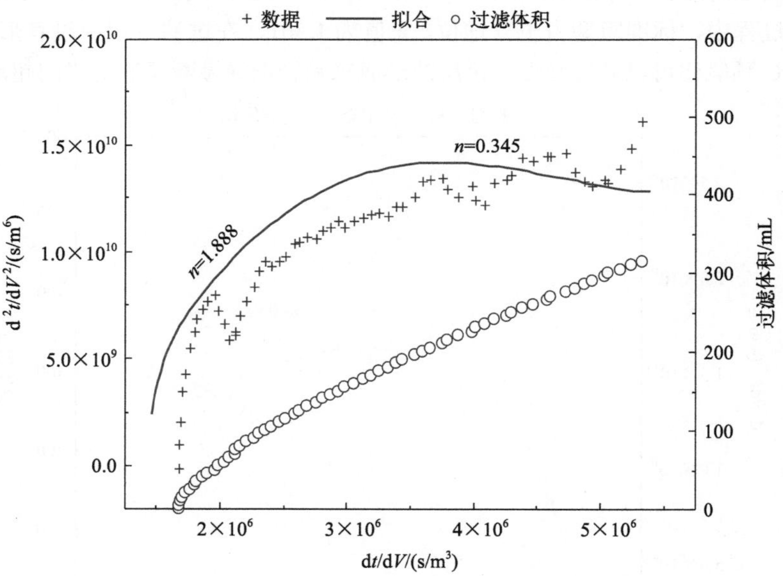

+ 数据
拟合
过滤体积
2.0×10¹⁰
1.5×10¹⁰
1.0×10¹⁰
5.0×10⁹
0.0
600
500
400
300
200
100
0
n=0.345
n=1.888
2×10⁶
3×10⁶
4×10⁶
5×10⁶
d²t/dV²/(s/m⁶)
过滤体积/mL
dt/dV/(s/m³)

(c) SPC

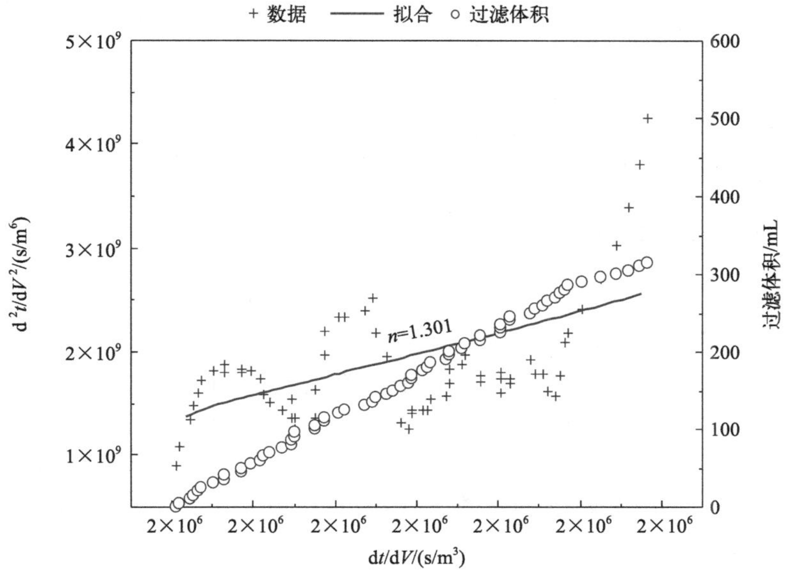

(d) Fe^{2+}/SPC

图 7-44　Matlab 拟合曲线

(3) 结论

通过探究硫酸亚铁 / 过碳酸盐对藻源膜污染的缓解效能以及考察含藻水各组分对膜污染的贡献，得出了如下结论：

① 单独的 Fe^{2+} 和 SPC 在处理藻源污染物对超滤膜造成的膜通量下降和膜污染阻力过程中效果并不明显，Fe^{2+}/SPC 复合投加可有效缓解铜绿微囊藻引起的藻源膜污染，静沉后末端比通量最高被提升至 0.965，可逆和不可逆膜污染阻力的缓解效率分别达到 98.6% 和 71.9%。

② Fe^{2+}/SPC 缓解 EOM 污染的过程中絮凝起着主要作用，大分子疏水部分可以通过与原位形成的 Fe^{3+} 絮凝而去除，氧化作用主要在去除一些小分子的亲水性物质上发挥作用，这对缓解 EOM 造成的膜污染的贡献较小。可通过 Fe^{2+}/SPC 预处理后的沉降避免絮凝物沉积在膜表面，进一步缓解膜污染。

③ 沉积在膜表面的污染物质可以被 Fe^{2+}/SPC 有效去除，经 Fe^{2+}/SPC 预处理后可在膜表面形成较为均匀的絮凝层，提供额外的过水通道，从而减少了膜孔堵塞，缓解膜通量下降。

7.3　纳滤工艺对湖库水体净化效能

7.3.1　纳滤技术简介及原理

7.3.1.1　纳滤膜技术简介

纳滤（nanofiltration，NF）是 20 世纪 80 年代后期发展起来的一种介于反渗透和超滤之间的新型膜分离技术，早期称为“低压反渗透”或“疏松反渗透”。纳滤膜的截留分子量在

200 ～ 2000 之间，膜孔径约为 1nm，适宜分离大小约为 1nm 的溶质组分，故称为“纳滤”。纳滤过程可在常温下进行，无相变，无化学反应，不破坏生物活性，能有效地截留二价及高价离子、分子量＞ 200 的有机分子，而使大部分一价无机盐透过，可分离同类氨基酸和蛋白质，实现高分子量和低分子量有机物的分离，且成本比传统工艺还要低，因而被广泛应用于超纯水制备、食品、化工、医药、生化、环保、冶金等领域的多种溶液的浓缩和分离过程。

7.3.1.2 纳滤膜及其组件

（1）纳滤膜

纳滤膜按膜材料分为有机高分子膜、无机膜和有机-无机杂化膜。按膜的结构特点分为非对称均质膜和复合膜。按膜的荷电性分，根据膜中固定电荷电性的不同，可将荷电纳滤膜分为荷正电膜、荷负电膜和中性膜。根据荷电位置不同，可分为表层荷电膜和整体荷电膜。目前已工业化的多为表层荷负电膜。

由于高分子复合纳滤膜是目前商品膜的主流，所以将重点介绍高分子复合纳滤膜，包括膜材料及纳滤膜的制备。

1）纳滤膜材料

① 高分子复合纳滤膜。大多数商品复合纳滤膜的支撑膜由聚砜类材料制成。聚砜类材料机械强度高，耐酸碱，有优异的介电性，对除浓硫酸和浓硝酸外的其他酸、碱、醇、脂肪族烃等相当稳定，可连续在 pH=1 ～ 13 的体系中运行。但聚砜作为疏水性聚合物，不易被水或其他高表面张力的液体浸润，作为纳滤膜支撑材料时，需要对其表面进行改性处理，以改善其性能。复合纳滤膜的复合层材料有芳香聚酰胺、聚哌嗪酰胺、磺化聚砜、聚脲、聚醚、聚二烯醇 / 聚哌嗪酰胺混合物等。

② 高分子非对称型纳滤膜。常见的制备非对称纳滤膜的材料有醋酸纤维素（CA）、三醋酸纤维素（CTA）、聚酰胺（PA）、聚酰亚胺（PI）、磺化聚砜等。其中以 CA 制备的非对称纳滤膜研究及应用最多。

③ 无机纳滤膜。与有机高聚物膜相比，无机陶瓷膜作为一类新型的纳滤膜有独特的优点，诸如耐高温、化学稳定性好、机械强度大、分离效率高等，因而成为高效节能对环境友好的膜材料。无机纳滤膜通常由 3 种不同孔径的多孔层组成。大孔支撑体可以保证无机纳滤膜的机械强度；中孔的中间层可以降低支撑体的表面粗糙度，有利于纳孔层的沉积；而纳孔层（孔径＜ 2nm）决定着无机纳滤膜的渗透选择性。广泛应用的陶瓷膜材料有 Al_2O_3、ZrO_3、TiO_2、HfO_2、SiC 和玻璃等，所采用的载体主要是氧化铝多孔陶瓷。

2）纳滤膜的制备

① 复合纳滤膜的制备。复合法是目前应用最广也是最有效的制备纳滤膜的方法。该方法是在多孔基膜上复合一层具有纳米级孔径的超薄复合层。复合膜的优点是可以分别选取不同的材料制取基膜和复合层，使其性能（如选择性、渗透性、化学和热稳定性）达到最优。由于这类膜的复合层和支撑层由不同的聚合物材料构成，因此每层均可独立地发挥其最大作用。

与用相转化法制作的非对称结构膜相比，复合纳滤膜能制成具有良好重复性和不同厚度的超薄复合层。可以方便地调整膜的渗透性能和分离选择性以及物化稳定性和耐压密性。

Ⅰ. 多孔基膜的制备。对于高分子材料膜采用 L-S 相转化法，可由单一高聚物形成，如聚砜超滤膜；也可由 2 种或 2 种以上的高聚物经液相共混形成合金基膜，如含酞侧基聚芳醚酮-聚砜（PEKC-PSF）合金膜。高性能的多孔基膜是制备性能优良的复合纳滤膜的基础。由于聚砜化学和热稳定性好，故商品化复合纳滤膜大多采用聚砜多孔膜为支撑底膜。

Ⅱ. 超薄复合层的制备。复合纳滤膜的传质阻力主要来自超薄复合层。为了减小膜的传质阻力，应在保证分离要求的前提下尽可能减小超薄复合层的厚度。复合层的制备方法主要有涂敷法、界面聚合法、原位聚合法、接枝法、化学蒸气沉降法、等离子体聚合法、动力形成法等。除了涂敷法外，其他几种方法都是通过聚合反应形成很薄的聚合物层。

② 非对称纳滤膜的制备。非对称纳滤膜的制备方法就是 L-S 法，由于纳滤膜的表面致密皮层较反渗透膜疏松、较超滤膜致密，因此，采用 L-S 法制备纳滤膜时可以采用两种途径：一种途径是借助反渗透的制备工艺条件，在此基础上，把制膜工艺条件向有利于形成较疏松的表面结构方向调整，如调整聚合物的浓度、添加剂的组成及动力学成膜等；另一种途径是借助超滤膜的制备工艺条件，使超滤膜表面孔变小后，采用热处理、荷电化或表面接枝等方法使膜表面致密化，以得到具有纳米级表面孔的非对称纳滤膜。

③ 无机纳滤膜的制备。

Ⅰ. 化学气相沉积法。化学气相沉积法是无机纳滤膜制备中应用较广泛的一种方法。该方法是先将某化合物（如硅烷）在高温下变成能与基膜（如 Al_2O_3 微孔基膜）反应的化学蒸气，在一定的温度、压力下于固体表面发生反应，生成固态沉积物，反应使基膜孔径缩小至纳米级而形成纳滤膜。化学气相沉积法必须满足下列 3 个条件：a. 在沉积温度下，反应物必须有足够高的蒸气压；b. 反应生成物除需要的沉积物为固体外，其他都必须是气体；c. 沉积物的蒸气压要足够低，以保证在整个沉积反应进行过程中，能保持在加热的载体上。

Ⅱ. 动力形成法。该方法是利用溶胶-凝胶相转化原理，首先将一定浓度的无机电解质，在加压循环流动系统中，使其吸附在多孔支撑体上，由此构成的是单层动态膜，通常为超滤膜。然后需在单层动态膜的基础上再次在加压闭合循环流动体系中将一定浓度的无机电解质吸附和凝聚在单层动态膜上，从而构成具有双层结构的动态纳滤膜。

（2）纳滤膜组件

目前，工业上常用的纳滤膜元件主要包括平板式膜元件、管式膜元件、中空纤维膜元件和螺旋卷式膜元件。其中，螺旋卷式、板框式膜组件均使用平板膜。中空纤维式、毛细管式和管式膜组件均使用管式膜，可以分为内压式和外压式两种。对于不同目的的膜分离过程，将采用不同形式的膜元件。其中，螺旋卷式膜元件与中空纤维膜元件由于单元体积内具有较高的装填密度，成为纳滤技术工业领域应用最多、市场占有率最大的两种元件形式。

1）螺旋卷式膜组件

螺旋卷式膜元件（spiral-wound module，SWM）起初用于早期人工肾的设计，真正的工业化开发始于 20 世纪 60 年代末 Gulf General Atomic 公司（Fluid System 公司的前身）所进行的反渗透膜组件研究。该元件形式具有装填密度大、易于大规模生产并实现工业化的特点，是如今膜技术领域中极为广泛流行的元件形式。近年来，卷式膜元件在反渗透、纳滤、超滤等技术中应用越来越普遍，占据纳滤和反渗透膜元件的全球市场份额高达 91%。

螺旋卷式膜元件的卷制工艺是由膜叶缠绕在中心管上卷制而成，每个膜叶由两张矩形膜片中间插入隔网制成，膜片三端密封，一端开口，开口端与收集透过液的中心管相连。卷式膜元件的主要结构包括膜、进料通道、渗透液通道和用于分离相邻膜片并支撑膜通道的隔网。在进料液侧有浓水流道网，其材质一般为聚丙烯，并可根据需要对隔网进行设计，例如对海水淡化元件，流道网可设计成高湍流、低压降以获得高的膜堆积密度。

卷式膜元件内的水流是从进水沿膜袋外侧的进水网格的一端进入膜元件，部分作为产水透过膜，其余部分作为浓水从膜元件的另外一侧排出。透过膜的产水进入膜袋，沿产水网格呈螺旋状向内流动，经过中心管上的孔进入中心集水管，通过产水排出口流出。

卷式膜组件是世界上工业化反渗透、纳滤装备使用的最主要膜组器形式，这是由平板膜容易大规模制作及卷式膜元件易集成的特征所决定的。将一个或数个卷式膜元件串联后用内连接件、端板密封圈等连接并装配在不锈钢或降氧材料的压力外壳中即成为卷式膜组件（压力容器），很适合大规模工业应用。

2）中空纤维膜组件

中空纤维膜元件（hollow fiber module，HFM）最早是由陶氏化学公司以醋酸纤维素为原料研制成功的，并在工业上得到了应用。20 世纪 50 年代末，朴邦公司开展了这方面的研究工作，于 1967 年提出了以尼龙 66 为膜材料的 B-5Permasep 中空纤维反渗透膜元件。1970 年以芳香聚酰胺为膜材料，首先研制成功 B-9Permasep 渗透器，用于苦咸水淡化。

中空纤维膜在结构上是非对称的。与管式膜不同，中空纤维膜的抗压强度靠膜自身的非对称结构支撑，故可承受 6MPa 的静压力而不致压实。由于纤维的管径较细，所以中空纤维膜组件是装填密度最高的一种膜组件形式。按其作用方式，中空纤维膜可分为外压式和内压式两种。采用何种封装方式及进料采用外压式还是内压式（膜的活性层在管外侧还是管内侧，即原料液通过壳程还是管程）取决于组件被用于何种分离过程和料液的性质。当料液通过纤维外膜时，可平行于纤维流动，也可通过位于纤维束中心的多孔分布管做径向流动，特别是当纤维较长时。

由于中空纤维纳滤膜组件的填充密度最高，占地面积小，可适用于大小型造水系统。中空纤维膜的膜组件可以实现自支撑，可使组件的加工简化，费用降低，所以它可制成小型轻便的装置，应用于医学和生物制品方面。但其缺点是由于中空纤维太细，料液中的大分子组分等会堵塞纤维流道及膜孔，料液通过中空纤维的流动亦难以控制。在实际应用过程中，料液必须先经过严格的预处理，根据不同的需要除去被处理溶液中的全部颗粒，甚至大分子物质。中空纤维膜元件清洗困难，只能采用化学清洗，中空纤维膜一旦有丝断裂而无法更换，将导致整个元件失效；中空纤维膜的制作技术复杂，管板制作也较困难；液体在管内流动时阻力很大，导致压力损失很大。

7.3.1.3 纳滤膜分离过程

从纳滤膜及其分离过程的适用对象来看，纳滤膜及分离过程的特点主要包括以下几点：

① 纳滤膜表面通常具有荷电性。目前最常用的纳滤膜是以聚哌嗪酰胺为材料的复合膜，由于膜表面存在大量的羧基和亚氨基，因此，在中性和碱性条件下膜表面通常呈负电性，在强酸性条件下则呈正电性。

② 纳滤膜对部分溶质具有选择性分离功能。由于纳滤膜通常存在电荷效应和筛分效应的共同作用，因此，纳滤膜对很多不同分子量的有机物或者不同价态的离子均可以表现出一定的选择性，可以实现单价离子盐与多价离子盐之间、分子量相对较高的有机分子与分子量

相对较低的有机分子之间以及无机离子盐与分子量相对较高的有机物之间的分离。

③ 与反渗透相比，纳滤过程操作压力更低，渗透通量更高。由于纳滤膜对单价离子的截留率较低，易于透过纳滤膜，膜两侧由离子浓度差造成的渗透压低于反渗透膜，因此，过程的驱动压较反渗透过程低很多，其操作压力通常为 0.5 ～ 2.0MPa，部分超低压纳滤膜的操作压力只有 0.5MPa，甚至有向更低驱动压发展的趋势。

④ 与其他压力驱动膜过程相同，纳滤过程通常在常温下操作，过程中不发生化学反应和相态变化，因此，在生物活性物质、热敏性物质的分离、浓缩和纯化领域表现出非常好的发展势头。

上述纳滤膜和纳滤分离过程的特点也决定了其分离机理，即主要包括尺寸筛分效应和道南效应（Donnan effect）。通常纳滤膜对中性物质的分离主要由尺寸筛分效应决定，而对荷电物质的截留则由尺寸筛分效应和道南效应共同作用。

对于非电解溶液中溶质的截留，纳滤膜对分子量在 200 以上的小分子表现出良好的截留能力，这些小分子物质包括乳糖、麦芽糖、棉籽糖、多肽、抗生素、合成药物等。

对于电解质溶液中溶质的截留，纳滤膜对不同离子的截留能力则取决于纳滤膜的种类，就常规的聚哌嗪酰胺纳滤而言，对阳离子的截留性能按 $H^+ < Na^+ < K^+ < Ca^{2+} < Mg^{2+}$ 顺序递增；对阴离子的截留率则为 $NO_3^- < Cl^- < OH^- < SO_4^{2-} < CO_3^{2-}$；对于相同价态的同荷电性离子而言，离子水合半径越小，其截留率越低。

7.3.2 纳滤膜在湖库水体净化中的应用

7.3.2.1 纳滤膜净水特性研究

选用 NF200 型高通量荷负电 NF 膜作为试验用膜，该膜由美国 Filmec DOW 公司生产。原水经加压泵提升，通过保安过滤器后，流入 NF 膜过滤，预先设定好 NF 膜回收率和浓水循环率，见图 7-45。

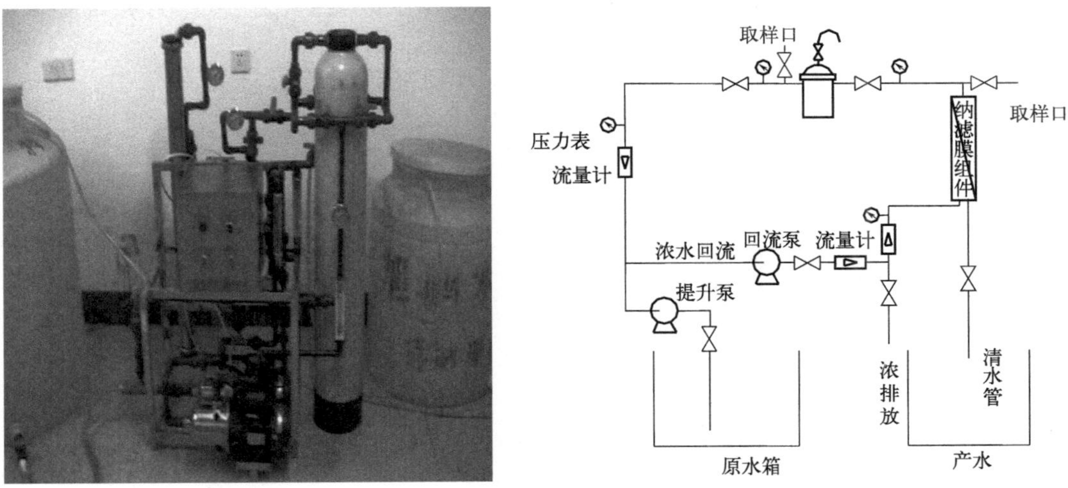

(a) 实物图　　(b) 结构图

图 7-45 试验装置示意

（1）膜性能实验

1）回收率

在进水流量一定条件下，控制膜回收率分别为20%、40%、60%、80%，进行出水水质分析，结果见图7-46～图7-49。

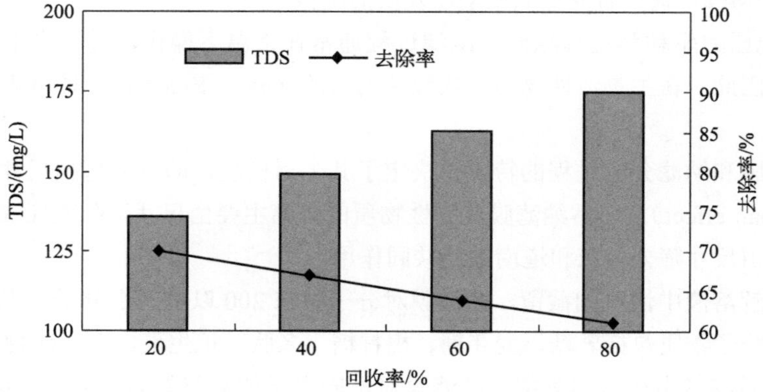

图7-46　回收率对出水TDS（总溶解性固体）的影响

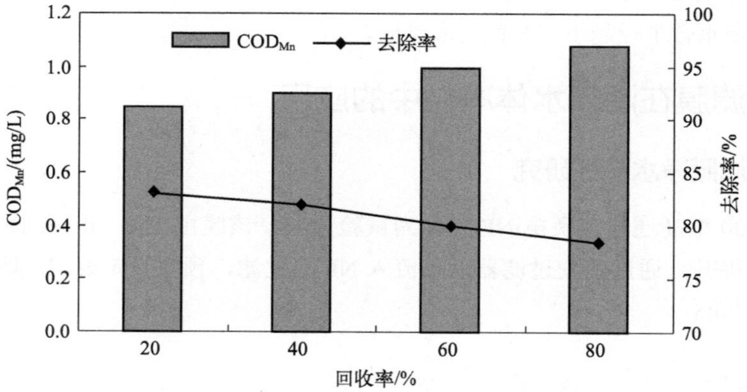

图7-47　回收率对出水COD_{Mn}的影响

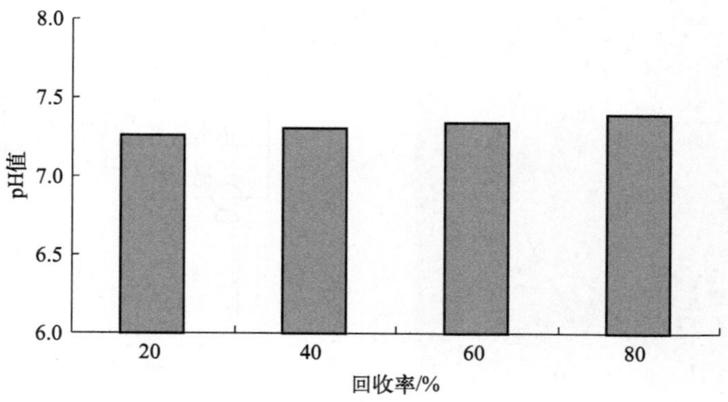

图7-48　回收率对出水pH值的影响

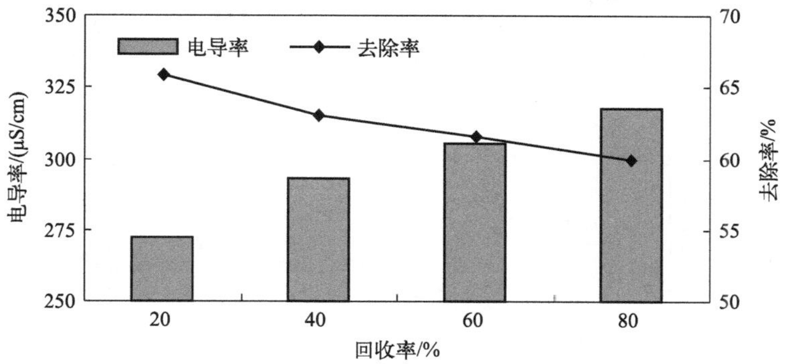

图 7-49　回收率对出水电导率的影响

膜回收率的变化可导致膜内流量分配的变化，对水中盐的渗透性有较大影响，随着回收率提高出水 TDS 和电导率增加。这一现象可以解释为：增大系统回收率，浓水中盐浓度增大，使膜两侧盐的浓度差增大，故盐透过量增大，产水含盐量必然升高。

膜回收率的变化对 COD_{Mn} 和 pH 值有一定影响，随回收率增加均有所提高，产水中 COD_{Mn} 变化范围为 0.8 ～ 1.1mg/L，pH 值变化范围为 7.2 ～ 7.5。而出水浊度和 NH_3-N 一直未检出。

2）膜通量

膜通量是膜运行过程中的一个重要参数。对纳滤膜而言则显得更为重要，因为纳滤膜对组分的去除不单单是物理截留作用，对带电离子的截留而言，通量变化对纳滤的脱盐率有着比较显著的影响。在膜回收率一定的条件下，改变进水流量，对 NF200 型纳滤膜的通量变化对出水电导率的影响进行测定，结果见图 7-50。

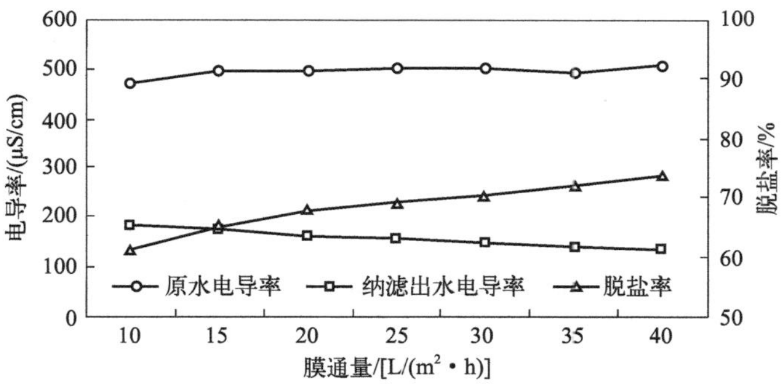

图 7-50　膜通量对电导率及脱盐率的影响

随着透过水的膜通量增大，出水电导率下降，系统脱盐率呈升高趋势。主要是由于通量增大时，膜表面聚集的电荷密度增大，导致同名电荷的离子反而不易透过膜，同时通量增加时，透过膜的总水量也增加，水中盐的渗透性主要由道南效应决定，由扩散和对流产生的盐通量与道南位差引起的盐通量相比较小，大量透过膜表面的水对透过液侧的盐溶液起到了进一步的稀释作用，因而膜通量增大，透过液侧盐浓度降低，脱盐率升高。掌握纳滤膜的这种特性对工程应用中膜通量参数的选择有重要意义，可以通过实测做出针对原水水质的膜通量与电导率的特性曲线，在膜通量允许变化范围内适当调整膜通量参数，以达到工程所需的脱盐率。

3）操作压力

水温 20℃，测试操作压力对产水量、回收率、脱硬率、脱盐率的影响分别见图 7-51、图 7-52 和图 7-53。

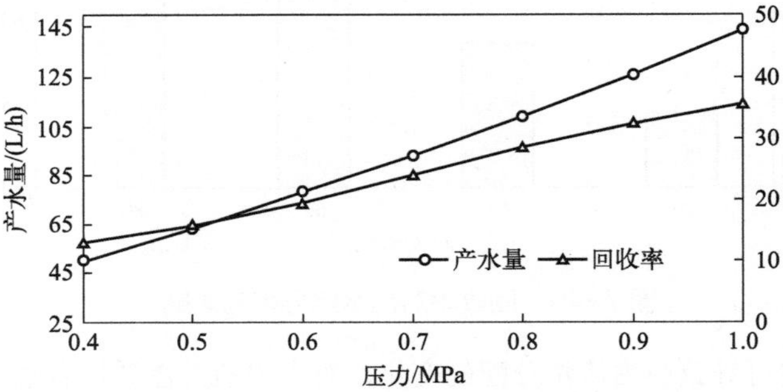

图 7-51　操作压力对产水量和回收率的影响

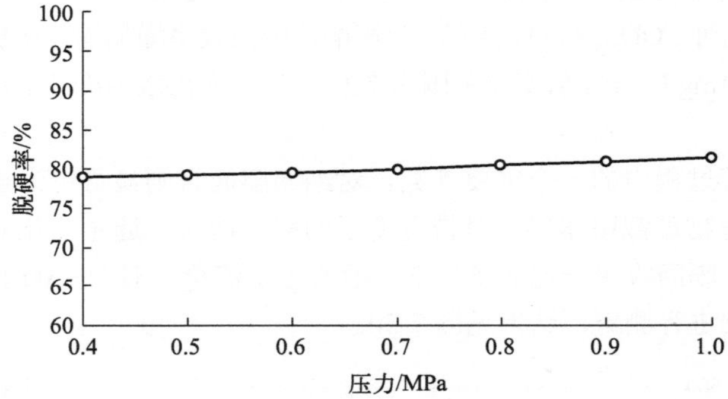

图 7-52　操作压力对脱硬率的影响

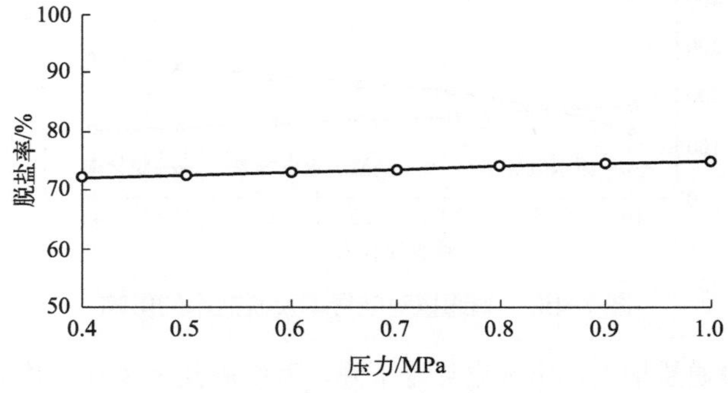

图 7-53　操作压力对脱盐率的影响

在 0.4 ～ 1MPa 的压力范围内，随着操作压力的增加，纳滤膜的产水量和回收率几乎成线性增大。

产水量的变化趋势可以从纳滤膜基本的迁移方程得到解释。根据溶解-扩散理论模型，水和盐在纳滤膜中的迁移遵循下列方程式：

$$J_w=A\times \mathrm{NDP}$$

$$J_s=B(c_{s1}-c_{s2})$$

式中　J_w，J_s——水与盐的膜通量；

A——纯水透过系数；

B——溶质（盐）透过系数；

NDP——膜净驱动压力；

c_{s1}，c_{s2}——进水与产水中的溶质（盐）浓度。

增加操作压力，使驱动力增加，膜通量的增大与操作压力的增加成线性关系。同时，随着产水量的增大，进水量增加较慢，就表现出回收率随着操作压力的增加而增加。从实际应用讲，希望有较高的回收率，以降低制水成本，但是过高的回收率又会降低膜的出水水质，增加浓差极化。

随着操作压力的增加，NF200 膜的脱硬率和脱盐率以很小的幅度缓慢增加。由上述纳滤膜基本迁移方程可知，盐通量与操作压力无直接关系，由于产水量随操作压力增加而增大，在盐通量不变的情况下产水中含盐量必然下降，所以脱除率增加。另一方面，水量增大后，膜两侧的浓度差增大，溶质（盐）的透过率有增加（截留率降低）的趋势。两方面共同作用的结果，表现为脱除率增加缓慢。

4）水温

操作压力设定为 0.5MPa，测试水温对产水量和回收率、脱硬率、脱盐率的影响分别见图 7-54、图 7-55 和图 7-56。

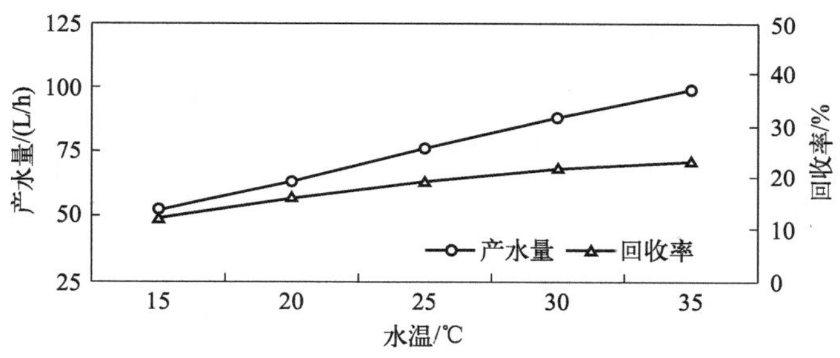

图 7-54　水温对产水量和回收率的影响

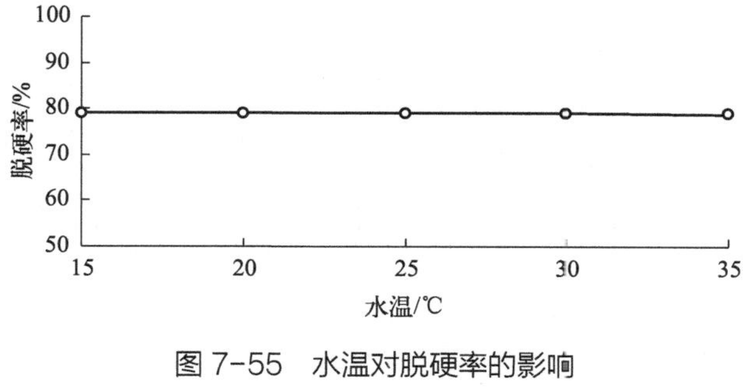

图 7-55　水温对脱硬率的影响

水温升高，水的黏度减小，渗透通量增加，所以产水量增加，相应的回收率也增加。按照溶解-扩散理论，溶质是以浓度差为推动力并以扩散的方式透过膜的，由于溶质的扩散速度随温度的升高而提高，盐透过系数 B 增大，所以溶质的透过率增加，截留率下降，但由于产水量也增加，所以渗透液中溶质浓度增加不大，表现为脱除率下降缓慢。

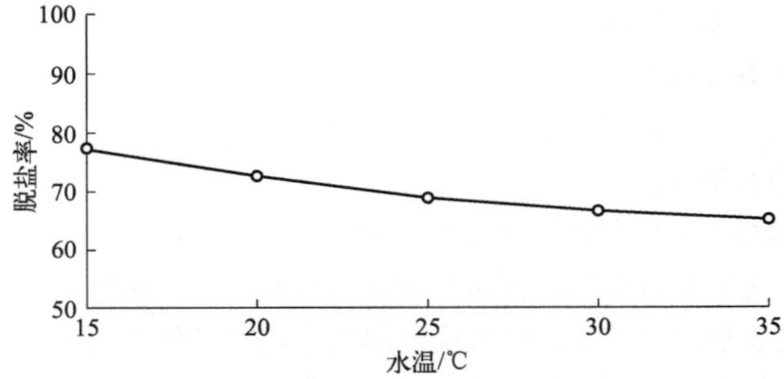

图 7-56　水温对脱盐率的影响

纳滤膜对硬度的去除率大于脱盐率，这正是纳滤膜所具有的分离特点。由于 NF 膜带负电，存在道南效应，按照电中性原理，多价阳离子与一价阳离子相比较，单位离子所带的电荷较多，相应地富集于纳滤膜孔中起中和、平衡膜体负电荷作用的离子数量较少，所以多价阳离子与一价阳离子相比，截留率较高。

(2) 运行试验

控制膜的操作压力为 0.5MPa、回收率 15%、系统回收率 85%。测试进出水水质，结果见图 7-57 ～图 7-61。

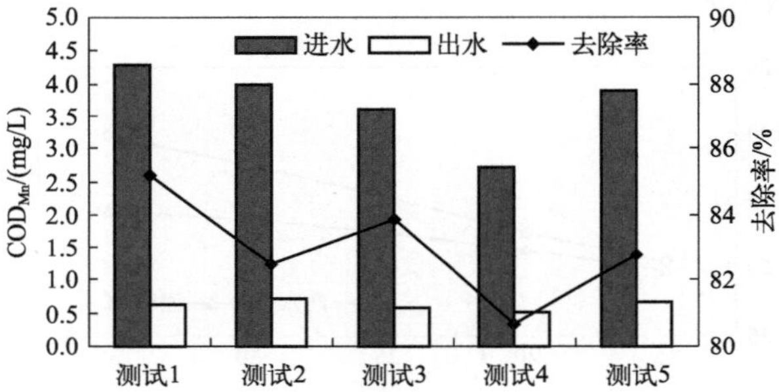

图 7-57　进出水 COD_{Mn} 的测试结果

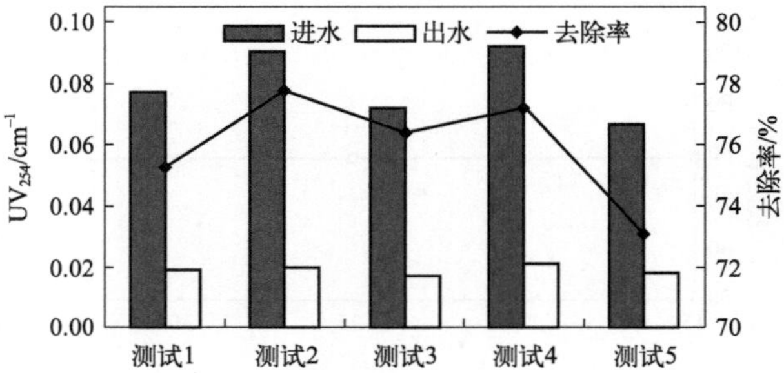

图 7-58　进出水 UV_{254} 的测试结果

进水 COD_{Mn}、UV_{254}、TDS、电导率、pH 值、NH_3-N 和浊度分别为 2.7 ～ 4.3mg/L、0.067 ～ 0.092cm^{-1}、450 ～ 1120mg/L、612 ～ 1610μS/cm、7.2 ～ 8.2、0.29 ～ 0.55mg/L、1.2 ～ 2.7NTU；出水 COD_{Mn} 为 0.52 ～ 0.70mg/L、UV_{254} 为 0.017 ～ 0.021cm^{-1}、TDS 为 117 ～ 458mg/L、电导率为 172 ～ 655μS/cm、pH 值为 7.2 ～ 7.4，NH_3-N 和浊度未检出。

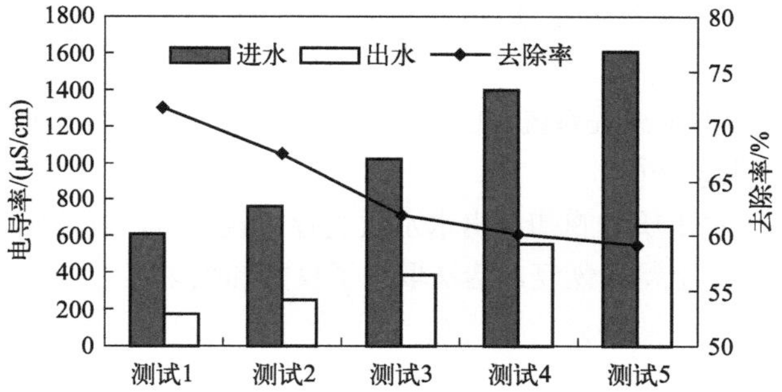

图 7-59　进出水电导率的测试结果

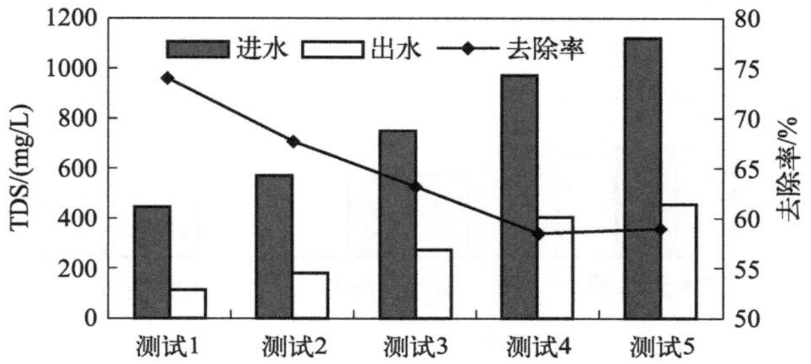

图 7-60　进出水 TDS 的测试结果

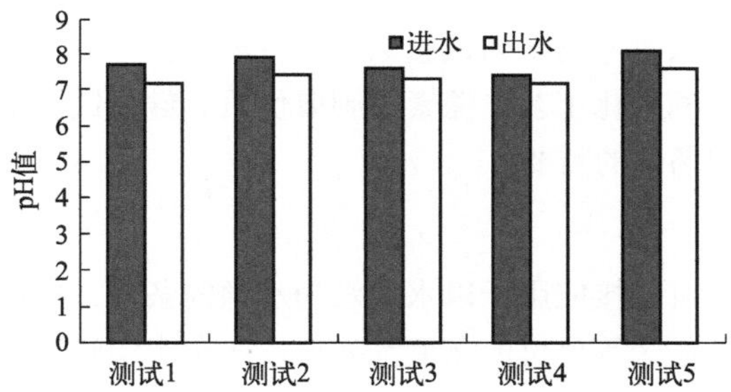

图 7-61　进出水 pH 值的测试结果

（3）膜污染与清洗再生

试验装置运行一段时间后，膜系统压降增加了 12%，产水量和出水水质也稍有下降，主要表现为出水中硬度增大，电导率升高。根据膜污染的特征分析，认为 NF 膜所受污染主要为有机物和钙类沉积物，采取了如下清洗方法。

① 洗液：配制 0.1% NaOH 溶液和 0.2% 盐酸。先用 NaOH 溶液清洗积累在膜内的有机物，再用盐酸清洗积累在膜内的无机离子。

② 低流量输入清洗液：以尽可能低的清洗液压力置换膜内的原水，其压力仅需达到足以补充进水至浓水的压力损失即可，即压力必须低到不会有明显的渗透产水。低压置换操作能够最大限度地减少污垢再次沉淀到膜表面，视情况而定，排放部分浓水以防止清洗液的稀释。

③ 循环：当原水被置换掉后，浓水管路中就应该出现清洗液，让清洗液循环回清洗水箱并保证清洗液温度恒定。

④ 浸泡：停止清洗泵的运行，让膜元件完全浸泡在清洗液中，浸泡大约 1h。

⑤ 高流量水泵循环：在高流量条件下将会出现过高压降的问题，控制膜元件最大允许的压降为0.1MPa。

⑥ 冲洗：用处理后的水冲洗系统内的清洗液，为了防止沉淀，最低冲洗温度为20℃。

⑦ 用盐酸重复步骤②～⑥。

正常工作后，对出水水质与膜初期出水水质进行比较分析，具体结果见图7-62。经过化学清洗后，膜的性能基本上得到恢复，清洗取得了良好的效果。

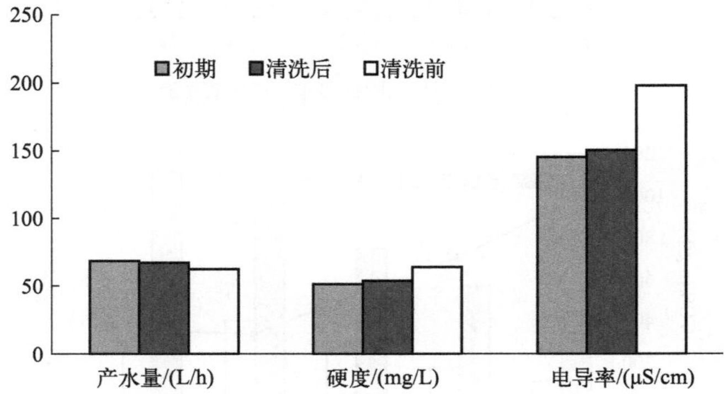

图7-62　化学清洗效果

7.3.2.2　高锰酸钾复合药剂＋活化沸石过滤-纳滤膜组合净水研究

分别以水库水及自来水管网出水为试验原水，将纳滤膜分离技术应用于饮用水的净化工艺中，提出优质饮用水纳滤净化工艺，探索出制取优质、健康饮用水的新方法，并使其标准化、成套化，以适应不同场合的需要。

（1）工艺方案确定

为使组合工艺技术既可直接应用于以水库水为水源的条件，也可应用于以自来水为水源如集团、学校、宾馆、居住区等单位的深度水处理，在初步实验研究及分析的基础上，提出了如下工艺方案（见图7-63）。

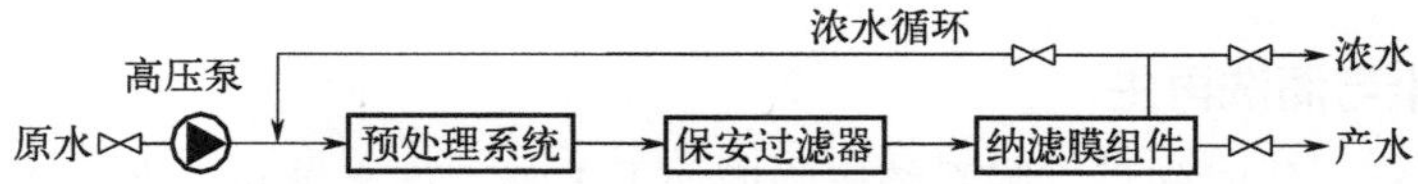

图7-63　系统工艺

① 预处理系统：拟采用高锰酸钾复合药剂＋活化沸石过滤，去除水中浊度的同时，去除部分有机物和氨氮。

② 保安过滤器：过滤精度为5μm，用于进一步去除水中细小颗粒及胶体，防止水中的污染物对膜造成污染或在膜面上产生硬垢，使进膜的浊度＜1NTU，15min SDI（污染密度指数）＜5，这样可以确保纳滤膜的正常运行，延长使用寿命，同时也减少了对膜的化学清洗，节省运行费用。

③ 纳滤膜组件：最大程度地去除原水中有毒有害物质，同时又保留对人体有益的微量元素和矿物质。

④ 浓水循环：提高纳滤膜流道内的水流速度，减少纳滤膜的结垢现象，提高系统运行

中水的回收率。

（2）试验装置

按照确定的工艺方案加工制作了试验装置，见图 7-64。

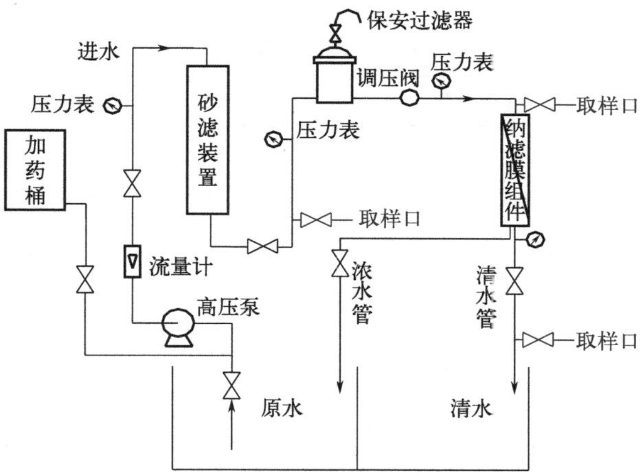

图 7-64　试验装置

原水投加高锰酸钾复合药剂后，被吸入高压泵内，并充分混合，然后进入活化沸石滤料过滤器，粒径 0.5 ～ 1.2mm，厚度 1000mm，再通过保安过滤器，流入 NF200-2540 纳滤膜（美国陶氏化学公司生产）过滤，预先设定好纳滤膜回收率和浓水循环率。

（3）主要水质指标及测试方法

① COD_{Mn}：酸性高锰酸钾法；

② TOC：OI 公司生产的 TOC 分析仪；

③ UV_{254}：安捷伦 7530G 紫外分光光度计；

④ TDS：便携式 TDS 测定仪；

⑤ pH 值：HI8424 pH 值测定仪；

⑥ 电导率：DDS-11C 型数字电导仪；

⑦ 硬度：EDTA（乙二胺四乙酸）滴定；

⑧ 氨氮：纳氏试剂分光光度法；

⑨ 浊度：GDS-3B 型光电式浊度仪。

（4）试验水样

1）水库水

取自玉清湖水库。该水库位于济南市西部（槐荫区和长清区交界处），黄河水经沉砂处理后提升到水库，水库容量为 $4.85\times10^7m^3$，水库工艺流程如图 7-65 所示。

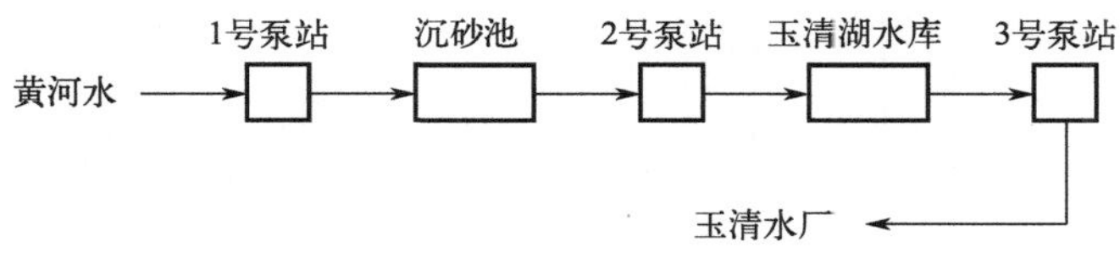

图 7-65　水库工艺流程

玉清湖水库水主要污染物为氮、磷富营养物质和有机物。从近年来的检测结果来看，总氮平均在3mg/L以上，氮、磷含量及比例均超过相关富营养水体的临界值，水体呈现富营养化状态。有机物COD_{Mn}在5～8mg/L，TOC在10～20mg/L，浊度在10～20NTU。表7-8是2004年6月、7月玉清湖水库水的水质检测结果。

表7-8 玉清湖水库水水质

指标	pH值	COD_{Mn}/（mg/L）	TOC/（mg/L）	NH_3-N/（mg/L）	UV_{254}/cm^{-1}
数值	7.4～7.9	5～12	10～30	0.3～0.9	0.21～0.56
指标	TDS/（mg/L）	电导率/（μS/cm）	硬度/（mg/L）	浊度/NTU	—
数值	360～500	360～880	200～320	10～20	—

2）自来水

取自济南市城市供水管网，其水质情况见表7-9。

表7-9 自来水水质

指标	pH值	COD_{Mn}/（mg/L）	TOC/（mg/L）	NH_3-N/（mg/L）	UV_{254}/cm^{-1}
数值	7.4～7.6	3～7	7～15	0.2～0.6	0.12～0.27
指标	TDS/（mg/L）	电导率/（μS/cm）	硬度/（mg/L）	浊度/NTU	—
数值	350～490	330～870	200～330	2～5	—

（5）试验结果与分析

1）投药量的确定

高锰酸钾在中性水质条件下的氧化过程中，一部分可被还原性物质还原成新生态水合二氧化锰，水合二氧化锰具有巨大的比表面积和很高的活性，具有吸附和催化氧化作用。所以高锰酸钾不仅能通过氧化作用去除易被氧化的微污染物，而且其水解产物还具有很强的吸附功能。试验表明：高锰酸钾投加过量会增加水的色度，故加量宜控制在1mg/L以下。首先按照1mg/L高锰酸钾 + 5mg/L其他混凝剂（硫酸铝、聚合氯化铝、氯化铁、聚合硫酸铁），进行了烧杯搅拌对比试验。利用TS6-1型程控混凝搅拌仪，将实验水样倒入4个1000mL烧杯中，同时分别投加1mg/L高锰酸钾+5mg/L混凝剂，600r/min搅拌30s，45r/min搅拌10min，静置10min后，取样上清液测浊度、TOC、COD_{Mn}，试验结果见图7-66、图7-67和图7-68。

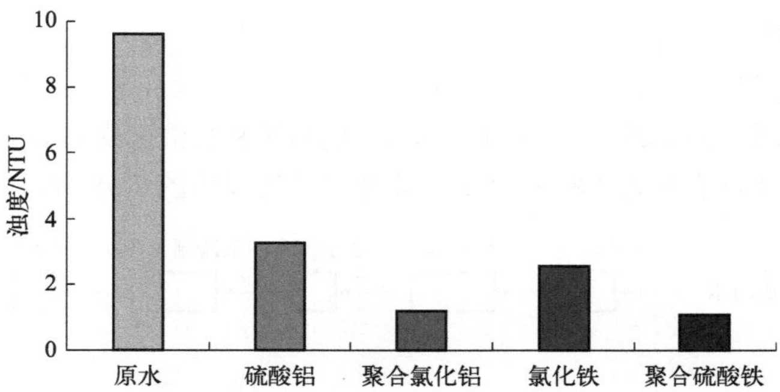

图7-66 浊度去除效果

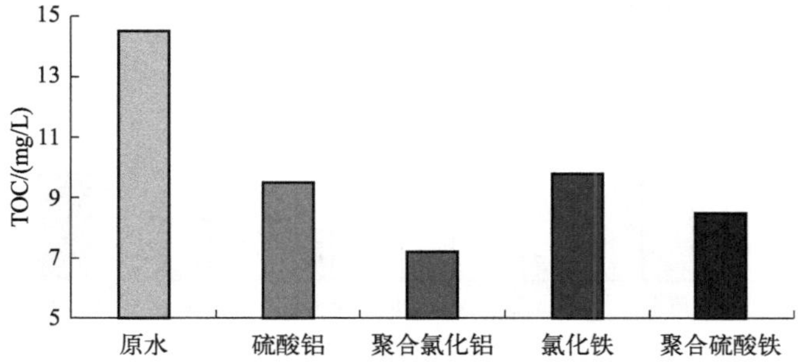

图 7-67　TOC 去除效果

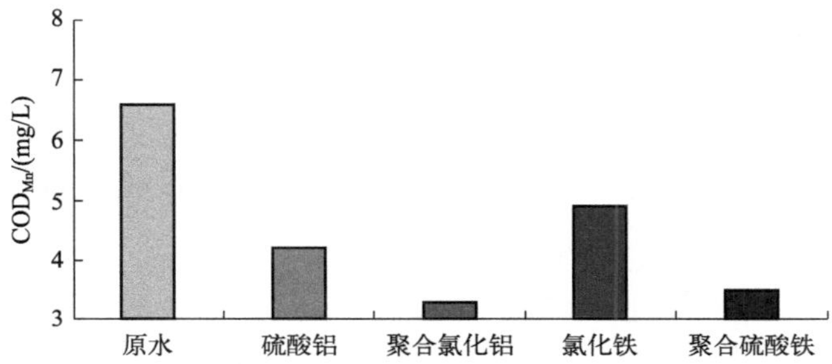

图 7-68　COD_{Mn} 去除效果

试验结果表明：高锰酸钾与聚合氯化铝、聚合硫酸铁组合均具有较高的除浊和有机污染效果，而在除有机污染物方面高锰酸钾与聚合氯化铝组合比高锰酸钾与聚合硫酸铁组合的效果稍好，因此，选择高锰酸钾与聚合氯化铝复配。通过进行不同聚合氯化铝投加量对比试验发现，在投加 1mg/L 高锰酸钾条件下，复配 5 ～ 10mg/L 聚合氯化铝均能取得较好的除浊和去除有机污染物的效果。

2）过滤速度

在 1mg/L 高锰酸钾 +5mg/L 聚合氯化铝药剂的投加量条件下进行不同滤速试验，试验结果见图 7-69 和图 7-70。

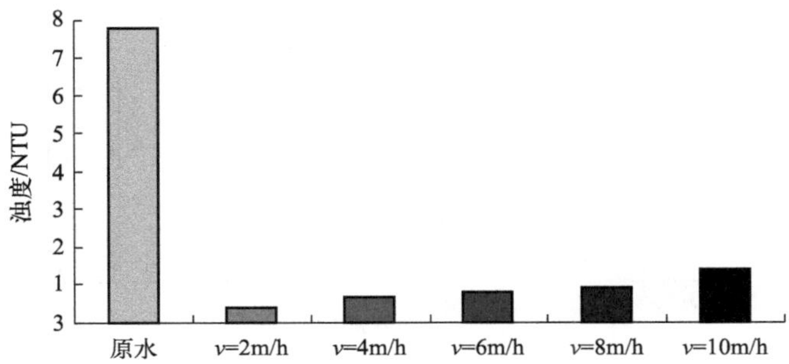

图 7-69　浊度去除效果

浊度、TOC 均随滤速增大去除率减少，而在滤速≤ 8m/h 条件下可保持较高的浊度、TOC 去除率。

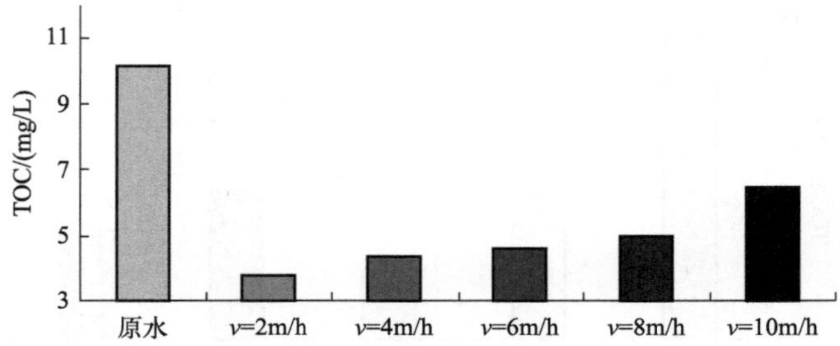

图 7-70　TOC 去除效果

(6) 系统运行试验

药剂投加量控制在 1mg/L 高锰酸钾 + 5mg/L 聚合氯化铝，滤速控制在 6m/h 左右，进行系统试验。

1）回收率对出水水质的影响

控制纳滤膜的回收率分别为 20%、40%、60%、80%，进行水质分析，结果见图 7-71 ～图 7-75。

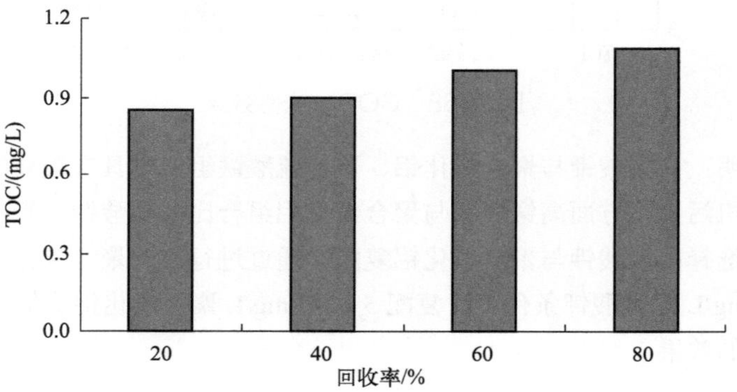

图 7-71　膜回收率对出水 TOC 的影响

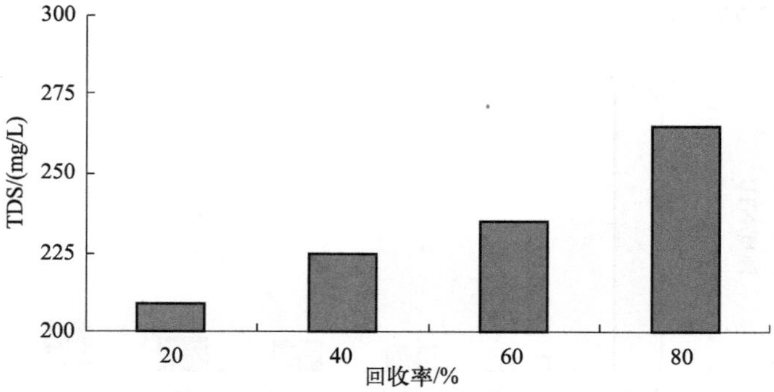

图 7-72　膜回收率对出水 TDS 的影响

膜回收率对 TDS 和电导率有较明显的影响，回收率提高 TDS 和电导率随之增加；对 TOC 和浊度有一定影响，随回收率增加而有所提高；而 pH 值几乎不变化。为尽可能延长膜寿命，减少再生次数，运行中控制膜回收率 15%、原水回收率 85%。

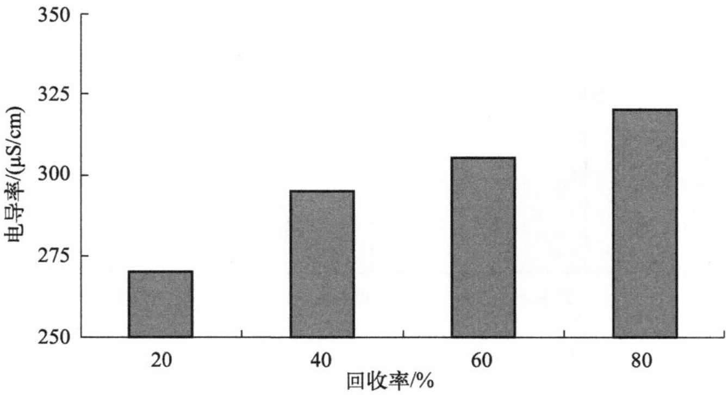

图 7-73　膜回收率对出水电导率的影响

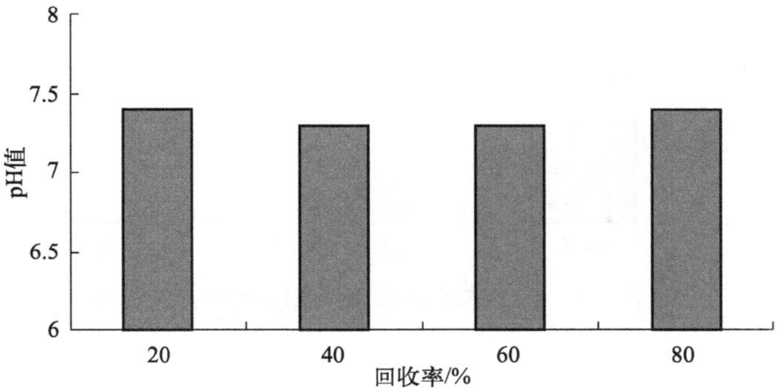

图 7-74　膜回收率对出水 pH 值的影响

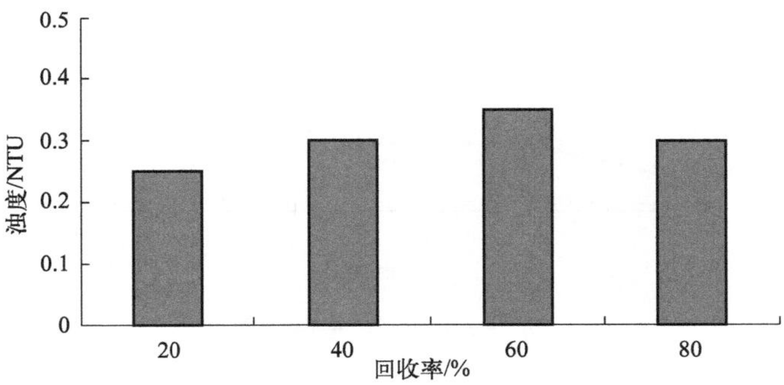

图 7-75　膜回收率对出水浊度的影响

2）浊度的去除

浊度是水中悬浮颗粒的一种象征，它既是饮用水的感官指标，同时在水的微生物安全方面具有重要意义。目前，我国《饮用净水水质标准》（CJ 94—2005）中规定浊度的限值为 0.5NTU。各处理单元对浊度的去除效果见图 7-76 和图 7-77。

无论是自来水还是水库水，经整套工艺处理后，浊度均保持在 0.3NTU 以下，这说明该工艺对水中的浊度具有很高的去除率，水质在感官方面完全达到了优良标准。

3）TOC、COD_{Mn} 和 NH_3-N 的去除

试验结果见图 7-78、图 7-79 和图 7-80。TOC、COD_{Mn} 和 NH_3-N 去除率均在 90% 以上，且随 TOC、COD_{Mn} 和 NH_3-N 浓度的提高强化过滤的去除率也提高，整套工艺出水 $COD_{Mn} \leq 1$mg/L、

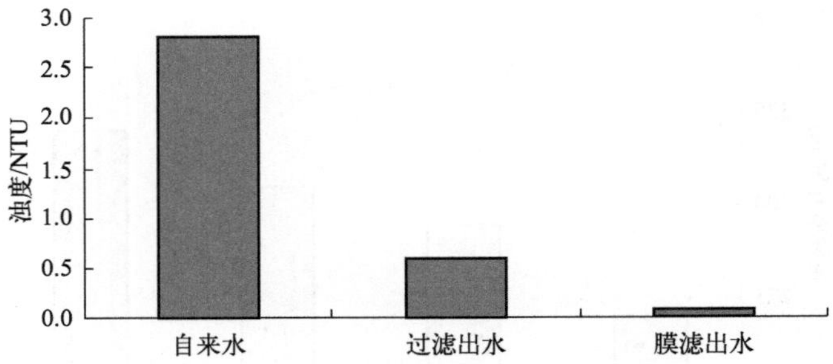

图 7-76　各工艺对自来水浊度的去除效果

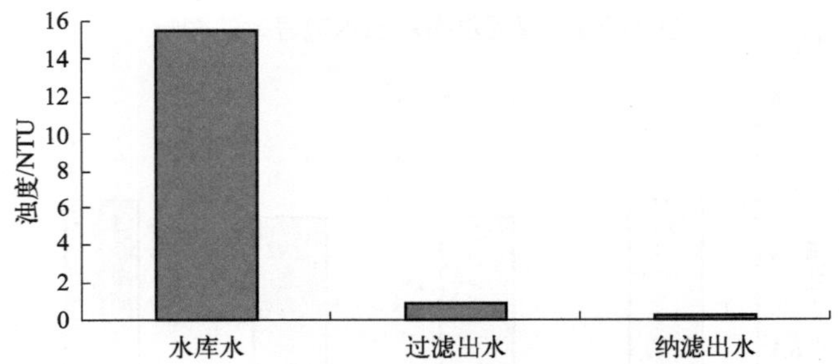

图 7-77　各工艺单元对水库水浊度的去除效果

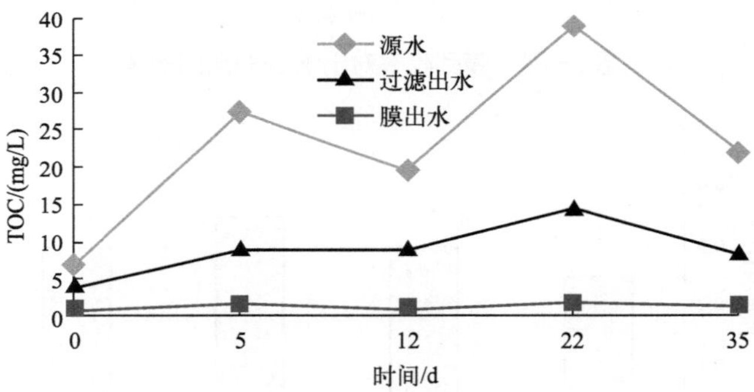

图 7-78　TOC 去除效果

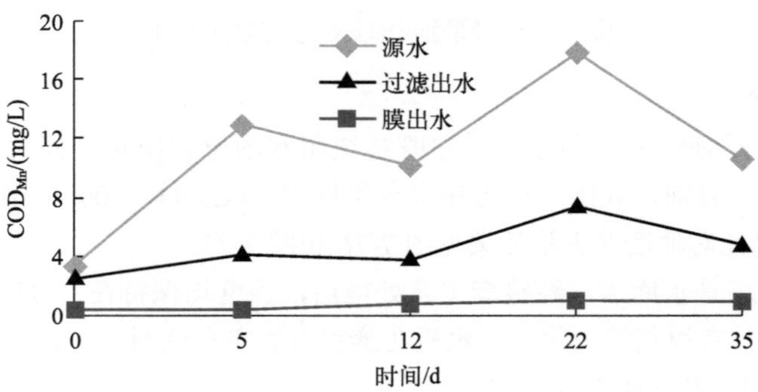

图 7-79　COD_{Mn} 去除效果

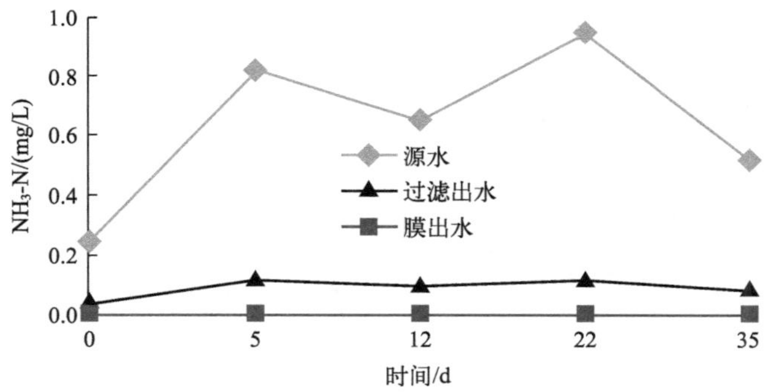

图 7-80　NH_3-N 去除效果

TOC ≤ 2mg/L；由于采用活化沸石滤料，大大提高了过滤过程对 NH_3-N 的去除效率，纳滤膜出水均未检出 NH_3-N。

4）UV_{254} 的去除

UV_{254} 是水在 254nm 波长下的吸光度，在此波长下的紫外吸收物质主要是共轭结构或含芳香环结构的不饱和有机物，研究表明，UV_{254} 与 COD、TOC、BOD_5 等具有显著的线性关系，因而通过 UV_{254} 的下降趋势也可以推断处理后水中有机物总量的去除规律以及氯仿生成势的降低幅度。从图 7-81 中可以看出，纳滤膜出水 UV_{254} 去除率＞ 90%，强化过滤出水 UV_{254} 去除率在 55% ～ 80%，这可能是由于高锰酸钾对某些紫外吸收物质的分子结构起破坏作用，以及沸石滤料的吸附作用，从而使其在紫外部分的吸光度得到降低。

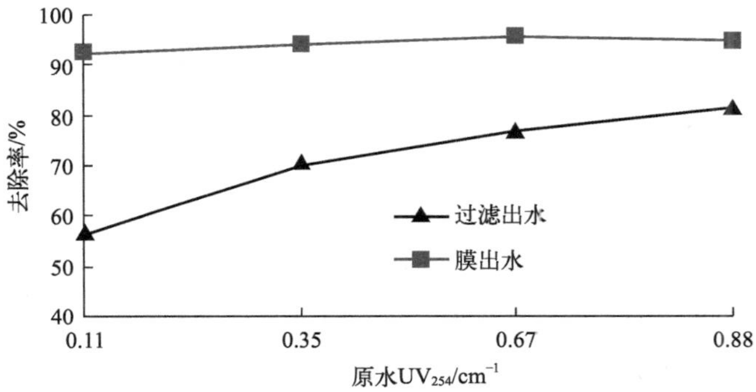

图 7-81　UV_{254} 去除效果

5）总硬度、电导率和 TDS 的去除

试验结果见图 7-82、图 7-83 和图 7-84(均为纳滤膜出水)。试验表明，强化过滤对总硬度、电导率和 TDS 的去除几乎不起作用，主要是纳滤膜的作用，总硬度去除率在 40% ～ 65%，电导率和 TDS 去除率在 35% ～ 55%。TDS（总溶解性固体）在某种程度上相当于矿化度，它由水中所有无机离子组成，一般主要有 K、Na、Ca、Mg 等元素的离子。

（7）纳滤膜污染与清洗再生

1）膜污染

膜污染是指在膜过滤过程中，水中的微粒、胶体粒子或溶质大分子由于与膜存在物理化学相互作用或机械作用而引起在膜表面或膜孔内吸附、沉积，进而造成膜孔径变小或堵塞，

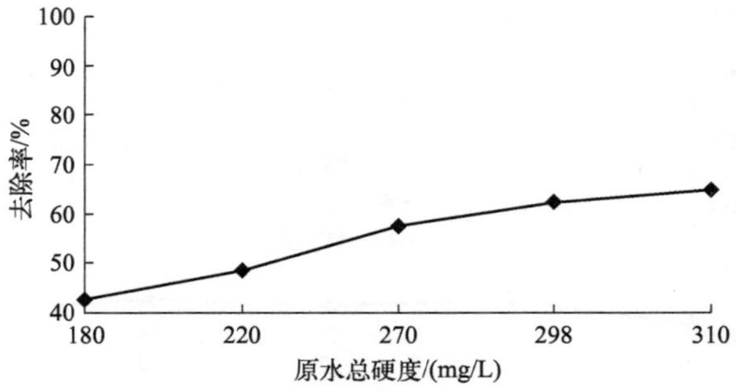

图 7-82 总硬度去除效果

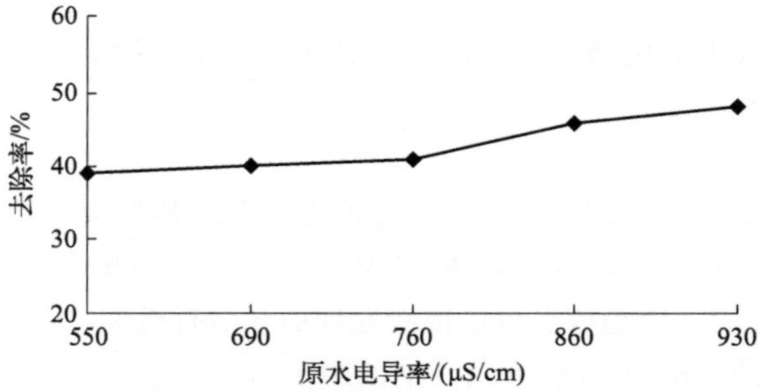

图 7-83 电导率去除效果

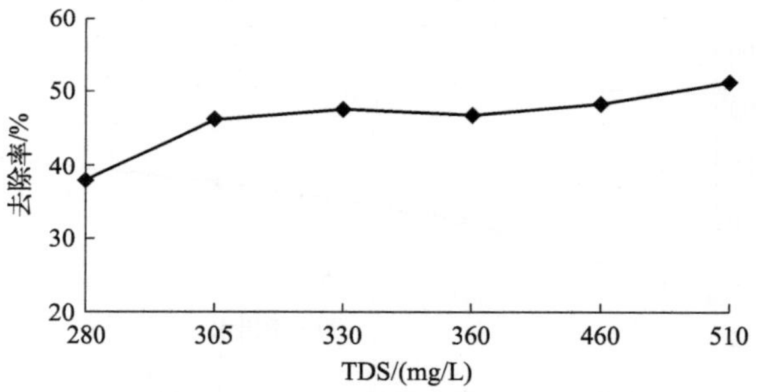

图 7-84 TDS 去除效果

使膜产生透过流量与分离特性的不可逆变化现象。实际上，膜污染造成的通量下降及膜寿命的降低是膜法水处理技术难以广泛应用的主要原因。对纳滤膜污染种类及其成因进行具体分析，将有助于采取合适的措施减弱或消除它的不良影响。

① 沉淀污染。当原水中盐的浓度超过了其溶解度就会在膜上形成沉淀或结垢。普遍受人们关注的污染物是钙、镁、铁和其他金属的沉淀物，如氢氧化物、碳酸盐和硫酸盐等。避免沉淀污染的方法主要是降低离子积中阳离子或阴离子的浓度。例如，添加酸可减少氢氧化物和碳酸盐的浓度，使金属离子沉淀难以生成。原水可通过石灰软化沉淀或离子交换等预处理方法去除易结垢的金属离子（如 Ca^{2+}、Mg^{2+}等），还可以加入阻垢剂。本研究中采用 LB-2000 型阻垢剂，该药剂主要含聚天冬氨酸，不含有机磷，在运行过程中无需加酸，具有阻垢、分散性能好和无毒环保等特点。

② 吸附污染。有机物在膜表面的吸附通常是影响膜性能的主要因素。随时间的延长，污

染物在膜孔内的吸附或累积会导致孔径减小和膜阻增大，这是难以恢复的。腐殖酸和其他天然有机物（NOM）即使在较低浓度下，对渗透率的影响也大大超过了黏土或其他无机胶粒。

与膜污染相关的有机物特征包括它们对膜的亲和性、分子量、官能团和构型。带负电荷官能团的有机聚合电解质（如腐殖酸和富里酸）会与带有负电荷的膜表面之间存在静电斥力。一般来讲，膜表面电荷密度越大，膜的亲水性就越强。而疏水作用可增加 NOM 在膜上的积累，导致更严重的吸附污染。

根据化学组成，可识别造成膜污染的 NOM 中的特定组分。利用热解气相色谱（GC）/质谱（MS）分馏技术，识别出多糖和多羟基芳香族化合物是地表水和岩溶地下水中的两种主要组分。试验证明，多羟基芳香族化合物比多糖吸附污染严重得多。

NOM 除对膜的直接吸附污染外，对胶体在膜上的黏附沉积也起着重要作用。对沉积层中天然水体出现的有机污染物种类和它们的相对浓度进行分析表明，聚酚醛化合物、蛋白质和多糖与胶体黏附在一起沉积到膜上，并且在膜表面形成凝胶层。因此，吸附污染物和水中有机物形成凝胶层的稳定性影响了纯水力清洗的效率。纯水力清洗的方法有反冲洗、快速脉冲或横向流反向冲洗。用于膜化学清洗的试剂必须能有效溶解凝胶层中的有机化合物。

③ 生物污染。生物污染是指微生物在膜-水界面上积累，从而影响系统性能的现象。膜组件内部潮湿阴暗，是一个微生物生长的理想环境，所以一旦原水的生物活性水平较高，极易发生膜的生物污染。膜的生物污染分黏附和生长两个阶段。在溶液中没有投入生物杀虫剂或投入量不足时，黏附细胞会在进水营养物质的供养下生长繁殖，形成生物膜。在一级生物膜上的二次黏附或卷吸进一步发展了生物膜。老化的生物膜细菌主要分解成蛋白质、核酸、多糖酯和其他大分子物质，这些物质强烈吸附在膜面上引起膜表面改性。被改性的膜表面更容易吸引其他种类的微生物。微生物的一个重要特征是它们具有对营养变化、水动力或其他条件做出迅速生化和基因调节的能力。因此，生物污染问题比非活性的胶体污染或矿物质结垢更为严重。生物污染可通过对进水进行连续或间歇的消毒来控制，但必须考虑该消毒剂对膜的降解性。

上述的 3 种污染即沉淀污染、吸附污染、生物污染，有时会同时发生，而且发生一种污染又可能加速另一种污染。进行膜处理时，应对原水组分进行分析，识别造成膜污染的主要原因，以便更好地消除影响，延长膜的使用寿命。

2）膜的清洗与再生

试验装置运行 3 个月后，进水与浓水之间的压力差增加了 15%，分析认为纳滤膜所受污染主要为有机物和碳酸盐垢，采取了如下清洗方法。

① 清洗液。配制 0.1% NaOH 溶液和 0.2% 盐酸。先用 NaOH 溶液清洗积累在膜内的有机物，再用盐酸清洗积累在膜内的无机离子。

② 低流量输入清洗液。以尽可能低的清洗液压力置换膜内的原水，其压力仅需达到足以补充进水至浓水的压力损失即可，即压力必须低到不会有明显的渗透产水。低压置换操作能够最大限度地减少污垢再次沉淀到膜表面。视情况而定，排放部分浓水以防止清洗液的稀释。

③ 循环。当原水被置换掉后，浓水管路中就应该出现清洗液，让清洗液循环回清洗水箱并保证清洗液温度恒定。

④ 浸泡。停止清洗泵的运行，让膜元件完全浸泡在清洗液中，浸泡大约 1h。

⑤ 高流量水泵循环。在高流量条件下将会出现过高压降的问题，控制膜元件最大允许的压降为 0.1MPa。

⑥ 冲洗。用处理后的水冲洗系统内的清洗液，为了防止沉淀，最低冲洗温度为 20℃。

⑦ 用 pH 值为 2 的盐酸重复步骤②～⑥。

经以上清洗操作后，重新启动该净水装置，其运行压力又恢复到了起始值。

（8）主要运行费用

1）药剂费

① 高锰酸钾的投加量 1mg/L，按 10000 元 /t 计，则每立方米成本为：0.01 元 /m³。

② 聚合氯化铝投加量 5mg/L，按 2400 元 /t 计，则每立方米成本为：0.012 元 /m³。

小计药剂费为 0.022 元 /m³。

2）电耗费

该系统的运行压力平均为 H_0=0.48MPa，产水量 Q_C=65L/h，原水的回收率 R_S=85%，膜回收率 R_M=15%，能量回收率 φ=80%，则：

$$原水量：Q_B=\frac{Q_C}{R_S}=76.5(L/h)$$

$$循环水量：Q_R=\frac{Q_C}{R_M}-Q_B=356.8(L/h)$$

① 原水泵功率 N_1。

$$N_1=\frac{\gamma Q_B H_0}{102\eta_1\eta_2}=1.78\times10^{-2}\text{kW}$$

式中　η_1、η_2——水泵、电机的效率，取 $\eta_1=\eta_2=0.75$；

γ——流体的重度，N/m³。

② 循环水泵功率 N_2。

$$N_2=\frac{\gamma Q_R H_0(1-\varphi)}{102\eta_1\eta_2}=1.66\times10^{-2}\text{kW}$$

③ 单位制水电耗 P。

$$P=\frac{N_1+N_2}{Q_C}=0.53(\text{kW}\cdot\text{h/m}^3)$$

④ 单位制水电耗费。按照电价 0.55 元 /（kW・h），则每立方米成本为 0.29 元 /m³。

7.3.2.3 接触氧化沉淀-超滤-纳滤处理引黄水库水中试研究

（1）试验部分

1）原水水质

生物接触氧化沉淀-超滤-纳滤组合工艺中试装置位于济南某水厂，原水取自鹊山水库，为典型微污染引黄水库水，实验期间，原水 pH 值为 8.11 ～ 8.32，浊度 2.2 ～ 7.5NTU，UV_{254} 为 0.030 ～ 0.039cm⁻¹，TOC 的质量浓度 2.35 ～ 2.88mg/L，电导率 950 ～ 1360μS/cm。

2）装置与工艺流程

装置与工艺流程如图 7-85 所示，组合工艺原水通过进水管直接进入曝气混凝池，与活化后的回流炭泥混合后进入絮凝区，然后经过斜管沉淀池出水进入浸没式超滤膜池，沉淀下来的炭泥沉积在系统底部的污泥沉积区，通过气体提升装置提升至炭泥活化池，经过曝气活化后回流至曝气混凝区参与整个生物接触氧化系统的循环过程。生物接触氧化沉淀系统出水进入超滤膜池，采用离心泵抽吸方式出水。超滤工艺出水经抽吸泵进入纳滤水箱，经过离心泵抽吸进入纳滤膜组件，过滤后产水外排，浓水可通过流量计调节回流量与外排量。

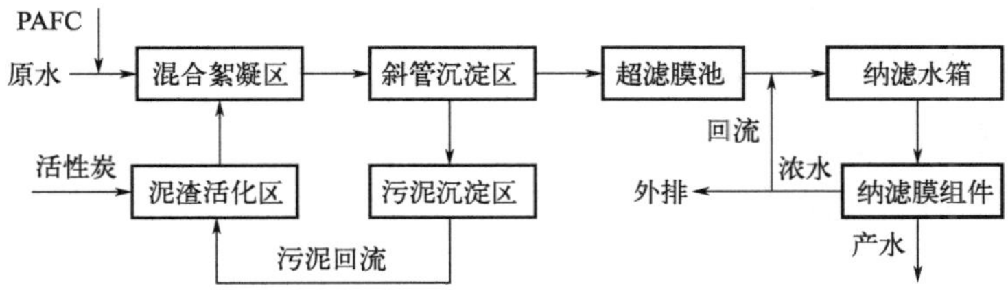

图 7-85　中试工艺流程

3）运行方式及条件

生物接触氧化沉淀系统稳定运行时的炭泥质量浓度为 8.9g/L，炭泥生物量稳定在 0.85×10^9CFU/mL，单位质量的炭泥比好氧速率达到 0.45mg/（g • min），设定混凝区和絮凝区的水力停留时间（HRT）为 0.5h，沉淀区 HRT 为 1h，因此炭泥回流接触氧化系统的 HRT 共计 1.5h。

超滤装置离心泵间歇运行，由 PLC 控制，以 95min 为 1 个周期，过滤 90min，反洗 5min，7 个抽滤周期为 1 个排水周期，抽滤 7 个周期以后，气水反冲洗 10min，排空膜池，设定膜通量为 36L/（m^2 • h）恒定不变。初始 TMP（跨膜压差）为 28.92kPa。

纳滤装置通过控制纳滤设备的浓水回流量来控制纳滤膜的参数变化。设定进水体积流量 5m/h，浓水回流体积流量 4.5m^3/h，膜通量 10L/（m^2 • h）。初始 TMP 为 0.222MPa。

组合工艺自 2018 年 6 月起在设定参数下连续稳定运行 120d，持续记录工艺各参数变化及日常监测各工艺段出水水质，考察组合工艺长期运行对原水常规指标、有机污染物及无机离子的去除效果及其变化；考察各工艺处理前后有机物荧光强度的变化；比较超滤、纳滤工艺清洗前后对各污染物去除效能的变化。

期间分别对超滤、纳滤设备进行质量分数 0.02% 的 NaClO 碱洗和 20% 的 HCl 酸洗，记录清洗后各工艺参数的恢复情况及出水水质变化。

4）分析方法

① pH 值：FE28 型 pH 计。

② 电导率：雷磁 DDS-307A 型电导率仪。

③ 浊度：哈希 2100N 浊度仪。

④ COD_{Mn}：酸性高锰酸钾滴定法。

⑤ TOC 含量：TOC-LCPH 总有机碳分析仪。

⑥ UV_{254}：TU-1810 紫外可见分光光度计。

⑦ 无机离子含量：DIONEX-90 离子色谱仪。

⑧ 总硬度：EDTA 滴定法。

⑨ 总碱度：酸碱指示剂滴定法。

⑩ TDS 含量：DDSJ-318TDS 测定仪。

⑪ 三维荧光：Aqualog 吸收和三维荧光扫描光谱仪。

⑫ 三卤甲烷前体物含量：气相色谱法。

⑬ AOX ：库仑法。

⑭ 全氟辛酸含量：高效液相色谱法。

⑮ TMP ：设备压力表读数计算。

⑯ 膜通量：设备流量计读数。

（2）工艺运行稳定性

在膜处理工艺中，膜通量和 TMP 是能最直观表现膜的运行稳定性以及膜污染情况的参数指标。图 7-86 为连续运行过程中超滤设备膜通量与 TMP 的变化情况。运行过程中控制设备膜通量恒定不变，通过监控 TMP 的变化来观察超滤膜的污染情况。

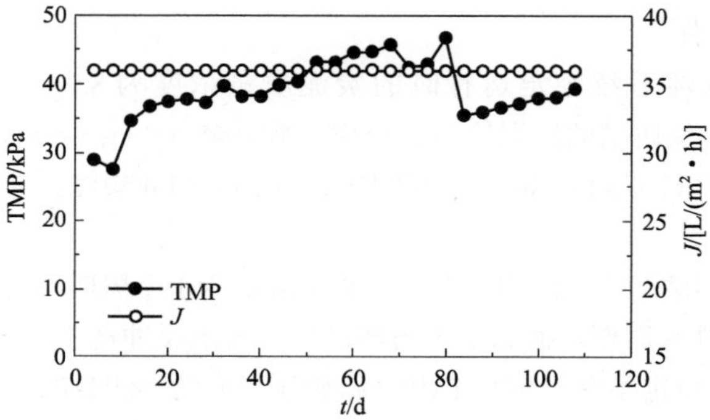

图 7-86　超滤工艺长期运行膜通量及 TMP 变化

80d 以前 TMP 从 30kPa 上升至 46kPa，说明超滤膜发生明显的膜污染。在对超滤膜进行次氯酸钠（质量分数 0.02%）碱洗之后，TMP 下降至 35kPa，恢复率为 70%。膜清洗之后，TMP 又呈现出缓慢上升趋势。

图 7-87 为持续运行过程中纳滤设备膜通量与 TMP 的变化情况。通过控制纳滤设备的浓水回流量来控制纳滤膜的运行压力，控制膜通量稳定在 10L/（m^2·h）左右，主要以 TMP 变化来观察纳滤膜污染情况。由图 7-87 可以看出，由于试验初期设定的运行压力较低，70d 时

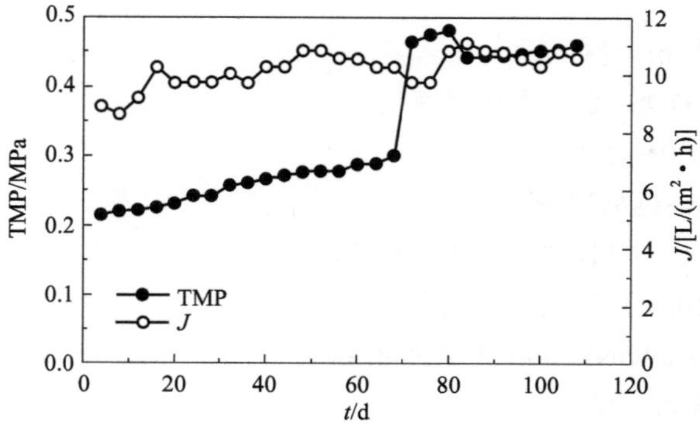

图 7-87　纳滤工艺长期运行膜通量及 TMP 变化

调节浓水回流量，使运行压力升高，造成 TMP 突然由 0.3MPa 增加到 0.46MPa。在整个过程中，纳滤膜 TMP 呈现缓慢上升趋势，在第 80 天对纳滤膜进行酸洗（质量分数 20% 的 HCl）后 TMP 由 0.48MPa 恢复到 0.44MPa，由于中间调整过运行压力，所以 TMP 无法恢复到初始较低的水平，但能够看出酸洗能有效修复纳滤膜。

（3）除污染效果分析

1）常规指标

以浊度、TOC 含量、UV_{254}、COD_{Mn} 等作为研究对象，考察组合工艺对常规污染物的去除效果，结果如图 7-88 ～图 7-91 所示。

由图 7-88 可知，组合工艺连续运行 100d，整体对水源中的浊度具有良好的去除效果，生物接触氧化沉淀单元出水浊度稳定在 1.0NTU 左右，浊度的平均去除率达到 50% 以上；超滤、纳滤工艺对浊度具有良好的去除效果，去除率达到了 95% 以上，浊度基本低于 0.1NTU，纳滤工艺的出水浊度要略低于超滤工艺。清洗前后 2 种工艺对浊度的去除效果未受到明显影响，超滤、纳滤工艺出水浊度在膜清洗之后稳定在 0.07NTU 左右。表明生物接触氧化沉淀工艺作为膜工艺的预处理工艺，能够有效降低原水中浊度，为后接膜工艺减轻工作负担，超滤膜可有效去除胶体、悬浮物和高分子有机污染物，改善纳滤过程进水水质，有利于纳滤膜的长期稳定运行。

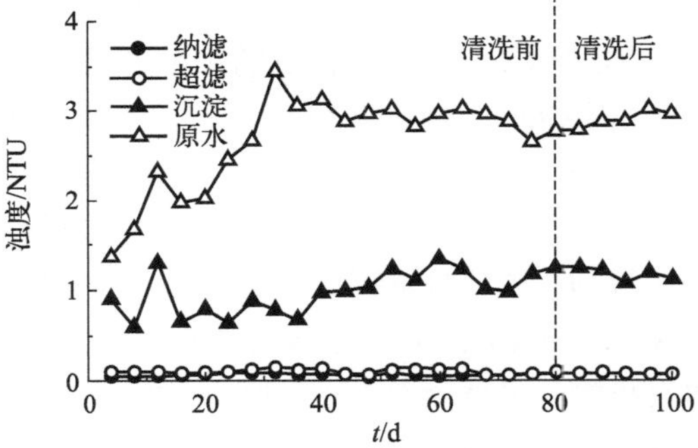

图 7-88　长期运行各工艺段出水浊度的去除效果

由图 7-89 可知，组合工艺出水 TOC 含量较低。生物接触氧化沉淀、超滤对 TOC 的去除效果较差，分别达到 8%、20% 左右；纳滤对 TOC 的去除效果较好，达到 85% ～ 90%。

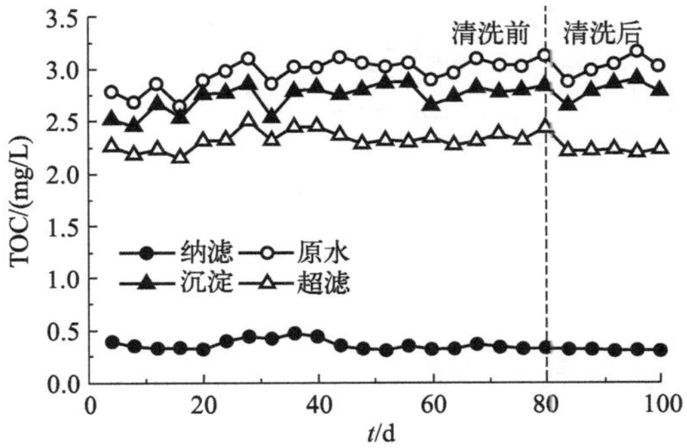

图 7-89　长期运行各工艺段出水 TOC 的去除效果

膜清洗后，超滤和纳滤工艺的出水 TOC 含量有所下降，浓度分别稳定在 2.2mg/L 和 0.3mg/L 左右，去除率达到 25% 和 90% 以上。

由图 7-90 可知，组合工艺对 UV_{254} 有较好的去除效果，出水中 UV_{254} 含量较低。生物接触氧化沉淀、超滤工艺对 UV_{254} 去除效果不明显，纳滤去除效果较好，达到 90% 左右，清洗后去除率达到 93%。有研究表明，UV_{254} 可以作为三卤甲烷前体物的替代参数，与三卤甲烷前体物具有较好的相关性。出水 UV_{254} 较低，因此组合工艺在去除有机物的同时可以降低消毒过程中形成消毒副产物的风险，对提高饮用水的化学安全性起到了良好的作用。

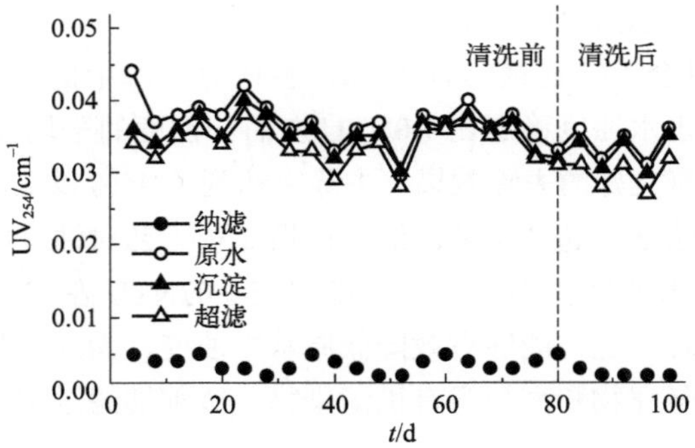

图 7-90　长期运行各工艺段出水 UV_{254} 的去除效果

由图 7-91 可知，组合工艺对 COD_{Mn} 具有良好的去除效果，去除率达到 80% 左右。生物接触氧化沉淀、超滤工艺对 COD_{Mn} 的去除效果较差，分别为 10%、25% 左右；纳滤对 COD_{Mn} 去除效果较好，达到 80% ～ 85%。膜清洗后，超滤工艺对 COD_{Mn} 的去除率没有明显变化，纳滤工艺的去除率稳定在 85% 左右。超滤膜对 COD_{Mn} 去除率低的主要原因是超滤膜孔径较大，而试验原水中颗粒物和胶体含量较低，在过滤过程中形成的滤饼层较少，因此对 COD_{Mn} 的吸附量较小。纳滤膜对 COD_{Mn} 的去除效果主要是由分子量大小决定的，当污染物分子量大于截留分子量时有机物几乎被全部去除，但由于截留物质的粒径、离子电荷和膜的亲疏水性等原因，小于其截留分子量的有机物仍有部分被去除。因此，当水中有较多小分子有机物时，纳滤膜对其仍有较好的去除效果。

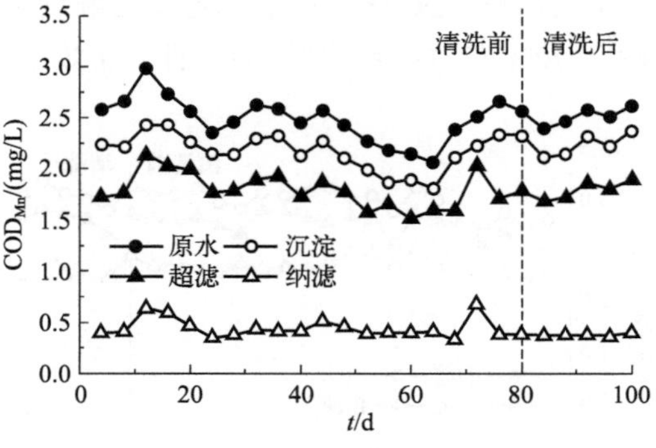

图 7-91　长期运行各工艺段出水 COD_{Mn} 的去除效果

2）无机盐类指标

表 7-10 为组合工艺各工艺段出水无机物盐类指标变化情况。

表 7-10 各工艺段出水无机盐类指标变化情况

进出水	电导率/（μS/cm）	总硬度/（mg/L）	总碱度/（mg/L）	ρ/（mg/L）								
				TDS	K^+	Ca^{2+}	Na^+	Mg^{2+}	SO_4^{2-}	Cl^-	HCO_3^-	NO_3^-
原水	956	275	141	561	7.8	42.5	94.5	26.0	154	84.8	170	1.13
超滤出水	955	275	133	561	8.2	47.0	96.6	25.3	153	103	162	1.83
纳滤出水	96.5	8	20	49	1.0	0.65	15.9	0.481	1	15.9	24	0.70

由表 7-10 可知，纳滤工艺对无机污染物具有良好的去除效果，其中对总硬度、总碱度、TDS 的去除率分别达到了 97.1%、85.8% 和 91.3%，电导率下降了 89.9%，对 Ca^{2+}、Mg^{2+}、SO_4^{2-} 的去除率均高于 98%，对 K^+、Na^+、Cl^-、HCO_3^- 的去除率也达到了 80% 以上，但对 NO_3^- 的去除率只有 38%。总体来看，生物接触氧化沉淀-超滤-纳滤工艺能有效去除原水中的无机污染物，尤其是与硬度相关的 Ca^{2+}、Mg^{2+}、SO_4^{2-} 等物质。由此可见，纳滤膜在组合工艺对硬度及无机离子的去除过程中起主导作用，而超滤膜的作用较弱。这主要是由于超滤膜过滤以机械筛分为主，对小于其孔径的污染物截留能力较差，因而对水中可溶性物质和无机污染物去除效果较差。纳滤膜过滤主要基于其筛分和电荷作用：一方面，它会拦截粒径大于膜孔径的物质；另一方面，由于膜表面带电粒子对水中带电污染物质的静电作用，小于膜孔径的物质会被部分截留。这两个因素的共同作用使纳滤膜对无机污染物的去除效果更好。

从上述结果可以看出，组合工艺除污染主要集中在纳滤膜工艺，对于有机污染物及无机污染物均有良好的去除效果，生物接触氧化沉淀及超滤工艺能去除部分悬浮物、胶体和大分子有机物等物质，是组合工艺中关键的预处理单元，能保障后续工艺的高效运行。

（4）有机物去除特性

1）荧光类有机物

三维荧光是一种光谱指纹技术，具有灵敏度高、选择性多、信息量大、对样品结构无损伤的优点，且比较直观，容易进行图形比较，因此被广泛地应用于描述给水处理中有机物的特性。结合文献，对三维荧光数据进行分析，得到各工艺段有机物分布，如表 7-11 所列。

表 7-11 各工艺段出水有机物分布

工艺出水	荧光强度				
	富里酸	SMP	酪氨酸	色氨酸	类腐殖酸类
原水	310.3	487.5	327.6	924.9	268.3
生物接触出水	290.0	450.0	280.0	918.0	250.0
超滤出水	272.1	391.6	228.2	910.1	221.5
纳滤出水	17.3	56.5	41.2	44.1	17.8

由表 7-11 可知，原水中有机物以色氨酸类蛋白质和溶解性微生物代谢产物（SMP）为主，还包括酪氨酸、富里酸及类腐殖酸类物质。经过生物接触氧化沉淀工艺和超滤工艺处理，各种有机物荧光强度下降幅度较小，由此可见，生物接触氧化沉淀和超滤工艺对各种溶解性有机物的去除效果较差。超滤出水经过纳滤工艺处理后，各种有机物荧光强度有大幅度下降，色氨酸类蛋白质、酪氨酸、SMP、富里酸、类腐殖酸类有机物荧光强度分别下降 95%、87%、88%、94%、93%，这表明纳滤工艺能够有效去除 SMP、酪氨酸、富里酸、色氨酸类

蛋白质、类腐殖酸类有机物。

综上所述，生物接触氧化沉淀-超滤-纳滤组合工艺能够有效去除水中有机污染物。

2）三卤甲烷前体物及 AOX

考察了组合工艺对三卤甲烷前体物及可吸附有机卤素（AOX）的去除效果，结果见表 7-12。生物接触氧化沉淀工艺能够去除部分三卤甲烷前体物，对 $CHBr_3$ 前体物、$CHBrCl_2$ 前体物、$CHBr_2Cl$ 前体物、$CHCl_3$ 前体物的去除率分别为 42.75%、31.09%、20.35% 和 0.62%，出水 AOX 含量甚至高于原水，可能是炭泥回流过程中混入了新的污染物导致。超滤工艺出水对三卤甲烷前体物无明显去除效果，对 AOX 的去除率达到了 31.7%。纳滤工艺对三卤甲烷前体物具有明显的去除效果，相比原水，去除率分别达到了 83.2%、93.7%、91.2% 和 51.2%，对 AOX 的去除率达到了 51.2%。

表 7-12　各工艺段三卤甲烷前体物及 AOX 去除效果

工艺出水	ρ/（μg/L）				
	三溴甲烷前体物	二氯一溴甲烷前体物	一氯二溴甲烷前体物	三氯甲烷前体物	AOX
原水	26.2	25.5	22.6	3.2	24.6
超滤出水	25.8	23.2	21.8	3.2	16.8
纳滤出水	4.4	1.62	2.0	1.4	12.0
生物接触	15	17.6	18.0	3.2	30.0

综上可见，组合工艺对于三卤甲烷前体物以及 AOX 具有较好的去除效果。三卤甲烷前体物去除特性与上文提到的 UV_{254} 去除效果较为一致，也一定程度上验证了 UV_{254} 可以作为三卤甲烷前体物的替代参数的说法。

（5）结论

提出的生物接触氧化沉淀-超滤-纳滤深度处理组合工艺对于引黄水库水的处理效果良好，出水水质良好，符合 GB 5749 的要求。组合工艺经 120d 的连续运行观察监测，对浊度、COD_{Mn}、总硬度等常规指标去除率分别达到了 95%、85%、97% 以上；对色氨酸、酪氨酸、SMP、富里酸、类腐殖酸类这 5 类荧光类有机物的去除率分别达到了 95%、87%、88%、94%、93%；三卤甲烷前体物平均去除率及 AOX 的去除率分别在 80%、51% 左右。组合工艺对污染物的去除主要集中在纳滤工艺，生物接触氧化沉淀和超滤工艺对浊度和大分子有机物具有一定的去除效果，有效保护了超滤膜与纳滤膜。各组合工艺参数会发生相应变化，超滤、纳滤膜膜通量与 TMP 有一定程度的下降，对超滤膜碱洗（质量分数 0.02% 的次氯酸钠）和对纳滤膜酸洗（质量分数 20% 的 HCl）效果较好，膜清洗后 TMP 恢复率可达到 70%，基本上修复了超滤膜、纳滤膜的膜污染。生物接触氧化沉淀-超滤-纳滤深度处理组合工艺可以满足现有水厂的技术升级，在保证饮用水水质的同时节约占地面积和运行成本，解决了现有工艺对微污染地表水处理不达标的问题，提高了对污染物的去除效率，同时减轻了膜污染现象，增加工艺设备运行寿命，节约成本，具有良好的应用前景。

7.3.2.4　超滤＋纳滤法处理南四湖水中试研究

（1）水质特征

南四湖是南水北调东线工程非常重要的调蓄水库，也是济宁市新开辟的地表水源地。通过调查显示，丰水期和枯水期，南四湖水有机物含量基本相当，无机物含量差异较大。以枯水期水质指标为依据，主要水质特点如下：浊度超过 30NTU，耗氧量在 4 ～ 7mg/L，TOC 为 5 ～ 7mg/L，UV_{254} 在 0.09 ～ 0.112cm^{-1}，可吸附有机碳（DOCA）、不可降解有机碳（DOCND）和不可降解可吸附有机碳［DOC（ND&A）］在溶解性有机物中的比例分别为 90.4%、83.8% 和 74.6%；有机物以小分子有机物为主，分子量＜ 3000 的占总量的 72.3%；溴离子最高达到 455μg/L，若采用臭氧氧化存在溴酸盐超标风险；氟化物、氯化物、硫酸盐和溶解性总固体含量最高，分别达到了 1.45mg/L、225mg/L、396mg/L 和 1295mg/L，而水厂常规工艺难以去除，容易导致管网化学不稳定引起的“黄水”现象；藻类总数在 400 万～ 800 万个 /L，以绿藻、硅藻、蓝藻为优势藻。

将南四湖原水水质中主要污染物含量与《生活饮用水卫生标准》（GB 5749—2006）相比，结果如表 7-13 所列。从表 7-13 中可知，南四湖原水有机物含量很高，常可达 7mg/L，因此常规工艺处理后 COD_{Mn} 仍具有超标的风险（标准限值 3mg/L），且容易生成消毒副产物。原水中溶解性固体含量最高接近 1300mg/L，超过标准 1000mg/L 的要求；硫酸盐含量常达到 362.8mg/L，超过标准对硫酸盐 250mg/L 的要求；原水硬度最高时可达 467mg/L（以 $CaCO_3$ 计），因此也具有超过标准中对硬度 450mg/L 的要求的风险；原水中钠离子所测含量达到 247.6mg/L，也超过了标准 200mg/L 的限值要求。

表 7-13　南四湖水质主要污染物与《生活饮用水卫生标准》限值对比

项目名称	南四湖水含量	《生活饮用水卫生标准》
浊度 /NTU	34.9 ～ 70	1
COD_{Mn}（O_2）/（mg/L）	3.74 ～ 7.79	3 （水源限制，原水耗氧量＞ 6mg/L）
溶解性固体 /（mg/L）	1047 ～ 1368	1000
硬度（以 $CaCO_3$ 计）/（mg/L）	375 ～ 467	450
硫酸盐 /（mg/L）	337.6 ～ 362.8	250
钠离子 /（mg/L）	233.5 ～ 247.6	200
氟化物 /（mg/L）	1.07 ～ 1.36	1.0

综上可以看出南四湖水污染问题比较突出，为应对上述问题，试验工艺建议采用深度处理工艺。超滤工艺可有效去除水中的细菌、藻类和大分子有机物，同时规避了溴酸盐的风险；纳滤工艺对溶解性固体、硬度、硫酸盐均有较好的去除效果。因而，超滤与纳滤的组合工艺可以有效控制硫酸盐和氯化物等无机盐类污染和溶解性小分子有机物问题，保障出水水质。

（2）工艺简介

中试工艺为原水-混凝-沉淀-超滤-纳滤，超滤和纳滤单元控制方式为 PLC 自动控制，恒压运行。其工艺流程如图 7-92 所示。

从南四湖孙杨田村取水口处用潜水泵汲水，经过辐流式预沉池沉淀，絮凝药剂采用聚合氯化铝铁（PAFC），投药量 4mg/L（Al^{3+} 计），停留时间为 2h，然后再经过机械搅拌絮凝池和斜管沉淀池的混凝，混凝后水再经过超滤和纳滤处理，纳滤产水即为试验产水，纳滤部分产生浓水排放于北湖湿地。

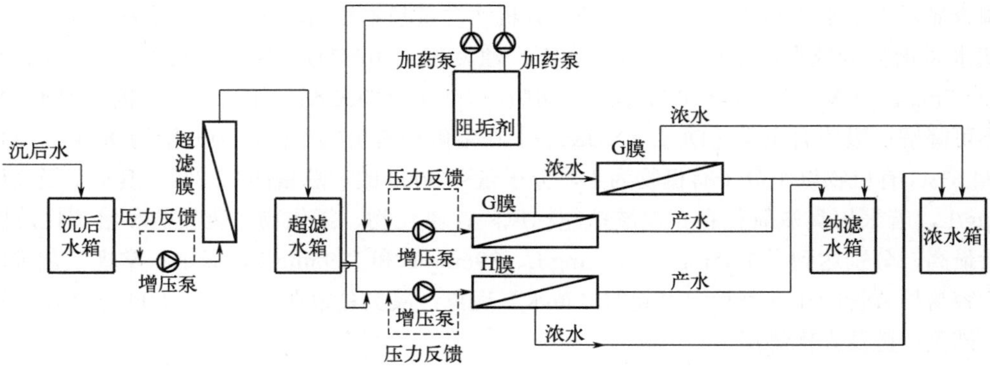

图 7-92　原水-混凝-沉淀-超滤-纳滤工艺流程

超滤膜部分设计采用海南立升内压式超滤膜组件。纳滤部分采用两套平行的系统，一套系统为 H 公司提供的纳滤膜组件（膜面积为 7.9m^2），系统为该公司配制；另一套系统采用美国 G 公司的纳滤膜组件（膜面积为 8.2m^2），与两个超滤膜组件串联，配套设备及其配件由该公司提供。纳滤膜膜通量均按照 20L/（m^2·h）计算，则 H 系统产水量为 158L/h，G 系统产水量为 100L/h。纳滤系统的最小设计回收率按照 20% 计算，则超滤产水至少为 1290L/h。

（3）试验结果

1）污染物的去除效果

① 对 COD_{Mn} 的去除效果。如图 7-93 所示（书后另见彩图），夏季原水 COD_{Mn} 最高 7.79mg/L，经过混凝沉淀和超滤工艺，COD_{Mn} 降至 6.26mg/L，仍高于饮用水标准的上限值 3mg/L；冬季 COD_{Mn} 含量为 3.74mg/L，经过混凝沉淀和超滤工艺，COD_{Mn} 降至 2.25mg/L，达到饮用水卫生标准。而纳滤工艺可在任何季节大幅降低水中的 COD_{Mn} 含量，降至 0.70mg/L 以下，水质优异。

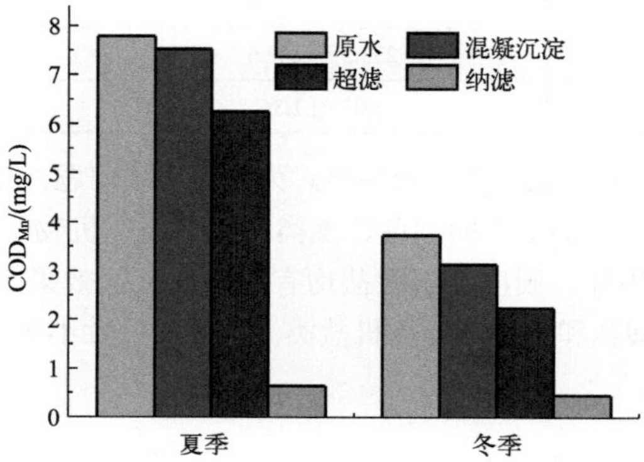

图 7-93　不同季节超滤 / 纳滤工艺对 COD_{Mn} 的去除效果

纳滤回收率：单段 34%；压力：700kPa

② 对 UV_{254} 的去除效果。南四湖水中 UV_{254} 含量也随季节波动，夏季 UV_{254} 含量是冬季 UV_{254} 的两倍多。采用原水-混凝沉淀-超滤-纳滤工艺对南四湖水进行处理，考察不同季节工艺对 UV_{254} 的处理效果，结果如图 7-94 所示（书后另见彩图）。夏季原水 UV_{254} 最高 0.188cm^{-1}，经过混凝沉淀和超滤工艺，UV_{254} 降至 0.175cm^{-1}，仍然较高；冬季 UV_{254} 含量为 0.085cm^{-1}

左右，经过混凝沉淀和超滤工艺，UV_{254} 降至 0.065cm^{-1}。再经过纳滤工艺，仍可大量去除剩余水中 UV_{254} 含量，降至了 0.005cm^{-1} 以下。

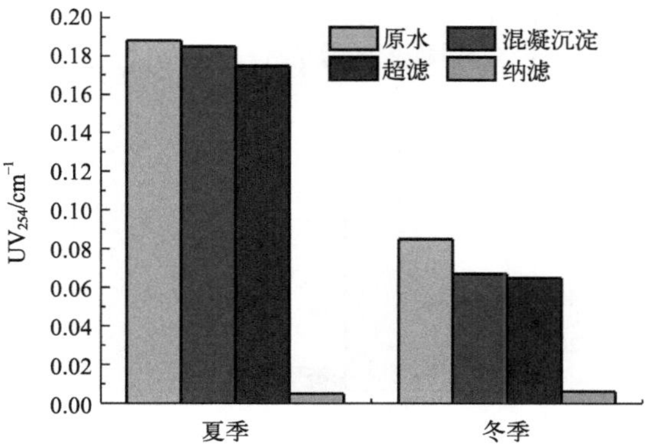

图 7-94　不同季节超滤 / 纳滤工艺对 UV_{254} 的去除效果

纳滤回收率：单段 34%；压力：700kPa

③ 对电导率的去除效果。电导率常可以间接表现水中溶解性离子也就是无机盐的含量。南四湖中无机盐含量也随季节波动很大，表现在夏季电导率较低，而冬季电导率较高。采用原水-混凝沉淀-超滤-纳滤工艺对南四湖水进行处理，考察不同季节超滤 / 纳滤工艺对电导率的处理效果，结果如图 7-95 所示（书后另见彩图）。夏季原水电导率在 1746μS/cm 上下，冬季时电导率明显升高至 2280μS/cm 上下，无机盐离子半径很小，常规工艺以及超滤工艺对这部分无机盐几乎无去除效果，出水盐含量与进水几乎相同。纳滤工艺对无机盐具有较好的处理效果，在夏季和冬季，均可降低 90% 以上的电导率（H 纳滤膜），也就是基本相当于去除了 90% 以上的溶解性无机盐类，使纳滤产水的电导率仅为 162 ～ 286μS/cm。

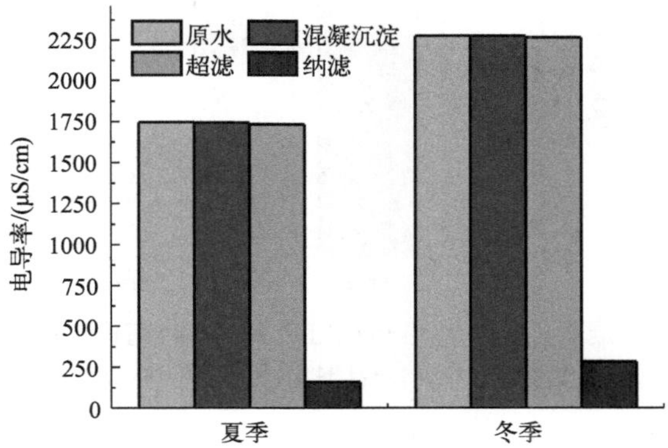

图 7-95　不同季节超滤 / 纳滤工艺对电导率的去除效果

纳滤回收率：单段 34%；压力：700kPa

④ 对总溶解性固体（TDS）的去除效果。水中 TDS，一定水质下与电导率基本成线性关系，不同水质具有不同换算系数。仍采用原水-混凝沉淀-超滤-纳滤工艺对南四湖水进行处理，考察不同季节工艺对总溶解性固体的处理效果，结果如图 7-96 所示（书后另见彩图）。夏季原水 TDS 含量为 1047mg/L，高于饮用水标准中 1000mg/L 的限值；而冬季时水中 TDS 含量更是高达 1368mg/L。常规工艺以及超滤工艺对 TDS 也几乎无去除效果，出水盐含量与

进水几乎相同。纳滤工艺对 TDS 具有较好的处理效果，在夏季和冬季，均可去除水中 90% 以上 TDS（H 纳滤膜），使纳滤产水的 TDS 仅为不到 200mg/L，完全优于饮用水标准。

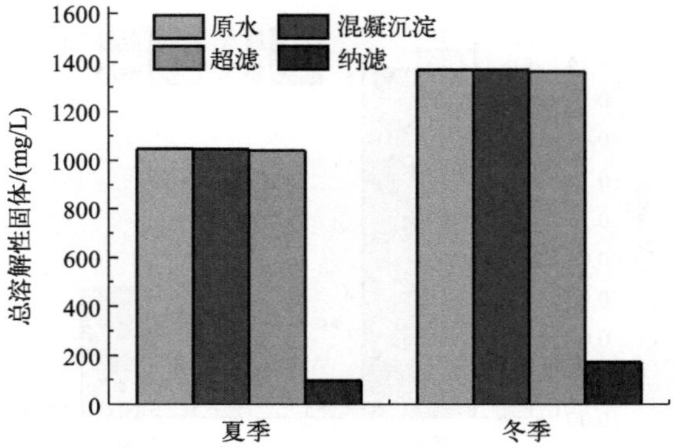

图 7-96　不同季节超滤 / 纳滤工艺对总溶解性固体的去除效果

纳滤回收率：单段 34%；压力：700kPa

⑤ 对溶解性有机碳（DOC）的去除效果。图 7-97 展示了混凝-沉淀-超滤-纳滤工艺对溶解性有机碳的去除效果。夏季原水 DOC 为 9.09mg/L 左右，经过混凝沉淀和超滤工艺后，水中 DOC 分别降至 8.56mg/L 和 7.7mg/L，整体去除率分别为 5.8% 和 15.29%，经过 G 纳滤膜过滤后，产水中 DOC 为 1.42mg/L，去除率达到 84.38%，而经过 H 纳滤膜过滤后，产水中 DOC 降为 0mg/L，去除率可达 100%。可知，混凝沉淀、超滤、纳滤对 DOC 均有去除效果，且过滤越精细，去除率越高；同为纳滤膜，H 纳滤膜对 DOC 的去除效果要优于 G 纳滤膜。

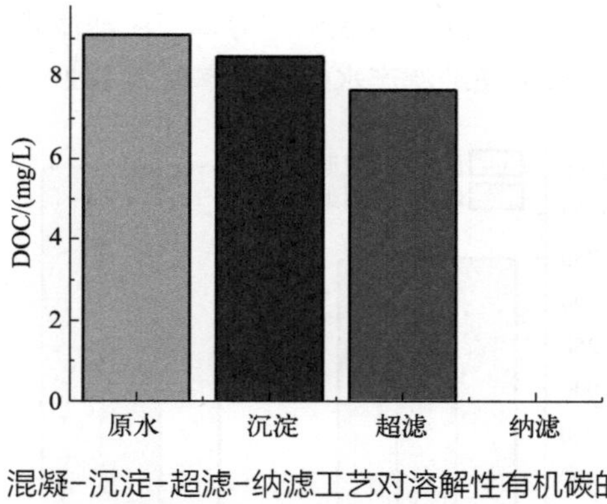

图 7-97　混凝-沉淀-超滤-纳滤工艺对溶解性有机碳的去除效果

纳滤回收率：单段 34%；压力：700kPa

2）纳滤工艺的连续运行效果及其污染与清洗

① 工艺回收率和阻垢剂投量优化。根据南四湖水质和纳滤膜设计要求，在未添加阻垢剂的情况下，为防止纳滤膜结垢，回收率不可高于 20%，这大大限制了水资源的利用。而添加阻垢剂，可提高回收率，降低膜结垢风险。试验单只膜回收率设定为 38%，考察在该回收率下不引起膜面结垢的最小的阻垢剂投药量。

经过综合比较分析，试验采用清力 PTP-0100 型阻垢剂，常规投加量为 3 ～ 6mg/L，实际投加量由水质情况决定，根据水质计算得出朗格利尔饱和指数（LSI 值），确定准确投加量。LSI 表示低盐度苦咸水中的碳酸钙饱和度，用于表征碳酸钙结垢或腐蚀的可能性。

试验采用两种不同投加量 5mg/L 和 7mg/L，测定 G 纳滤膜和 H 纳滤膜在 38% 回收率下的最优投药量。

Ⅰ. 投加 5mg/L 阻垢剂。当投药量为 5mg/L 时，G 纳滤膜系统很快就出现膜通量衰减，膜通量变化如图 7-98 所示。在纳滤膜运行压力为 600kPa、水温在 6.4 ～ 7.9℃之间波动的条件下，连续运行 70h 后膜通量就已经严重衰减，由最初的 29.26L/(m²•h) 降低至 25.6L/(m²•h)。运行期间，通量出现短暂的上升现象，是由于水温波动影响。

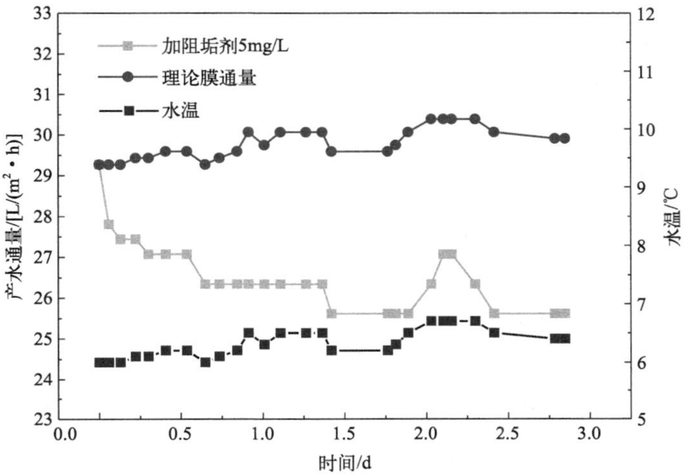

图 7-98　G 纳滤膜膜通量变化与理论膜通量对比（阻垢剂 5mg/L）

压力：600kPa；回收率：37.5% ～ 41.6%；温度：6.4 ～ 7.9℃

当投药量为 5mg/L 时，考察 H 纳滤膜单段系统处理南四湖水质的运行效果。试验结果如图 7-99 所示。系统采用 600kPa 运行压力，单段回收率设定为 34%，水温在 8.4 ～ 13.8℃波动时，H 纳滤膜也很快就出现膜通量衰减。H 纳滤膜初始膜通量为 26.06L/（m² • h），当连续运行 6d 后，在实验水温为 10.3℃情况下，膜通量降低到 20.31L/（m² • h）。水温的降低一定程

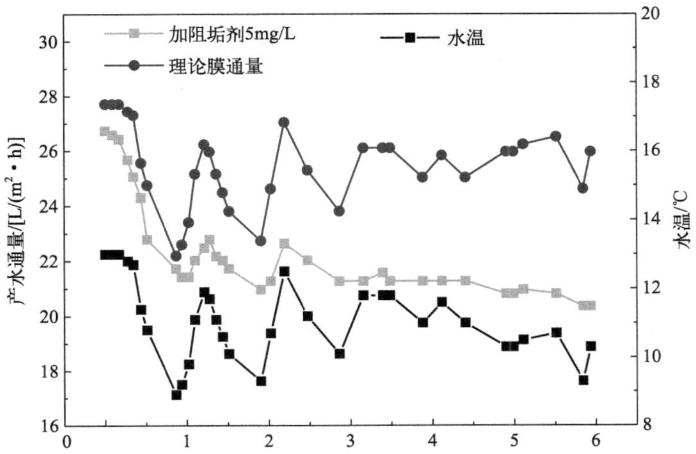

图 7-99　H 膜膜通量变化与理论膜通量对比（阻垢剂 5mg/L）

压力：600kPa；回收率：37.5% ～ 41.6%；温度：8.4 ～ 13.8℃

度上影响了H纳滤膜膜通量，但相比系统开始运行12h后温度为10.2℃情况下24.51L/（m^2•h）的膜通量，在10℃时，膜通量下降了4.20L/（m^2•h），纳滤膜面出现污染。

Ⅱ. 投加7mg/L阻垢剂。对纳滤膜进行化学清洗后，膜通量基本恢复，试验研究投药量为7mg/L时的系统运行情况，对G纳滤膜系统运行结果进行分析。所得实验结果如图7-100所示。纳滤膜运行压力为600kPa，水温在19.8～21.7℃之间波动，回收率控制在37.5%～41.6%，PTP-0100型阻垢剂投加量为7mg/L，连续运行21d。G纳滤膜双段系统稳定运行21d后膜通量略微降低，最初的实际膜通量与理论膜通量相差1.14L/（m^2•h），在运行21d后实际膜通量与理论膜通量相差1.70L/（m^2•h）。也就是说，在投药量为7mg/L时，系统稳定运行，但依然出现了膜污染，致使膜通量下降。因而，处理南四湖水质，纳滤单元的阻垢剂PTP-0100的投加量应＞7mg/L。

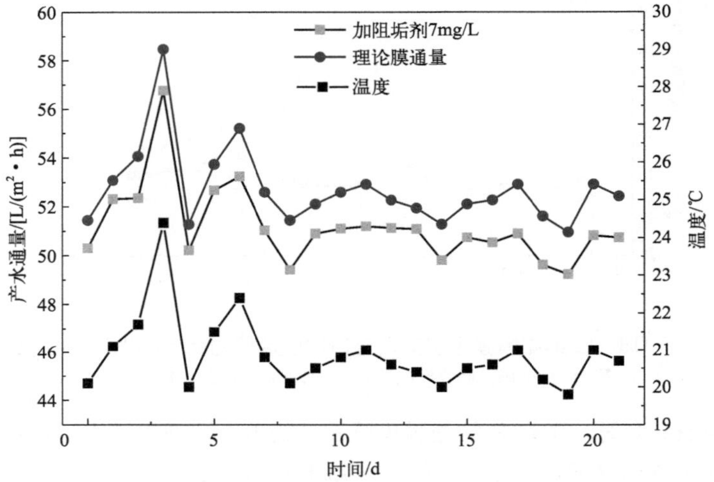

图7-100　G纳滤膜连续运行21d实际膜通量与理论膜通量对比（阻垢剂7mg/L）

压力：600kPa；回收率：37.5%～41.6%；温度：19.8～21.7℃

② 纳滤膜的清洗。

Ⅰ. 物理冲洗。在纳滤膜运行过程中添加阻垢剂以降低无机离子结垢污染，但是阻垢剂分子量较大，本身就是一种外来污染物，因而若阻垢剂停留在膜柱中时间较长，也容易导致阻垢剂沉积，造成膜污染。因而，纳滤单元在每次停机前都要低压高通量进行物理冲洗，以冲出膜柱中的阻垢剂和一些易于冲出的污染物，降低膜污染程度。具体操作为：停机前停止加药，降低系统运行压力至几十kPa，提高进水流量，采用低压高通量模式冲洗膜面5～10min。

Ⅱ. 化学清洗。卷式纳滤膜除了顺向物理冲洗外，并不能进行像超滤一样的反洗操作。因而，当某温度下膜通量下降10%以后即要进行化学清洗。化学清洗可采用药剂较多，酸洗可用盐酸和柠檬酸等，碱洗可采用氢氧化钠溶液。本试验中化学清洗药剂采用盐酸和氢氧化钠溶液，先进行酸洗去除无机盐结垢污染物，再进行碱洗去除有机污染物、杀灭细菌并舒张酸洗后收缩的膜孔，恢复膜通量。化学清洗流程如下：用纳滤产水配制溶液。酸洗液为纯水配制的pH=2.5的盐酸，采用低压高通量方式循环清洗2h，然后用该酸液浸泡膜柱30min，浸泡后再进行酸液冲洗30min，然后放掉酸液，用纳滤产水低压高通量清洗管路和膜柱中的酸性溶液，酸洗完成。再用纳滤产水配制 pH 值大于 11.5 的氢氧化钠溶液，然后缓慢加入盐酸，使其 pH 值降低到 11.5。其碱洗流程与酸洗相同：低压高通量循环清洗 2h，浸泡 30min，碱性冲洗 30min，再用纳滤产水低压高通量清洗管路和膜柱中的酸性溶液，碱洗完成。必须要注意的是，要定时检测清洗液的 pH 值。

Ⅲ. 膜通量恢复情况。试验采用 15% 的低回收率测定两种纳滤膜在不同运行压力下化学清洗前和化学清洗后的通量，并且应用上述试验进行校正，将产水通量统一校正为 18℃时的产水通量，再将其与两种膜刚投入使用时的初始通量进行对比，试验结果如图 7-101 所示。G 纳滤膜化学清洗前膜通量与初始通量相比相差较大，清洗前 G 纳滤膜在 300kPa 压力下通量低于初始通量 1.73L/（m^2 • h），压力越高，通量相差越大，运行压力为 900kPa 时二者通量相差达到了 5.12L/（m^2 • h）。经过化学清洗后，膜通量恢复明显。运行压力为 300 ～ 900kPa 之间时，清洗后膜通量与初始几乎相同。说明化学清洗对 G 纳滤膜效果明显。

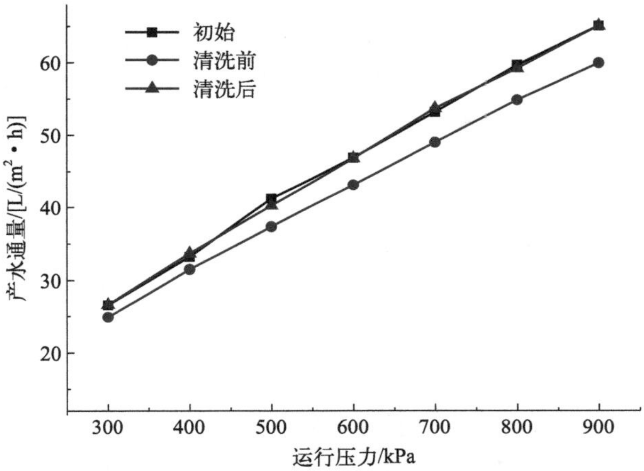

图 7-101　G 纳滤膜清洗前后产水通量对比

水温：18℃；回收率：15%

由图 7-102 可知，H 纳滤膜化学清洗前膜通量与初始通量相比相差也较大，清洗前 H 纳

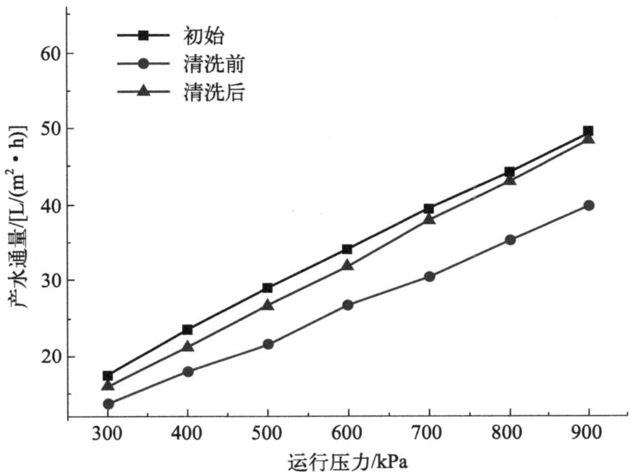

图 7-102　H 纳滤膜清洗前后产水通量对比

水温：18℃；回收率：15%

滤膜在 300kPa 压力下通量低于初始通量 3.83L/（m^2・h），压力越高，通量相差越大，运行压力为 900kPa 时二者通量相差达到了 9.60L/（m^2・h）。经过化学清洗后，H 纳滤膜通量也恢复明显。运行压力为 300kPa 时，清洗后膜通量较初始通量仅相差 1.55L/（m^2・h），在运行压力为 900kPa 时，二者仅相差 0.8L/（m^2・h）。说明化学清洗对 H 纳滤膜效果也比较好，但相比 G 纳滤膜，H 纳滤膜的清洗效果仍然要差一点，膜通量没有完全恢复。

7.4 典型工程案例

目前，超滤技术常作为常规工艺的深度处理技术，或者与活性炭吸附、臭氧氧化等预处理技术相结合，因其高精度过滤效果，能够制得高品质生活饮用水，可有效保证饮用水生物安全性和化学安全性，并且其设备占地面积小，自动化、标准化与模块化程度高，被越来越多地应用于饮用水处理过程中。超滤与混凝、活性炭吸附、臭氧氧化等预处理技术相结合用来处理地表水，作为快速生物过滤后续的处理步骤，用超滤膜装置处理市政自来水，与快滤和反渗透结合在一起淡化工业给水苦咸水。高岭土预涂层超滤膜联用工艺、在线混凝-超滤膜联用工艺等都运用了超滤技术。

7.4.1 超滤组合工艺

7.4.1.1 东营市南郊水厂

（1）水厂概况

东营市南郊水厂始建于 1993 年，设计规模为 $10\times10^4m^3/d$。该水厂以引黄水库水为水源，黄河水经过沉砂处理后进入南郊水库，水厂直接从水库取水，水源存在冬季低温低浊、季节性藻类暴发及死亡导致嗅味较为严重等现象，给处理工艺和运行管理带来了很大的影响。为提高饮用水水质，在原有二氧化氯预氧化、混凝、沉淀、过滤、消毒工艺的基础上增加了粉末活性炭投加系统、浸没式超滤系统等处理单元，建成了日产 10 万吨级的浸没式超滤膜车间，并于 2009 年 12 月 5 日通水试运行，工艺流程如图 7-103 所示。

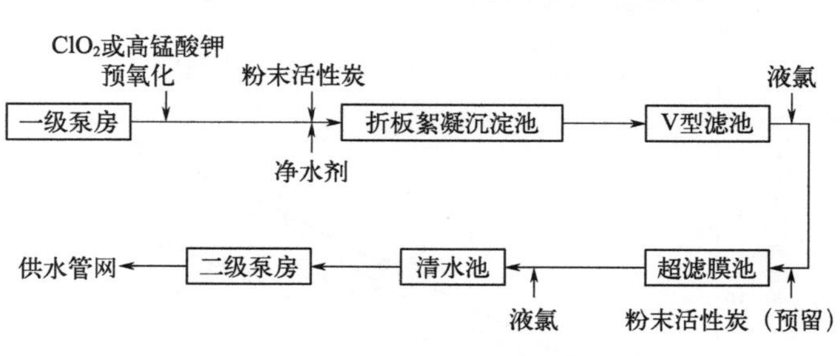

图 7-103　南郊水厂工艺流程

超滤技术在饮用水处理行业具有广泛的应用前景，但是受限于膜的孔径和污染物的累积，超滤技术存在难以截留溶解性有机物和膜污染两个技术缺陷。

在研究膜前混凝预处理、吸附预处理和氧化预处理的基础上，提出了多种工艺组合模式，并根据引黄水库水的水质特点进行了工艺参数优化和工艺稳定性研究，建立了粉末活性炭吸

附 / 混凝 / 沉淀预处理和高锰酸盐预氧化 / 混凝 / 沉淀两种膜前预处理关键技术，解决了超滤存在的难以截留溶解性有机物和膜污染的技术问题，实现了超滤工艺在大规模水处理工程中的应用，并长期稳定运行。

目前，超滤车间已运行一年多，东营市自来水公司与设计单位和科研院校通力配合，相继摸索出冬季低温低浊、夏季高藻高嗅味等不同工况下超滤工艺的各种运行参数，并针对原水水质变化特点和预处理效果不断优化运行，保障了出水水质的稳定。

（2）净水效果评价

1）对颗粒物的去除效果

浊度不仅是水的感官性状指标，而且与微生物安全性密切相关。12 个月的运行情况表明，南郊水库原水浊度普遍较低，在 4.59 ～ 28.40NTU 之间，平均值为（11.48±6.42）NTU（6.42NTU 为各月浊度的标准差，下同）。其中 2009 年 12 月至 2010 年 4 月，原水呈现出低温低浊的特点，水温为 2 ～ 9℃，原工艺砂滤出水浊度在 0.35 ～ 0.83NTU 之间波动，平均值为（0.51±0.12）NTU，去除率为（94.18±3.29）%；而超滤组合工艺出水浊度稳定在 0.02NTU 以下，平均值为（0.017±0.018）NTU，去除率达（99.80±0.10）%，相比原砂滤出水浊度去除率提高了 5.62 个百分点，使出水的微生物学安全性大大提高，如图 7-104 所示。

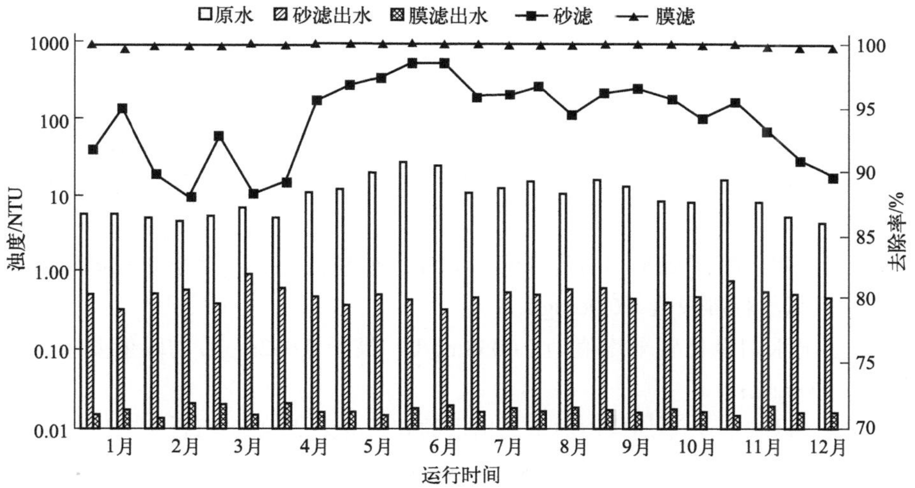

图 7-104　超滤组合与常规工艺浊度去除效果比较

颗粒计数是评价水中颗粒物的一个重要指标，可以弥补浊度仪在低浊度时的灵敏度问题。调查发现，当水中粒径＞ 2μm 的颗粒物数量超过 100 个 /mL 时，水中贾第鞭毛虫、隐孢子虫出现的概率很大。生产运行表明，超滤出水中粒径为 2 ～ 5μm 的颗粒物基本保持在 30 个 /mL 以下，粒径为 5 ～ 10μm 的颗粒物保持在 2 个 /mL 以下，粒径＞ 10μm 的颗粒几乎全部被去除。

2）对 COD_{Mn}、TOC 的去除效果

生产运行期间，原水 COD_{Mn} 为 2.96 ～ 4.00mg/L，平均值为（3.34±0.26）mg/L。砂滤出水 COD_{Mn} 降至 1.76 ～ 2.78mg/L，平均值为（2.14±0.22）mg/L。超滤组合工艺出水 COD_{Mn} 可以控制在 2.00mg/L 以下，平均去除率由（35.97±3.72）% 提高到（44.96±3.69）%。

试验期间，原水 TOC 为 2.71 ～ 3.57mg/L，平均值为（3.01±0.24）mg/L。超滤组合工

艺中砂滤出水 TOC 降至 1.78 ～ 2.25mg/L，平均值为（2.01±0.15）mg/L。超滤出水 TOC 在 2.00mg/L 以下，平均值为（1.71±0.14）mg/L，相比砂滤出水，TOC 去除率从（32.99±2.57）% 提高到（43.22 ± 2.21）%，提高了 10.23 个百分点。

3）对 UV_{254} 的除效果

原水 UV_{254} 在 0.050 ～ 0.076cm^{-1} 之间，平均值为（0.061±0.006）cm^{-1}。砂滤出水 UV_{254} 在 0.044 ～ 0.068cm^{-1} 之间，平均值为（0.054±0.006）cm^{-1}，去除率为（12.29±0.76）%。超滤出水 UV_{254} 在 0.040 ～ 0.062cm^{-1} 之间，平均值为（0.049±0.005）cm^{-1}，去除率为（20.10± 1.51）%，在砂滤的基础上提高了 7.81 个百分点，可见超滤膜能够进一步降低水体中芳香族化合物的含量。

4）对藻类及病原微生物的去除效果

南郊水库水藻类繁殖严重，平均值为 1.051×10^7 个 /L，最大值为 8.682×10^7 个 /L，而藻类在 1.0×10^6 个 /L 以上时，通常会给水处理带来不利影响。工艺改造前，出厂水藻类平均值为 2.87×10^6 个 /L，最大值为 1.471×10^7 个 /L；采用超滤组合工艺后，由于超滤膜的物理截留作用，将微米级的藻类完全去除。

工艺改造前，水厂出水的细菌总数在 2CFU/mL 以下，经超滤组合工艺处理后，细菌总数均为未检出。这是因为超滤组合工艺对微生物有很高的截留效果，有效保障了水质的微生物安全性；同时减少了生产中消毒剂的使用，降低了生成消毒副产物的风险，提高了水质的化学安全性。

5）水质全分析结果

以浸没式超滤为核心的组合工艺投产以后，对膜后水进行的 106 项水质指标的全分析结果表明，出厂水水质明显改善，全面达到《生活饮用水卫生标准》（GB 5749—2006）要求，例如：

① 原工艺出水三氯甲烷平均值为 0.0449mg/L，而超滤组合工艺出水三氯甲烷平均值为 0.0059mg/L，远低于标准限值（0.06mg/L）；

② 原工艺出水四氯化碳平均值为 0.0058mg/L，高于 0.002mg/L 的限值要求，而组合工艺出水为 0.0003mg/L；

③ 硝酸盐（以 N 计）平均值由原工艺出水的 6.18mg/L 降低到组合工艺出水的 3.2mg/L。

因此，超滤组合工艺为水质的提高提供了重要的安全屏障和保证。

（3）运行状况评价

1）运行参数

粉末活性炭采用 200 目，投加能力按最大投加量 30mg/L 考虑（最大投加量为 137.5kg/h）。实际生产运行中，冬季投加量一般控制在 3 ～ 4mg/L，春、夏、秋三季一般控制在 6 ～ 7mg/L，投加点设置在一级泵房至沉淀池的管路上。

超滤车间共设膜池 12 格，每格面积为 31.9m^2，设计水深为 3.2m，整个膜车间的总过滤面积约为 $15\times10^4m^2$。超滤膜设计通量为 30L/(m^2 • h)，冬季水温在 2 ～ 4℃时，膜通量一般控制在 28L/（m^2 • h）左右运行；春季水温在 6 ～ 8℃时，膜通量一般控制在 30 ～ 32L/（m^2 • h）运行；夏秋两季水温在 10℃以上时，膜通量一般控制在 32 ～ 37L/（m^2 • h）运行。夏、冬季跨膜压差在 1.9 ～ 4.0m 变化，膜通量为 28.8 ～ 37L/（m^2 • h）。

膜池的自动化控制系统的运行一直较为稳定可靠。运行初期，膜组的反冲洗周期为 6h，运行 3 个月后，反冲洗周期调整为 5h，每次反冲洗时间为 10min，反冲洗程序为：先曝气擦洗 90s，然后气水同时反洗 60s，气洗强度以膜池面积计，为 60m/（m^2 • h），水洗强度以膜面积计，为 60L/（m^2 • h）。设计超滤膜的恢复性化学清洗周期为 4 ～ 6 个月，采用 0.25% 次氯酸钠、1% 氢氧化钠和 1% 盐酸清洗，每次清洗时间为 4 ～ 6h。

2）运行状况

① 常规工艺对膜污染的减缓作用。膜污染控制是膜滤技术中最重要的课题，通过加强膜前预处理和平时的气水清洗、改善膜材料、降低膜价格相应增加膜面积等“零污染技术”，有望在工程中采用“零污染通量”，此时则无需或很少需要进行恢复性化学清洗，这将显著简化大型膜系统的运行。

自 2009 年 12 月 5 日试运行至 2010 年 3 月中旬，进水水温在 2 ～ 6℃，膜抽吸产水的转子泵电机运行频率控制在 15 ～ 25Hz，通量控制在 28.8 ～ 30L/（m^2 • h），跨膜压差一般为 3.2 ～ 4.0m。2010 年 3 月 20 日因加药设备故障中断了混凝剂的投加，造成跨膜压差由 3.2m 快速升高到 8m 左右，立即采用 200mg/L 次氯酸钠进行了一次在线维护性化学清洗，跨膜压差完全恢复正常。说明超滤系统具有一定的抗冲击负荷能力，同时也说明粉末活性炭和混凝、沉淀、砂滤等的协同效应能够有效地保证超滤膜在可持续通量下稳定运行。

② 联用工艺对有机物的有效去除。运行结果表明，UV_{254} 去除率与粉末活性炭投加量成一定的线性关系，当投加量为 30mg/L 时去除率趋于平稳，接近 60%；随着粉末活性炭投加量的增加，COD_{Mn} 去除率逐渐升高，当投加量为 30mg/L 时基本稳定在 60% 左右。日常生产运行中，考虑到企业的运行成本，粉末活性炭投加量一般控制在 3 ～ 7mg/L，原水水质恶化时可适当增大投加量。

③ 超滤膜良好的产水性能。生产实践表明，超滤膜的通量受温度影响较大，但运行中即使在低温（2 ～ 4℃）状态下，所采用的国产超滤膜依然能够保持较高的运行通量。同时，随着运行频率的降低，跨膜压差逐渐降低。当温度为 3℃，运行频率为 15Hz、20Hz、25Hz 和 30Hz 时对应的跨膜压差分别为 22 ～ 24kPa、25 ～ 27kPa、33 ～ 35kPa 和 38 ～ 40kPa。恒频率下，随着水温的升高，跨膜压差降低明显：当运行频率为 30Hz，温度分别为 3℃、7℃、15℃和 22℃时，对应的跨膜压差分别为 40kPa、32kPa、25kPa 和 19kPa。

常温（水温 22℃左右）状态下的运行情况表明，在供水高峰期，超滤膜可超出设计通量的 20% ～ 30% 运行，且原水的有效利用率可达 99.3% 以上，基本实现零排放。

④ 超滤膜较强的抗污染能力。膜组运行状况十分稳定，在一个运行周期内（5h），跨膜压差上升 10% 左右，见表 7-14。通过日常气水清洗，压差基本能恢复到正常水平，实际运行中膜组件能够在设计通量下长期、稳定运行，延长了化学清洗的周期，减少了化学清洗所需的费用。

目前，尚不需要进行离线的恢复性化学清洗。2010 年 12 月 4 日，即膜组运行一年时，对 4 格膜池分别采用不同浓度的次氯酸钠和不同的浸泡时间进行了在线维护性化学清洗。膜组清洗后的运行频率为 26.5Hz，温度为 5℃，跨膜压差降低了 0.3 ～ 0.5m, 同比降低了 15% 左右（见表 7-14）。与在线气水清洗降低的跨膜压差相比，维护性化学清洗仅贡献 5 个百分点。

表 7-14　清洗前后跨膜压差对比

状态		7 号	8 号	9 号	10 号	平均
气水清洗	清洗前 TMP/kPa	32	28	28	26	28.50
	清洗后 TMP/kPa	28	25	25	24	25.50
	变化率 /%	12.50	10.71	10.71	7.69	10.53
化学清洗	清洗前 TMP/kPa	32	28	29	27	29.0
	清洗后 TMP/kPa	27	25	24	22	24.5
	变化率 /%	15.63	10.71	17.24	18.52	15.52
	浸泡时间 /h	2	2	1.5	1.5	
	NaClO 投加量 /L	150	100	100	150	

当水温为 3℃、运行频率为 25Hz 时，运行初期膜组的跨膜压差为 33 ～ 35kPa。经过一年的运行，跨膜压差上升到 40kPa 左右，膜运行状况良好，膜污染仍十分轻微，跨膜压差通过日常气水清洗基本能够得到恢复。

⑤ 跨膜压差和电耗的影响因素。膜池进行在线化学清洗后，对超滤膜的各项运行参数进行长期跟踪观察，并比较维护性化学清洗 1 个月来膜组跨膜压差和电流的变化，见表 7-15。

表 7-15　在线化学清洗前后跨膜压差和电流的变化

状态	运行频率 /Hz	温度 /℃	跨膜压差 /kPa		电流 /A	
			清洗膜	未清洗膜	清洗膜	未清洗膜
清洗前	26.5	5.0	29.00	32.35	32.35	35.95
清洗后 1 天	26.5	5.0	26.75	30.70	30.70	35.70
清洗后 1 周	27.5	3.6	35.00	32.78	32.78	37.60
清洗后 1 个月	25.0	2.0	41.75	41.03	41.03	44.70
	26.5	2.5	39.70	39.70	39.70	43.40

表 7-15 中清洗后 1 周及 1 个月的数据均表明，清洗过的膜的跨膜压差及电流的增幅均大于未清洗的膜，分析认为：清洗后的膜表面较洁净，预处理未完全去除的污染物在膜表面迅速积累，直到污染物的积累速度与清洗时表面冲洗使污染物脱离膜表面的速度达到动态平衡；相比之下，未进行化学清洗的膜组经过 1 年的运行，其表面污染物已达到动态平衡，可以保护膜避免受进一步的污染。

因此，水温对膜组跨膜压差和电耗的影响很大。抽吸机组的电耗受运行频率和温度的影响，清洗后 1 周，频率的升高以及温度的降低都促进了电流的增大。不同频率下运行 1 个月的数据表明，虽然频率降低，但由于温度继续下降，综合的结果使电流仍有很大幅度的增加（分别为 33.64% 和 25.21%），其中温度起了重要作用；而在相同频率（26.5Hz）下运行 1 个月的数据表明，由于温度的降低（由 5℃降至 2.5℃），电流仍有大幅度的增加。

⑥ 膜组的经济运行频率。在超滤膜水厂的工程设计上，膜通量和跨膜压差是评价膜组运行质量的重要经济技术指标。如果膜通量和跨膜压差设计值过低，就需要相应地增大膜面积，一次性投资成本较高；而膜通量和跨膜压差过高时，日常电耗将大幅度提高，运行成本十分不经济。该工程设计的跨膜压差要求为 4 ～ 6m，膜的设计通量为 30L/（m^2 • h），而实

际运行中，膜通量、跨膜压差以及电耗等主要运行参数受温度的影响很大。例如，冬季及初春水温低于 5℃甚至达到 2℃，按照原设计参数运行，跨膜压差和电流都较高，水厂的实际供水量也会减少。因此，针对不同的水温适时调节运行频率，使膜组的跨膜压差适中，能达到减轻膜污染、延长化学清洗时间并适当延长膜使用寿命的目的，该运行频率也可称为该水温下的经济频率。目前，正在对这项参数进行探索与总结，为日后类似超滤工程的优化设计提供依据。

（4）投资运行成本分析

该工程属于老水厂改造项目，投资和运行成本仅增加了膜车间及相配套设施的建设运行和维护费用。该工程政府批复概算投资为 4380 万元，初设阶段的运行成本预测为 0.3 元 /m^3，而工程投标中标价为 3300 万元，单位投资成本小于 330 元 /m^3。如表 7-16 和表 7-17 所列，新增加的运行成本为 0.185 元 /m^3，其中固定资产折旧 0.123 元 /m^3，电耗、药耗以及维修维护等日常运行成本为 0.062 元 /m^3。

表 7-16　折旧费

项目	投资 / 万元	折旧年限 / 年	折旧费 / 万元	年供水量 /10^4m^3	单位费用 /（元 /m^3）
土建	800	25	32	3000	0.010
设备	1600	10	160		0.053
超滤膜	902	5	180.4		0.060
小计	3302				0.123

表 7-17　运行费

项目	年消耗量	折算成本 /（元 /m^3）	备注
液氯 /t	10	0.001	以 2500 元 /t 计
活性炭 /t	120	0.022	以 5600 元 /t 计
电耗 /（kW・h）	80×10^4	0.020	以 0.78 元 /（kW・h）计
维修费 / 万元	50	0.017	1.5%
化学清洗药剂费 / 万元	6	0.002	200mg/L 次氯酸钠
小计		0.062	

（5）结论

① 东营南郊水厂超滤组合工艺的成功改造和稳定运行，对黄河中下游地区以及水源水质类似地区的老水厂改造和新水厂工艺比选有一定的借鉴意义。

② 常规工艺作为预处理能有效减缓膜污染，粉末活性炭和混凝、沉淀、过滤等的协同作用能够有效保证超滤膜的稳定运行。

③ 采用的国产浸没式超滤膜产水能力良好，并有相对宽泛的上升空间，能够满足高温、高峰用水期的水量，且抗污染能力强。

④ 日常气水清洗能够有效降低跨膜压差，并能够延长恢复性化学清洗的周期。

⑤ 超滤膜的通量、跨膜压差、电耗受水温影响较大，并且不同的水温有对应的经济运行通量和经济运行频率。实际生产中，膜组可以根据季节和水温的变化，采用不同的经济运

行频率。

⑥ 该组合工艺从实际投资和运行成本来看均低于预估值。

7.4.1.2 武城县瑞源水厂

（1）工程概况及工艺选择

本工程位于山东省德州市武城县，瑞源水厂供水规模 30000m³/d，以南水北调工程东段鲁北输水线末端重要调蓄水库大屯水库为水源。德州市地下水氟离子浓度一直较高，地质原因导致地下水与水库水相互渗透，从而致使水厂进水氟离子超标。南水北调工程沿途地质复杂，地下水渗透，瑞源水厂原水硫酸盐超标。原水厂出水水质如表 7-18 所列。出水要达到国家《生活饮用水卫生标准》（GB 5749）要求，需对水中硫酸盐和氟化物进行深度处理。

表 7-18 实际原水水质

检测指标	标准	测定值	检测指标	标准	测定值
色度 / 度	＜ 15	5	氟化物 /（mg/L）	≤ 1	1.07
浑浊度 /NTU	≤ 1.0	2.97	硫酸盐 /（mg/L）	≤ 250	344
pH 值	6.5 ～ 8.5	8.43	硝酸盐 /（mg/L）	≤ 10	0.44
硬度 /（mg/L）	≤ 450	311	菌落总数 /（CFU/mL）	＜ 100	134

瑞源水厂原工艺处理流程为预氧化 + 机械搅拌澄清池 + 砂滤池 + 臭氧生物活性炭。水厂原处理工艺无法去除超标的氟化物和硫酸盐，因此，另需增加脱盐除氟工艺。常用的脱盐除氟工艺有纳滤、反渗透、离子交换法等，综合考虑原水水质、处理效果、后续维护以及国内外处理经验，该工程设计决定采用超滤（UF）-反渗透（RO）双膜法进行脱盐除氟。该装置占地面积小，技术先进，自动化程度高且处理效果好。双膜法可将污染严重或者含盐量较高的水净化过滤，有效除去水中硫酸盐和氟化物，进一步改善了生活饮用水水质。

（2）工艺设计

1）主要工艺选择

① 自清洗过滤器。自清洗过滤器用以截流活性炭滤池出水中残留物及细菌悬浮物，如藻类、铁锈、黏泥、微生物等，保护超滤膜不被破坏和堵塞，继而保障超滤膜正常工作。过滤方式为水先经过粗滤网过滤掉较大杂质，然后到达细滤网。自清洗过滤器发挥作用的关键部位是滤网，用于拦截大颗粒物等杂质，同时还可以自动排污，方便快捷。采用压差、时间及手动方式进行控制，运行连续供液，截流杂质过多时压力损失增加，进出水口压差达到设定值时开始反冲洗。进入自清洗过滤器的水管最低点设排放阀。

② 超滤 + 反渗透。超滤是对活性炭滤池出水进行脱盐前处理，可有效去除原水中的杂质、大分子悬浮颗粒物和有害物质等，可有效保证反渗透的脱盐率及延长膜的使用寿命。超滤现已被广泛应用于水处理多个领域，如造纸污水处理、饮用水净化、电镀废水处理、油质废水处理、城市污水的回收利用等。反渗透具有相当高的截留率，可过滤掉水中离子级别的杂质，完全满足瑞源水厂原出水中的超标离子杂质的去除要求。双膜法中超滤作为反渗透膜的预处理，保证了反渗透膜前水质，可防止杂质堆积堵塞造成对膜的污染。

③ 防垢与清洗。反渗透膜几乎可以过滤水中所有的物质，但对膜前压力要求较高。倘

若水质、运行条件不好，易造成膜的污堵及破坏现象。造成反渗透膜污堵的原因有很多，浓差极化、结垢、微生物污染、胶体污染以及无机和有机污染，其中主要原因是浓差极化，另外，微生物在膜上生长发育释放出的有机物会逐渐形成凝胶层堵塞膜。反渗透膜运行一段时间后，水中钙镁离子会不断析出附着在膜的表面，为防止原水中的碳酸钙、碳酸镁等在反渗透膜表面或者管道中结垢，导致膜元件堵塞，需在超滤膜出水后投加阻垢剂。阻垢剂是一种有机化合物，主要作用是相对增加水中结垢物质的溶解性，以防止碳酸钙、硫酸钙等物质对膜的阻碍，同时，可减少铁离子堵塞膜的微孔。阻垢剂的投加可有效预防膜污染发生，保证反渗透系统的正常产水工作。

为了保证膜系统稳定运行，要定期进行清洗，最终的清洗效果可能决定膜的处理效果和使用寿命。本项目超滤反洗周期为 30 ～ 40min/ 次，当反洗不能恢复超滤膜的通量时需进行化学加药增强反洗，化学加药增强反洗周期为 12 ～ 24h/ 次。当反渗透装置产水下降 10% 或进水与浓水压差增加 15% 时说明膜已污染，需进行化学清洗，一般清洗频率为 3 ～ 12 个月清洗 1 次。

2）工艺流程

新建膜处理车间进水采用原有活性炭滤池的出水，设计产水量为 10000m^3/d，新建膜处理车间进水量为 14500m^3/d。工艺流程中的预处理包括自清洗过滤器和超滤系统，主要去除水中的大分子悬浮物、胶体和有机物等，以满足反渗透膜的进水水质要求。超滤设备出水经加压后进入反渗透设备，对水中氟化物、硫酸盐以及其他无机盐离子进行去除。最后，膜车间出水规模 10000m^3/d 与活性炭滤池后进水池中溢流的 20000m^3/d 水量以 1∶2 进行混合，水厂总供水规模达到 30000m^3/d，出水经消毒后供给市政管网。

详细的工艺流程如图 7-105 所示。

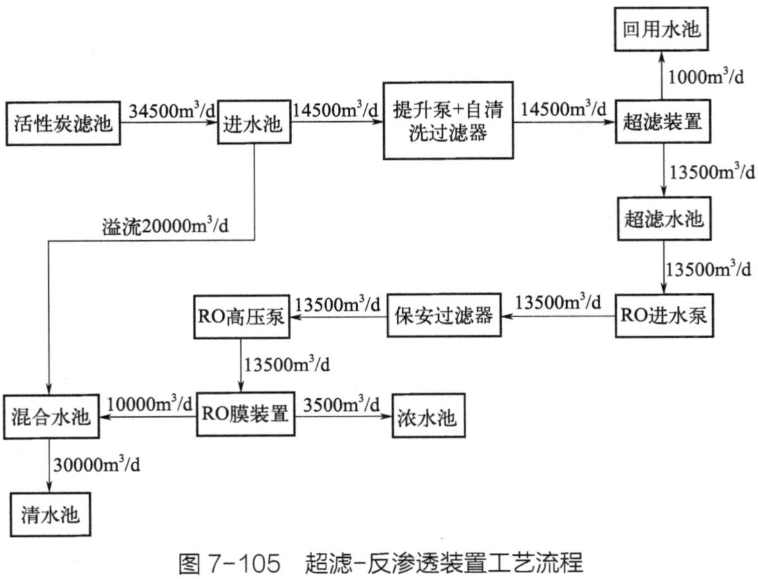

图 7-105　超滤-反渗透装置工艺流程

3）工艺设计参数

① 反渗透预处理。

Ⅰ. 提升泵。设置 5 台进水泵，4 用 1 备，每台流量为 160m^3/h，扬程为 28m，配用电机功率为 18.5kW。提升泵的作用为提供动力，保证系统所需压力及克服沿程阻力，将活性炭池出水送至超滤系统进行反渗透前的预处理。泵与系统有联动装置，一旦出现问题便反馈到系统及时做出调整。

Ⅱ. 自清洗过滤器。本工程采用 4 组自清洗过滤器，过滤精度为 100μm，每组产水能力为 3625m³/d。受场地、投资额及其他因素限制，未设置备用，损坏时必须尽快联系厂家更换维修。

Ⅲ. 超滤系统。本工程采用 4 组超滤过滤器，每组采用 70 支超滤膜，膜孔径为 0.1μm，每组产水能力为 3375m³/d，每组设计产废水量为 250m³/d，回收率≥ 93.5%。本系统采用内压式中空纤维超滤膜，型号为 UF1IA250，有效膜面积为 50m²，设计膜通量为 45L/（m²·h）。

Ⅳ. 超滤反洗泵。设置有 2 台卧式反洗水泵（1 用 1 备），每台流量为 350m³/h，扬程为 28m，配用电机功率为 45kW，反洗水进入水厂原有反洗回收池，设置 1 套化学清洗系统。

② 反渗透系统。常见双膜法超滤膜后设置浊度仪测定超滤出水浊度以保证反渗透膜的入水水质，瑞源水厂设计浊度仪 + 在线激光颗粒物分析仪联合使用，进一步保证了水质。

Ⅰ. 保安过滤器。又称精密过滤器。本工程采用 4 组纤维增强复合材料（FRP）压力膜壳式过滤器，ϕ600，滤芯过滤精度为 5μm，流量为 150m³/h。主要目的是拦截超滤膜意外破损时出水中携带的颗粒、胶体、悬浮物杂质等，防止进入反渗透膜，影响其运行。

Ⅱ. 反渗透高压泵。本工程共采用 5 台高压泵（4 用 1 备），每套反渗透装置配套一台高压泵。每台流量为 141m³/h，扬程为 140m³，配用电机功率为 90kW。

Ⅲ. 反渗透系统。本工程共采用 4 组反渗透装置，按照一级 2 段设计运行，每组装备配备 132 支低压反渗透膜，22 支膜壳，6 支装，排列方式为 15∶7（采用 2∶1），设置浓水排量为 3500m³/d，产水能力为 416m³/h。型号为 TM720D-400，回收率≥ 75%，设计膜通量为 21.5L/（m²·h）。

Ⅳ. 反渗透防垢与清洗。本项目投加阻垢剂类型为磷酸盐复合物，投加方式为计量泵投加。本项目对反渗透膜元件进行在线循环浸泡清洗，药剂采用酸性和碱性清洗药剂，实时监测清洗状况，直到清洗完成。

Ⅴ. 反渗透浓水池。本工程共设计 1 座半地上式钢筋混凝土构筑物用于收集反渗透膜废水，后续用于浇洒道路。内置两台潜水泵，泵流量为 50m³/h，扬程为 20m，配用电机功率为 30kW。

（3）运行效果及分析

① 超滤系统在运行期间，处理效果稳定。超滤出水浑浊度＜ 0.1NTU，SDI ＜ 1，有效去除了胶体、悬浮物及微生物大颗粒，为反渗透膜装置的产水奠定了有力的基础。

反渗透系统出水氟化物出水浓度为 0.05 ～ 0.10mg/L，全年去除率均在 95% 以上，硫酸盐出水浓度为 1.5 ～ 4.5mg/L，全年去除率均在 98% 以上，对氟化物及硫酸盐的去除有好的效果。原水、中间产水、出水水质对比如表 7-19 所列。

表 7-19　出水水质常见指标数据

检测指标	标准	测定值	检测指标	标准	测定值
色度 / 度	＜ 15	5	氟化物 /（mg/L）	≤ 1	＜ 0.002
浊度 /NTU	≤ 1.0	0.55	硫酸盐 /（mg/L）	≤ 250	245
pH 值	6.5 ～ 8.5	8.12	硝酸盐 /（mg/L）	≤ 10	1.13
硬度 /（mg/L）	≤ 450	297	菌落总数 /（CFU/mL）	＜ 100	3

② 膜车间出水与活性炭滤池出水按照 1∶2 混合后，经消毒加压后供给用户。混合出水经检测，其中总硬度 211mg/L，溶解性总固体 762mg/L，硝酸盐 0.28mg/L，氟化物 0.32 ～ 1.0mg/L，硫酸盐 216.5 ～ 217.5mg/L，出水各指标均达到了国家生活饮用水卫生标准。

③ 双膜系统采用计算机与 PLC 系统远端控制，整个系统可实现自动控制，也可调至手动控制。控制装置前配有进水电磁阀，主要功能是开机运行压力缓慢上升，以防瞬间高压损坏膜元件。自动控制阀、液位开关系统以及自动开关机功能，可有效根据水位控制系统启闭，当原水水位高产水位低时系统自动开机运行产水，当原水水位低产水位高时系统自动关机停止产水。为防止高压泵启动瞬间高压冲击反渗透膜，高压泵设计有电动慢开关。泵前泵后设计压力开关，泵前压力过低时报警自动停泵，泵后压力过高时报警自动停泵。整个系统工作稳定，至今未出过状况。阻垢剂、还原剂、化学清洗加药等计量泵和对应工艺流程泵联锁启停。

④ 瑞源水厂膜车间总投资 1405 万元，每年平均净利润为 97.04 万元，系统平均制水成本为 1.26 元 /m^3，主要包括电费、膜清洗药剂费、维修费用及人员工资等。全年电费共计 190.75 万元，全年药剂费用共计 36.50 万元。酸碱调和剂投加量为 60mg/L，还原剂投加量为 4mg/L，阻垢剂投加量为 50mg/L。

（4）结论

瑞源水厂采用超滤-反渗透双膜法去除水中硫酸盐和氟化物，技术先进、处理效果良好。运行至今，稳定产水，对硫酸盐、氟化物的去除达到了预期效果，出水水质均达到了国家标准。此次水厂的升级改造工程，为以南水北调水为水源的水厂改造提供了设计经验。

超滤膜及反渗透膜造价较高，后续对维修人员要求较高及维修费用较高，这就要求水厂必须加强数据监控，及时进行膜清洗及护理工作，以延长膜组件的使用寿命。双膜法可以较好地保证高盐水的出水水质稳定性，为企业节省更多的水资源，减少了制水成本。

7.4.2　纳滤组合工艺

7.4.2.1　济南西客站片区直饮水工程

（1）水源水质

近期以济南市政管网水（玉清水厂出厂水）为水源，远期考虑采用济西水源供水为主。水质见表 7-20，符合《生活饮用水卫生标准》（GB 5749—2006）要求，但部分指标不能满足《饮用净水水质标准》（CJ 94—2005）要求，主要是浊度、耗氧量、溶解性总固体、硫酸盐指标偏高。

表 7-20　水源水质情况

序号	GB 5749—2006		检测结果			CJ 94—2005
	指标	限值	玉清水厂	济西二期	一期	
1	总大肠菌群 /（CFU/100mL）	不得检出	未检出	未检出	未检出	
2	耐热大肠菌群 /（CFU/100mL）	不得检出	未检出	未检出	未检出	
3	大肠埃希菌 /（CFU/100mL）	不得检出	—	—	—	
4	菌落总数 /（CFU/mL）	100	0	5	2	

续表

序号	GB 5749—2006		检测结果			CJ 94—2005
	指标	限值	玉清水厂	济西二期	一期	
5	砷 /（mg/L）	0.01	＜ 0.001	＜ 0.001	＜ 0.001	
6	镉 /（mg/L）	0.005	＜ 0.0005	＜ 0.0005	＜ 0.0005	
7	铬（六价）/（mg/L）	0.05	＜ 0.004	＜ 0.004	＜ 0.004	
8	铅 /（mg/L）	0.01	＜ 0.005	＜ 0.005	＜ 0.005	
9	汞 /（mg/L）	0.001	＜ 0.0001	＜ 0.0001	＜ 0.0001	
10	硒 /（mg/L）	0.01	＜ 0.00025	＜ 0.00025	＜ 0.00025	
11	氰化物 /（mg/L）	0.05	＜ 0.002	＜ 0.002	＜ 0.002	
12	氟化物 /（mg/L）	1.0	0.57	0.27	0.25	
13	硝酸盐 /（mg/L）	10	3.52	11.82	5.34	
14	三氯甲烷 /（mg/L）	0.06	＜ 0.001	＜ 0.001	＜ 0.001	
15	四氯化碳 /（mg/L）	0.002	＜ 0.0001	＜ 0.0001	＜ 0.0001	
16	溴酸盐 /（mg/L）	0.01	—	—	—	
17	甲醛 /（mg/L）	0.9	—	—	—	
18	亚氯酸盐 /（mg/L）	0.7	—	—	＜ 0.05	
19	氯酸盐 /（mg/L）	0.7	—	—	0.05	
20	色度 / 度	15	＜ 5	＜ 5	＜ 5	5
21	浑浊度 /NTU	1	0.2	0.09	0.1	0.5
22	嗅和味	无异嗅异味	无异嗅异味	无异嗅异味	无异嗅异味	
23	肉眼可见物	无	无	无	无	
24	pH 值	6.5 ～ 8.5	7.99	7.88	7.87	6 ～ 8.5
25	铝 /（mg/L）	0.2	0.056	0.012	0.032	0.2
26	铁 /（mg/L）	0.3	0.05	＜ 0.05	＜ 0.05	0.2
27	锰 /（mg/L）	0.1	＜ 0.05	＜ 0.05	＜ 0.05	0.05
28	铜 /（mg/L）	1.0	＜ 0.05	＜ 0.05	＜ 0.05	1
29	锌 /（mg/L）	1.0	＜ 0.05	＜ 0.05	＜ 0.05	1
30	氯化物 /（mg/L）	250	98	36	26	100
31	硫酸盐 /（mg/L）	250	162	59	60	100
32	溶解性总固体 /（mg/L）	1000	481	282	297	500
33	总硬度 /（mg/L）	450	274	328	262	300
34	耗氧量 /（mg/L）	3	2.5	1.3	1.1	2
35	挥发酚类 /（mg/L）	0.002	＜ 0.002	＜ 0.002	＜ 0.002	0.002
36	阴离子合成洗涤剂 /（mg/L）	0.3	＜ 0.1	＜ 0.1	＜ 0.1	0.2
37	总 α 放射性 /（Bq/L）	0.5	0.076	0.085	0.081	
38	总 β 放射性 /（Bq/L）	1	0.031	0.124	0.118	
39	氯气及游离氯制剂 /（mg/L）	0.3 ～ 4	0.70	—	0.30	
40	一氯胺 /（mg/L）	0.5 ～ 3	—	—	—	
41	臭氧 /（mg/L）	＜ 0.3	—	—	—	
42	二氧化氯 /（mg/L）	0.1 ～ 0.8	—	0.1	—	

（2）供水工艺与设备

片区内设计 5 个独立的供水小区，现已完成两个小区的直饮水工程，服务面积 f 分别为 3.47km^2、2.93km^2，合计 6.4km^2，设计规模 500m^3/d。供水工艺流程如图 7-106 所示，供水工艺设备如图 7-107 所示。

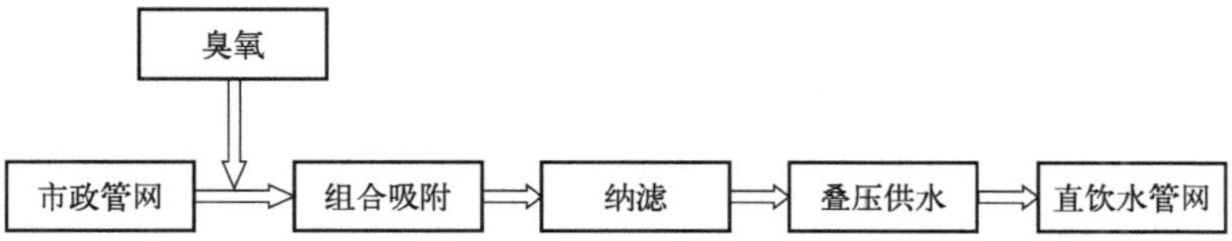

图 7-106　供水工艺流程

图 7-107　供水工艺设备

（3）用户水质

用户水质同时满足《生活饮用水卫生标准》和《饮用净水水质标准》要求。

7.4.2.2　张家港市第四水厂

（1）张家港市第四水厂概况

张家港市第四水厂原水为长江水，取水口位于锦丰镇老海坝地段。原水水质基本符合国家《地表水环境质量标准》（GB 3838—2002）Ⅲ类标准，为集中式生活饮用水地表水源地二级保护区水质。2020 年原水水质检测显示，原水浊度平均值在 65NTU 左右，pH 值平均值在 7.93 左右，氯化物为 1225mg/L，高锰酸盐指数为 1.44 ～ 3.36mg/L，氨氮为 0.02 ～ 0.31mg/L，铁含量为 0.11 ～ 0.26mg/L，锰含量较低。

张家港市第四水厂处理总规模为 6×10^5m^3/d。常规处理规模为 4.0×10^5m^3/d，工艺流程为原水-管道静态混合器-折板反应池-平流式沉淀池- V 型滤池-清水池，经二级泵站向管网供水。新建深度处理水厂规模为 2.0×10^5m^3/d，在原来混凝沉淀出水之后增加以超滤和纳滤工艺为主的双膜法工艺，满足江苏省地方标准中关于长江水源常规处理＋深度处理要求的同时改善口感，实现高品质供水。工艺流程如图 7-108 所示。

（2）纳滤水厂主要处理单元

1）纳滤系统

纳滤车间内按功能分区设置供水泵房、保安过滤器、纳滤膜间、加药间、配电间和控制

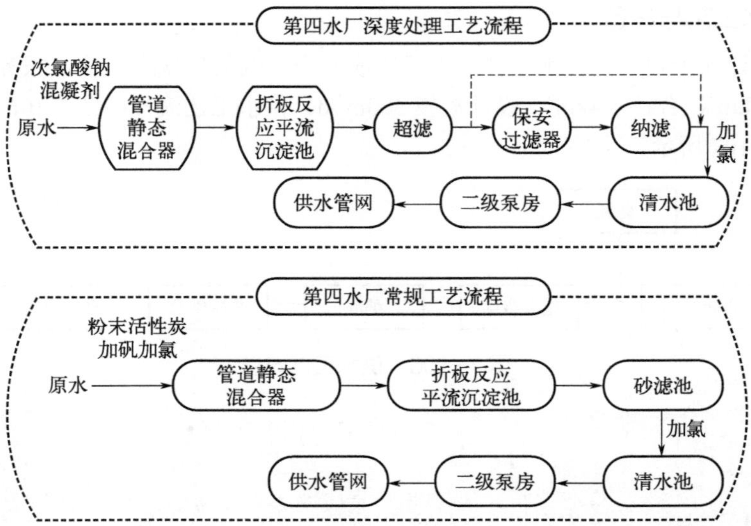

图 7-108　张家港市第四水厂深度处理及常规工艺流程

室等。供水泵房由进水调节池和 11 台卧式端吸离心泵（10 用 1 备，变频控制）及其配套管路、阀门、仪表、电气控制系统等组成。纳滤膜间为双层布置，包括地上 10 组纳滤膜堆和地下管廊层。工艺均采用陶氏 NF 270-400/34i 型芳香聚酰胺纳滤膜，单个膜片面积为 37.2m^2，最高允许膜通量为 53L/（m^2・h），其硫酸根去除率、总有机碳去除率、色度脱除率分别为 ≥ 95%、≥ 90%、＞ 90%，进出水 pH 值波动小于 1，最高操作温度为 45℃，最高操作压力为 41bar（1bar=100kPa），运行 pH 值范围为 2 ～ 11，清洗 pH 值范围为 1 ～ 12，单支膜最大压降为 1.0bar。单组系列布置如图 7-109 所示（书后另见彩图）。每组膜堆采用三段布置，段间比例 40：25：13，每组共计 78 支膜壳，每支膜壳 6 支膜芯，总膜支数 4680 支。部分超滤出水投加还原剂和阻垢剂后，再经过保安过滤器，作为纳滤系统进水。纳滤进水总流量 4630m^3/h，产水量 4167m^3/h，总设计回收率 90%。其中每组膜堆第一段进水流量约 460m^3/h，产水量约 230m^3/h，回收率约 50%；第二段进水流量约 230m^3/h，产水量约 125m^3/h，回收率约 54%；第三段纳滤前设置增压泵以满足第三段所需压力，进水流量约 105m^3/h，产水量约 55m^3/h，回收率约 52%。经过第二段纳滤膜处理后，可以实现 1.0×$10^5$$m^3$/d 的纳滤产水，再和超滤单元 1.0×$10^5$$m^3$/d 出水按照 1：1 比例混合作为深度处理出水。此外，纳滤系统会根

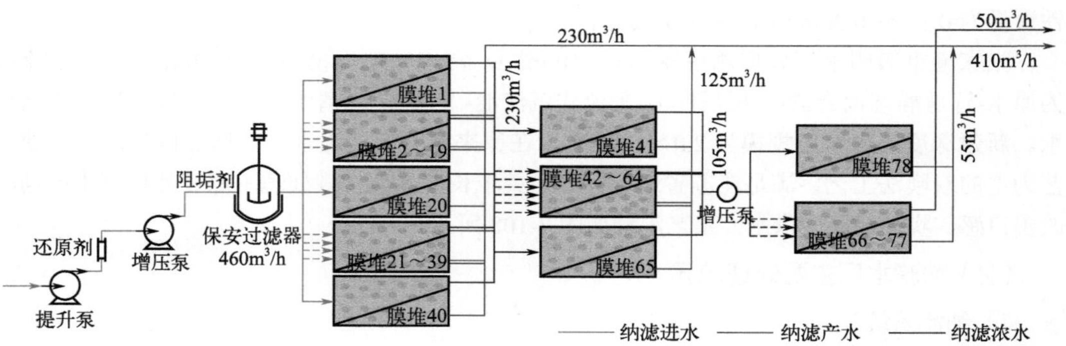

图 7-109　张家港市第四水厂纳滤处理单元单组布置

据膜单元运行时间、压力和产水量变化情况启动清洗工序。纳滤系统的清洗分为物理冲洗和化学清洗，物理冲洗使用纳滤出水作为冲洗用水，在纳滤膜装置开始运行前或运行结束后或每运行 12 ～ 24h 自动冲洗一次。物理冲洗依靠增大进水流速，去除短时间内膜表面积累的松软杂质。化学清洗针对纳滤膜上固着性较强的胶体颗粒有机物、生物质等污染物，遵循先碱洗、再酸洗的分段清洗原则。碱洗采用 0.1% 氢氧化钠溶液作为清洗液，依次进行碱洗大流量循环-碱洗液浸泡-酸中和排液-清水清洗等过程，当 pH 值稳定至 9 时停止冲洗。酸洗采用 2% 柠檬酸溶液作为清洗液，依次进行酸洗大流量循环-酸洗液浸泡-碱中和排液-清水清洗，当 pH 值稳定至 6 时停止冲洗。实际运行工况表明，通过物理冲洗和化学清洗能够解决膜污染问题，保证纳滤系统持续稳定供水。

2）超滤系统

纳滤工艺的前处理采用混凝-沉淀结合超滤前处理工艺。超滤工艺以膜两侧的压力差为驱动力，在虹吸作用下，水通过超滤膜上的小孔，汇集到膜丝内侧集水管，在重力作用下输送到清水渠。水中的悬浮物、胶体、细菌、两虫（隐孢子虫、贾第鞭毛虫）等被截留。超滤膜具有运行压力低、过滤精度高、运行耗能低、抗污染能力强、使用寿命长等优点。张家港市第四水厂扩建项目超滤膜系统选用国产立昇 LGJ2C-2000×110 型浸没式聚偏氟乙烯超滤膜，膜孔公称直径为 0. 02μm，单件膜箱有效膜面积为 2100m^2，包含 105 支膜组件。超滤膜系统处理车间包括膜池、产水渠、排水池和中和池以及膜配套设备间（含曝气系统、抽吸系统和反洗系统等）。设计规模为 2.11×10^{5}m^3/d，系统内共设 10 格膜池，双排布置，每个膜池内安装 2 排超滤膜组，每排 7 个，共 140 组。超滤进水为平流沉淀池出水，超滤系统具体运行方式如图 7-110 所示，运行过程包括过滤产水、气反洗、气水反洗、维护性化学清洗、恢复性化学清洗等阶段。超滤池每运行 2h 进行气洗-气水混合反冲洗，冲洗过程中气反洗和气水反洗为全自动运行。首先滤池停止进水，液面降低约 0. 9m；随后气洗 30s，气冲流量约 2800m^3/h；最后气水混合反洗 90s，气冲流量不变，水冲流量约 2464m^3/h，气水反冲洗完成后排放污水，液面约下降 1.0m。反冲洗进行 10 次后彻底排空超滤池一次，反冲洗水排至排水池，由潜水泵抽至沉淀池回用。维护性清洗和恢复性清洗为一键在线自动清洗，维护性清洗 20 ～ 25d 进行一次，恢复性清洗 1 年进行一次，以延长超滤膜的使用寿命。

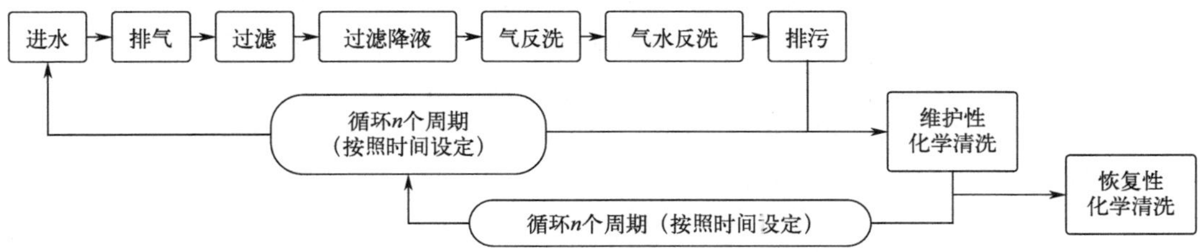

图 7-110　超滤系统运行方式

（3）纳滤水厂水质分析

江苏省地方标准 DB32/T 3701—2019 对我国《生活饮用水卫生标准》（GB 5749—2006）106 项指标中的 17 项指标的限值进行提标，主要为菌落总数、三氯甲烷、溴酸盐、甲醛、亚氯酸盐、氯酸盐、三氯甲烷总量、三氯乙醛、色度、浑浊度、铝、铁、锰、耗氧量、游离氯含量、一氯胺和二氧化氯等指标。

1）常规指标分析

① 地方标准。水厂水质检测中心对超滤单元出水（E_{UF}）、纳滤单元出水（E_{NF}）、第四水厂深度处理出厂水（E_{AT}）、第四水厂总出厂水（E）4 个位置进行取样检测。表 7-21 列举了国家标准 GB 5749—2006 和江苏省地方标准 DB32/T 3701—2019 规定限值及水厂实测值。调试期间检测水质均满足国家标准和地方标准，检测结果远远低于标准限值，表明出厂供水可靠、水质优质。

表 7-21　水厂实测值与 GB 5749—2006、DB32/T 3701—2019 部分指标对比

编号	指标类型	指标	国标限值	地标限值	水厂实测指标			
					E_{UF}	E_{NF}	E_{AT}	E
1	微生物指标	菌落总数 /（CFU/mL）	100	20	＜ 1			
2	毒理指标	三氯甲烷 /（mg/L）	0.06	0.04	＜ 0.0002	0.0027	0.0071	0.0264
3		三卤甲烷（总量）/（mg/L）	≤ 1	0.7	0.05	0.10	0.20	0.55
4		三氯乙醛 /（mg/L）	0.01	0.008	0.0086	0.0025	0.0010	＜ 0.0002
5	感官性状和一般化学指标	色度（铂钴色度单位）/ 度	15	5	＜ 5			
6		浑浊度 /NTU	1	0.5	0.10	0.09	0.11	0.13
7		铝 /（mg/L）	0.2	0.15	0.0625	＜ 0.0004	0.0254	0.0521
8		铁 /（mg/L）	0.3	0.2	＜ 0.03			
9		锰 /（mg/L）	0.1	0.05	＜ 0.03			
10		耗氧量 /（mg/L）	3	2.2	1.48	0.49	0.65	0.98
11	消毒剂常规指标	游离氯（与水接触至少 30min）/（mg/L）	4	0.3 ～ 1.0	0.02	＜ 0.01	0.60	0.65

注：1. 水厂采用次氯酸钠作为消毒剂。

2. 表中第 3 项指标，在国标 GB 5749—2006 中指三卤甲烷（三氯甲烷、一氯二溴甲烷、二氯一溴甲烷、三溴甲烷总和）。

饮用水标准中微生物指标共有 6 项，分别为菌落总数、总大肠菌群、耐热大肠菌群、大肠埃希菌、贾第鞭毛虫和隐孢子虫。江苏省地方指标对菌落总数的限值进行修订，将国标中 100CFU/mL 降至 20CFU/mL。相较于上海市《生活饮用水水质标准》（DB31/T 1091—2018）和深圳市《生活饮用水水质标准》（DB4403/T 60—2020）中“菌落总数＜ 50CFU/mL”的标准，江苏省提标更为严格，而第四水厂出水指标完全满足标准限值。菌落总数的高标准对于降低生活饮用水的生物风险，保障饮用水安全具有重要意义。感官性状指标中色度和浑浊度限值分别由国标的 15NTU 和 1NTU 降低至 5NTU 和 0.5NTU，色度限值为 10，浊度和色度反映水中杂质作为细菌和病毒载体的可能性，也是重要感官指标。有效去除水中胶体和悬浮物可降低水的浊度，微生物也大部分被去除。经过超滤纳滤处理，水中游离氯含量极低，饮用水厂在纳滤出水和超滤出水混合后的清水池入口处投加 0.7mg/L 的次氯酸钠，使深度处理出水游离氯浓度维持在 0.6mg/L 左右，以保障水厂出厂水的生物安全性。

② 钙、镁和硫酸根离子。在水厂调试运行期间，截至 2020 年 11 月 26 日，对纳滤进水、单组纳滤膜堆出水和纳滤单元总出水进行关键水质指标检测。其中纳滤进水共检测 53 批次，单组纳滤膜堆出水共检测 64 批次，纳滤单元总出水共检测 22 批次，钙、镁和硫酸根去除情况如表 7-22 所列。经过纳滤深度处理，钙、镁和硫酸根离子的去除分别达到 37%、33% 和

96%，表明纳滤处理能够在去除常规有机物、重金属、高价态无机盐的同时保留部分无机盐以均衡矿物元素，含适量矿物质的水对人体的健康也极为重要。

表 7-22　纳滤水钙、镁和硫酸根检测

检测项目	纳滤进水 /（mg/L）			单位纳滤膜堆出水 /（mg/L）			纳滤单元总出水 /（mg/L）			纳滤进出水同比下降率 /%
	最大值	最小值	平均值	最大值	最小值	平均值	最大值	最小值	平均值	
钙	38	32	35	38	18	23	25	21	22	37
镁	12	7	9	9	5	6	7	6	6	33
硫酸盐	34.8	26.3	30.8	14.1	14.1	2.11	1.96	0.69	1.12	96

此外，还取样测试了超滤单元出水、单组纳滤膜堆出水和深度处理出水的总硬度。如图 7-111 所示，超滤出水和纳滤出水的总硬度均值分别为 134mg/L 和 75mg/L。超滤水最高，纳滤出水最低，深度处理出厂水由超滤和纳滤出水掺混，总硬度约 116mg/L，相比超滤出水下降 13%。已有研究推荐国内饮用水硬度保持在 100mg/L 左右，以保证饮用水中钙镁离子含量，从而规避从食物中获取量不足而造成的健康风险。饮用水中适量矿物质有利于口感，一定限值的硬水口感清冽可口，硬度过低的水没有甘甜味，硬度过高的水口感苦涩黏稠、浑厚、不滑润且有异味。由此可见，纳滤深度处理出厂水的钙镁含量和硬度值均维持在较为健康的水平，同时保持良好口感。

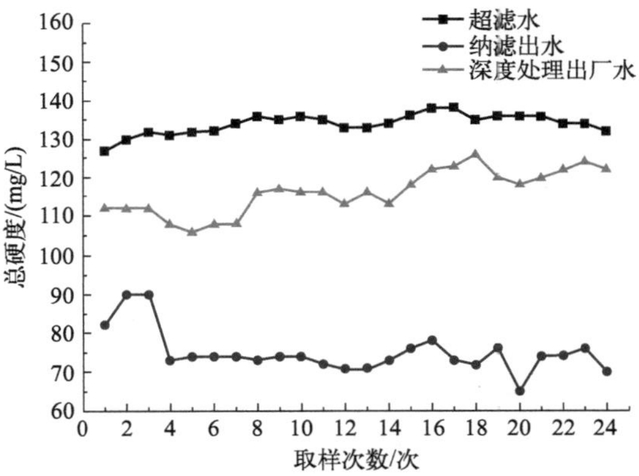

图 7-111　超滤、纳滤和深度处理出水的总硬度

2）非常规指标分析

江苏省地方指标中新增 3 项控制指标：2-甲基异莰醇（0.00001mg/L）、土臭素（0.00001mg/L）和亚硝酸盐（0.01mg/L）。2-甲基异莰醇和土臭素两种典型嗅味物质是引起水中土霉味的主要原因。嗅味物质频繁暴发于水源地水体，影响饮用水厂的处理工艺，甚至进入供水管网，严重威胁供水安全。此外，水厂对国标中 7 种参考性物质和 3 种痕量有机污染物质也做了检测分析。双酚 A、邻苯二甲酸二乙酯和邻苯二甲酸二丁酯作为环境中的内分泌干扰物，具有细胞、神经、遗传和生殖毒性。溴化物作为消毒副产物前体物存在，会增加后续加氯消毒过程中消毒副产物的生成潜能。丙烯腈、丙烯醛和硝基苯作为毒性有机化合物，也会增加原水利用风险。磺胺嘧啶和磺胺甲噁唑是两种使用量较大的磺胺类抗生素，存在水体环境风险。上述污染物的具体限值和水厂实测值如表 7-23 所列，水厂运行结果表明，经过“超滤＋纳滤”

深度处理，能够有效去除水中嗅味物质、亚硝酸盐和部分风险有机物等污染物，出水中各类污染物含量远低于规定限值，饮用水安全得到保障。

表 7-23 DB32/T 3701—2019 新增指标和有机物指标

项目	检测项目	标准限值	水厂实测指标 E_{UF} E_{NF} E_{AT} E
DB 新增指标	亚硝酸盐（以 N 计）/（mg/L）	0.01（游离氯消毒）	＜ 0.001
	2-甲基异莰醇（mg/L）	0.00001	＜ 0.0000050
	土臭素 /（mg/L）	0.00001	＜ 0.0000050
其他有机物	双酚 A/（mg/L）	0.01	＜ 0.00003
	丙烯腈 /（mg/L）	0.1	＜ 0.050
	丙烯醛 /（mg/L）	0.1	＜ 0.0040
	石油类（总量）/（mg/L）	0.3	＜ 0.04
	邻苯二甲酸二乙酯 /（mg/L）	0.3	＜ 0.0001
	邻苯二甲酸二丁酯 /（mg/L）	0.003	＜ 0.00004
	硝基苯 /（mg/L）	0.017	＜ 0.0001
	溴化物 /（mg/L）	无限值要求	＜ 0.05
	磺胺嘧啶 /（mg/L）	无限值要求	＜ 0.00024
	磺胺甲噁唑 /（mg/L）	无限值要求	＜ 0.00048

根据纳滤水厂出水水质和各地方标准中的指标限值，张家港市第四水厂的实践表明，经过纳滤膜处理的饮用水水质能够满足更严格的地方标准，不仅能够去除各地方标准中规定的常规污染物和非常规污染物，而且能够截留水中对人体有益的钙镁等离子，并使之维持在健康范围，持续稳定地提供口感优良、水质安全的“高品质饮用水”，为我国市政饮用水厂的改造提标和水质提升提供技术支撑。

（4）结论

① 张家港市第四水厂超滤和纳滤等各主要处理单元的实测数据分析表明，出厂水水质在常规和非常规指标上均远优于国家饮用水标准和江苏省等地方饮用水标准，同时钙、镁离子和硫酸盐浓度与硬度符合优质供水要求。

② 张家港市第四水厂针对长江水源，采取常规处理加超滤预处理、纳滤深度处理的工艺流程，建立超滤和纳滤混合供水模式，既降低了改造和运营成本，又强化了保障稳定供水的能力，提高了水厂应对突发污染风险的能力。

③ 张家港市第四水厂率先在国内实施针对地表水的大规模纳滤深度处理工程，在大型纳滤水厂初期调试、稳定运营和安全供水等方面开展了大量探索性工作，积累的相关经验有望为我国今后纳滤水厂建设和水质提升提供借鉴。

7.5 展望

膜技术是材料、化学、化工、纺织、环境等学科交叉融合形成的高效、环保的新型分离技术，已经成为解决水资源、能源、环境等领域重大问题的共性技术之一，在促进我国国民经济发展、产业技术进步与增强国际竞争力等方面发挥着重要作用。虽然膜科学与技术已经取得巨大的进步，但它毕竟还是一门发展中的综合性学科，膜分离技术还处于发展上升阶段，无论是理论上还是应用上都有很多工作要做。未来的膜科学与技术，将进一步改进、完善已有的膜过程，不断探索和开发新的过程与材料，在各个应用领域发挥更大的作用。

对膜技术的展望如下。

（1）传质理论

上面提到的一批新的膜过程，其中大多数将在解决了理论和技术问题之后，相继在工业上推广应用。需要加强膜传质理论研究，将实验与计算机模拟相结合，尤其是涉及具有限域传质效应的膜过程。

（2）过程集成

膜过程将会与其他常规分离方法更有效地结合使用，从而扩大其应用领域，提高经济效益。

（3）有机膜

高分子聚合物仍将是用于各种膜过程的主要膜材料。开发新型聚合物膜材料，加强“超薄”和“活化”技术的研究，对膜材料进行分子设计与模拟，实现膜材料的高通量合成与评价，是今后聚合物膜发展的方向。

（4）无机膜

近 20 年来，无机膜的研究越来越受到重视，销售额约占膜市场的 20%，并且不断增加。今后，无机膜的研究主要将围绕研究新材料和开发新工艺两个方面。

（5）新型膜

近年来，有机-无机复合膜、混合基质膜、金属有机骨架化合物（MOF）膜、共价有机骨架化合物（COF）膜、石墨烯二维材料膜等具有新型纳米结构的膜材料对水分子、有机小分子、气体分子展现出优异的快速选择性透过性能，正受到学术界和工业界的广泛关注。这些新型膜材料的制备方法、微结构形成机理和演变规律、分离传质机理有待深入研究。

总的来说，我国膜科学与技术的发展要遵循从基础研究到应用研究再到产业化的贯通式研究策略，以企业为创新主体，坚持产学研相结合的原则，面向世界科技前沿、面向经济主战场、面向国家重大需求、面向人民生命健康，从膜材料、膜组件、膜设备到膜工程，形成原创性基础研究-颠覆性技术-重大工程应用的完整创新链。

参考文献

[1] 时钧，袁权，高从堦 . 膜技术手册 [M]. 北京：化学工业出版社，2001.

[2] 曲久辉 . 饮用水安全保障技术原理 [M]. 北京：科学出版社，2007.

[3] 侯立安，刘晓芳 . 纳滤水处理应用研究现状与发展前景 [J]. 膜科学与技术，2010, 30(4): 1-7.

[4] 朱丹，顾平，王海燕，等 . 饮用水超滤膜处理中试中的膜污染控制 [J]. 膜科学与技术，2012, 32 (4): 81-86.

[5] 乔铁军，张锡辉，张金松 . 活性炭-超滤组合工艺处理南方微污染原水的研究 [J]. 给水排水，2011, 37(4): 15-18.

[6] Fan G, Li Z, Yan Z, et al. Operating parameters optimization of combined UF/NF dual-membrane process for brackish water treatment and its application performance in municipal drinking water treatment plant[J]. Journal of Water Process Engineering, 2020, 38: 101547.

[7] 王少华，施卫娟，贺鑫，等 . 纳滤深度处理在饮用水厂的应用与实践 [J]. 给水排水，2021, 57(10): 13-19.

[8] van Der Bruggen Bart, Vandecasteele Carlo, van Gestel Tim, et al. A review of pressure-driven membrane processes in wastewater treatment and drinking water production[J]. Environmental Progress, 2003, 22: 46-56.

[9] Huang H, Schwab K, Jocangelo J G. Pretreatment for low pressure membranes in water treatment: A review[J]. Environmental Science & Technology, 2009, 43: 3011-3019.

[10] 孟凡 . 用于苦咸水淡化的纳滤 / 反渗透工艺运行与优化 [D]. 哈尔滨：哈尔滨工业大学，2020.

[11] 朱学武 . 超滤 / 纳滤组合工艺处理钱塘江水系水源水中试研究 [D]. 哈尔滨：哈尔滨工业大学，2016.

[12] Yusuf A, Sodiq A, Giwa A, et al. A review of emerging trends in membrane science and technology for sustainable water treatment[J]. Journal of Cleaner Production, 2020, 266: 121867.

[13] 周正协 . 超滤膜组合工艺在大型现代化桃源水厂中的应用 [J]. 中国给水排水，2018, 34(14): 71-76.

[14] 郑爽，唐慧敏 . 净水厂 V 型滤池滤及超滤单元组合设计 [J]. 给水排水，2021, 57(S1): 38-41.

[15] 张娟，张自力，牛豫海 . 超滤膜短流程水处理工艺在沙河城区水厂的应用 [J]. 水利建设与管理，2021, 41(2): 58-63.

[16] 赵文涛 . 电絮凝耦合重力式陶瓷膜超滤-纳滤处理微污染苦咸水研究 [D]. 广州：广东工业大学，2022.

[17] 杜星，王金鹏，赵文涛，等 . 电氧化耦合纳滤工艺处理微污染苦咸水研究 [J]. 水处理技术，2022, 48(4): 137-142.

[18] 刘丞，王天吉，谢臣，等 . 市政超滤饮用水深度处理——石景山水厂超滤膜系统工程实践与经验总结 [J]. 城镇供水，2022 (4): 16-22.

[19] 赵新娟，刘伯一 . 短流程超滤膜工艺在凌庄水厂的应用 [J]. 中国给水排水，2021, 37(10): 71-74.

[20] 王艳芳，张国宇，孙娜，等 . 以超滤为核心的短流程净水工艺在给水厂中的应用 [J]. 中国给水排水，2017, 33(8): 69-72.

[21] 姜立君，张永强，柏章明 . 超滤膜技术在我国城市净水厂中的应用现状 [J]. 供水技术，2014, 8(4): 3-7.

[22] Moslehyan A, Ismail A F, Matsuura T, et al. Recent progresses of ultrafiltration (UF) membranes and processes in water treatment[J]. Membrane Separation Principles and Applications, 2019: 85-110.

[23] 李沛洁 . PAC 吸附-催化氧化对超滤净水效能及膜污染的影响研究 [D]. 济南：山东建筑大学，2021.

[24] 方帷韬，刘永康，张春雷，等 . 澄清式浸没超滤膜滤池在 309 水厂中的应用 [J]. 中国给水排水，2014, 30(7): 35-38.

[25] 陆素萍 . 超滤膜技术在青浦第三水厂中的应用 [J]. 给水排水，2014, 50(S1): 41-42.

[26] 纪洪杰，于海宽，沈裘昌，等 . 大型浸没式超滤膜水厂的设计及运行 [J]. 中国给水排水，2013, 29(18): 42-47.

[27] 任子潇 . 过碳酸盐氧化强化混凝缓解藻源膜污染试验研究 [D]. 济南：山东建筑大学，2021.

[28] 杨佳奇 . 纳滤深度处理技术在饮用水厂的应用与展望 [J]. 给水排水，2022, 58(S2): 593-599.

[29] 高雪，陈才高，刘海燕，等 . 国内代表性纳滤水厂评估指标体系与运行效果分析 [J]. 净水技术，2022, 41(1): 53-57.

[30] 王少华，施卫娟，贺鑫，等 . 纳滤深度处理在饮用水厂的应用与实践 [J]. 给水排水，2021, 57(10): 13-19.

[31] 段冬，张增荣，芮旻，等 . 纳滤在国内市政给水领域大规模应用前景分析 [J]. 给水排水，2022, 58(3): 1-5.

[32] 黄胜前 . 活性炭-超滤联用工艺在沙头角水厂的应用实践 [J]. 给水排水，2016, 2(07): 15-19.

[33] 党敏 . 超滤 / 纳滤双膜工艺处理南四湖水中试研究 [D]. 哈尔滨：哈尔滨工业大学，2015.

[34] 钟燕敏，郑国兴 . 超滤膜组合工艺在青浦第三水厂设计中的应用 [J]. 中国给水排水，2013, 29(18): 60-63.

[35] 邹振裕，黄明珠，罗永恒，等 . 佛山新城浸没式超滤膜水厂设计经验及运行调试实践 [J]. 中国给水排水，2016, 32(22): 98-102.

[36] 鄢忠森，瞿芳术，梁恒，等 . 肇庆高新区超滤膜水厂示范工程运行分析 [J]. 中国给水排水，2017, 33(7): 46-49.

[37] 刘华发，于水利，高乐，等 . 超滤膜在水厂运行中分离性能变化及膜寿命评价 [J]. 给水排水，2020, 56(7): 47-53.

[38] 谭周权 . 超滤膜技术在西山水厂工程设计中的应用 [J]. 城镇供水，2020 (1): 24-28, 32.

[39] 敬东明，鲁显位，刘建林，等 . 广州北部水厂大型超滤膜项目节能降耗实践 [J]. 中国给水排水，2021, 37(18): 127-133.

[40] 李丰庆 . 我国超大超滤水厂——广州北部水厂工艺设计 [J]. 中国给水排水，2021, 37(10): 66-70.

[41] 于海宽，李星，周志伟，等．大型超滤水厂 PVC 和 PVDF 膜运行特性差异与优化 [J]. 中国给水排水，2021, 37(1): 28-33.
[42] 罗丁，王洋，高雷，等．大型给水厂分期实施超滤膜系统工艺设计 [J]. 给水排水，2022, 58(5): 17-22.
[43] 王静，党占奎，马卫东，等．西安渭北工业区湾子水厂双膜法工艺设计 [J]. 中国给水排水，2019, 35(2): 58-61.
[44] 王秀芳．超滤膜技术在宁波市江东水厂升级改造中的应用 [J]. 中国给水排水，2016, 32(18): 77-79.
[45] 于淑花，蔡传义，于海宽，等．东营南郊超滤膜水厂五年运行效果评价 [J]. 中国给水排水，2014, 30(18): 28-30.
[46] 纪洪杰，高伟，常海庆，等．南郊水厂超滤膜组合工艺运行情况评价 [J]. 供水技术，2011, 5(3): 1-5.
[47] 王天玉，贾瑞宝，于海宽，等．超滤膜在南郊水厂改造中的应用 [J]. 供水技术，2017, 11(4): 1-5.
[48] 奚影影，韩庆祥，张家銘，等．双膜法在瑞源水厂处理氟化物和硫酸盐中的应用 [J]. 净水技术，2021, 40(4): 116-120.
[49] 刘牡，王少华，王同春，等．微滤-纳滤组合工艺在饮用水深度处理中的大型工程应用 [J]. 环境工程，2021, 39(7): 151-155.
[50] 董冰，何爱娜．市政纳滤饮用水深度处理——张家港第四水厂纳滤膜系统工程实践与经验总结 [J]. 城镇供水，2022 (5): 25-29.

附 录

▲ 附录 1 《城镇给水二氧化氯应用技术规程》（T/CAQI 148—2020）

▲ 附录 2 《城镇给水气浮处理工程技术规程》（T/CECS 791—2020）

附录 1 《城镇给水二氧化氯应用技术规程》（T/CAQI 148—2020）

1 范围

本标准规定了城镇给水系统二氧化氯应用的设计安装、检测评估、运行维护和安全管理等内容。

本标准适用于城镇给水系统应用二氧化氯消毒和预氧化。

本标准适用于以亚氯酸盐、氯酸盐为主要原料的二氧化氯发生器技术性能指标的检测。

本标准适用于给水系统使用纯二氧化氯发生器时二氧化氯投加量的确定。

城镇给水系统二氧化氯的应用，除应执行本标准外，还应符合国家、行业现行相关标准的规定。

农村给水系统二氧化氯的应用，可参考本标准。

2 规范性引用文件

下列文件对于本文件的应用是必不可少的。凡是注日期的引用文件，仅所注日期的版本适用于本文件。凡是不注日期的引用文件，其最新版本（包括所有的修改单）适用于本文件。

GB 190 危险货物包装标志

GB 317 白砂糖

GB/T 320 工业用合成盐酸

GB/T 534 工业硫酸

GB/T 1616 工业过氧化氢

GB/T 1618 工业氯酸钠

GB 5749 生活饮用水卫生标准

GB/T 5750 生活饮用水标准检验方法

GB/T 6682 分析实验室用水规格和试验方法

GB 8978 污水综合排放标准

GB 28931 二氧化氯消毒剂发生器安全与卫生标准

GB 50013 室外给水设计标准

GBZ 2.1 工作场所有害因素职业接触限值 第 1 部分：化学有害因素

HG/T 3250 工业亚氯酸钠

3 术语和定义

下列术语和定义适用于本标准。

3.1

二氧化氯发生器 chlorine dioxide generator

使用反应原料发生化学反应生成主要产物为二氧化氯的设备。

3.2

二氧化氯纯度 the purity of chlorine dioxide

发生器在额定工作状态下，出口溶液中二氧化氯浓度（质量浓度）与所有氢氧化物浓度

（质量浓度）总和的百分比。计算公式为

$$纯度=\frac{二氧化氯浓度}{所有氯氧化物质浓度总和}\times 100\%$$

注：所有氯氧化物质浓度总和是指 ClO_2、Cl_2、ClO_2^- 和 ClO_3^- 浓度之和，单位为 mg/L。

3.3

纯二氧化氯发生器　pure chlorine dioxide generator

二氧化氯纯度不小于 90% 的二氧化氯发生器。

3.4

复合二氧化氯发生器　complex chlorine dioxide generator

以氯酸钠和盐酸为主要原料经化学反应生成二氧化氯和氯气为主要产物的发生器。

3.5

二氧化氯产量　the output of chlorine dioxide

二氧化氯发生器在额定工作状态下，单位时间产生二氧化氧的质量，单位为 g/h 或 kg/h。

3.6

氯产量　the output of chlorine

复合二氧化氯发生器在正常额定工作状态下，单位时间产生的氯的质量，单位为 g/h 或 kg/h。

3.7

二氧化氯浓度　concentration of chlorine dioxide

溶液中单位体积所含二氧化氯的质量，单位为 mg/L。

3.8

氯浓度　concentration of chlorine

溶液中单位体积所含氯的质量，单位为 mg/L。

3.9

二氧化氯收率　the percent yield of chlorine dioxide

一定时间内经测定发生器出口溶液的二氧化氯产量与按主反应方程式计算的理论值的百分比。

$$收率=\frac{二氧化氯产量}{按主反应方程式计算的理论值}\times 100\%$$

4　基本规定

4.1　使用二氧化氯的给水系统，宜采用现场制备投加。

4.2　二氧化氯发生器应符合 GB 28931 要求，并取得“涉及饮用水卫生安全产品卫生许可批件”；应配备原料流量在线监测、原料断流报警、温度和压力的监控装置和投加控制装置。

4.3　二氧化氯发生器应提供额定产量和适宜工作范用等性能参数。

4.4　二氧化氯发生器反应原料，应符合 GB 28931 有关要求。

4.5　二氧化氯系统中原料储罐、发生器、管材及配件应有良好的密封性和耐腐蚀性。

5　设计和安装

5.1　二氧化氯发生器应根据给水系统的规模、水质和处理工艺等选择。设备的能力应按设计最大投加量考虑设置合理规格与台套数，并留有检修备用余量。二氧化氯发生器水射器进水口应安装流量计和压力表，出口处预留取样口。

5.2 二氧化氯投加量不大于 1.0mg/L 时，可单独选用二氧化氯；二氧化氯投加量大于 1.0mg/L 时，不宜单独选用二氧化氯，可选择二氧化氯和其他药剂联合使用。

5.3 二氧化氯用于消毒时，接触时间不应少于 30min；用于预氧化时，先于混凝剂投加的时间宜大于 3min。

5.4 二氧化氯投加点在管道上的，加注口应处于管道中心位置，并沿水流方向开 45° 切口。如果投加点在清水池，投加点应没入水中。应设置防止水射器动力水断流与断流报警装置。

5.5 原料和设备应设置在不同的房间中。

5.6 二氧化氯的制备原料盐酸、硫酸和氯酸钠、亚氯酸钠严禁相互接触，必须分别贮存在分类的库房内，贮存槽应设置隔离墙，并符合 GB 50013 规定。二氧化氯制备的原料间储存量可按不大于最大用量 10d 计算，特殊时期可适当加大存储量。1 万 m^3/d 以下规模的小型水厂原料最大储存期可适当放宽。

5.7 原料间和设备间的防爆、防腐、防潮、通风和人员安全防护等的设计和安装要求按照 GB 50013 规定执行。

6 检测评估

6.1 二氧化氯发生器应具备完整的标识，随机文件应包括：使用说明书、安全操作规程、产品合格证、装箱单、随机备件、附件清单和其他有关技术文件资料。

6.2 对于二氧化氯发生器的检测评估，检测项目应包括：额定产量及波动范围、二氧化氯纯度、二氧化氯与氯气的质量比值、二氧化氯收率等，检测方法参考附录 A。所有检测指标均符合 GB 28931 规定时，二氧化氯发生器的检测评估结果为合格；检测指标有一项不符合 GB 28931 规定时，二氧化氯发生器的检测评估结果为不合格。

7 运行维护

7.1 二氧化氯应避光投加，宜采用水射器投加，投加量应通过附录 B 需二氧化氯量测定方法确定，应保证出厂水的亚氯酸盐和氯酸盐浓度不超过 GB 5749 规定的限值。

7.2 水厂使用二氧化氯时，二氧化氯的投加量不宜超过 1.0mg/L。

7.3 现场制备二氧化氯时，应合理控制反应器运行条件，达到所需产量和收率要求。

7.4 应每 15d 测定二氧化氯发生器出口溶液中二氧化氯和氯的浓度等指标，具体检测方法参考附录 A。

7.5 应用二氧化氯发生器时，宜配置智能化控制系统，通过进水管路流量和出水中药剂余量在线监测，实时调整投加量，出厂水及管网末梢水中二氧化氯浓度或游离氯浓度应符合 GB 5749 上、下限值要求。

7.6 应定期检测评价出厂水和管网水中微生物、二氧化氯、游离氯、氯酸盐和亚氯酸盐浓度，其测定方法应按 GB/T 5750 执行，评价标准按照 GB 5749 执行，根据检测结果，对二氧化氯投加量做适当调整。

7.7 应每个月校核二氧化氯发生器原料计量泵准确度和清洗反应釜，按时更换易损部件，做好检查和设备维护记录。

7.8 应建立健全进出水水质、处理水量、加药量、原料使用量、投加设施运行情况等在内的运行档案。

7.9 二氧化氯发生器产生的残液应妥善处置，可通过委托有处理资质的公司集中回收处理，也可通过中和处理，满足 GB 8978 要求排放。

8 安全管理

8.1 设备间内二氧化氯、氯气和氯化氢等有害气体的允许浓度应符合 GBZ 2.1 要求；设备间、原料间应有安全标识牌、风险告知卡和急救措施牌。

8.2 原料间应严格执行“双人双锁管理制度”，原料储罐上应具备明显标志，标志应符合 GB 190 相关要求。

8.3 用户应建立二氧化氯发生器原料、设备的安全管理制度和生产安全事故应急预案。

8.4 二氧化氯设备操作人员应熟悉贮存原料的特性和事故处理程序及方法，应经专门培训并由使用单位发证后上岗，操作时应佩戴防护手套和穿防护服等个人安全防护用品。

8.5 当二氧化氯设施发生事故时，供水单位应立即启动应急预案；若不慎吸入二氧化氯并有不适感，应立即转移到空气新鲜、通风处，情况严重者应到医院医治。

附录A
（资料性附录）
二氧化氯发生器检测评估实施细则

A.1 方法原理

A.1.1 原料中氯酸钠和亚氯酸钠的测定依据按照GB/T 1618和HG/T 3250试验方法测定。

A.1.2 发生器出口溶液中ClO_2、Cl_2、ClO_2^-、ClO_3^-测定依据GB 28931附录A（规范性附录）五步碘量法。该法是利用不同pH值条件下ClO_2、Cl_2、ClO_2^-、ClO_3^-与I^-的反应来测定各相应物质的含量。反应方程式如下：

$$Cl_2 + 2I^- = I_2 + 2Cl^- \quad (pH \leqslant 7)$$

$$2ClO_2 + 2I^- = I_2 + 2ClO_2^- \quad (pH = 7)$$

$$2ClO_2 + 10I^- + 8H^+ = 5I_2 + 2Cl^- + 4H_2O \quad (pH \leqslant 2)$$

$$ClO_2^- + 4I^- + 4H^+ = 2I_2 + Cl^- + 2H_2O \quad (pH \leqslant 2)$$

$$ClO_3^- + 6I^- + 6H^+ = 3I_2 + Cl^- + 3H_2O \quad (pH \leqslant 0.1)$$

然后用硫代硫酸钠作滴定剂，分步滴定反应产生的I_2。

A.2 设备和试剂

A.2.1 秒表。

A.2.2 量筒：不同量程的量筒。

A.2.3 PE罐：具有刻度。

A.2.4 高纯氮钢瓶。

A.2.5 酸式滴定管：25mL。

A.2.6 碘量瓶：250mL、500mL。

A.2.7 纯水：符合GB/T 6682。

A.2.8 碘化钾：分析纯。

A.2.9 盐酸：分析纯。

A.2.10 盐酸溶液：盐酸和纯水按体积比1∶1配制。

A.2.11 溴化钾：分析纯。

A.2.12 溴化钾溶液（50g/L）：溶解5g溴化钾于100mL水中，储存于棕色瓶中，每周配一次。

A.2.13 十二水磷酸氢二钠：分析纯。

A.2.14 饱和磷酸氢二钠溶液：用十二水磷酸氢二钠和纯水配制。

A.2.15 无水磷酸二氢钾：分析纯。

A.2.16 磷酸缓冲溶液（pH=7）：称取25.4g无水磷酸二氢钾和86.0g十二水磷酸氢二钠，先溶于800mL纯水中，后定溶于1000mL容量瓶中。

A.2.17 五水硫代硫酸钠：分析纯。

A.2.18 无水碳酸钠：分析纯。

A.2.19 硫代硫酸钠标准溶液（0.1mol/L）：称取26g五水硫代硫酸钠用纯水溶解，加入0.2g无水碳酸钠，定溶于1000mL棕色容量瓶中，放于暗处，30d后经过滤后用重铬酸钾标定。具体标定方法和步骤参考GB 28931。

A.3 原料检测

A.3.1 氯酸钠的测定

按照 GB/T 1618 试验方法测定反应原料氯酸钠。

A.3.2 亚氯酸钠的测定

按照 HG/T 3250 试验方法测定反应原料亚氯酸钠。

A.3.3 硫酸的测定

按照 GB/T 534 试验方法检测反应原料硫酸。

A.3.4 盐酸的测定

按照 GB/T 320 试验方法检测反应原料盐酸。

A.3.5 过氧化氢的测定

按照 GB/T 1616 试验方法测定反应原料过氧化氢。

A.3.6 蔗糖

按照 GB 317 试验方法测定反应原料蔗糖。

A.4 原料溶液中氯酸钠和亚氯酸钠的测定

A.4.1 氯酸钠测定

按照 GB/T 1618 试验方法测定原料中氯酸钠含量，记作 c_1。

A.4.2 亚氯酸钠测定

按照 HG/T 3250 试验方法测定原料中亚氯酸钠含量，记作 c_2。

A.5 发生器出口溶液中二氧化氯、氯气、亚氯酸根和氯酸根的测定

二氧化氯发生器（设置为额定产量）稳定运行 3h 后，开始取样检测。按照 GB 28931 附录 A（规范性附录）五步碘量法测定二氧化氯、亚氯酸根、氯酸根和氯气的浓度，分别记作 X_1、X_2、X_3 和 X_4。

A.6 流量的测定

A.6.1 原料进口流量的测定

A.6.1.1 操作步骤

将计量泵原料加入管从背压阀后取下，启动计量泵后，用一定体积的量筒对流出原料进行一定时间的收集，记录收集时间（t_1）和收集体积（V_1）。收集时间应在 600s 以上，平均测定 3 次。计算流量。

注：原料为亚氯酸钠、氯酸钠或氯酸钠和还原剂（双氧水、蔗糖、尿素等）的混合物。

A.6.1.2 结果计算

原料进口流量 L_1，按式（A.1）计算：

$$L_1 = \frac{V_1}{t_1} \times 3600 \tag{A.1}$$

式中 L_1——氯酸钠或亚氯酸钠原料进口流量，L/h；

V_1——测量时收集体积，L；

t_1——测量时收集时间，s。

A.6.2 二氧化氯溶液出口流量的测定

A.6.2.1 操作步骤

将二氧化氯发生器设置到额定值的出口流量，用一定体积的具刻度容器（如 PE 罐等）

对流出溶液进行一定时间的收集，记录收集时间（t_2）和收集体积（V_2）。收集时间应在 300s 以上，平均测定 3 次，相对标准偏差不大于 1%。

A.6.2.2 结果计算

二氧化氯溶液出口流量 L_2，按式（A.2）计算：

$$L_2 = \frac{V_2}{t_2} \times 3600 \tag{A.2}$$

式中 L_2——二氧化氯溶液出口流量，L/h；

V_2——测量时收集体积，L；

t_2——测量时收集时间，s。

A.7 产量计算

A.7.1 二氧化氯产量

二氧化氯产量 Q_1，按照式（A.3）计算：

$$Q_1 = \frac{L_2 X_1}{1000} \tag{A.3}$$

式中 Q_1——二氧化氯产量，g/h；

L_2——采样同周期二氧化氯溶液出口流量，L/h；

X_1——采样同周期内发生器出口溶液中二氧化氯的浓度，mg/L。

A.7.2 氯产量

氯产量 Q_2，按照式（A.4）计算：

$$Q_2 = \frac{L_2 X_4}{1000} \tag{A.4}$$

式中 Q_2——氯产量，g/L；

L_2——采样同周期二氧化氯出口溶液流量，L/h；

X_4——采样同周期内发生器出口溶液中氯的浓度，mg/L。

注：氯产量的测定针对复合二氧化氯发生器。

A.7.3 二氧化氯与氯质量比值计算

二氧化氯与氯质量比值（R）计算按照式（A.5）计算：

$$R = \frac{X_1}{X_4} \tag{A.5}$$

式中 R——二氧化氯与氯质量比值；

X_1——采样同周期内发生器出口溶液中二氧化氯的浓度，mg/L；

X_4——采样同周期内发生器出口溶液中氯的浓度，mg/L。

A.8 二氧化氯纯度计算

二氧化氯纯度 P 按照式（A.6）计算：

$$P = \frac{X_1}{X_1 + X_2 + X_3 + X_4} \times 100\% \tag{A.6}$$

式中 P——二氧化氯纯度；

X_1——采样同周期内发生器出口溶液中二氧化氯的浓度，mg/L；

X_2——采样同周期内发生器出口溶液中亚氯酸根的浓度，mg/L；

X_3——采样同周期内发生器出口溶液中氯酸根的浓度，mg/L；

X_4——采样同周期内发生器出口溶液中氯的浓度，mg/L。

A.9 二氧化氯收率

A.9.1 以氯酸钠和盐酸为原料的复合二氧化氯发生器二氧化氯收率 r_1 按式（A.7）计算：

$$r_1 = \frac{M_1 \times Q_1 \times 1000}{M_2 \times L_1 \times c_1} \times 100\% \tag{A.7}$$

注：反应方程式：$NaClO_3 + 2HCl = ClO_2 + 1/2Cl_2 + NaCl + H_2O$

式中 r_1——以氯酸钠和盐酸为原料的复合二氧化氯发生器二氧化氯收率；

L_1——采样同周期内原料氯酸钠原料进样口流量，L/h；

Q_1——采样同周期内二氧化氯产量，g/h；

c_1——采样同周期内原料中氯酸钠的浓度，mg/L；

M_1——氯酸钠的摩尔质量，106.44g/mol；

M_2——二氧化氯的摩尔质量，67.46g/mol。

A.9.2 以亚氯酸钠和盐酸为原料的纯二氧化氯发生器二氧化氯收率 r_2 按式（A.8）计算：

$$r_2 = \frac{5 \times M_3 \times Q_1 \times 1000}{4 \times M_2 \times L_1 \times c_2} \times 100\% \tag{A.8}$$

注：反应方程式：$5NaClO_2 + 4HCl = 4ClO_2 + 5NaCl + 2H_2O$

式中 r_2——以亚氯酸钠和盐酸为原料的纯二氧化氯发生器二氧化氯收率；

L_1——采样同周期内亚氯酸钠原料进样口流量，L/h；

Q_1——采样同周期内二氧化氯产量，g/h；

c_2——采样同周期内原料中亚氯酸钠的浓度，mg/L；

M_3——亚氯酸钠的摩尔质量，90.44g/mol；

M_2——二氧化氯的摩尔质量，67.46g/mol。

A.9.3 以氯酸钠、还原剂（双氧水、蔗糖或尿素等）和硫酸为主要原料的纯二氧化氯发生器二氧化氯收率 r_3 按式（A.9）计算：

$$r_3 = \frac{M_1 \times Q_1 \times 1000}{M_2 \times L_1 \times c_1} \times 100\% \tag{A.9}$$

注：反应方程式：

$2NaClO_3 + H_2SO_4 + H_2O_2 = 2ClO_2 + 2H_2O + Na_2SO_4 + O_2$

$2NaClO_3 + 2H_2SO_4 + H_2O_2 = 2ClO_2 + 2H_2O + 2NaHSO_4 + O_2$

$48NaClO_3 + C_{12}H_{22}O_{11} + 24H_2SO_4 = 48ClO_2 + 12CO_2 + 24Na_2SO_4 + 35H_2O$

$6NaClO_3 + (NH_2)_2CO + 6H_2SO_4 = 6ClO_2 + CO_2 + 6NaHSO_4 + 5H_2O + CO_2 + N_2$

式中 r_3——以氯酸钠、还原剂（双氧水、蔗糖或尿素等）和硫酸为主要原料的纯二氧化氯发生器二氧化氯收率；

L_1——采样同周期内氯酸钠原料进样口流量，L/h；

Q_1——采样同周期内二氧化氯产量，g/h；

c_1——采样同周期内原料中氯酸钠的浓度，mg/L；

M_1——氯酸钠的摩尔质量，106.44g/mol；

M_2——二氧化氯的摩尔质量，67. 46g/mol。

A.10 评估

评估指标及规则见 6.2。

附录 B
（资料性附录）
需二氧化氯量测定方法

B.1　原理

需二氧化氯量是指单位体积水中二氧化氯余量达到 GB 5749 规定时，所需加的二氧化氯量，包括所有能与二氧化氯发生反应消耗的二氧化氯量和保持水中规定的二氧化氯余量值所需二氧化氯量的总和。向试验水样中加入不同量的二氧化氯，经一定时间接触后，通过测定二氧化氯剩余浓度，获得水中最低需二氧化氯量。

B.2　试验仪器及试剂

B.2.1　仪器

B.2.1.1　棕色具塞玻璃瓶：250mL。

B.2.1.2　量筒：250mL。

B.2.1.3　移液管：1mL，5mL。

B.2.1.4　二氧化氯制备装置（图 B.1）。

B.2.1.5　便携式二氧化氯测定仪。

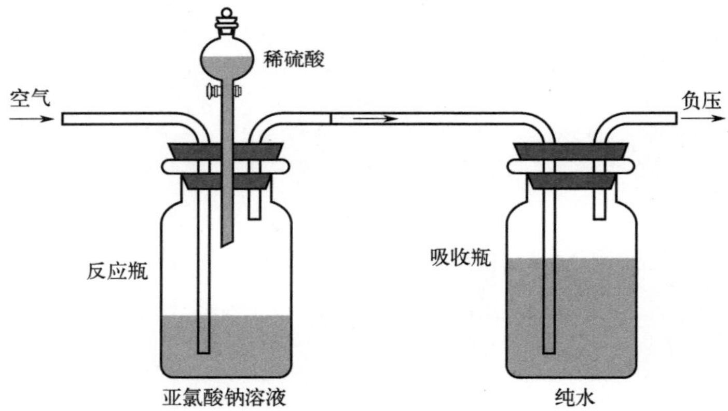

图 B.1　二氧化氯制备装置

B.2.2　试剂

B.2.2.1　纯水：符合 GB 6682 要求。

B.2.2.2　亚氨酸钠：符合 HG/T 3250 要求。

B.2.2.3　稀硫酸：1+9，体积比。

B.2.2.4　二氧化氯使用液：现用现制备。

二氧化氯使用液用二氧化氯制备装置制备。配制浓度为 2% 的亚氯酸钠溶液，放到一定体积容器内待用；移取 50mL 2% 亚氯酸钠溶液于反应瓶中，吸收瓶中加入约 700mL 水，调节空气曝气量，保证吸收瓶中曝气均匀适度，用漏斗缓慢滴入 20mL 稀硫酸（1+9，体积比），滴加时间控制在 5 ～ 10min。待稀硫酸滴加完毕后，继续曝气 15min，通过酸滴加漏斗向反应瓶加入 200mL 水稀释反应溶液，终止反应后，停止曝气。吸收瓶中二氧化氯浓度按照

GB 28931 中五步碘量法测定。

B.3 试验步骤

取 6 个 250mL 棕色具塞玻璃瓶（B.2.1.1），分别加入 200mL 待测水样，用移液管（B.2.1.3）分别向瓶中加入二氧化氯使用液（B.2.2.4），各瓶中二氧化氯投加量（分别记作 A_1 ～ A_8）分别为 0mg/L、0.15mg/L、0.2mg/L、0.3mg/L、0.4mg/L、0.6mg/L、0.8mg/L 和 1.0mg/L，塞好瓶塞，摇匀，放置在暗处，静置 30min 后，测定反应后每个瓶中二氧化氯剩余浓度（记作 B_1 ～ B_8）。

B.4 结果计算

以二氧化氯投加量（A_1 ～ A_8）为横坐标，以反应后二氧化氯剩余浓度（B_1 ～ B_8）为纵坐标，绘制二氧化氯剩余浓度与投加量关系的曲线图。从曲线图查出，二氧化氯剩余浓度 0.1mg/L 对应的投加量，为水样需二氧化氯量。

B.5 质量控制

每个水样的需二氧化氯量试验均应平行测定两次，两次测定结果的相对误差应小于 10%。

B.6 注意事项

需二氧化氯量不是一个固定值，随水质和接触时间等因素的变化而变动，为一定控制条件下的相对结果，该试验应根据水厂水源水质波动确定开展频次。

附录 2 《城镇给水气浮处理工程技术规程》（T/CECS 791—2020）

1　总则

1.0.1　为规范城镇给水气浮处理工艺的技术要求，做到安全适用、技术先进、提高工程质量，保障运行顺畅，制定本规程。

1.0.2　本规程适用于新建、扩建和改建城镇给水气浮处理工程的工艺设计、施工验收与运行维护。

1.0.3　城镇给水气浮处理工程除应执行本规程外，尚应符合国家现行有关标准的规定。

2　术语和符号

2.1　术语

2.1.1　加压溶气气浮　pressurized dissolved air flotation

使空气在一定压力作用下溶解于水中，达到饱和状态后再急速减压释放，空气以微气泡形式逸出，与水中轻质胶体颗粒接触使其上浮的处理方法。

2.1.2　矩形气浮池　rectangle air flotation tank

一种外观为矩形，从前端溶气进水、底部尾端出水的气浮池。

2.1.3　圆形气浮池　circle air flotation tank

一种外观为圆形，从中心溶气进水、底部出水的气浮池。

2.1.4　气浮接触室　contact chamber

在气浮工艺中进水与溶气水充分混合接触的空间。

2.1.5　释放器　releaser

将溶气水突然减压，使水中饱和气体以微气泡形式释放出来的装置。

2.1.6　压力溶气罐　pressure gas tank

在气浮工艺中，水与空气在有压条件下互溶的密闭容器。

2.1.7　液面负荷　surface load

单位时间内气浮池分离区单位表面积的产水量，单位：$m^3/(m^2 \cdot h)$。

2.1.8　溶气效率　air-dissolving efficiency

溶气罐内气体与液体接触时，在一定压力条件下气体溶解在液体中，当微气泡全部释放分离后，实际释气量与理论溶气量的比值。

2.1.9　回流比　reflux ratio

回流溶气气浮中，回流加压溶气水量与待处理水量之比值。

2.2　符号

A_c——接触室平面面积；

A_s——分离室平面面积；

B_c——接触室宽度；

D——压力溶气罐直径；

H——气浮池水深；

h_0——孔眼水头损失；

h——溶气罐高度；

h_1——罐顶、底封头高度；

h_2——布水区高度；

h_3——贮水区高度；

h_4——填料层高度；

I——单位罐截面积的过流能力；

L——接触室长度；

n——溶气释放器个数；

Q——气浮池设计水量；

Q_g——气浮所需空气量；

Q_g'——空压机所需额定气量；

Q_p——加压溶气水量；

q——选定溶气压力下，单个释放器的出流量；

R'——选定溶气压力下的回流比；

t——分离室中水流停留时间；

v_0——接触室水流上升平均速度；

v_a——孔眼流速；

v_s——液面负荷；

α——选定溶气压力下的释气量；

μ——孔眼流速系数；

Φ——水温校正系数；

Ψ——安全与空压机效率系数。

3 基本规定

3.0.1 气浮工艺宜用于处理浑浊度小于 100NTU 或藻数量大于 100 万个 /L 的原水。

3.0.2 气浮浮渣应进行脱水处理，严禁直接排入环境水体。

3.0.3 城镇给水气浮工程所用的原材料、设备等产品，应具备产品出厂合格证、产品质量检验证明文件，严禁使用国家明令淘汰、禁用的产品。

4 工艺设计

4.1 工艺布置

4.1.1 城镇给水处理宜采用加压溶气气浮工艺。气浮池的选型应根据进出水水质、占地、运行管理、投资与运行成本等因素综合确定。大中型水厂宜采用矩形气浮池，小型水厂可采用矩形气浮池或圆形气浮池。

4.1.2 气浮池应与混凝设施合建。混合宜采用机械混合，絮凝可采用机械絮凝或水力絮凝。进入气浮接触室的水流应分布均匀。

4.1.3 气浮接触室应保证溶气水与处理水的充分接触，接触室的宽度还应满足溶气释放器安装与检修的要求。

4.1.4 气浮池出水可采用穿孔管或穿孔板集水。

4.1.5 气浮池的排渣可采用机械刮渣或水力排渣。采用机械刮渣时，刮渣机应具备行程和行走速度可调的功能。采用水力排渣时，应设置可调节的出水堰、水位调节与控制装置。

4.1.6　气浮池宜设置遮雨挡风设施。

4.1.7　原水存在季节性高藻特征时，混凝气浮前宜设置预氧化、粉末活性炭或生物预处理等工艺。

4.2　设计参数

4.2.1　气浮池的设计水量应按最高日供水量加水厂自用水量进行计算。

4.2.2　混凝剂的投配应采用液体投加方式，混凝剂投配的溶液浓度宜为 3% ～ 10%。

4.2.3　气浮前的絮凝时间宜为 5min ～ 15min。

4.2.4　絮凝池进入气浮接触室前的水流流速宜控制在 0.1m/s 左右。

4.2.5　气浮池接触室水流上升流速宜为 10mm/s ～ 20mm/s，接触室的停留时间不宜小于 60s；接触区隔板垂直角度宜为 70°。

4.2.6　气浮分离室液面负荷宜为 $5.4m^3/(m^2 \cdot h)$ ～ $10.8m^3/(m^2 \cdot h)$。

4.2.7　矩形气浮池的有效水深宜为 2.0m ～ 3.5m，池中水流停留时间宜为 15min ～ 30min。气浮池的单格宽度不宜超过 10m，单格池长不宜超过 15m；圆形气浮池的有效水深宜取 6.0m ～ 7.5m，池中水力停留时间宜为 5min ～ 10min，池径宜为 2m ～ 20m。

4.2.8　溶气压力可采用 0.2MPa ～ 0.5MPa；回流比可采用 5% ～ 10%，含藻量高时宜采用 11% ～ 15%。

4.2.9　气浮池出水宜采用穿孔管集水，穿孔管孔口流速不宜大于 0.5m/s，孔眼应向下与垂线呈 45°角交错排列，孔距宜为 200mm ～ 300mm，孔眼直径宜为 20mm ～ 30mm；管内流速宜为 0.5m/s ～ 0.7m/s；穿孔集水管与池底距离宜为 200mm ～ 400mm。

4.2.10　采用穿孔板集水时，开孔面积比例可按 0.2% ～ 0.8% 计算确定。穿孔板离池底的距离宜为 500mm。

4.2.11　排渣周期宜为 4h ～ 6h，排渣前的渣厚宜为 50mm ～ 100mm。

4.2.12　刮渣机的行车速度不宜大于 5m/min。

4.3　设计计算

4.3.1　加压溶气水量应按下式计算：

$$Q_p = R'Q \tag{4.3.1}$$

式中：Q_p——加压溶气水量（m^3/h）；

Q——气浮池设计水量（m^3/h）；

R'——选定溶气压力下的回流比（%）。

4.3.2　气浮所需空气量应按下式计算：

$$Q_g = Q_p \alpha \Phi \tag{4.3.2}$$

式中：Q_g——气浮所需空气量（L/h）；

α——选定溶气压力下的释气量（L/m^3）；

Φ——水温校正系数，取 1.1 ～ 1.3（生产中最低水温与试验时水温相差大者取高值）。

4.3.3　空压机所需额定气量应按下式计算：

$$Q_g' = \frac{Q_g}{60 \times 1000} \Psi \tag{4.3.3}$$

式中：Q'_g——空压机所需额定气量（m^3/min）；

Ψ——安全与空压机效率系数，取1.2～1.5。

4.3.4 接触室平面面积应按下式计算：

$$A_c = \frac{Q+Q_p}{3600v_0} \tag{4.3.4}$$

式中：A_c——接触室平面面积（m^2）；

v_0——接触室水流上升平均速度（m/s）。

4.3.5 接触室长度应按下式计算：

$$L = \frac{A_c}{B_c} \tag{4.3.5}$$

式中：L——接触室长度（m）；

B_c——接触室宽度（m）。

4.3.6 分离室平面面积应按下式计算：

$$A_s = \frac{Q+Q_p}{v_s} \tag{4.3.6}$$

式中：A_s——分离室平面面积（m^2）；

v_s——液面负荷［$m^3/(m^2 \cdot h)$］。

4.3.7 气浮池水深应按下式计算：

$$H = v_s t \tag{4.3.7}$$

式中：H——气浮池水深（m）；

t——分离室中水流停留时间（s）。

4.3.8 压力溶气罐直径应按下式计算：

$$D = \sqrt{\frac{4Q_p}{\pi I}} \tag{4.3.8}$$

式中：D——压力溶气罐直径（m）；

I——单位罐截面积的过流能力［$m^3/(m^2 \cdot h)$］。

4.3.9 立式溶气罐高度应按下式计算：

$$h = 2h_1 + h_2 + h_3 + h_4 \tag{4.3.9}$$

式中：h——溶气罐高度（m）；

h_1——罐顶、底封头高度（m）（根据罐直径而定）；

h_2——布水区高度，取0.2m～0.3m；

h_3——贮水区高度，取1.2m～1.4m；

h_4——填料层高度，当采用阶梯环时，取1.0m～1.5m。

4.3.10 气浮池集水管采用穿孔管时，应按分配流量及流速确定管径，孔眼流速应按下式计算：

$$v_a=\mu\sqrt{2gh_0} \tag{4.3.10}$$

式中：v_a——孔眼流速（m/s）；

h_0——孔眼水头损失（m），取0.3m；

g——重力加速度（m/s^2），取 $9.8m/s^2$；

μ——孔眼流速系数。

4.3.11　集渣槽断面设计可按单位时间的排渣量进行选择。集渣槽应有坡度并倾向排渣口，坡度宜为 0.03 ～ 0.05。当集渣槽长度超过 5m 时，应由两端向中间排泥，并可辅以冲洗水管。

4.3.12　溶气释放器个数应按下式计算：

$$n = \frac{Q_p}{q} \tag{4.3.11}$$

式中：n——溶气释放器个数；

q——选定溶气压力下，单个释放器的出流量（m^3/h）。

4.4　工艺设备

4.4.1　溶气气浮池配套设备可由溶气泵、溶气罐、释放器、空压机、刮渣机等组成。

4.4.2　溶气气浮所涉水设备及材料的卫生要求应符合现行国家标准《生活饮用水输配水设备及防护材料的安全性评价标准》GB/T 17219 的有关规定。

4.4.3　溶气泵应符合下列规定：

1　溶气泵应符合现行国家标准《离心泵技术条件（Ⅲ类）》GB/T 5657 的有关规定；

2　溶气泵宜选用离心泵，水泵出口压力宜为 0.2MPa ～ 0.5MPa，并应经计算确定。溶气泵宜设置在室内，若设置在室外，溶气泵的防护等级不应低于 IP65。

4.4.4　溶气罐应符合下列规定：

1　溶气罐应符合现行国家标准《压力容器　第 1 部分：通用要求》GB 150.1、《压力容器　第 2 部分：材料》GB 150.2、《压力容器　第 3 部分：设计》GB 150.3、《压力容器　第 4 部分：制造、检验和验收》GB 150.4 的有关规定；

2　溶气罐应具有压力容器试验合格证方可使用；

3　溶气罐宜采用空压机供气的压力溶气罐，溶气罐的溶气效率不应小于 80%；

4　溶气罐体设计标准工作压力应大于空压机和溶气泵工作压力，并应设压力控制调节装置；

5　溶气罐位置宜靠近气浮池，溶气罐水力停留时间宜为 2min ～ 3min，有填料时应取低值，并应经计算确定；

6　立式溶气罐的截面负荷率可取 $100m^3/(m^2 \cdot h) \sim 150m^3/(m^2 \cdot h)$，罐高度可采用 3.0m ～ 4.5m；液位控制高宜为罐高的 1/4 ～ 1/2（从罐底计）；溶气罐可装阶梯环填料，填料层高度宜为 1.0m ～ 1.5m；

7　立式溶气罐设计高径比宜为 2.5 ～ 4.0，建筑物室内高度满足条件时应取高值；

8　卧式溶气罐宜带有挡流及整流的二相分离装置，并应具有自动安全预泄压系统；

9　溶气罐应设置压力表、水位计、排水口、溶气水取样口、安全阀等装置，并应设水位和压力控制器自动控制，同时应与溶气水泵联动。

4.4.5　释放器应符合下列规定：

1　释放器释放的微气泡平均粒径宜为 20μm ～ 60μm，可通过溶气压力进行调节；

2　释放器释放的气泡应细密、均匀，气泡消失时间应大于 4min；

3　释放器的型号及数量，应根据单个释放器在选定压力下的出流量及作用范围确定；

4 释放器与溶气罐连接管道应安装可在线拆洗的过滤网、快开阀，释放管支管应安装快速拆卸管件。

4.4.6 空压机应符合下列规定：

1 空压机应符合现行国家标准《微型往复活塞空气压缩机》GB/T 13928 的有关规定；

2 溶气装置供气应采用空压机，空压机的工作压力宜为 0.6MPa ～ 0.7MPa，供气量应满足溶气装置最大溶气量的要求；

3 空压机应配有储气罐、进气滤清消声器，压缩空气应有除油装置，宜采用无油润滑空压机；

4 空压机的额定工作压力应大于溶气罐内设定的工作压力，但不应大于溶气罐的设计最高标准压力。进气管上应装设止回阀和排水阀。

4.4.7 桥式或链板式刮渣机宜用于矩形气浮池，跨度不宜大于 10m；行星式刮渣机宜用于直径为 2m ～ 20m 的圆形气浮池。

5 施工与验收

5.1 施工准备

5.1.1 气浮池设备安装前，所有相关土建工程和隐蔽工程应已验收合格。

5.1.2 气浮设备及构件与配件、材料进入施工现场时，必须进行进场验收并妥善保管。进场验收时除应对外观、质量等进行验收外，还应检查产品的订购合同、质量合格证书、性能检验报告、使用说明书、进口产品的商检报告及证书等，验收合格后方可使用。

5.1.3 气浮设备安装前应对有关的设备基础、预埋件、预留孔的位置、标高、尺寸等进行复核。其中预埋件、预留孔的标高允许偏差应为 ±3mm，中心位置的允许偏差不应大于 5mm。

5.1.4 施工单位应熟悉施工图纸，掌握设计意图与要求。

5.2 施工和安装

5.2.1 气浮构筑物的施工应符合现行国家标准《给水排水构筑物工程施工及验收规范》GB 50141 的有关规定；气浮设备安装应符合现行国家标准《机械设备安装工程施工及验收通用规范》GB 50231 的有关规定；管道工程的施工应符合现行国家标准《给水排水管道工程施工及验收规范》GB 50268 的有关规定。

5.2.2 整体安装的溶气泵，纵向安装水平偏差不应大于 0.1/1000，横向安装水平偏差不应大于 0.2/1000；解体安装的溶气泵纵、横水平偏差均不应大于 0.05/1000。

5.2.3 溶气泵安装位置偏差不应超过 10mm，泵体标高的允许偏差应为 ±10mm。

5.2.4 释放器在安装前必须先将溶气罐、溶气水总管和支管中杂质冲洗干净，并应水平安装。

5.3 验收

5.3.1 气浮构筑物的验收应符合现行国家标准《给水排水构筑物工程施工及验收规范》GB 50141 的有关规定；气浮设备验收应符合现行国家标准《机械设备安装工程施工及验收通用规范》GB 50231 的有关规定；溶气泵、空压机的安装验收应符合现行国家标准《风机、压缩机、泵安装工程施工及验收规范》GB 50275 的有关规定；管道工程的验收应符合现行国家标准《给水排水管道工程施工及验收规范》GB 50268 的有关规定。

5.3.2 整体安装的溶气泵和解体安装的溶气泵，纵向、横向水平偏差应符合本规程第

5.2.2 条的规定。

5.3.3 溶气泵安装位置偏差应符合本规程第 5.2.3 条的规定。

5.3.4 溶气效率应按本规程附录 A 规定的测定方法验收，并应符合本规程第 4.4.4 条的规定。

5.3.5 气泡消失时间应按本规程附录 B 规定的测定方法验收，并应符合本规程第 4.4.5 条的规定。

5.3.6 微气泡粒径应按本规程附录 C 规定的测定方法验收，并应符合本规程第 4.4.5 条的规定。

5.3.7 气浮池进水至设计运行水位，应启动溶气回流装置至稳定状态，并观察分离室水面气泡分布情况。

5.3.8 刮渣机在调试运行时应观察行走状态，以及限位开关、刮板插入深度、刮板翻起时的推渣效果等，不合适时应调整刮渣机的行程和刮板提升器的钢丝绳，调整刮板的角度和高度。

5.3.9 气浮工程竣工验收前应进行试运行。压力溶气系统调试运行应包括溶气水泵开停、空压机压力范围设定、溶气罐液位自动控制、溶气水溶气效率等。气浮工程试运行至少应核定下列项目：

1 回流水量；

2 处理水量；

3 浮渣的形成时间。

6 运行检测、监测、维护和安全

6.1 检测与监测

6.1.1 气浮池运行时应检测进出水的水质。

6.1.2 气浮运行中应监测下列内容：

1 溶气罐水位、压力；

2 溶气泵的流量及压力；

3 空压机的工作压力、供气量。

6.1.3 气浮运行中应随时观察接触区或分离区浮渣面不平、局部冒出大气泡等气浮池池面异常情况。

6.1.4 冬季水温过低时，气浮池宜增加回流水量或溶气压力，并应增加相应指标的检测与监测。

6.1.5 气浮运行管理人员在运行、巡视、交接班、检修等生产活动中，应做好相关检测、监测记录。

6.2 维护

6.2.1 气浮池应定期清洗，刮渣机、释放器、溶气罐应定期维修保养，气浮设施的维护检修应符合现行行业标准《城镇供水厂运行、维护及安全技术规程》CJJ 58 的有关规定。

6.2.2 气浮池的运行参数应根据溶气罐水位与水压、空压机压力、溶气水泵启停、刮渣机运行速度与刮渣周期等进行调整。

6.2.3 混凝剂的投加量应根据反应池的絮凝情况及气浮池出水水质进行调节，气浮前处理若为铁盐混凝，应采取防止加药管堵塞的措施。

6.2.4 释放器应定期清理。

6.2.5 溶气罐进水管上过滤器堵塞时应随时清洗，损坏时应立即更换。溶气罐的填料应每年排污、清洗一次。

6.3 安全

6.3.1 运行人员应严格执行安全生产规章制度。

6.3.2 压力溶气罐应具有检测合格报告并备案，应按照现行行业标准《压力容器定期检验规则》TSG R7001 的有关规定进行检测。

6.3.3 气浮池应配备救生衣及救生圈。

6.3.4 溶气罐内进行清理和维修作业时，作业人员应戴呼吸器。

附录A 溶气效率测定方法

A.0.1 溶气效率的测定装置中应包括减压阀、流量计、抽滤瓶（1000mL）、水准瓶（250mL）、量气管（100mL）、量筒等仪器设备（图A.0.1）。

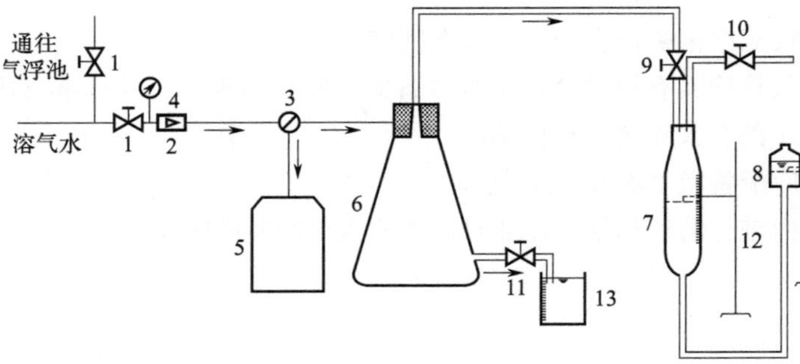

图A.0.1 溶气效率测定装置示意

1—减压阀；2—流量计；3—三通阀；4—压力表；5—集水桶；6—抽滤瓶；7—量气管；8—水准瓶；9—进气阀；10—排气阀；11—排放阀；12—铁架台；13—量筒

A.0.2 溶气效率的测定应按下列步骤进行：

1 打开气体量气管的排气阀，将抽滤瓶注入清水至计量刻度，上下移动水位水准瓶，将量气管内液位调至零刻度，然后关闭排气阀；

2 当加压溶气罐运行正常后，打开减压阀和三通阀，使加压溶气水流入集水桶，在确认流出的加压溶气正常后，调节三通阀，将溶气水通过三通阀进入抽滤瓶内；

3 当抽滤瓶内增加的水达到100mL～200mL后，关闭减压阀和三通阀并轻轻摇晃抽滤瓶，使加压溶气水中能释放出的气体全部从水中分离出来；

4 打开抽滤瓶的排放阀，使量气管中液位降回计量刻度，即水准瓶中液位与量气管中的液位处于同一水平线上，同时准确计量排出液的体积，此时液体的排出量即气体增加量即所排入抽滤瓶中加压溶气水的释气量（V_1）。

A.0.3 溶气效率的测定应符合下列规定：

1 释气量测定应按表A.0.3-1的格式记录；

表A.0.3-1 释气量测定记录

内容实验号	加压溶气水				释气	
	压力（MPa）	体积 V_0（mL）	水温（℃）	理论释气量 V（mL/L）	释气量 V_1(mL)	溶气效率（%）

2 理论释气量应按下式计算：

$$V = 7500K_T \cdot P \quad (A.0.3\text{-}1)$$

式中：V——理论释气量（mL/L）；

P——空气所受的绝对压力（MPa）；

K_T——空气在水中的溶解常数，按表A.0.3-2取值。

表 A.0.3-2 不同温度时的 K_T 值

温度（℃）	0	10	20	30	40	50
K_T	0.038	0.029	0.024	0.021	0.018	0.016

3 溶气效率应按下式计算：

$$\eta = \frac{V_1}{V} \times 100\% \qquad (A.0.3\text{-}2)$$

式中：η——溶气效率（%）；

V_1——实际释气量（mL/L）。

附录 B 气泡消失时间测定方法

B.0.1 气泡消失时间测定装置应包括量筒（1000mL）、激光仪、集液瓶、挡光板等仪器设备（图 B.0.1）。

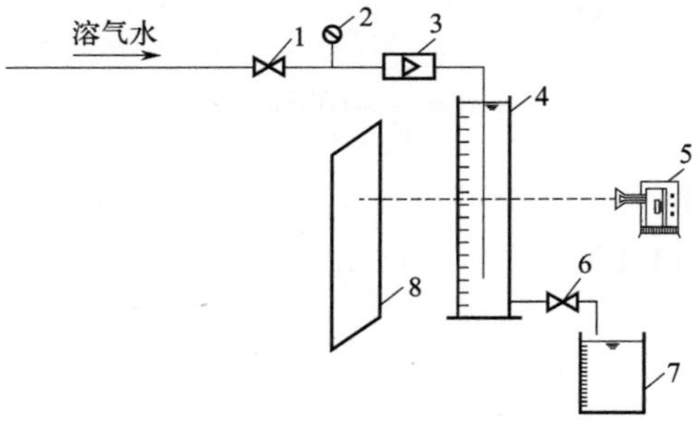

图 B.0.1 气泡消失时间测定装置示意

1—调节阀；2—压力表；3—转子流量计；4—量筒；5—激光仪；6—控制阀；7—集液瓶；8—挡光板

B.0.2 气泡消失时间测定应按下列步骤进行：

1 用洗净的 1000mL 标准量筒，打开溶气罐溶气水取样调节阀；

2 取溶气水注入量筒至 1000mL 刻度，同时用秒表开始计时，测定量筒中激光仪照射部位的溶气水气泡消失时间，即目测量筒中气泡全部消失时记下的消失时间；

3 取 2 次重复测量结果的算术平均值。

附录 C 微气泡粒径测定方法

C.0.1 微气泡粒径测定装置应包括观察装置、高倍显微摄像机、LED 光源等仪器设备，以及图像采集与分析系统（图 C.0.1）。

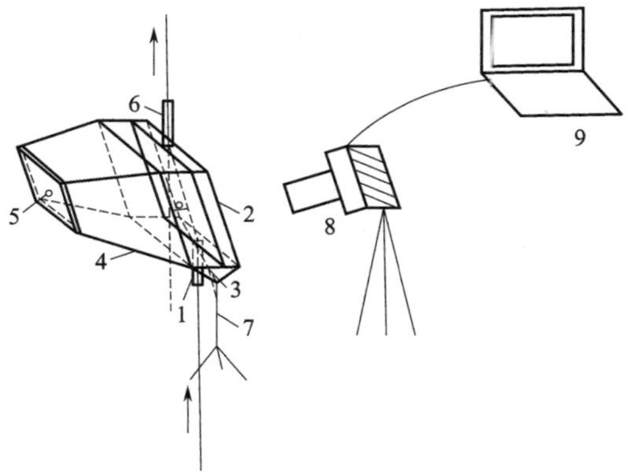

图 C.0.1 图像采集与分析系统示意图

1—进液管；2—观察室；3—固定连接杆；4—不透明灯罩；5—LED 灯；6—出样管；7—支撑杆；8—高倍显微摄像机；9—控制电脑

C.0.2 微气泡粒径测定应按下列步骤进行：

1 将观察室固定于支撑架上，并放置于水平地面上保持稳定；

2 将摄像机对准观察室中心摆放，调节支撑架的位置，将摄像机调节至与观测室高度一致，并保证使 LED 灯光源、观察室、摄像机镜头处于同一直线上；

3 依次开启 LED 灯、摄像机、计算机，调整焦距，使画面对焦于目镜测微尺的刻度前；

4 所测液体通过采样管缓缓由下往上进入观察室；

5 迅速调节 LED 灯的亮度，使画面内气泡清晰可见；当观察室流态稳定后，点击计算机内的记录按钮，记录气泡运动图像；

6 使用图像分析软件对记录图像进行分析。在同一试验条件下重复进行 3 次。

C.0.3 微气泡粒径的测定应符合下列规定：

1 对采集到的图像进行整理，应选取不少于 1000 个气泡进行测量分析，得出粒径分布概率图，选取分布集中且均匀的粒径尺寸为测试工况条件下的粒径尺寸；

2 在图像采集系统运转过程中，应利用图像分析软件对指定气泡进行追踪，得出测试工况条件下气泡的上升速度。

本规程用词说明

1 为便于在执行本规程条文时区别对待，对要求严格程度不同的用词说明如下：

1）表示很严格，非这样做不可的：

正面词采用“必须”，反面词采用“严禁”；

2）表示严格，在正常情况下均应这样做的：

正面词采用“应”，反面词采用“不应”或“不得”；

3）表示允许稍有选择，在条件许可时首先应这样做的：

正面词采用“宜”，反面词采用“不宜”；

4）表示有选择，在一定条件下可以这样做的，采用“可”。

2 条文中指明应按其他有关标准执行的写法为：“应符合……的规定”或“应按……执行”。

引用标准名录

《给水排水构筑物工程施工及验收规范》GB 50141

《机械设备安装工程施工及验收通用规范》GB 50231

《给水排水管道工程施工及验收规范》GB 50268

《风机、压缩机、泵安装工程施工及验收规范》GB 50275

《压力容器　第 1 部分：通用要求》GB 150.1

《压力容器　第 2 部分：材料》GB 150.2

《压力容器　第 3 部分：设计》GB 150.3

《压力容器　第 4 部分：制造、检验和验收》GB 150.4

《离心泵技术条件（Ⅲ类）》GB/ T 5657

《微型往复活塞空气压缩机》GB/ T 13928

《生活饮用水输配水设备及防护材料的安全性评价标准》GB/T 17219

《城镇供水厂运行、维护及安全技术规程》CJJ 58

《压力容器定期检验规则》TSG R7001

索 引

K

L

M

N

P

Q

Y

Z

其他

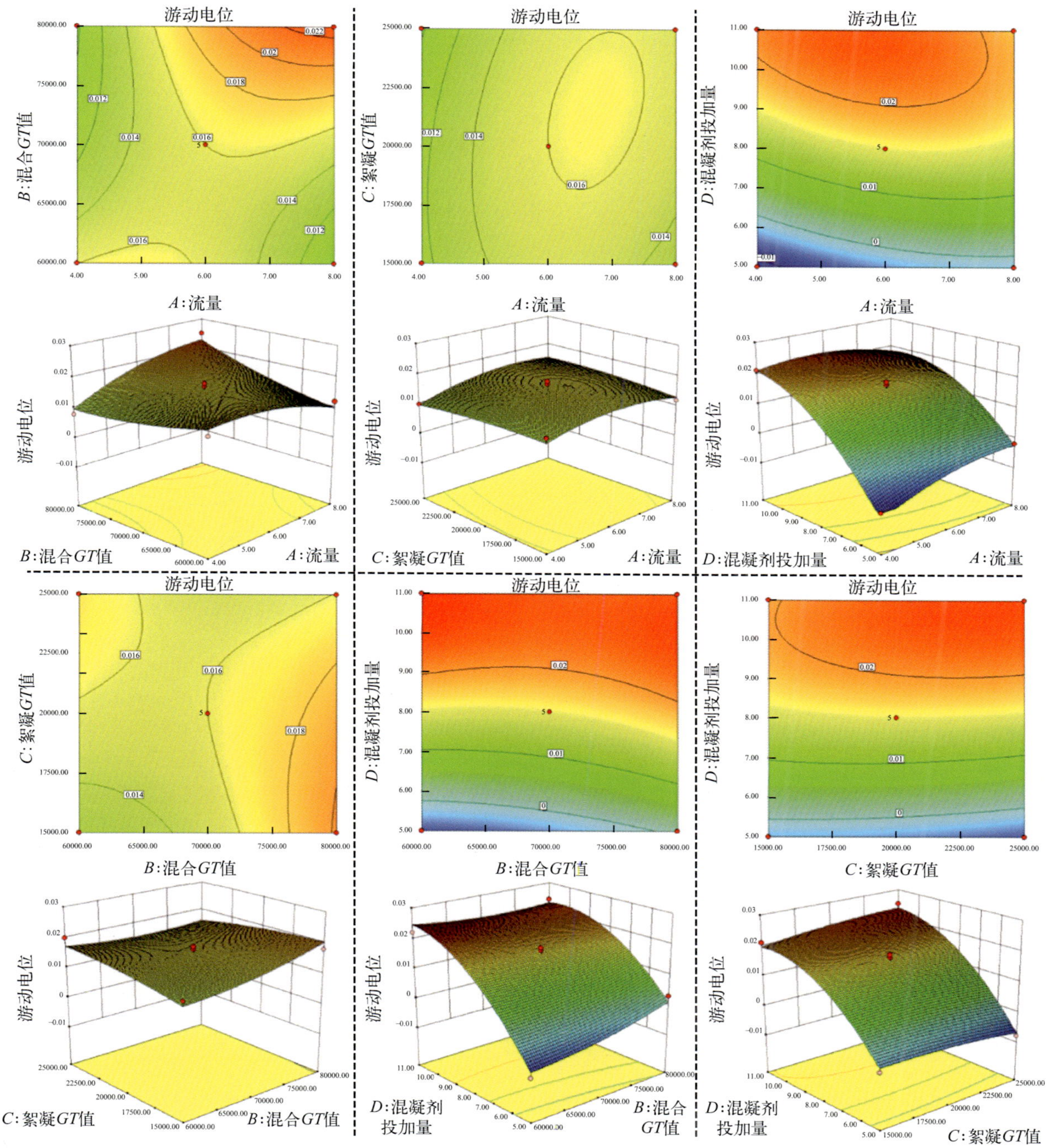

图 3-24　游动电位等高线及响应面图

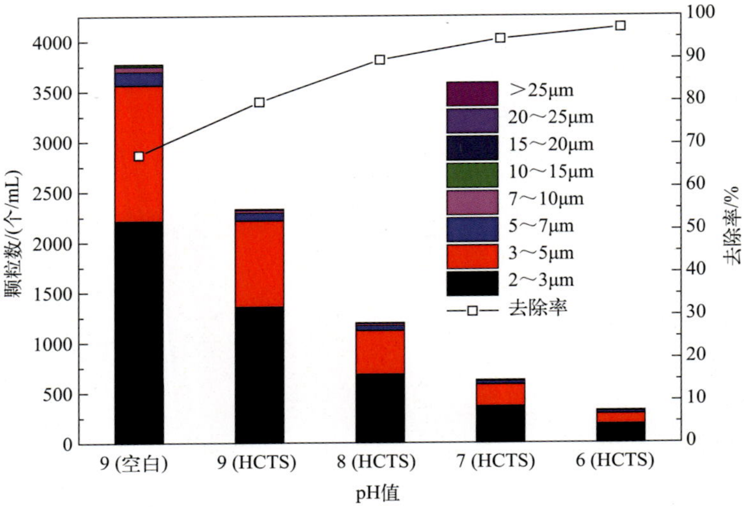

图 3-49　pH 值对不同粒径颗粒物去除效果的影响

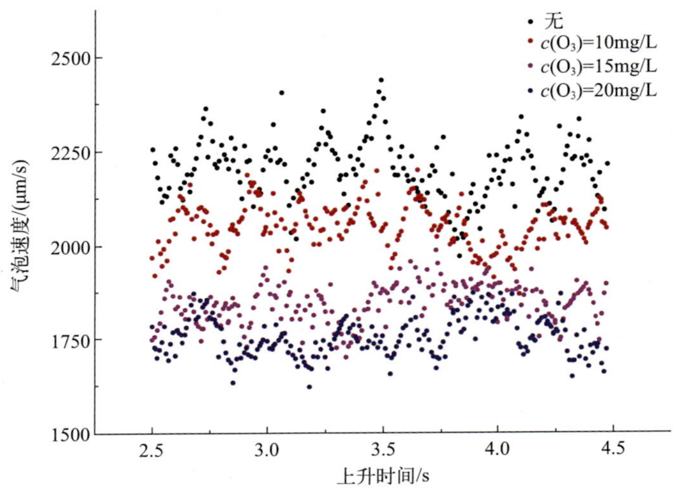

(a) 臭氧化微气泡强化气浮

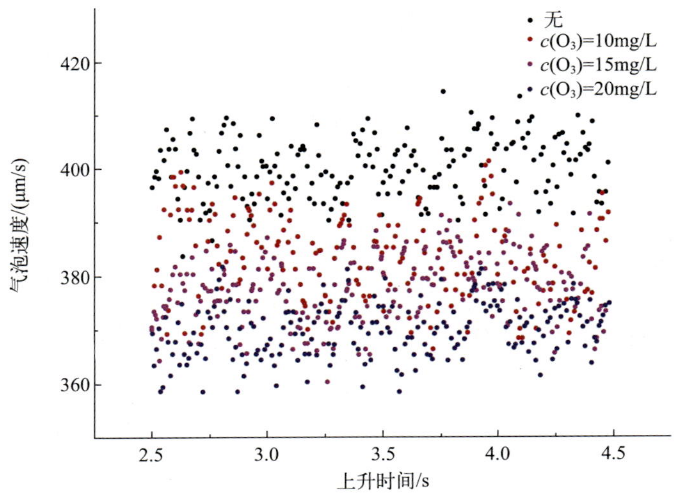

(b) 传统微孔曝气臭氧气浮

图 5-14　不同臭氧投加量对两种工艺气泡稳定后的瞬时速度的影响

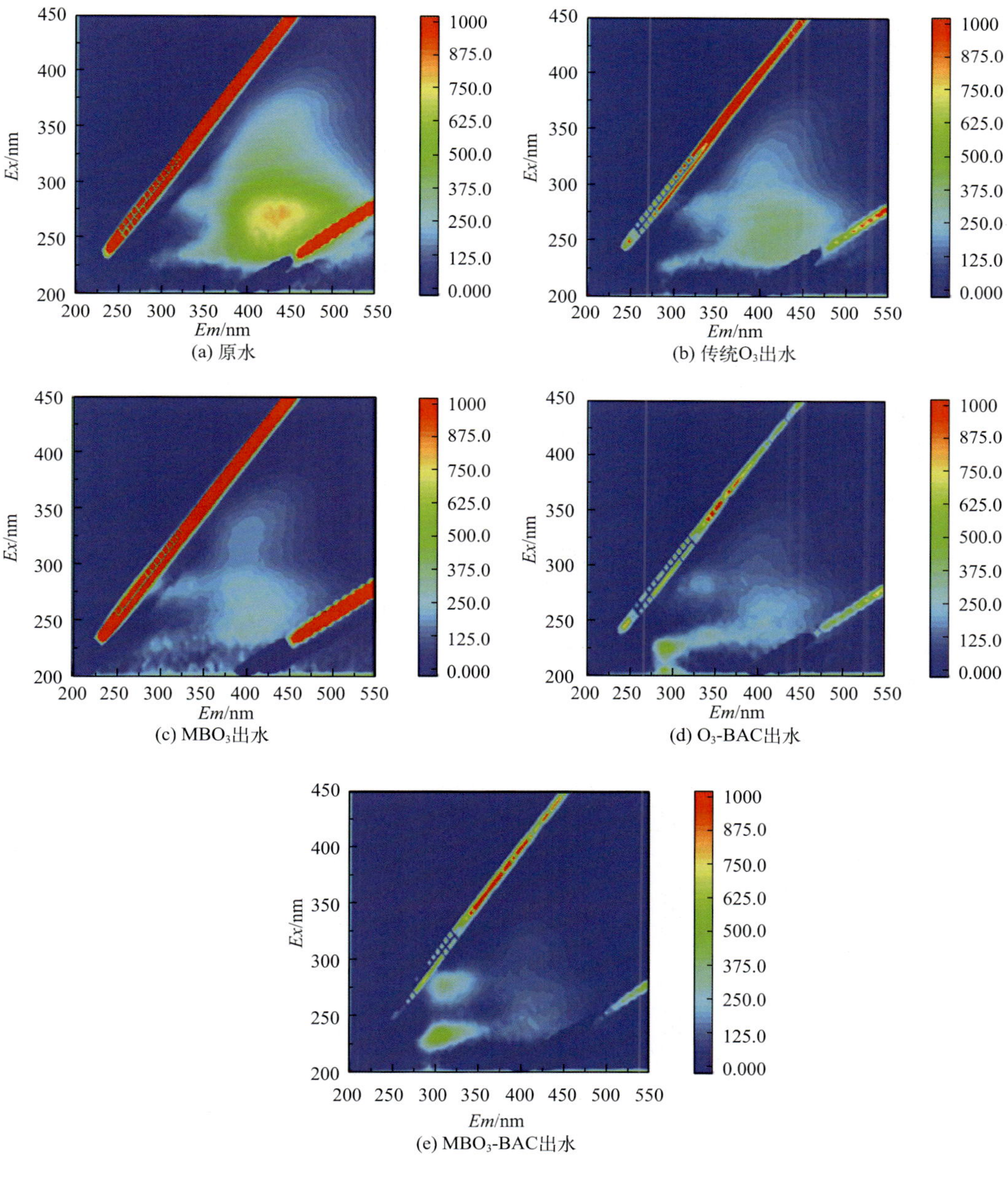

图 5-23　MBO_3/O_3-BAC 进出水三维荧光图谱

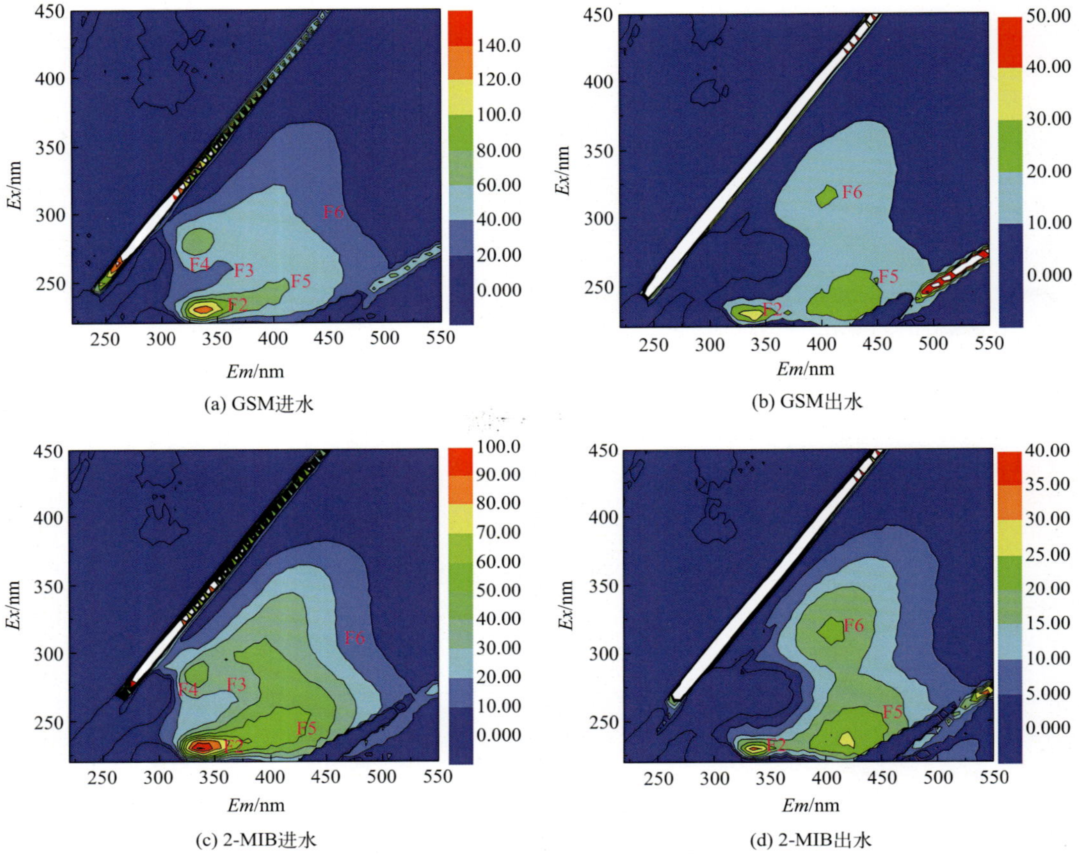

图 6-13　进出水 EEM 荧光光谱

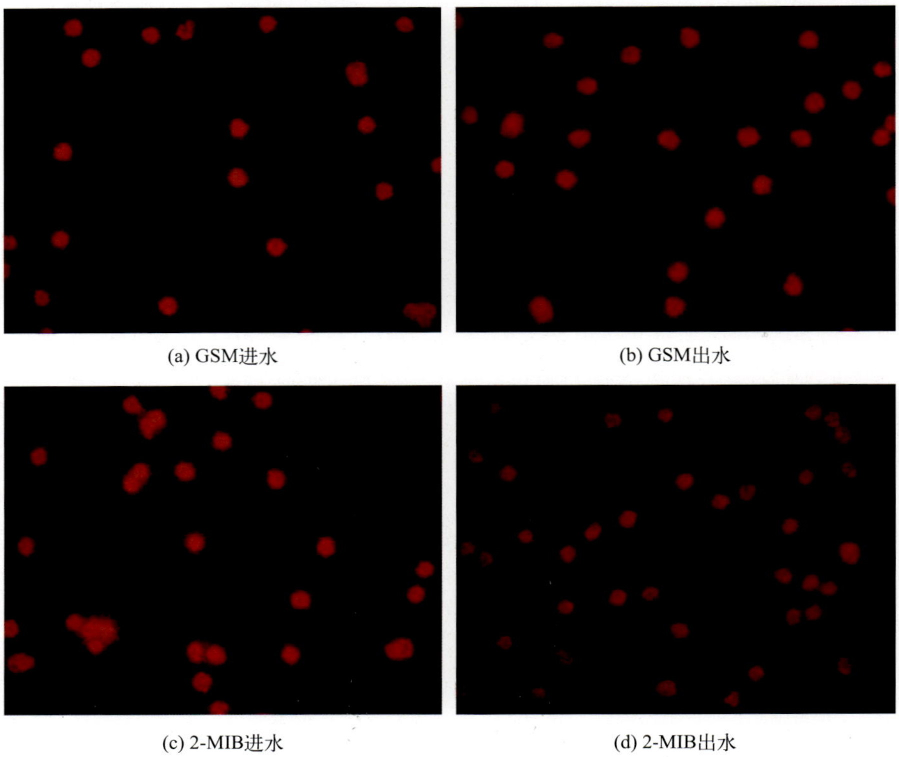

图 6-15　小白鼠淋巴细胞彗星试验图片

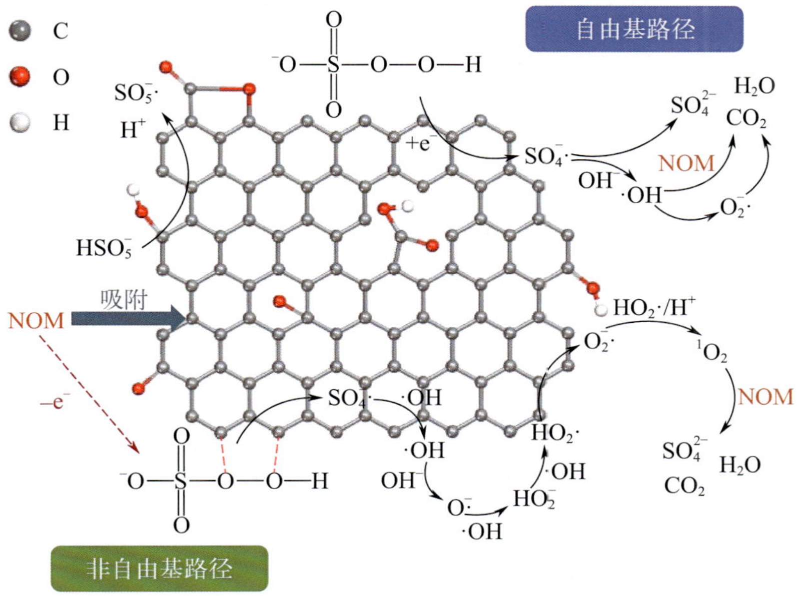

图 7-6　PAC/PMS 体系降解有机污染物的反应示意

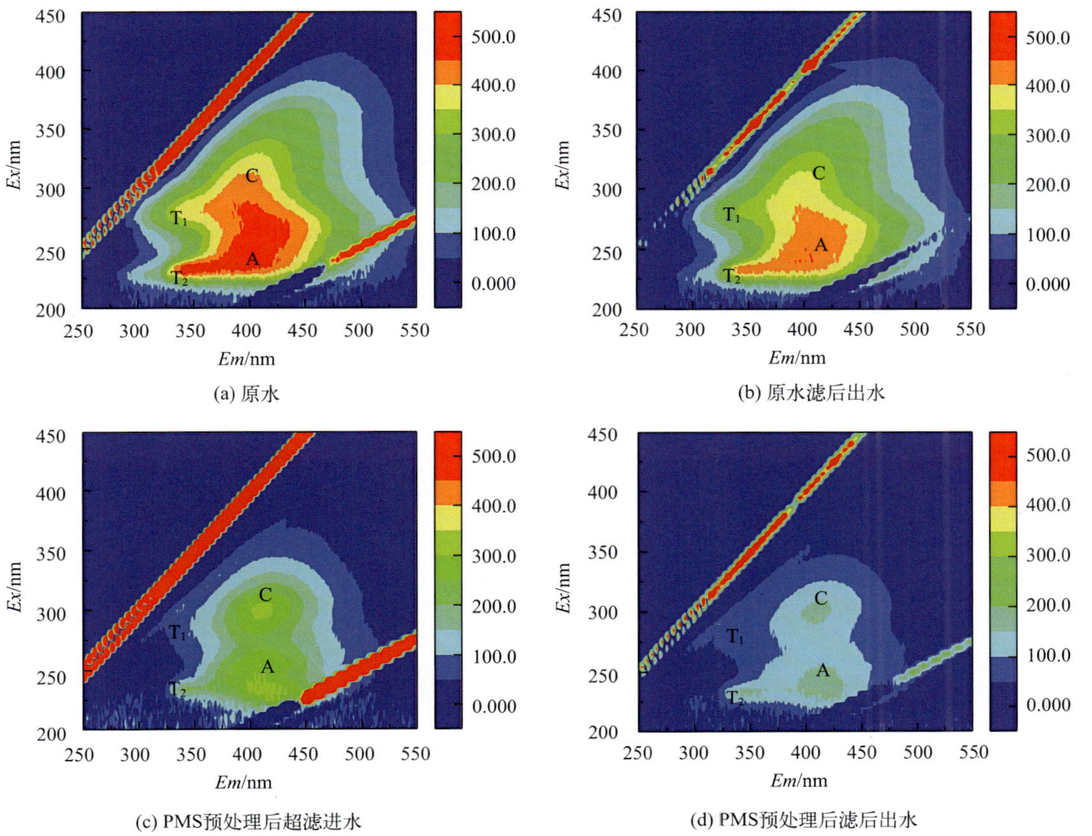

(a) 原水　(b) 原水滤后出水　(c) PMS预处理后超滤进水　(d) PMS预处理后滤后出水

图 7-10

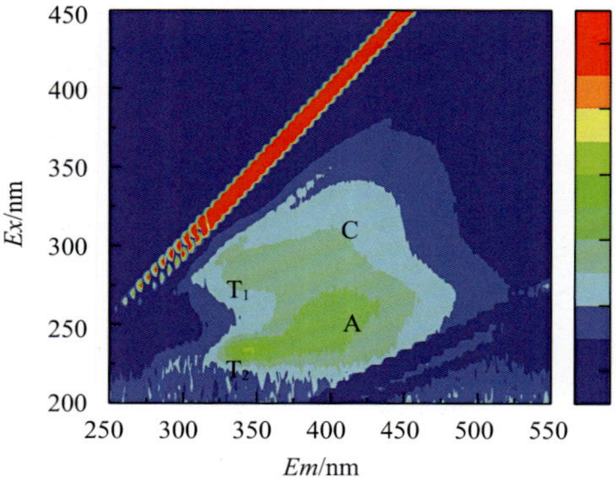

(e) PAC预处理后超滤进水

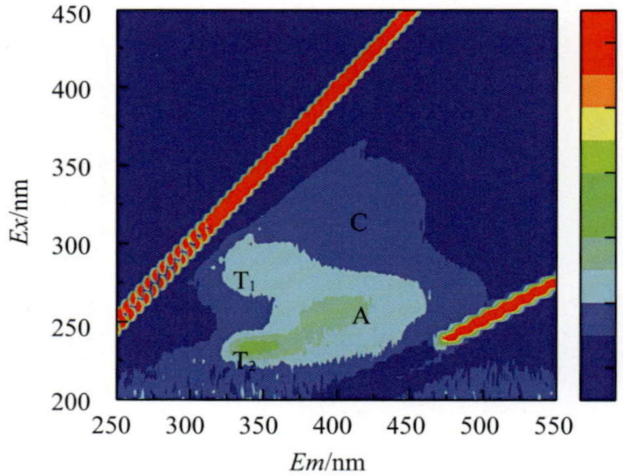

(f) PAC预处理后滤后出水

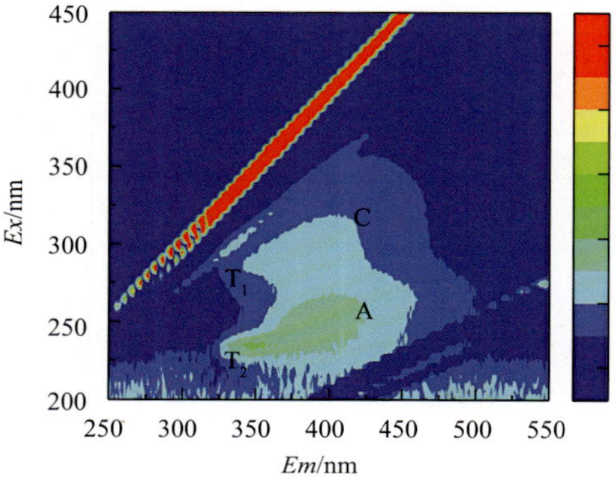

(g) PAC/PMS预处理后超滤进水

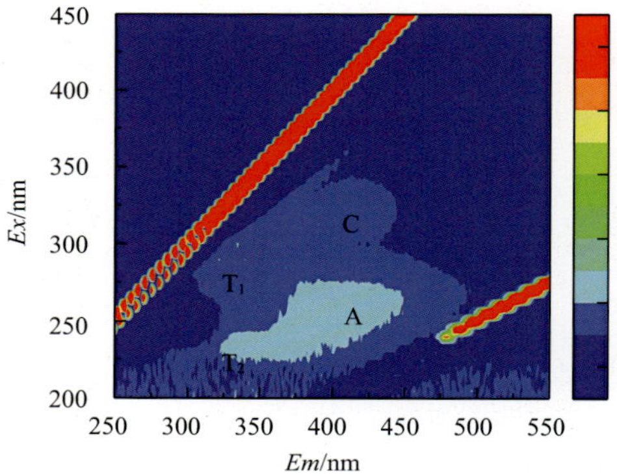

(h) PAC/PMS预处理后滤后出水

图 7-10　不同预处理下膜进出水的 EEM 光谱图

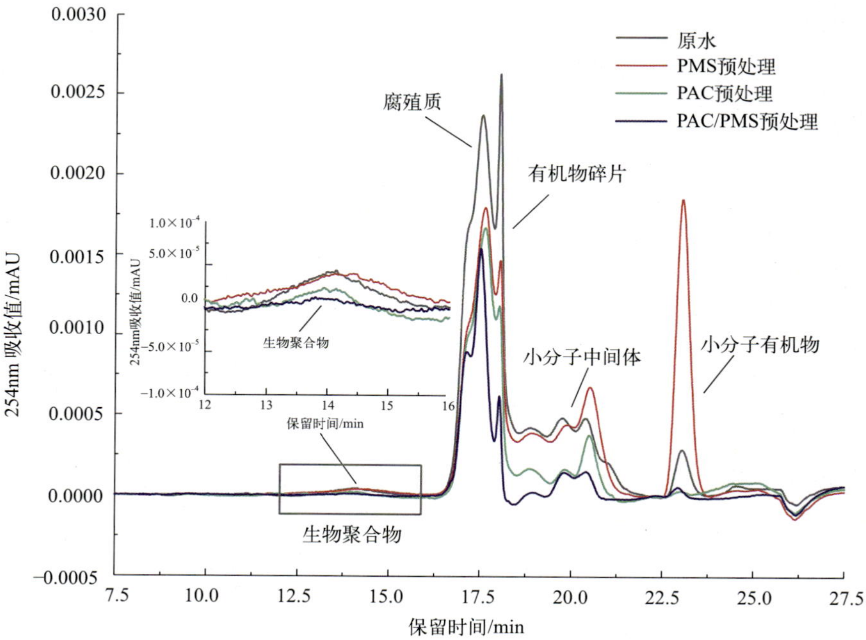

图 7-11　不同预处理对膜进水中有机物分子量分布的影响

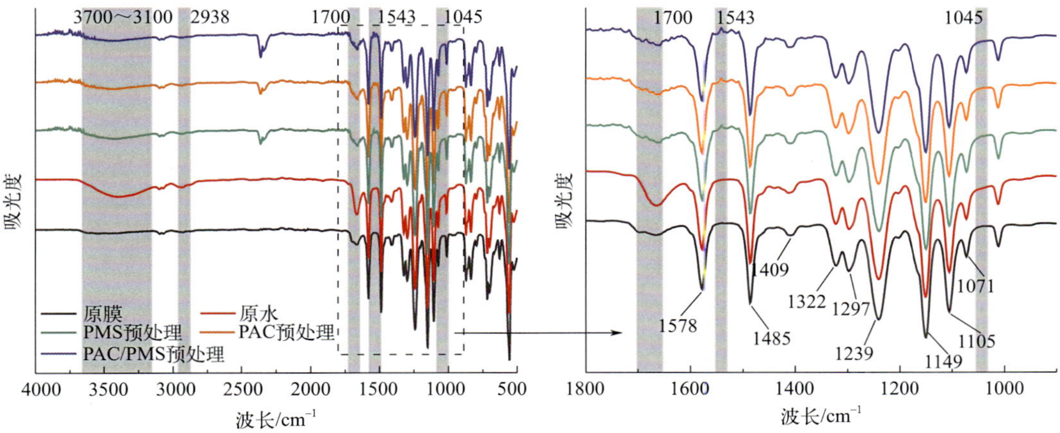

图 7-13　不同预处理下的膜表面 FT-IR 光谱

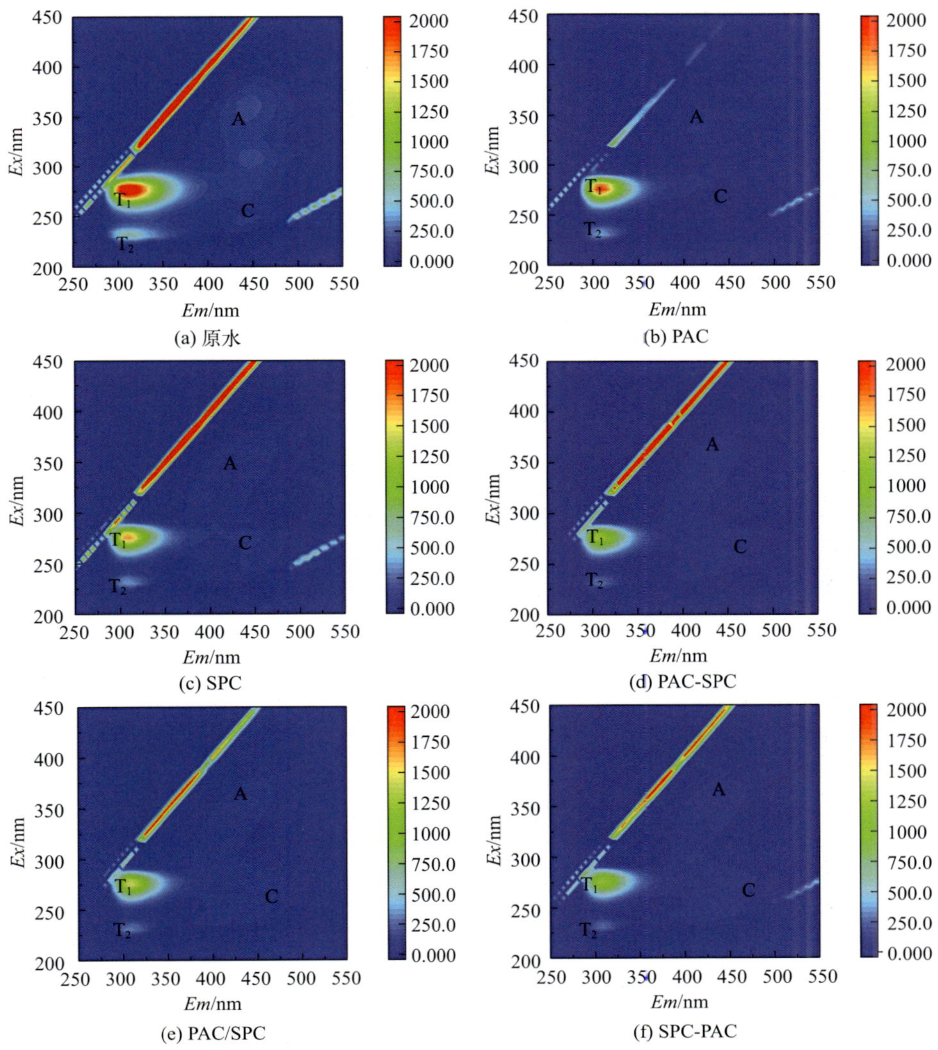

图 7-23　混合藻液经不同条件处理后三维荧光光谱情况

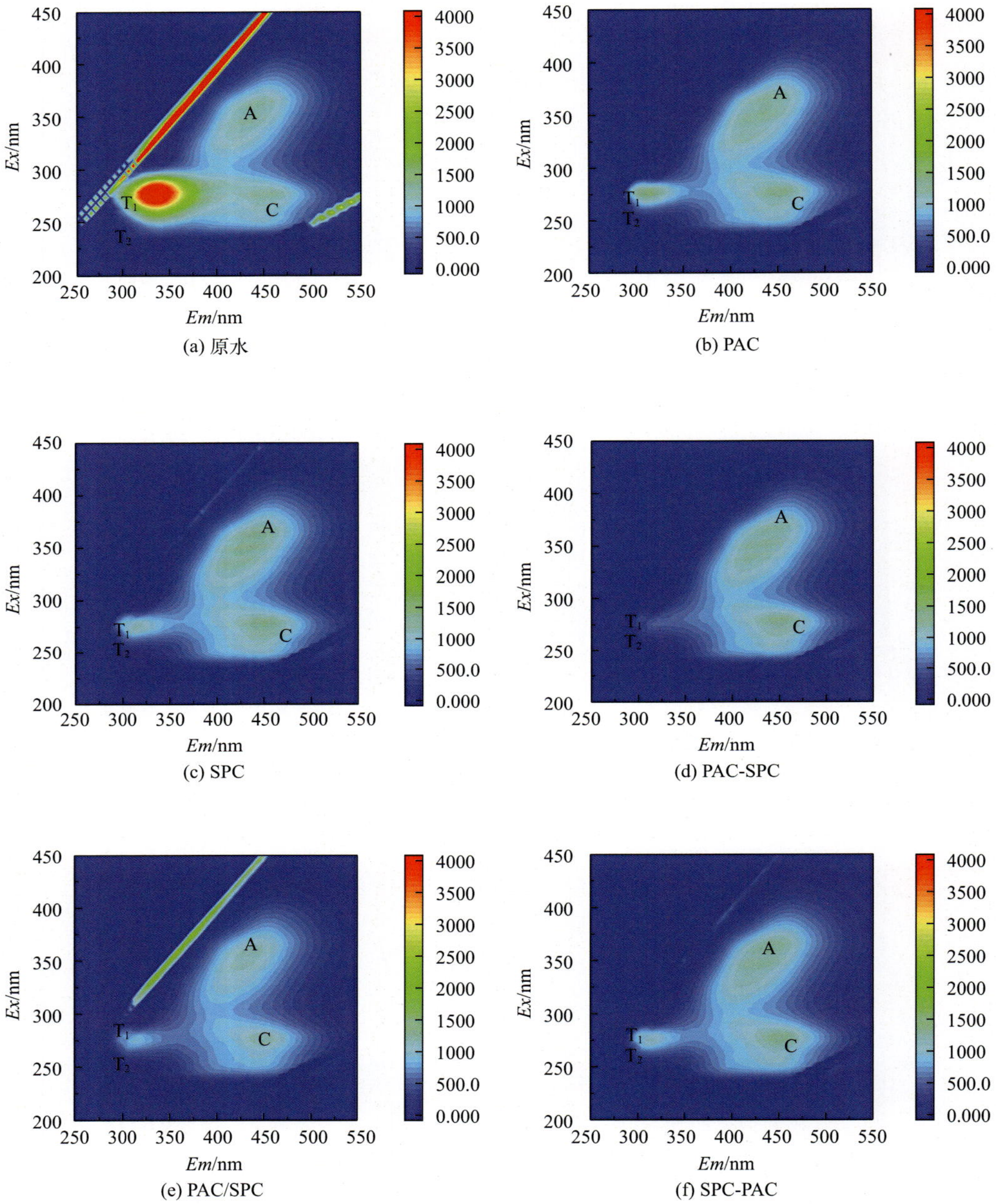

图 7-25　EOM 经不同条件处理后三维荧光光谱情况

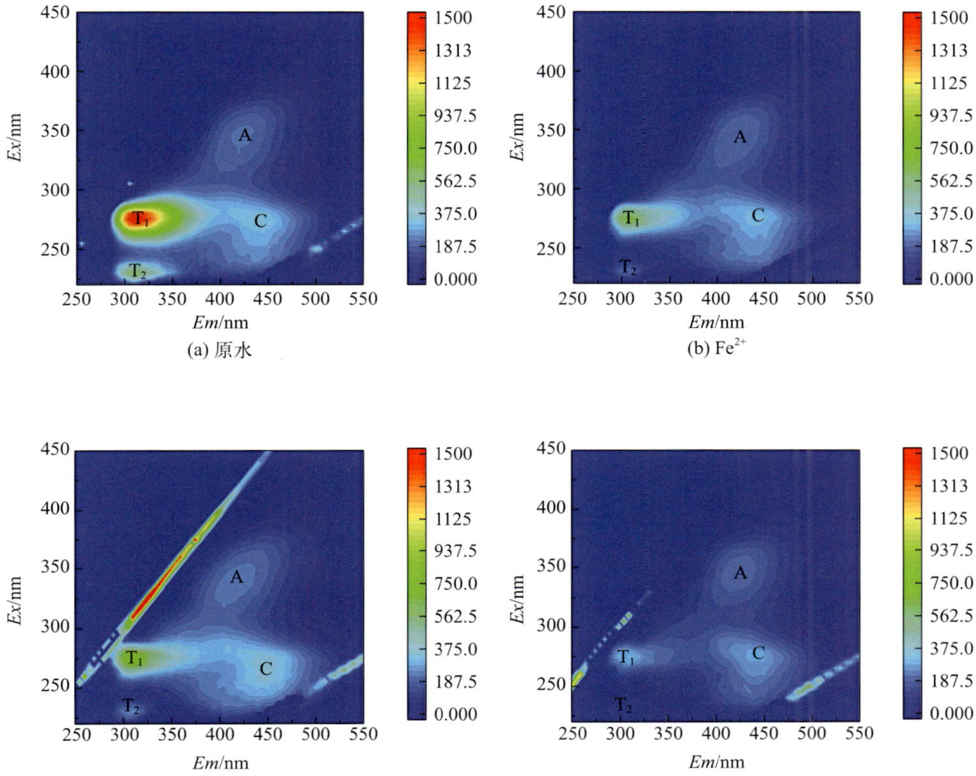

图 7-39　混合藻液经不同条件处理后三维荧光光谱情况

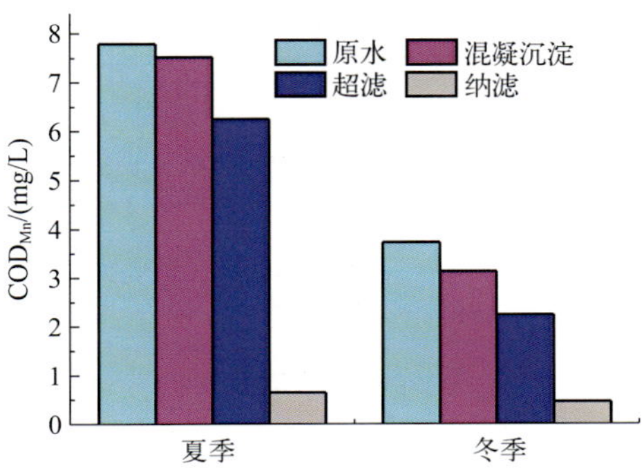

图 7-93　不同季节超滤 / 纳滤工艺对 COD_{Mn} 的去除效果

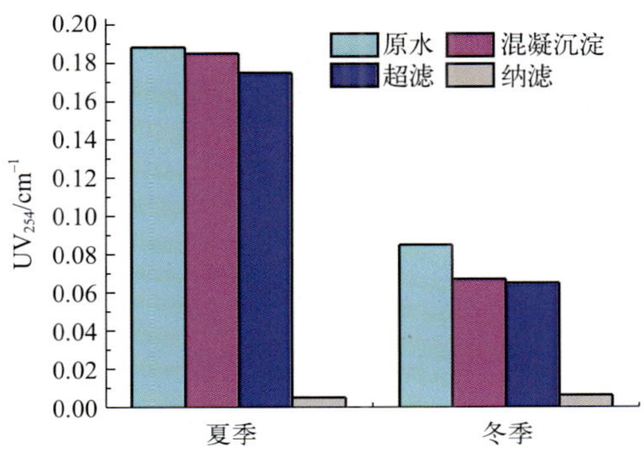

图 7-94　不同季节超滤 / 纳滤工艺对 UV_{254} 的去除效果

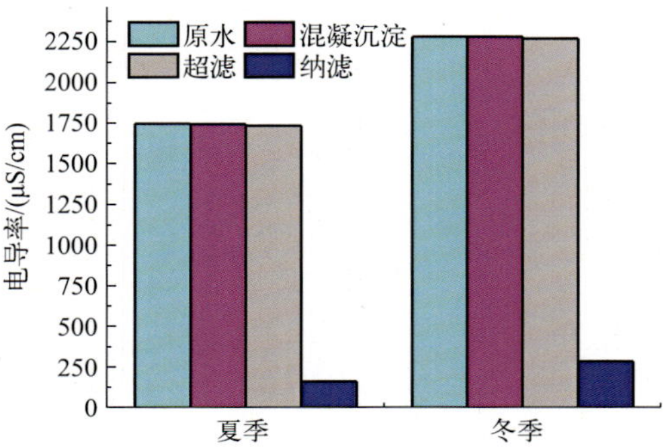

图 7-95　不同季节超滤 / 纳滤工艺对电导率的去除效果

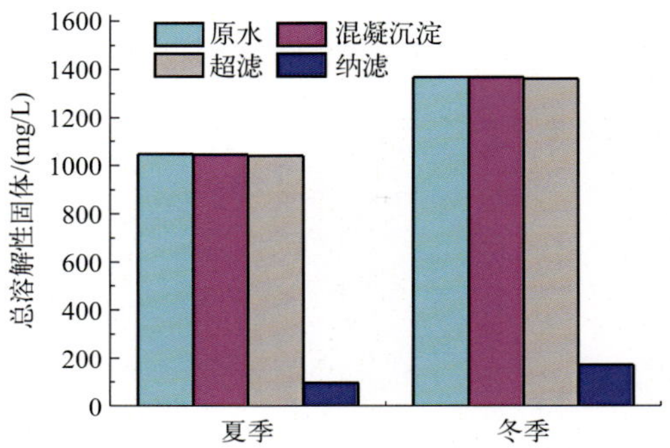

图 7-96　不同季节超滤 / 纳滤工艺对总溶解性固体的去除效果

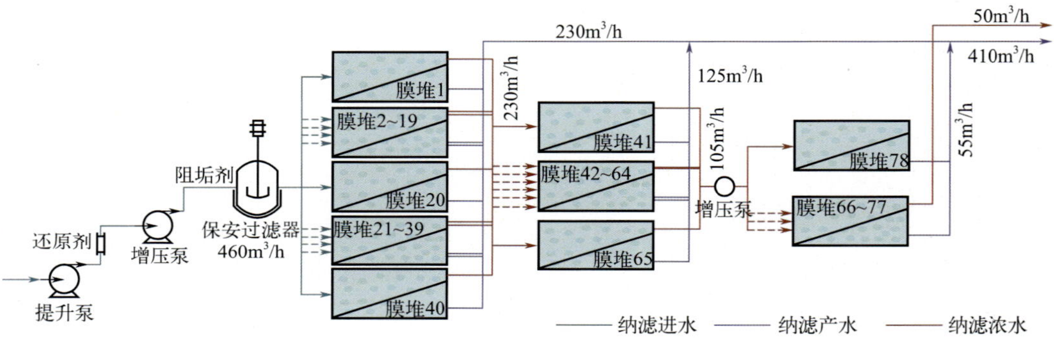

图 7-109　张家港市第四水厂纳滤处理单元单组布置